공기업 전기직 기출문제 총집합

I 필수 암기노트

김지호, 김영복 지음

BM (주)도서출판 성안당

■ 도서 A/S 안내

성안당에서 발행하는 모든 도서는 저자와 출판사, 그리고 독자가 함께 만들어 나갑니다.

좋은 책을 펴내기 위해 많은 노력을 기울이고 있습니다. 혹시라도 내용상의 오류나 오탈자 등이 발견되면 **"좋은 책은 나라의 보배"**로서 우리 모두가 함께 만들어 간다는 마음으로 연락주시기 바랍니다. 수정 보완하여 더 나은 책이 되도록 최선을 다하겠습니다.

성안당은 늘 독자 여러분들의 소중한 의견을 기다리고 있습니다. 좋은 의견을 보내주시는 분께는 성안당 쇼핑몰의 포인트(3,000포인트)를 적립해 드립니다.

잘못 만들어진 책이나 부록 등이 파손된 경우에는 교환해 드립니다.

저자 문의 e-mail : magnetic1@daum.net(김지호)
본서 기획자 e-mail : coh@cyber.co.kr(최옥현)
홈페이지 : http://www.cyber.co.kr 전화 : 031) 950-6300

들어가기에 앞서…

"공기업 전공시험의 고득점을 위해서는 빠르게 학습할 수 있는 책을 선택하는 것이 중요하다"

전기는 인류문화를 발달시키고 확산시킨 원동력이다. 전기를 통해 지구촌을 하나의 생활권으로 만들었고 인터넷망을 통해서 실시간으로 정보를 공유함으로써 빅데이터 사회를 구현하고 있다. 이렇듯 전기를 통한 정보혁명으로 새로운 미래를 만들어가고 있지만, 그런 전기를 생산하려면 어떻게 해야 할 것인가는 국가 정책에 따라서 계속 바뀌고 있다.

과거 정부의 신재생에너지 비중이 강화되고 원전 비중을 축소하는 기본 계획이, 현 정부에서는 원전 복원과 에너지 안보를 핵심 국정과제로 정했다. 이처럼 정부가 바뀌면서 에너지 기조는 계속적으로 변하고 있으며 이에 따라 일자리도 창출되고 있다. 채용 트렌드와 산업 변화의 흐름을 이해하는 것이 취업의 방향을 결정하는 데 중요한 요인 중 하나가 된 것이다.

우리들은 지금 정보의 홍수 속에서 살고 있다. 인터넷, 블로그, 오픈채팅 등이 발달되면서 쉽게 정보를 얻을 수도 있지만, 그만큼 정확한 정보를 얻는 것도 하나의 능력이 되고 있다. 이렇게 정보가 넘쳐나는 세상에 취업을 잘 하는 사람은 많은 업체에 합격하여 회사를 고르고, 누군가는 아직도 취업을 준비하고 있다.

공기업 취업을 준비하는 수험생으로서 어떤 정보를 얻어야 하고, 많은 정보 중에서 나에게 맞는 정보를 어떻게 선별해야 하는지는 매우 중요하다. 특히 NCS 전공시험의 합격을 위해서는 좋은 교재를 선택하는 것도 매우 중요하다.

이 책은 필자가 오랜 기간 강단에서 수많은 수험생들을 만나면서 느낀 점들을 생각하며 집필하였다. 수험생들에게 점점 기초 부분까지 가르쳐야 이해하는 경우가 많다는 점에 중점을 두어 한번 쓱~ 보면 싹~ 익혀지는 해설로 강의를 듣듯이 누구나 쉽게 이해할 수 있도록 구성하였다.

또한, 시험 직전에 볼 수 있도록 각 과목별 핵심이론을 정리하고, 그 이론을 바탕으로 총망라한 기출문제를 해설하여 그것만으로도 관련 이론을 충분히 파악할 수 있도록 구성하였다.

이에 이 책으로 인내심을 가지고 학습한다면 좋은 결실을 거두리라 확신한다.

저자 씀

어떻게 구성했지?

"한번 쓱~ 보면, 싹~ 익힐 수 있는 기출문제 풀이로 학습을 완성할 수 있게 구성했다"

1 시험 직전 한눈에 보는 과목별 핵심이론 정리

에너지 공기업, SOC 공기업에서 NCS 전공직 필기에 주로 출제되는 분야인 전자기학, 전력공학, 전기기기를 필두로 회로이론, 제어공학, 전기설비기술기준(KEC), 전기응용에 대해 자주 출제되는 핵심이론만을 정리하여 시험 직전에도 보고 빠르게 암기할 수 있도록 구성하였다.

2 공기업 전기직 관련 기출문제 총수록

공기업 전기직의 대표라 할 수 있는 한국전력공사를 필두로 발전 자회사(한국남부, 한국중부, 한국서부, 한국동서, 한국남동, 한국수력원자력), 한국전기안전공사, 한국가스공사, 지역난방공사, LH공사, 한전 KPS, 교통공사(서울, 인천, 부산, 대구, 대전 등), 한국철도공사 등 다년간의 기출문제를 상세한 해설과 함께 수록하였다. 또한, 2024년 기출문제를 수록하여 최근 시험출제경향을 파악해 실전시험에 대비할 수 있도록 하였다.

3 한번 쓱~ 보면, 싹~ 익혀지는 기출문제 풀이

인강을 보지 않더라도 해설만 보면 전공자뿐만 아니라 비전공자도 이해할 수 있도록 최대한 알기 쉽게 서술하였다.

- ☑ 답이 되는 것과 답이 되지 않는 부분을 쉽게 찾을 수 있도록 해설 부분에 각 '보기'에 대한 내용을 구체적으로 서술하였다.
- ☑ 문제에 나오는 용어나 핵심이론을 해설에서 한 번 더 정리하여 별도로 이론서를 찾아보지 않도록 서술하였다.
- ☑ 각 기출문제를 내용별로 분류하고 핵심 키워드를 제시하여 어느 부분에서 출제가 많이 되었는지를 파악할 수 있게 하였다.
- ☑ 계산 문제의 경우는 하나의 방식이 아닌 여러 방식으로 풀이에 대한 해법을 제시하여 수험생이 쉽게 이해할 수 있는 방법을 선별할 수 있도록 하였다.
- ☑ 서술형이 아닌 개조식의 정리를 통해 쉽게 암기할 수 있도록 구성하였다.
- ☑ 문제에 대한 응용력을 길러주기 위해 '체크포인트'를 구성하여 응용문제까지 풀 수 있도록 관련 내용까지 서술하였다.

4 면접시험 내용 표시

전공 NCS의 면접시험에 자주 출제되는 내용을 기출문제 해설에 표시하여 필기시험 합격 후 면접시험도 준비할 수 있도록 구성하였다.

어떻게 공부할까?

“ 빠른 시간 내에 학습할 수 있는 공부방법은 이렇다 ”

공기업 시험뿐만 아니라 모든 시험의 학습방법인 회독법은 사실은 단순하다. 기본 개념을 익히고 문제를 풀어보고 문제에 대한 복기를 하며, 틀린 부분에 대한 오답노트를 정리하면서 반복하면 된다. 하지만 시간이 오래 걸린다. 따라서 본 교재를 학습하면서 수험생에게 제일 중요한 학습시간을 줄일 수 있는 공부방법에 대해 간단히 정리해보았다.

1 핵심내용을 통한 기본 개념정리

각 과목별로 정리한 핵심이론에서 특히 발전 공기업, 에너지 공기업, SOC 공기업에서 주로 출제되는 전자기학, 전력공학, 전기기기 분야를 우선적으로 학습하고 회로이론, 전기설비기술기준, 제어공학, 전기응용 부분 순으로 학습한다. 그리고 추가로 회사별로 출제되는 부분을 중점적으로 학습하면 된다.

2 기출문제 풀이 1회독

처음 기출문제 풀이는 자신의 실력 테스트라고 생각하자. 문제를 풀고 답을 맞추고 하는 방식으로 1회만 풀어보자. 이때는 해설 없이 답만 확인할 것

3 기출문제 풀이 2회독

두 번째 기출문제 풀이는 정독을 하자. 다시 기출문제를 풀어보고 답을 맞추고 해설을 읽어보며, 틀린 부분에 대해서는 오답노트를 작성해보자.

4 기출문제 풀이 3회독

세 번째 기출문제 풀이는 틀린 문제만 확인하자. 틀린 문제의 경우 실전에서 또 틀리는 경향이 있다. 이는 틀린 부분에 대한 개념을 명확하게 정리하지 못했기 때문에 실제 시험에서도 헷갈리는 부분이 된다. 틀린 문제에 대해 명확하게 개념 정리를 잘 해야 응용되어 출제되는 문제도 쉽게 풀 수 있다.

5 오답노트의 활용

학습 시 오답노트의 활용은 매우 중요하다. 오답노트는 단순히 틀린 문제에 대해 정리만 한 것이 아니라 기본 개념 및 유사문제까지 정리하면 좋다. 오답노트는 틀린 문제에 대해 관련 개념을 확실하게 이해할 수 있도록 하여 문제풀이에 대한 자신감을 심어줄 수 있다. 또한, 마무리 학습을 위해 짧은 시간 동안 시험장에서도 활용할 수 있는 좋은 무기가 될 수 있다.

시험준비는 어떻게 하지?

"각 공기업의 채용 절차와
기준이 다르기 때문에
철저한 시험준비가 필요하다"

공기업 취업은 안정적인 고용과 복지 혜택으로 많은 구직자들이 선망하는 분야이다. 하지만 채용과정은 일반 기업과는 달리 공기업의 채용 절차와 기준이 있으므로 이에 대한 철저한 준비가 필요하다. 이에 따른 2025년 공기업 취업을 준비하는 전기전공자 수험생들을 위한 공기업 채용 프로세스는 다음과 같다.

■ 공기업 채용 절차

1단계 : 서류전형

지원자의 이력서, 자기소개서를 기반으로 직무 적합성을 평가하고 있다.
회사별 입사지원서, 자기소개서 양식이 있으니 그에 따른 작성에 주의해야 한다.

NCS 필기시험

- NCS는 'National Competency Standards'의 약자로, 국가직무능력표준을 의미한다. 이는 공기업과 공공기관이 채용 과정에서 직무 중심의 역량을 평가하기 위하여 활용하는 기준으로 직무 수행에 필요한 능력을 체계적으로 평가하고 있다.

• 공기업의 NCS 영역은 의사소통, 수리능력, 문제해결능력, 자원관리능력, 기술능력, 정보능력, 대인관계능력, 조직이해능력, 직업윤리, 자기계발능력 등의 영역이 있으며, 이에 따른 공기업 NCS 출제유형은 다음과 같다.

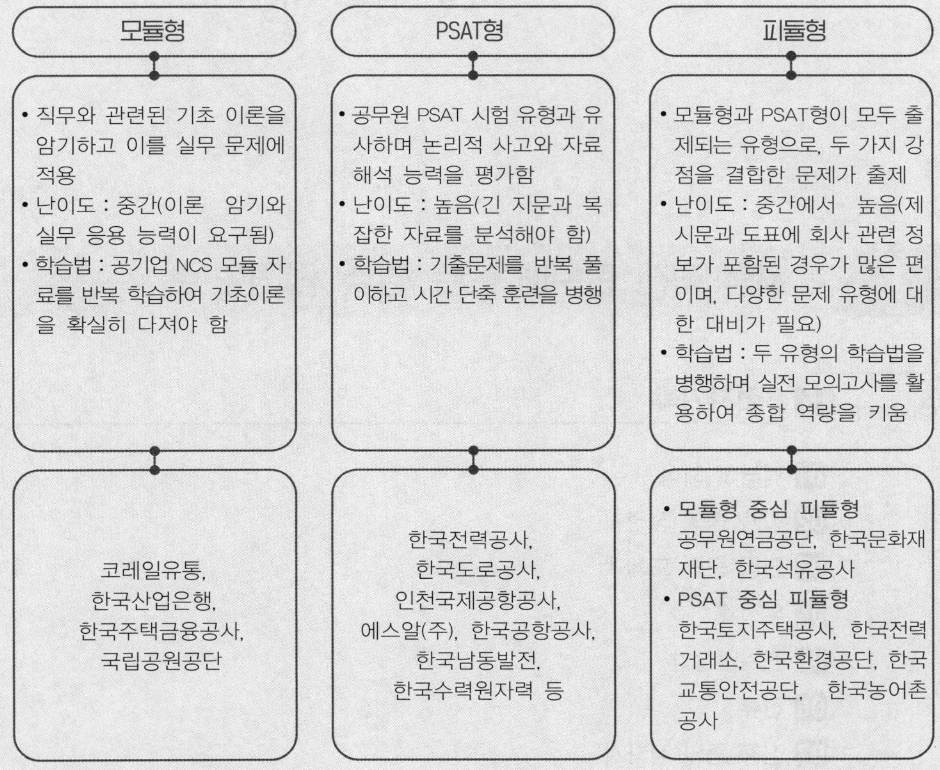

면접 전형

PT면접, 직무역량면접, 인성면접, 토의면접, 상황면접, 영어면접 등이 있으며, 상황에 따라 당일 과제를 부여하여 진행하는 경우도 있다.

차 례

" 목차가 바로 시험출제 핵심 키워드이다 "

I 시험 직전 한눈에 보는 필수 암기노트

CHAPTER 01 전자기학

01 벡터의 해석 I-2
02 진공 중의 정전계 I-5
03 진공 중의 도체계 I-11
04 유전체 I-13
05 전기영상법 I-17
06 전류 I-18
07 진공 중의 정자계 I-21
08 전류에 의해 발생되는 자계 I-25
09 자성체 및 자기회로 I-29
10 인덕턴스와 전자유도 I-32
11 전자파 I-38

CHAPTER 02 전력공학

01 송전선로 I-42
02 선로정수 및 코로나 I-48
03 송전특성 I-52
04 고장계산 I-61
05 중성점 접지방식 I-65
06 유도장해 및 안정도 I-70
07 이상전압 및 개폐기 I-73
08 보호계전시스템 I-78
09 배전방식과 전기공급방식 I-82
10 수력발전 I-87
11 화력발전 I-93
12 원자력발전 I-98

CHAPTER 03 전기기기

01 직류발전기 I-103
02 직류전동기 I-111
03 동기기 I-115
04 변압기 I-124
05 유도기 I-133
06 전력변환장치 I-143

CHAPTER 04 회로이론

01 직류회로 I-148
02 교류회로 I-151
03 비정현파 I-157

04 2단자 회로 및 4단자 회로 I-159
05 분포정수회로 I-162
06 과도현상 I-163
07 회로망 해석 I-164

CHAPTER 05 제어공학

01 라플라스 변환 및 전달함수 I-167
02 제어시스템과 과도응답 I-170
03 안정도 I-174
04 근궤적과 연산증폭기 I-176
05 상태방정식과 z 변환 I-178
06 논리회로 I-180

CHAPTER 06 전기설비기술기준

01 저압 및 고압·특고압 전기설비 I-184
02 전선로 I-189
03 배선공사의 시설 I-192
04 전기사용시설 I-195

CHAPTER 07 전기응용

01 조명 I-197
02 전열 I-199
03 전동기 I-200
04 전기철도 및 전기화학 I-202

시험 직전 한눈에 보는

필수 암기노트

CHAPTER

01 | 전자기학

SECTION 01

벡터의 해석

01 벡터의 표현

$$\overrightarrow{A} = a_0|\overrightarrow{A}|$$

(1) 단위벡터 : a_0

① 크기가 '1'이고 방향을 나타내는 벡터

② $a_0 = \dfrac{\overrightarrow{A}}{|\overrightarrow{A}|} = \dfrac{\text{벡터}}{\text{벡터의 크기}}$

(2) 벡터의 크기 : $|\overrightarrow{A}|$

① $|\overrightarrow{A}| = \sqrt{{A_x}^2 + {A_y}^2}$ (x, y 평면에서)

② $|\overrightarrow{A}| = \sqrt{{A_x}^2 + {A_y}^2 + {A_z}^2}$ (x, y, z 공간에서)

02 좌표로 계산하는 벡터, 거리벡터, 단위벡터

A좌표 (x_a, y_a, z_a)에서 B좌표 (x_b, y_b, z_b)로 향하는 벡터

(1) 단위벡터 : a_r

벡터 $\overrightarrow{r} = a_r|\overrightarrow{r}|$

$\therefore\ a_r = \dfrac{\overrightarrow{r}}{|\overrightarrow{r}|} = \dfrac{\text{거리벡터}}{\text{거리벡터의 크기}}$

(2) 거리벡터

$\overrightarrow{r}$=(최종값 − 초깃값)으로 계산한다.

$\overrightarrow{r} = (x_b - x_a)i + (y_b - y_a)j + (z_b - z_a)k$

(3) 거리벡터의 크기 : $|\overrightarrow{r}|$

$|\overrightarrow{r}| = \sqrt{(x_b - x_a)^2 + (y_b - y_a)^2 + (z_b - z_a)^2}$

03 벡터의 합과 차

(1) 두 벡터가 주어졌을 때 두 벡터의 합과 차는 항상 같은 성분끼리만 계산한다.

(2) $\vec{A} = iA_x + jA_y + kA_z$, $\vec{B} = iB_x + jB_y + kB_z$일 때

$\vec{A} \pm \vec{B} = (A_x \pm B_x)i + (A_y \pm B_y)j + (A_z \pm B_z)k$

(3) 힘의 크기는 평형하다.

$\vec{F_1} + \vec{F_2} + \vec{F_3} = 0$

04 벡터의 내적(스칼라곱 = 도트곱)

동일 방향 성분의 곱으로, 결과는 '크기'만 나타난다.

(1) 두 벡터 사이의 각도 계산

$\vec{A} \cdot \vec{B} = |\vec{A}||\vec{B}|\cos\theta$에서

$$\theta = \cos^{-1}\frac{\vec{A} \cdot \vec{B}}{|\vec{A}||\vec{B}|}$$

※ 각도의 계산 : 내적(각 벡터의 크기의 곱)

(2) 기본 벡터의 내적

① $i \cdot i = j \cdot j = k \cdot k = 1$: 동일 단위벡터 = 1

② $i \cdot j = j \cdot k = k \cdot i = 0$: 다른 단위벡터 = 0

(3) $\vec{A} = iA_x + jA_y + kA_z$, $\vec{B} = iB_x + jB_y + kB_z$일 때

$\vec{A} \cdot \vec{B} = (A_x \cdot B_x) + (A_y \cdot B_y) + (A_z \cdot B_z)$

05 벡터의 외적(벡터곱 = 크로스곱)

수직 방향 성분의 곱으로, 결과는 '새로운(수직) 방향 + 크기'로 나타난다.

(1) 크기

두 벡터가 이루는 평행사변형의 면적

(2) 방향

나사 회전방향의 곱 → 나사의 진행방향

(3) $\vec{A} \times \vec{B} = |\vec{A}|\,|\vec{B}|\sin\theta$

(4) $\vec{A} \times \vec{B} \neq \vec{B} \times \vec{A} = -(\vec{A} \times \vec{B})$ (크기는 같으나, 방향은 반대)

(5) 동일 방향 단위벡터의 외적

$i\times i=j\times j=k\times k=0$

(6) 다른 방향 단위벡터의 외적

$i\times j=k$
$j\times k=i$
$k\times i=j$

$j\times i=-k$
$k\times j=-i$
$i\times k=-j$

(7) $\overrightarrow{A}\times\overrightarrow{B}=\begin{bmatrix} i & j & k \\ A_x & A_y & A_z \\ B_x & B_y & B_z \end{bmatrix}=i\begin{vmatrix} A_y & A_z \\ B_y & B_z \end{vmatrix}+j\begin{vmatrix} A_z & A_x \\ B_z & B_x \end{vmatrix}+k\begin{vmatrix} A_x & A_y \\ B_x & B_y \end{vmatrix}$

$$=i(A_yB_z-A_zB_y)+j(A_zB_x-A_xB_z)+k(A_xB_y-A_yB_x)$$

06 벡터의 미분

(1) 미분연산자 : ∇ (nabla : 나블라, del : 델)

$$\nabla=i\frac{\partial}{\partial x}+j\frac{\partial}{\partial y}+k\frac{\partial}{\partial z}$$

(2) 스칼라의 기울기(gradient = 경도, 구배)

$$\nabla V=\text{grad}\, V$$

$$=\left(i\frac{\partial}{\partial x}+j\frac{\partial}{\partial y}+k\frac{\partial}{\partial z}\right)V=i\frac{\partial V}{\partial x}+j\frac{\partial V}{\partial y}+k\frac{\partial V}{\partial z}$$

(3) 벡터의 발산(divergence)

$$\nabla\cdot\overrightarrow{A}=\text{div}\,\overrightarrow{A}$$

$$=\left(i\frac{\partial}{\partial x}+j\frac{\partial}{\partial y}+k\frac{\partial}{\partial z}\right)\cdot(iA_x+jA_y+kA_z)$$

$$=\frac{\partial A_x}{\partial x}+\frac{\partial A_y}{\partial y}+\frac{\partial A_z}{\partial z}$$ (i, j, k가 없음)

(4) 벡터의 회전(rotation, curl)

$$\nabla\times\overrightarrow{A}=\text{rot}\,\overrightarrow{A}=\text{curl}\,\overrightarrow{A}$$

$$=\left(i\frac{\partial}{\partial x}+j\frac{\partial}{\partial y}+k\frac{\partial}{\partial z}\right)\times(iA_x+jA_y+kA_z)=\begin{bmatrix} i & j & k \\ \frac{\partial}{\partial x} & \frac{\partial}{\partial y} & \frac{\partial}{\partial z} \\ A_x & A_y & A_z \end{bmatrix}$$

$$=\left(\frac{\partial A_z}{\partial y}-\frac{\partial A_y}{\partial z}\right)i+\left(\frac{\partial A_x}{\partial z}-\frac{\partial A_z}{\partial x}\right)j+\left(\frac{\partial A_y}{\partial x}-\frac{\partial A_x}{\partial y}\right)k$$

07 벡터의 적분

(1) 스토크스의 정리(Stokes' theorem)

임의의 벡터 $\overrightarrow{A}$의 접선방향에 대해 폐경로를 선적분한 값은 이 벡터를 회전시켜 법선성분을 면적분한 값과 같다.

$$\int_s (\nabla \times \overrightarrow{A})\, ds = \oint_c \overrightarrow{A} \cdot dl$$

(면적분) (선적분)

(2) 가우스의 발산 정리(Gauss' divergence theorem)

임의의 폐곡면에서 나오는 역선의 수(에너지의 양)는 그 폐곡면 내에 포함된 미소 체적에서 나오는 역선의 수(에너지의 양)와 같다.

$$\int_s \overrightarrow{E}\, ds = \int_v \nabla \cdot \overrightarrow{E}\, dv$$

(면적분) (체적적분)

	(스토크스의 정리)		(발산의 정리)	
l(선)	← …… →	S(면적)	← …… →	V(체적)
	rot		div	

SECTION 02 진공 중의 정전계

01 쿨롱의 법칙(정전계)

전하 사이에 작용하는 힘을 계산(실험식)한다.

(1) 쿨롱의 힘(크기만 계산)

$$F = \frac{1}{4\pi\varepsilon_0} \cdot \frac{Q_1 Q_2}{r^2} = 9 \times 10^9 \cdot \frac{Q_1 Q_2}{r^2}\,[\text{N}]$$

여기서, K(쿨롱상수)$= \dfrac{1}{4\pi\varepsilon_0} = 9 \times 10^9$

(2) 쿨롱의 힘(벡터 계산)

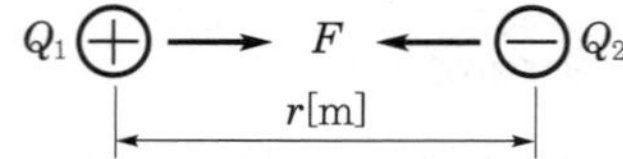

$$\overrightarrow{F} = \overrightarrow{r_0} \cdot F = \frac{1}{4\pi\varepsilon_0} \cdot \frac{Q_1 Q_2}{r^2} \cdot \overrightarrow{r_0} = 9 \times 10^9 \cdot \frac{Q_1 Q_2}{r^2} \cdot \overrightarrow{r_0}\,[\text{N}]$$

여기서, $\overrightarrow{r_0} = \dfrac{\overrightarrow{r}}{|r|}$ (힘 방향의 단위벡터)

02 전계의 세기

전계 내에서 단위 정전하에 작용하는 힘(P점에 전하가 없으면 힘이 발생하지 않음)

(1) 전계의 세기 E[V/m]

$$E = \frac{1}{4\pi\varepsilon_0} \cdot \frac{Q}{r^2} = 9 \times 10^9 \cdot \frac{Q}{r^2}\,[\text{V/m}]$$

$$\overrightarrow{E} = \frac{1}{4\pi\varepsilon_0} \cdot \frac{Q}{r^2} \cdot \overrightarrow{r_0} = 9 \times 10^9 \cdot \frac{Q}{r^2} \cdot \overrightarrow{r_0}\,[\text{V/m}]$$

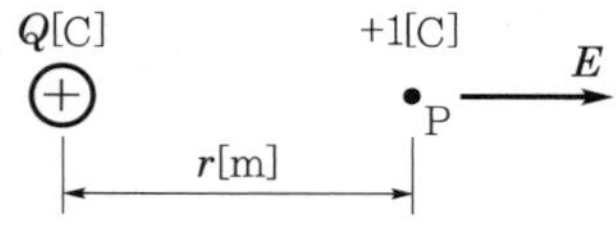

(2) 정전력(F)과 전계의 세기(E)와의 관계

$$E = \frac{F}{Q}\,[\text{N/C}]\left[\frac{\text{N}}{\text{C}} = \frac{\text{N} \cdot \text{m}}{\text{C}} \cdot \frac{1}{\text{m}} = \frac{\text{J}}{\text{C}} \cdot \frac{1}{\text{m}} = \frac{\text{V}}{\text{m}}\right]$$

03 전기력선의 성질

전하에 의해 작용하는 힘을 선분으로 나타내어 전계의 세기(정전력)를 나타낸 가상의 선

(1) 전기력선의 성질

① 정(+)전하 → 부(−)전하
② 서로 반발하여 교차하지 않는다.
③ 높은 전위 → 낮은 전위
④ 스스로 폐곡선을 만들지 않는다.
⑤ 전하가 없는 곳에서 연속(새로운 생성은 없음)
⑥ 도체 내부를 관통하지 않음(전하는 도체 표면에만 존재), 도체 표면(등전위면)과 직교
⑦ 전기력선의 방향 = 전계 세기의 방향
⑧ 전기력선의 밀도 = 전계 세기

⑨ Q[C]의 전하에서 나오는 전기력선의 개수 : $\dfrac{Q}{\varepsilon_0}$개

(2) 전기력선과 곡률, 곡률반경의 관계(전하의 작용 면적에 따른 전계의 세기)

① 전하의 작용 면적이 작을수록 전계가 집중된다(커짐).

② 도체가 뾰족할수록 전계가 커진다.

③ 곡률(구부러지는 정도)이 클수록 전계의 세기가 커진다.

④ 곡률반경이 작을수록 전계의 세기가 커진다.

04 가우스의 정리(Gauss' theorem)

(1) 임의의 폐곡면을 통하여 유출하는 전기력선의 총합은 폐곡면 내의 전하량 Q의 $\dfrac{1}{\varepsilon_0}$배와 같다.

$$\frac{N}{S}=E \rightarrow N=E\cdot S=\frac{Q}{4\pi\varepsilon_0 r^2}\cdot 4\pi r^2=\frac{Q}{\varepsilon_0}$$

(2) 가우스의 미분형

※ 체적 전하밀도를 구하는 유형으로 문제 출제

① $\nabla\cdot E=\dfrac{\rho}{\varepsilon_0}$ (매질에 영향)

② $\nabla\cdot D=\rho$ (매질과 무관)

③ 푸아송의 방정식 : $\nabla^2 V=-\dfrac{\rho}{\varepsilon_0}$ → (−)부호 주의

05 여러 가지 형태에 의한 전계의 세기

(1) 점전하, 구도체

$$E=\frac{Q}{S\cdot\varepsilon_0}=\frac{Q}{4\pi\varepsilon_0 r^2}\,[\text{V/m}]$$

(2) 무한 직선 전하(도체)

$$E=\frac{\lambda}{2\pi\varepsilon_0\cdot r}=\frac{\rho_l}{2\pi\varepsilon_0\cdot r}\,[\text{V/m}]$$

(3) 무한 면전하(무한 평면)

$$E=\frac{\sigma}{2\varepsilon_0}=\frac{\rho_s}{2\varepsilon_0}\,[\text{V/m}]\ (\text{거리와 관계없음})$$

(4) 평행판(2개의 평판 사이)

① 평행판 도체 외부 : $E=0$

② 평행판 도체 사이 : $E=\dfrac{\sigma}{\varepsilon_0}$[V/m] (거리와 관계없음)

(5) 도체 표면

$$E=\frac{\sigma}{\varepsilon_0}=\frac{\rho_s}{\varepsilon_0}\text{[V/m]}$$ (거리와 관계없음)

(6) 구도체(내부 전하가 균일) – 점전하

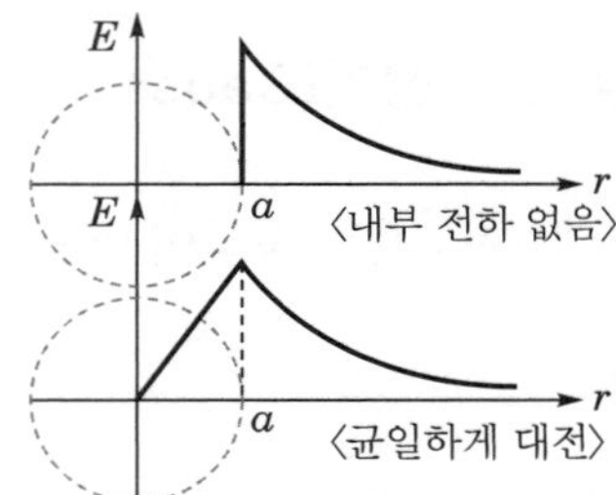

① 도체 외부 : $E_o=\dfrac{Q}{4\pi\varepsilon_0 r^2}$[V/m]

② 도체 표면 : $E_s=\dfrac{Q}{4\pi\varepsilon_0 a^2}$[V/m]

③ 도체 내부 : $E_i=\dfrac{Q\,r}{4\pi\varepsilon_0 a^3}$[V/m]

(7) 원통 도체(내부 전하가 균일) – 선전하

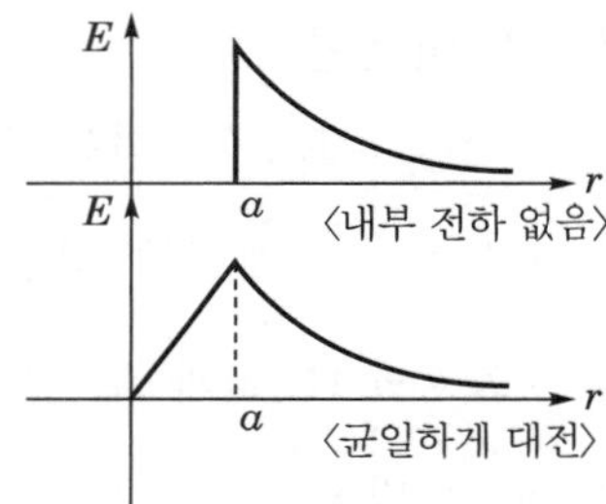

① 도체 외부 : $E_o=\dfrac{\lambda}{2\pi\varepsilon_0 r}$[V/m]

② 도체 표면 : $E_s=\dfrac{\lambda}{2\pi\varepsilon_0 a}$[V/m]

③ 도체 내부 : $E_i=\dfrac{\lambda\,r}{2\pi\varepsilon_0 a^2}$[V/m]

(8) 원형 도체 중심에서 직각으로 r[m] 떨어진 지점

$$E=\frac{a\cdot r\cdot\lambda}{2\varepsilon_0(a^2+r^2)^{\frac{3}{2}}}\text{[V/m]}$$

06 전속밀도

(1) 전속밀도(electric flux density)

단위면적을 지나는 전속

$$D=\frac{\psi}{S}=\frac{Q}{S}=\frac{Q}{4\pi r^2}\text{[C/m}^2\text{]}$$

(2) 전계의 세기 E와 전속밀도 D의 관계

① $D=\varepsilon_0 E$[C/m²]

② 매질(ε_s)에서 $D = \varepsilon E = \varepsilon_s \varepsilon_0 E[\text{C/m}^2]$

(3) 전하밀도

$\sigma = \rho_s = D[\text{C/m}^2]$

07 전위

전계가 존재하는 공간에 단위 정전하(+1[C])를 전계와 대항하여 무한 원점에서 P점까지 운반하는 데 필요한 일의 양

(1) 전위

$$V_p = \frac{1}{4\pi\varepsilon_0}\frac{Q}{r}$$

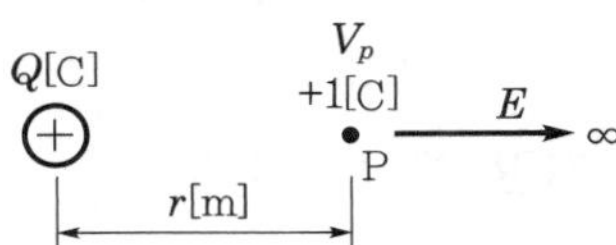

(2) 전위차

$$V_{ab} = \frac{Q}{4\pi\varepsilon_0}\left(\frac{1}{a} - \frac{1}{b}\right)[\text{V}]$$

08 여러 가지 도체의 전위(전위차)

(1) 구도체의 전위와 전위차

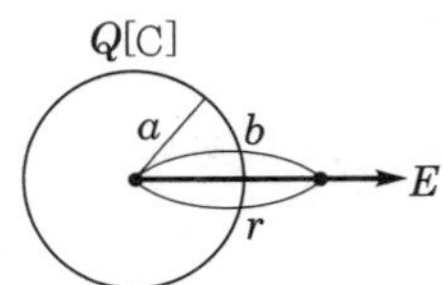

① 전위 : $V = \frac{1}{4\pi\varepsilon_0}\frac{Q}{r}[\text{V}]$

② 전위차 : $V_{ab} = \frac{Q}{4\pi\varepsilon_0}\left(\frac{1}{a} - \frac{1}{b}\right)[\text{V}]$

(2) 무한 직선 전하에 의한 전위와 전위차

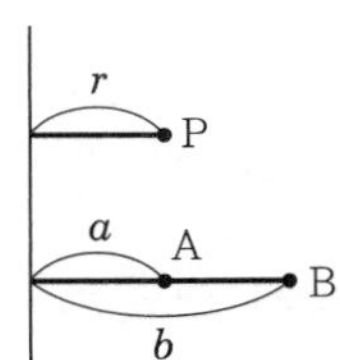

① 전위 : $V = \infty$

② 전위차 : $V_{ab} = \frac{\lambda}{2\pi\varepsilon_0}\ln\frac{b}{a}[\text{V}]$

(3) 구도체 내부에 전하가 균일하게 분포된 경우 전위

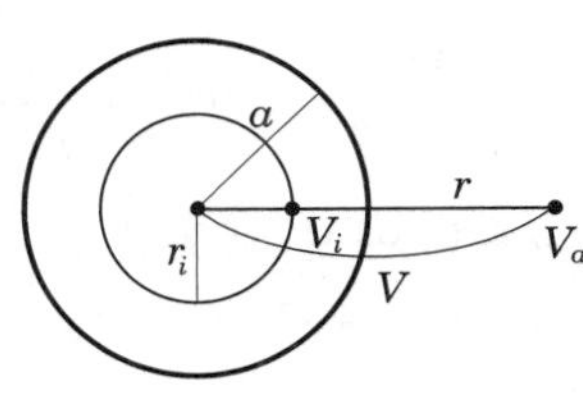

① 외부 : $V_a = \frac{Q}{4\pi\varepsilon_0 a}[\text{V}]$

② 내부 : $V_i = \frac{Q}{8\pi\varepsilon_0 a^3}(a^2 - {r_i}^2)[\text{V}]$

③ $V = V_a + V_i = \frac{Q}{4\pi\varepsilon_0 a}\left(\frac{3}{2} - \frac{{r_i}^2}{2a^2}\right)[\text{V}]$

(4) 동심구체의 전위

① 내도체 : $+Q$, 외도체 : $-Q$

$$V=\frac{Q}{4\pi\varepsilon_0}\left(\frac{1}{a}-\frac{1}{b}\right)[\text{V}]$$

② 내도체 : $+Q$, 외도체 : $Q=0$

$$V=\frac{Q}{4\pi\varepsilon_0}\left(\frac{1}{a}-\frac{1}{b}+\frac{1}{c}\right)[\text{V}]$$

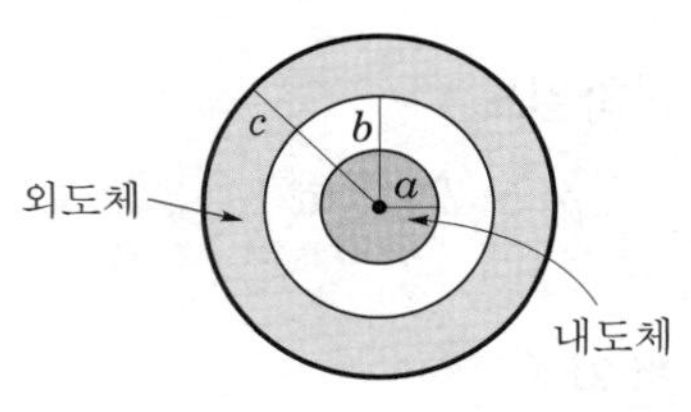

09 전위경도(기울기)

(1) 방향이 제시된 경우

$$E=-\nabla V=-\text{grad}\,V=-\left(i\frac{\partial}{\partial x}+j\frac{\partial}{\partial y}+k\frac{\partial}{\partial z}\right)V[\text{V/m}]$$

(2) 크기만 계산할 경우

$$E=\frac{V}{r}[\text{V/m}]$$

(3) 정 n각형 중심에서 전계의 세기

$E=0$

(4) 정 n각형 중심에서의 전위

$V=nV_1$

여기서, V_1 : 하나의 전하에서의 전위

10 전기쌍극자

전하의 크기는 같고, 부하가 반대인 2종의 점전하가 매우 근접하여 미소거리 δ[m]만큼 떨어져 있는 한 쌍의 전하

(1) 전기쌍극자 모멘트

$M=Q\cdot\delta[\text{C}\cdot\text{m}]$

(2) 전위

$$V=\frac{M}{4\pi\varepsilon_0 r^2}\cos\theta[\text{V}]\ \left(\frac{1}{r^2}\text{에 비례}\right)$$

① $\theta=0°$에서 최댓값

② $\theta=90°$에서 최솟값($V=0$)

(3) 전계의 세기

$$E = -\,\text{grad}\,V = \overrightarrow{E_r} + \overrightarrow{E_\theta} = \frac{M}{2\pi\varepsilon_0 r^3}\cos\theta \cdot \overrightarrow{a_r} + \frac{M}{4\pi\varepsilon_0 r^3}\sin\theta \cdot \overrightarrow{a_\theta}$$

$$= \frac{M}{4\pi\varepsilon_0 r^3}\sqrt{1+3\cos^2\theta}\,[\text{V/m}] \left(\frac{1}{r^3}\text{에 비례}\right)$$

① $\theta = 0°$에서 최댓값

② $\theta = 90°$에서 최솟값

(4) 거리와의 관계

구분	전계 E	전위 V
선도체	r에 반비례	∞
구도체	r^2에 반비례	r에 반비례
쌍극자	r^3에 반비례	r^2에 반비례

SECTION 03 진공 중의 도체계

01 정전용량의 종류

(1) 구도체의 정전용량

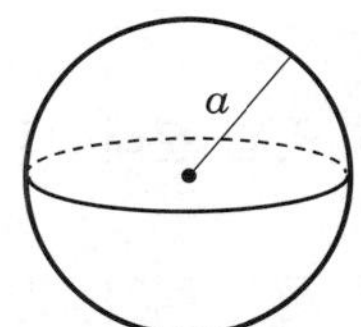

① 전위 : $V = \frac{Q}{4\pi\varepsilon_0 a}$[V]

② 정전용량 : $C = 4\pi\varepsilon_0 a$[F]

(2) 동심 구도체의 정전용량

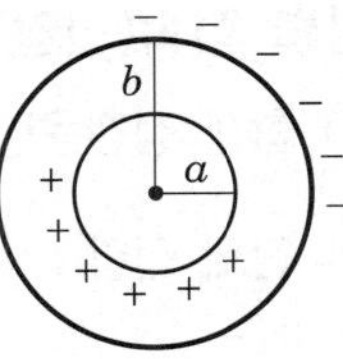

① 전위 : $V = \frac{Q}{4\pi\varepsilon_0}\left(\frac{1}{a} - \frac{1}{b}\right)$[V]

② 정전용량 : $C = \frac{4\pi\varepsilon_0 ab}{b-a}$[F] ($a \cdot b$가 n배이면 C도 n배)

(3) 평행판 콘덴서의 정전용량

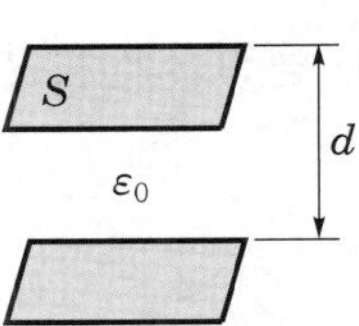

① 전계의 세기 : $E = \frac{\sigma}{\varepsilon_0}$[V/m]

② 전위차 : $V = Ed = \frac{\sigma}{\varepsilon_0}d$[V]

③ 정전용량 : $C = \dfrac{\varepsilon_0 S}{d}$[F]

(4) 동심 원통(동축 케이블)의 정전용량

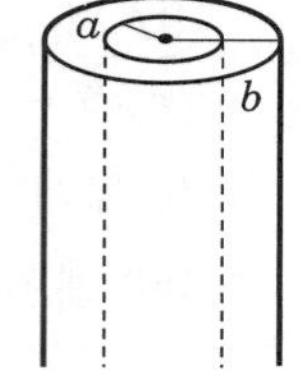

① 전위 : $V = \dfrac{\lambda}{2\pi\varepsilon_0} \ln\dfrac{b}{a}$[V]

② 정전용량 : $C = \dfrac{2\pi\varepsilon_0}{\ln\dfrac{b}{a}}$[F/m]

(5) 평행 도선 사이의 정전용량

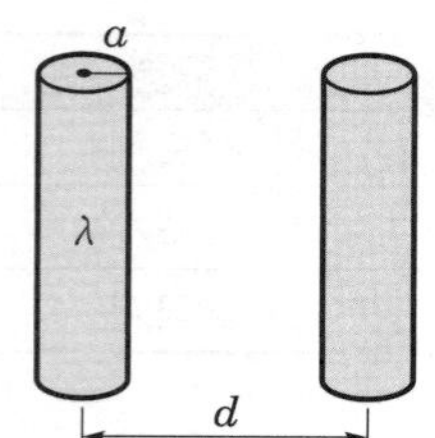

① 전위 : $V = \dfrac{\lambda}{\pi\varepsilon_0} \ln\dfrac{D}{r}$[V]

② 정전용량 : $C = \dfrac{\pi\varepsilon_0}{\ln\dfrac{D}{r}}$[F/m]

02 콘덴서의 접속

(1) 직렬 접속(전하량 일정, 전압 분배)

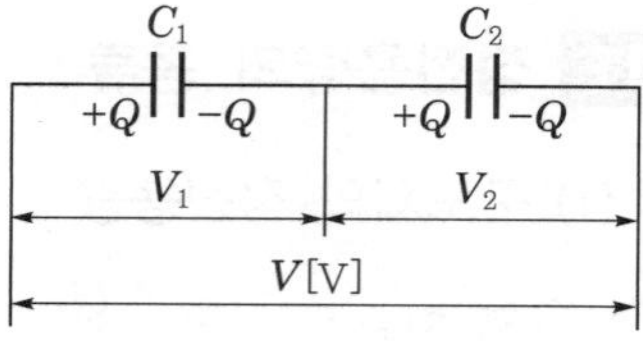

① 합성 정전용량 : $C_0 = \dfrac{C_1 C_2}{C_1 + C_2}$[F]

② 전체 전하량 : $Q = \dfrac{C_1 C_2}{C_1 + C_2} V$[C]

③ 전압 분배 : $V_1 = \dfrac{C_2}{C_1 + C_2} V$[V], $V_2 = \dfrac{C_1}{C_1 + C_2} V$[V]

④ 동일 정전용량 C[F]를 n개 직렬 접속 : $C_n = \dfrac{C}{n}$[F]

(2) 병렬 접속(전압 일정, 전하량 분배)

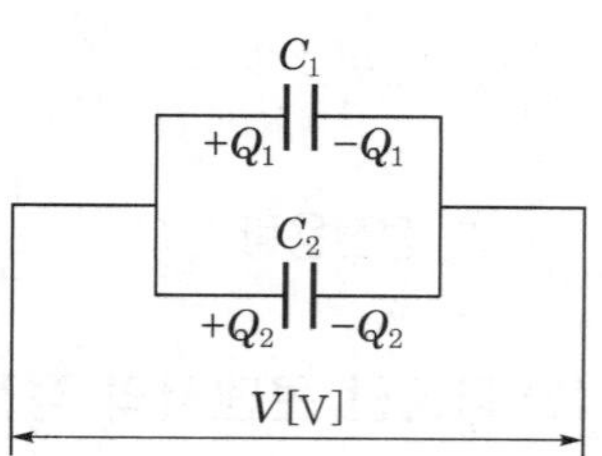

① 합성 정전용량 : $C_0 = C_1 + C_2$[F]

② 전체 전압 : $V = \dfrac{Q}{C_1 + C_2}$[V]

③ 전하량 분배 : $Q_1 = \dfrac{C_1}{C_1 + C_2} Q$, $Q_2 = \dfrac{C_2}{C_1 + C_2} Q$

④ 동일 정전용량 C[F]를 n개 병렬 접속 : $C_n = nC$[F]

03 도체에 축적되는 에너지

(1) 도체에 축적되는 에너지

$$W=\frac{1}{2}CV^2=\frac{1}{2}QV=\frac{Q^2}{2C}[\mathrm{J}]$$

(2) 단위체적당 축적되는 에너지(= 정전 에너지밀도)

$$w=\frac{D^2}{2\varepsilon_0}=\frac{1}{2}\varepsilon_0E^2=\frac{1}{2}ED[\mathrm{J/m^3}]$$

04 정전흡인력(= 단위면적당 작용하는 힘)

$$f=\frac{D^2}{2\varepsilon_0}=\frac{1}{2}\varepsilon_0E^2=\frac{1}{2}ED[\mathrm{N/m^2}]$$

단위면적당 작용하는 힘 = 단위체적당 에너지

SECTION 04 유전체

01 분극의 종류

(1) 전자분극

① 외부 전계에 의해 양전하 중심인 핵의 위치와 음전하의 위치가 변화하는 분극현상

② 다이아몬드, 단결정, 전자운

(2) 이온분극

① 이온결합의 특성을 가진 물질에 전계를 가하면 (+), (−) 이온에 상대적 변위가 일어나 쌍극자를 유발하는 분극현상

② 세라믹 화합물, 이온결합

(3) 배향분극

① 영구 자기 쌍극자를 가진 유극분자들이 외부 전계와 같이 같은 방향으로 움직이는 분극현상

② 영구 자기 쌍극자, 전계와 같은 방향

02 분극의 세기

단위체적당 미소 전기분극의 전기 쌍극자 모멘트(= 분극도, 분극 전하밀도)

(1) 분극의 세기

① $P=\sigma'=\dfrac{dQ}{dS}=\dfrac{dM}{dV}$ [C/m²]

여기서, 전기 쌍극자 모멘트 $M=Q\cdot\delta=Q\cdot l$

② 분극에 의한 전계 : $E=\dfrac{D-P}{\varepsilon_0}=\dfrac{\sigma-\sigma'}{\varepsilon_0}$ [V/m]

③ 분극의 세기 : $P=D-\varepsilon_0 E=\varepsilon_0(\varepsilon_s-1)E=\left(1-\dfrac{1}{\varepsilon_s}\right)D$

(2) 분극률

$\chi=\varepsilon_0(\varepsilon_s-1)$ [F/m]

① 비분극률 : $\dfrac{\chi}{\varepsilon_0}=\varepsilon_s-1$ (= 전기 감수율)

② 비유전율 : $\varepsilon_s=\dfrac{\chi}{\varepsilon_0}+1$

03 유전체에 의한 콘덴서의 정전용량

(1) 유전체 내의 병렬 삽입

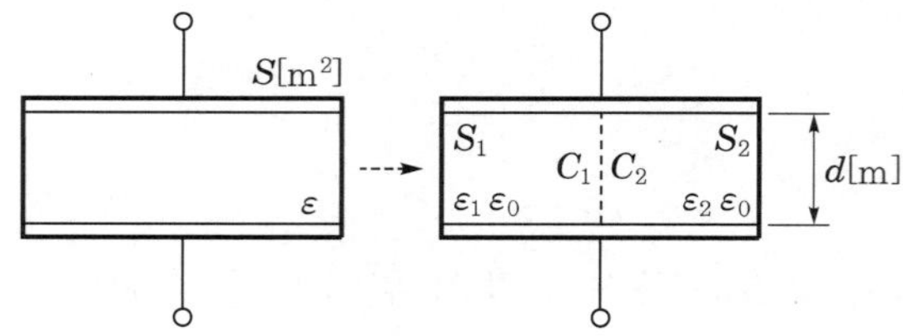

① 평행판 콘덴서의 평행판 사이에 유전체를 수직으로 채우는 것 → 극판의 면적(S)이 나누어지면 병렬 접속

$C_1=\varepsilon_1\varepsilon_0\dfrac{S_1}{d}$ [F], $C_2=\varepsilon_2\varepsilon_0\dfrac{S_2}{d}$ [F]

$C=C_1+C_2=\varepsilon_1\varepsilon_0\dfrac{S_1}{d}+\varepsilon_2\varepsilon_0\dfrac{S_2}{d}=\dfrac{\varepsilon_0(\varepsilon_1 S_1+\varepsilon_2 S_2)}{d}$ [F]

② 공기가 매질인 상태에서 유전체를 면적의 반에 채워 넣으면 다음과 같다.

㉠ 공기 콘덴서의 정전용량 $C_0 = \varepsilon_0 \frac{S}{d}$[F]

㉡ $C = C_1 + C_2 = \frac{1}{2}C_0 + \frac{1}{2}\varepsilon_s C_0 = \frac{1}{2}C_0(1+\varepsilon_s)$[F]

(2) 유전체의 직렬 삽입

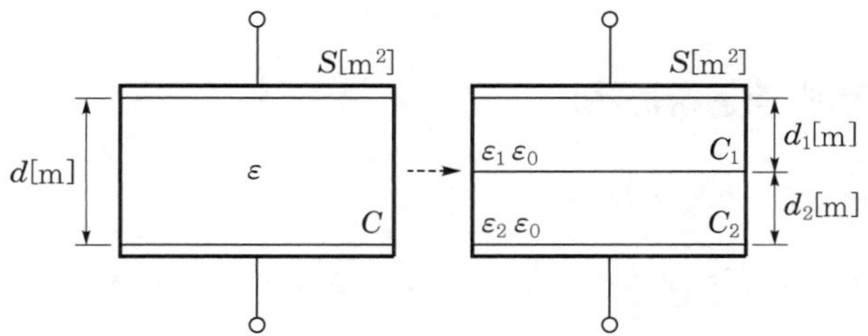

① 평행판 콘덴서의 평행판 사이에 유전체를 수평으로 채우는 것 → 극판 간의 간격(d)을 나누면 직렬 접속

$C_1 = \varepsilon_1\varepsilon_0 \frac{S}{d_1}$[F], $C_2 = \varepsilon_2\varepsilon_0 \frac{S}{d_2}$[F]

$$C = \frac{1}{\frac{1}{C_1} + \frac{1}{C_2}} = \frac{C_1 \cdot C_2}{C_1 + C_2} = \frac{\varepsilon_1\varepsilon_2\varepsilon_0 S}{d_2\varepsilon_1 + d_1\varepsilon_2} = \frac{\varepsilon_0 S}{\frac{d_1}{\varepsilon_1} + \frac{d_2}{\varepsilon_2}}[\text{F}]$$

② 공기가 매질인 상태에서 유전체를 극판 간격의 반을 채워 넣으면(C_2에 유전체) 다음과 같다.

㉠ 공기 콘덴서의 정전용량 $C_0 = \varepsilon_0 \frac{S}{d}$[F]

㉡ $C = \frac{C_1 C_2}{C_1 + C_2} = \frac{2C_0 \times 2\varepsilon_s C_0}{2C_0 + 2\varepsilon_s C_0} = \frac{2C_0 \times 2\varepsilon_s C_0}{2C_0(1+\varepsilon_s)} = \frac{2\varepsilon_s C_0}{(1+\varepsilon_s)} = \frac{2C_0}{1 + \frac{1}{\varepsilon_s}}$[F]

04 유전체의 경계조건

(1) 두 유전체 경계면의 굴절

(2) 전계 및 전속밀도의 변화는 없고, θ_1(입사각), θ_2(굴절각)에 따른 변화

(3) 전계 E는 접선성분 연속($E_{1t} = E_{2t}$) : $E_1 \sin\theta_1 = E_2 \sin\theta_2$

(4) 전속밀도 D는 법선성분 연속($D_{1n} = D_{2n}$) : $D_1 \cos\theta_1 = D_2 \cos\theta_2$

(5) $\frac{\tan\theta_1}{\tan\theta_2} = \frac{\varepsilon_1}{\varepsilon_2}$: θ와 ε은 비례

(6) $\varepsilon_1 > \varepsilon_2$인 경우

① $\theta_1 > \theta_2$

② $E_1 < E_2$

③ $D_1 > D_2$ (전속은 유전율이 큰 매질로 모이려는 성질)

05 맥스웰 응력

(1) 유전체의 경계면에 작용하는 힘

① $F = \dfrac{D^2}{2\varepsilon_0} = \dfrac{1}{2}\varepsilon_0 E^2 = \dfrac{1}{2}ED[\mathrm{N/m^2}]$

② $\varepsilon_1 > \varepsilon_2$일 경우 힘의 진행 방향 : $\varepsilon_1 \rightarrow \varepsilon_2$ (유전율이 큰 쪽에서 작은 쪽으로 진행)

(2) 전계가 경계면에 수직인 경우

① $f = f_2 - f_1 = \dfrac{1}{2}\left(\dfrac{1}{\varepsilon_2} - \dfrac{1}{\varepsilon_1}\right) \cdot D^2[\mathrm{N/m^2}]$

② 전계와 같은 방향으로 인장응력(= 반발력)을 받으며 유전율이 큰 쪽에서 작은 쪽으로 힘이 진행

(3) 전계가 경계면에 수평인 경우

① $f = f_1 - f_2 = \dfrac{1}{2}(\varepsilon_1 - \varepsilon_2)E^2[\mathrm{N/m^2}]$

② 전계와 수직 방향으로 압축응력(= 흡인력)을 받으며 유전율이 큰 쪽에서 작은 쪽으로 힘이 진행

06 유전체의 특수 현상

(1) 파이로(Pyro) 전기효과(초전효과)

① 전기석이나 티탄산바륨의 결정에 가열을 하거나 냉각을 시키면 결정의 한쪽 면에는 (+)전하, 다른 쪽 면에는 (−)전하가 나타나는 분극현상

② 열에너지가 전기에너지로 변환

(2) 압전효과

① 어떤 유전체에 압력이나 인장을 가하면 응력으로 인하여 전기분극이 일어나고 분극전하가 나타나는 현상

② 마이크, 압력 측정, 초음파 발생, 전기 진동(발진기)

③ 종효과 : 응력과 분극 방향이 동일 방향

④ 횡효과 : 응력과 분극 방향이 수직 방향

(3) 접촉전기(= 볼타효과)

도체와 도체, 유전체와 유전체, 유전체와 도체를 접촉시키면 전자가 이동하여, 양(+), 음(−)으로 대전되는 현상

SECTION 05 전기영상법

01 점전하의 영상전하에 작용하는 힘(= 영상력)

(1) $F = -\dfrac{Q^2}{16\pi\varepsilon a^2}$ [N] → 흡인력 작용

(2) 일(= 에너지)

$W = -\dfrac{Q^2}{16\pi\varepsilon a}$ [J] (접지 부분에 가까울수록 에너지 감소)

02 선도체의 영상전하에 작용하는 힘(흡인력)

$F = -\dfrac{\lambda^2}{4\pi\varepsilon \cdot h}$ [N/m]

03 무한 평면도체의 최대 표면전하밀도

(1) Q[C]에서 r[m]만큼 떨어진 곳에서 전계의 세기

$E = \dfrac{Q}{2\pi\varepsilon} \times \dfrac{d}{(d^2+y^2)^{\frac{3}{2}}}$ [V/m]

(2) 표면전하밀도

$\sigma = D = -\dfrac{Q \cdot d}{2\pi(d^2+y^2)^{\frac{3}{2}}}$ [C/m^2]

(3) 최대 표면전하밀도($y=0$)

$\sigma_{max} = D_{max} = -\dfrac{Q}{2\pi d^2}$ [C/m^2]

04 접지구 도체의 영상법

(1) 유도된 영상전하의 크기

$$Q' = -\frac{a}{d}Q[\mathrm{C}]$$

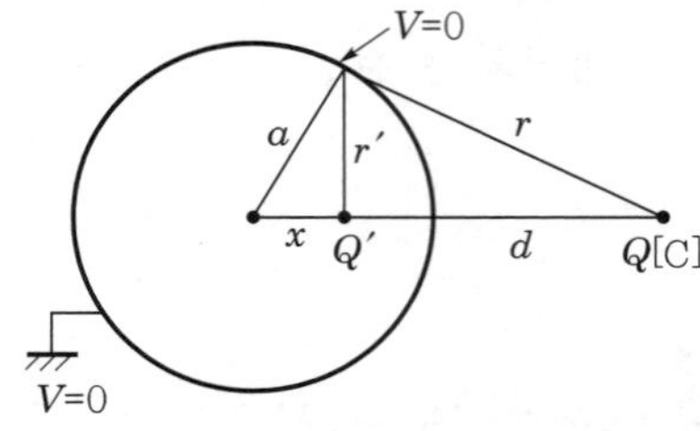

(2) 유도된 영상전하의 위치

$$x = \frac{a^2}{d}[\mathrm{m}]$$

(3) 접지구 도체와 점전하 간에 작용하는 힘(= 점전하와 영상전하 사이에 작용하는 힘)

$$F = -\frac{a \cdot d\,Q^2}{4\pi\varepsilon_0(d^2-a^2)^2} = -\frac{a}{d}\times\frac{Q^2}{4\pi\varepsilon\left(d-\frac{a^2}{d}\right)^2}[\mathrm{N}]$$

SECTION 06 전류

01 전하량

$$Q = C\cdot V = I\cdot t = n\cdot e[\mathrm{C}]$$

여기서, n : 단위체적당 전자의 개수[개/m^3]

e : 전자 1개의 전하량(= 1.602×10^{-19}[C])

02 전류

① $I = \frac{Q}{t} = \frac{n\cdot e}{t}[\mathrm{A}]$

② $I = \frac{V}{R} = \frac{V}{\rho\frac{l}{S}} = \frac{1}{\rho}\cdot\frac{V}{l}\cdot S = \frac{1}{\rho}\cdot E\cdot S = kE\cdot S[\mathrm{A}]$

(1) 전류밀도

$$i_c = \frac{I}{S} = \frac{1}{\rho}E = kE = n\cdot e\cdot v[\mathrm{A/m^2}]$$

(2) 전류의 연속성(KCL)

① $\nabla \cdot i_c = 0$ (누설전류 $= 0$)

② 임의의 도체 단면에 유입하는 전류의 총합은 유출하는 전류의 총합과 같다.
입력전류(I_{in}) = 출력전류(I_{out})

03 전기저항

(1) 전선 자체의 저항

※ 장거리 선로에서 필수 고려

$$R = \rho\frac{l}{S} = \rho\frac{l}{\pi r^2} = \rho\frac{4l}{\pi D^2}[\Omega] \quad \left(R \propto \frac{1}{S} \propto \frac{1}{r^2} \propto \frac{1}{D^2}\right)$$

(2) 고유저항

① 기호 : $\rho[\Omega \cdot \text{m}]$ $\left(\text{여기서, } \rho = \frac{1}{k}\ ;\ k = \text{도전율}[℧/\text{m} = \text{S/m}]\right)$

② $1[\Omega \cdot \text{m}] = 10^6[\Omega \cdot \text{mm}^2/\text{m}]$

(3) 옴의 법칙 미분형

$$i_c = \frac{1}{\rho}E = kE[\text{A/m}^2]$$

04 온도변화에 따른 전기저항

(1) 온도계수

① 0[℃]의 온도계수 : $\alpha_0 = \frac{1}{234.5} = 0.00427$

② t[℃]의 온도계수 : $\alpha_t = \frac{1}{234.5 + t} = \frac{\alpha_0}{1 + \alpha_0 \cdot t}$

(2) 온도변화에 따른 전기저항

① 0[℃] → t[℃]일 때의 저항 : $R_t = R_0(1 + \alpha_0 \cdot t)[\Omega]$

② t[℃] → T[℃]일 때의 저항 : $R_T = R_t(1 + \alpha_t \cdot \Delta t) = R_t\{1 + \alpha_t \cdot (T - t)\}[\Omega]$

(3) 온도계수값이 다른 두 도체의 합성 온도계수(직렬 연결)

$$\alpha = \frac{R_1\alpha_1 + R_2\alpha_2}{R_1 + R_2}$$

05 저항과 정전용량

(1) 저항과 정전용량의 관계

$$RC = \rho\varepsilon$$

(2) 접지극에 흐르는 누설전류

$$I = \frac{V}{R} = \frac{CV}{\rho\varepsilon}[\text{A}]$$

(3) 여러 가지 형태에 따른 저항과 정전용량

① 구도체

㉠ $C = 4\pi\varepsilon a[\text{F}]$

㉡ $R = \dfrac{\rho}{4\pi a} = \dfrac{1}{4\pi\sigma a}[\Omega]$

② 2구상

㉠ $C = \dfrac{4\pi\varepsilon}{\dfrac{1}{a} + \dfrac{1}{b}}[\text{F}]$

㉡ $R = \dfrac{\rho}{4\pi}\left(\dfrac{1}{a} + \dfrac{1}{b}\right) = \dfrac{1}{4\pi\sigma}\left(\dfrac{1}{a} + \dfrac{1}{b}\right)[\Omega]$

③ 반구형

㉠ $C = 2\pi\varepsilon a[\text{F}]$

㉡ $R = \dfrac{\rho}{2\pi a} = \dfrac{1}{2\pi\sigma a}[\Omega]$

④ 동심구

㉠ $C = \dfrac{4\pi\varepsilon}{\dfrac{1}{a} - \dfrac{1}{b}}[\text{F}]$

㉡ $R = \dfrac{\rho}{4\pi}\left(\dfrac{1}{a} - \dfrac{1}{b}\right) = \dfrac{1}{4\pi\sigma}\left(\dfrac{1}{a} - \dfrac{1}{b}\right)[\Omega]$

⑤ 원통형 도체

㉠ $C = \dfrac{2\pi\varepsilon l}{\ln\dfrac{b}{a}}[\text{F}]$

㉡ $R = \dfrac{\rho}{2\pi l}\ln\dfrac{b}{a} = \dfrac{1}{2\pi\sigma l}\ln\dfrac{b}{a}[\Omega]$

06 열전현상

(1) 제베크 효과(Seebeck effect)

서로 다른 금속을 접한 후 접점에 열을 가하게 되면 두 접점의 온도차로 인해 생기는 전위차에 의해 전류가 흐르게 되는 현상

(2) 펠티에 효과(Peltier effect)

서로 다른 금속을 접한 후 전류를 흐르게 했을 때, 각 접점에서 발열 또는 흡열 작용이 일어나는 현상

(3) 톰슨 효과(Thomson effect)

동일한 금속에 부분적인 온도차를 두고 전류를 흘리면 발열 또는 흡열 작용이 일어나는 현상

SECTION 07 진공 중의 정자계

01 정자계의 쿨롱의 법칙

(1) 쿨롱의 법칙

① 진공 또는 공기 중에서 작용하는 힘

$$F_0 = \frac{1}{4\pi\mu_0}\frac{m_1 m_2}{r^2} = 6.33 \times 10^4 \frac{m_1 m_2}{r^2}\,[\mathrm{N}]$$

② 비투자율 μ_s인 매질에서 작용하는 힘

$$F = \frac{1}{4\pi\mu}\frac{m_1 m_2}{r^2} = \frac{1}{4\pi\mu_0\mu_s}\frac{m_1 m_2}{r^2} = 6.33 \times 10^4 \frac{m_1 m_2}{\mu_s r^2}\,[\mathrm{N}]$$

(2) 투자율

$$\mu = \mu_0 \times \mu_s$$

여기서, μ_0 : 진공의 투자율($= 4\pi \times 10^{-7}$[H/m])
μ_s : 비투자율(진공의 비투자율 : $\mu_s = 1$)

02 자계의 세기

(1) 자장(계) 안에 단위 정자극(+1[Wb])을 놓았을 때 힘의 세기

$$H=\frac{1}{4\pi\mu_0}\frac{m}{r^2}=6.33\times10^4\times\frac{m}{r^2}\,[\mathrm{AT/m=A/m}]$$

(2) 자장(H)과 정자력(F)의 관계

$$F=mH \rightarrow H=\frac{F}{m}\,[\mathrm{N/Wb=AT/m}]$$

03 자기력선의 성질

(1) 자기력선은 N극(정자극)에서 나와서 S극(부자극)으로 들어간다.

※ 내부에서는 $-m$에서 $+m$으로 이동

(2) 자기력선은 도체 내부를 통과한다.

(3) 자기력선은 스스로 폐곡선을 만든다.

(4) 자기력선의 방향＝자장의 방향

(5) 자기력선은 반드시 자성체 표면에 수직으로 출입한다.

(6) 자기력선은 서로 반발하고 교차하지 않는다.

(7) 자기력선은 자하가 존재하지 않는 곳에서는 자력선의 발생 또는 소멸이 없고 연속이다.

(8) 자기력선의 밀도＝자장의 세기

(9) 자기력선의 수 $N=\frac{m}{\mu}$ [개]

04 가우스의 정리

(1) 자기장 안에서 임의의 한 점의 자기력선의 밀도는 그 점에서 자장의 세기와 같다.

$\frac{dN}{dS}=H \quad \therefore N=H\cdot S$

(2) 임의의 폐곡면 내의 전체 자하량 m[Wb]가 있을 때 이 폐곡면을 통해서 나오는 자력선의 총수는 $\frac{m}{\mu}$개와 같다.

$$N = \frac{m}{4\pi \times 10^{-7}} = \frac{10^7}{4\pi} \times m = 7.958 \times 10^5 \cdot m$$

구분	매질의 종류	자기력선의 수
1[Wb] (단위 정자하)	진공(공기)	$N = \frac{1}{\mu_0}$
	μ인 매질	$N = \frac{1}{\mu} = \frac{1}{\mu_0 \mu_s}$
m[Wb]	진공(공기)	$N = \frac{m}{\mu_0}$
	μ인 매질	$N = \frac{m}{\mu} = \frac{m}{\mu_0 \mu_s}$

05 자속밀도

(1) 자속밀도 B[Wb/m² = T]

단위면적당 자속의 수

$$B = \frac{\phi}{S} = \frac{m}{S} = \frac{m}{4\pi r^2}\,[\mathrm{Wb/m^2}]$$

(2) 자속밀도(B)와 자계의 세기(H)의 관계

① 임의의 매질 : $B = \mu H = \mu_0 \mu_s H\,[\mathrm{Wb/m^2}]$

② 진공 또는 공기 : $B = \mu_0 H\,[\mathrm{Wb/m^2}]$

(3) 미분형, 적분형

① 적분형 : $\phi = \int \vec{B} \cdot ds = 0$

② 미분형 : $\mathrm{div}\,\vec{B} = \nabla \cdot \vec{B} = 0$

③ 임의의 폐곡면을 통해 들어오고 나가는 자속의 합은 '0'이다(연속).

④ 자속은 연속이다. → N · S극은 공존한다.

06 자위와 자위차

(1) 자위

m[Wb]의 자하로부터 r[m] 떨어진 P점에서의 자기적 위치 에너지

$$U=-\int_{\infty}^{r} H \cdot dl = \frac{1}{4\pi\mu_0}\frac{m}{r} = H \cdot r[\text{A}]$$

(2) 자위차

$$U_{ab}=-\int_{b}^{a} H \cdot dl = \frac{m}{4\pi\mu_0}\left(\frac{1}{a}-\frac{1}{b}\right)[\text{A}]$$

(3) 자위경도

$$H=-\nabla U=-\text{grad}\, U=-\left(i\frac{\partial}{\partial x}+j\frac{\partial}{\partial y}+k\frac{\partial}{\partial z}\right)U$$

07 자기 쌍극자

자하의 크기는 같고, 부호가 반대인 2개의 점자하가 매우 근접하여 미소거리 δ[m]만큼 떨어져 있는 한 쌍의 자하

(1) 자위

$$U=\frac{M}{4\pi\mu_0 r^2}\cos\theta[\text{A}] \propto \frac{1}{r^2}$$

(2) 자기 쌍극자 모멘트

$$M=m \cdot \delta[\text{Wb}\cdot\text{m}]$$

(3) 자계의 세기

① $\vec{H}=\frac{2M}{4\pi\mu_0 r^3}\cos\theta \cdot \vec{a_r}+\frac{M}{4\pi\mu_0 r^3}\sin\theta \cdot \vec{a_\theta}\,[\text{AT/m}]$

② $|\vec{H}|=\frac{M}{4\pi\mu_0 r^3}\sqrt{1+3\cos^2\theta}\,[\text{AT/m}] \propto \frac{1}{r^3}$

08 막대자석의 회전력

(1) 회전력(=토크)

① $T=mlH\sin\theta=MH\sin\theta[\text{N}\cdot\text{m}]$

② $\vec{T}=\vec{M}\times\vec{H}$

(2) 자기 모멘트

$$M=m \cdot l\,[\text{Wb}\cdot\text{m}]$$

(3) 막대자석을 회전시키는 데 필요한 에너지

$$W=MH(1-\cos\theta)[\text{J}]$$

SECTION 08 전류에 의해 발생되는 자계

01 앙페르의 법칙

(1) 앙페르의 오른나사(손) 법칙

전류에 의한 자장의 방향을 결정하는 법칙

① 전류의 방향 : 오른나사의 진행방향

② 자장의 방향 : 오른나사의 회전방향

(2) 앙페르의 주회적분의 법칙

① 전류에 의한 자계의 크기를 구하는 법칙

② 자계 H[A/m]로 폐경로 l[m]를 일주했을 때, 자계의 선적분은 이 폐곡선을 관통하는 전류와 같다.

$$\int H \cdot dl = \sum NI$$

$$\therefore \ H = \frac{NI}{2\pi r} = \frac{NI}{l} \text{[AT/m]}$$

02 비오-사바르의 법칙(Biot-Savart's law)

도선에 I[A]의 전류를 흘릴 때 도선의 미소 부분의 길이 dl에서 r[m] 떨어진 점 P에서 dl에 의해 발생한 자장의 세기 dH는 다음과 같다.

$$dH = \frac{I \cdot dl}{4\pi r^2} \sin\theta = \frac{I \cdot dl}{4\pi r^2} \cdot \overrightarrow{a_r} \text{ [AT/m]}$$

03 여러 가지 도체 모양에 따른 자계의 세기

(1) 무한 직선 전류에 의한 자계의 세기

$$H = \frac{I}{2\pi r} \text{[AT/m]}$$

(2) 원통 도체 전류에 의한 자계의 세기

① 원통 도체 외부의 자계 : $H_{외} = \dfrac{I}{2\pi r}$[AT/m] (거리에 반비례)

② 원통 도체 내부의 자계 : $H_{내} = \dfrac{I \cdot r}{2\pi a^2}$[AT/m] (거리에 비례)

(3) 환상 솔레노이드에서의 자계의 세기

① 환상 솔레노이드 외부 자계 : $H_{외} = 0$

② 환상 솔레노이드 내부 자계 : $H_{내} = \dfrac{NI}{2\pi a}$[AT/m] (평등자계)

(4) 무한 솔레노이드에서의 자계의 세기

① 무한 솔레노이드 외부 자계 : $H_{외} = 0$

② 무한 솔레노이드 내부 자계 : $H_{내} = n_0 I$[AT/m] (평등자계)

여기서, n_0 : 단위길이당 권수

(5) 원형 코일 중심축상의 자계의 세기

$$H = \frac{a^2 I}{2(a^2 + b^2)^{3/2}}\,[\text{AT/m}]$$

(6) 원형 코일 중심에서의 자계의 세기

$$H = \frac{I}{2a}\,[\text{AT/m}]$$

(7) 유한 직선 도체에 의한 자계의 세기

$$H = \frac{I}{4\pi r}(\sin\theta_1 + \sin\theta_2) = \frac{I}{4\pi r}(\cos\alpha_1 + \cos\alpha_2)\,[\text{AT/m}]$$

(8) 정 n각형 중심의 자계의 세기(한 변의 길이 a)

① $H = \dfrac{nI}{\pi a}\sin\dfrac{\pi}{n}\tan\dfrac{\pi}{n}$[AT/m]

② 정삼각형 중심에서의 자장 : $H = \dfrac{9I}{2\pi a}$[AT/m]

③ 정사각형 중심에서의 자장 : $H = \dfrac{2\sqrt{2}\,I}{\pi a}$[AT/m]

④ 정육각형 중심에서의 자장 : $H = \dfrac{\sqrt{3}\,I}{\pi a}$[AT/m]

04 플레밍의 왼손 법칙

자장 내에서 도체를 넣고 전류를 흘리면 도체가 운동을 하는데, 이때 도체에 작용하는 힘을 구하는 법칙

(1) 엄지 : 기계적 방향(힘의 방향)

(2) 검지 : 작용하는 공간(자계의 방향)

(3) 중지 : 전기적 방향(전류의 방향)

(4) 힘의 크기

$$F = IBl\sin\theta = I \cdot \mu Hl\sin\theta[\text{N}]$$
$$\vec{F} = I(\vec{l} \times \vec{B})$$

05 로렌츠의 힘(Lorentz' force)

자장이 있는 공간에서 전하가 받는 힘(원운동)

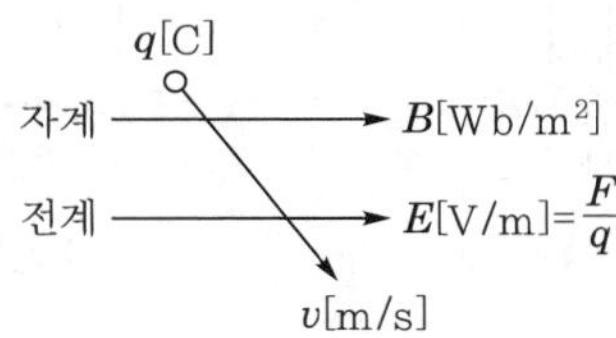

(1) 전계 + 자계

$\vec{F} = q(\vec{E} + \vec{v} \times \vec{B})[\text{N}]$

(2) 자계

① 힘 : $\vec{F} = q(\vec{v} \times \vec{B})[\text{N}]$

② 힘의 크기 : $F = qvB\sin\theta[\text{N}]$

㉠ $F = qvB$: 전자의 운동방향과 자기장의 방향이 수직, 최대

㉡ $F = qvB\sin\theta$: 전자가 각을 이루며 로렌츠의 힘을 받음

㉢ $F = 0$: 전자의 운동방향과 자장의 방향이 같을 때

(3) 전자의 등속 원운동 시 주기, 반지름

① 구심력(원심력) : $F = v \cdot B \cdot q = \dfrac{mv^2}{r}$

② 전자의 속도 : $v = \dfrac{q \cdot B \cdot r}{m}[\text{m/s}]$

③ 전자 궤적의 반지름 : $r = \dfrac{m \cdot v}{q \cdot B}[\text{m}]$

④ 각속도(각주파수) : $\omega = \dfrac{q \cdot B}{m}[\text{rad/s}]$

⑤ 주파수 : $f = \dfrac{q \cdot B}{2\pi \cdot m}[\text{Hz}]$

⑥ 주기 : $T = \dfrac{2\pi \cdot m}{q \cdot B}[\text{s}]$

06 평행전류 사이에 작용하는 힘

평행한 도체에 전류를 흘리면 도체 사이에 힘이 작용

(1) 힘의 작용

① 전류의 방향이 같은 경우(평행도선) : 흡인력

② 전류의 방향이 다른 경우(왕복도선) : 반발력

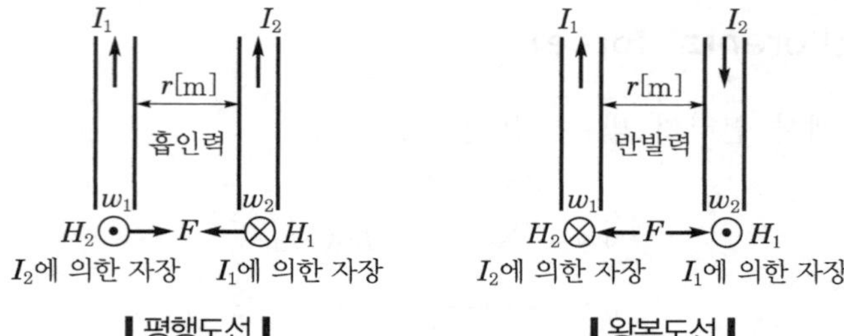

❙ 평행도선 ❙ ❙ 왕복도선 ❙

(2) 힘의 크기

$$F=\frac{2I_1I_2}{r}\times 10^{-7}=\frac{\mu_0 I_1 I_2}{2\pi r}\,[\mathrm{N/m}]$$

07 전류에 의한 자기효과

(1) 홀 효과(hall effect)

전류가 흐르고 있는 도체에 자계를 가하면 도체 측면에 정부의 전하가 나타나 전위차가 발생하는 현상

(2) 핀치 효과(pinch effect)

도체에 직류를 인가하면 전류와 수직방향으로 원형 자계가 생겨 전류에 구심력이 작용하여 도체 단면이 수축하면서 도체 중심쪽으로 전류가 몰리는 현상

(3) 스트레치 효과(stretch effect)

잘 구부러지는 가요성의 코일을 사각형으로 하고 큰 전류를 흘려주면 도선 간에 반발력이 작용하여 원형을 이루는 현상

SECTION 09 자성체 및 자기회로

01 자성체의 종류

(1) 상자성체

① 백금(Pt), 알루미늄(Al), 텅스텐(W), 주석(Sn), 산소(O_2)

② 비투자율 : $\mu_s > 1$

③ 자화율 : $\chi > 0$

(2) 강자성체

① 철(Fe), 니켈(Ni), 코발트(Co), 망간(Mn)

② 비투자율 : $\mu_s \gg 1$

③ 자화율 : $\chi \gg 0$

(3) 반자성체(= 역자성체)

① 금(Au), 구리(Cu), 아연(Zn), 납(Pb), 은(Ag), 비스무트(Bi)

② 비투자율 : $\mu_s < 1$

③ 자화율 : $\chi < 0$

02 자화에 필요한 에너지

체적당 에너지 $w[\text{J/m}^3]$ = 면적당 작용하는 힘 $f_0[\text{N/m}^2]$

(1) $$w = \frac{1}{2}\frac{B^2}{\mu} = \frac{1}{2}\mu H^2 = \frac{1}{2}BH\,[\text{J/m}^3]$$

(2) $$f_0 = \frac{1}{2}\frac{B^2}{\mu_0} = \frac{1}{2}\mu_0 H^2 = \frac{1}{2}BH\,[\text{N/m}^2]$$

03 히스테리시스 곡선

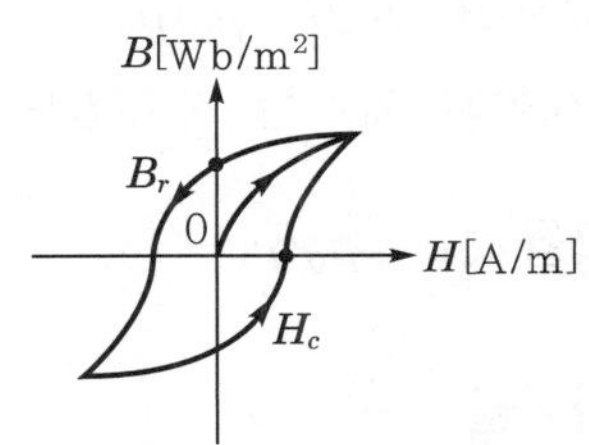

(1) 횡축과 종축

① 횡축 : 자장의 세기 H

② 종축 : 자속밀도 B

(2) 횡축, 종축과 만나는 점

① 횡축 : 보자력 H_c

② 종축 : 잔류자기(속) B_r

(3) 기울기 = 투자율 μ

(4) 히스테리시스 루프의 면적 = 체적당 에너지[J/m³] = 히스테리시스 손실[W]

(5) 히스테리시스 손실 실험식

$P_h = k_h \cdot f \cdot B_m^{\ n}$

여기서, $n = 1.6 \sim 2$

04 영구자석과 전자석

(1) 영구자석

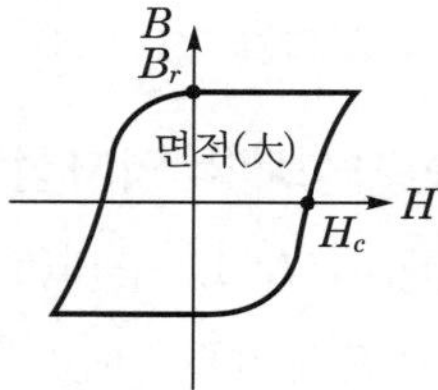

① 잔류자기(B_r)가 크다.

② 보자력(H_c)이 크다.

③ 히스테리시스 루프 면적이 크다.

④ 손실이 크다.

(2) 전자석

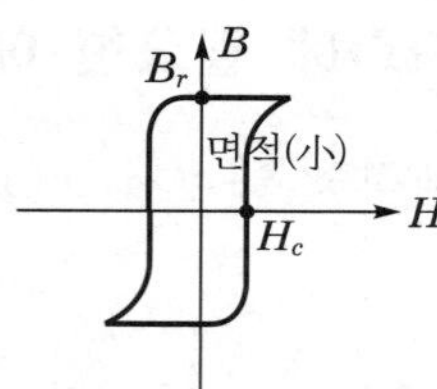

① 잔류자기(B_r)가 크다.

② 보자력(H_c)이 작다.

③ 히스테리시스 루프 면적이 작다.

④ 손실이 작다.

05 자화의 세기

(1) 단위체적당 자기 쌍극자 모멘트

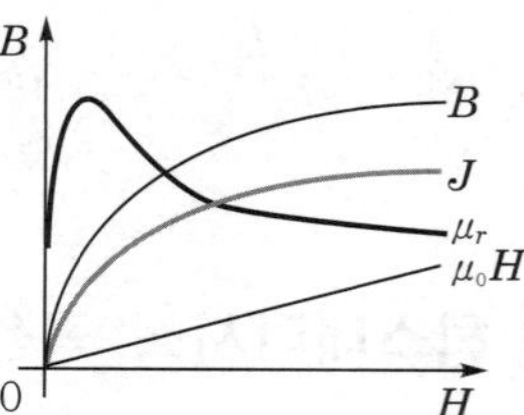

① $J = \dfrac{dm}{ds} = \dfrac{dM}{dV}$ [Wb/m²]

② $J = B - \mu_0 H = \mu_0(\mu_s - 1)H = \chi H$

③ 자화의 세기는 자속밀도보다 약간 작다($\mu_0 H$만큼).

(2) 자화율 : $\chi = \mu_0(\mu_s - 1)$

(3) 비자화율 : $\dfrac{\chi}{\mu_0} = \mu_s - 1$

(4) **비투자율** : $\mu_s = 1 + \dfrac{\chi}{\mu_0}$

(5) 자화의 세기(J)는 자속밀도(B)보다 약간 작다($\mu_0 H$만큼).

(6) 자화의 세기(J)와 자계의 세기(H)는 비례하지 않는다(조건부(포화 이전) 비례).

06 자성체의 경계조건

(1) **자속밀도(B)**

법선성분 연속

$B_{1n} = B_{2n} \rightarrow B_1 \cos\theta_1 = B_2 \cos\theta_2$

(2) **자계의 세기(H)**

접선성분 연속

$H_{1t} = H_{2t} \rightarrow H_1 \sin\theta_1 = H_2 \sin\theta_2$

(3) **최종 경계조건(굴절법칙)**

① $\dfrac{\mu_1}{\mu_2} = \dfrac{\tan\theta_1}{\tan\theta_2}$

② $\mu_1 > \mu_2$

㉠ $\theta_1 > \theta_2$

㉡ $B_1 > B_2$

㉢ $H_1 < H_2$

07 자기회로

(1) **자기회로의 옴의 법칙**

① 기자력 : $F = NI = R_m \cdot \phi = H \cdot l$ [AT]

② 자기저항 : $R_m = \dfrac{NI}{\phi} = \dfrac{F}{\phi} = \dfrac{l}{\mu S}$ [AT/Wb]

③ 자속 : $\phi = \dfrac{\mu SNI}{l}$ [Wb]

(2) 공극이 있는 자기회로

① 합성 자기저항 : $R_m' = R_i + R_g = \dfrac{l}{\mu_0\mu_s S} + \dfrac{l_g}{\mu_0 S}$

$$= \frac{1}{\mu_0 S}\left(\frac{l}{\mu_s} + l_g\right) = \frac{l}{\mu S}\left(1 + \frac{l_g}{l}\mu_s\right)$$

② 공극이 있을 때의 자기저항 R_m'와 없을 때의 자기저항 R_m의 비

$$\frac{R_m'}{R_m} = 1 + \frac{l_g}{l}\mu_s = 1 + \frac{\mu\, l_g}{\mu_0 l} = \frac{l + l_g\mu_s}{l}$$

08 전기회로와 자기회로의 비교

전기회로		자기회로	
기전력	$E = I \cdot R$[V]	기자력	$F = NI = R_m\phi$[AT]
전류	$I = \dfrac{E}{R}$[A]	자속	$\phi = \dfrac{F}{R_m}$[Wb]
전기저항	$R = \rho\dfrac{l}{S} = \dfrac{l}{\sigma \cdot S}$[Ω]	자기저항	$R_m = \dfrac{l}{\mu S}$[AT/Wb]
도전율	σ[S/m] = [℧/m]	투자율	μ[H/m]
전류밀도	$J = \dfrac{I}{S}$[A/m²]	자속밀도	$B = \dfrac{\phi}{S}$[Wb/m²]
KCL KVL	$I_{in} = I_{out} \rightarrow \sum I = 0$ $E = V \rightarrow \sum V = 0$	KCL KVL	$\phi_{in} = \phi_{out} \rightarrow \sum\phi = 0$ $\sum F = \sum NI = \sum \phi R_m = 0$

SECTION 10 인덕턴스와 전자유도

01 인덕턴스

(1) 인덕턴스의 약호(기호)

① 자기 인덕턴스 L, 상호 인덕턴스 M

② 단위 : [H] = [Wb/A] = [Ω · s] = [J/A²]

(2) 자기 인덕턴스

$$L = N\frac{\phi}{I}[\mathrm{H}],\quad N\phi = LI[\mathrm{Wb}]$$

여기서, $N\phi$: 쇄교자속

(3) 자기회로의 인덕턴스

$$L=\frac{N\phi}{I}=\frac{N}{I}\cdot\frac{NI}{R_m}=\frac{N^2}{R_m}=\frac{\mu SN^2}{l}=\frac{\mu_o\mu_r SN^2}{l}\,[\mathrm{H}]$$

$\therefore\ L \propto N^2$ 관계

(4) 인덕턴스에 발생하는 기전력

$$e=-L\frac{di}{dt}=-N\frac{d\phi}{dt}\,[\mathrm{V}]$$

유도기전력 e는 전류의 변화를 방해하는 방향 (−)로 발생한다.

02 상호 인덕턴스

(1) 상호 인덕턴스

① $M=\dfrac{N_2\phi}{I_1}\,[\mathrm{H}]$

② $M_{12}=\dfrac{N_1\phi_{12}}{I_2}=\dfrac{\mu SN_1N_2}{l}=\dfrac{N_1N_2}{R_m}\,[\mathrm{H}]$

③ $M_{21}=\dfrac{N_2\phi_{21}}{I_1}=\dfrac{\mu SN_1N_2}{l}=\dfrac{N_1N_2}{R_m}\,[\mathrm{H}]$

(2) 자기 인덕턴스와 상호 인덕턴스의 관계

$$L_1L_2=\frac{{N_1}^2}{R_m}\times\frac{{N_2}^2}{R_m}=\left(\frac{N_1N_2}{R_m}\right)^2=M^2$$

$$M=\sqrt{L_1L_2}\,[\mathrm{H}]$$

03 결합계수

(1) 개념

실제 코일의 접속회로에 존재하는 누설자속으로 인하여 두 코일 사이에 존재하는 상호 인덕턴스값이 작아지는 정도를 나타내는 상수를 말한다.

$$k=\frac{M}{\sqrt{L_1L_2}}\quad(0\le k\le 1)$$

① $k=0$: 미결합(수직 교차)

② $k=1$: 완전결합(누설자속 없음)

③ $k=0.9$: 누설자속 10[%]

④ $k=0.8$: 누설자속 20[%]

⑤ 일반적인 결합계수의 범위 : $0<k<1$

(2) M과 L의 관계

$$M=L_1\frac{N_2}{N_1}=L_2\frac{N_1}{N_2}$$

04 코일의 접속

(1) 직렬 접속

① 가동접속 : 한 코일의 자속이 다른 코일의 자속과 합해지는 방향으로 접속

$$L=L_1+L_2+2M=L_1+L_2+2k\sqrt{L_1L_2}\,[\mathrm{H}]$$

② 차동접속 : 한 코일의 자속이 다른 코일의 자속과 상쇄되는 방향으로 접속

$$L=L_1+L_2-2M=L_1+L_2-2k\sqrt{L_1L_2}\,[\mathrm{H}]$$

(2) 병렬 접속

① 가동접속 : $L_o=\dfrac{L_1L_2-M^2}{L_1+L_2-2M}=\dfrac{L_1L_2-M^2}{(L_1-M)+(L_2-M)}$

$$=M+\frac{(L_1-M)\times(L_2-M)}{(L_1-M)+(L_2-M)}$$

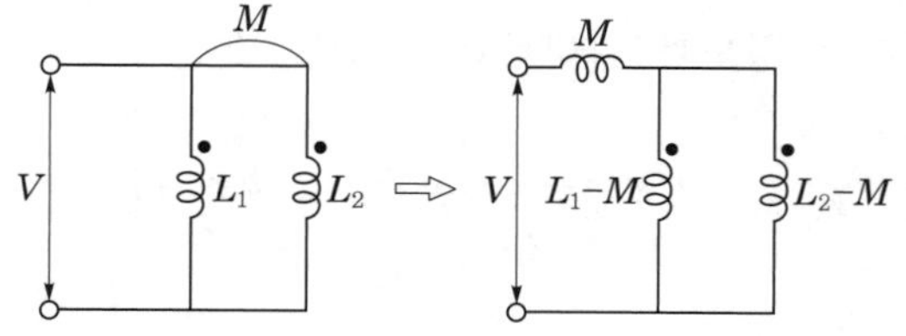

② 차동접속 : $L_o = \dfrac{L_1L_2 - M^2}{L_1 + L_2 + 2M} = \dfrac{L_1L_2 - M^2}{(L_1 + M) + (L_2 + M)}$

$$= -M + \frac{(L_1 + M) \times (L_2 + M)}{(L_1 + M) + (L_2 + M)}$$

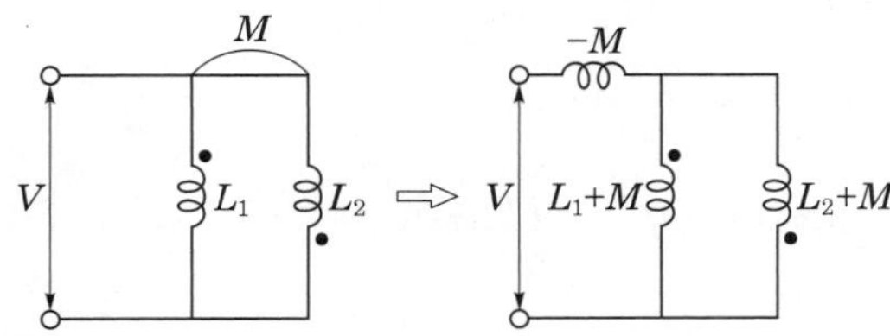

05 코일에 축적되는 에너지

(1) 쇄교자속이 주어진 경우(권수 N이 주어지는 경우)

$$W = \frac{1}{2}LI^2 = \frac{1}{2}N\phi I = \frac{1}{2}\frac{(N\phi)^2}{L}\,[\mathrm{J}]$$

(2) 자속만 주어진 경우(권수 $N=1$인 경우)

$$W = \frac{1}{2}LI^2 = \frac{1}{2}\phi I = \frac{1}{2}\frac{\phi^2}{L}\,[\mathrm{J}]$$

06 여러 가지 도체의 합성 인덕턴스

(1) 환상 솔레노이드의 인덕턴스

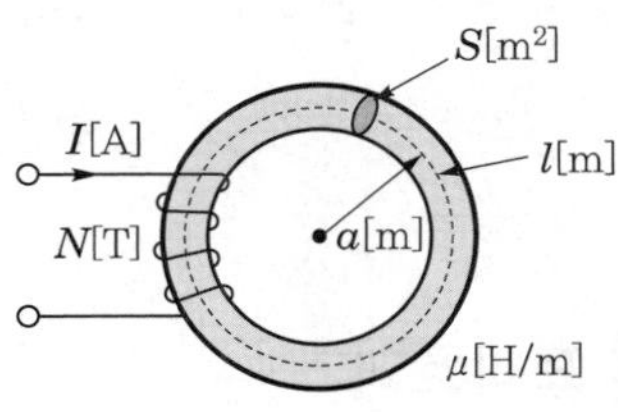

① $L = \dfrac{\mu S N^2}{l} = \dfrac{N^2}{R_m}\,[\mathrm{H}]$

② $L = \dfrac{NBS}{I} = \dfrac{\mu HNS}{I}\,[\mathrm{H}]$

(2) 무한 솔레노이드의 인덕턴스

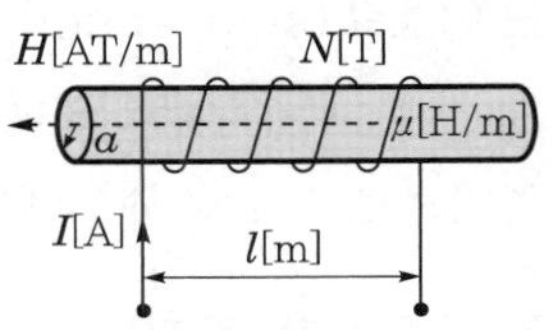

$L = \mu S n_0^2 = \mu n_0^2 \pi a^2\,[\mathrm{H/m}]$

여기서, n_0 : 단위길이당 권선수

$S = \pi a^2\,[\mathrm{H}]$

(3) 유한 솔레노이드의 인덕턴스

$$L=\frac{N\phi}{I}=\frac{\mu SN^2}{l}=\frac{\mu\pi a^2N^2}{l}=\frac{4\pi^2a^2\mu_sN^2}{l}\times10^{-7}[\text{H}]$$

여기서, $S=\pi a^2$, $\mu=\mu_0\cdot\mu_s$

(4) 원주 도체 내의 인덕턴스

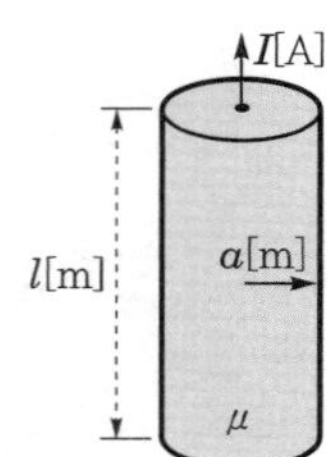

① 단위길이당 인덕턴스 : $L'=\dfrac{\mu}{8\pi}[\text{H/m}]$

② 전체 길이에 대한 인덕턴스 : $L'=\dfrac{\mu l}{8\pi}[\text{H}]$

(5) 원통 도체(동축 케이블)의 인덕턴스

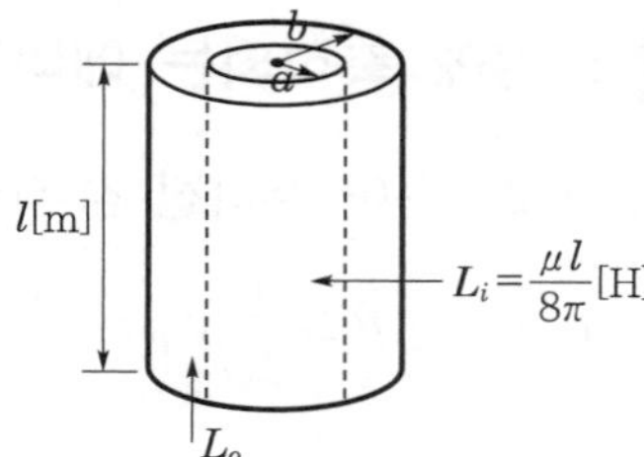

① 외부 인덕턴스(절연체) : $L_o=\dfrac{\mu l}{2\pi}\ln\dfrac{b}{a}[\text{H}]$

② 내부 인덕턴스(심선) : $L_i=\dfrac{\mu l}{8\pi}[\text{H}]$

③ 총인덕턴스 : $L=L_i+L_o=\dfrac{\mu l}{8\pi}+\dfrac{\mu l}{2\pi}\ln\dfrac{b}{a}[\text{H}]$

(6) 평행 도체 사이의 인덕턴스

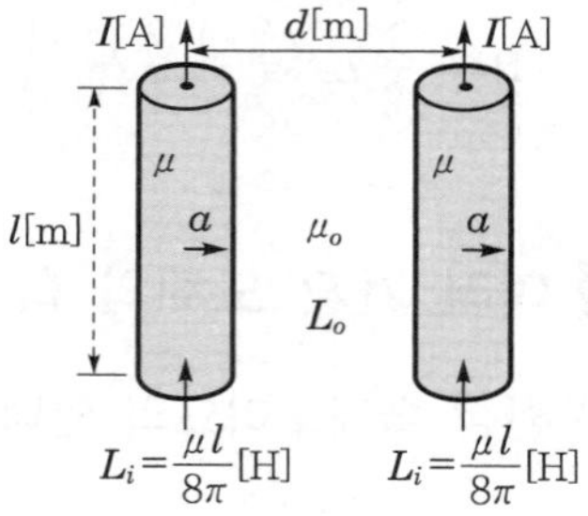

① 내부 인덕턴스 : $L_i=\dfrac{\mu\cdot l}{8\pi}[\text{H}]$

② 외부 인덕턴스 : $L_o=\dfrac{\mu_0 l}{\pi}\ln\dfrac{d}{a}[\text{H}]$

③ 총인덕턴스 : $L=2L_i+L_o=\dfrac{\mu l}{4\pi}+\dfrac{\mu_0 l}{\pi}\ln\dfrac{d}{a}$

$$=\frac{\mu_0 l}{\pi}\left(\frac{\mu_s}{4}+\ln\frac{d}{a}\right)[\text{H}]$$

07 표피효과

(1) 표피효과(skin effect)

전선에 교류(AC)가 흐르면 도체 내부로 갈수록 자속이 집중되어 자속, 인덕턴스, 리액턴스가 증가하므로 도체 내부에는 전류가 흐르기 어려워 도체 표면에 전류가 집중되는 현상을 말한다.

(2) 표피효과가 커지는 경우(표피두께가 얇아지는 경우)

① 회로에 인가한 주파수 f가 높을수록
② 전선의 도전율 $k(=\sigma)$가 클수록
③ 전선의 투자율 μ가 클수록

(3) 표피두께(침투깊이 ; skin depth)

$$\delta = \frac{1}{\sqrt{\pi f \sigma \mu}} = \sqrt{\frac{2}{\omega \sigma \mu}} \text{ [m]}$$

08 전자유도현상

(1) 개념

코일과 자속이 쇄교할 경우 자속이 변하거나 자장 중에 코일이 움직이는 경우 코일에 새로운 기전력이 발생하는 현상

① 유도기전력의 크기

㉠ 패러데이 법칙

㉡ 유도기전력의 크기는 코일에 쇄교하는 자속의 변화$\left(\frac{d\phi}{dt}\right)$에 비례

② 유도기전력의 방향

㉠ 렌츠의 법칙

㉡ 유도기전력의 방향은 유도전류가 만드는 자속이 원래의 자속을 방해하는 방향으로 발생

(2) 패러데이-렌츠-노이만의 법칙

① 유도기전력은 코일 권수(N)에 비례한다.

$$e = -N\frac{d\phi}{dt} = -\frac{d\lambda}{dt} = -L\frac{di}{dt} = -M\frac{di}{dt} \text{ [V]}$$

여기서, $N\phi = \lambda$(쇄교자속)

② 전자유도현상은 직류에서는 발생하지 않고 교류에서만 발생한다.

(3) 패러데이-렌츠 법칙의 미분형

① 패러데이의 법칙 정리 : $e = -\frac{d\phi}{dt} = \frac{d}{dt}\int B \cdot dS = -\int \frac{\partial B}{\partial t} \cdot dS$

② 미분형 : $\nabla \times E = -\frac{\partial B}{\partial t} = -\mu\frac{\partial H}{\partial t}$

③ 자계의 시간적인 변화는 이 회로에 전류를 흐르게 하는 기전력을 발생시킨다.

09 정현파에 의해 인덕터에 유도되는 기전력

$e = -N\frac{d\phi}{dt} = -N\frac{d}{dt}\phi_m \sin\omega t = -N\phi_m\omega\cos\omega t = -N\phi_m\omega\sin\left(\omega t + \frac{\pi}{2}\right)$에서

$e = N\phi_m \omega \sin\left(\omega t - \frac{\pi}{2}\right)$ $\left(\text{기전력 } e\text{는 } \phi\text{보다 위상이 } \frac{\pi}{2}\text{만큼 지상}\right)$

$\therefore\ E = 4.44 f N\phi_m = 4.44 f N B_m S[\mathrm{V}]$

10 플레밍의 오른손 법칙

(1) 개념

자장이 있는 공간에 도체가 운동을 하면 도체에 기전력이 유도되는 현상으로 속도, 자계의 방향 및 전류의 방향 사이의 관계를 나타낸 법칙이다.

(2) 유도기전력의 크기와 방향

① 크기 : $e = v \cdot B \cdot l \sin\theta[\mathrm{V}]$, $\vec{e} = (\vec{v} \times \vec{B}) \cdot l\,[\mathrm{V}]$

② 방향

㉠ 엄지 : 기계적 방향(운동의 방향)

㉡ 검지 : 작용하는 공간(자장의 방향)

㉢ 중지 : 전기적 방향(유도기전력의 방향)

SECTION 11 전자파

01 전도전류(I_c)

(1) 개념

① 도체에서 전자의 이동으로 인해 발생하는 전류

② 도체 중 전계가 가해져 전위차가 생기면 전하의 이동에 의해 전류가 발생

(2) 전도전류의 계산

$$I_c = \frac{V}{R} = \frac{E \cdot l}{\rho \frac{l}{S}} = \frac{E \cdot S}{\rho} = kES[\mathrm{A}]$$

(3) 전도전류밀도

$$i_c = \frac{I_c}{S} = \frac{kES}{S} = kE[\mathrm{A/m^2}]$$

02 변위전류(I_d)

(1) 개념

① 유전체 내의 전기적인 변위에 의해 발생되는 전류
② 시간에 따른 전속의 변화 → 자계를 생성
③ Maxwell이 도입

(2) 변위전류

$$I_d = C\frac{dV}{dt} = CV_m\omega\cos\omega t[\text{A}]$$

(3) 변위전류밀도

$$i_d = \frac{\partial D}{\partial t} = \varepsilon\frac{\partial E}{\partial t} = j\omega\varepsilon E[\text{A/m}^2]$$

03 전류밀도

전류밀도 = 전도전류밀도 + 변위전류밀도

$$i = i_c + i_d = kE + \frac{\partial D}{\partial t}$$

04 맥스웰 방정식(Maxwell's equation)

(1) 전계에서 가우스의 정리

$$\nabla \cdot D = \rho_v$$

① 임의의 폐곡면을 통해 나가는 전속의 수는 그 폐곡면 내에 있는 전하량과 동일
② 고립된 전하가 존재(+, − 전하가 단독으로 존재)

(2) 자계에서 가우스의 정리

$$\nabla \cdot B = 0$$

① 외부로 발산하는 자속이 없고 폐곡선을 이룸 (자속은 연속)
② 고립된 자하는 존재하지 않음 (N극, S극 단독으로 존재하는 경우 없음)

(3) 패러데이 법칙

① $\nabla \times E = -\frac{\partial B}{\partial t} = -\mu\frac{\partial H}{\partial t}$

$$E = -\frac{\partial A}{\partial t}$$

여기서, A : 자기 벡터 퍼텐셜 MVP

② 자계의 시간적 변화는 전계를 회전시키고 기전력이 발생

(4) 앙페르의 법칙(주회적분의 법칙)

① $\nabla \times H = J + \dfrac{\partial D}{\partial t}$

여기서, J : 전도전류밀도

② 전도전류 및 변위전류는 회전하는 자계가 발생

05 전자파

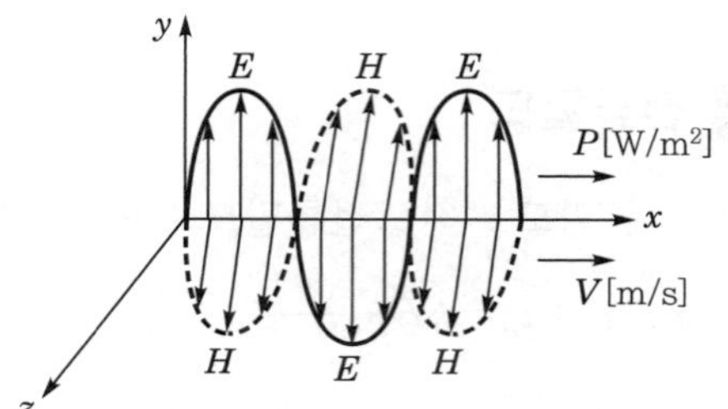

(1) 전자파 = 전(계)파 + 자(계)파

① 진행방향과 E, H가 수직

② TEM파(횡전자파)

(2) 전자파의 성질

① 전자파는 횡방향(x축)으로 진행

② 전계파는 y축으로 진행

③ 자계파는 z축으로 진행

④ 전자파의 진행방향(x축)의 전계 및 자계의 성분은 없다.

⑤ 전계파와 자계파는 서로 동위상

⑥ 전계파와 자계파가 이루는 각도 : 90°(수직)

(3) 전자파 = 전계 × 자계

x	y	z
z	x	y
y	z	x

06 전자파의 속도

(1) 빛의 속도

$$c = \frac{1}{\sqrt{\varepsilon_0 \mu_0}} = 3 \times 10^8 [\text{m/s}]$$

(2) **전자파의 파장**

$$\lambda = \frac{v}{f} = v \cdot t[\mathrm{m}]$$

(3) **속도**

$$v = f \cdot \lambda = \frac{1}{\sqrt{LC}} = \frac{1}{\sqrt{\varepsilon\mu}} = \frac{3 \times 10^8}{\sqrt{\varepsilon_r \mu_r}}[\mathrm{m/s}]$$

07 고유 임피던스(파동 임피던스)

(1) 전자파의 진행을 방해한다.

(2) **전계(E) 성분과 자계(H) 성분의 크기의 비**

$$Z = \frac{E}{H} = \sqrt{\frac{\mu}{\varepsilon}} = 120\pi \cdot \sqrt{\frac{\mu_s}{\varepsilon_s}} = 377 \cdot \sqrt{\frac{\mu_s}{\varepsilon_s}}\,[\Omega]$$

(3) **자유공간에서의 고유 임피던스(Z_0)**

$$Z_0 = \sqrt{\frac{\mu_0}{\varepsilon_0}} = 377[\Omega]$$

08 포인팅 벡터

(1) 전자파가 작용하는 공간에서 단위면적당 전력[$\mathrm{W/m^2}$]의 특성을 파악

(2) 전자파의 진행 방향=포인팅 벡터의 방향

(3) **포인팅 벡터 계산식**

$$P = \overrightarrow{E} \times \overrightarrow{H} = E \cdot H = 377H^2 = \frac{E^2}{377}$$

CHAPTER

02 | 전력공학

SECTION 01 송전선로

01 전선

(1) 단선

선 1가닥이고 단위는 [mm]이다.

(2) 연선

여러 개의 소선으로 구성되고, 단위는 [mm^2]이다.

① 소선의 총수 : $N = 1 + 3n(n+1)$

여기서, n : 층수 → 항상 홀수

② 연선의 바깥지름 : $D = (2n+1)d[\text{mm}]$

여기서, d : 소선 1개의 지름

③ 연선의 단면적 : $A = \dfrac{\pi}{4}d^2 \times N[\text{mm}^2]$

02 송전선로에 사용되는 전선

(1) ACSR(강심알루미늄 연선)

① 장경간에 사용(기계적 강도가 큼)

② 바깥지름(D)이 큼

③ 코로나 임계전압이 높아 코로나 방지

④ 온천지역 채용

(2) 쌍금속선(동복강선)

① 장경간의 송전선로에 사용

② 가공지선(낙뢰방지)

(3) 중공연선

① 초고압 송전선로에 사용

② 코로나 발생 억제

③ 전선의 중심부가 비어 있는 전선

03 전선의 굵기 선정

(1) 전선 굵기 선정 시 고려사항

① 허용전류(우선 고려)
② 전압강하
③ 기계적 강도

(2) 켈빈의 법칙(Kelvin's law)

① 가장 경제적인 전선의 굵기 선정법
② 전선 단위길이당 1년간 전력손실량의 환산 전기요금 = 전선 단위길이당 전선(시설)비에 대한 1년간의 이자와 감가상각비 → 이때의 전선의 굵기

04 표피효과(skin effect)

(1) 개념

전선에 교류(AC)가 흐르면 도체 내부로 갈수록 자속이 집중되어 도체 내부에는 전류가 흐르기 어려워 도체 표면에 전류가 집중되는 현상

(2) 표피두께(침투깊이 ; skin depth)

$$\delta = \sqrt{\frac{2}{\omega \sigma \mu}} = \frac{1}{\sqrt{\pi f \sigma \mu}} \,[\mathrm{m}]$$

주파수(f), 도전율(σ), 투자율(μ)이 클수록 표피두께(δ)는 얇아지고 표피효과는 커진다.

(3) 송전선로에서의 대책

① 복도체 사용
② ASCR 사용
③ 중공전선 사용

05 전선의 구비조건

(1) 도전율이 클 것 → 저항이 작을수록 손실이 작아짐

(2) 기계적 강도가 클 것

(3) 가요성이 클 것 → 가요성 : 잘 휘어지는 성질

(4) 내구성이 클 것 → 오래 사용할 수 있음

(5) 가격이 저렴하고 대량 생산이 가능 → 경제성 우수

(6) 신장률(팽창률) 클 것 → 신장률 : 늘어나는 정도

(7) 비중이 작을 것 → 비중이 작게 되면 가볍고, 건설비를 줄일 수 있음

(8) 인장강도 클 것 → 인장강도 : 전선이 끊어질 때까지의 최대 하중

06 전선의 진동과 도약(전선 보호)

(1) 전선의 진동 방지책

① 전선 지지점에서의 단선 방지(응력 완화) → 아머로드(armour rod) 사용
② 전선 진동 방지 → 댐퍼(damper)를 사용해 진동 에너지를 흡수
③ 댐퍼(damper)의 종류
㉠ Stock bridge damper : 전선의 좌우 진동 방지
㉡ Torsional damper : 전선 상하 진동 방지
㉢ Bate damper : 가공지선 단선 시 보강효과
㉣ Spacer damper : 스페이서 + 댐퍼 기능

(2) 전선의 도약

① 어떤 원인으로 전선에 부착했던 빙설이 떨어지면 갑자기 장력을 잃게 되어 반동적으로 높게 뛰어 오르면서 상부 전선과 접촉해서 단락사고를 일으킴
② 전선 도약의 방지대책
㉠ 철탑의 Off-set을 충분히 하여 상간 단락 방지 (상·중·하 수평 이격거리, 수직선간 이격거리 크게)
㉡ 경간 단축 및 가능한 빙설의 영향이 작은 루트(route) 선정

07 철탑의 종류

(1) 직선 철탑(A형)

① 직선 부분, 수평각도 3° 이하
② 현수애자를 바로 현수상태로 내려서 사용할 수 있는 철탑

(2) 각도 철탑(B형, C형)

① 수평각도 3°를 초과하는 개소
② B형(경각도형) : 수평각도 3 ~ 20° 이하
③ C형(중각도형) : 수평각도 21 ~ 30° 이하

(3) 인류 철탑(D형)

① 억류지지 철탑
② 전체의 가섭선을 인류하는 개소(전선로 끝나는 부분 → 직선형보다 강도가 큼)

(4) 내장 철탑 또는 보강 철탑(E형)

① 선로를 보강하기 위해 사용
② 직선 철탑 연속적으로 약 10기마다 1기씩 설치
③ 장경간 개소에 설치한다.

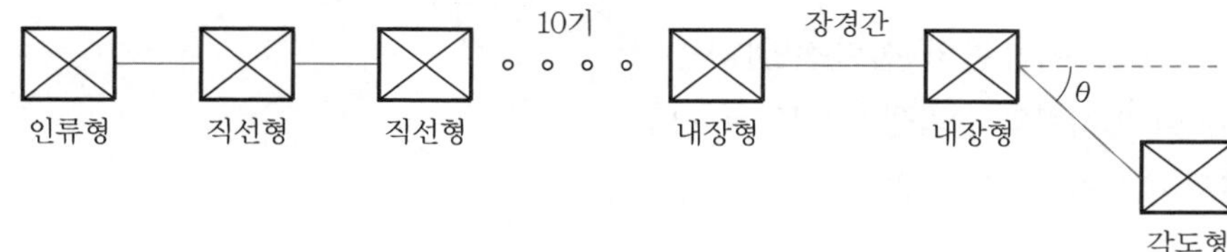

08 애자

(1) 개념

애자란 전선을 기계적으로 고정시키고 전기적으로 절연하기 위하여 사용되는 절연 지지체를 말한다.

(2) 애자의 역할

① 송전선과 철탑 등의 지지물과 전기적 절연
② 전선을 지지물에 고정시키는 기계력 제공

(3) 애자의 구비조건

① 선로의 상규 전압 및 내부 이상전압에 대하여 절연내력이 클 것
② 비, 눈, 안개 등에 대해 충분한 절연저항을 갖고 누설전류가 작을 것
③ 전선의 자중에 외력(바람, 눈, 비 등)이 더해질 때 충분한 기계적 강도를 가질 것
④ 장시간 사용해도 전기적 및 기계적 특성의 열화가 작을 것
⑤ 온도 급변에 견디고 습기를 흡수하지 말 것
⑥ 중량이 가볍고 가격이 저렴할 것

(4) (현수)애자의 섬락전압(flashover voltage)

① **건조 섬락전압** : 80[kV](건조한 공기) → 상용 주파 전압 인가
② **주수 섬락전압** : 50[kV](강우 상태) → 상용 주파 전압 인가
③ **충격파 섬락전압** : 125[kV](서지) → 1.2×50[μs] 표준파 충격전압
④ **유중 섬락전압** : 140[kV](절연유) → 상용 주파 전압 인가

(5) 애자련의 전압분담

① **전압분담** : 지지물로부터 세 번째 애자가 전압분담이 가장 작고, 전선으로부터 가장 가까운 애자가 전압분담이 가장 크다.
② **애자련의 보호** : 소호환, 초호환(arcing ring) 설치, 소호각, 초호각(arcing horn) 설치

(6) 애자련의 능률(애자의 이용률)

$$\eta = \frac{V_n}{n \cdot V_1} \times 100[\%]$$

여기서, n : 애자의 개수, V_1 : 애자 1개의 섬락전압[kV]

V_n : 애자련의 섬락전압[kV]

① 이론상 애자련의 섬락전압 : $V_n = nV_1$

② 실제 애자련의 섬락전압 : $V_n < nV_1$

09 지선

(1) 지선의 설치 목적

① 지지물의 강도 보강 → 철탑은 제외

② 전선로의 안정성 증대

③ 불평형 장력 감소

(2) 지선의 구비조건

① 소선 : 지름 2.6[mm] 이상 금속선 3가닥(조) 이상 꼬아서 시설

② 안전율 : 2.5 이상(목주나 A종은 1.5 이상)

③ 허용 인장하중 : 4.31[kN] 이상

④ 지선의 높이

㉠ 도로횡단 : 5[m] 이상

㉡ 교통지장 없는 경우 : 4.5[m] 이상

㉢ 보도 : 2.5[m] 이상

⑤ 지선애자(구형 애자) : 25[kV] 미만 특고압 시설(전선과 접촉 우려)

⑥ 지중 부분 및 지표상 0.3[m]까지 아연도금철봉 사용

(3) 지선의 종류

① 보통지선 : 불평형 장력이 크지 않은 일반적인 장소에 시설

② 수평지선 : 토지의 상황이나 기타 사유로 인하여 보통지선을 설치할 수 없을 때 전자와 전주 간 또는 전자와 지선주 간 시설

③ 공동지선 : 지지물 상호 간 거리가 비교적 접근하였을 경우 시설

④ Y지선 : 다단의 완금이 설치되거나 장력이 큰 경우에 시설

⑤ 궁지선 : 비교적 장력이 작고 다른 종류의 지선을 시설할 수 없는 경우에 시설(A형 궁지선, R형 궁지선)

⑥ 가공지선 : 다른 지지물을 이용하고 직선주 선로방향 불평형 장력이 큰 곳에 시설

10 이도(dip, 처짐의 정도)

(1) 개념

① 전선의 지지점을 연결하는 수평선으로부터 밑으로 내려가 있는 길이

② 이도(처짐의 정도)의 대소는 지지물의 높이를 좌우한다.

㉠ 이도(처짐의 정도)가 큼 : 전선이 좌우로 크게 진도하여 단락(선간) 및 전선이 꼬이게 됨

㉡ 이도(처짐의 정도)가 작음 : 전선의 수평 장력 증가, 단선사고

(2) 이도(처짐의 정도)의 계산

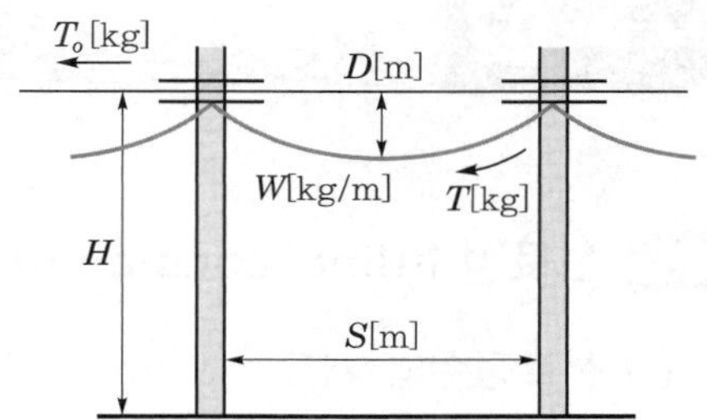

① 이도(처짐의 정도) : $D = \dfrac{WS^2}{8T}$ [m]

② 전선의 실제 길이 : 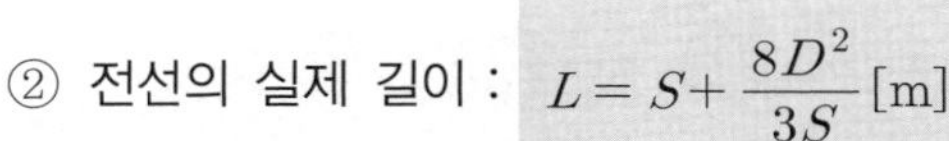 $L = S + \dfrac{8D^2}{3S}$ [m]

③ 전선의 평균 높이 : $H_o = H - \dfrac{2}{3}D$[m]

④ 지지점에서의 전선 장력 : $T_o = T + WD$[kg]

⑤ 온도 변화 시 이도(처짐의 정도) 계산

$$D_2 = \sqrt{{D_1}^2 + \frac{3}{8}\alpha t S^2}\ [\text{m}]$$

여기서, D : 이도(처짐의 정도)[m], W : 단위길이당 중량[kg/m]

T : 수평 장력[kg], S : 지지점 간의 경간[m]

T_o : 지지점에서의 장력[kg], H : 지지점의 높이[m]

D_1, D_2 : 온도변화 전·후의 이도(처짐의 정도)[m]

t : 변화 온도[℃], α : 선팽창계수

11 하중

(1) 빙설하중

전선 주위에 두께 6[mm], 비중 0.9[g/cm^2]의 빙설이 균일하게 부착된 상태에서의 비중

(2) 풍압하중

① 철탑 설계 시의 가장 큰 하중

② 고온계(빙설이 적은 지방) : $W_w = \dfrac{P \cdot d}{1000}$ [kg/m]

③ 저온계(빙설이 많은 지방) : $W_w = \dfrac{P \cdot (d+12)}{1000}$ [kg/m]

(3) 합성하중(수직 하중과 수평 하중을 고려)

① 수직 하중 : 전선의 하중(W_c), 빙설하중(W_i) → 아래로 작용

② 수평 하중 : 풍압하중(W_w) → 좌 · 우(옆)로 작용

③ 고온계(빙설이 적은 지방) : $W = \sqrt{{W_c}^2 + {W_w}^2}$ (빙설하중 W_i 고려하지 않음)

④ 저온계(빙설이 많은 지방) : $W = \sqrt{(W_c + W_i)^2 + {W_w}^2}$ (빙설하중 W_i 고려함)

SECTION 02 선로정수 및 코로나

01 선로정수(line constants)

(1) 선로정수의 개요

① 저항 R, 인덕턴스 L, 정전용량 C, 컨덕턴스 G로 구성

② 전압강하, 수전전력, 송전손실, 안정도 등의 계산에 필요

③ 전선의 종류, 굵기, 배치에 의해 결정

(2) 인덕턴스

① 선로의 인덕턴스가 커서 선로에 전류가 흐를 때 자속 발생이 많다.

② 전선 1가닥에 대한 작용 인덕턴스(L)

$$L = 0.05 + 0.4605\log_{10}\frac{D}{r}\,[\text{mH/km}]$$

여기서, r : 전선의 반지름[m], D : 등가 선간거리[m]

③ 다도체 n개의 작용 인덕턴스

$$L_n = \frac{0.05}{n} + 0.4605\log_{10}\frac{D}{r_e}\,[\text{mH/km}]$$

여기서, r_e : 등가 반지름[m], n : 도체수

(3) 정전용량

① 정전용량은 정상운전 시 선로의 충전전류를 계산한다.

② 단도체에서의 작용 정전용량 : $C_w = \dfrac{0.02413}{\log_{10}\dfrac{D}{r}}\,[\mu\text{F/km}]$

③ 다도체 n개의 정전용량 : $C_n = \dfrac{0.02413}{\log_{10}\dfrac{D}{r_e}}$ [μF/km]

02 등가 선간거리, 등가 반지름

(1) 등가 선간거리 → 기하학적 평균거리

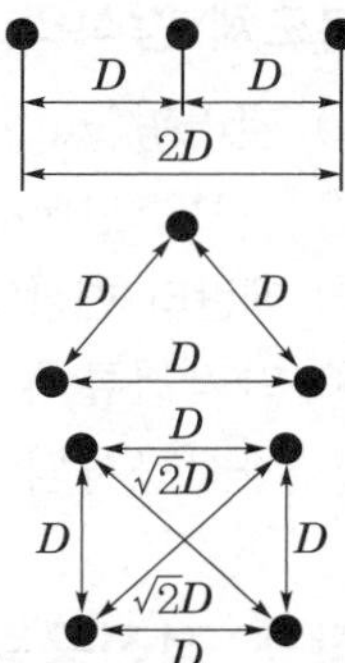

① 직선(수평)배열 : $D_e = \sqrt[3]{D \times D \times 2D}$

$= \sqrt[3]{2}\,D$[m]

② 정삼각형 배열 : $D_e = \sqrt[3]{D \times D \times D}$

$= D$[m]

③ 정사각형 배열 : $D_e = \sqrt[6]{D \times D \times D \times D \times \sqrt{2}D \times \sqrt{2}D}$

$= \sqrt[6]{2}\,D$[m]

(2) 등가 반지름(r_e)

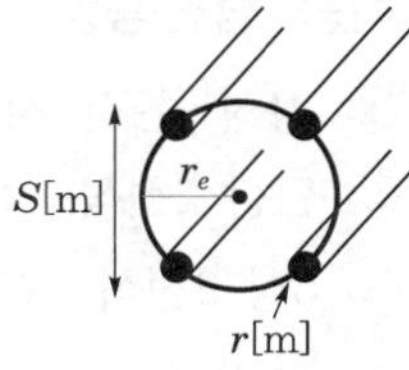

① $r_e = \sqrt[n]{r \cdot S^{n-1}}$ [m]

② 4도체 : $r_e = \sqrt[4]{r \cdot S^{4-1}} = \sqrt[4]{r \cdot s^3}$ [m]

③ 2도체(복도체) : $r_e = \sqrt{r \cdot s}$ [m]

03 복도체

(1) 복도체

① 가공 송전선로의 1상당 연결된 도체의 수가 2 이상인 것

② 복도체의 경우 소도체에 (동일 방향의) 전류가 흐르면 흡인력이 발생하므로 전선의 소도체 간격을 일정하게 유지하기 위하여 스페이서를 설치

(2) 복도체(다도체) 방식의 필요성

① 송전용량의 증대

㉠ 고압화 : 복도체 사용 시 등가반경을 증가시켜 전계를 감소 → 고전압 송전

㉡ 대용량 전류 : 표피효과를 저감시켜 실효저항 감소 → 대전류 송전

㉢ 전송전력은 선로의 임피던스에 의해 제한되므로 선로 임피던스 저감

② 전선의 지지물(철탑)의 부담 감소 : 동일한 송전용량 조건에서 단도체를 사용한 경우에 비해 복도체를 사용하면 무게 부담을 현저하게 저감 가능

③ 계통의 정태안정도 향상에 기여 : 단도체 방식에 비해서 선로의 임피던스를 저감

(3) 복도체 방식의 장점

① 코로나 발생 저감
② 허용전류 증대
③ 전압강하 감소
④ 송전용량 증대, 정태 안정도 향상

(4) 복도체 방식의 단점

① 갤러핑(galloping) 발생
② 서브스판(sub-span) 진동 발생
③ 페란티 현상의 원인 : 정전용량 증가
④ 단락전류에 의한 기계적 손상 발생
⑤ 가선공사의 어려움

04 작용 정전용량/충전용량

(1) 작용 정전용량

① 정상 운전 시 충전전류 계산을 위하여 1선당 작용하는 정전용량
② 단상 2선식 : $C_w = C_s + 2C_m$
③ 3상 3선식 : $C_w = C_s + 3C_m$

여기서, C_w : 작용 정전용량
C_s : 대지 정전용량
C_m : 선간 정전용량

(2) 충전전류/충전용량

① 전선 1선당 충전전류

$$I_c = \frac{E}{X_c} = \frac{E}{\frac{1}{\omega C}} = \omega CE = 2\pi f \times C \times \frac{V}{\sqrt{3}} \text{[A]}$$

② 3상 3선식 충전용량

$$Q_c = 3E \cdot I_c = 3E \cdot \omega CE = 3\omega CE^2 = 6\pi f CE^2 = \omega CV^2 = 2\pi f CV^2 \text{[VA]}$$

여기서, E : 상전압[V], V : 선간전압[V]

05 코로나 현상

(1) 개념

전선 주위의 공기 절연이 국부적으로 파괴되어 낮은 소리나 엷은 빛을 내면서 방전하게 되는 현상(불꽃방전의 일보 직전의 국부방전)

(2) 코로나 발생 임계전압

$$E_0 = 24.3 m_0 m_1 \delta \cdot d \cdot \log_{10}\frac{D}{r}[\text{kV}]$$

코로나 임계전압이 커야 코로나 현상이 발생하지 않는다.

(3) 코로나의 장해(영향)

① 코로나 손실(peek식) → 실험식

$P= \dfrac{241}{\delta}(f+25)\sqrt{\dfrac{d}{2D}}(E-E_0)^2\times 10^{-5}[\text{kW/km/line}]$

코로나가 발생하면 코로나 손실이 발생하여 송전효율이 저하된다.

② 코로나 잡음

③ 통신선에의 유도장해

④ 소호리액터의 소호능력 저하

⑤ 전력선 반송장치에 영향

⑥ 전선의 부식 촉진

⑦ 진행파의 파고값 감쇠

(4) 코로나 방지책

코로나 임계전압을 증가시키는 방법

① **굵은 전선 사용 :** 전선 지름을 크게 함(ACSR 전선 채용, 중공전선 사용)

② **복도체 사용 :** 등가 반지름 증가

③ 매끈한 전선 표면 유지(m_0)

④ 가선금구 개량

⑤ 아킹혼, 아킹링 설치

06 연가(transposition, 전선위치 바꿈)

(1) 연가(전선위치 바꿈)의 필요성

① 선로정수의 불평형 제거

② **잔류전압 발생 제거 :** 선로정수 C가 다르면 중성점 전위가 0이 되지 않고 중성점에 잔류 전압이 발생한다.

$E=\dfrac{\sqrt{C_a(C_a-C_b)+C_b(C_b-C_c)+C_c(C_c-C_a)}}{C_a+C_b+C_c}\times\dfrac{V}{\sqrt{3}}[\text{V}]$

③ 수전단 역률저하 방지

(2) 연가(전선위치 바꿈) 방법

송전선로를 3등분하여 각 상의 위치를 긍장 30 ~ 50[km]마다 1번씩 위치를 바꿔준다.

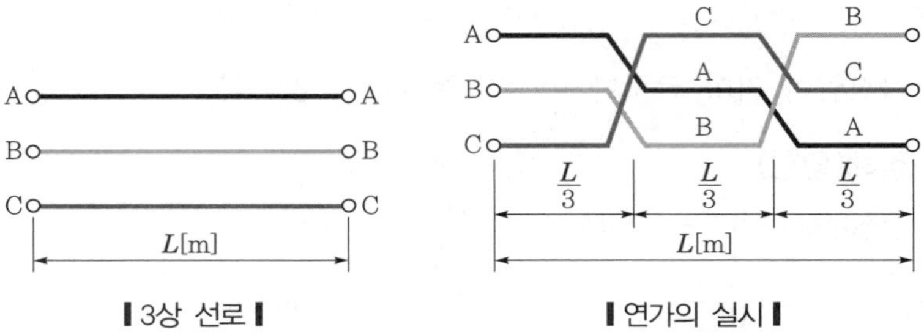

❙3상 선로❙ ❙연가의 실시❙

(3) 연가(전선위치 바꿈)의 효과

① 선로정수(L, C)의 평형
② 중성점 잔류전압 저감
③ 인접 통신선 유도장해 방지
④ 수전단 전압의 불평형 방지(파형 일그러짐 방지)

SECTION 03 송전특성

01 송전선로

(1) 선로정수 R, L, C, G의 연속적인 전기회로

① 집중 정수회로 : 선로정수가 한 곳에 모여 있다고 생각하고 계산하는 회로
② 분포정수회로 : 선로정수가 송전선 전 구간에 고르게 분포되어 있는 회로

(2) 선로의 구분

구분	거리	선로정수	회로
단거리	50[km] 이하	R, L만 고려	집중 정수회로로 취급
중거리	50 ~ 100[km]	R, L, C만 고려	집중 정수회로(T형, π형 회로)
장거리	100[km] 이상	R, L, C, G 고려	분포정수회로로 취급

02 단거리 송전선로

(1) 선로의 길이가 50[km] 이하로 짧아 $Y = G + j\omega C$는 무시 → 집중 정수회로로 취급

(2) 송전단 전압

① 단상 : $E_s = E_r + I(R\cos\theta + X\sin\theta)$[V]

② 3상 : $V_s = V_r + \sqrt{3}\,I(R\cos\theta + X\sin\theta)$ [V]

(3) 전압강하

① 송전전압과 수전전압의 차

② 단상 : $e = E_s - E_r = I(R\cos\theta + X\sin\theta)$[V]

③ 3상 : $e = V_s - V_r = \sqrt{3}\,I(R\cos\theta + X\sin\theta)$

$$= \frac{P}{V_r}(R + X \cdot \tan\theta)[\mathrm{V}]$$

(4) 전압강하율(ε)

전압의 제곱에 반비례한다.

$$\varepsilon = \frac{e}{V_r} \times 100 = \frac{V_s - V_r}{V_r} \times 100 = \frac{P}{{V_r}^2}(R + X \cdot \tan\theta) \times 100[\%]$$

(5) 전압변동률

$$\varepsilon = \frac{V_{r0} - V_r}{V_r} \times 100[\%]$$

여기서, V_{r0} : 무부하 시 수전단전압, V_r : 부하 시 수전단전압

(6) 전력손실

전압의 제곱에 반비례한다.

$$P_l = 3I^2R = 3\left(\frac{P}{\sqrt{3}\,V\cos\theta}\right)^2 R = \frac{P^2R}{V^2\cos^2\theta}[\mathrm{W}] \propto \frac{1}{V^2}$$

(7) 전력손실률

① 전압의 제곱에 반비례한다.

$$K = \frac{P_L}{P} \times 100 = \frac{\dfrac{P^2R}{V^2\cos^2\theta}}{P} \times 100 = \frac{PR}{V^2\cos^2\theta} \times 100$$

$$= \frac{P\rho l}{V^2\cos^2\theta\, A} \propto \frac{1}{V^2}$$

② 전력손실률이 일정하면 공급전력은 전압의 제곱에 비례한다.

(8) 전선의 단면적

① 전압의 제곱에 반비례한다.

② $K = \dfrac{P\rho l}{V^2\cos^2\theta\, A}$ 에서 $A = \dfrac{\rho \cdot l \cdot P}{K \cdot V^2\cos^2\theta} \propto \dfrac{1}{V^2}$

(9) 전선

① 전압의 제곱에 반비례한다.

② $W=3\sigma \cdot A \cdot l=3\sigma\left(\frac{\rho \cdot l \cdot P}{KV^2\cos^2\theta}\right)l=\frac{3\sigma\rho l P}{KV^2\cos^2\theta} \propto \frac{1}{V^2}$

03 중거리 송전선로

(1) 단거리 송전선로보다 선로의 길이가 더 길어져 정전용량 C의 영향이 증가

→ R, L, C 집중정수회로 적용

(2) T형, π형 등가회로의 해석 방법

① T형 : 선로의 직렬 임피던스를 이등분하는 방법

② π형 : 선로의 병렬 어드미턴스를 이등분하는 방법

(3) 전송 파라미터(4단자 정수)

송전단의 입력측 전압과 전류를 수전단 출력측 전압과 전류의 4단자 정수 곱으로 해석한다.

① 입력 = 4단자 정수×출력

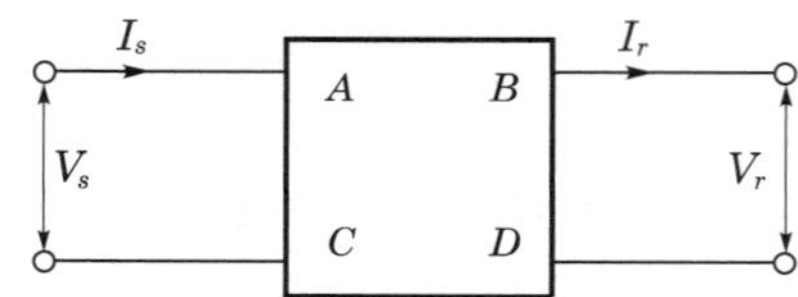

㉠ $E_s = AE_r + BI_r$

㉡ $I_s = CE_r + DI_r$

㉢ $\begin{bmatrix} E_s \\ I_s \end{bmatrix} = \begin{bmatrix} A & B \\ C & D \end{bmatrix}\begin{bmatrix} E_r \\ I_r \end{bmatrix}$

② $A = \left.\frac{E_s}{E_r}\right|_{I_r=0}$: 출력 개방 전압이득

③ $B = \left.\frac{E_s}{I_r}\right|_{E_r=0}$: 출력 단락 전달 임피던스

④ $C = \left.\frac{I_s}{E_r}\right|_{I_r=0}$: 출력 개방 전달 어드미턴스

⑤ $D = \left.\frac{I_s}{I_r}\right|_{E_r=0}$: 출력 단락 전류이득

⑥ 항등식 : $AD-BC=1$

⑦ 대칭 4단자망의 경우 $A=D$

(4) T형 회로

① 정전용량(어드미턴스 Y)을 선로의 중앙에 집중시키고, 임피던스 Z를 2등분한 등가회로

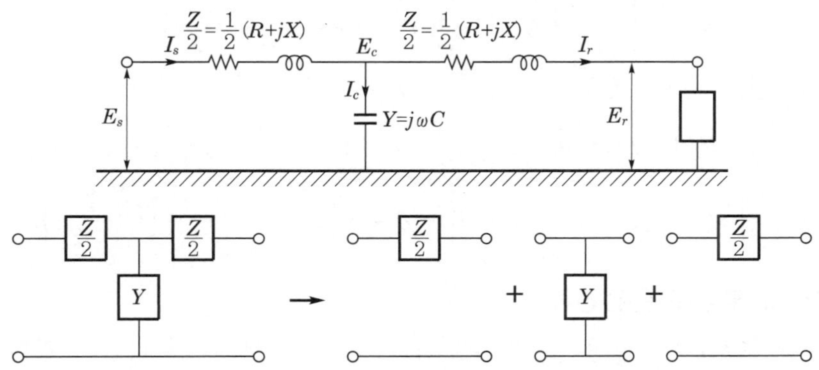

② 4단자 정수

$$\begin{bmatrix} A & B \\ C & D \end{bmatrix} = \begin{bmatrix} 1 & \frac{Z}{2} \\ 0 & 1 \end{bmatrix} \begin{bmatrix} 1 & 0 \\ Y & 1 \end{bmatrix} \begin{bmatrix} 1 & \frac{Z}{2} \\ 0 & 1 \end{bmatrix} = \begin{bmatrix} 1+\frac{ZY}{2} & Z\left(1+\frac{ZY}{4}\right) \\ Y & 1+\frac{ZY}{2} \end{bmatrix}$$

③ 송전단 전압, 송전단 전류

㉠ 송전단 전압 : $E_s = A \cdot E_r + B \cdot I_r = \left(1+\frac{ZY}{2}\right)E_r + Z\left(1+\frac{ZY}{4}\right)I_r$

㉡ 송전단 전류 : $I_s = C \cdot E_r + D \cdot I_r = Y \cdot E_r + \left(1+\frac{ZY}{2}\right)I_r$

(5) π형 회로

① 임피던스 Z를 전부 송전선로의 중앙에 집중 : 어드미턴스 Y는 2등분해서 선로 양단에 나누어 준 등가회로

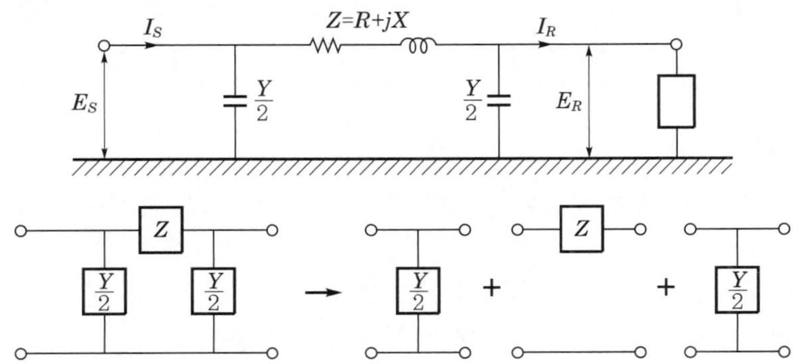

② 4단자 정수

$$\begin{bmatrix} A & B \\ C & D \end{bmatrix} = \begin{bmatrix} 1 & 0 \\ \frac{Y}{2} & 1 \end{bmatrix} \begin{bmatrix} 1 & Z \\ 0 & 1 \end{bmatrix} \begin{bmatrix} 1 & 0 \\ \frac{Z}{2} & 1 \end{bmatrix} = \begin{bmatrix} 1+\frac{ZY}{2} & Z \\ Y\left(1+\frac{ZY}{4}\right) & 1+\frac{ZY}{2} \end{bmatrix}$$

③ 송전단 전압, 송전단 전류

㉠ 송전단 전압 : $E_s = A \cdot E_r + B \cdot I_r = \left(1+\frac{ZY}{2}\right)E_r + Z \cdot I_r$

㉡ 송전단 전류 : $I_s = C \cdot E_r + D \cdot I_r = Y\left(1+\frac{ZY}{4}\right)E_r + \left(1+\frac{ZY}{2}\right)I_r$

(6) 송전선로의 무부하 충전전류

송전단 상전압 E_s인 송전선로의 무부하 시의 충전전류 I_s는 다음과 같다.

$E_s = AE_r + BI_r$

$I_s = CE_r + DI_r$에서 무부하 $I_r = 0$

$\therefore\ I_s = C \cdot E_r = \frac{C}{A}E_s$

04 장거리 송전선로

(1) 선로정수 R, L, C, G 모두를 고려한 분포정수회로를 통하여 특성 임피던스와 전파정수로 해석한다.

(2) 무부하 시험에서 Y, 단락시험에서 Z이다.

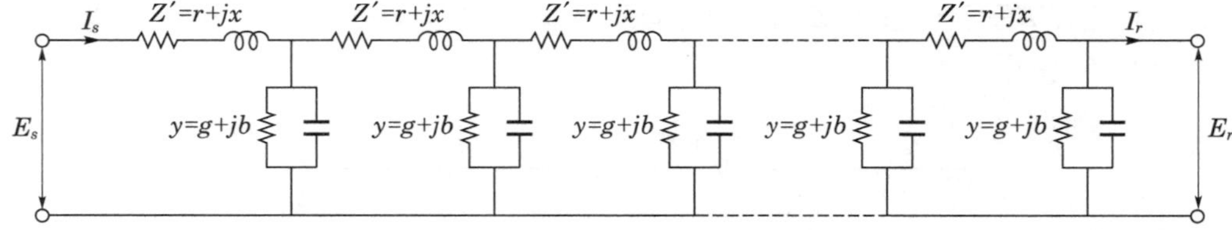

(3) 특성 임피던스 Z_0

① 송전선로의 길이에 관계없이 임의의 점 어디에서나 항상 일정한 값을 유지하는 전압, 전류의 비이다.

② 파동 임피던스, 고유 임피던스라고도 한다.

③ 특성 임피던스가 다른 부분을 만나면 반사가 발생한다.

$$Z_0 = \sqrt{\frac{Z}{Y}} = \sqrt{\frac{R+j\omega L}{G+j\omega C}} = \sqrt{\frac{L}{C}}\,[\Omega] = 138\log_{10}\frac{D}{r}\,[\Omega]$$

(4) 전파정수 γ

전송전로에서 전송되는 전압의 크기 감소 및 위상변화를 나타내는 상수이다.

$$\gamma = \sqrt{Z \cdot Y} = \sqrt{(r + j\omega L)(g + j\omega c)} = \alpha + j\beta$$

여기서, α : 감쇠정수[V/m], β : 위상정수[rad/m]

(5) 무손실 전송

① 손실이 없는 전송으로, 전압과 전류가 항상 일정한 회로이다.

② 무손실 전송조건 : $R = G = 0$

㉠ 특성 임피던스 $Z_0 = \sqrt{\dfrac{L}{C}}$

㉡ 전파정수 $\gamma = j\beta = j\omega\sqrt{LC}$ $(\alpha = 0,\ \beta = \omega\sqrt{LC})$

(6) 무왜곡(형) 전송

① 송신측에서 보낸 정현파 입력이 수전단에 일그러짐 없이 도달되는 회로

② 무왜곡 전송조건 : $LG = RC$(전파정수, 특성 임피던스, 전파속도가 모두 주파수에 무관)

㉠ 특성 임피던스 $Z_0 = \sqrt{\dfrac{L}{C}}$

㉡ 전파정수 $\gamma = \sqrt{RG} + j\omega\sqrt{LC} = \alpha + j\beta$ $(\alpha = \sqrt{RG},\ \beta = \omega\sqrt{LC})$

(7) 전파속도

$$v = \frac{\lambda}{T} = f\lambda = \frac{\omega}{\beta} = \frac{1}{\sqrt{LC}}\ [\text{m/s}]$$

$$\left(\omega = 2\pi f,\ \beta = \frac{2\pi}{\lambda} = \omega\sqrt{LC}\right)$$

05 전력원선도

(1) 개념

① 송전단측과 수전단측의 여러 가지 특성(전력, 손실, 효율, 상차각 등)을 한눈에 파악할 수 있도록 나타낸 그림

② 부하가 증가하더라도 양질의 전력을 공급하고 수전단을 항상 일정하게 유지하기 위해 운전점이 원선도의 원주를 벗어나면 원주상에 오도록 한다.

(2) 전력원선도

① 전력원선도의 반지름 $\rho = \dfrac{E_s E_r}{B}$

② 전력원선도의 가로축은 유효전력(P), 세로축은 무효전력(Q)이다.

③ 전력원선도 작성 시 필요한 값 : 송전단 전압(E_s), 수전단 전압(E_r), 선로에 대한 회로정수 (A, B, C, D)

④ 원선도의 원주상에서 운전점의 위치

㉠ 윗부분에 있을 경우 : 진상 무효전력 필요

㉡ 아랫부분에 있을 경우 : 지상 무효전력 필요

(3) 전력원선도에서 알 수 있는 것

① 송전단 유효전력, 무효전력, 피상전력

② 수전단 유효전력, 무효전력, 피상전력

③ 최대 수전전력(P_m)

④ 선로손실(P_l), 송전효율[%]

⑤ 필요한 전력을 보내기 위한 송・수전단 전압 간의 상차각(δ)

⑥ 조상설비용량(무효전력 개선)

⑦ 조상용량으로 조정된 후 수전단의 역률

(4) 전력원선도로 알 수 없는 사항

① 과도 극한전력

② 코로나 손실

06 조상설비

(1) 개념

조상설비는 무효전력을 조절하여 송・수전단 전압이 일정하게 유지되도록 하는 조정 역할과 역률 개선에 의한 송전손실 경감, 전력시스템의 안정도 향상을 목적으로 하는 설비

(2) 조상설비(무효전력 보상장치)의 종류

① 전력용 콘덴서(진상)

② 분로리액터(지상)

③ 동기조상기(진상・지상)

④ SVC(진상・지상)

(3) 전력용 콘덴서 : 수전설비의 역률 보상

$Q = P \cdot \tan\theta_1$, $Q' = P \cdot \tan\theta_2$라 하면

$Q_c = Q - Q' = P \cdot \tan\theta_1 - P \cdot \tan\theta_2$

$= P(\tan\theta_1 - \tan\theta_2) = P\left(\dfrac{\sin\theta_1}{\cos\theta_1} - \dfrac{\sin\theta_2}{\cos\theta_2}\right)$

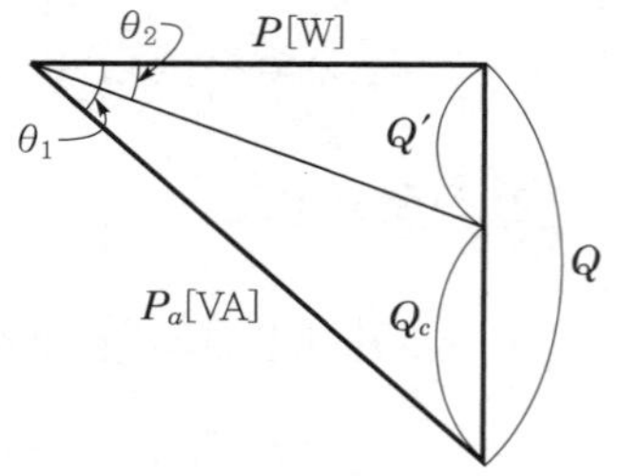

$$= P\left(\frac{\sqrt{1-\cos^2\theta_1}}{\cos\theta_1} - \frac{\sqrt{1-\cos^2\theta_2}}{\cos\theta_2}\right)[\text{kVA}]$$

여기서, $\cos\theta_1$: 개선 전 역률, $\cos\theta_2$: 개선 후 역률

(4) 역률 개선 시 효과

① 전력손실 저감 : $P_l = 3I^2R = \dfrac{P^2R}{V^2\cos^2\theta} \propto \dfrac{1}{\cos^2\theta}$

② 전압강하 감소 : 안정도 증가, 전압변동률 감소

③ 설비용량 여유 증가 : 역률이 개선되면 동일한 유효전력에 무효분 전력공급이 저감되어 설비용량에 여유 증가

④ 전기요금 절감

(5) 전력용 콘덴서 구성

① 방전코일(Discharge Coil ; DC)

㉠ 콘덴서에 축적되는 잔류전하 방전, 인체 감전 사고 예방

㉡ 전압 재투입 시 콘덴서에 걸리는 과전압 방지

② 직렬 리액터(Series Reactor ; SR)

㉠ 제5고조파로부터 전력용 콘덴서 보호 및 파형 개선

㉡ 용량

- 이론상 : 콘덴서용량×4[%]
- 실제상 : 콘덴서용량×6[%]

(6) 리액터(reactor)

① 리액터는 송전선로 및 부하설비에서 이상전압의 상승을 억제하는 역할

② 리액터의 종류

㉠ 직렬 리액터 : 제5고조파 제거

㉡ 분로(병렬)리액터 : 페란티 현상 제거

㉢ 한류리액터 : 돌발단락전류의 제한

㉣ 소호리액터 : 지락전류(아크) 제한(소호)

07 송전선로 이상현상

(1) 페란티 현상(Ferranti effect)

① 심야의 무부하 시 또는 경부하 시 수전단 전압(E_r)이 송전단 전압(E_s)보다 높아지는 현상으로, 단위길이당 정전용량이 클수록, 선로의 길이가 길수록 페란티 현상은 더 커진다.

② 페란티 현상의 대책
㉠ 선로에 흐르는 전류가 지상이 되도록 조절
㉡ 수전단에 분로리액터 설치
㉢ 수전단에 동기조상기 설치(부족여자 운전)

(2) 발전기의 자기여자(self excitation) 현상

① 송전선로의 충전전류(진상 전류)에 의한 증자작용(전기자 반작용)
② 방지책
㉠ 발전기 및 변압기의 병렬운전
㉡ 수전단에 동기조상기 접속(부족여자)
㉢ 수전단에 분로리액터 사용
㉣ 단락비가 큰 발전기 사용

08 송전용량

(1) 송전용량 결정조건

① 단거리 송전선로
㉠ 전선의 허용전류 : 허용전류 한계를 고려한 송전용량 결정
㉡ 선로의 전압강하 : 거리에 따른 전압강하를 고려한 송전용량 결정
② 장거리 송전선로
㉠ 송・수전단 전압의 상차각이 적당할 것(장거리 송전선로에서는 30 ~ 40° 정도로 운전)
㉡ 조상기 용량이 적당할 것(조상설비 용량은 수전전력의 75[%] 정도)
㉢ 송전효율이 적당할 것(90[%] 이상 유지하는 것이 바람직)
㉣ 기술적으로 안정하고 경제적일 것

(2) 송전용량 계산법

① 송전전력식 : $P_3 = 3P = 3\dfrac{E_s E_r}{X}\sin\delta = \dfrac{V_s V_r}{X}\sin\delta$[W 또는 MW]

② 고유부하법(SIL : Surge Impedance Loading) : 400[km] 이상 장거리 송전선로에서 송전전력 개략 산출 방법

$$P = \frac{{V_r}^2}{Z_0}[\text{MW/회선}] = \frac{{V_r}^2}{\sqrt{\dfrac{L}{C}}}[\text{MW/회선}]$$

여기서, P : 고유 송전용량, Z_0 : 선로의 특성 임피던스[Ω]

③ 송전용량 계수법 : 전압의 크기와 선로의 길이를 고려한 계산법

$$P = K\frac{{V_r}^2}{l}\,[\text{kW}]$$

여기서, V_r : 수전단 선간전압[kV], l : 송전거리[km]

K : 송전용량계수 → 60[kV] − 600, 100[kV] − 800, 140[kV] − 1200

④ Still식 : 가장 경제적인 송전전압 결정

$$V = 5.5\sqrt{0.6l + \frac{P}{100}}\,[\text{kV}]$$

여기서, l : 송전거리[km]

P : 송전용량[kW], $P = 100\left\{\left(\frac{V}{5.5}\right)^2 - 0.6l\right\}[\text{kW}]$

SECTION 04 고장계산

01 개요

(1) 사고의 종류

① 전력시스템이 정상상태에서 3상 평형 유지 : 송전선로는 노출되어 있어 사고가 자주 발생
   ㉠ 낙뢰가 송전선로 침입 → 절연파괴 사고
   ㉡ 강풍에 송전탑, 선을 넘어뜨리는 사고 → 단선
   ㉢ 나무가 송전선 위로 넘어지는 사고 → 단선, 단락

② 불평형 사고 : 대칭좌표법(symmetrical component method)
   ㉠ 1선 지락사고(single line to ground fault, SLG fault)
   ㉡ 2선 지락사고(double line to ground fault, DLG fault)
   ㉢ 선간 단락사고(line−line fault, LL fault)

③ 평형 사고
   ㉠ 등가적인 단상 회로 해석(고장계산)
   ㉡ 3상 (단락)사고(three phase fault)

④ 가장 빈번한 선로사고 : 1선 지락사고

⑤ 가장 심각한 사고 : 3상 단락사고(3상 단락만 차단하면 나머지 사고도 차단)

(2) 고장계산의 목적

① 계통의 구성, 보호
② 차단기 차단용량 결정
③ 보호계전기의 정정 및 보호협조
④ 전력기기의 열적·기계적 강도 선정
⑤ 통신선의 유도장해 검토(지락전류)
⑥ 유효접지조건 검토(1선 지락사고)
⑦ 변류기의 포화특성

02 옴법

(1) 임피던스를 Ohm으로 나타내고, 기준전압과 기준용량에 대하여 2번 환산하여 고장전류를 구한다.

(2) 단락전류

$$I_s = \frac{E}{Z} = \frac{E}{\sqrt{r^2 + x^2}} = \frac{\frac{V}{\sqrt{3}}}{\sqrt{r^2 + x^2}} [\text{A}]$$

여기서, E : 상전압[V], V : 단락점의 선간전압[V]

(3) 3상 단락용량

$$P_s = 3E \cdot I_s = \sqrt{3}\ VI_s [\text{VA}]$$

03 %임피던스(%Z)법

(1) 개념

① 기준 상전압(E)에 대한 전압강하($I_n Z$)의 비를 백분율로 나타낸 것

② $\%Z = \frac{I_n Z}{E} \times 100 = \frac{I_n}{I_s} \times 100 [\%]$

㉠ 1상 기준 : $\%Z = \frac{PZ}{10E^2}$ $(P = E \cdot I)$

㉡ 3상 기준 : $\%Z = \frac{P_n Z}{10\, V^2}$ $(P_n = \sqrt{3}\ VI)$

여기서, P_n : 기준용량[kVA], E : 상전압= 대지전압[V], V : 수전단 선간전압[kV]

(2) 단락전류

$$I_s = \frac{100}{\%Z} \times I_n = \frac{100}{\%Z} \times \frac{P_n[\text{kVA}]}{\sqrt{3}\,V} = \frac{100}{\%Z} \times \frac{P[\text{kW}]}{\sqrt{3}\,V\cos\theta}[\text{A}]$$

(3) 단락용량

$$P_s = \sqrt{3}\,VI_s = \frac{100}{\%Z} \times P_n[\text{kVA}]$$

(4) pu법

① $\%Z$를 $\frac{1}{100}$하여 pu(per unit) Impedance로 표시하고 기준용량으로 계산한다.

② 전압 환산을 하지 않아도 단락용량을 구할 수 있다.

04 대칭좌표법

(1) 개념

불평형 전압이나 불평형 전류를 3개의 성분(영상분, 정상분, 역상분)으로 나누어 해석하는 방법

(2) 비대칭 3상 교류 = 영상분 + 정상분 + 역상분 (영상분은 접지선의 중성선에만 존재)

대칭성분	각 상 성분	
영상분 $V_0 = \frac{1}{3}(V_a + V_b + V_c)$	$\begin{bmatrix} V_a \\ V_b \\ V_c \end{bmatrix} = \begin{bmatrix} 1 & 1 & 1 \\ 1 & a^2 & a \\ 1 & a & a^2 \end{bmatrix} \begin{bmatrix} V_0 \\ V_1 \\ V_2 \end{bmatrix}$	$V_a = V_0 + V_1 + V_2$ $V_b = V_0 + a^2 V_1 + a V_2$ $V_c = V_0 + a V_1 + a^2 V_2$
정상분 $V_1 = \frac{1}{3}(V_a + aV_b + a^2V_c)$		
역상분 $V_2 = \frac{1}{3}(V_a + a^2V_b + aV_c)$		

(3) 대칭좌표법의 표현

① 3상 평형 : 영상분(V_0) = 역상분(V_2) = 0, 정상분(V_1) = V_a

② 3상 평형 시 발전기의 기본식

㉠ $V_0 = -I_0Z_0$

㉡ $V_1 = E_a - I_1Z_1$

㉢ $V_2 = -I_2Z_2$

③ 1선 지락고장

㉠ 고장조건 : a상 지락 → $V_a = 0$, $I_b = 0$, $I_c = 0$

㉡ $I_0 = \dfrac{E_a}{Z_0 + Z_1 + Z_2} = I_1 = I_2 = \dfrac{1}{3} I_a$

㉢ $I_g = 3I_0 = \dfrac{3E_a}{Z_0 + Z_1 + Z_2}$ (영상, 정상, 역상 존재)

④ 2선 지락고장

㉠ 고장조건 : b상, c상 지락 → $I_a = 0$, $V_b = V_c = 0$

㉡ $V_0 = V_1 = V_2 = \dfrac{Z_0 Z_2}{Z_1 Z_2 + Z_0 (Z_1 + Z_2)} E_a [\mathrm{V}]$

⑤ 선간 단락사고(2상 단락)

㉠ 고장조건 : $I_a = 0$, $I_b = - I_c$, $V_b = V_c = 0$

㉡ $I_0 = 0[\mathrm{A}]$, $V_0 = 0[\mathrm{V}]$

㉢ $I_s = I_b = - I_c = \dfrac{a^2 - a}{Z_1 + Z_2} E_a [\mathrm{A}]$ (정상, 역상 존재)

⑥ 3상 단락

㉠ 고장조건 : $I_0 = 0$, $I_2 = 0$

㉡ $I_1 = \dfrac{E_a}{Z_1}$ (정상 존재)

⑦ 영상 임피던스(Z_0), 정상 임피던스(Z_1), 역상 임피던스(Z_2)

㉠ 영상 임피던스 : $Z_0 = \dfrac{Z + 3Z_n}{1 + j\omega C (Z + 3Z_n)}$

㉡ 정상 임피던스, 역상 임피던스 : $Z_1 = Z_2 = \dfrac{Z}{1 + j\omega CZ}$

⑧ 각 요소별 대칭분의 크기

㉠ 변압기 : 변압기는 누설 리액턴스로, 정상 · 영상 · 역상 임피던스가 모두 동일
→ 정상분(Z_1) = 역상분(Z_2) = 영상분(Z_0)

㉡ 선로 : 선로에서는 영상분은 대지를 포함하므로 영상분 임피던스가 가장 큰 값
→ 정상분(Z_1) = 역상분(Z_2) < 영상분(Z_0)

㉢ 회전기 : 회전기에는 영상분이 가장 작게 나타남
→ 정상분(Z_1) > 역상분(Z_2) > 영상분(Z_0)

SECTION 05 중성점 접지방식

01 중성점 접지(계통접지)의 목적

(1) 이상전압 경감 및 발생 방지

뇌, 아크, 지락 등에 의한 이상전압 억제

(2) 절연레벨 경감(경제성 확보)

① 절연레벨 증가 시 전선 비중(무게) 증가
② 지지물의 강도 증가로 비용 증가
③ 지락 고장 시 건전상 전위상승 억제로 전선로, 기기의 절연레벨 경감

(3) 보호계전기의 신속 · 확실히 동작

지락 고장 시 신속하게 접지계전기의 동작 확보를 통한 안정도 개선

(4) 지락전류 소호

소호리액터 접지방식에서 1선 지락 시 아크를 재빨리 소멸시켜 그대로 송전을 지속시킴

02 중성점 접지방식의 종류

중성점 접지방식은 중성점을 접지하는 접지 임피던스 Z_n의 종류와 크기에 따라 다음과 같이 구분한다.

① 비접지방식 : $Z_n = \infty$
② 직접 접지방식 : $Z_n = 0$
③ 저항 접지방식 : $Z_n = R$
④ 소호리액터 접지방식 : $Z_n = jX_L$

03 비접지방식(저전압, 단거리)

(1) 개요

① 변압기 결선을 △로 하여 중성점을 접지하지 않는 방식
② 지락전류 I_g : 지락선과 대지정전용량(C_s) 사이에 흐르는 진상 전류

$$I_g = \frac{E}{X_c} = j3\omega C_s E = j\sqrt{3}\,\omega C_s V\,[\mathrm{A}]$$

③ 저전압, 단거리용에 적합(장거리 송전선로는 C_s값이 커지므로 지락전류 I_g가 커짐)

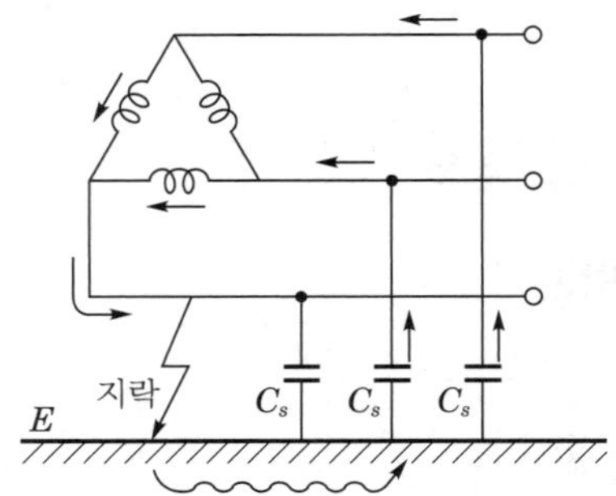

(2) 장점

① 제3고조파가 △결선 내를 순환하여 선로의 제3고조파를 제거하여 유도장해를 발생하지 않는다.

② 변압기 1대 고장 시 V결선에 의해 3상 전력 공급이 가능하다.

③ 지락전류가 작아서 영점에서 자연 소멸되어 순간적인 지락사고 시에도 계속 송전이 가능하다.

(3) 단점

① 1선 지락사고 시 건전상 대지전압이 상승($\sqrt{3}$배)한다.

㉠ 아크 지락에 의한 이상전압으로 최대 6배까지 상승 가능

㉡ 절연내력 파괴 → 사고의 확대(다른 상으로 확대)

② 건전상 전압 상승에 의한 2중 고장(2차 사고)의 발생 우려

③ 기기의 절연수준을 높여야 함 (∵ 기기 및 선로의 절연비가 고가임)

④ 비접지로 지락사고 시 영상전류 검출 불가 (접지(지락)계전기 동작 곤란)

04 직접 접지방식

(1) 개요

① 계통에 접속된 변압기의 중성점을 직접 도선으로 접지

② 계통사고의 대부분을 차지하는 1선 지락사고 시 건전상의 전위가 거의 상승하지 않음 (지락전류(I_g) 발생 시 $Z=0$인 접지선로로 전류 흐름)

③ 초고압 이상 송전계통(154[kV], 345[kV], 765[kV])에 주로 채택

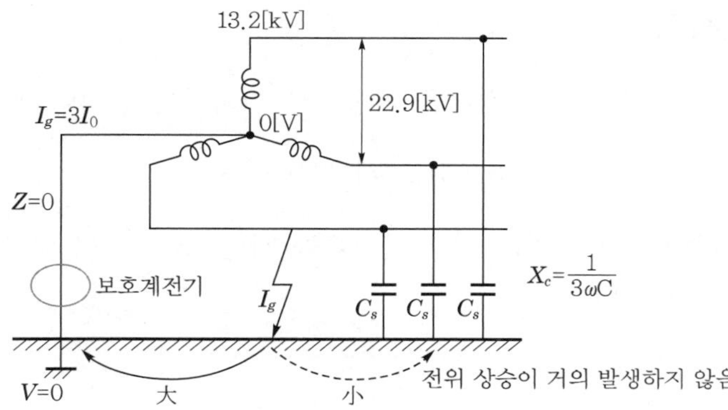

(2) 장점

① 1선 지락사고 시 건전상 대지전위 상승이 작다.

② 이상전압이 낮기 때문에 저감 절연을 통해 절연비용의 저감에 효과적인 방식이다.
   ㉠ 1선 지락 시 건전상 대지전위(1.3배)
   ㉡ 간헐적 아크 지락에 의한 이상전압 등

③ **지락전류가 가장 크게 나타나는 접지방식** : 차단용량 증대, 전력기기의 열적·기계적 강도 향상

④ **지락사고 보호 용이(지락전류가 크므로)** : 보호계전기에 의한 지락사고의 신속한 검출, 확실한 동작으로 신뢰성 확보

⑤ **단절연 변압기의 채용 가능**
   ㉠ 변압기 중성점이 0 전위 부근에서 유지
   ㉡ 변압기 부속설비의 중량과 가격 저하

(3) 단점

① 큰 지락전류에 의한 통신선 유도장해가 크다.

② **과도안정도(고장발생 시 전력공급의 한도)가 가장 나쁨** : 지락전류는 저역률의 대전류이므로 사고 시 전력공급 능력이 가장 작다.

③ **지락전류에 의한 기계적 강도에 견딜 수 있는 설비 채용** : 지락전류가 매우 커 기기에 대한 기계적 충격이 커져 손상을 주기 쉽다.

④ **차단기의 빈번한 동작으로 차단기 수명 단축** : 계통사고(대부분이 1선 지락사고) 시 차단기가 대전류를 차단할 기회가 많아진다(차단기가 너무 많이 동작).

(4) 유효 접지방식

① 중성선 임피던스 Z가 너무 작은 탓에($Z \fallingdotseq 0$) I_g가 대전류 → 유효접지 방식(Z 설치)

② 1선 지락고장 시 건전상의 전압 상승이 정상일 때 대지전압의 1.3배를 넘지 않도록 접지 임피던스를 조절해서 접지하는 방식

05 저항 접지방식

(1) 계통에 접속된 변압기의 중성점을 저항으로 접지하는 방식이다.

(2) 고장전류의 크기를 100 ~ 300[A]로 제한한다.

(3) 고저항을 연결하여 1선 지락 시 지락전류를 제한하고 통신선의 유도장해 경감, 과도안정도 증진 효과가 있다.

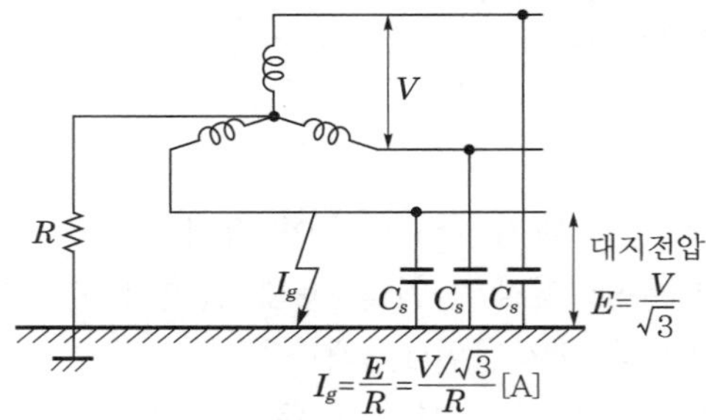

(4) 저항값의 크기에 따른 비교

① 저저항 접지 : 직접 접지방식과 유사
② 고저항 접지 : 비접지방식과 유사

06 소호 리액터 접지방식

(1) 개요

① 계통에 접속된 변압기의 중성점을 송전선로의 대지정전용량과 병렬공진하는 리액터를 통해 접지하는 방식
② 리액터와 대지정전용량의 병렬공진에 의하여 지락전류를 소멸시켜 계속적인 송전이 가능
③ 전자유도장해가 문제되는 대도시 주변 지역에 적용 가능

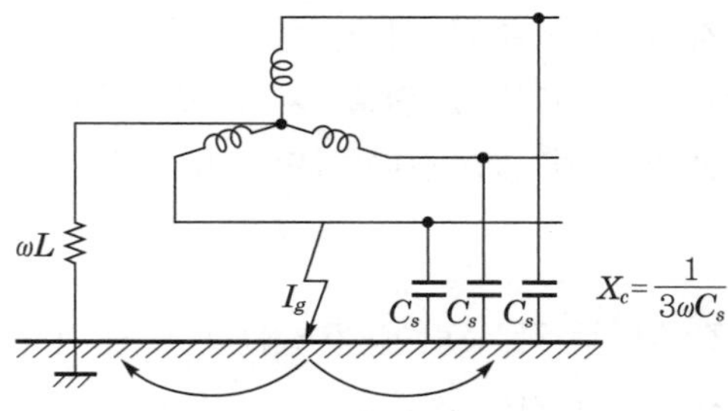

(2) 장점

① (지락사고) 고장 시에도 전력공급 가능 → 과도안정도가 높다.

② 1선 지락전류가 작아 통신선 유도장해가 작다.
③ 고장 발생 시 스스로 복귀되는 경우도 있다.

(3) 단점

① 접지장치의 가격이 고가이다.
② 고장 검출이 어려우므로($I_g = 0$) 보호장치의 동작이 불확실하다.
③ 단선 사고 시 직렬공진(최대 전류)에 의한 이상전압이 최대로 발생한다.

(4) 합조도

① 의미 : 소호 리액터의 탭이 공진점을 벗어나고 있는 정도를 말한다.

㉠ $\omega L = \dfrac{1}{3\omega C} \rightarrow I = I_c$(정합, 완전 공진) ; 합조도(0)

㉡ $\omega L < \dfrac{1}{3\omega C} \rightarrow I > I_c$(과보상) ; 합조도(+) – 지락사고 시 지상 전류

㉢ $\omega L > \dfrac{1}{3\omega C} \rightarrow I < I_c$(부족 보상) ; 합조도(−) – 지락사고 시 진상 전류

② 소호 리액터 접지방식에서 계통이 진상 운전이 되는 것을 방지하기 위하여 10[%] 과보상한다. 부족보상상태로 운전하게 되면 지락사고 시 과대한 이상전압의 발생으로 위험하다.

(5) 중성점 접지방식의 비교

구분	최대	최소
건전상 대지전위 상승	비접지	직접 접지
1선 지락전류	직접 접지	소호 리액터 접지
과도 안정도	소호 리액터 접지	직접 접지
유도장해	직접 접지	소호 리액터 접지
계통의 절연	비접지	직접 접지

07 중성점 잔류전압

(1) 개요

송전선로 각 선의 정전용량은 다소 차이가 있어 그 중성점은 다소의 전위를 띠게 되어 중성점을 접지하지 않을 경우 중성점에 잔류전압이 발생한다.

(2) 중성점 잔류전압의 크기

$$E_n = \frac{\sqrt{C_a(C_a - C_b) + C_b(C_b - C_c) + C_c(C_c - C_a)}}{C_a + C_b + C_c} \times \frac{V}{\sqrt{3}}\,[\mathrm{V}]$$

(3) 중성점 잔류전압 감소대책

송전선로 연가(전선위치 바꿈) 실시

① 각 상의 대지정전용량 동일($C_a = C_b = C_c$)하게 함

② 중성점 잔류전압($E_n = 0$) 제거

SECTION 06 유도장해 및 안정도

01 유도장해

(1) 유도장해의 분류

① 전자유도장해 : 전력선과 통신선과의 상호 인덕턴스(M)와 영상전류(I_0)에 의해 발생

② 정전유도장해 : 전력선과 통신선과의 상호 정전용량(C_m)과 영상전압(V_0)에 의해 발생

(2) 전자유도장해

① 지락사고 시 지락전류와 영상전류에 의해서 자기장이 형성되고 전력선과 통신선 사이에 상호 인덕턴스(M)에 의하여 통신선에 전압이 유기되는 현상

② 전자유도전압(E_m) : 길이에 비례한다.

$$E_m = j\omega Ml(I_a + I_b + I_c) = j\omega Ml \times 3I_0 [\text{V}]$$

여기서, E_m : 전자유도전압[V], M : 상호 인덕턴스[H/m]
I_0 : 영상전류[A], l : 선로의 길이[m]

(3) 정전유도장해

① 전력선과 통신선 사이의 선간 정전용량(C_m)과 통신선과 대지 사이의 대지 정전용량(C_s)에 의해서 통신선에 영상전압이 유기되는 현상

② 단상인 경우 정전유도전압(E_0) : $E_0 = \dfrac{C_m}{C_m + C_s} \times E[\text{V}]$

③ 3상인 경우 정전유도전압(E_0) : $E_0 = \dfrac{3C_m}{3C_m + C_s} \times E[\text{V}]$

여기서, E_0 : 정전유도전압[V], C_m : 선간 정전용량[F]
C_s : 대지 정전용량[F], E : 대지전압[V]

02 유도장해 경감대책

(1) 전자유도장해의 경감대책

① 기본적인 대책
  ㉠ 기유도전류($3I_0$)를 작게 한다.
  ㉡ 전력선과 충분한 거리로 이격시켜 상호 인덕턴스(M)를 저감시킨다.
  ㉢ 전력선과 병행구간을 짧게 한다.

② 전력선측의 대책
  ㉠ 전력선과 통신선의 이격거리(간격)를 증대시켜 상호 인덕턴스를 줄인다.
  ㉡ 전력선과 통신선을 수직 교차시킨다.
  ㉢ 소호리액터 접지를 채용하여 지락전류를 줄인다.
  ㉣ 전력선을 케이블화한다.
  ㉤ 차폐선을 설치한다(효과는 30 ~ 50[%] 정도).
  ㉥ 고속도 차단기를 설치하여 고장전류를 신속히 제거한다.

③ 통신선측의 대책
  ㉠ 연피 통신케이블(차폐케이블)을 사용한다.
  ㉡ 중계코일(절연변압기)을 채용한다.
  ㉢ 통신선에 배류코일(중화코일)을 설치한다.
  ㉣ 성능이 우수한 피뢰기를 설치한다.
  ㉤ 통신선과 통신기기의 절연을 향상시킨다.

(2) 정전유도장해의 경감대책

① 전력선측에 차폐선(가공지선) 또는 통신선측에 차폐선을 설치하고 접지한다.
  ※ 전력선측 차폐선 설치가 더 효과적이다.
② 전력선과 이격거리(간격)를 충분히 하여 상호 정전용량(C_m)을 저감시킨다.
③ 송전선을 완전 연가(전선위치 바꿈)로 선로정수의 평형이 되도록 한다.
④ 전력선이 케이블인 경우 금속시스를 접지한다.
⑤ 통신선으로 금속시스를 갖는 케이블을 사용(금속시스는 접지)한다.

03 안정도

(1) 개념

전력계통에 외란(계통의 사고, 부하의 급변, 발전력의 급변 등)이 발생된 경우에 일정한 동요 후에 다시 안정적인 운전점으로 회복하는 능력

(2) 안정도의 종류

① 정태안정도 : 정상적인 운전상태 하에서의 안정도
② 과도안정도 : 부하의 급변이나 사고 등과 같은 고장상태 하에서의 안정도
③ 동태안정도 : 자동 전압조정기(AVR), 조속기 등을 고려한 상태 하에서의 안정도

04 안정도 향상대책

(1) 계통의 리액턴스 감소(저임피던스 기기 채용, 선로 임피던스 저감)

① 단락비(K_s)가 큰 기기 채용 : 동기 리액턴스 감소, 관성정수 증대(중량 큼)
② 직렬 콘덴서 설치 : 선로의 유도성 리액턴스를 보상
③ 병행회선의 증가 및 복도체 채용 : 병행회선이 증가할수록 리액턴스가 감소하고 복도체 사용 시 선로 리액턴스 감소
④ 단권 변압기 채용

(2) 전압변동 감소(억제)

① 속응여자방식 채용 : 고장 발생으로 발전기 전압이 저하하더라도 고성능 AVR을 사용하고 발전기의 전압을 일정 수준까지 유지
② 계통 연계 : 계통을 연계 시 송전용량이 증가되어 고장 시 전압변동이 작아짐
③ 중간 조상방식 채용 : 선로 중간에 조상기 설치 → 전압을 상승시켜 출력 증가

(3) 발전기 입·출력 불평형 감소

① 제동저항(SDR) 및 한류기 채용 : 발전기 모선에 제동저항을 설치하여 고장 발생 시 입·출력의 변동을 억제
② 터빈 고속밸브 제어(EVA) : 계통의 고장 시에 원동기의 기계적 입력을 신속하게 저감시켜 발전기의 가속을 방지하는 방법으로 안정도를 향상시킴

(4) 사고 시 계통에 주는 충격 경감(단락전류, 지락전류 경감)

① 소호 리액터 접지방식 채용 : 지락전류 감소
② 고속 재폐로방식 채용 : 고장구간을 신속하게 분리 후 재투입
③ 계통분리 : 안정도 및 고장전류가 심각한 계통에서 계통분리가 매우 유효적이지만, 계통분리는 공급신뢰도 및 계통운용의 융통성을 저하시킴
④ 고속차단기 채용 : 3사이클 차단기 적용
⑤ 전원 제한 또는 부하 제한 : 수급 균형을 맞추는 방식

SECTION 07 이상전압 및 개폐기

01 이상전압

(1) 내부 이상전압(개폐서지에 의한 이상전압)

선로 중간에 개폐기나 차단기가 동작할 때 무부하 충전전류를 개방하는 경우 이상전압이 최대로 나타나게 되며 상규 대지전압의 약 3.5배 정도로 나타난다.

① 무부하 송전선로의 개폐

② 차단기 재투입(대책 : 차단기 내에 저항기 설치)

(2) 외부 이상전압(뇌서지에 의한 이상전압)

① 직격뢰 : 뇌격이 직접 송전선로에 가해지는 경우

② 유도뢰 : 뇌운에 의한 서지나 뇌격이 대지로 향하는 경우 주위의 송전선에 유도되는 경우

02 이상전압에 대한 방호장치

(1) 외부 이상전압(유도뢰, 직격뢰)의 방지책

① 외부대책 : 가공지선 설치

㉠ 직격뢰 차폐(가공지선을 높이 설치하여 차폐각을 작게 할수록 좋음)

㉡ 효과 : 유도뢰의 정전차폐, 통신선 유도장해 경감

② 내부대책

㉠ 피뢰기 설치

㉡ 매설지선 설치 : 역섬락 방지(철탑의 접지저항 감소)

㉢ 발・변전소의 메시(mesh) 접지 시행

(2) 내부 이상전압의 방지책

① 서지흡수기(SA) 설치 : 서지전압 억제

② 차단기 고속차단, 개극속도 빠르게 : 재점호 방지

03 표준 충격 파형(standard impulse wave)

(1) 표준 뇌 임펄스

파두장×파미장 $= 1.2 \times 50[\mu s]$

(2) 파두장

충격파의 파고치 30[%]와 90[%]인 점을 연결하는 선분이 파고치 0[%](규약 영점)인 선분과 100[%]인 선분과 각각 만나는 점 간의 시간 → 1.2[μs]

(3) 파미장

충격파의 규약 영점에서부터 파미 부분의 50[%] 크기로 감쇠하는 점까지의 시간

04 이상전압의 진행파

(1) 반사파와 반사계수

① 반사파 $e_2 = \dfrac{Z_2 - Z_1}{Z_1 + Z_2} e_1$

② 반사계수 $= \dfrac{Z_2 - Z_1}{Z_1 + Z_2}$

(2) 투과파와 투과계수

① 투과파 $e_3 = \dfrac{2Z_2}{Z_1 + Z_2} e_1$

② 투과계수 $= \dfrac{2Z_2}{Z_1 + Z_2}$

③ $Z_1 = Z_2$이면 $e_z = 0$이므로 반사파가 없다.

④ 무반사 조건 : $Z_1 = Z_2$이면 $e_2 = 0$이므로 반사파가 없다(투과파만 존재).

05 피뢰기

(1) 개념

① 내·외부 이상전압을 대지로 방전하여 이상전압의 파고값을 낮추어 기기를 보호하고 또한 기기의 절연레벨을 경감시켜 경제성을 확보하는 보호장치

② 이상전압 내습 시 대지로 방전하고 속류를 차단함

(2) 피뢰기의 기능(제1보호대상 : 변압기)

① 뇌전류 방전, 속류 차단, 선로 및 기기 보호

② 방전으로 단자전압이 일정 값 이하가 되면 즉시 방전을 중단하고, 즉시 속류(계통전압)를 차단시켜 정상상태로 돌아가 원래의 송전상태를 회복하도록 함

(3) 피뢰기의 구조

① 직렬 갭 : 대지 방전

② 특성요소 : 속류 차단

(4) 피뢰기의 구비조건

① 충격파 방전개시전압이 낮을 것
② 제한전압이 낮을 것
③ 상용 주파 방전개시전압이 높을 것
④ 속류차단능력이 있을 것
⑤ 방전내량이 클 것

(5) 피뢰기의 설치장소

① 발·변전소의 가공선로 인입구 및 인출구
② 배전용 변압기의 고압 또는 특고압측
③ 고압, 특고압 가공전선로로 공급받는 수용가 인입구
④ 가공전선로(절연전선)와 지중전선로(케이블)가 만나는 곳

06 차단기

(1) 차단기 개요

① 정상 운전 시 : 부하전류 개폐
② 사고 시 : 고장전류 차단(단락전류, 지락전류)

(2) 차단기의 소호매질에 따른 분류

구분	약호	명칭	영문명	소호매질 & 원리
고압 이상	GCB	가스차단기	Gas circuit breaker	SF_6(육불화황)가스
	OCB	유입차단기	Oil circuit breaker	절연유
	MBB	자기차단기	Magnetic blow-out circuit breaker	전자력
	ABB	공기차단기	Air blast circuit breaker	압축공기
	VCB	진공차단기	Vacuum circuit breaker	고진공
저압	ACB	기중차단기	Air circuit breaker	대지(기중)
	MCCB	배선용 차단기	Mold case circuit breaker	–
	RCD(ELB)	누전차단기	Residual current protective device	누설전류 차단

(3) 차단기 동작책무

구분	동작책무
일반용	O – (3분) – CO – (3분) – CO
	CO – (15초) – CO
고속도 재투입용	O – (0.3초) – CO – (3분) – CO

(4) 정격차단시간

① 정격차단전류(I_s)를 완전히 차단할 경우 소요되는 시간

② 트립코일 여자로부터 소호까지의 시간
③ 개극시간+아크시간
　㉠ 개극시간 : 트립코일(TC) 여자 순간부터 접촉자 분리시간까지의 시간(접촉자가 열리는 시간)
　㉡ 아크시간 : 접촉자 분리 시부터 아크 소호까지의 시간(아크가 지속되는 시간)

(5) 차단기의 정격차단용량(P_s)

① 정격차단전류가 주어진 경우

$$P_s = \sqrt{3} \times V_n \times I_s [\text{MVA}]$$

여기서, V_n : 정격전압[kV]
　I_s : 정격차단전류[kA]

② $\%Z$가 주어진 경우

$$P_s = \frac{100}{\%Z} \times P_n [\text{MVA}]$$

여기서, P_n : 기준용량[MVA]
　$\%Z$: 전원측으로부터 합성 임피던스

07 전력퓨즈

(1) 전력퓨즈의 기능

① 부하전류는 안전하게 통전(과도전류, 과부하전류는 용단되지 않음)
② 이상전류나 사고전류(단락전류)에 대해서는 즉시 차단
③ 동작대상 일정 값 이상에서는 오동작없이 차단

(2) 퓨즈 선정 시 고려사항

① 과부하전류에 동작하지 말 것
② 변압기 여자돌입전류에 동작하지 말 것
③ 충전기 및 전동기 기동전류에 동작하지 말 것
④ 보호기기와 협조를 가질 것

(3) 전력퓨즈의 특성

① 단시간 허용 특성
② 용단 특성
③ 전차단 특성

08 단로기

(1) 설치목적

① 고압 이상의 전로에서 단독으로 선로의 접속 또는 분리하는 것을 목적으로, 무부하 시 선로를 개폐함

② 아크 소호능력이 없으므로 부하전류 개폐를 하지 않는 것을 원칙으로 함

③ 차단기, 변압기, 피뢰기 등 고전압 기기의 1차측 접속, 기기의 점검, 수리 시 회로차단

(2) 차단기와 단로기 조작 순서

① 개방 순서 : 차단기 개방 → 단로기 개방

② 투입 순서 : 단로기 투입 → 차단기 투입

(3) 단로기 개폐 가능 전류

변압기 여자전류, 무부하 충전전류

09 수 · 변전 설비 부하개폐기

(1) DS(단로기)

① 고압 이상 개폐기에 적용

② 무부하 시 전로(회로) 개폐

(2) LS(선로개폐기)

① 66[kV] 이상 인입선로에 적용

② 단로기 대용, 무부하 상태에서 개폐

(3) LBS(부하개폐기)

① 무부하, 부하전류 개폐, 고장전류 차단능력 없음

② PF(전력퓨즈)와 연동, 결상 방지

(4) ALTS(자동부하 전환개폐기)

22.9[kV] 3상 4선식 지중 인입선로의 인입개폐기에 적용

(5) ASS(자동고장 구분개폐기)

22.9[kV] 3상 4선식 300[kVA] 이상 1000[kVA] 이하 수전설비에 의무 적용

SECTION 08 보호계전시스템

01 보호계전시스템의 역할

과전류, 지락전류, 정전사고, 과전압 등으로 파급되는 사고를 인식하여 계전기가 동작하여 차단기(CB) 내부의 트립코일(TC)에 전류가 흘러 여자되면 차단기가 연동하여 전원을 차단한다.

02 보호계전기의 구비조건

(1) 고장상태를 식별하여 정도를 파악할 수 있을 것
(2) 고장개소를 정확히 선택할 수 있을 것
(3) 동작이 예민하고 오동작이 없을 것
(4) 적절한 후비 보호능력이 있을 것
(5) 소비전력이 적고 경제적일 것
(6) 오래 사용해도 특성 변화가 없을 것
(7) 열적·기계적으로 견고할 것

03 보호계전기의 동작시간에 의한 분류

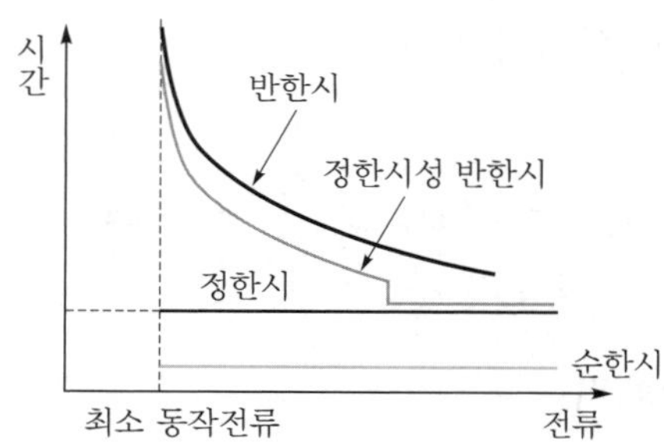

(1) 순한시

① 고장 즉시 동작
② 계전기에 정정(setting)된 최소 동작전류 이상의 전류가 흐르면 즉시 동작

(2) 정한시

① 고장 후 일정 시간이 경과하면 동작
② 정정된 값 이상의 전류가 흘렀을 때 크기에 관계없이 정해진 시간 후 동작

(3) 반한시

① 고장전류의 크기에 반비례하여 동작
② 동작전류가 클수록 빨리 동작하고, 동작전류가 작을 때는 늦게 동작

(4) 반한시 정한시

① 반한시와 정한시 특성을 겸함
② 동작전류가 작을 때에는 늦게 동작하고, 동작전류가 클 때에는 빨리 동작

04 보호계전기의 종류

(1) 과전류 계전기(OCR : Over Current Relay)

일정 값 이상의 전류가 흘렀을 때 동작(=과부하 계전기)

(2) 과전압 계전기(OVR : Over Voltage Relay)

일정 값 이상의 전압이 걸렸을 때 동작(발전기 무부하 시 일정 전압 이상이 되지 않도록)

(3) 부족전압 계전기(UVR : Under Voltage Relay)

전압이 일정 값 이하로 떨어지면 동작(단락 시 고장 검출용)

(4) 단락방향계전기(DSR : Directional Short Current Relay)

어느 일정한 방향으로 일정 값 이상의 단락전류가 흘렀을 경우 동작

(5) 선택단락계전기(SSR : Selective Short Current Relay)

병행 2회선 선로에서 어느 한쪽의 1회선에 단락사고가 발생한 경우 고장회선만 선택 차단

(6) 거리계전기(ZR : Distance Relay, 임피던스 계전기)

① 계전기 설치점으로부터 고장점까지의 (임피던스[전압/전류]가 일정치 이하인 경우) 전기적 거리에 비례하여 한시 동작
② 복잡한 계통의 단락보호에 과전류 계전기의 대용으로 사용

(7) 방향거리계전기(DZR : Directional Distance Relay)

① 거리계전기에 방향성 부가
② 복잡한 계통의 단락방향계전기 대용으로 사용

(8) 지락계전기(GR : Ground Relay, OCGR)

① 영상변류기(ZCT)에 의해 검출된 영상전류에 의해 동작 → 지락고장 보호용
② OCGR(Over Current Ground Relay) : 지락과전류 계전기

(9) 방향지락계전기(DGR : Directional Ground Relay)

GR, OCGR에 방향성을 준 것

(10) 선택지락계전기(SGR : Selective Ground Relay)

병행 2회선 송전선로에서 한쪽의 1회선에 지락사고가 발생하였을 경우 고장회선만 선택 차단할 수 있도록 한 계전기

05 비율차동계전기

(1) 비율차동계전기의 개요

① 보호구간 내로 유입되는 전류와 유출되는 전류의 벡터 차와 출입하는 전류와의 관계비로 동작되는 것

② 발전기 보호, 변압기 보호, 모선 보호 외에 표시선 계전기(pilot wire relay)로서 구간 보호를 하는 것으로도 사용

(2) 비율차동계전기의 구조

① **동작코일** : 변압기 고장 시 1차와 2차의 전류차의 비율로 동작하여 차단기를 개로시켜 선로 및 기기를 보호

② **억제코일** : 비율차동계전기의 오동작 방지

③ **보조변류기(CCT)** : 사고 발생 시가 아니더라도, 즉 정상상태에서 CT비 선정 시 발생할 수 있는 오차 보정(정상운전 시 비율차동계전기의 1차 전류와 2차 전류의 차이를 보정)

06 계기용 변압기(VT 또는 PT)

(1) 기능

① 고압 및 특고압을 저압으로 변성하여 계측기나 계전기에 공급

② **정격 2차 전압** : 110[V]

(2) 계기용 변압기 2차측 수리 및 점검 시

2차측 개방

07 변류기(CT)

(1) 기능

① 대전류를 소전류로 변성하여 측정계기나 보호계전기에 공급

② **정격 2차 전류** : 5[A]

(2) 정격부담

① 2차 정격전류(5[A])가 부하 임피던스에 흐를 때 규정된 오차범위를 유지할 수 있는 (성능을 보증할 수 있는) 피상전력을 [VA]로 표시한 것

② $[\mathrm{VA}] = VI_2 = I_2^2 Z_b [\mathrm{VA}]$

여기서, I_2 : 2차 정격전류[A]

Z_b : 부하 임피던스[Ω] (계전기, 계측기 및 케이블의 임피던스를 포함한 총부하)

(3) 변류비 선정

$$\text{변류비} = \frac{I_1}{5[\mathrm{A}]} \times (1.25 \sim 1.5)$$

(4) CT 2차측 개방 불가

변류기 2차측을 개방하면 1차 전류가 모두 여자전류가 되어 2차측에 과전압이 유기되어 절연파괴로 소손될 우려가 있으므로 CT 2차측 기기를 교체하고자 하는 경우는 반드시 CT 2차측을 단락시켜야 한다.

(5) CT 결선

① 가동 접속 : I_1 = 전류계 지시값(CT 2차측) × CT비

② 차동 접속 : I_1 = 전류계 지시값(CT 2차측) × CT비 × $\frac{1}{\sqrt{3}}$

08 전력수급용 계기용 변성기(MOF, VCT, PCT)

(1) 계기용 변압 변류기 = 계기용 전압전류 변성기 = 계기용 변성기함

① MOF : Metering Out Fit

② VCT : Voltage Current Transformer

③ PCT : Potential Current Transformer

(2) 기능

① 고전압 대전류를 전력량계로 적산하기 곤란하므로 한 용기 내에 VT와 CT를 조합하여 고전압과 대전류를 저전압과 소전류로 변성하여 전력량계(최대 수요 전력량계)에 전달하여 주는 장치

② 전력수급용 전력량계(WH), 무효 전력량계(VARH), 최대 수요 전력량계(DM)와 조합하여 사용

09 영상변류기(ZCT), 접지형 계기용 변압기(GVT)

(1) 영상변류기(ZCT : Zerophase Current Transformer)

지락사고 시 지락전류(영상전류)를 검출하는 것으로 지락계전기와 조합하여 차단기를 차단시킨다.

(2) 접지형 계기용 변압기(GVT : Grounding Voltage Transformer)

① 1선 지락사고 시 영상전압 검출

② GVT(GPT)를 이용한 영상전압으로 OVGR과 ZCR의 조합으로 SGR을 설치하여 보호

SECTION 09 배전방식과 전기공급방식

01 배전방식의 종류 및 특징

(1) 수지식(=가지식, 방사식 ; tree system)

① 나뭇가지 모양처럼 한쪽 방향만으로 전력을 공급하는 방식

② 특징

㉠ 구성이 간단하고, 신규 증설이 용이하며 시설비가 저렴하다.

㉡ 전압변동, 전력손실이 크고 정전범위가 넓다.

㉢ 공급 신뢰도가 낮다.

(2) 루프식(= 환상식)

① 배전간선이 하나의 환상선으로 구성되고 수요 분포에 따라 임의의 각 장소에서 분기선을 끌어서 공급하는 방식이다.

② 특징

㉠ (수지식에 비해) 전선량이 증가되고, 증설 및 보호방식이 복잡하며 설비비가 비싸다.

㉡ 전류 통로에 대한 융통성이 있으며, (수지식보다) 전력손실과 전압강하가 작다.

㉢ 선로의 고장 발생 시 고장 개소의 분리조작이 용이해 정전범위가 감소된다.

- 좌우 양쪽에서 전력 공급이 가능, 고장 발생 시 빨리 분리
- 공급 신뢰도 높음
- 수용밀도가 큰 지역에 적합(부하밀집지역)

(3) 망상식(network system)

① 배전간선을 망상으로 접속하고 이 망상 계통 내의 수개소의 접속점에 급전선을 연결한 것

② 특징
- ㉠ 한 회선에 사고가 발생하더라도 다른 회선에서 무정전 공급이 가능하다.
- ㉡ 공급 신뢰도가 가장 높아 대도시(대형 빌딩가 등)에 적합하다.
- ㉢ 플리커 및 전압 변동률이 작고 전력손실과 전압강하가 작다.
- ㉣ 기기의 이용률이 향상되고 부하 증가에 대한 적응성이 높다.
- ㉤ 변전소의 수를 줄일 수 있다.
- ㉥ 차단기, 방향성 계전기, 퓨즈 등으로 구성된 네트워크 프로텍터 등의 특별한 보호장치가 필요하여 설비비(건설비)가 비싸다.

(4) 저압 뱅킹방식

① 동일 고압 배전선로에 접속되어 있는 2대 이상의 배전용 변압기를 경유해서 저압측 간선을 병렬로 접속하는 방식으로, 인접 변압기는 같은 고압선으로 공급하면서 그 2차측만 서로 연락

② **캐스케이딩 현상** : 변압기 2차측 저압선 일부에서 발생한 사고가 단락보호장치로 제거 구분되지 않아 사고범위가 확대되어 나가는 현상

③ 특징
- ㉠ 변압기의 공급전력을 서로 융통시킴으로써 변압기 용량 저감
- ㉡ 전압변동 및 전력손실 경감
- ㉢ 부하 증가에 대한 대응 가능한 탄력성이 향상
- ㉣ 고장 시 정전범위가 축소되어 공급 신뢰도 향상
- ㉤ 플리커 현상 감소

(5) Spot network 수전방식

① 전력회사로부터 배전선 3회선 이상을 수전하여 수용가측 변압기를 병렬운전하는 방식으로, 네트워크 프로텍터(network protector)에 의해 배전선 변압기의 고장과 회복 시 자동으로 차단·투입한다.

② 특징
- ㉠ 22.9[kV]측의 수전용 차단기를 생략하고 그 대신에 변압기의 저압측에 네트워크 프로텍터를 보호장치로 사용한다.
- ㉡ 네트워크 프로텍터에 상정될 여러 가지 사고에 대한 동작 책무를 지니게 함으로써 사고구간을 자동적으로 정확하게 분리하는 등 부하에 전력을 무정전으로 공급할 수 있어 공급 신뢰도가 매우 높은 방식이다.
- ㉢ 초기 투자비가 많이 들고, 보호장치를 수입에 의존한다.

02 전기공급방식의 특징

(1) 전력 비교

구분	공급전력	1선당 공급전력	1선당 공급전력 비교	전선량	손실
1ϕ 2W	$P = VI\cos\theta$	$P_1 = \frac{1}{2}VI\cos\theta = \frac{1}{2}P$	100[%]	2W	$2I^2R$
1ϕ 3W	$P = 2VI\cos\theta$	$P_1 = \frac{2}{3}VI\cos\theta = \frac{2}{3}P$	133[%]	3W	$2I^2R$
3ϕ 3W	$P = \sqrt{3}VI\cos\theta$	$P_1 = \frac{\sqrt{3}}{3}VI\cos\theta = \frac{\sqrt{3}}{3}P$	115[%]	3W	$3I^2R$
3ϕ 4W	$P = 3VI\cos\theta$	$P_1 = \frac{3}{4}VI\cos\theta = \frac{3}{4}P$	150[%]	4W	$3I^2R$

(2) 전선중량비, 전력손실비

구분	전선중량비 (전력 · 전압 · 전력 손실 동일)	전력손실비 (전력 · 전압 · 전선 중량 동일)
1ϕ 2W	1배(기준)	1배(기준)
1ϕ 3W	$\frac{3}{8}$배(37.5[%])	$\frac{3}{8}$배(37.5[%])
3ϕ 3W	$\frac{3}{4}$배(75[%])	$\frac{3}{4}$배(75[%])
3ϕ 4W	$\frac{1}{3}$배(33.3[%])	$\frac{1}{3}$배(33.3[%])

03 배전선로의 전기적 특성 및 부하특성

(1) 말단 집중부하와 분산분포부하의 비교

구분	전압강하	전력손실
말단 집중부하	IR	I^2R
분산분포부하	$\frac{1}{2}IR$	$\frac{1}{3}I^2R$

(2) 손실계수와 부하율의 관계

① $0 \le F^2 \le H \le F \le 1$ (여기서, H : 손실계수, F : 부하율)
  ㉠ 부하율이 좋은 부하일 경우 : 부하율에 가까운 값($H \fallingdotseq F$)
  ㉡ 부하율이 나쁜 부하일 경우 : 부하율의 제곱에 가까운 값($H \fallingdotseq F^2$)

② F와 H의 근사적 관계 : $H = \alpha F + (1-\alpha)F^2$
  여기서, α : 0.1 ~ 0.4

04 배전선로의 전압 승압 시 효과(n배 승압 시)

① 전력손실 : $P_l = \dfrac{P^2 R}{V^2 \cos^2\theta} \propto \dfrac{1}{V^2} \rightarrow \dfrac{1}{n^2}$배

② 전선단면적 : $A = \dfrac{P \cdot \rho \cdot l}{V^2 \cos^2\theta \cdot K} \propto \dfrac{1}{V^2} \rightarrow \dfrac{1}{n^2}$배

③ 송전거리 : $l = \dfrac{V^2 \cos^2\theta \cdot A \cdot K}{P \cdot \rho} \propto V^2 \rightarrow n^2$배

④ 전선의 중량 : $W = \dfrac{\sigma \cdot P \cdot \rho \cdot l^2}{V^2 \cos^2\theta \cdot K} \propto \dfrac{1}{V^2} \rightarrow \dfrac{1}{n^2}$배

⑤ 전압강하 : $e = \dfrac{P}{V}(R + X \cdot \tan\theta) \propto \dfrac{1}{V} \rightarrow \dfrac{1}{n}$배

⑥ 전압강하율 : $\varepsilon = \dfrac{P}{V^2}(R + X \cdot \tan\theta) \propto \dfrac{1}{V^2} \rightarrow \dfrac{1}{n^2}$배

05 수용률

(1) 개념

① 총설비용량에 대한 최대 수용전력의 비를 백분율로 나타낸 것

② 수용가의 부하설비가 동시에 사용되는 정도를 의미

(2) 수용률 공식

$$\text{수용률} = \frac{\text{최대 수용전력}}{\text{총설비용량}} \times 100[\%]$$

(3) 수용률이 클 경우

① 최대 전력이 크다.

② 변압기 용량이 증가한다.

③ 설비비가 비싸다(경제적으로 불리).

06 부등률

(1) 개념

① 각 부하의 최대 수용전력의 합계를 합성 최대 수용전력으로 나눈 값

② 각각의 부하군의 최대 부하는 같은 시각에 일어나는 것이 아니고, 그 발생하는 시각 또는 시기의 분산을 나타내는 지표

③ 전력 사용기기가 동시에 최대가 되지 않는 정도를 의미

(2) 부등률 공식

$$부등률 = \frac{각\ 부하의\ 최대\ 수용전력의\ 합계}{합성\ 최대\ 수용전력} \geq 1$$

(3) 부등률이 클 경우

① 설비의 이용도가 크다.
② 합성 최대 전력이 작은 것이므로 변압기 용량을 작게 선정한다.

07 부하율(설비 이용률 = 변압기 이용률)

(1) 개념

① 최대 전력에 대한 평균전력의 비를 백분율로 나타낸 것
② 수전설비 또는 전력공급설비의 이용률을 표시하는 지표
③ 공급설비가 어느 정도 유용하게 사용(이용)되는지의 정도

(2) 부하율 공식

$$부하율 = \frac{평균(수용)전력}{최대(수용)\ 전력} \times 100[\%]$$

여기서, $평균전력 = \frac{사용\ 전력량[kWh]}{사용\ 시간[h]}$

(3) 부하율이 클 경우

① 최대 전력과 평균전력의 차가 작다.
② 공급설비를 유용하게 사용할 수 있다.

(4) 부하율이 작을 경우

① 최대 전력과 평균전력의 차가 크다.
② 공급설비를 유용하게 사용하지 못한다.
③ 첨두 부하설비(peak cut)가 필요하다.

08 수용률, 부등률, 부하율의 관계

(1) 수용률이 커지면 최대 전력도 커지므로 변압기 용량이 증가한다.
(2) 부등률이 커지면 합성 최대 전력이 작아지므로 변압기 용량이 감소한다.
(3) 부하율이 커지면 최대 전력이 작아지므로 변압기 용량이 감소한다.

(4) 부하율 $= \dfrac{\text{평균전력}}{\text{최대 전력}} = \dfrac{\text{평균전력}}{\text{수용률} \times \text{설비용량}}$

(5) 부하율 $= \dfrac{\text{평균전력}}{\text{최대 전력}} = \dfrac{\text{평균전력}}{\dfrac{\text{각 부하의 최대 전력의 합}}{\text{부등률}}} = \dfrac{\text{평균전력} \times \text{부등률}}{\text{각 부하의 최대 전력의 합}}$

(6) 합성 최대 전력 $= \dfrac{\text{각 부하의 최대 전력의 합}}{\text{부등률}} = \dfrac{\text{설비용량[kVA]} \times \text{수용률}}{\text{부등률}}$

09 변압기 용량 산정(변압기(TR) 용량[kVA] ≥ 최대 전력[kW])

$$\text{변압기 용량[kVA]} = \frac{\text{총설비용량} \times \text{수용률}}{\text{부등률} \times \cos\theta}$$

(1) 손실 또는 여유율이 주어진 경우

$$\text{변압기 용량[kVA]} = \frac{\text{총설비용량} \times \text{수용률}}{\text{부등률} \times \cos\theta} \times (1+K)$$

(2) 변압기 종합효율이 주어진 경우

$$\text{변압기 용량[kVA]} = \frac{\text{총설비용량} \times \text{수용률}}{\text{부등률} \times \cos\theta \times \eta}$$

SECTION 10 수력발전

01 수력발전의 특징

(1) 발전기의 가동과 정지가 용이하여 효율적 운전이 가능하다.

(2) 에너지 저장이 가능하여 효율적 운전이 가능하다.

(3) 홍수 조절, 용수 공급 등 수자원 이용률이 높다.

(4) 개발 시 수몰지역 등 환경문제로 후보지 제한이 있다.

(5) 전력수요지와 먼 거리일 경우 초기 투자비용이 많이 소요된다.

(6) 공급 안정성이 우수하다.

(7) 발전가격이 장기적으로 안정적이고 싸다.

02 수력발전의 출력

(1) 수차의 이론출력

$$P_o = 9.8QH[\text{kW}]$$

여기서, Q : 사용유량[m^3/s], H : 유효낙차[m]

(2) 실제 출력

① 수차 출력 : $P_t = 9.8QH\eta_t[\text{kW}]$
　여기서, η_t : 수차효율

② 발전기 출력 : $P_g = 9.8QH\eta_t\eta_g[\text{kW}]$
　여기서, η_g : 발전기 효율

03 수두

(1) 개념

물이 가지는 에너지를 높이로 표현한 것이다.

(2) 위치수두 H[m]

단위체적당 정지한 물이 갖는 위치에너지를 높이로 표시한다.

(3) 압력수두

단위체적당 정지한 물이 갖는 압력에너지를 높이로 표시한다.

$$H = \frac{P}{w} = \frac{P}{1000}[\text{m}]$$

여기서, P : 압력의 세기(수압)[kg/m^2], w : 단위부피당 물의 무게[kg/m^3]

(4) 속도수두

① 단위체적당 흐르는 물이 가지는 운동에너지를 높이로 표시한다.

$$H_v = \frac{v^2}{2g}[\text{m}]$$

　여기서, g : 중력가속도 → 9.8[m/s^2], v : 유속[m/s]

② 물의 분출 속도 : $v = \sqrt{2gh}$ [m/s]

04 유황곡선

(1) 유량도와 유황곡선

① 유량도 : 계절적인 유량의 변화를 나타낸 것
② 유황곡선 : 연중 유량의 시간적 상황을 한 눈에 파악

(2) 하천의 유량

① 갈수량(갈수위) : 1년 365일 중 355일은 이것보다 내려가지 않는 유량 또는 수위
② 저수량(저수위) : 1년 365일 중 275일은 이것보다 내려가지 않는 유량 또는 수위
③ 평수량(평수위) : 1년 365일 중 185일은 이것보다 내려가지 않는 유량 또는 수위
④ 풍수량(풍수위) : 1년 365일 중 95일은 이것보다 내려가지 않는 유량 또는 수위
⑤ 고수량(고수위) : 1년에 1 ~ 2회 생기는 유량
⑥ 홍수량(홍수위) : 3 ~ 5년에 한번 생기는 유량

(3) 적산유량곡선

저수지 용량을 결정한다.

(4) 하천의 연평균 유량

$$Q = \frac{a \times 10^{-3} \times b \times K}{365 \times 24 \times 60 \times 60}\,[\mathrm{m^3/s}]$$

여기서, a : 수량[mm], b : 유역면적[$\mathrm{m^2}$], K : 유출계수

(5) 하천의 유량측정법

① 언측법
② 부자측법
③ 유속계법
④ 수위관측법
⑤ 부표법

(6) 발전소의 사용수량 측정법

① 피토관법
② 수압시간법(= 깁슨법)
③ 염수 속도법
④ 벨마우스법
⑤ 염수 농도법
⑥ 초음파법

05 취수방식에 따른 분류

(1) 수로식(Q ↓, H ↑)

① 하천의 기울기가 크고 수로에 의하여 낙차를 얻기 쉬운 장소에 적합하다.

② 취수댐 → 취수구 → 침사지 → 수로 → 상수조 → 수압관 → 발전소 → 방수로 → 방수구

(2) 댐식(Q ↑, H ↓)

① 유량이 많고 낙차가 작은 곳

② 저수지 → 취수탑 → (조압수조) → 수압관 → 발전로 → 방수로

(3) 댐수로식(Q ↑, H ↑)

① 댐과 수로식의 조합형, 말단에 조압수조 설치

② 댐 → 취수탑 → 수로 → 조압수조 → 수압관 → 발전소 → 방수로

(4) 유역변경식(H ↑)

하천의 자연적 흐름에 관계없이 인공적으로 수로를 만들어 큰 낙차를 얻는 방식

06 물의 운용방식에 따른 분류

(1) 유입식(지류식)

자연유량이 풍부한 지점에서 저수지나 조정지 없이 하천의 자연유량만을 이용하여 발전하는 방식

(2) 조정지식

댐 등을 이용·저장 → 발전(조정지 이용)

(3) 저수지식

댐 등을 이용·저장 → 발전(저수지 이용)

(4) 양수식

잉여 전력 이용, 첨두부하 시 발전

07 낙차의 종류

(1) 총낙차

발전기 정지 시 취수구의 수위와 방수구의 수위 간의 차

(2) 정낙차

발전기 정지 시 취수구 또는 상수조 수면과 방수위 수면과의 차

(3) 겉보기 낙차

수차 운전 중 상수조 수면과 방수위 수면 간의 차

(4) 유효낙차

① 총낙차에서 각종 손실낙차를 제외한 나머지 낙차
② 실제 수차에 작용하는 낙차

(5) 손실낙차

① 취수구 손실, 수로 손실, 수로 구조물에 의한 손실
② 일반적으로 총낙차의 5~10[%] 정도이다.

08 댐의 종류

(1) 역할(사용 목적)에 의한 분류

취수댐, 저수댐, 다목적댐

(2) 역학적 구조에 의한 분류

아치댐, 중력댐, 부벽댐

(3) 축조재료에 의한 분류

콘크리트댐, 로크필댐, 목조댐, 철골댐

09 댐의 부속설비

(1) 가동댐

홍수의 유하, 퇴적한 토사의 제거를 위해 익류형 댐의 상부에 설치

(2) 제수문

① 취수량의 조절, 제진 격자 또는 스크린 오물의 제거
② 취수구에 설치

(3) 여수로

일정 높이보다 물이 높아지면 그 물을 수시로 방출하는 곳

(4) 취수구

① 물을 수로에 도입하는 수구
② 제수문 설치

(5) 침사지

취수된 물에 포함된 토사의 침전

(6) 도수로

① 취수구 직후로부터 상수조 입구까지
② 무압수로 : 유수의 상부가 대기에 노출(상수조)
③ 압력수로 : 수로 전체에 압력이 걸려 있음(조압수조)

10 수차

(1) 충동수차

펠턴 수차(고낙차용)

(2) 반동수차

① 프랜시스 수차, 사류수차(중낙차용)
② 프로펠러 수차, 카플란 수차(저낙차용)

(3) 수차의 특유속도(= 비속도)

$$N_s = N \times \frac{P^{\frac{1}{2}}}{H^{\frac{5}{4}}} [\mathrm{m \cdot kW}]$$

여기서, N : 회전수, P : 수차의 정격출력[kW], H : 유효낙차[m]

(4) 무구속 속도

① 수차가 정격출력으로 운전 중 갑자기 무부하가 되었을 때 상승할 수 있는 최고 속도
② 무구속 속도 크기 : 카플란 > 프로펠러 > 프랜시스 > 펠턴

(5) 수차의 낙차 변화에 대한 특성 변화

① 회전수(속도) : $\frac{N_2}{N_1} = \left(\frac{H_2}{H_1}\right)^{\frac{1}{2}} \rightarrow N \propto H^{\frac{1}{2}}$

② 유량 : $\frac{Q_2}{Q_1} = \left(\frac{H_2}{H_1}\right)^{\frac{1}{2}} \rightarrow Q \propto H^{\frac{1}{2}}$

③ 출력 : $\frac{P_2}{P_1} = \left(\frac{H_2}{H_1}\right)^{\frac{3}{2}} \rightarrow P \propto H^{\frac{3}{2}}$

11 기타 설비

(1) 조속기

① 부하 변동에 따른 속도 변화를 감지하여 수차의 유량을 자동적으로 조절하여 수차의 회전속도를 일정하게 유지하기 위한 장치

② 조속기 동작 : 평속기 → 배압밸브 → 서보모터 → 복원장치

㉠ 평속기(speeder) : 수차의 회전속도 변화를 검출

㉡ 배압밸브 : 유압 분배

㉢ 서보모터 : 니들밸브(펠턴수차), 안내날개(반동수차)를 개폐

㉣ 복원장치 : 난조(진동) 방지

(2) 캐비테이션 현상

① 수차 및 펌프수차의 어느 부분에서 압력이 포화 증기압 이하로 저하(급격한 부하 변동의 주요 원인)되면 물이 증발하여 기포가 발생하고, 이 기포가 압력이 높은 곳에 도달하여 터지면서 부근의 물이 러너나 버킷 등에 충격을 주는 현상

② 방지책

㉠ 특유속도를 낮게 한다.

㉡ 흡출관 사용

㉢ 과도한 부분 부하(경부하), 과부하 운전 금지

㉣ 침식에 강한 재료(스테인리스 강)를 사용

SECTION 11 화력발전

01 화력발전의 원리

(1) 석탄, 석유, 가스와 같은 연료를 태워서 나온 열에너지로 보일러에서 고온·고압의 증기를 발생시켜, 그 증기가 터빈에서 팽창하는 힘으로 증기터빈을 고속으로 돌려주고, 여기에 연결된 발전기의 회전자를 돌려 전기를 만드는 발전방식

(2) 열에너지 → 증기에너지 → 기계에너지 → 전기에너지

02 열역학 개요

(1) 엔탈피(enthalpy)

① 증기 또는 물이 보유하고 있는 열량으로 1기압, 1[kg]의 건조 포화 증기의 엔탈피는 639[kcal/kg]이다.

② 포화 증기의 엔탈피 = 액체열 + 증발열

③ 과열 증기의 엔탈피 = 액체열 + 증발열 + (평균비율 × 과열도)

(2) 열용량과 비열

① 비열 : 어떤 물체의 단위질량의 온도를 1[℃] 높이는 데 드는 열량[kcal/(kg・℃), cal/(g・℃)]

② 열용량 = 비열 × 질량

(3) 열량과 압력의 단위

① 1기압 = 760[mmHg] = 1.0333[kg/cm^3]

② 1[W] = 0.24[cal/s]

③ 1[kWh] = 0.24 × 10^3 × 3600[s] = 860000[cal] = 860[kcal]

④ 1[kcal] = 3.968[BTU]

03 화력발전소의 종합효율

$$\eta = \frac{860\,W}{mH} \times 100[\%]$$

여기서, W : 어떤 기간 내에 발생한 총전력량[kWh]

m : 같은 기간 내에 소비된 총연료량[kg]

H : 소비된 총연료에 의한 발열량[kcal/kg]

η : 종합효율[%]

$\eta = \eta_b \times \eta_c \times \eta_t \times \eta_g$

η_b : 보일러 효율

η_c : 열사이클 효율

η_t : 터빈 효율

η_g : 발전기 효율

04 열사이클의 종류

(1) 열사이클의 흐름

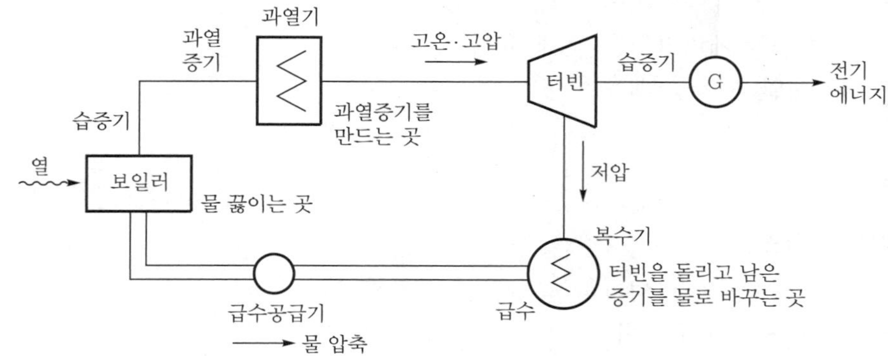

(2) 카르노 사이클(Carnot cycle) → 가장 이상적인 사이클

① 고온의 열원온도(T_1)와 저온의 열원온도(T_2)의 온도차에 의한 열이동을 이용해서 열을 일로 바꾸는 이상적인 열기관 → 모든 열사이클 중 최고의 효율

② 2개의 등온변화, 2개의 단열변화로 구성

(3) 랭킨 사이클(Rankine cycle) → 가장 기본적인 사이클

① 카르노 사이클의 등온과정을 등압과정으로 바꿔 실제 증기터빈에 적합하도록 개량한 것

② 증기를 작동유체로 사용하는 화력 발전소의 가장 기본적인 사이클

③ 급수 → 보일러 → 과열기 → 터빈 → 복수기

(4) 재생 사이클(regenerative cycle)

① 랭킨 사이클의 열효율을 더 높이기 위하여 터빈 내에서 팽창 중인 증기를 일부 빼내어 그 열로 물을 가열시킨 사이클

② 급수 → 급수가열기 → 보일러 → 과열기 → 터빈 → 복수기

(5) 재열 사이클(reheat cycle)

① 고압 터빈의 단열팽창으로 식은 증기를 보일러 재열기에서 한번 더 열을 가해 과열증기로 만든 후 저압 터빈에 공급하여, 저압 터빈의 열효율을 높인 사이클

② 급수 → 보일러 → 과열기 → 고압 터빈 → 재열기 → 저압 터빈 → 복수기

(6) 재열·재생 사이클

① 재열 사이클(터빈의 내부 손실을 경감시켜 열효율 향상)과 재생 사이클(열역학적으로 열효율 향상) 모두를 이용한 사이클

② 열사이클의 효율성 향상

(7) 열사이클 효율의 향상 대책

① 과열 증기의 사용으로 터빈의 증기온도 및 압력 향상
② 진공도를 높게 유지하여 열낙차 향상
③ 터빈 출구의 배기압력을 낮게 유지
④ 재생·재열 사이클 채용

05 연료

(1) 연료의 구비조건

① 연료의 용적률과 발열량이 클 것
② 수송 및 취급이 용이할 것
③ 유황성분이 적을 것(배기가스에 의한 환경오염 작을 것)
④ 폐기물의 처리가 용이할 것
⑤ 가격이 저렴할 것
⑥ 축적 및 보존 등이 용이할 것

(2) 연료의 연소 유효조건

① 공기 과잉률이 낮을 것
② 휘발성분 제거 후 연소할 것
③ 연소의 충분한 시간을 가질 것
④ 연료 공기가 만나는 면 증가할 것

06 화력발전의 구성기기

(1) 과열기(super heater)

① 보일러 본체에서 발생되는 증기는 수분을 약간 포함한 습증기를 온도를 더 높여 과열증기로 만드는 장치
② 효과 : 열효율의 향상, 원동기 크기 감소에 기여, 터빈의 내부 열효율 향상에 기여

(2) 재열기(reheater)

① 고압 터빈 내에서 팽창한 증기를 도중 과정에서 일부 추출하여 보일러에서 재가열하여 건조도를 높여 적당한 과열도를 갖게 하는 장치
② 효과 : 습도의 증가에 따른 터빈날개 부식 방지 및 마찰 손실 감소

(3) 절탄기(economizer)

① 보일러 본체 및 과열기를 통과한 배기가스의 여열을 이용하여 보일러에 공급되는 급수를 예열하여 보일러의 열효율을 향상시키는 장치

② 효과 : 보일러 효율 향상, 연료 소비량 절감, 드럼에 대한 열응력 경감, 스케일 발생 감소

(4) 공기예열기(air preheater)

① 절탄기를 통과해 나온 연소가스의 열을 회수해서 연소용 공기를 예열하여 효율을 향상시키는 장치

② 효과 : 연소 효율 향상, 열손실 감소, 보일러 효율 향상

(5) 급수가열기(feed water heater)

① 증기터빈의 추기 증기를 열원으로 해서 급수를 가열하는 것(열효율 개선장치)

② 고압 급수가열기 : 보일러쪽

③ 저압 급수가열기 : 복수기쪽

(6) 복수기(condenser)

고압의 증기가 터빈을 회전시키고 난 증기를 응축시키는 장치

(7) 탈기기(deaerator)

비응축성 가스(산소, 탄소)를 급수에서 제거하여 기기의 손상·부식을 방지하기 위한 장치

(8) 집진기(dust collector)

배기가스 중의 입자 및 분진이 굴뚝으로 방출될 경우 대기오염의 원인으로 작용하기 때문에 이를 포집하는 설비

07 불순물에 의한 보일러 급수장애

(1) 스케일(scale) 부착

① 급수에 함유된 염류가 침전하여 보일러 내벽에 스케일을 형성

② 용적이 줄고, 가열면의 열전도를 방해하여 관벽의 과열을 초래

(2) 관벽 부식

① 급수 중에 용해되어 있는 산소, 이산화탄소, 탄소, 각종 염화물로 인해 드럼, 증기관, 과열기 및 터빈까지 부식작용이 발생

② 일반적으로 보일러 부식의 대부분은 산소에 의한 부식임

(3) 캐리오버(carry over)

보일러에서 발생된 증기에 고온·고압하에서 물속에 있던 불순물이 거품 일기 및 수분 치솟기 현상이 일어날 때 증기와 더불어 염류가 운반되어 과열기관에 고착하고, 터빈까지 장애를 주는 현상(특히 관류식이 심함)

(4) 알칼리(가성) 취화

보일러수를 산성으로 하면 보일러 부식을 일으키므로 보일러 용수는 언제나 알칼리성(가성)으로 유지하여야 하는데, 너무 과도하게 가성을 하면 보일러재의 응력이 집중되는 각종 접합부에 농축된 가성소다가 침투해서 관벽의 부식 및 결정조직에 균열을 일으키게 됨

(5) 포밍(foaming)

보일러수(급수)에 포함된 칼슘, 마그네슘, 나트륨 등의 부유물에 의하여 나타나는 거품화 현상

SECTION 12 원자력발전

01 개요

(1) 원자력발전의 원리

① 질량수가 큰 원자핵(U^{235})의 핵분열 반응을 서서히 일어나도록 제어하여 얻어진 핵분열 에너지를 에너지원으로 이용하는 방식

② 원자로 내의 핵분열로 발생하는 열을 냉각재로 이용하여 노 밖으로 빼내어 그 열로써 증기를 만들어 터빈 회전함

(2) 화력발전과 비교

① **공통점** : 보일러에서 발생한 증기로 증기터빈을 돌려서 전력을 발생

② **차이점** : 증기를 발생시키는 과정에서 화석연료(기름, 석탄)의 역할을 우라늄, 플루토늄이 대신함

㉠ 화력발전 : 고온・고압

㉡ 원자력발전 : 저온・저압

(3) 원자력발전의 특징

① 출력밀도가 크므로 발전소의 소형화 가능

② 화력발전에 비하여 건설비는 높지만 연료비가 적게 들기 때문에 발전원가가 저렴

③ 연료의 수송 및 저장 용이, 장소에 대한 제약을 받지 않음

④ 매연, 분진, 유황산화물이나 질소산화물이 없는 청정에너지

⑤ 연료를 한번 장전하여 1년 ~ 수년 사용

⑥ 사용 후 연료 재처리 시 새로운 핵연료 플루토늄($_{94}Pu^{239}$)을 비롯하여 여러 가지 유용한 방사성 동위원소를 얻을 수 있음
⑦ 핵분열에 의해 생기는 방사능 누출 문제, 핵연료 사용 후 처리 문제 등 방사능에 대한 철저한 관리 필요

02 핵연료

(1) 핵연료의 구비조건

① 중성자를 빨리 감속시킬 수 있는 것
② 중성자 흡수 단면적이 작을 것
③ 열전도율이 높고, 내부식성·내방사성이 우수할 것
④ 가볍고 밀도가 클 것

(2) 가장 많이 사용하는 핵연료

$_{92}Pu^{235}$를 포함하고 있는 천연우라늄, 농축우라늄 사용

(3) 우라늄 농축방법

① 질량차를 이용
② 운동속도의 차이를 이용
③ 열역학적 차를 이용
④ 원자 흡수 스펙트럼의 차이를 이용

03 감속재(moderator)

(1) 역할

높은 에너지를 가진 고속 중성자의 핵분열 속도를 감소시키는 역할

(2) 종류

경수(H_2O), 중수(D_2O), 베릴륨(Be), 흑연(C)

(3) 감속재의 요구조건

① 중성자 에너지를 빨리 감속시킬 수 있을 것
② 불필요한 중성자 흡수가 적을 것
③ 원자량이 작은 원소일 것
④ 내부식성, 가공성, 내열성, 내방사성이 우수할 것

04 냉각재(coolant)

(1) 역할

① 원자로 내에서 발생한 열에너지를 외부로 빼내는 역할
② 노심의 열을 외부로 배출함으로써 노 내의 온도를 적정한 값으로 유지

(2) 종류

경수(H_2O), 중수(D_2O), 액체 금속(Na, NaK, Bi), 가스(He, CO_2), 용해염

(3) 냉각재의 요구조건

① 중성자의 흡수가 적을 것
② 열전달 특성이 좋고 열용량이 클 것
③ 방사선 조사 및 동작온도하에서도 안정할 것
④ 연료피복재, 감속재 등의 사이에서 화학반응이 작을 것
⑤ 고체 냉각제의 경우 저온에서 용융되는 것일 것
⑥ 비등점이 높을 것

05 제어봉(control rod)

(1) 역할

① 핵분열의 연쇄반응 제어, 중성자 밀도 조절
② 제어봉은 막대모양으로 노심에 넣거나 빼서 중성자를 흡수하여 중성자 배율을 조절함으로써 연쇄반응을 제어함

(2) 종류

카드뮴(Cd), 붕소(B), 하프늄(Hf), 은(Ag), 인듐(In)

(3) 제어봉의 요구조건

① 중성자 흡수 단면적이 클 것(중성자를 잘 흡수할 수 있는 성질이어야 함)
② 열, 방사선, 냉각제에 대해 안정할 것
③ 적당한 열전도율을 가지고 가공이 용이할 것
④ 높은 중성자 속에서 장시간 그 효과를 간직할 것
⑤ 내식성이 클 것

06 반사재(reflector)

(1) 역할

① 핵분열 시 발생한 고속 중성자 및 열중성자가 원자로 밖으로 빠져나가지 않도록 방지하기 위한 것

② 원자로 밖으로 나오려는 중성자를 반사시켜 노 내로 다시 되돌려 보내는 역할

(2) 종류

경수(H_2O), 중수(D_2O), 베릴륨(Be), 흑연(C)

(3) 반사재의 요구조건은 감속제와 같다.

07 차폐재(shield)

(1) 역할

① 원자로 내부의 방사선이 외부로 누출되는 것을 방지하는 역할(벽)

② 투과력이 큰 각종 방사선(γ, β선), 중성자 차단

(2) 종류

콘크리트, 물, 납 등이 사용

08 원자력 발전소의 종류

(1) 비등수형 원자로(BWR : Boiling Water Reactor)

① 원자로 내에서 바로 증기를 발생시켜 직접 터빈에 공급하는 방식

② 특징

㉠ 열교환기가 없다.

㉡ 증기 누설을 방지할 수 있다.

㉢ 가압수형 원자로처럼 압력을 높일 필요가 없으므로 압력용기 및 배관의 두께가 얇아도 된다.

㉣ 급수 순환펌프만 필요하므로 소요동력이 작다.

㉤ 노심의 출력밀도가 낮기 때문에 같은 출력의 원자로와 비교하여 노심 및 압력용기가 커진다.

㉥ 원자로 상단(압력용기 내)에 기수분리기와 증기건조기가 설치되므로 압력용기의 높이가 높아진다.

㉦ 연쇄반응을 제어하는 자생적인 2가지 보호기능(도플러 효과 및 보이드 효과)을 가지고 있어서 매우 안정된 방식이다.

(2) 가압수형 원자로(PWR : Pressurized Water Reactor)

① 원자로 내에서의 압력을 매우 높여 물의 비등을 억제함으로써 2차측에 설치한 증기발생기를 통해 증기를 발생시켜 터빈에 공급하는 방식

② 우리나라는 월성을 제외하고 고리, 한빛, 한울 등 모두 PWR을 사용하고, 전세계적으로 PWR을 가장 많이 사용한다.

③ 특징

㉠ 방사능을 띤 증기가 터빈측에 유입되지 않으므로 보수 점검이 용이하다.

㉡ 노 내의 핵반응은 부(−)의 온도계수를 지니므로 안전성이 좋다.

㉢ 가압수를 사용하고 있으므로 출력밀도가 높고, 노심으로부터 끄집어낼 수 있는 열출력이 크다.

㉣ 2중 열사이클 방식으로, 계통이 복잡하고, 가격이 비싸다.

(3) 가압 중수형 원자로(PHWR : Pressurized Heavy Water Reactor)

① CANDU(Canadian Deuterium Natural Uranium Reactor)

② 설비내용

㉠ 핵연료 : 천연우라늄

㉡ 감속재 및 냉각재 : 중수(D_2O)

㉢ 열사이클 : 1·2차 계통이 분리된 간접 사이클

㉣ 냉각재와 감속재를 분리하여 사용

(4) 고속 증식로(FBR : Fast Breeder Reactor)

U^{235} 대신 천연 우라늄의 99.3[%]를 차지하는 U^{238}을 핵분열 연료로 사용하여 자원을 극대화할 수 있게 한 차세대 원자로 방식

(5) 핵융합로(fusion reactor)

① 핵융합반응으로 발생하는 에너지를 이용하기 쉬운 전력으로 반환하는 방식

② 질량이 가벼운 수소와 헬륨의 원자핵이 1개의 원자핵으로 융합할 때 방출하는 에너지를 이용하며 핵분열 시보다 더 많은 에너지를 발생

③ 특징

㉠ 핵융합에 필요한 연료가 풍부하므로 자원 고갈의 염려가 없다.

㉡ 유해 방사능과 방사성 폐기물이 매우 적다.

㉢ 핵융합을 위해 약 4천만~1억 4천만[℃]의 고온이 필요하다.

CHAPTER

03 | 전기기기

SECTION 01 직류발전기

01 직류발전기의 원리

(1) 플레밍의 오른손 법칙

평등자계 중 전기자 도체(회전자)를 넣고 임의의 방향으로 회전시키면 기전력이 발생하는 현상

(2) 유도기전력

$$e = vBl\sin\theta\,[\mathrm{V}]$$

여기서, v : 속도[m/s] → 도체의 운동방향 : 엄지
B : 자속밀도[$\mathrm{Wb/m^2}$] → 자기장의 방향 : 검지
e : 유도기전력[V] → 유도기전력의 방향 : 중지
l : 도체의 길이[m]
θ : 도체와 자장이 이루는 각

02 직류발전기의 구조

(1) 전기자(armature)

계자에서 발생된 자속을 끊어 기전력을 유도

(2) 계자(field magnet)

자속을 발생시키는 부분

(3) 정류자(commutator)

전기자에서 유기된 기전력(교류)을 직류로 변환

(4) 브러시(brush)

① 정류자와 접촉하며, 내부 회로와 외부 회로를 전기적으로 연결
② 탄소브러시 : 접촉저항이 큼(저항정류에 사용)

03 전기자 권선법

(1) 고상권, 폐로권, 이층권을 사용함

(2) 중권과 파권의 비교

구분	중권(병렬권)	파권(직렬권)
병렬 회로수(a)	$a=p$(극수)	$a=2$
브러시수(b)	$a=p$(극수)	$a=2$
균압환	필요함	필요 없음
용도	대전류, 저전압	소전류, 고전압
다중도 m인 경우 병렬 회로수	$a=mp$	$a=2m$

04 직류발전기의 유기기전력

$$E=\frac{Z}{a}p\phi\frac{N}{60}=K\phi N[\text{V}]\ \left(K=\frac{Z\cdot p}{60a}\right)$$

여기서, a : 병렬 회로수(중권 $a=p$, 파권 $a=2$)
Z : 총도체수(전체 슬롯수×슬롯당 내부 코일변수[권수×2])
p : 극수
ϕ : 1극당 자속[Wb]
N : 분당 회전수[rpm]

05 전기자 반작용

(1) 개념

전기자 전류에 의해 발생한 자속이 계자에 의해 발생하는 주자속에 영향을 주는 현상

(2) 전기자 반작용의 영향

① 전기적 중성축의 이동
② 계자(주)자속의 감소
③ 정류자 편간 전압이 국부적으로 높아져 불꽃 발생
④ 정류불량 초래(맥동 발생, 양호한 정류를 얻을 수 없음)

(3) 전기자 반작용의 분류

① 감자작용 : 계자자속의 감소
㉠ 발전기 : 기전력 감소
㉡ 전동기 : 회전속도 상승, 토크의 감소

㉢ 감자기자력 : $AT_d = \frac{2\alpha}{180} \cdot \frac{Z}{2} \cdot \frac{I_a}{a} \cdot \frac{1}{p} = \frac{2\alpha}{180} \cdot \frac{Z \cdot I_a}{2pa}$[AT/극]

② 교차작용(편자작용) : 전기적 중성축 이동
㉠ 발전기 : 회전방향과 동일 방향
㉡ 전동기 : 회전방향과 반대방향
㉢ 교차기자력 : $AT_d = \frac{180-2\alpha}{180} \cdot \frac{Z \cdot I_a}{2pa} = \frac{\beta}{180} \cdot \frac{Z \cdot I_a}{2pa}$[AT/극]

(4) 전기자 반작용의 대책

① 보상권선 설치 : 가장 유효한 방지대책
㉠ 전기자 권선에 직렬로 설치하고 전기자 전류와 반대방향으로 전류를 흘림
㉡ 보상권선에 흘리는 전류 : 전기자 전류와 크기는 같게, 방향은 반대임
② 보극 설치 : 중성축 부분의 전기자 반작용을 상쇄(전기적 중성축 유지)
③ 계자 기자력 증대 : 자기저항을 크게
④ 브러시를 새로운 중성축으로 이동(보극이 없는 경우)
㉠ 발전기 : 회전방향
㉡ 전동기 : 회전 반대방향

06 정류작용

(1) 정류곡선

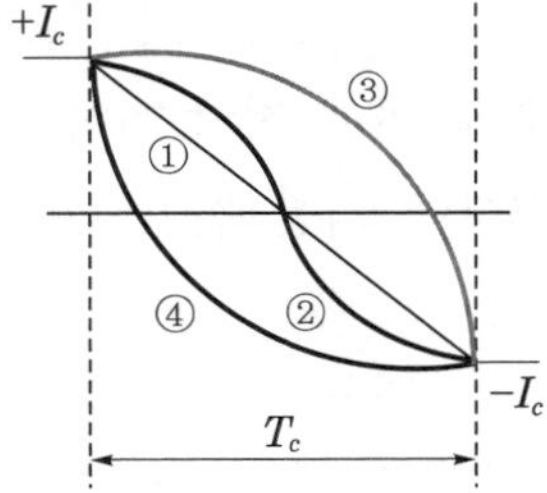

① 직선 정류 : 가장 이상적인 정류작용
② 정현(파) 정류 : 양호한 정류작용, 보극 적용
③ 부족정류 : 정류 말기, 브러시 말단 부분에서 불꽃 발생
④ 과정류 : 정류 초기, 브러시 앞단 부분에서 불꽃 발생

(2) 평균 리액턴스 전압

$$e_L = L\frac{di}{dt} = L\frac{I_c-(-I_c)}{T_c} = L\frac{2I_c}{T_c}\,[\text{V}]$$

여기서, L : 인덕턴스[H], I_c : 정류전류[A], T_c : 정류주기

(3) 양호한 정류조건

① 평균 리액턴스 전압(e_L)을 작게 한다.
② 회전속도를 낮춰 정류주기(T_c)를 길게 한다.
③ 코일의 자기 인덕턴스(L)를 작게 하기 위해 단절권을 채용한다.
④ 보극을 설치(리액턴스 전압 상쇄)하여 전압을 정류한다.
⑤ 탄소브러시(접촉저항 큼)를 설치하여 저항을 정류한다.

07 직류발전기의 등가회로

(1) 타여자발전기

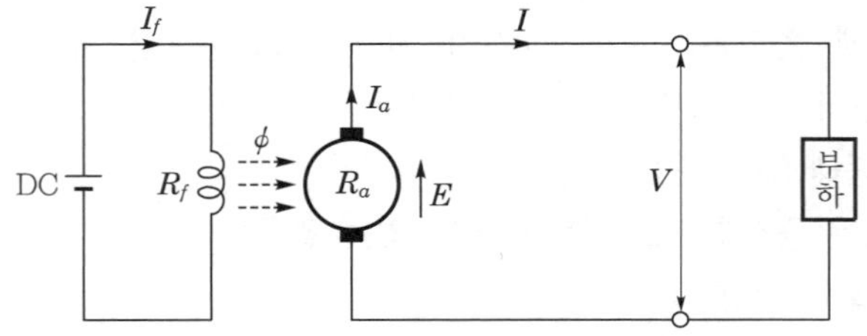

① 유기기전력 : $E = V + I_a R_a + (e_a + e_b)$[V]

② 전기자전류 : $I_a = I$[A]

여기서, E : 유기기전력[V], V : 단자전압[V]
I_a : 전기자전류[A], R_a : 전기자저항[Ω]
e_a : 전기자 반작용에 의한 전압강하[V]
e_b : 브러시 접촉저항에 의한 전압강하[V]

③ 타여자발전기의 특성
㉠ 잔류자기가 없어도 발전이 가능
㉡ 계자자속이 일정하므로 정전압 특성을 갖음

(2) 분권발전기

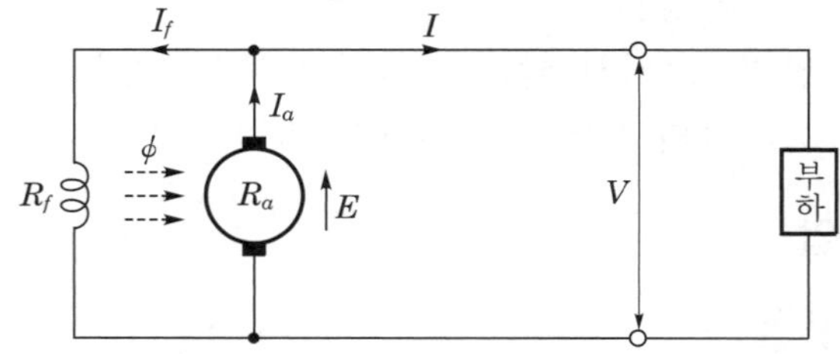

① 유기기전력 : $E = V + I_a R_a$[V]

② 전기자전류 : $I_a = I + I_f = \dfrac{P}{V} + \dfrac{V}{R_f}$[A]

여기서, E : 유기기전력[V], V : 단자전압[V], I_a : 전기자전류[V]
I_f : 계자전류[A], R_a : 전기자저항[Ω], P : 발전기 출력[W]
R_f : 계자저항[Ω]

(3) 직권발전기

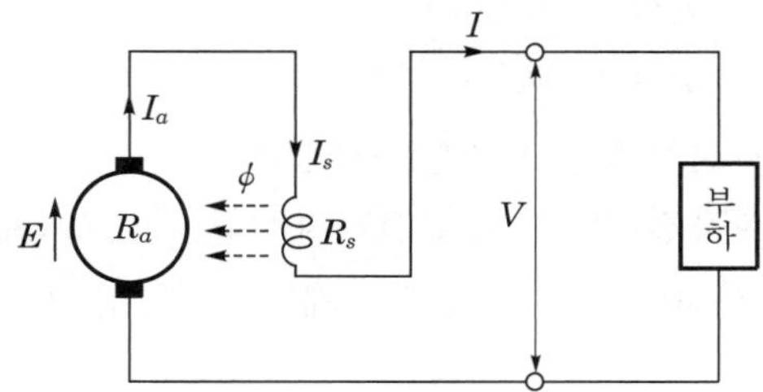

① 유기기전력 : $E = V + I_a(R_a + R_s)$[V]

② 전기자전류 : $I_a = I = I_f (= I_s)$[A]

여기서, E : 유기기전력[V], V : 단자전압[V]
I_a : 전기자전류[A], I_f : 계자전류[A]
R_a : 전기자저항[Ω], R_s : 직권계자저항[Ω]

(4) 복권발전기(외분권 복권)

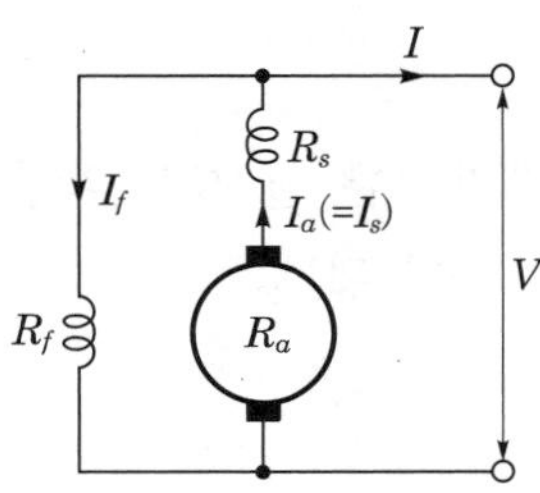

① 유기기전력 : $E = V + I_a(R_a + R_s)$[V]

② 전기자전류 : $I_a(= I_s) = I + I_f$[A]

여기서, E : 유기기전력[V], V : 단자전압[V]
I_s : 직권계자전류[A], I_a : 전기자전류[A], I_f : 분권계자전류[A]
R_a : 전기자저항[Ω], R_s : 직권계자저항[Ω], R_f : 분권계자저항[Ω]

(5) 복권발전기(내분권 복권)

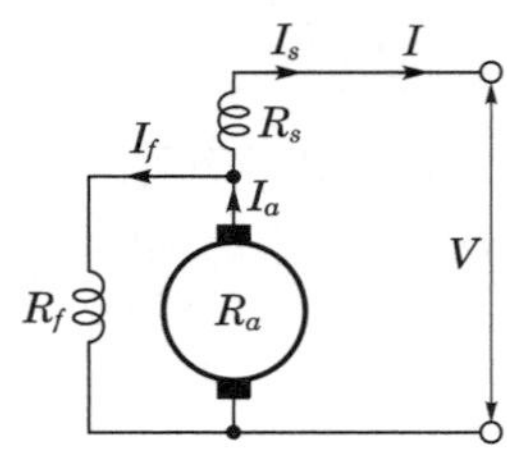

① 유기기전력 : $E = V + I_a R_a + I_s R_s$[V]

② 전기자전류 : $I_a = I_f + I(= I_s)$[A]

여기서, E : 유기기전력[V], V : 단자전압[V]

I_s : 직권계자전류[A], I_a : 전기자전류[A], I_f : 분권계자전류[A]

R_a : 전기자저항[Ω], R_s : 직권계자저항[Ω], R_f : 분권계자저항[Ω]

08 직류발전기의 특성곡선

(1) 무부하특성(포화) 곡선

① 회전속도 일정(N 일정), 무부하($I = 0$)

② 계자전류(I_f)와 유기기전력(E)과의 관계

(2) 부하특성곡선

① 회전속도 일정(N 일정), 부하 일정(I 일정)

② 계자전류(I_f)와 단자전압(V)과의 관계

(3) 외부특성곡선

① 회전속도 일정(N 일정), 계자전류 일정(I_f 일정)

② 부하전류(I)와 단자전압(V)과의 관계

09 분권발전기의 특성

(1) 전압확립

① 잔류자기에 의한 계자전류가 증가하여 단자전압이 상승하는 현상

② 전압확립 조건

㉠ 잔류자기가 존재할 것

㉡ 계자저항은 임계저항보다 작을 것(임계저항 > 계자저항)

㉢ 잔류자속과 계자자속의 방향이 같을 것(회전방향 일정)

→ 잔류자기 소멸 방지(역회전 금지)

(2) 분권발전기의 특징

① 타여자발전기보다 부하에 의한 전압변동이 크다.
② 여자전류를 얻기 위해 잔류자기가 필요하다.
③ 운전 중 회전방향이 바뀌면 잔류자기가 소멸되어 발전이 불가능하다.
④ 운전 중 무부하가 되면 모든 전류가 계자에 전달되어 계자권선이 소손된다.
⑤ 운전 중 단락되면 처음에는 큰 전류가 흐르나, 시간이 지나면 소전류가 흐른다.
⑥ 운전 중 계자권선이 단선되면 계자권선 전류의 변화가 크므로 고전압을 유기하여 절연이 파괴되므로 계자측 퓨즈(fuse)의 설치를 금지한다.

10 직권발전기의 특성

(1) 무부하 시에는 기전력이 확립되지 않는다.

$I_a = I = I_f = 0 \rightarrow \phi = 0 \rightarrow E = 0$

(2) 전선로의 전압강하 시 승압기로 사용이 가능하다.

11 복권발전기의 특성

(1) 차동복권발전기의 수하특성

부하 증가 시 단자전압이 현저하게 강하되면서 부하전류가 급격히 감소되어 전류가 일정해지는 정전류 특성(용접기 전원에 사용)

(2) 복권발전기의 외부특성

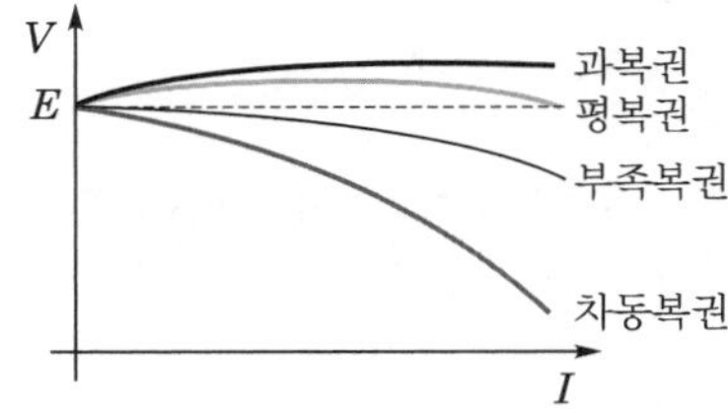

① **과복권** : 무부하 전압보다 전부하 전압이 크다.
② **평복권** : 무부하 전압과 전부하 전압이 같다.
③ **부족복권** : 무부하 전압보다 전부하 전압이 작다.

(3) 복권발전기를 분권발전기 또는 직권발전기로 사용하는 방법

① 복권발전기를 분권발전기로 사용하려면 직권 계자권선을 단락시켜야 한다.
② 복권발전기를 직권발전기로 사용하려면 분권 계자권선을 개방하여야 한다.

12 직류발전기의 전압변동률

(1) 전압변동률

$$\varepsilon = \frac{V_o - V_n}{V_n} \times 100 = \frac{E - V}{V} \times 100 = \frac{e}{V_n} \times 100 = \frac{I_a R_a}{V} \times 100\,[\%]$$

여기서, V_o : 무부하 시 전압[V](= E : 유기기전력)

V_n : 정격전압[V](= V : 단자전압)

(2) 발전기의 외부특성, 전압변동률

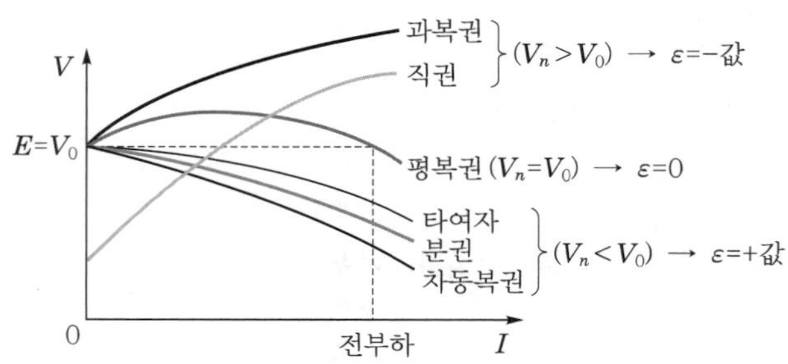

① $\varepsilon < 0$: 직권발전기, 과복권발전기

② $\varepsilon = 0$: 평복권발전기

③ $\varepsilon > 0$: 타여자발전기, 분권발전기, 차동복권발전기(부족복권발전기)

13 직류발전기의 병렬운전

(1) 병렬운전조건

① 정격전압과 극성이 같을 것

② 외부 특성곡선이 일치할 것(약간의 수하특성이 있을 것)

③ 발전기 용량과는 무관

(2) 직류발전기의 병렬운전 시 부하분담

① 부하를 낮추려는 발전기의 계자저항기를 조정하여 계자를 약하게

② 부하를 높이려는 발전기의 계자저항기를 조정하여 계자를 강하게

(3) 병렬운전 시 균압선(환)의 설치

① 설치 이유 : 병렬운전 시 전압 불평형을 방지하여 운전상 안전 확보

② 반드시 설치하여야 할 발전기 : 직권발전기, 복권발전기(직권계자권선이 있는 발전기)

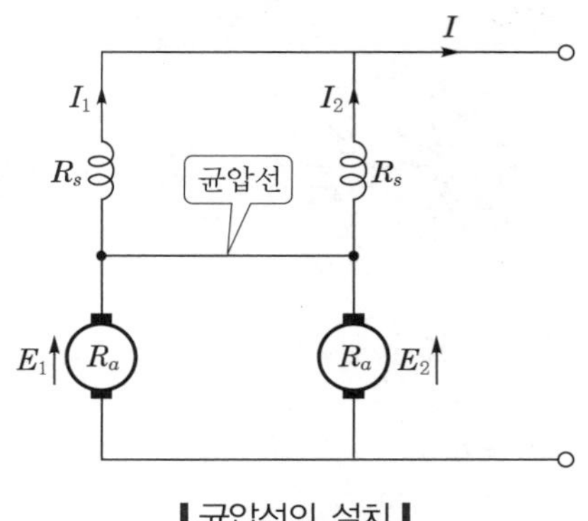

▌균압선의 설치▌

SECTION 02 직류전동기

01 직류전동기의 원리

(1) 플레밍의 왼손법칙

평등자계 중 전기자 도체(회전자)를 넣고 임의의 전류를 흘리면 전자력에 의해 회전력을 얻는 현상

(2) 힘의 크기

$$F = IBl\sin\theta[\text{N}]$$

여기서, I : 전류[A](전류의 방향 – 중지)
B : 자속밀도[Wb/m^2](자기장의 방향 – 검지)
F : 힘[N](힘의 방향 – 엄지)
l : 도체의 길이[m], θ : 도체와 자장이 이루는 각

02 직류전동기의 회전속도와 토크

(1) 직류전동기의 회전속도

$$N = K\frac{V - I_a R_a}{\phi} = K\frac{E}{\phi}[\text{rpm}] \quad \left(K = \frac{60a}{Z \cdot p}\right)$$

여기서, I_a : 전기자전류[A], V : 공급전압[V]
R_a : 전기자저항[Ω], ϕ : 계자자속[Wb]

(2) 직류전동기의 토크

$$T = F \cdot r = \frac{P}{w} = \frac{E \cdot I_a}{2\pi \frac{N}{60}} = \frac{Z \cdot p}{2\pi a}\phi \cdot I_a = K\phi I_a [\text{N} \cdot \text{m}] \left(K = \frac{Z \cdot p}{2\pi a}\right)$$

① 단위가 [N・m]일 때 : $T = 9.55\frac{P}{N}[\text{N} \cdot \text{m}]$

② 단위가 [kg・m]일 때 : $T = 0.975\frac{P}{N}[\text{kg} \cdot \text{m}]$

03 분권전동기

(1) 회전속도

$$N = K\frac{V - I_a R_a}{\phi}[\text{rpm}]$$

여기서, V : 공급전압[V], I_a : 전기자전류[A], R_a : 전기자저항[S], ϕ : 자속[Wb]

(2) 토크

$$T = K\phi I_a [\text{N} \cdot \text{m}] \propto I (= I_a) \propto \frac{1}{N}$$

(3) 역기전력

$$E = V - I_a R_a [\text{V}]$$

(4) 분권전동기의 특성

① 정격전압, 무여자 운전 시 위험상태
② 운전 중 계자저항 증가 → 계자전류 감소 → 계자자속 감소 → 속도 증가
③ 회전속도는 부하가 증가할수록 감소하는 특성
④ 용도 : 정속도, 정토크 특성을 갖는 기기, 송풍기, 권선기, 압연기 등

04 직권전동기

(1) 회전속도

$$N = K\frac{V - I_a (R_a + R_s)}{\phi}[\text{rpm}]$$

여기서, R_s : 직권계자저항[Ω]

(2) 토크

$$T = K\phi I_a{}^2 [\mathrm{N \cdot m}] \propto I^2(=I_a{}^2) \propto \frac{1}{N^2}$$

(3) 역기전력

$$E = V - I_a(R_a + R_s)[\mathrm{V}]$$

(4) 직권전동기의 특성

① 정격전압, 무부하 운전 시 위험상태 → 벨트운전 금지(무부하 운전 시 위험속도 도달)
② 용도 : 가변속도 조정이 필요한 전차용 전동기, 기중기, 크레인 등

05 직류전동기의 속도-토크 특성곡선

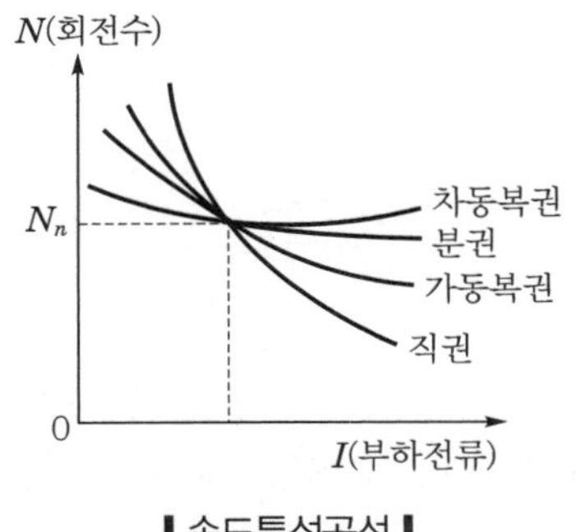

▌속도특성곡선▐

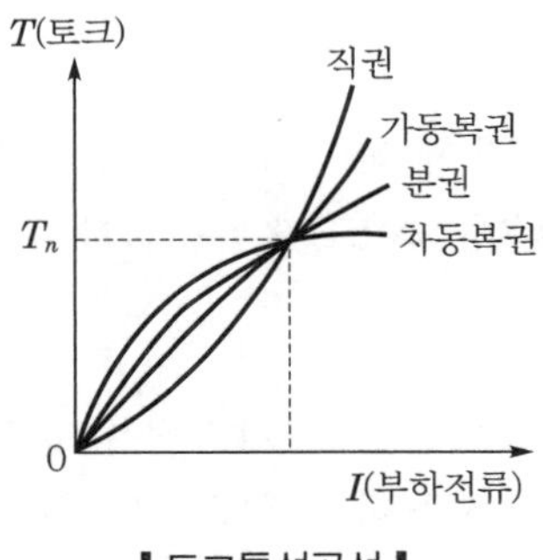

▌토크특성곡선▐

(1) 속도변동이 큰 순서

직권 → 가동복권 → 분권 → 차동복권

(2) 토크가 큰 순서

직권 → 가동복권 → 분권 → 차동복권

(3) 속도변동이 가장 큰 전동기

직권전동기

(4) 속도변동이 가장 작은 전동기

차동복권전동기

06 직류전동기의 운전법

기동 시 계자전류는 최대가 되어야 하고, 부하전류(전기자전류)는 최소가 되어야 한다.

구분	SR(기동저항기)	FR(계자저항기)
기동 시	최대	최소
운전 시	최소	최대

07 속도제어

(1) 직류전동기의 속도

$$N = K\frac{V - I_a R_a}{\phi}\,[\text{rpm}]$$

여기서, V : 공급전압[V], I_a : 전기자전류[A], R_a : 전기자저항[Ω], ϕ : 자속[Wb]

(2) 계자제어

① 제어전류량이 작아서 손실이 작다.

② **정출력 제어** : 속도 제어범위가 좁다.

(3) 저항제어

① 계자전류보다 큰 전기자전류가 저항에 흐르므로 전력손실이 크고 효율이 나쁘다.

② 단독으로 사용하지 않고, 타 제어에서 정밀한 제어할 경우 적용한다.

(4) 전압제어

① 광범위한 속도 제어, 비교적 고가

② 정토크 제어

③ 워드레오너드 방식

④ **일그너 방식** : 플라이휠 효과(관성 모멘트 큼)를 채용하여 부하 변동이 심한 경우 사용

⑤ **정지 레오너드 방식** : SCR(사이리스터) 사용

⑥ **초퍼 제어 방식** : 초퍼 제어

08 회전방향 변경

(1) 공급전원의 극성을 반대로 하면 회전방향은 변하지 않는다.

(2) 회전방향 변경

계자권선이나 전기자권선 중 어느 한 권선에 대한 극성(전류방향)만 반대방향으로 접속을 변경

09 제동법

① 발전제동 : 열로 소비
② 회생제동 : 전원측에 변환(환원)
③ 역전제동(플러깅) : 전기자회로의 극성을 반대로 하여 발생하는 역토크를 이용하며 급제동

10 효율

(1) 규약효율

① 발전기 : $\eta_G = \dfrac{\text{출력}}{\text{출력}+\text{손실}} \times 100[\%]$

② 전동기 : $\eta_M = \dfrac{\text{입력}-\text{손실}}{\text{입력}} \times 100[\%]$

(2) 최대 효율조건

고정손 = 가변손, 무부하손(철손) = 부하손(동손)

SECTION 03 동기기

01 회전자에 따른 분류

(1) 회전자 종류에 따른 분류

분류	고정자	회전자	용도
회전계자형	전기자	계자	일반적인 동기발전기
회전전기자형	계자	전기자	소용량 동기발전기
회전유도자형	계자, 전기자	유도자	고주파 발전기

(2) 회전계자형을 사용하는 이유

① 전기자(고정자)에서 발생되는 대전력 인출 용이
② 전기자(고압, 특고압 : 22.9[kV] 등)를 고정자로 하면 절연이 용이
③ 전기자보다 계자의 철의 분포가 많기 때문에 기계적으로 견고함(계자가 회전자)
④ 전기자권선은 3상을 인출해야 하므로 회전전기자형은 결선이 복잡하나 회전계자형은 구조가 간단

⑤ 계자권선에는 DC 저전압 소전류 공급(안전)
⑥ 전기자는 권선을 많이 감아야 하므로 회전자로 하면 크기가 커짐
⑦ 회전전기자형의 경우보다 발전기 제작과 경제성 면에서 유리

(3) 회전유도자형(고주파 발전기)

① 계자극, 전기자 – 고정, 유도자 – 회전
② 수백 ~ 수만[Hz]의 고주파를 유기시키는 발전기
③ 극수가 많은 다극형 특수 동기발전기
④ 유도자는 권선이 없는 금속 회전자의 튼튼한 구조

02 회전자 형태에 따른 분류

(1) 돌극형(철극형)

① 회전자 자극이 돌출된 형태
② 공극의 불균형 → 리액턴스 불균일($x_d > x_q$)
㉠ x_d : 직축 반작용 리액턴스
㉡ x_q : 횡축 반작용 리액턴스
③ 원심력에 약하며 저속기(극수가 많음)에 사용 → 수차발전기
④ 공극이 넓어 공기냉각방식에 사용

(2) 비돌극형(원통형)

① 회전자 자극이 원통 형태
② 공극이 대체로 균일 → 동일한 리액턴스(x_s : 동기 리액턴스)
③ 원심력에 강하며 고속기에 사용하는데 터빈발전기가 해당됨
④ 공극이 좁아 수소냉각방에 사용

03 수소냉각방식의 특징

(1) 장점

① 비중이 공기의 약 7[%]로 풍손 저감$\left(\frac{1}{10}\text{로 감소}\right)$
② 비율이 공기의 14배, 열전도율은 공기의 7배
③ 동일 치수의 공기냉각방식에 비해 출력이 25[%] 증가
④ 코로나 임계전압이 높아 코로나 손실이 거의 없음
⑤ 수명이 길어짐
⑥ 소음 저감(작음) – 전폐형

(2) 단점

① 방폭구조(공기와 혼합 시 폭발 우려)
② 복잡한 부속설비가 필요 → 설비비용이 고가

(3) 용도

터빈발전기 또는 대형 동기조상기에 채용

04 전기자 권선법

(1) 단절권(단절계수)

① 코일간격을 극간격보다 짧게 감는 권선법
② 단절(권)계수

㉠ 기본파의 단절계수 : $k_p = \sin\frac{\beta\pi}{2}$

㉡ 고조파의 단절계수 : $k_{p,n} = \sin\frac{n\beta\pi}{2}$

㉢ $\beta = \frac{\text{코일간격}}{\text{극간격}} = \frac{\text{코일간격}}{\frac{\text{전 슬롯수}}{\text{극수}}}$

③ 단절권의 특징
㉠ 고조파를 제거하여 기전력 파형을 개선
㉡ 권선단의 길이가 짧아져 기계 전체의 길이가 축소
㉢ 동량이 적게 들어 동손 감소
㉣ 전절권에 비해 유기기전력 감소

(2) 분포권(분포계수)

① 매극, 매상당 여러 개의 도체를 여러 개의 슬롯에 분포시켜 감는 권선법
② 매극, 매상당 슬롯수

$$q = \frac{s}{p \times m}$$

여기서, m : 상수, s : 전 슬롯수, p : 극수
③ 분포(권)계수

㉠ 기본파의 분포계수 : $k_d = \frac{\sin\frac{\pi}{2m}}{q\sin\frac{\pi}{2mq}}$

㉡ 고조파의 분포계수 : $k_{dn} = \dfrac{\sin\dfrac{n\pi}{2m}}{q\sin\dfrac{n\pi}{2mq}}$

④ 분포권의 특징
㉠ 고조파를 감소시켜 기전력 파형 개선
㉡ 권선의 누설 리액턴스 감소
㉢ 권선의 과열 방지(열방산 효과가 좋음)
㉣ 집중권에 비해 합성 유기기전력 감소

05 동기속도 / 주변속도

(1) 동기속도

$$N_s = \frac{120f}{p}\,[\text{rpm}]$$

여기서, p : 극수

동기속도(N_s)는 주파수(f)에 비례하고 극수(p)에 반비례한다.

(2) 전기자의 주변속도

① 회전자의 직경(D)이 주어진 경우 : $v = \pi D \dfrac{N_s}{60}\,[\text{m/s}]$

② 극수, 극간격이 주어진 경우 : $v = \text{극수} \times \text{극간격} \times \dfrac{N_s}{60}\,[\text{m/s}]$

06 동기발전기의 유기기전력

$$E = 4.44 f \phi N k_w\,[\text{V}]$$

여기서, N : 1상당 직렬권수 $N = \dfrac{Z}{m \times a}$ (Z : 총도체수, m : 상수, a : 병렬회로수)
k_w : 권선계수($k_w = k_d \times k_p < 1$)

07 동기기의 전기자 반작용

(1) 동기발전기의 전기자 반작용

① R부하(I_a와 E가 동상일 때) → 횡축 반작용 → 교차 자화작용(편자작용) → 기전력 감소
② L부하(I_a가 E보다 위상이 90° 뒤질 때) → 직축 반작용 → 감자작용 → 기전력 감소

③ C부하(I_a가 E보다 위상이 90° 앞설 때) → 직축 반작용 → 증자작용 → 기전력 증가

(2) 동기전동기의 전기자 반작용

① R부하(I_a와 E가 동상일 때) → 횡축 반작용 → 교차 자화작용(편자작용)
② L부하(I_a가 E보다 위상이 90° 뒤질 때) → 직축 반작용 → 증자작용
③ C부하(I_a가 E보다 위상이 90° 앞설 때) → 직축 반작용 → 감자작용

08 동기 임피던스

$$Z_s = r_a + jx_s = r_a + j(x_a + x_l) \fallingdotseq x_s[\Omega]$$
$$|Z_s| = \sqrt{{r_a}^2 + {x_s}^2} = \sqrt{{r_a}^2 + (x_a + x_l)^2}\,[\Omega]$$

여기서, x_s : 동기 리액턴스[Ω], x_a : 전기자 반작용 리액턴스[Ω]
x_l : 누설 리액턴스[Ω], r_a : 전기자저항[Ω]

$$Z_s = \frac{E}{I_s} = \frac{V}{\sqrt{3}\,I_s}[\Omega]$$

여기서, E : 상전압[V], V : 정격전압[V], I_s : 단락전류[A]

09 %동기 임피던스

$$\%Z_s = \frac{I_n Z_s}{E} \times 100 = \frac{PZ_s}{V^2} \times 100 = \frac{100}{K_s} = \frac{I_n}{I_s} \times 100 = \frac{P[\text{kVA}]Z_s}{10\,V^2[\text{kV}]}[\%]$$

여기서, I_n : 정격전류[A], I_s : 단락전류[A], E : 상전압[V], V : 정격전압[V]
P : 정격용량[VA], Z_s : 동기 임피던스[Ω]

10 동기 발전기의 출력

(1) 비돌극형(원통형)

① 1상 출력 : $P = \frac{EV}{x_s}\sin\delta[\text{W}]$

② 3상 출력 : $P = 3 \times \frac{EV}{x_s}\sin\delta[\text{W}]$

여기서, E : 상전압[V], V : 정격전압[V], x_s : 동기 리액턴스[Ω], δ : 부하각

③ 최대 출력 : 부하각(δ)이 90°일 때

(2) 돌극형(철극형)

① 출력 : $P = \frac{EV}{x_d}\sin\delta + \frac{V^2(x_d - x_q)}{2x_d x_q}\sin 2\delta$[W]

여기서, x_d : 직축 반작용 리액턴스[Ω]

x_q : 횡축 반작용 리액턴스[Ω]

② 직축 반작용 리액턴스(x_d) > 횡축 반작용 리액턴스(x_q)

③ 최대 출력 : 부하각(δ)이 60°일 때

11 동기기의 단락전류

(1) 돌발단락전류

$I_s = \frac{E}{x_l}$[A] (돌발단락전류의 제한 : 누설 리액턴스(x_l))

(2) 지속단락전류

$I_s = \frac{E}{x_a + x_l} = \frac{E}{x_s}$[A] (지속단락전류의 제한 : 동기 리액턴스(x_s))

(3) 처음에는 큰 전류가 흐르나 점차적으로 감소한다.

12 단락비(K_s)

(1) 단락비 계산 시 필요한 시험

① 무부하시험

② 3상 단락시험 : 전기자 반작용(감자작용)에 의해 3상 단락곡선은 직선이 된다.

(2) 단락비(K_s)

무부하 시 정격전압을 유기하는 데 필요한 여자전류(I_{fs})와 3상 단락 시 정격전류와 같은 단락전류를 흘리는 데 필요한 여자전류(I_{fn})와의 비

$$K_s = \frac{I_{fs}}{I_{fn}} = \frac{I_s}{I_n} = \frac{100}{\%Z_s} = \frac{1}{Z_{s,pu}} = \frac{10V^2}{P \cdot Z_s}$$

13 철기계(단락비가 큰 기계)

(1) 장점

① 동기 임피던스(Z_s)가 작다. 즉, 동기 리액턴스(x_s)가 작다.
② 전압 변동률(ε)이 작다.
③ 전기자 반작용이 작다.
④ 출력이 증대된다.
⑤ 과부하 내량이 크고, 안정도가 높다.
⑥ 자기여자현상이 작다.

(2) 단점

① 단락전류가 크다.
② 철손이 증가하여 효율이 감소한다.
③ 발전기 구조에서 기계치수가 커서 가격이 고가이다.
④ 계자기자력이 커서 공극을 증가시킨다.

(3) 증가항목

송전용량, 충전용량, 안정도, 단락전류, 손실(철손, 기계손), 기계치수

(4) 감소항목

효율, 동기 임피던스, 전압 변동률, 전기자 반작용

14 동기발전기의 병렬운전

(1) 병렬운전조건

① 기전력의 크기가 같을 것 → 크기가 다를 경우 무효순환전류(무효횡류)가 흐른다.
② 기전력의 위상이 같을 것 → 위상이 다를 경우 유효순환전류(동기화전류, 유효횡류)가 흐른다.
③ 기전력의 주파수가 같을 것 → 주파수가 다를 경우 유효순환전류가 흐르고 난조가 발생한다.
④ 기전력의 파형이 같을 것 → 파형이 다를 경우 고조파(무효) 순환전류가 흐른다.
⑤ 기전력의 상회전 방향이 같을 것 → 상회전 방향이 다를 경우 동기 검정기가 점등된다.

(2) 무효순환전류(무효횡류)

$$I_c = \frac{E_r}{2Z_s} = \frac{E_A - E_B}{2Z_s}\,[\mathrm{A}]$$

여기서, E_r : 두 발전기 전압차[V], E_A : A발전기 기전력[V]
E_B : B발전기 기전력[V], Z_s : 동기 임피던스[Ω]

(3) 동기화전류(유효순환전류)

$$I_s = \frac{E}{Z_s}\sin\frac{\delta}{2}\,[\mathrm{A}]$$

15 자기여자현상

(1) 개념

무여자 상태의 동기발전기에 용량성 부하(콘덴서)를 접속했을 때, 장거리 송전선로에 접속했을 때 진상 전류(충전전류)가 전기자권선에 흘러 유기기전력이 유기되어 발전기의 단자전압이 상승하는 현상

(2) 방지책

① 발전기 2대 또는 3대를 모선에 병렬로 접속함
② 수전단에 변압기를 접속함
③ 수전단에 리액턴스를 병렬로 접속함
④ 발전기의 단락비를 크게 함
⑤ 동기조상기를 설치하여 부족여자로 진상 전류 감소함

16 난조

(1) 발생원인

① 부하가 급변할 때
② 원동기의 조속기 감도가 너무 예민할 때
③ 전기자저항이 너무 클 때
④ 원동기 토크에 고조파가 포함될 때

(2) 방지대책

① 가장 확실한 난조 방지대책은 제동권선을 설치하는 것
② 원동기의 조속기 감도 억제
③ 속응여자방식 채용
④ 단락비를 크게 함
⑤ 회전자에 플라이휠 사용으로 관성 모멘트 증대된다.
⑥ 고조파 제거를 위해 분포권, 단절권을 채용

(3) 제동권선의 역할

① 난조 방지
② 불평형 부하 시 전류·전압 파형 개선
③ 송전선의 불평형 단락 시 이상전압 방지
④ 동기전동기의 기동토크 발생

17 동기발전기의 안정도 향상 대책

(1) 정상 과도 리액턴스(동기 리액턴스)를 작게 한다.
(2) 단락비를 크게 한다.
(3) 동기 임피던스를 작게 한다.
(4) 영상 임피던스와 역상 임피던스를 크게 한다.
(5) 회전자 플라이휠 효과를 증대시켜 관성 모멘트가 증대된다.
(6) 조속기 동작을 신속하게 한다.
(7) 속응여자방식을 채용한다.

18 동기전동기의 특징

(1) 장점

① 정속도 전동기이다.
② 공극이 넓어 기계적으로 견고하다.
③ 공급전압의 변화에 비해 토크 변화가 작다. 토크는 전압에 정비례한다.
④ 역률 조정이 가능하고, 효율이 좋다.

(2) 단점

① 기동 시 기동토크를 얻기 어렵다.
② 기동토크가 없고 속도조정이 불가능하다.
③ 별도의 직류 여자기를 필요로 한다.
④ 구조가 복잡하다.
⑤ 난조의 발생이 쉽다.

19 동기전동기의 기동법

(1) 자기기동법

제동권선을 사용하여 기동

(2) 타 기동법 – 기동전동기법

유도전동기를 기동전동기로 사용하여 기동하는 방식으로, 동기전동기보다 극수를 2극 적게 하여 기동

20 동기전동기의 위상특성곡선(V곡선)

(1) 부하와 공급전압을 일정하게 유지하고, 여자를 조정하여 변화상태를 나타낸 곡선($I_a - I_f$ 관계곡선)이다.

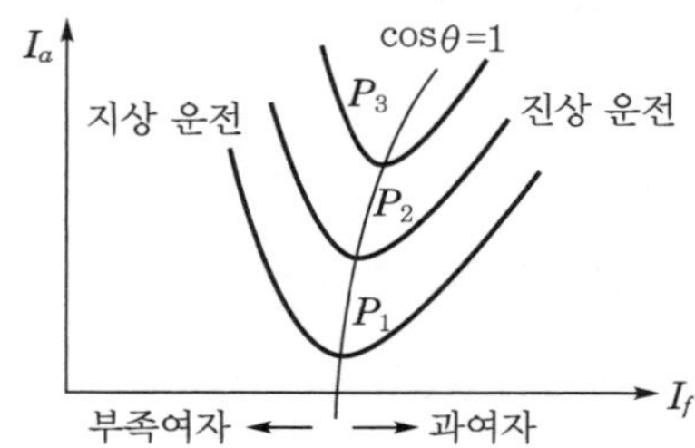

(2) 여자전류(계자전류)의 변화

① **과여자** : 여자전류(계자전류)의 증가 → 앞선 역률 → 진상 무효전류 → 용량성 부하 → 콘덴서 작용
② **부족여자** : 여자전류(계자전류)의 감소 → 뒤진 역률 → 지상 무효전류 → 유도성 부하 → 리액터 작용
③ **여자전류의 변화** : 전기자전류, 역률, 부하각 변화
④ **역률이 1인 경우** : 전기자전류는 최소
⑤ 그래프가 위로 올라갈수록 출력 증가($P_1 > P_2 > P_3$)

SECTION 04 변압기

01 변압기의 기본원리

(1) 전자유도현상

코일에서 쇄교자속이 변화하면 자속의 변화를 방해하는 방향으로 기전력이 유도되는 현상

(2) 패러데이의 법칙

유도기전력의 크기 결정

(3) 렌츠의 법칙

유도기전력의 방향 결정

02 이상변압기 및 권수비

(1) 이상변압기

① 여자전류 없음 → 철심의 투자율 ∞
② 권선저항 없음 → 동손 없음
③ 누설자속 없음 → 모든 자속은 철심 내에서만 존재
④ 철손 없음

(2) 권수비

$$a=\frac{V_1}{V_2}=\frac{E_1}{E_2}=\frac{N_1}{N_2}=\frac{I_2}{I_1}=\sqrt{\frac{Z_1}{Z_2}}=\sqrt{\frac{R_1}{R_2}}=\sqrt{\frac{X_1}{X_2}}$$

03 변압기의 절연유

(1) 절연유의 구비조건

① 절연내력이 클 것
② 점도가 낮을 것
③ 비열이 커서 냉각효과가 클 것
④ 인화점이 높을 것
⑤ 응고점은 낮을 것
⑥ 고온에서 산화하지 않고 석출물이 없을 것
⑦ 열팽창계수가 작을 것
⑧ 열전도율이 클 것

(2) 절연유의 열화 방지대책

① 콘서베이터 설치(질소 봉입)
② 밀폐형(진공처리)
③ 흡착제 사용(브리더 설치)

04 변압기의 무부하회로(여자회로)

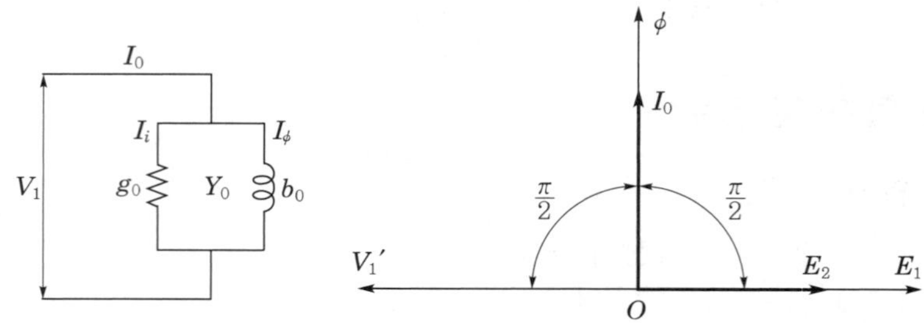

▌공권전압, 자속, 기전력의 위상 관계▐

(1) 여자전류

① $I_0 = I_i + jI_\phi = \sqrt{{I_i}^2 + {I_\phi}^2} = Y_0 V_1 = (g_0 - jb_0) V_1$[A]

② 철손전류(I_i) : 철손을 만드는 전류

$I_i = \dfrac{P_i}{V_1}$[A]

여기서, P_i : 철손[W], V_1 : 정격 1차 전압[V]

③ 자화전류(I_ϕ) : 자속을 만드는 전류

(2) 철손

$P_i = V_1 I_i = G_0 {V_1}^2$[W]

(3) 여자 어드미턴스

① 여자 어드미턴스 : $Y_0 = \dfrac{I_0}{V_1} = \sqrt{{g_0}^2 + {b_0}^2}$[℧]

② 여자 컨덕턴스 : $g_0 = \dfrac{P_i}{{V_1}^2}$[℧]

③ 여자 서셉턴스 : b_0[℧]

(4) 여자전류에는 철심에서의 자기포화 및 히스테리시스 현상에 의해 제3고조파가 가장 많이 포함된다.

05 변압기의 등가변환

(1) 등가회로 작성 시 필요한 시험

① 권선의 저항 측정

② 무부하시험 : 철손, 여자전류, 여자 어드미턴스

③ 단락시험 : 단락전류, 임피던스 와트(동손), 임피던스 전압, 등가 임피던스

(2) 변압기 등가변환

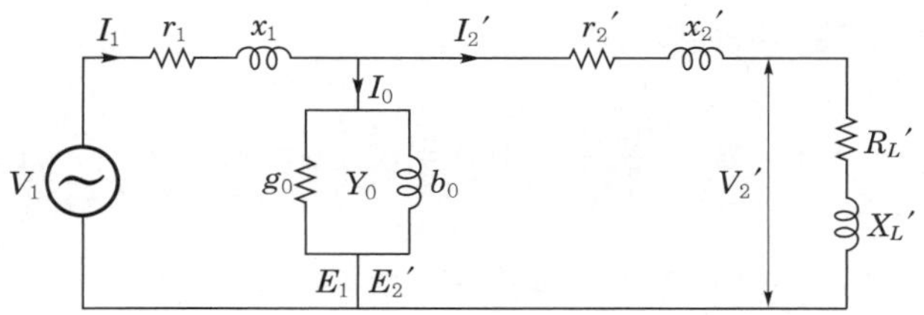

① 2차를 1차로 변환

$$V_2' = V_1 = aV_2,\ I_2' = I_1 = \frac{1}{a}I_2,\ Z_2' = \frac{V_2'}{I_2'} = Z_1 = a^2 Z_2$$

② 2차를 1차로 환산한 등가 임피던스

$$Z_{21} = Z_1 + Z_2' = Z_1 + a^2 Z_2 = (r_1 + a^2 r_2) + j(x_1 + a^2 x_2) = r_{21} + jx_{21}$$

(3) 임피던스 전압, 임피던스 와트

① 임피던스 전압

㉠ 변압기 2차측을 단락하고 1차측에 전압을 가했을 때 1차측 단락전류가 1차측의 정격전류와 같게 되었을 때 인가한 1차측의 전압(2-1-1)

㉡ 변압기 내부의 전압강하와 같다.

$V_{1s} = I_{1n} Z_{21}[\text{V}]$

② 임피던스 와트 : 임피던스 전압을 걸었을 때의 입력(동손과 같음)

$P_s = {I_{1n}}^2 \times r_{21}[\text{W}]$

06 변압기의 전압변동률, %Z(백분율 임피던스)

(1) 전압변동률

$$\varepsilon = \frac{V_{20} - V_{2n}}{V_{2n}} \times 100[\%]$$

① %임피던스 강하를 사용한 전압변동률 : $\varepsilon = p\cos\theta \pm q\sin\theta[\%]$

(+ : 지상 부하, − : 진상 부하)

② 전압변동률과 역률

㉠ 역률 100[%]인 경우 전압변동률 : $\varepsilon = p$

㉡ 최대 전압변동률 : $\varepsilon_{\max} = \sqrt{p^2 + q^2} = \%Z$

㉢ 최대 전압변동률일 때의 역률 : $\cos\theta_{\max} = \dfrac{p}{\%Z} = \dfrac{p}{\sqrt{p^2 + q^2}}$

(2) %임피던스 강하

① %저항강하＝백분율 저항강하

$$\%r = p = \frac{I_{1n}r_{21}}{V_{1n}} \times 100 = \frac{I_{2n}r_{12}}{V_{2n}} \times 100 = \frac{P_s}{P_n} \times 100[\%]$$

여기서, P_s : 동손[W], P_n : 정격용량[VA]

② %리액턴스 강하＝백분율 리액턴스 강하

$$\%x = q = \frac{I_{1n}x_{21}}{V_{1n}} \times 100 = \frac{I_{2n}x_{12}}{V_{2n}} \times 100 = \sqrt{z^2 - p^2}\,[\%]$$

③ %임피던스 강하

$$\%Z = \frac{I_{1n}Z_{21}}{V_{1n}} \times 100 = \frac{V_s}{V_{1n}} \times 100 = \frac{I_n}{I_s} \times 100 = \frac{P[\text{kVA}]Z}{10\,V^2[\text{kV}]} = \sqrt{p^2 + q^2}\,[\%]$$

여기서, I_n : 정격전류[A], I_s : 단락전류[A], V_s : 임피던스 전압[V]

(3) 단락전류

① 단락전류

$$I_s = \frac{100}{\%Z} \times I_n[\text{A}]$$

여기서, $\%Z$: 백분율 임피던스[%], I_n : 정격전류[A]

② 정격전류

㉠ 단상 전류 : $I_n = \frac{P}{V}[\text{A}]$

㉡ 3상 전류 : $I_n = \frac{P}{\sqrt{3}\,V}[\text{A}]$

(4) 1차 단자전압

$V_1 = a\,V_{20} = a(1+\varepsilon)\,V_{2n}[\text{V}]$

07 변압기의 손실과 효율

(1) 철손(무부하손)

① 히스테리시스손 : $P_h = \sigma_h \cdot f \cdot {B_m}^2 \propto f \cdot \left(\frac{E}{f}\right)^2 \propto \frac{E^2}{f}$

히스테리시스손은 전압의 제곱에 비례하고 주파수에 반비례한다.

② 와(전)류손 : $P_e = \sigma_e \cdot (f \cdot B_m)^2 \propto \left(f \cdot \frac{E}{f}\right)^2 \propto E^2$

와류손은 전압의 제곱에 비례하고 주파수와 무관하다.

(2) 동손(부하손)

$P_c = I^2 R[\mathrm{W}]$

(3) 변압기의 효율

① 규약효율 : $\eta_T = \frac{\text{출력}}{\text{출력} + \text{손실}} \times 100[\%]$

② 전부하 효율 : $\eta = \frac{P_a \cos\theta}{P_a \cos\theta + P_i + P_c} = \frac{V_2 I_2 \cos\theta}{V_2 I_2 \cos\theta + P_i + P_c}[\%]$

* 최대 효율조건 : $P_i = P_c$

③ m부하 시 효율 : $\eta_m = \frac{m V_2 I_2 \cos\theta_2}{m V_2 I_2 \cos\theta_2 + P_i + (m)^2 P_c} \times 100[\%]$

㉠ 최대 효율조건 : $P_i = (m)^2 P_c$

㉡ 최대 효율에서의 부하율 $m = \sqrt{\frac{P_i}{P_c}}$

㉢ m부하 시 최대 효율 $\eta_{m,\max} = \frac{m V_2 I_2 \cos\theta_2}{m V_2 I_2 \cos\theta_2 + 2P_i} \times 100[\%]$

④ 전일 효율 : $\eta_d = \frac{\sum h \cdot V_2 I_2 \cos\theta_2}{\sum h \cdot V_2 I_2 \cos\theta_2 + 24P_i + \sum h \cdot P_c} \times 100[\%]$

* 최대 효율조건 : $24P_i = \sum h \cdot P_c$

여기서, $\sum h$: 하루동안의 총부하시간

(4) 변압기의 주파수 특성(전압이 일정한 경우에 주파수가 증가하면)

① 철손 감소

㉠ 히스테리시스손 $\propto \frac{1}{f}$

㉡ 와전류손 : 주파수와 무관

② 여자전류 감소$\left(\text{전압 일정 시 } I_o \propto B_m \propto \frac{1}{f}\right)$

③ 리액턴스(%임피던스) 증가$(x_L = \omega L = 2\pi f L \propto f)$

④ 손실이 감소하므로 온도 상승이 감소함

08 변압기의 극성

(1) 감극성(우리나라 표준)

① 1차 권선에서 발생하는 유기기전력 E_1과 2차 권선에서 발생하는 유기기전력 E_2의 방향이 동일 방향으로 되는 것

② 전압계의 지시값 : $V = V_1 - V_2$(고압측 – 저압측)

(2) 가극성

① 1차 권선에서 발생하는 유도기전력 E_1과 2차 권선에서 발생하는 유도기전력 E_2의 방향이 반대방향으로 되는 것

② 전압계의 지시값 : $V = V_1 + V_2$(고압측 + 저압측)

09 변압기의 3상 결선

(1) Y–Y 결선

① 장점

㉠ 1차 전압, 2차 전압 사이에 위상차가 없다.

㉡ 1·2차 모두 중성점을 접지할 수 있으며, 이상전압을 감소할 수 있다.

㉢ 보호계전방식의 채용이 가능하다.

㉣ 단절연이 가능하다.

㉤ 상전압이 선간전압의 $\frac{1}{\sqrt{3}}$배이므로 절연이 용이하여 고전압에 유리하다.

② 단점

㉠ 제3고조파 전류의 통로가 없으므로 기전력의 파형이 제3고조파를 포함한 왜형파가 된다.

㉡ 중성점을 접지하면 제3고조파 전류가 흘러 통신선에 유도장해를 일으킨다.

㉢ 부하의 불평형에 의하여 중성점 전위가 변동하여 3상 전압이 불평형을 일으키므로 송·배전 계통에 거의 사용하지 않는다. 주로 Y–Y–△의 3권선 변압기에 채용한다.

(2) △ – △ 결선

① 장점

㉠ 제3고조파 전류가 △결선 내를 순환하므로 정현파 교류전압을 유기해도 기전력의 파형이 왜곡되지 않는다.

㉡ 변압기 외부에 제3고조파가 발생하지 않아 통신장애가 없다.

㉢ 변압기 3대 중 1대(1상분)가 고장나면 나머지 2대로 V결선 운전이 가능하다.

㉣ 변압기의 선전류가 상전류의 $\sqrt{3}$배가 되어 대전류에 적당하다.

② 단점

㉠ 중성점을 접지할 수 없으므로 지락사고의 검출이 곤란하다.

㉡ 권수비가 다른 변압기를 결선하면 순환전류가 흐른다.

㉢ 각 상의 임피던스가 다른 경우 3상 부하가 평형이 되어도 변압기의 부하전류는 불평형이 된다.

(3) △-Y 또는 Y-△ 결선

① 장점

㉠ 한쪽 Y결선의 중성점을 접지할 수 있다.

㉡ Y결선의 상전압은 선간전압의 $\dfrac{1}{\sqrt{3}}$배이므로 절연이 용이하다.

㉢ 1·2차 중에 △결선이 있어 제3고조파의 장해가 작다.

㉣ Y-△ 결선은 강압용으로 △-Y 결선은 승압용으로 사용할 수 있어 송전계통에 융통성있게 사용한다.

② 단점

㉠ 1·2차 선간전압 사이에 30°의 위상차가 있다.

㉡ 1상에 고장이 생기면 전원 공급이 불가능해진다.

㉢ 중성점 접지로 인한 유도장해를 초래할 수 있다.

(4) V-V 결선

① V결선의 출력비(고장 전·후의 출력비) $= \dfrac{\text{V결선의 실제 출력}}{\text{△결선 출력}} = \dfrac{P_V}{P_\triangle}$

$$= \frac{\sqrt{3}\,P_1}{3P_1} = \frac{1}{\sqrt{3}} = 0.577\ (\therefore\ 57.7[\%])$$

② V결선 이용률 $= \dfrac{\text{V결선 실제 출력}}{\text{V결선 이론 출력}} = \dfrac{P_V}{P_2} = \dfrac{\sqrt{3}\,P_1}{2P_1} = \dfrac{\sqrt{3}}{2} = 0.866\ \ (\therefore\ 86.6[\%])$

③ 장점

㉠ 설치방법이 간단하고 소용량이다.

㉡ 가격이 저렴하여 3상 부하에 널리 사용된다.

④ 단점 : 부하상태에 따라 2차 단자전압이 불평형이 될 수 있다.

10 변압기의 병렬운전

(1) 병렬운전조건

① 극성(감극성, 가극성)이 같을 것

② 권수비 및 1·2차 정격전압이 같을 것

③ %임피던스 강하가 같을 것

④ 저항과 누설 리액턴스의 비가 같을 것
⑤ 각 변위와 상회전 방향이 같을 것

(2) 변압기의 부하분담

병렬운전 시 부하분담은 누설 임피던스에 반비례하고 변압기 용량에 비례한다.

$$\frac{I_a}{I_b}=\frac{P_a}{P_b}=\frac{P_A}{P_B}\times\frac{\%Z_b}{\%Z_a}$$

부하용량은 전류와 같은 개념이다.

11 변압기의 상수 변환

(1) 3상에서 2상으로의 변환

① 스코트(Scott) 결선(T결선)
② 메이어(Meyer) 결선
③ 우드브리지(Woodbridge) 결선

(2) 스코트 결선의 주요 특성

T좌 변압기의 권수비 $a_T=\frac{\sqrt{3}}{2}a$

여기서, a : 주좌 변압기 권수비

(3) 3상에서 6상으로의 변환

① 환상결선
② 대각결선
③ 2중 △결선
④ 포크결선
⑤ 2중 Y(성형)결선

12 단권변압기

(1) 장점

① 동량이 적게 소요되어 변압기가 소형, 경량이 된다.
② 동량이 적어 동손이 감소하여 효율이 양호하다.
③ 누설자속이 작아 누설 임피던스가 작고 여자 임피던스가 크다.
④ 전압변동이 작다.

(2) 단점

① 누설 임피던스가 작아 단락전류가 크다.

② 한쪽 회로의 단락사고 시 다른 쪽 회로에 미치는 사고영향이 크다.
③ 2차측 접지가 불가능하여 1차측 이상전압 시 절연이 어렵다.

(3) 용도

① 승압용, 강압용, 초고압 전력용
② 단상 3선식 계통의 저압 밸런서(balancer)
③ 유도전동기 기동의 기동보상기

(4) 용량 계산

① $\dfrac{\text{자기용량}(w)}{\text{부하용량}(W)}=\dfrac{(V_2-V_1)I_2}{V_2I_2}=\dfrac{V_2-V_1}{V_2}=\dfrac{V_h-V_l}{V_h}$

여기서, V_h : 고압측 전압, V_l : 저압측 전압

② Y결선 : $\dfrac{w}{W}=\dfrac{V_h-V_l}{V_h}$

③ V결선 : $\dfrac{w}{W}=\dfrac{2(V_h-V_l)}{\sqrt{3}\,V_h}$

④ △결선 : $\dfrac{w}{W}=\dfrac{{V_h}^2-{V_l}^2}{\sqrt{3}\,V_hV_l}$

SECTION 05 유도기

01 유도전동기의 원리

(1) 유도전동기의 회전원리(아라고 원판의 회전원리)

① 전자유도현상
② 플레밍의 왼손법칙

(2) 단상 · 3상 유도전동기의 원리

① 단상 유도전동기 → 교번자계
② 3상 유도전동기 → 회전자계

02 농형 회전자와 권선형 회전자

(1) 농형 회전자(동봉 + 단락환)

① 구조가 간단하고 튼튼하다.
② 기동 시에 큰 기동전류가 흐른다.
③ 취급이 간단하며 가격이 저렴하다.
④ 속도 조정이 어렵다.

(2) 권선형 회전자(권선)

① 상수만큼의 슬립링이 필요하다.
② 농형에 비해 회전자의 구조가 복잡하고, 효율이 떨어진다.
③ 기동저항기를 이용하여 기동전류를 감소시킬 수 있고 속도 조정이 용이하다.
④ 기동토크가 커 대형 유도전동기에 적합하다.

03 유도전동기의 회전속도와 슬립

(1) 유도전동기의 회전속도

① 동기속도(= 회전자계의 속도 = 고정자 자계의 속도 = 회전자 자계의 속도)

$$N_s = \frac{120f}{p}[\text{rpm}]$$

② 회전자의 회전속도 : $N = (1-s)N_s = (1-s)\frac{120f}{p}[\text{rpm}]$

③ 상대속도 : 동기속도와 회전속도의 차

$$N_s - N = sN_s[\text{rpm}]$$

(2) 슬립

동기속도와 회전속도의 차를 나타낸 비율

$$s = \frac{N_s - N}{N_s} \times 100[\%]$$

① 전동기 정지상태 : $s = 1$, $N = 0$
② 전동기 동기속도로 회전 : $s = 0$, $N = N_s$
③ 유도전동기 슬립 범위 : $0 < s < 1$
④ 유도발전기 슬립 범위 : $s < 0$
⑤ 유도제동기 슬립 범위 : $1 < s < 2$

04 유도전동기 회전 시 슬립과의 관계

① 회전 시 2차 주파수 : $f_{2s} = sf_2 = sf_1$[Hz]

② 회전 시 2차 유기기전력 : $E_{2s} = sE_2$[V]

③ 회전 시 2차 리액턴스 : $x_{2s} = 2\pi f_{2s} L = sx_2$[Ω]

④ 회전 시 권수비(전압비) : $a' = \dfrac{E_1}{E_{2s}} = \dfrac{E_1}{sE_2} = \dfrac{1}{s}a$

⑤ 회전자 전류(2차 전류) : $I_{2s} = \dfrac{sE_2}{r_2 + jsx_2} = \dfrac{E_2}{\dfrac{r_2}{s} + jx_2}$[A]

⑥ 2차 역률 : $\cos\theta_2 = \dfrac{r_2}{Z_{2s}} = \dfrac{r_2}{\sqrt{{r_2}^2 + (sx_2)^2}} = \dfrac{\dfrac{r_2}{s}}{\sqrt{\left(\dfrac{r_2}{s}\right)^2 + {x_2}^2}}$

05 유도전동기의 전력변환

① 고정자 입력(= 1차 입력) : $P_1 = V_1 I_1 \cos\theta_1$[W]

② 고정자 동손(= 1차 동손) : $P_{c1} = {I_1}^2 r_1$[W]

③ 회전자 입력(= 2차 입력) : 공극 출력 $P_2 = E_2 I_2 \cos\theta_2 = {I_2}^2 \dfrac{r_2}{s}$[W]

④ 회전자 동손(= 2차 동손) : $P_{c2} = {I_2}^2 r_2 = sP_2$[W]

⑤ 회전자 출력(= 2차 출력) : P_o = 2차 입력(P_2) − 2차 동손(P_{c2})

$= P_2 - sP_2 = (1-s)P_2$[W]

⑥ 회전자 손실 : $P_{r,l}$ = 회전자 기계손(풍손, 마찰손)

⑦ 전부하 출력(= 기계적 출력) : P_n = 회전자 출력(P_o) − 회전자 손실($P_{r,l}$)

⑧ 2차 효율 : $\eta_2 = \dfrac{P_o}{P_2} = \dfrac{(1-s)P_2}{P_2} = (1-s) = \dfrac{N}{N_s} = \dfrac{\omega}{\omega_0}$

여기서, ω : 회전자 각속도, ω_0 : 동기 각속도

⑨ 2차 입력 : 2차 동손 : 2차 출력 → $P_2 : P_{c2} : P_o = 1 : s : (1-s)$

06 유도전동기의 토크

(1) 토크의 계산

① $T = 0.975 \dfrac{P_2}{N_s}$[kg · m] (2차 입력 기준)

② $T = 0.975\dfrac{P_o}{N}$[kg · m] (2차 출력 기준)

③ $T = K\dfrac{sE_2^{\ 2}r_2}{\sqrt{r_2^{\ 2}+(sx_2)^2}}$[N · m]

(2) 유도전동기의 토크 특성

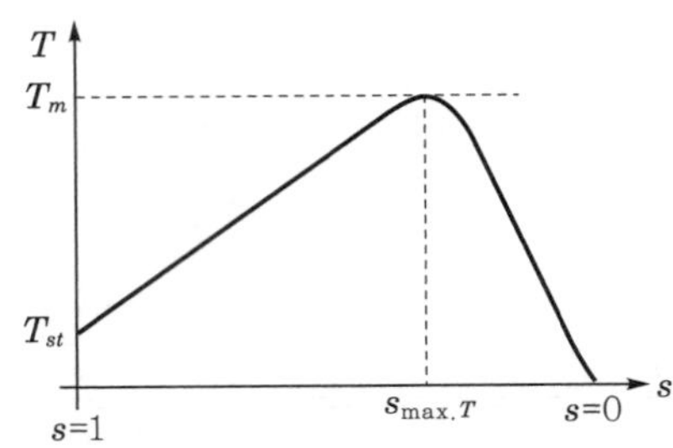

① 토크는 전압의 제곱에 비례($T \propto V_1^{\ 2}$)

② 최대 토크 $T_m = K\dfrac{E_2^{\ 2}}{2x_2}$[N · m] (최대 토크는 2차 저항과 무관)

③ 기동토크 T_{st}는 $r_2{}'$에 비례($s=1$)

④ 무부하 토크 $T_0 = 0(s=0)$

⑤ 슬립은 전압의 제곱에 반비례

⑥ 최대 토크를 발생하는 최대 슬립 $s_{\max,T} = \dfrac{r_2{}'}{\sqrt{r_1^{\ 2}+(x_1+x_2{}')^2}} \fallingdotseq \dfrac{r_2}{x_2}$

⑦ 최대 토크를 발생하는 최대 슬립은 전압과는 무관하고 2차 저항에 비례함

⑧ 최대 토크를 발생시키기 위해서 삽입하여야 하는 등가저항

$R' = \left(\dfrac{1}{s_{\max,T}}-1\right)r_2{}' = \sqrt{r_1^{\ 2}+(x_1+x_2{}')^2 - r_2{}'}$

07 유도전동기의 비례추이

(1) 3상 권선형 유도전동기만 적용

(2) 회전자(2차측)에 저항을 연결하여 2차 합성저항을 변화하면 토크 특성곡선이 비례하여 이동하는 현상

(3) 2차 저항을 증가시킬 때의 변화

① 기동전류는 감소하고, 기동토크는 증가한다.

② 슬립이 증가한다.

③ 전부하 효율과 속도가 떨어진다.

④ 최대 토크는 불변이고, 최대 토크의 발생 슬립은 저항에 따라 변화한다.

(4) 비례추이를 할 수 있는 것

① 토크 : τ
② 1차 전류 : I_1
③ 2차 전류 : I_2
④ 역률 : $\cos\theta$
⑤ 1차 입력 : P_1

(5) 비례추이를 할 수 없는 것

① 출력 : P_o
② 2차 효율 : η_2
③ 2차 동손 : P_{c2}

(6) 비례추이 시 슬립관계

$$\frac{r_2}{s} = \frac{r_2 + R}{s'}$$

08 유도전동기의 원선도

(1) 원선도의 지름

전압에 비례하고 리액턴스에 반비례한다.

(2) 원선도 작성에 필요한 시험

① 무부하시험
② 구속시험
③ 권선의 저항 측정

(3) 원선도 해석

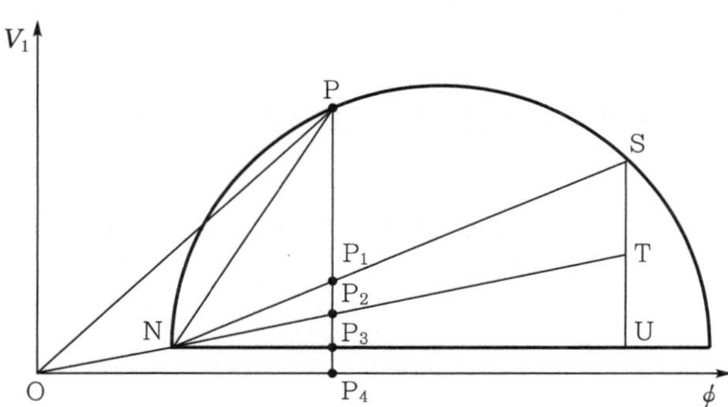

① 2차 출력 : $\overline{PP_1}$

② 2차 동손 : $\overline{P_1P_2}$

③ 1차 동손 : $\overline{P_2P_3}$

④ 철손 : $\overline{P_3P_4}$

⑤ 2차 입력(2차 출력 + 2차 동손) : $\overline{PP_2}$

⑥ 전입력(2차 입력 + 1차 동손 + 철손) : $\overline{PP_4}$

⑦ 전부하효율 : $\eta = \dfrac{\text{2차 출력}}{\text{전 입력}} = \dfrac{\overline{PP_1}}{\overline{PP_4}}$

⑧ 2차 효율 : $\eta_2 = \dfrac{\text{2차 출력}}{\text{2차 입력}} = \dfrac{\overline{PP_1}}{\overline{PP_2}}$

⑨ 슬립 : $s = \dfrac{\text{2차 동손}}{\text{2차 입력}} = \dfrac{\overline{P_1P_2}}{\overline{PP_2}}$

09 유도전동기의 기동법

(1) 권선형 유도전동기의 기동방식

① 2차 저항기동법

② 2차 임피던스 기동법

(2) 농형 유도전동기의 기동방식

① 전전압 기동(직입 기동)법

② Y-△ 기동법

㉠ 기동 시 1차 권선을 Y접속으로 기동하고 정격속도에 가까워지면 △ 접속으로 교체 운전하는 방식

㉡ 기동할 때 1차 각 상의 권선에는 정격전압의 $\dfrac{1}{\sqrt{3}}$배, 기동전류는 직입 기동의 $\dfrac{1}{3}$배, 기동토크는 $\dfrac{1}{3}$배 감소

③ 리액터 기동법

④ 기동보상기를 이용한 기동법 : 기동보상기로 3상 단권 변압기를 이용하여 기동전압을 낮추는 방식

⑤ 콘도르퍼 기동 : 기동보상기법과 리액터 기동법을 혼합한 방식

10 유도전동기의 속도제어

(1) 유도전동기의 속도

$$N = \frac{120f}{p}(1-s)[\text{rpm}]$$

① 주파수(f) 제어법
② 극수(p) 제어 : 극수 변환법, 종속법
③ 슬립(s) 제어 : 2차 저항제어법, 2차 여자제어법, 1차(전원) 전압제어법

(2) 농형 유도전동기

주파수 제어법, 극수 변환법, 전압 제어법

(3) 권선형 유도전동기

2차 저항제어법, 2차 여자제어법, 종속법

11 농형 유도전동기의 속도제어

(1) 주파수 제어

① 공급전원에 주파수를 변화시켜 동기속도를 바꾸는 방법으로 높은 속도를 원하는 곳에 적합함
② 포트모터, 선박 추진용 모터 등으로 사용
③ 인버터 시스템을 이용하여 주파수 f를 변환시켜 속도를 제어하는 방법
④ VVVF 제어 : 주파수를 가변하면 자속이 변하기 때문에 자속을 일정하게 유지하기 위해 전압과 주파수를 비례하게 가변시키는 제어

(2) 극수 변환

① 연속적인 속도 제어가 아닌 승강기와 같은 단계적인 속도 제어에 사용
② 운전 중에는 제어할 수 없음

(3) 전압 제어

유도전동기의 토크가 전압의 제곱에 비례하는 성질을 이용한 것

12 권선형 유도전동기의 속도제어

(1) 2차 저항 제어

2차 외부 저항을 이용한 비례추이를 응용한 방법으로, 구조가 간단하고 조작이 용이함

① 장점
㉠ 기동용 저항기를 겸한다.

㉡ 구조가 간단하여 제어 조작이 용이하고 내구성이 풍부하다.

② 단점

㉠ 속도 변화의 비율[%]과 같은 비율[%]의 효율을 희생하기 때문에 운전효율이 나쁘다. 즉, 2차 효율 $\eta_2 = \dfrac{P_o}{P_2} = (1-s)$이다.

㉡ 부하에 대한 속도 변동이 크다.

㉢ 부하가 작을 때는 광범위한 속도 조정이 곤란하다.

㉣ 제어용 저항은 전부하에서 장시간 운전해도 위험한 온도가 되지 않을 만큼의 충분한 크기가 필요하므로 가격이 고가이다.

(2) 2차 여자제어

외부에서 슬립 주파수 전압(E_c)을 권선형 회전자 슬립링에 가해 속도를 제어하는 방법

① 회전자 기전력과 여자기전압이 반대 방향 : 속도 하강

② 회전자 기전력(sE_a)과 여자기전압(E_c)이 동일한 방향 : 속도 상승

㉠ $sE_2 = E_c$(동일 방향) : 동기속도(N_s)

㉡ $sE_2 < E_c$(동일 방향) : 동기속도 이상(발전기 동작)

③ 셀비우스 방식 : 발생 전력을 전기적 에너지로 전달

④ 크레머 방식 : 발생 전력을 동력으로 전달(전동기에 전달)

(3) 종속법

2대의 전동기를 기계적으로 종속시켜 전체 극수 변화로 속도 제어

① 직렬종속법 : $N = \dfrac{120f}{p_1 + p_2}$[rpm]

② 차동종속법 : $N = \dfrac{120f}{p_1 - p_2}$[rpm]

③ 병렬종속법 : $N = \dfrac{2 \times 120f}{p_1 + p_2}$[rpm]

13 유도전동기의 제동법

(1) 발전제동(=직류제동)

제동 시 전원으로 분리한 후 직류전원을 연결하면 계자에 고정자속이 생기고 회전자에 교류기전력이 발생하여 그 제동력으로 제동하는 방법으로 직류제동이라고도 한다.

(2) 회생제동

제동 시 전원에 연결시킨 상태로 외력에 의해서 동기속도 이상으로 회전시키면 유도발전기가 되어 발생된 전력을 전원으로 반환하면서 제동하는 방법

(3) 역상제동(플러깅)

운전 중인 유도전동기의 3선 중 2선의 접속을 바꾸어 역회전 토크를 발생시켜 전동기를 급제동하는 방법

14 유도전동기의 이상현상

(1) 크로우링(crawling) 현상

① 정의 : 농형 유도전동기에서 발생하는 현상으로 정격속도보다 낮은 속도에서 안정되어 속도가 더 이상 상승하지 않는 현상

② 방지 대책

㉠ 공극을 균일하게 한다.

㉡ 스큐 슬롯(사구)을 채용한다.

(2) 게르게스 현상

권선형 유도전동기에서 무부하 또는 경부하 운전 중 2차측 3상 권선 중 1상이 결상되어도 전동기가 소손되지 않고 슬립이 50[%] 근처에서$\left(\text{정격속도의 } \frac{1}{2}\text{배}\right)$ 운전되며 그 이상 가속되지 않는 현상

(3) 고조파에 의한 회전방향과 속도

① 1・7・13 고조파($h=2n \cdot m+1$)

㉠ 회전자계가 기본파와 동일 방향

㉡ 기본파와 같은 방향으로 $\frac{1}{h}$배 속도로 회전

② 3・9・15 고조파($h=3n$) : 회전자계를 만들지 못한다.

③ 5・11・17 고조파($h=2n \cdot m-1$)

㉠ 회전자계가 기본파와 반대 방향

㉡ 기본파와 반대 방향으로 $\frac{1}{h}$배 속도로 회전

여기서, n : 정수 − 1, 2, 3……, m : 상수

15 특수 농형 유도전동기

(1) 2중 농형 유도전동기(double cage rotor)

① 회전자 외측 도체 : 단면적이 작고, 저항이 크며 리액턴스가 작은 도체 사용

② 회전자 내측 도체 : 단면적이 크고, 저항이 작으며 리액턴스가 큰 도체 사용

③ 기동 시 : 외측 도체에서 전류가 흐름

④ 운전 시 : 내측 도체에서 전류가 흐름
⑤ 보통 농형에 비하여 기동전류가 작고 기동토크가 큼

(2) 심구형 농형 유도전동기(deep bar rotor)

① 기동 시
㉠ 도체 표면으로만 전류가 흘러 도선의 단면적이 작아서 저항이 큰 효과
㉡ 기동 시에는 높은 저항에서 기동되므로 전류가 제한
② 운전 시
㉠ 도체 전체를 통하여 전류가 흐르므로 도선의 단면적이 증가하여 도선의 저항이 감소하는 효과
㉡ 정상운전 시 저항이 작은 형태로 동작 가능
③ 특징 : 이중 농형에 비하여 냉각효과가 크며, 기동특성은 감소하나 운전특성은 우수함

16 단상 유도전동기

(1) 단상 유도전동기의 슬립 범위

$0 < s < 2$

(2) 단상 유도전동기의 특징

① 기동 시($s=1$) 기동토크가 없으므로 기동장치가 필요함
② 슬립이 '0'이 되기 전에 토크는 '0'이 됨
③ 슬립이 '0'일 때는 부(−)토크가 발생
④ 2차 저항 증가 시 최대 토크는 감소하며, 비례추이를 할 수 없음

(3) 단상 유도전동기의 기동토크가 큰 순서

반발 기동형 → 반발 유도형 → 콘덴서 기동형 → 분상 기동형 → 셰이딩 코일형

17 유도발전기

(1) 회전자의 회전방향과 같은 방향으로 동기속도 이상으로 회전

① $N > N_s \Rightarrow s < 0$ → 회전자의 권선은 전동기의 경우와 반대
② 유기기전력 및 전류의 방향 : 전동기의 경우와 반대(발전기로 동작)

(2) 장점

① 경제적이다.
② 기동과 취급이 간단하며 고장이 적다.
③ 동기화가 필요 없다(동기기와 차이점).

④ 난조 등 이상현상이 없다.
⑤ 동기기에 비해 단락전류가 작고 지속시간이 짧다.

(3) 단점

① 효율 및 역률이 낮다.
② 병렬로 운전되는 동기기에서 여자전류를 취해야 한다.

SECTION 06 전력변환장치

01 전력용 반도체 소자

(1) 전력용 반도체 소자의 종류, 심벌, 단자명

소자	심벌	단자명
제너 다이오드	A, K	Anode(애노드), Cathode(캐소드)
TRIAC (쌍방향성 3단자 사이리스터)	A, G, K	Anode(애노드), Cathode(캐소드), Gate(게이트)
SS(사이닥) (양방향성 대칭형 사이리스터)	A, K	Anode(애노드), Cathode(캐소드)
GTO (게이트 턴 오프 사이리스터)	A, G, K	Anode(애노드), Cathode(캐소드), Gate(게이트)
SCS (역저지 4단자 사이리스터)	A, G_1, K, G_2	Anode(애노드), Cathode(캐소드), Gate(게이트)
DIAC (대칭형 3층 다이오드)	A, K	Anode(애노드), Cathode(캐소드)
BJT	C, B, E	Base(베이스), Emitter(이미터), Collector(컬렉터)
MOSFET	D, G, S	Gate(게이트), Source(소스), Drain(드레인)
IGBT	C, G, E	Gate(게이트), Emitter(이미터), Collector(컬렉터)

(2) 단방향성 소자

SCR(3단자), LASCR(3단자), GTO(3단자), SCS(4단자)

(3) 양방향성 소자

DIAC(2단자), TRIAC(3단자), SSS(2단자)

02 다이오드(정류회로)

(1) 다이오드

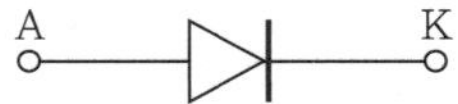

① PN 접합, 한쪽 방향으로만 전류를 통하는 단방향성 전압 구동 스위치
② 전압이나 전류의 제어가 곤란함

(2) 다이오드의 종류

① 정류용 다이오드 : AC를 DC로 정류
② 버랙터 다이오드 : 정전용량이 전압에 따라 변화하는 소자
③ 바리스터 다이오드 : 과도전압, 이상전압에 대한 회로보호용으로 사용되는 소자
④ 제너 다이오드 : 정전압 회로용 소자

(3) 다이오드의 접속

① 직렬 접속 : 과전압 방지
② 병렬 접속 : 과전류 방지

(4) 정류회로의 비교

종류	직류 출력[V]	PIV[V]	맥동 주파수	정류효율	맥동률
단상 반파	$E_d = \frac{\sqrt{2}}{\pi}E = 0.45E$	$PIV = \sqrt{2}\,E$	60[Hz]	40.5[%]	121[%]
단상 전파 (중간)	$E_d = \frac{2\sqrt{2}}{\pi}E = 0.9E$	$PIV = 2\sqrt{2}\,E$	120[Hz]	57.5[%]	48[%]
단상 전파 (브리지)	$E_d = \frac{2\sqrt{2}}{\pi}E = 0.9E$	$PIV = \sqrt{2}\,E$	120[Hz]	81.1[%]	48[%]
3상 반파	$E_d = \frac{3\sqrt{6}}{2\pi}E = 1.17E$	$PIV = \sqrt{6}\,E$	180[Hz]	96.7[%]	17[%]
3상 전파 (브리지)	$E_d = \frac{3\sqrt{6}}{\pi}E = 2.34E$ $E_d = \frac{3\sqrt{2}}{\pi}V = 1.35V$ (E : 상전압, V : 선간전압)	$PIV = \sqrt{6}\,E$	360[Hz]	99.8[%]	4[%]

03 SCR과 위상제어 정류회로

(1) 개념

① 실리콘 제어 정류소자(단방향성 3단자 소자)
② 정류작용, 스위칭 작용, 위상 제어(전압 제어)
③ 직류·교류의 전력 제어용으로 사용

(2) SCR의 특징

① 소형 경량이다.
② 소음이 작다.
③ 내부 전압강하가 작다.
④ 아크가 생기지 않으므로 열의 발생이 적다.
⑤ 열용량이 적어 고온에 약하다.
⑥ 과전압에 약하다.
⑦ 제어각(위상각)이 역률각보다 커야 한다.
⑧ SCR의 순방향 전압강하는 보통 1.5[V] 이하로 작다.

(3) SCR의 동작조건

① SCR의 On 조건
㉠ Gate에 전류가 흐르면 SCR이 Turn on 되는데 Turn on 되는 순간 래칭전류 이상의 전류가 흘러야 On이 됨
㉡ 래칭전류 : SCR turn on을 위한 최소 전류(SCR on 되기 위하여 애노드(A)에서 캐소드(K)로 흘러야 할 최소 전류)
㉢ 유지전류 : On된 후 On 상태를 유지하기 위한 최소 전류
㉣ 래칭전류 > 유지전류

② SCR Off 조건 : SCR에 역전압 인가 또는 유지 전류 이하가 되면 Off됨(off 시 gate는 관계 없음)

(4) 위상제어 정류회로

종류		직류 출력전압[V]
단상 반파		$E_d = \frac{\sqrt{2}E}{2\pi}(1+\cos\alpha) = \frac{\sqrt{2}E}{\pi}\left(\frac{1+\cos\alpha}{2}\right) = 0.45E\left(\frac{1+\cos\alpha}{2}\right)$
단상 전파	R부하 단속조건	$E_d = \frac{\sqrt{2}E}{\pi}(1+\cos\alpha) = \frac{2\sqrt{2}E}{\pi}\left(\frac{1+\cos\alpha}{2}\right) = 0.9E\left(\frac{1+\cos\alpha}{2}\right)$
	연속조건	$E_d = \frac{2\sqrt{2}E}{2\pi} \cdot \cos\alpha = 0.9E \cdot \cos\alpha$

종류		직류 출력전압[V]
3상 반파		$E_d = \dfrac{3\sqrt{6}E}{2\pi} \cdot \cos\alpha = 1.17E \cdot \cos\alpha$
3상 전파	상전압 기준	$E_d = \dfrac{3\sqrt{6}E}{\pi} \cdot \cos\alpha = 2.34E \cdot \cos\alpha$
	선간전압 기준	$E_d = \dfrac{3\sqrt{2}V}{\pi} \cdot \cos\alpha = 1.35E \cdot \cos\alpha$

04 전력변환

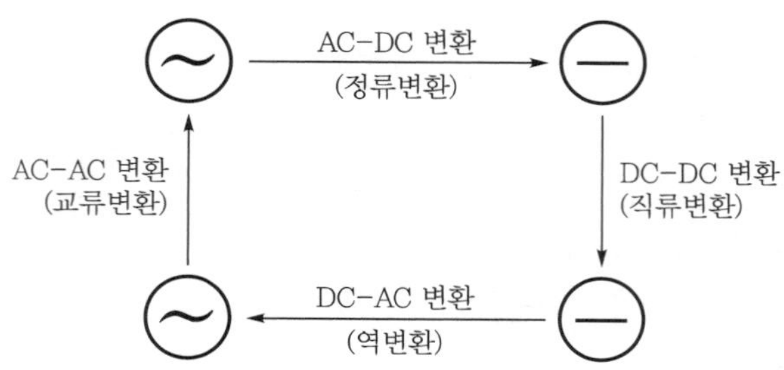

(1) **AC-DC 변환** : 정류(rectification)

① 교류전력을 직류전력으로 변환

② 다이오드 정류기, 위상제어 정류기, PWM 컨버터 등

(2) **DC-AC 변환** : 역변환(inversion)

① 직류전력을 교류전력으로 변환

② Inverter(인버터)

(3) **DC-DC 변환** : 직류변환(DC conversion)

① 입력된 직류전력에 대하여 크기나 극성이 변환된 다른 직류 출력을 내보내는 것

② DC 초퍼, SMPS(Switching Mode Power Supply)

(4) **AC-AC 변환** : 교류변환(AC conversion)

① 교류 전력의 형태 → 전압, 전류의 크기, 주파수, 위상, 상수로 결정

② 이들 중 하나 또는 그 이상을 변환하여 다른 교류전력으로 변환

③ 사이클로 컨버터(cyclo-converter)

05 DC-DC Converter

(1) Chopper

임의의 직류전압을 부하가 요구하는 형태의 직류전압으로 변환하는 장치

(2) DC-DC Converter의 종류

① 비절연형 변환기
- ㉠ Buck converter : 강압형(입력 전압 > 출력 전압)
- ㉡ Boost converter : 승압형(입력 전압 < 출력 전압)
- ㉢ Buck-boost converter : 강압 - 승압형(입력 전압 < 출력 전압)
- ㉣ Cuk converter : 강압 - 승압형(입력 전압 < 출력 전압)

② 절연형 변환기 : 변압기를 사용하여 입·출력 간에 전기적인 절연
- ㉠ 포워드 컨버터(forward converter) : 강압형(입력 전압 > 출력 전압)
- ㉡ 플라이백 컨버터(flyback converter) : 강압 - 승압형(입력 전압 < 출력 전압)

(3) DC-DC Converter의 크기 비교

구분	종류	입·출력 전압식(크기)
비절연형	Buck converter(강압형)	$V_o = DV_i$
	Boost converter(승압형)	$V_o = \frac{1}{1-D}V_i$
	Buck-boost converter(강압 - 승압형)	$V_o = \frac{D}{1-D}V_i$
	Cuk converter(강압 - 승압형)	$V_o = \frac{D}{1-D}V_i$
절연형	Forward converter(강압형)	$V_o = \frac{N_2}{N_1}DV_i$
	Flyback converter(강압 - 승압형)	$V_o = \frac{N_2}{N_1}\frac{D}{1-D}V_i$

CHAPTER

04 | 회로이론

SECTION 01 직류회로

01 전압, 전류, 저항

(1) 전압

도체의 양단에 일정한 전류를 계속 흐르게 하는 전기적인 힘으로, Q[C]의 전기량이 이동하여 W[J]만큼 행한 일의 양

① 직류식 표현 : $V = \dfrac{W}{Q}$[J/C=V]

② 교류식 표현 : $v = \dfrac{dw}{dq}$[V]

(2) 전류

단위시간당 이동한 전기(전하)의 양(전자의 흐름)

① 직류식 표현 : $I = \dfrac{Q}{t}$[C/s=A]

② 교류식 표현 : $i = \dfrac{dq}{dt}$[A]

(3) 저항

① 전류의 흐름을 방해하는 물리량으로, 저항이 클수록 전류는 작아지며, 저항이 작을수록 전류는 증가한다.

② 도선의 저항

$$R = \rho\frac{l}{A} = \rho\frac{l}{\pi r^2}[\Omega]$$

여기서, A : 단면적[mm^2], l : 도선의 길이[m]
ρ : 저항률, r : 반지름[m]

(4) 컨덕턴스

전류의 흐름을 도와주는 물리량으로, 저항의 역수를 말한다.

$$G = \frac{1}{R}[℧]$$

02 옴의 법칙

도체에 흐르는 전류는 전압에 비례하고 회로의 전기저항에 반비례한다.

(1) 전류 : $I = \dfrac{V}{R} = GV\,[\mathrm{A}]$

(2) 전압 : $V = IR\,[\mathrm{V}]$

(3) 저항 : $R = \dfrac{V}{I}\,[\Omega]$

03 저항의 접속

(1) 직렬 연결

① 합성 저항 : $R = R_1 + R_2 + R_3 + \cdots\cdots + R_n\,[\Omega]$

② 전압 분배 : $V_1 = \dfrac{R_1}{R_1 + R_2}V,\ \ V_2 = \dfrac{R_2}{R_1 + R_2}V$

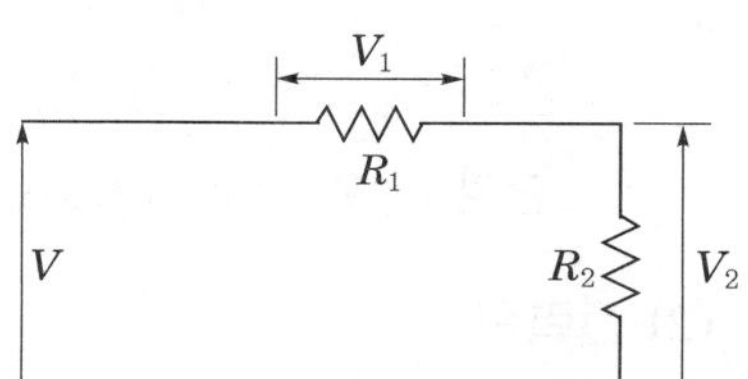

(2) 병렬 연결

① 합성 저항 : $R = \dfrac{1}{\dfrac{1}{R_1} + \dfrac{1}{R_2} + \dfrac{1}{R_3} + \cdots\cdots + \dfrac{1}{R_n}}\,[\Omega]$

② 전류 분배 : $I_1 = \dfrac{R_2}{R_1 + R_2}I,\ \ I_2 = \dfrac{R_1}{R_1 + R_2}I$

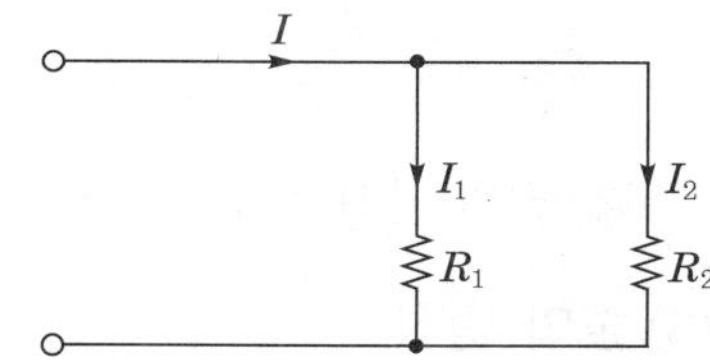

04 키르히호프의 법칙

(1) 제1법칙(KCL : 전류의 법칙)

① 임의의 한 접속점에 들어가는 방향의 전류 합과 나오는 전류의 합은 같다.

$$\sum \text{유입전류} = \sum \text{유출전류},\ \ \sum I = 0$$

② 즉, $I_1 + I_2 - I_3 - I_4 - I_5 = 0$ 또는 $I_1 + I_2 = I_3 + I_4 + I_5$이다.

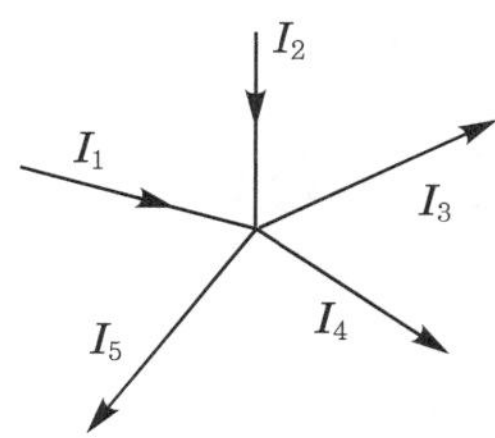

Ⅰ 04. 회로이론

(2) 제2법칙(KVL : 전압의 법칙)

어느 폐회로에서 기전력의 합과 전압강하의 합의 크기는 같다.

$$\sum E = \sum IR$$

05 전력과 전력량

(1) 전력

① 단위시간당 전기가 한 일의 양

$$P = \frac{W}{t} = VI = I^2R = \frac{V^2}{R}\,[\mathrm{W}]$$

② 단위 : [W] 또는 [J/s]

(2) 전력량

① 일정 시간 동안 전기가 한 일의 양

$$W = QV = VIt = I^2Rt = \frac{V^2}{R}t\,[\mathrm{J}]$$

② 단위 : [J] 또는 [W・s]

(3) 줄의 법칙

일정 시간 동안 저항 R에 전류 I가 흐를 때 저항 R에서 소비되는 에너지 W[J]는 열에너지 H[cal]로 변환된다.

$$H = 0.24Pt = 0.24VIt = 0.24I^2Rt = 0.24\frac{V^2}{R}t\,[\mathrm{cal}]$$

여기서, $1[\mathrm{J}] = 0.24[\mathrm{cal}]$

SECTION 02 교류회로

01 정현파 교류의 표현

(1) 순시값

순간 변하는 교류의 임의의 시간에 있어서, 전압이나 전류의 값

① 전류의 순시값 : $i(t) = I_m \sin(\omega t \pm \theta)$[A]

② 전압의 순시값 : $v(t) = V_m \sin(\omega t \pm \theta)$[V]

여기서, I_m, V_m : 전류와 전압의 최댓값

(2) 평균값

어떤 함수의 1주기에 대한 곡선의 면적을 구하여 그것을 다시 주기로 나눈 값

$$I_{av} = \frac{1}{T}\int_0^T |i(t)|dt = \frac{1}{\frac{T}{2}}\int_0^{\frac{T}{2}} i(t)dt$$

(3) 실횻값

직류의 크기와 같은 일을 하는 교류의 크기 값으로 순시치의 제곱에 대한 1사이클 간의 평균값의 제곱근으로 나타낸 것

$$I = \sqrt{\frac{1}{T}\int_0^T i^2 dt} = \sqrt{1\text{주기 동안의 } i^2\text{의 평균}}$$

(4) 여러 가지 파형의 비교

파형	실횻값	평균값	파형률	파고율
정현파	$\frac{V_m}{\sqrt{2}}$	$\frac{2V_m}{\pi}$	1.11	$\sqrt{2}$
전파 정류파	$\frac{V_m}{\sqrt{2}}$	$\frac{2V_m}{\pi}$	1.11	$\sqrt{2}$
반파 정류파	$\frac{V_m}{2}$	$\frac{V_m}{\pi}$	1.57	2
삼각파	$\frac{V_m}{\sqrt{3}}$	$\frac{V_m}{2}$	1.155	$\sqrt{3}$

파형	실횻값	평균값	파형률	파고율
톱니파	$\frac{V_m}{\sqrt{3}}$	$\frac{V_m}{2}$	1.155	$\sqrt{3}$
구형 반파	$\frac{V_m}{\sqrt{2}}$	$\frac{V_m}{2}$	1.414	$\sqrt{2}$
구형파	V_m	V_m	1	1

02 $R-L-C$ 직렬회로

(1) $R-L$ 직렬회로

① 임피던스

㉠ $\dot{Z}=R+j\omega L=R+jX_L[\Omega]$

㉡ $Z=\sqrt{R^2+X_L^{\ 2}}=\sqrt{R^2+(\omega L)^2}$

② 위상

㉠ $\theta=\tan^{-1}\dfrac{\omega L}{R}$

㉡ 전류가 전압보다 θ만큼 뒤진다.

(2) $R-C$ 직렬회로

① 임피던스

㉠ $\dot{Z}=R+\dfrac{1}{j\omega C}=R-j\dfrac{1}{\omega C}=R-jX_C[\Omega]$

㉡ $Z=\sqrt{R^2+X_C^{\ 2}}=\sqrt{R^2+\left(\dfrac{1}{\omega C}\right)^2}[\Omega]$

② 위상

㉠ $\theta=\tan^{-1}\dfrac{1}{\omega CR}$

㉡ 전류가 전압보다 θ만큼 앞선다.

(3) $R-L-C$ 직렬회로

① 임피던스

㉠ $\dot{Z}=R+j\omega L+\dfrac{1}{j\omega C}=R+j\omega L-j\dfrac{1}{\omega C}=R+j\omega L-jX_C=R+j\left(\omega L-\dfrac{1}{\omega C}\right)[\Omega]$

㉡ $Z=\sqrt{R^2+(X_L-X_C)^2}=\sqrt{R^2+\left(\omega L-\dfrac{1}{\omega C}\right)^2}[\Omega]$

② 위상 : $\theta=\tan^{-1}\dfrac{\omega L-\dfrac{1}{\omega C}}{R}$

03 $R-L-C$ 병렬회로

(1) $R-L$ 병렬회로

① 어드미턴스

㉠ $\dot{Y} = \frac{1}{R} - j\frac{1}{X_L} = \frac{1}{R} - j\frac{1}{\omega L}$ [℧]

㉡ $Y = \sqrt{\left(\frac{1}{R}\right)^2 + \left(\frac{1}{\omega L}\right)^2}$ [℧]

② 위상

㉠ $\theta = \tan^{-1}\frac{R}{\omega L}$

㉡ 전류가 전압보다 θ만큼 뒤진다.

(2) $R-C$ 병렬회로

① 어드미턴스

㉠ $\dot{Y} = \frac{1}{R} + j\frac{1}{X_C} = \frac{1}{R} + j\omega C$[℧]

㉡ $Y = \sqrt{\left(\frac{1}{R}\right)^2 + \left(\frac{1}{X_C}\right)^2} = \sqrt{\left(\frac{1}{R}\right)^2 + (\omega C)^2}$ [℧]

② 위상

㉠ $\theta = \tan^{-1}\omega CR$

㉡ 전류가 전압보다 θ만큼 앞선다.

(3) $R-L-C$ 직렬회로

① 임피던스

㉠ $\dot{Y} = \frac{1}{R} + j\left(\frac{1}{X_C} - \frac{1}{X_L}\right) = \frac{1}{R} + j\left(\omega C - \frac{1}{\omega L}\right)$[℧]

㉡ $Y = \sqrt{\left(\frac{1}{R}\right)^2 + \left(\frac{1}{X_C} - \frac{1}{X_L}\right)^2} = \sqrt{\left(\frac{1}{R}\right)^2 + \left(\omega C - \frac{1}{\omega L}\right)^2}$ [℧]

② 위상 : $\theta = \tan^{-1}R\left(\omega C - \frac{1}{\omega L}\right)$

04 공진회로

비교	직렬공진	이상적 병렬공진	실제 병렬공진
조건	$\omega L = \frac{1}{\omega C}$	$\omega C = \frac{1}{\omega L}$	$\omega C = \frac{\omega L}{R^2 + (\omega L)^2}$
공진	• 전압과 전류가 동상 • 임피던스가 최소 • 전류가 최대	• 전압과 전류가 동상 • 임피던스가 최대 • 전류가 최소	

비교	직렬공진	이상적 병렬공진	실제 병렬공진
공진 시 임피던스	R	R	$\frac{L}{CR}$
공진 주파수	$f_0 = \frac{1}{2\pi\sqrt{LC}}$[Hz]		$f_r = \frac{1}{2\pi}\sqrt{\frac{1}{LC} - \left(\frac{R}{L}\right)^2}$[Hz]

05 단상 교류전력

(1) 유효전력

$$P = VI\cos\theta = I^2R = \left(\frac{V}{Z}\right)^2 R = \frac{V^2R}{R^2+X^2}\,[\mathrm{W}]$$

(2) 무효전력

$$Q = VI\sin\theta = I^2X = \frac{V^2X}{R^2+X^2}\,[\mathrm{Var}]$$

(3) 피상전력

$$P_a = VI = \sqrt{P^2+Q^2} = I^2Z = \frac{V^2Z}{R^2+X^2}\,[\mathrm{VA}]$$

06 3상 교류

(1) Y결선, △ 결선

구분	Y결선(전선 연결)	△결선(전선 연결)
전압	$V_l = \sqrt{3}\,V_P\angle 30°$	$V_l = V_p\angle 0°$
전류	$I_l = I_p\angle 0°$	$V_l = \sqrt{3}\,I_P\angle -30°$
전력	$P = 3I_p^2R = 3V_pI_p\cos\theta = \sqrt{3}\,V_lI_l\cos\theta$[W] $Q = 3I_p^2X = 3V_pI_p\sin\theta = \sqrt{3}\,V_lI_l\sin\theta$[Var] $P_a = 3V_pI_p = \sqrt{3}\,V_lI_l$[VA]	

여기서, V_l : 선간전압, I_l : 선전류, V_p : 상전압, I_p : 상전류

(2) V결선(전선 연결)

① V결선 시 용량 : $P_V = \sqrt{3}P$ (P : 1상의 용량)

② 이용률 $= \dfrac{\text{V결선 시의 용량}}{\text{2대의 용량}} = \dfrac{\sqrt{3}P}{2P} = 0.866$

③ 출력비 $= \dfrac{\text{V결선 시의 용량}}{\triangle\text{결선 시의 용량}} = \dfrac{\sqrt{3}P}{3P} = 0.577$

(3) Y ↔ △ 회로의 변환

Y → △ 변환	△ → Y 변환
$R_{ab} = \dfrac{R_aR_b + R_bR_c + R_cR_a}{R_c}[\Omega]$	$R_a = \dfrac{R_{ab}R_{ca}}{R_{ab}+R_{bc}+R_{ca}}[\Omega]$
$R_{bc} = \dfrac{R_aR_b + R_bR_c + R_cR_a}{R_a}[\Omega]$	$R_b = \dfrac{R_{ab}R_{bc}}{R_{ab}+R_{bc}+R_{ca}}[\Omega]$
$R_{ac} = \dfrac{R_aR_b + R_bR_c + R_cR_a}{R_b}[\Omega]$	$R_c = \dfrac{R_{bc}R_{ca}}{R_{ab}+R_{bc}+R_{ca}}[\Omega]$

(4) Y → △ 부하회로 변환

전류	전력	임피던스
$I_\triangle = 3I_Y$	$P_\triangle = 3P_Y$	$Z_\triangle = 3Z_Y$

07 최대 전력 전달조건

조건	최대 전력
$R_L = R_g$	$P_{\max} = \dfrac{V^2}{4R_g}$
$Z_L = \overline{Z_g}$	$P_{\max} = \dfrac{V^2}{4R_g}$

08 2전력계법

(1) 유효전력 $P = W_1 + W_2[\text{W}]$

(2) 무효전력 $Q = \sqrt{3}(W_1 - W_2)[\text{Var}]$

(3) 피상전력 $P_a = 2\sqrt{W_1^2 + W_2^2 - W_1W_2}\,[\text{VA}]$

(4) 역률 $\cos\theta = \dfrac{P}{P_a} \times 100 = \dfrac{W_1 + W_2}{2\sqrt{W_1^2 + W_2^2 - W_1W_2}} \times 100[\%]$

① $W_1 = 2W_2$ 또는 $W_2 = 2W_1$인 경우 $\cos\theta = 0.866$

② $W_1 = 2W_2$ 또는 $W_2 = 2W_1$인 경우 $\cos\theta = 0.75$

③ W_1 또는 W_2 중 어느 하나가 0인 경우 $\cos\theta = 0.5$

④ $W_1 = W_2$인 경우 $\cos\theta = 1$

09 3전압계법과 3전류계법

(1) 3전압계법

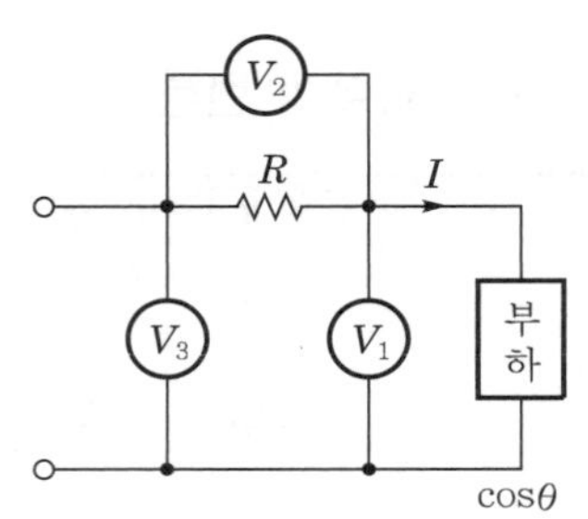

① 역률 : $\cos\theta = \dfrac{V_3^{\,2} - V_1^{\,2} - V_2^{\,2}}{2V_1V_2}$

② 부하전력 : $P = \dfrac{1}{2R}(V_3^{\,2} - V_1^{\,2} - V_2^{\,2})[\mathrm{W}]$

(2) 3전류계법

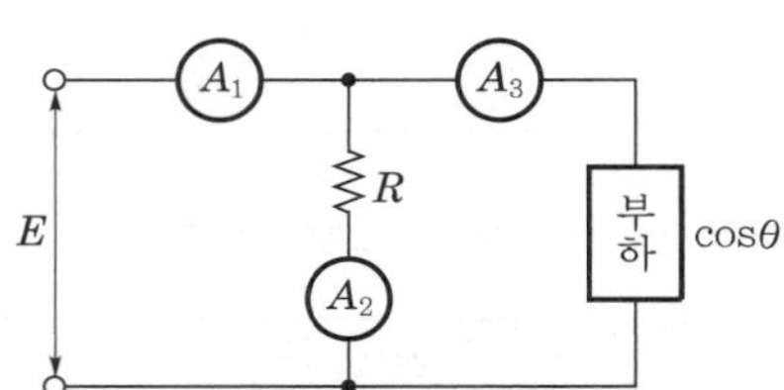

① 역률 : $\cos\theta = \dfrac{I_1^{\,2} - I_2^{\,2} - I_3^{\,2}}{2I_2I_3}$

② 부하전력 : $P = \dfrac{R}{2}(I_1^{\,2} - I_2^{\,2} - I_3^{\,2})[\mathrm{W}]$

10 대칭좌표법

(1) 벡터 연산자 a

① $a = 1\angle 120° = \cos 120° + j\sin 120° = -\dfrac{1}{2} + j\dfrac{\sqrt{3}}{2}$

② $a^2 = 1\angle 240° = \cos 240° + j\sin 240° = -\dfrac{1}{2} - j\dfrac{\sqrt{3}}{2}$

③ $a^2 + a = -1$

(2) 대칭분과 각 상의 전압

대칭분	• 영상분 : $V_0 = \dfrac{1}{3}(V_a + V_b + V_c)$ • 정상분 : $V_1 = \dfrac{1}{3}(V_a + aV_b + a^2V_c)$ • 역상분 : $V_2 = \dfrac{1}{3}(V_a + a^2V_b + aV_c)$
각상분	• a상 전압 : $V_a = V_0 + V_1 + V_2$ • b상 전압 : $V_b = V_0 + a^2V_1 + aV_2$ • c상 전압 : $V_c = V_0 + aV_1 + a^2V_2$

(3) 불평형률 ε

$$\varepsilon = \frac{역상분}{정상분} \times 100[\%]$$

(4) 발전기 기본식

$$\begin{cases} V_0 = -Z_0 I_0 [\mathrm{V}] \\ V_1 = E_a - Z_1 I_1 [\mathrm{V}] \\ V_2 = -Z_2 I_2 [\mathrm{V}] \end{cases}$$

SECTION 03 비정현파

01 비정현파 교류

(1) 구성

직류분 + 기본파 + 고조파

① 직류분 : a_0

② 기본파 : $a_1 \cos \omega t + b_1 \sin \omega t$

③ 고조파 : $\sum_{n=2}^{\infty} a_n \cos n\omega t + \sum_{n=2}^{\infty} b_n \sin n\omega t$

(2) 대칭성

비고 \ 종류	정현 대칭	여현 대칭	반파 대칭
함수	$f(t) = -f(-t)$	$f(t) = f(-t)$	$f(t) = -f(\pi + t)$
특징	원점 대칭	Y축 대칭	–
	$\sin$ 항	$\cos$ 항, 직류분	홀수차항

02 비정현파 교류의 실횻값과 왜형률

(1) 실횻값

① 각 고조파 실횻값의 제곱 합의 제곱근

② 비정현파 전류의 실횻값

$$I = \sqrt{I_0^2 + \left(\frac{I_{m1}}{\sqrt{2}}\right)^2 + \left(\frac{I_{m2}}{\sqrt{2}}\right)^2 + \cdots\cdots + \left(\frac{I_{mn}}{\sqrt{2}}\right)^2}$$
$$= \sqrt{I_0^2 + I_1^2 + I_2^2 + \cdots\cdots + I_n^2}\,[\mathrm{A}]$$

③ 비정현파 전압의 실횻값

$$V = \sqrt{V_0^2 + \left(\frac{V_{m1}}{\sqrt{2}}\right)^2 + \left(\frac{V_{m2}}{\sqrt{2}}\right)^2 + \cdots\cdots + \left(\frac{V_{mn}}{\sqrt{2}}\right)^2}$$
$$= \sqrt{V_0^2 + V_1^2 + V_2^2 + \cdots\cdots + V_n^2}\,[\mathrm{V}]$$

(2) 왜형률(THD : Total Harmonics Distortion) D

기본파 실횻값에 대한 전고조파 실횻값의 비로, 파형의 일그러짐 정도를 나타낸다.

$$D = \frac{\text{전고조파의 실횻값}}{\text{기본파의 실횻값}} = \frac{\sqrt{V_2^2 + V_3^2 + \cdots\cdots + V_n^2}}{V_1} \times 100\,[\%]$$

03 비정현파 전력 및 역률

(1) 유효전력

$$P = V_0 I_0 + \sum_{n=1}^{\infty} V_n I_n \cos\theta_n\,[\mathrm{W}]$$

(2) 무효전력

$$Q = \sum_{n=1}^{\infty} V_n I_n \sin\theta_n\,[\mathrm{Var}]$$

(3) 피상전력

① $P_a = \sqrt{V_1^2 + V_2^2 + V_3^2 + \cdots\cdots} \times \sqrt{I_1^2 + I_2^2 + I_3^2 + \cdots\cdots} = VI\,[\mathrm{VA}]$

② 역률 : $\cos\theta = \dfrac{P}{P_a} \times 100\,[\%]$

04 비정현파 직렬 임피던스 회로의 해석

(1) $R-L$ 직렬회로

① n차 고조파 임피던스 : $Z_n = R + jn\omega L = \sqrt{R^2 + (n\omega L)^2}\,[\Omega]$

② n차 고조파 전류 : $I_n = \dfrac{V_n}{Z_n}$ [A]

③ 전류는 고조파의 차수가 높을수록 정현파에 가까워진다.

(2) $R-C$ 직렬회로

① n차 고조파 임피던스 : $Z_n = R - j\dfrac{1}{n\omega C} = \sqrt{R^2 + \left(\dfrac{1}{n\omega C}\right)^2}$ [Ω]

② n차 고조파 전류 : $I_n = \dfrac{V_n}{Z_n}$ [A]

③ 전류는 고조파의 차수가 높을수록 전압의 파형보다 많이 비틀리게 된다.

(3) $R-L-C$ 직렬회로

① n차 임피던스 : $Z_n = R + jn\omega L - j\dfrac{1}{n\omega C} = \sqrt{R^2 + \left(n\omega L - \dfrac{1}{n\omega C}\right)^2}$ [Ω]

② 전류는 고조파의 차수가 높을수록 전압의 파형보다 많이 비틀리게 된다.

③ n차 고조파의 공진주파수 : $f_{o,n} = \dfrac{1}{2\pi n\sqrt{LC}}$ [Hz]

SECTION 04 2단자 회로 및 4단자 회로

01 2단자 회로

(1) 영점(zero)

① 2단자 임피던스 $Z(s)$가 '0'이 되는 s의 근(값)

② 2단자 임피던스 $Z(s)$의 분자$=0$

③ 회로 단락 상태 → 표시 ○

(2) 극점(pole)

① 2단자 임피던스 $Z(s)$가 '∞'가 되는 s의 근(값)

② 2단자 임피던스 $Z(s)$의 분모$=0$

③ 회로 개방 상태 → 표시 ×

(3) 2단자 회로의 구성

① $j\omega = s = \lambda$

② $L \rightarrow X_L = j\omega L = sL = \lambda L$

③ $C \rightarrow X_C = \dfrac{1}{j\omega C} = \dfrac{1}{sC} = \dfrac{1}{\lambda C}$

④ $R-L-C$ 직렬회로 : $Z(s) = R + sL + \dfrac{1}{sC}$

⑤ $R-L-C$ 병렬회로 : $Z(s) = \dfrac{1}{\dfrac{1}{R} + \dfrac{1}{sL} + sC}$

02 정저항 회로 및 역회로

(1) 정저항 회로

① 구동점 임피던스의 허수부가 어떠한 주파수에서도 0이고, 실수부도 주파수에 관계없이 일정하게 되는 회로

② 정저항 조건 : $Z_1 Z_2 = \dfrac{L}{C} = R^2$

㉠ $R = \sqrt{\dfrac{L}{C}}\,[\Omega]$

㉡ $L = CR^2\,[\mathrm{H}]$

㉢ $C = \dfrac{L}{R^2}\,[\mathrm{F}]$

(2) 역회로

구동점 임피던스가 $Z_1 \cdot Z_2$일 때 $Z_1 \cdot Z_2 = K^2$이 되는 관계에 있을 때 $Z_1 \cdot Z_2$는 K에 대하여 역회로라고 한다.

예를 들면 $Z_1 = j\omega L_1$, $Z_2 = \dfrac{1}{j\omega C_2}$이라고 하면 $Z_1 \cdot Z_2 = j\omega L_1 \cdot \dfrac{1}{j\omega C_2} = \dfrac{L_1}{C_2} = K^2$이 되고, 인덕턴스 L_1과 정전용량 C_2와는 역회로 관계에 있다고 한다.

03 4단자 회로

(1) 임피던스 파라미터

① 방정식

㉠ 전압 관계

- $V_1 = Z_{11}I_1 + Z_{12}I_2\,[\mathrm{V}]$
- $V_2 = Z_{21}I_1 + Z_{22}I_2\,[\mathrm{V}]$

㉡ 행렬 : $\begin{bmatrix} V_1 \\ V_2 \end{bmatrix} = \begin{bmatrix} Z_{11} & Z_{12} \\ Z_{21} & Z_{22} \end{bmatrix} \begin{bmatrix} I_1 \\ I_2 \end{bmatrix}$

② 임피던스 정수

㉠ $Z_{11} = \left.\frac{V_1}{I_1}\right|_{I_2 = 0}$　㉡ $Z_{12} = \left.\frac{V_1}{I_2}\right|_{I_1 = 0}$

㉢ $Z_{21} = \left.\frac{V_2}{I_1}\right|_{I_2 = 0}$　㉣ $Z_{22} = \left.\frac{V_2}{I_2}\right|_{I_1 = 0}$

(2) 어드미턴스 파라미터

① 방정식

㉠ 전류 관계

- $I_1 = Y_{11} V_1 + Y_{12} V_2 [\mathrm{A}]$
- $I_2 = Y_{21} V_1 + Y_{22} V_2 [\mathrm{A}]$

㉡ 행렬 : $\begin{bmatrix} I_1 \\ I_2 \end{bmatrix} = \begin{bmatrix} Y_{11} & Y_{12} \\ Y_{21} & Y_{22} \end{bmatrix} \begin{bmatrix} V_1 \\ V_2 \end{bmatrix}$

② 어드미턴스 정수

㉠ $Y_{11} = \left.\frac{I_1}{V_1}\right|_{V_2 = 0}$　㉡ $Y_{12} = \left.\frac{I_1}{V_2}\right|_{V_1 = 0}$

㉢ $Y_{21} = \left.\frac{I_2}{V_1}\right|_{V_2 = 0}$　㉣ $Y_{22} = \left.\frac{I_2}{V_2}\right|_{V_1 = 0}$

(3) 4단자 정수

① 방정식

㉠ 전압 · 전류 관계

- $V_1 = A V_2 + B I_2$
- $I_1 = C V_2 + D I_2$

㉡ 행렬 : $\begin{bmatrix} V_1 \\ I_1 \end{bmatrix} = \begin{bmatrix} A & B \\ C & D \end{bmatrix} \begin{bmatrix} V_2 \\ I_2 \end{bmatrix}$

② 4단자 정수

㉠ $A = \left.\frac{V_1}{V_2}\right|_{I_2 = 0}$　㉡ $B = \left.\frac{V_1}{I_2}\right|_{V_2 = 0}$

㉢ $C = \left.\frac{I_1}{V_2}\right|_{I_2 = 0}$　㉣ $D = \left.\frac{I_1}{I_2}\right|_{V_2 = 0}$

③ 선형 조건 : $AD - BC = 1$

(4) 영상 파라미터

① 1차 영상 임피던스 : $Z_{01} = \sqrt{\frac{AB}{CD}}$

② 2차 영상 임피던스 : $Z_{02} = \sqrt{\dfrac{BD}{AC}}$

③ 전달정수 : $\theta = \ln(\sqrt{AD} + \sqrt{BC}) = \cos h^{-1}\sqrt{AD} = \sin h^{-1}\sqrt{BC}$

④ 좌우 대칭인 경우($A = D$) : $Z_{01} = Z_{02} = \sqrt{\dfrac{B}{C}}$

SECTION 05 분포정수회로

01 분포정수

▮특성 임피던스와 전파정수▮

직렬 임피던스 Z	$Z = R + j\omega L$
병렬 어드미턴스 Y	$Y = G + j\omega C$
특성 임피던스 Z_0	$Z_0 = \sqrt{\dfrac{Z}{Y}} = \sqrt{\dfrac{R + j\omega L}{G + j\omega C}}$
전파정수 γ	$\gamma = \sqrt{ZY} = \sqrt{(R + j\omega L)(G + j\omega C)} = \alpha + j\beta$ (α : 감쇄정수, β : 위상정수)

02 무손실 선로 및 무왜형 선로

구분	무손실 선로	무왜형 선로
조건	$R = G = 0$	$\dfrac{L}{R} = \dfrac{C}{G}$
특성 임피던스	$Z_0 = \sqrt{\dfrac{Z}{Y}} = \sqrt{\dfrac{L}{C}}$	
전파정수	• $\gamma = j\omega\sqrt{LC}$ • $\alpha = 0$ • $\beta = \omega\sqrt{LC}$	• $\gamma = \sqrt{RG} + j\omega\sqrt{LC}$ • $\alpha = \sqrt{RG}$ • $\beta = \omega\sqrt{LC}$
파장	$\lambda = \dfrac{2\pi}{\beta} = \dfrac{2\pi}{\omega\sqrt{LC}} = \dfrac{1}{f\sqrt{LC}}$	
전파속도	$v = \dfrac{\omega}{\beta} = \dfrac{1}{\sqrt{LC}}$ [m/s]	

03 반사계수와 정재파비

(1) 반사계수

$$m = \frac{\text{반사파}}{\text{입사파}} = \frac{Z_L - Z_0}{Z_L + Z_0}$$

(2) 정재파비

$$S = \frac{1+m}{1-m}$$

SECTION 06 과도현상

01 $R-L$ 및 $R-C$ 직렬회로의 과도 특성

구분	$R-L$ 회로	$R-C$ 회로
$t=0$	개방	단락
$t=\infty$	단락	개방
전원 투입 시 전류	$i = \frac{E}{R}\left(1-e^{-\frac{R}{L}t}\right)$[A]	$i = \frac{E}{R}e^{-\frac{1}{RC}t}$[A]
전원 제거 시 전류	$i = \frac{E}{R}e^{-\frac{R}{L}t}$[A]	$i = -\frac{E}{R}e^{-\frac{1}{RC}t}$[A]
R, L, C 양단 전압	$V_L = Ee^{-\frac{R}{L}t}$[V] $V_R = E\left(1-e^{-\frac{R}{L}t}\right)$[V]	$V_c = E\left(1-e^{-\frac{1}{RC}t}\right)$[V] $V_R = Ee^{-\frac{1}{RC}t}$[V]
시정수 τ	$\tau = \frac{L}{R}$[s]	$\tau = RC$[s]
특성 근 P	$P = -\frac{R}{L}$	$P = -\frac{1}{RC}$

02 $R-L-C$ 직렬회로의 과도 특성

(1) 부족제동(진동)

$$R^2 - 4\frac{L}{C} < 0,\ R < 2\sqrt{\frac{L}{C}}$$

(2) 과제동(비진동)

$$R^2 - 4\frac{L}{C} > 0, \ R > 2\sqrt{\frac{L}{C}}$$

(3) 임계제동(비진동)

$$R^2 - 4\frac{L}{C} = 0, \ R = 2\sqrt{\frac{L}{C}}$$

SECTION 07 회로망 해석

01 전압원과 전류원

(1) 전압원

① 이상적인 전압원 : 전류의 크기는 변할지라도 전압의 크기는 항상 일정
② 내부저항 $= 0$

(2) 전류원

① 이상적인 전류원 : 전류의 크기는 변할지라도 전류의 크기는 항상 일정
② 내부저항 $= \infty$

02 테브난의 정리(Thevenin's theorem)

(1) 개념

두 개의 단자를 지닌 전압원, 전류원, 저항(임피던스)의 어떠한 조합이라도 하나의 전압원과 하나의 직렬 저항(임피던스)으로 변환하여 전기적 등가를 설명한 것이다.

(2) 등가회로

전압원은 단락, 전류원은 개방한 후 두 단자 사이의 저항을 계산

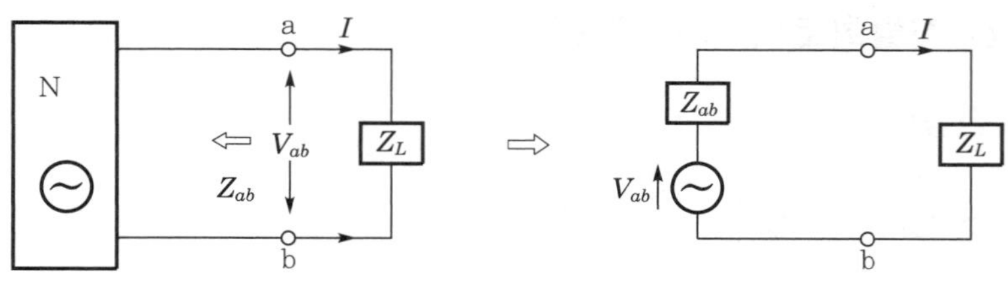

(3) 전류

$$I = \frac{V_a - V_b}{Z_{ab} + Z_L} = \frac{V_{ab}}{Z_{ab} + Z_L}[\text{A}]$$

여기서, Z_{ab} : 전원측으로 바라본 합성 임피던스[Ω]
Z_L : 부하측으로 바라본 합성 임피던스[Ω]
V_{ab} : a, b 양단의 전압차[V]

03 노튼의 정리(Norton's theorem)

(1) 개념

두 개의 단자를 지닌 전압원, 전류원, 저항(임피던스)의 어떠한 조합이라도 하나의 전류원과 하나의 병렬 저항(어드미턴스)으로 변환하여 전기적 등가를 설명한 것이다.

(2) 등가회로

① 테브난의 등가회로의 전압원을 전류원으로, 직렬 저항을 병렬 저항으로 등가변환하여 해석
② 테브난의 저항(R_{th}) = 노튼의 저항(R_N)

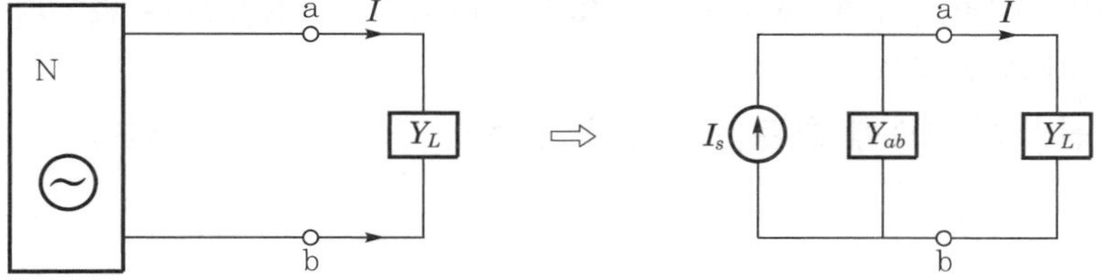

(3) 전류

$$I = \frac{Y_L}{Y_{ab} + Y_L} I_s[\text{A}]$$

여기서, Y_{ab} : 전원측으로 바라본 합성 어드미턴스[℧]
Y_L : 부하측으로 바라본 합성 어드미턴스[℧]

04 밀만의 정리(Millman's theorem)

(1) 개념

다수의 전압원이 병렬로 접속할 때 말단에 나타나는 합성 전압은 각각의 전압원을 단락했을 때 흐르는 전류의 합을 내부 어드미턴스의 합으로 나눈 것과 같다.

(2) 등가회로

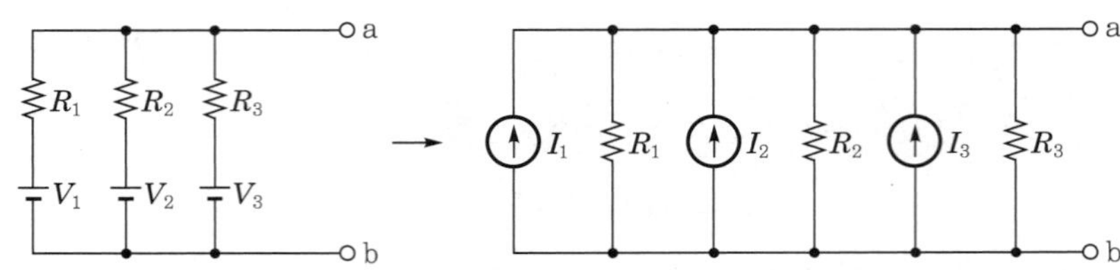

$$V_{ab} = \frac{\sum_{K=1}^{n} I_K}{\sum_{K=1}^{n} Y_K} = \frac{I_1 + I_2 + \cdots\cdots + I_n}{Y_1 + Y_2 + \cdots\cdots + Y_n} = \frac{\frac{V_1}{Z_1} + \frac{V_2}{Z_2} + \cdots\cdots + \frac{V_n}{Z_n}}{\frac{1}{Z_1} + \frac{1}{Z_2} + \cdots\cdots + \frac{1}{Z_n}} \text{[V]}$$

05 중첩의 정리(principle of superposition)

(1) 개념

다수의 전원(전압원, 전류원)을 포함하는 회로망에 있어서의 전류 분포는 각각의 전원이 단독으로 그 위치에 있을 때 흐르는 전류의 총합과 같다.

(2) 중첩의 정리 계산

① 한 개의 전원(전압원, 전류원)을 취하고 나머지 전원은 모두 없앤다(다른 전압원은 단락, 다른 전류원은 개방).

② 그 전원만의 지로에 흐르는 전류를 구하고 구한 전류를 합한다.

CHAPTER

05 | 제어공학

SECTION 01 라플라스 변환 및 전달함수

01 라플라스 변환

(1) 정의식

$$\mathcal{L}[f(t)] = F(s) = \int_0^\infty f(t)e^{-st}dt$$

(2) 주요 라플라스 변환식

① 임펄스함수 : $\delta(t) \xrightarrow{\mathcal{L}} 1$

② 단위계단함수 : $u(t) = 1 \xrightarrow{\mathcal{L}} \frac{1}{s}$

③ n차 속도함수 : $t^n \xrightarrow{\mathcal{L}} \frac{n!}{s^{n+1}}$

④ 지수함수 : $e^{-at} \xrightarrow{\mathcal{L}} \frac{1}{s+a}$

⑤ 정현파함수 : $\sin\omega t \xrightarrow{\mathcal{L}} \frac{\omega}{s^2+\omega^2}$

⑥ 여현파함수 : $\cos\omega t \xrightarrow{\mathcal{L}} \frac{s}{s^2+\omega^2}$

(3) 기본 라플라스 변환 정리

① 미분정리 : $\mathcal{L}\left[\frac{d}{dt}f(t)\right] = sF(s)$

② 적분정리 : $\mathcal{L}\left[\int f(t)\right] = \frac{1}{s}F(s)$

③ 시간추이정리 : $\mathcal{L}[f(t-a)u(t-a)] = F(s)e^{-as}$

④ 초깃값 정리 : $\lim_{t\to 0} f(t) = \lim_{s\to\infty} sF(s)$

⑤ 최종값(정상값) 정리 : $\lim_{t\to\infty} f(t) = \lim_{s\to 0} sF(s)$

02 전달함수

(1) 개요

① 모든 초깃값을 0으로 했을 경우 입력에 대한 출력의 라플라스 변환비

② 임펄스 응답의 라플라스 변환 : $G(s)=\dfrac{C(s)}{R(s)}$

(2) 각 제어요소의 전달함수

① 비례요소 : $G(s)\left(=\dfrac{C(s)}{R(s)}\right)=K$

② 미분요소 : $G(s)\left(=\dfrac{C(s)}{R(s)}\right)=Ks$

③ 적분요소 : $G(s)\left(=\dfrac{C(s)}{R(s)}\right)=\dfrac{K}{s}$

④ 1차 지연요소 : $G(s)\left(=\dfrac{C(s)}{R(s)}\right)=\dfrac{K}{Ts+1}$

여기서, T : 시정수

⑤ 2차 지연요소 : $G(s)\left(=\dfrac{C(s)}{R(s)}\right)=\dfrac{{\omega_n}^2}{s^2+2\delta\omega_n s+{\omega_n}^2}$

여기서, δ : 제동비, ω_n : 고유 각주파수

(3) $R-L-C$ 회로에서의 전달함수 $G(s)$

주로 전압 분배를 이용해서 구하면 매우 쉽게 접근이 가능하다.

저항 R_1과 R_2가 직렬 연결할 때의 전달함수 $G(s)$를 구하면

$V_2=\dfrac{R_2}{R_1+R_2}V_1$이므로 $G(s)=\dfrac{V_2}{V_1}=\dfrac{R_2}{R_1+R_2}$

(4) 블록선도에서의 전달함수 $G(s)$

$$G(s)=\frac{\sum \text{전방향 경로이득}}{1-\sum \text{폐루프이득}}$$

예제 다음 블록선도에서 전달함수를 구하시오.

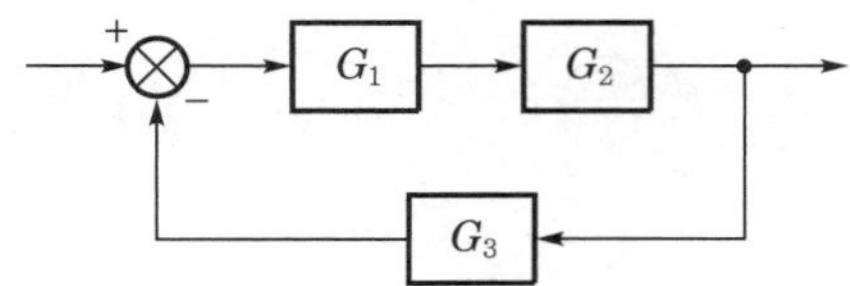

풀이 • 전방향 경로이득 $= G_1 G_2$

• 폐루프이득 $= G_1 G_2 G_3$

$\therefore$ 전달함수 $G(s) = \dfrac{G_1 G_2}{1-(-G_1 G_2 G_3)} = \dfrac{G_1 G_2}{1+G_1 G_2 G_3}$

* 괄호 안의 부호가 (−)가 되는 이유는 G_3가 궤환이 될 때의 부호가 (−)이기 때문이다. 이 부호가 (+)이면 그대로 (+)를 하기 때문에 시험에서 주의를 요한다.

(5) 신호 흐름선도에서의 전달함수 $G(s)$

블록선도에서와 같은 식을 활용한다.

$$G(s) = \frac{\sum \text{전방향 경로이득}}{1-\sum \text{폐루프이득}}$$

예제 다음 블록선도에서 전달함수를 구하시오.

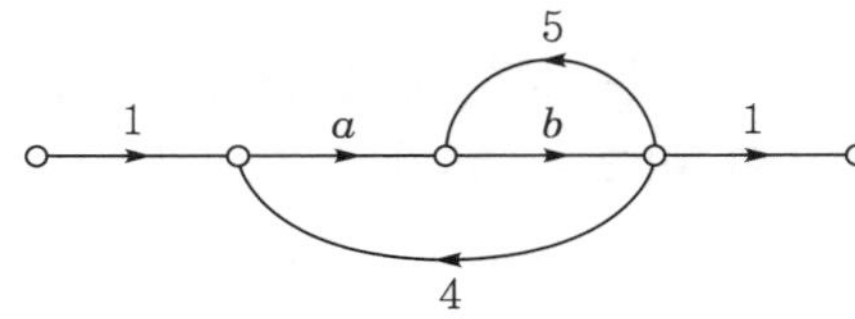

풀이 • 전방향 경로이득 $= 1 \times a \times b \times 1 = ab$

• 폐루프이득 $= b \times 5 + a \times b \times 4 = 5b + 4ab$

$\therefore$ 전달함수 $G(s) = \dfrac{ab}{1-(5b+4ab)}$

(6) 미분방정식에서의 전달함수 $G(s)$

① 미분방정식을 역라플라스 변환하여 전달함수로 표현

② $\dfrac{d}{dt} \rightarrow S$, $\int dt \rightarrow \dfrac{1}{S}$

예제 다음 미분방정식에서 전달함수를 구하시오.

$$\frac{d^2}{dt^2}y(t)+3\frac{d}{dt}y(t)+5y(t)=2x(t)$$

풀이 위 수식을 라플라스 변환을 하면

$s^2Y(s)+3sY(s)+5Y(s)=2X(s)$ 이므로

$Y(s)(s^2+3s+5)=2X(s)$

$\therefore$ 전달함수 $G(s)=\dfrac{Y(s)}{X(s)}=\dfrac{2}{s^2+3s+5}$

SECTION 02 제어시스템과 과도응답

01 제어시스템

(1) 폐회로(폐루프) 제어계(closed loop control system)

① 피드백 제어로써 제어계의 출력이 목푯값과 일치하는가를 비교하여 일치하지 않을 경우에는 그 차이에 비례하는 정정 동작신호를 제어계에 보내어 오차를 수정하도록 하는 궤환회로(검출부와 비교부)를 갖는 제어계

② 폐루프 제어계의 특징

㉠ 부궤환된 입력과 비교한 후 제어요소에서 오차를 보정한다.

㉡ 구조는 다소 복잡하다.

㉢ 사용 목적상 정확도가 요구되는 곳에 적용하는 제어방식이다.

㉣ 폐루프 제어계에서는 비교부(검출부)가 필수적인 요소이다.

㉤ 오차가 작아진다.

(2) 제어시스템의 구성요소

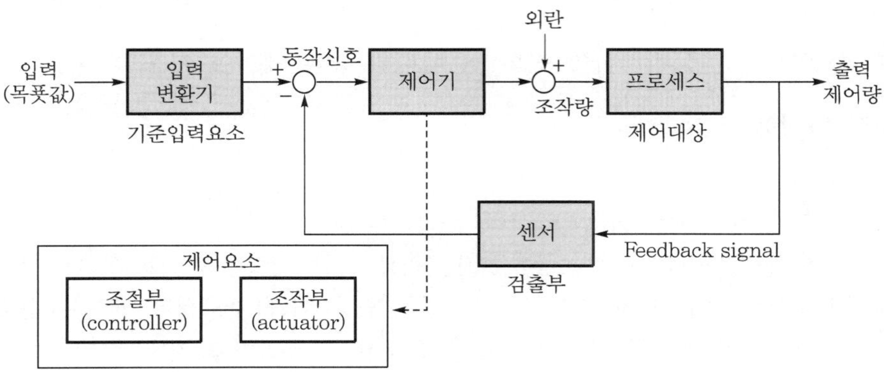

① **목푯값** : 입력값으로 피드백 요소에 속하지 않는 신호
② **기준입력요소(설정부)** : 목푯값에 비례하는 기준입력신호를 발생
③ **동작신호** : 제어동작을 일으키는 신호(=편차)로 폐루프에 직접 가해지는 입력으로 기준입력과 주 피드백 신호와의 차
④ **제어요소** : 동작신호를 조작량으로 변환(조절부+조작부)
⑤ **조절부** : 제어요소가 동작하는 데 필요한 신호를 만들어 조작부에 보내는 부분
⑥ **조작부** : 조절부로부터 받은 신호를 조작량으로 바꾸어 제어대상에 보내주는 부분
⑦ **조작량** : 제어요소가 제어대상에 가하는 제어신호로서, 제어요소의 출력신호
⑧ **외란** : 제어량의 값을 교란시키려 하는 외부 신호
⑨ **제어대상** : 제어활동을 갖지 않는 출력 발생장치로, 제어계에서 직접 제어를 받음
⑩ **검출부** : 제어량을 검출하는데, 입력과 출력을 비교하는 비교부가 반드시 필요(센서)
⑪ **제어량** : 제어를 받는 제어계의 출력(출력값), 제어대상에 속하는 양

02 제어계의 분류

(1) 제어량에 의한 분류

① **프로세스 기구제어** : 공업공정의 상태량 → 밀도, 농도, 온도, 압력, 유량, 습도 등을 제어한다.
② **서보기구제어** : 기계적인 변위량 → 위치, 방향, 자세, 거리, 각도 등을 제어한다.
③ **자동 조정기구제어** : 전기·기계적 신호 → 속도, 전위, 전류, 힘, 주파수, 장력 등을 제어한다.

(2) 목푯값에 의한 분류

① **추종제어** : 목푯값이 임의의 시간적 변화에 따라 변화 → 대공포 미사일, 레이더 등의 제어에 이용

② 프로그램제어 : 미리 정해진 신호에 따라 동작 → 무인열차, 무인엘리베이터, 무인자판기 등의 제어에 이용

③ 비율제어 : 시간에 비례하여 변화 → 배터리 등의 제어에 이용

(3) 조절부 동작에 의한 분류

① 연속제어

㉠ 비례제어(P제어) : 잔류편차(off-set) 발생

㉡ 비례적분제어(PI제어) : 잔류편차 제거, 시간지연(정상상태 개선), 오차 감소

㉢ 비례미분제어(PD제어) : 속응성 향상, 진동 억제(과도상태 개선), 속도에 대응

㉣ 비례적분미분제어(PID제어) : 속응성 향상, 잔류편차 제거(가장 우수한 제어 방법)

② 불연속제어 : 간헐 현상 발생

㉠ 샘플링 제어

㉡ On-Off 제어

03 변환장치

① 압력 → 변위 : 벨로스, 다이어프램, 스프링

② 변위 → 압력 : 노즐 플래퍼, 유압 분사관, 스프링

③ 변위 → 전압 : 차동변압기, 전위차계, 포텐셔미터

④ 전압 → 변위 : 전자석, 전자코일

⑤ 온도 → 전압 : 열전대

⑥ 광 → 전압 : 광전지, 광전다이오드

⑦ 변위 → 임피던스 : 가변저항기, 용량형 변환기

⑧ 온도 → 임피던스 : 측온저항(열선, 서미스터, 백금, 니켈)

⑨ 광 → 임피던스 : 광전트랜지스터, 광전지, 광전다이오드

04 응답의 종류

(1) 임펄스응답

입력으로 단위임펄스함수 $\delta(t)$를 가했을 때의 출력을 말한다.

(2) 인디셜응답

입력으로 단위계단함수 $u(t)$를 가했을 때의 출력을 말한다.

(3) 램프(시간)응답

입력으로 단위램프함수 t를 가했을 때의 출력을 말한다.

05 과도응답 특성

(1) 상승시간

제어계의 출력이 입력값의 10[%]에서 90[%]까지의 시간으로 Rise time이라고 한다.

(2) 지연시간(시간 늦음)

최종값의 50[%]에 도달하는 시간

(3) 정정시간

응답 최종값의 허용범위가 5 ~ 10[%] 내에 안정되기까지 요하는 시간

(4) 오버슈트

① 과도상태 중 계단입력을 초과하여 나타나는 출력의 최대 편차량
② 백분율 오버슈트 : 최종 목푯값과 최대 오버슈트의 비를 [%]로 나타낸 것
③ 최대 오버슈트 : 제어계의 출력이 입력값을 최대로 초과하는 과도상태 오차

(5) 감쇠비(δ)(= 제동비)

① 과도응답의 소멸되는 정도를 나타내는 양
② 감쇠비 : $\delta = \dfrac{\text{제2오버슈트}}{\text{최대 오버슈트}}$

06 특성방정식과 안정조건

(1) 특성방정식의 개념

전달함수 $T(s) = \dfrac{G(s)}{1+G(s)H(s)}$라 할 때 분모가 '0'인 상태의 방정식을 말한다.
즉, $1+G(s)H(s)=0$을 말한다.

(2) 안정조건

① 특성방정식의 근이 s평면의 우반평면에 존재하면 불안정상태가 된다.
② 특성방정식의 근이 s평면의 좌반평면에 존재하면 안정상태가 된다.
③ 특성방정식의 근이 s평면의 허수축에 존재하면 임계상태가 된다.

07 영점과 극점

(1) 영점

$Z(s)=0$이 되는 s값을 말하며, 이는 회로의 단락상태가 된다.

(2) 극점

$Z(s)=\infty$가 되는 s값을 말하며, 이는 회로의 개방상태가 된다.

예제 다음에서 영점과 극점을 나타내면?

$$Z(s)=\frac{s(s+1)}{(s-1)(s+2)(s+3)}$$

풀이
- 영점 : $s=0,\ -1$
- 극점 : $s=1,\ -2,\ -3$

08 제동비에 따른 과도응답

① 과제동 : $\delta>1$
② 부족제동 : $0<\delta<1$
③ 임계제동 : $\delta=1$

SECTION 03 안정도

01 루드표를 활용한 안정도 해석

루드표를 이용한 안정상태를 판별하기 위한 필요 조건은 다음과 같다.

(1) 특성방정식에서 모든 항의 부호가 일치하여야 한다.

$s^3+2s^2+7s+5=0$ (○)

$s^3-2s^2+7s+5=0$ (× : 2의 부호가 (-)이기 때문에 무조건 불안정상태임)

(2) 특성방정식에서 모든 항의 차수가 존재하여야 한다.

$s^3+2s^2+7s+5=0$ (○)

$s^3+2s^2+7s=0$ (× : 상수항이 빠져 있기 때문에 무조건 불안정상태임)

(3) 루드표를 이용한 결과식에서 1열의 부호 변환수는 불안정근의 수, s평면상에서 우반부에 존재하는 근의 수를 나타낸다.

예제 1. 루드표를 이용하여 다음과 같은 특성방정식으로 주어진 시스템의 안정상태를 판별하시오.

특성방정식 : $2s^3+4s^2+3s+2=0$

풀이

차수	제1열 계수	제2열 계수
s^3	2	3
s^2	4	2
s^1	$\dfrac{4\times3-2\times2}{4}=2$	0
상수	$\dfrac{2\times2-4\times0}{2}=2$	0

1열의 부호변화가 없으므로 이 제어계는 안정상태를 나타낸다.

2. 루드표를 이용하여 다음과 같은 특성방정식으로 주어진 시스템의 불안정한 근의 수를 구하시오.

특성방정식 : $2s^3+4s^2+3s-2=0$

풀이

차수	제1열 계수	제2열 계수
s^3	2	3
s^2	4	-2
s^1	$\dfrac{4\times3-2\times(-2)}{4}=4$	0
상수	$\dfrac{4\times(-2)-4\times0}{4}=-2$	0

1열의 부호변화가 1번 있으므로 불안정근이 1개 존재하며, 이 제어계는 불안정상태를 나타낸다.

02 나이퀴스트 선도에서의 안정도 해석

(1) 나이퀴스트 판별법의 특성

① 시스템(계)의 주파수 응답에 관한 정보

② 시스템(계)의 안정을 개선하는 방법

③ 안정성을 판별하는 동시에 안정도를 지시

(2) 안정도 조건(시계방향의 경로를 나타냄)

① 임계점 $(-1,\ j0)$을 포함한 경로가 그려질 때 : 불안정상태

㉠ 반시계방향에서는 바깥쪽에 $(-1,\ j0)$이 있으면 불안정상태

㉡ 시계방향에서는 안쪽에 $(-1,\ j0)$이 있으면 불안정상태

② 임계점 $(-1,\ j0)$을 불포함한 경로가 그려질 때 : 안정상태

③ 임계점 $(-1,\ j0)$을 지나가는 경로가 그려질 때 : 임계상태

SECTION 04 근궤적과 연산증폭기

01 근궤적

개루프 전달함수의 이득정수 K를 $0 \sim \infty$까지 변화시킬 때의 극점의 이동 궤적

02 근궤적의 일반적 특징(작도법)

(1) 근궤적의 출발점($K=0$) → $G(s)H(s)$의 극점에서 출발

(2) 근궤적의 도착($K=\infty$) → $G(s)H(s)$의 영점에 도착

(3) 근궤적의 수는 극점의 개수와 영점의 개수 중에서 큰 것의 개수와 같다.

① $Z > P$: $N=Z$(영점)

② $Z < P$: $N=P$(극점)

예제 $G(s)H(s)=\dfrac{s(s-2)(s+3)}{(s+1)(s+2)(s+4)(s-5)}$ **에서 근궤적의 개수는?**

풀이 • 영점 $s=0,\ 2,\ -3$(3개)

• 극점 $s=-1,\ -2,\ -4,\ 5$(4개)

그러므로 근궤적의 수는 4개이다.

(4) 근궤적은 실수축에 대칭이다.

(5) 근궤적의 점근선 각도

$$\theta=\frac{(2n+1)\pi}{P-Z}$$

여기서, $n=0,\ 1,\ 2,\ \cdots\cdots$

(6) 근궤적의 점근선 실수축과의 교차점

$$\alpha = \frac{\sum P - \sum Z}{P - Z}$$

예제 $G(s)H(s) = \dfrac{s(s-2)(s+3)}{(s+1)(s+2)(s+4)(s-5)}$ **에서 실수축과의 교차점은?**

풀이
- 영점 $s=0,\ 2,\ -3$(3개)
- 극점 $s=-1,\ -2,\ -4,\ 5$(4개)

교차점 $\alpha = \dfrac{(-1-2-4+5)-(0+2-3)}{4-3} = -1$

(7) 근궤적의 범위

실축상의 극점과 영점의 총수가 홀수이면 그 구간에 존재한다.

(8) 근궤적의 이탈점 → $\dfrac{d}{ds}K=0$으로 구한다.

03 연산증폭기(Op-Amp)

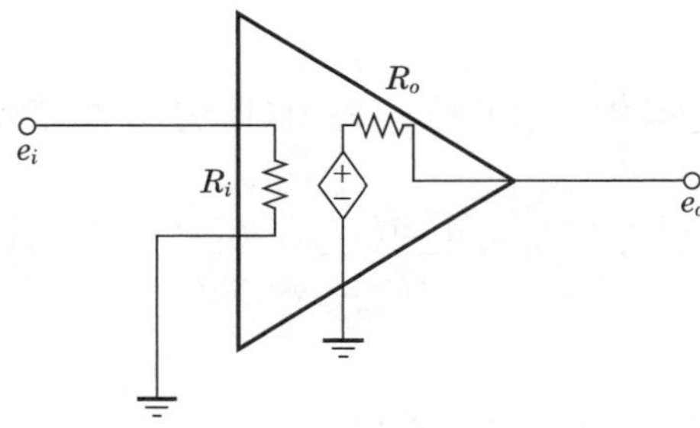

(1) 연산증폭기의 특징

① 입력 임피던스가 매우 크다($R_i = \infty$).
② 출력 임피던스가 매우 작다($R_o = 0$).
③ 전압이득이 매우 크다($V = \infty$).
④ 전력이득이 매우 크다.
⑤ 대역폭이 매우 크다.

(2) 연산증폭기의 종류

① 반전 연산증폭기의 출력전압 : $V_o = -\dfrac{R_2}{R_1}V_i$[V]

② 비반전 연산증폭기의 출력전압 : $V_o = \left(1 + \frac{R_2}{R_1}\right) V_i[\mathrm{V}]$

③ 미분 연산증폭기(미분기)의 출력전압 : $V_o = -RC\frac{d}{dt}V_i[\mathrm{V}]$

④ 적분 연산증폭기(적분기)의 출력전압 : $V_o = -\frac{1}{RC}\int V_i[\mathrm{V}]$

여기서, V_o : 출력전압, V_i : 입력전압

SECTION 05 상태방정식과 z 변환

01 상태방정식

(1) 다수의 입력과 다수의 출력을 활용하여 시스템의 전반적인 상태를 파악하는 것을 말하며, 미분방정식을 이용하여 벡터 행렬로 나타내는 데 적용한다.

(2) 벡터 행렬 $\dot{x}(t) = Ax(t) + Bu(t)$에서 A는 상태(계수)행렬, B는 제어행렬이라 한다.

예제 **다음과 같은 미분방정식에서 상태행렬 A와 제어행렬 B를 구하면?**

$$\frac{d^3x(t)}{dt^3} + 3\frac{d^2x(t)}{dt^2} + \frac{dx(t)}{dt} + 4x(t) = r(t)$$

풀이 먼저 최고차를 기준으로 나머지 항을 이항하면

$\frac{d^3x(t)}{dt^3} = -4x(t) - \frac{dx(t)}{dt} - 3\frac{d^2x(t)}{dt^2} + r(t)$가 되며 이 식을 기준으로 행렬을 구하면 다음과 같다.

$$A = \begin{bmatrix} 0 & 1 & 0 \\ 0 & 0 & 1 \\ -4 & -1 & -3 \end{bmatrix},\quad B = \begin{bmatrix} 0 \\ 0 \\ 1 \end{bmatrix}$$

02 천이행렬

(1) 특성방정식

$|sI-A|=0$

예제 $A=\begin{bmatrix}0 & 1\\ -2 & -1\end{bmatrix}$, $B=\begin{bmatrix}1\\7\end{bmatrix}$ 인 상태방정식에서 제어계의 특성방정식은?

풀이 먼저 특성방정식은 $|sI-A|=0$이므로 $|sI-A|$를 구하면

$$sI-A=\begin{bmatrix}s & 0\\ 0 & s\end{bmatrix}-\begin{bmatrix}0 & 1\\ -2 & -1\end{bmatrix}=\begin{bmatrix}s & -1\\ 2 & s+1\end{bmatrix}$$

$$=s(s+1)-2\times(-1)=s^2+s+2=0$$

∴ 특성방정식은 $s^2+s+2=0$이 된다.

(2) 천이행렬 $\phi(t)$의 계산

$\phi(t)$를 구하기 위해서는 다음과 같은 여러 단계를 거쳐야 한다.

① $|sI-A|$를 구한다.
② $[(sI-A)^{-1}]$: 역행렬을 구한다.
③ $\phi(t)=\mathcal{L}^{-1}[(sI-A)^{-1}]$: 역라플라스 변환을 구한다.

03 z변환

불연속 시스템을 해석하는 데 사용된다.

(1) z 변환표

시간함수 $f(t)$	라플라스 변환 $F(s)$	z변환 $F(z)$
임펄스함수 $\delta(t)$	1	1
단위계단함수 $u(t)=1$	$\frac{1}{s}$	$\frac{z}{z-1}$
지수함수 e^{-at}	$\frac{1}{s+a}$	$\frac{z}{z-e^{-aT}}$
지수함수 e^{at}	$\frac{1}{s-a}$	$\frac{z}{z-e^{aT}}$

(2) 초깃값 정리

$$\lim_{t\to 0} f(t)=\lim_{s\to\infty} sF(s)=\lim_{z\to\infty} F(z)$$

(3) 최종값 정리

$$\lim_{t \to \infty} f(t) = \lim_{s \to 0} s\,F(s) = \lim_{z \to 1} (1 - z^{-1})\,F(z)$$

(4) z 평면에서의 안정도 판별

① 안정상태 : 단위원 내부에 극점이 모두 존재할 것
② 불안정상태 : 단위원 외부에 극점이 하나라도 존재할 것
③ 임계상태 : 단위원 원주상에 극점이 존재하는 경우

SECTION 06 논리회로

01 AND 회로

(1) 의미

입력이 모두 'H'일 때 출력이 'H'인 회로

(2) 논리식

$X = A \cdot B$

(3) 유접점 · 무접점 회로 및 진리표

유접점회로	무접점회로	진리표		
		A	B	X
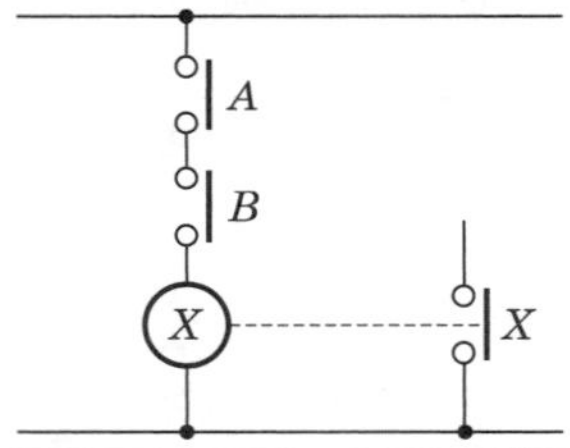	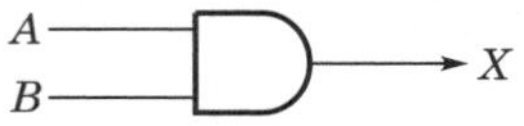	0	0	0
		0	1	0
		1	0	0
		1	1	1

02 OR 회로

(1) 의미

입력 중 어느 하나 이상 'H'일 때 출력이 'H'인 회로

(2) 논리식

$X = A + B$

(3) 유접점 · 무접점 회로 및 진리표

유접점회로	무접점회로	진리표		
		A	B	X
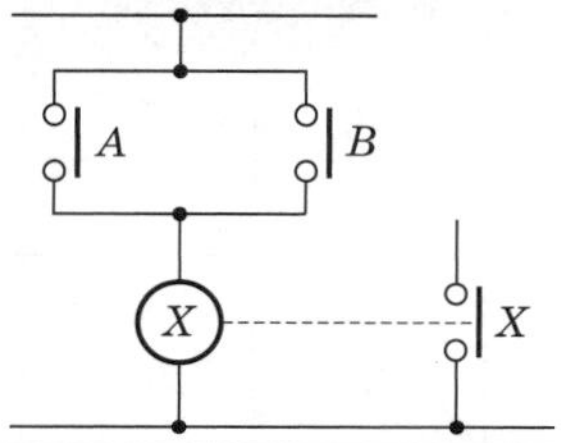 A, B, X, X	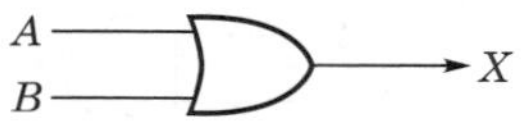 A, B, X	0	0	0
		0	1	1
		1	0	1
		1	1	1

03 NOT 회로

(1) 의미

입력과 출력이 반대로 동작하는 회로로서, 입력이 'H'이면 출력은 'L', 입력이 'L'이면 출력은 'H'인 회로

(2) 논리식

$X = \overline{A}$

(3) 유접점 · 무접점 회로 및 진리표

유접점회로	무접점회로	진리표	
		A	X
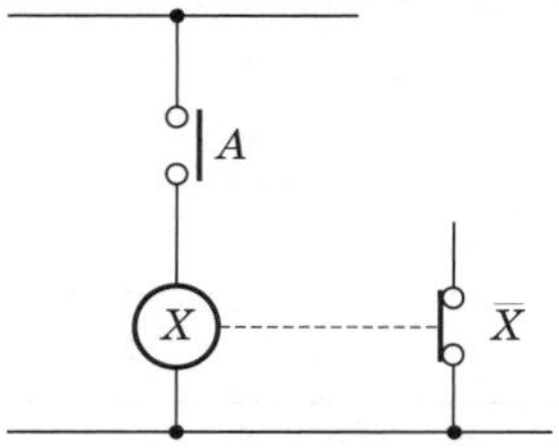 A, X, $\overline{X}$	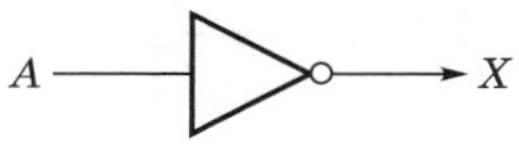 A, X	0	1
		1	0

04 NAND 회로

(1) 의미

AND 회로의 부정회로로서, 입력이 모두 'H'일 때만 출력이 'L'이 되는 회로

(2) 논리식

$X = \overline{A \cdot B}$

(3) 유접점 · 무접점 회로 및 진리표

유접점회로	무접점회로	진리표		
		A	B	X
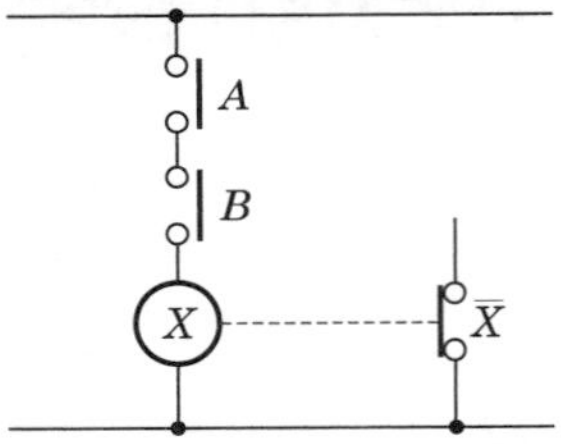	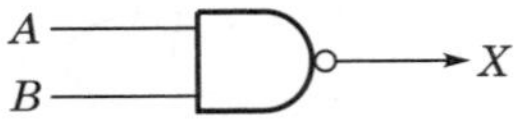	0	0	1
		0	1	1
		1	0	1
		1	1	0

05 NOR 회로

(1) 의미

OR 회로의 부정회로로서, 입력이 모두 'L'일 때만 출력이 'H'가 되는 회로

(2) 논리식

$X = \overline{A + B}$

(3) 유접점 · 무접점 회로 및 진리표

유접점회로	무접점회로	진리표		
		A	B	X
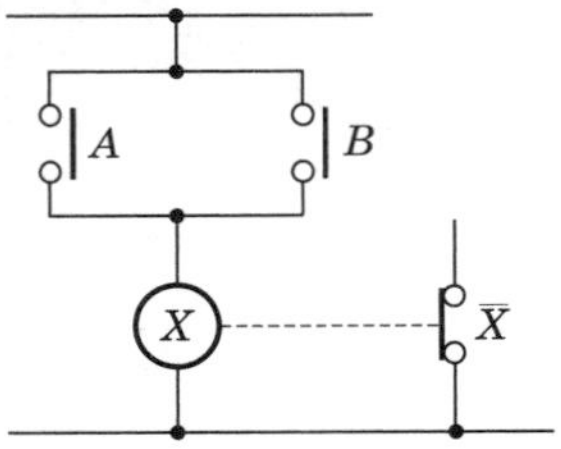	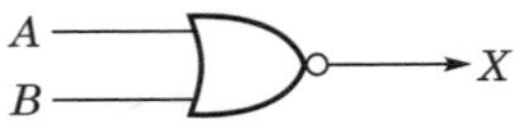	0	0	1
		0	1	0
		1	0	0
		1	1	0

06 Exclusive OR 회로

(1) 의미

입력 중 어느 하나만 'H'일 때 출력이 'H'가 되는 회로

(2) 논리식

$X = A \cdot \overline{B} + \overline{A} \cdot B$

(3) 유접점 · 무접점 회로 및 진리표

유접점회로	무접점회로	진리표		
		A	B	X
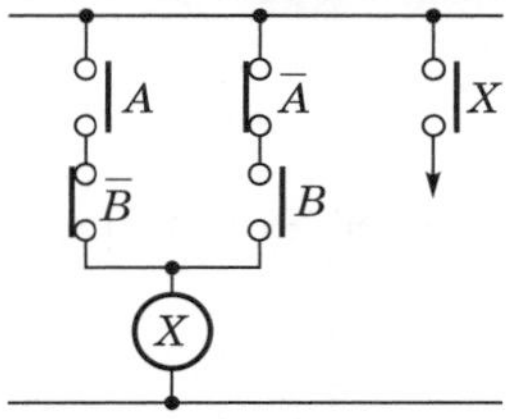	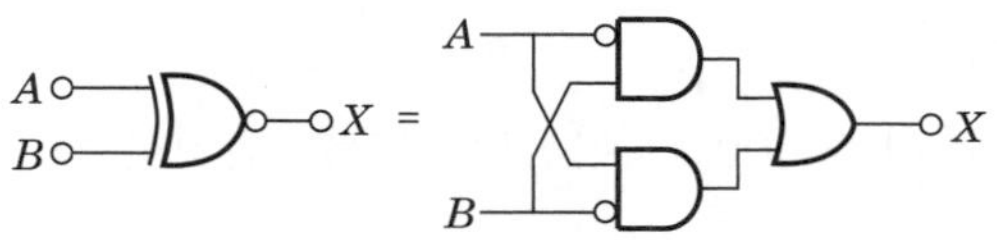	0	0	0
		0	1	1
		1	0	1
		1	1	0

07 불대수 정리

① $A + A = A$ ② $A \cdot A = A$ ③ $A + 1 = 1$

④ $A + 0 = A$ ⑤ $A \cdot 1 = A$ ⑥ $A \cdot 0 = 0$

⑦ $A + \overline{A} = 1$ ⑧ $A \cdot \overline{A} = 0$

08 드모르간 정리

(1) $\overline{A + B} = \overline{A} \cdot \overline{B}$

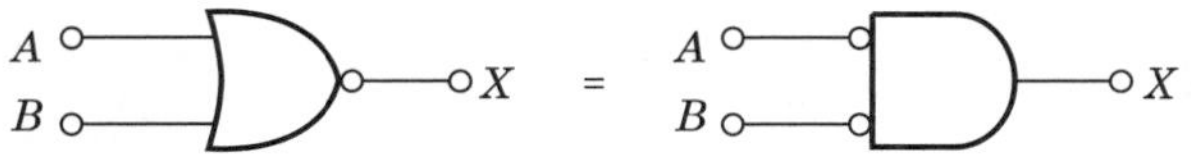

(2) $\overline{A \cdot B} = \overline{A} + \overline{B}$

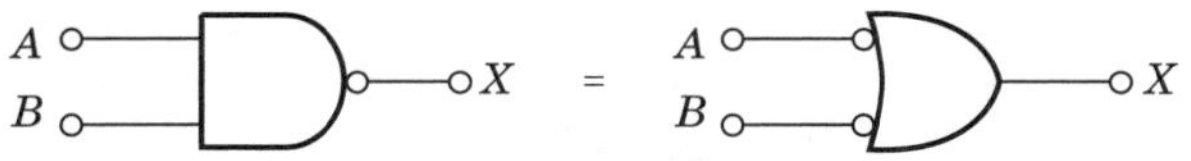

CHAPTER

06 | 전기설비기술기준

SECTION 01 저압 및 고압 · 특고압 전기설비

01 용어의 정의

(1) 발전소

전기(전압)를 발생시키는 곳

(2) 변전소

기계기구에 의하여 50000[V] 이상의 전기를 변성하는 곳으로서, 변성한 전기를 다시 구외로 전송하는 곳

(3) 개폐소

개폐기 장치에 의하여 전로를 개폐하는 곳

(4) 급전소

전력계통의 운용에 관한 지시 및 급전조작을 하는 곳

(5) 지중 관로

지중 전선로, 지중 약전류 전선로, 지중 광섬유 케이블 선로, 지중함

(6) 제1차 접근상태

전선의 절단, 지지물이 넘어질 때 다른 시설물에 접촉할 우려가 있는 상태

(7) 제2차 접근상태

가공전선이 다른 시설물의 위쪽 또는 옆쪽에서 수평거리로 3[m] 미만인 곳에 시설되는 상태

(8) 관등회로

방전등용 안정기(방전등용 변압기 포함)로부터 방전관까지의 전로

(9) 인입선

수용장소의 인입구에 이르는 부분의 전선

(10) 가공인입선

다른 지지물을 거치지 않고 다른 수용장소에 이르는 가공전선

(11) 이웃 연결인입선(구 연접인입선)

한 수용장소의 인입선에서 분기하여 지지물을 거치지 않고 다른 수용장소의 인입구에 이르는 전선

(12) 대지전압

① 비접지식(3.3[kV], 6.6[kV])인 경우 : 전선과 전선 사이의 전압
② 접지식(22.9[kV], 154[kV], 345[kV])인 경우 : 대지와 전선 사이의 전압

02 전압의 종별

(1) 저압

직류 1500[V] 이하, 교류 1000[V] 이하의 전압

(2) 고압

직류 1500[V] 초과 7000[V] 이하의 전압, 교류 1000[V] 초과 7000[V] 이하의 전압

(3) 특고압

7000[V]를 초과하는 전압

03 감전에 대한 보호(인축 보호)

(1) 기본 보호

① 충전부에 인축이 접촉하여 일어날 수 있는 위험으로부터 보호(직접 접촉방지)
② 몸을 통해 전류가 흐르는 것을 방지
③ 몸에 흐르는 전류를 위험하지 않은 값 이하로 제한

(2) 고장보호

① 기본 절연의 고장에 의한 간접 접촉을 방지
② 몸을 통해 고장전류가 흐르는 것을 방지
③ 몸에 흐르는 고장전류를 위험하지 않은 값 이하로 제한
④ 몸에 흐르는 고장전류의 지속시간을 위험하지 않은 시간까지로 제한

04 전선의 식별 – 상(문자) : 색상

상(문자)	L1	L2	L3	N	보호도체
색상	갈색	검은색	회색	파란색	녹색 – 노란색

05 전선의 접속

(1) 전선을 접속하는 경우에는 전선의 전기저항을 증가시키지 않도록 접속하여야 한다.

(2) 전선의 세기(인장하중)를 20[%] 이상 감소시키지 않을 것

(3) 접속 부분은 접속관, 기타의 기구를 사용할 것

(4) 절연전선 상호 간 및 절연전선과 코드 또는 케이블과 접속하는 경우에는 접속 부분의 절연전선에 절연물과 동등 이상의 절연효력이 있는 접속기를 사용하거나 절연효력이 있는 것으로 충분히 피복해야 한다.

(5) 코드 상호, 캡타이어 케이블 상호, 케이블 상호를 접속하는 경우에는 코드 접속기, 접속함, 기타의 기구를 사용해야 한다.

(6) 접속 부분에 전기적 부식이 생기지 않도록 해야 한다.

(7) 두 개 이상의 전선을 병렬로 사용하는 경우에는 다음에 의하여 시설해야 한다.

① 병렬로 사용하는 각 전선의 굵기는 동선 50[mm^2] 이상 또는 알루미늄 70[mm^2] 이상으로 하고, 전선은 같은 도체・재료・길이・굵기의 것을 사용할 것

② 같은 극의 각 전선은 동일한 터미널러그에 완전히 접속할 것

③ 같은 극인 각 전선의 터미널러그는 동일한 도체에 2개 이상의 리벳 또는 나사로 접속할 것

④ 병렬로 사용하는 전선에는 각각에 퓨즈를 설치하지 말 것

⑤ 교류회로에서 병렬로 사용하는 전선은 금속관 안에 전자적 불평형이 생기지 않도록 시설할 것

06 전선 및 전선로의 보안

(1) 과전류 차단기

과전류 차단기에는 배선용 차단기, 퓨즈 등이 있으며, 단락 및 과부하와 같은 사고가 발생하였을 경우 이를 전로로부터 자동적으로 차단하는 역할을 한다.

① 저압용 퓨즈

② **배선용 차단기** : 과전류 차단기로, 저압 전로에 사용하는 배선차단기는 산업용, 주택용 등의 종류가 있으며 과전류 트립 동작시간 및 특성은 다음과 같다.

③ **과전류 트립 동작시간 및 특성**

정격전류의 구분	시간	정격전류의 배수			
		주택용		산업용	
		부동작 전류	동작 전류	부동작 전류	동작 전류
63[A] 이하	60분	1.13배	1.45배	1.05배	1.3배
63[A] 초과	120분	1.13배	1.45배	1.05배	1.3배

④ 순시트립에 따른 구분(주택용 배선차단기)

Type	순시트립 범위
B	$3I_n$ 초과 $5I_n$ 이하
C	$5I_n$ 초과 $10I_n$ 이하
D	$10I_n$ 초과 $20I_n$ 이하

[비고] • B, C, D : 순시트립전류에 따른 차단기 분류
• I_n : 차단기 정격전류

(2) 고압 퓨즈

① 비포장 퓨즈 : 실 퓨즈, 고리 퓨즈, 판형 퓨즈
비포장 퓨즈는 정격전류의 1.25배의 전류에 견디고 또한 2배의 전류로 2분 안에 용단되는 것이어야 한다.

② 포장 퓨즈 : 통형 퓨즈, 플러그 퓨즈
포장 퓨즈는 정격전류의 1.3배의 전류에 견디고 또한 2배의 전류로 120분 안에 용단되는 것이어야 한다.

07 간선 및 분기회로의 보안

(1) 도체와 과부하 보호장치 사이의 협조

과부하에 대해 케이블(전선)을 보호하는 장치의 동작 특성

① $I_B \le I_n \le I_Z$

② $I_2 \le 1.45 \times I_Z$

여기서, I_B : 회로의 설계전류
I_Z : 케이블의 허용전류
I_n : 보호장치의 정격전류
I_2 : 보호장치가 규약시간 이내에 유효하게 동작하는 것을 보장하는 전류

(2) 과부하 보호장치의 설치 위치(KEC 212.4.2)

분기회로(S_2)의 과부하 보호장치(P_2)는 P_2의 전원측에 분기점(O) 사이에 다른 분기회로 또는 콘센트의 접속이 없고, 단락의 위험과 화재 및 인체에 대한 위험성이 최소화되도록 시설된 경우, 분기회로의 보호장치(P_2)는 분기회로의 분기점(O)으로부터 3[m]까지 이동하여 설치할 수 있다.

08 전로의 절연저항 및 절연내력

(1) 저압 전로의 절연성능

전로의 사용전압[V]	DC 시험전압[V]	절연저항[MΩ]
SELV 및 PELV	250	0.5
FELV 및 500[V] 이하	500	1.0
500[V] 초과	1000	1.0

(2) 절연내력시험

① 절연내력을 시험할 부분에 최대 사용전압에 의하여 결정되는 시험전압을 계속하여 10분간 가하여 견디어야 한다.

② 전선에 케이블을 사용하는 교류 전로는 결정된 시험전압의 2배의 직류 전압을 가하여 견디어야 한다.

③ 전로의 절연내력

최대 사용전압	배율	최저 시험전압
7[kV] 이하	1.5배	−
7[kV] 초과 비접지식	1.25배	10.5[kV]
60[kV] 초과 중성점 접지식	1.1배	75[kV]
60[kV] 초과 170[kV] 이하 중성점 직접 접지식	0.72배	−
170[kV] 초과 중성점 직접 접지식	0.64배	−

09 접지시스템

(1) 접지의 목적

① 누설전류로 인한 감전 방지

② 뇌해로부터 전기설비의 보호 목적

③ 전기선로의 지락사고 발생 시 전기설비 보호계전기의 확실한 동작

④ 기기의 대지전위 상승 억제

⑤ 기기 손상 방지

(2) 접지극의 매설

① 접지극은 지하 0.75[m] 이상으로 하되 동결 깊이를 감안하여 매설한다.

② 접지도체를 철주, 기타의 금속체를 따라서 시설하는 경우에는 접지극을 철주의 밑면으로부터 0.3[m] 이상의 깊이에 매설하는 경우 이외에는 접지극을 지중에서 그 금속체로부터 1[m] 이상 떼어 매설한다.

③ 접지도체는 절연전선(옥외용 비닐절연전선 제외), 캡타이어 케이블 또는 케이블(통신용 케이블 제외)을 사용한다. 단, 접지도체를 철주, 기타의 금속체에 따라 시설하는

경우 이외의 경우에는 접지도체의 지표상 0.6[m]를 초과하는 부분에 대하여는 그러하지 아니하다.

④ 접지도체는 지하 0.75[m]로부터 지표상 2[m]까지는 합성수지관(콤바인덕트관 제외) 또는 이와 동등 이상의 절연효력 및 강도를 가지는 몰드로 덮어야 한다.

⑤ 접지도체를 시설한 지지물에 피뢰침용 지선을 시설하지 않아야 한다.

(3) 수도관의 접지극

지중에 매설되어 있고 대지와의 전기저항값이 3[Ω] 이하의 값을 유지하고 있는 금속제 수도관로는 접지극으로 사용이 가능하다.

10 피뢰기의 시설 및 접지

(1) 피뢰기의 시설

피뢰기는 전력설비의 기기를 이상전압(뇌서지 및 개폐서지)으로부터 보호하는 장치이며, 고압 및 특고압의 전로 중 다음의 경우에는 피뢰기를 설치하여야 한다.

① 발·변전소 또는 이에 준하는 장소의 가공전선 인입구 및 인출구

② 특고압 가공전선로에 접속하는 배전용 변압기의 고압 및 특고압측

③ 고압 및 특고압 가공전선로에서 공급받는 수용장소의 인입구

④ 가공전선로와 지중전선로가 접속되는 곳

(2) 피뢰기의 접지

① 고압 및 특고압의 전로에 시설하는 피뢰기 접지저항값 : 10[Ω] 이하

② 단독접지(전용 접지) : 30[Ω] 이하

SECTION 02 전선로

01 가공인입선 공사

(1) 가공인입선의 개념

가공전선로의 지지물로부터 다른 지지물을 거치지 아니하고 수용장소의 붙임점에 이르는 가공전선

(2) 저압 인입선의 시설 시 전선 높이

시설장소	저압 인입선
일반 도로를 횡단하는 경우	노면상 5[m] 이상
기술상 부득이한 경우에 교통에 지장이 없는 도로 횡단의 경우	노면상 3[m] 이상
철도, 궤도를 횡단하는 경우	레일면상 6.5[m] 이상
횡단보도교 위에 가설하는 경우	노면상 3[m] 이상
이외의 일반 장소	지표상 4[m] 이상
이외의 일반 장소 중 기술상 부득이한 경우에 교통에 지장이 없을 때	지표상 2.5[m] 이상

02 이웃 연결(연접) 인입선

(1) 개념

한 수용장소의 인입선에서 분기하여 지지물을 거치지 아니하고 다른 수용장소의 인입구에 이르는 부분의 전선

(2) 이웃 연결인입선의 시설 규정

① 인입선에서 분기하는 점으로부터 100[m]를 넘지 않을 것
② 폭 5[m]를 초과하는 도로를 횡단하지 말 것
③ 옥내를 통과하지 않을 것
④ 고압 및 특고압 이웃 연결인입선은 시설 금지

03 지중전선로

(1) 지중전선로의 시설방식

① 직접 매설식
② 관로식
③ 암거식

(2) 매설깊이

① 차량 및 기타 중량물의 압력을 받을 우려가 있는 장소
㉠ 직접 매설식 : 1.0[m] 이상
㉡ 관로식 : 1.0[m] 이상
② 차량 및 기타 중량물의 압력을 받을 우려가 없는 장소 : 0.6[m] 이상

04 배전선로용 재료와 기구

(1) 지지물

① 지지물의 종류 : 목주, 철주, 철근 콘크리트주, 철탑

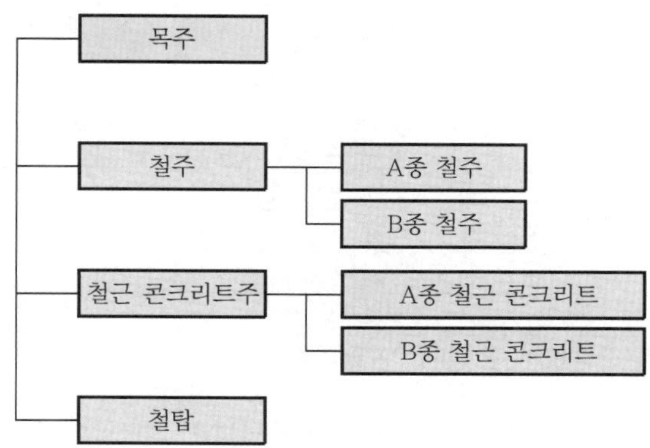

(2) 가공전선로 지지물(철주, 철근 콘크리트주)의 땅에 묻히는 깊이(근입깊이)

<table>
<tr><th colspan="2">구분</th><th>6.8[kN] 이하</th><th>6.8[kN] 초과
9.8[kN] 이하</th></tr>
<tr><td rowspan="2">강관을 주체로 하는 철주
또는 철근 콘크리트주
→ 16[m] 이하</td><td>15[m] 이하</td><td>전체 길이의 $\frac{1}{6}$ 이상</td><td rowspan="2">30[cm] 가산</td></tr>
<tr><td>15[m] 초과</td><td>2.5[m] 이상</td></tr>
</table>

(3) 지지선

① 설치 목적 : 지지물의 강도 보강

② 안전율 : 2.5 이상(이 경우 허용 인장하중의 최저는 4.31[kN])

③ 철탑에는 사용 금지

④ 연선을 사용할 경우

㉠ 소선 3가닥 이상의 연선

㉡ 소선의 지름 2.6[mm] 이상 금속선

⑤ 설치 높이

㉠ 도로 횡단 : 5[m] 이상

㉡ 교통에 지장이 없는 장소 : 4.5[m] 이상

05 풍압하중의 종별과 적용

(1) 갑종 풍압하중

구성재의 수직 투영면적 1[m^2]에 대한 풍압을 기초로 하여 계산한 것을 다음 표에서 정리하였다.

<table>
<tr><th colspan="4">풍압을 받는 구분</th><th>풍압[Pa]</th></tr>
<tr><td colspan="4">목주</td><td>588</td></tr>
<tr><td rowspan="10">지지물</td><td rowspan="4">철주</td><td colspan="2">원형의 것</td><td>588</td></tr>
<tr><td colspan="2">삼각형 또는 마름모형의 것</td><td>1412</td></tr>
<tr><td colspan="2">강관에 의하여 구성되는 4각형의 것</td><td>1117</td></tr>
<tr><td colspan="2">기타의 것</td><td>복재가 전·후면에 겹치는 경우 1627, 기타 1784</td></tr>
<tr><td rowspan="2">철근 콘크리트주</td><td colspan="2">원형의 것</td><td>588</td></tr>
<tr><td colspan="2">기타의 것</td><td>882</td></tr>
<tr><td rowspan="4">철탑</td><td rowspan="2">단주 (완철류는 제외함)</td><td>원형의 것</td><td>588</td></tr>
<tr><td>기타의 것</td><td>1117</td></tr>
<tr><td colspan="2">강관으로 구성되는 것(단주는 제외함)</td><td>1255</td></tr>
<tr><td colspan="2">기타의 것</td><td>2157</td></tr>
<tr><td rowspan="2">전선, 기타 가섭선</td><td colspan="3">다도체(구성하는 전선이 2가닥마다 수평으로 배열되고 또한 그 전선 상호 간의 거리가 전선의 바깥지름의 20배 이하인 것에 한함)를 구성하는 전선</td><td>666</td></tr>
<tr><td colspan="3">기타의 것</td><td>745</td></tr>
<tr><td colspan="4">애자장치(특고압 전선용의 것에 한함)</td><td>1039</td></tr>
<tr><td colspan="4">목주·철주(원형의 것) 및 철근 콘크리트주의 완금류 (특고압 전선로용의 것)</td><td>단일재로 사용하는 경우 1196, 기타 1627</td></tr>
</table>

(2) 을종 풍압하중

전선, 기타 가섭선 주위에 두께 6[mm], 비중 0.9의 빙설이 부착한 상태에서 수직 투영면적 372[Pa](다도체를 구성하는 전선 333[Pa]), 기타의 것은 갑종의 $\frac{1}{2}$을 기초로 하여 계산

(3) 병종 풍압하중

갑종 풍압하중의 $\frac{1}{2}$을 기초로 하여 계산

SECTION 03 배선공사의 시설

01 일반사항

(1) 옥내전로의 대지전압의 제한

대지전압은 300[V] 이하

① 사용전압은 400[V] 이하일 것

② 사람이 쉽게 접촉할 우려가 없도록 할 것

③ 전로 인입구에는 인체 감전보호용 누전차단기를 시설할 것
④ 백열전등 및 형광등 안정기는 옥내배선과 직접 접촉하여 시설할 것
⑤ 전구소켓은 스위치나 점멸기구가 없는 것일 것
⑥ 3[kW] 이상의 부하는 옥내배선과 직접 접속하고, 전용의 개폐기 및 과전류 차단기를 시설할 것

(2) 불평형 부하의 제한

① 단상 3선식 : 40[%] 이하
② 3상 3선식 또는 3상 4선식 : 30[%] 이하

02 애자공사

(1) 애자공사의 전선의 이격거리(간격)

사용전압 / 구분	400[V] 이하	400[V] 초과
전선 상호 간	6[cm] 이상	
전선과 조영재	2.5[cm] 이상	4.5[cm] 이상 (건조 : 2.5[cm] 이상)
지지점 간 거리	조영재 윗면 또는 옆면에 따라 2[m] 이하	
	2[m] 이하	6[m] 이하

(2) 시설방법

① 전선은 절연전선[옥외용 비닐절연전선(OW) 및 인입용 비닐절연전선(DV)은 제외]을 사용해야 한다.
② 400[V] 초과의 저압 옥내배선은 사람이 접촉할 우려가 없도록 시설해야 한다.
③ 애자공사에 사용하는 애자는 절연성, 난연성 및 내수성의 것을 사용한다.

03 금속관공사

(1) 금속관의 특징

① 기계적으로 튼튼하다.
② 누전의 우려가 작다.
③ 접지공사를 완전히 하면 감전의 우려가 없다.
④ 배관과 배선을 따로 시공하므로 건축 도중에 전선의 피복이 손상받을 우려가 작다.
⑤ 전선의 교환이 쉽다.
⑥ 관의 두께는 다음에 의한다.
㉠ 콘크리트에 매입하는 것 : 1.2[mm] 이상
㉡ 기타 : 1[mm] 이상

(2) 시설조건

① 전선은 절연전선[옥외용 비닐절연전선(OW) 제외]일 것
② 전선은 연선일 것. 단, 다음의 것은 적용하지 않는다.
  ㉠ 짧고 가는 금속관에 넣은 것
  ㉡ 단면적 10[mm^2](알루미늄선은 단면적 16[mm^2]) 이하의 것
③ 전선은 금속관 안에서 접속점이 없을 것
④ 관에는 접지공사를 할 것
⑤ 전선관과 접속부분의 나사는 5턱 이상 완전히 나사결합이 될 수 있는 길이일 것

(3) 전선관의 규격

① 후강 전선관(10종) : 16, 22, 28, 36, 42, 54, 70, 82, 92, 104[mm]
② 박강 전선관(7종) : 19, 25, 31, 39, 51, 63, 75[mm]

04 합성수지관공사

(1) 배관의 지지

관의 지지점 간의 거리는 1.5[m] 이하로 한다.

(2) 시설조건

① 전선은 절연전선[옥외용 비닐절연전선(OW)은 제외]일 것
② 전선은 연선일 것. 단, 다음의 것은 적용하지 않는다.
  ㉠ 짧고 가는 합성수지관에 넣은 것
  ㉡ 단면적 10[mm^2](알루미늄선은 단면적 16[mm^2] 이하의 것)
③ 중량물의 압력 또는 현저한 기계적 충격을 받을 우려가 없도록 시설할 것
④ 전선은 합성수지관 안에서 접속점이 없도록 할 것

05 덕트공사

(1) 시설조건

① 전선은 절연전선(옥외용 비닐절연전선은 제외)일 것
② 금속덕트에 넣은 전선의 단면적(절연피복의 단면적을 포함)의 합계는 덕트의 내부 단면적의 20[%](전광표시장치, 기타 이와 유사한 장치 또는 제어회로 등의 배선만을 넣는 경우에는 50[%]) 이하일 것
③ 금속덕트 안에는 전선에 접속점이 없도록 할 것

(2) 금속덕트공사

① 덕트 상호 간은 견고하고 또한 전기적으로 완전하게 접속할 것
② 덕트를 조영재에 붙이는 경우에는 덕트의 지지점 간의 거리를 3[m](취급자 이외의

자가 출입할 수 없도록 설비한 곳에서 수직으로 붙이는 경우에는 6[m]) 이하로 하고 또한 견고하게 붙일 것
③ 덕트의 끝부분은 막을 것
④ 덕트 안에 먼지가 침입하지 않도록 할 것
⑤ 덕트는 접지공사를 할 것

(3) 버스덕트공사

① 덕트 상호 간 및 전선 상호 간은 견고하고 또한 전기적으로 완전하게 접속할 것
② 덕트를 조영재에 붙이는 경우에는 덕트의 지지점 간의 거리를 3[m](취급자 이외의 자가 출입할 수 없도록 설비한 곳에서 수직으로 붙이는 경우에는 6[m]) 이하로 하고 또한 견고하게 붙일 것
③ 덕트의 끝부분은 막을 것

(4) 플로어덕트공사

① 전선은 절연전선(옥외용 비닐절연전선 제외)일 것
② 플로어덕트 안에는 전선에 접속점이 없도록 할 것

SECTION 04 전기사용시설

01 화약류 저장소에서 전기설비의 시설

① 전로의 대지전압은 300[V] 이하일 것
② 전기기계기구는 전폐형의 것일 것
③ 케이블을 전기기계기구에 인입할 때는 인입구에서 케이블이 손상될 우려가 없도록 시설할 것
④ 화약류 저장소 안의 전기설비에 전기를 공급하는 전로에는 화약류 저장소 이외의 곳에 전용 개폐기 및 과전류 차단기를 각 극(과전류 차단기는 다선식 전로의 중성극을 제외함)에 취급자 이외의 자가 쉽게 조작할 수 없도록 시설하고 또한 전로에 지락이 생겼을 때에 자동적으로 전로를 차단하거나 경보하는 장치를 시설하여야 한다.

02 전기울타리의 시설

(1) 논, 밭, 목장 등에서 짐승의 침입 또는 가축의 탈출을 방지하기 위하여 시설하는 것

(2) **전로의 사용전압** : 250[V] 이하

(3) 전선

인장강도 1.38[kN] 이상의 것 또는 지름 2[mm] 이상의 경동선

(4) 이격거리(간격)

① 전선과 기둥 : 25[mm] 이상
② 전선과 수목 : 0.3[m] 이상

03 전격살충기의 시설

① 전격살충기는 조명 부분과 전격격자의 구조로 되어 있다.
② 전격격자는 지표 또는 바닥에서 3.5[m](2차측 개방전압이 7[kV] 이하이고 자동으로 차단하는 보호장치 설치 시 1.8[m]) 이상의 높이에 설치한다.
③ 전격격자와 다른 시설물 또는 식물과의 이격거리(간격)는 0.3[m] 이상이어야 한다.

04 교통신호등의 시설

① 교통신호등 제어장치의 2차측 배선의 최대 사용전압은 300[V] 이하이어야 한다.
② 전선의 지표상 높이는 2.5[m] 이상일 것

05 전시회, 쇼 및 공연장의 전기설비

무대, 무대마루 밑, 오케스트라 박스, 영사실, 기타 사람이나 무대 도구가 접촉할 우려가 있는 곳 등의 배선은 사용전압 400[V] 이하로 하고, 전용 개폐기 및 과전류 차단기를 시설하여야 한다.

06 전기욕기의 시설

(1) 욕기 안의 전극과 절연변압기 사이에 2차 전압이 10[V] 이하인 전원변압기를 시설한다. 또한, 2차측 적당한 곳에 전압계를 붙인다.

(2) 욕기 안의 전극 간 거리는 1[m] 이상일 것

(3) 절연저항

전로의 사용전압[V]	DC 시험전압[V]	절연저항[MΩ]
SELV 및 PELV	250	0.5
FELV, 500[V] 이하	500	1.0
500[V] 초과	1000	1.0

CHAPTER

07 | 전기응용

SECTION 01 조명

01 용어의 정의

(1) 광속(F)

① 광원에서 나오는 방사속을 눈으로 보아 느껴지는 크기를 말한다.

② 단위는 [lm](루멘)을 사용한다.

③ 종류

㉠ 구 광원(백열전구) : $F = 4\pi I$[lm] (여기서, I : 광도)

㉡ 원통 광원(형광등) : $F = \pi^2 I$[lm]

(2) 광도(I)

① 광속 중에서 어느 임의 방향의 입체각에 포함되는 광속수이다.

② 단위는 [cd](칸델라)를 사용한다.

③ $I = \dfrac{F}{\omega}$[cd] [입체각은 $\omega = 2\pi(1-\cos\theta)$]

(3) 조도(E)

① 물체에 광속이 입사하면 그 면이 밝게 빛나게 되는 정도를 말한다.

② 단위로는 [lx](럭스)를 사용한다.

③ 조도의 종류

㉠ 법선 조도 : $E_n = \dfrac{I}{r^2}$[lx]

㉡ 수평면 조도 : $E_h = \dfrac{I}{r^2}\cos\theta$[lx]

㉢ 수직면 조도 : $E_v = \dfrac{I}{r^2}\sin\theta$[lx]

(4) 도로의 평균 조도(E)

$$E = \frac{FUN}{AD}$$

여기서, F : 광속[lm], U : 조명률, N : 사용하는 등의 개수(N=1개), E : 조도[lx]
A : 등기구 1개당 비추는 도로의 면적[m^2], D : 감광보상률

(5) 실지수(방지수)

$$\text{실지수} \ G = \frac{XY}{H(X+Y)}$$

여기서, X : 방의 폭[m], Y : 방의 길이[m], H : 등고[m]

02 조명 관련 법칙

(1) 스테판 – 볼츠만의 법칙

단위 표면적에서 방출되는 모든 파장의 빛 에너지 총합은 절대온도의 4승에 비례한다.

$$W = \sigma T^4 [\mathrm{W/m^2}]$$

여기서, σ : 상수

(2) 빈의 변위법칙

최대 분광복사가 나타나는 파장은 절대온도에 반비례한다.

$$\lambda_m = \frac{1}{T}$$

여기서, T : 절대온도

(3) 파센의 법칙

평등자계하에서 방전개시전압은 기체의 압력과 전극 간 거리와의 곱에 비례한다.

$$V = kpd[\mathrm{V}]$$

여기서, k : 상수, p : 기압, d : 거리

03 광원의 종류

(1) 백열등

① 필라멘트가 2중 코일인 이유 : 수명을 길게 하고 효율을 높이기 위해서

② 필라멘트의 구비조건

㉠ 융해점(용융점)이 높을 것

㉡ 선팽창계수가 작을 것

㉢ 고유저항이 클 것

㉣ 기계적 강도가 클 것

③ 동정곡선 : 필라멘트의 저항이 커지면 전류는 감소하고, 광속은 저하되며 효율도 저하된다. 이런 변화를 나타내는 곡선을 말한다.

(2) 형광등

① 수명이 길다.

② 휘도가 낮다.

③ 여러 광색이 나온다.

종류	규산 아연	텅스텐산 칼슘	붕산 카드뮴
광색	녹색	청색	분홍색

④ 역률이 나쁘다.

SECTION 02 전열

01 효율

$$\eta = \frac{\text{열량}}{\text{전기}} \times 100 = \frac{Cm\theta}{0.24I^2Rt} \times 100[\%]$$

여기서, C : 비열[cal/g · ℃], m : 질량[g], θ : 온도차[℃]
I : 전류[A], R : 저항[Ω], t : 시간[s]

02 발열체의 온도

① 니크롬 제1종 : 1100[℃]

② 니크롬 제2종 : 900[℃]

③ 철크롬 제1종 : 1200[℃]

④ 철크롬 제2종 : 1100[℃]

03 전기가열방식

(1) 유도가열

① 와류손과 히스테리시스손을 이용하여 가열하는 방식이다.

② 용도 및 특징

㉠ 표면 담금질, 금속의 표면처리

㉡ 반도체 전해 정련

㉢ 전원으로 직류는 사용할 수 없다.

(2) 유전가열

① 유전체 손실에 의한 가열방법이다.
② 용도
㉠ 합성수지의 가열 성형
㉡ 베니어판(합판)의 건조
㉢ 비닐막 접착, 목재 접착

04 열전대 현상

(1) 열전 현상

① **제베크 효과** : 서로 다른 금속체를 접합하여 폐회로를 만들고 두 접합점에 온도차를 두면 그 폐회로에서 열기전력이 발생하는 현상이다.
② **펠티에 효과** : 서로 다른 금속체를 접합하여 이 폐회로에 전류를 흘려주면 그 폐회로의 접합점에서 열의 흡수 및 발생이 일어나는 현상이다(전자 냉동고에 이용).
③ **톰슨 효과** : 동일한 금속체를 접합하여 폐회로를 만들고 접합점에 온도차가 발생시켰을 때 그 폐회로에서 열기전력이 발생하는 현상을 말한다.

(2) 열전대의 온도

① 백금-백금 로듐 : 0 ~ 1600[℃]
② 크로멜-알루멜 : −20 ~ 1200[℃]
③ 철-콘스탄탄 : −20 ~ 800[℃]
④ 구리-콘스탄탄 : −200 ~ 400[℃]

SECTION 03 전동기

01 회전운동

(1) 관성 모멘트(J)

$$J = mr^2 = \frac{1}{4}GD^2[\mathrm{kg\cdot m^2}]$$

여기서, GD^2: 플라이 휠 효과

(2) 에너지(W)

① 회전운동 시 에너지(W) : $W=\frac{1}{730}GD^2N^2$[J]

② 방출 에너지(W) : $W=\frac{1}{730}GD^2({N_2}^2-{N_1}^2)$[J]

02 직류전동기

(1) 직권전동기

① 역기전력 : $E=V-I_a(R_a+R_s)$[V]

② 전기자전류 : $I_a=I=I_s$[A]

③ 토크 특성 : $T\propto\frac{1}{N^2}\propto {I_a}^2$

④ 용도 : 권상기, 크레인 등

(2) 분권전동기

① 역기전력 : $E=V-I_aR_a$[V]

② 전기자전류 : $I_a=I-I_f$[A]

③ 토크 특성 : $T\propto\frac{1}{N}\propto I_a$

④ 용도 : 공작기계, 컨베이어 등

(3) 전동기의 토크(T)

① $T=\frac{P}{\omega}=\frac{P}{2\pi\frac{N}{60}}=\frac{\frac{Z}{a}p\phi\frac{N}{60}}{2\pi\frac{N}{60}}I_a=\frac{Zp\phi}{2\pi a}I_a$[N・m]

② $T=\frac{P}{\omega}=\frac{1}{9.8}\frac{P}{2\pi\frac{N}{60}}=0.975\frac{P}{N}$[kg・m]

03 유도전동기의 기동법

(1) 농형 유도전동기

① 전전압 기동

② Y-△ 기동

③ 기동보상기 기동

④ 리액터 기동

(2) 권선형 유도전동기

① 2차 저항기동
② 2차 임피던스 기동
③ 게르게스 기동

04 전동기의 용량 계산

(1) 권상기용 전동기

$$P = \frac{9.8mv}{\eta}k = \frac{mV}{6.12\eta}k[\text{kW}]$$

여기서, V : 권상속도[m/min], m : 질량, v : 권상속도[m/s]
k : 여유계수, η : 효율

(2) 양수 펌프용 전동기

$$P = \frac{QH}{6.12\eta}k = \frac{9.8qH}{\eta}k[\text{kW}]$$

여기서, Q : 양수량[m^3/min], H : 양정[m], k : 여유계수
η : 효율, q : 양수량[m^3/s]

SECTION 04 전기철도 및 전기화학

01 전기철도

(1) 궤간에 의한 분류

① 표준 철도 : 궤간이 1435[mm]인 철도
② 광궤 철도 : 궤간이 1435[mm]보다 넓은 철도
③ 협궤 철도 : 궤간이 1435[mm]보다 좁은 철도

(2) 궤도의 3요소

레일, 도상, 침목

(3) 캔트(cant)

곡선 부분을 운행 시 열차가 바깥쪽으로 기울어 지는 것을 방지하기 위해 안쪽 레일보다 바깥쪽 레일을 조금 높여주는 것이다.

$$h = \frac{GV^2}{127R}[\mathrm{mm}]$$

여기서, G : 궤간[mm], V : 열차속도[km/h]
R : 곡선 반지름[m]

(4) 확도(Slack)

곡선 구간을 원활히 지나가게 하기 위해 안쪽으로 레일을 넓히는 정도를 말한다.

$$S = \frac{l^2}{8R}[\mathrm{m}]$$

여기서, l : 고정 차축거리[m]
R : 곡선 반지름[m]

(5) 급전방식

① 흡상 변압기(BT) 방식
② 단권 변압기(AT) 방식

(6) 권선법

① 3상에서 2상으로 변환하는 권선법
㉠ 스코트(T) 결선
㉡ 우드브리지 결선
㉢ 메이어 결선
② 3상에서 6상으로 변환하는 권선법
㉠ 환상 결선
㉡ 포크 결선
㉢ 성형 결선
㉣ 2중 성형 결선

(7) 전동차의 최대 견인력(F)

$$F = 1000\mu W[\mathrm{kg}]$$

여기서, μ : 점착계수
W : 동륜상의 무게[ton]

(8) 표정 속도

$$\text{표정 속도} = \frac{\text{운전거리}}{\text{정차시간} + \text{순 주행시간}}$$

02 전기화학

(1) 패러데이 법칙

전기분해에 의해 일정한 전기량(Q)이 통과 시 석출되는 물질의 양(W)은 전류(I)와 화학당량(k)에 비례한다.

$$W = kIt = kQ[\text{g}]$$

여기서, W : 석출되는 물질의 양[g], k : 화학당량[g/C]
I : 전류[A], t : 시간[s], Q : 통과한 전기량[C]

(2) 연축전지와 알칼리 축전지

① 연축전지

㉠ 공칭전압은 2[V/cell], 공칭용량은 10[Ah]이다.
㉡ 전해액으로 묽은 황산을 사용한다.
㉢ 효율이 좋다.

② 알칼리 축전지

㉠ 공칭전압은 1.2[V/cell], 공칭용량은 5[Ah]이다.
㉡ 전해액으로 수산화칼륨을 사용한다.
㉢ 진동에 강하다.
㉣ 수명이 길다.

(3) 축전지의 용량 및 충전방식

① 축전지용량

$$C = \frac{1}{L}KI[\text{Ah}]$$

여기서, C : 축전지용량[Ah], L : 보수율
K : 용량환산시간계수, I : 방전전류[A]

② 축전지의 충전방식

㉠ 초기 충전방식 : 제작 후 처음 하는 충전방식
㉡ 부동 충전방식 : 축전지의 자기방전을 보충하는 충전방식
㉢ 세류 충전방식 : 자기방전량만을 충전하는 방식
㉣ 균등 충전방식 : 전위차를 보정하기 위해 하는 충전방식

※ 절취선을 따라 오린 후 본 지면으로 해설을 가리고 학습하며 실전 감각을 길러보세요!

절취선

책갈피 겸용 해설가리개

SUCESS 전기의진리

공기업 전기직
기출문제 총집합

한번 쓱 보고,

바로 싹 익혀

가장 빠른 시간 내에

고득점으로 합격하기!

SUCESS 전기의진리

공기업 전기직 기출문제 총집합

전공시험 필기

이 책은 공기업 전기직 합격에 필요한 전공시험 고득점을 위해 시험에 출제된 모든 기출문제를 완전 분석하여 내용별로 분류하고, 빠르고 쉽게 이해할 수 있는 문제풀이를 하여 단기간 내에 합격할 수 있도록 구성하였다.

정가 : 38,000원

9 788931 513288 13560
ISBN 978-89-315-1328-8
http://www.cyber.co.kr

BM Book Multimedia Group

성안당은 선진화된 출판 및 영상교육 시스템을 구축하고
항상 연구하는 자세로 독자 앞에 다가갑니다.

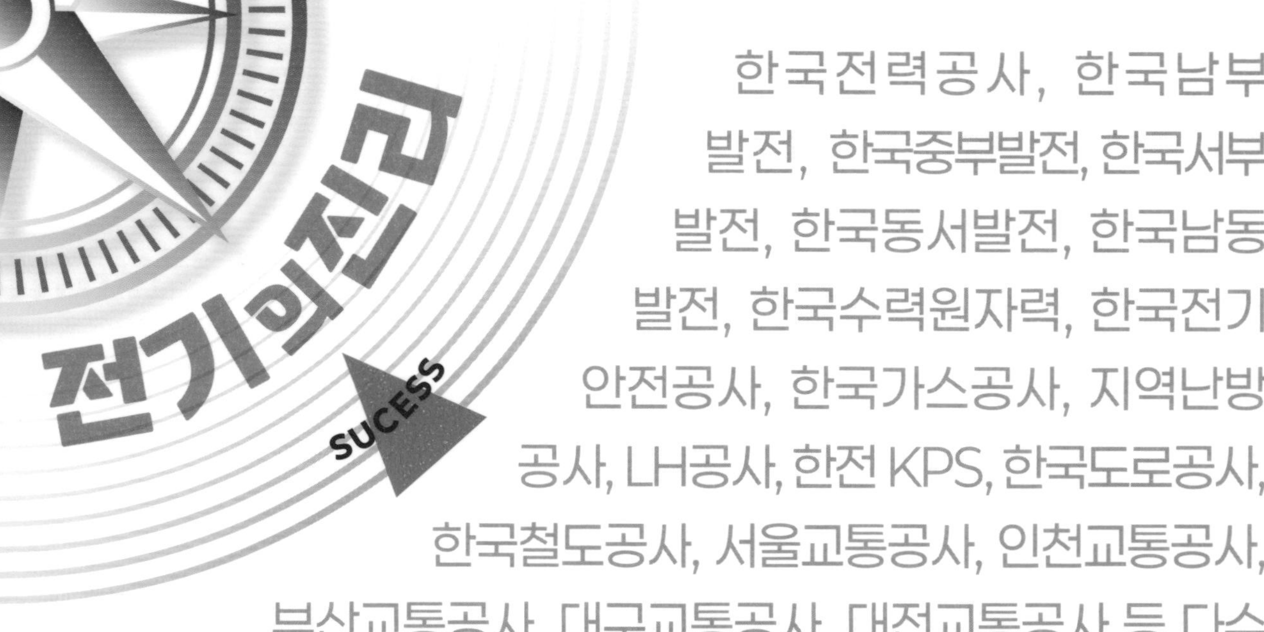

한국전력공사, 한국남부발전, 한국중부발전, 한국서부발전, 한국동서발전, 한국남동발전, 한국수력원자력, 한국전기안전공사, 한국가스공사, 지역난방공사, LH공사, 한전 KPS, 한국도로공사, 한국철도공사, 서울교통공사, 인천교통공사, 부산교통공사, 대구교통공사, 대전교통공사 등 다수

공기업 전기직 기출문제 총집합

김지호, 김영복 지음

Ⅱ 기출문제

한번 쓱 보고, 싹 익히는 탁월한 구성!

시험 직전 한눈에 보는 필수 암기노트 + 친절한 해설과 함께 풀어보는 기출문제

BM (주)도서출판 성안당

공기업 전기직 기출문제 총집합

Ⅱ 기출문제

김지호, 김영복 지음

BM (주)도서출판 성안당

차 례

"목차가 바로 시험출제 핵심 키워드이다"

Ⅱ 해설과 함께 풀어보는 기출문제

CHAPTER 01 전자기학

01 벡터의 해석 Ⅱ-2
02 진공 중의 정전계 Ⅱ-7
03 진공 중의 도체계 Ⅱ-28
04 유전체 Ⅱ-40
05 전기영상법 Ⅱ-56
06 전류 Ⅱ-59
07 진공 중의 정자계 Ⅱ-65
08 전류에 의한 자계 Ⅱ-69
09 자성체 및 자기회로 Ⅱ-86
10 인덕턴스와 전자유도 Ⅱ-101
11 전자파 Ⅱ-118

CHAPTER 02 전력공학

01 전선로 Ⅱ-126
02 선로정수 및 코로나 Ⅱ-140
03 송전특성 Ⅱ-151

04 고장계산 Ⅱ-177
05 중성점 접지방식 Ⅱ-185
06 유도장해 및 안정도 Ⅱ-192
07 이상전압 및 개폐기 Ⅱ-197
08 보호계전시스템 Ⅱ-215
09 배전방식 및 운용 Ⅱ-226
10 수력발전 Ⅱ-245
11 화력발전 Ⅱ-254
12 원자력 발전 Ⅱ-264
13 태양광/신재생에너지 Ⅱ-271

CHAPTER 03 전기기기

01 직류 발전기 Ⅱ-276
02 직류 전동기 Ⅱ-292
03 동기기 Ⅱ-307
04 변압기 Ⅱ-334
05 유도기 Ⅱ-370
06 전력변환장치 Ⅱ-402
07 특수기기 Ⅱ-426

CHAPTER 04 회로이론

01 직류회로 Ⅱ-435
02 기본 교류회로 Ⅱ-447
03 3상 교류 회로 Ⅱ-467
04 비정현파 교류 Ⅱ-482
05 2단자망/4단자망 Ⅱ-486
06 분포정수회로 Ⅱ-494
07 과도현상 Ⅱ-500
08 회로망 정리 Ⅱ-507

CHAPTER 05 제어공학

01 라플라스 변환 Ⅱ-515
02 전달함수 및 블록선도 Ⅱ-524
03 제어시스템 Ⅱ-530
04 자동제어의 과도 응답 Ⅱ-536
05 자동제어의 정확도 Ⅱ-541
06 자동제어의 주파수 응답 해석 Ⅱ-543
07 제어계의 안정도 Ⅱ-545
08 제어계의 근궤적 Ⅱ-549
09 보상기 및 연산증폭기 Ⅱ-551
10 제어계의 상태 해석법 Ⅱ-554
11 시퀀스 제어계 Ⅱ-556

CHAPTER 06 전기설비기술기준

01 저압/고압/특고압 Ⅱ-564
02 전선로 Ⅱ-575
03 발전소・변전소・개폐소 등의 시설 Ⅱ-585
04 전기사용장소의 시설 Ⅱ-591

CHAPTER 07 전기응용

01 조명 Ⅱ-600
02 전열 Ⅱ-609
03 전동기 응용 Ⅱ-612
04 전기화학 Ⅱ-618
05 전기철도 & 전력용 반도체소자의 응용 Ⅱ-626
06 기타 Ⅱ-631

해설과 함께 풀어보는

기출문제

CHAPTER

01 | 전자기학

01 벡터의 해석

벡터와 스칼라

복습 시 회독 체크! 1회 2회 3회

01 중요도 ★★★ / 대전교통공사

크기만 가진 물리량을 스칼라(scalar)라고 한다. 다음 중 스칼라(scalar)로 맞는 것은?

① 전계　　② 체중　　③ 자계　　④ 가속도

해설 (1) 스칼라(scalar)

① 크기(양)만으로 결정되는 성분

② 무게(10[kg]), 길이(100[m]), 전압(220[V]), 전류(10[A]), 온도(10[℃]), 에너지(10[J]) 등
보기 ②

(2) 벡터(vector)

① 크기와 방향을 함께 가지고 있는 성분

② 전계($\overrightarrow{E}$), 속도($\overrightarrow{v}$), 가속도($\overrightarrow{a}$), 힘($\overrightarrow{F}$), 자계($\overrightarrow{H}$) 등
보기 ①　보기 ④　보기 ③

답 ②

벡터의 연산

02 중요도 ★ / 서울교통공사 　1회 2회 3회

어떤 물체에 $\dot{F_1} = -3i+4j-5k$와 $\dot{F_2} = 6i+3j-2k$의 힘이 작용하고 있다. 이 물체에 $\dot{F_3}$을 가하였을 때 세 힘이 평형이 되기 위한 $\dot{F_3}$은?

① $\dot{F_3} = -3i-7j+7k$　　② $\dot{F_3} = 3i+7j-7k$

③ $\dot{F_3} = 3i-j-7k$　　④ $\dot{F_3} = 3i-j+3k$

해설 (1) 세 힘이 평형이 되기 위해서 $\dot{F_1}+\dot{F_2}+\dot{F_3}=0$이 되어야 하므로

$\dot{F_1}+\dot{F_2}+\dot{F_3}=0 \rightarrow \dot{F_3} = -(\dot{F_1}+\dot{F_2})$

(2) $\dot{F_1}+\dot{F_2} = (-3i+4j-5k)+(6i+3j-2k)$

$= (-3+6)i+(4+3)j+(-5-2)k = 3i+7j-7k$

$\dot{F_3} = -(\dot{F_1}+\dot{F_2}) = -(3i+7j-7k) = -3i-7j+7k$

답 ①

벡터의 내적, 외적

03 중요도 ★★ / 한국중부발전 1회 2회 3회

벡터 $A = A_x i + A_y j + A_z k$, $B = B_x i + B_y j + B_z k$일 때 다음 중 옳지 않은 것은?

① $A \cdot B = B \cdot A$
② $A \times B = B \times A$
③ $A \cdot B = A_x B_x + A_y B_y + A_z B_z$
④ $A \times B = (A_y B_z + A_z B_y)i + (A_z B_x + A_x B_z)j + (A_x B_y + A_y B_x)k$

해설 벡터의 내적은 교환법칙이 성립되지만(보기 ①), 벡터의 외적은 교환법칙이 성립되지 않는다(보기 ②).

체크 point

- 벡터의 내적
  - 두 벡터의 사이각 안으로 곱하는 계산방법
  - 벡터의 내적 계산은 두 벡터 사이의 각도를 구할 경우에 주로 사용
  - 내적의 계산식 : $A \cdot B = |A||B|\cos\theta$
  - 내적의 성질

    $\begin{cases} i \cdot i = 1 \\ j \cdot j = 1 \\ k \cdot k = 1 \end{cases}$ $\begin{cases} i \cdot j = 0 \\ j \cdot k = 0 \\ k \cdot i = 0 \end{cases}$
- 벡터의 외적
  - 두 벡터의 사이각 바깥으로 곱하는 계산방법
  - 벡터의 외적 계산은 두 벡터가 이루는 면적을 계산할 때 주로 사용
  - 외적의 계산식 : $A \times B = |A||B|\sin\theta$
  - 외적의 성질

    $\begin{cases} i \times i = 0 \\ j \times j = 0 \\ k \times k = 0 \end{cases}$ $\begin{cases} i \times j = k \\ j \times k = i \\ k \times i = j \end{cases}$ $\begin{cases} j \times i = -k \\ k \times j = -i \\ i \times k = -j \end{cases}$

답 ②

04 중요도 ★ / 한국중부발전 1회 2회 3회

$A = 2i - 5j + 3k$일 때 $k \times A$를 구한 것 중 옳은 것은?

① $-5i + 2j$ ② $5i - 2j$ ③ $-5i - 2j$ ④ $5i + 2j$

해설

$$k \times A = \begin{vmatrix} i & j & k \\ 0 & 0 & 1 \\ 2 & -5 & 3 \end{vmatrix} = 5i + 2j$$

답 ④

05 중요도 ★★ / 서울교통공사

1회 2회 3회

두 벡터 $\dot{A}=-7i-j$, $\dot{B}=-3i-4j$가 이루는 각은 몇 도인가?

① 30 ② 45 ③ 60 ④ 90

해설 **두 벡터가 이루는 각**

$$\cos\theta=\frac{\dot{A}\cdot\dot{B}}{|\dot{A}||\dot{B}|}=\frac{(-7i-j)\cdot(-3i-4j)}{\sqrt{(-7)^2+(-1)^2}\times\sqrt{(-3)^2+(-4)^2}}=\frac{21+4}{\sqrt{50}\times\sqrt{25}}=\frac{25}{25\sqrt{2}}=\frac{1}{\sqrt{2}}$$

$$\therefore\ \theta=\cos^{-1}\frac{1}{\sqrt{2}}=45°$$

체크 point

벡터의 내적

- 두 벡터의 사이각 안으로 곱하는 계산방법
- 벡터의 내적 계산은 두 벡터 사이의 각도를 구할 경우에 주로 사용
- 내적의 계산식 : $\boldsymbol{A}\cdot\boldsymbol{B}=|A||B|\cos\theta$

답 ②

06 중요도 ★★ / 부산교통공사

1회 2회 3회

$\boldsymbol{A}=\boldsymbol{i}-\boldsymbol{j}+3\boldsymbol{k}$, $\boldsymbol{B}=\boldsymbol{i}+a\boldsymbol{k}$일 때 벡터 $\boldsymbol{A}$가 수직이 되기 위한 a의 값은? (단, $\boldsymbol{i}$, $\boldsymbol{j}$, $\boldsymbol{k}$는 x, y, z 방향의 기본 벡터이다.)

① -2 ② $-\frac{1}{3}$ ③ 0 ④ $\frac{1}{2}$

해설 두 벡터가 직교($\theta=90°$)가 되려면 $\dot{A}\cdot\dot{B}=0$이 되어야 한다.

즉, $\dot{A}\cdot\dot{B}=(i-j+3k)\cdot(i+ak)=1+3a=0$

$\therefore\ a=-\frac{1}{3}$

답 ②

07 중요도 ★★★ / 한국서부발전

1회 2회 3회

$A=i+3j+k$, $B=-i+j+k$, $C=3i+2j+k$를 세 변으로 하는 정육면체의 체적은 얼마인가?

① 4 ② 6 ③ 8 ④ 10

해설 **벡터의 내적, 외적**

세 벡터가 이루는 공간에서의 체적은 두 벡터를 외적하고, 다른 하나의 벡터를 내적하여 절댓값을 취하면 된다.

$$(\dot{A}\times\dot{B})\cdot\dot{C}=\{(i+3j+k)\times(-i+j+k)\}\cdot(3i+2j+k)$$

$$=\begin{bmatrix} i & j & k \\ 1 & 3 & 1 \\ -1 & 1 & 1 \end{bmatrix}\cdot(3i+2j+k)=\left\{i\begin{vmatrix}3 & 1\\ 1 & 1\end{vmatrix}+j\begin{vmatrix}1 & 1\\ 1 & -1\end{vmatrix}+k\begin{vmatrix}1 & 3\\ -1 & 1\end{vmatrix}\right\}\cdot(3i+2j+k)$$

$$=(2i-2j+4k)\cdot(3i+2j+k)=6-4+4=6$$

체크 point

벡터 외적의 계산

$$\dot{A}\times\dot{B}=(A_xi+A_yj+A_zk)\times(B_xi+B_yj+B_zk)$$

$$=\begin{bmatrix} i & j & k \\ A_x & A_y & A_z \\ B_x & B_y & B_z \end{bmatrix}=i\begin{vmatrix}A_y & A_z\\ B_y & B_z\end{vmatrix}+j\begin{vmatrix}A_z & A_x\\ B_z & B_x\end{vmatrix}+k\begin{vmatrix}A_x & A_y\\ B_x & B_y\end{vmatrix}$$

$$=i(A_yB_z-A_zB_y)+j(A_zB_x-A_xB_z)+k(A_xB_y-A_yB_x)$$

답 ②

벡터의 적분

08 중요도 ★★★ / 부산교통공사 1회 2회 3회

스토크스(Stokes)의 정리를 표시하는 식은?

① $\int_s \boldsymbol{A}\cdot d\boldsymbol{S}=\int_v \mathrm{div}\,\boldsymbol{A}\cdot d\boldsymbol{V}$

② $\int_c \boldsymbol{A}\cdot dl=\int_v \mathrm{div}\,\boldsymbol{A}\,d\boldsymbol{V}$

③ $\int_c \boldsymbol{A}\cdot dl=\int_s (\mathrm{rot}\boldsymbol{A})_n\,d\boldsymbol{S}$

④ $\int_s \boldsymbol{A}\cdot d\boldsymbol{S}=\int_s \mathrm{rot}\,\boldsymbol{A}\cdot \boldsymbol{n}\,d\boldsymbol{S}$

해설 스토크스의 정리는 선적분을 면적분으로 나타낸 보기 ③이 답이다.

체크 point

- 스토크스 정리(Stokes' theorem)

  임의의 벡터 $\dot{A}$에 대해 접선방향에 대해 폐경로를 선적분한 값은 이 벡터를 회전시켜 법선성분을 면적분한 값과 같다(선적분 → 면적분).

  $\int_c \boldsymbol{A}\cdot dl=\int_s(\mathrm{rot}\boldsymbol{A})_n\,d\boldsymbol{S} \rightarrow \oint_c \dot{A}\cdot dl=\int_s(\nabla\times\dot{A})d\boldsymbol{S}$

- 가우스의 발산 정리(Gauss' divergence theorem)

  임의의 폐곡면에서 나오는 역선의 수(에너지 양)는 그 폐곡면 내에 포함된 미소체적에서 나오는 역선의 수(에너지 양)와 같다(면적분 → 체적적분).

  $\int_s \boldsymbol{E}\cdot d\boldsymbol{S}=\int_v \mathrm{div}\boldsymbol{E}\,dV \rightarrow \int_s \boldsymbol{E}\cdot d\boldsymbol{S}=\int_v \nabla\cdot\boldsymbol{E}\,dV$

답 ③

09 중요도 ★★★ / 한국중부발전, 한국수력원자력 1회 2회 3회

$\int_s \boldsymbol{E} \cdot d\boldsymbol{S} = \int_v \nabla \cdot \boldsymbol{E} dV$는 다음 중 어느 것에 해당되는가?

① 발산의 정리
② 가우스의 정리
③ 스토크스의 정리
④ 암페어의 법칙

해설 **가우스의 발산 정리(Gauss' divergence theorem)**

임의의 폐곡면에서 나오는 역선의 수(에너지 양)는 그 폐곡면 내에 포함된 미소체적에서 나오는 역선의 수(에너지 양)와 같다(면적분 → 체적적분).

$$\int_s \boldsymbol{E} \cdot d\boldsymbol{S} = \int_v \mathrm{div} \boldsymbol{E} dV \rightarrow \int_s \boldsymbol{E} \cdot d\boldsymbol{S} = \int_v \nabla \cdot \boldsymbol{E} dV$$

답 ①

벡터의 미분

10 중요도 ★★★ / 서울교통공사 1회 2회 3회

V를 임의의 스칼라라 할 때 grad V의 직각 좌표에 있어서의 표현은?

① $\dfrac{\partial V}{\partial x} + \dfrac{\partial V}{\partial y} + \dfrac{\partial V}{\partial z}$

② $\boldsymbol{i}\dfrac{\partial V}{\partial x} + \boldsymbol{j}\dfrac{\partial V}{\partial y} + \boldsymbol{k}\dfrac{\partial V}{\partial z}$

③ $\dfrac{\partial^2 V}{\partial x^2} + \dfrac{\partial^2 V}{\partial y^2} + \dfrac{\partial^2 V}{\partial z^2}$

④ $\boldsymbol{i}\dfrac{\partial^2 V}{\partial x^2} + \boldsymbol{j}\dfrac{\partial^2 V}{\partial y^2} + \boldsymbol{k}\dfrac{\partial^2 V}{\partial z^2}$

해설 스칼라의 기울기(gradient) ⇒ 스칼라 → 벡터

$$\nabla V = \mathrm{grad}\, V = \left(\frac{\partial}{\partial x}i + \frac{\partial}{\partial y}j + \frac{\partial}{\partial z}k\right) V = \frac{\partial V}{\partial x}i + \frac{\partial V}{\partial y}j + \frac{\partial V}{\partial z}k$$

체크 point

- 미분연산자 ∇(nabla, del)

$$\nabla = \frac{\partial}{\partial x}i + \frac{\partial}{\partial y}j + \frac{\partial}{\partial z}k$$

- 벡터의 발산(divergence) ⇒ 벡터 → 스칼라

$$\nabla \cdot \dot{A} = \mathrm{div}\dot{A} = \left(\frac{\partial}{\partial x}i + \frac{\partial}{\partial y}j + \frac{\partial}{\partial z}k\right) \cdot (A_x i + A_y j + A_z k) = \frac{\partial A_x}{\partial x} + \frac{\partial A_y}{\partial y} + \frac{\partial A_z}{\partial z}$$

- 벡터의 회전(rotation, curl) ⇒ 벡터 → 다른 벡터

$$\nabla \times \dot{A} = \mathrm{rot}\dot{A} = \mathrm{curl}\dot{A} = \left(\frac{\partial}{\partial x}i + \frac{\partial}{\partial y}j + \frac{\partial}{\partial z}k\right) \times (A_x i + A_y j + A_z k)$$

$$= \begin{bmatrix} i & j & k \\ \dfrac{\partial}{\partial x} & \dfrac{\partial}{\partial y} & \dfrac{\partial}{\partial z} \\ A_x & A_y & A_z \end{bmatrix} = \left(\frac{\partial A_z}{\partial y} - \frac{\partial A_y}{\partial z}\right)i + \left(\frac{\partial A_x}{\partial z} - \frac{\partial A_z}{\partial x}\right)j + \left(\frac{\partial A_y}{\partial x} - \frac{\partial A_x}{\partial y}\right)k$$

답 ②

11 중요도 ★★ / 2024 한국중부발전

1회 2회 3회

전계 $E = 6x^2y^2z^2 i + xyz\, j + xy^2z^2\, k$의 $\text{div}E$는 얼마인가?

① $12xy^2z^2 + xz + 2xy^2z$ ② $12xy^2z^2 i + xz\, j + 2xy^2z\, k$
③ $12xy^2z^2 i + 2xz\, j + xy^2z\, k$ ④ $12xy^2z^2 + 2xz + xy^2z$

해설 **벡터의 발산(divergence)**

$$\nabla \cdot \dot{E} = \text{div}\,\dot{E} = \left(\frac{\partial}{\partial x}i + \frac{\partial}{\partial y}j + \frac{\partial}{\partial z}k\right) \cdot (E_x i + E_y j + E_z k)$$

$$= \left(\frac{\partial}{\partial x}i + \frac{\partial}{\partial y}j + \frac{\partial}{\partial z}k\right) \cdot (6x^2y^2z^2 i + xyzj + xy^2z^2 k)$$

$$= \frac{\partial(6x^2y^2z^2)}{\partial x} + \frac{\partial(xyz)}{\partial y} + \frac{\partial(xy^2z^2)}{\partial z} = 12xy^2z^2 + xz + 2xy^2z$$

(같은 방향 성분에 의한 값만 계산, 다른 성분끼리는 영(0))

답 ①

02 진공 중의 정전계

12 중요도 ★★ / 한국수력원자력

1회 2회 3회

정전유도에 의해서 고립 도체에 유기되는 전하는?

① 정전하만 유기되며 도체는 등전위이다.
② 정 · 부 동량의 전하가 유기되며 도체는 등전위이다.
③ 부전하만 유기되며 도체는 등전위가 아니다.
④ 정 · 부 동량의 전하가 유기되며 도체는 등전위가 아니다.

해설 **정전유도(electrostatic induction)**

(1) 중성상태의 도체에 대전된 대전체를 가까이 놓으면 대전체와 반대부호의 전하가 중성도체의 가까운 쪽에, 같은 부호의 전하는 도체의 먼 곳에 몰리는 현상
(2) 정전유도에 의해 작용하는 힘 : 흡인력
(3) 전기량 : 정전하(+) = 부전하(−)
(4) 전위 : 등전위(도체 표면은 모두 전위가 같음)

답 ②

쿨롱의 법칙

13 중요도 ★★★ / 2024 한국남동발전

1회 2회 3회

다음 중 쿨롱의 힘에 대해서 틀린 것을 고르시오.

① 유전율에 반비례한다.
② 거리의 제곱에 반비례한다.
③ 서로 다른 값의 전하에 작용하는 힘은 서로 다르다.
④ 거리의 제곱에 반비례하고 유전율에 비례한다.

해설 (1) 쿨롱의 법칙
두 전하 사이에 작용하는 힘
(2) 쿨롱의 법칙에 의해 작용하는 힘(정전력)
① 힘은 동종 전하 사이 : 반발력, 이종 전하 사이 : 흡인력 보기 ③
② 힘은 전하의 곱에 비례, 거리의 제곱에 반비례 보기 ②
③ 힘은 주위 매질(ε_r)에 따라 변화(유전율에 반비례) 보기 ①
④ 힘은 두 전하를 연결하는 직선상으로만 존재

답 ④

14 중요도 ★★ / 한국남동발전

1회 2회 3회

진공 중에 전하량이 각각 6[μC], 8[μC]인 두 개의 점전하가 놓여 있다. 두 전하 사이에 작용하는 힘이 4.8[N]이라면 두 전하 사이의 거리[cm]는?

① 10 ② 20 ③ 30 ④ 40

해설 쿨롱의 법칙 $F = \frac{1}{4\pi\varepsilon_0} \times \frac{Q_1 \cdot Q_2}{r^2} = 9 \times 10^9 \times \frac{Q_1 \cdot Q_2}{r^2}$ [N]에서

$$r^2 = \frac{Q_1 Q_2}{4\pi\varepsilon_0 F}$$

$$\therefore\ r = \sqrt{\frac{Q_1 Q_2}{4\pi\varepsilon_0 F}} = \sqrt{9 \times 10^9 \times \frac{Q_1 Q_2}{F}}$$

$$= \sqrt{9 \times 10^9 \times \frac{6 \times 10^{-6} \times 8 \times 10^{-6}}{4.8}} = 0.3[\text{m}] = 30[\text{cm}]$$

답 ③

15 중요도 ★★★ / 한국가스공사

1회 2회 3회

진공 중에서 $z=0$인 평면 위의 점 (0, 1)[m] 되는 곳에 -2×10^{-9}[C]의 점전하가 있을 때 점 (2, 0)[m]에 있는 1[C]에 작용하는 힘은 몇 [N]인가?

① $-\frac{36}{5\sqrt{5}}a_x+\frac{18}{5\sqrt{5}}a_y$

② $-\frac{18}{5\sqrt{5}}a_x+\frac{36}{5\sqrt{5}}a_y$

③ $-\frac{36}{3\sqrt{5}}a_x+\frac{18}{5\sqrt{5}}a_y$

④ $\frac{36}{5\sqrt{5}}a_x+\frac{18}{5\sqrt{5}}a_y$

해설 **쿨롱의 법칙 – 벡터 해석**

(1) 두 점전하 사이의 거리벡터

① 거리벡터 : $\dot{r}=(2-0)a_x+(0-1)a_y=2a_x-a_y$

② 벡터의 크기 : $|\dot{r}|=\sqrt{2^2+(-1)^2}=\sqrt{5}$ [m]

③ 단위벡터 : $\dot{r_o}=\frac{\dot{r}}{|\dot{r}|}=\frac{2a_x-a_y}{\sqrt{5}}=\frac{2}{\sqrt{5}}a_x-\frac{1}{\sqrt{5}}a_y$

(2) 1[C]의 점전하에 작용하는 힘

$$\dot{F}=\frac{1}{4\pi\varepsilon_0}\times\frac{Q_1\cdot Q_2}{r^2}\cdot\dot{r_o}=9\times10^9\times\frac{Q_1\cdot Q_2}{r^2}\cdot\dot{r_o}[\text{N}]$$

$$=9\times10^9\times\frac{-2\times10^9\times1}{(\sqrt{5})^2}\times\left(\frac{2}{\sqrt{5}}a_x-\frac{1}{\sqrt{5}}a_y\right)$$

$$=-\frac{36}{5\sqrt{5}}a_x+\frac{18}{5\sqrt{5}}a_y[\text{N}]$$

답 ①

16 중요도 ★★ / 한국수력원자력

1회 2회 3회

그림과 같이 $Q_A=4\times10^{-6}$[C], $Q_B=2\times10^{-6}$[C], $Q_C=5\times10^{-6}$[C]의 전하를 가진 작은 도체구 A, B, C가 진공 중에서 일직선상에 놓여질 때 B구에 작용하는 힘[N]을 구하면?

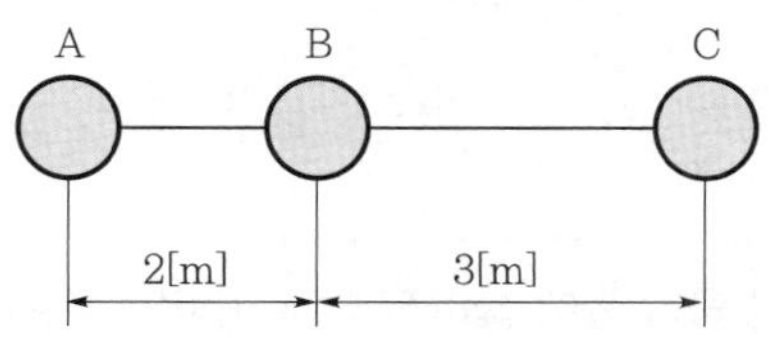

① 1.8×10^{-2}　② 1×10^{-2}　③ 0.8×10^{-2}　④ 2.8×10^{-2}

해설 (1) 쿨롱의 법칙(Coulomb's law)

$$F=\frac{1}{4\pi\varepsilon_0}\times\frac{Q_1\cdot Q_2}{r^2}=9\times10^9\times\frac{Q_1\cdot Q_2}{r^2}[\text{N}]$$

(2) B구에 작용하는 힘 $F_B=F_{BA}-F_{BC}$이므로

$$F_{BA}=\frac{1}{4\pi\varepsilon_0}\cdot\frac{Q_BQ_A}{r_A^{\ 2}}[\text{N}]$$

$$F_{BC}=\frac{1}{4\pi\varepsilon_0}\cdot\frac{Q_BQ_C}{r_B^{\ 2}}[\text{N}]$$

$$F_B=F_{BA}-F_{BC}=\frac{Q_B}{4\pi\varepsilon_0}\left(\frac{Q_A}{r_A^{\ 2}}-\frac{Q_C}{r_B^{\ 2}}\right)$$

$$=9\times10^9\times2\times10^{-6}\left(\frac{4\times10^{-6}}{2^2}-\frac{5\times10^{-6}}{3^2}\right)$$

$$=8\times10^{-3}=0.8\times10^{-2}[\text{N}]$$

답 ③

전계의 세기

17 중요도 ★★★ / 한국가스공사 1회 2회 3회

다음 중 [N/C]과 물리량이 다른 단위는?

① [J/C·m]　② [T/m]　③ [V/m]　④ [A·Ω/m]

해설 **전기장의 세기(intensity of electric field)**

전계 내의 한 점에 단위 정전하($q=+1$[C])를 놓았을 때 이 단위 정전하에 작용하는 전자력(힘)의 크기로 정의한다.

$$E=\frac{F}{Q}=\frac{Q}{4\pi\varepsilon_0 r^2}=9\times10^9\frac{Q}{r^2}[\text{V/m}]\ \left(\left[\frac{\text{N}}{\text{C}}\right]=\left[\frac{\text{N}\cdot\text{m}}{\text{C}\cdot\text{m}}\right]=\left[\frac{\text{J}}{\text{C}\cdot\text{m}}\right]=\left[\frac{\text{V}}{\text{m}}\right]=\left[\frac{\text{A}\cdot\Omega}{\text{m}}\right]\right)$$

답 ②

18 중요도 ★★ / 한국도로공사 1회 2회 3회

절연 내력 3000[kV/m]인 공기 중에 놓여진 직경 1[m]의 구도체에 줄 수 있는 최대 전하는 몇 [C]인가?

① 6.75×10^4　② 6.75×10^{16}　③ 3.33×10^{-4}　④ 8.33×10^{-6}

해설 $E=\frac{F}{Q}=\frac{Q}{4\pi\varepsilon_0 r^2}=9\times10^9\frac{Q}{r^2}$[V/m]에서

$$Q=4\pi\varepsilon_0 r^2E=\frac{1}{9\times10^9}r^2E=\frac{1}{9\times10^9}\times1^2\times3000\times10^3=3.33\times10^{-4}[\text{C}]$$

답 ③

전기력선의 성질

19 중요도 ★★★ / 2024 서울교통공사 1회 2회 3회

다음 중 전기력선의 특징으로 옳지 않은 것은?

① 전기력선은 그 자신만으로 폐곡선이 되지 않는다.
② 전기력선의 밀도는 전계와 무관하다.
③ 도체 내부에서 전하와 전계가 존재할 수 없다.
④ 전계의 방향은 전기력선의 접선방향과 같다.
⑤ 전기력선은 등전위면과 수직이다.

해설 **전기력선의 성질**

(1) 전기력선은 정(+)전하에서 시작하여 부(−)전하로 들어간다.
(2) 전기력선은 전위가 높은 곳에서 낮은 곳으로 향한다($E=-\nabla V$).
(3) 전하가 존재하지 않는 곳에서는 전기력선의 발생과 소멸은 없다.
(4) 두 전기력선은 서로 교차하지 않는다.
(5) 전기력선은 등전위면(도체 표면)에 수직으로 출입한다. 보기 ⑤
(6) 도체 내부에는 전기력선이 존재하지 않는다.
(7) 전기력선은 그 자신만으로는 폐곡선(루프)을 이루지 않는다. 보기 ①
(8) 전기력선의 접선방향은 그 점의 전계의 방향과 일치한다. 보기 ④
(9) 전기력선의 밀도[개/m^2]는 그 점에서 전계의 세기를 나타낸다. 보기 ②
(10) Q[C]에 발생하는 전기력선의 총수는 $\frac{Q}{\varepsilon_0}$개이다.
(11) 도체 내부에 전하는 0이다. 보기 ③
(12) 도체 내부 전위와 표면 전위는 같다. 즉, 등전위를 이룬다.

답 ②

20 중요도 ★★★ / 2024 한국동서발전 1회 2회 3회

정전계에서 도체 성질로 옳은 것을 고르시오.

㉠ 도체 내부 전계의 세기는 '0'이다.
㉡ 표면 전위는 반지름에 따라 달라진다.
㉢ 도체 표면에서 전계의 법선성분은 표면전하밀도에 반비례한다.
㉣ 도체 표면 접선방향에서 전계의 선적분은 '0'이다.

① ㉠, ㉡　② ㉡, ㉢　③ ㉠, ㉢　④ ㉠, ㉣

해설 **도체의 성질**

(1) 대전도체 내부에는 전하가 존재하지 않는다. 또한, 전하는 대전도체 외부 표면에만 분포된다.
(2) 도체 표면에서 수직으로 전기력선과 만난다. 또한, 도체 표면에서 전계는 수직이다.

(3) 도체 내부와 표면의 전위는 항상 같다. 또한, 도체 내부의 전계는 0이다.
(4) 도체 표면의 곡률이 클수록 곡률 반지름은 작아지므로 전하밀도가 높아져서 전하가 많이 모이려는 성질이 생긴다.

답 ④

등전위면의 성질

21 중요도 ★★ / 한국동서발전 1회 2회 3회

정전계 내에 있는 도체 표면에서 전계의 방향은 어떻게 되는가?

① 임의 방향
② 표면과 접선 방향
③ 표면과 45° 방향
④ 표면과 수직 방향

해설 도체 표면은 등전위이므로 전기력선(전계) 방향은 도체 표면에서 수직 방향이다.

답 ④

22 중요도 ★★ / 서울교통공사 1회 2회 3회

그림과 같이 등전위면이 존재하는 경우 전계의 방향은?

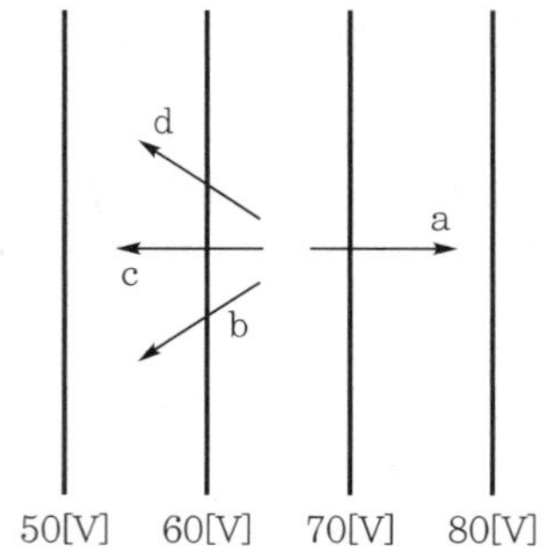

① a의 방향
② b의 방향
③ c의 방향
④ d의 방향

해설 **전계의 방향**
(1) 등전위면과 전기력선은 항상 수직으로 교차한다.
(2) 등전위면 사이의 간격이 좁을수록 전위차가 커져 전계의 세기가 크다.
(3) 전계의 방향(전기력선)은 전위가 높은 점에서 낮은 점으로 향한다. 또한, 전계의 방향은 등전위면에 수직으로 향한다.

답 ③

전하의 작용면적에 따른 전계의 세기

23 중요도 ★★★ / 지역난방공사 1회 2회 3회

정전계에서 도체에 주어진 전하의 대전상태에 관한 설명으로 옳지 않은 것은?

① 전하는 도체의 표면에만 분포하고 내부에는 존재하지 않는다.
② 도체 표면은 등전위면을 형성한다.
③ 전계는 도체 표면에 수직이다.
④ 표면 전하밀도는 곡률 반지름이 작으면 작다.

해설 도체 표면의 전하는 뾰족한 부분에 모이는 성질이 있는데, 뾰족한 부분일수록 곡률 반지름이 작으므로 전하 밀도는 곡률 반지름이 작을수록, 즉 곡률이 클수록 커진다.

체크 point

- 전하의 작용면적이 작을수록 전계의 세기가 크다.
- 밀도가 클수록 전계의 세기가 크다.
- 도체가 뾰족할수록 전계의 세기가 크다.
- 곡률이 클수록 전계의 세기가 크다.
- 곡률 반지름이 작을수록 전계의 세기가 크다.

답 ④

가우스의 정리

24 중요도 ★★★ / 한국수력원자력 1회 2회 3회

전기력선 밀도를 이용하여 주로 대칭 정전계의 세기를 구하기 위하여 이용되는 법칙은?

① 패러데이의 법칙 ② 가우스의 정리 ③ 쿨롱의 법칙 ④ 톰슨의 법칙

해설 **가우스의 정리**

폐곡면에서 나오는 전기력선수는 폐곡면 내에 있는 전하량의 $\frac{1}{\varepsilon_0}$배와 같다. 즉, 전장 안에서 임의점에서의 전기력선의 밀도는 그 점에서의 전계의 세기와 같다.

체크 point

- 전기력선의 수 : $N=\frac{Q}{\varepsilon_0}$개 $\left(N=\int_s \dot{E}\,ds=\frac{Q}{\varepsilon_0}\right)$
- 가우스의 정리 미분형
  - $\operatorname{div}\dot{E}=\frac{\rho_v}{\varepsilon_0} \rightarrow \nabla\cdot\dot{E}=\frac{\rho_v}{\varepsilon_0}$
  - $\operatorname{div}\dot{D}=\rho_v \rightarrow \nabla\cdot\dot{D}=\rho_v$

답 ②

전계의 세기 – 벡터 해석

25 중요도 ★★★ / 국가철도공단

1회 2회 3회

진공 내의 점 (3, 0, 0)[m]에 4×10^{-9}[C]의 전하가 있다. 이때에 점 (6, 4, 0)[m]인 점의 전계의 세기 [V/m] 및 전계의 방향을 표시하는 단위벡터는?

① $\frac{36}{25}$, $\frac{1}{5}(3i+4j)$　② $\frac{36}{125}$, $\frac{1}{5}(3i+4j)$

③ $\frac{36}{25}$, $(i+j)$　④ $\frac{36}{125}$, $\frac{1}{5}(i+j)$

해설 (1) 두 점전하 사이의 거리벡터

① 거리 벡터 : $\dot{r}=(6-3)i+(4-0)j=3i+4j$

② 벡터의 크기 : $|\dot{r}|=\sqrt{3^2+4^2}=5[\text{m}]$

③ 단위벡터 : $\dot{r}_0=\frac{\dot{r}}{|\dot{r}|}=\frac{3i+4j}{5}=\frac{1}{5}(3i+4j)$

(2) 1[C]의 점전하에 작용하는 힘

$$E=\frac{1}{4\pi\varepsilon_0}\times\frac{Q}{r^2}=9\times10^9\times\frac{Q}{r^2}[\text{V/m}]$$

$$=9\times10^9\times\frac{4\times10^{-9}}{5^2}=\frac{36}{25}[\text{V/m}]$$

답 ①

무한 직선 도체에 의한 전계의 세기

26 중요도 ★★ / 한국서부발전

1회 2회 3회

무한장 직선 도체를 축으로 하는 반지름 20[cm]의 원통 표면의 전계가 4.5×10^{10} [V/m]일 때, 직선 도체의 선전하밀도[C/m]는?

① 0.2　② 0.3　③ 0.5　④ 0.9

해설

$$E=\frac{\rho_l(=\lambda)}{2\pi\varepsilon_0 r}[\text{V/m}]\ (\rho_l=\lambda : \text{선전하밀도[C/m]})$$

$$=18\times10^9\times\frac{\lambda}{r}=18\times10^9\times\frac{\lambda}{2}=4.5\times10^{10}$$

$\therefore\ \lambda=0.5[\text{C/m}]$

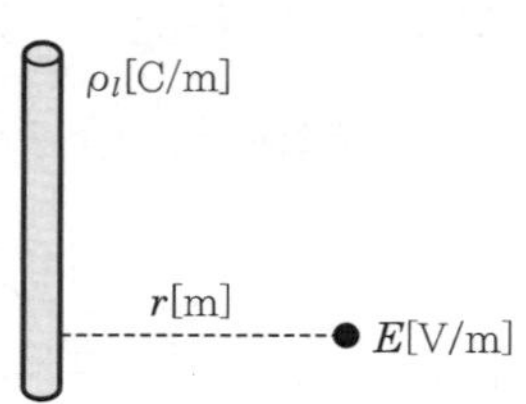

답 ③

27 중요도 ★★ / 2024 한국전력공사

1회 2회 3회

$-\infty$ 부터 $+\infty$ 인 무한 원통 도체에서 전하가 골고루 분포할 때 2[m] 떨어진 점 P 에서의 전계의 세기 [V/m]는? (단, 밀도는 ρ로 표시한다.)

① $\dfrac{\rho}{4\pi\varepsilon}$　② $\dfrac{\rho}{8\pi\varepsilon}$　③ $\dfrac{\rho}{16\pi\varepsilon}$

④ $\dfrac{\rho^2}{4\pi\varepsilon}$　⑤ $\dfrac{\rho^2}{8\pi\varepsilon}$

해설 **원통 도체에 전하가 골고루 분포 = 선전하 밀도**

선전하 밀도에 의한 전계의 세기

$$E=\frac{\rho_l(=\lambda)}{2\pi\varepsilon r}=\frac{\rho}{2\pi\varepsilon\times 2}=\frac{\rho}{4\pi\varepsilon}\,[\mathrm{V/m}]$$

체크 point

도체 형태에 따른 전하의 종류

- 점(구)도체 → 점전하 Q[C]
- 직선 도체 → 선전하밀도 $\rho_l=\lambda$[C/m]
- 면 도체 → 면전하밀도 $\rho_s=\sigma$[C/m^2]
- 미소체적을 갖는 도체 → 체적전하밀도 ρ_v[C/m^3]

답 ①

무한 평면 도체에 의한 전계의 세기

28 중요도 ★★ / 부산교통공사, 국가철도공단, 한국수력원자력

1회 2회 3회

전하밀도 σ[C/m^2]의 아주 얇은 무한 평판 도체의 전계의 세기는 몇 [V/m]인가?

① $\dfrac{\sigma}{\varepsilon_0}$　② $\dfrac{\sigma}{2\varepsilon_0}$　③ $\dfrac{\sigma}{2\pi\varepsilon_0}$　④ $\dfrac{\sigma}{4\pi\varepsilon_0}$

해설

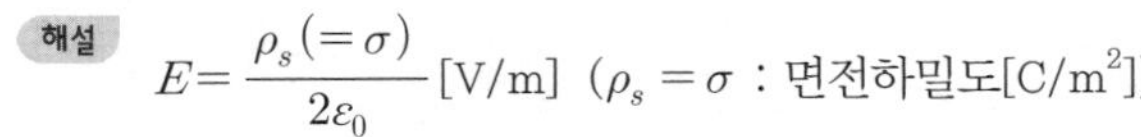

$$E=\frac{\rho_s(=\sigma)}{2\varepsilon_0}\,[\mathrm{V/m}]\ \ (\rho_s=\sigma\ :\ \text{면전하밀도}[\mathrm{C/m^2}])$$

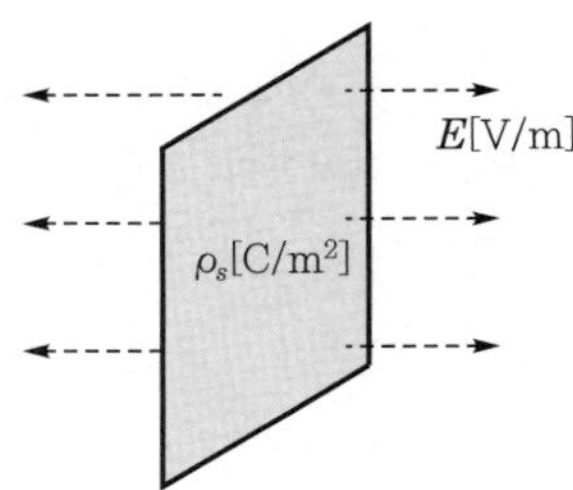

답 ②

29 중요도 ★★ / 한국서부발전

1회 2회 3회

진공 중에 있는 임의의 구도체 표면전하밀도가 σ일 때 구도체 표면의 전계의 세기[V/m]는?

① $\dfrac{\varepsilon_0\sigma^2}{2}$　② $\dfrac{\sigma}{2\varepsilon_0}$　③ $\dfrac{\sigma^2}{\varepsilon_0}$　④ $\dfrac{\sigma}{\varepsilon_0}$

해설 임의의 도체 표면의 전계의 세기

$E=\dfrac{\sigma}{\varepsilon_0}=\dfrac{\rho_s}{\varepsilon_0}$[V/m] (거리와 관계 없음)

답 ④

전계의 세기가 '0'인 지점

30 중요도 ★★★ / 한국남동발전

1회 2회 3회

다음 그림과 같이 q_1 =−5[μC], q_2 =20[μC]의 두 점전하가 일직선상에서 1[m] 떨어져 있을 때 전계의 세기가 0이 되는 지점은 어디인가?

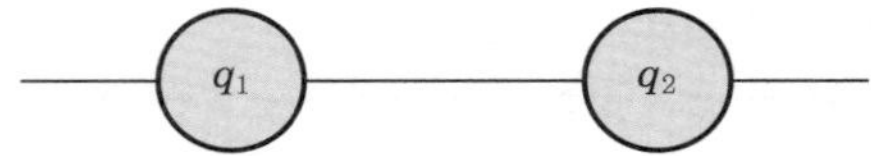

① q_1으로부터 왼쪽으로 1[m] 떨어진 지점
② q_2로부터 오른쪽으로 1[m] 떨어진 지점
③ q_1과 q_2의 가운데 지점
④ 존재하지 않는다.

해설 (1) 극성이 같은 전하 간 → 두 전하 사이
(2) 극성이 다른 전하 간 → 크기(절댓값)가 작은 전하의 외측
전계의 세기가 0이 되는 지점은 두 전하 중 절댓값이 작은 쪽의 바깥에 있으며, 그 위치는 다음과 같다.

$E=\dfrac{-5\times10^{-6}}{4\pi\varepsilon_0 r^2}=\dfrac{20\times10^{-6}}{4\pi\varepsilon_0(1+r)^2}$

$-4r^2=(1+r)^2$

$-2r=1+r$

$r=-1$[m]

∴ q_1으로부터 왼쪽으로 1[m] 떨어진 지점이다.

답 ①

전계의 세기와 거리와의 관계

31 중요도 ★★★ / 서울교통공사, 한국남부발전 1회 2회 3회

거리 r에 반비례하는 전계의 세기를 주는 대전체는?

① 점전하 ② 구전하 ③ 전기 쌍극자 ④ 선전하

해설 (1) 점전하, 구전하(구도체)

$$E=\frac{1}{4\pi\varepsilon_0}\frac{Q}{r^2}[\text{V/m}]\propto\frac{1}{r^2}$$

(2) 구전하(내부 균일 분포)(a : 구전하의 반지름)

① 내부($r<a$) : $E_i=\dfrac{1}{4\pi\varepsilon_0}\dfrac{Q\cdot r}{a^3}[\text{V/m}]\propto r$

② 표면($r=a$) : $E_s=\dfrac{1}{4\pi\varepsilon_0}\dfrac{Q}{a^2}[\text{V/m}]\rightarrow r$과 무관

③ 외부($r>a$) : $E_o=\dfrac{1}{4\pi\varepsilon_0}\dfrac{Q}{r^2}[\text{V/m}]\propto\dfrac{1}{r^2}$

(3) 선전하

$$E=\frac{1}{2\pi\varepsilon_0}\frac{\rho_l}{r}[\text{V/m}]\propto\frac{1}{r}$$

(4) 전기 쌍극자

$$E=\frac{M}{4\pi\varepsilon_0 r^3}\sqrt{1+3\cos^2\theta}\,[\text{V/m}]\propto\frac{1}{r^3}$$

체크 point

구분	전계 E	전위 V
선도체	r에 반비례	∞
구도체	r^2에 반비례	r에 반비례
쌍극자	r^3에 반비례	r^2에 반비례

답 ④

32 중요도 ★★★ / 지역난방공사 1회 2회 3회

무한 평면 전하에 의한 전계의 세기는?

① 거리에 관계없다. ② 거리에 비례한다.
③ 거리의 제곱에 비례한다. ④ 거리에 반비례한다.

해설 **무한 평면 전하에 의한 전계의 세기**

$E=\dfrac{\rho_s(=\sigma)}{2\varepsilon_0}$[V/m] ($\rho_s=\sigma$: 면전하밀도[C/m^2])

무한 평면 전하에 의한 전계는 거리와 관계없다.

답 ①

전기력선 방정식

33 중요도 ★★★ / 국가철도공단, 지역난방공사 1회 2회 3회

전계 $\boldsymbol{E}=\dfrac{2}{x}\boldsymbol{a_x}+\dfrac{2}{y}\boldsymbol{a_y}$[V/m]에서 점 (2, 4)[m]를 통과하는 전기력선의 방정식은?

① $x^2+y^2=12$　② $y^2-x^2=12$　③ $x^2+y^2=8$　④ $y^2-x^2=8$

해설 전기력선의 방정식 : $\dfrac{dx}{E_x}=\dfrac{dy}{E_y}=\dfrac{dz}{E_z}$

$\boldsymbol{E}=\dfrac{2}{x}\boldsymbol{a_x}+\dfrac{2}{y}\boldsymbol{a_y}$에서 $E_x=\dfrac{2}{x}$, $E_y=\dfrac{2}{y}$

$\dfrac{dx}{E_x}=\dfrac{dy}{E_y} \rightarrow \dfrac{dx}{\frac{2}{x}}=\dfrac{dy}{\frac{2}{y}} \rightarrow \dfrac{x}{2}dx=\dfrac{y}{2}dy$

$\displaystyle\int\frac{x}{2}dx=\int\frac{y}{2}dy \rightarrow \frac{1}{2}\int x\,dx=\frac{1}{2}\int y\,dy$

$\dfrac{1}{2}x^2=\dfrac{1}{2}y^2+K$이며, $(x,\ y)=(2,\ 4)$이므로 $K=-6$

$y^2-x^2=12$

답 ②

전위, 전위차

34 중요도 ★★★ / 서울교통공사 1회 2회 3회

원점에 전하 0.01[μC]이 있을 때 두 점 A(0, 2, 0)[m]와 B(0, 0, 3)[m] 간의 전위차는 V_{AB}는 몇 [V]인가?

① 10　② 15　③ 18　④ 20

해설 (1) 전위

$V=-\displaystyle\int_\infty^r E\cdot dl=\frac{1}{4\pi\varepsilon_0}\frac{Q}{r}$[V]

(2) 전위차

$$V_{ab} = -\int_b^a E \cdot dl = \frac{Q}{4\pi\varepsilon_0}\left(\frac{1}{a} - \frac{1}{b}\right)[\text{V}]$$

$$V_{ab} = \frac{Q}{4\pi\varepsilon_0}\left(\frac{1}{a} - \frac{1}{b}\right) = 9 \times 10^9 \times 0.01 \times 10^{-6} \times \left(\frac{1}{2} - \frac{1}{3}\right) = 1.5 \times 10 = 15[\text{V}]$$

답 ②

35 중요도 ★★★ / 2024 한국중부발전

1회 2회 3회

원점에 전하 1[C]이 있을 때 r = 1[m]에서 r = 4[m]로 이동시키는 데 필요한 일[J]은? (단, r은 원점에서부터의 거리이다.)

① $\dfrac{1}{8\pi\varepsilon_0}$　② $\dfrac{3}{8\pi\varepsilon_0}$　③ $\dfrac{1}{16\pi\varepsilon_0}$　④ $\dfrac{3}{16\pi\varepsilon_0}$

해설 전위차 $V_{ab} = -\int_b^a E \cdot dl = \frac{Q}{4\pi\varepsilon_0}\left(\frac{1}{a} - \frac{1}{b}\right)[\text{V}]$

따라서, $V_{r_1 r_2} = -\int_{r_2}^{r_1} E \cdot dl = \frac{Q}{4\pi\varepsilon_0}\left(\frac{1}{r_1} - \frac{1}{r_2}\right)[\text{V}]$

$$W = qV_{r_1 r_2} = \frac{Qq}{4\pi\varepsilon_0}\left(\frac{1}{r_1} - \frac{1}{r_2}\right) = \frac{1}{4\pi\varepsilon_0}\left(\frac{1}{1} - \frac{1}{4}\right) = \frac{3}{16\pi\varepsilon_0}$$

답 ④

전위경도

36 중요도 ★★★ / 한국서부발전

1회 2회 3회

전계 E와 전위 V 사이의 관계, 즉 $E = -\text{grad}\,V$에 관한 설명으로 잘못된 것은?

① 전계는 전위가 일정한 면에 수직이다.
② 전계의 방향은 전위가 감소하는 방향으로 향한다.
③ 전계의 전기력선은 연속적이다.
④ 전계의 전기력선은 폐곡면을 이루지 않는다.

해설 **전위경도**

$E = -\nabla V = -\text{grad}\,V$

전위가 단위길이당 변화하는 정도를 나타내며, 전계의 세기와 크기는 같고, 방향은 반대방향이다.

① 전계(= 전기력선)는 등전위면과 항상 직교한다.
② $E = -\nabla V = -\text{grad}\,V$이므로 전위가 감소하는 방향으로 향한다.

③ 전계의 전기력선은 (+)전하에서 시작하여 (−)전하에서 끝나므로 전하가 존재할 때는 비연속적이다.
④ $E=-\nabla V$에서 양변에 $\nabla\times$을 취하면 $\nabla\times E=-\nabla\times\nabla V=0$(벡터의 성질에서 $\nabla\times\nabla V=0$)이므로 $\dot{E}$라는 벡터는 비회전성, 즉 폐곡선을 이루지 않는다.

답 ③

37 중요도 ★★★ / 2024 한국서부발전

1회 2회 3회

다음 빈칸에 들어갈 단어를 순서대로 나열하시오.

> 전계는 (   )와 크기가 같으며 부호는 (   )이다.

① 전위경도, 반대
② 전위경도, 같다
③ 자위경도, 반대
④ 자위경도, 같다

해설 전위경도 $E=-\nabla V=-\text{grad } V=-\left(\frac{\partial}{\partial x}i+\frac{\partial}{\partial y}j+\frac{\partial}{\partial z}k\right)V$

전계는 전위경도(기울기)와 크기가 같으며 방향(부호)은 반대이다.

답 ①

38 중요도 ★★ / 한전 KPS

1회 2회 3회

전위 분포 $V=-4x+y^3$일 때 (2, 3)에서 전계의 세기[V/m]는?

① $-8i+3j$
② $-4i+3j$
③ $-4i+27j$
④ $4i-27j$
⑤ $8i-27j$

해설 전계의 세기(전위경도) $E=-\text{grad } V=-\left(\frac{\partial V}{\partial x}i+\frac{\partial V}{\partial x}j+\frac{\partial V}{\partial x}k\right)V$이므로

$E=-\left(\frac{\partial V}{\partial x}i+\frac{\partial V}{\partial x}j+\frac{\partial V}{\partial x}k\right)(-4x+y^3)=4i-3y^2j$

$(x,\ y)=(2,\ 3)$이므로

$E=4i-3\times 3^2j=4i-27j$

답 ④

전위와 전계의 관계

39 중요도 ★★ / 부산교통공사. 서울교통공사 1회 2회 3회

무한 평행한 평판 전극 사이의 전위차 V[V]는? (단, 평행판 전하밀도는 σ[C/m^2], 판간 거리는 d[m]라 한다.)

① $\frac{\sigma}{\varepsilon_0}$ ② $\frac{\sigma}{\varepsilon_0}d$ ③ σd ④ $\frac{\varepsilon_0 \sigma}{d}$

해설 전기력선의 밀도는 그 점에서 전계의 세기를 나타낸다.

즉, 전하밀도 σ[C/m^2]에서 나오는 전기력선 밀도 $\frac{\sigma}{\varepsilon_0}$[개/m^2] = 전계의 세기 $\frac{\sigma}{\varepsilon_0}$[V/m]

$V = Ed = \frac{\sigma}{\varepsilon_0}d$[V]

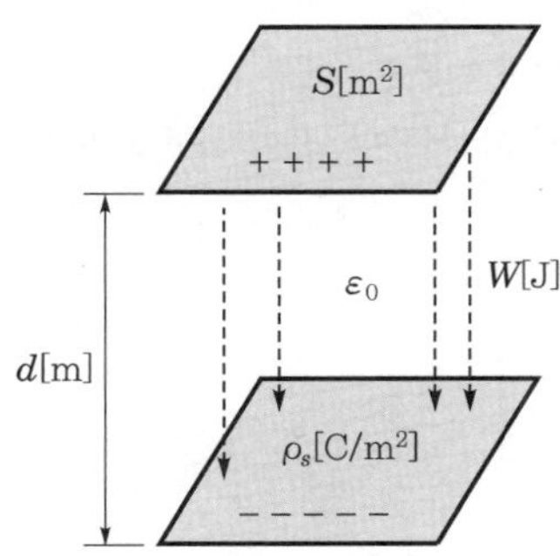

답 ②

40 중요도 ★★★ / 국가철도공단 1회 2회 3회

무한히 긴 직선 도체에 선전하 밀도 $+\rho$[C/m]로 전하가 충전될 때 이 직선 도체에서 r[m]만큼 떨어진 점의 전위는?

① $\frac{\rho}{2\pi r^2}$ ② $\frac{\rho}{2\pi r}$ ③ ∞ ④ 0

해설 $V = -\int_{\infty}^{r} E \cdot dl = -\int_{\infty}^{r} E \cdot dr = -\int_{\infty}^{r} \frac{\rho}{2\pi\varepsilon_0 r} \cdot dr$

$= \frac{-\rho}{2\pi\varepsilon_0}[\ln r]_{\infty}^{r} = \frac{\rho}{2\pi\varepsilon_0}[\ln r]_{r}^{\infty} = \infty$

답 ③

41 중요도 ★★★ / 한국서부발전

1회 2회 3회

50[V/m]인 평등전계 중의 80[V]되는 A점에서 전계방향으로 80[cm] 떨어진 B점의 전위는 몇 [V]인가?

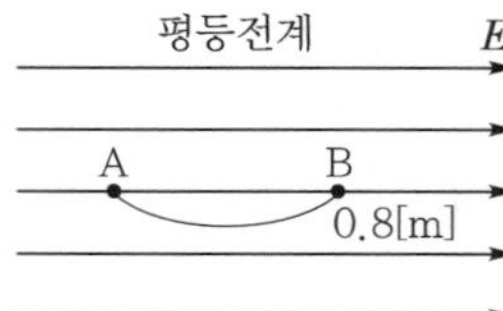

① 20 ② 40 ③ 60 ④ 80

해설

(1) $V_{AB} = V_A - V_B = -\int_A^B E \cdot dl = -\int_0^{0.8} E \cdot dl = -[50l]_0^{0.8} = -40[\text{V}]$

$E = 50[\text{V/m}]$, $V_A = 80[\text{V}]$, $V_{BA} = -40[\text{V}]$이므로

$V_B = V_A + V_{BA} = 80 - 40 = 40[\text{V}]$

(2) $80[\text{V}]$ 점을 기준으로 $0.8[\text{m}]$ 이동한 점까지의 전위차

$V = Ed = 50 \times 0.8 = 40[\text{V}]$

B점의 전위 $V_B = 80 - 40 = 40[\text{V}]$

답 ②

전속밀도

42 중요도 ★★ / 서울교통공사

1회 2회 3회

표면전하밀도 $\rho_s > 0$인 도체 표면상의 한 점의 전속밀도가 $D = 4a_x - 5a_y + 2a_z$[C/m^2]일 때 ρ_s는 몇 [C/m^2]인가?

① $2\sqrt{3}$ ② $2\sqrt{5}$ ③ $3\sqrt{3}$ ④ $3\sqrt{5}$

해설

$\rho_s = D = \frac{Q}{S}[\text{C/m}^2]$

여기서, $D = 4a_x - 5a_y + 2a_z[\text{C/m}^2]$: 벡터량

$\rho_s[\text{C/m}^2]$: 크기

$\rho_s = |D| = \sqrt{4^2 + (-5)^2 + 2^2} = \sqrt{45} = 3\sqrt{5}\,[\text{C/m}^2]$

답 ④

전기 쌍극자

43 중요도 ★★ / LH공사, 한국수력원자력 1회 2회 3회

전기 쌍극자가 만드는 전계는? (단, M은 쌍극자 능률이다.)

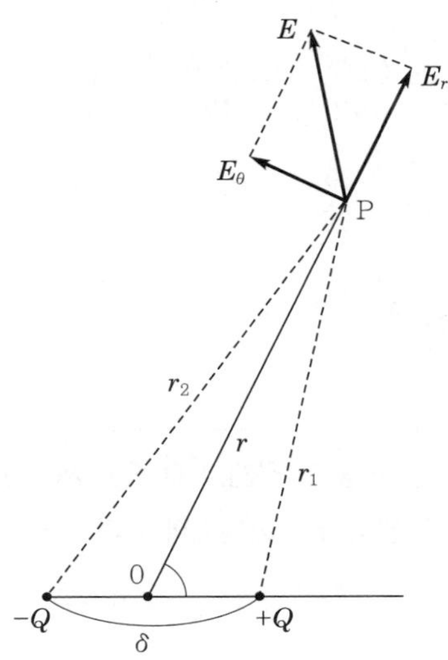

① $E_r = \dfrac{M}{2\pi\varepsilon_0 r^3}\sin\theta$, $E_\theta = \dfrac{M}{4\pi\varepsilon_0 r^3}\cos\theta$

② $E_r = \dfrac{M}{4\pi\varepsilon_0 r^3}\sin\theta$, $E_\theta = \dfrac{M}{4\pi\varepsilon_0 r^3}\cos\theta$

③ $E_r = \dfrac{M}{2\pi\varepsilon_0 r^3}\cos\theta$, $E_\theta = \dfrac{M}{4\pi\varepsilon_0 r^3}\sin\theta$

④ $E_r = \dfrac{M}{4\pi\varepsilon_0}\omega$, $E_\theta = \dfrac{M}{4\pi\varepsilon_0}(1-\omega)$

해설 (1) 전기 쌍극자 모멘트 $M = Q \cdot \delta[\mathrm{C \cdot m}]$

(2) 거리와의 관계

전위 $V \propto \dfrac{1}{r^2}$, 전계 $E \propto \dfrac{1}{r^3}$

(3) $\cos\theta$ 함수(관계)

$\theta = 0°$일 때 최댓값, $\theta = 90°$일 때 최솟값($V=0$, E는 최댓값)

(4) 전계 $\dot{E} = \dot{E}_r + \dot{E}_\theta = \dfrac{M\cos\theta}{2\pi\varepsilon_0 r^3}\dot{a}_r + \dfrac{M\sin\theta}{4\pi\varepsilon_0 r^3}\dot{a}_\theta$ 보기 ③

(5) 전위 $V = \dfrac{M}{4\pi\varepsilon_0 r^2}\cos\theta$

답 ③

44 중요도 ★ / 한국동서발전 1회 2회 3회

쌍극자 모멘트 $4\pi\varepsilon_0$[C · m]의 전기 쌍극자에 의한 공기 중 한 점 1[cm], 60°의 전위[V]는?

① 0.05 ② 0.5 ③ 50 ④ 5000

해설 전위 $V=\dfrac{M\cos\theta}{4\pi\varepsilon_0 r^2}=\dfrac{(4\pi\varepsilon_0)\cos 60°}{4\pi\varepsilon_0\times(1\times10^{-2})^2}=\dfrac{0.5}{10^{-4}}=5000\ [\text{V}]$

답 ④

라플라스 방정식, 푸아송 방정식

45 중요도 ★★ / 한국남부발전 1회 2회 3회

공간적 전하분포를 갖는 유전체 중의 전계 E에 있어서, 전하밀도 ρ와 전하분포 중의 한 점에 대한 전위 V와의 관계 중 전위를 생각하는 고찰점에 ρ의 전하분포가 없다면 $\nabla^2 V=0$이 된다는 것은?

① Laplace의 방정식 ② Poisson의 방정식
③ Stokes의 정리 ④ Thomson의 정리

해설 (1) 푸아송 방정식(Poisson's equation)
① 체적 전하밀도 ρ_v[C/m³]가 공간적으로 분포하고 있을 때 내부 임의의 점에서 전위를 구하는 식
② $\nabla^2 V=-\dfrac{\rho_v}{\varepsilon_0} \rightarrow \dfrac{\partial^2 V}{\partial x^2}+\dfrac{\partial^2 V}{\partial y^2}+\dfrac{\partial^2 V}{\partial z^2}=-\dfrac{\rho_v}{\varepsilon_0}$
(2) 라플라스 방정식(Laplace's equation)
① 전하가 존재하지 않는 곳에서의 전위는 0이다.
② $\nabla^2 V=0$

답 ①

46 중요도 ★ / 한국수력원자력 1회 2회 3회

전위 V가 단지 x만의 함수이며 $x=0$에서 $V=0$이고, $x=d$ 일 때 $V=V_o$인 경계 조건을 갖는다고 한다. 라플라스 방정식에 의한 V의 해는?

① $\nabla^2 V$ ② $V_o d$ ③ $\dfrac{V_o}{d}x$ ④ $\dfrac{Q}{4\pi\varepsilon_0 d}$

해설 라플라스 방정식에서 V가 x만의 함수이므로
$\nabla^2 V=\dfrac{\partial^2 V}{\partial x^2}=0$ (V는 x의 1차 함수)

$V = Ax + B$에서 $x=0$일 때 $V=0$

$\therefore\ B=0$

$x=d$일 때 $V=V_o$에서

$A=\dfrac{V_o}{d}$이므로

$\therefore\ V=\dfrac{V_o}{d}x$

답 ③

정전계의 관계식

47 중요도 ★★ / 인천교통공사 1회 2회 3회

정전계에 관한 법칙 중 틀린 것은?

① $\text{grad}\,V = \boldsymbol{i}\dfrac{\partial V}{\partial x}+\boldsymbol{j}\dfrac{\partial V}{\partial y}+\boldsymbol{k}\dfrac{\partial V}{\partial z}$　② $\text{div}\boldsymbol{E}=\dfrac{\rho}{\varepsilon_0}$

③ $\displaystyle\int\int_s \boldsymbol{A}\cdot \boldsymbol{n}dS=\int\int\int_V \text{div}\boldsymbol{A}\cdot dV$　④ $\nabla^2 V=\dfrac{\rho}{\varepsilon_0}$

해설

① $\text{grad}\,V = \boldsymbol{i}\dfrac{\partial V}{\partial x}+\boldsymbol{j}\dfrac{\partial V}{\partial y}+\boldsymbol{k}\dfrac{\partial V}{\partial z}$: 전위의 기울기

② $\text{div}\boldsymbol{E}=\dfrac{\rho}{\varepsilon_0}$: 가우스 정리의 미분형

③ $\displaystyle\int\int_s \boldsymbol{A}\cdot \boldsymbol{n}dS=\int\int\int_V \text{div}\boldsymbol{A}\cdot dV$: 가우스의 발산 정리

④ $\nabla^2 V=-\dfrac{\rho}{\varepsilon_0}$: 푸아송 방정식

답 ④

체적 전하밀도의 계산

48 중요도 ★★ / 한국가스공사, 한국도로공사 1회 2회 3회

진공(유전율 ε_0)의 전하 분포 공간 내에서 전위가 $V=x^2+y^2$[V]로 표시될 때, 체적 전하 밀도는 몇 [C/m^3]인가?

① $-4\varepsilon_0$　② $-\dfrac{4}{\varepsilon_0}$　③ $-2\varepsilon_0$　④ $-\dfrac{2}{\varepsilon_0}$

해설

(1) $\mathrm{div}\,\dot{E} = \frac{\rho_v}{\varepsilon_0}\left(= \nabla \cdot \dot{E} = \frac{\rho_v}{\varepsilon_0}\right)$

전계의 세기와 유전율을 알 때 체적 전하밀도를 계산

(2) $\mathrm{div}\,\dot{D} = \rho_v (= \nabla \cdot \dot{D} = \rho_v)$

전속밀도를 알고 체적 전하밀도를 계산

(3) $\nabla^2 V = -\frac{\rho_v}{\varepsilon_0}$

전위를 알고 체적 전하밀도를 계산(부호 주의)

(4) $\nabla^2 V = \frac{\partial^2 V}{\partial x^2} + \frac{\partial^2 V}{\partial y^2} + \frac{\partial^2 V}{\partial z^2}$

$= \frac{\partial^2 (x^2+y^2)}{\partial x^2} + \frac{\partial^2 (x^2+y^2)}{\partial y^2} + \frac{\partial^2 (x^2+y^2)}{\partial z^2}$

$= 2+2+0 = 4$

$\nabla^2 V = -\frac{\rho_v}{\varepsilon_0}$ 에서 $\rho_v = -\varepsilon_0 \nabla^2 V$이므로

$\rho_v = -4\varepsilon_0\,[\mathrm{C/m^3}]$

답 ①

49 중요도 ★★ / LH공사

1회 2회 3회

자유공간 중에서 점 $\mathrm{P}(5, -2, 4)$가 도체면상에 있으며 이 점에서 전계 $E = 6a_x - 2a_y + 3a_z$[V/m]이다. 점 P에서의 면전하 밀도 ρ_s[C/m^2]는?

① $-2\varepsilon_0\,[\mathrm{C/m^2}]$
② $3\varepsilon_0\,[\mathrm{C/m^2}]$
③ $6\varepsilon_0\,[\mathrm{C/m^2}]$
④ $7\varepsilon_0\,[\mathrm{C/m^2}]$

해설

임의 모양의 도체의 표면 전계세기 $E = \frac{\rho_s}{\varepsilon_0}\,[\mathrm{V/m}]$

점 $\mathrm{P}(5,\ -2,\ 4)$는 도체 표면상에 있으므로

점 P에서의 면전하 밀도 $\rho_s = \varepsilon_0 |E| = \varepsilon_0\sqrt{6^2+2^2+3^2} = \varepsilon_0\sqrt{49} = 7\varepsilon_0\,[\mathrm{C/m^2}]$

답 ④

전계의 비회전성

50 중요도 ★ / 한국수력원자력

1회 2회 3회

진공 중에 전하량 Q[C]인 점전하가 있다. 그림과 같이 Q를 둘러싸는 경로 C_1과 둘러싸지 않는 폐곡선 C_2가 있다. 지금 +1[C]의 전하를 화살표 방향으로 경로 C_1을 따라 일주시킬 때 요하는 일을 W_1, 경로 C_2를 일주시키는 데 요하는 일을 W_2라고 할 때 옳은 것은?

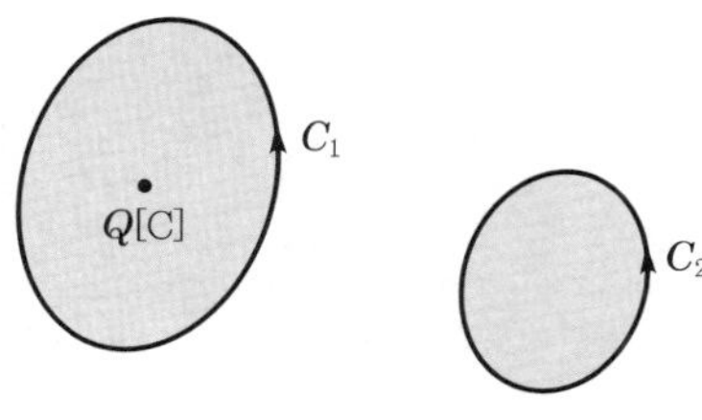

① $W_1 < W_2$ ② $W_2 < W_1$
③ $W_1 \neq 0$, $W_2 = 0$ ④ $W_1 = W_2 = 0$

해설 전계 내에서 폐회로를 따라 전하를 일주시킬 경우 전위의 변화가 없으므로 이때 요하는 일의 양은 경로에 관계없이 항상 영(0)이다.

스토크스 정리에서 $\oint_c E \cdot dl = \int_s \nabla \times E \cdot ds = 0$이므로 $\nabla \times E = 0$이 된다.

따라서, 전계는 회전하지 않으며 이러한 보존적인 전계를 정전계라 한다.

그러므로 $W_1 = W_2 = 0$이 성립한다.

답 ④

51 중요도 ★★ / 2024 한국중부발전

1회 2회 3회

각 변의 길이가 2[m]인 정삼각형에 전하 3[C]이 있다. 정삼각형 변을 따라서, 한 바퀴 전하를 일주할 때 하는 일은 몇 [J]인가? (단, 전계는 6[kV/m] 존재한다.)

① 0 ② 3 ③ 6 ④ 12

해설 전계 내에서 폐회로를 따라 전하를 일주시킬 경우 전위의 변화가 없으므로 이때 요하는 일의 양은 경로에 관계없이 항상 영(0)이다.

답 ①

03 진공 중의 도체계

전위계수

52 중요도 ★★ / 국가철도공단 1회 2회 3회

2개의 도체를 $+Q$[C]과 $-Q$[C]으로 대전했을 때 이 두 도체 간의 정전용량을 전위계수로 표시하면 어떻게 되는가?

① $\dfrac{P_{11}P_{22}-P_{12}^2}{P_{11}+2P_{12}+P_{22}}$　② $\dfrac{P_{11}P_{22}+P_{12}^2}{P_{11}+2P_{12}+P_{22}}$

③ $\dfrac{1}{P_{11}+2P_{12}+P_{22}}$　④ $\dfrac{1}{P_{11}-2P_{12}+P_{22}}$

해설 **전위계수**

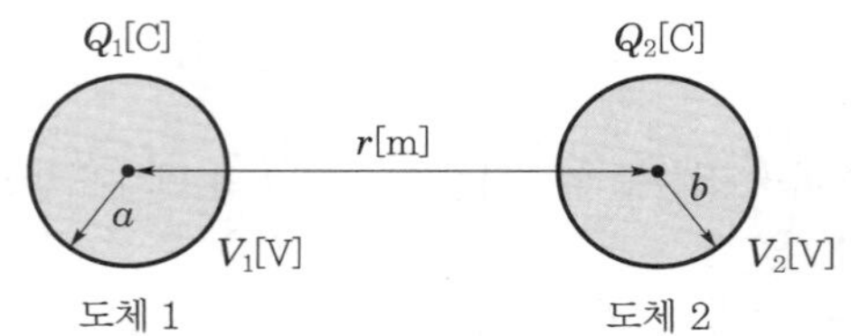

(1) 두 도체의 전위

$V_1=V_{11}+V_{12}=P_{11}Q_1+P_{12}Q_2$[V]

$V_2=V_{21}+V_{22}=P_{21}Q_1+P_{22}Q_2$[V]

(2) 도체 1・2의 전위를 각각 V_1, V_2라 하면 $Q_1=Q$[C], $Q_2=-Q$[C]일 때

$V_1=V_{11}+V_{12}=P_{11}Q_1+P_{12}Q_2=P_{11}Q-P_{12}Q$[V]

$V_2=V_{21}+V_{22}=P_{21}Q_1+P_{22}Q_2=P_{21}Q-P_{22}Q$[V]

(3) 두 도체 간의 전위차

$$V=V_1-V_2=(P_{11}Q-P_{12}Q)-(P_{21}Q_1-P_{22}Q)$$
$$=P_{11}Q-P_{12}Q-P_{21}Q_1+P_{22}Q\ (\because\ P_{12}=P_{21})$$
$$=(P_{11}-2P_{12}+P_{22})Q$$

(4) 정전용량 $C=\dfrac{Q}{V}=\dfrac{1}{P_{11}-2P_{12}+P_{22}}$

답 ④

53 중요도 ★★ / 한국서부발전, 한국수력원자력 1회 2회 3회

전위계수에 있어서 $P_{11}=P_{21}$의 관계가 의미하는 것은?

① 도체 1과 2는 멀리 있다.　② 도체 2가 1 속에 있다.

③ 도체 2가 도체 3 속에 있다.　④ 도체 1과 2는 가까이 있다.

해설 그림과 같이 반지름 a[m]인 도체구 2를 내측 반지름 b[m], 외측 반지름 c[m]인 동심 도체구 1로 포위하는 경우 도체 1에만 $+Q$[C]의 전하를 주었다면 $V_1 = P_{11}Q$, $V_2 = P_{21}Q$의 관계식이 성립한다.

여기서, $P_{11} = \dfrac{V_1}{Q} = \dfrac{\dfrac{Q}{4\pi\varepsilon_0 c}}{Q} = \dfrac{1}{4\pi\varepsilon_0 c}$, $P_{21} = \dfrac{V_2}{Q} = \dfrac{\dfrac{Q}{4\pi\varepsilon_0 c}}{Q} = \dfrac{1}{4\pi\varepsilon_0 c}$

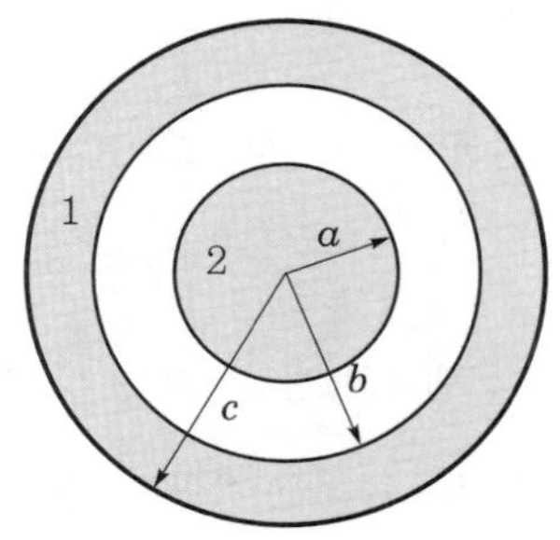

도체구 1의 외부 표면 전위는 $\dfrac{Q}{4\pi\varepsilon_0 c}$

도체구 1・2 사이의 전위차는 0이므로 $P_{11} = P_{21}$이 성립한다.

따라서, 도체 2가 1 속에 있다(포위되어 있음).

답 ②

평행판 콘덴서

54 중요도 ★★★ / 서울교통공사, 국가철도공단, 한국남동발전 | 1회 | 2회 | 3회

평행판 콘덴서에서 전극 간에 V[V]의 전위차를 가할 때 전계의 세기가 E[V/m](공기의 절연내력)를 넘지 않도록 하기 위한 콘덴서의 단위면적당의 최대 용량은 몇 [F/m²]인가?

① $\dfrac{\varepsilon_0 V}{E}$ ② $\dfrac{\varepsilon_0 E}{V}$ ③ $\dfrac{\varepsilon_0 V^2}{E}$ ④ $\dfrac{\varepsilon_0 E^2}{V}$

해설 (1) 평행판 콘덴서의 정전용량 : $C = \varepsilon_0 \dfrac{S}{d}$[F]

(2) 평행판 콘덴서의 단위면적당 정전용량 : $C = \dfrac{\varepsilon_0 S}{d} \times \dfrac{1}{S} = \dfrac{\varepsilon_0}{d}$[F/m^2]

여기서, 평행판 사이의 간격 $d = \dfrac{\varepsilon_0}{C}$[m]

(3) 전위 : $V = E \cdot d = E \times \dfrac{\varepsilon_0}{C}$[V]

(4) 평행판 콘덴서의 단위면적당 정전용량 : $C = \dfrac{\varepsilon_0 E}{V}$[F/m^2]

답 ②

55 중요도 ★★★ / 한국가스공사 1회 2회 3회

평행판 축전기에 Q[C]의 전하를 충전한 후 양 전극을 절연시킨 상태에서 양단의 전위차는 V[V]이다. 이때, 양극판의 면적과 간격을 각각 2배로 하면 양단의 전위차는 어떻게 되는가?

① $\frac{1}{4}$배가 된다. ② 2배가 된다. ③ 4배가 된다. ④ 변화 없다.

해설 (1) 전하를 충전한 후이므로 충전된 전하량 $Q=CV$[C]로 일정하다.

따라서, 양단의 전위차 $V=\frac{Q}{C}$[V]이며 $V \propto \frac{1}{C}$, 즉 정전용량에 반비례한다.

(2) 면적 S_1, 간격 d_1인 평행판 콘덴서의 정전용량을 C_1이라 하면 $C_1=\varepsilon_0\frac{S_1}{d_1}$

문제에서 $d=2d_1$, $S=2S_1$이므로 구하는 용량은 다음과 같다.

$\therefore\ C=\varepsilon_0\frac{2S_1}{2d_1}=\varepsilon_0\frac{S_1}{d_1}=C_1$

정전용량은 처음과 같이 변화가 없으므로 전위 또한 변화가 없다.

답 ④

56 중요도 ★★★ / 2024 서울교통공사 1회 2회 3회

정전용량 C=10[μF]이고, 충전전압 10[V]를 충전 후에 콘덴서의 간격이 2배로 증가할 때의 충전전압은 얼마인가?

① 5 ② 10 ③ 20
④ 30 ⑤ 40

해설 (1) 평행판 콘덴서의 전하량 $Q=CV=10\times10^{-6}\times10=100[\mu C]$

(2) 이때, 충전한 뒤이므로 전하량은 변화없이 일정하다.

따라서, $V=\frac{Q}{C}$에서 $V\propto\frac{1}{C}$

$C=\varepsilon_0\frac{S}{d}$[F]에서 극판의 거리가 2배이므로 $C'=\varepsilon_0\frac{S}{2d}=\frac{1}{2}C$이므로 정전용량은 $\frac{1}{2}$배가 되므로 전압은 2배 증가한다.

(3) $V'=2V=2\times10=20$[V]

답 ③

동심 구도체의 정전용량

57 중요도 ★★ / 한국남부발전 1회 2회 3회

내구의 반지름 a = 10[cm], 외구의 반지름 b = 20[cm]인 동심구 콘덴서의 용량을 구하면?

① 11[pF] ② 22[pF] ③ 33[pF] ④ 22[μF]

해설 동심구 도체의 정전용량

$$C=\frac{4\pi\varepsilon_0}{\frac{1}{a}-\frac{1}{b}}=\frac{4\pi\varepsilon_0\cdot ab}{b-a}=\frac{1}{9\times10^9}\cdot\frac{ab}{b-a}[\mathrm{F}]$$

$$=\frac{1}{9\times10^9}\cdot\frac{10\times10^{-2}\times20\times10^{-2}}{(20-10)\times10^{-2}}=\frac{1}{9}\times10^{-9}\times20\times10^{-2}=22\times10^{-12}[\mathrm{F}]=22[\mathrm{pF}]$$

답 ②

평행도선(체) 사이의 정전용량

58 중요도 ★★ / 한국수력원자력 1회 2회 3회

도선의 반지름이 a[m]이고, 두 도선 중심 간의 간격이 d[m]인 평행 2선 선로의 정전용량에 대한 설명으로 옳은 것은? (단, $d \gg a$)

① 정전용량 C는 $\ln\frac{d}{a}$에 직접 비례한다. ② 정전용량 C는 $\ln\frac{d}{a}$에 반비례한다.

③ 정전용량 C는 $\ln\frac{a}{d}$에 직접 비례한다. ④ 정전용량 C는 $\ln\frac{a}{d}$에 반비례한다.

해설

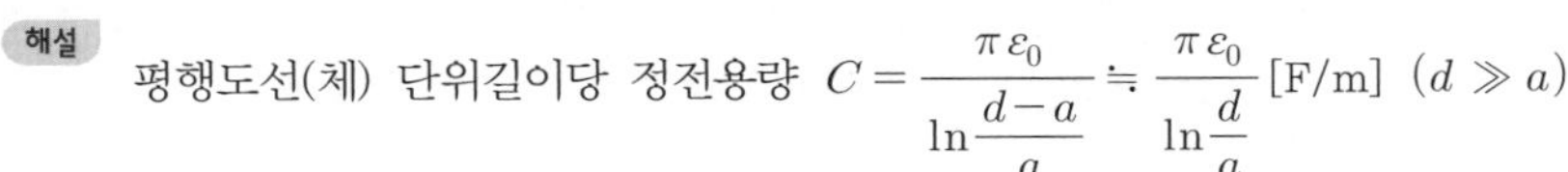

평행도선(체) 단위길이당 정전용량 $C=\frac{\pi\varepsilon_0}{\ln\frac{d-a}{a}}\fallingdotseq\frac{\pi\varepsilon_0}{\ln\frac{d}{a}}$[F/m] $(d\gg a)$

답 ②

59 중요도 ★★ / 2024 한국전력거래소 1회 2회 3회

진공 중 반지름이 2[m]인 무한 길이의 원통 도체 2개가 간격 10[m]로 평행하게 배치되어 있다. 두 도체 사이의 정전용량 C[F]를 바르게 나타낸 것은?

① $\pi\varepsilon_0\ln4$ ② $\frac{\pi\varepsilon_0}{\ln4}$ ③ $\pi\varepsilon_0\ln\frac{1}{4}$ ④ $\frac{\pi\varepsilon_0}{\ln\frac{1}{4}}$

해설 평행도선(체) 단위길이당 정전용량 $C=\dfrac{\pi\varepsilon_0}{\ln\dfrac{d-a}{a}} \fallingdotseq \dfrac{\pi\varepsilon_0}{\ln\dfrac{d}{a}}$[F/m] $(d \gg a)$

$$C=\frac{\pi\varepsilon_0}{\ln\frac{d-a}{a}}=\frac{\pi\varepsilon_0}{\ln\frac{10-2}{2}}=\frac{\pi\varepsilon_0}{\ln 4}\text{[F/m]}$$

답 ②

콘덴서의 직렬 연결, 병렬 연결

60 중요도 ★★★ / 한국동서발전, 부산교통공사 1회 2회 3회

정전용량이 같은 콘덴서 2개를 직렬로 연결했을 때 합성 용량은 이들을 두 개 병렬로 연결했을 때의 몇 배인가?

① 2 ② 4 ③ $\dfrac{1}{2}$ ④ $\dfrac{1}{4}$

해설 (1) 직렬로 연결

$$C_s=\frac{C\times C}{C+C}=\frac{C^2}{2C}=\frac{C}{2}$$

(2) 병렬로 연결

$$C_p=C+C=2C$$

$$\frac{C_s}{C_p}=\frac{\frac{C}{2}}{2C}=\frac{1}{4}$$

체크 point

- 동일한 콘덴서 C[F]을 n개 직렬 연결 $C_n=\dfrac{C}{n}$[F]
- 동일한 콘덴서 C[F]을 n개 병렬 연결 $C_n=nC$[F]
- 동일한 콘덴서 C[F]을 n개 직렬 연결 시 합성 정전용량은 병렬 연결 시 합성 정전용량의 $\dfrac{1}{n^2}$배

답 ④

콘덴서의 브리지 연결(직 · 병렬 연결)

61 중요도 ★★★ / 한국동서발전

1회 2회 3회

그림에서 a · b 간의 합성 정전용량은 얼마인가?

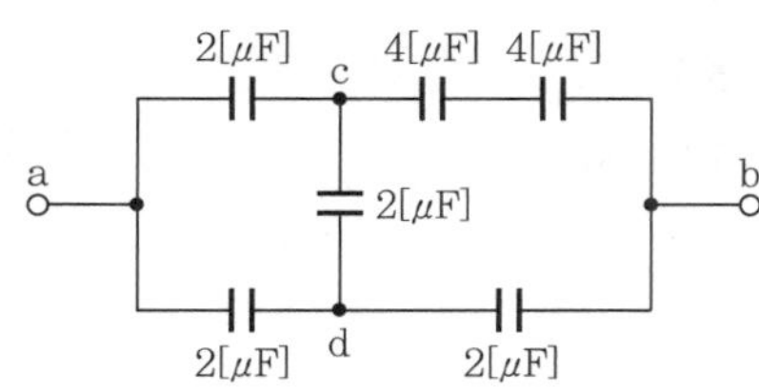

① 2[μF] ② 4[μF] ③ 6[μF] ④ 8[μF]

해설 4[μF] 콘덴서 2개가 직렬로 연결된 부분의 합성용량은 $\frac{4\times4}{4+4}=2[\mu\text{F}]$이므로

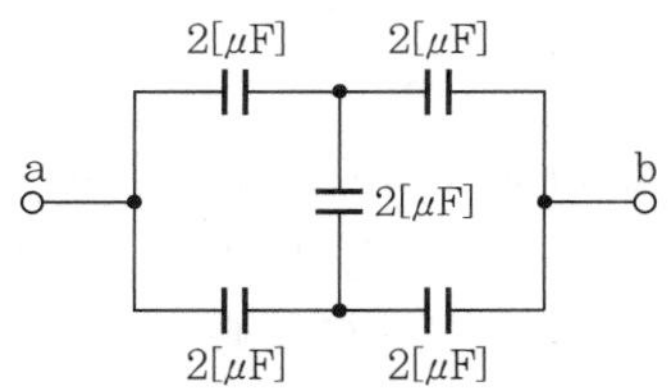

이 등가회로는 브리지의 평형을 만족하므로 가운데 2[μF]은 생략이 가능하다.

따라서, a · b 간 합성 정전용량 $C=\frac{2\times2}{2+2}+\frac{2\times2}{2+2}=1+1=2[\mu\text{F}]$

답 ①

62 중요도 ★★★ / 한국수력원자력

1회 2회 3회

그림과 같이 $C_1=3[\mu\text{F}]$, $C_2=4[\mu\text{F}]$, $C_3=5[\mu\text{F}]$, $C_4=4[\mu\text{F}]$의 콘덴서가 연결되어 있을 때, C_3에 $Q_3=120[\mu\text{C}]$의 전하가 충전되어 있다면 $\overline{\text{ac}}$ 간의 전위차는 몇 [V]인가?

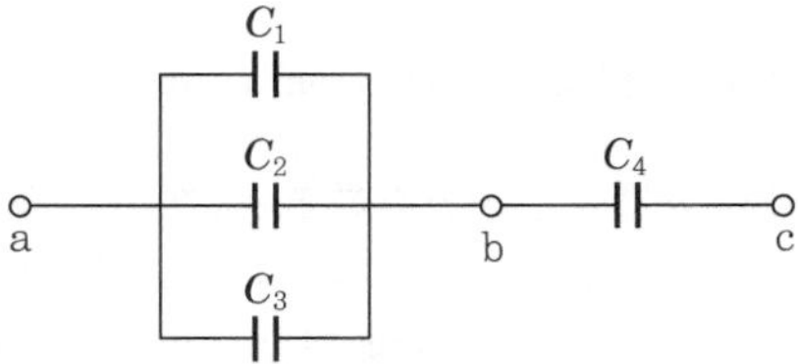

① 72 ② 96 ③ 102 ④ 120

해설 (1) 콘덴서의 병렬 연결 시 각 콘덴서 양단의 전위차는 같으므로

$$V_{ab}=V_1=V_2=V_3=\frac{Q_3}{C_3}=\frac{120\times10^{-6}}{5\times10^{-6}}=24[\text{V}]$$

(2) a-b 사이의 합성 정전용량은

$C' = C_1 + C_2 + C_3 = 3+4+5 = 12[\mu F]$

(3) C'와 C_4의 직렬 연결 시 걸리는 전압은 용량에 반비례하므로

$V_{ab} : V_{bc} = \frac{1}{C'} : \frac{1}{C_4} = \frac{1}{12} : \frac{1}{4} = 1 : 3$이므로

$V_{bc} = 3V_{ab} = 3 \times 24 = 72[V]$

(4) $V_{ac} = V_{ab} + V_{bc} = 24 + 72 = 96[V]$

답 ②

63 중요도 ★★ / 2024 한국동서발전

1회 2회 3회

반지름 1[m], 1.5[m], 2[m]인 독립 도체구를 병렬로 연결 시 합성 정전용량을 구하시오.

① $4\pi\varepsilon_0$　② $9\pi\varepsilon_0$　③ $18\pi\varepsilon_0$　④ $24\pi\varepsilon_0$

해설 (1) 구도체의 정전용량 $C = 4\pi\varepsilon_0 a[F]$ (a : 구도체의 반지름[m])

(2) 도체를 가는 전선으로 연결했을 때는 등전위가 되므로 병렬 접속과 같다.
따라서, 합성 정전용량 $C = C_1 + C_2 + C_3 = 4\pi\varepsilon_0 a + 4\pi\varepsilon_0 b + 4\pi\varepsilon_0 c = 4\pi\varepsilon_0(a+b+c)[F]$

(3) $C = C_1 + C_2 + C_3 = 4\pi\varepsilon_0 \times 1 + 4\pi\varepsilon_0 \times 1.5 + 4\pi\varepsilon_0 \times 2 = 4\pi\varepsilon_0(1+1.5+2)$
$= 4\pi\varepsilon_0 \times 4.5 = 18\pi\varepsilon_0[F]$

답 ③

콘덴서의 특성 및 연결

64 중요도 ★★★ / 광주교통공사, 한국동서발전

1회 2회 3회

콘덴서의 성질에 관한 설명 중 적절하지 못한 것은?

① 용량이 같은 콘덴서를 n개 직렬 연결하면 내압은 n배가 되고 용량은 $\frac{1}{n}$배가 된다.
② 용량이 같은 콘덴서를 n개 병렬 연결하면 내압은 같고 용량은 n배가 된다.
③ 정전용량이란 도체의 전위를 1[V]로 하는데 필요한 전하량을 말한다.
④ 콘덴서를 직렬 연결할 때 각 콘덴서에 분포되는 전하량은 콘덴서 크기에 비례한다.

해설 (1) 콘덴서를 직렬 연결 시

① 각 콘덴서에 충전되는 전하량은 같다. 보기 ④

② 용량이 같은 콘덴서를 n개 직렬 연결하면 내압은 n배, 용량은 $\frac{1}{n}$배로 된다. 보기 ①

(2) 콘덴서를 병렬 연결 시

① 각 콘덴서에 걸리는 전압은 같다.

② 용량이 같은 콘덴서를 n개 병렬 연결하면 내압은 같고 용량은 n배로 된다. 보기 ②

답 ④

65 중요도 ★★★ / 인천교통공사, 한국남동발전 1회 2회 3회

전압 V로 충전된 용량 C의 콘덴서에 동일 용량 C의 콘덴서 n개를 병렬 연결한 후의 콘덴서 양단 간의 전압은?

① V ② nV ③ $\dfrac{V}{n}$ ④ $\dfrac{V}{n^2}$

해설 (1) 전하를 충전한 후이므로 충전된 전하량 $Q=CV$[C]로 일정하다.

따라서, 양단의 전위차 $V=\dfrac{Q}{C}$[V]이며 $V \propto \dfrac{1}{C}$, 즉 정전용량에 반비례한다.

(2) 동일한 콘덴서 C를 n개 병렬 연결 시 합성 정전용량 $C'=nC$[F]

따라서, 콘덴서 병렬 접속 후 단자전압 $V'=\dfrac{Q}{C'}=\dfrac{Q}{nC}=\dfrac{V}{n}$[V]

답 ③

콘덴서의 직렬 연결 시 전압 분배

66 중요도 ★★★ / 서울교통공사 1회 2회 3회

콘덴서 C_1과 C_2의 직렬 회로에 전압 V_0를 가했을 때 C_2의 단자전압은?

① $\dfrac{C_1}{C_1+C_2}V_0$ ② $\dfrac{C_2}{C_1+C_2}V_0$

③ $\dfrac{C_1+C_2}{C_1}V_0$ ④ $\dfrac{C_1+C_2}{C_2}V_0$

해설 콘덴서의 직렬 연결 시 각 콘덴서의 전압 분배는 정전용량에 반비례한다.

(1) C_1의 단자전압 : $V_1=\dfrac{C_2}{C_1+C_2}V_0$[V]

(2) C_2의 단자전압 : $V_2=\dfrac{C_1}{C_1+C_2}V_0$[V]

답 ①

콘덴서의 병렬 연결 시 전하(량) 분배

67 중요도 ★★★ / 서울교통공사 1회 2회 3회

Q_1으로 대전된 용량 C_1의 콘덴서에 용량 C_2를 병렬 연결한 경우 C_2가 분배받는 전기량은? (단, V_1은 콘덴서 C_1에 Q_1으로 충전되었을 때의 C_1 양단 전압이다.)

① $Q_2 = \dfrac{C_1 + C_2}{C_2} V_1$　　② $Q_2 = \dfrac{C_2}{C_1 + C_2} V_1$

③ $Q_2 = \dfrac{C_1}{C_1 + C_2} V_1$　　④ $Q_2 = \dfrac{C_1 C_2}{C_1 + C_2} V_1$

해설 (1) Q_1으로 대전된 용량 C_1의 콘덴서 양단 전압이 V_1이므로 $Q_1 = C_1 V_1[\mathrm{C}]$

(2) 콘덴서 병렬 연결 시 합성 정전용량

$C = C_1 + C_2[\mathrm{F}]$

(3) 콘덴서 2개를 병렬 접속한 후의 전위차

$V_o = \dfrac{Q_1}{C} = \dfrac{Q_1}{C_1 + C_2}[\mathrm{V}]$

(4) C_2가 분배받는 전하량

$Q_2 = C_2 V_o = C_2 \times \dfrac{Q_1}{C_1 + C_2} = \dfrac{C_1 C_2}{C_1 + C_2} V_1[\mathrm{C}]$

답 ④

68 중요도 ★★ / 인천교통공사 1회 2회 3회

반지름이 각각 3[m], 4[m]인 2개의 절연 도체구의 전위가 각각 5[V], 8[V]가 되도록 충전한 후 가는 도선으로 연결할 때, 공통 전위는 얼마인가?

① 5.69[V]　② 5.71[V]　③ 6.69[V]　④ 6.71[V]

해설 (1) 구도체의 정전용량 : $C = 4\pi\varepsilon a[\mathrm{F}]$ (a : 구도체의 반지름[m])

$C_1 = 4\pi\varepsilon a_1[\mathrm{F}]$, $C_2 = 4\pi\varepsilon a_2[\mathrm{F}]$

(2) 두 구도체를 병렬 연결할 경우

① 전체 전하량 $Q = C_1 V_1 + C_2 V_2 == 4\pi\varepsilon(a_1 V_1 + a_2 V_2)[\mathrm{C}]$

② 전체 합성 정전용량 $C = C_1 + C_2 = 4\pi\varepsilon(a_1 + a_2)[\mathrm{F}]$

(3) 공통 전위

$$V = \frac{Q}{C} = \frac{4\pi\varepsilon(a_1 V_1 + a_2 V_2)}{4\pi\varepsilon(a_1 + a_2)} = \frac{a_1 V_1 + a_2 V_2}{a_1 + a_2}$$

$$= \frac{3\times5+4\times8}{3+4} = \frac{47}{7} = 6.71[\mathrm{V}]$$

답 ④

콘덴서의 내압

69 중요도 ★★ / 한국수력원자력, 부산교통공사 1회 2회 3회

2[μF], 3[μF], 4[μF]의 콘덴서를 직렬로 연결하고 양단에 가한 전압을 서서히 상승시킬 때 다음 중 옳은 것은? (단, 유전체의 재질 및 두께는 같다.)

① 2[μF]의 콘덴서가 제일 먼저 파괴된다. ② 3[μF]의 콘덴서가 제일 먼저 파괴된다.
③ 4[μF]의 콘덴서가 제일 먼저 파괴된다. ④ 세 개의 콘덴서가 동시에 파괴된다.

해설 (1) 콘덴서를 직렬 연결할 경우 충전되는 전하량 Q[C]는 동일하고 각 콘덴서에 걸리는 전압은 $V=\frac{Q}{C}$[V]이므로 정전용량 C[F]에 반비례한다.

(2) 직렬 연결 시의 각 콘덴서에 충전되는 전하량 $Q_1=Q_2=Q_3=Q$이므로

$C_1V_1=C_2V_2=C_3V_3=Q$

따라서, $V_1=\frac{Q}{C_1}$, $V_2=\frac{Q}{C_2}$, $V_3=\frac{Q}{C_3}$

내압이 같은 경우 각 콘덴서 양단 간에 걸리는 전압은 용량에 반비례하므로 용량이 제일 작은 2[μF]의 콘덴서가 제일 먼저 파괴된다.

답 ①

70 중요도 ★★ / 한국수력원자력 1회 2회 3회

내압이 1.5[kV]이고 용량이 각각 2[μF], 3[μF], 4[μF]인 콘덴서를 직렬로 연결했을 때의 전체 내압 [V]은?

① 3250 ② 2750 ③ 1750 ④ 1550

해설 직렬 연결 시 전하량 Q는 동일하므로 V(내압)의 최댓값은 전압이 제일 크게 걸리는 2[μF]을 기준으로 정한다.

$V_1 : V_2 : V_3 = \frac{1}{2} : \frac{1}{3} : \frac{1}{4} = 6 : 4 : 3$

$V_1=\frac{6}{13}V \rightarrow V=\frac{13}{6}\times 1500=3250$[V]

답 ①

콘덴서에 축적되는 에너지

71 중요도 ★★★ / 서울교통공사, 국가철도공단, 한국남동발전, 한국서부발전, 한국중부발전 1회 2회 3회

콘덴서의 전위차와 축적되는 에너지와의 관계를 그림으로 나타내면 다음의 어느 것인가?

① 쌍곡선 ② 타원 ③ 포물선 ④ 직선

해설 콘덴서에 축적되는 에너지 $W = \frac{1}{2}QV = \frac{Q^2}{2C} = \frac{1}{2}CV^2$[J]

위 식에서 콘덴서에 축적되는 에너지는 도체에 인가되는 전압(위)의 제곱에 비례하므로 포물선 형태로 증가한다.

답 ③

72 중요도 ★★ / 지역난방공사 1회 2회 3회

W_1, W_2의 에너지를 갖는 두 콘덴서를 병렬로 연결한 경우 총에너지 W는? (단, $W_1 \neq W_2$이다.)

① $W_1 + W_2 = W$ ② $W_1 + W_2 \geqq W$
③ $W_1 + W_2 \leqq W$ ④ $W_1 - W_2 = W$

해설 전위가 다르게 충전된 콘덴서를 병렬로 접속하여 전위가 같아지도록 높은 전위 콘덴서의 전하가 낮은 전위 콘덴서 쪽으로 이동하며, 이에 따른 전하의 이동(전류)으로 도선에서 전력 소모가 발생한다.

$\therefore\ W_1 + W_2 \geqq W$

답 ②

73 중요도 ★★ / 서울교통공사 1회 2회 3회

두 도체의 전위 및 전하가 각각 V_1, Q_1 및 V_2, Q_2일 때 도체가 갖는 에너지는?

① $\frac{1}{2}(V_1Q_1 + V_2Q_2)$ ② $\frac{1}{2}(Q_1 + Q_2)(V_1 + V_2)$
③ $V_1Q_1 + V_2Q_2$ ④ $(V_1 + V_2)(Q_1 + Q_2)$

해설 (1) 각 도체에 축적되는 에너지

$W_1 = \frac{1}{2}V_1Q_1$[J], $W_2 = \frac{1}{2}V_2Q_2$[J]

(2) 두 도체의 에너지

$W = W_1 + W_2 = \frac{1}{2}(V_1Q_1 + V_2Q_2)$

답 ①

74 중요도 ★★★ / 대구교통공사

1회 2회 3회

진상 콘덴서에 2배의 교류전압을 가했을 때 충전용량은 어떻게 되는가?

① $\frac{1}{4}$로 된다.　② $\frac{1}{2}$로 된다.　③ 2배로 된다.　④ 4배로 된다.

해설 콘덴서에 축적되는 에너지 $W=\frac{1}{2}CV^2$[J]

$W \propto V^2$이므로 전압이 2배로 증가하면 충전 에너지는 4배로 증가한다.

답 ④

75 중요도 ★★ / 한국가스공사

1회 2회 3회

10[μF]의 콘덴서를 100[V]로 충전한 것을 단락시켜 0.1[msec]에 방전시켰다고 하면 평균 전력[W]은?

① 450　② 500　③ 550　④ 600

해설 (1) 콘덴서에 축적되는 에너지 $W=\frac{1}{2}CV^2$[J]

$W=\frac{1}{2}\times 10\times 10^{-6}\times 100^2=0.05$[J]

(2) 0.1[msec] 동안 방전되는 평균 전력은 $W=Pt$[J]에서

$P=\frac{W}{t}=\frac{0.05}{0.1\times 10^{-3}}=\frac{50}{0.1}=500$[W]

답 ②

76 중요도 ★★ / 광주교통공사

1회 2회 3회

직류 500[V]의 전압으로 충전된 200[μF]의 콘덴서가 있다. 이 콘덴서를 2[Ω]의 저항을 통해서 방전할 때 저항에서 발생되는 열량[cal]은?

① 1.2　② 2.4　③ 3.6　④ 6

해설 저항에서 소모되는 에너지는 콘덴서에 충전되어 있던 에너지와 동일하다.

콘덴서에 충전되어 있던 에너지 $W=\frac{1}{2}CV^2=\frac{1}{2}\times 200\times 10^{-6}\times 500^2=25$[J]

발생되는 열량은 1[J]=0.24[cal]이므로

$25\times 0.24=6$[cal]

답 ④

77 중요도 ★★ / 한국중부발전 1회 2회 3회

공기 중에 고립된 지름 1[m]의 구도체를 10^6[V]로 충전한 다음 이 에너지를 10^{-5}초 사이에 방전한 경우의 평균 전력은?

① 700[kW] ② 1389[kW] ③ 2778[kW] ④ 5560[kW]

해설 (1) 반구 도체의 정전용량은 구도체의 정전용량의 $\frac{1}{2}$ 배가 된다.

$$C=\frac{1}{2}\times 4\pi\varepsilon_0 a=2\pi\varepsilon_0 a=2\pi\varepsilon_0\frac{d}{2}=\pi\varepsilon_0 d[\text{F}]$$

(2) 콘덴서에 축적되는 에너지 $W=\frac{1}{2}CV^2$[J]

$$W=\frac{1}{2}\times\pi\varepsilon_0 d\times V^2=\frac{\pi}{2}\times\frac{1}{36\pi\times10^9}\times d\times V^2\ \left(\frac{1}{4\pi\varepsilon_0}=9\times10^9\text{이므로 }\varepsilon_0=\frac{1}{4\pi\times9\times10^9}\right)$$

$$=\frac{\pi}{2}\times\frac{1}{36\pi}\times10^{-9}\times(10^6)^2\fallingdotseq13.89[\text{J}]$$

(3) 평균 전력 $P=\frac{W}{t}=\frac{13.89}{10^{-5}}=13.89\times10^5=1389\times10^3[\text{W}]=1389[\text{kW}]$

답 ②

04 유전체

분극의 종류

78 중요도 ★★ / 한국수력원자력 1회 2회 3회

다이아몬드와 같은 단결정 물체에 전장을 가할 때 유도되는 분극은?

① 전자분극 ② 이온분극과 배향분극
③ 전자분극과 이온분극 ④ 전자분극, 이온분극, 배향분극

해설 (1) 전자분극
① 외부 전계에 의해 양전하 중심인 핵의 위치와 음전하의 위치가 변화하는 분극
② 다이아몬드, 단결정, 전자운

(2) 이온분극
① 이온결합의 특성을 가진 물질에 전계를 가하면 (+), (−) 이온에 상대적 변위가 일어나 쌍극자를 유발하는 분극
② 세라믹 화합물, 이온결합

(3) 배향분극

① 영구 자기 쌍극자를 가진 유극분자들이 외부 전계와 같이 같은 방향으로 움직이는 분극

② 전계와 열에너지의 상호작용에 의해 발생(온도의 영향을 받는 분극)

③ 영구 자기 쌍극자, 전계와 같은 방향

답 ②

비유전율

79 중요도 ★★★ / 인천교통공사, 한국서부발전 | 1회 | 2회 | 3회

다음은 비유전율 ε_s에 대한 설명으로 틀린 것은?

① 비유전율 ε_s는 $\dfrac{C}{C_0}$로 나타낼 수 있다.

② 비유전율은 항상 1보다 작다.

③ 비유전율 ε_s는 절연물의 종류에 따라 달라진다.

④ 비유전율 ε_s가 있는 경우 정전용량은 증가한다.

해설 **비유전율**

(1) 비유전율의 단위는 무차원이다(유전율과 진공의 유전율과의 비율).

(2) 비유전율은 진공(공기)을 기준($\varepsilon_s = 1$)으로 하였을 때 일반적으로 1보다 큰 값을 가진다. 보기 ②

(3) 비유전율은 물질의 고유한 특성으로 절연물의 종류에 따라 모두 다른 값을 가진다. 보기 ③

(4) $C_0 = \varepsilon_0 \dfrac{S}{d}$[F], $C = \varepsilon_0 \varepsilon_s \dfrac{S}{d}$[F]이므로 $\dfrac{C}{C_0} = \dfrac{\varepsilon_0 \varepsilon_s \dfrac{S}{d}}{\varepsilon_0 \dfrac{S}{d}} = \varepsilon_s$로 나타낼 수 있다. 보기 ①

(5) $C = \varepsilon_0 \varepsilon_s \dfrac{S}{d}$[F]이므로 비유전율 ε_s이 증가할수록 정전용량은 증가한다. 보기 ④

답 ②

유전체 콘덴서

80 중요도 ★★★ / 서울교통공사, 한국서부발전 | 1회 | 2회 | 3회

다음 중 동일 규격 콘덴서의 극판 간에 유전체를 넣으면 어떻게 되는지의 설명으로 옳은 것은?

① 정전용량이 증가하고 극판 간 전계는 감소한다.

② 정전용량이 증가하고 극판 간 전계는 불변이다.

③ 정전용량이 감소하고 극판 간 전계는 불변이다.

④ 정전용량이 불변이고 극판 간 전계는 증가한다.

해설 평행판 공기 콘덴서(정전용량)를 C_0, 전계의 세기를 E_0라 하고, 유전체를 채운 경우의 정전용량을 C, 전계의 세기를 E라 하면

공기 콘덴서 $C_0 = \varepsilon_0 \dfrac{S}{d}$[F], $E_0 = \dfrac{\rho_s}{\varepsilon_0}$[V/m]

유전체 콘덴서 $C = \varepsilon_0 \varepsilon_s \dfrac{S}{d} = \varepsilon_s C_0$[F], $E = \dfrac{\rho_s}{\varepsilon_0 \varepsilon_s} = \dfrac{E_0}{\varepsilon_s}$[V/m]

∴ 유전체를 넣으면 정전용량은 ε_s 만큼 증가하고 전계의 세기는 ε_s 만큼 감소한다.

답 ①

81 중요도 ★★★ / 한국중부발전

1회 2회 3회

일정 전압을 가하고 있는 공기 콘덴서에 비유전율 ε_s 인 유전체를 채웠을 때 일어나는 현상은?

① 극판 간의 전계가 ε_s 배 된다.
② 극판 간의 전계가 $\dfrac{1}{\varepsilon_s}$ 배 된다.
③ 극판의 전하량이 ε_s 배 된다.
④ 극판의 전하량이 $\dfrac{1}{\varepsilon_s}$ 배 된다.

해설 평행판 공기 콘덴서(정전용량)를 C_0, 전하량을 Q_0라 하고, 유전체를 채운 경우의 정전용량을 C, 전하량을 Q라 하면

공기 콘덴서 $C_0 = \varepsilon_0 \dfrac{S}{d}$[F], $Q_0 = C_0 V = \varepsilon_0 \dfrac{S}{d} V$[C]

유전체 콘덴서 $C = \varepsilon_0 \varepsilon_s \dfrac{S}{d} = \varepsilon_s C_0$[F], $Q = CV = \varepsilon_s \varepsilon_0 \dfrac{S}{d} V = \varepsilon_s Q_0$[C]

∴ 유전체를 넣으면 정전용량은 ε_s 만큼 증가하고 일정 전압에서 전하량은 ε_s 배 증가한다. 그러나 일정 전압에서는 전계의 세기는 불변이다.

답 ③

유전체 내의 쿨롱의 법칙

82 중요도 ★★★ / 2024 서울교통공사

1회 2회 3회

공기 중에 간격을 두고 존재하는 전하 간에 작용하는 힘의 크기는 2[N]이다. 이를 액체 유전체에 넣었을 때 힘의 크기가 0.5[N]이 되었다면 유전체의 비유전율을 구하시오.

① 0.1
② 0.25
③ 1
④ 4
⑤ 5

해설 공기 중에서 두 전하 사이에 작용하는 힘을 F_0, 유전체 내에서 두 전하 사이에 작용하는 힘을 F라 하면

$F_0 = \frac{1}{4\pi\varepsilon_0}\frac{Q_1Q_2}{r^2}$[N], $F = \frac{1}{4\pi\varepsilon_0}\frac{Q_1Q_2}{\varepsilon_s r^2}$[N]이므로

$F_0 = 2$[N], $F = 0.5$[N]일 때 $\varepsilon_s = \frac{F_0}{F}$이므로

$\varepsilon_s = \frac{F_0}{F} = \frac{2}{0.5} = 4$

답 ④

유전체 내의 정전용량

83 중요도 ★ / 지역난방공사 | 1회 | 2회 | 3회

극판의 면적이 4[cm²], 정전용량 1[pF]인 종이 콘덴서를 만들려고 한다. 비유전율 2.5, 두께 0.01[mm]의 종이를 사용하면 종이는 몇 장을 겹쳐야 되겠는가?

① 87　② 100　③ 250　④ 885

해설 (1) $S = 4[\text{cm}^2] = 4\times10^{-4}[\text{m}]$, $\varepsilon_s = 2.5$, $d = 0.01[\text{mm}] = 1\times10^{-5}$ [m]인 경우의 하나의 정전용량 합성 정전용량 $C = 1[\text{pF}] = 1\times10^{-12}$[F]

(2) $C_1 = \varepsilon_0\varepsilon_s\frac{S}{d}$[F]이며, 이를 n장 겹쳤을 때는 콘덴서의 직렬 연결이므로 $C = \frac{C_1}{n}$[F]이 된다.

$C_1 = 8.855\times10^{-12}\times2.5\times\frac{4\times10^{-4}}{1\times10^{-5}} = 885.5\times10^{-12}[\text{F}] = 885.5[\text{pF}]$

$n = \frac{C_1}{C} = \frac{885.5}{1} = 885$장

답 ④

전기력선, 전속선

84 중요도 ★★★ / 한국동서발전 | 1회 | 2회 | 3회

유전율 $\varepsilon_0\varepsilon_s$의 유전체 내에 있는 전하 Q에서 나오는 전기력선수는?

① Q개　② $\frac{Q}{\varepsilon_0\varepsilon_s}$개　③ $\frac{Q}{\varepsilon_0}$개　④ $\frac{Q}{\varepsilon_s}$개

해설 (1) 전기력선수

① $N = \int_s \dot{E}\cdot ds = \frac{Q}{\varepsilon_s\varepsilon_0}$[개]

② 전기력선수는 유전율($\varepsilon = \varepsilon_0\varepsilon_s$)과 반비례

(2) 전속선수

① $\psi = \int_s \dot{D} \cdot ds = Q = \varepsilon_0 N$

② 전속선수는 유전율과 무관

답 ②

패러데이관

85 중요도 ★ / 한국수력원자력

1회 2회 3회

패러데이관에서 전속선수가 $5Q$개이면 패러데이관수는?

① $\dfrac{Q}{\varepsilon}$ ② $\dfrac{Q}{5}$ ③ $\dfrac{5}{Q}$ ④ $5Q$

해설 **패러데이(Faraday)관**

(1) 패러데이관은 $+1$[C]의 진전하에서 나와서 -1[C]의 진전하로 들어가는 한 개의 관으로 패러데이관수(전속수)는 관에 진전하가 없으면 일정하다.

(2) 단위전하에서 항상 전속 한 개가 출입하므로 그 수는 전속수와 서로 같다.

답 ④

유전체 내에 저장되는 에너지 밀도

86 중요도 ★★★ / 한국동서발전

1회 2회 3회

유전체 내의 전속밀도가 30[C/m^2]일 때, 유전체 내에 저장되는 에너지 밀도[J/m^3]는? (단, 유전체는 선형 등방성이며, 유전율 ε = 6[F/m]이다.)

① 5 ② 15 ③ 75
④ 150 ⑤ 180

해설 **유전체 내에 저장되는 에너지 밀도**

$w = \dfrac{1}{2}ED = \dfrac{1}{2}\varepsilon E^2 = \dfrac{D^2}{2\varepsilon}$ [J/m^3]이므로

$w = \dfrac{D^2}{2\varepsilon} = \dfrac{30^2}{2 \times 6} = 75$ [J/m^3]

답 ③

유전체 콘덴서에 축적되는 에너지

87 중요도 ★★ / 지역난방공사 1회 2회 3회

유전율 ε[F/m]인 유전체 중에서 전하가 Q[C], 전위가 V[V], 반지름 a[m]인 도체구가 갖는 에너지는 몇 [J]인가?

① $\frac{1}{2}\pi\varepsilon a V^2$　　② $\pi\varepsilon a V^2$

③ $2\pi\varepsilon a V^2$　　④ $4\pi\varepsilon a V^2$

해설 유전체 콘덴서에 축적되는 에너지 $W=\frac{1}{2}CV^2=\frac{1}{2}VQ=\frac{Q^2}{2C}$[J]

구도체의 정전용량은 $C=4\pi\varepsilon a$[F]이므로

$W=\frac{1}{2}CV^2=\frac{1}{2}\times 4\pi\varepsilon a\times V^2=2\pi\varepsilon a V^2$[J]

답 ③

분극의 세기

88 중요도 ★★ / 한국중부발전 1회 2회 3회

어떤 유전체 내의 한 점의 전장이 $6\pi\times 10^4$[V/m]일 때 이 점의 분극의 세기가 5×10^{-6}[C/m^2]이라면 유전체의 비유전율은?

① 3　　② 4

③ 5　　④ 6

해설 분극의 세기 $P=D-\varepsilon_0 E=\varepsilon_s\varepsilon_0 E-\varepsilon_0 E=\varepsilon_0(\varepsilon_s-1)E$[C/m^2]

$\frac{1}{4\pi\varepsilon_0}=9\times 10^9$이므로

$P=\frac{1}{4\pi\times 9\times 10^9}\times(\varepsilon_s-1)E$[C/m^2]

$=\frac{1}{4\pi\times 9\times 10^9}\times(\varepsilon_s-1)\times 6\pi\times 10^4$

$=5\times 10^{-6}$[C/m^2]

$\therefore\ \varepsilon_s=4$

답 ②

분극률

89 중요도 ★★ / 대전교통공사 1회 2회 3회

유전체의 분극률이 χ일 때 분극 벡터 $P=\chi E$의 관계가 있다. 비유전율 4인 유전체의 분극률은 진공의 유전율 ε_0의 몇 배인가?

① 1
② 3
③ 9
④ 12

해설 (1) 분극률 $\chi=\varepsilon_0(\varepsilon_s-1)[\mathrm{F/m}]$

비분극률 $\chi_e=\dfrac{\chi}{\varepsilon_0}=\varepsilon_s-1$

(2) 분극률 $\chi=\varepsilon_0(\varepsilon_s-1)[\mathrm{F/m}]$이므로

$\chi=\varepsilon_0(4-1)=3\varepsilon_0[\mathrm{F/m}]$

∴ 진공의 유전율 ε_0의 3배이다.

답 ②

90 중요도 ★★ / 인천교통공사 1회 2회 3회

반지름 a인 도체구에 전하 Q를 주었다. 도체구를 둘러싸고 있는 유전체의 유전율이 ε_s인 경우 경계면에 나타나는 분극전하는?

① $\dfrac{Q}{4\pi a^2}(1-\varepsilon_s)[\mathrm{C/m^2}]$

② $\dfrac{Q}{4\pi a^2}(\varepsilon_s-1)[\mathrm{C/m^2}]$

③ $\dfrac{Q}{4\pi a^2}\left(1-\dfrac{1}{\varepsilon_s}\right)[\mathrm{C/m^2}]$

④ $\dfrac{Q}{4\pi a^2}\left(\dfrac{1}{\varepsilon_s}-1\right)[\mathrm{C/m^2}]$

해설 **분극의 세기**

$$P=D-\varepsilon_0E=\varepsilon_0(\varepsilon_s-1)E=\left(1-\frac{1}{\varepsilon_s}\right)D[\mathrm{C/m^2}]$$

$$P=\left(1-\frac{1}{\varepsilon_s}\right)D=\varepsilon E\left(1-\frac{1}{\varepsilon_s}\right)=\varepsilon\times\frac{Q}{4\pi\varepsilon a^2}\left(1-\frac{1}{\varepsilon_s}\right)=\frac{Q}{4\pi a^2}\left(1-\frac{1}{\varepsilon_s}\right)[\mathrm{C/m^2}]$$

답 ③

유전체 내의 평행판 전극의 병렬 연결

91 중요도 ★★★/ 한국도로공사 1회 2회 3회

그림과 같이 정전용량이 C_0[F]가 되는 평행판 공기 콘덴서에 판면적의 $\frac{1}{2}$되는 공간에 비유전율이 ε_s 인 유전체를 채웠을 때 정전용량은 몇 [F]인가?

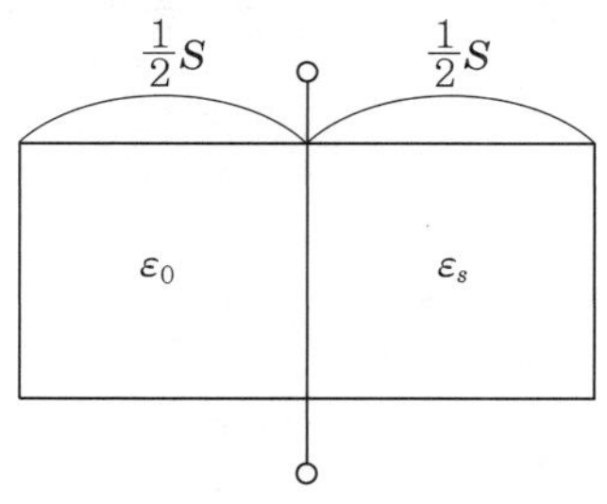

① $\frac{1}{2}(1+\varepsilon_s)C_0$
② $(1+\varepsilon_s)C_0$
③ $\frac{2}{3}(1+\varepsilon_s)C_0$
④ C_0

해설 (1) 평행판 콘덴서의 평행판 전극 사이에 유전체를 수직으로 채우는 경우, 즉 평행판 사이의 평행판의 면적(S)을 나누는 경우는 콘덴서가 병렬로 연결된 경우와 같다.

(2) 공기 콘덴서의 정전용량

$$C_0 = \varepsilon_0 \frac{S}{d}\,[\mathrm{F}]$$

① $\frac{1}{2}$ 되는 공간에 공기가 채워져 있는 경우의 정전용량 : $C_1 = \varepsilon_0 \frac{\frac{1}{2}S}{d} = \frac{1}{2}\varepsilon_0 \frac{S}{d} = \frac{1}{2}C_0\,[\mathrm{F}]$

② $\frac{1}{2}$ 되는 공간에 유전체가 채워져 있는 경우의 정전용량 : $C_2 = \varepsilon_s\varepsilon_0 \frac{\frac{1}{2}S}{d} = \frac{1}{2}\varepsilon_s\varepsilon_0 \frac{S}{d} = \frac{1}{2}\varepsilon_s C_0\,[\mathrm{F}]$

③ 병렬 연결이므로 합성 정전용량은 $C = C_1 + C_2 = \frac{1}{2}C_0 + \frac{1}{2}\varepsilon_s C_0 = \frac{1}{2}(1+\varepsilon_s)C_0\,[\mathrm{F}]$

답 ①

유전체 내의 평행판 전극의 직렬 연결

92 중요도 ★★★ / 한국남부발전

1회 2회 3회

정전용량 0.06[μF]의 평행판 공기 콘덴서가 있다. 전극판 간격의 $\frac{1}{2}$ 두께의 유리판을 전극에 평행하게 넣으면 공기 부분의 정전용량과 유리판 부분의 정전용량을 직렬로 접속한 콘덴서와 같게 된다. 유리의 비유전율을 5라 할 때 새로운 콘덴서의 정전용량은 몇 [μF]인가?

① 0.01
② 0.05
③ 0.1
④ 0.5

해설

(1) 공기 콘덴서의 정전용량 $C_0 = \varepsilon_0 \frac{S}{d}$[F]

(2) 나눠진 공기부분의 정전용량 $C_1 = \frac{\varepsilon_0 S}{\frac{d}{2}} = \frac{2S\varepsilon_0}{d}$[F]

(3) 유리판 부분의 정전용량 $C_2 = \frac{\varepsilon S}{\frac{d}{2}} = \frac{2S\varepsilon}{d}$[F]

따라서, 극판 간 공극의 두께 $\frac{1}{2}$ 상당의 유리판을 넣는 경우 정전용량 C는

$$C = \frac{1}{\frac{1}{C_1}+\frac{1}{C_2}} = \frac{1}{\frac{1}{\frac{2S\varepsilon_0}{d}}+\frac{1}{\frac{2S\varepsilon}{d}}} = \frac{1}{\frac{d}{2S}\left(\frac{1}{\varepsilon_0}+\frac{1}{\varepsilon}\right)}$$

$$= \frac{1}{\frac{d}{2\varepsilon_0 S}\left(1+\frac{\varepsilon_0}{\varepsilon}\right)} = \frac{2C_0}{1+\frac{\varepsilon_0}{\varepsilon}} = \frac{2C_0}{1+\frac{1}{\varepsilon_r}}\text{[F]}$$

$$= \frac{2\times 0.06\times 10^{-6}}{1+\frac{1}{5}}$$

$\fallingdotseq 0.1$[μF]

 ③

유전체 내의 평행판 전극의 병렬 연결

93 중요도 ★★★ / 2024 한국남동발전 1회 2회 3회

그림과 같은 정전용량이 C_0[F]가 되는 평행판 공기 콘덴서가 있다. 이 콘덴서의 판면적의 $\frac{4}{5}$가 되는 공간에 비유전율 ε_s 인 유전체를 채우면 공기 콘덴서의 정전용량[F]은?

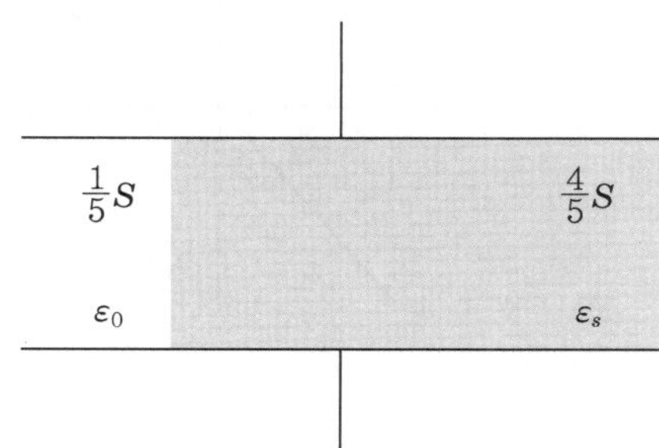

① $\frac{4\varepsilon_s}{5}C_0$

② $\frac{5}{1+4\varepsilon_s}C_0$

③ $\frac{1+\varepsilon_s}{5}C_0$

④ $\frac{1+4\varepsilon_s}{5}C_0$

해설 에보나이트 판으로 채워지지 않은 부분의 정전용량 $C_1 = \frac{1}{5}C_0$

에보나이트 판으로 채워진 부분의 정전용량 $C_2 = \frac{4}{5}\varepsilon_s C_0$일 때 C_1과 C_2는 병렬 접속이므로

$$C = C_1 + C_2$$
$$= \frac{1}{5}C_0 + \frac{4}{5}\varepsilon_s C_0$$
$$= \frac{1+4\varepsilon_s}{5}C_0[\mu\text{F}]$$

답 ④

유전체 내에서의 경계조건

94 중요도 ★★★ / 2024 한국전력공사 1회 2회 3회

다음 중 유전율과의 관계로 옳은 것은? (단, $\varepsilon_1 > \varepsilon_2$이다.)

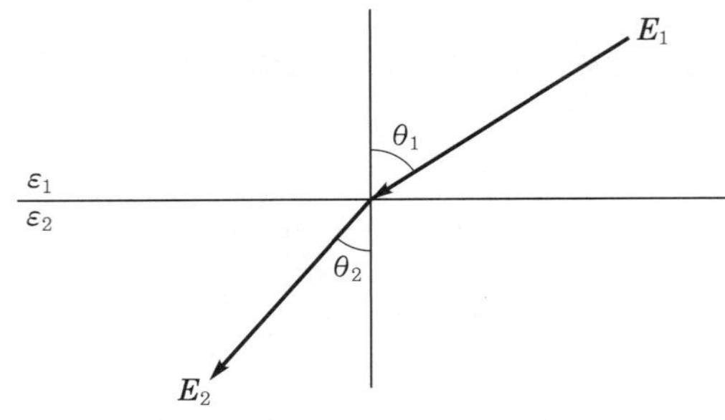

① $E_1 > E_2$
② $D_1 < D_2$
③ $\dfrac{\tan\theta_2}{\tan\theta_1} = \dfrac{\varepsilon_1}{\varepsilon_2}$
④ 입사각이 굴절각보다 크다.
⑤ 경계면에서 전계의 법선성분이 서로 같다.

해설 전계 E는 접선성분 연속 $E_1 \sin\theta_1 = E_2 \sin\theta_2$ 보기 ⑤
전속밀도 D는 법선성분 연속 $D_1 \cos\theta_1 = D_2 \cos\theta_2$
굴절각의 조건은 $\dfrac{\tan\theta_1}{\tan\theta_2} = \dfrac{\varepsilon_1}{\varepsilon_2}$ 보기 ③
$\varepsilon_1 > \varepsilon_2 \rightarrow \theta_1 > \theta_2,\ E_1 < E_2,\ D_1 > D_2$ 보기 ①, ②, ④
전속은 유전율이 큰 매질로 모이려는 성질이 있다.

답 ④

95 중요도 ★★★ / 한국남부발전 1회 2회 3회

유전율이 서로 다른 두 종류의 경계면에 전속과 전기력선이 수직으로 도달할 때 맞지 않는 것은?

① 전속은 굴절한다.
② 전속밀도는 불변이다.
③ 전계의 세기는 불연연속이다.
④ 전속선은 유전율이 큰 유전체 중으로 모이려는 성질이 있다.

해설 유전율이 서로 다른 두 종류의 경계면에 전속과 전기력선이 수직으로 도달하면
(1) 전속과 전기력선은 굴절하지 않는다. 보기 ①
(2) 수직은 법선방향이므로 전속밀도가 불변(= 연속, 일정)이다. 보기 ②

(3) 전계의 세기는 불연속(서로 다르다＝변한다)이다. 보기 ③
(4) 전속은 유전율이 큰 쪽으로 모이려는 성질이 있으며 전기력선은 유전율이 작은 쪽으로 모이려는 성질이 있다. 보기 ④

답 ①

96 중요도 ★★★ / 대구교통공사, 국가철도공단, 한국수력원자력

1회 2회 3회

정전 에너지와 전속밀도, 비유전율 ε_r과의 관계에 대한 설명 중 틀린 것은?

① 동일 전속에서는 ε_r이 클수록 축적되는 정전 에너지는 작아진다.
② 축적되는 정전 에너지가 일정할 때 ε_r이 클수록 전속밀도가 커진다.
③ 굴절각이 큰 유전체의 ε_r이 크다.
④ 전속은 매질 내에 축적되는 에너지가 최대가 되도록 분포된다.

해설
(1) $w = \frac{D^2}{2\varepsilon}$[J/m^3]에서 D가 일정한 경우 $w \propto \frac{1}{\varepsilon} = \frac{1}{\varepsilon_0\varepsilon_r}$이므로 ε_r이 클수록 정전 에너지 w는 작아진다. 보기 ①
(2) $w = \frac{D^2}{2\varepsilon}$[J/m^3]에서 w가 일정한 경우 $D^2 \propto \varepsilon = \varepsilon_0\varepsilon_r$이므로 ε_r이 클수록 전속밀도 D는 커진다. 보기 ②
(3) 유전체의 경계조건에서 $\varepsilon_1 > \varepsilon_2 \rightarrow \theta_1 > \theta_2$이므로 굴절각이 커지면 ε_r은 크다.
굴절각의 조건은 $\frac{\tan\theta_1}{\tan\theta_2} = \frac{\varepsilon_1}{\varepsilon_2}$ 보기 ③
(4) 정전계는 전하가 정지하고 있다고 가정하여 해석하므로 전하가 정지한 경우 전계 에너지가 최소가 되도록 분포한다. 보기 ④

답 ④

97 중요도 ★★★ / LH공사, 한국수력원자력

1회 2회 3회

공기 중의 전계 E_1 = 10[kV/cm]이 30°의 입사각으로 기름의 경계에 닿을 때 굴절각 θ_2와 기름 중의 전계 E_2[V/m]는? (단, 기름의 비유전율은 3이라 한다.)

① 60°, $\frac{10^6}{\sqrt{3}}$　② 60°, $\frac{10^3}{\sqrt{3}}$　③ 45°, $\frac{10^6}{\sqrt{3}}$　④ 45°, $\frac{10^3}{\sqrt{3}}$

해설 $E_1 = 10$[kV/cm], $\theta_1 = 30°$, $\varepsilon_1 = \varepsilon_0$, $\varepsilon_2 = \varepsilon_0\varepsilon_s = 3\varepsilon_0$인 경우
굴절각의 조건은 $\frac{\tan\theta_1}{\tan\theta_2} = \frac{\varepsilon_1}{\varepsilon_2} = \frac{\varepsilon_0}{3\varepsilon_0} = \frac{1}{3}$이므로
$\theta_2 = \tan^{-1}(3 \times \tan 30°) = 60°$

$E_1 \sin\theta_1 = E_2 \sin\theta_2$이므로

$$E_2 = \frac{E_1 \sin\theta_1}{\sin\theta_2} = \frac{10 \times \frac{10^3}{10^{-2}} \times \sin 30^\circ}{\sin 60^\circ} = \frac{10^6}{\sqrt{3}}\,[\mathrm{V/m}]$$

$\therefore\ \theta_2 = 60°,\ E_2 = \frac{10^6}{\sqrt{3}}\,[\mathrm{V/m}]$

답 ①

98 중요도 ★★ / 한국가스공사

1회 2회 3회

$x > 0$인 영역에 $\varepsilon_{r1} = 3$인 유전체, $x < 0$인 영역에 $\varepsilon_{r2} = 5$인 유전체가 있다. 유전율 $\varepsilon_2 = \varepsilon_0\varepsilon_{r2}$인 영역에서 전계 $\boldsymbol{E}_2 = 20\boldsymbol{a}_x + 30\boldsymbol{a}_y - 40\boldsymbol{a}_z$[V/m]일 때, 유전율 ε_1인 영역에서의 전계 $\boldsymbol{E}_1$[V/m]은?

① $\frac{100}{3}\boldsymbol{a}_x + 30\boldsymbol{a}_y - 40\boldsymbol{a}_z$　　② $20\boldsymbol{a}_x + 90\boldsymbol{a}_y - 40\boldsymbol{a}_z$

③ $100\boldsymbol{a}_x + 10\boldsymbol{a}_y - 40\boldsymbol{a}_z$　　④ $60\boldsymbol{a}_x + 30\boldsymbol{a}_y - 40\boldsymbol{a}_z$

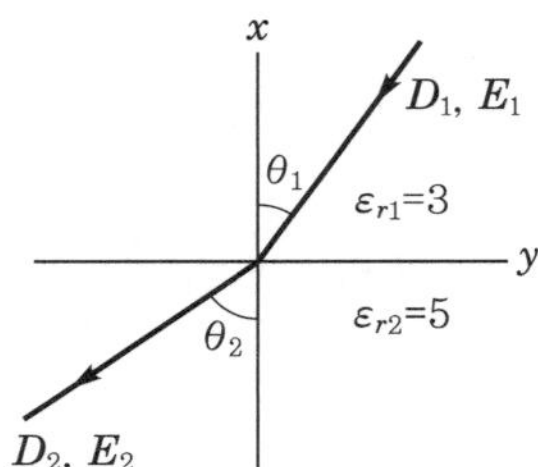

(1) x방향으로 전계가 진행하므로 경계면에서 수직한 성분은 a_x, 수평한 성분은 a_y, a_z

(2) 전계의 세기는 경계면의 접선성분이 서로 같다(= 연속임).
$E_1 \sin\theta_1 = E_2 \sin\theta_2$
따라서, $E_{y1} = E_{y2}$, $E_{z1} = E_{z2}$

(3) 전속밀도는 경계면의 법선 성분이 서로 같다(= 연속임).
$D_1 \cos\theta_1 = D_2 \cos\theta_2 \Leftrightarrow \varepsilon_1 E_1 \cos\theta_1 = \varepsilon_2 E_2 \cos\theta_2$
$\varepsilon_1 E_{1x} = \varepsilon_2 E_{2x}$
$$E_{1x} = \frac{\varepsilon_0\varepsilon_{r2}}{\varepsilon_0\varepsilon_{r1}} \times E_{2x} = \frac{\varepsilon_{r2}}{\varepsilon_{r1}} \times E_{2x} = \frac{5}{3} \times 20 = \frac{100}{3}\,a_x$$

(4) 수평성분
$E_{1y} = E_{2y} = 30a_y$, $E_{1z} = E_{2z} = -40a_z$

(5) 유전율 ε_1인 영역에서의 전계 $\boldsymbol{E}_1$
$$\dot{E}_1 = E_{1x}a_x + E_{1y}a_y + E_{1z}a_z = \frac{100}{3}a_x + 30a_y - 40a_z\,[\mathrm{V/m}]$$

답 ①

정전 에너지 / 정전 흡입력

99 중요도 ★★★ / 서울교통공사 | 1회 | 2회 | 3회

면적 S[m²], 간격 d[m]인 평행판 콘덴서에 Q[C]의 전하 충전 시 흡인력[N]은?

① $\dfrac{Q^2}{2\varepsilon_0 S}$　② $\dfrac{Q^2 d}{2\varepsilon_0 S}$　③ $\dfrac{Q^2}{4\varepsilon_0 S}$　④ $\dfrac{Q^2 d}{4\varepsilon_0 S}$

해설 (1) 정전 에너지

$$W=\frac{Q^2}{2C}=\frac{Q^2}{2\left(\dfrac{\varepsilon_0 S}{d}\right)}=\frac{Q^2 d}{2\varepsilon_0 S}\,[\mathrm{J}]$$

(2) 정전력

$$F=-\frac{\partial W}{\partial d}=-\frac{Q^2}{2\varepsilon_0 S}\,[\mathrm{N}]$$ ('−' 부호는 흡입력)

답 ①

단위면적당 정전 흡인력(응력)

100 중요도 ★★ / 한국도로공사 | 1회 | 2회 | 3회

반지름 a[m]의 구도체에 전하 Q[C]이 주어질 때 구도체 표면에 작용하는 정전응력은 약 몇 [N/m²] 인가?

① $\dfrac{9Q^2}{16\pi^2\varepsilon_0 a^6}$　② $\dfrac{9Q^2}{32\pi^2\varepsilon_0 a^6}$　③ $\dfrac{Q^2}{16\pi^2\varepsilon_0 a^4}$　④ $\dfrac{Q^2}{32\pi^2\varepsilon_0 a^4}$

해설 (1) 구도체 전계의 세기

$$E=\frac{Q}{4\pi\varepsilon_0 a^2}\,[\mathrm{V/m}]$$

(2) 단위면적당 정전흡인력(정전응력)

$$f=\frac{1}{2}\varepsilon_0 E^2=\frac{1}{2}ED=\frac{D^2}{2\varepsilon}\,[\mathrm{N/m^2}]$$

$$f=\frac{1}{2}\varepsilon_0 E^2=\frac{1}{2}\varepsilon_0\left(\frac{Q}{4\pi\varepsilon_0 a^2}\right)^2=\frac{Q^2}{32\pi^2\varepsilon_0 a^4}\,[\mathrm{N/m^2}]$$

답 ④

유전체 경계면에 작용하는 힘

101 중요도 ★★★ / 한국남동발전, 한국중부발전, 국가철도공단

1회 2회 3회

$\varepsilon_1 > \varepsilon_2$의 두 유전체의 경계면에 전계가 수직으로 입사할 때 경계면에 작용하는 힘은?

① $f=\dfrac{1}{2}\left(\dfrac{1}{\varepsilon_2}-\dfrac{1}{\varepsilon_1}\right)D^2$의 힘이 ε_1에서 ε_2로 작용한다.

② $f=\dfrac{1}{2}\left(\dfrac{1}{\varepsilon_1}-\dfrac{1}{\varepsilon_2}\right)E^2$의 힘이 ε_2에서 ε_1로 작용한다.

③ $f=\dfrac{1}{2}\left(\dfrac{1}{\varepsilon_1}-\dfrac{1}{\varepsilon_2}\right)D^2$의 힘이 ε_1에서 ε_2로 작용한다.

④ $f=\dfrac{1}{2}\left(\dfrac{1}{\varepsilon_2}-\dfrac{1}{\varepsilon_1}\right)E^2$의 힘이 ε_1에서 ε_2로 작용한다.

해설 **전계가 경계면에 수직으로 입사되는 경우($\varepsilon_1 > \varepsilon_2$)**

(1) 경계면에 작용하는 각각의 힘 f_1과 f_2가 인장응력으로 작용한다.

(2) 인장응력의 크기 $f=f_2-f_1=\dfrac{1}{2}\left(\dfrac{1}{\varepsilon_2}-\dfrac{1}{\varepsilon_1}\right)D^2[\text{N/m}^2]$ 보기 ①

체크 point

- 경계면에 작용하는 힘
  - $f=\dfrac{1}{2}\varepsilon_0 E^2=\dfrac{1}{2}ED=\dfrac{D^2}{2\varepsilon}[\text{N/m}^2]$
  - 경계면에 작용하는 힘은 유전율이 큰 쪽에서 작은 쪽으로 작용한다.
- 전계가 경계면에 수평으로 입사되는 경우($\varepsilon_1 > \varepsilon_2$)
  - 경계면에 작용하는 각각의 힘 f_1과 f_2가 압축응력으로 작용한다.
  - 압축응력의 크기 : $f=f_1-f_2=\dfrac{1}{2}(\varepsilon_1-\varepsilon_2)E^2[\text{N/m}^2]$

답 ①

102 중요도 ★★★ / 한국수력원자력

1회 2회 3회

두 유전체의 경계면에 대한 설명 중 옳지 않은 것은?

① 전계가 경계면에 수직으로 입사하면 두 유전체 내 전계의 세기가 같다.
② 경계면에 작용하는 맥스웰 변형력은 유전율이 큰 쪽에서 작은 쪽으로 끌려가는 힘을 받는다.
③ 유전율이 작은 쪽에서 전계가 입사할 때 입사각은 굴절각보다 작다.
④ 전계나 전속밀도가 경계면에 수직으로 입사하면 굴절하지 않는다.

해설 (1) 전계가 경계면에 수직으로 입사

① 경계면에 수직으로 입사하는 경우 전계, 전속밀도는 굴절하지 않는다. 보기 ④

② 전계 E는 불연속, 전속밀도 D는 연속이다. 보기 ①

③ 맥스웰 응력(힘)은 유전율이 큰 쪽에서 작은 쪽으로 진행한다. 보기 ②
④ 경계면에 작용하는 각각의 힘 f_1과 f_2가 인장응력으로 작용한다.
⑤ 인장응력의 크기 $f = f_2 - f_1 = \frac{1}{2}\left(\frac{1}{\varepsilon_2} - \frac{1}{\varepsilon_1}\right)D^2[\text{N/m}^2]$

(2) 전계가 경계면에 수평으로 입사
① 경계면에 수평으로 입사하는 경우 전계, 전속밀도는 굴절하지 않는다.
② 전계 E는 연속, 전속밀도 D는 불연속이다.
③ 맥스웰 응력(힘)은 유전율이 큰 쪽에서 작은 쪽으로 진행한다. 보기 ②
④ 경계면에 작용하는 각각의 힘 f_1과 f_2가 압축응력으로 작용한다.
⑤ 압축응력의 크기 $f = f_1 - f_2 = \frac{1}{2}(\varepsilon_1 - \varepsilon_2)E^2[\text{N/m}^2]$

답 ①

유전체의 특수현상

103 중요도 ★★ / 한국도로공사, 한국가스공사, 한국수력원자력 1회 2회 3회

어떤 종류의 결정(結晶)을 가열하면 한 면(面)에 정(正), 반대면에 부(負)의 전기가 나타나 분극을 일으키며, 반대로 냉각하면 역(逆) 분극이 생긴다. 이것을 무엇이라 하는가?

① 파이로(pyro) 전기
② 볼타(volta) 효과
③ 바크하우젠(Barkhausen) 법칙
④ 압전기(Piezo-electric) 효과

해설 **Pyro(파이로) 효과 = 초전효과**
전기석이나 티탄산바륨, 로셀염, 수정 등의 결정에 가열 또는 냉각을 시키면 결정의 한쪽 면에는 (+)전하, 다른 쪽 면에는 (−)전하가 나타나는 분극현상이다.

답 ①

104 중요도 ★★ / 서울교통공사 1회 2회 3회

압전기 현상에서 분극이 동일 방향으로 발생할 때를 무슨 효과라 하는가?

① 직접 효과
② 역효과
③ 종효과
④ 횡효과

해설 **압전효과(Piezo-electric) 효과**
(1) 어떤 유전체에 압력이나 인장을 가하면 그 응력으로 인하여 전기 분극이 일어나고 분극 전하가 나타나는 현상
(2) 종효과 : 응력과 분극 방향이 동일
(3) 횡효과 : 응력과 분극 방향이 수직

답 ③

05 전기영상법

105 중요도 ★★ / 한국동서발전 1회 2회 3회

모든 전기장치에 접지시키는 근본적인 이유는?

① 지구의 용량이 커서 전위가 거의 일정하기 때문이다.
② 편의상 지면을 영전위로 보기 때문이다.
③ 영상 전하를 이용하기 때문이다.
④ 지구는 전류를 잘 통하기 때문이다.

해설 모든 전기장치를 접지하는 이유는 대지전위가 '0'이기 때문이다.
지구의 중심에서 전하가 있고 이때 지구 중심에서 표면까지의 거리 a[m]는 전하의 크기에 비해 ∞이므로
$V=\dfrac{Q}{4\pi\varepsilon a}=0$가 되고, 이때 정전용량 $C=4\pi\varepsilon a=\infty$가 된다.
따라서, 전하 Q[C]가 크더라도 전위는 '0'으로 거의 일정하게 된다.

답 ①

점전하의 전기영상법

106 중요도 ★★ / 국가철도공단 1회 2회 3회

무한히 넓은 접지 평면 도체로부터 수직 거리 a[m]인 곳에 점전하 영상전하 Q[C]이 있을 때 이 평면 도체와 전하 Q와 작용하는 힘 F[N]는 다음 중 어느 것인가?

① $\dfrac{1}{16\pi\varepsilon_0}\cdot\dfrac{Q^2}{a^2}$이며, 흡인력이다.
② $\dfrac{1}{4\pi\varepsilon_0}\cdot\dfrac{Q^2}{a^2}$이며, 흡인력이다.
③ $\dfrac{1}{2\pi\varepsilon_0}\cdot\dfrac{Q^2}{a^2}$이며, 반발력이다.
④ $\dfrac{1}{16\pi\varepsilon_0}\cdot\dfrac{Q^2}{a^2}$이며, 반발력이다.

해설 (1) 실제 진전하와 평면 도체 간의 거리 a[m]와 똑같은 반대편에 영상전하를 둔다.
① 영상전하의 크기 : 진전하와 동일
② 영상전하의 부호 : 진전하와 반대

(2) 쿨롱의 법칙에 의해 작용하는 힘

$$F=\frac{1}{4\pi\varepsilon_0}\frac{Q_1Q_2}{r^2}\,[\mathrm{N}]$$

(3) 영상력

$$F=\frac{1}{4\pi\varepsilon_0}\frac{Q\cdot(-Q)}{(2a)^2}=-\frac{Q^2}{16\pi\varepsilon_0a^2}\,[\mathrm{N}]$$

('−' 부호는 흡인력)

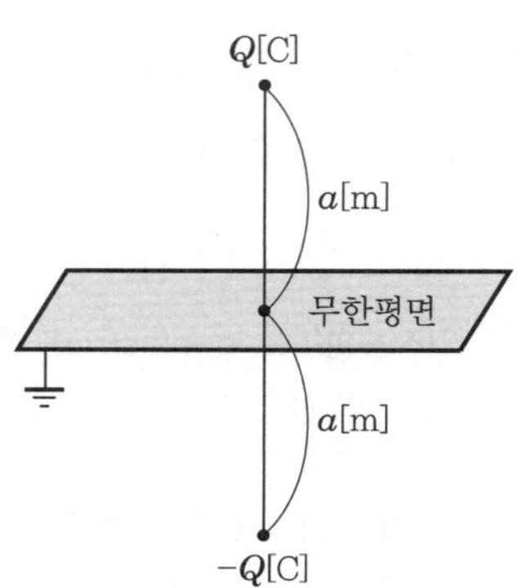

답 ①

선전하의 전기영상법

107 중요도 ★★ / 한국서부발전 1회 2회 3회

대지면에 높이 h[m]로 평행 가설된 매우 긴 선전하(선전하 밀도 λ[C/m])가 있는 경우의 영상전하는 얼마인가?

① λ에 비례한다. ② λ에 반비례한다.
③ $-\lambda$에 비례한다. ④ $-\lambda$에 반비례한다.

해설 (1) 직선전하와 평면도체에서 선전하 밀도가 λ[C/m]인 경우 대지면에 의한 영상전하는 크기는 같고 부호는 반대이므로 $-\lambda$[C/m]이다.

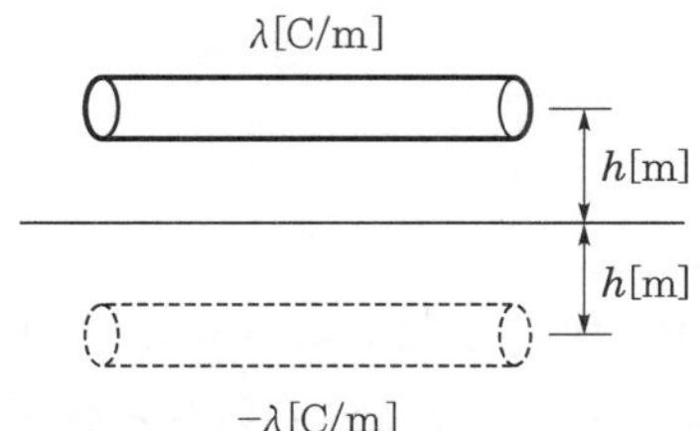

(2) 이때, 작용하는 힘은 $F = QE = \lambda \cdot l \cdot E$[N]$= \lambda \cdot E$[N/m]가 된다.

선전하에 의한 전계의 세기 $E = \dfrac{\lambda}{2\pi\varepsilon_0 r}$[V/m]이므로

$F = \lambda_1 \cdot \dfrac{\lambda_2}{2\pi\varepsilon_0 r}$[N/m]

(3) 영상력 $F = \dfrac{\lambda(-\lambda)}{2\pi\varepsilon_0(2h)} = -\dfrac{\lambda^2}{4\pi\varepsilon_0 h}$[N/m] (흡인력 작용)

답 ③

108 중요도 ★★ / 한국중부발전 1회 2회 3회

대지면에 높이 h[m]로 평행 가설된 매우 긴 선전하(선전하 밀도 λ[C/m])가 지면으로부터 받는 힘 [N/m]은?

① h에 비례한다. ② h에 반비례한다.
③ h^2에 비례한다. ④ h^2에 반비례한다.

해설 영상력 $F = \dfrac{\lambda(-\lambda)}{2\pi\varepsilon_0(2h)} = -\dfrac{\lambda^2}{4\pi\varepsilon_0 h}$[N/m] (흡인력 작용)

대지면으로부터 받는 힘은 높이 h에 반비례한다.

답 ②

접지 구도체의 전기영상법

109 중요도 ★★ / 서울교통공사

1회 2회 3회

접지 도체구와 점전하 간에 작용하는 힘은?

① 항상 반발력이다.
② 조건적 반발력이다.
③ 항상 흡인력이다.
④ 조건적 흡인력이다.

해설 전기영상법에서 영상전하는 항상 실제 전하와는 극성이 반대인 전하이므로 이에 의해 발생하는 작용력은 항상 흡인력(두 전하의 부호가 반대)이 작용한다.

답 ③

110 중요도 ★★ / 한국서부발전

1회 2회 3회

반지름 a인 접지 구형 도체와 점전하가 유전율 ε인 공간에서 각각 원점과 (d, 0, 0)인 점에 있다. 구형 도체를 제외한 공간의 전계를 구할 수 있도록 구형 도체를 영상전하로 대치할 때의 영상 점전하의 위치는? (단, $d > a$이다.)

① $\left(-\dfrac{a^2}{d},\ 0,\ 0\right)$
② $\left(+\dfrac{a^2}{d},\ 0,\ 0\right)$
③ $\left(0,\ +\dfrac{a^2}{d},\ 0\right)$
④ $\left(+\dfrac{d^2}{4a},\ 0,\ 0\right)$

해설

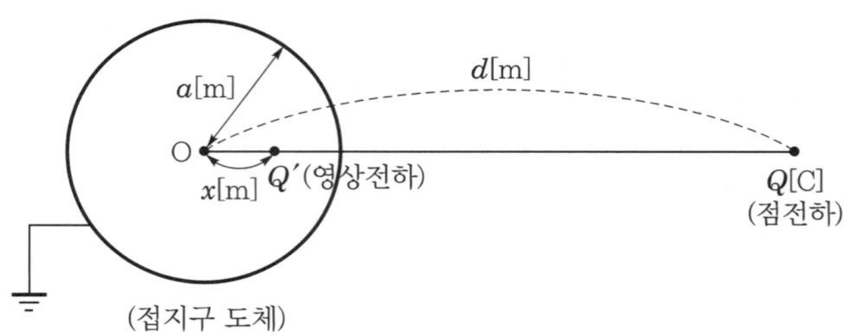

(1) 영상전하의 크기 : $Q' = -\dfrac{a}{d}Q[\mathrm{C}]$

(2) 영상전하의 위치 : $x = \dfrac{a^2}{d}[\mathrm{m}]$

(3) 접지구도체와 점전하 간에 작용하는 힘(= 점전하와 영상전하 사이에 작용하는 힘)

$$F = -\frac{a}{d} \times \frac{Q^2}{4\pi\varepsilon_0\left(d - \dfrac{a}{d}\right)^2} = -\frac{a \cdot d\,Q^2}{4\pi\varepsilon_0(d^2 - a^2)^2}[\mathrm{N}]$$

(4) 점전하가 (d, 0, 0)인 점에 있으므로 영상전하도 $\left(+\dfrac{a^2}{d},\ 0,\ 0\right)$의 위치에 있다.

답 ②

111 중요도 ★★ / 2024 한국동서발전 1회 2회 3회

반지름 1[m]인 접지구도체의 중심에서 거리 5[m]인 곳에 1.5Q의 점전하가 있다. 구도체 영상전하량 Q를 구하시오.

① $0.3Q$ ② $-0.3Q$ ③ $0.9Q$ ④ $-0.9Q$

해설 영상전하의 크기 $Q' = -\frac{a}{d}Q$[C]

$Q = -\frac{1}{5} \times 1.5Q = -0.3Q$

답 ②

06 전류

112 중요도 ★★ / 한국동서발전 1회 2회 3회

전자가 매초 10^{10}개의 비율로 전선 내를 통과하면 이것은 몇 [A]의 전류에 상당하는가? (단, 전기량 $= 1.602 \times 10^{-19}$[C]이다.)

① 1.602×10^{-9} ② 1.602×10^{-29} ③ $\frac{1}{1.602} \times 10^{-9}$ ④ $\frac{1}{1.602} \times 10^{-29}$

해설 전하량 $Q = 1.602 \times 10^{-19} \times 10^{10} = 1.602 \times 10^{-9}$[C]

$\therefore I = \frac{Q}{t} = \frac{1.602 \times 10^{-9}}{1} = 1.602 \times 10^{-9}$[A]

답 ①

전류의 연속성(KCL)

113 중요도 ★★★ / 한국수력원자력 1회 2회 3회

공간 도체 중의 정상 전류 밀도가 i, 전하 밀도가 ρ일 때 키르히호프의 전류 법칙을 나타내는 것은?

① $i = \frac{\partial \rho}{\partial t}$ ② $\text{div}\boldsymbol{i} = 0$ ③ $i = 0$ ④ $\text{div}\boldsymbol{i} = -\frac{\partial \rho}{\partial t}$

해설 (1) 임의의 도체 내에서 키르히호프의 제1법칙은 $\sum I = 0$이므로

$\sum I = \int_s i\,ds = \int_v \text{div}\,i\,dv = \int_v \nabla \cdot i\,dv = 0$이다.

(2) $\nabla \cdot i = 0 (\mathrm{div}\, i = 0)$

임의의 도체 내에서는 전류의 발산이 일어나지 않으며 도체 내의 임의의 점으로 흘러들어가는 전류와 흘러나오는 전류는 서로 같다는 전류의 연속성을 의미한다. 따라서, 도체 내에 흐르는 전류는 일정하며 단위시간당 전하의 변화도 없음을 알 수 있다.

답 ②

도체의 옴의 법칙

114 중요도 ★★★ / 한국중부발전 1회 2회 3회

다음 중 옴의 법칙은 어느 것인가? (단, k는 도전율, ρ는 고유저항, E는 전계의 세기이다.)

① $i = kE$　② $i = \dfrac{E}{k}$　③ $i = \rho E$　④ $i = -kE$

해설 전계의 세기 E, 도전율 k, 고유저항 ρ라 할 때 전류밀도 i는

$i = kE = \dfrac{1}{\rho}E[\mathrm{A/m^2}]$ (옴의 법칙의 미분형)

답 ①

전기저항

115 중요도 ★★★ / 서울교통공사 1회 2회 3회

다음은 도체의 전기저항에 대한 설명이다. 틀린 것은?

① 같은 길이, 단면적에서도 온도가 상승하면 저항이 감소한다.
② 단면적에 반비례하고 길이에 비례한다.
③ 도체 반지름의 제곱에 반비례한다.
④ 같은 길이, 단면적에서도 온도가 상승하면 저항이 증가한다.

해설 (1) 전기저항

① $R = \rho\dfrac{l}{S} = \dfrac{l}{\sigma S}[\Omega] = \rho\dfrac{l}{\pi r^2} = \rho\dfrac{4l}{\pi D^2}[\Omega]$ (ρ : 고유저항, σ : 도전율)

② 전기저항은 단면적에 반비례하고 길이에 비례한다. 보기 ②

③ 전기저항은 도체 반지름의 제곱에 반비례하고, 도체 지름의 제곱에 반비례한다. 보기 ③

(2) $R_T = R_t[1 + \alpha_t \cdot (t_2 - t_1)][\Omega]$에서 도체의 전기저항은 온도가 증가하면 저항도 비례해서 증가하는 정(+) 온도 특성을 갖는다. 보기 ①, ④

답 ①

116 중요도 ★★ / 한국수력원자력

1회 2회 3회

20[℃]에서 저항온도계수 α_{20} = 0.004인 저항선의 저항이 100[Ω]이다. 이 저항선의 온도가 80[℃]로 상승될 때 저항은 몇 [Ω]이 되겠는가?

① 24 ② 48 ③ 72 ④ 124

해설 온도에 따른 저항의 변화

$R_T = R_t[1+\alpha_t \cdot (t_2-t_1)][\Omega] = 100\times[1+0.004\times(80-20)] = 124[\Omega]$

답 ④

117 중요도 ★★ / 한국서부발전, 한국중부발전

1회 2회 3회

저항 200[Ω]인 동선과 800[Ω]의 망간선을 직렬 접속하면 합성 저항온도계수는 동선의 저항온도계수의 몇 배인가? (단, 동선의 저항온도계수는 0.4[%], 망간선은 0이다.)

① 0.1 ② 0.2 ③ 0.3 ④ 0.4

해설 서로 다른 두 도체의 합성 온도계수

$$\alpha = \frac{\alpha_1 R_1 + \alpha_2 R_2}{R_1 + R_2} = \frac{0.4\times 200 + 0}{200+800} = 0.08$$

$$\therefore \frac{\alpha}{\alpha_1} = \frac{0.08}{0.4} = 0.2\text{배}$$

답 ②

전기저항(R)과 정전용량(C)의 관계

118 중요도 ★★★ / 인천교통공사

1회 2회 3회

전기저항 R과 정전용량 C, 고유저항 ρ 및 유전율 ε 사이의 관계는?

① $RC = \rho\varepsilon$ ② $\frac{R}{C} = \frac{\varepsilon}{\rho}$ ③ $\frac{C}{R} = \rho\varepsilon$ ④ $R = \varepsilon C\rho$

해설 어떤 도체의 단면적을 $S[\text{m}^2]$, 길이를 $l[\text{m}]$이라 하면 전기저항 $R = \rho\frac{l}{S}[\Omega]$, 정전용량 $C = \varepsilon\frac{S}{l}[\text{F}]$이므로

$$RC = \rho\frac{l}{S}\times\varepsilon\frac{S}{l} = \rho\varepsilon$$

$$\therefore RC = \rho\varepsilon$$

답 ①

119 중요도 ★★★ / 2024 한국동서발전

1회 2회 3회

액체 유전체 정전용량 $C=10[\mu F]$에 전압 400[kV]를 가할 때 누설전류 I를 구하시오. (단, 진공 유전율 $=\dfrac{10^{-9}}{36\pi}$, 비유전율 = 3, 고유저항 $\rho=3\pi\times10^{11}[\Omega\cdot m]$이다.)

① 0.12 ② 0.16 ③ 0.24 ④ 0.36

해설 (1) 비유전율 $\varepsilon_s=3$, 고유저항 $\rho=3\pi\times10^{11}[\Omega\cdot m]$
콘덴서 용량 $C=10[\mu F]$, $V=400[kV]$의 전압 인가

(2) 누설전류 $I=\dfrac{CV}{\rho\varepsilon}=\dfrac{CV}{\rho\varepsilon_0\varepsilon_s}=\dfrac{10\times10^{-6}\times400\times10^3}{3\pi\times10^{11}\times3\times\dfrac{10^{-9}}{36\pi}}=\dfrac{1}{2\pi}=0.159\fallingdotseq0.16[A]$

답 ②

120 중요도 ★★ / 한국도로공사

1회 2회 3회

유전율 ε[F/m], 고유저항 $\rho[\Omega\cdot m]$인 유전체로 채운 정전용량 C[F]의 콘덴서에 전압 V[V]를 가할 때 유전체 중의 t초 동안에 발생하는 열량은 몇 [cal]인가?

① $4.2\times\dfrac{CV^2t}{\rho\varepsilon}$ ② $4.2\times\dfrac{CVt}{\rho\varepsilon}$

③ $0.24\times\dfrac{CV^2t}{\rho\varepsilon}$ ④ $0.24\times\dfrac{CVt}{\rho\varepsilon}$

해설 (1) 전기저항과 정전용량의 관계 $RC=\rho\varepsilon$에서 저항 $R=\dfrac{\rho\varepsilon}{C}[\Omega]$

(2) 전류

$$I=\frac{V}{R}=\frac{V}{\frac{\rho\varepsilon}{C}}=\frac{CV}{\rho\varepsilon}[A]$$

(3) 발생 열량

$$H=0.24I^2Rt=0.24\,VIt=0.24\,V\cdot\frac{CV}{\rho\varepsilon}t=0.24\frac{CV^2}{\rho\varepsilon}t[cal]$$

답 ③

121 중요도 ★ / LH공사

1회 2회 3회

그림에 표시한 반구형 도체를 전극으로 한 경우의 접지저항은? (단, ρ는 대지의 고유저항이며 전극의 고유저항에 비해 매우 크다.)

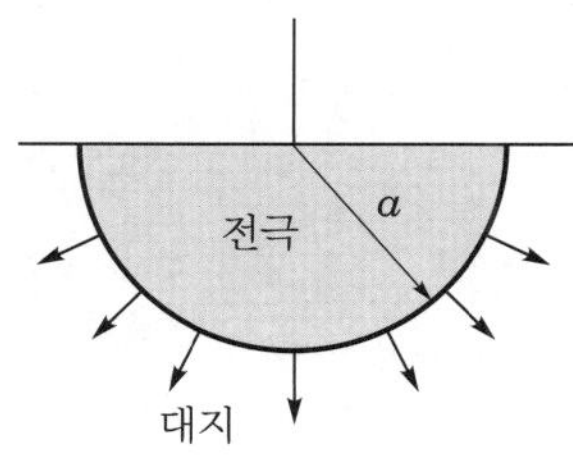

① $4\pi a\rho$　② $\dfrac{\rho}{4\pi a}$　③ $\dfrac{\rho}{2\pi a}$　④ $2\pi a\rho$

해설 (1) 반구형 접지극의 정전용량

$$C=4\pi\varepsilon a\times\frac{1}{2}=2\pi\varepsilon a[\text{F}]$$

(2) 전기저항과 정전용량의 관계 $RC=\rho\varepsilon$에서

저항 $R=\dfrac{\rho\varepsilon}{C}=\dfrac{\rho\varepsilon}{2\pi\varepsilon a}=\dfrac{\rho}{2\pi a}[\Omega]$

답 ③

122 중요도 ★ / 부산교통공사

1회 2회 3회

반지름 a, $b(a<b)$인 동심 원통 전극 사이에 고유저항 ρ의 물질이 충만되어 있을 때 단위길이당의 저항은?

① $2\pi\rho\ln ba$　② $\dfrac{\rho}{2\pi\ln\dfrac{b}{a}}$　③ $\dfrac{\rho}{2\pi}\ln\dfrac{b}{a}$　④ $2a\rho$

해설 (1) 단위길이당 동심 원통 도체의 정전용량

$$C=\frac{2\pi\varepsilon}{\ln\dfrac{b}{a}}[\text{F/m}]$$

(2) 전기저항과 정전용량의 관계 $RC=\rho\varepsilon$에서

저항 $R=\dfrac{\rho\varepsilon}{C}=\dfrac{\rho\varepsilon}{\dfrac{2\pi\varepsilon}{\ln\dfrac{b}{a}}}=\dfrac{\rho}{2\pi}\ln\dfrac{b}{a}[\Omega]$

답 ③

123 중요도 ★ / 인천교통공사

1회 2회 3회

반지름 a, b인 두 구상 도체 전극이 도전율 k인 매질 속에 중심 간의 거리 r만큼 떨어져 놓여 있다. 양 전극 간의 저항은? (단, $r \gg a$, b이다.)

① $4\pi k\left(\frac{1}{a}+\frac{1}{b}\right)$ ② $4\pi k\left(\frac{1}{a}-\frac{1}{b}\right)$ ③ $\frac{1}{4\pi k}\left(\frac{1}{a}+\frac{1}{b}\right)$ ④ $\frac{1}{4\pi k}\left(\frac{1}{a}-\frac{1}{b}\right)$

해설 (1) 도체 구 사이의 정전용량

$$C=\frac{4\pi\varepsilon}{\frac{1}{a}+\frac{1}{b}}[\mathrm{F}]$$

(2) 전기저항과 정전용량의 관계 $RC=\rho\varepsilon$에서

저항 $R=\frac{\rho\varepsilon}{C}=\frac{\rho\varepsilon}{\frac{4\pi\varepsilon}{\frac{1}{a}+\frac{1}{b}}}=\frac{\rho}{4\pi}\left(\frac{1}{a}+\frac{1}{b}\right)=\frac{1}{4\pi k}\left(\frac{1}{a}+\frac{1}{b}\right)[\Omega]$

답 ③

열전 현상

124 중요도 ★★★ / 광주교통공사

1회 2회 3회

다음 열전현상 중 제베크 효과에 대한 설명이다 틀린 것은 무엇인가?

① 두 종류의 금속을 접속하여 폐회로를 만들고, 두 접속점에 온도의 차이를 주면 기전력이 발생하여 전류가 흐른다.
② 열기전력의 크기와 방향은 두 금속점의 온도차에 따라서 정해진다.
③ 열전쌍(열전대)은 두 종류의 금속을 조합한 장치이다.
④ 전자 냉동기, 전자 온풍기에 응용된다.

해설 (1) 전자 냉동기, 전자 온풍기는 펠티에 효과에 의해 응용된다.
(2) 제베크 효과
열전대, 열전 온도계에 응용한다.

체크 point

- 제베크 효과 : 두 종류 금속의 접합면에 온도차가 있으면 기전력이 발생하는 효과
- 펠티에 효과 : 두 종류 금속의 접합면에 전류를 흘리면 접속점에서 열의 흡수, 발생
- 톰슨 효과 : 동일 종류 금속의 접합면에 전류를 흘리면 접속점에서 열의 흡수, 발생

답 ④

125 중요도 ★★★ / 2024 서울교통공사 1회 2회 3회

두 종류의 금속을 접합하여 폐회로를 형성하고, 두 접합점 사이에 전류를 흘리면 각 접합점에서 열의 흡수 또는 열의 발생이 일어나는 현상을 고르면?

① 펠티에 효과 ② 제베크 효과 ③ 톰슨 효과
④ 핀치 효과 ⑤ 홀 효과

해설 (1) 제베크 효과
두 종류 금속의 접합면에 온도차가 있으면 기전력이 발생하는 효과
(2) 펠티에 효과
두 종류 금속의 접합면에 전류를 흘리면 접속점에서 열의 흡수 또는 발생
(3) 톰슨 효과
동일 종류 금속의 접합면에 전류를 흘리면 접속점에서 열의 흡수 또는 발생

답 ①

126 중요도 ★★★ / 한국남부발전, 지역난방공사 1회 2회 3회

균질의 철사에 온도 구배가 있을 때 여기에 전류가 흐르면 열의 흡수 또는 발생을 수반하는데, 이 현상은?

① 톰슨 효과 ② 핀치 효과 ③ 펠티에 효과 ④ 제베크 효과

해설 **톰슨 효과**
동일 종류 금속의 접합면에 전류를 흘리면 접속점에서 열의 흡수 또는 발생

답 ①

07 진공 중의 정자계

자계의 쿨롱의 법칙

127 중요도 ★★★ / 한국중부발전 1회 2회 3회

공기 중에 6×10^{-2}[Wb], 5×10^{-3}[Wb]의 자극이 3[m] 떨어져 있을 때 두 자극 사이에 작용하는 힘 [N]은?

① 2.11 ② 3.00 ③ 4.25 ④ 6.33

해설 **자계에서의 쿨롱의 법칙**
진공 중에 두 자극 m_1, m_2를 r[m]의 거리에 놓았을 때 작용하는 힘 F

$F=\frac{1}{4\pi\mu_0}\times\frac{m_1m_2}{r^2}=6.33\times10^4\frac{m_1m_2}{r^2}$[N]

여기서, m_1, m_2 : 자극의 세기[Wb], r : 자극 간의 거리[m], μ_0 : 진공 투자율(=$4\pi\times10^{-7}$[H/m])

$F=6.33\times10^4\frac{m_1m_2}{r^2}$[N]$=6.33\times10^4\times\frac{6\times10^{-2}\times5\times10^{-3}}{(3)^2}=2.11$[N]

답 ①

자계의 세기

128 중요도 ★★★ / 부산교통공사 1회 2회 3회

자계의 세기를 표시하는 단위와 관계없는 것은? (단, A : 전류, N : 힘, Wb : 자속, H : 인덕턴스, m : 길이의 단위이다.)

① [A/m] ② [N/Wb] ③ [Wb/H] ④ [Wb/H · m]

해설

(1) $F=NI=H\cdot l$[AT]에서 $H=\frac{NI}{l}$[AT/m 또는 A/m]

(2) $F=mH$[N]에서 $H=\frac{F}{m}$[N/Wb] (m : 자극의 세기[Wb])

(3) $F=NI=H\cdot l$, $LI=N\phi$에서 $I=\frac{N\phi}{L}$를 기자력 식에 대입

$N\cdot\frac{N\phi}{L}=Hl\rightarrow H=\frac{N^2\phi}{Ll}$[Wb/H · m]

답 ③

129 중요도 ★★★ / 서울교통공사 1회 2회 3회

600[AT/m]의 자계 중에 어떤 자극을 놓았을 때 3×10^3[N]의 힘이 작용했다면 이때 자극의 세기는 몇 [Wb]이겠는가?

① 2 ② 3 ③ 5 ④ 6

해설

두 자극 사이에 작용하는 힘 $F=\frac{1}{4\pi\mu_0}\frac{m_1m_2}{r^2}$[N], 자계의 세기 $H=\frac{1}{4\pi\mu_0}\frac{m}{r^2}$[AT/m]에서 $F=mH$[N]이다.

$m=\frac{F}{H}=\frac{3\times10^3}{600}=5$[Wb]

답 ③

자기력선의 성질

130 중요도 ★★ / 광주교통공사

1회 2회 3회

다음 자기력선에 대한 설명 중 틀린 것은 무엇인가?

① 자기력선은 서로 교차하지 않는다.
② 자기력선은 바깥쪽으로 나가려는 성질이 있다.
③ N극($+m$)에서 시작해서 S극($-m$)에서 종료된다.
④ 자기력선은 자위가 높은 점에서 낮은 점으로 향한다.

해설 (1) 자기력선은 반드시 정(+)자하(N극)에서 나와서 부(−)자하(S극)로 들어간다. 보기 ③
(2) 자기력선은 자성체 내부를 관통(통과)한다.
(3) 자기력선은 그 자신만으로 폐곡선을 형성한다.
(4) 지기력선은 자성체 표면에 수직으로 출입한다.
(5) 자기력선은 서로 반발하며 교차하지 않는다. 보기 ①
(6) 자기력선의 방향은 그 점의 자계의 방향과 일치한다.
(7) 자기력선의 밀도는 자계의 세기와 같다.
(8) m[Wb]의 자하에서 나오는 자기력선의 수는 $\frac{m}{\mu_0}$개이다.

답 ②

131 중요도 ★★★ / 한국수력원자력

1회 2회 3회

자계의 세기가 800[AT/m]이고, 자속밀도가 0.2[Wb/m^2]인 재질의 투자율은 몇 [H/m]인가?

① 2.5×10^{-3} ② 4×10^{-3} ③ 2.5×10^{-4} ④ 4×10^{-4}

해설 (1) 자속밀도

$B=\mu H=\mu_0\mu_s H[\text{Wb/m}^2]$

(2) 투자율

$$\mu=\mu_0\mu_s=\frac{B}{H}=\frac{0.2}{800}=2.5\times10^{-4}[\text{H/m}]$$

답 ③

132 중요도 ★★★ / 대구교통공사

1회 2회 3회

비투자율 μ_s, 자속밀도 B[Wb/m^2]인 자계 중에 있는 m[Wb]의 자극이 받는 힘은 몇 [N]인가?

① $m\cdot B$ ② $\frac{m\cdot B}{\mu_0}$ ③ $\frac{m\cdot B}{\mu_s}$ ④ $\frac{m\cdot B}{\mu_0\mu_s}$

해설 (1) 자극이 받는 힘 : $F = mH$[N]

(2) 자속밀도 : $B = \mu H = \mu_0 \mu_s H$[Wb/m^2]

$H = \dfrac{B}{\mu_0 \mu_s}$ 이므로 $F = \dfrac{mB}{\mu_0 \mu_s}$[N]

답 ④

133 중요도 ★★ / 한국남부발전

1회 2회 3회

거리 r[m]를 두고 m_1, m_2[Wb]인 같은 부호의 자극이 놓여 있다. 두 자극을 잇는 선상의 어느 일점에서 자계의 세기가 0인 점은 m_1[Wb]에서 몇 [m] 떨어져 있는가?

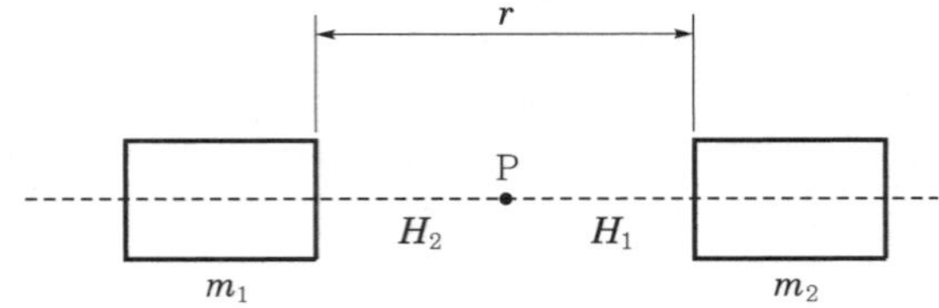

① $\dfrac{m_1 r}{m_1 + m_2}$　　② $\dfrac{\sqrt{m_1 r}}{\sqrt{m_1 + m_2}}$

③ $\dfrac{\sqrt{m_1} \cdot r}{\sqrt{m_1} + \sqrt{m_2}}$　　④ $\dfrac{{m_1}^2 r}{{m_1}^2 + {m_2}^2}$

해설 m_1, m_2의 부호가 같을 때는 두 자하 사이에 자계의 세기가 0인 점이 존재하는데, 이때 $H_1 = H_2$이며 방향은 반대이다. 자계가 0인 점을 P라 하고 m_1에서 P점까지의 거리를 x라 하면

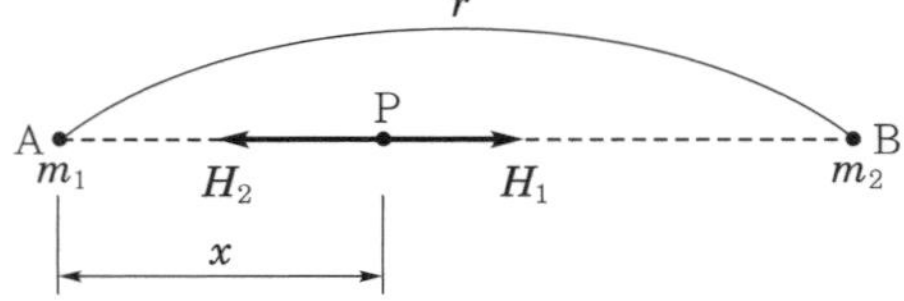

$H_1 = \dfrac{m_1}{4\pi\mu_0 x^2}$[AT/m], $H_2 = \dfrac{m_2}{4\pi\mu_0 (r-x)^2}$[AT/m]이므로

$H_1 = H_2 = \dfrac{m_1}{4\pi\mu_0 x^2} = \dfrac{m_2}{4\pi\mu_0 (r-x)^2}$

$\dfrac{m_1}{x^2} = \dfrac{m_2}{(r-x)^2} \rightarrow m_2 x^2 = m_1 (r-x)^2 \rightarrow \sqrt{m_2}\, x = \sqrt{m_1}\,(r-x)$

$\sqrt{m_2}\, x = \sqrt{m_1}\, r - \sqrt{m_1}\, x \rightarrow \sqrt{m_2}\, x + \sqrt{m_1}\, x = \sqrt{m_1}\, r$

$\therefore\ x = \dfrac{\sqrt{m_1}\, r}{\sqrt{m_1} + \sqrt{m_2}}$[m]

답 ③

막대자석에 작용하는 회전력(토크)

134 중요도 ★★★ / 2024 한국중부발전

1회 2회 3회

자극의 세기 6[Wb], 길이 40[cm]인 막대자석을 60[AT/m]의 평등 자계 내에 자계 30°의 각도로 놓았을 때 자석이 받는 회전력은?

① 72 ② $72\sqrt{3}$ ③ 144 ④ $144\sqrt{3}$

해설 (1) 막대자석에 작용하는 회전력

$T = mlH\sin\theta = MH\sin\theta\,[\mathrm{N \cdot m}]$

여기서, m : 자극의 세기[Wb], l : 막대자석의 길이[m], M : 자기 모멘트[Wb・m]

(2) 자장과 막대자석이 이루는 각이 수직인 경우 최대 토크 발생

$T = mlH = MH\,[\mathrm{N \cdot m}]$

$= mlH\sin\theta = 6 \times 40 \times 10^{-2} \times 60 \times \sin 30° = 72\,[\mathrm{N \cdot m}]$

답 ①

135 중요도 ★★ / 한국도로공사

1회 2회 3회

모멘트 9.8×10^{-5}[Wb・m]의 막대자석을 지구 자계의 수평 성분 10.5[AT/m]의 곳에서 지자기 자오면으로부터 90° 회전시키는 데 필요한 일은 몇 [J]인가?

① 9.3×10^{-5} ② 9.3×10^{-3} ③ 1.03×10^{-5} ④ 1.03×10^{-3}

해설 **막대자석을 회전시키는 데 필요한 에너지**

$W = MH(1 - \cos\theta)\,[\mathrm{J}]$

$= 9.8 \times 10^{-5} \times 10.5 \times (1 - \cos 90°) = 1.029 \times 10^{-3} = 1.03 \times 10^{-3}\,[\mathrm{J}]$

답 ④

08 전류에 의한 자계

136 중요도 ★★★ / 한국가스공사

1회 2회 3회

다음 중 전류가 흐르고 있는 도체 주위에는 자계가 발생하며, 자계의 방향을 오른 나사의 회전방향으로 잡으면 전류의 방향은 그 나사의 진행방향이 된다는 것을 설명한 법칙은?

① 가우스의 법칙 ② 암페어의 법칙
③ 패러데이의 법칙 ④ 비오-사바르의 법칙

해설 (1) 암페어(앙페르)의 법칙
도선에 전류가 흐를 때 도선 주위에 자장이 생기며, 자장의 방향은 오른쪽으로 돌릴 때 나사의 회전방향과 같다는 법칙
(2) 패러데이의 법칙
유도 기전력의 크기는 코일 속을 지나는 자속(쇄교 자속)의 시간적 변화율과 코일의 권수에 비례한다는 법칙
(3) 가우스의 법칙
전기장이나 중력장에 폐곡면 바깥으로 흘러나오는 유량은 폐곡면 내부에 있는 전하나 질량과 같은 근원 물질의 전체량에 비례한다는 법칙
(4) 비오-사바르 법칙
미소전류로부터 일정한 거리에 떨어져 있는 위치에서의 미소자계의 크기를 정의하는 법칙

 ②

앙페르의 법칙

137 중요도 ★★★ / 한국수력원자력, 한국동서발전 1회 2회 3회

그림과 같이 전류 I[A]가 흐르고 있는 직선 도체로부터 r[m] 떨어진 P점의 자계의 세기 및 방향을 바르게 나타낸 것은? (단, ⊗은 지면으로 들어가는 방향, ⊙은 지면으로부터 나오는 방향이다.)

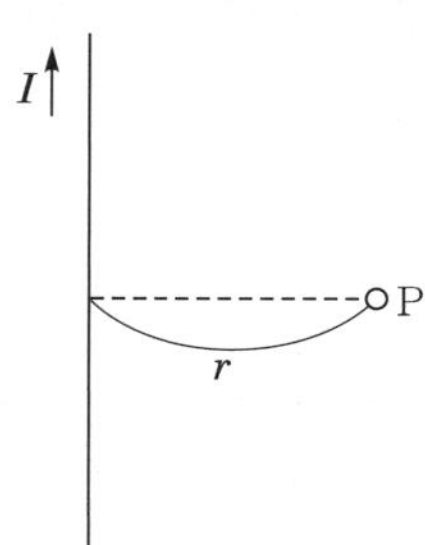

① $\dfrac{I}{2\pi r}$, ⊗ ② $\dfrac{I}{2\pi r}$, ⊙ ③ $\dfrac{Idl}{4\pi r^2}$, ⊗ ④ $\dfrac{Idl}{4\pi r^2}$, ⊙

해설 (1) 앙페르의 주회 적분법칙
임의의 폐곡선을 따라 자계(H)를 선적분한 결과는 그 폐곡선으로 둘러싸인 직선 전류와 같다.
$\oint_c H\,dl = I \rightarrow H \cdot 2\pi r = I$이므로 $H = \dfrac{I}{2\pi r}$[AT/m]
(2) 직선 도체에 의한 자계의 세기(H)

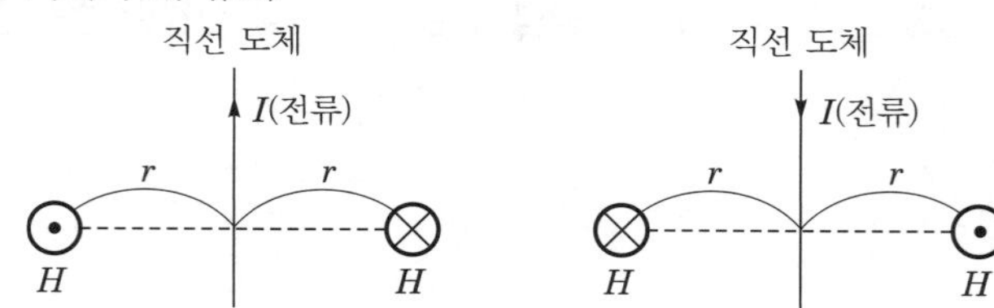

따라서, $H=\dfrac{I}{2\pi r}$[AT/m], ⊗

답 ①

무한 직선 전류에 의한 자계

138 중요도 ★★★ / 한국동서발전 1회 2회 3회

무한 직선 전류에 의한 자계는 전류에서의 거리에 대하여 어떻게 되는가?

① 거리에 비례한다.
② 거리에 반비례한다.
③ 거리의 제곱에 비례한다.
④ 거리의 제곱에 반비례한다.

해설 **무한 직선 전류에 의한 자계의 세기(H)**

$H=\dfrac{I}{l}=\dfrac{I}{2\pi r}$[AT/m] 식에서 $H \propto \dfrac{1}{r}$이므로

자계의 세기(H)는 거리(r)에 반비례하고 쌍곡선의 형태로 감소한다.

답 ②

139 중요도 ★★★ / 2024 한국서부발전 1회 2회 3회

6π[A]의 무한장 직선 전류로부터 1[m] 떨어진 P점의 자계의 세기는 약 몇 [AT/m]인가?

① 1.5 ② 2 ③ 2.5 ④ 3

해설 무한 직선 전류에 의한 자계의 세기 $H=\dfrac{I}{2\pi r}=\dfrac{6\pi}{2\pi\times 1}=3$[AT/m]

답 ④

원통 도체에서의 자계

140 중요도 ★★★ / KPS 1회 2회 3회

반지름 10[m]의 무한히 긴 원주형 도선에 4π[A]의 전류가 흐를 때, 도선 중심에서 5[m]되는 점의 자계의 세기[AT/m]는?

① 0.1 ② 0.2 ③ 0.3
④ 0.4 ⑤ 0.5

해설 (1) 원주 도체(원통 도체)에서의 자계

① 내부 : $H_1 = \dfrac{r_1 I}{2\pi a^2}$ [A/m]

② 표면 : $H_2 = \dfrac{I}{2\pi a}$ [A/m]

③ 외부 : $H_3 = \dfrac{I}{2\pi r_2}$ [A/m]

단, 전선에 표피효과가 발생하여 전류가 도체 표면에만 흐를 경우 내부 자계는 $H=0$이 된다.

(2) 원주형 도선의 반지름 10[m]보다 도선 중심에서의 거리 5[m]가 작으므로 도체 내부의 자계를 구하면 된다.

도체 내부 자계의 세기 $H=\dfrac{rI}{2\pi a^2}$ [A/m]이므로

$H=\dfrac{5\times 4\pi}{2\pi\times 10^2}=0.1$ [A/m]

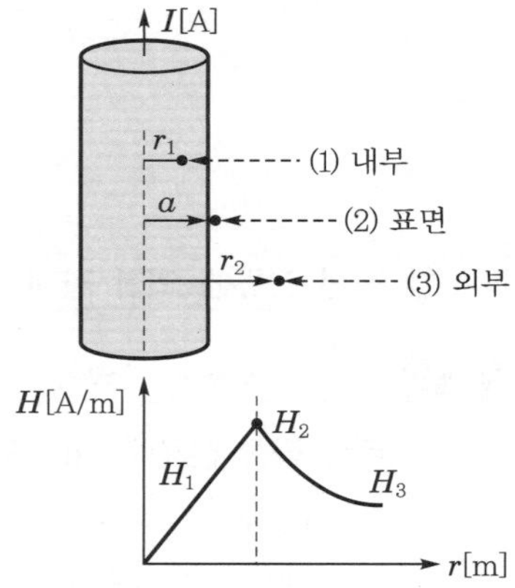

답 ①

141 중요도 ★★★ / 한국중부발전

1회 2회 3회

전류 분포가 균일한 반지름 a[m]인 무한장 원주형 도선에 1[A]의 전류를 흘렸더니 도선 중심에서 $\dfrac{a}{2}$[m] 되는 점에서 자계의 세기가 $\dfrac{1}{2\pi}$[AT/m]였다. 이 도선의 반지름은 몇 [m]인가?

① 4 ② 2 ③ $\dfrac{1}{2}$ ④ $\dfrac{1}{4}$

해설

도선 중심에서 $\dfrac{a}{2}$[m] 되는 점은 도체 내부이므로

도체 내부의 자계의 세기 $H=\dfrac{rI}{2\pi a^2}$ [A/m]

$H=\dfrac{\frac{a}{2}\cdot 1}{2\pi a^2}=\dfrac{1}{2\pi}$ 이므로

$\dfrac{a}{2a^2}=1 \rightarrow \dfrac{1}{2a}=1$

$\therefore\ a=\dfrac{1}{2}$

답 ③

원형 코일에 의한 자계

142 중요도 ★★★ / 2024 한국동서발전

1회 2회 3회

지름 10[cm]의 원형 코일에 5[A]의 전류가 흐를 때 코일 중심의 자계의 세기를 500[AT/m]로 하려면 코일의 권수는 몇인지 구하시오.

① 5회 ② 10회 ③ 20회 ④ 50회

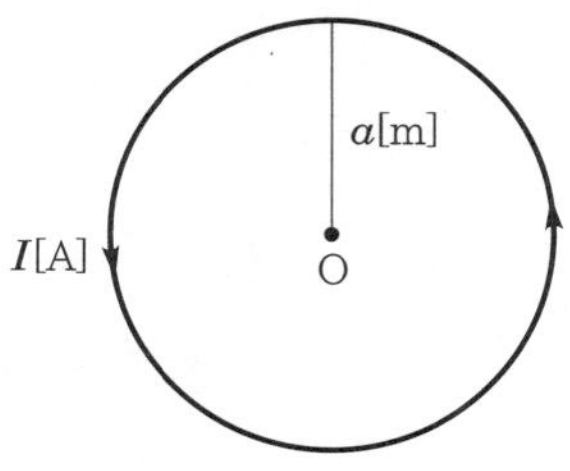

(1) 원형 코일 중심의 자계의 세기

$H=\dfrac{NI}{2a}$[AT/m]

(2) $N=\dfrac{2aH}{I}=\dfrac{2\times10\times10^{-2}\times500}{5}=20$[turns]

답 ③

143 중요도 ★★★ / 한국수력원자력

1회 2회 3회

반지름 a[m]인 반원형 전류 I[A]에 의한 중심에서의 자계의 세기[AT/m]는?

① $\dfrac{I}{4a}$ ② $\dfrac{I}{a}$ ③ $\dfrac{I}{2a}$ ④ $\dfrac{2I}{a}$

해설 (1) 원형 코일 중심 축상 x[m] 떨어진 점의 자계의 세기

$H=\dfrac{NIa^2}{2(a^2+x^2)^{\frac{3}{2}}}$[AT/m]

(2) 원형 코일 중심의 자계의 세기

$H=\dfrac{NI}{2a}$[AT/m]

(3) 반원형의 코일 중심의 자계이므로 $H=\dfrac{I}{2a}\times\dfrac{1}{2}=\dfrac{I}{4a}$[AT/m]

답 ①

144 중요도 ★★ / 인천교통공사

1회 2회 3회

같은 길이의 도선으로 M회와 N회 감은 원형 동심 코일에 각각 같은 전류를 흘릴 때 M회 감은 코일의 중심 자계는 N회 감은 코일의 몇 배인가?

① $\dfrac{N}{M}$ ② $\dfrac{N^2}{M^2}$ ③ $\dfrac{M}{N}$ ④ $\dfrac{M^2}{N^2}$

해설 전체 길이가 동일하므로 $l=M(2\pi a_M)=N(2\pi a_N)$

$$a_M=\frac{l}{2\pi M},\ a_N=\frac{l}{2\pi N}$$

$$H_M=\frac{MI}{2a_M}=\frac{MI}{2\cdot\dfrac{l}{2\pi M}}=\frac{\pi M^2 I}{l},\ H_N=\frac{NI}{2a_N}=\frac{NI}{2\cdot\dfrac{l}{2\pi N}}=\frac{\pi N^2 I}{l}$$

$$\therefore\ \frac{H_M}{H_N}=\frac{\dfrac{\pi M^2 I}{l}}{\dfrac{\pi N^2 I}{l}}=\frac{M^2}{N^2}$$

답 ④

환상 솔레노이드에 의한 자계

145 중요도 ★★★ / 한국가스공사

1회 2회 3회

공심 환상 솔레노이드의 단면적이 10[cm^2], 평균 자로 길이가 20[cm], 코일의 권수가 500회, 코일에 흐르는 전류가 2[A]일 때 솔레노이드의 내부 자속[Wb]은 약 얼마인가?

① $4\pi\times10^{-4}$ ② $4\pi\times10^{-6}$ ③ $2\pi\times10^{-4}$ ④ $2\pi\times10^{-6}$

해설 (1) 환상 솔레노이드에 의한 자계의 세기

① 환상 솔레노이드 내부 : $H_i=\dfrac{NI}{2\pi r}$[AT/m] (평등자장)

② 환상 솔레노이드 외부 : $H_o=0$

(2) 환상 솔레노이드에 의한 자계의 세기(H)

$N=500$[turns], $S=10$[cm^2], $l=20$[cm], $I=2$[A]

① 자계의 세기 $H_i=\dfrac{NI}{l}=\dfrac{NI}{2\pi r}$[AT/m]에서 $H_i=\dfrac{500\times2}{20\times10^{-2}}=5000$[AT/m]

② 자속밀도 $B=\mu_0 H=4\pi\times10^{-7}\times5\times10^3=20\pi\times10^{-4}$[Wb/m^2]

③ 자속 $\phi=BS=20\pi\times10^{-4}\times10\times10^{-4}=2\pi\times10^{-6}$[Wb]

답 ④

146 중요도 ★★★ / 2024 한국서부발전

1회 2회 3회

권수 250의 환상 솔레노이드에 10[A]의 전류가 흐를 때 내부 자계가 2000[AT/m]이었다. 거리는 몇 [m]인가?

① $\frac{8\pi}{5}$ ② $\frac{8}{5\pi}$ ③ $\frac{5\pi}{8}$ ④ $\frac{5}{8\pi}$

해설 환상 솔레노이드에 의한 자계의 세기 $H_i = \frac{NI}{l} = \frac{NI}{2\pi r}$[AT/m]에서

$r = \frac{NI}{2\pi H} = \frac{250 \times 10}{2\pi \times 2000} = \frac{5}{8\pi}$[m]

답 ④

무한 솔레노이드에 의한 자계

147 중요도 ★★★ / 한국도로공사

1회 2회 3회

다음 중 무한 솔레노이드에 전류가 흐를 때에 대한 설명으로 가장 알맞은 것은?

① 내부 자계는 위치에 상관없이 일정하다.
② 내부 자계와 외부 자계는 그 값이 같다.
③ 외부 자계는 솔레노이드 근처에서 멀어질수록 그 값이 작아진다.
④ 내부 자계의 크기는 0이다.

해설 무한장 솔레노이드의 외부 자계는 0이며, 내부 자계는 $H = nI$[AT/m] (n : 단위길이 1[m]당 권수)로 거리에 관계없는 평등 자계이다.

답 ①

148 중요도 ★★ / 한국도로공사

1회 2회 3회

평등 자계를 얻는 방법으로 가장 알맞은 것은?

① 길이에 비하여 단면적이 충분히 큰 솔레노이드에 전류를 흘린다.
② 길이에 비하여 단면적이 충분히 큰 원통형 도선에 전류를 흘린다.
③ 단면적에 비하여 길이가 충분히 긴 원통형 도선에 전류를 흘린다.
④ 단면적에 비하여 길이가 충분히 긴 솔레노이드에 전류를 흘린다.

해설 무한장 솔레노이드의 내부의 자계는 $H=nI$[AT/m]이며 내부 자장은 평등 자장이다. 따라서, 평등 자장을 얻기 위해서는 단면적에 비하여 길이가 충분히 긴 무한 솔레노이드에 전류를 흘리면 된다.

답 ④

149 중요도 ★★★ / 서울교통공사

1회 2회 3회

1[cm]마다 권수가 100인 무한장 솔레노이드에 20[mA]의 전류를 유통시킬 때 솔레노이드 내부의 자계의 세기[AT/m]는?

① 10　　② 20
③ 100　　④ 200

해설 무한장 솔레노이드의 내부의 자계는 $H=nI$[AT/m]

n은 단위길이 1[m]당 권수이므로

$n=\dfrac{100}{1\times10^{-2}}=10000$, $I=20$[mA]

$H=nI=10000\times20\times10^{-3}=200$[AT/m]

답 ④

150 중요도 ★★★ / 한국가스공사

1회 2회 3회

단위길이당 권선수가 10인 무한 길이 솔레노이드에 5[A]의 전류가 흐른다면 솔레노이드로부터 1[m] 떨어진 외부 자계의 세기[AT/m]는?

① 0　　② 5
③ 10　　④ 50

해설 (1) 무한장 솔레노이드 철심 내부의 자계 : 평등 자계

$H=\dfrac{NI}{l}=n_0I$[AT/m]

(2) 무한장 솔레노이드 철심 외부의 자계 : $H=0$

답 ①

유한 직선 도체에 의한 자계

151 중요도 ★★★ / 2024 한국동서발전 1회 2회 3회

그림과 같은 유한장 직선 도체 AB에 전류 I가 흐를 때 임의의 자계의 세기는? (단, a는 P와 AB 사이의 거리, θ_1, θ_2 : P에서 도체 AB에 내린 수직선과 AP, BP가 이루는 각이다.)

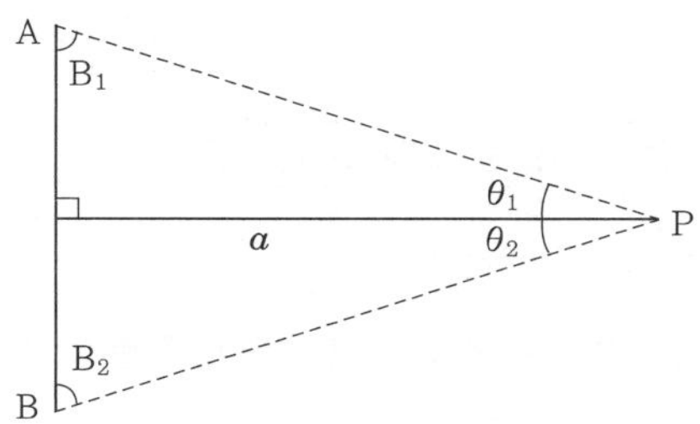

① $\dfrac{I}{4\pi a}(\sin\theta_1+\sin\theta_2)$　② $\dfrac{I}{4\pi a}(\cos\theta_1+\cos\theta_2)$

③ $\dfrac{I}{4\pi a}(\sin\theta_1-\sin\theta_2)$　④ $\dfrac{I}{4\pi a}(\cos\theta_1-\cos\theta_2)$

해설 $H=\dfrac{I}{4\pi a}(\sin\theta_1+\sin\theta_2)$ [AT/m]

$H=\dfrac{I}{4\pi a}(\cos\beta_1+\cos\beta_2)$ [AT/m]

답 ②

152 중요도 ★★★ / 부산교통공사 1회 2회 3회

그림과 같은 길이 $\sqrt{3}$ [m]인 유한장 직선 도선에 π[A]의 전류가 흐를 때 도선의 일단 B에서 수직하게 1[m]되는 P점의 자계의 세기[AT/m]는?

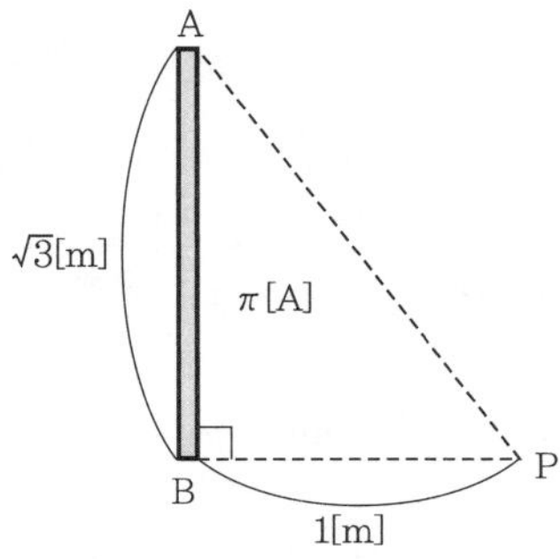

① $\dfrac{\sqrt{3}}{8}$　② $\dfrac{\sqrt{3}}{4}$　③ $\dfrac{\sqrt{3}}{2}$　④ $\sqrt{3}$

해설 유한장 직선 도체에 의한 자계 $H=\dfrac{I}{4\pi r}(\sin\theta_1+\sin\theta_2)$에서

$\beta_1=\dfrac{\sqrt{3}}{\sqrt{1^2+(\sqrt{3})^2}}=\dfrac{\sqrt{3}}{2}$, $\beta_2=0$이므로 $H=\dfrac{\pi}{4\pi\times1}\times\dfrac{\sqrt{3}}{2}=\dfrac{\sqrt{3}}{8}$[AT/m]

답 ①

한 변의 길이가 l[m]일 때 정 n각형에 의한 자계

153 중요도 ★★★ / 부산교통공사, 한국수력원자력

1회 2회 3회

한 변의 길이가 l인 정삼각형 회로에 I[A]의 전류가 흐를 때 삼각형 중심에서 자계의 세기[AT/m]는?

① $\dfrac{9I}{2l}$ ② $\dfrac{9I}{2\pi l}$ ③ $\dfrac{3I}{2\pi l}$ ④ $\dfrac{3\sqrt{3}I}{4\pi a}$

해설 (1) 정삼각형 중심의 자계 : $H=\dfrac{9I}{2\pi l}$[AT/m]

(2) 정사각형 중심의 자계 : $H=\dfrac{2\sqrt{2}I}{\pi l}$[AT/m]

(3) 정육각형 중심의 자계 : $H=\dfrac{\sqrt{3}I}{\pi l}$[AT/m]

답 ②

154 중요도 ★★ / 서울교통공사, 인천교통공사

1회 2회 3회

반지름 R인 원에 내접하는 정 6각형 회로에 전류 I가 흐를 때 원 중심점에서의 자속 밀도는 얼마인가?

① $\dfrac{6\mu_0 I}{2\pi R}\tan\dfrac{\pi}{6}$[Wb/m²] ② $\dfrac{\mu_0 I}{\pi R}\cos\dfrac{\pi}{6}$[Wb/m²]

③ $\dfrac{I}{2\pi\mu_0 R}\tan\dfrac{\pi}{3}$[Wb/m²] ④ $\dfrac{2\pi R}{\tan\dfrac{\pi}{6}}$[Wb/m²]

해설 (1) 정 n각형 코일 중심에서의 자계

① 반지름이 R[m]인 원에 내접하는 정 n각형에 의한 자계 : $H=\dfrac{nI\cdot\tan\dfrac{\pi}{n}}{2\pi R}$[AT/m]

② 한 변의 길이 l[m]인 정 n각형에 의한 자계 : $H=\dfrac{nI}{\pi l}\sin\dfrac{\pi}{n}\tan\dfrac{\pi}{n}$[AT/m]

(2) $B=\mu_0 H=\mu_0\cdot\dfrac{nI\cdot\tan\dfrac{\pi}{n}}{2\pi R}=\dfrac{6\mu_0 I}{2\pi R}\tan\dfrac{\pi}{6}$[Wb/m²]

답 ①

플레밍의 왼손 법칙

155 중요도 ★★★ / 한국중부발전 1회 2회 3회

그림과 같이 자기장 속에 있는 도선에 전류가 흐를 때 자기장의 방향과 도선에 흐르는 전류의 방향으로 도선이 받는 힘의 방향을 결정하는 법칙으로, 전동기의 원리와 관계가 깊은 법칙은?

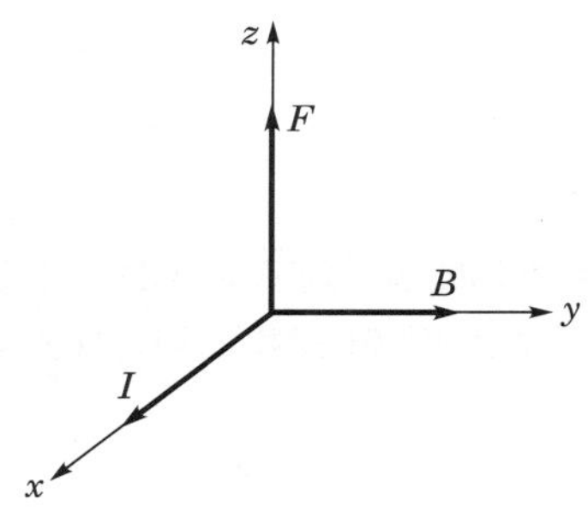

① 앙페르의 법칙 ② 패러데이의 법칙
③ 플레밍의 왼손 법칙 ④ 플레밍의 오른손 법칙

해설 (1) 플레밍의 왼손 법칙
자장이 있는 공간에서 도체에 전류를 흘려주면 도체는 힘을 받아 운동을 한다는 것을 나타내는 법칙
(2) 앙페르의 법칙
도선에 전류가 흐를 때 도선 주위에 자장이 생기며, 자장의 방향은 오른쪽으로 돌릴 때 나사의 회전방향과 같다는 법칙
(3) 패러데이의 법칙
유도 기전력의 크기는 코일 속을 지나는 자속(쇄교 자속)의 시간적 변화율과 코일의 권수에 비례한다는 법칙
(4) 플레밍의 오른손 법칙
자기장 속에서 도선이 움직일 때 자기장의 방향과 도선이 움직이는 방향으로 유도 기전력의 방향을 결정하는 법칙

답 ③

156 중요도 ★★★ / 한국서부발전 1회 2회 3회

평등자장 내에 놓여 있는 직선 전류 도선이 받는 힘에 대한 설명 중 옳지 않은 것은?

① 힘은 전류에 비례한다.
② 힘은 자장의 세기에 비례한다.
③ 힘은 도선의 길이에 반비례한다.
④ 힘은 전류의 방향과 자장의 방향과의 사이각의 정면에 관계된다.

해설 플레밍의 왼손 법칙

(1) 자장이 있는 공간에서 도체에 전류를 흘려주면 도체는 힘을 받아 운동을 한다는 것을 나타내는 법칙
$F = IBl\sin\theta = \mu_0 HIl\sin\theta$[N] ($F \propto I$, $F \propto B$, $F \propto l$, $F \propto \sin\theta$)

(2) 도선이 받는 힘은 전류에 비례, 자속밀도에 비례, 도선의 길이에 비례

답 ③

157 중요도 ★★★ / 한국서부발전 1회 2회 3회

자속밀도가 30[Wb/m²]의 자계 내에 5[A]의 전류가 흐르고 있는 길이 1[m]인 직선 도체를 자계의 방향에 대하여 60도의 각도로 놓았을 때 이 도체에 작용하는 힘은 약 몇 [N]인가?

① 75 ② 120 ③ 130 ④ 150

해설 플레밍의 왼손 법칙

$F = IBl\sin\theta = 5 \times 30 \times 1 \times \sin 60^\circ = 75\sqrt{3} = 129.9 ≒ 130$[N]

답 ③

평행한 전류 사이에 작용하는 힘

158 중요도 ★★★ / 대전교통공사 1회 2회 3회

그림과 같이 d[m] 떨어진 두 평행 도선에 I[A]의 전류가 흐를 때 도선 단위길이당 작용하는 힘 F[N]는?

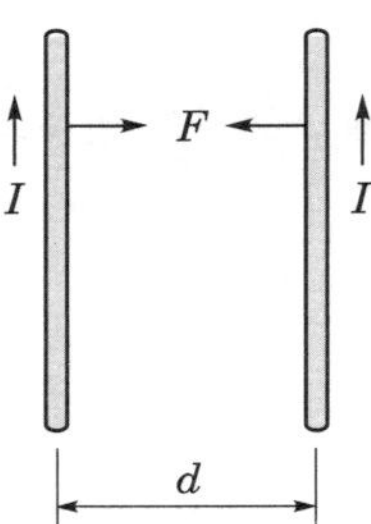

① $\dfrac{\mu_0 I}{2\pi d}$ ② $\dfrac{\mu_0 I^2}{2\pi d^2}$ ③ $\dfrac{\mu_0 I^2}{2\pi d}$ ④ $\dfrac{\mu_0 I^2}{2d}$

해설 평행한 전류 사이에 작용하는 힘

$F = \dfrac{\mu_0 I_1 I_2}{2\pi r} = 2 \times 10^{-7} \times \dfrac{I_1 I_2}{r}$ [N/m]

(1) 두 전류의 곱에 비례하고, 도선 간의 거리에 반비례한다.
(2) 같은 방향의 전류 : 흡인력(평행도선)
(3) 다른 방향의 전류 : 반발력(왕복도선)

답 ③

159 중요도 ★★★ / 2024 서울교통공사

1회 2회 3회

평행 도선에 같은 크기의 왕복 전류가 흐를 때 두 도선 사이에 작용하는 힘과 관계되는 것 중 옳은 것은?

① 거리의 제곱에 반비례하고, 투자율에 비례한다.
② 투자율은 반비례하고 거리의 제곱은 반비례한다.
③ 거리에 비례한다.
④ 거리의 제곱에 반비례한다.
⑤ 전류의 제곱에 비례한다.

해설 **평행한 전류 사이에 작용하는 힘**

$F = \dfrac{\mu_0 I_1 I_2}{2\pi r} = 2\times 10^{-7} \times \dfrac{I_1 I_2}{r}$ [N/m]

(1) 두 전류의 곱에 비례하고, 도선 간의 거리에 반비례한다.
(2) 같은 방향의 전류 : 흡인력(평행도선)
(3) 다른 방향의 전류 : 반발력(왕복도선)

답 ⑤

160 중요도 ★★★ / 서울교통공사

1회 2회 3회

진공 중에 간격 r = 1[m]로 떨어져 평행하게 놓인 두 전류 I_1, I_2 간에 작용하는 힘이 단위길이당 2×10^{-7}[N]이라면 두 전류 I_1, I_2[A]는 얼마인가?

① $I_1 = I_2 = 1$ ② $I_1 = I_2 = 2$ ③ $I_1 = I_2 = 3$ ④ $I_1 = I_2 = 4$

해설

$F = 2\times 10^{-7} \times \dfrac{I_1 I_2}{r}$ [N/m]이므로

$I_1 I_2 = \dfrac{F \cdot r}{2\times 10^{-7}} = \dfrac{2\times 10^{-7} \cdot 1}{2\times 10^{-7}} = 1$ [A]

$\therefore\ I_1 = I_2 = 1$ [A]

답 ①

161 중요도 ★★★ / 한국동서발전 1회 2회 3회

그림과 같이 평행한 무한장 직선 도선에 I, $4I$인 전류가 흐른다. 두 선 사이의 점 P의 자계 세기가 0이다. $\frac{a}{b}$는?

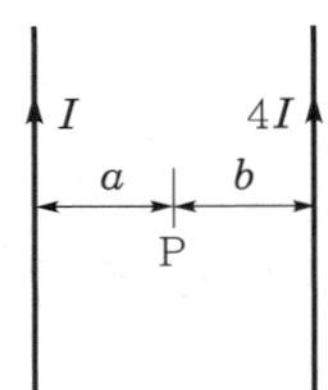

① $\frac{a}{b}=4$　② $\frac{a}{b}=2$　③ $\frac{a}{b}=\frac{1}{2}$　④ $\frac{a}{b}=\frac{1}{4}$

해설 (1) 평행판 무한 직선 도체에서의 자계 : $H=\frac{I}{2\pi r}$[AT/m]

(2) a에서의 자계의 세기 : $H=\frac{I}{2\pi r}=\frac{I}{2\pi a}$[AT/m]

(3) b에서의 자계의 세기 : $H=\frac{I}{2\pi r}=\frac{4I}{2\pi b}$[AT/m]

(4) P점에서 측정한 자계의 세기가 0이므로 $H=H'$라 하면

$\frac{I}{2\pi a}=\frac{4I}{2\pi b}$, $\frac{1}{a}=\frac{4}{b}$

$\therefore\ \frac{a}{b}=\frac{1}{4}$

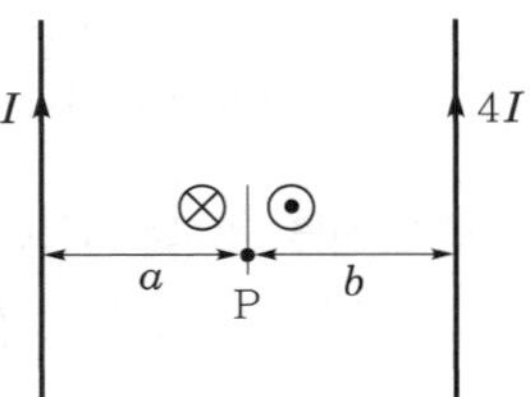

답 ④

로렌츠의 힘

162 중요도 ★★ / 한국중부발전 1회 2회 3회

진공 중에서 e[C]의 전하가 B[Wb/m^2]의 자계 안에서 자계와 수직 방향으로 v[m/s]의 속도로 움직일 때 받는 힘[N]은?

① $\frac{evB}{\mu_0}$　② $\mu_0 evB$　③ evB　④ 0

해설 (1) 로렌츠의 힘(Lorentz force)

① 전류가 흐르는 도선 주위에 자기장이 있을 때 도선이 받게 되는 힘(자장이 있는 공간에서 전하가 받는 힘)

② $F=qvB\sin\theta$[N] : 대전입자가 비스듬히 각을 이루며 로렌츠의 힘을 받을 때

③ $F=qvB$[N] : 대전입자의 운동방향과 자기장의 방향이 수직일 때, 이때 로렌츠의 힘은 최대임

④ $F=0$: 대전입자의 운동방향과 자기장의 방향이 같을 때, 로렌츠의 힘은 없고 받지도 않음

(2) 전하 e[C]에 의해 작용하는 로렌츠의 힘 : $F = evB$[N]

답 ③

로렌츠의 힘

163 중요도 ★★ / 국가철도공단

1회 2회 3회

v[m/s]의 속도로 전자가 B[Wb/m^2]의 평등 자계에 직각으로 들어가면 원운동을 한다. 이때, 각속도 ω[rad/s] 및 주기 T[s]는? (단, 전자의 질량은 m, 전자의 전하는 e이다.)

① $\omega = \dfrac{m}{eB}$, $T = \dfrac{eB}{2\pi m}$

② $\omega = \dfrac{eB}{m}$, $T = \dfrac{2\pi m}{eB}$

③ $\omega = \dfrac{mv}{eB}$, $T = \dfrac{2\pi B}{mv}$

④ $\omega = \dfrac{em}{B}$, $T = \dfrac{2\pi m}{Bv}$

해설 평등 자계 내에 수직으로 들어온 전자는 원심력과 구심력에 의해 원운동을 한다.

구심력 $F = evB$, 원심력 $F' = \dfrac{mv^2}{r}$

$F = F'$이므로 $evB = \dfrac{mv^2}{r}$

(1) 반경 : $r = \dfrac{mv}{eB}$[m]

(2) 각속도 : $\omega = \dfrac{v}{r} = \dfrac{eB}{m}$[rad/s]

(3) 주파수 : $f = \dfrac{\omega}{2\pi} = \dfrac{eB}{2\pi m}$[Hz]

(4) 주기 : $T = \dfrac{1}{f} = \dfrac{2\pi m}{eB}$[s]

답 ②

164 중요도 ★★ / 한국수력원자력

1회 2회 3회

평등 자계 내에 수직으로 돌입한 전자의 궤적은?

① 원운동을 하는데, 원의 반지름은 자계의 세기에 비례한다.
② 구면 위에서 회전하고 반지름은 자계의 세기에 비례한다.
③ 원운동을 하고 반지름은 전자의 처음 속도에 비례한다.
④ 원운동을 하고, 반지름은 자계의 세기에 비례한다.

해설 평등 자계 내에 수직으로 들어온 전자는 원심력과 구심력에 의해 원운동을 한다.

반경 $r = \dfrac{mv}{eB}$[m], $B = \mu H$[Wb/m^2]이므로 자계와 반비례하고 속도와 비례한다.

답 ③

165 중요도 ★★★ / 2024 한국중부발전

1회 2회 3회

0.1[C]의 점전하가 전계 $E=5a_x$[V/m] 및 자속밀도 $B=10a_y$[Wb/m^2] 내를 속도 $v=4a_y$[m/s]로 이동할 때 점전하에 작용하는 힘 F[N]는? (단, a_x, a_y, a_z는 단위벡터이다.)

① $0.5a_x$　② $0.4a_y$　③ $0.5a_x+0.4a_y$　④ $5a_x+a_y$

해설 로렌츠의 힘(전하에 작용하는 힘)
$\dot{F}=q(\dot{E}+\dot{v}\times\dot{B})=0.1(5a_x+4a_y\times10a_y)=0.5a_x$[N]

답 ①

166 중요도 ★★ / 2024 한국중부발전

1회 2회 3회

그림과 같이 권수 50회이고 전류 1[mA]가 흐르고 있는 직사각형 코일이 0.1[Wb/m^2]의 평등 자계 내에 자계와 30°로 기울어 놓았을 때 이 코일의 회전력[N·m]은? (단, a =10[cm], b =15[cm]이다.)

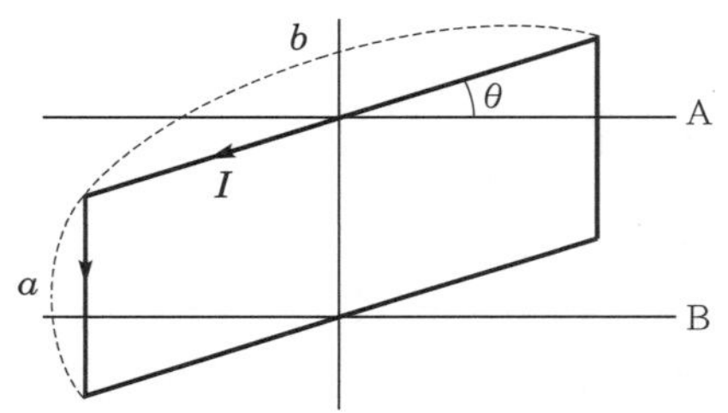

① 3.75×10^{-5}　② 6.49×10^{-5}　③ 7.48×10^{-5}　④ 11.22×10^{-5}

해설 직사각형 코일에 작용하는 회전력

$T=nBIl_1l_2\sin\theta$[N·m]

$=50\times0.1\times1\times10^{-3}\times10\times10^{-2}\times15\times10^{-2}\times\sin30°$

$=3.75\times10^{-5}$[N·m]

답 ①

전류에 의한 자계 현상

167 중요도 ★★★ / 한국서부발전

1회 2회 3회

전류가 흐르고 있는 도체에 자계를 가하면 도체 측면에는 정부의 전하가 나타나 두 면간에 전위차가 발생하는 현상은?

① 핀치 효과　② 톰슨 효과　③ 홀 효과　④ 제베크 효과

해설 (1) 홀효과(Hall effect)
전류가 흐르고 있는 도체에 자계를 가하면 도체 측면에 정부(+, −)의 전하가 나타나 전위차가 발생하는 현상
(2) 스트레치 효과(Stretch effect)
잘 구부러지는 가요성의 코일을 사각형으로 하고 큰 전류를 흘려주면 도선 간에 반발력이 작용하여 원형을 이루는 현상

답 ③

168 중요도 ★★ / 서울교통공사

1회 2회 3회

액체 도체에 전류를 흘리면 전류의 방향과 수직 방향으로 원형 자계가 생겨 전류(액체)에는 구심적인 전자력이 작용하여 수축되는 현상은 다음 중 어느 현상인가?

① 핀치 효과
② 톰슨 효과
③ 홀 효과
④ 제베크 효과

해설 **핀치효과(Pinch effect)**
도체에 직류를 인가하면 전류와 수직 방향으로 원형 자계가 발생하여 전류에 구심력이 작용한다. 이때, 도체 단면이 수축하면서 도체 중심 쪽으로 전류가 몰리는 현상

답 ①

169 중요도 ★★ / 국가철도공단

1회 2회 3회

다음 중 특성이 다른 것이 하나 있다. 그것은?

① 톰슨 효과(Thomson effect)
② 스트레치 효과(Stretch effect)
③ 핀치 효과(Pinch effect)
④ 홀 효과(Hall effect)

해설 스트레치 효과, 핀치 효과, 홀 효과는 자계에 의한 현상(효과)이고, 톰슨 효과는 열전 효과이다.

답 ①

09 자성체 및 자기회로

170 중요도 ★★★ / 서울교통공사 1회 2회 3회

정전차폐와 자기차폐를 비교하면?

① 정전차폐가 자기차폐에 비교하여 완전하다.
② 정전차폐가 자기차폐에 비교하여 불완전하다.
③ 두 차폐 방법은 모두 완전하다.
④ 두 차폐 방법은 모두 불완전하다.

해설 (1) 정전차폐
완전함 → 정전계에서 전기력선은 도체를 통과할 수 없다.
(2) 자기차폐
불완전 차폐 → 자성체로 주위의 자기력선을 끌어 모으나 완전히는 모을 수 없다.

답 ①

171 중요도 ★★ / 한국중부발전 1회 2회 3회

자화된 철의 온도를 높일 때 자화가 서서히 감소하다가 급격히 강자성이 상자성으로 변하면서 강자성을 잃어버리는 온도는?

① 켈빈(Kelvin) 온도 ② 연화 온도(Transition)
③ 전이 온도 ④ 퀴리(Curie) 온도

해설 자화된 철의 온도를 높이면 자화가 서서히 감소하다가 690~870[℃](순철에서는 790[℃])에서 급속히 강자성이 상자성을 변하면서 강자성을 잃어 버리는데 이것은 철의 결정을 구성하는 원자의 열운동이 심해져서 자구(magnetic domain)의 배열이 파괴되기 때문이다. 이 변화하는 온도를 임계 온도 또는 퀴리 온도라 한다.

답 ④

자성체의 종류

172 중요도 ★★★ / 한국동서발전 1회 2회 3회

다음 자성체 중 반자성체가 아닌 것은?

① 창연 ② 구리 ③ 금 ④ 알루미늄

해설 (1) 상자성체
① 자기장의 방향으로 미약하게 자화되어 자화의 세기가 약한 자성체
② 영구적인 N극, S극을 형성하지 못하여 영구자석의 재료가 되지 못한다.

③ 종류 : 백금(Pt), 알루미늄(Al), 산소(O_2), 망간(Mn) 보기 ④
④ 비투자율 : $\mu_s > 1$, 자화율 : $\chi > 0$

(2) 반자성체
① 가해준 자기장과 반대방향으로 자화되는 자성체
② 종류 : 구리(Cu), 은(Ag), 비스무트(Bi = 창연), 아연(Zn), 납(Pb), 금(Au) 보기 ①, ②, ③
③ 비투자율 : $\mu_s < 1$, 자화율 : $\chi < 0$

(3) 강자성체
① 자장의 방향으로 강하게 자화되어 자기장을 제거해도 자기적인 성질을 계속 갖는 자성체
② 자계를 제거해도 영구적인 N극, S극을 형성하는 특성이 강하여 영구자석의 재료로 적합한 자성체
③ 종류 : 철(Fe), 니켈(Ni), 코발트(Co)
④ 비투자율 : $\mu_s \gg 1$, 자화율 : $\chi \gg 0$

답 ④

173 중요도 ★★ / 서울교통공사

1회 2회 3회

자화율 χ와 비투자율 μ_r의 관계에서 상자성체로 판단할 수 있는 것은?

① $\chi > 0$, $\mu_r > 1$
② $\chi < 0$, $\mu_r > 1$
③ $\chi > 0$, $\mu_r < 1$
④ $\chi < 0$, $\mu_r < 1$

해설 **상자성체**
(1) 자기장의 방향으로 미약하게 자화되어 자화의 세기가 약한 자성체
(2) 영구적인 N극, S극을 형성하지 못하여 영구자석의 재료가 되지 못한다.
(3) 종류 : 백금(Pt), 알루미늄(Al), 산소(O_2), 망간(Mn)
(4) 비투자율 : $\mu_s > 1$, 자화율 : $\chi > 0$

답 ①

174 중요도 ★★★ / 한국수력원자력

1회 2회 3회

인접 영구 자기 쌍극자가 크기는 같으나 방향이 서로 반대 방향으로 배열된 자성체를 어떤 자성체라 하는가?

① 반자성체 ② 상자성체 ③ 강자성체 ④ 반강자성체

해설 (1) 반자성체 : 영구 자기 쌍극자는 없는 재질
(2) 상자성체 : 인접 영구 자기 쌍극자의 방향이 규칙성이 없는 재질
(3) 강자성체 : 인접 영구 자기 쌍극자의 방향이 동일 방향으로 배열하는 재질
(4) 반강자성체 : 인접 영구 자기 쌍극자의 배열이 서로 반대인 재질

답 ④

175 중요도 ★★★ / 2024 한국전력공사

1회 2회 3회

다음과 같은 자기 모멘트 배열을 가진 자성체의 이름은?

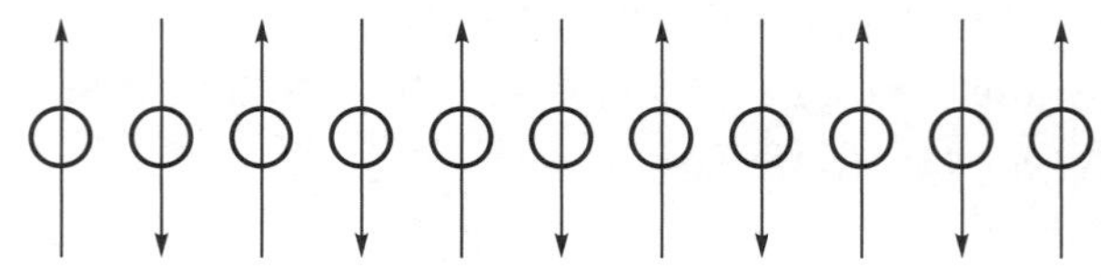

① 역자성체 ② 상자성체 ③ 반자성체
④ 무자성체 ⑤ 반강자성체

해설 **반강자성체**
인접 영구 자기 쌍극자의 배열이 서로 반대인 재질

답 ⑤

히스테리시스 곡선

176 중요도 ★★★ / 2024 한국전력공사

1회 2회 3회

히스테리시스 곡선 그래프에서 H_c는 무엇인가?

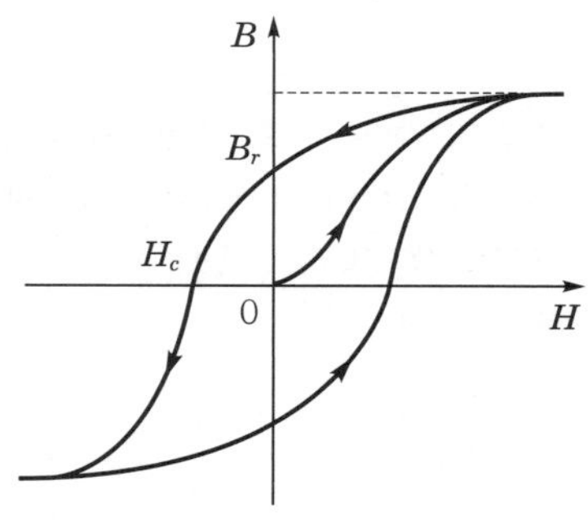

① 보자력 ② 자기력 ③ 잔류자기
④ 자속밀도 ⑤ 감자력

해설 (1) 히스테리시스 곡선에서 종축과 만나는 점(B_r)을 잔류자기라고 하며, 자화가 된 물질에 외부 자계를 가하지 않더라도 물질 내부에 남아있는 자기 성분을 의미한다.
(2) 히스테리시스 곡선에서 횡축과 만나는 점(H_c)을 보자력이라고 하며, 잔류자기를 없애기 위해 필요한 자계의 세기를 의미한다.

답 ①

177 중요도 ★★★ / 한국중부발전

1회 2회 3회

히스테리시스 현상에 관한 설명 중 틀린 것은?

① 히스테리시스 현상을 가진 재료만이 영구자석이 될 수 있다.
② 히스테리시스 곡선에서 횡축과 만나는 것은 보자력이고 종축과 만나는 것은 잔류자기이다.
③ 자속과 기자력 사이에는 직선성이 있다.
④ 곡선의 기울기는 투자율이다.

해설 히스테리시스 곡선은 $B = \mu H$에 의하여 강자성체에 가하는 자계(H)를 증가시키면 자속밀도(B)도 선형적으로 비례하여 증가한다. 하지만 어느 일정 값 이상으로 자성체에 자속밀도(B)가 포화되어 자속밀도는 더 이상 증가하지 않고 포화된다. 이 경우 비선형적으로 특성을 보인다.

답 ③

178 중요도 ★★★ / 광주교통공사

1회 2회 3회

다음 중 영구자석의 재료로 사용되는 철에 요구되는 사항은?

① 잔류자기 및 보자력이 작은 것
② 잔류자기가 크고 보자력이 작은 것
③ 잔류자기는 작고 보자력이 큰 것
④ 잔류자기 및 보자력이 큰 것

해설 (1) 영구자석
① 한번 외부에서 자계를 가해서 자화가 되면 지속적으로 자석의 성질을 가지는 것
② 잔류자기(B_r)와 보자력(H_c)이 크다.
③ 히스테리시스 루프(loop) 면적이 크다.
④ 히스테리시스 손실이 크다.

(2) 전자석
① 철심에 코일을 감고 이 코일에 전류를 흘릴 때에만 자석의 성질을 갖고 전류를 흘리지 않으면 즉시 자성을 잃어버리는 자석
② 잔류자기(B_r)는 크고 보자력(H_c)은 작다.
③ 히스테리시스 루프(loop) 면적이 작다.
④ 히스테리시스 손실이 작다(전기기기의 주재료).

답 ④

179 중요도 ★★★ / 한국서부발전

1회 2회 3회

영구 자석에 관한 설명 중 옳지 않은 것은?

① 히스테리시스 현상을 가진 재료만이 영구 자석이 될 수 있다.
② 보자력이 클수록 자계가 강한 영구 자석이 된다.
③ 잔류 자속 밀도가 높을수록 자계가 강한 영구 자석이 된다.
④ 자석 재료로 폐회로를 만들면 강한 영구 자석이 된다.

해설 자석 재료로 폐회로를 만들면 전자력을 상실하여 영구 자석이 될 수 없다.

답 ④

180 중요도 ★★ / 한국남부발전

1회 2회 3회

그림과 같은 히스테리시스 루프를 가진 철심이 강한 평등 자계에 의해 매초 60[Hz]로 자화할 경우 히스테리시스 손실은 몇 [W]인가? (단, 철심의 체적 = 20[cm^2], B_r = 5[Wb/m^2], H_c = 2[AT/m])

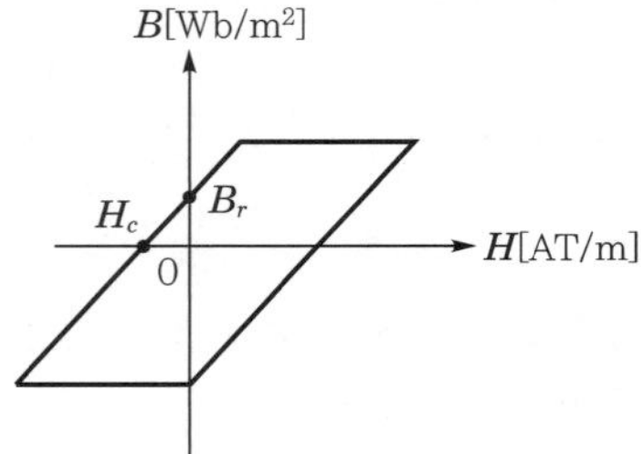

① 1.2×10^{-2}　② 2.4×10^{-2}　③ 3.6×10^{-2}　④ 4.8×10^{-2}

해설 **히스테리시스 손실[W] = 히스테리시스 루프의 면적[J/m^3]**

$$P_h = \text{면적}[\text{J/m}^3]\times \text{vol}\times f[\text{Hz}]$$
$$= B_r \times H_c \times \text{vol}[\text{m}^3]\times f[\text{Hz}]$$
$$= 4\times B_r H_c \times \text{vol}\times f$$
$$= 4\times 5\times 2\times 20\times 10^{-6}\times 60$$
$$= 4.8\times 10^{-2}[\text{W}]$$

답 ④

자계 에너지

181 중요도 ★★★ / 2024 한국동서발전, 2024 한국중부발전 1회 2회 3회

자속밀도 B[Wb/m²], 자계의 세기 H[AT/m]일 때 등방인 선형 자성체의 자속 에너지 밀도는?

① BH　② $\frac{BH}{2}$　③ $\sqrt{\frac{BH}{2}}$　④ $\frac{\sqrt{BH}}{2}$

해설 단위체적당 자계 에너지(밀도)

$$w=\frac{1}{2}\mu H^2=\frac{1}{2}BH=\frac{B^2}{2\mu}[\mathrm{J/m^3}]$$

답 ②

182 중요도 ★★★ / 한국중부발전 1회 2회 3회

비투자율이 2000인 철심의 자속밀도가 5[Wb/m²]일 때 이 철심에 축적되는 에너지 밀도는 몇 [J/m³]인가?

① 2540　② 3074　③ 3954　④ 4974

해설 $$w=\frac{B^2}{2\mu}=\frac{B^2}{2\mu_0\mu_s}=\frac{5^2}{2\times 4\pi\times 10^{-7}\times 2000}=4973.59 \fallingdotseq 4974[\mathrm{J/m^3}]$$

답 ④

자기 흡입력

183 중요도 ★★★ / 한국수력원자력 1회 2회 3회

그림과 같이 Gap의 단면적 S[m²]의 전자석에 자속 밀도 B[Wb/m²]의 자속이 발생될 때 철편을 흡입하는 힘은 몇 [N]인가?

① $\frac{B^2S}{2\mu_0}$　② $\frac{B^2S}{\mu_0}$　③ $\frac{B^2S^2}{\mu_0}$　④ $\frac{2B^2S^2}{\mu_0}$

해설 (1) 단위면적당 작용하는 자기 흡입력

$$f=\frac{1}{2}\mu H^2=\frac{1}{2}BH=\frac{B^2}{2\mu}[\mathrm{N/m^2}]$$

(2) 작용하는 작용면에서 힘의 크기

$$F=f\times S=\frac{B^2}{2\mu_0}2S=\frac{B^2}{\mu_0}S[\mathrm{N}]$$

답 ②

자화의 세기

184 중요도 ★★ / 서울교통공사 1회 2회 3회

강자성체의 자속밀도 B의 크기와 자화의 세기 J의 크기 사이에는 어떤 관계가 있는가?

① J는 B와 같다.
② J는 B보다 약간 작다.
③ J는 B보다 대단히 크다.
④ J는 B보다 약간 크다.

해설 **자화의 세기**

$J=B-\mu_0H=\mu_0\mu_sH-\mu_0H=\mu_0(\mu_s-1)H=\chi H$ (χ : 자화율)

자화의 세기 J는 자속밀도 B보다 μ_0H만큼 작다.

답 ②

185 중요도 ★★ / 한국수력원자력 1회 2회 3회

어느 강철의 자화 곡선을 응용하여 종축을 자속밀도 B 및 투자율 μ, 횡축을 자화의 세기 J 라고 하면 다음 중에 투자율 곡선을 가장 잘 나타내고 있는 것은?

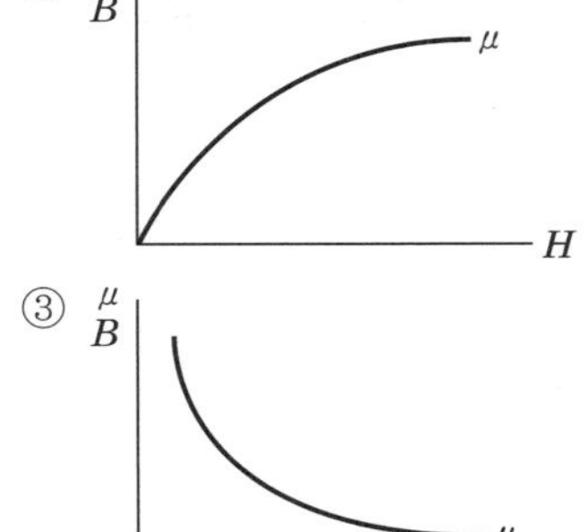

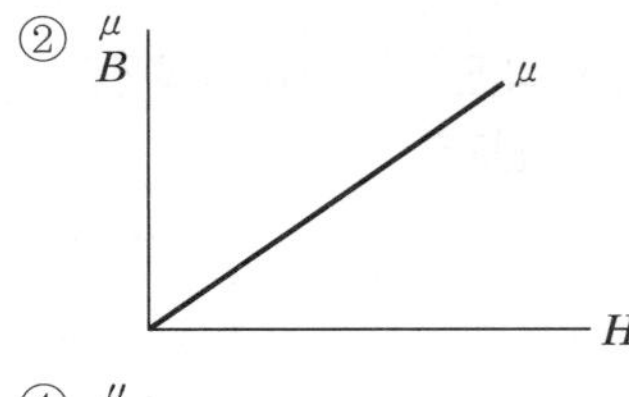

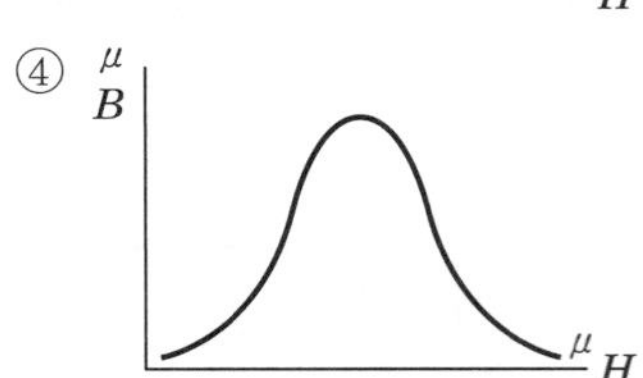

해설 **투자율 곡선**

(1) $B=\mu H$에 의하여 자속밀도(B)가 포함되어 자속밀도는 더 이상 증가하지 않는 자기포화 현상이 생긴다. 이때, 자계(H)가 증가하면 이때부터 투자율(μ) 값은 감소하게 된다.

(2) 투자율 곡선은 처음에는 증가했다가 자기 포화점 이후부터는 반비례하여 감소하게 된다.

$\mu = \frac{B}{H}$ (포화 이후 감소)

답 ④

186 중요도 ★★ / 국가철도공단

1회 2회 3회

다음의 관계식 중 성립할 수 없는 것은? (단, μ는 투자율, χ는 자화율, μ_0는 진공의 투자율, J는 자화의 세기이다.)

① $\mu = \mu_0 + \chi$　② $B = \mu H$　③ $\mu_s = 1 + \frac{\chi}{\mu_0}$　④ $J = \chi B$

해설 (1) 자화의 세기 : $J = B - \mu_0 H = \mu_0 \mu_s H - \mu_0 H = \mu_0(\mu_s - 1)H = \chi H = \left(1 - \frac{1}{\mu_s}\right)B$

(2) 자화율 : $\chi = \mu_0(\mu_s - 1) \rightarrow \chi = \mu - \mu_0 \rightarrow \mu = \chi + \mu_0$

(3) 비자화율 : $\chi_m = \frac{\chi}{\mu_0} = \mu_s - 1$

(4) 비투자율 : $\mu_s = 1 + \frac{\chi}{\mu_0}$

답 ④

187 중요도 ★★ / 한국가스공사

1회 2회 3회

어떤 철심 내의 자계의 세기가 2000[A/m]일 때 철심 중 자화의 세기가 0.8π[Wb/m^2]이라면 철심의 비투자율은?

① 501　② 999　③ 1000　④ 1001

해설 (1) 자화의 세기

자성체를 자계가 존재하는 공간에 놓았을 때 자성체가 자석이 되는 정도를 양적으로 표현한 것

$J = B - \mu_0 H = \mu_0 \mu_s H - \mu_0 H = \mu_0(\mu_s - 1)H[\text{Wb/m}^2]$

$J = \chi H = \mu_0(\mu_s - 1)H[\text{Wb/m}^2]$

(자화율 : $\chi = \mu_0(\mu_s - 1)$)

(2) $J = 4\pi \times 10^{-7} \times (\mu_s - 1) \times 2000 = 0.8\pi$

$\therefore \mu_s = 1001$

답 ④

188 중요도 ★ / 서울교통공사

1회 2회 3회

길이 l[m], 단면적의 지름 d[m]인 원통이 길이 방향으로 균일하게 자하되어 자화의 세기가 J[Wb/m^2]인 경우 원통 양단에서 전자극의 세기는 몇 [Wb]인가?

① $\pi d^2 J$ ② $\pi d J$ ③ $\dfrac{4J}{\pi d^2}$ ④ $\dfrac{\pi d^2 J}{4}$

해설 (1) 자화의 세기 : $J = \dfrac{m}{S}$ [Wb/m^2]

(2) 전자극의 세기 : $m = J \cdot S = J \cdot \dfrac{\pi d^2}{4}$ [Wb]

답 ④

189 중요도 ★★★ / 한국수력원자력

1회 2회 3회

비자화율 $\dfrac{\chi_m}{\mu_0}$ 이 49이며 자속밀도가 0.05[Wb/m^2]인 자성체에서 자계의 세기는 몇 [AT/m]인가?

① $10^4\pi$ ② $5\times10^4\pi$ ③ $\dfrac{6\times10^4}{2\pi}$ ④ $\dfrac{10^4}{4\pi}$

해설 (1) 자화의 세기

$$J = B - \mu_0 H = \mu_0\mu_s H - \mu_0 H = \mu_0(\mu_s - 1)H = \chi_m H = \left(1 - \frac{1}{\mu_s}\right)B$$

$\rightarrow J = B - \mu_0 H$에서 $B = \chi_m H + \mu_0 H = (\chi_m + \mu_0)H = (\chi_s\mu_0 + \mu_0)H = (1 + \chi_s)\mu_0 H$

(2) 자계의 세기

$$H = \frac{B}{(1+\chi_s)\mu_0} = \frac{B}{\left(1 + \dfrac{\chi_m}{\mu_0}\right)\mu_0} = \frac{0.05}{(1+49)\times 4\pi\times10^{-7}} = \frac{10^4}{4\pi}\ \text{[AT/m]}$$

답 ④

자성체의 경계 조건

190 중요도 ★★★ / 서울교통공사

1회 2회 3회

두 자성체의 경계면에서 경계 조건을 설명한 것 중 옳은 것은?

① 자계의 성분은 서로 같다.
② 자계의 법선성분은 서로 같다.
③ 자속밀도의 법선성분은 서로 같다.
④ 자속밀도의 접선성분은 서로 같다.

해설 (1) 자계의 세기는 접선성분이 연속

$H_1 \sin\theta_1 = H_2 \sin\theta_2 \rightarrow H_{1t} = H_{2t}$

(2) 자속밀도는 법선성분이 연속

$B_1 \cos\theta_1 = B_2 \cos\theta_2 \rightarrow B_{1n} = B_{2n}$

(3) 굴절각$= \dfrac{\tan\theta_1}{\tan\theta_2} = \dfrac{\mu_1}{\mu_2}$

굴절각(θ)은 투자율(μ)에 비례한다.

답 ③

191 중요도 ★★★ / 한국중부발전

1회 2회 3회

내부 장치 또는 공간을 물질로 포위시켜 외부 자계의 영향을 차폐시키는 방식을 자기차폐라 한다. 자기차폐에 좋은 물질은?

① 강자성체 중에서 비투자율이 큰 물질
② 강자성체 중에서 비투자율이 작은 물질
③ 비투자율이 1보다 작은 역자성체
④ 비투자율에 관계없이 물질의 두께에만 관계되므로 되도록 두꺼운 물질

해설 투자율이 큰 자성체의 중공구를 평등 자계 안에 놓으면 대부분의 자속은 자성체 내부로만 통과하므로 내부 공간의 자계는 외부 자계에 비하여 대단히 작다. 이러한 현상을 자기차폐라고 한다.

답 ①

자기회로

192 중요도 ★★★ / 한국남부발전

1회 2회 3회

자기저항의 역수를 무엇이라 하는가?

① Conductance ② Permeance ③ Elastance ④ Impedance

해설 (1) 퍼미언스(permeance)

① 자기저항의 역수

② $p = \dfrac{1}{R_m}$ [Wb/AT = H]

(2) 엘라스턴스(elastance)

① 정전용량의 역수

② $l = \dfrac{1}{C}$ [1/F = F^{-1}]

답 ②

193 중요도 ★★ / 2024 서울교통공사

1회 2회 3회

자기저항과 관계있는 물리량을 고르시오.

① 투자율 ② 도전율 ③ 저항률
④ 전도율 ⑤ 유전율

해설 **자기저항(R_m)**

(1) $R_m = \frac{F}{\phi} = \frac{NI}{\phi}[\text{AT/Wb}] = \frac{l}{\mu S} = \frac{l}{\mu_0 \mu_s S}\ \left[\frac{[\text{m}]}{[\text{H/m} \cdot \text{m}^2]}\right] = [\text{H}^{-1}]$

(2) 자기저항은 단면적에 반비례하고, 자로의 길이에 비례하며, 투자율에 반비례한다.

답 ①

194 중요도 ★★★ / 2024 한국동서발전

1회 2회 3회

자기저항이 1인 회로에서 길이, 단면적이 각각 $\frac{1}{2}$배, 투자율이 4배로 변할 때, 기존 자기저항의 몇 배로 변화하는가?

① 0.25 ② 0.5 ③ 1 ④ 2

해설

$R_m = \frac{l}{\mu S}[\text{AT/Wb}]$에서 $R_m' = \frac{\frac{1}{2}l}{4\mu \times \frac{1}{2}S} = \frac{1}{4} \cdot \frac{l}{\mu S} = 0.25 R_m$

답 ①

195 중요도 ★★★ / 2024 한국서부발전

1회 2회 3회

어떤 막대 철심이 있다. 단면적이 6[m^2]이고, 길이가 2[m], 비투자율이 3이다. 이 철심의 자기저항은 몇 [AT/Wb]인가?

① $\frac{1}{\mu_0}$ ② $\frac{1}{3\mu_0}$ ③ $\frac{1}{7\mu_0}$ ④ $\frac{1}{9\mu_0}$

해설 $R_m = \frac{l}{\mu S}[\text{AT/Wb}]$에서 $R_m = \frac{l}{\mu_r \mu_0 S} = \frac{2}{3\mu_0 \times 6} = \frac{1}{9\mu_0}[\text{AT/Wb}]$

답 ④

196 중요도 ★★★ / 한국수력원자력

1회 2회 3회

단면적 S[m^2], 길이 l[m], 투자율 μ[H/m]의 자기회로에 N회의 코일을 감고 I[A]의 전류를 통할 때 옴의 법칙은?

① $B=\dfrac{\mu SNI}{l}$ ② $\phi=\dfrac{\mu SI}{lN}$ ③ $\phi=\dfrac{\mu SNI}{l}$ ④ $\phi=\dfrac{l}{\mu SNI}$

해설 (1) 기자력 : $F=NI=R_m\phi=Hl$ [AT]

(2) 자기저항 : $R_m=\dfrac{l}{\mu S}$ [AT/Wb]

(3) 자속 : $\phi=\dfrac{NI}{R_m}=\dfrac{NI}{\dfrac{l}{\mu S}}=\dfrac{\mu SNI}{l}$ [Wb]

답 ③

197 중요도 ★★★ / 한전 KPS

1회 2회 3회

자기저항 3×10^4[AT/Wb], 권수 270인 환상 솔레노이드에 4[A]의 전류를 흘릴 때 솔레노이드의 내부 자속[Wb]은?

① 1.2×10^{-2} ② 2.4×10^{-2} ③ 3.6×10^{-2}
④ 2.2×10^{4} ⑤ 3.6×10^{4}

해설 기자력 $F=NI=R_m\phi$이므로 자속 $\phi=\dfrac{NI}{R_m}$

$\phi=\dfrac{270\times4}{3\times10^4}=3.6\times10^{-2}$[Wb]

답 ③

198 중요도 ★★★ / 국가철도공단

1회 2회 3회

평균 자로의 길이 80[cm]의 환상 철심에 500회의 코일을 감고 여기에 4[A]의 전류를 흘렸을 때 기자력 [AT]과 자화력[AT/m](자계의 세기)은?

① 2000, 2500 ② 3000, 2500
③ 2000, 3500 ④ 3000, 3500

해설 (1) 기자력 $F=NI=R_m\phi=H\cdot l$이므로 $F=500\times4=2000$[AT]

(2) 자화력(자계의 세기) $H=\dfrac{NI}{l}=\dfrac{2000}{80\times10^{-2}}=2500$[AT/m]

답 ①

199 중요도 ★★★ / 2024 서울교통공사

1회 2회 3회

다음 중 자기회로와 전기회로의 대응관계로 옳은 것은?

① 투자율 – 유전율　② 자속 – 전압　③ 자기저항 – 전류
④ 기자력 – 기전력　⑤ 자계 – 전류밀도

해설 **자기회로와 전기회로의 대응관계**

자기회로	전기회로
자속 ϕ[Wb]	전류 I[A]
기자력 F[AT]	기전력 E[V]
자속밀도 B[Wb/m^2]	전류밀도 i[A/m^2]
투자율 μ[H/m]	도전율 k[℧/m]
자계 H[AT/m]	전계 E[V/m]
자기저항 R_m[AT/Wb]	전기저항 R[Ω]
퍼미언스 P[Wb/AT]	컨덕턴스[℧]

답 ④

200 중요도 ★★ / 대전교통공사

1회 2회 3회

자기회로에 관한 설명으로 옳지 못한 것은? (단, C : 커패시턴스, L : 인덕턴스)

① 기자력과 자속 사이에는 비직선성을 갖고 있다.
② 자기저항에서 손실이 있다.
③ 누설자속은 전기회로의 누설전류에 비하여 대체적으로 많다.
④ 전기회로에서의 C 및 L에 해당하는 것은 없다.

해설 **자기회로와 전기회로의 특성 비교**

자기회로	전기회로
기자력 $F=R_m \cdot \phi$(포화곡선 ; 비선형) 보기 ①	기전력 $E=I \cdot R$(직선 ; 선형)
누설자속이 많아 공극에 의한 자기저항을 고려하여야 한다(자성체와 공기와의 투자율의 비 약 10^2~10^5배). 보기 ③	누설전류가 거의 '0'(도체와 절연체 사이)에 도전율의 차이가 크다(약 10^{20}배).
• 자기저항에 의한 손실이 없다. 보기 ② • 히스테리시스 손실이 있다.	저항손실(I^2R)이 발생한다.
L, C에 의한 자기회로 구성이 안 된다. 보기 ④	L, C에 의한 전기회로 구성

답 ②

201 중요도 ★★ / 한국동서발전 1회 2회 3회

공극을 설치하는 이유는 무엇인가?

① 자속의 증가 ② 자기저항이 증가 ③ 기자력이 감소 ④ 전류가 증가

해설

(1) 철심에서의 자기저항 : $R_m = \frac{l}{\mu S} = \frac{l}{\mu_s \mu_0 S}$[AT/Wb]

(2) 공극에서의 자기저항 : $R_g = \frac{l_g}{\mu_0 S}$[AT/Wb]

(3) 자기저항의 비 : $\frac{R_m}{R_g} = \frac{\frac{l}{\mu_s \mu_0 S}}{\frac{l_g}{\mu_0 S}} = \frac{l}{\mu_s l_g}$

공극의 자기저항의 증가

답 ②

202 중요도 ★★★ / LH공사 1회 2회 3회

단면적이 같은 자기회로가 있다. 철심의 투자율을 μ라 하고 철심 회로의 길이를 l이라 한다. 지금 그 일부에 미소 공극 l_g를 만들었을 때 자기회로의 자기저항은 공극이 없을 때의 약 몇 배인가? (단, $l \gg l_g$이다.)

① $1 + \frac{\mu l}{\mu_0 l_g}$ ② $1 + \frac{\mu_0 l_g}{\mu l}$ ③ $1 + \frac{\mu_0 l}{\mu l_g}$ ④ $1 + \frac{\mu l_g}{\mu_0 l}$

해설

(1) 철심만 있는 경우의 자기저항 : $R_c = \frac{l}{\mu S}$

(2) 공극의 자기저항 : $R_g = \frac{l_g}{\mu_0 S}$

(3) 공극을 제외한 철심의 길이 : $l - l_g \fallingdotseq l$

(4) 공극을 포함한 자기저항 : $R_m = R_c + R_g = \frac{l}{\mu S} + \frac{l_g}{\mu_0 S}$

(5) 공극이 없을 때와 있을 때의 자기저항의 비

$$\frac{R_m}{R_c} = \frac{\frac{l}{\mu S} + \frac{l_g}{\mu_0 S}}{\frac{l}{\mu S}} = \frac{\frac{\mu_0 l + \mu l_g}{\mu_0 \mu S}}{\frac{l}{\mu S}} = \frac{\mu_0 \mu S l + \mu \cdot \mu S l_g}{\mu_0 \mu S l}$$

$$= 1 + \frac{\mu \cdot \mu S l_g}{\mu_0 \mu S l} = 1 + \frac{\mu l_g}{\mu_0 l} = 1 + \frac{l_g}{l} \mu_r$$

답 ④

203 중요도 ★★★ / 대구교통공사, 한국도로공사

1회 2회 3회

길이 1[m]의 철심(μ_r =1000) 자기회로에 1[mm]의 공극이 생겼을 때 전체의 자기저항은 약 몇 배로 증가되는가? (단, 각 부의 단면적은 일정하다.)

① 1.5　② 2　③ 2.5　④ 3

해설 공극이 없을 때와 있을 때 자기저항의 비

$$\frac{R_m}{R_c}=1+\frac{\mu l_g}{\mu_0 l}=1+\frac{l_g}{l}\mu_r \text{ 에서}$$

$$\frac{R_m}{R_c}=1+\frac{l_g}{l}\mu_r=1+\frac{1000\times 1\times 10^{-3}}{1}=2$$

답 ②

204 중요도 ★ / 부산교통공사

1회 2회 3회

그림은 철심부의 평균 길이가 l_2, 공극의 길이가 l_1, 단면적이 S인 자기회로이다. 자속밀도를 B [Wb/m²]로 하기 위한 기자력[AT]은?

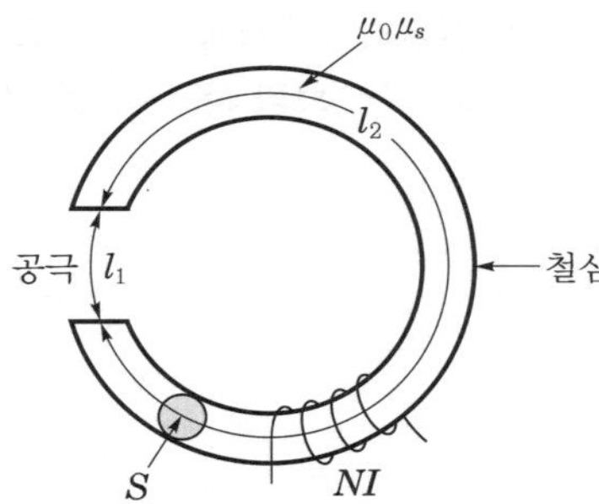

① $\dfrac{\mu_0}{B}\left(l_1+\dfrac{\mu_s}{l_2}\right)$[AT]　② $\dfrac{B}{\mu_0}\left(l_2+\dfrac{l_1}{\mu_s}\right)$[AT]

③ $\dfrac{\mu_0}{B}\left(l_2+\dfrac{\mu_s}{l_1}\right)$[AT]　④ $\dfrac{B}{\mu_0}\left(l_1+\dfrac{l_2}{\mu_s}\right)$[AT]

해설 (1) 철심부의 자기저항 R_c, 공극의 자기저항 R_g라 하면

$$R_m=R_g+R_c=\frac{l_1}{\mu_0 S}+\frac{l_2}{\mu S}\text{ [AT/Wb]}$$

(2) 기자력 F

$$F=NI=R_m\phi=R_m BS=\left(\frac{l_1}{\mu_0 S}+\frac{l_2}{\mu S}\right)BS=\frac{B}{\mu_0}\left(l_1+\frac{l_2}{\mu_s}\right)\text{[AT]}$$

답 ④

205 중요도 ★ / 인천교통공사 1회 2회 3회

공극(air gap)을 가진 환상 솔레노이드에서 총권수 N[회], 철심의 투자율 μ[H/m], 단면적 S[m^2], 길이 l[m]이고 공극의 길이 δ일 때 공극부에 자속밀도 B[Wb/m^2]를 얻기 위해서는 몇 [A]의 전류를 흘려야 하는가?

① $\frac{N}{B}\left(\frac{l}{\mu}+\frac{\delta}{\mu_0}\right)$ ② $\frac{N}{B}\left(\frac{l}{\mu_0}+\frac{\delta}{\mu}\right)$ ③ $\frac{B}{N}\left(\frac{l}{\mu}+\frac{\delta}{\mu_0}\right)$ ④ $\frac{B}{N}\left(\frac{l}{\mu_0}+\frac{\delta}{\mu}\right)$

해설 $F=\phi R_m=NI$에서 $\phi=\dfrac{NI}{\dfrac{\delta}{\mu_0 S}+\dfrac{l}{\mu S}}=BS$이므로

$I=\dfrac{BS}{N}\left(\dfrac{\delta}{\mu_0 S}+\dfrac{l}{\mu S}\right)=\dfrac{B}{N}\left(\dfrac{\delta}{\mu_0}+\dfrac{l}{\mu}\right)$

답 ③

206 중요도 ★★ / 2024 한국전력거래소 1회 2회 3회

철심의 자로 길이 l, 투자율 μ, 공극 길이 l_g 0.001l, 공극의 투자율 0.02μ이다. 이때, 철심부분과 공극부분의 저항비는? (단, 단면적은 동일하고 미소공극이 생긴 후의 자로의 길이 $l-l_g \fallingdotseq l$이다.)

① 10 ② 20 ③ $\frac{1}{10}$ ④ $\frac{1}{20}$

해설 (1) 철심의 자기저항 : $R_c=\dfrac{l}{\mu S}$

(2) 공극의 자기저항 : $R_g=\dfrac{l_g}{\mu_0 S}=\dfrac{0.001l}{0.02\mu S}=\dfrac{1}{20}\dfrac{1}{\mu S}$

(3) 철심부분과 공극부분의 자기저항의 비 : $\dfrac{R_c}{R_g}=\dfrac{\dfrac{l}{\mu S}}{\dfrac{1}{20}\dfrac{l}{\mu S}}=20$

답 ②

10 인덕턴스와 전자유도

인덕턴스의 단위

207 중요도 ★★★ / 서울교통공사 1회 2회 3회

인덕턴스의 단위와 같지 않은 것은?

① [J/(A·s)] ② [Ω·s] ③ [Wb/A] ④ [J/A^2]

해설 (1) 인덕턴스 L[H]

① 임의의 도선에 흐르는 전류에 의해 발생하는 자속 ϕ의 발생 정도를 결정하는 상수

② 회로 전선의 굵기나 재질(투자율), 권수 등에 따라 달라진다.

(2) 인덕턴스의 단위[H]

① $L=\dfrac{N}{I}\phi[\mathrm{Wb/A}]$

② $e=-L\dfrac{di}{dt}$에서 $L=-\dfrac{e}{di}dt$이므로 $\left[\dfrac{\mathrm{V}}{\mathrm{A}}\cdot\mathrm{s}\right]=[\Omega\cdot\mathrm{s}]$

③ $W=\dfrac{1}{2}LI^2$에서 $L=\dfrac{2W}{I^2}$ 이므로 $[\mathrm{J/A^2}]$

답 ①

208 중요도 ★★★ / 2024 한국남동발전

1회 2회 3회

동일 전류가 흐를 때 쇄교 자속수와 관련 값은?

① 컨덕턴스 ② 인덕턴스 ③ 리액턴스 ④ 레지스턴스

해설 **인덕턴스**

$L=\dfrac{N}{I}\phi[\mathrm{Wb/A}]$이므로 $\lambda=N\phi[\mathrm{Wb}]$이므로 쇄교 자속과 관계있는 것은 인덕턴스이다.

답 ②

자기 인덕턴스

209 중요도 ★★★ / 한국가스공사

1회 2회 3회

단면적 20[m^2], 비투자율 100, 솔레노이드의 길이 π[cm]인 철심에 권수 50의 코일이 감겨 있다. 이 코일의 인덕턴스[H]는?

① 50 ② 100 ③ 150 ④ 200

해설 **권수 N회인 솔레노이드의 자기 인덕턴스**

$$L=\frac{N\phi}{I}=\frac{NBS}{I}=\mu\frac{IN}{l}\cdot\frac{NS}{I}=\frac{\mu\cdot S\cdot N^2}{l}[\mathrm{H}]=\frac{N^2}{R_m}[\mathrm{H}]$$

$$R_m=\frac{l}{\mu S}=\frac{l}{\mu_0\mu_s S}=\frac{\pi\times10^{-2}}{4\pi\times10^{-7}\times100\times20}=12.5[\mathrm{AT/Wb}]$$

$$L=\frac{N^2}{R_m}=\frac{50^2}{12.5}=200[\mathrm{H}]$$

답 ④

210 중요도 ★★★ / 대전교통공사

1회 2회 3회

N회 감긴 환상 코일의 단면적이 S[m^2]이고 평균 길이가 l[m]이다. 이 코일의 권수를 반으로 줄이고 인덕턴스를 일정하게 하려면?

① 길이를 $\frac{1}{4}$배로 한다.
② 단면적을 2배로 한다.
③ 전류의 세기를 2배로 한다.
④ 전류의 세기를 4배로 한다.

해설

$L=\frac{N\phi}{I}=\frac{N^2}{R_m}=\frac{\mu SN^2}{l}$[H]이므로 코일의 권수를 반으로 줄이고 인덕턴스를 일정하게 하려면

- $L=\frac{\mu SN^2}{l}$[H]이므로 $L \propto N^2 \propto \mu$의 관계를 가지므로 투자율을 4배 증가시킨다.
- $L=\frac{\mu SN^2}{l}$[H]이므로 $L \propto N^2 \propto S$의 관계를 가지므로 단면적을 4배 증가시킨다. 보기 ②
- $L=\frac{\mu SN^2}{l}$[H]이므로 $L \propto N^2 \propto \frac{1}{l}$의 관계를 가지므로 자로의 길이를 $\frac{1}{4}$배 감소시킨다. 보기 ①
- $L=\frac{N\phi}{I}$[H]이므로 $L \propto N \propto \phi$의 관계를 가지므로 자속을 2배 증가시킨다.
- $L=\frac{N\phi}{I}$[H]이므로 $L \propto N \propto \frac{1}{I}$의 관계를 가지므로 전류를 $\frac{1}{2}$배 감소시킨다. 보기 ③, ④

답 ①

상호 인덕턴스

211 중요도 ★★ / 부산교통공사

1회 2회 3회

환상 철심에 권수 N_A인 A코일과 N_B인 B코일이 있을 때 코일 A의 자기 인덕턴스가 L_A[H]라면 두 코일 간의 상호 인덕턴스[H]는? (단, A코일과 B코일 간의 누설자속은 없는 것으로 한다.)

① $\frac{N_A L_A}{N_B}$
② $\frac{N_B L_A}{N_A}$
③ $\frac{N_A{}^2 L_A}{N_B}$
④ $\frac{N_B{}^2 L_B}{N_A}$

해설

$L_A=\frac{N_A{}^2}{R_m}$, $M=\frac{N_A N_B}{R_m}$이므로 $R_m=\frac{N_A{}^2}{L_A}=\frac{N_A N_B}{M}$

$\therefore M=L_A\frac{N_B}{N_A}$

답 ②

212 중요도 ★★ / 한국중부발전 1회 2회 3회

철심이 들어 있는 환상 코일이 있다. 1차 코일의 권수 N_1 =100회일 때 자기 인덕턴스는 0.01[H]였다. 이 철심에 2차 코일 N_2 =200회를 감았을 때 1·2차 코일의 상호 인덕턴스는 몇 [H]인가? (단, 결합계수 k =1로 한다.)

① 0.01 ② 0.02
③ 0.03 ④ 0.04

해설

$L_1 = \dfrac{{N_1}^2}{R_m}$, $M = \dfrac{N_1 N_2}{R_m}$ 이므로

$R_m = \dfrac{{N_1}^2}{L_1} = \dfrac{N_1 N_2}{M}$

$\therefore\ M = L_1 \dfrac{N_2}{N_1} = 0.01 \times \dfrac{200}{100} = 0.02[\mathrm{H}]$

답 ②

인덕턴스의 연결(접속)

213 중요도 ★★★ / 광주교통공사 1회 2회 3회

자기 인덕턴스 L_1[H], L_2[H] 상호 인덕턴스가 M[H]인 두 코일을 연결하였을 경우 합성 인덕턴스는?

① $L_1 + L_2 \pm 2M$
② $\sqrt{L_1 + L_2} \pm 2M$
③ $L_1 + L_2 \pm 2\sqrt{M}$
④ $\sqrt{L_1 + L_2} \pm 2\sqrt{M}$

해설 (1) 인덕턴스의 직렬 연결
① 가동 접속 : $L_1 + L_2 + 2M$
② 차동 접속 : $L_1 + L_2 - 2M$
(2) 합성 인덕턴스 : $L = L_1 + L_2 \pm 2M$

답 ①

214 중요도 ★★★ / 서울교통공사

1회 2회 3회

그림의 회로에서 합성 인덕턴스는?

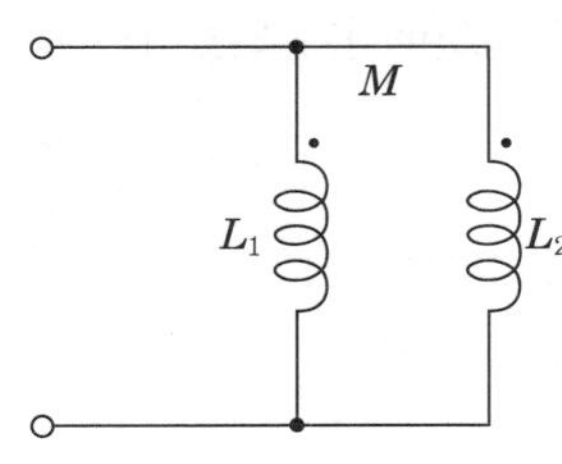

① $\dfrac{L_1L_2+M^2}{L_1+L_2-2M}$ ② $\dfrac{L_1L_2-M^2}{L_1+L_2-2M}$

③ $\dfrac{L_1L_2+M^2}{L_1+L_2+2M}$ ④ $\dfrac{L_1L_2-M^2}{L_1+L_2+2M}$

해설 **인덕턴스의 병렬 연결**

(1) 상호 인덕턴스가 존재하지 않는 경우

$$\frac{1}{L}=\frac{1}{L_1}+\frac{1}{L_2} \text{ 또는 } L=\frac{L_1L_2}{L_1+L_2}[\mathrm{H}]$$

(2) 상호 인덕턴스가 존재하는 경우

① 상호 자속에 의해 합성 자속이 감소될 때(코일을 서로 다른 방향으로 감았을 때)

$$L_0=\frac{L_1L_2-M^2}{L_1+L_2+2M}$$

② 상호 자속에 의해 합성 자속이 증가될 때(코일을 서로 같은 방향으로 감았을 때)

$$L_0=\frac{L_1L_2-M^2}{L_1+L_2-2M}$$ 보기 ②

답 ②

215 중요도 ★★ / 한국서부발전

1회 2회 3회

자기 인덕턴스 150[mH]의 코일 두 개를 감극성이 되게 접속하여 합성 인덕턴스를 20[mH]가 되게 하려면 두 코일의 상호 인덕턴스는 얼마[mH]로 되게 하여야 하는가?

① 170 ② 140 ③ 130 ④ 300

해설 차동 접속 $L=L_1+L_2-2M$이므로

$$M=\frac{L_1+L_2-L}{2}=\frac{150+150-20}{2}=140[\mathrm{mH}]$$

답 ②

216 중요도 ★★★ / 국가철도공단

1회 2회 3회

두 자기 인덕턴스를 직렬로 하여 합성 인덕턴스를 측정하였더니 75[mH]가 되었다. 이때, 한쪽 인덕턴스를 반대로 접속하여 측정하니 25[mH]가 되었다면 두 코일의 상호 인덕턴스[mH]는 얼마인가?

① 12.5　② 20.5　③ 25　④ 30

해설 (1) 가동 접속 : $L_0 = L_1 + L_2 + 2M = 75[\text{mH}]$

(2) 차동 접속 : $L_0 = L_1 + L_2 - 2M = 25[\text{mH}]$

$\therefore\ M = \dfrac{75-25}{4} = 12.5[\text{mH}]$

답 ①

217 중요도 ★★★ / 2024 한국서부발전

1회 2회 3회

2[mH]의 두 자기 인덕턴스가 있다. 결합계수를 0.1부터 0.9까지 변화시킬 수 있다면 이것을 접속시켜 얻을 수 있는 합성 인덕턴스의 최댓값과 최솟값의 비는 얼마인가?

① 9 : 1　② 19 : 1　③ 13 : 1　④ 16 : 1

해설 결합계수 $k=0.9$일 때 합성 인덕턴스 L_+, L_-의 최댓값, 최솟값의 비가 가장 크므로,

$k=0.9$에서의 $M = k\sqrt{L_1 L_2} = 0.9 \times \sqrt{2\times 2} = 1.8[\text{mH}]$

(1) 가동 접속 : $L_+ = L_1 + L_2 + 2M = 2+2+2\times 1.8 = 7.6[\text{mH}]$

(2) 차동 접속 : $L_- = L_1 + L_2 - 2M = 2+2-2\times 1.8 = 0.4[\text{mH}]$

$L_+ : L_- = 7.6 : 0.4 = 19 : 1$

답 ②

218 중요도 ★★★ / 한국수력원자력

1회 2회 3회

서로 결합하고 있는 두 코일 A와 B를 같은 방향으로 감아서 직렬로 접속하면 합성 인덕턴스가 10[mH]가 되고, 반대로 연결하면 합성 인덕턴스가 40[%] 감소한다. A코일의 자기 인덕턴스가 5[mH]라면 B코일의 자기 인덕턴스는 몇 [mH]인가?

① 10　② 8　③ 5　④ 3

해설 (1) 가동 접속 $L_+ = L_1 + L_2 + 2M = 5 + L_2 + 2M = 10[\text{mH}]$

→ $L_2 + 2M = 5$ ······ 1)

(2) 차동 접속 $L_- = L_1 + L_2 - 2M = 5 + L_2 - 2M = 10\times 0.6 = 6[\text{mH}]$

→ $L_2 - 2M = 1$ ······ 2)

1) + 2)를 연립하면 $2L_2 = 6$이므로 $L_2 = 3[\text{mH}]$

답 ④

여러 가지 도체 형상에 따른 인덕턴스

219 중요도 ★★★ / 대전교통공사 1회 2회 3회

무한히 긴 원주 도체의 내부 인덕턴스의 크기는 어떻게 결정되는가?

① 도체의 인덕턴스는 0이다.
② 도체의 기하학적 모양에 따라 결정된다.
③ 주위의 자계의 세기에 따라 결정된다.
④ 도체의 재질에 따라 결정된다.

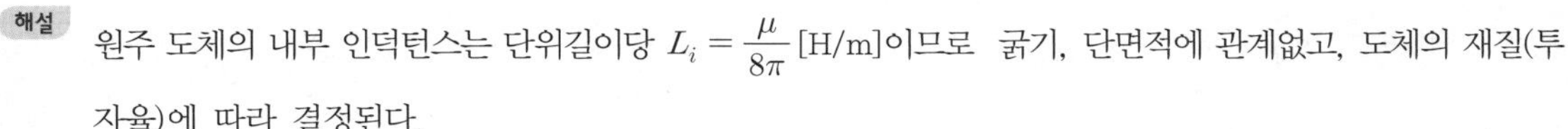

해설 원주 도체의 내부 인덕턴스는 단위길이당 $L_i = \frac{\mu}{8\pi}$[H/m]이므로 굵기, 단면적에 관계없고, 도체의 재질(투자율)에 따라 결정된다.

답 ④

220 중요도 ★★ / 인천교통공사 1회 2회 3회

길이 l, 단면 반지름 $a(1 \gg a)$, 권수 N_1 인 단층 원통형 1차 솔레노이드의 중앙 부근에 권수 N_2 인 2차 코일을 밀착되게 감았을 경우 상호 인덕턴스는?

① $\frac{\mu\pi a^2}{l}N_1N_2$
② $\frac{\mu\pi a^2}{l}N_1{}^2N_2{}^2$
③ $\frac{\mu l}{\pi a^2}N_1N_2$
④ $\frac{\mu l}{\pi a^2}N_1{}^2N_2{}^2$

해설 $S = \pi a^2[\text{m}^2]$일 때 상호 인덕턴스 $M = \frac{\mu S N_1 N_2}{l} = \frac{\mu \pi a^2}{l}N_1N_2[\text{H}]$

답 ①

221 중요도 ★★ / 한국동서발전 1회 2회 3회

동축 케이블의 단위길이당 자기 인덕턴스는? (단, 동축선 자체의 내부 인덕턴스는 무시하는 것으로 한다.)

① 두 원통의 반지름의 비에 정비례한다.
② 동축선의 투자율에 비례한다.
③ 유전체의 투자율에 비례한다.
④ 전류의 세기에 비례한다.

해설 **동축 케이블의 인덕턴스**

$L = \frac{\mu}{2\pi}\ln\frac{b}{a}[\text{H/m}]$

따라서, 인덕턴스는 투자율에 비례한다.

답 ②

222 중요도 ★ / 국가철도공단

1회 2회 3회

반지름 a[m], 선간 거리 d[m]의 평행 왕복 도선 간의 자기 인덕턴스는 다음 중 어떤 값[H/m]에 비례하는가?

① $\dfrac{\pi\mu_0}{\ln\dfrac{d}{a}}$　　② $\dfrac{\pi\mu_0}{\ln\dfrac{a}{d}}$

③ $\dfrac{\mu_0}{2\pi}\ln\dfrac{a}{d}$　　④ $\dfrac{\mu_0}{\pi}\ln\dfrac{d}{a}$

해설 **평행도선 사이 외부 인덕턴스**

$L=\dfrac{\mu_0}{\pi}\ln\dfrac{d-a}{a}$ [H/m]에서 $d \gg a$이므로

$L=\dfrac{\mu_0}{\pi}\ln\dfrac{d}{a}$ [H/m]

답 ④

223 중요도 ★★ / 2024 한국중부발전

1회 2회 3회

반지름이 10[cm]이고 단위길이당 권수가 10일 때 무한장 솔레노이드의 단위길이당 자기 인덕턴스[H/m]는? (단, 투자율은 μ이다.)

① $0.5\pi\mu$　　② $0.25\pi\mu$

③ $0.75\pi\mu$　　④ $\pi\mu$

해설 **무한장 솔레노이드 내부 자계**

$H=\dfrac{NI}{l}$ [AT/m], $B=\mu H$ [Wb/m^2]이므로 $\phi=BS=\dfrac{\mu SNI}{l}$ [Wb]

인덕턴스 $L=\dfrac{N\phi}{I}=\dfrac{\mu N^2 S}{l}$ [H]이므로

단위길이당 인덕턴스 $\dfrac{L}{l}=\dfrac{\mu N^2 S}{l^2}=\mu\left(\dfrac{N}{l}\right)^2 S=\mu n^2 S$ [H/m]

$L=\mu\times 10^2\times\pi\times(10\times 10^{-2})^2=\pi\mu$ [H/m]

답 ④

자계 에너지

224 중요도 ★★★ / 부산교통공사, 서울교통공사, 인천교통공사 1회 2회 3회

다음은 전계와 자계 내의 에너지에 관한 설명이다. 옳지 않은 것은?

① 전계 내의 단위 체적당 축적되는 에너지는 $\frac{1}{2}\varepsilon_0 E^2$이다.

② 자계 내의 단위 체적당 축적되는 에너지는 $\frac{1}{2}\frac{B^2}{\mu_0}$이다.

③ 자기 인덕턴스 L인 코일에 전류 I[A]가 흐를 때 축적되는 에너지는 $\frac{1}{2}L^2 I$이다.

④ 2개의 도체의 전위 및 전하가 각각 V_1, Q_1 및 V_2, Q_2일 때 이 계의 에너지는 $\frac{1}{2}(Q_1 V_1 + Q_2 V_2)$이다.

해설 (1) 코일에 축적되는 에너지 : $W = \frac{1}{2}LI^2$[J] 보기 ③

(2) 전계(유전체) 내에 저장되는 에너지 밀도 : $w_e = \frac{1}{2}ED = \frac{1}{2}\varepsilon E^2 = \frac{1}{2}\frac{D^2}{\varepsilon}$[J/m³] 보기 ①

(3) 자계(코일) 내에 저장되는 에너지 밀도 : $w_m = \frac{1}{2}BH = \frac{1}{2}\mu H^2 = \frac{1}{2}\frac{B^2}{\mu}$[J/m³] 보기 ②

답 ③

225 중요도 ★★ / 한국서부발전 1회 2회 3회

두 코일 간의 결합계수가 1이다. 자기 인덕턴스가 L_2인 코일은 단락하고 L_1인 코일은 저항 R과 직렬로 연결하여 직류 전압 V를 인가해서 전류 I_1을 흘릴 때 L_2 코일이 갖는 자기 에너지[J]는? (단, 두 코일이 갖는 자기 에너지의 초깃값은 0이다.)

① 0 ② $\frac{1}{2}L_1 {I_1}^2$ ③ $L_1 {I_1}^2$ ④ $2L_1 {I_1}^2$

해설 **결합회로의 자기 에너지**

두 코일 L_1, L_2가 결합되어 상호 인덕턴스 M이 존재할 때 각 코일에 흐르는 전류를 I_1, I_2라 하면 자기 에너지 W는 $W = \frac{1}{2}L_1 {I_1}^2 + \frac{1}{2}L_2 {I_2}^2 + MI_1 I_2$[J]이므로 $L_2 = 0$, $M = 0$일 때

$W = \frac{1}{2}L_1 {I_1}^2$[J]

답 ②

패러데이 법칙

226 중요도 ★★★ / 2024 한국남동발전 1회 2회 3회

패러데이의 법칙에 대한 설명으로 옳지 않은 것은?

① 유기 기전력은 권수에 비례한다.
② 쇄교 자속수를 빠르게 할수록 더 많이 유기된다.
③ 시간의 변화가 빠르면 기전력이 증가한다.
④ 쇄교 자속을 반대방향으로 키울수록 유기 기전력이 증가한다.

해설 **패러데이의 법칙**

$e = -N\frac{d\phi}{dt}$ [V]

(1) 유도 기전력의 크기는 코일을 지나는 자속의 매초 변화량과 코일의 권수에 비례한다. 보기 ①, ②, ③
(2) 유기 기전력의 크기는 회전방향과는 관계없다. 보기 ④

답 ④

227 중요도 ★★★ / 한국서부발전, 한국가스공사, 한국수력원자력 1회 2회 3회

전자 유도에 의하여 회로에 발생되는 기전력은 자속 쇄교수의 시간에 대한 감소 비율에 비례한다는 ㉠법칙에 따르고, 특히 유도된 기전력의 방향은 ㉡법칙에 따른다. ㉠, ㉡에 알맞은 것은?

① ㉠ 패러데이, ㉡ 플레밍의 왼손
② ㉠ 패러데이, ㉡ 렌츠
③ ㉠ 렌츠, ㉡ 패러데이
④ ㉠ 플레밍의 왼손,㉡ 패러데이

해설 (1) 전자유도 법칙

$e = -N\frac{d\phi}{dt}$ [V]

코일과 자속이 쇄교할 경우 자속이 변하거나 자장 중에 코일이 움직이는 경우 코일에 새로운 기전력 발생

(2) 패러데이 법칙
유도 기전력의 크기는 코일에 쇄교하는 자속의 변화와 코일 권수에 비례(유도 기전력의 크기를 결정)

(3) 렌츠의 법칙
유도 기전력의 방향은 유도 전류가 만드는 자속이 항상 원래 자속을 방해하는 방향으로 발생(유도 기전력의 방향을 결정)

답 ②

유도 기전력

228 중요도 ★★★ / 한국동서발전 1회 2회 3회

권수가 20인 코일에 직각으로 50[mWb]의 자속이 관통하고 있다. 이 코일을 0.02초 사이에 90° 회전시킬 때 코일에 발생하는 기전력[V]은?

① 10 ② 20 ③ 50
④ 100 ⑤ 200

해설

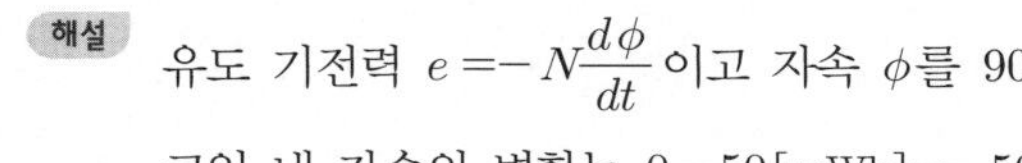

유도 기전력 $e = -N\dfrac{d\phi}{dt}$ 이고 자속 ϕ를 90°로 회전시키면 자속이 0이 되므로

코일 내 자속의 변화는 $0-50[\mathrm{mWb}] = -50[\mathrm{mWb}]$이므로

$$e = -N\frac{d\phi}{dt} = -20\times\frac{-50\times10^{-3}}{2\times10^{-2}} = 50[\mathrm{V}]$$

답 ③

229 중요도 ★★★ / 한국동서발전 1회 2회 3회

자기 인덕턴스 0.5[H]의 코일에 $\dfrac{1}{200}$[s] 동안에 전류가 25[A]로부터 20[A]로 줄었다. 이 코일에 유기된 기전력의 크기 및 방향은?

① 50[V], 전류와 같은 방향
② 50[V], 전류와 반대방향
③ 500[V], 전류와 같은 방향
④ 500[V], 전류와 반대방향

해설

유도 기전력 $e = -N\dfrac{d\phi}{dt} = -L\dfrac{di}{dt}$ [V]

$$e = -L\frac{di}{dt}$$

$$= -0.5\times\frac{20-25}{\frac{1}{200}}$$

$= 500[\mathrm{V}]$ (전류와 같은 방향)

답 ③

230 중요도 ★★★ / 서울교통공사

1회 2회 3회

그림 (a) 인덕턴스에 전류가 그림 (b)와 같이 흐를 때 2초에서 6초 사이의 인덕턴스 전압 V_L[V]은?

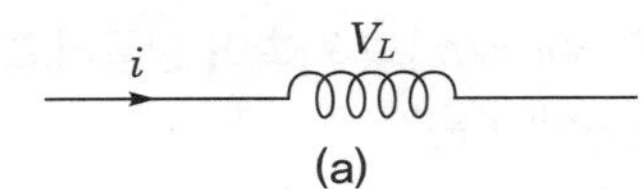

(a)

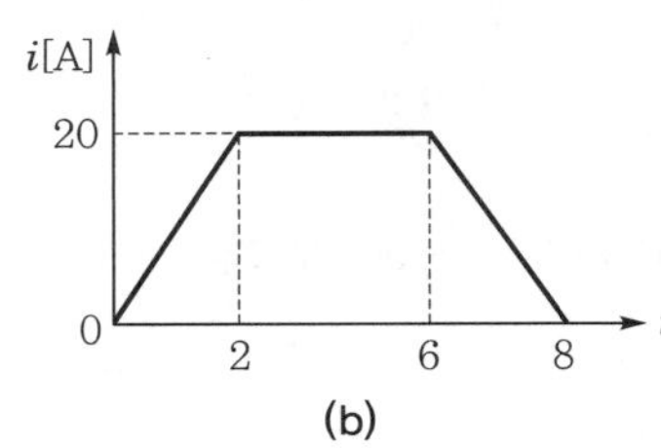

(b)

① 0　② 5　③ 10　④ −5

해설 유도 기전력 $e=-N\frac{d\phi}{dt}=-L\frac{di}{dt}$[V]에서

$e=-L\frac{di}{dt}=-L\times\frac{20-20}{1}=0$[V]

즉, 인덕턴스에 인가되는 전류의 변화가 없으면 기전력이 발생하지 않는다.

답 ①

231 중요도 ★★ / 한전 KPS

1회 2회 3회

전류가 흐르고 있는 도선이 40[Wb/s]의 자속을 끊었을 때, 전력이 600[W]였다면, 도선에 흐르는 전류[A]는?

① 5　② 10　③ 15
④ 20　⑤ 40

해설 기전력 $e=\frac{d\phi}{dt}=\frac{40}{1}=40$[V]

전력 $P=e\cdot i$이므로

$i=\frac{P}{e}=\frac{600}{40}=15$[A]

답 ③

플레밍의 오른손 법칙

232 중요도 ★★★ / 한국가스공사 1회 2회 3회

자장이 있는 공간에 도체가 운동하는 경우의 기전력이 발생하는 원리로서 발전기의 주요 원리가 되는 법칙은?

① 렌츠의 법칙
② 플레밍의 오른손 법칙
③ 플레밍의 왼손 법칙
④ 암페어의 오른손 법칙

해설 **도체 운동에 의한 기전력(플레밍의 오른손 법칙)**

(1) 자장 내에 도체를 놓고 운동을 하여 자속을 끊어주면서 기전력이 발생

(2) 발전기의 원리 : $e = vBl\sin\theta$[V] (v : 도체의 이동속도[m/s])

답 ②

233 중요도 ★★ / 서울교통공사 1회 2회 3회

길이 10[cm]의 도선이 자속밀도 1[Wb/m^2]의 평등 자장 안에서 자속과 수직방향으로 3[s] 동안에 12[m] 이동하였다. 이때, 유도되는 기전력은 몇 [V]인가?

① 0.1 ② 0.2 ③ 0.3 ④ 0.4

해설 **도체 운동에 의한 기전력(플레밍의 오른손 법칙)**

$e = vBl\sin\theta = \frac{12}{3} \times 1 \times 10 \times 10^{-2} \times \sin 90 = 0.4$[V]

(자장과 도체가 이루는 각도가 수직인 경우는 유도 기전력의 최댓값을 구할 수 있음)

답 ④

234 중요도 ★★ / 국가철도공단, 한국수력원자력 1회 2회 3회

자계 중에 이것과 직각으로 놓인 도체에 I[A]의 전류를 흘릴 때 f[N]의 힘이 작용하였다. 이 도체를 v[m/s]의 속도로 자계와 직각으로 운동시킬 때의 기전력 e[V]는?

① $\frac{fv}{I_2}$ ② $\frac{fv}{I}$ ③ $\frac{fv^2}{I}$ ④ $\frac{fv}{2I}$

해설 $f = IBl\sin\theta$에서 $\sin 90 = 1$이므로 $Bl = \frac{f}{I}$이므로

유도 기전력 $e = vBl = \frac{vf}{I}$[V]

답 ②

235 중요도 ★ / 한국서부발전 1회 2회 3회

그림과 같은 균일한 자계 B[Wb/m²] 내에서 길이 l[m]인 도선 AB가 속도 v[m/s]로 움직일 때 ABCD 내에 유도되는 기전력 e[V]는?

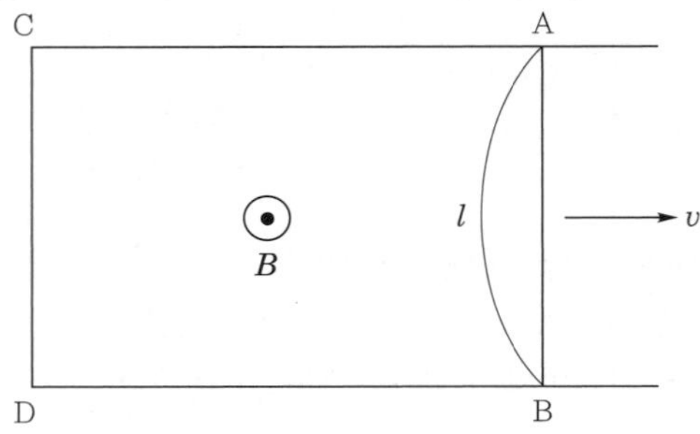

① 시계방향으로 Blv이다.
② 반시계방향으로 Blv이다.
③ 시계방향으로 Blv^2이다.
④ 반시계방향으로 Blv^2이다.

해설 플레밍의 오른손 법칙을 적용시키면 AB 사이에서는 아래의 방향으로 기전력이 발생하므로, 폐회로 구성된 ABCD에서는 시계방향으로 vBl의 기전력이 발생한다.

답 ①

표피 효과(skin effect)

236 중요도 ★★ / 2024 한국중부발전 1회 2회 3회

표피 효과는 원주 도체에 전류가 흐르면 도체 내부로 갈수록 전류와 쇄교하는 자속이 커져서 전류가 잘 흐르지 못하고 도체 표면으로 전류가 집중해서 흐르는 현상이다. 진동수의 2배일 때의 표피 효과에 의한 침투 깊이 δ_1과 도전율이 4배일 때의 표피 효과에 의한 침투 깊이 δ_2는 어떻게 되는가?

① δ_1은 $\frac{1}{\sqrt{2}}$배, δ_2는 $\frac{1}{2}$배이다.
② δ_1은 $\frac{1}{\sqrt{2}}$배, δ_2는 $\frac{1}{4}$배이다.
③ δ_1은 $\frac{1}{2}$배, δ_2는 $\frac{1}{2}$배이다.
④ δ_1은 $\frac{1}{2}$배, δ_2는 $\frac{1}{4}$배이다.

해설 (1) 표피 효과(skin effect)
원주 도체에 전류가 흐르면 도체 내부로 갈수록 전류와 쇄교하는 자속이 커지고 이에 따른 유도 기전력 $e=-\frac{d\phi}{dt}$도 커져서 전류가 잘 흐르지 못한다. 그래서 도체 표면으로 전류가 집중해서 흐르는 현상

(2) 표피 두께(= 침투 깊이, skin depth)
고주파일수록, 전도도(σ)가 클수록, 투자율(μ)이 클수록 표피 효과가 크다.

$$\delta=\sqrt{\frac{2}{\omega\mu\sigma}}=\frac{1}{\sqrt{\pi f\mu\sigma}}\,[\mathrm{m}]$$

진동수는 주파수와 관계되므로 $\delta_1 \propto \dfrac{1}{\sqrt{f}} = \dfrac{1}{\sqrt{2}}$ 배

도전율은 $\delta_2 \propto \dfrac{1}{\sqrt{\sigma}} = \dfrac{1}{\sqrt{4}} = \dfrac{1}{2}$ 배

답 ①

237 중요도 ★★★ / 2024 한국수자원공사

1회 2회 3회

주파수, 투자율, 도전율이 커지면 표피 효과는 ㉠이고, 실효 저항은 ㉡이다. ㉠, ㉡에 대한 설명으로 옳은 것은?

① ㉠ 커진다, ㉡ 커진다
② ㉠ 커진다, ㉡ 작아진다
③ ㉠ 작아진다, ㉡ 커진다
④ ㉠ 작아진다, ㉡ 작아진다

해설 (1) 침투 깊이(skin depth)

$$\delta = \sqrt{\frac{2}{\omega\sigma\mu}} = \frac{1}{\sqrt{\pi f \sigma \mu}}\ [\text{m}]$$

(2) f(주파수), σ(도전율), μ(투자율)가 클수록 δ(침투 깊이)가 작게 되므로 표면에만 전류가 흐르게 되어 표피 효과가 심해진다.

(3) 주파수가 증가하면 전류는 표면으로 흐르게 되므로 전기가 흐르는 단면적이 좁아지게 되어 전기저항이 증가하고, 내부 인덕턴스와 상호 인덕턴스도 감소하게 된다.

답 ①

238 중요도 ★ / 한국도로공사

1회 2회 3회

와전류에 대한 설명 중 맞는 것은?

① 일정하지 않다.
② 자력선 방향과 동일
③ 자계와 평행되는 면을 관통
④ 자속에 수직되는 면을 회전

해설 **와전류(eddy current) = 맴돌이 전류**

(1) 도체에 자속이 시간적인 변화를 일으키면 이 변화를 막기 위해 도체 표면에 유기되어 회전하는 전류
→ 맴돌이 전류손(와전류손) 발생

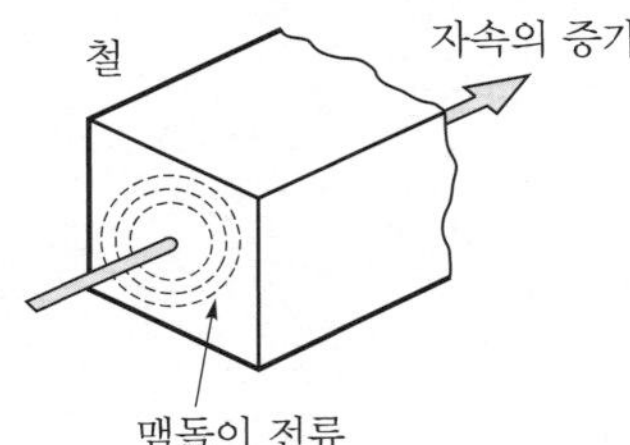

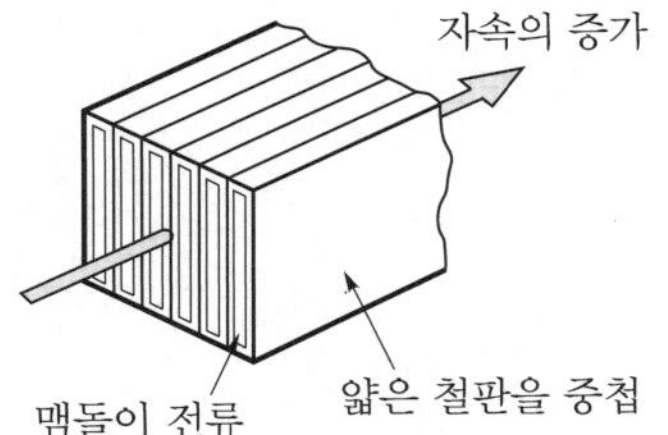

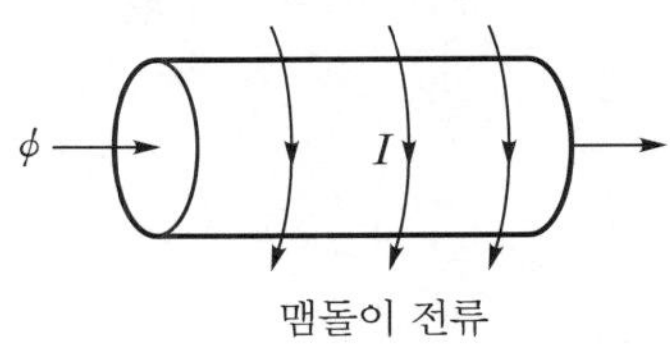

철판을 중첩 사용하면 맴돌이 전류는 작아진다.

(2) $\nabla \times \boldsymbol{i} = -k\dfrac{\partial \boldsymbol{B}}{\partial t}$ → 자속 ϕ가 전류 $\boldsymbol{i}$보다 90° 빠르다.

답 ④

239 중요도 ★ / 서울교통공사

1회 2회 3회

와전류손은?

① 도전율이 클수록 작다.
② 주파수에 비례한다.
③ 최대 자속 밀도의 1.6승에 비례한다.
④ 주파수의 제곱에 비례한다.

해설 **와전류손**

$P_e = \sigma_e(f \cdot t \cdot B_m)^2$[W/m³]

(1) $P_e \propto \sigma_e$: 와전류 상수 = 도전율에 비례

(2) $P_e \propto f^2$: 주파수의 제곱에 비례

(3) $P_e \propto t^2$: 두께의 제곱에 비례

(4) $P_e \propto {B_m}^2$: 최대 자속밀도의 제곱에 비례

답 ④

240 중요도 ★★ / 인천교통공사

1회 2회 3회

N회의 권선에 최댓값 1[V], 주파수 f[Hz]인 기전력을 유기시키기 위한 쇄교 자속의 최댓값[Wb]은?

① $\dfrac{f}{2\pi N}$
② $\dfrac{2N}{\pi f}$
③ $\dfrac{1}{2\pi f N}$
④ $\dfrac{N}{2\pi f}$

해설 (1) 유도 기전력

자속 ϕ를 $\phi = \phi_m \sin\omega t$[Wb]라 하면

$e = -N\dfrac{d\phi}{dt} = -\omega N\phi_m \cos\omega t = -\omega N\phi_m \sin(\omega t + 90°) = \omega N\phi_m \sin(\omega t - 90°)$[V]이므로

전압의 최댓값 E_m은 $E_m = \omega N\phi_m = 2\pi f N\phi_m$[V]

(2) 쇄교 자속의 최댓값 $\phi_m = \dfrac{E_m}{2\pi f N} = \dfrac{1}{2\pi f N}$[Wb]

답 ③

241 중요도 ★ / 국가철도공단 1회 2회 3회

$\phi = \phi_m \sin\omega t$[Wb]인 정현파로 변화하는 자속이 권수 N인 코일과 쇄교할 때 유기 기전력의 위상은 자속에 비해 어떠한가?

① $\frac{\pi}{2}$만큼 빠르다.
② $\frac{\pi}{2}$만큼 늦다.
③ π만큼 빠르다.
④ 동위상이다.

해설 **유도 기전력**

자속 ϕ를 $\phi = \phi_m \sin\omega t$[Wb]라 하면

$$e = -N\frac{d\phi}{dt} = -\omega N\phi_m \cos\omega t = -\omega N\phi_m \sin(\omega t + 90°) = \omega N\phi_m \sin(\omega t - 90°)\,[\mathrm{V}]$$

따라서, 유도 기전력 e는 자속 ϕ보다 $\frac{\pi}{2}$만큼 뒤진다(지상).

답 ②

242 중요도 ★★ / 서울교통공사 1회 2회 3회

정현파 자속의 주파수를 3배로 높이면 유도 기전력의 최댓값은?

① 3배로 감소한다.
② 3배로 증가한다.
③ 6배로 감소한다.
④ 6배로 증가한다.

해설 **유도 기전력**

자속 ϕ를 $\phi = \phi_m \sin\omega t$[Wb]라 하면

$$e = -N\frac{d\phi}{dt} = -\omega N\phi_m \cos\omega t = -\omega N\phi_m \sin(\omega t + 90°) = \omega N\phi_m \sin(\omega t - 90°)\,[\mathrm{V}]$$

$e = 2\pi f N\phi_m S \sin(\omega t - 90°)\,[\mathrm{V}]$가 된다.

따라서, $e \propto f$

주파수에 비례하므로 주파수가 3배 증가하면 유도 기전력도 3배 증가한다.

답 ②

243 중요도 ★★★ / 한국동서발전, 한국남부발전 1회 2회 3회

콘덴서와 코일에서 실제적으로 급격히 변화할 수 없는 것이 있다. 그것은 다음 중 어느 것인가?

① 코일에서 전압, 콘덴서에서 전류
② 코일에서 전류, 콘덴서에서 전압
③ 코일, 콘덴서 모두 전압
④ 코일, 콘덴서 모두 전류

해설

(1) $v_L = L\dfrac{di}{dt}$에서 전류 i가 급격히($t=0$인 순간) 변화하면 v_L이 ∞가 되는 모순이 생긴다.

(2) $i_C = C\dfrac{dv}{dt}$에서 전압 v가 급격히 변화하면 i_C가 ∞가 되는 모순이 생긴다.

답 ①

11 전자파

변위전류

244 중요도 ★★★ / 한국가스공사, 한국도로공사 1회 2회 3회

변위 전류 또는 변위 전류 밀도에 대한 설명 중 틀린 것은?

① 변위 전류 밀도는 전속 밀도의 시간적 변화율이다.
② 자유공간에서 변위 전류가 만드는 것은 자계이다.
③ 변위 전류는 주파수와 관계가 있다.
④ 시간적으로 변화하지 않는 계에서도 변위 전류는 흐른다.

해설 **변위 전류(displacement current)**

(1) 맥스웰(Maxwell)에 의해 도입, 유전체 내 전하의 이동에 의해 발생하는 전류

(2) 시간에 따른 전하량의 변화

$$i_d = \frac{\partial D}{\partial t} = \varepsilon\frac{\partial E}{\partial t} = \frac{\varepsilon}{d}\cdot\frac{\partial v}{\partial t} = \frac{\varepsilon}{d}\cdot\frac{\partial}{\partial t}(V_m \sin\omega t) = \frac{\omega\varepsilon}{d}V_m\cos\omega t\,[\mathrm{A/m^2}]$$

(3) 암페어의 주회적분의 법칙에서 유도된 맥스웰의 전자 방정식은 $\nabla\times H = J + \dfrac{\partial D}{\partial t}$이며, 여기서 $\dfrac{\partial D}{\partial t}$를 변위 전류 밀도라 하고 전속 밀도의 시간적 변화량으로 정의한다. 변위 전류 또한 주위에 회전하는 자계가 발생한다.

답 ④

245 중요도 ★ / 부산교통공사 1회 2회 3회

간격 d[m]인 2개의 평행판 전극 사이에 유전율 ε의 유전체가 있다. 전극 사이에 전압 $v = V_m\cos\omega t$ [V]를 가했을 때 변위 전류 밀도[A/m²]는?

① $\dfrac{\varepsilon}{d}V_m\cos\omega t$
② $-\dfrac{\varepsilon}{d}\omega V_m\sin\omega t$
③ $\dfrac{\varepsilon}{d}\omega V_m\cos\omega t$
④ $\dfrac{\varepsilon}{d}V_m\sin\omega t$

해설 변위 전류(displacement current)

$$i_d = \frac{\partial D}{\partial t} = \varepsilon\frac{\partial E}{\partial t} = \frac{\varepsilon}{d} \cdot \frac{\partial v}{\partial t} = \frac{\varepsilon}{d} \cdot \frac{\partial}{\partial t}(V_m \sin\omega t) = \frac{\omega\varepsilon}{d} V_m \cos\omega t[\text{A/m}^2] = -\frac{\omega\varepsilon}{d} V_m \sin\omega t$$

답 ②

246 중요도 ★ / 국가철도공단

1회 2회 3회

공기 중에서 E[V/m]의 전계를 i_d[A/m²]의 변위 전류로 흐르게 하려면 주파수[Hz]는 얼마가 되어야 하는가?

① $f = \dfrac{i_d}{2\pi\varepsilon E}$

② $f = \dfrac{i_d}{4\pi\varepsilon E}$

③ $f = \dfrac{\varepsilon i_d}{2\pi^2 E}$

④ $f = \dfrac{i_d E}{4\pi^2 \varepsilon}$

해설 변위 전류(displacement current)

$$i_d = \frac{\partial D}{\partial t} = \varepsilon\frac{\partial E}{\partial t} = \omega\varepsilon E = 2\pi f\varepsilon E[\text{A/m}^2]$$

$$\therefore\ f = \frac{i_d}{2\pi\varepsilon E}[\text{Hz}]$$

답 ①

247 중요도 ★ / 국가철도공단

1회 2회 3회

전극 간격 d[m], 면적 S[m²], 유전율 ε[F/m]이고 정전용량이 C[F]인 평행판 콘덴서에 $e = E_m \sin\omega t$[V]의 전압을 가할 때 변위 전류[A]는?

① $\omega C E_m \cos\omega t$

② $\dfrac{1}{\omega C} E_m \cos\omega t$

③ $\omega C E_m \sin\omega t$

④ $\dfrac{1}{\omega C} E_m \sin\omega t$

해설 변위 전류(displacement current)

$$I_d = \frac{dQ}{dt} = C\frac{dE}{dt} = C\frac{d}{dt}E_m \sin\omega t = \omega C E_m \cos\omega t[\text{A}]$$

답 ①

맥스웰 방정식

248 중요도 ★★★ / 국가철도공단, 한국동서발전, 한국수력원자력, 한국서부발전, 한국가스공사, 한국남부발전 1회 2회 3회

다음 방정식에서 전자계의 기초 방정식이 아닌 것은?

① $\text{div}\boldsymbol{B} = \boldsymbol{i} + \dfrac{\partial \boldsymbol{D}}{\partial t}$ ② $\text{rot}\boldsymbol{H} = \boldsymbol{i} + \dfrac{\partial \boldsymbol{D}}{\partial t}$

③ $\text{rot}\boldsymbol{E} = -\dfrac{\partial \boldsymbol{B}}{\partial t}$ ④ $\text{rot}\boldsymbol{E} = -\mu\dfrac{\partial \boldsymbol{H}}{\partial t}$

해설 **맥스웰 방정식**

(1) Ampere's law(앙페르의 법칙)

① $\nabla \times H = J + \dfrac{\partial D}{\partial t}\left(\dfrac{\partial D}{\partial t}: \text{변위전류}\right)$, $\oint_c H \cdot dl = \int_s \left(J + \dfrac{\partial D}{\partial t}\right) ds$

② 전도전류 및 변위전류는 회전하는 자계를 형성시킨다.

(2) Faraday's law(패러데이의 법칙)

① $\nabla \times E = -\dfrac{\partial B}{\partial t}$, $\oint_c E \cdot dl = -\int_s \dfrac{\partial B}{\partial t} ds$

② 자속밀도의 시간적 변화는 전계를 회전시키고 기전력을 발생시킨다.

(3) Gauss' theorem(정전계의 가우스 정리)

① $\nabla \cdot D = \rho_v$, $\int_s D ds = Q$

② 임의의 폐곡면 내의 전하에서 전속선이 발산한다.

(4) Gauss' theorem(정자계의 가우스 정리)

① $\nabla \cdot B = 0$, $\int_s B ds = 0$

② 외부로 발산하는 자속은 없다(자속은 연속적임). 따라서, 고립된 N극 또는 S극만으로 이루어진 자석은 만들 수 없다.

답 ①

249 중요도 ★★★ / 한국남부발전, 한국중부발전 1회 2회 3회

다음 중 전자계에 대한 맥스웰의 기본 이론이 아닌 것은?

① 자계의 시간적 변화에 따라 전계의 회전이 생긴다.
② 전도 전류와 변위 전류는 자계를 발생시킨다.
③ 고립된 자극이 존재한다.
④ 전하에서 전속선이 발산된다.

해설 **맥스웰 방정식**

(1) Ampere's law(앙페르의 법칙)

① 전계의 시간적 변화가 자계를 발생시킨다.

② 전도 전류 및 변위 전류는 회전하는 자계를 형성한다. 보기 ②

(2) Faraday's law(패러데이의 법칙)

자계의 시간적 변화는 전계를 회전시키고 기전력을 발생시킨다. 보기 ①

(3) Gauss' theorem(정전계의 가우스 정리)

① 임의의 폐곡면 내의 전하에서 전속선이 발산한다. 보기 ④

② 고립된 전하가 존재(전하는 +, − 분리 가능)한다.

(4) Gauss' theorem(정자계의 가우스 정리)

① 외부로 발산하는 자속은 없다. 따라서, 고립된 N극 또는 S극만으로 이루어진 자석은 만들 수 없다. 보기 ③

② 자계는 폐곡선을 이룬다(자속은 연속적임).

답 ③

전자기파

250 중요도 ★★ / 한국남동발전 | 1회 | 2회 | 3회

다음 중 전자기파에 대한 내용으로 옳지 않은 것은?

① 전자기파는 종파에 속한다.
② 매질이 없어도 진행할 수 있다.
③ 파장, 세기, 진동수에 상관없이 일정한 속력을 가진다.
④ 진공에서 전자기파의 속도는 진공에서 빛의 속도와 같다.

해설 (1) 전자파의 정의

① 전계파 : 어느 공간에 전계가 전파되어 가는 파장

② 자계파 : 어느 공간에 자계가 전파되어 가는 파장

③ 전자파 : 전계파와 자계파를 합쳐서 부르는 합성어

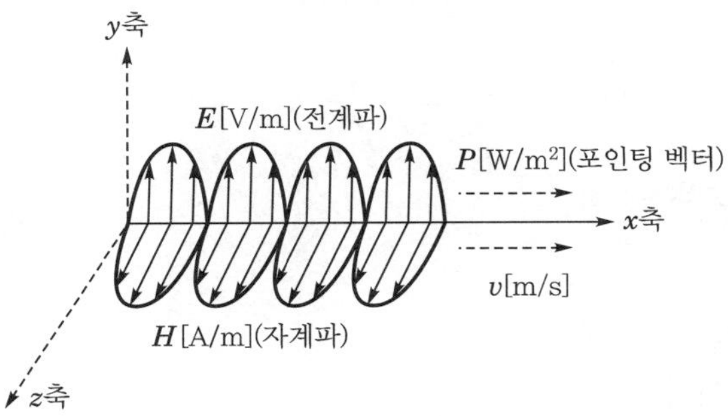

(2) 전자파의 파동(고유) 임피던스

$$\eta = \frac{E}{H} = \sqrt{\frac{\mu}{\varepsilon}} = \sqrt{\frac{\mu_0 \mu_s}{\varepsilon_0 \varepsilon_s}} = 377[\Omega]$$

(공기에서의 고유 임피던스 $\eta = 377[\Omega]$)

(3) 전자파의 속도

$$V = \frac{1}{\sqrt{\varepsilon\mu}} = \frac{3 \times 10^8}{\sqrt{\varepsilon_s \cdot \mu_s}} [\text{m/s}] \left(V_0 = \frac{1}{\sqrt{\varepsilon_0 \cdot \mu_0}} = 3 \times 10^8 \right)$$ 보기 ④

(4) 전자파의 성질

① 전자파는 x축 방향으로 진행하여 전파된다(횡파). 보기 ①
② 전계의 성분은 y축 방향으로 존재한다.
③ 자계의 성분은 z축 방향으로 존재한다.
④ 전자파 진행 방향의 전계 및 자계의 성분은 없다.
⑤ 전계파와 자계파가 이루는 각도는 직각(90°)이다.
⑥ 전계파와 자계파의 위상은 0°이다(동위상).
⑦ 전계파에 의한 전계 에너지(W_E)와 자계파에 의한 자계 에너지(W_H)는 똑같은 매질 내에서 똑같은 거리를 진행하므로 서로 같다. 보기 ②, ③

답 ①

251 중요도 ★★ / 서울교통공사

1회 2회 3회

전자파의 에너지 전달 방향은?

① 전계 $\boldsymbol{E}$의 방향과 같다.
② 자계 $\boldsymbol{H}$의 방향과 같다.
③ $\boldsymbol{E} \times \boldsymbol{H}$의 방향과 같다.
④ $\boldsymbol{H} \times \boldsymbol{E}$의 방향과 같다.

해설 **전자파**

(1) 자유공간에서 전계(E)와 자계(H)가 같은 위상으로 동시에 존재하게 되며 모두 진행 방향에 수직으로 나타나게 되는데 이때 전계와 자계가 만드는 파를 전자파라 한다.
(2) 전자파의 진행 방향은 $\boldsymbol{E} \times \boldsymbol{H}$ 방향이다.

답 ③

252 중요도 ★★ / 한국수력원자력

1회 2회 3회

전자파는?

① 전계만 존재한다.
② 자계만 존재한다.
③ 전계와 자계가 동시에 존재한다.
④ 전계와 자계가 동시에 존재하되 위상이 90° 다르다.

해설 (1) 자유 공간에서 전계 E와 자계 H는 동위상으로 진행하며 전파와 자파는 항상 공존하기 때문에 전자파이다.
(2) 전파와 자파의 진동 방향은 진행 방향에 수직인 방향만 가진다.
(3) 전파와 자파는 위상은 서로 같으며, 서로 수직(90°)인 관계이다.

답 ③

특성 임피던스

253 중요도 ★★★ / 2024 한국서부발전 | 1회 | 2회 | 3회

비투자율 $\mu_s = 92$, 비유전율 $\varepsilon_s = 23$인 매질 내의 고유 임피던스는 약 몇 [Ω]인가?

① 120π ② 240π ③ 360π ④ 480π

해설 (1) 특성 임피던스

$$\eta = \frac{E}{H} = \sqrt{\frac{\mu}{\varepsilon}} = \sqrt{\frac{\mu_0}{\varepsilon_0}}\sqrt{\frac{\mu_s}{\varepsilon_s}} = 120\pi\sqrt{\frac{\mu_s}{\varepsilon_s}} = 377\sqrt{\frac{\mu_s}{\varepsilon_s}}$$

(2) 자유공간이므로 $\varepsilon_s = 1$, $\mu_s = 1$이다.

따라서, $\eta_0 = \sqrt{\dfrac{\mu_0}{\varepsilon_0}} = 120\pi = 377[\Omega]$

$$\eta = 120\pi\sqrt{\frac{\mu_s}{\varepsilon_s}} = 120\pi\sqrt{\frac{92}{23}} = 240\pi$$

답 ②

254 중요도 ★★★ / 2024 한국중부발전 | 1회 | 2회 | 3회

최대 전계 $E_m = 5$[V/m]인 평면 전자파가 수중을 전파할 때 자계의 최대치는 약 몇 [AT/m]인가? (단, 물의 비유전율 $\varepsilon_s = 4$, 비투자율 $\mu_s = 1$이다.)

① $\dfrac{10}{377}$ ② $\dfrac{377}{10}$ ③ $\dfrac{5}{754}$ ④ $\dfrac{754}{5}$

해설 특성 임피던스 $\eta = \dfrac{E}{H} = \sqrt{\dfrac{\mu}{\varepsilon}}$ 에서

$$H = \sqrt{\frac{\varepsilon}{\mu}}\sqrt{\frac{\varepsilon_0}{\mu_0}} \cdot E = \frac{1}{377}\sqrt{\frac{4}{1}} \times 5 = \frac{10}{377}[\mathrm{AT/m}]$$

답 ①

전파속도

255 중요도 ★★★ / 한국중부발전

1회 2회 3회

비율전율이 45, 비투자율 5인 물질 내에서의 전자파의 전파 속도[m/s]는?

① 2×10^7 ② 3×10^7 ③ 5×10^7 ④ 9×10^7

해설 **전자파의 전파 속도**

전자파가 진행하는 매질(유전율, 투자율)에 의해 일반적으로 자유 공간을 진행하는 전자파의 전파 속도

$v=\frac{1}{\sqrt{\mu\varepsilon}}=\frac{1}{\sqrt{\mu_0\varepsilon_0}\sqrt{\mu_s\varepsilon_s}}=\frac{3\times10^8}{\sqrt{\mu_s\varepsilon_s}}$[m/s] ($3\times10^8$[m/s] : 자유공간 내의 전자파 속도)

$=3\times10^8\times\frac{1}{\sqrt{45\times5}}=2\times10^7$[m/s]

답 ①

256 중요도 ★★★ / 한국동서발전

1회 2회 3회

비유전율 3, 비투자율 3인 공간에서 전자파의 전파 속도는 공기 중의 몇 배인가?

① 3 ② $\frac{1}{3}$ ③ 9 ④ $\frac{1}{9}$

해설

전파 속도 $v=\frac{1}{\sqrt{\varepsilon\mu}}=\frac{3\times10^8}{\sqrt{\varepsilon_s\mu_s}}=\frac{3\times10^8}{\sqrt{3\times3}}=1\times10^8$[m/s]

따라서, 공기에 비해 전파 속도는 $\frac{1}{3}$로 감소된다.

답 ②

257 중요도 ★★ / 한국가스공사

1회 2회 3회

비유전율이 9인 비자성체 물질 내에서 주파수가 2[GHz]인 전자기파의 파장은 몇 [m]인가?

① 0.05 ② 0.1 ③ 0.15 ④ 0.2

해설 **파장(전자파의 길이)**

$\lambda=\frac{v}{f}=\frac{1}{f}\times\frac{1}{\sqrt{\varepsilon\mu}}=\frac{1}{f\sqrt{\varepsilon_0\mu_0}\sqrt{\varepsilon_s\mu_s}}=3\times10^8\times\frac{1}{f\sqrt{\varepsilon_s\mu_s}}$[m]

비유전율 $\varepsilon_s=9$이고, 비자성체 $\mu_s=1$이므로

$\lambda=3\times10^8\times\frac{1}{2\times10^9\times\sqrt{9\times1}}=0.05$[m]

답 ①

258 중요도 ★★ / 한국남동발전

1회 2회 3회

위상 정수 $\beta = 6.28$[rad/km]일 때 파장[km]은?

① 1 ② 2 ③ 3 ④ 4

해설 파장(전자파의 길이)

$\lambda = \dfrac{v}{f}$[m], $v = \dfrac{w}{\beta} = \dfrac{2\pi f}{\beta}$[m/s]이므로

$$\lambda = \frac{v}{f} = \frac{\frac{2\pi f}{\beta}}{f} = \frac{2\pi}{\beta} = \frac{2\pi}{6.28 \times 10^{-3}} = 1\,[\text{km}]$$

답 ①

259 중요도 ★★★ / 한국수력원자력

1회 2회 3회

100[kW]의 전력을 전자파의 형태로 사방에 균일하게 방사하는 전원이 있다. 전원에서 10[km] 거리인 곳에서 전계의 세기[V/m]는?

① 2.73×10^{-2} ② 1.73×10^{-1} ③ 6.53×10^{-4} ④ 2×10^{-4}

해설 포인팅 벡터를 $\dot{P}$, 고유 임피던스를 η, 전계의 세기를 E라 하면

$$\dot{P} = \dot{E} \times \dot{H} = EH = \eta H^2 = \frac{E^2}{\eta}\,[\text{W/m}^2]$$

$$\eta = \frac{E}{H} = \sqrt{\frac{\mu}{\varepsilon}} = \sqrt{\frac{\mu_0}{\varepsilon_0}}\sqrt{\frac{\mu_s}{\varepsilon_s}} = 120\pi\sqrt{\frac{\mu_s}{\varepsilon_s}} = 377\sqrt{\frac{\mu_s}{\varepsilon_s}}\,[\Omega]$$

$P = 100$[kW], $r = 10$[km]일 때 자유공간의 반경이 r[m]인 구의 표면적을 A라 하면

$$\dot{P} = \frac{P}{A} = \frac{P}{4\pi r^2} = \frac{100 \times 10^3}{4\pi \times (10 \times 10^3)^2} = 7.96 \times 10^{-5}\,[\text{W/m}^2]$$

$\mu_s = 1$, $\varepsilon_s = 1$일 때

$$E = \sqrt{\dot{P}\eta} = \sqrt{7.96 \times 10^{-5} \times 377} = 1.73 \times 10^{-1}\,[\text{V/m}]$$

답 ②

CHAPTER

02 | 전력공학

01 전선로

전선의 굵기 선정 / 구비 조건

복습 시 회독 체크! 1회 2회 3회

01 중요도 ★★★ / 한국수력원자력

간선의 굵기를 결정하는 가장 중요한 요소는?

① 절연 저항 ② 허용 전류 ③ 전력 손실 ④ 무효 전력

해설 **전선 굵기 선정 시 고려 사항**

(1) 허용 전류
(2) 전압 강하
(3) 기계적 강도

이 중 우선적으로 고려해야 할 사항은 허용 전류이다. 보기 ②

답 ②

02 중요도 ★★ / 한국서부발전

1회 2회 3회

다음 중 케이블에 관한 설명으로 틀린 것은?

① 도전율이 작아야 한다.
② 절연 열화가 적고 절연 내력이 우수하여야 한다.
③ 내구성이 있고 기계적 강도가 커야 한다.
④ 연결 공사가 용이해야 한다.

해설 **전선(케이블)의 구비 조건**

(1) 도전율이 크고 고유저항은 작을 것 보기 ①
(2) 절연 내력이 우수할 것 보기 ②
(3) 기계적 강도 및 가요성(유연성)이 커야 할 것 보기 ③
(4) 내구성, 내식성이 있어야 할 것 보기 ③
(5) 비중이 작을 것(중량이 가벼울 것)
(6) 가격이 저렴할 것(경제성이 있을 것)
(7) 시공 및 보수의 취급이 용이할 것
(8) 접속이 쉬울 것 보기 ④
(9) 대량 생산이 가능할 것
(10) 선이나 판 등으로 가공하기 쉬울 것

답 ①

03 중요도 ★★ / 한국가스공사, 서울교통공사

1회 2회 3회

22.9[kV-Y] 계통에서는 어떤 케이블을 사용하여야 하는가?

① N-EV 전선 ② CV 케이블 ③ CNCV-W 케이블 ④ N-RC 전선

해설 (1) CNCV-W 케이블
① 동심 중성선 가교 폴리에틸렌 절연 차수형 비닐시스 케이블
② Cross-linked polyethylene Insulated, Concentric Neutral Conductor with Water blocking tapes and PVC sheathed power cable
③ 22.9[kV-Y] 다중 접지 계통의 지중 배전 선로용에 사용되며, 다중 접지 계통의 전선로에서 발생할 수 있는 과다한 지락 전류를 흘릴 수 있도록 제작하여 지락 사고로 인한 케이블의 손상을 방지한다.
④ 도체 소선 간의 틈에 수밀(물이 침투하지 않는) 컴파운드를 충진하고 절연체를 압출 성형한 다음 중성선의 상하에 반도전성 부풀음 테이프(swelling tape)로 물이 침투하지 않는 구조, 특히 침수 우려가 큰 지중성의 선로 구간에서 케이블 내에 물의 침투를 방지한다.

(2) N-EV 전선
폴리에틸렌 절연 비닐시스 네온전선

(3) N-RC 전선
고무 절연 클로로프렌 시스 네온전선

답 ③

04 중요도 ★ / LH공사

1회 2회 3회

19/1.8[mm] 경동 연선의 바깥지름은 몇 [mm]인가?

① 18.2 ② 10.8 ③ 9 ④ 25

해설 (1) 19/1.8[mm] 경동 연선
① 19 : 전선 가닥수 $N=19$
② 1.8[mm] : 소선 1개의 지름[mm] ($d=1.8$[mm])

(2) 2층권이므로 $D=(2n+1)d$[mm] (n : 층수, d : 소선 1개의 지름)
$D=(2\times 2+1)\times 1.8=9$[mm]

체크 point

- 소선의 총수 $N=1+3n(n+1)$ (n : 층수) ~ 항상 홀수
- 연선의 바깥지름 $D=(2n+1)d$[mm] (n : 층수)
- 연선의 단면적 $A=\frac{\pi}{4}d^2\times N$[mm^2] ($d$: 소선 1개의 지름[mm], N : 소선의 총수)

답 ③

05 중요도 ★★ / 한국도로공사

1회 2회 3회

전선에 교류가 흐를 때의 표피효과에 관한 설명으로 옳은 것은?

① 전선은 굵을수록, 도전율 및 투자율은 작을수록, 주파수는 높을수록 커진다.
② 전선은 굵을수록, 도전율 및 투자율은 클수록, 주파수는 높을수록 커진다.
③ 전선은 가늘수록, 도전율 및 투자율은 작을수록, 주파수는 높을수록 커진다.
④ 전선은 가늘수록, 도전율 및 투자율은 클수록, 주파수는 높을수록 커진다.

해설 **표피효과**

전선에 교류(AC)가 흐르면 도체 내부로 갈수록 자속이 집중되어 이에 따른 리액턴스가 증가하여 도체 내부에는 전류가 흐르기 어려워 도체 표면에 전류가 집중되는 현상

(1) 주파수(f)가 클수록, 도전율(σ)이 클수록, 투자율(μ)이 클수록 표피두께 δ는 얇아지고 표피효과는 커진다.
(2) 대책 : 복도체 채용, ACSR 사용, 중공 연선 사용

 ②

철탑의 분류

06 중요도 ★★★ / 한국동서발전

1회 2회 3회

전선로의 지지물 양쪽 경간(지지물 간의 거리)의 차가 큰 곳에 쓰이며 E 철탑이라고도 하는 철탑은?

① 인류형 철탑 ② 보강형 철탑 ③ 각도형 철탑 ④ 내장형 철탑

해설 **사용 목적에 따른 철탑의 분류**

(1) 직선형 철탑(A형)
　① 직선 부분, 수평 각도 3° 이하
　② 현수애자를 바로 현수 상태로 내려서 사용할 수 있는 철탑
(2) 각도형 철탑(B형, C형) 보기 ③
　① 수평 각도 3°를 초과하는 개소
　② B형(경각도형) : 수평 각도 3° ~ 20°
　③ C형(중각도형) : 수평 각도 21° ~ 30°
(3) 인류형 철탑(D형) 보기 ①
　① 억류 지지 철탑
　② 전체의 가섭선을 인류하는 개소(전선로가 끝나는 부분 → 직선형보다 강도가 큼)
(4) 내장형 철탑(E형) 보기 ④
　① 선로를 보강하기 위해 사용
　② 직선 철탑 연속적으로 약 10기마다 1기씩 설치
　③ 장경간(지지물 간의 거리가 긴) 개소에 설치

답 ④

07 중요도 ★★★ / 한국남부발전, 인천교통공사

1회 2회 3회

직선 철탑이 여러 기로 연결될 때에는 10기마다 1기의 비율로 넣은 철탑으로서, 선로의 보강용으로 사용되는 철탑은?

① 각도 철탑　　② 인류 철탑
③ 내장 철탑　　④ 특수 철탑

해설 **내장형 철탑(E형)**
(1) 선로를 보강하기 위해 사용
(2) 직선 철탑 연속적으로 약 10기마다 1기씩 설치
(3) 장경간(지지물 간의 거리가 긴) 개소에 설치

답 ③

08 중요도 ★★ / 지역난방공사

1회 2회 3회

가공 전선로의 지지물로 사용되는 철탑 기초 강도의 안전율은 얼마 이상인가?

① 1.5　　② 2
③ 2.5　　④ 3

해설 (1) 안전율(safety factor)
① 허용응력 : 어떤 지지물의 설계 기준이 되는 응력
② 인장강도
㉠ 지지물이 감당할 수 있는 최대 응력
㉡ 인장강도를 초과하는 힘이 가해지면 지지물 파손
③ 안전율 : 허용응력에 대한 인장강도의 비$\left(=\dfrac{\text{인장강도}}{\text{허용응력}}\right)$

(2) 주요 지지물의 안전율
① 목주 : 1.5 이상
② 케이블 트레이 : 1.5 이상
③ 가공 전선로 지지물 기초 안전율 : 2.0 이상
④ 철탑(이상 시 상정 하중) : 1.33 이상
⑤ 지선 : 2.5 이상

답 ②

지선의 장력

09 중요도 ★★ / 부산교통공사 1회 2회 3회

전선의 장력이 1000[kg]일 때 지선에 걸리는 장력은 몇 [kg]인가?

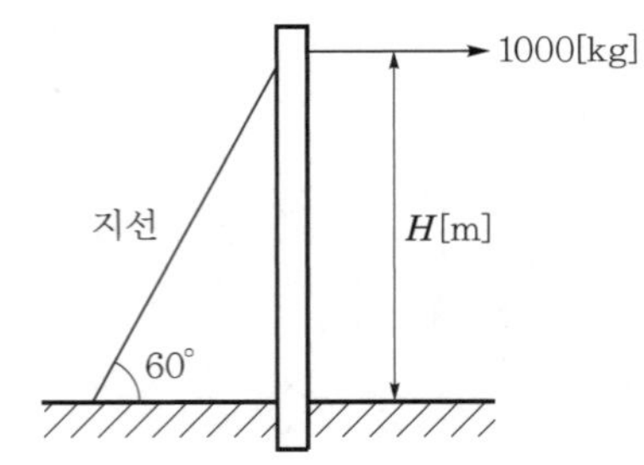

① 2000　② 2500　③ 3000　④ 3500

해설 **지선에 걸리는 장력**

$T_o = \dfrac{T}{\cos\theta} = \dfrac{1000}{\cos 60°} = 2000\,[\text{kg}]$

여기서, T_o : 지선에 걸리는 장력[kg], T : 전선의 수평 장력[kg]

답 ①

10 중요도 ★★ / 지역난방공사 1회 2회 3회

그림과 같이 지선을 가설하여 전주에 가해진 수평 장력 500[kg]을 지지하고자 한다. 지선으로써 4[mm] 철선을 사용한다고 하면 몇 가닥 사용해야 하는가? (단, 4[mm] 철선 1가닥의 인장 하중은 440[kg]으로 하고 안전율은 2.5이다.)

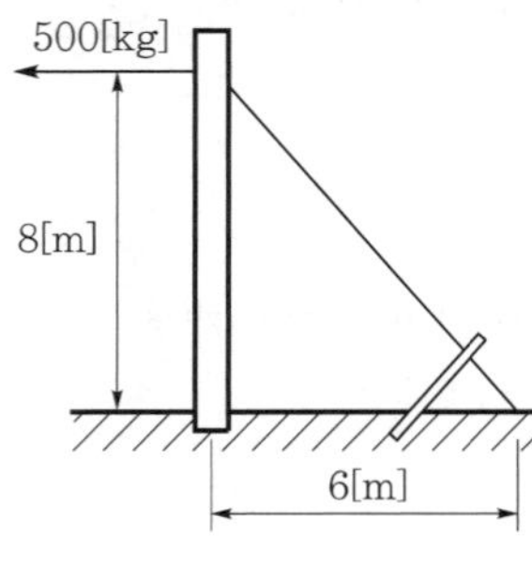

① 4　② 5　③ 6　④ 8

해설 **지선에 걸리는 장력**

$T_o = \dfrac{T}{\cos\theta} = \dfrac{500}{\dfrac{6}{\sqrt{8^2+6^2}}} = \dfrac{5000}{6}\,[\text{kg}]$

철선의 가닥수가 n이라면 $n=\frac{T_o}{A}\times K$ (A : 지선 1가닥의 인장하중[kg], K : 안전율)

$n=\frac{T_o}{A}\times K=\frac{5000}{6}\times\frac{1}{440}\times 2.5=4.73 \fallingdotseq 5$[개]

답 ②

이도(dip)

11 중요도 ★★/ 서울교통공사

1회 2회 3회

가공 전선로에서 전선의 단위길이당 중량과 경간이 일정할 때 이도는 어떻게 되는가?

① 전선의 장력에 비례한다.
② 전선의 장력에 반비례한다.
③ 전선의 장력의 제곱에 비례한다.
④ 전선의 장력의 제곱에 반비례한다.

해설 **이도(dip, 처짐의 정도)**

전선의 지지점을 연결하는 수평선으로부터 밑으로 내려가 있는 길이

$D=\frac{WS^2}{8T}$[m]

여기서, W : 단위길이당 중량[kg/m], S : 지지점 간의 경간(지지물 간의 거리)[m], T : 수평 장력[kg]

(1) $D\propto W$: 단위길이당 중량에 비례

(2) $D\propto S^2$: 지지점 간 경간(지지물 간의 거리)의 제곱에 비례

(3) $D\propto\frac{1}{T}$: 전선의 장력에 반비례

답 ①

12 중요도 ★★ / 한국중부발전

1회 2회 3회

전선 양측의 지지점의 높이가 동일한 경우 전선의 단위길이당 중량을 W[kg], 수평 장력을 T[kg], 경간(지지물 간의 거리)을 S[m], 전선의 이도(처짐의 정도)를 D[m]라 할 때 전선의 실제 길이 L[m]를 계산하는 식은?

① $L=S+\frac{8S^2}{3D}$
② $L=S+\frac{8D^2}{3S}$
③ $L=S+\frac{3S^2}{8D}$
④ $L=S+\frac{3D^2}{8S}$

해설

전선의 실제 길이 $L=S+\frac{8D^2}{3S}$[m]

전선의 실제 길이가 경간(S, 지지물 간의 거리)보다 $\frac{8D^2}{3S}$[m]만큼 더 길다.

답 ②

13 중요도 ★ / 한국남동발전

1회 2회 3회

그림과 같이 높이가 같은 전선주가 같은 거리에 가설되어 있다. 지금 지지물 B에서 전선이 지지점에서 떨어졌다고 하면, 전선의 이도(처짐의 정도) D_2는 전선이 떨어지기 전 D_1의 몇 배가 되겠는가?

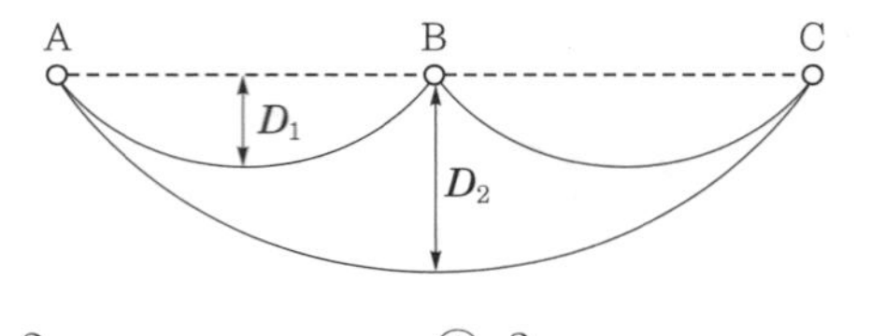

① $\sqrt{2}$　　② 2　　③ 3　　④ $\sqrt{3}$

해설 경간 A에서 C까지 전선의 실제 길이는 지지물 B에서 전선의 떨어지기 전이나 떨어진 후일 때가 서로 같게 되므로 아래의 식이 성립한다.

먼저 A에서 B 사이, B에서 C 사이의 경간(지지물 간의 거리)을 S라 하면

$$2\left(S+\frac{8D_1^{\ 2}}{3S}\right)=2S+\frac{8D_2^{\ 2}}{3\times 2S}[\text{m}]$$

$4D_1^{\ 2}=D_2^{\ 2}$이므로 $D_2=2D_1[\text{m}]$

답 ②

14 중요도 ★★★ / 2024 한국전력거래소

1회 2회 3회

어떤 전선의 이도(D)에서 전선의 경간(S) 길이가 2배로 증가하고 장력(T)이 3배로 증가했을 때 새로운 이도(D')의 값은 원래 이도(D)의 몇 배가 되는가?

① $\frac{5}{4}$　　② $\frac{4}{3}$　　③ $\frac{2}{3}$　　④ $\frac{1}{2}$

해설

이도(처짐의 정도) $D=\frac{WS^2}{8T}[\text{m}]$에서

(1) $D \propto W$: 단위길이당 중량에 비례

(2) $D \propto S^2$: 지지점 간의 경간(지지물 간의 거리)의 제곱에 비례

(3) $D \propto \frac{1}{T}$: 전선의 장력에 반비례

$$D'=\frac{W\cdot(2S)^2}{8\cdot 3T}=\frac{WS^2\cdot 4}{8T\cdot 3}=\frac{4}{3}D\left(\text{처음의 }\frac{4}{3}\text{배로 증가}\right)$$

답 ②

15 중요도 ★★ / 한국수력원자력, 한국도로공사

1회 2회 3회

경간이 200[m]인 가공 전선로가 있다. 사용 전선의 길이는 경간보다 몇 [m] 더 길게 하면 되는가? (단, 사용 전선의 1[m]당 무게는 2[kg], 인장하중은 4000[kg], 전선의 안전율은 2로 하고 풍압 하중은 무시한다.)

① $\frac{1}{2}$ ② $\sqrt{2}$ ③ $\frac{1}{3}$ ④ $\sqrt{3}$

해설

$$D=\frac{WS^2}{8T}=\frac{2\times 200^2}{8\times\frac{4000}{2}}=5[\text{m}]$$

$$L=S+\frac{8D^2}{3S}[\text{m}]\text{에서}$$

$$L-S=\frac{8D^2}{3S}=\frac{8\times 5^2}{3\times 200}=\frac{1}{3}[\text{m}]$$

답 ③

16 중요도 ★★★ / 한국서부발전

1회 2회 3회

가공 송전 선로를 가선할 때에는 하중 조건과 온도 조건을 고려하여 적당한 이도(dip)를 주도록 하여야 한다. 다음 중 이도에 대한 설명으로 옳은 것은?

① 이도가 작으면 전선이 좌우로 크게 흔들려서 다른 상의 전선에 접촉하여 위험하게 된다.
② 전선을 가선할 때 전선을 팽팽하게 가선하는 것을 이도를 크게 준다고 한다.
③ 이도를 작게 하면 이에 비례하여 전선의 장력이 증가되며 심할 때는 전선 상호 간이 꼬이게 된다.
④ 이도의 대소는 지지물의 높이를 좌우한다.

① 이도(처짐의 정도)를 작게 하면 이에 비례하여 전선의 장력이 증가되며 심할 때는 전선이 단선된다.
② 전선을 가선할 때 전선을 팽팽하게 가선하는 것을 이도(처짐의 정도)를 작게 준다고 한다.
③ 이도(처짐의 정도)가 크면 전선이 좌우로 크게 흔들려서 다른 상의 전선에 접촉하여 위험하게 된다.

(1) 이도(처짐의 정도)의 대소는 지지물의 높이를 좌우한다. 보기 ④
(2) 이도(처짐의 정도)가 크다.
  ① 전선에 걸리는 장력이 작아져 전선이 끊어질 염려가 작다.
  ② 전선이 좌우로 크게 진동하여 단락(선간) 및 전선이 꼬이게 된다.
(3) 이도(처짐의 정도)가 작다.
  ① 전선의 수평 장력 증가
  ② 단선사고

답 ④

17 중요도 ★★ / 한국동서발전

1회 2회 3회

풍압이 P[kg/m²]이고 빙설이 많지 않은 지방에서 지름이 d[mm]인 전선 1[m]가 받는 풍압 하중 W_w[kg/m]은?

① $W_w = \dfrac{P(d+12)}{1000}$
② $W_w = \dfrac{P(d+6)}{1000}$
③ $W_w = \dfrac{Pd}{1000}$
④ $W_w = \dfrac{Pd^2}{1000}$

해설 풍압 하중 → 철탑 설계 시의 가장 큰 하중

(1) 고온계(빙설이 적은 지방) $W_w = \dfrac{P \cdot d}{1000}$[kg/m]

(2) 저온계(빙설이 많은 지방) $W_w = \dfrac{P \cdot (d+12)}{1000}$[kg/m]

답 ③

18 중요도 ★★ / 지역난방공사

1회 2회 3회

빙설이 적고 인가가 밀집한 도시에 시설하는 고압 가공 전선로 설계에 사용하는 풍압 하중은?

① 갑종 풍압 하중
② 을종 풍압 하중
③ 병종 풍압 하중
④ 갑종 풍압 하중과 을종 풍압 하중을 각 설비에 따라 혼용

해설 **풍압 하중의 적용(KEC 331.6)**

(1) 빙설이 많은 지방 이외의 지방
  ① 고온 계절(갑종 풍압 하중), 저온 계절(병종 풍압 하중)
  ② 인가가 많이 연접되어 있는 장소 : 병종 풍압 하중$\left(\text{갑종 풍압 하중의 } \dfrac{1}{2}\text{을 기초로 계산}\right)$

(2) 빙설이 많은 지방
  고온 계절(갑종 풍압 하중), 저온 계절(을종 풍압 하중)

(3) 빙설이 많은 지방 중 해안지방, 기타 저온 계절에 최대 풍압이 생기는 지방
  고온 계절(갑종 풍압 하중), 저온 계절(갑종 풍압 하중과 을종 풍압 하중 중 큰 것)

답 ③

전선의 진동과 도약

19 중요도 ★★ / 서울교통공사 1회 2회 3회

가공 전선로의 전선 진동을 방지하기 위한 방법으로 옳지 않은 것은?

① 토셔널 댐퍼(torsional damper)의 설치
② 스프링 피스톤 댐퍼와 같은 진동 제지권을 설치
③ 경동선을 ACSR로 교환
④ 클램프나 전선 접촉기 등을 가벼운 것으로 바꾸고, 클램프 부근에 적당히 전선을 첨가

해설 (1) 전선의 진동을 방지하기 위한 방법
① 전선 지지점에서의 단선 방지(응력 완화) : 아머로드(armour rod) 설치
• 동일한 재질의 전선을 보강하여 클램프 부근에 집중된 굴곡력과 신장력을 전선의 긴 길이를 통해 압력 분산 보기 ④
② 전선 진동 방지 : 댐퍼(damper) 사용(진동 에너지 흡수)
㉠ Stock bridge damper : 전선의 좌우진동 방지(전선에 추를 달아 진동 에너지 흡수) 보기 ②
㉡ Torsional damper : 전선 상하진동 방지 보기 ①
㉢ Bate damper : 가공지선의 지지점 부근에서 가공지선과 동일한 선으로 첨선하여 가공지선 단선 시 보강 효과
(2) 전선의 진동은 전선이 가볍고 굵은 ACSR 선에서 특히 많이 발생한다. 보기 ③

답 ③

20 중요도 ★★★ / 2024 한국남동발전 1회 2회 3회

3상 3선식 수직 배치인 선로에서 오프셋(off-set)을 주는 주된 이유는?

① 단락 방지
② 전선 진동 억제
③ 전선 풍압 감소
④ 철탑 중량 감소

해설 **전선의 도약(sleet jump)**
(1) 전선에 붙은 빙설이 전선의 온도, 바람 등 어떤 조건에 의해 일제히 탈락하여 상부 전선과 접촉해서 단락 사고를 일으킴
(2) 방지책
① 철탑의 Off-set을 충분히 한다(상간 단락 방지).
② 상·중·하 수평 이격거리(간격), 수직 선간 이격거리(간격)를 크게 한다.

답 ①

애자

21 중요도 ★★★ / 2024 서울교통공사
1회 2회 3회

애자의 구비조건으로 옳지 않은 것은?

① 절연내력이 클 것 ② 기계적 강도가 클 것 ③ 정전용량이 클 것
④ 누설전류가 작을 것 ⑤ 내열성, 내식성이 클 것

해설 **애자의 구비조건**

(1) 선로의 상규 전압 및 내부 이상전압에 대하여 절연내력이 클 것 보기 ①
(2) 비, 눈, 안개 등에 대해 충분한 절연저항을 갖고 누설전류가 작을 것 보기 ④
(3) 전선의 자중에 외력(바람, 눈, 비 등)이 더해질 때 충분한 기계적 강도를 가질 것 보기 ②
(4) 장시간 사용해도 전기적 및 기계적 특성의 열화가 작아야 할 것
(5) 온도 급변에 견디고 습기를 흡수하지 말 것 보기 ⑤
(6) 중량이 가볍고 가격이 저렴할 것

답 ③

22 중요도 ★★ / 한국서부발전
1회 2회 3회

송전선로에 사용되는 애자의 특성이 나빠지는 원인으로 볼 수 없는 것은?

① 애자 각 부분의 열팽창의 상이 ② 전선 상호 간의 유도장애
③ 누설전류에 의한 편열 ④ 시멘트의 화학 팽창 및 동결 팽창

해설 **애자의 특성이 나빠지는 원인**

(1) 애자 각 부분의 열팽창 상이 보기 ①
(2) 누설전류에 의한 편열 보기 ③
(3) 시멘트의 화학 팽창 및 동결 팽창 보기 ④

답 ②

23 중요도 ★★★ / 한국수력원자력
1회 2회 3회

애자의 전기적 특성에서 섬락전압이 높은 순서로 배열된 것은?

① 건조 섬락전압 > 주수 섬락전압 > 충격 섬락전압 > 유중 파괴전압
② 주수 섬락전압 > 건조 섬락전압 > 충격 섬락전압 > 유중 파괴전압
③ 건조 섬락전압 > 충격 섬락전압 > 유중 파괴전압 > 주수 섬락전압
④ 유중 파괴전압 > 충격 섬락전압 > 건조 섬락전압 > 주수 섬락전압

해설 (1) 애자의 섬락전압(FOV : Flash Over Voltage)

① 건조 섬락전압 : 80[kV](건조한 공기) → 상용주파 전압인가
② 주수 섬락전압 : 50[kV](강우상태) → 상용주파 전압인가
③ 충격파 섬락전압 : 125[kV](서지) → 1.2×50[μs] 표준파 충격전압
④ 유중 섬락전압 : 140[kV](절연유) → 상용주파 전압인가

(2) 섬락전압이 높은 순서

유중 파괴전압 > 충격 섬락전압 > 건조 섬락전압 > 주수 섬락전압

답 ④

24 중요도 ★★ / 부산교통공사

1회 2회 3회

345[kV] 초고압 송전선로에 사용되는 현수애자는 1련 현수인 경우 대략 몇 개 정도 사용되는가?

① 6 ~ 8　② 12 ~ 14　③ 18 ~ 23　④ 28 ~ 38

해설 **현수애자의 개수**

(1) 22.9[kV] : 2 ~ 3개
(2) 154[kV] : 9 ~ 11개
(3) 345[kV] : 18 ~ 23개
(4) 765[kV] : 40개 이상

답 ③

25 중요 ★★ / 한국남동발전

1회 2회 3회

250[mm] 현수애자 10개를 직렬로 접속된 애자연의 건조 섬락전압이 590[kV]이고 현수애자 한 개의 건조 섬락전압은 80[kV]라면 애자련의 연효율(string efficiency)은 대략 얼마인가?

① 0.5　② 0.6　③ 0.7　④ 0.9

해설 **애자련의 능률(애자의 이용률)**

$$\eta = \frac{V_n}{n \cdot V_1} \times 100[\%] = \frac{590}{10 \times 80} \times 100 = 73.75[\%]$$

여기서, n : 애자의 개수, V_1 : 애자 1개의 섬락전압[kV], V_n : 애자련의 섬락전압[kV]

답 ③

26 중요도 ★ / 한국남동발전

1회 2회 3회

현수애자 4개를 1련으로 한 66[kV] 송전선로가 있다. 현수애자 1개의 절연저항이 2000[MΩ]이라면 표준 경간을 200[m]로 할 때 1[km]당 누설 컨덕턴스[℧]는?

① 약 0.63×10^{-9} ② 약 0.73×10^{-9} ③ 약 0.83×10^{-9} ④ 약 0.93×10^{-9}

해설 현수애자 1련의 합성저항은

$4\times1500=6000[\text{M}\Omega]=6000\times10^{6}[\Omega]$

표준 경간이 200[m]이므로 1[km], 즉 1000[m]에서의 경간은 애자 5련을 병렬로 설치해야 한다.

애자의 총합성저항 $R=\dfrac{6000\times10^{6}}{5}=1.2\times10^{9}[\Omega]$

따라서, 누설 컨덕턴스 $G=\dfrac{1}{R}=\dfrac{1}{1.2\times10^{9}}=0.83\times10^{-9}[℧]$

답 ③

27 중요도 ★★★ / 한국동서발전, 한국남부발전

1회 2회 3회

154[kV] 송전선로에 10개의 현수애자가 연결되어 있다. 다음 중 전압 분담이 가장 작은 것은? (단, 애자는 같은 간격으로 설치되어 있다.)

① 철탑에서 가장 가까운 것 ② 철탑에서 3번째에 있는 것
③ 전선에서 가장 가까운 것 ④ 전선에서 3번째에 있는 것

해설 **전압 분담**

(1) 전압 분담이 가장 큰 애자 : 전선에서 가장 가까운 애자

(2) 전압 분담이 가장 작은 애자 : 전선에서 8번째 애자 또는 철탑에서 3번째 애자

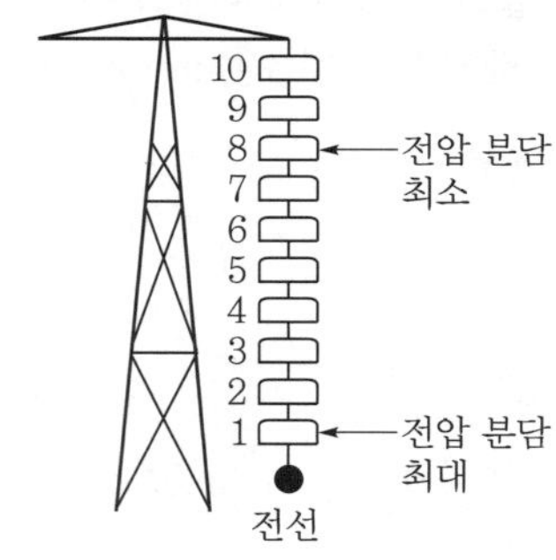

답 ②

지중 전선로

28 중요도 ★★★ / 대구교통공사 1회 2회 3회

다음 중 지중 전선로의 장점으로 틀린 것은?

① 고장이 적다.
② 보안상의 위험이 작다.
③ 공사 및 보수가 용이하다.
④ 설비의 안전성에 있어서 유리하다.

해설 **지중 전선로의 특징**

면접시험에도 나와요!

(1) 도시 미관상 좋다(환경 친화적).
(2) 자연재해로부터 안전하고 지락사고 발생 우려 작다. → 공급 신뢰도 우수 보기 ①, ②
(3) 감전 우려가 작다. 보기 ④
(4) 통신선에 대한 유도장해가 작다.
(5) 수용가 밀집 지역 유리(굵은 전선 사용 가능 → 용량 증대)
(6) 고장점 찾기 어려움 → 사고 복구에 장시간 소요 보기 ③
(7) 건설 기간이 오래 걸리고 건설비가 비싸다.
(8) 다회선 설치가 가공 전선로에 비해 용이하다.
(9) 동일 굵기의 가공 전선로에 비해 지중 전선의 구조상 발생열의 냉각이 어려워 송전용량이 작다.
(10) 설비 구성상 신규 수용에 대한 탄력성이 결여된다.

답 ③

29 중요도 ★★ / 한국남부발전, 한국수력원자력 1회 2회 3회

지중 케이블에 있어서 고장점을 찾는 방법이 아닌 것은?

① 머레이 루프 시험기에 의한 방법
② 메거에 의한 측정법
③ 수색 코일에 의한 방법
④ 펄스에 의한 측정법

해설 **지중 케이블 고장점 탐지법**

(1) 머레이 루프법 보기 ①
① 휘트스톤 브리지의 원리를 이용하여 고장점까지의 거리를 측정하는 방법
② 케이블의 저항은 거리에 비례한 것을 이용
(2) 펄스 레이더(pulse radar) 법 보기 ④
케이블의 고장점에서 특정 임피던스가 달라지는데, 특성 임피던스가 다른 부분에서 진행파가 반사되는 특징을 이용하여 고장점의 위치를 추정하는 방법
(3) 정전용량 측정에 의한 방법
① 사고상 케이블의 정전용량은 건전상에 비하여 저감되는 특징과 정전용량은 거리에 비례하는 특성을 이용하여 고장점을 추정하는 방법
② 정전용량법은 측정이 간단하여 고장상 판별과 단선사고의 경우에 적용

(4) 수색 코일법 보기 ③

접지 고장, 단락 고장의 경우 고장케이블 한쪽에서 500[Hz] 정도의 단속전류를 흘리면 단속전류에 의해 수색 코일에 전압이 유도되어 지상으로 만들어진 자계를 수색 코일로 찾는 방법

답 ②

02 선로정수 및 코로나

선로정수

30 중요도 ★★★ / 한국남동발전 1회 2회 3회

선간 거리가 D이고, 지름이 d인 선로의 인덕턴스 L[mH/km]은?

① $L=0.4605\log_{10}\dfrac{D}{d}+0.5$

② $L=0.4605\log_{10}\dfrac{D}{d}+0.05$

③ $L=0.4605\log_{10}\dfrac{2D}{d}+0.5$

④ $L=0.4605\log_{10}\dfrac{2D}{d}+0.05$

해설 **인덕턴스**

$$L=0.05+0.4605\log_{10}\frac{D}{r}\,[\text{mH/km}]$$

$$=0.05+0.4605\log_{10}\frac{D}{\frac{d}{2}}=0.05+0.4605\log_{10}\frac{2D}{d}\,[\text{mH/km}]$$

답 ④

31 중요도 ★★★ / 한국동서발전 1회 2회 3회

선간 거리가 $4D$[m]이고 선로 도선의 지름이 d[m]인 선로의 단위길이당 정전용량은 몇 [μF/km]인가?

① $\dfrac{0.02413}{\log_{10}\dfrac{8D}{d}}$

② $\dfrac{0.02413}{\log_{10}\dfrac{4D}{d}}$

③ $\dfrac{0.02413}{\log_{10}\dfrac{2D}{d}}$

④ $\dfrac{0.2413}{\log_{10}\dfrac{4D}{d}}$

해설 **정전용량(C)**

$$C=\frac{0.02413}{\log_{10}\dfrac{D}{r}}\,[\mu\text{F/km}]$$

$$\therefore\ C=\frac{0.02413}{\log_{10}\dfrac{4D}{\frac{d}{2}}}=\frac{0.02413}{\log_{10}\dfrac{8D}{d}}\,[\mu\text{F/km}]$$

답 ①

등가 선간 거리

32 중요도 ★★★ / 지역난방공사 1회 2회 3회

전선 a, b, c가 일직선으로 배치되어 있다. a와 b, b와 c 사이의 거리가 각각 5[m]일 때 이 선로의 등가 선간 거리는 몇 [m]인가?

① 5 ② 10 ③ $5\sqrt[3]{2}$ ④ $5\sqrt{2}$

해설 등가 선간 거리(기하학적 평균 거리)

$D_o = \sqrt[n]{D_1 \times D_2 \times D_3 \cdots\cdots D_n}$ [m]

(1) 직선 배열 : $D_o = \sqrt[3]{D \times D \times 2D} = \sqrt[3]{2}\,D$[m]

(2) 정삼각형 배열 : $D_o = \sqrt[3]{D \times D \times D} = D$[m]

(3) 정사각형 배열 : $D_o = \sqrt[6]{D \times D \times D \times D \times \sqrt{2}\,D \times \sqrt{2}\,D} = \sqrt[6]{2}\,D$[m]

등가 선간 거리 D는 $D_o = \sqrt[3]{D_{ab} \times D_{bc} \times D_{ac}}$

$= \sqrt[3]{5 \times 5 \times 2 \times 5} = 5\sqrt[3]{2}$ [m]

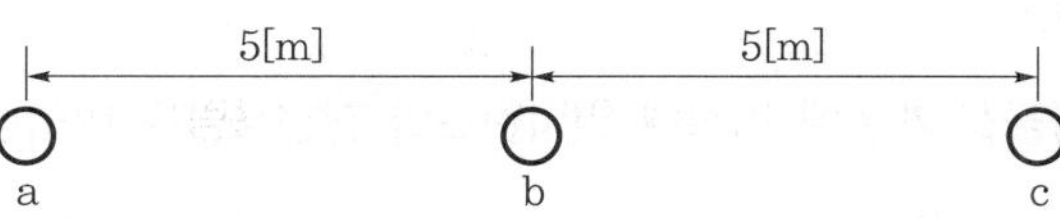

답 ③

33 중요도 ★★★ / 한국수력원자력 1회 2회 3회

간격 S인 정사각형 배치의 4도체에서 소선 상호 간의 기하학적 평균 거리[m]는? (단, 각 도체 간의 거리는 d라 한다.)

① $\sqrt{2}\,S$ ② $\sqrt{S}$ ③ $\sqrt[3]{S}$ ④ $\sqrt[6]{2}\,S$

해설 4개의 도체가 정사각형 배치인 경우 도체 간 거리는

$D_1 = S,\ D_2 = S,\ D_3 = S,\ D_4 = S,\ D_5 = \sqrt{2}\,S,\ D_6 = \sqrt{2}\,S$

$D_o = \sqrt[6]{D_1 \times D_2 \times D_3 \times D_4 \times D_5 \times D_6}$

$= \sqrt[6]{S \times S \times S \times S \times \sqrt{2}\,S \times \sqrt{2}\,S} = \sqrt[6]{2}\,S$[m]

답 ④

34 중요도 ★★★ / 2024 한국동서발전

1회 2회 3회

복도체에서 소도체 지름은 10[mm]이고 소도체 사이의 간격이 50[cm]이다. 등가 반지름[cm]을 구하시오.

① 1 ② 3 ③ 5 ④ 7

해설 **등가 반지름**

$r_e = \sqrt[n]{r \cdot s^{n-1}}$ [m]

여기서, r : 소도체의 반지름, n : 소도체의 개수
s : 소도체 간 간격, r_e : 등가반지름

s[m]
r[m]

$r_e = \sqrt[n]{r \cdot s^{n-1}} = \sqrt{5 \times 10^{-3} \times (50 \times 10^{-2})^{2-1}} = 0.05[\text{m}] = 5[\text{cm}]$

답 ③

35 중요도 ★★★ / LH공사

1회 2회 3회

지중선 계통은 가공선 계통에 비하여 인덕턴스와 정전용량은 어떠한가?

① 인덕턴스, 정전용량이 모두 크다. ② 인덕턴스, 정전용량이 모두 작다.
③ 인덕턴스는 크고 정전용량은 작다. ④ 인덕턴스는 작고 정전용량은 크다.

해설 가공선 계통은 지중선 계통에 비해 선간 거리(D)가 수십배 정도이므로 인덕턴스는 크고, 정전용량은 작다.

(1) 인덕턴스

$$L = 0.05 + 0.4605\log_{10}\frac{D}{r}[\text{mH/km}] \propto D$$

(2) 정전용량

$$C = \frac{0.02413}{\log_{10}\frac{D}{r}}[\mu\text{F/km}] \propto \frac{1}{D}$$

답 ④

복도체

36 중요도 ★★★ / 한국남부발전

1회 2회 3회

송전 선로에 복도체를 사용하는 이유는?

① 코로나를 방지하고 인덕턴스를 감소시킨다.
② 철탑의 하중을 평형화한다.
③ 선로의 진동을 없앤다.
④ 선로를 뇌격으로부터 보호한다.

해설 **복도체 방식의 장점**

(1) 코로나 발생 저감(코로나 잡음, 코로나 손실, 통신선 장해 저감)
전선의 등가 반지름 증가 → 전선 표면 전계강도 완화 → 코로나 임계전압 증가

(2) 허용전류 증대
굵기가 가는 소도체를 여러 가닥 사용함으로써 표피효과에 의한 저항 증가가 작으므로 고전압의 큰 전류를 통전

(3) 전압강하 감소
인덕턴스 감소, 정전용량 증가

(4) 송전용량 증대, 정태 안정도 향상
단도체 방식에 비해 선로 리액턴스 감소 → 송전용량 증대, 안정도 향상

답 ①

37 중요도 ★★★ / 한국남부발전 | 1회 | 2회 | 3회

송전선에 복도체를 사용할 때의 장점으로 해당 없는 것은?

① 코로나손(corona loss) 경감
② 인덕턴스가 감소하고 커패시턴스가 증가
③ 안정도가 상승하고 충전용량이 증가
④ 정전 반발력에 의한 전선 진동이 감소

해설 **복도체 방식의 단점**

(1) 갤로핑(galloping) 발생 보기 ④
① 착빙설에 의해 공기역학적 비대칭성이 되고, 강풍에 의해서 양력이 생기면 상하 진동, 진폭이 큰 진동 발생
② 단락사고의 원인 → 주로 복도체에서 발생

(2) 서브스판 진동 발생 보기 ④
① 전선 수평 방향으로 진동하는 현상 → 풍속이 클수록 진동폭이 크다.
② 전선의 직경이 커질수록 진동이 쉽게 발생 → 다도체 방식의 고유 진동 현상

(3) 페란티 현상의 원인
① 복도체 방식은 정전용량이 증가하므로 경부하나 무부하 시 수전단 전압이 송전단 전압보다 증가하는 페란티 현상이 발생
② 대책 : 분로 리액터 사용

(4) 단락전류에 의한 기계적 손상 발생
① 단락전류가 흐르는 경우 소도체 간 흡인력 발생 → 기계적 손상 우려
② 대책 : 스페이서 설치

(5) 가선공사의 어려움
단도체에 비해 특수한 공법 적용

답 ④

38 중요도 ★★★ / 한국동서발전 1회 2회 3회

복도체에 대한 다음 설명 중 옳지 않은 것은?

① 같은 단면적의 단도체에 비하여 인덕턴스는 감소, 정전용량은 증가한다.
② 코로나 개시 전압이 높고, 코로나 손실이 작다.
③ 같은 전류용량에 대하여 단도체보다 단면적을 작게 할 수 있다.
④ 단락 시 등의 대전류가 흐를 때 소도체 간에 반발력이 생긴다.

해설 복도체에서 단락 시는 모든 소도체에는 동일 방향으로 전류가 흐르므로 흡인력이 생긴다.

답 ④

39 중요도 ★★★ / 한국중부발전, 서울교통공사 1회 2회 3회

복도체를 사용하면 송전용량이 증가하는 가장 주된 이유는?

① 코로나가 발생하지 않는다.
② 선로의 작용 인덕턴스는 감소하고 작용 정전용량은 증가한다.
③ 전압 강하가 작다.
④ 무효전력이 적어진다.

해설 복도체를 사용함으로써 전선의 등가 반지름이 증가하므로 인덕턴스는 감소하고 정전용량은 증가하여 송전용량이 증가하고 안정도를 증대시킨다.

답 ②

작용 정전용량

40 중요도 ★★★ / 부산교통공사 1회 2회 3회

3상 1회선인 송전선로의 작용 정전용량 C와 대지 정전용량 C_s, 전선 간의 정전용량 C_m 사이에는 어떤 관계가 있는가?

① $C=C_s+C_m$ ② $C=C_s+2C_m$ ③ $C=C_s+3C_m$ ④ $C=2C_s+C_m$

해설 **작용 정전용량**

(1) 단상 1회선인 경우 : $C=C_s+2C_m$(단상 2선식)
(2) 3상 1회선인 경우 : $C=C_s+3C_m$(3상 3선식)
(3) 3상 2회선인 경우 : $C=C_s+3(C_m+C_m')$
여기서, C : 작용 정전용량, C_s : 대지 정전용량, C_m : 선간 정전용량
C_m' : 다른 회선 간의 정전용량

답 ③

41 중요도 ★★★ / 한국남동발전 1회 2회 3회

그림과 같이 각 도체와 연피 간의 정전용량이 C_0, 각 도체 간의 정전용량이 C_m 인 3심 케이블의 도체 1조당의 작용 정전용량은?

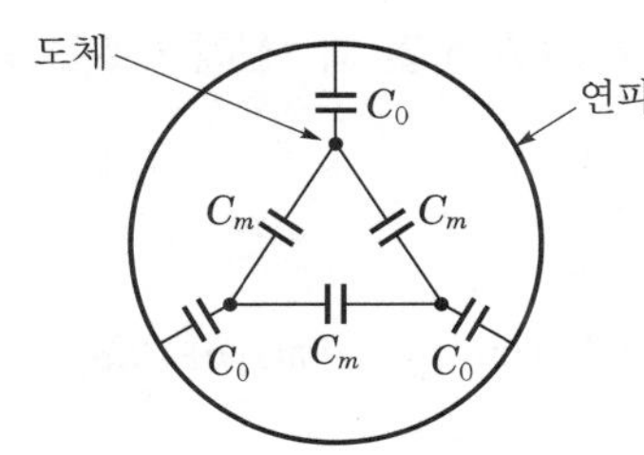

① $C_0 + C_m$ ② $3(C_0 + C_m)$ ③ $3C_0 + C_m$ ④ $C_0 + 3C_m$

해설 **작용 정전용량**
3상 1회선인 경우 $C = C_0 + 3C_m$(3상 3선식)

답 ④

42 중요도 ★★★ / 한국동서발전 1회 2회 3회

3상 3선식 송전선로에 있어서 각 선의 대지 정전용량이 0.5096[μF]이고, 선간 정전용량이 0.1295[μF] 일 때 1선의 작용 정전용량은 몇 [μF]인가?

① 0.6391 ② 0.7686 ③ 0.8981 ④ 1.5288

해설 **작용 정전용량**
$C = C_s + 3C_m = 0.5096 + 3 \times 0.1295 = 0.8981[\mu\text{F}]$

답 ③

43 중요도 ★★★ / 지역난방공사 1회 2회 3회

송·배전 선로의 작용 정전용량은 무엇을 계산하는 데 사용되는가?

① 비접지계통의 1선 지락고장 시 지락고장전류 계산
② 정상운전 시 선로의 충전전류 계산
③ 선간단락 고장 시 고장전류 계산
④ 인접 통신선의 정전 유도전압 계산

해설 작용 정전용량의 계산은 송전선로의 상전압 평형 정상 시 선로의 충전전류를 계산하는 데 사용한다.

답 ②

충전전류

44 중요도 ★★★ / LH공사

1회 2회 3회

60[Hz], 154[kV], 길이 100[km]인 3상 송전선로에서 대지 정전용량 C_s = 0.005[μF/km], 전선 간의 상호 정전용량 C_m = 0.0014[μF/km]일 때 1선에 흐르는 충전전류[A]는?

① 17.8 ② 30.8 ③ 34.4 ④ 53.4

해설 (1) 작용 정전용량

$$C = C_s + 3C_m = 0.005 + 3 \times 0.0014 = 0.0092[\mu \mathrm{F/km}]$$

(2) 전선 1선당 충전전류

$$I_c = \frac{E}{X_c} = \frac{E}{\frac{1}{wC}} = wCE \cdot l = 2\pi f C \times \frac{V}{\sqrt{3}} \cdot l[\mathrm{A}]$$

$$= 2\pi \times 60 \times 0.0092 \times 10^{-6} \times 100 \times \frac{154 \times 10^3}{\sqrt{3}} = 30.837[\mathrm{A}]$$

답 ②

코로나 현상

45 중요도 ★★★ / 한전 KPS

1회 2회 3회

다음 중 코로나에 대한 설명으로 옳은 것을 모두 고르면?

㉠ 일종의 방전현상으로 전선로 주변에 공기의 절연파괴로 인해 빛과 소리를 내는 현상이다.
㉡ 코로나 임계전압이 높을수록 코로나 발생이 작다.
㉢ 코로나가 발생할 경우 통신선에 유도장해가 발생한다.
㉣ 얇은 전선을 사용하여 코로나를 방지할 수 있다.
㉤ 파열극한 전위경도는 직류 21[kV/cm], 교류 30[kV/cm]이다.

① ㉠, ㉡, ㉢ ② ㉠, ㉡, ㉣ ③ ㉠, ㉢, ㉤
④ ㉡, ㉣, ㉤ ⑤ ㉢, ㉣, ㉤

해설 **코로나 현상**

(1) 초고압 송전계통에서 전선 표면의 전위경도가 높은 경우 전선 주위의 공기 절연이 파괴되면서 발생하는 일종의 부분 방전현상이다.

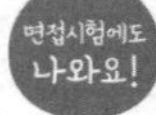

① 방전현상
㉠ 단선의 경우 : 전면(불꽃)방전
㉡ 연선의 경우 : 부분방전

② 공기의 절연파괴전압
㉠ DC 30[kV/cm]
㉡ AC 21[kV/cm]

(2) 코로나 발생결과
① 코로나 손실 발생(peek의 식)

$$P_c = \frac{241}{\delta}(f+25)\sqrt{\frac{r}{D}}(E-E_0)^2 \times 10^{-5}\text{[kW/cm 1선당]}$$

여기서, δ : 상대 공기밀도$\left(\delta \propto \frac{\text{기압}}{\text{온도}}\right)$, E : 대지전압, E_0 : 코로나 임계전압
② 코로나 잡음 발생
③ 고조파 장해 발생 : 정현파 → 왜형파(= 직류분 + 기본파 + 고조파)
④ 초산에 의한 전선, 바인드선의 부식 : (O_3, NO) + H_2O = NHO_3 생성
⑤ 전력선 이용 반송전화 장해 발생(통신선 유도장해)
⑥ 소호 리액터 접지방식의 장해 발생 : 절연 파괴 시 C의 불균형에 의한 공진현상의 미발생
⑦ 서지(이상전압)의 파고치 감소(장점)

(3) 코로나 임계전압
① 코로나가 발생하기 시작하는 최저 한도전압
② 코로나 임계전압이 높을수록 코로나 발생이 작다.

(4) 코로나 방지대책
① 코로나 임계전압을 높게 하기 위하여 전선의 직경을 크게 한다(복도체, 중공 연선, ACSR 채용).
② 가선 금구류를 개량한다.

답 ①

46 중요도 ★★★ / 한국서부발전

1회 2회 3회

다음 중 송전 선로의 코로나 임계전압이 높아지는 경우가 아닌 것은?

① 상대 공기 밀도가 작다. ② 전선의 반지름과 선간 거리가 크다.
③ 날씨가 맑다. ④ 낡은 전선을 새 전선으로 교체했다.

해설 **코로나 임계전압**
(1) 코로나가 발생하기 시작하는 최저 한도전압
(2) 코로나 임계전압이 높을수록 코로나 발생이 작다.

$$E_0 = 24.3\, m_0 m_1 \delta d \log_{10}\frac{D}{r}\text{[kV]}$$

여기서, m_0 : 전선 표면계수(단선 1, ACSR 0.8), m_1 : 기상(날씨)계수(청명 1, 비 0.8)
δ : 상대 공기밀도$\left(\delta \propto \frac{\text{기압}}{\text{온도}}\right)$, d : 전선의 직경[m]

(3) 상대 공기밀도가 클수록, 날씨가 맑을수록, 전선의 직경이 클수록, 선간 거리가 클수록, 새로운 전선을 사용할수록 코로나 임계전압이 크고, 임계전압이 클수록 코로나 현상이 발생하지 않는다.

(4) 온도가 낮을수록, 기압이 높을수록 상대 공기밀도가 커지고, 상대 공기밀도가 클수록 코로나 임계전압이 높아진다.

답 ①

47 중요도 ★★ / 대구교통공사

1회 2회 3회

송전선의 코로나손에 대한 설명으로 틀린 것은?

① 상대 공기밀도에 반비례한다.
② 대지전압과 선간전압의 차의 제곱에 비례한다.
③ 주파수에 비례한다.
④ 등가 선간거리에 비례한다.

해설 **코로나 손실 발생(peek의 식)**

$$P_c = \frac{241}{\delta}(f+25)\sqrt{\frac{r}{D}}(E-E_0)^2 \times 10^{-5}[\text{kW/cm 1선당}]$$

여기서, δ : 상대 공기밀도$\left(\delta \propto \frac{\text{기압}}{\text{온도}}\right)$, E : 대지전압, E_0 : 코로나 임계전압

답 ④

48 중요도 ★★★ / 한국서부발전

1회 2회 3회

송전 선로에 코로나가 발생하였을 때 현상 중 틀린 것은?

① 계전기의 신호에 영향을 준다.
② 라디오 수신에 영향을 준다.
③ 전력선 반송에 영향을 준다.
④ 진행파의 파고값이 증가한다.

해설 **코로나 현상**

(1) 코로나 잡음에 의해 코로나 펄스가 발생하여 라디오, TV 등의 수신 장해와 송전선 보호용 장치에 잡음이 발생하여 계전기 신호에 영향을 준다.

(2) 전력선 반송장치(보안, 업무용 전화, 보호 계전방식, 원격측정 제어) 등에 전력선 반송파를 사용하는데, 코로나에 의한 고조파가 영향을 미친다.

(3) 진행파(surge)는 전압이 높기 때문에 항상 코로나를 발생시키면서 진행되는데, 코로나가 진행되면 진행파의 파고값을 감쇠시킨다.

답 ④

49 중요도 ★★★ / 2024 한국전력거래소 1회 2회 3회

송전선의 코로나 손실을 줄일 수 있는 방법으로 옳은 것은?

㉠ 전선의 지름을 크게 한다.
㉡ 복도체를 사용한다.
㉢ 코로나 임계전압을 낮게 한다.
㉣ 송전선의 절연을 강화한다.

① ㉠, ㉡ ② ㉠, ㉢ ③ ㉡, ㉣ ④ ㉢, ㉣

해설 **코로나 방지책 → 코로나 임계전압을 증가시키는 방법**

(1) 굵은 전선 사용 → 전선 지름 크게
① ACSR 전선 채용 → 연동선보다 도전율(61[%])이 낮아서 전선의 굵기 증가
② 중공 전선 사용
(2) 복도체 사용
① 복도체의 등가반경이 커지므로 코로나 임계전압을 높일 수 있다.
② 단도체만으로 반경을 증가시키는 것은 매우 비효율적이다.
(3) 매끈한 전선 표면 유지
(4) 가선 금구 개량 → 고전계의 집중 방지(특정 부위 전위경도 완만하게)
(5) 아킹혼, 아킹링 설치
현수애자의 전압 분포 집중이 다소 완화되어, 애자 금구류에서 발생할 수 있는 코로나 저감

면접시험에도 나와요!

답 ①

연가

50 중요도 ★★★ / 부산교통공사 1회 2회 3회

3상 3선식 송전선을 연가할 경우 일반적으로 전체 선로길이의 몇 배수로 등분해서 연가하는가?

① 5 ② 4 ③ 3 ④ 2

해설 **연가(전선위치 바꿈) 방법**

송전선로를 3등분하여 각 상의 위치를 긍장 30 ~ 50[km]마다 1번씩 위치를 바꿔준다.

답 ③

51 중요도 ★★★ / 한국가스공사

1회 2회 3회

연가를 하는 주된 목적은?

① 미관상 필요　　② 선로정수의 평형
③ 유도뢰의 방지　　④ 직격뢰의 방지

해설 **연가(전선위치 바꿈)의 필요성**

면접시험에도 나와요!

(1) 선로정수의 불평형 제거
3상 송전선로의 전선 배치는 대부분 비대칭이고 또 선로에 따라 지형이 다르기 때문에 각 상전선의 선로정수(특히 L, C)는 다르게 되어 송전단에서 대칭전압을 인가하더라도 수전단에서는 전압이 비대칭이 된다.

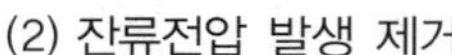

(2) 잔류전압 발생 제거
① 선로정수 C가 다르면 중성점 전위가 영(0)이 되지 않고 중성점에 잔류전압이 발생

$$E_n = \frac{\sqrt{C_a(C_a - C_b) + C_b(C_b - C_c) + C_c(C_c - C_a)}}{C_a + C_b + C_c} \times \frac{V}{\sqrt{3}}$$

② 소호 리액터 접지 계통에서는 직렬 공진의 원인
③ 중성점으로 흘러 전력 손실 발생, 인접 통신선 유도장해 발생

(3) 수전단 역률 저하 방지
저항 접지 계통에서는 각 상의 인덕턴스가 불평형이 되기 때문에 각 상의 전압 강하가 다르고 수전단에서는 3상 불평형이 되어 수전단측 역률 저하

답 ②

52 중요도 ★★★ / 한국수력원자력

1회 2회 3회

연가의 효과가 아닌 것은?

① 작용 정전용량의 감소　　② 통신선의 유도장해 감소
③ 각 상의 임피던스 평형　　④ 직렬 공진의 방지

해설 **연가(전선위치 바꿈)의 효과**

(1) 선로정수(L, C)의 평형 보기 ①
(2) 중성점 잔류전압 저감
(3) 인접 통신선 유도장해 방지 보기 ②
(4) 수전단 전압의 불평형 방지(파형 일그러짐 방지)
(5) 소호 리액터 접지계통에서 직렬 공진 방지 보기 ④
(6) Sheath(시스) 유기전압 저감(케이블 연가 시)

답 ③

03 송전특성

단거리 송전선로

53 중요도 ★★★ / 한국중부발전 1회 2회 3회

늦은 역률의 부하를 갖는 단거리 송전선로의 전압강하의 근사식은? (단, P는 3상 부하전력[kW], E는 선간전압[kV], R은 선로저항[Ω], X는 리액턴스[Ω], θ는 부하의 늦은 역률각이다.)

① $\dfrac{\sqrt{3}\,P}{E}(R+X\cdot\tan\theta)$
② $\dfrac{P}{\sqrt{3E}}(R+X\cdot\tan\theta)$
③ $\dfrac{P}{E}(R+X\cdot\tan\theta)$
④ $\dfrac{P}{\sqrt{3}\,E}(R\cdot\cos\theta+X\cdot\sin\theta)$

해설 (1) 송전단 전압

3상 $E_s=E_r+\sqrt{3}\,I(R\cdot\cos\theta+X\cdot\sin\theta)$[V]

(2) 전압강하 → 송전전압과 수전전압의 차

3상 $e=E_s-E_r=\sqrt{3}\,I(R\cdot\cos\theta+X\cdot\sin\theta)$[V]

(3) 전압강하

$$e=E_s-E_r=\sqrt{3}\,I(R\cdot\cos\theta+X\cdot\sin\theta)[\text{V}]\ \left(I=\frac{P}{\sqrt{3}\,E_r\cos\theta}\text{를 대입}\right)$$

$$=\sqrt{3}\frac{P}{\sqrt{3}\,E_r\cos\theta}(R\cdot\cos\theta+X\cdot\sin\theta)$$

$$=\frac{P}{E_r}\left(R\cdot\frac{\cos\theta}{\cos\theta}+X\cdot\frac{\sin\theta}{\cos\theta}\right)=\frac{P}{E_r}(R+X\cdot\tan\theta)[\text{V}]$$

답 ③

54 중요도 ★★★ / 지역난방공사 1회 2회 3회

역률 0.8, 출력 360[kW]인 3상 평형 유도 부하가 3상 배전 선로에 접속되어 있다. 부하단의 수전 전압이 6000[V], 배전선 1조의 저항 및 리액턴스가 각각 6[Ω], 4[Ω]이라고 하면 송전단 전압[V]은?

① 6120 ② 6277 ③ 6300 ④ 6540

해설 $V_s=V_r+\sqrt{3}\,I(R\cdot\cos\theta+X\cdot\sin\theta)$[V]

$$=6000+\sqrt{3}\times\frac{360\times10^3}{\sqrt{3}\times6000\times0.8}\times(6\times0.8+4\times0.6)=6540[\text{V}]$$

답 ④

55 중요도 ★★★ / 2024 한국서부발전 1회 2회 3회

송전단 전압 55[kV], 수전단 전압 50[kV]이고 송전 선로에서 수전단 부하를 끊는 경우 수전단 전압이 52.5[kV]가 되었을 때, 전압 강하율과 전압 변동률은? (단, 전압 강하율, 전압 변동률 순으로)

① 10[%], 5[%] ② 9.5[%], 4.7[%] ③ 5[%], 10[%] ④ 4.7[%], 9.5[%]

해설 (1) 전압 강하율(δ)

수전단 전압에 대한 전압강하의 백분율 비

$$\delta = \frac{e}{E_r} \times 100 = \frac{E_s - E_r}{E_r} \times 100[\%] = \frac{55000 - 50000}{50000} \times 100 = 10[\%]$$

(2) 전압 변동률(ε)

전부하 수전단 전압에 대한 무부하 시 수전단 전압의 백분율 비

$$\varepsilon = \frac{V_{r0} - V_r}{V_r} \times 100[\%] = \frac{52500 - 50000}{50000} \times 100 = 5[\%]$$

답 ①

56 중요도 ★★★ / 한국동서발전, 한국남동발전 1회 2회 3회

송전단 전압이 2600[V]이고, 전압 강하율이 30[%]인 송전 선로의 수전단 전압은 얼마[V]인가?

① 1000 ② 2000 ③ 3000
④ 4000 ⑤ 5000

해설 **전압 강하율(δ)**

수전단 전압에 대한 전압 강하의 백분율 비

$$\delta = \frac{e}{E_r} \times 100 = \frac{E_s - E_r}{E_r} \times 100[\%]$$

$$E_s = E_r(1+\delta) = E_r(1+0.3) = 2600[\text{V}]$$

$$\therefore E_r = 2000[\text{V}]$$

답 ②

57 중요도 ★★★ / 한전 KPS 1회 2회 3회

송전단 전압이 250[kV]이고 수전단 전압이 200[kV]인 송전 선로의 전압 변동률이 5[%]일 때, 수전단의 부하를 끊을 경우 수전단 전압[kV]은?

① 190.0 ② 210.0 ③ 237.5
④ 240.0 ⑤ 262.5

해설 **전압 변동률(ε)**

전부하 수전단 전압에 대한 무부하 시 수전단 전압의 백분율 비

$$\varepsilon = \frac{V_{r0} - V_r}{V_r} \times 100[\%]$$

$$5 = \frac{V_{r0} - 200}{200} \times 100$$

$$\therefore \ V_{r0} = 210[\text{kV}]$$

답 ②

58 중요도 ★★ / 한국수력원자력

1회 2회 3회

3상 3선식 송전선에서 한 선의 저항이 15[Ω], 리액턴스가 20[Ω]이고 수전단의 선간 전압은 60[kV], 부하 역률이 0.8인 경우 전압 강하율을 10[%]라 하면 몇 [kW]까지 수전할 수 있는가?

① 9000 ② 10000 ③ 12000 ④ 15000

해설 전압 강하율 $\varepsilon = \frac{P}{V^2}(R + X\tan\theta)$에서 $\varepsilon = 10[\%]$이므로

$$0.1 = \frac{P}{(60 \times 10^3)^2}\left(15 + 20 \times \frac{0.6}{0.8}\right)$$

$$\therefore \ P = \frac{0.1 \times (60 \times 10^3)^2}{15 + 20 \times \frac{0.6}{0.8}} \times 10^{-3} = 12000[\text{kW}]$$

답 ③

59 중요도 ★★ / 한국수력원자력, 지역난방공사

1회 2회 3회

종단에 V[V], P[kW], 역률 $\cos\theta$인 부하가 있는 3상 선로에서, 한 선의 저항이 R[Ω]인 선로의 전력 손실[kW]은?

① $\frac{R \times 10^6}{V^2\cos\theta}P^2$ ② $\frac{3R \times 10^3}{V^2\cos^2\theta P}$ ③ $\frac{\sqrt{3}\,R \times 10^3}{V^2\cos\theta}P^2$ ④ $\frac{R \times 10^3}{V^2\cos^2\theta}P^2$

해설 **전력 손실**

$P_l = 3I^2R$에서 $I = \frac{P}{\sqrt{3}\,V\cos\theta}$를 대입하면

$$P_l = 3 \times \left(\frac{P \times 10^3}{\sqrt{3}\,V\cos\theta}\right)^2 R = \frac{P^2R \times 10^6}{V^2\cos^2\theta}[\text{W}] = \frac{P^2R \times 10^3}{V^2\cos^2\theta}[\text{kW}]$$

답 ④

60 중요도 ★★ / 2024 한국서부발전 | 1회 | 2회 | 3회

역률이 0.8에서 0.9로 개선되었을 때 전력 손실은 몇 배가 되는가?

① 0.79 ② 0.86 ③ 0.98 ④ 1.21

해설 **전력 손실**

$$P_l = \frac{P^2 R}{V^2 \cos^2\theta}[\mathrm{W}] \propto \frac{1}{\cos^2\theta} = \frac{1}{\left(\frac{0.9}{0.8}\right)^2} = 0.79$$

∴ 약 0.79배

답 ①

61 중요도 ★★ / 한국도로공사 | 1회 | 2회 | 3회

154[kV] 송전 선로의 전압을 345[kV]로 승압하고 같은 손실률로 송전한다고 가정하면 송전 전력은 승압 전의 약 몇 배 정도 되겠는가?

① 2 ② 3 ③ 4 ④ 5

해설 송전 전력은 송전 전압과 $P \propto V^2$의 관계가 있으므로

$$\frac{P_2}{P_1} = \left(\frac{V_2}{V_1}\right)^2 = \left(\frac{345}{154}\right)^2 \fallingdotseq 5\text{배}$$

답 ④

62 중요도 ★★ / 한국수력원자력, 서울교통공사 | 1회 | 2회 | 3회

송전 선로의 전압을 2배로 승압할 경우 동일 조건에서 공급 전력을 동일하게 취급하면 선로 손실은 승압 전의 (㉠)배로 되고 선로 손실률을 동일하게 취하면 공급 전력은 승압 전의 (㉡)배로 된다.

① ㉠ $\frac{1}{4}$, ㉡ 4 ② ㉠ 4, ㉡ $\frac{1}{4}$ ③ ㉠ $\frac{1}{4}$, ㉡ 2 ④ ㉠ 4, ㉡ $\frac{1}{2}$

해설 공급 전력 $P \propto V^2$에 비례하고, 손실 전력 $P_l \propto \frac{1}{V^2}$에 반비례하므로

∴ 전력 손실 $P_l = \left(\frac{1}{2}\right)^2 = \frac{1}{4}$배

공급전력 $P = 2^2 = 4$배

답 ①

63 중요도 ★★★ / 2024 한국서부발전 1회 2회 3회

부하 전력 및 역률이 같은 조건에서 송전 전압을 2배로 높이면 전력 손실은 어떻게 되는가?

① $\frac{1}{2}$배가 된다.
② $\frac{1}{4}$배가 된다.
③ 2배가 된다.
④ 4배가 된다.

해설 **전압과 각 전기요소의 관계**

(1) 공급 전력 : $P \propto V^2$(공급 전력은 전압의 제곱에 비례)

(2) 전압 강하 : $e \propto \frac{1}{V}$(전압 강하는 전압에 반비례)

(3) 전압 강하율 : $\varepsilon \propto \frac{1}{V^2}$(전압 강하율은 전압의 제곱에 반비례)

(4) 전력 손실 : $P_l \propto \frac{1}{V^2}$(전력 손실은 전압의 제곱에 반비례)

(5) 전선 굵기 : $A \propto \frac{1}{V^2}$(전선의 굵기는 전압의 제곱에 반비례)

$P_l = \frac{P^2 R}{V^2 \cos^2\theta}$[W]에서 $P_l \propto \frac{1}{V^2}$이므로 전압이 2배로 상승하면 전력 손실은 $\frac{1}{4}$배가 된다.

답 ②

중거리 송전 선로

64 중요도 ★★ / 한국중부발전 1회 2회 3회

송전단 전압 · 전류를 각각 E_S · I_S 수전단의 전압 · 전류를 각각 E_R · I_R이라 하고 4단자 정수를 A, B, C, D라 할 때 다음 중 옳은 식은?

① $\begin{cases} E_S = AE_R + BI_R \\ I_S = CE_R + DI_R \end{cases}$
② $\begin{cases} E_S = CE_R + DI_R \\ I_S = AE_R + BI_R \end{cases}$
③ $\begin{cases} E_S = BE_R + AI_R \\ I_S = DE_R + CI_R \end{cases}$
④ $\begin{cases} E_S = DE_R + CI_R \\ I_S = BE_R + AI_R \end{cases}$

해설 **4단자 정수 A, B, C, D에서의 전압 · 전류 방정식**

$$\begin{bmatrix} E_S \\ I_S \end{bmatrix} = \begin{bmatrix} A & B \\ C & D \end{bmatrix} \begin{bmatrix} E_R \\ I_R \end{bmatrix} \rightarrow \begin{cases} E_S = AE_R + BI_R \\ I_S = CE_R + DI_R \end{cases}$$

송전단의 입력측 전압과 전류를 수전단 출력측 전압과 전류의 4단자 정수 곱으로 해석한다.

입력 = 4단자 정수 × 출력

(1) $A = \left. \frac{E_S}{E_R} \right|_{I_R = 0}$: 출력 단자 개방 시 전압 이득(출력 전압에 대한 입력 전압의 비)

(2) $B=\left.\dfrac{E_S}{I_R}\right|_{E_R=0}$: 출력 단자 단락 시 전달 임피던스

(3) $C=\left.\dfrac{I_S}{E_R}\right|_{I_R=0}$: 출력 단자 개방 시 전달 어드미턴스

(4) $D=\left.\dfrac{I_S}{I_R}\right|_{E_R=0}$: 출력 단자 단락 시 전류 이득(출력 전류에 대한 입력 전류의 비)

답 ①

65 중요도 ★★ / 한전 KPS

1회 2회 3회

송전 선로의 4단자 정수 $A=0.8$, $C=j20$, $D=0.5$일 때 B의 값은?

① $-j8$ ② $-j$ ③ $-j0.03$
④ $j0.03$ ⑤ j

해설 $AD-BC=1$이므로

$$B=\frac{AD-1}{C}=\frac{0.8\times0.5-1}{j20}=j0.03$$

답 ④

66 중요도 ★★ / 한국가스공사

1회 2회 3회

그림과 같이 회로 정수 A, B, C, D인 송전 선로에 변압기 임피던스 Z_r을 수전단에 접속했을 때 변압기 임피던스 Z_r을 포함한 새로운 회로 정수 D_0는? (단, 그림에서 E_S, I_S는 송전단 전압 · 전류이고 E_R, I_R은 수전단의 전압 · 전류이다.)

A B C D Z_r I_S E_S I_R E_R

① $B+AZ_r$ ② $B+CZ_r$ ③ $D+AZ_r$ ④ $D+CZ_r$

해설 4단자 정수

$$\begin{bmatrix}A_0 & B_0\\ C_0 & D_0\end{bmatrix}=\begin{bmatrix}A & B\\ C & D\end{bmatrix}\begin{bmatrix}1 & Z_r\\ 0 & 1\end{bmatrix}=\begin{bmatrix}A & AZ_r+B\\ C & CZ_r+D\end{bmatrix}$$

$\therefore D_0=D+CZ_r$

답 ④

67 중요도 ★★ / 한국중부발전 | 1회 | 2회 | 3회

4단자망의 파라미터 정수에 관한 서술 중 잘못된 것은?

① A, B, C, D 파라미터 중 A 및 D는 차원(dimension)이 없다.
② h 파라미터 중 h_{12} 및 h_{21}은 차원이 없다.
③ A, B, C, D 파라미터 중 B는 어드미턴스, C는 임피던스 차원을 갖는다.
④ h 파라미터 중 h_{11}은 임피던스, h_{22}는 어드미턴스의 차원을 갖는다.

해설 (1) 하이브리드 파라미터
2포트 회로망에서 표현 가능한 단자 방정식 형태 중 하나이다.

I_1, I_2, V_1, V_2

$$\begin{bmatrix} V_1 \\ I_2 \end{bmatrix} = \begin{bmatrix} h_{11} & h_{12} \\ h_{21} & h_{22} \end{bmatrix} \begin{bmatrix} I_1 \\ V_2 \end{bmatrix}$$

① $h_{11} = \left.\dfrac{V_1}{I_1}\right|_{V_2=0}$: 출력 단락 시 입력 임피던스[Ω] 보기 ④

② $h_{12} = \left.\dfrac{V_1}{V_2}\right|_{I_1=0}$: 입력 개방 시 전압 이득(귀환율)[단위 없음] 보기 ②

③ $h_{21} = \left.\dfrac{I_2}{I_1}\right|_{V_2=0}$: 출력 단락 시 순방향 전류 이득[단위 없음] 보기 ②

④ $h_{22} = \left.\dfrac{I_2}{V_2}\right|_{I_1=0}$: 입력 개방 시 출력 어드미턴스[1/Ω] = [S] 보기 ④

(2) A, B, C, D 파라미터

① $A = \left.\dfrac{V_1}{V_2}\right|_{I_2=0}$: 출력 단자 개방 시 전압 이득[단위 없음] 보기 ①

② $B = \left.\dfrac{V_1}{I_2}\right|_{V_2=0}$: 출력 단자 단락 시 전달 임피던스[Ω] 보기 ③

③ $C = \left.\dfrac{I_1}{V_2}\right|_{I_2=0}$: 출력 단자 개방 시 전달 어드미턴스[1/Ω] = [S] 보기 ③

④ $D = \left.\dfrac{I_1}{I_2}\right|_{V_2=0}$: 출력 단자 단락 시 전류 이득[단위 없음] 보기 ①

(3) A, B, C, D 파라미터의 B는 임피던스, C는 어드미턴스이다.

답 ③

Ⅱ 02. 전력공학

68 중요도 ★★★ / 2024 서울교통공사 1회 2회 3회

일반 회로정수가 A, B, C, D이고 송전단 상전압이 E_s인 경우 무부하 시의 충전 전류는?

① $I_s = \frac{A}{C}E_s$　② $I_s = \frac{A}{B}E_s$　③ $I_s = \frac{C}{A}E_s$

④ $I_s = \frac{B}{A}E_s$　⑤ $I_s = CE_s$

해설 $E_s = AE_R + BI_R$에서 무부하$(I_R = 0)$이므로 $E_s = AE_R$

$\therefore\ E_R = \frac{E_s}{A}$

$I_s = CE_R + DI_R$에서 무부하$(I_R = 0)$이므로 $I_s = CE_R = \frac{C}{A}E_s$

답 ③

69 중요도 ★★★ / 한국수력원자력 1회 2회 3회

중거리 송전 선로의 T형 회로에서 송전단 전류 I_s는? (단, Z, Y는 선로의 직렬 임피던스와 병렬 어드미턴스이고, E_r은 수전단 전압, I_r은 수전단 전류이다.)

① $I_r\left(1+\frac{ZY}{2}\right)+E_rY$　② $E_r\left(1+\frac{ZY}{2}\right)+ZI_r\left(1+\frac{ZY}{4}\right)$

③ $E_r\left(1+\frac{ZY}{2}\right)+ZI_r$　④ $I_r\left(1+\frac{ZY}{2}\right)+E_rY\left(1+\frac{ZY}{4}\right)$

해설 **T형 회로**

정전용량(어드미턴스 Y)을 선로의 중앙에 집중시키고, 임피던스 Z를 2등분한 등가 회로

$$\begin{bmatrix} A & B \\ C & D \end{bmatrix} = \begin{bmatrix} 1 & \frac{Z}{2} \\ 0 & 1 \end{bmatrix}\begin{bmatrix} 1 & 0 \\ Y & 1 \end{bmatrix}\begin{bmatrix} 1 & \frac{Z}{2} \\ 0 & 1 \end{bmatrix} = \begin{bmatrix} 1+\frac{ZY}{2} & Z\left(1+\frac{ZY}{4}\right) \\ Y & 1+\frac{ZY}{2} \end{bmatrix}$$

$E_s = AE_r + BI_r$

$I_s = CE_r + DI_r$

(1) 송전단 전압 $E_s = \left(1+\frac{ZY}{2}\right)E_r + Z\left(1+\frac{ZY}{4}\right)I_r$

(2) 송전단 전류 $I_s = YE_r + \left(1+\frac{ZY}{2}\right)I_r$

답 ①

70 중요도 ★★★ / 한국수력원자력

1회 2회 3회

중거리 송전 선로의 π형 회로에서 송전단 전류 I_s는? (단, Z, Y는 선로의 직렬 임피던스와 병렬 어드미턴스이고, E_r은 수전단 전압, I_r은 수전단 전류이다.)

① $\left(1+\frac{ZY}{2}\right)E_r + ZI_r$
② $\left(1+\frac{ZY}{2}\right)E_r + Z\left(1+\frac{ZY}{4}\right)I_r$
③ $\left(1+\frac{ZY}{2}\right)I_r + ZE_r$
④ $\left(1+\frac{ZY}{2}\right)I_r + Y\left(1+\frac{ZY}{4}\right)E_r$

해설 **π형 회로**

- 임피던스 Z를 전부 송전 선로의 중앙에 집중
- 어드미턴스 Y는 2등분해서 선로 양단에 나누어 준 등가 회로

$$\begin{bmatrix} A & B \\ C & D \end{bmatrix} = \begin{bmatrix} 1 & 0 \\ \frac{Y}{2} & 1 \end{bmatrix}\begin{bmatrix} 1 & Z \\ 0 & 1 \end{bmatrix}\begin{bmatrix} 1 & 0 \\ \frac{Y}{2} & 1 \end{bmatrix} = \begin{bmatrix} 1+\frac{ZY}{2} & Z \\ Y\left(1+\frac{ZY}{4}\right) & 1+\frac{ZY}{2} \end{bmatrix}$$

$E_s = AE_r + BI_r$

$I_s = CE_r + DI_r$

(1) 송전단 전압 $E_s = \left(1+\frac{ZY}{2}\right)E_r + ZI_r$

(2) 송전단 전류 $I_s = Y\left(1+\frac{ZY}{4}\right)E_r + \left(1+\frac{ZY}{2}\right)I_r$

답 ④

장거리 송전 선로

71 중요도 ★★ / 한국수력원자력

1회 2회 3회

장거리 송전 선로의 특성은 무슨 회로로 다루는 것이 가장 좋은가?

① 특성 임피던스 회로
② 집중 정수회로
③ 분포 정수회로
④ 분산 부하회로

해설 선로정수 R, L, C, G 모두를 고려한 분포 정수회로를 통하여 특성 임피던스와 전파정수로 해석한다.

 ③

72 중요도 ★★ / 한국동서발전

1회 2회 3회

송전 선로의 특성 임피던스와 전파정수는 무슨 시험에 의해서 구할 수 있는가?

① 무부하시험과 단락시험　② 부하시험과 단락시험
③ 부하시험과 충전시험　④ 충전시험과 단락시험

해설

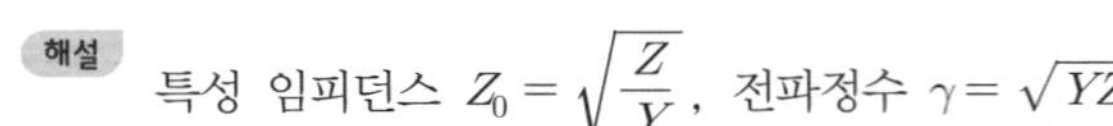

특성 임피던스 $Z_0 = \sqrt{\dfrac{Z}{Y}}$, 전파정수 $\gamma = \sqrt{YZ}$

무부하시험을 통해서 어드미턴스 Y를, 단락시험을 통해서 Z를 구하여 특성 임피던스와 전파정수를 구할 수 있다.

답 ①

73 중요도 ★★ / 서울교통공사

1회 2회 3회

선로의 단위길이의 분포 인덕턴스, 저항, 정전용량, 누설 컨덕턴스를 각각 L, r, C 및 g로 할 때 특성 임피던스[Ω]는?

① $(r+j\omega L)(g+j\omega C)$　② $\sqrt{(r+j\omega L)(g+j\omega C)}$
③ $\sqrt{\dfrac{r+j\omega L}{g+j\omega C}}$　④ $\sqrt{\dfrac{g+j\omega C}{r+j\omega L}}$

해설

(1) 특성 임피던스 $Z_0 = \sqrt{\dfrac{Z}{Y}} = \sqrt{\dfrac{r+j\omega L}{g+j\omega C}} = \sqrt{\dfrac{L}{C}}\,[\Omega]$

(2) 전파정수 $\gamma = \sqrt{ZY} = \sqrt{(r+j\omega L)(g+j\omega C)}$

(3) 전파속도 $v = \dfrac{\lambda}{T} = f\lambda = \dfrac{\omega}{\beta} = \dfrac{1}{\sqrt{LC}}\,[\mathrm{m/s}]$

답 ③

74 중요도 ★★ / 부산교통공사

1회 2회 3회

전송 선로에서 무손실일 때, $L=96$[mH], $C=0.6$[μF]이면 특성 임피던스[Ω]는?

① 500　② 400　③ 300　④ 200

해설 **특성 임피던스**

$$Z_0 = \sqrt{\frac{Z}{Y}} = \sqrt{\frac{r+j\omega L}{g+j\omega C}} = \sqrt{\frac{L}{C}}\,[\Omega]\ (\text{무손실 선로 } r=0,\ g=0)$$

$$= \sqrt{\frac{96\times10^{-3}}{0.6\times10^{-6}}} = 400\,[\Omega]$$

답 ②

75 중요도 ★★ / 2024 서울교통공사

1회 2회 3회

송전 수전단을 단락하고 송전단에서 본 임피던스는 100[Ω]이고 수전단을 개방한 경우에는 400[Ω]일 때, 이 선로의 특성 임피던스는 몇 [Ω]인가?

① 0.005 ② 0.5 ③ 2
④ 20 ⑤ 200

해설 특성 임피던스

$$Z_0 = \sqrt{\frac{Z_s}{Y_f}} = \sqrt{Z_s Z_f} = \sqrt{100 \times 400} = 200[\Omega]$$

답 ⑤

76 중요도 ★★ / 한국도로공사

1회 2회 3회

파동 임피던스가 500[Ω]인 가공 송전선 1[km]당의 인덕턴스 L과 정전용량 C는?

① $L=1.67$[mH/km], $C=0.0067$[μF/km] ② $L=2.12$[mH/km], $C=0.0067$[μF/km]
③ $L=1.67$[mH/km], $C=0.167$[μF/km] ④ $L=2.12$[mH/km], $C=0.167$[μF/km]

해설 파동 임피던스

$Z=\sqrt{\frac{L}{C}}=138\log_{10}\frac{D}{r}=500[\Omega]$에서 $\log_{10}\frac{D}{r}=\frac{500}{138}$

$$L=0.05+0.4605\log_{10}\frac{D}{r} \fallingdotseq 0.4605\times\frac{500}{138}=1.67[\text{mH/km}]$$

$$C=\frac{0.02413}{\log_{10}\frac{D}{r}}=\frac{0.02413}{\frac{500}{138}}=0.0067[\mu\text{F/km}]$$

답 ①

77 중요도 ★★ / 한국중부발전

1회 2회 3회

송전 선로의 특성 임피던스를 $\dot{Z}_0$[Ω], 전파정수를 $\dot{\alpha}$라 할 때, 이 선로의 직렬 임피던스는 어떻게 표현되는가?

① $\dot{Z}_0 \cdot \dot{\alpha}$ ② $\frac{\dot{Z}_0}{\dot{\alpha}}$ ③ $\frac{\dot{\alpha}}{\dot{Z}_0}$ ④ $\frac{1}{\dot{Z}_0\dot{\alpha}}$

해설

특성 임피던스 $\dot{Z}_0=\sqrt{\frac{Z}{Y}}$, 전파정수 $\dot{\alpha}=\sqrt{ZY}$

$$\therefore \dot{Z}_0 \cdot \dot{\alpha} = \sqrt{\frac{Z}{Y} \cdot ZY} = Z$$

답 ①

78 중요도 ★★ / 지역난방공사, 한국수력원자력

1회 2회 3회

다음 분포 정수 전송 회로에 대한 서술에서 옳은 것은?

① $R=G=0$인 회로를 무왜 회로라 한다.

② $\dfrac{R}{L}=\dfrac{G}{C}$인 회로를 무손실 회로라 한다.

③ 무손실 회로, 무왜 회로의 감쇠 정수는 $\sqrt{RG}$이다.

④ 무손실 회로, 무왜 회로에서의 위상 속도는 $\dfrac{1}{\sqrt{LC}}$이다.

해설 (1) 무손실 전송

① 손실이 없는 전송으로, 전압과 전류가 항상 일정한 회로

② 무손실 전송 조건 : $R=G=0$(감쇠 정수 $\alpha=0$) 보기 ①, ③

③ 특성 임피던스 $Z_0=\sqrt{\dfrac{L}{C}}$, 전파 정수 $\gamma=j\beta=j\omega\sqrt{LC}$, 전파 속도 $v=\dfrac{1}{\sqrt{LC}}$[m/s] 보기 ④

(2) 무왜곡(형) 전송

① 송신측에서 보낸 정현파 입력이 수전단에 일그러짐없이 도달되는 회로

② 무왜곡 전송 조건 : $LG=RC$(전파 정수, 특성 임피던스, 전파 속도가 모두 주파수에 무관) 보기 ②

③ 특성 임피던스 $Z_0=\sqrt{\dfrac{L}{C}}$, 전파 정수 $\gamma=\sqrt{RG}+j\omega\sqrt{LC}$, 전파 속도 $v=\dfrac{1}{\sqrt{LC}}$[m/s] 보기 ④

답 ④

79 중요도 ★★ / 한국남부발전

1회 2회 3회

분포 정수 회로에서 무왜형 조건이 성립하면 어떻게 되는가?

① 감쇠량이 최소로 된다.

② 감쇠량은 주파수에 비례한다.

③ 전파 속도가 최대로 된다.

④ 위상 정수는 주파수에 무관하여 일정하다.

해설 무왜곡(형) 전송

(1) 송신측에서 보낸 정현파 입력이 수전단에 일그러짐없이 도달되는 회로

(2) 무왜곡 전송 조건

$LG=RC$ (전파 정수, 특성 임피던스, 전파 속도가 모두 주파수에 무관)

(3) 특성 임피던스 $Z_0=\sqrt{\dfrac{L}{C}}$, 전파정수 $\gamma=\sqrt{RG}+j\omega\sqrt{LC}$, 전파 속도 $v=\dfrac{1}{\sqrt{LC}}$[m/s]

답 ④

80 중요도 ★★ / 인천교통공사 1회 2회 3회

무손실 분포 정수 선로에 대한 설명 중 옳지 않은 것은?

① 전파 정수 γ는 $j\omega\sqrt{LC}$이다.
② 진행파의 전파 속도는 $\sqrt{LC}$이다.
③ 특성 임피던스는 $\sqrt{\dfrac{L}{C}}$이다.
④ 파장은 $\dfrac{1}{f\sqrt{LC}}$이다.

해설 **무손실 전송**

(1) 손실이 없는 전송, 전압과 전류가 항상 일정한 회로

(2) 무손실 전송 조건

$R=G=0$ (감쇠 정수 $\alpha=0$)

(3) 특성 임피던스 $Z_0=\sqrt{\dfrac{L}{C}}$, 전파 정수 $\gamma=j\beta=j\omega\sqrt{LC}$, 전파 속도 $v=\dfrac{1}{\sqrt{LC}}$[m/s]

답 ②

81 중요도 ★★ / 2024 한국전력공사 1회 2회 3회

무손실 선로에 대하여 감쇠 정수에서 위상 정수를 나눈 값은?

① 0
② 1
③ $\sqrt{RG}$
④ $\dfrac{1}{\sqrt{LC}}$
⑤ ∞

해설 무손실 선로 $\alpha=0$, $\beta=\omega\sqrt{LC}$이므로 영(0)이다.

답 ①

전력 원선도

82 중요도 ★★★ / 한국수력원자력 1회 2회 3회

다음은 전력 원선도에 대한 설명이다. 맞지 않는 것은?

① 전력 원선도의 가로축과 세로축은 유효전력과 무효전력을 나타낸다.
② 임의의 상차각에서 운전할 때의 송·수전단 전력을 알 수 있다.
③ 송·수전 양단의 전압을 E_s, E_r라 하고 4단자 정수를 A, B, C, D라 할 때 전력 원선도의 반지름은 $\rho=\dfrac{E_sE_r}{A}$로 나타낸다.
④ 전력 원선도에서 최대 전력, 조상용량, 수전단의 역률을 알 수 있다.

해설 (1) 전력 원선도의 가로축과 세로축 보기 ①

① 가로축 : 유효전력(P)

② 세로축 : 무효전력(Q)

(2) 전력 원선도의 반지름

① $\rho = \dfrac{E_s E_r}{B}$ (B : 4단자 정수의 임피던스) 보기 ③

② 송·수전단 전압의 크기, 선로 임피던스의 크기로 결정

(3) 전력 원선도 작성 시 필요한 값

① 송전단 전압(E_s)

② 수전단 전압(E_r)

③ 선로에 대한 회로정수(A, B, C, D)

(4) 전력 원선도에서 알 수 있는 것 보기 ②, ④

① 송전단 유효전력, 무효전력, 피상전력

② 수전단 유효전력, 무효전력, 피상전력

③ 최대 수전전력(P_m)

④ 선로 손실(P_l), 송전 효율[%]

⑤ 필요한 전력을 보내기 위한 송·수전단 전압 간의 상차각(δ)

⑥ 조상 설비용량(무효전력 개선)

⑦ 조상용량으로 조정된 후 수전단의 역률

(5) 전력 원선도로 알 수 없는 것

코로나 손실, 정태안정 극한전력(최대 전력)

(6) 운전점이 원선도의 원주상 윗부분에 있을 경우 진상 무효전력이 필요, 운전점이 원선도의 원주상 아랫부분에 있을 경우 지상 무효전력이 필요

답 ③

83 중요도 ★★ / 한국남부발전

1회 2회 3회

전력 원선도에서 구할 수 없는 것은 어느 것인가?

① 조상용량　　② 송전손실

③ 정태안정 극한전력　　④ 과도안정 극한전력

해설 **전력 원선도로 알 수 없는 것**

코로나 손실, 정태안정 극한전력

답 ③

84 중요도 ★★ / 2024 한국수자원공사 1회 2회 3회

수전단의 전력원 방정식이 $P^2+(1200+Q)^2=1690000$으로 표현되는 전력계통에서 조상설비 없이 전압을 일정하게 유지하면서 공급할 수 있는 부하전력은? (단, 부하는 무유도성이다.)

① 300 ② 400 ③ 500 ④ 800

해설 $P^2+(1200+Q)^2=1690000$에서 조상설비가 없으므로 $Q=0$이다.

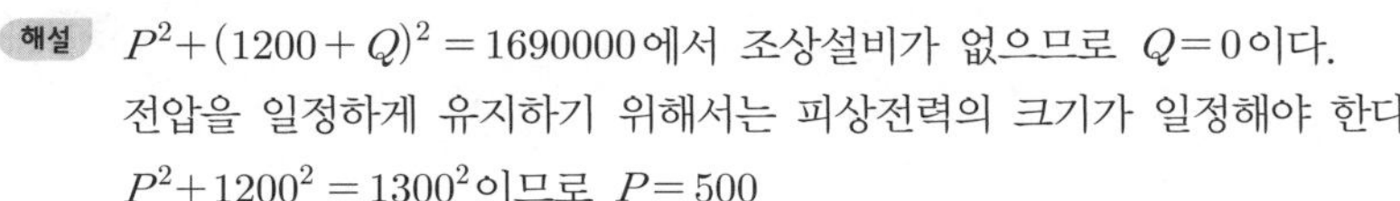

전압을 일정하게 유지하기 위해서는 피상전력의 크기가 일정해야 한다.

$P^2+1200^2=1300^2$이므로 $P=500$

답 ③

85 중요도 ★★ / 지역난방공사 1회 2회 3회

길이 100[km], 송전단 전압 154[kV], 수전단 전압 140[kV]의 3상 3선식 정전압 송전선이 있다. 선로정수는 저항 0.315[Ω/km], 리액턴스 1.035[Ω/km]이고, 기타는 무시한다. 수전단 3상 전력 원선도의 반지름([MVA] 단위도)은 얼마인가?

① 200 ② 300 ③ 450 ④ 600

해설 $B=Z=\sqrt{0.315^2+1.035^2}=1.082\,[\Omega/\text{km}]$

$=1.082\times 100=108.2\,[\Omega]$

전력 원선도의 반지름 $\rho=\dfrac{E_sE_r}{B}=\dfrac{140\times 154}{108.2}=199.26 \fallingdotseq 200\,[\text{MVA}]$

답 ①

86 중요도 ★★★ / 2024 한국중부발전 1회 2회 3회

직렬 콘덴서를 선로에 삽입할 때의 이점이 아닌 것은?

① 선로의 인덕턴스를 보상한다. ② 수전단의 전압 강하를 줄인다.
③ 정태 안정도를 증가한다. ④ 송전단의 역률을 개선한다.

해설 **직렬 콘덴서의 장단점**

(1) 장점

① 유도 리액턴스를 보상하고 전압 강하를 감소시킨다. 보기 ①
② 수전단의 전압 변동률을 경감시킨다. 보기 ②
③ 최대 송전 전력이 증대하고 정태 안정도가 증대한다. 보기 ③
④ 부하 역률이 나쁠수록 효과가 크다.
⑤ 용량이 작으므로 설비비가 저렴하다.

(2) 단점

① 단락 고장 시 콘덴서 양단에 고전압이 걸린다.
② 무부하 변압기에 직렬 콘덴서를 투입하는 경우 선로 전류가 증대한다.
③ 고압 배전선에 설치하는 경우 자기 여자 현상이 일어날 경우가 있다.
④ 과보상이 되면 동기기에 난조가 생기거나 탈조하는 수가 있다.

(3) 역률 개선 시 콘덴서는 병렬로 삽입한다. 보기 ④

답 ④

87 중요도 ★★★ / 서울교통공사

1회 2회 3회

동기 조상기 A와 전력용 콘덴서 B를 비교한 것으로 옳은 것은?

① 조정 : A는 계단적, B는 연속적
② 전력 손실 : A가 B보다 작음
③ 무효 전력 : A는 진상·지상 양용, B는 진상용
④ 시송전 : A는 불가능, B는 가능

해설 **동기 조상기(A)와 전력용 콘덴서(B) 분로 리액터의 비교**

구분	동기 조상기(무효전력 보상장치)	전력용 콘덴서	분로 리액터
무효 전력	지상, 진상	진상	지상
조정 형태	연속적	불연속적(계단적)	불연속적(계단적)
전압 유지 능력	큼	작음	작음
전력 손실	큼	작음	작음
시충전	가능	불가능	불가능

답 ③

88 중요도 ★★★ / 2024 한국전력거래소

1회 2회 3회

전력 계통에서 전압을 조정하는 보편적인 방법은 동기 조상기나 전력용 콘덴서를 이용하여 계통의 (   )를 조정하는 것이다. 빈칸에 알맞은 단어는?

① 위상 ② 주파수 ③ 유효 전력 ④ 무효 전력

해설 **조상설비**

송전선을 일정한 전압으로 운전하기 위하여 필요한 무효 전력을 공급하는 장치로, 종류로는 동기 조상기, 전력용 콘덴서, 분로 리액터가 있다.

답 ④

89 중요도 ★★★ / 서울교통공사, 부산교통공사 1회 2회 3회

전력용 콘덴서 회로에 방전 코일을 설치하는 주목적은?

① 합성 역률의 개선
② 전원 개방 시 잔류 전하를 방전시켜 인체의 위험 방지
③ 콘덴서의 등가 용량 증대
④ 전압의 개선

해설 **방전 코일(Discharge Coil ; DC)**
(1) 콘덴서에 축적되는 잔류 전하를 방전하여 인체 감전 사고 예방
(2) 전압 재투입 시 콘덴서에 걸리는 과전압 방지
(3) 콘덴서를 변압기, 전동기에 직결 시 방전 코일 불필요(기기 권선을 통해 잔류 전하 방전)
(4) 저압
방전시간 – 개방 후 3분 이내, 잔류전압 75[V] 이하로 저감
(5) 고압
방전시간 – 개방 후 5초 이내, 잔류전압 50[V] 이하로 저감

답 ②

90 중요도 ★★★ / 한국수력원자력, 한국가스공사 1회 2회 3회

주변압기 등에서 발생하는 제5고조파를 줄이는 방법은?

① 콘덴서에 직렬 리액터 삽입
② 변압기 2차측에 분로 리액터 연결
③ 모선에 방전 코일 연결
④ 모선에 공심 리액터 연결

해설 **직렬 리액터(Series Reactor ; SR)**
(1) 제5고조파로부터 전력용 콘덴서 보호 및 파형 개선
(2) 설치 목적
① 전원측으로 고조파 확대 억제
② 투입 시 돌입 전류 저감
③ 콘덴서의 과열 소손 방지
④ 파형 개선

답 ①

송전 선로의 이상 현상

91 중요도 ★★★ / 한국중부발전 1회 2회 3회

발전기 단자에 장거리 선로가 연결되어 있을 때, 무부하 시 선로의 충전 전류에 의해 단자 전압이 상승하여 절연이 파괴되는 현상은?

① 섬락 현상 ② 페란티 현상 ③ 코로나 현상 ④ 자기여자 현상

해설 (1) 자기여자 현상

발전기 단자에 장거리 선로가 연결되어 있을 때, 무부하 시 선로의 충전 전류에 의해 단자전압이 상승하여 절연이 파괴되는 현상

(2) 섬락 현상

송·배전선의 애자 등 절연물을 끼워 놓은 두 도체 간의 전압이 어떤 전압 이상이 되었을 때 절연물 표면에 있는 공기를 통해 아크 방전이 일어나 이것이 지속되는 현상

(3) 페란티 현상

송전 선로에서 부하가 매우 작은 경우, 특히 무부하인 경우에는 충전 전류의 영향이 증대되어 전류는 진상 전류가 되고 수전단 전압은 송전단 전압보다 높아지는 현상

(4) 코로나 현상

전계가 균일성을 잃어 전위의 경도가 큰 주변에 전리가 강하게 일어나는 결과 여기에 전류가 집중하여 공간 전하 효과를 증가하여 그 부분만이 발광하는 현상

답 ④

92 중요도 ★★★ / 대구교통공사, 서울교통공사 1회 2회 3회

수전단 전압이 송전단 전압보다 높아지는 현상을 무슨 효과라 하는가?

① 페란티 효과 ② 표피 효과 ③ 근접 효과 ④ 도플러 효과

해설 **페란티 현상**

(1) 심야의 무부하 시 또는 경부하 시 수전단 전압(E_r)이 송전단 전압(E_s)보다 높아지는 현상

(2) 단위길이당 정전 용량이 클수록, 선로의 길이가 길수록 페란티 현상이 커진다.

(3) 방지 대책

① 분로 리액터(Sh.R)를 투입한다.

② 동기 조상기의 부족 여자 운전을 실시한다.

③ 선로 전류를 지상이 되도록 한다.

답 ①

93 중요도 ★★★ / 한국수력원자력 1회 2회 3회

다음 중 페란티(Ferranti) 현상에 대한 설명으로 옳지 않은 것은?

① 송전 선로의 긍장이 길수록 더욱 현저하게 나타나는 경향이 있다.
② 송전 선로의 페란티 현상을 방지하는 데는 직렬 콘덴서가 효과적이다.
③ 수전단 전압이 송전단 전압보다 높아지는 현상이다.
④ 선로의 정전용량으로 인하여 경부하 시에 발생한다.

해설 (1) 페란티 현상은 단위길이당 정전용량이 클수록, 선로의 길이가 길수록 커진다. 또한, 무부하 또는 경부하 시 그 현상이 커진다.
(2) 페란티 현상은 송전 선로의 대지 정전용량에 의해 진상(충전) 전류에 의해 발생하므로 페란티 현상을 방지하기 위해서는 분로 리액터를 통해 지상 무효 전력을 공급한다.

답 ②

94 중요도 ★★★ / 2024 한국동서발전 1회 2회 3회

다음에서 설명하는 현상을 바르게 나타낸 것을 고르시오.

㉠ 진상 충전 전류의 영향으로 수전단 전압이 송전단 전압보다 높아지는 현상
㉡ 도체에 흐르는 전류 크기 및 방향에 따라서, 각 도체의 단면에 흐르는 전류 밀도 분포가 변화하는 현상

① ㉠ 페란티 현상, ㉡ 근접 효과
② ㉠ 페란티 현상, ㉡ 표피 효과
③ ㉠ 도플러 현상, ㉡ 근접 효과
④ ㉠ 도플러 현상, ㉡ 표피 효과

해설 (1) 근접 효과(proximity effect)
① 근접된 두 도체 간에 전류가 흐를 때 그 전류 방향이 상호 반대 방향이면 접근측에, 동일 방향이면 접근 반대측에 전류 밀도가 몰릴 때 전류가 흐르는 유효 면적이 감소되어 전송 손실이 증가되는 것
② 사용 주파수가 높아지면 높아질수록 증가
③ 양 도체 간에 간격이 좁으면 좁을수록 증가
④ 양 도체 간에 근접 면적이 크면 클수록 근접 효과는 더 심해짐

(2) 근접 효과 경감 대책
① 사용 주파수를 낮출 것
② 절연 전선을 사용할 것
③ 양 도체 간의 간격을 넓힐 것
④ 양 도체 간의 단면적을 작게 할 것

답 ①

95 중요도 ★★★ / 2024 한국전력거래소

1회 2회 3회

페란티 현상을 제거하는 리액터를 (A) 리액터, 지락 전류를 제거하는 리액터를 (B) 리액터라 한다. (A)와 (B)에 들어갈 단어로 옳은 것은?

① (A) 분로 리액터, (B) 한류 리액터
② (A) 분로 리액터, (B) 소호 리액터
③ (A) 직렬 리액터, (B) 한류 리액터
④ (A) 직렬 리액터, (B) 소호 리액터

해설 **리액터의 종류**

면접시험에도 나와요!

(1) 분로(병렬) 리액터
　① 페란티 현상의 방지
　② 계통과 병렬로 연결하여 지상 전력을 공급하는 장치로서, 페란티 현상을 방지
(2) 직렬 리액터
　① 제5고조파 제거
　② 계통과 직렬로 연결하여 제5고조파 전류를 제거함
(3) 한류 리액터
　① 단락 전류의 제한
　② 단락 사고 시 단락 전류를 제한
(4) 소호 리액터
　① 지락 전류의 제한
　② 지락 고장 시 병렬 공진을 이용하여 지락 전류 억제

답 ②

송전용량

96 중요도 ★★ / 지역난방공사

1회 2회 3회

송전 선로의 송전 용량 결정과 관계가 먼 것은?

① 송・수전단 전압의 상차각
② 조상기 용량
③ 송전 효율
④ 송전선의 충전 전류

해설 **송전 용량의 결정 요인**

(1) 송・수전단 전압의 상차각 보기 ①
(2) 송전 효율 보기 ③
(3) 조상기(무효전력 보상장치) 용량 보기 ②
(4) 송전 전압 및 송전 거리
(5) 송・수전단의 리액턴스
(6) 특성 임피던스

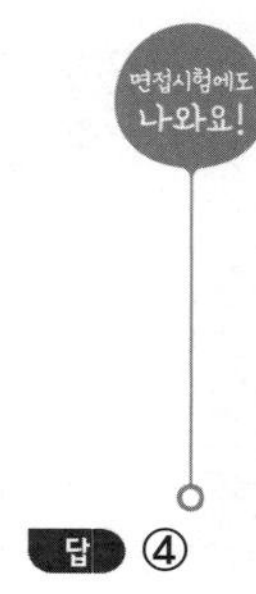

답 ④

97 중요도 ★★ / 한국수력원자력 | 1회 | 2회 | 3회

송전 선로의 송전 용량을 결정할 때 송전 용량 계수법에 의한 수전 전력을 나타낸 식은?

① 수전 전력 $= \dfrac{\text{송전 용량 계수} \times (\text{수전단 선간 전압})^2}{\text{송전 거리}}$

② 수전 전력 $= \dfrac{\text{송전 용량 계수} \times \text{수전단 선간 전압}}{\text{송전 거리}}$

③ 수전 전력 $= \dfrac{\text{송전 용량 계수} \times (\text{송전 거리})^2}{\text{수전단 선간 전압}}$

④ 수전 전력 $= \dfrac{\text{송전 용량 계수} \times (\text{수전단 전류})^2}{\text{송전 거리}}$

해설 송전 용량 $P = K\dfrac{V^2}{l}$ [kW]

여기서, K : 용량 계수, V : 송전 전압, l : 송전 거리

답 ①

98 중요도 ★★★ / 2024 서울교통공사 | 1회 | 2회 | 3회

송전단 전압 100[kV], 수전단 전압 80[kV], 리액턴스 50[Ω], 상차각 30°일 때, 선로 손실을 무시하면 송전단 전력은 약 몇 [MW]인가?

① 80
② $80\sqrt{3}$
③ $\dfrac{80}{\sqrt{3}}$
④ 160
⑤ $160\sqrt{3}$

해설 **송전 전력**

$$P = E_r I\cos\theta = \frac{E_s E_r}{X}\sin\delta\,[\text{MW}]$$

$$= \frac{100\times10^3\times80\times10^3}{50}\times\sin30°$$

$$= 80000000\,[\text{W}] = 80\,[\text{MW}]$$

답 ①

99 중요도 ★★ / 한국중부발전, 한국가스공사

1회 2회 3회

교류 송전에서 송전 거리가 멀어질수록 동일 전압에서의 송전 가능 전력이 적어진다. 그 이유는?

① 선로의 어드미턴스가 커지기 때문이다.
② 선로의 유도성 리액턴스가 커지기 때문이다.
③ 코로나 손실이 증가하기 때문이다.
④ 저항 손실이 커지기 때문이다.

해설 교류 송전 선로에서 송전 거리가 멀어지면 선로 정수가 모두 증가한다. 그러나 초고압 장거리 송전 선로에서는 저항과 정전용량은 유도성 리액턴스에 비해서 적으므로 그다지 크게 영향을 미치지 못한다.
$P=\frac{E_sE_r}{X}\sin\delta[\mathrm{MW}]$에서와 같이 선로의 유도 리액턴스가 커지기 때문에 송전 가능 전력은 적어진다.

 ②

100 중요도 ★★★ / 2024 한국수자원공사

1회 2회 3회

30000[kW]의 전력을 50[km] 떨어진 지점에 송전하려고 할 때 송전 전압[kV]은 약 얼마인가? (단, still식에 의하여 산정한다.)

① 22 ② 33 ③ 66 ④ 100

해설 **송전 전압의 결정식(still 식)**
경제적인 송전 전압의 결정

$$5.5\sqrt{0.6l+\frac{P}{100}}=5.5\sqrt{0.6\times50+0.01\times30000}=99.912 \fallingdotseq 100[\mathrm{kV}]$$

답 ④

전력 계통의 연계

101 중요도 ★★★ / 2024 한국동서발전

1회 2회 3회

계통 연계의 장점으로 올바르지 않은 것을 고르시오.

㉠ 단락 전류가 작아진다.
㉡ 부하 변동의 영향이 작아진다.
㉢ 설비 용량이 증가한다.
㉣ 공급 신뢰도가 향상된다.

① ㉠, ㉢ ② ㉠, ㉣ ③ ㉡, ㉣ ④ ㉢, ㉣

해설 (1) 전력 계통 연계 방식의 장점
① 전력의 융통으로 설비 용량이 절감된다.
② 건설비 및 운전 경비를 절감하므로 경제 급전이 용이하다.
③ 계통 전체로서의 신뢰도가 증가한다.
④ 부하 변동의 영향이 작아져서 안정된 주파수 유지가 가능하다.
(2) 전력 계통 연계 방식의 단점
① 연계 설비를 신설해야 한다.
② 사고 시 타 계통에의 파급이 확대될 우려가 있다.
③ 병렬 회로수가 많아지므로 단락 전류가 증대하고 통신선의 전자 유도 장해도 커진다.

답 ①

102 중요도 ★★★ / 2024 한국서부발전

1회 2회 3회

전력 계통 연계 시의 내용이 아닌 것은?

① 안정도가 증가한다.
② 부하 증가 시 종합 첨두 부하가 저감된다.
③ 공급 예비력이 절감된다.
④ 단락 전류가 감소한다.

해설 전력 계통 연계 시 병렬 회로수가 많아지므로 단락 전류는 증대한다.

답 ④

103 중요도 ★★★ / 한국수력원자력

1회 2회 3회

전력 계통의 전압을 조정하는 가장 보편적인 방법은?

① 발전기의 유효 전력 조정
② 부하의 유효 전력 조정
③ 계통의 주파수 조정
④ 계통의 무효 전력

해설 전력 계통의 전압 강하를 보상하여 규정 전압을 공급하는 방법으로는 수전단 근처에서 무효 전력을 보상하는 방법을 일반적으로 사용한다.
(1) 전력 계통 전압 조정 : 무효 전력 조정($Q-V$ 제어)
(2) 전력 계통 주파수 조정 : 유효 전력 조정($P-F$ 제어)

답 ④

104 중요도 ★★ / 한국수력원자력

1회 2회 3회

전 계통이 연계되어 운전되는 전력 계통에서 발전 전력이 일정하게 유지되는 경우 부하가 증가하면 계통 주파수는 어떻게 변하는가?

① 주파수는 증가한다.
② 주파수는 감소한다.
③ 전력의 흐름에 따라 주파수가 증가하는 곳도 있고 감소하는 곳도 있다.
④ 부하의 증감과 주파수는 서로 관련이 없다.

해설 발전 전력이 일정한 상태에서 부하가 증가하면 주파수는 감소하며, 부하가 감소하면 주파수는 증가한다.

답 ②

105 중요도 ★★ / 한국수력원자력

1회 2회 3회

전력 계통의 전압 조정과 무관한 것은?

① 발전기의 조속기
② 발전기의 전압 조정 장치
③ 전력용 콘덴서
④ 전력용 분로 리액터

해설 (1) 조속기(속도 조절기)는 회전체의 원심력을 이용하여 증기의 유입량을 조절하여 터빈의 회전 속도를 일정하게 해주는 장치이다.
(2) 일반적으로 전압 조정은 무효 전력의 제어를 통해 조정하므로 조상 설비(전력용 콘덴서, 분로 리액터, 동기 조상기)를 사용한다.

답 ①

106 중요도 ★★ / 서울교통공사

1회 2회 3회

전력 조류계산을 하는 목적으로 거리가 먼 것은?

① 계통의 신뢰도 평가
② 계통의 확충 계획 입안
③ 계통의 운용 계획 수립
④ 계통의 사고 예방 제어

해설 (1) 전력 조류 계산을 통해서 다음과 같은 전력 계통의 제반 상황을 쉽게 파악할 수 있다.
① 각 모선의 전압 분포
② 각 모선의 전력
③ 각 선로의 전력 조류
④ 각 선로의 송전 손실
⑤ 각 모선 간의 상차각

(2) 아래와 같은 계통의 운용과 계획의 수단으로 사용되고 있다.

① 계통의 사고 예방 제어 보기 ④

② 계통의 운용 계획 입안 보기 ③

③ 계통의 확충 계획 입안 보기 ②

답 ①

107 중요도 ★★ / 2024 한국중부발전

1회 2회 3회

컴퓨터에 의한 전력 조류 계산에서 슬랙(slack) 모선의 초기치로 지정하는 값은? (단, 슬랙 모선을 기준 모선으로 한다.)

① 유효 전력과 무효 전력
② 전압의 크기와 유효 전력
③ 전압의 크기와 위상각
④ 전압의 크기와 무효 전력

해설 **슬랙 모선에서의 기지량과 미지량**

기지량(입력 데이터)	미지량(출력 데이터)
• 모선 전압의 크기 • 모선 전압의 위상각	• 유효 전력 • 무효 전력 • 계통의 전 송전 손실

답 ③

직류 송전 vs 교류 송전

108 중요도 ★★★ / 한국남부발전

1회 2회 3회

다음 중 교류 송전 방식에 대한 내용으로 옳지 않은 것은?

① 승압과 강압이 쉽다.
② 회전 자계를 쉽게 얻을 수 있다.
③ 계통을 일관되게 운용할 수 있다.
④ 직류 송전에 비해 안정도가 높다.
⑤ 주파수가 다른 계통끼리 연결할 수 없다.

해설 (1) 교류 송전 방식

① 장점

㉠ 변압기를 이용한 전압의 변환이 용이(승·강압이 용이)하다. 보기 ①

㉡ 직류 방식에 비하여 전류의 차단이 비교적 용이하여 사고 파급을 억제할 수 있다.

㉢ 3상 교류 방식에서 회전 자계를 쉽게 얻을 수 있다. 보기 ②

㉣ 계통을 일관되게 운용할 수 있다. 보기 ③

② 단점

㉠ 기기나 전로의 절연을 많이 해주어야 하므로 가격이 비싸다.

㉡ 표피 효과가 생기고 코로나손, 유전체손 등이 나타나기 때문에 송전 효율이 낮다.

㉢ 선로의 리액턴스 성분이 나타나기 때문에 전압 강하 및 전압 변동률이 크고 안정도가 나쁘다.

㉣ 주파수가 다른 계통끼리 연결할 수 없다. 보기 ⑤

(2) 직류 송전 방식

① 장점

㉠ 교류 송전에 비해 기기나 전로의 절연이 용이하다(교류의 $2\sqrt{2}$ 배, 교류 최대치의 $\sqrt{2}$ 배).

㉡ 표피 효과가 없으므로 도체의 이용률이 높다.

㉢ 선로의 리액턴스 성분이 나타나지 않아 유전체손 및 충전 전류 영향이 없다.

㉣ 역률이 항상 1이므로 무효 전력의 발생이 없다(송전 용량 증대, 전력 손실 및 전압 변동 감소).

㉤ 전압 강하가 작고 전압 변동률이 낮아 안정도가 좋다. 보기 ④

② 단점

㉠ 변환, 역변환 장치가 필요하므로 설비가 복잡해진다.

㉡ 직류는 차단이 어려워 사고 시 고장 차단이 어렵다.

㉢ 회전 자계를 얻기 어렵다.

답 ④

109 중요도 ★★★ / 한국서부발전 1회 2회 3회

직류 송전 방식의 장점으로 옳지 않은 것은?

① 같은 절연에서는 교류의 2배의 전압으로 송전이 가능하므로 송전 전력이 크게 된다.
② 송전 전력, 송전 거리, 전선로의 전력 손실이 일정하고 같은 재료의 전선을 사용한 경우에 전선 전체의 무게는 교류 방식보다 적게 든다.
③ 선로의 리액턴스에 의한 전압 강하가 없으므로 장거리 송전에 적합하다.
④ 지중 송전의 경우에는 충전 전류와 유전체손을 고려하지 않아도 되므로 절연이 쉽다.

해설 직류 송전이 교류 송전 방식보다 절연은 $2\sqrt{2}$ 배(약 3배) 크다(파형에서 $\sqrt{2}$ 배이며, 직류 중성점을 접지하므로 2배가 됨).

답 ①

110 중요도 ★★★ / 한국수력원자력, 한국가스공사, 부산교통공사, 서울교통공사 1회 2회 3회

교류 송전 방식에 대한 직류 송전 방식의 장점에 해당되지 않는 것은?

① 기기 및 선로의 절연에 요하는 비용이 절감된다.
② 전압 변동률이 양호하고 무효 전력에 기인하는 전력 손실이 생기지 않는다.
③ 안정도의 한계가 없으므로 송전 용량을 높일 수 있다.
④ 고전압, 대전류의 차단이 용이하다.

해설 직류의 차단은 전류의 영점이 없어 억지로 전류를 소호해 주어야 한다. 즉, DC 전류 차단을 위해 인위적으로 전류 영점을 만들어 주어야 한다. 전류 영점을 만드는 방법은 주로 저압 계통에서 사용되는데, 이는 아크 전압을 회로 전압보다 높게 만들어서 아크 저항에 의해 전류를 한류하는 방법인데, 아크 전압을 키우기 위해 고속으로 개폐하고 절연 챔버에 아크를 불어 넣는 방법이 사용된다. 따라서, 고전압, 대전류의 직류의 경우 차단이 매우 어렵다.

답 ④

04 고장계산

111 중요도 ★★★ / 한국가스공사 1회 2회 3회

송전 선로에서 가장 많이 발생되는 사고는?

① 단선 사고 ② 단락 사고
③ 지지물 전도 사고 ④ 지락 사고

해설 (1) 송전 선로에서 발생되는 사고를 빈도순으로 정렬하면 다음과 같다.
지락 사고 > 단락 사고 > 단선 사고 > 지지물 전도 사고
(2) 가장 흔한 종류의 선로 사고는 1선 지락 사고이고, 그 다음으로 선간 단락 사고와 2선 지락 사고가 종종 일어나며 가장 심각한 사고인 평형 삼상 사고가 발생하기도 한다.

답 ④

112 중요도 ★★★ / 한국남부발전 1회 2회 3회

%임피던스와 Ω임피던스와의 관계식은? (단, E : 정격 전압[kV], P_n[kVA] : 3상 용량)

① $\%Z = \dfrac{Z[\Omega] \times P_n[\text{kVA}]}{10E^2}$ ② $\%Z = \dfrac{Z[\Omega] \times P_n[\text{kVA}]}{100E^2}$

③ $\%Z = \dfrac{Z[\Omega] \times P_n[\text{kVA}] \times 10}{E^2}$ ④ $\%Z = \dfrac{Z[\Omega] \times P_n[\text{kVA}]}{E^2} \times 100[\%]$

해설 **$\%Z$의 정의**
기준 상전압(E)에 대한 전압 강하(I_nZ)의 비를 백분율로 나타낸 것

$$\%Z = \frac{I_nZ}{E} \times 100[\%] = \frac{I_n}{I_s} \times 100[\%]$$

(1) 1상 기준 : $\%Z = \dfrac{Z[\Omega] \times P_n[\text{kVA}]}{10E^2}$

여기서, P_n : 기준 용량[kVA], E : 상전압 = 대지 전압[kV]

(2) 3상 기준 : $\%Z = \dfrac{Z[\Omega] \times P_n[\text{kVA}]}{10V^2}$

여기서, P_n : 기준 용량[kVA], V : 선간 전압 = 정격 전압[kV]

답 ①

113 중요도 ★★★ / 서울교통공사

1회 2회 3회

%임피던스에 대한 설명으로 틀린 것은?

① 단위를 갖지 않는다.
② 절대량이 아닌 기준량에 대한 비를 나타낸 것이다.
③ 기기 용량의 크기와 관계없이 일정한 범위의 값을 갖는다.
④ 변압기나 동기기의 내부 임피던스에만 사용할 수 있다.

해설 %임피던스는 변압기 및 동기기뿐만 아니라 송전 선로, 배전 선로, 조상 설비 등 모든 전력 기기에 적용이 가능하다. 보기 ④

(1) $\%Z$는 단락 고장 시의 임피던스로 정격 운전 상태보다 얼마나 임피던스가 저감되는지를 보여준다. 보기 ②
(2) 변압기의 1·2차측에서 본 $\%Z$는 동일하므로 1 : 1 변압기처럼 취급되어 변압기의 존재를 무시하고 해석할 수 있어서 계산이 쉽고 간편해진다. 보기 ③
(3) 단위가 없어, 단위 환산할 필요가 없다. 보기 ①
(4) 기기마다 적용되는 $\%Z$의 표준값은 어느 범위 내에 있어 기억하기 쉽고 데이터 취득이 용이하다.

답 ④

114 중요도 ★★ / 한국수력원자력

1회 2회 3회

그림과 같은 3상 송전 계통에서 송전단 전압은 3300[V]이다. 지금 점 P에서 3상 단락 사고가 발생했다면 발전기에 흐르는 전류는 몇 [A]가 되는가?

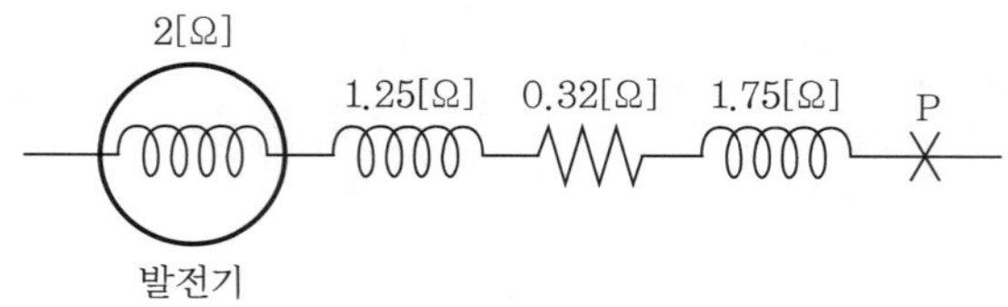

① 320 ② 330 ③ 380 ④ 410

해설 P점까지의 총임피던스 $Z = R + jX = j2 + j1.25 + 0.32 + j1.75 = 0.32 + j5\,[\Omega]$

따라서, P점에서의 3상 단락 전류 $I_s = \dfrac{E}{|Z|} = \dfrac{V}{\sqrt{3}|Z|} = \dfrac{3300}{\sqrt{3} \times \sqrt{0.32^2 + 5^2}} = 380\,[\text{A}]$

답 ③

115 중요도 ★★★ / 한국동서발전

1회 2회 3회

66[kV] 송전 선로에서 3상 단락 고장이 발생하였을 경우 고장점에서 본 등가 정상 임피던스가 자기용량 40[MVA] 기준으로 20[%]일 경우 고장 전류는 정격 전류의 몇 배가 되는가?

① 2 ② 4 ③ 5 ④ 8

해설 **단락 전류**

$$I_s = \frac{100}{\%Z} I_n = \frac{100}{20} I_n = 5I_n[\text{A}]$$

∴ 5배

답 ③

$\%Z$의 계산

116 중요도 ★★★ / 한국서부발전, 한국도로공사

1회 2회 3회

정격 전압 154[kV], 1선의 유도 리액턴스가 20[Ω]인 3상 3선식 송전 선로에서 154[kV], 100[MVA] 기준으로 환산한 이 선로의 %리액턴스는?

① 약 1.4[%] ② 약 2.2[%] ③ 약 4.2[%] ④ 약 8.4[%]

해설 **$\%x$ (%리액턴스)**

$$\%x = \frac{x[\Omega] \times P_n[\text{kVA}]}{10\,V^2} = \frac{20 \times 100 \times 10^3}{10 \times (154)^2} = 8.433[\%]$$

※ $\%Z$(% 임피던스)도 동일 방법으로 계산한다.

답 ④

117 중요도 ★★★ / 한국남부발전, 대전교통공사

1회 2회 3회

합성 임피던스 0.25[%]의 개소에 시설해야 할 차단기의 차단 용량으로 적당한 것은? (단, 합성 임피던스는 10[MVA]를 기준으로 환산한 값)

① 3800 ② 4200 ③ 3500 ④ 2500

해설 **단락 용량**

$$P_s = \frac{100}{\%Z} P_n = \frac{100}{0.25} \times 10 = 4000[\text{MVA}]$$

차단 용량은 클수록 좋으나, 경제성을 고려해서 계산보다 약간 큰 것이 좋다.

답 ②

118 중요도 ★★★ / 한국남동발전 1회 2회 3회

어느 발전소의 발전기는 그 정격이 13.2[kV], 93000[kVA], 95[%]라고 명판에 써져 있다. 이 발전기의 임피던스는 몇 [Ω]인가?

① 1.2 ② 1.8 ③ 1200 ④ 1780

해설 $\%Z=\dfrac{Z[\Omega]\times P_n[\text{kVA}]}{10V^2}$ 식에서

$\therefore\ Z=\dfrac{\%Z\cdot 10V^2}{P}=\dfrac{95\times 10\times 13.2^2}{93000}=1.8[\Omega]$

답 ②

119 중요도 ★★ / 한국가스공사 1회 2회 3회

그림과 같은 전력 계통에서 A점에 설치된 차단기의 단락 용량은 몇 [MVA]인가? (단, 각 기기의 %리액턴스는 발전기 G_1, G_2 = 15[%](정격 용량 15[MVA] 기준), 변압기 = 8[%](정격 용량 20[MVA] 기준), 송전선 11[%](정격 용량 10[MVA] 기준)이며 기타 다른 정수는 무시한다.)

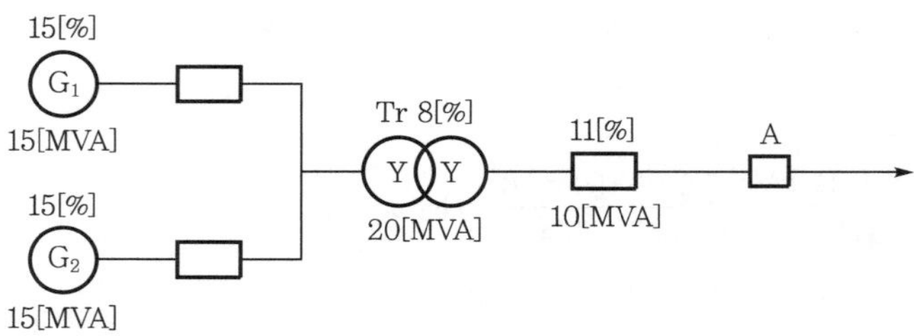

① 20 ② 30 ③ 40 ④ 50

해설 기준 용량을 15[MVA](발전기 용량)로 한 각각의 %임피던스는

$\%Z_{G_1}=\%Z_{G_2}=15[\%]$

$\%Z_{Tr}=8\times\dfrac{15}{20}=6[\%]$

$\%Z_L=11\times\dfrac{15}{10}=16.5[\%]$

고장점 A에서의 합성 %임피던스는 $\%Z_T=\dfrac{15\times 15}{15+15}+6+16.5=30[\%]$

따라서, 단락 용량 $P_s=\dfrac{100}{\%Z_T}P_n=\dfrac{100}{30}\times 15=50[\text{MVA}]$

답 ④

대칭좌표법

120 중요도 ★★★ / 한국중부발전

1회 2회 3회

V_a, V_b, V_c가 3상 전압일 때 역상 전압은? (단, $a = e^{j\frac{2}{3}\pi}$)

① $\frac{1}{3}(V_a + aV_b + a^2V_c)$　② $\frac{1}{3}(V_a + a^2V_b + aV_c)$

③ $\frac{1}{3}(V_a + V_b + V_c)$　④ $\frac{1}{3}(V_a + a^2V_b + V_c)$

해설 (1) 영상 전압 : $V_0 = \frac{1}{3}(V_a + V_b + V_c)$

(2) 정상 전압 : $V_1 = \frac{1}{3}(V_a + aV_b + a^2V_c)$

(3) 역상 전압 : $V_2 = \frac{1}{3}(V_a + a^2V_b + aV_c)$

답 ②

121 중요도 ★★★ / 서울교통공사

1회 2회 3회

대칭분을 I_0, I_1, I_2라 하고, 선전류를 I_a, I_b, I_c라 할 때 I_b는?

① $I_0 + I_1 + I_2$　② $\frac{1}{3}(I_0 + I_1 + I_2)$

③ $I_0 + a^2I_1 + aI_2$　④ $I_0 + aI_1 + a^2I_2$

해설 (1) a상 전류 : $I_a = I_0 + I_1 + I_2$

(2) b상 전류 : $I_b = I_0 + a^2I_1 + aI_2$

(3) c상 전류 : $I_c = I_0 + aI_1 + a^2I_2$

답 ③

122 중요도 ★★★ / 지역난방공사, 서울교통공사

1회 2회 3회

3상 회로의 선간 단락 고장 시 흐르는 전류는?

① 정상 전류 및 역상 전류　② 영상 전류

③ 정상 전류 및 영상 전류　④ 역상 전류 및 영상 전류

해설 (1) 1선 지락 사고 : 영상분, 정상분, 역상분이 존재
(2) 선간 단락 : 정상분, 역상분이 존재
(3) 3상 단락 : 정상분만 존재

답 ①

123 중요도 ★★★ / 한국가스공사, 한국서부발전

1회 2회 3회

3상 단락 고장을 대칭 좌표법으로 해석할 경우 다음 중 필요한 것은?

① 정상 임피던스　② 역상 임피던스
③ 영상 임피던스　④ 정상·역상·영상 임피던스

해설 (1) 1선 지락 사고 : 영상분, 정상분, 역상분이 존재
(2) 선간 단락 : 정상분, 역상분이 존재
(3) 3상 단락 : 정상분만 존재

답 ①

124 중요도 ★★★ / 한국동서발전

1회 2회 3회

송전 선로의 고장 전류의 계산에 있어서 영상 임피던스가 필요한 경우는?

① 3상 단락　② 선간 단락　③ 1선 접지　④ 3선 단선

해설 (1) 1선 지락 사고 : 영상분, 정상분, 역상분이 존재
(2) 선간 단락 : 정상분, 역상분이 존재
(3) 3상 단락 : 정상분만 존재

답 ③

125 중요도 ★★ / 대구교통공사

1회 2회 3회

단자 전압의 각 대칭분 V_0, V_1, V_2가 0이 아니고 같게 되는 고장의 종류는?

① 1선 지락　② 선간 단락　③ 2선 지락　④ 3선 단락

해설 2선 지락 고장
(1) 고장 조건 : $I_a=0$, $V_b=V_c=0$(b상, c상 지락)
(2) 대칭분 전압

① 영상 전압 : $\boldsymbol{V_0}=\frac{1}{3}(\boldsymbol{V_a}+\boldsymbol{V_b}+\boldsymbol{V_c})=\frac{1}{3}\boldsymbol{V_a}$

② 정상 전압 : $V_1 = \frac{1}{3}(V_a + aV_b + a^2 V_c) = \frac{1}{3}V_a$

③ 역상 전압 : $V_2 = \frac{1}{3}(V_a + a^2 V_b + aV_c) = \frac{1}{3}V_a$

$\therefore V_0 = V_1 = V_2 = \frac{1}{3}V_a$

답 ③

126 중요도 ★★★ / 한국수력원자력

1회 2회 3회

불평형 회로에서 영상분이 존재하는 3상 회로 구성은?

① △-△ 결선의 3상 3선식
② △-Y 결선의 3상 3선식
③ Y-Y 결선의 3상 3선식
④ Y-Y 결선의 3상 4선식

해설 중성점 접지가 되어 있는 3상 회로에서는 영상 전류가 존재한다. 따라서, Y-Y 결선의 3상 4선식의 경우 중성점 접지를 하므로 영상 전류가 존재한다.

답 ④

127 중요도 ★★ / 한국남동발전, 한국수력원자력

1회 2회 3회

그림과 같은 회로의 영상, 정상 및 역상 임피던스 Z_0, Z_1, Z_2는?

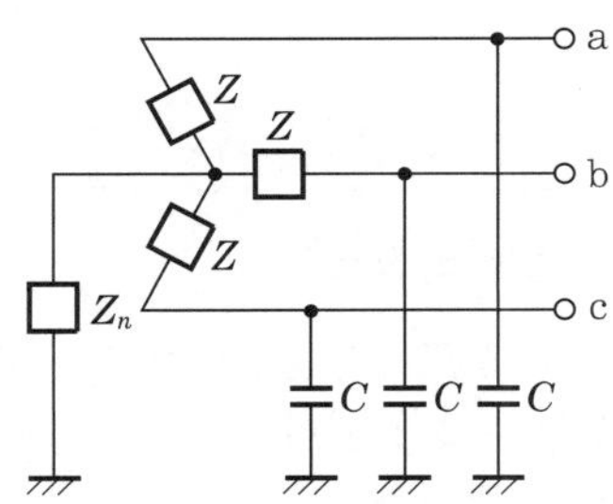

① $Z_0 = \frac{Z + 3Z_n}{1 + j\omega C(Z + 3Z_n)}$, $Z_1 = Z_2 = \frac{Z}{1 + j\omega CZ}$

② $Z_0 = \frac{3Z_n}{1 + j\omega C(3Z + Z_n)}$, $Z_1 = Z_2 = \frac{3Z_n}{1 + j\omega CZ}$

③ $Z_0 = \frac{Z + Z_n}{1 + j\omega C(Z + Z_n)}$, $Z_1 = Z_2 = \frac{Z}{1 + j3\omega CZ_n}$

④ $Z_0 = \frac{3Z}{1 + j\omega C(Z + Z_n)}$, $Z_1 = Z_2 = \frac{3Z_n}{1 + j3\omega CZ}$

해설 (1) 영상 임피던스 Z_0

① 고장점 단자 a, b, c를 일괄하고 대지 사이에 교류 단상 전원 인가 시 단상 교류가 흐를 때 작용하는 1상분의 임피던스

② 중성점 접지 시 각 상마다 I_0의 영상 전류 발생 → 접지를 통해 모두 빠져나감

③ 계통 임피던스 Z와 중성점 임피던스 $3Z_n$은 직렬 접속 관계, 정전 용량 C는 병렬 접속이므로

$$\boldsymbol{Z_0} = \frac{\frac{1}{j\omega C}\times(Z+3Z_n)}{\frac{1}{j\omega C}+(Z+3Z_n)} = \frac{\boldsymbol{Z}+3\boldsymbol{Z_n}}{1+j\omega C(\boldsymbol{Z}+3\boldsymbol{Z_n})}$$

(2) 정상 임피던스 Z_1

① 고장점 단자 a, b, c에 상회전이 정상인 평형 3상 전압 인가 시 3상 평형 정상 전류가 흐를 때 작용하는 1상분의 임피던스

② 각 상 정상분 전류의 벡터 합은 영(0)이므로 중성점에 흐르는 전류는 없으며, 등가 회로에도 중성점 임피던스는 포함되지 않음

(3) 역상 임피던스 Z_2

고장점 단자 a, b, c에 상회전이 역상인 평형 3상 전압 인가 시 역상 전류가 흐를 때 작용하는 1상분의 임피던스

$$\boldsymbol{Z_1}(=\boldsymbol{Z}) = \boldsymbol{Z_2} = \frac{Z\times\frac{1}{j\omega C}}{Z+\frac{1}{j\omega C}} = \frac{\boldsymbol{Z}}{1+j\omega C\boldsymbol{Z}}$$

답 ①

128 중요도 ★★★ / 한국수력원자력

1회 2회 3회

대칭 좌표법에 관한 설명 중 잘못된 것은?

① 불평형 3상 회로 비접지식 회로에서는 영상분이 존재한다.
② 대칭 3상 전압에서 영상분은 0이 된다.
③ 대칭 3상 전압은 정상분만 존재한다.
④ 불평형 3상 회로의 접지식 회로에서는 영상분이 존재한다.

해설 대칭 3상 평형의 경우 영상분(V_0), 역상분(V_2)은 존재하지 않고, 정상분(V_1)만 존재한다. 보기 ②, ③

(1) 1선 지락 사고 : 영상분(V_0), 정상분(V_1), 역상분(V_2) 모두 존재

(2) 선간 단락(2선 단락) : 정상분(V_1), 역상분(V_2) 존재

(3) 3상 단락 : 정상분(V_1)만 존재

(4) 중성점 접지 : 영상분(V_0) 존재 보기 ④

(5) 비접지 : 영상분(V_0) 존재하지 않음 보기 ①

답 ①

05 중성점 접지방식

중성점 접지의 목적

129 중요도 ★★★ / 한국남부발전, 한국수력원자력, 한국서부발전, 한국중부발전, 한국도로공사, 지역난방공사 1회 2회 3회

공통 중성선 다중 접지 3상 4선식 배전 선로에서 고압측(1차측) 중성선과 저압측(2차측) 중성선을 전기적으로 연결하는 목적은?

① 저압측의 단락 사고를 검출하기 위함
② 저압측의 접지 사고를 검출하기 위함
③ 주상 변압기의 중성선측 부싱(bushing)을 생략하기 위함
④ 고・저압 혼촉 시 수용가에 침입하는 상승 전압을 억제하기 위함

해설 **중성점 접지의 목적**

(1) 이상 전압 경감 및 발생 방지
뇌, 아크, 지락 등에 의한 이상 전압 억제

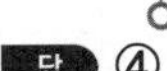

(2) 절연 레벨 경감 → 경제성 확보
① 절연 레벨 증가 시 전선 비중(무게) 증가
② 지지물의 강도 증가 → 비용 증가
③ 지락 고장 시 건전상 전위 상승 억제 → 전선로, 기기의 절연 레벨 경감

(3) 보호계전기의 신속・확실한 동작
지락 고장 시 신속하게 접지 계전기의 동작 확보를 통한 안정도 개선

(4) 지락 전류 소호
소호 리액터 접지 방식에서 1선 지락 시 아크를 재빨리 소멸 → 그대로 송전을 지속시킴

답 ④

130 중요도 ★★★ / 2024 한국남동발전 1회 2회 3회

송전 선로의 중성점을 접지하는 목적이 아닌 것은?

① 안정도 증진
② 잔류 전하 방전
③ 피뢰기 동작 책무 경감
④ 중성점 접지 이상 전압 발생의 억제

해설 **중성점 접지의 목적**
이상 전압 발생 억제, 피뢰기 동작 책무 경감, 보호 계전기의 확실한 동작에 의해 안정도 증진

답 ②

131 중요도 ★★★ / 대전교통공사

1회 2회 3회

송전계통의 접지에 대하여 기술하였다. 다음 중 옳은 것은?

① 소호 리액터 접지방식은 선로의 정전용량과 직렬 공진을 이용한 것으로, 지락 전류가 타 방식에 비해 좀 큰 편이다.
② 고저항 접지방식은 이 중 고장을 발생시킬 확률이 거의 없으며 비접지식보다는 많은 편이다.
③ 직접 접지방식을 채용하는 경우 중성점이 0전위이므로 변압기 선정 시 단절연이 가능하다.
④ 비접지 방식을 택하는 경우 지락 전류 차단이 용이하고 장거리 송전을 할 경우 이중 고장의 발생을 예방하기 좋다.

해설 ① 소호 리액터 접지방식은 선로의 정전용량과 병렬 공진을 이용한 것으로, 지락 전류를 소멸시켜 지락 전류가 타 방식에 비해 작다.
② 고저항 접지방식은 다중 고장이 비접지식보다는 적은 편이다.
④ 비접지 방식을 택하는 경우 지락 전류 차단을 할 수 없고 장거리 송전을 할 경우 건전상 전압 상승에 의한 2중 고장(2차 사고)의 발생 우려

체크 point

중성점 접지방식의 비교

① **저임피던스로 중성점 접지** → 고장 시 중성점을 통해서 흐르는 전류값을 크게 함
- 이상전압의 억제
- 전선로, 기기의 절연 경감
- 피뢰기, 차단기 동작의 신뢰성, 확실성

② **고임피던스로 중성점 접지** → 고장 시 중성점을 통해 흐르는 전류값을 작게 함
- 과도 안정도의 증대
- 통신선 유도장해 경감
- 고장점 손상 저감
- 기기의 기계적 충격 완화

③ 각 접지방식의 비교

구분	최대	최소
건전상 대지 전위 상승	비접지	직접 접지
1선 지락 전류	직접 접지	소호 리액터 접지
과도 안정도	소호 리액터 접지	직접 접지
유도 장해	직접 접지	소호 리액터 접지
계통의 절연	비접지	직접 접지

답 ③

직접 접지방식

132 중요도 ★★★ / 한국수력원자력, 한국도로공사, 지역난방공사 | 1회 | 2회 | 3회

직접 접지방식이 초고압 송전 선로에 채용되는 이유로 가장 타당한 것은?

① 계통의 절연레벨을 저감하게 할 수 있으므로
② 지락 시의 지락전류가 작으므로
③ 지락고장 시 병행 통신선에 유기되는 유도전압이 작기 때문에
④ 송전선의 안정도가 높으므로

해설 (1) 직접 접지방식의 장점

① 1선 지락사고 시 건전상 대지전위 상승이 작다.
② 이상전압이 낮기 때문에 저감 절연을 통해 절연비의 저감에 효과적인 방식
  ㉠ 1선 지락 시 건전상 대지전위 1.3배
  ㉡ 간헐적 아크 지락에 의한 이상전압 등
③ 지락전류가 가장 크게 나타나는 접지방식 : 차단용량 증대, 전력기기의 열・기계적 강도 향상
④ 지락사고 보호 용이(지락전류 크므로) : 보호 계전기에 의한 지락사고의 신속한 검출, 확실한 동작으로 신뢰성 확보
⑤ 단절연 변압기의 채용 가능
  ㉠ 변압기 중성점이 영(0) 전위 부근에서 유지
  ㉡ 변압기의 부속설비의 중량과 가격 저하

(2) 직접 접지방식의 단점 → 대단히 큰 고장전류가 흐르므로

① 큰 지락전류에 의한 통신선 유도 장해가 크다.
  $E_m = wMI_g = wM \cdot 3I_0$
② 과도 안정도(고장 발생 시 전력공급의 한도)가 가장 나쁘다.
  지락전류는 저역률의 대전류이므로 사고 시 전력공급 능력이 가장 작다.
③ 지락전류에 의한 기계적 강도에 견딜 수 있는 설비 채용 : 지락전류가 매우 커 기기에 대한 기계적 충격이 커서 손상을 주기 쉽다.
④ 차단기의 빈번한 동작으로 차단기 수명 단축 : 계통사고(대부분이 1선 지락사고) 시 차단기가 대전류를 차단할 기회가 많아짐(차단기가 너무 많이 동작됨)

(3) 유효접지방식 채용

1선 지락고장 시 건전상의 전압 상승이 정상 시 대지전압의 1.3배를 넘지 않도록 접지 임피던스를 조절해서 접지하는 방식

답 ①

133 중요도 ★★★ / 2024 서울교통공사

1회 2회 3회

송전계통에서 보호 계전기 동작이 확실하고 1선 지락고장 시 인접 통신선의 유도장해가 가장 큰 중성점 접지방식은?

① 비접지방식 ② 직접 접지방식 ③ 저항접지방식
④ 소호리액터 접지방식 ⑤ 간접 접지방식

해설 **직접 접지방식**

(1) 큰 지락전류에 의한 통신선 유도장해가 크다.
(2) 지락사고 보호 용이(지락전류 크므로)
보호계전기에 의한 지락사고의 신속한 검출, 확실한 동작으로 신뢰성 확보

답 ②

134 중요도 ★★★ / 한국수력원자력, 한국중부발전

1회 2회 3회

중성점 접지방식에서 직접 접지방식에 대한 설명으로 틀린 것은?

① 보호계전기의 동작이 확실하여 신뢰도가 높다.
② 변압기의 저감절연이 가능하다.
③ 과도 안정도가 대단히 높다.
④ 단선 고장 시의 이상전압이 최저이다.

해설 **직접 접지방식**

(1) 과도 안정도(고장 발생 시 전력공급의 한도)가 가장 나쁘다.
(2) 지락전류는 저역률의 대전류이므로 사고 시 전력공급 능력이 가장 작다.

답 ③

135 중요도 ★★★ / 한국중부발전

1회 2회 3회

중성점 직접 접지방식에 대한 설명으로 틀린 것은?

① 지락 시의 지락전류가 크다. ② 계통의 절연을 낮게 할 수 있다.
③ 지락고장 시 중성점 전위가 높다. ④ 변압기의 단절연을 할 수 있다.

해설 **직접 접지방식**

단절연 변압기의 채용 가능 → 중성점 전위가 낮으므로
(1) 변압기 중성점이 영(0) 전위 부근에서 유지
(2) 변압기 부속설비의 중량과 가격 저하

답 ③

비접지방식

136 중요도 ★★ / 한국동서발전

1회 2회 3회

다음 중 비접지방식에 대한 내용으로 옳지 않은 것은?

① 보호계전기 동작이 불확실하다. ② 통신 유도장해가 작다.
③ 보통 V-V 결선으로 사용한다. ④ 저전압 단거리 선로에 사용된다.
⑤ 지락전류가 작다.

해설 (1) 비접지방식
① 변압기 결선을 △결선으로 하여 중성점을 접지하지 않는 방식 [보기 ③]
② 저전압(3.3, 6.6, 22[kV]), 단거리 선로에서 적용 [보기 ④]
(2) 비접지방식의 장점
① 제3고조파가 △결선 내에 순환되므로 선로의 제3고조파 제거 → 유도장해가 발생하지 않는다. [보기 ②]
② 변압기 1대 고장 시에도 V결선에 의한 계속적인 3상 전력 공급이 가능
③ 지락전류가 작아서 영점에서 자연소멸 → 순간적인 지락사고 시에도 계속 송전이 가능
(3) 비접지방식의 단점
① 1선 지락사고 시 건전상 전압 상승($\sqrt{3}$ 배)이 크다.
㉠ 아크 지락에 의한 이상전압으로 최대 6배까지 상승 가능
㉡ 절연내력 파괴 → 사고의 확대(다른 상으로 확대)
② 건전상 전압 상승에 의한 2중 고장(2차 사고) 발생 확률이 높다.
③ 기기의 절연수준을 높여야 한다(기기 및 선로의 절연비가 비쌈).
④ 비접지로 지락사고 시 영상전류 검출 불가 [보기 ⑤]
• 보호계전기(접지계전기, 지락계전기) 동작이 불확실하다. [보기 ①]

답 ③

소호 리액터 접지방식

137 중요도 ★★ / 한국서부발전

1회 2회 3회

소호 리액터를 송전계통에 쓰면 리액터의 인덕턴스와 선로의 정전용량이 다음의 어느 상태가 되어 지락전류를 소멸시키는가?

① 병렬 공진 ② 직렬 공진 ③ 고임피던스 ④ 저임피던스

해설 소호 리액터 접지방식
(1) 계통에 접속된 변압기의 중성점을 송전선로의 대지 정전용량과 병렬 공진하는 리액터를 통해 접지하는 방식
(2) 리액터와 대지 정전용량의 병렬 공진에 의하여 지락전류를 소멸시켜 계속적인 송전이 가능

답 ①

138 중요도 ★★ / 한국수력원자력

1회 2회 3회

소호 리액터 접지방식에서 10[%] 정도의 과보상을 한다고 할 때 사용되는 탭의 크기로 일반적인 것은?

① $\omega L > \frac{1}{3\omega C}$ ② $\omega L < \frac{1}{3\omega C}$ ③ $\omega L > \frac{1}{3\omega^2 C}$ ④ $\omega L < \frac{1}{3\omega^2 C}$

해설 **합조도**

소호 리액터의 탭이 공진점을 벗어나고 있는 정도

$P = \frac{I - I_c}{I_c} \times 100[\%]$ (여기서, I : 소호 리액터 사용 탭 전류, I_c : 전 대지 충전 전류)

(1) $\omega L < \frac{1}{3\omega C}$: 과보상, 합조도(+)

(2) $\omega L = \frac{1}{3\omega C}$: 완전 공진, 합조도 0

(3) $\omega L > \frac{1}{3\omega C}$: 부족 보상, 합조도(−)

답 ①

139 중요도 ★★ / 한국남부발전, 한국가스공사, 한국수력원자력

1회 2회 3회

3상 3선식 소호 리액터 접지방식에서 1선의 대지 정전용량을 $C[\mu F]$, 상전압 E[kV], 주파수 f[Hz]라 하면, 소호 리액터의 용량은 몇 [kVA]인가?

① $6\pi f CE^2 \times 10^{-3}$ ② $3\pi f CE^2 \times 10^{-3}$

③ $2\pi f CE^2 \times 10^{-3}$ ④ $\pi f CE^2 \times 10^{-3}$

해설 **소호 리액터의 용량(= 3상 일괄 대지 충전용량)**

$P = 3I_c E = 3\omega CE^2 = 3 \times 2\pi f CE^2 \times 10^{-3} = 6\pi f CE^2 \times 10^{-3}[\text{kVA}]$

답 ①

140 중요도 ★★ / 2024 한국동서발전

1회 2회 3회

1상의 대지 정전용량 1[μF], 주파수 60[Hz]인 3상 송전선이 있다. 이 선로에 소호 리액터를 설치하려 한다. 소호 리액터의 공진 리액턴스[Ω]값은?

① $\frac{50000}{3\pi}$ ② $\frac{50000}{9\pi}$ ③ $\frac{25000}{3\pi}$ ④ $\frac{25000}{9\pi}$

해설 $\omega L = \frac{1}{3\omega C_s} = \frac{1}{3 \times 2\pi \times 60 \times 1 \times 10^{-6}} = \frac{25000}{9\pi}[\Omega]$

답 ④

141 중요도 ★★ / 한국남동발전, 지역난방공사 1회 2회 3회

다음 중 단선 고장 시의 이상전압이 가장 큰 접지방식은? (단, 비공진 탭이나 2회선을 사용하지 않은 경우임)

① 비접지식
② 직접 접지식
③ 소호 리액터 접지식
④ 고저항 접지식

해설 (1) 소호 리액터 접지방식의 장점
① (지락사고) 고장 시에도 전력공급이 가능 → 과도 안정도가 높다.
② 1선 지락전류가 작아 통신선 유도장해가 작다.
③ 고장 발생 시 스스로 복귀되는 경우도 있다.
(2) 소호 리액터 접지방식의 단점
① 접지장치의 가격이 고가
② 고장 검출이 어려우므로($I_g = 0$) 보호장치의 동작이 불확실
③ 단선 사고 시 직렬 공진(→ 최대 전류)에 의한 이상전압이 최대로 발생

답 ③

142 중요도 ★★★ / 2024 한국중부발전 1회 2회 3회

중성점 접지방식 중 지락전류가 최대인 방식은 (㉠)이고 지락전류가 최소인 방식은 (㉡)이다. 빈칸에 들어갈 용어를 순서대로 나열하면?

① ㉠ 직접 접지방식, ㉡ 소호 리액터 접지방식
② ㉠ 저항 접지방식, ㉡ 비접지방식
③ ㉠ 비접지방식, ㉡ 저항 접지방식
④ ㉠ 소호 리액터 접지방식, ㉡ 직접 접지방식

해설 중성점 접지방식 중 지락전류가 최대인 접지방식은 직접 접지방식이며, 지락전류가 최소인 접지방식은 소호 리액터 접지방식이다.

답 ①

06 유도장해 및 안정도

안정도 향상 대책

143 중요도 ★★★ / 한국중부발전, 한국수력원자력, 부산교통공사 | 1회 | 2회 | 3회

송전선로의 안정도 향상 대책이 아닌 것은?

① 병행 다회선이나 복도체 방식을 채용　② 속응 여자방식을 채용
③ 계통의 직렬 리액턴스를 증가　④ 고속도 차단기의 이용

해설 **안정도 향상 대책**

(1) 계통의 리액턴스 감소 → 저임피던스 기기 채용, 선로 임피던스 저감
① 단락비(K_s)가 큰 기기 채용 → 동기 리액턴스 감소, 관성정수 증대(중량 大)
② 직렬 콘덴서 설치 → 선로의 유도성 리액턴스 보상 보기 ③
③ 병행 회선의 증가 및 복도체 채용 보기 ①
④ 단권 변압기 채용

(2) 전압변동을 적게(억제)
① 속응 여자방식 채용 → 고장 발생으로 발전기 전압이 저하하더라도 고성능 AVR 사용하여 발전기의 전압을 일정 수준까지 유지 보기 ②
② 계통 연계 → 계통을 연계하면 송전용량이 증가되어 고장 시 전압변동이 작아짐
③ 중간 조상방식 채용 → 선로 중간에 조상기 설치 → 전압을 상승시켜 출력 증대

(3) 발전기 입·출력 불평형 감소
① 제동저항(SDR) 및 한류기 채용 → 발전기 모선에 제동저항을 설치하여 고장 발생 시 입·출력의 변동을 억제
② 터빈 고속밸브제어(EVA) → 계통의 고장 시에 원동기의 기계적 입력을 신속하게 저감시켜 발전기의 가속을 방지하는 방법으로, 안정도 향상시킴

(4) 사고(단락, 지락) 계통에 주는 충격 경감
① 소호 리액터 접지방식 채용 → 지락전류 감소
② 고속 재폐로 방식 채용 → 고장구간을 신속히 분리 후 재투입 보기 ④
③ 계통 분리 → 안정도 및 고장전류가 심각한 계통에서 계통분리가 매우 유효(계통 분리는 공급 신뢰도 및 계통 운용의 융통성 저하)
④ 고속차단기 채용(3사이클 차단기 적용) → 계통에 고장이 발생한 경우 고장구간을 고속도로 차단하여 발전기의 가속을 억제함으로써 과도 안정도를 향상시킴
⑤ 전원 제한 및 부하 제한 → 계통 고장으로 전원용량과 수요가 평형을 이루지 못한 경우 긴급하게 전원 또는 부하를 차단하여 수급 균형을 맞추는 방식

답 ③

144 중요도 ★★ / 2024 한국동서발전 | 1회 | 2회 | 3회

계통에 급격한 사고가 발생하였을 때에도 탈조하지 않고 새로운 평형 상태를 회복하여 송전을 계속할 수 있는 극한 전력은?

① 동태 안정 극한 전력
② 정태 안정 극한 전력
③ 전압 안정 극한 전력
④ 과도 안정 극한 전력

해설 **안정도의 종류**

(1) 정태 안정 극한 전력

송전 계통이 불변 부하 또는 극히 서서히 증가하는 부하에 대하여 계속적으로 송전할 수 있는 능력을 정태 안정도라 하고, 안정도를 유지할 수 있는 극한의 송전 전력을 정태 안정 극한 전력이라 한다.

면접시험에도 나와요!

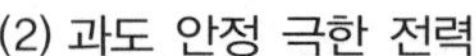

(2) 과도 안정 극한 전력

계통에 갑자기 고장 사고와 같은 급격한 외란이 발생하였을 때에도 탈조하지 않고 새로운 평형 상태를 회복하여 송전을 계속할 수 있는 능력을 과도 안정도라 하고 이 경우의 극한 전력을 과도 안정 극한 전력이라고 한다.

(3) 동태 안정 극한 전력

고속 자동 전압 조정기로 동기기의 여자 전류를 제어할 경우에 정태 안정도를 말하며, 이 경우의 극한 전력을 동태 안정 극한 전력이라 한다.

답 ④

유도 장해

145 중요도 ★★★ / 서울교통공사 | 1회 | 2회 | 3회

전력선에 영상 전류가 흐를 때 통신 선로에 발생되는 유도 장해는?

① 고조파 유도 장해
② 전력 유도 장해
③ 정전 유도 장해
④ 전자 유도 장해

해설 **유도 장해**

(1) 전력선에 근접하고 있는 통신선에 전력선에 의한 정전 유도나 전자 유도 현상에 의하여 통신상에 여러 가지 장해를 일으키는 현상

(2) 종류

① 정전 유도 장해 : 전력선과 통신선과의 상호 정전 용량(C_m)과 영상 전압(V_0)에 의해 발생

② 전자 유도 장해 : 전력선과 통신선과의 상호 인덕턴스(M)와 영상 전류(I_0)에 의해 발생

답 ④

146 중요도 ★★★ / 한국남동발전, 한국동서발전

1회 2회 3회

그림에서 전선 m에 유도되는 전압[V]은?

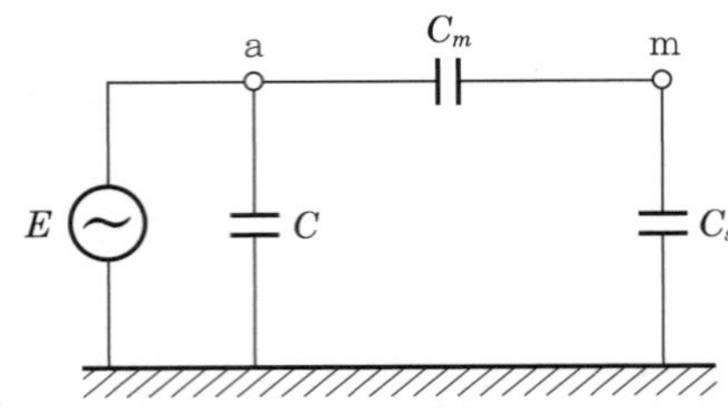

① $\dfrac{CC_sC_m}{C+C_s+C_m}E$　② $\dfrac{C}{C_s+C_m}E$

③ $\dfrac{C_m}{C_s+C_m}E$　④ $\dfrac{C_s}{C+C_m}E$

해설 **정전 유도전압**

$$E_s = I \cdot Z_s = \frac{E}{\frac{1}{j\omega C_m}+\frac{1}{j\omega C_s}} \times \frac{1}{j\omega C_s} = \frac{C_m}{C_m+C_s} \times E[\mathrm{V}]$$

정전 유도전압은 주파수 및 병행거리와 무관하며, 전력선의 대지전압에 비례한다.

답 ③

147 중요도 ★★ / 2024 한국전력공사

1회 2회 3회

통신선과 병행인 60[Hz]의 3상 1회선 송전에서 1선 지락으로 200[A]의 지락전류가 흐르고 있을 때 통신선에 유기되는 전자 유도전압은 약 몇 [V]인가? (단, 영상전류는 송전선 전체에 걸쳐 같은 크기이고, 통신선과 송전선은 상호 인덕턴스는 0.05[mH/km], 양 선로의 평행 길이는 $\frac{100}{\pi}$[km]이다.)

① 120　② 160　③ 240
④ 320　⑤ 360

해설 **전자 유도전압**

$$E_m = j\omega Ml\,3I_0 = 2\pi \times 60 \times 0.05 \times 10^{-3} \times \frac{100}{\pi} \times 3 \times 200 = 360[\mathrm{V}]$$

답 ⑤

148 중요도 ★★ / 한국남부발전

1회 2회 3회

3상 송전선의 각 선의 전류가 $I_a = 220 + j50$[A], $I_b = -150 - j300$[A], $I_c = -50 + j150$[A]일 때 이것과 병행으로 가설된 통신선에 유기되는 전자 유기전압의 크기는 약 몇 [V]인가? (단, 송전선과 통신선 사이의 상호 임피던스는 15[Ω]이다.)

① 150 ② 1020 ③ 1530 ④ 2040

해설 전자 유도전압

$$E_m = j\omega Ml(I_a + I_b + I_c) = j\omega Ml(220 + j50 - 150 - j300 - 50 + j150)$$
$$= 15 \times \sqrt{20^2 + 100^2} = 1530[\text{V}]$$

답 ③

149 중요도 ★★★ / 한국동서발전

1회 2회 3회

송전선의 유도장해 방지대책으로 옳은 것을 모두 고르면?

> ㉠ 상호 인덕턴스를 크게 한다.
> ㉡ 차폐선을 이용한다.
> ㉢ 전력선과 통신선을 평행시킨다.
> ㉣ 전선과 통신선 사이의 거리를 크게 한다.

① ㉠, ㉡ ② ㉠, ㉢ ③ ㉡, ㉢
④ ㉡, ㉣ ⑤ ㉢, ㉣

해설 (1) 전자 유도장해 경감대책

① 기본적 대책
- ㉠ 기유도 전류($3I_0$)를 작게 한다.
- ㉡ 전력선과 충분한 거리로 이격시켜 상호 인덕턴스(M) 저감 보기 ㉠
- ㉢ 전력선과 병행구간을 짧게 한다.

② 전력선측의 대책
- ㉠ 지락 사고 시 지락전류가 작은 접지방식 채용 → 소호 리액터 접지방식 채용, 중성점 접지 시 고저항 사용
- ㉡ 영상분 고조파(3·6고조파)의 발생을 억제 → 변압기의 철심 포화를 피하고 △ 결선으로 3고조파 억제
- ㉢ 전력선과 충분한 이격 보기 ㉣
- ㉣ 고장의 신속한 제거 → 고속 재폐로 방식 채용
- ㉤ 전력선과 통신선은 가능한 한 직각 교차 시설 보기 ㉢
- ㉥ 전력선을 케이블로 사용
- ㉦ 전력선과 통신선 사이 차폐선 설치

③ 통신선측 대책
㉠ 연피 통신 케이블(차폐 케이블) 사용
㉡ 중계코일(또는 절연 변압기) 채용
㉢ 통신선에 배류코일(또는 중화코일) 설치
㉣ 성능이 우수한 피뢰기 설치

(2) 정전 유도장해 경감 대책
① 전력선측에 차폐선(가공지선) 또는 통신선측에 차폐선을 설치하고 접지
→ 전력측 차폐선 설치가 더 효과적 보기 ㉡
② 전력선과 이격거리(간격)를 충분히 하여 상호 정전용량(C_m)을 저감 보기 ㉣
③ 송전선을 완전 연가(전선위치 바꿈)로 선로정수의 평형이 되도록
④ 전력선이 케이블인 경우 금속시스를 접지
⑤ 통신선을 금속시스를 갖는 케이블을 사용, 금속시스는 접지

답 ④

150 중요도 ★★★ / 한국동서발전

1회 2회 3회

유도장해를 방지하기 위한 전력선측의 대책으로 옳지 않은 것은?

① 소호 리액터를 채용한다.
② 차폐선을 설치한다.
③ 배류코일을 채용한다.
④ 중성점 접지에 고저항을 넣어서 지락전류를 줄인다.

해설 배류코일을 채용하는 것은 통신선측 유도장해 방지대책이다.

답 ③

151 중요도 ★★ / 한국가스공사

1회 2회 3회

유도장해의 방지책으로 차폐선을 이용하면 유도전압을 몇 [%] 정도 줄일 수 있는가?

① 30 ~ 50　② 60 ~ 70　③ 80 ~ 90　④ 90 ~ 100

해설 전력선과 통신선 사이 차폐선을 설치하면 전자 유도전압을 30 ~ 40[%] 정도 줄일 수 있다. 이때, 차폐선은 저항이 작은 도체를 접지하여 전력선과 통신선 사이에 평행하게 시설하며 주로 가공지선을 사용한다.

답 ①

07 이상전압 및 개폐기

가공지선

152 중요도 ★★★ / 한국수력원자력, 한국도로공사

1회 2회 3회

가공지선의 설치 목적이 아닌 것은?

① 정전 차폐 효과
② 전압 강하의 방지
③ 직격 차폐 효과
④ 전자 차폐 효과

해설 **가공지선**

(1) 송전선 지지물의 최상부에 설치
(2) 직격뢰를 차폐하여 전선로를 보호하고 정전 차폐 및 전자 차폐 효과도 있다. 보기 ①, ③, ④
(3) 직격뢰가 가공지선에 가해지는 경우 탑각을 통해 대지로 안전하게 방전되어야 하나 탑각 접지저항이 너무 크면 역섬락이 발생할 우려가 있다. 때문에 매설지선을 매설하여 탑각 접지저항을 저감시켜 역섬락을 방지한다.

체크 point

차폐각(가공지선과 전선 간의 각도)

- 최대한 가공지선을 높이 설치하여 보호각을 작게 하는 것이 좋음
- 차폐각 45° 이내(보호율 97[%] 정도)
- 가공지선을 2조로 하면 차폐각이 더욱 작아져 차폐 효과 향상
- 가공지선은 송전 선로와 같은 ACSR 사용

답 ②

역섬락 방지

153 중요도 ★★★ / 2024 한국중부발전

1회 2회 3회

송전선로에서 역섬락이 생기기 가장 쉬운 경우는?

① 선로 손실이 큰 경우
② 코로나 현상이 발생한 경우
③ 선로정수가 균일하지 않을 경우
④ 철탑의 탑각 접지저항이 큰 경우

해설 **역섬락(back-flashover)**

철탑각의 접지저항이 클 때 철탑 양단의 전위가 상승하여 철탑으로부터 전선을 향한 섬락이 발생하여 애자련 등이 파괴되는 현상

답 ④

154 중요도 ★★★ / 2024 한국동서발전

1회 2회 3회

송전선로의 뇌해 방지를 위해 (㉠)을 설치하고 역섬락을 방지하기 위해 (㉡)을 설치한다. 이에 알맞은 말을 고르시오.

① ㉠ 가공지선, ㉡ 매설지선
② ㉠ 가공지선, ㉡ 소호환
③ ㉠ 매설지선, ㉡ 가공지선
④ ㉠ 매설지선, ㉡ 소호환

해설 (1) 가공지선

직격뢰를 차폐하여 전선로를 보호하고 정전차폐 및 전자차폐 효과도 있다.

(2) 역섬락(back-flashover)

① 철탑각의 접지저항이 클 때 철탑 양단의 전위가 상승하여 철탑으로부터 전선을 향한 섬락이 발생하여 애자련 등이 파괴되는 현상

② 매설지선 설치 → 철탑의 접지저항 감소

답 ①

155 중요도 ★★★ / 2024 한국중부발전

1회 2회 3회

다음 설명의 빈칸에 가장 알맞은 것은?

> 뇌서지가 철탑에 가격 시 철탑의 탑각 접지저항이 충분히 낮지 않으면 철탑의 전위가 상승하여 철탑에서 선로로 섬락을 일으키는 경우가 있는데, 이를 역섬락이라 하여 이에 대한 방지대책으로 (　　)(을)를 설치해야 한다.

① 매설지선 ② 가공지선 ③ 소호각 ④ 피뢰기

해설 **역섬락(back-flashover)**

(1) 철탑각의 접지저항이 클 때 철탑 양단의 전위가 상승하여 철탑으로부터 전선을 향한 섬락이 발생하여 애자련 등이 파괴되는 현상

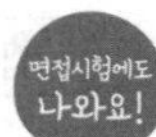

(2) 역섬락 방지대책

① 철탑의 전위 낮게

② 철탑의 탑각 접지저항 낮게

③ 매설지선 설치 → 철탑의 접지저항 감소

㉠ 분포접지 : 철탑 각으로부터 매설지선을 방사상으로 설치

㉡ 집중접지 : 철탑 각으로부터 10[m] 떨어진 지점에서 직각방향으로 설치

답 ①

절연협조

156 중요도 ★★★ / 2024 한국전력거래소

1회 2회 3회

송전계통에서 절연협조의 기본이 되는 것은?

① 애자의 섬락전압 ② 권선의 절연 내력
③ 피뢰기의 제한전압 ④ 변압기 부싱의 섬락전압

해설 **절연협조**

(1) 전력 계통 내 기기들의 절연강도는 서로 상이하기 때문에 이러한 기기들이 이상전압으로부터 적절하게 보호되기 위해서는 개별적인 고려가 아닌 전체적인 관점에서 적절한 절연강도를 지니도록 설계

(2) 발·변전소의 기기나 송·배전선 등 전력 계통 전체의 절연설계를 피뢰기 제한전압을 기준으로 기계, 기구, 애자 등의 상호 간에 적당한 절연강도를 갖게 하여 계통의 절연을 합리적·경제적으로 구성할 수 있게 하는 것

답 ③

157 중요도 ★★★ / 한국가스공사, LH공사

1회 2회 3회

송전계통에서 절연협조의 방식이 맞는 것은? (단, 절연계급이 낮은 순으로 배열함)

① 피뢰기 < 선로애자 < 부싱, 차단기 < 변압기 BIL
② 선로애자 < 피뢰기 < 부싱, 차단기 < 변압기 BIL
③ 피뢰기 < 변압기 BIL < 부싱, 차단기 < 선로애자
④ 피뢰기 < 부싱, 차단기 < 변압기 BIL < 선로애자

해설 **BIL(기준 충격 절연강도)**

(1) 송전계통에 시설하는 선로애자, 변압기 등에 대한 최소 절연 기준값

(2) 절연레벨(BIL) : 피뢰기 < 변압기 < 차단기, 단로기 등 < 선로애자

답 ③

이상전압의 진행파

158 중요도 ★★★ / 한국중부발전

1회 2회 3회

파동 임피던스가 Z_1, Z_2인 두 선로가 접속되어 있다. 전압파의 투과계수 τ로 옳은 것은?

① $\dfrac{Z_2+Z_1}{Z_2-Z_1}$ ② $\dfrac{Z_2-Z_1}{Z_2+Z_1}$ ③ $\dfrac{2Z_1}{Z_2+Z_1}$ ④ $\dfrac{2Z_2}{Z_2+Z_1}$

해설 **이상전압의 진행파**

(1) 투과파 : $e_3 = \dfrac{2Z_2}{Z_1+Z_2}e_1$, 투과계수 : $\dfrac{2Z_2}{Z_1+Z_2}$

(2) 반사파 : $e_2 = \dfrac{Z_2-Z_1}{Z_1+Z_2}e_1$, 반사계수 : $\dfrac{Z_2-Z_1}{Z_1+Z_2}$

$Z_1 = Z_2$: 진행파는 모두 투과되므로, 무반사가 된다.

답 ④

159 중요도 ★★ / 한국남동발전

1회 2회 3회

임피던스 Z_1, Z_2 및 Z_3를 그림과 같이 접속한 선로의 A쪽에서 전압파 E가 진행해 왔을 때 접속점 B에서 무반사로 되기 위한 조건은?

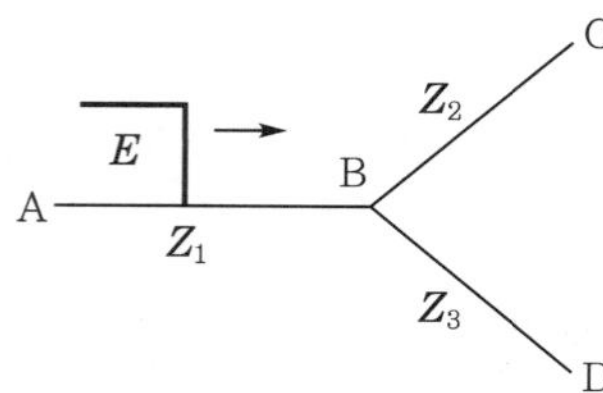

① $Z_1 = Z_2 + Z_3$

② $\dfrac{1}{Z_3} = \dfrac{1}{Z_1} + \dfrac{1}{Z_2}$

③ $\dfrac{1}{Z_1} = \dfrac{1}{Z_2} + \dfrac{1}{Z_3}$

④ $\dfrac{1}{Z_2} = \dfrac{1}{Z_1} + \dfrac{1}{Z_3}$

해설 **무반사 조건**

전선 접속점의 좌측과 우측 전선의 임피던스가 같아야 한다.

Z_2와 Z_3는 병렬 연결되어 있으므로 $Z_1 = \dfrac{Z_2 Z_3}{Z_2+Z_3}$이므로 이 식의 역수를 취하면 다음과 같이 된다.

$$\frac{1}{Z_1} = \frac{Z_2+Z_3}{Z_2 Z_3} = \frac{1}{Z_2} + \frac{1}{Z_3}$$

답 ③

160 중요도 ★★ / 한국수력원자력

1회 2회 3회

파동 임피던스 Z_1 = 500[Ω], Z_2 = 300[Ω]인 두 무손실 선로 사이에 그림과 같이 저항 R을 접속하였다. 제1선로에서 구형파가 진행하여 왔을 때 무반사로 하기 위한 R의 값은 몇 [Ω]인가?

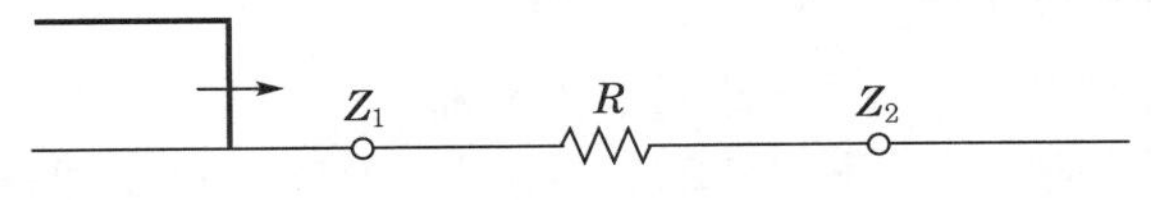

① 100 ② 200 ③ 300 ④ 500

해설 무반사는 반사계수가 영(0)일 때이며, 반사계수 $\beta = \dfrac{(R+Z_2)-Z_1}{Z_1+(R+Z_2)} = 0$이 되어야 하므로

$(R+Z_2)-Z_1 = 0$ (∵ 분자가 영(0)이 되면 전체 값이 영(0)이 됨)

$\therefore\ R = Z_1 - Z_2 = 500 - 300 = 200\,[\Omega]$

답 ②

161 중요도 ★★ / 2024 서울교통공사

1회 2회 3회

특성 임피던스가 600[Ω]인 회로 말단에 1400[Ω]인 부하가 연결되어 있다. 전원측에 10[kV]의 전압을 인가할 때 반사파의 크기[kV]는? (단, 선로에서의 전압 감쇠는 없는 것을 간주한다.)

① 1 ② 2 ③ 3
④ 4 ⑤ 5

해설 **반사 전압**

$$e_2 = \frac{Z_2 - Z_1}{Z_1 + Z_2} e_1 = \frac{1400-600}{1400+600} \times 10 = 4\,[\mathrm{kV}]$$

답 ④

162 중요도 ★★ / 한국남동발전, 한국수력원자력

1회 2회 3회

파동 임피던스 Z_1 = 400[Ω]인 가공 선로에 파동 임피던스 50[Ω]인 케이블을 접속하였다. 이때, 가공 선로에 e_1 = 800[kV]인 전압파가 들어왔다면 접속점에서 전압의 투과파는?

① 약 178[kV] ② 약 238[kV] ③ 약 298[kV] ④ 약 328[kV]

해설 **투과파 전압**

$$e_3 = \frac{2Z_2}{Z_1 + Z_2} e_1 = \frac{2 \times 50}{400+50} \times 800 = 178\,[\mathrm{kV}]$$

답 ①

피뢰기

163 중요도 ★★★ / 한국남부발전

1회 2회 3회

다음 중 피뢰기의 사용 목적으로 옳은 것은?

① 효과적으로 개폐서지 이상전압 발생을 억제
② 전압이 높을 때에는 전하를 모으고 전압이 낮으면 전하를 방출
③ 전류의 변화에 저항하여 전류를 일정하게 유지시킴
④ 도체에서 전류의 흐름을 방해

해설 **문제 분석**

(1) 피뢰기의 사용 목적
(2) 축전기의 사용 목적
(3) 리액터의 사용 목적
(4) 전기저항을 의미함

체크 point

피뢰기

① 개폐서지 이상전압 발생을 억제할 목적으로 차단기 내에 피뢰기를 설치
② 피뢰기의 구비조건
- 속류 차단능력이 있을 것
- 제한 전압이 낮을 것
- 충격방전 개시전압은 낮을 것
- 상용 주파 방전 개시전압은 높을 것
- 방전 내량이 클 것
- 내구성 및 경제성이 있을 것

답 ①

164 중요도 ★★★ / 한국서부발전, 부산교통공사

1회 2회 3회

피뢰기의 주요 구성요소는 어떤 것인가?

① 특성 요소와 콘덴서
② 특성 요소와 직렬 갭
③ 소호 리액터
④ 특성 요소와 소호 리액터

해설 **피뢰기의 구성요소**

(1) 직렬 갭 → 대지방전
이상전압 침입 시 즉시 방전하여 이상전압을 낮추고, 속류를 차단하는 소호작용
(2) 특성 요소 → 속류 차단
뇌전류 방전 시 피뢰기 자신의 전위 상승을 억제하여 자신의 절연파괴 방지

답 ②

165 중요도 ★★★ / 한국동서발전, 한국남부발전 | 1회 | 2회 | 3회

전력용 피뢰기에서 직렬 갭(gap)의 주된 사용 목적은?

① 방전 내량을 크게 하고 장시간 사용하여도 열화를 적게 하기 위함
② 충격 방전 개시 전압을 높게 하기 위함
③ 상시는 누설 전류를 방지하고 충격파 방전 종료 후에는 속류를 즉시 차단하기 위함
④ 충격파가 침입할 때 대지에 흐르는 방전 전류를 크게 하여 제한 전압을 낮게 하기 위함

해설 피뢰기의 직렬 갭의 역할은 이상전압이 내습하면 뇌전류를 방전하고, 상용 주파수의 속류를 차단하는 역할을 한다.

답 ③

166 중요도 ★★★ / 한국서부발전, 한국동서발전, 한국남부발전, 서울교통공사, 인천교통공사 | 1회 | 2회 | 3회

피뢰기가 구비해야 할 조건으로 잘못 설명된 것은?

① 속류의 차단능력이 충분할 것
② 상용 주파 방전 개시 전압이 높을 것
③ 방전 내량이 작으면서 제한 전압이 높을 것
④ 충격 방전 개시 전압이 낮을 것

해설 **피뢰기의 구비조건**
(1) 충격파 방전 개시 전압이 낮을 것 보기 ④
(2) 제한 전압이 낮을 것 보기 ③
(3) 상용 주파 방전 개시 전압이 높을 것 보기 ②
(4) 속류 차단능력이 있을 것 보기 ①
(5) 방전 내량이 클 것 보기 ③

답 ③

167 중요도 ★★★ / 한국중부발전, 한국도로공사 | 1회 | 2회 | 3회

유효접지 계통에서 피뢰기의 정격전압을 결정하는 데 가장 중요한 요소는?

① 선로 애자련의 충격 섬락 전압
② 내부 이상전압 중 과도 이상전압의 크기
③ 유도뢰 전압의 크기
④ 1선 지락 고장 시 건전상의 대지전위, 즉 지속성 이상전압

해설 **피뢰기의 정격전압**

피뢰기 양단자 사이에 인가할 수 있는 상용 주파수의 최대 교류전압의 실횻값

(1) 피뢰기 방전 후 속류를 차단할 수 있는 상용 주파수 최대 전압

(2) 계통의 최고 허용전압에서 1선 지락 사고가 발생하였을 때, 건전상의 대지전위 상승(접지계수)에 약간 여유율을 갖는 전압

답 ④

168 중요도 ★★★ / 한국남동발전

1회 2회 3회

피뢰기의 속류를 차단할 수 있는 최고 교류 전압은 무엇인가?

① 제한전압　　② 정격전압　　③ 개시전압　　④ 공칭전압

해설 (1) 피뢰기의 정격전압

속류를 차단할 수 있는 최고 교류 전압

전력계통		피뢰기 정격전압[kV]	
공칭전압[kV]	중성점 접지방식	변전소	배전선로(일반)
345	유효접지	288	–
154	유효접지	144	–
66	PC 접지 또는 비접지	72	–
22	PC 접지 또는 비접지	24	–
22.9	3상 4선식 다중 접지	21	18

(2) 피뢰기의 공칭 방전전류

갭의 방전에 따라 피뢰기를 통해서 대지로 흐르는 충격 전류

(3) 충격파 방전 개시전압

피뢰기 단자 간에 충격 전압을 인가하였을 경우 방전을 개시하는 전압

(4) 상용 주파 방전 개시전압

피뢰기 단자 간에 상용 주파수의 전압을 인가하였을 경우 방전을 개시하는 전압(실횻값)

(5) 제한전압

피뢰기 방전 중 피뢰기 단자 간에 남게 되는 충격전압(피뢰기가 처리하고 남은 전압)

(6) 속류

방전전류에 이어서 전원으로부터 공급되는 상용 주파수의 전류가 직렬 갭을 통하여 대지로 흐르는 전류

답 ②

169 중요도 ★★★ / 한국수력원자력

1회 2회 3회

피뢰기의 시설을 해야 되는 경우 다음 도면에서 피뢰기 시설장소의 수는?

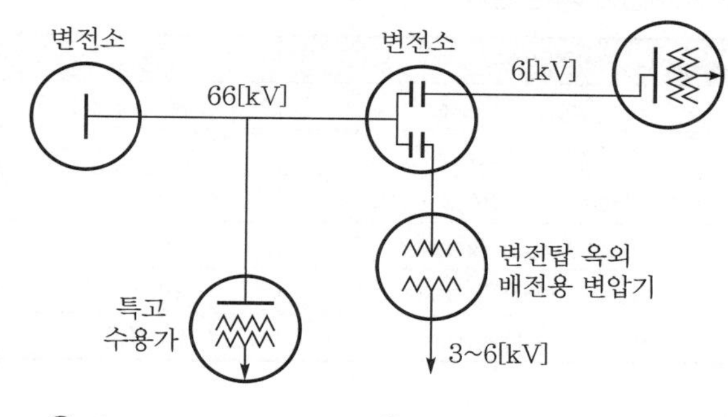

① 7　　② 6　　③ 5　　④ 4

해설 **피뢰기 설치장소**

(1) 발·변전소의 가공 선로 인입구 및 인출구
(2) 배전용 변압기의 고압 또는 특고압측
(3) 고압, 특고압 가공 전선로로 공급받는 수용가 인입구
(4) 가공 전선로와 지중 전선로가 만나는 곳

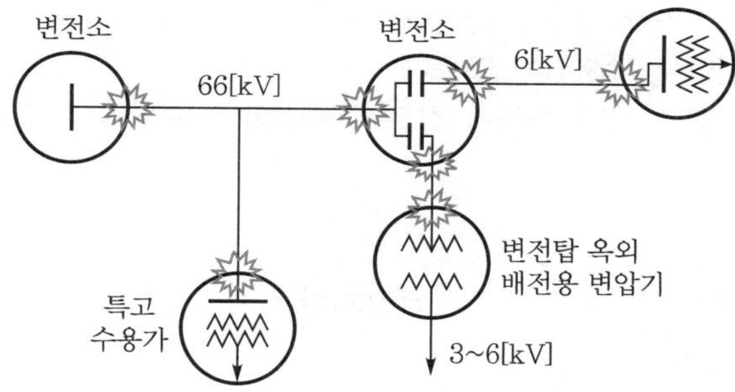

답 ①

차단기

170 중요도 ★★★ / 한국수력원자력, 한국가스공사

1회 2회 3회

차단기와 차단기의 소호매질이 틀리게 결합된 것은 어느 것인가?

① 공기 차단기 – 압축 공기
② 가스 차단기 – SF_6 가스
③ 자기 차단기 – 진공
④ 유입 차단기 – 절연유

해설 차단기는 전력 계통이 정상 운전 시에 부하 전류를 개폐하고, 계통의 사고 발생 시 고장 전류를 차단하여 전로나 전력 기기를 보호한다.

• 차단기의 종류(소호매질에 따른 분류)

약호	영문명	명칭	소호매질 & 원리
GCB	Gas Circuit Breaker	가스 차단기	SF_6(육불화황) 가스
OCB	Oil Circuit Breaker	유입 차단기	절연유
MBB	Magnetic Blow-out Circuit Breaker	자기 차단기	전자력
ABB	Air Blast Circuit Breaker	공기 차단기	압축 공기
VCB	Vacuum Circuit Breaker	진공 차단기	고진공
ACB	Air Circuit Breaker	기중 차단기	대기(기중)

 ③

171 중요도 ★★★ / 한국서부발전

1회 2회 3회

진공 차단기의 특징에 속하지 않는 것은?

① 화재 위험이 거의 없다.
② 소형 경량이고 조작 기구가 간편하다.
③ 개폐 서지 전압이 발생하지 않는다.
④ 차단 시간이 짧고 차단 성능이 회로 주파수의 영향을 받지 않는다.

해설 **진공 차단기(VCB)**

(1) 개요
① 파센의 법칙에 의거하여 10^{-4}[Torr] 이하의 진공 중으로 아크 금속 증기가 확산 후 전류 영점에서 아크 소호(옥내용)
② 고진공 중에서 전자의 고속도 확산에 의해 차단

(2) 장점
① 소형, 경량이고 조작 기구가 간편 보기 ②
② 전류 차단 후에 극간 절연회복 특성이 우수하기 때문에 차단 성능 우수 보기 ④
③ 아크가 작기 때문에 전류 차단에 의한 접점 소모량이 작고, 개폐 수명이 길기 때문에 다빈도용 차단기에 적합
④ 진공 차단기는 완전 밀폐용기이므로 차단 시에 아크나 열가스의 방출이 없고 안전하며 보수 및 점검 불필요 보기 ①
⑤ 진공에서 전류를 차단하기 때문에 차단음이 발생하지 않고, 저소음

(3) 단점
동작 시 발생하는 개폐 서지가 크기 때문에 서지 흡수기가 필요 보기 ③

 ③

172 중요도 ★★★ / 한국중부발전

1회 2회 3회

유입 차단기의 특징이 아닌 것은?

① 방음 설비가 있다.
② 부싱 변류기를 사용할 수 있다.
③ 공기보다 소호 능력이 크다.
④ 높은 재기 전압 상승에도 차단성능에 영향이 없다.

해설 **유입 차단기(OCB)**

(1) 절연유가 고온 아크에 의해 발생하는 수소 가스의 높은 열전도도를 이용하여 아크를 냉각, 소호한다.
(2) 장점
① 사용 범위가 넓고 저가이다.
② 폭발음을 내지 않으므로 방음 설비가 필요 없다.
(3) 단점
광유 사용으로 화재의 위험성이 있고 보수의 번거로움이 있다.

답 ①

173 중요도 ★★★ / 한국수력원자력, 한국남부발전

1회 2회 3회

SF_6 가스 차단기에 대한 설명으로 옳지 않은 것은?

① 공기에 비하여 소호능력이 약 100배 정도이다.
② 절연거리를 작게 할 수 있어 차단기 전체를 소형, 경량화할 수 있다.
③ SF_6 가스를 이용한 것으로서, 독성이 있으므로 취급에 유의하여야 한다.
④ SF_6 가스 자체는 불활성 기체이다.

해설 SF_6 가스는 무색 · 무취 · 무독성의 기체이다.

체크 point

가스 차단기(GCB)

① SF_6 가스의 소호능력이 공기의 100배 성능임을 이용하여 아크를 강력하게 흡습하여 소호
② 장점
- 소전류 차단 시에 발생하는 서지 전압이 작음
- 절연 신뢰도 우수 → 전류 차단 후 절연 회복 특성이 우수
- 밀폐구조(완전 밀봉방식) → 감전사고 적음, 소음 적음
- 소호 성능 우수, 보수 점검 용이 → 소호 시 아크가 작기 때문에 접촉자의 소모가 극히 적음

③ 단점
- 설치 면적이 크고 가스의 기밀 구조가 필요
- SF_6 가스가 액화되기 쉬우므로 액화방지 대책 필요

답 ③

174 중요도 ★★★ / 한국동서발전 1회 2회 3회

축소형 변전 설비(GIS)는 SF_6 가스를 사용하고 있다. 이 가스의 특성으로 옳지 않은 것은?

① 절연성이 높다. ② 가연성이다.
③ 독성이 없다. ④ 냄새가 없다.

해설 SF_6 가스는 무색, 무취, 무독성, 난연성 기체이다.

면접시험에도 나와요!

체크 point

SF_6 가스의 성질

① 물리 · 화학적 성질
- 무색, 무취, 무독성, 난연성 기체
- 안정도가 매우 높은 불활성 기체
- 비탄성 충돌
- −60[℃]에서 액화(액화방지 장치 필요)

② 전기적 성질
- 절연 강도 큼(공기에 비해 절연 내력 2～3배)
- 소호 능력 우수(공기에 비해 100배)
- 절연 회복이 빠름
- 가스 성질이 우수 → 차단기가 소형화
- 전자 친화력이 큼

답 ②

175 중요도 ★★★ / 한국가스공사 1회 2회 3회

특고압용 차단기로 사용되지 않는 것은?

① 유입 차단기 ② 공기 차단기 ③ 기중 차단기 ④ 가스 차단기

해설 (1) 고압 이상에 사용되는 차단기
가스 차단기(GCB), 자기 차단기(MBB), 진공 차단기(VCB), 유입 차단기(OCB), 공기 차단기(ABB)
(2) 저압에 사용되는 차단기
기중 차단기(ACB), 배선용 차단기(NFB, MCCB)

답 ③

176 중요도 ★★★ / 한국수력원자력 1회 2회 3회

저압 배전반의 Main 차단기로 주로 사용되는 차단기는?

① VCB 또는 TCB ② COS 또는 PF
③ ACB 또는 NFB ④ DS 또는 OS

해설 **저압에 사용되는 차단기**
기중 차단기(ACB), 배선용 차단기(NFB, MCCB)

답 ③

177 중요도 ★★ / 한국가스공사

1회 2회 3회

전력 회로에 사용되는 차단기의 차단 용량을 결정할 때 이용되는 것은?

① 예상 최대 단락 전류
② 회로에 접속되는 전부하 전류
③ 계통의 최고 전압
④ 회로를 구성하는 전선의 최대 허용 전류

해설 차단기의 차단 용량은 계통의 단락 용량 이상의 것을 선정하여야 하므로 1차측 차단기의 차단 용량은 공급측 전원의 단락 용량 이상이어야 한다. 따라서, 예상 최대 단락 전류를 이용하여 단락 용량을 산정한다.

체크 point

차단기의 정격 차단 용량(P_s)

- 차단기가 설치된 바로 2차측에 3상 단락 사고가 발생한 경우 이를 차단할 수 있는 용량의 한도
- 정격 차단 용량 산출식 : $P_s = \sqrt{3} \times V_n \times I_s$[MVA]
  여기서, V_n : 정격 전압 혹은 회복 전압[kV], I_s : 정격 차단 전류[kA]

답 ①

178 중요도 ★★★ / 2024 한국수자원공사

1회 2회 3회

3상용 차단기의 정격 차단 전압과 용량이 각각 10[kV], 120[MVA]일 때 정격 차단전류[kA]는?

① $4\sqrt{3}$　② $5\sqrt{6}$　③ $8\sqrt{3}$　④ $10\sqrt{6}$

해설 **차단기의 정격 차단 용량**
$P_s = \sqrt{3} \times V_n \times I_s$[MVA]이므로

$$I_s = \frac{P_s}{\sqrt{3}\,V_n} = \frac{120}{\sqrt{3} \times 10} = \frac{12}{\sqrt{3}} = 4\sqrt{3}\ [\text{kA}]$$

답 ①

179 중요도 ★★★ / 2024 한국중부발전

1회 2회 3회

정격 전압하에 규정된 표준 동작책무 및 동작상태에 따라 차단할 때의 차단시간 한도로서 트립 코일 여자로부터 아크의 소호까지의 시간을 말하는 용어는?

① 개극시간 ② 릴레이시간 ③ 아크시간 ④ 차단시간

해설 **차단기 정격 차단시간**

(1) 정격 차단전류(I_s)를 완전히 차단시키는 시간

(2) 보통 차단기의 정격 차단시간이란 개극시간과 아크시간의 합

① 개극시간 : 트립코일(TC) 여자 순간부터 접촉자 분리시간까지의 시간

② 아크시간 : 접촉자 분리 시부터 아크 소호까지의 시간

답 ④

180 중요도 ★★★ / 한국남부발전

1회 2회 3회

고속도 재투입용 차단기의 표준 동작책무는? (단, t는 임의 시간간격으로 재투입시간을 말하며 O = 차단동작, C = 투입동작, CO = 투입동작에 계속하여 차단동작을 하는 것을 말한다.)

① O – (3분) – CO – (3분) – CO
② CO – (15초) – CO
③ CO – (1분) – CO – (t초) – CO
④ O – (0.3초) – CO – (3분) – CO

해설 **차단기의 동작책무**

차단기에 부과된 1 ~ 2회 이상의 투입, 차단 동작을 일정 시간간격을 두고 행하는 일련의 동작을 규정한 것으로, 이를 전력 계통 특성에 맞게 표준화한 것을 '표준 동작책무'라고 한다.

구분	동작책무
일반용	O – (3분) – CO – (3분) – CO
	CO – (15초) – CO
고속도 재투입용	O – (0.3초) – CO – (3분) – CO

답 ④

181 중요도 ★★ / 한국수력원자력

1회 2회 3회

차단기 트립 방식이 아닌 것은?

① 직류 전압 트립 방식
② 콘덴서 트립 방식
③ 부족 전압 트립 방식
④ 인덕터 트립 방식

해설 **차단기 트립 방식**

(1) 직류(DC) 전압 트립 방식

별도로 설치된 축전지 등의 제어용 직류 전원의 에너지에 의하여 트립되는 방식

(2) 콘덴서(CTD) 트립 방식
충전된 콘덴서의 에너지에 의하여 트립되는 방식
(3) 과전류 트립 방식
차단기 주회로에 접속된 변류기 2차 전류에 의하여 트립되는 방식
(4) 부족 전압 트립 방식
부족 전압 트립 장치에 인가되어 있는 전압에 의하여 트립되는 방식

답 ④

182 중요도 ★ / 한국서부발전

1회 2회 3회

콘덴서용 차단기의 정격전류는 콘덴서군 전류의 몇 [%] 이상의 것을 선정하는 것이 바람직한가?

① 120 ② 130 ③ 140 ④ 150

해설 (1) 일반 회로 : 120[%] 이상
(2) 콘덴서 회로 : 150[%] 이상

답 ④

183 중요도 ★★ / 한국수력원자력

1회 2회 3회

차단기의 고속도 재폐로의 목적은?

① 고장의 신속한 제거 ② 안정도 향상
③ 기기의 보호 ④ 고장전류 억제

해설 고속도 재폐로(recloser) 차단기는 고장전류를 신속하게 차단 및 투입함으로써 안정도를 증진시킨다.

답 ②

184 중요도 ★★★ / 한국서부발전, 한국남부발전, 서울교통공사

1회 2회 3회

가스 절연 개폐 장치(GIS)의 특징이 아닌 것은?

① 감전사고 위험 감소 ② 밀폐형이므로 배기 및 소음이 없음
③ 신뢰도가 높음 ④ 변성기와 변류기는 따로 설치

해설 **가스 절연 개폐 장치(Gas Insulation Substation, Gas Insulation Switchgear)**
(1) 옥내·외 발전소 및 변전소에서 정해진 사용조건 하에서 정상 상태에서 부하전류 개폐뿐만 아니라 사고, 단락전류 등의 이상상태에서도 선로를 안전하게 개폐하여 154[kV] 전력계통을 적절히 보호하는 SF_6 가스로 절연하여 축소된 설비

(2) GIS 장점

① 설치면적의 축소
  ㉠ 종래의 변전설비에 비해 설치면적을 25[%]까지 축소 가능
  ㉡ 사용장소에 제한이 없어 염해, 공해지역에도 설치 가능
  ㉢ 토지 이용의 유연성으로 도심지, 번화가 옥내에도 설치 가능

② 안정성
  ㉠ 모든 충전부를 접지된 탱크에 내장하여 SF_6 가스로 격리되어 감전 위험 없음 보기 ①
  ㉡ SF_6 가스는 비중이 공기의 약 5.5배 정도되는 불연성으로 화재의 위험성이 작음
  ㉢ Unit별 구획으로 파급사고를 방지하고 작업용 접지 개폐기를 시설하여 사고를 방지

③ 신뢰성
  ㉠ 염해, 먼지 등에 의한 오손 또는 기후에 영향을 받지 않도록 완전 밀폐함 보기 ②
  ㉡ 주회로 마모, 열화가 적고, 정전없는 외부 작업이 가능하며 차단기 점검주기가 길
  ㉢ 내부 사고 시 가스 구획이 구분되어 사고 확대를 방지하므로 신뢰성 높음 보기 ③

④ 경제성
  ㉠ 설치가 간단하여 공사기간을 단축
  ㉡ 유지·보수, 부지비용이 증설 시 비용 절감효과가 있음

⑤ 보수·점검이 용이
  ㉠ 열화, 마모가 적고 정전없이 외관 점검 가능
  ㉡ 전자파 장해, 소음 발생, 염해, 공해 등 환경에 의한 민원 발생 요인이 적음 보기 ②

(3) GIS 단점

① 밀폐구조로 육안 점검이 곤란
② SF_6 가스의 압력과 수분 함량에 주의가 필요
③ 한랭지, 산악지방 등에서는 액화 방지 대책(장치)이 필요
④ 사고의 대응이 부적절한 경우 대형 사고 유발 → 가스압력, 수분 등을 엄중하게 감시
⑤ 고장 발생 시 조기복구, 임시복구가 거의 불가능 → 내부 점검 및 부품 교환이 번거로움
⑥ 기기 가격이 고가

답 ④

전력 퓨즈

185 중요도 ★★★ / 한국서부발전, 한국도로공사, 인천교통공사 1회 2회 3회

전력 퓨즈(power fuse)는 고압, 특고압 기기의 주로 어떤 전류의 차단을 목적으로 설치하는가?

① 충전 전류 ② 부하 전류 ③ 단락 전류 ④ 영상 전류

해설 **전력 퓨즈의 기능**

(1) 부하 전류는 안전하게 통전(과도 전류, 과부하 전류는 용단되지 않음)
(2) 이상 전류나 사고 전류(단락 전류)에 대해서는 즉시 차단

답 ③

186 중요도 ★★★ / LH공사

1회 2회 3회

전력 퓨즈(fuse)에 대한 설명 중 옳지 않은 것은?

① 차단 용량이 크다. ② 보수가 간단하다.
③ 재투입이 가능하다. ④ 가격이 저렴하다.

해설 (1) 전력 퓨즈의 장점
① 가격이 저렴 보기 ④
② 보수 간단 보기 ②
③ 소형으로 큰 차단용량
④ 소형, 경량 보기 ①
⑤ 고속 차단
⑥ 현저한 한류 특성
⑦ 후비 호보 완벽
⑧ 한류형은 차단 시 무소음, 무방출
⑨ 릴레이나 변성기가 불필요
(2) 전력 퓨즈의 단점
① 재투입 불가 보기 ③
② 과도 전류 용단 가능
③ 동작 시간 - 전류 특성 조정 불가(시한 특성 조정 불가)
→ 동작 시간과 전류 특성을 계전기처럼 자유롭게 조정할 수 없다.
④ 비보호 영역, 결상 우려
⑤ 한류형 차단 시 과전압 발생
⑥ 고임피던스 접지계통 보호 불가

면접시험에도 나와요!

답 ③

단로기

187 중요도 ★★★ / 한국수력원자력, 인천교통공사

1회 2회 3회

단로기(disconnecting switch)의 사용 목적은?

① 과전류의 차단 ② 단락 사고의 차단
③ 부하의 차단 ④ 회로의 개폐

해설 **단로기의 설치 목적**
(1) 고압 이상의 전로에서 단독으로 선로의 접속 또는 분리하는 것을 목적으로 무부하 시 선로 개폐
(2) 아크 소호 능력이 없으므로 부하 전류 개폐를 하지 않는 것이 원칙
(3) 차단기, 변압기, 피뢰기 등 고전압 기기의 1차측 접속, 기기의 점검, 수리 시 회로 차단

답 ④

188 중요도 ★★★ / 한국도로공사

1회 2회 3회

다음 중 무부하 시의 충전전류 차단만이 가능한 기기는?

① 진공차단기　② 유입차단기　③ 단로기　④ 자기차단기

해설 **단로기의 개폐 가능 전류**

(1) 변압기 여자전류
(2) 무부하 충전전류

답 ③

189 중요도 ★★★ / 한국남부발전, 한국도로공사

1회 2회 3회

인터록(interlock)의 설명으로 옳게 된 것은?

① 차단기가 열려 있어야만 단로기를 닫을 수 있다.
② 차단기가 닫혀 있어야만 단로기를 닫을 수 있다.
③ 차단기와 단로기는 제각기 열리고 닫힌다.
④ 차단기의 접점과 단로기의 접점이 기계적으로 연결되어 있다.

해설 **단로기, 차단기의 인터록**

(1) 조건
　CB와 DS가 직렬 연결(병렬에서는 성립하지 않음)
(2) 정의
　차단기가 열려 있어야 단로기 조작 가능

답 ①

190 중요도 ★★★ / 한국수력원자력, 한국서부발전

1회 2회 3회

다음 그림과 같은 배전선이 있다. 부하에 급전 및 정전할 때 조작방법 중 옳은 것은?

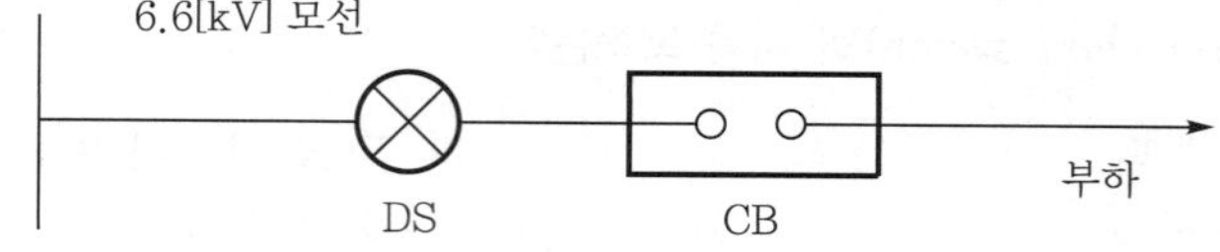

① 급전 및 정전할 때는 항상 DS, CB 순으로 한다.
② 급전 및 정전할 때는 항상 CB, DS 순으로 한다.
③ 급전 시는 DS, CB 순이고 정전 시는 CB, DS 순이다.
④ 급전 시는 CB, DS 순이고 정전 시는 DS, CB 순이다.

해설 (1) 급전(투입) 시 : DS on → CB on
(2) 정전(차단) 시 : CB off → DS off

답 ③

191 중요도 ★★★ / 한국도로공사

1회 2회 3회

22.9[kV] 가공 배전선로에서 주공급선로의 정전사고 시 예비 전원선로로 자동 전환되는 개폐장치는?

① 고장구간 자동 개폐기 ② 자동선로 구분 개폐기
③ 자동부하 전환 개폐기 ④ 기중부하 개폐기

해설 **자동고장 구분 개폐기(ASS : Automatic Section Switch)**

(1) 수용가 인입구 설치
(2) 과부하 또는 고장전류 발생 시 고장구간을 신속히 자동분리하여 고장이 계통에 파급되는 것을 방지
(3) 적용범위
22.9[kV-Y] 특고압 수용가의 책임분계점 구분 개폐기 및 수전설비 보호장치로 300~1000 [kVA] 이하 설치

우리나라 배전전압은 22.9[kV-Y] 3상 4선식 다중 접지방식으로, 단점 중 하나인 지락의 경우 지락전류가 너무 커서 한전 배전선로의 리클로저나 차단기를 동작시켜서 많은 수용가에 피해를 유발시킴에 따라 ASS를 사용하여 건전 수용가의 피해를 최소화하기 위한 방안

면접시험에도 나와요!

답 ①

08 보호계전시스템

192 중요도 ★★ / 한국가스공사, LH공사

1회 2회 3회

환상 선로의 전원이 1군데인 경우 단락 보호에 사용하는 계전 방식은?

① 방향 거리 계전 방식 ② 비율 차동 계전 방식
③ 과전류 계전 방식 ④ 방향 단락 계전 방식

해설 (1) 환상 선로의 단락 사고 보호 방식
① 방향 단락 계전 방식 : 전원이 1개소에 있는 환상 선로(단락 방향 계전기 ; DSR)
② 방향 거리 계전 방식 : 전원이 2개소 이상에 있는 환상 선로(방향 거리 계전기 ; DZR)
(2) 전원이 1단에만 있는 방사상 선로의 보호
① 고장전류는 모두 발전소로부터 방사상으로 흐른다.
② 적용되는 계전기 : 과전류 계전기(OCR)

(3) 전원이 양단에 있는 방사상 선로의 보호

① 전원이 양단에 있는 경우 단락 전류가 양측에서 흘러 들어가므로 과전류 계전기만으로 고장 구간을 선택하여 차단할 수 없다.

② 단락 방향 계전기(DSR)와 과전류 계전기(OCR)를 조합시켜 보호한다.

답 ④

193 중요도 ★★ / 한국남부발전 1회 2회 3회

모선 보호에 사용되는 계전 방식은?

① 과전류 계전 방식
② 전력 평형 보호 방식
③ 표시선 계전 방식
④ 전류 차동 계전 방식

해설 **모선(bus) 보호 방식**

(1) 전압 차동 보호 방식

각 모선에 설치된 CT의 2차 회로를 차동 접속하고 거기에 임피던스가 큰 전압 계전기를 설치한 것으로, 모선 내 고장에서는 계전기에 큰 전압이 인가되어서 동작하는 방식

(2) 전류 차동 보호 방식

각 모선에 설치된 CT의 2차 회로를 차동 접속하고 거기에 과전류 계전기를 설치한 것으로서, 모선 내 고장에서는 모선에 유입되는 전류의 총계와 유출하는 전류의 총계가 다르다는 것을 이용하여 고장을 검출하는 방식

(3) 위상 비교 계전 방식

모선에 접속된 각 회선의 전류 위상을 비교함으로써 모선 내 고장인지 외부 고장인지를 판별하는 방식

(4) 방향 거리 계전 방식

모선에 접속된 각 회선에 전력 방향 계전기 또는 거리 방향 계전기를 설치하여 모선으로부터 유출하는 고장 전류가 없는데 어느 회선으로부터 모선 방향으로 고장 전류의 유입이 있는지를 파악하여 모선 내 고장인지 외부 고장인지를 판별하는 방식

답 ④

보호 계전기의 구비조건

194 중요도 ★★★ / 한국서부발전, 한국가스공사 1회 2회 3회

보호 계전기가 구비하여야 할 조건이 아닌 것은?

① 보호 동작이 정확, 확실하고 감도가 예민할 것
② 열적·기계적으로 견고할 것
③ 가격이 싸고, 또 계전기의 소비 전력이 클 것
④ 오래 사용하여도 특성의 변화가 없을 것

해설 **보호 계전기의 구비조건**

(1) 고장 상태를 식별하여 정도를 파악할 수 있을 것
(2) 고장 개소를 정확히 선택할 수 있을 것
(3) 동작이 예민하고 오동작이 없을 것
(4) 적절한 후비 보호 능력이 있을 것
(5) 소비 전력이 적고 경제적일 것
(6) 오래 사용해도 특성 변화가 없을 것
(7) 열적·기계적으로 견고할 것

답 ③

195 중요도 ★★ / 한국서부발전 1회 2회 3회

계전기가 동작해야 될 경우에 동작하지 않는 것을 나타내는 용어는?

① 정동작 ② 정부동작 ③ 오동작 ④ 오부동작

해설 **보호계전기의 동작 상태**

(1) 정동작
동작해야 할 때 동작하는 것
(2) 정부동작
동작하지 않아야 할 때 동작하지 않는 것
(3) 오동작
동작하지 않아야 할 때 동작하는 것
(4) 오부동작
동작해야 할 때에 동작하지 않는 것

답 ④

보호 계전기의 동작시한 특성

196 중요도 ★★★ / 한국남부발전, 한국가스공사 1회 2회 3회

보호 계전기의 정한시 특성은?

① 최소 동작 전류 이상의 전류가 흐르면 즉시 동작하는 특성
② 동작 전류가 커질수록 동작 시간이 짧게 되는 특성
③ 동작 전류의 크기에 관계없이 일정한 시간에 동작하는 특성
④ 동작 전류가 적은 동안에는 동작 전류가 커질수록 동작 시간이 짧게 되고 어떤 전류 이상이면 동작 전류의 크기에 관계없이 일정한 시간에서 동작하는 특성

해설 ① 순한시 계전기
② 반한시 계전기
③ 정한시 계전기
④ 반한시 정한시 계전기

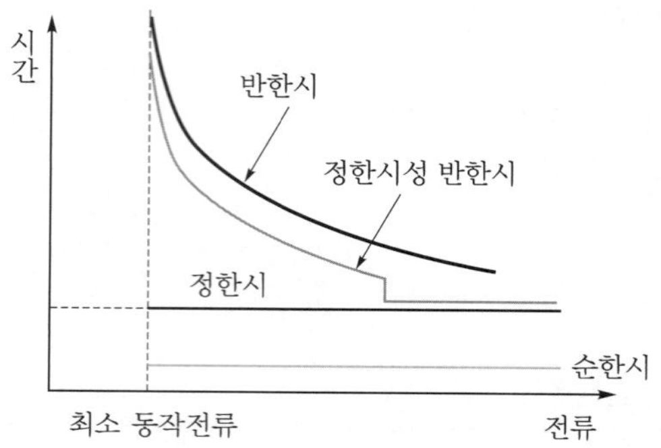

체크 point

보호 계전기의 동작 시한 특성

① 순한시(고속도) 계전기(특성)
- 계전기에 정정(setting)된 최소 동작 전류 이상의 전류가 흐르면 즉시 동작
- 고장 즉시 동작

② 정한시 계전기(특성)
- 정정된 값 이상의 전류가 흘렀을 때 크기에 관계없이(증감에 관계없이) 정해진 시간 후 동작
- 고장 후 일정 시간이 경과하면 동작

③ 반한시 계전기(특성)
- 동작 전류가 클수록 빨리 동작하고, 동작 전류가 작을 때는 늦게 동작
- 고장 전류의 크기에 반비례하여 동작

④ 반한시 정한시 계전기(특성)
- 정한시 계전기+반한시 계전기 특성의 조합
- 동작 전류가 작을 때에는 늦게 동작하고, 동작 전류가 클 때에는 빨리 동작

답 ③

197 중요도 ★★★ / 2024 서울교통공사 1회 2회 3회

최소 전류 이상의 전류가 흐르면 전류 크기와 동작 시간이 반비례로 동작하는 계전기는?

① 순한시 계전기 ② 정한시 계전기 ③ 반한시 계전기
④ 정한시반한시 계전기 ⑤ 순한시 반한시 계전기

해설 **반한시 계전기(특성)**
(1) 동작 전류가 클수록 빨리 동작하고, 동작 전류가 작을 때는 늦게 동작
(2) 고장 전류의 크기에 반비례하여 동작

답 ③

198 중요도 ★★★ / 2024 한국중부발전 1회 2회 3회

고장 전류가 작은 동안에는 고장 전류가 클수록 동작 시한이 짧게 되지만 고장 전류가 일정 값 이상이 되면 정한시 특성을 갖는 계전기는?

① 순한시 계전기 ② 정한시 계전기
③ 반한시 계전기 ④ 반한시 정한시성 계전기

해설 **반한시 정한시 계전기(특성)**
(1) 정한시 계전기 + 반한시 계전기 특성의 조합
(2) 동작 전류가 작을 때에는 늦게 동작하고, 동작 전류가 클 때에는 빨리 동작

답 ④

보호 계전기의 종류

199 중요도 ★★ / 한국남부발전 1회 2회 3회

과전류 계전기의 탭값은 무엇으로 표시되는가?

① 계전기의 최소 동작 전류 ② 계전기의 최대 부하 전류
③ 계전기의 동작 시한 ④ 변류기의 권수비

해설 과전류 계전기는 전류가 어느 정규값 이상으로 흘렀을 경우에 계전기가 동작하여 전기회로를 차단하여 기기를 보호하는 장치이다.

답 ①

200 중요도 ★★★ / 한국중부발전 1회 2회 3회

다음 중 지락 고장에 응답하도록 설계되어 사용하는 계전기는?

① GR ② OVR ③ OCR ④ UVR

해설 (1) 단락 보호용 계전기
① 과전류 계전기(OCR : Over Current Relay) : 계전기에 일정 값 이상의 전류가 흘렀을 때 동작
② 과전압 계전기(OVR : Over Voltage Relay) : 계전기에 인가하는 전압이 그 예정 값과 같거나 또는 그 이상으로 되었을 때 동작
③ 부족전압 계전기(UVR : Under Voltage Relay) : 배전 선로에 순간 정전이나 단락 사고 등에 의한 전압 강하 시 PT에서 이상 저전압을 검출하여 동작

(2) 지락 보호용 계전기(GR)
① 과전류 지락 계전기(OCGR : Over Current Ground Relay) : 과전류 계전기의 동작 전류를 특별히 작게 한 것으로 지락 고장 보호용으로 사용

② 방향 지락 계전기(DGR : Directional Ground Relay) : 과전류 지락 계전기에 방향성을 부여한 것
③ 선택 지락 계전기(SGR : Selective Ground Relay) : 병행 2회선 송전선로에서 한쪽의 1회선에만 지락 사고가 일어났을 경우 이것을 검출하여 고장회선만을 선택 차단할 수 있도록 선택 단락 계전기의 동작전류를 특별히 작게 한 것

답 ①

201 중요도 ★★ / 한국동서발전

1회 2회 3회

UFR(Under Frequency Relay)의 역할로서 적당하지 않은 것은?

① 발전기 보호 ② 계통 안전 ③ 전력 제한 ④ 전력 손실 감소

해설 발전기의 주파수가 낮아지면 계통이 불안정하게 되고 심하면 붕괴되므로, 일정량의 부하를 차단함으로써 계통의 발전력 부족을 상쇄시켜 계통 주파수를 회복시킨다.

답 ④

202 중요도 ★★ / 한국서부발전

1회 2회 3회

다음의 계전기 중에서 37번 계전기는 어느 것인가?

① 비율 차동 계전기
② 과전류 계전기
③ 부족 전류 계전기
④ 전력 방향 계전기

해설 **주요 보호 계전기 명칭 및 번호**

(1) 27 : 부족 전압 계전기(UVR)
(2) 37 : 부족 전류 계전기(UCR) → 37A(교류 부족 전류 계전기), 37D(직류 부족 전류 계전기)
(3) 51 : 과전류 계전기(OCR) → 51G(지락 과전류 계전기), 51N(중성점 과전류 계전기), 51V(전압 억제 부과 전류 계전기)
(4) 52 : 차단기(CB) → 52C(차단기 투입코일), 52T(차단기 트립코일)
(5) 59 : 과전압 계전기(OVR)
(6) 64 : 지락 과전압 계전기(OVGR)
(7) 67 : 지락 방향 계전기(DGR)
(8) 87 : 비율 차동 계전기(전류 차동 계전기) → 87B(모선 보호 차동 계전기), 87G(발전기용 차동 계전기), 87T(주변압기 차동 계전기)

답 ③

203 중요도 ★★★ / 한국남부발전, 한국도로공사, 한국가스공사, 서울교통공사 1회 2회 3회

발전기나 주변압기의 내부 고장에 대한 보호용으로 가장 적당한 계전기는?

① 차동 전류 계전기 ② 과전류 계전기
③ 비율 차동 계전기 ④ 온도 계전기

해설 **비율 차동 계전기(RDR 또는 PDR)**
발전기 또는 변압기 전류와 계전기의 차전류에 의해 동작하는 것이 아니고 피보호기기(발전기, 변압기, 모선)의 1차 전류와 2차 전류의 차가 일정 비율 이상으로 되었을 때 동작하는 계전기로, 변압기 및 발전기의 내부 고장 보호에 사용된다.

답 ③

204 중요도 ★★ / LH공사 1회 2회 3회

발전기 보호용 비율 차동 계전기의 특성이 아닌 것은?

① 외부 단락 시 오동작을 방지하고 내부 고장 시만 예민하게 동작한다.
② 계전기의 최소 동작 전류를 일정치로 고정시켜 비율에 의해 동작한다.
③ 발전기 전류와 차전류의 비율에 의해 동작한다.
④ 외부 단락으로 전기자 전류 급증 시 계전기의 최소 동작 전류도 증대된다.

해설 **비율 차동 계전기(RDR 또는 PDR)**
CT비의 부정합, CT의 오차, ULTC의 사용 등에 의해서 내부 고장이 아닌 경우에도 차전류가 발생하여 계전기가 오동작하는 것을 방지하기 위하여 억제 코일을 설치하여 억제 전류에 대한 차전류의 비율이 설정값 이상에서만 동작하는 계전기

답 ③

205 중요도 ★★ / 한국수력원자력 1회 2회 3회

전원이 두 군데 이상 있는 환상 선로의 단락 보호에 사용되는 계전기는?

① 과전류 계전기(OCR)
② 방향 단락 계전기(DS)와 과전류 계전기(OCR)의 조합
③ 방향 단락 계전기(DS)
④ 방향 거리 계전기(DZ)

해설 (1) 전원이 2군데 이상 환상 선로의 단락 보호 → 방향 거리 계전기(DZ)
(2) 전원이 2군데 이상 방사 선로의 단락 보호 → 방향 단락 계전기(DS)와 과전류 계전기(OC) 조합

답 ④

206 중요도 ★★ / 한국중부발전

1회 2회 3회

전원이 양단에 있는 방사상 송전선로의 단락 보호에 사용되는 계전기는?

① 방향 거리 계전기(DZ) – 과전압 계전기(OVR)의 조합
② 방향 단락 계전기(DS) – 과전류 계전기(OCR)의 조합
③ 선택 접지 계전기(SGR) – 과전류 계전기(OCR)의 조합
④ 부족 전류 계전기(USR) – 과전압 계전기(OVR)의 조합

해설 (1) 전원이 2군데 이상 환상 선로의 단락 보호 → 방향 거리 계전기(DZ)
(2) 전원이 2군데 이상 방사 선로의 단락 보호 → 방향 단락 계전기(DS)와 과전류 계전기(OC) 조합

 ②

207 중요도 ★★ / 한국중부발전

1회 2회 3회

영상 변류기를 사용하는 계전기는?

① 과전류 계전기 ② 과전압 계전기 ③ 접지 계전기 ④ 차동 계전기

해설 비접지 또는 GVT(접지형 계기용 변압기)에 의한 중성점 접지의 경우는 지락 전류[mA]가 매우 작아서 3상 일괄 철심인 영상 변류기(ZCT)를 사용하여 영상 전류를 검출하고 이와 연결된 접지(지락) 계전기(GR)를 동작시켜 차단기를 통해 차단하도록 한다.

답 ③

208 중요도 ★★ / 한국수력원자력

1회 2회 3회

다음의 보호 계전기와 보호 대상의 결합으로 적당한 것은?

보호 대상
- 발전기의 상간 층간 단락 보호 : A
- 변압기의 내부 고장 : B
- 송전선의 지락 보호 : C, 고압 전동기 : D

보호 계전기
- 부흐홀츠 계전기 : BH
- 과전류 계전기 : OC, 차동 계전기 : DF
- 지락 회선 선택 계전기 : SG

① A – DF, B – BH, C – SG, D – OC
② A – SG, B – BH, C – OC, D – DF
③ A – DF, B – SG, C – OC, D – BH
④ A – BH, B – OC, C – DF, D – SG

해설

- 발전기(A) – 차동 계전기(DF)
- 변압기(B) – 부흐홀츠 계전기(BH)
- 송전선(C) – 지락 선택 계전기(SG)
- 고압 전동기(D) – 과전류 계전기(OC)

(1) 부흐홀츠 계전기
변압기 내부 고장 발생 시 가스의 부력과 절연유의 유속을 이용하여 변압기 내부 고장을 검출하는 계전기로서, 변압기와 콘서베이터 사이에 설치되어 이용

(2) 과전류 계전기
일정 값 이상의 전류가 흘렀을 때 동작하는 계전기로, 주로 과부하 또는 단락 보호용으로 쓰임

(3) 차동 계전기
주로 발전기, 변압기, 모선 보호 계전기로서, 양단의 전류차 또는 전압차에 의해 동작하는 계전기이며 발전기나 변압기의 상간 층간 단락 사고로부터 보호하는 계전기

(4) 지락 회선 선택 계전기
다회선 사용 시 지락 고장 회선만을 선택하여 신속히 차단할 수 있도록 하는 계전기

답 ①

209 중요도 ★ / 한국남부발전, 한국수력원자력

1회 2회 3회

계기용 변압기의 종류가 아닌 것은?

① 건식 및 몰드식 권선형
② 유입식 권선형
③ 저항 분압형
④ 콘덴서형

해설 (1) 계기용 변압기(PT 또는 VT)
고압 및 특고압을 저압으로 변성하여 계측기나 계전기에 공급

(2) 권선 형태에 따른 분류
① 권선형
㉠ 1차 및 2차 모두가 권선으로 제작되어 권수비에 따라 변압비가 결정
㉡ 절연 방식에 따라 유입형, 몰드형, 건식형, 가스형으로 분류
② CCPD형(Coupling Capacitance Potential Device) : 고전압측을 권선 대신 커패시턴스를 이용하여 1차 전압을 분압시킨 후 사용하기 적당한 전압 탭(tap)을 만들어 이 전압을 권선형 PT로 필요한 2차 전압을 얻는 방식

답 ③

210 중요도 ★★★ / 한국수력원자력

1회 2회 3회

3상으로 표준 전압 3[kV], 800[kW]를 역률 0.9로 수전하는 공장의 수전 회로에 시설할 계기용 변류기의 변류비로 적당한 것은? (단, 변류기의 2차 전류는 5[A]이며, 여유율은 1.2로 한다.)

① 10
② 20
③ 30
④ 40

해설 (1) 변류기(CT)

대전류를 소전류로 변성하여 측정 계기나 보호 계전기에 안전하게 공급하는 장치

(2) CT 1차측 전류

$$I_1 = \frac{P}{\sqrt{3}\ V_2 \cos\theta} \times \text{여유율}$$

$$= \frac{800}{\sqrt{3} \times 3 \times 0.9} \times 1.2 = 205.28[\mathrm{A}]$$

변류기 2차측 정격 전류는 5[A]이므로 변류비는 200/5, 즉 40이다.

답 ④

211 중요도 ★★★ / 한국수력원자력, 한국도로공사, 서울교통공사

1회 2회 3회

배전반에 접속되어 운전 중인 PT와 CT를 점검할 때의 조치 사항으로 옳은 것은?

① CT는 단락시킨다.
② PT는 단락시킨다.
③ CT와 PT 모두를 단락시킨다.
④ CT와 PT 모두를 개방시킨다.

해설 **PT와 CT의 점검**

(1) PT의 점검

PT 점검 및 수리 시 2차측을 단락시키면 2차측에 매우 큰 전류가 흐르므로 과열, 소손의 우려가 발생된다. 따라서, PT 점검 시 2차측은 반드시 개방시킨다.

(2) CT의 점검

CT 점검 시 2차측을 개방상태로 두었을 때 1차측의 전류가 모두 여자전류가 되어 2차측에 고전압이 유기되어 절연 파괴의 우려가 있다. 따라서, CT 2차측을 단락하여 2차측 절연을 보호한다.

답 ①

212 중요도 ★★ / 한국가스공사, 한국도로공사

1회 2회 3회

6.6[kV] 3상 3선식 배전 선로에서 완전 1선 지락 고장이 발생하였을 때 GPT 2차에 나타나는 전압의 크기는? $\left(\text{단, GPT는 변압기 3대로 구성되어 있으며, 변압기의 변압비는 } \frac{6600}{\sqrt{3}} \Big/ \frac{110}{\sqrt{3}}[\text{V}]\text{이다.}\right)$

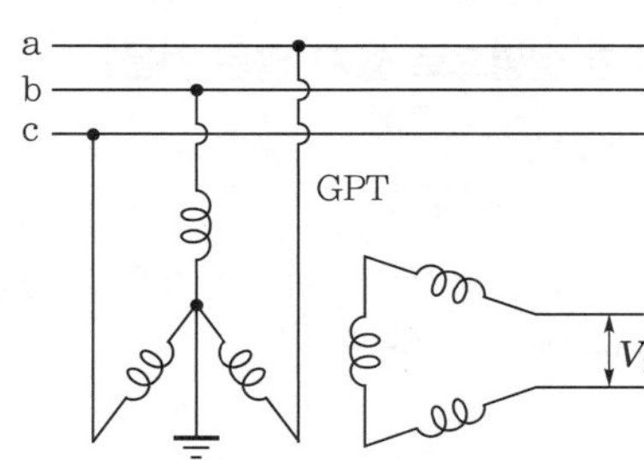

① $\frac{110}{\sqrt{3}}$[V] ② 110[V] ③ $\sqrt{3} \times 110$[V] ④ 3×110[V]

해설 1선 지락 시 GPT 2차측에 나타나는 전압은 정상 상태에서 GPT 2차측에 1상의 전압은 $\frac{110}{\sqrt{3}}$[V]이지만 V_2에 나타난 전압은 3배의 영상 전압이 나타나므로

$\therefore\ V_2 = \frac{110}{\sqrt{3}} \times 3 = 110\sqrt{3} = 190$[V]

답 ③

213 중요도 ★★ / 한국수력원자력, 인천교통공사, 서울교통공사

1회 2회 3회

비접지 3상 3선식 배전 선로에서 선택 지락 보호를 하려고 한다. 필요치 않은 것은?

① DG ② CT ③ ZCT ④ GPT

해설 **비접지 계통에서 지락 사고 시**

GPT를 이용한 영상전압을, ZCT를 통한 영상전류를 검출하여 SGR(선택 지락 계전기)을 설치하여 방향성을 갖게 하여 보호한다.

 ②

09 배전방식 및 운용

배전방식

214 중요도 ★★ / KPS 1회 2회 3회

루프(loop) 배전방식에 대한 설명으로 옳지 않은 것은?

① 선로의 전류 분포가 좋다.
② 전압 강하 및 전력 손실이 적다.
③ 선로에 고장이 일어난 경우 고장 부분을 제거하고 공급을 계속할 수 있다.
④ 부하밀도가 작은 농어촌에 적당하다.
⑤ 시설비가 많이 든다.

해설 **환상식(loop system)**
배전 간선이 하나의 환상선으로 구성되고 수요 분포에 따라 임의의 각 장소에서 분기선을 끌어서 공급하는 방식
(1) 전류 통로에 대한 융통성이 있다. 보기 ①
(수지식보다) 전력 손실과 전압 강하가 작다. 보기 ②
(2) (수지식에 비해) 전선량 증가, 증설 복잡
보호방식 복잡, 설비비가 비싸다. 보기 ③, ⑤
(3) 선로의 고장 발생 시 고장 개소의 분리 조작이 용이해 정전 범위 감소 보기 ③
㉠ 좌우 양쪽에서 전력 공급이 가능, 고장 발생 시 빨리 분리
㉡ 공급 신뢰도가 향상
(4) 수용 밀도가 큰 지역에 적합(부하 밀집지역에 적합) 보기 ④

답 ④

215 중요도 ★★ / 2024 한국중부발전 1회 2회 3회

저압 네트워크 배전방식에 대한 설명으로 틀린 것은?

① 전압 강하가 작다.
② 설비가 많아 이용률이 낮다.
③ 무정전 공급의 신뢰도가 높다.
④ 부하의 증가에 대한 적응성이 크다.

해설 **망상식(network system)**
(1) 개요
① 배전 간선을 망상으로 접속하고 이 망상 계통 내의 수개소의 접속점에 급전선을 연결한 것
② 같은 변전소의 같은 변압기에서 나온 2회선 이상의 고압 배전선에 접속된 변압기의 2차측을 같은 저압선에 연결하여 부하에 전력을 공급하는 방식

(2) 특징

① 한 회선에 사고가 발생해도 다른 회선에서 무정전 공급 가능 보기 ③
→ 공급 신뢰도가 가장 높아 대도시에 적합(대형 빌딩가 등)

② 플리커 및 전압 변동률이 작고 전력 손실과 전압 강하가 작다. 보기 ①

③ 기기의 이용률이 향상되고, 부하 증가에 대한 적응성이 높다. 보기 ②, ④

④ 변전소의 수를 줄일 수 있다.

⑤ 차단기, 방향성 계전기, 퓨즈 등으로 구성된 네트워크 프로텍터 등의 특별한 보호장치가 필요
→ 설비비(건설비)가 비싸다.

답 ②

216 중요도 ★★ / 한국수력원자력

1회 2회 3회

배전 방식에 있어서 저압 방사상식에 비교하여 저압 뱅킹 방식이 유리한 점 중에서 틀린 것은?

① 전압 동요가 작다.
② 고장이 광범위하게 파급될 우려가 없다.
③ 단상 3선식에서는 변압기가 서로 전압 평형 작용을 한다.
④ 부하 증가에 대하여 융통성이 좋다.

해설 **저압 뱅킹 방식**

(1) 동일 고압 배전 선로에 접속되어 있는 2대 이상의 배전용 변압기를 경우해서 저압측 간선을 병렬로 접속하는 방식 → 인접 변압기는 같은 고압선으로 공급하면서 그 2차측만 서로 연락

① 변압기의 공급전력을 서로 융통시킴으로써 변압기 용량 저감 보기 ③, ④

② 전압 변동 및 전력 손실 경감 보기 ①

③ 부하 증가에 대한 대응 가능한 탄력성 향상

④ 캐스케이딩 현상 발생 → 구분 퓨즈를 설치하여 사고 확산 방지 보기 ②
고장 시 정전범위가 축소되어 공급 신뢰도 향상

⑤ 플리커 현상 감소

(2) 저압 뱅킹 방식은 캐스케이딩 현상에 의해 고장이 광범위하게 파급될 우려가 있다. 따라서, 구분 퓨즈를 설치하여 사고 확산을 방지한다.

답 ②

217 중요도 ★★★ / 한국수력원자력, 한국중부발전, 한국도로공사, 인천교통공사

1회 2회 3회

저압 뱅킹 배전 방식에서 저전압의 고장에 의하여 건전한 변압기의 일부 또는 전부가 차단되는 현상은?

① 플리커(Flicker)
② 캐스케이딩(Cascading)
③ 밸런서(Balancer)
④ 아킹(Arcing)

해설 **캐스케이딩 현상**

(1) 변압기 2차측 저압선 일부의 발생한 사고가 단락 보호 장치로 제거 구분되지 않아 사고 범위가 확대되어 나가는 현상
(2) 변압기 또는 저압선에 고장이 일어나면 1차측 퓨즈 및 변압기 양측의 구분 퓨즈가 용단해서 그 구간의 수용가만 정전
 ① 변압기 퓨즈와 구분 퓨즈와의 용단 특성에 협조가 잘 취해져 있지 않으면 사고가 더 큰 범위로 확대될 우려
 ② 구분 퓨즈는 변압기 퓨즈보다 빨리 끊어져야 한다.

답 ②

전기방식

218 중요도 ★★ / 한국서부발전, 한국가스공사

1회 2회 3회

저압 단상 3선식 배전 방식의 단점은?

① 절연이 곤란하다.
② 전압의 불평형이 생기기 쉽다.
③ 설비 이용률이 나쁘다.
④ 2종의 전압을 얻을 수 있다.

해설 **단상 3선식**

(1) 주상 변압기 저압측 2개의 권선을 직렬로 하고 그 접속의 중간점으로부터 중성선을 끌어내어서 전선 3가닥으로 배전하는 방식이다.
(2) 2종류의 전압을 얻을 수 있다.
(3) 경제적인 배전 방식 → 전선 소요량 및 전력 손실 감소
(4) 전압 강하, 전력 손실이 평형부하의 경우 경감된다.
(5) 상시의 부하에 불평형이 있으면 부하전압은 불평형으로 된다.
(6) 중성선에는 퓨즈(과전류 차단기)를 설치해서는 안 된다.
 → 중성선이 단선되면 불평형 부하일 경우 부하 전압에 심한 불평형이 발생 → 전압 불평형을 줄이기 위하여 선로 말단에 저압 밸런서 설치

답 ②

219 중요도 ★★ / 대구교통공사

1회 2회 3회

교류 단상 3선식 배전 방식은 교류 단상 2선식에 비해 어떠한가?

① 전압 강하가 작고, 효율이 높다.
② 전압 강하가 크고, 효율이 높다.
③ 전압 강하가 작고, 효율이 낮다.
④ 전압 강하가 크고, 효율이 낮다.

해설 교류 단상 3선식이 교류 단상 2선식에 비해 승압된 전압을 얻을 수 있다.

따라서, 전압 강하의 식 $e=\frac{P}{V}(R+X\cdot\tan\theta)$[V]에서 $e\propto\frac{1}{V}$이므로 전압 강하는 작고,

전력 손실의 식 $P_l=\frac{P^2R}{V^2\cos^2\theta}$[W]에서 $P_l\propto\frac{1}{V^2}$이므로 전력 손실이 작아져 효율은 높다.

답 ①

220 중요도 ★★ / 한국남동발전, 지역난방공사 1회 2회 3회

그림과 같은 단상 3선식 회로의 중성선 P점에서 단선되었다면 백열등 A(100[W])와 B(400[W])에 걸리는 단자 전압은 각각 몇 [V]인가?

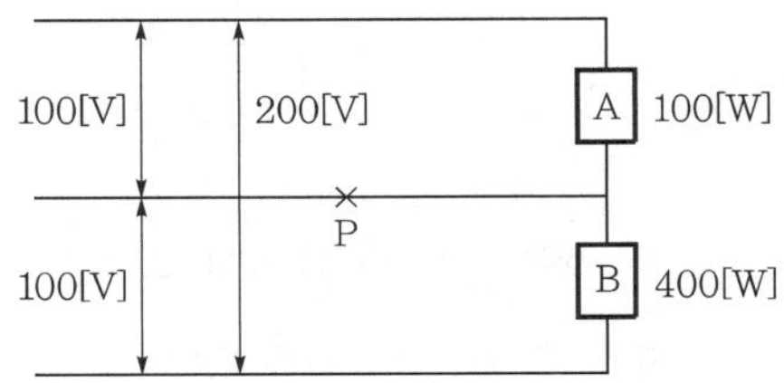

① $V_A=160$[V], $V_B=40$[V]
② $V_A=120$[V], $V_B=80$[V]
③ $V_A=40$[V], $V_B=160$[V]
④ $V_A=80$[V], $V_B=120$[V]

해설 **단상 3선식에서 전압 불평형**

중성선이 단선된 경우 부하 A와 B는 직렬 접속되어 전체 전압이 200[V]가 걸리게 된다. 따라서, 전압 분배를 이용하여 A와 B의 단자 전압을 구하면 된다.

먼저 A, B 부하의 저항을 각각 R_A, R_B라 하면

$P_A=\frac{V^2}{R_A}$[W], $P_B=\frac{V^2}{R_B}$[W] 식에서

$$R_A=\frac{V^2}{P_A}=\frac{100^2}{100}=100[\Omega],\ R_B=\frac{V^2}{P_B}=\frac{100^2}{400}=25[\Omega]$$

$$\therefore\ V_A=\frac{R_A}{R_A+R_B}\times V=\frac{100}{100+25}\times 200=160[\text{V}]$$

$$V_B=\frac{R_B}{R_A+R_B}\times V=\frac{25}{100+25}\times 200=40[\text{V}]$$

답 ①

221 중요도 ★★ / 2024 한국수자원공사 1회 2회 3회

송전 전력, 부하 역률, 송전 거리, 선간 전압, 전력 손실이 모두 같을 때 3상 3선식 한 상에 흐르는 전류는 단상 2선식 대비 몇 배인가?

① $\frac{1}{2}$
② $\frac{1}{3}$
③ $\frac{1}{\sqrt{2}}$
④ $\frac{1}{\sqrt{3}}$

해설 단상 2선식 기준 $P_{12} = VI$, $I = I_1$이라 하면 3상 3선식은 단상 2선식에 대해 $P_{33} = \sqrt{3}\,VI_3$에서 부하 전력, 전압이 같다면 $P_{12} = P_{33} \rightarrow VI_1 = \sqrt{3}\,VI_3$에서

$\therefore\ I_3 = \dfrac{1}{\sqrt{3}} I_1$ (57.7[%])

답 ④

222 중요도 ★★ / 한국남동발전

1회 2회 3회

선간 전압, 부하 역률, 선로 손실, 전선 중량 및 배전 거리가 같다고 할 경우 단상 2선식과 3상 3선식의 공급 전력의 비(단상/3상)는?

① $\dfrac{3}{2}$ ② $\dfrac{1}{\sqrt{3}}$ ③ $\sqrt{3}$ ④ $\dfrac{\sqrt{3}}{2}$

해설 두 방식의 공급 전력의 비를 비교하는 것으로, 동등한 조건인 1선당 공급 전력으로 비교한다.

단상 2선식의 1선당 공급 전력은 $P_{12} = \dfrac{1}{2} VI\cos\theta$[W]이고,

3상 3선식의 1선당 공급 전력은 $P_{33} = \dfrac{\sqrt{3}}{3} VI\cos\theta = \dfrac{1}{\sqrt{3}} VI\cos\theta$[W]

$$\therefore\ \frac{\text{단상 2선식}}{\text{3상 3선식}} = \frac{P_{12}}{P_{33}} = \frac{\frac{1}{2}VI\cos\theta}{\frac{1}{\sqrt{3}}VI\cos\theta} = \frac{\sqrt{3}}{2}$$

답 ④

223 중요도 ★★★ / 2024 한국전력거래소

1회 2회 3회

공급 전압이 n배 상승하면 전력 손실률이 ( )배, 공급 전력은 ( )배가 된다. 빈칸을 차례대로 채우시오.

① $\dfrac{1}{n^2}$, n^2 ② $\dfrac{1}{n^2}$, $\dfrac{1}{n^2}$ ③ n^2, $\dfrac{1}{n^2}$ ④ n^2, n^2

해설 **전압과 각 전기 요소의 관계**

(1) 공급 전력 : $P \propto V^2$(전압을 2배로 하면 공급 전력은 4배로 증가)

(2) 전압 강하 : $e \propto \dfrac{1}{V}$$\left(\text{전압을 2배로 하면 전압 강하는 } \dfrac{1}{2}\text{배로 감소}\right)$

(3) 전압 강하율 : $\varepsilon \propto \dfrac{1}{V^2}$$\left(\text{전압을 2배로 하면 전압 강하율은 } \dfrac{1}{4}\text{배로 감소}\right)$

(4) 전력 손실(률) : $P_l \propto \dfrac{1}{V^2}$$\left(\text{전압을 2배로 하면 전력 손실(률)은 } \dfrac{1}{4}\text{배로 감소}\right)$

(5) 전선 굵기 : $A \propto \frac{1}{V^2}$ $\left(\text{전압을 2배로 하면 전선의 굵기는 } \frac{1}{4} \text{배로 감소}\right)$

답 ①

224 중요도 ★★ / 2024 한국서부발전

1회 2회 3회

동일 전력을 동일 선간 전압, 동일 역률로 동일 거리에 보낼 때 사용하는 전선의 총중량이 같으면, 단상 2선식과 3상 3선식의 전력 손실비(3상 3선식/단상 2선식)는?

① $\frac{3}{2}$　② $\frac{2}{3}$　③ $\frac{3}{4}$　④ $\frac{4}{3}$

해설 3상 3선식일 때의 전력 손실 $P_{l,33} = 3I_3{}^2R_3$

단상 2선식일 때의 전력 손실 $P_{l,12} = 3I_1{}^2R_1$

따라서, 구하고자 하는 전력 손실비는 $\frac{P_{l,33}}{P_{l,12}} = \frac{3I_3{}^2R_3}{2I_1{}^2R_1} = \frac{3}{2} \times \left(\frac{I_3}{I_1}\right)^2 \times \frac{R_3}{R_1}$

(1) 동일 전력, 선간 전압, 역률의 조건에서

3상 3선식일 때의 전력 $P_{33} = \sqrt{3}\,VI_3\cos\theta$

단상 2선식일 때의 전력 $P_{12} = VI_1\cos\theta$

$\therefore\ \sqrt{3}\,VI_3\cos\theta = VI_1\cos\theta\quad \frac{I_3}{I_1} = \frac{1}{\sqrt{3}}$

(2) 동일 거리, 전선의 총중량 조건에서

3상 3선식일 때의 전선 중량 $W_{33} = 3A_3l$

단상 2선식일 때의 전선 중량 $W_{12} = 2A_1l$

$\therefore\ 3A_3l = 2A_1l$

$\frac{A_1}{A_3} = \frac{3}{2}$ 이고, $R = \rho\frac{l}{A}$ 에서 $R \propto \frac{1}{A}$ 관계에 있으므로 $\frac{R_3}{R_1} = \frac{3}{2}$ 이다.

따라서, $\frac{P_{l,33}}{P_{l,12}} = \frac{3}{2} \times \left(\frac{I_3}{I_1}\right)^2 \times \frac{R_3}{R_1} = \frac{3}{2} \times \left(\frac{1}{\sqrt{3}}\right)^2 \times \frac{3}{2} = \frac{3}{4}$

답 ③

225 중요도 ★★ / LH공사, 한국남부발전, 한국가스공사, 부산교통공사

1회 2회 3회

동일한 조건하에서 3상 4선식 배전 선로의 총소요전선량은 3상 3선식의 것에 비해 몇 배 정도로 되는가? (단, 중성선의 굵기는 전력선의 굵기와 같다고 한다.)

① $\frac{1}{3}$　② $\frac{3}{4}$　③ $\frac{3}{8}$　④ $\frac{4}{9}$

해설 **전기 방식의 전기적 특성 비교**

종류	총공급전력	1선당 전력	소요 전선비
$1\phi\ 2W$	$P=EI$	$P_{12}=\frac{1}{2}EI=100[\%]$ $(\therefore\ EI=2P_{12})$	W_1 (100[%] 기준)
$1\phi\ 3W$	$P=2EI$	$P_{13}=\frac{2}{3}EI=\frac{2}{3}\cdot 2P_{12}=133[\%]$	$\frac{W_2}{W_1}=\frac{3}{8}$ (37.5[%])
$3\phi\ 3W$	$P=\sqrt{3}EI$	$P_{33}=\frac{\sqrt{3}}{3}EI=\frac{\sqrt{3}}{3}\cdot 2P_{12}=115[\%]$	$\frac{W_3}{W_1}=\frac{3}{4}$ (75[%])
$3\phi\ 4W$	$P=3EI$	$P_{34}=\frac{3}{4}EI=\frac{3}{4}\cdot 2P_{12}=150[\%]$	$\frac{W_4}{W_1}=\frac{1}{3}$ (33.3[%])

표에서 3상 3선식과 3상 4선식의 소요 전선비로 계산하면

$$\therefore\ \frac{3\phi\ 4W}{3\phi\ 3W}=\frac{\frac{1}{3}W_1}{\frac{3}{4}W_1}=\frac{4}{9}$$

답 ④

226 중요도 ★★ / 한국남동발전, 대전교통공사

1회 2회 3회

100[V]에서 전력 손실률 0.1인 배전 선로에서 전압을 200[V]로 승압하고 그 전력 손실률을 0.05로 하면 전력은 몇 배 증가시킬 수 있는가?

① $\frac{1}{2}$　② $\sqrt{2}$　③ 2　④ 4

해설

전력 손실률$(K)=\frac{\text{손실 전력}}{\text{송전 전력}}=\frac{3I_2R}{P}=\frac{PR}{V^2\cos^2\theta}$에서 전력 $P=\frac{KV^2\cos^2\theta}{R}$

200[V]의 전압에서 전력 손실률$(K_2)=0.05$에서의 전력 P_{K_2}

100[V]의 전압에서 전력 손실률$(K_1)=0.1$에서의 전력 P_{K_1}

$$\frac{K_2}{K_1}=\frac{\frac{0.05(2V)^2\cos^2\theta}{R}}{\frac{0.1V^2\cos^2\theta}{R}}=2$$

답 ③

227 중요도 ★★ / 부산교통공사

1회 2회 3회

전압과 역률이 일정할 때 전력을 몇 [%] 증가시키면 전력 손실이 2배로 되는가?

① 31 ② 41 ③ 51 ④ 61

해설 전력 손실은 $P_l = 3I^2R = 3\left(\dfrac{P}{\sqrt{3}\,V\cos\theta}\right)^2 R = \dfrac{P^2R}{V^2\cos^2\theta}$ [W]로서 $P_l \propto P^2$이므로 $2P_l = (\sqrt{2}\,P)^2$이다.

즉, 공급 전력은 $\sqrt{2} = 1.414(41.4[\%])$ 증가시키면 전력 손실이 2배가 된다.

답 ②

228 중요도 ★★ / 서울교통공사

1회 2회 3회

단일 부하 배전선에서 부하 역률 $\cos\theta$, 부하 전류 I, 선로 저항 r, 리액턴스를 X라 하면 배전선에서 최대 전압 강하가 생기는 조건은?

① $\cos\theta \fallingdotseq \dfrac{r}{X}$ ② $\sin\theta \fallingdotseq \dfrac{X}{r}$ ③ $\tan\theta \fallingdotseq \dfrac{X}{r}$ ④ $\tan\theta \fallingdotseq \dfrac{r}{X}$

해설 **전압 강하(V_d)**

$V_d = \sqrt{3}\,I(r\cos\theta + X\sin\theta)$ [V]

식에서 최대 전압 강하가 발생하려면 변하는 위상각에 대하여 미분한 결과가 영(0)이어야 하므로

$\dfrac{dV_d}{d\theta} = \dfrac{d}{d\theta}(\sqrt{3}\,Ir\cos\theta + \sqrt{3}\,IX\sin\theta) = -\sqrt{3}\,Ir\sin\theta + \sqrt{3}\,IX\cos\theta = 0$

$r\sin\theta = X\cos\theta$이므로

$\therefore \dfrac{\sin\theta}{\cos\theta} = \tan\theta = \dfrac{X}{r}$

답 ③

229 중요도 ★★ / 대구교통공사

1회 2회 3회

부하 역률 $\cos\theta$인 배전 선로의 저항 손실은 같은 크기의 부하 전력에서 역률 1일 때의 저항 손실과의 관계는?

① $\sin\theta$ ② $\cos\theta$ ③ $\dfrac{1}{\sin^2\theta}$ ④ $\dfrac{1}{\cos^2\theta}$

해설 **전력 손실(P_l)**

$P_l = 3I^2R$에서 $I = \dfrac{P}{\sqrt{3}\,V\cos\theta}$를 대입하면

$$P_l = 3\left(\frac{P}{\sqrt{3}\,V\cos\theta}\right)^2 R = \frac{P^2R}{V^2\cos^2\theta}$$ 이므로

$$P_l \propto \frac{1}{V^2},\ P_l \propto \frac{1}{\cos^2\theta}$$

답 ④

230 중요도 ★★ / 지역난방공사

1회 2회 3회

왕복선의 저항 2[Ω], 유도 리액턴스 8[Ω]의 단상 2선식 배전 선로의 전압 강하를 보상하기 위하여 용량 리액턴스 6[Ω]의 콘덴서를 선로에 직렬로 삽입하였을 때 부하단 전압은 몇 [V]인가? (단, 전원은 6900[V], 부하 전류는 200[A], 역률은 80[%](뒤짐)라 한다.)

① 6340 ② 6000 ③ 5430 ④ 5050

해설 **수전단 전압**

$$V_r = V_s - I(R\cos\theta + X\sin\theta)$$
$$= V_s - I\{R\cos\theta + (X_L - X_C)\sin\theta\}$$
$$= 6900 - 200\{2\times0.8 + (8-6)\times0.6\} = 6340[\text{V}]$$

답 ①

231 중요도 ★★ / 한국남동발전

1회 2회 3회

그림과 같은 단상 2선식 배전선의 급전점 A에서 부하쪽으로 흐르는 전류는 몇 [A]인가? (단, 저항값은 왕복선의 값이다.)

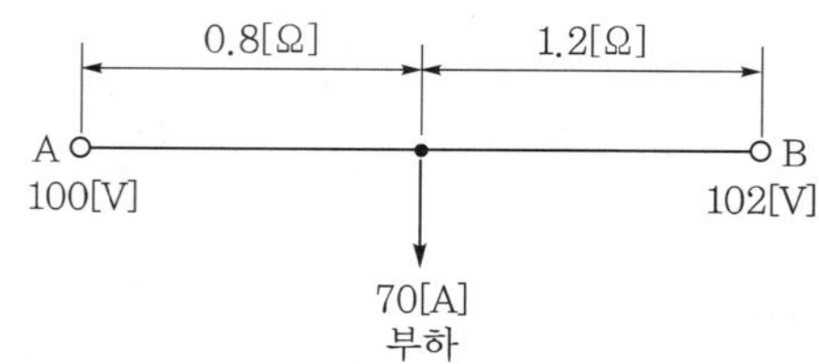

① 28 ② 32 ③ 37 ④ 41

해설 부하 공급점의 전압을 V_c라 하면 공급점에서의 전압은 같으므로

$$\frac{(100 - V_c)}{0.8} + \frac{(102 - V_c)}{1.2} = 70[\text{A}]$$

$$\therefore\ V_c = 67.2[\text{V}]$$

$$I_A = \frac{V_A - V_c}{0.8} = \frac{100 - 67.2}{0.8} = 41[\text{A}]$$

답 ④

232 중요도 ★ / LH공사

1회 2회 3회

부하의 위치가 $(X_1,\ Y_1)$, $(X_2,\ Y_2)$, $(X_3,\ Y_3)$점에 있고 각 점의 전류는 100[A], 200[A], 300[A]이다. 변전소를 설치하는 데 적합한 부하 중심은? (단, X_1 = 1[km], Y_1 = 2[km], X_2 = 1.5[km], Y_2 = 1[km], X_3 = 2[km], Y_3 = 1[km]이다.)

① 1[km], 2[km]
② 0.05[km], 2[km]
③ 2[km], 0.05[km]
④ 1.5[km], 1.1[km]

해설

$$X = \frac{1}{\sum i}(i_1 x_1 + i_2 x_2 + \cdots\cdots + i_n x_n) = \frac{\sum ix}{\sum i} = \frac{900}{600} = 1.5[\text{km}]$$

$$Y = \frac{1}{\sum i}(i_1 y_1 + i_2 y_2 + \cdots\cdots + i_n y_n) = \frac{\sum iy}{\sum i} = \frac{700}{600} = 1.16[\text{km}]$$

답 ④

233 중요도 ★ / 한국수력원자력

1회 2회 3회

그림과 같은 단상 2선식 배선에서 인입구 A점의 전압이 100[V]라면 C점의 전압[V]은? (단, 저항값은 1선의 값으로 AB 간 0.05[Ω], BC 간 0.1[Ω]이다.)

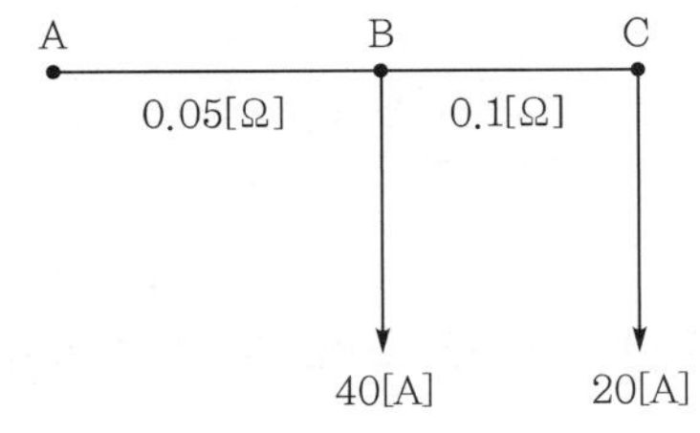

① 90
② 94
③ 96
④ 97

해설

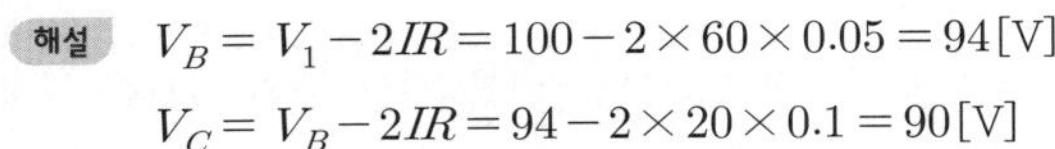

$V_B = V_1 - 2IR = 100 - 2 \times 60 \times 0.05 = 94[\text{V}]$

$V_C = V_B - 2IR = 94 - 2 \times 20 \times 0.1 = 90[\text{V}]$

답 ①

234 중요도 ★★ / 대구교통공사

1회 2회 3회

선로의 부하가 균일하게 분포되어 있을 때 배전 선로의 전력 손실은 이들의 전부하가 선로의 말단에 집중되어 있을 때에 비하여 어느 정도가 되는가?

① $\frac{1}{5}$
② $\frac{1}{4}$
③ $\frac{1}{3}$
④ $\frac{1}{2}$

해설 **집중 부하와 분산 부하의 전력 손실, 전압 강하**

부하의 종류	전압 강하	전력 손실
말단 집중 부하	IR	I^2R
균등 분포 부하	$\frac{1}{2}IR$	$\frac{1}{3}I^2R$

답 ③

235 중요도 ★★ / 한국수력원자력, 한국남부발전

1회 2회 3회

배전 선로의 손실 경감과 관계없는 것은?

① 승압
② 다중 접지방식 채용
③ 부하의 불평형 방지
④ 역률 개선

해설 **배전 선로의 전력 손실**

$$P_l = 3I^2r = \frac{\rho W^2 L}{A V^2 \cos^2\theta}$$

여기서, ρ : 고유저항, W : 부하 전력, L : 배전 거리
A : 전선의 단면적, V : 수전 전압, $\cos\theta$: 부하 역률

답 ②

236 중요도 ★★ / 한국서부발전

1회 2회 3회

전력 손실을 감소시키기 위한 직접적인 노력으로 볼 수 없는 것은?

① 승압 공사 조기 준공
② 노후 설비 교체
③ 선로 등가 저항 계산
④ 설비 운전 역률 개선

해설 등가 저항 계산은 직접적인 노력으로 볼 수 없다. 노후 설비를 교체, 승압, 역률 개선 등의 결과를 통해 전력 손실을 감소시킬 수 있다.

답 ③

237 중요도 ★★★ / 한국수력원자력

1회 2회 3회

배전선의 전압을 조정하는 방법으로 적당하지 않은 것은?

① 유도 전압 조정기
② 승압기
③ 주상 변압기 탭 전환
④ 동기 조상기

해설 **배전 선로의 전압 조정 장치**

(1) 주변압기 1차측의 무부하 시 탭 변환 장치, 부하 시 탭 전환 장치 보기 ③
(2) 정지형 전압 조정기(SVR) 보기 ②
(3) 유도 전압 조정기(IVR) 보기 ①

답 ④

238 중요도 ★★★ / 한국도로공사

1회 2회 3회

다음 중 플리커 경감을 위한 전력 공급측의 방법이 아닌 것은?

① 단락 용량이 큰 계통에서 공급한다.
② 공급 전압을 낮춘다.
③ 전용 변압기로 공급한다.
④ 단독 공급 계통을 구성한다.

해설 **플리커 경감 대책**

(1) 전력 공급측에서 실시하는 방법
① 전용 계통으로 공급 보기 ④
② 단락 용량이 큰 계통에서 공급 보기 ①
③ 전용 변압기로 공급 보기 ③
④ 공급 전압을 승압 보기 ②

(2) 수용가측에서 실시하는 방법
① 전원 계통에 리액터분을 보상하는 방법 : 직렬 콘덴서 방식, 3권선 보상 변압기 방식
② 전압 강하는 보상하는 방법 : 부스터 방식, 상호 보상 리액터 방식
③ 부하의 무효 전력 변동분을 흡수하는 방법 : 동기 조상기와 리액터 방식, 사이리스터 이용 콘덴서 개폐 방식, 사이리스터용 리액터 방식
④ 플리커 부하 전류의 변동분을 억제하는 방식 : 직렬 리액터 방식, 직렬 리액터 가포화 방식

답 ②

변압기의 용량 산정

239 중요도 ★★★ / 한국중부발전

1회 2회 3회

설비용량에 대한 최대 전력의 비를 백분율로 나타낸 것을 무엇이라 하는가?

① 수용률 ② 부하율 ③ 부등률 ④ 발전율

해설 (1) 수용률

① 어느 지역에 설비하고 있는 총부하설비가 언제나 동시에 함께 사용되지 않는다는 것을 감안한 개념
② 수용률이 높을수록 설비의 이용률이 크다는 의미

$$수용률 = \frac{최대\ 수용전력}{총설비용량} \times 100[\%]$$

(2) 부등률

① 각 부하의 부하 특성에 따라 최대 수요전력 발생시간이 다른데 이를 고려한 개념

② 부등률이 클수록 설비의 이용도가 크다는 의미

$$부등률 = \frac{각\ 부하의\ 최대\ 수용전력의\ 합}{합성\ 최대\ 수용전력} \times 100[\%]$$

(3) 부하율

① 현재 설비된 전력설비를 얼마만큼 실질적으로 사용하고 있는지를 알 수 있는 지표

② 부하율이 높으면 그 만큼 설비를 많이 사용하고 있다는 의미

$$부하율 = \frac{부하의\ 평균\ 전력(1시간\ 평균)[kW]}{최대\ 수용전력(1시간\ 평균)} \times 100[\%]$$

$$= \frac{부하의\ 평균\ 전력}{총설비용량} \times \frac{부등률}{수용률}$$

답 ①

240 중요도 ★★★ / 인천교통공사

1회 2회 3회

전력 수요 설비에 있어서 그 값이 높게 되면 경제적으로 불리하게 되는 것은?

① 부하율　② 수용률　③ 부등률　④ 부하 밀도

해설 전기 수요 설비에서 수용률이 높게 되면 변압기 용량의 증대로 경제적으로 불리하게 된다.
(변압기용량 = 설비용량 × 수용률)

답 ②

241 중요도 ★★★ / 한국수력원자력, 한국동서발전, 부산교통공사

1회 2회 3회

수용가군 총합의 부하율은 각 수용가의 수용률 및 수용가 사이의 부등률이 변화할 때 다음 중 옳은 것은?

① 수용률에 비례하고 부등률에 반비례한다.

② 부등률에 비례하고 수용률에 반비례한다.

③ 부등률에 비례하고 수용률에 비례한다.

④ 부등률에 반비례하고 수용률에 반비례한다.

해설 최대 전력을 기준으로 하면 부하율은 부등률에 비례하고 수용률에는 반비례한다.

$$부하율 = \frac{평균\ 전력}{최대\ 전력} = \frac{평균\ 전력}{수용률 \times 설비\ 용량}$$

$$= \frac{평균\ 전력}{\frac{각\ 부하의\ 최대\ 전력의\ 합}{부등률}} = \frac{평균\ 전력 \times 부등률}{각\ 부하의\ 최대\ 전력의\ 합}$$

답 ②

242 중요도 ★★★ / 한국동서발전

1회 2회 3회

일정한 전력량을 공급할 때 부하율이 저하하면?

① 첨두 부하용 설비가 증가하고 신규 화력의 효율이 상승한다.
② 첨두 부하용 설비가 증가하고 신규 화력의 효율이 저하한다.
③ 설비 이용률이 상승한다.
④ 설비 이용률이 저하하고 전력 원가가 저하한다.

해설 부하율이 저하하면 첨두 부하 설비가 증가하여 최대 전력이 상승하고 효율이 저하하여 평균 전력을 감소시키게 된다.

 ②

243 중요도 ★★★ / 한국남동발전, 서울교통공사

1회 2회 3회

어떤 건물에서 총설비부하용량이 850[kW], 수용률 60[%]라면, 변압기용량은 최소 몇 [kVA]로 하여야 하는가? (단, 설비부하의 종합 역률은 0.75이다.)

① 500 ② 650
③ 680 ④ 740

해설 $\text{변압기용량} = \dfrac{\text{설비용량} \times \text{수용률}}{\text{역률}} = \dfrac{850 \times 0.6}{0.75} = 680[\text{kVA}]$

답 ③

244 중요도 ★★★ / 한국서부발전, 대전교통공사

1회 2회 3회

연간 최대 수용전력이 70[kW], 75[kW], 85[kW], 100[kW]인 4개의 수용가를 합성한 연간 최대 수용전력이 250[kW]이다. 이 수용가의 부등률은 얼마인가?

① 1.11 ② 1.32
③ 1.38 ④ 1.43

해설 $\text{부등률} = \dfrac{\text{개개의 최대 수용전력의 합}}{\text{합성 최대 수용전력}} = \dfrac{70+75+85+100}{250} = 1.32$

답 ②

245 중요도 ★★★ / 2024 한국중부발전

1회 2회 3회

다음 조건을 참고하여 변압기의 용량을 구하면 얼마인가?

- 수용가 1 : 설비용량 25[kW], 수용률 40[%]
- 수용가 2 : 설비용량 15[kW], 수용률 60[%]
- 수용가 3 : 설비용량 10[kW], 수용률 50[%]
- 부하의 부등률 : 1.2, 부하역률 80[%]

① 25[kVA] ② 35[kVA] ③ 50[kVA] ④ 75[kVA]

해설

$$변압기용량 = \frac{설비용량 \times 수용률}{부등률 \times 역률}[kVA]$$

$$= \frac{25 \times 0.4 + 15 \times 0.6 + 10 \times 0.5}{1.2 \times 0.8} = 25[kVA]$$

답 ①

246 중요도 ★★★ / 지역난방공사

1회 2회 3회

30일 간의 최대 수용전력이 200[kW], 소비 전력량이 72000[kWh]일 때 월 부하율은 몇 [%]인가?

① 30 ② 40 ③ 50 ④ 60

해설

$$부하율 = \frac{평균\ 전력}{최대\ 수용전력} \times 100 = \frac{72000}{200 \times 24 \times 30} \times 100 = 50[\%]$$

답 ③

247 중요도 ★★★ / 서울교통공사

1회 2회 3회

연간 전력량 E[kWh], 연간 최대 전력 W[kW]인 연부하율은 몇 [%]인가?

① $\frac{E}{W} \times 100$ ② $\frac{W}{E} \times 100$ ③ $\frac{8760\,W}{E} \times 100$ ④ $\frac{E}{8760\,W} \times 100$

해설

$$연\ 부하율 = \frac{연간\ 전력량 / (365 \times 24)}{연간\ 최대\ 전력} \times 100 = \frac{E}{8760\,W} \times 100[\%]$$

답 ④

248 중요도 ★★★ / 한국남부발전

1회 2회 3회

그림과 같은 수용 설비 용량과 수용률을 갖는 부하의 부등률이 1.5이다. 평균 부하 역률을 75[%]라 하면 변압기 용량[kVA]은 약 얼마로 하면 되는가?

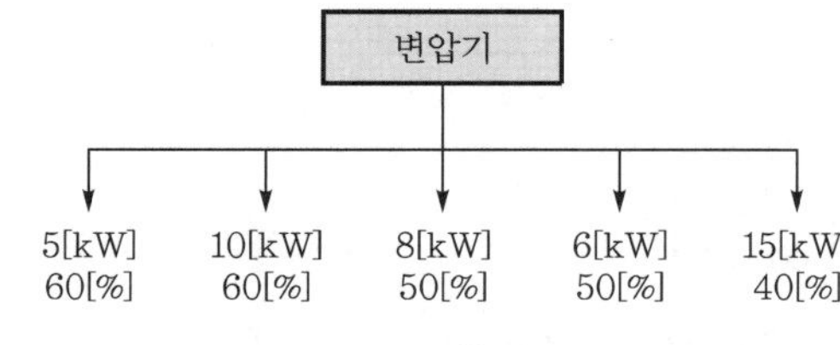

① 15　　② 20
③ 30　　④ 45

해설 (1) 최대 수용 전력의 합 $= 5\times0.6+10\times0.6+8\times0.5+6\times0.5+15\times0.4=22[\text{kW}]$

(2) 합성 최대 전력 $= \dfrac{\text{최대 수용 전력의 합}}{\text{부등률}} = \dfrac{22}{1.5} = 15[\text{kW}]$

(3) 변압기 용량 $= \dfrac{15}{0.75} = 20[\text{kVA}]$

답 ②

역률 개선

249 중요도 ★★★ / LH공사, 한국중부발전

1회 2회 3회

3000[kW], 역률 80[%](뒤짐)의 부하에 전력을 공급하고 있는 변전소에 콘덴서를 설치하여 변전소에 있어서의 역률을 90[%]로 향상시키는 데 필요한 콘덴서 용량[kVA]은?

① 600　　② 700
③ 800　　④ 900

해설 역률 개선용 전력용 콘덴서(동기 조상기(무효전력 보상장치))의 용량 산정

$Q_c = P(\tan\theta_1 - \tan\theta_2)$

$= P\left(\dfrac{\sin\theta_1}{\cos\theta_1} - \dfrac{\sin\theta_2}{\cos\theta_2}\right) = P\left(\dfrac{\sqrt{1-\cos^2\theta_1}}{\cos\theta_1} - \dfrac{\sqrt{1-\cos^2\theta_2}}{\cos\theta_2}\right)[\text{kVA}]$

$= 3000\times\left(\dfrac{\sqrt{1-0.8^2}}{0.8} - \dfrac{\sqrt{1-0.9^2}}{0.9}\right) = 797 \fallingdotseq 800[\text{kVA}]$

답 ③

250 중요도 ★★ / 한국도로공사 1회 2회 3회

1대의 주상 변압기에 역률(늦음) $\cos\theta_1$, 유효 전력 P_1[kW]의 부하와 역률(늦음) $\cos\theta_2$, 유효 전력 P_2[kW]의 부하가 병렬로 접속되어 있을 경우 주상 변압기에 걸리는 피상 전력은 어떻게 나타내는가?

① $\dfrac{P_1}{\cos\theta_1}+\dfrac{P_2}{\cos\theta_2}$[kVA]

② $\sqrt{\left(\dfrac{P_1}{\cos\theta_1}\right)^2+\left(\dfrac{P_2}{\cos\theta_2}\right)^2}$[kVA]

③ $\sqrt{(P_1+P_2)^2+(P_1\tan\theta_1+P_2\tan\theta_2)^2}$[kVA]

④ $\sqrt{\left(\dfrac{P_1}{\sin\theta_1}\right)^2+\left(\dfrac{P_2}{\sin\theta_2}\right)}$[kVA]

해설

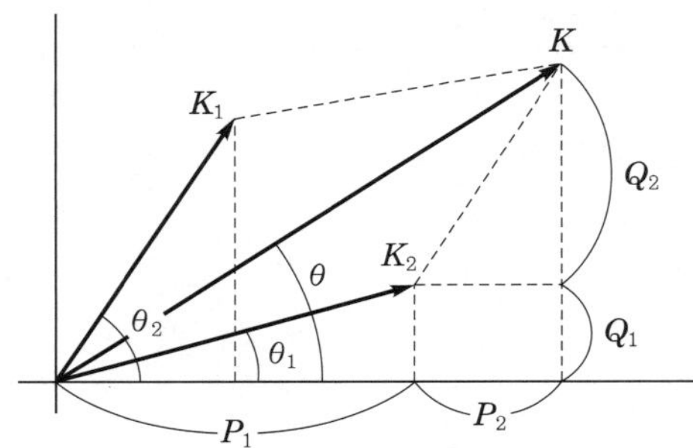

$Q_1=\dfrac{P_1}{\cos\theta_1}\sin\theta_1=P_1\tan\theta_1$

$Q_2=\dfrac{P_2}{\cos\theta_2}\sin\theta_2=P_2\tan\theta_2$

합성 피상 전력 $P_a=\sqrt{(P_1+P_2)^2+(P_1\tan\theta_1+P_2\tan\theta_2)^2}$[kVA]

답 ③

251 중요도 ★★ / 한국남부발전 1회 2회 3회

1대의 주상 변압기에 역률(뒤짐) $\cos\theta_1$, 유효 전력 P_1[kW]의 부하와 역률(뒤짐) $\cos\theta_2$, 유효 전력 P_2[kW]의 부하가 병렬로 접속되어 있을 경우, 주상 변압기 2차측에서 본 부하의 종합 역률은?

① $\dfrac{\cos\theta_1\cos\theta_2}{\cos\theta_1+\cos\theta_2}$

② $\dfrac{P_1+P_2}{\dfrac{P_1}{\cos\theta_1}+\dfrac{P_2}{\cos\theta_2}}$

③ $\dfrac{P_1+P_2}{\dfrac{P_1}{\sin\theta_1}+\dfrac{P_2}{\sin\theta_2}}$

④ $\dfrac{P_1+P_2}{\sqrt{(P_1+P_2)^2+(P_1\tan\theta_1+P_2\tan\theta_2)^2}}$

해설 $Q_1=P_1\tan\theta_1$, $Q_2=P_2\tan\theta_2$

합성 피상 전력 $P_a=\sqrt{(P_1+P_2)^2+(P_1\tan\theta_1+P_2\tan\theta_2)^2}$ [kVA]

합성 유효 전력 $P=P_1+P_2$[kW]

종합 역률 $\cos\theta=\dfrac{P}{P_a}=\dfrac{P_1+P_2}{\sqrt{(P_1+P_2)^2+(P_1\tan\theta_1+P_2\tan\theta_2)^2}}$

답 ④

252 중요도 ★★★ / 한국동서발전 1회 2회 3회

3상 배전 선로의 말단에 지상역률 80[%], 160[kW]인 평형 3상 부하가 있다. 부하점에 부하와 병렬로 전력용 콘덴서를 접속하여 선로 손실을 최소로 하려면 전력용 콘덴서 용량은 몇 [kVA]가 필요한가? (단, 여기서 부하단 전압은 변하지 않는 것으로 한다.)

① 96 ② 120 ③ 128 ④ 200

해설 선로 손실을 최소로 하기 위해 역률을 1.0으로 개선한다.

콘덴서 용량은 무효 전력과 같은 양이어야 한다.

따라서, $Q_c=P\tan\theta=160\times\dfrac{0.6}{0.8}=120$[kVA]

답 ②

253 중요도 ★★★ / 대구교통공사

1회 2회 3회

역률 80[%]인 10000[kVA]의 부하를 갖는 변전소에 2000[kVA]의 콘덴서를 설치해서 역률을 개선하면 변압기에 걸리는 부하[kW]는 대략 얼마쯤 되겠는가?

① 8000 ② 8500 ③ 9000 ④ 9500

해설

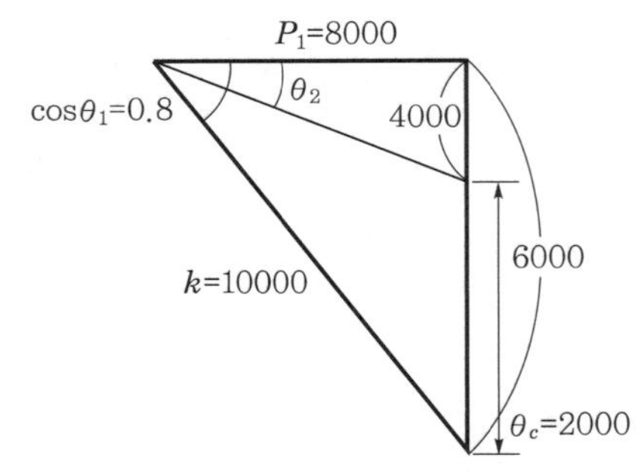

$$\cos\theta_2 = \frac{8000}{\sqrt{8000^2 + 4000^2}} = 0.894$$

역률 개선 후의 유효 전력 $P = P_a \cos\theta_2 = 10000 \times 0.894 \fallingdotseq 9000[\text{kW}]$

답 ③

254 중요도 ★★ / 한국남동발전

1회 2회 3회

유효 전력 10[kW], 무효 전력 12.5[kVar]을 소비하는 3상 평형 부하에 4.5[kVA]의 전력용 콘덴서를 접속하면 접속 후의 피상 전력은 몇 [kVA]가 되는가?

① 12.8 ② 14.2 ③ 15.8 ④ 16.2

해설 $P = \sqrt{W^2 + (Q_o - Q_c)^2} = \sqrt{10^2 + (12.5 - 4.5)^2} \fallingdotseq 12.8[\text{kVA}]$

답 ①

255 중요도 ★★★ / 한국동서발전

1회 2회 3회

배전 선로의 역률 개선에 따른 효과로 적합하지 않은 것은?

① 전원측 설비의 이용률 향상
② 전로 절연에 요하는 비용 절감
③ 전압 강하 감소
④ 선로의 전력 손실 경감

해설 **전력용 콘덴서 설치(역률 개선)의 효과**

(1) 전력 손실 감소 보기 ④
(2) 변압기, 개폐기 등의 소요 용량 감소 보기 ②

(3) 송전 용량 증대
(4) 전압 강하 감소 [보기 ③]
(5) 설비 여유 용량 증가 [보기 ①]
(6) 전기요금 절감

답 ②

256 중요도 ★★★ / 광주교통공사 1회 2회 3회

배전 계통에서 콘덴서를 설치하는 것은 여러 가지 목적이 있으나 그 중에서 가장 주된 목적은?

① 전압 강하 보상 ② 전력 손실 감소
③ 송전 용량 증가 ④ 기기의 보호

해설 (1) 전력용 콘덴서 설치(역률 개선)의 효과
① 전력 손실 감소
② 변압기, 개폐기 등의 소요 용량 감소
③ 송전 용량 증대
④ 전압 강하 감소
⑤ 설비 여유 용량 증가
⑥ 전기 요금 절감
(2) 이들 중 가장 큰 효과는 전력 손실 감소이다(전력 손실은 역률의 제곱에 반비례하여 감소함).

10 수력발전

수력학 개요

257 중요도 ★★ / 한국수력원자력 1회 2회 3회

v[m/s]인 등속 정류의 물의 속도 수두[m]는? (단, g : 중력 가속도[m/s^2])

① $\dfrac{v}{2g}$ ② $\dfrac{v^2}{2g}$ ③ $2gv$ ④ $2vg^2$

해설 **속도 수두**
단위 체적당 흐르는 물이 가지는 운동 에너지를 높이로 표시

$$H_v = \frac{v^2}{2g}\,[\mathrm{m}]$$

답 ②

258 중요도 ★★ / 한국남동발전, 서울교통공사, 대구교통공사 1회 2회 3회

유효 낙차 500[m]인 충동 수차의 노즐(nozzle)에서 분출되는 유수의 이론적인 분출 속도는 약 몇 [m/s]인가?

① 50 ② 70 ③ 80 ④ 100

해설 $H_v = \dfrac{v^2}{2g}$[m]에서 $v^2 = 2gH$이므로

$v = \sqrt{2gH}$[m/s]$= \sqrt{2 \times 9.8 \times 500} \fallingdotseq 100$[m/s]

답 ④

259 중요도 ★★ / 한국서부발전 1회 2회 3회

수압 철관의 안지름이 4[m]인 곳에서의 유속이 4[m/s]이다. 안지름이 3.5[m]인 곳에서의 유속[m/s]은 약 얼마인가?

① 4.2 ② 5.2 ③ 6.2 ④ 7.2

해설 **연속의 정리**

두 지점을 통과하는 물의 양은 항상 보존되어야 하므로

유량 $Q = v_1 A_1 = v_2 A_2$[m³/s]

$$v_2 = \frac{A_1}{A_2} v_1 = \frac{\frac{\pi}{4} {D_1}^2}{\frac{\pi}{4} {D_2}^2} v_1 = \frac{{D_1}^2}{{D_2}^2} v_1 \text{[m/s]}$$

$$\therefore\ v_2 = \frac{4^2}{3.5^2} \times 4 = 5.22 \text{[m/s]}$$

답 ②

260 중요도 ★★ / 한국중부발전 1회 2회 3회

1일의 평균 사용 유량이 35[m³/s]인 수력 지점에 조정지를 설치하여 첨두 부하 시 5시간, 최대 63[m³/s]의 물을 사용하려고 한다. 이에 필요한 조정지의 유효 저수량은 몇 [m³]인가?

① 9000 ② 504000 ③ 648000 ④ 900000

해설 $V = (Q_p - Q) \cdot T \times 60 \times 60 = (63 - 35) \times 5 \times 3600 = 504000$[m³]

여기서, Q_p : 최대 유량[m³/s], Q : 사용 유량[m³/s], T : 시간[h]

답 ②

수력 발전 출력

261 중요도 ★★ / 한국수력원자력 1회 2회 3회

유효 낙차 100[m], 최대 사용 수량 20[m^3/s], 수차 및 발전기의 합성 효율이 87[%]인 발전소의 최대 출력[kW]은?

① 약 13000 ② 약 17000 ③ 약 20000 ④ 약 25000

해설 발전기 출력

$P_G = 9.8QH\eta_t\eta_g[\text{kW}] = 9.8 \times 20 \times 100 \times 0.87 = 17052[\text{kW}]$

답 ②

262 중요도 ★★ / 지역난방공사 1회 2회 3회

양수량 40[m^3/min], 총양정 13[m]의 양수 펌프용 전동기의 소요 출력[kW]은 약 얼마인가? (단, 펌프의 효율은 80[%]이다.)

① 106 ② 132 ③ 282 ④ 433

해설

$$P = \frac{9.8QH}{\eta} = \frac{9.8 \times \frac{40}{60} \times 13}{0.8} = 106.16[\text{kW}]$$

여기서, $Q[\text{m}^3/\text{min}] = \frac{Q}{60}[\text{m}^3/\text{s}]$

답 ①

263 중요도 ★★ / 한국동서발전 1회 2회 3회

60[Hz], 30극의 수차 발전기가 전부하 운전 중 갑자기 무부하로 되었다. 이 수차 발전기의 전부하 차단 시의 속도 변동률을 20[%]라 할 때 무부하 속도[rpm]를 구하면?

① 188 ② 240 ③ 288 ④ 340

해설 발전기의 정격 회전 속도

$$N_n = \frac{120f}{p} = \frac{120 \times 60}{30} = 240[\text{rpm}]$$

속도 변동률 $\delta = \frac{N_0 - N_n}{N_n} \times 100[\%]$이므로

$N_0 = (1+\delta)N_n = (1+0.2) \times 240 = 288[\text{rpm}]$

답 ③

264 중요도 ★★ / 한국수력원자력 | 1회 | 2회 | 3회

유효 낙차가 40[%] 저하되면 수차의 효율이 20[%] 저하된다고 할 경우 이때의 출력은 원래의 약 몇 [%]인가? (단, 안내 날개의 열림은 불변인 것으로 한다.)

① 37.2 ② 48.0 ③ 52.7 ④ 63.7

해설 **수차의 낙차 변화 특성**

출력 $\frac{P_2}{P_1} = \left(\frac{H_2}{H_1}\right)^{\frac{3}{2}}$ 에서

$$P_2 = P_1 \times \left(\frac{H_2}{H_1}\right)^{\frac{3}{2}} \times 0.8 = P_1 \times \left(\frac{0.6H_1}{H_1}\right)^{\frac{3}{2}} \times 0.8 = 0.372P_1$$

$\therefore$ 37.2[%]

답 ①

유황 곡선

265 중요도 ★★ / 한국수력원자력 | 1회 | 2회 | 3회

수력 발전소에서 갈수량(渴水量)이란?

① 1년(365일) 중 355일간은 이보다 낮아지지 않는 유량(流量)
② 1년(365일) 중 275일간은 이보다 낮아지지 않는 유량
③ 1년(365일) 중 185일간은 이보다 낮아지지 않는 유량
④ 1년(365일) 중 95일간은 이보다 낮아지지 않는 유량

해설 **유황 곡선**

(1) 갈수량
1년(365일) 중 355일은 이 유량 이하로 내려가지 않는 유량 보기 ①

(2) 저수량
1년(365일) 중 275일은 이 유량 이하로 내려가지 않는 유량 보기 ②

(3) 평수량
1년(365일) 중 185일은 이 유량 이하로 내려가지 않는 유량 보기 ③

(4) 풍수량
1년(365일) 중 95일은 이 유량 이하로 내려가지 않는 유량 보기 ④

답 ①

266 중요도 ★★ / 한국수력원자력 1회 2회 3회

수력 발전소에서 사용되는 유황 곡선이란 횡축에 1년(365일)을, 종축에 유량을 표시하고 어떤 형태의 그래프를 설명한 것인가?

① 유량이 큰 것부터 순차적으로 이들 점을 연결한 것
② 유량이 적은 것으로부터 순차적으로 이들 점을 연결한 것
③ 유량의 평균값을 표시한 선을 그은 것
④ 매일의 유량을 표시하여 이들 점을 연결한 것

해설 유황 곡선이란 유량도를 기초로 하여 횡축에 일수 365일을, 종축에 유량을 취하여 유량이 큰 것으로부터 순차적으로 배열하여 이들 점을 연결한 곡선이다.

 ①

수력 발전소 분류

267 중요도 ★★ / 한국남부발전 1회 2회 3회

댐 이외에 하천 하류의 구배를 이용할 수 있도록 수로를 설치하여 낙차를 얻는 발전 방식은?

① 유역 변경식　② 댐식　③ 수로식　④ 댐 수로식

해설 **수로식 발전**
(1) 하천의 기울기가 크고 수로에 의하여 낙차를 얻기 쉬운 장소에 적합
(2) 하천을 막아 긴 수로를 만들고 발전소 상부의 물 저장소인 물탱크까지 물을 보내어 하천의 경사에 의한 낙차를 크게 만든 후 작은 수압 관로를 통해 내려가는 물의 힘으로 수차를 돌리게 하는 발전 방식
(3) 하천의 상·중류부에서 경사가 급하고 굴곡진 곳을 짧은 수로로 유로를 바꾸어서 높은 낙차를 얻는 발전소

답 ③

268 중요도 ★★ / 한국수력원자력 1회 2회 3회

수력 발전소를 건설할 때 낙차를 취하는 방법으로 적합하지 않은 것은?

① 댐식　② 수로식　③ 역조정지식　④ 유역 변경식

해설 (1) 수력 발전의 분류
① 유량 사용 : 유입식, 저수식, 조정지식, 양수식
② 취수 방식 : 수로식, 댐식, 댐수로식, 유역 변경식
③ 낙차 : 초저낙차, 저낙차, 중낙차, 고낙차

(2) 조정지식 발전

하천으로부터 취수량과 발전에 필요한 수량과의 차를 이 조정지에 저수하거나 또는 방출함으로써 수시간 또는 수일 간에 걸쳐 부하 변동에 대응하는 발전

답 ③

269 중요도 ★★★ / 한국중부발전 1회 2회 3회

전력 계통의 경부하 시 또는 다른 발전소의 발전 전력에 여유가 있을 때, 이 잉여 전력을 이용해서 전동기로 펌프를 돌려 물을 상부의 저수지에 저장하였다가 필요에 따라 이 물을 이용해서 발전하는 발전소는?

① 조력 발전소
② 양수식 발전소
③ 유역 변경식 발전소
④ 수로식 발전소

해설 **양수식 발전**

조정지식 또는 저수지식 발전소의 일종으로, 전력 수요가 적은 심야 또는 주말 등의 경부하 시에 여유 전력을 이용하여 하부 저수지의 물을 높은 곳에 위치한 상부 저수지에 양수하여 물을 저장하였다가 전력 사용이 가장 많은 시간에 상부 저수지의 물을 다시 하부 저수지로 낙하시키면서 전기를 발생하는 방식(첨두부하용 발전)으로 연간 발전비용을 줄이는 데 목적이 있다.

답 ②

270 중요도 ★★★ / 한국남부발전, 한국동서발전, 대구교통공사 1회 2회 3회

회전속도의 변화에 따라서, 자동적으로 유량을 가감하는 장치를 무엇이라 하는가?

① 공기 예열기 ② 과열기 ③ 여자기 ④ 조속기

해설 **조속기**

(1) 부하 변동에 따른 속도 변화를 감지하여 수차의 유량을 자동적으로 조절하여 수차의 회전속도를 일정하게 유지하기 위한 장치

(2) 조속기의 동작

① 평속기(speeder) : 수차의 회전속도 변화를 검출
② 배압밸브 : 유압 분배 → 평속기를 통해 검출된 속도 변화를 수평 레버를 통해 서보모터에 전달
③ 서보모터 : 니들 밸브(펠톤 수차), 안내 날개(반동수차)를 개폐
④ 복원장치 : 난조(진동) 방지

답 ④

271 중요도 ★★★ / 한국수력원자력, 한국중부발전 1회 2회 3회

부하 변동이 있을 경우 수차(또는 증기 터빈) 입구의 밸브를 조작하는 기계식 조속기의 각 부의 동작 순서는?

① 평속기 → 복원 기구 → 배압 밸브 → 서보 전동기
② 배압 밸브 → 평속기 → 서보 전동기 → 복원 기구
③ 평속기 → 배압 밸브 → 서보 전동기 → 복원 기구
④ 평속기 → 배압 밸브 → 복원 기구 → 서보 전동기

해설 **동작순서**
평속기 → 배압 밸브 → 서보 전동기 → 복원 기구

답 ③

272 중요도 ★★★ / 한국동서발전 1회 2회 3회

수차의 조속기가 너무 예민하면?

① 탈조를 일으키게 된다.
② 수압 상승률이 크게 된다.
③ 속도 변동률이 작게 된다.
④ 전압 변동이 작게 된다.

해설 **난조(hunting)**
(1) 부하가 급변하는 경우 회전자 속도가 동기 속도를 중심으로 진동하는 현상
(2) 난조가 심하여 탈조(step out)가 될 수 있다.
(3) 원인 : 원동기의 조속기 감도가 너무 예민할 때
(4) 방지법 : 제동 권선 설치

답 ①

273 중요도 ★★★ / 한국중부발전 1회 2회 3회

조압 수조(서지 탱크)의 설치 목적은?

① 조속기의 보호
② 수차의 보호
③ 여수의 처리
④ 수압관의 보호

해설 **조압 수조(서지 탱크)**
(1) 압력 수조와 수압관을 접속하는 장소에 자유 수면을 가진 수조
(2) 수격 작용(water hammering) 흡수 : 부하가 급격하게 변화하였을 때 생김
(3) 서징(surging) 작용 흡수 : 수차의 사용 유량 변동 때문에 발생

답 ④

274 중요도 ★★★ / 한국중부발전 1회 2회 3회

수차 발전기에 제동권선을 장비하는 주된 목적은?

① 정지시간 단축 ② 발전기 안정도의 증진
③ 회전력의 증가 ④ 과부하 내량의 증대

해설 **발전기의 안정도 향상 대책**
(1) 정태 극한 전력을 크게 한다(정상 리액턴스 작게).
(2) 난조 방지(플라이 휠 효과 선정, 제동권선 설치)
(3) 단락비를 크게 한다.

답 ②

275 중요도 ★★★ / 서울교통공사 1회 2회 3회

수력 발전에서 취수구에 제수문을 설치하는 목적은?

① 낙차를 높인다. ② 홍수위를 낮춘다.
③ 유량을 조정한다. ④ 모래를 배제한다.

해설 제수문은 수력 발전소 수로의 맨 앞단에 설치하여 유량을 조정한다.
취수량을 조절하고 물의 유입을 단절하게 위하여 설치한다.

답 ③

276 중요도 ★★★ / 한국서부발전 1회 2회 3회

캐비테이션(cavitation) 현상에 의한 결과로 적당하지 않은 것은?

① 수차 러너의 부식 ② 수차 레버 부분의 진동
③ 흡출관의 진동 ④ 수차 출력의 증가

해설 **캐비테이션(cavitation) 현상**
(1) 수압관 내의 흐르는 물에 부하의 급격한 변화로 기포가 생기고, 이 기포가 압력이 높은 곳에 도달하면 갑자기 터져 수차에 큰 충격을 주는 현상
(2) 캐비테이션의 영향
① 수차의 수명을 단축시킨다. 보기 ①
② 수차에 진동 및 난조를 발생시킨다. 보기 ②, ③
③ 수차와 발전기 효율을 저하시킨다. 보기 ④
(3) 캐비테이션 방지 대책
① 수차의 특유 속도를 너무 크게 하지 않는다.
② 흡출관의 높이를 너무 취하지 않는다.

③ 수차 러너를 침식에 강한 스테인리스강, 특수강으로 제작
④ 러너의 표면을 매끄럽게 가공한다.
⑤ 수차의 과도한 부분 부하, 과부하 운전을 피한다.

답 ④

277 중요도 ★★★ / 한국중부발전

1회 2회 3회

특유 속도가 높다는 것은?

① 수차의 실제 회전수가 높다는 것이다.
② 유수에 대한 수차 러너의 상대 속도가 빠르다는 것이다.
③ 유수의 유속이 빠르다는 것이다.
④ 속도 변동률이 높다는 것이다.

해설 (1) 특유 속도는 유효 낙차에 의해서 제한을 받으며, 특유 속도(비속도)가 높은 경우는 상대 속도가 빠르다는 것을 의미한다.

(2) 수차의 특유 속도

$$N_s = N\frac{\sqrt{P}}{H^{\frac{5}{4}}}\ [\mathrm{rpm}]$$

여기서, N : 정격 회전수, H : 유효낙차, P : 낙차 H[m]에서의 최대 출력

답 ②

278 중요도 ★★★ / 한국중부발전

1회 2회 3회

특유 속도가 가장 낮은 수차는?

① 펠톤 수차 ② 프란시스 수차 ③ 프로펠러 수차 ④ 카플란 수차

해설 **수차의 종류와 특유 속도 및 그 사용 한계**

수차의 종류		특유 속도의 한계값
펠턴 수차		12 ~ 23
프란시스 수차	저속도형	65 ~ 150
	중속도형	150 ~ 250
	고속도형	250 ~ 350
사류 수차		150 ~ 250
카플란 수차, 프로펠러 수차		350 ~ 800

답 ①

11 화력발전

열역학 기초

279 중요도 ★★ / 한국서부발전 1회 2회 3회

다음은 무슨 법칙인가?

열은 스스로 차가운 물체에서 뜨거운 물체로 옮겨갈 수 없다.

① 열역학 제1법칙
② 열역학 제2법칙
③ 줄의 법칙
④ 멕스웰의 법칙

해설 (1) 열역학 제1법칙
① 열에너지의 형태에 관한 법칙
② 물체의 운동 또는 시스템이 일을 할 때 에너지의 형태는 바뀌지만 에너지량은 불변
③ 열과 일은 모두 에너지의 일종이다. 상호 간 변환이 가능, 즉 열과 일 사이에는 일정한 비율이 성립한다.

(2) 열역학 제2법칙
① 에너지의 흐름이나 형태의 변화에 대한 방향성을 가리키는 법칙
② 일은 쉽게 모두 열로 바뀌지만 거꾸로 열은 모두 일로 바꿀 수 없다.
→ 자연 상태에서 열은 고온의 물체로부터 저온의 물체로는 이동하지만 반대로 저온의 물체로부터 고온의 물체로 이동하는 것은 불가능

답 ②

280 중요도 ★★ / 2024 한국서부발전 1회 2회 3회

증기의 엔탈피(enthapy)란?

① 물 1[kg]의 잠열
② 물 1[kg]의 증발열을 그 온도로 나눈 것
③ 증기 1[kg]의 보유 열량
④ 증기 1[kg]의 증발열을 그 온도로 나눈 것

해설 엔탈피(enthalpy)
(1) 각 온도에 있어 물 또는 증기의 보유 열량으로 0[℃]의 물 1[kg]을 증기로 만드는 데 필요한 열량을 말한다.
(2) 포화 증기이면 1[kg]의 액화열과 기화열의 합이 포화 증기의 엔탈피이다.

답 ③

281 중요도 ★ / 한전 KPS

1회 2회 3회

100[kWh/m^2 · month]는 약 몇 [MJ/m^2 · year]인가?

① 36 ② 360 ③ 3600
④ 4320 ⑤ 8640

해설 $1[\text{kWh}] = 1000 \times 3600[\text{J}] = 3600 \times 10^6[\text{J}] = 3.6[\text{MJ}]$

$1[\text{MJ/m}^2 \cdot \text{month}] = 1 \times 10^6[\text{J/m}^2 \cdot \text{month}] = \frac{1}{3.6}[\text{kWh/m}^2 \cdot \text{month}]$

$100[\text{kWh/m}^2 \cdot \text{month}] = 3.6 \times 100[\text{MJ/m}^2 \cdot \text{month}]$

$= 3.6 \times 100[\text{MJ/m}^2 \cdot \text{month}] \times 12 = 4320[\text{MJ/m}^2 \cdot \text{year}]$

(1) [kWh/m^2 · day] : 하루에 단위면적당 받는 에너지
(2) [kWh/m^2 · month] : 한달에 단위면적당 받는 에너지
(3) [kWh/m^2 · year] : 1년에 단위면적당 받는 에너지

답 ④

282 중요도 ★★ / 한국동서발전

1회 2회 3회

6000[kcal/kg]의 발열량을 가진 화력 발전소의 전력량이 2000000[MWh]라면 석탄 몇 [ton]을 연소시켜야 하는가? (단, 효율은 35[%]이다.)

① 650000 ② 770000 ③ 860000 ④ 900000

해설 (1) 화력 발전소의 효율

$$\eta_G = \frac{860Pt}{MH} \times 100[\%]$$

여기서, H : 발열량[kcal/kg], M : 연료량[kg], W : 전력량[kWh]($= Pt$)

(2) 연료량

$$M = \frac{860Pt}{\eta_G H} = \frac{860 \times 2000 \times 10^3}{0.33 \times 6000} \times 10^{-3} \fallingdotseq 860000[\text{ton}]$$

답 ③

283 중요도 ★★ / 한국동서발전

1회 2회 3회

화력 발전소에서 1[ton]의 석탄으로 발생시킬 수 있는 전력량은 약 몇 [kWh]인가? (단, 석탄 1[kg]의 발열량은 5000[kcal], 효율은 20[%]이다.)

① 960 ② 1060 ③ 1160 ④ 1260

해설 **발전소의 열효율(η)**

$$\eta = \frac{\text{발생 전력량[kWh]} \times 860}{\text{연료 소비량[kg]} \times \text{연료 발열량[kcal/kg]}} = \frac{860\,W}{mH}$$

따라서, $W = \dfrac{mH \cdot \eta}{860} = \dfrac{1 \times 10^3 \times 5000 \times 0.2}{860} = 1162.79\,[\text{kWh}]$

답 ③

284 중요도 ★★ / 한국수력원자력 1회 2회 3회

발열량 5700[kcal/kg]의 석탄을 150[ton] 소비하여 200000[kWh]를 발전하였을 때 발전소의 효율은 약 몇 [%]인가?

① 10 ② 20 ③ 30 ④ 40

해설 $E_2 = 200000\,[\text{kWh}]$

$$E_1 = \frac{WC}{860} = \frac{150 \times 1000 \times 5700}{860}\,[\text{kWh}]$$

$$\eta = \frac{E_2}{E_1} = \frac{860E_2}{WC} = \frac{860 \times 200000}{150 \times 1000 \times 5700} = 0.2$$

$\therefore\ 20\,[\%]$

답 ②

열 사이클

285 중요도 ★★★ / 한전 KPS, 한전중부발전 1회 2회 3회

다음 그림은 랭킨 사이클의 $T-S$ 선도이다. 이 중 보일러 내에서의 단열 팽창을 나타내는 부분은?

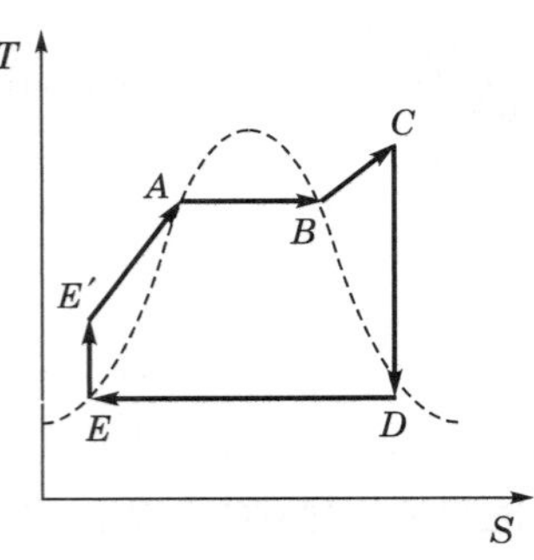

① $A-B$ ② $B-C$ ③ $C-D$
④ $D-E$ ⑤ $E-E'$

해설 **랭킨 사이클(Rankine cycle)**

증기 동력 사이클의 열역학적 이상 사이클

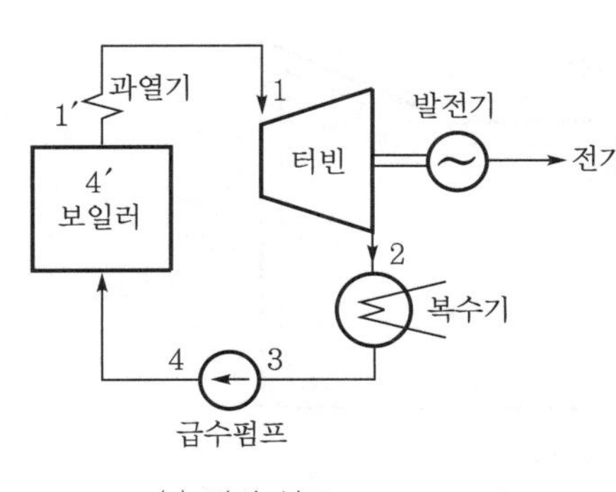

(a) 장치 선도

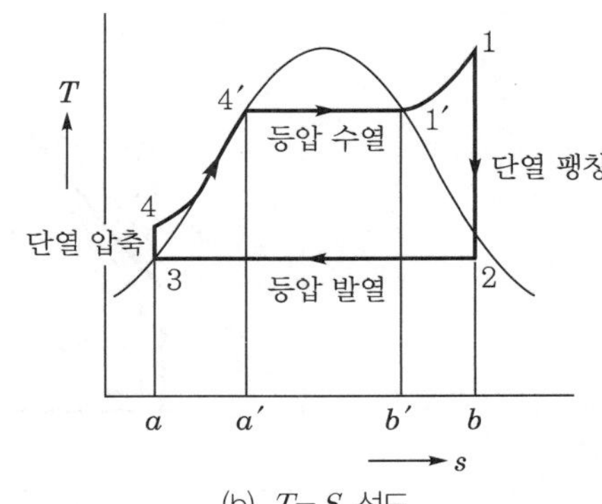

(b) $T-S$ 선도

① $A-B$(보일러 내에서의 등온 팽창) : 포화수는 보일러 내에서 등압 가열되어 증기 상태로 팽창된다.

② $B-C$(과열기 내에서의 건조 포화 증기의 등압 과열) : 포화 증기는 과열기에서 과열 증기가 된다(등압과정).

③ $C-D$(터빈 내의 단열 팽창) : 과열 증기는 터빈을 지나면서 단열 팽창을 하여 온도와 압력이 강하하고 습증기 상태로 되는데, 이때 증기는 외부에 대하여 일을 하게 된다.

④ $D-E$(복수기 내 터빈 배기의 등온·등압 응결) : 습증기는 복수기에서 등온·등압하에 냉각되고 다시 포화수로 되어 복수 펌프로 들어간다.

⑤ $E-E'$(급수 펌프에서의 압축) : 포화수는 급수 펌프에 의하여 단열 압축되어 압력이 높아진 채로 보일러로 압입된다.

답 ③

286 중요도 ★★★ / 한국가스공사 1회 2회 3회

다음 그림은 랭킨 사이클을 나타내는 $T-S$(온도-엔트로피) 선도이다. 이 그림에서 A_2-B의 과정은 화력 발전소의 어떤 과정에 해당하는 것인가?

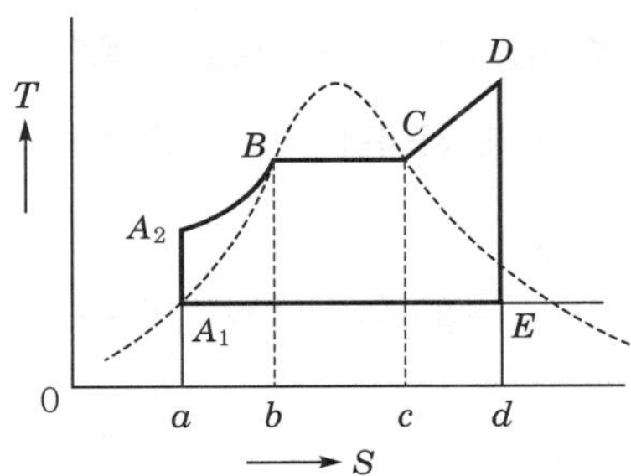

① 급수 펌프 내의 등적 단열 압축
② 보일러 내에서의 등압 가열
③ 보일러 내에서 증기의 등압·등온 수열
④ 급수 펌프 내에 의한 단열 팽창

해설 **랭킨 사이클(Rankine cycle)**

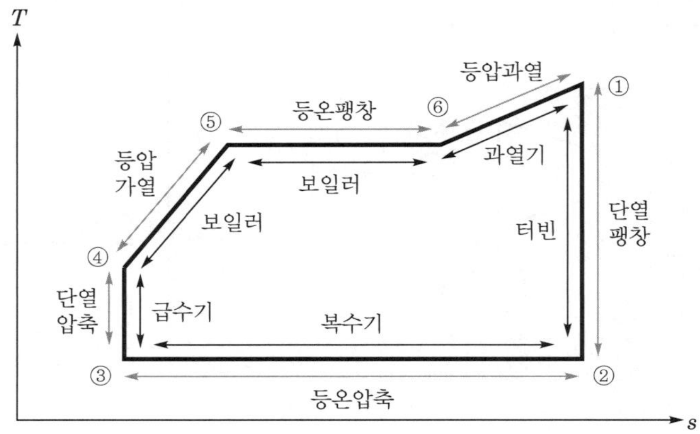

답 ③

287 중요도 ★★★ / 한국중부발전, 한국수력원자력

1회 2회 3회

랭킨 사이클이 취하는 급수 및 증기의 올바른 순환 과정은?

① 등압가열 → 단열팽창 → 등압냉각 → 단열압축
② 단열팽창 → 등압가열 → 단열압축 → 등압냉각
③ 등압가열 → 단열압축 → 단열팽창 → 등압냉각
④ 등온가열 → 단열팽창 → 등온압축 → 단열압축

해설 보일러(등압가열) → 터빈(단열팽창) → 복수기(등압냉각) → 급수 펌프(단열압축)

답 ①

288 중요도 ★★★ / 한국중부발전

1회 2회 3회

기력 발전소의 열 사이클 중 가장 기본적인 것으로 두 등압 변화와 두 단열 변화로 되는 열 사이클은?

① 랭킨 사이클 ② 재생 사이클 ③ 재열 사이클 ④ 재생·재열 사이클

해설 (1) **랭킨 사이클(Rankine cycle)**
가장 기본이 되는 사이클로, 등압가열 → 단열팽창 → 등압냉각 → 단열압축 순으로 이루어진다.
(2) **카르노 사이클**
가장 이상적인 사이클
(3) **재생 사이클**
터빈에서 증기의 일부를 추기하여 급수 가열기에 공급함으로써 복수기의 열 손실을 회수하는 사이클
(4) **재열 사이클**
터빈에서 팽창된 증기를 과열기로 공급하여 과열 증기로 만든 후 다시 터빈에 공급하는 사이클

(5) 재열 · 재생 사이클
재열 사이클과 재생 사이클을 모두 채용하여 사이클의 효율을 크게 한 것으로, 화력 발전소에서 실현할 수 있는 가장 효율이 좋은 사이클이며, 대용량 화력 발전소에서 가장 많이 사용되는 사이클

답 ①

289 중요도 ★★★ / 서울교통공사

1회 2회 3회

아래 표시한 것은 기력 발전소의 기본 사이클이다. 순서가 맞는 것은?

① 급수 펌프 → 보일러 → 터빈 → 과열기 → 복수기 → 다시 급수 펌프로
② 급수 펌프 → 보일러 → 과열기 → 터빈 → 복수기 → 다시 급수 펌프로
③ 과열기 → 보일러 → 복수기 → 터빈 → 급수 펌프 → 축열기 → 다시 과열기로
④ 보일러 → 급수 펌프 → 과열기 → 복수기 → 급수 펌프 → 다시 보일러로

해설 (1) 기력 발전소의 열 사이클
① 보일러에서 물 → 습증기로 변환
② 과열기에서 습증기 → 과열 증기로 변환
③ 터빈에서 과열 증기 → 습증기로 변환
④ 복수기에서 습증기 → 급수로 변환
⑤ 복수기에서 나온 물을 급수 펌프를 거쳐 보일러로 다시 보내어짐
(2) 랭킨 사이클
급수 펌프 → 보일러 → 과열기 → 터빈 → 복수기 → 다시 급수 펌프로

답 ②

290 중요도 ★★★ / 한국수력원자력

1회 2회 3회

기력 발전소의 열 사이클 과정 중 단열 팽창 과정의 물 또는 증기의 상태 변화는?

① 습증기 → 포화액
② 과열 증기 → 습증기
③ 포화액 → 압축액
④ 압축액 → 포화액 → 포화 증기

해설 기력 발전소의 열 사이클 과정에서 단열 팽창은 증기 터빈에서 발생하며, 이 과정을 거치면서 과열 증기가 습증기로 변환되면서 열량을 소비한다.

답 ②

291 중요도 ★★★ / 지역난방공사 1회 2회 3회

화력 발전소에 있어서 증기 및 급수가 흐르는 순서는?

① 절탄기 → 보일러 → 과열기 → 터빈 → 복수기
② 보일러 → 절탄기 → 과열기 → 터빈 → 복수기
③ 보일러 → 과열기 → 절탄기 → 터빈 → 복수기
④ 절탄기 → 과열기 → 보일러 → 터빈 → 복수기

해설 **화력 발전의 기본 장치**

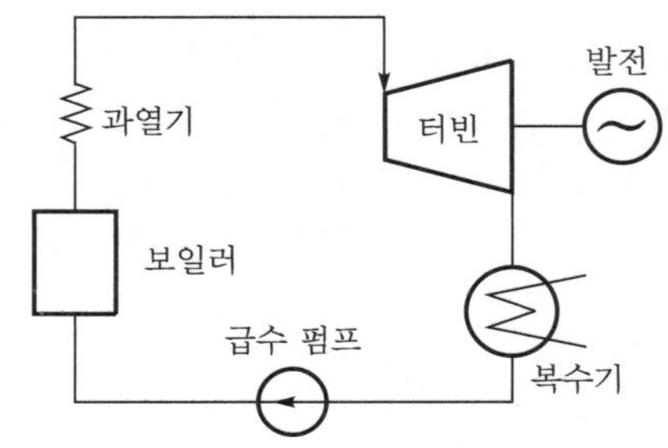

(1) 증기 및 급수 이동 순서
급수 펌프 → 절탄기 → 보일러 → 과열기 → 터빈 → 복수기
(2) 복수기에서 나온 물을 보일러로 보내기 전에 절탄기를 통해 급수를 미리 예열한다.
(3) 절탄기(economizer)
보일러에서 나오는 연소 배기가스의 열을 이용하여 급수를 미리 예열하는 장치이다.

답 ①

터빈

292 중요도 ★★★ / 한국남부발전 1회 2회 3회

증기 터빈의 팽창도중에서 증기를 추출하는 형태의 터빈은?

① 복수 터빈 ② 배압 터빈 ③ 추기 터빈 ④ 배기 터빈

해설 **사용 증기의 처리 방법에 의한 증기 터빈의 분류**

(1) 복수 터빈(복수기)
① 복수기로 터빈의 배기를 복수시키는 방식
② 복수된 응축수는 다시 보일러 급수로 재사용되는 밀폐 사이클을 유지
③ 기력 발전소의 터빈에 주로 사용되는 방식
(2) 배압식 터빈(동력용, 다른 용도)
① 복수기를 두지 않고 터빈의 배기를 공장용 작업 증기 또는 기타의 용도로 사용하는 방식
② 전력과 작업 증기를 동시에 얻을 수 있으므로 전체 에너지 효율을 높일 수는 있지만 보일러 급수를 전량 보충하여야 하므로 물 처리량이 많아지는 단점이 있다.

(3) 추기 터빈(재열기, 급수 가열)
  ① 두 종류 이상 압력의 작업용 증기를 사용하려고 할 때 추기 증기 외에 나머지 증기도 복수기로 응축시키지 않고 작업 증기로 활용하는 방식
  ② 열병합 발전에 적용한다.

답 ③

293 중요도 ★★ / 한국남부발전

1회 2회 3회

대용량 기력 발전소에서는 터빈의 중도에서 추기하여 급수 가열에 사용함으로써 얻은 소득은 다음과 같다. 옳지 않은 것은?

① 열효율 개선
② 터빈 저압부 및 복수기의 소형화
③ 보일러 보급 수량의 감소
④ 복수기 냉각수 감소

해설 **추기 터빈(재열기, 급수 가열)**
(1) 두 종류 이상 압력의 작업용 증기를 사용하려고 할 때 추기 증기 외에 나머지 증기도 복수기로 응축시키지 않고 작업 증기로 활용하는 방식
(2) 복수기에서의 열손실이 없으므로 추기 복수식보다 열효율은 높지만 사용 증기량의 변동에 따라서, 발생 전력이 영향을 받는다는 점을 고려
(3) 열병합 발전에 적용 : 열효율 개선, 터빈 저압부 및 복수기의 소형화, 복수기 냉각수 감소

답 ③

294 중요도 ★★ / 한국중부발전, 지역난방공사

1회 2회 3회

다음 중 가스 터빈 발전 방식의 특성으로 알맞은 것은?

① 심야의 잉여 전력으로 조정지에 물을 퍼올려 첨두 부하 시 사용한다.
② 건설비가 싸고 급격한 출력 변화에 응할 수 있다.
③ 출력 조정이 불가능하므로 수요의 기저 부분을 분담한다.
④ 고온·고압 때문에 정격 출력으로 연속 운전하면 높은 효율이 된다.

해설 **가스 터빈**
(1) 기체(공기나 공기와 연소 가스의 혼합체)를 압축·가열한 후 팽창시켜서 기체가 보유한 열에너지를 기계적 에너지로 변환시키는 장치
(2) 공기를 압축 가열하여 이때 발생한 고온·고압의 기체를 가스 터빈에서 팽창 터빈을 구동(압축 → 가열 → 팽창 → 방열)
(3) 소형 경량으로 건설비가 싸고 유지비가 적다.
(4) 기동 시간이 짧고 조작이 용이하므로 첨두부하 발전용으로 사용된다.

답 ②

295 중요도 ★★ / 한국남부발전, 한국동서발전

1회 2회 3회

가스 터빈의 장점이 아닌 것은?

① 소형 · 경량으로 건설비가 싸고 유지비가 적다.
② 기동시간이 짧고 부하의 급변에도 잘 견딘다.
③ 냉각수를 다량으로 필요로 하지 않는다.
④ 열효율이 높다.

해설 (1) 가스 터빈의 장점

① 소형 · 경량으로 건설비가 싸고 유지비가 적다. 보기 ①
② 구조가 간단하고 운전 조작이 간편하여 운전에 대한 신뢰도가 높다.
③ 기동시간이 짧고 부하의 급변에도 잘 견딘다. 보기 ②
④ 물처리가 필요없고 냉각수가 소요용량이 적다. 보기 ③
⑤ 첨두부하 발전용으로 사용한다.

(2) 가스 터빈의 단점

① 가스 온도가 고온이므로 고가의 내열재가 필요하다.
② 열효율이 내연력 대용량 기력 발전보다 낮다. 보기 ④
③ 사이클 공기량이 많아 공기압축에 많은 에너지가 필요하다.
④ 가스 터빈의 종류에 따라 성능이 대기 온도와 압력에 영향을 받는다.

답 ④

296 중요도 ★★★ / 한국중부발전

1회 2회 3회

화력 발전소에서 재열기로 가열하는 것은?

① 석탄 ② 급수 ③ 공기 ④ 증기

해설 **재열기**

과열기의 바로 다음에 있는 것이 많으며, 터빈에서 팽창하여 포화 온도에 가깝게 된 증기를 빼내어 다시 보일러에서 과열 온도 가깝게까지 온도를 올리기 위한 장치(증기를 가열함)

답 ④

297 중요도 ★★★ / 한국중부발전

1회 2회 3회

기력 발전소에서 가장 많이 쓰이고 있는 복수기는?

① 분사 복수기 ② 방사 복수기 ③ 표면 복수기 ④ 증발 복수기

해설 **복수기**

(1) 복수기는 진공상태를 만들어 증기 터빈에서 일을 한 증기를 그 배기단에서 냉각 · 응축시킴과 동시에 복수로서 회수하는 장치를 말한다.

(2) 복수기에는 표면 복수기, 증발 복수기, 분사 복수기 및 에젝터 복수기의 4가지가 있는데 이 중에서 표면 복수기를 가장 많이 사용하고 있다.

답 ③

298 중요도 ★★★ / 한국동서발전

1회 2회 3회

배압 터빈에 필요 없는 것은?

① 안전판 ② 절탄기 ③ 조속기 ④ 복수기

해설 **배압식 터빈(동력용, 다른 용도)**

(1) 복수기를 두지 않고 터빈의 배기를 공장용 작업 증기 또는 기타의 용도로 사용하는 방식
(2) 전력과 작업 증기를 동시에 얻을 수 있으므로 전체 에너지 효율을 높일 수는 있지만 보일러 급수를 전량 보충하여야 하므로 물 처리량이 많아지는 단점이 있다.
(3) 배압 터빈에서는 터빈을 돌리고 나온 증기를 공장 등의 작업용으로 이용하므로 복수기는 필요 없다.

 ④

299 중요도 ★★ / 한국중부발전

1회 2회 3회

보일러수 속의 용해 고형물이나 현탁 고형물이 증기에 섞여 보일러 밖으로 튀어 나가는 현상은?

① 포밍 ② 프라이밍 ③ 캐리오버 ④ 고온 부식

해설 **불순물에 의한 보일러 급수 장해**

(1) 스케일(scale)의 생성 및 슬러지의 발생
  ① 스케일 : 고형 물질이 석출되어 보일러 내변에 부착된 것
  ② 슬러지 : 석출물 등이 생성되지 않고 내부에 퇴적하는 침전물
  ③ 보일러 용수 중에 함유된 칼슘, 마그네슘의 중탄산염류, 유지류, 기타 부식 생성물 등이 농축되거나, 가열되어서 용해도가 적은 것부터 침전 내지 석출되어 보일러 관벽 등에 생성되는 것

(2) 고온 부식(관벽 부식)
급수 중에 용해되어 있는 산소, 이산화탄소, 탄소, 각종 염화물 등 그 밖에 보일러수의 수소 이온 농도가 적당치 않을 경우 드럼, 증기관, 과열기 및 터빈까지 부식 발생(촉진)

(3) 캐리오버
보일러수 속의 용해 고형물이나 현탁 고형물이 증기에 섞여 보일러 밖으로 튀어 나가는 현상

(4) 포밍
보일러수 속의 유지류, 용해 고형물, 부유물 등의 농도가 높아져 드럼 수면에 안정한 거품이 발생하는 현상

(5) 프라이밍
보일러 속의 수면으로부터 경렬하게 증발하는 증기와 동반하여 보일러수가 물보라처럼 비상하여, 가는 입자의 물방울로 되어 다량이 날라오며 증기와 함께 보일러 밖으로 송출되는 현상

답 ③

300 중요도 ★★ / 한국중부발전

1회 2회 3회

화력 발전소에서 발전 효율을 저하시키는 원인으로 가장 큰 손실은?

① 소내용 동력 ② 터빈 및 발전기의 손실
③ 연돌 배출 가스 ④ 복수기 냉각수 손실

해설 **기력 발전소의 손실**

(1) 복수기에 의한 손실 : 약 47[%] 정도
(2) 터빈의 기계손 : 약 6[%]
(3) 소내 동력에 의한 손실 : 약 4[%]
(4) 석탄에 포함된 수분을 증발시키는 데의 손실 : 약 4[%]
(5) 가열용 열원으로서의 손실 : 약 1[%] 정도
(6) 발전기 손실 : 약 1[%]
(7) 굴뚝에서 폐기되는 손실 : 약 0.7[%] 정도
(8) 방사손 및 기타 : 약 1.2[%]

답 ④

301 중요도 ★ / 대구교통공사

1회 2회 3회

증기 터빈의 비상 조속기는 정격 회전수의 몇 [%] 이내에 정정(整定)되는가?

① 100 ② 110 ③ 120 ④ 130

해설 일반적으로 터빈의 비상 조속기는 정격 회전수의 110±1[%]의 속도 상승에 동작하도록 정정되어 있다.

 ②

12 원자력 발전

302 중요도 ★★★ / 부산교통공사

1회 2회 3회

다음 사항은 일반적으로 원자력 발전소와 화력 발전소의 특성을 비교한 것이다. 이들 중 틀리게 기술된 것은?

① 원자력 발전소는 화력 발전소의 보일러 대신 원자로와 열교환기를 사용한다.
② 원자력 발전소의 단위 출력당 건설비가 화력 발전소에 비하여 싸다.
③ 동일 출력일 경우 원자력 발전소의 터빈이나 복수기가 화력 발전소에 비하여 대형이다.
④ 원자력 발전소는 방사능에 대한 차폐 시설물에 대한 투자가 필요하다.

해설 화력 발전과 비교하여 원자력 발전은 출력 밀도(단위 체적당 출력)가 크므로 같은 출력이라면 소형화가 가능하며, 단위 출력당 건설비는 화력 발전소에 비하여 비싸다.

답 ②

원자로의 구성

303 중요도 ★★★ / 한전 KPS 1회 2회 3회

다음 중 원자로 밖으로 나오려는 중성자를 노 안으로 되돌리는 역할을 하는 물질은?

① 냉각재 ② 제어재 ③ 감속재
④ 반사재 ⑤ 차폐재

해설 **원자로의 구성**

(1) 핵연료
핵분열을 일으키는 물질, 즉 원자로의 연료(U_{92}^{235}, U_{92}^{233}, U_{92}^{239})

(2) 감속재
중성자의 속도를 감소시키는 역할 → H_2O(경수), D_2O(중수), C(흑연), Be(산화베릴륨)

(3) 제어봉
중성자의 밀도 조절(중성자를 잘 흡수하는 물질) → 카드뮴(Cd), 붕소(B), 하프늄(Hf)

(4) 냉각재
원자로 내의 발생열을 외부로 빼내는 역할(CO_2, He, 경수, 중수, Na)

(5) 반사재
원자로 밖으로 나오려는 중성자를 반사시켜 노 내로 다시 되돌려 보내는 역할(경수, 중수, 흑연, 산화베릴륨)

(6) 차폐재
원자로 내에서의 투과력이 큰 γ, β선이나 중성자를 차단하는 역할(밀도가 대단히 높은 물질) 납, 콘크리트, 물

(7) 열 차폐재
열차단 장치, 강판

답 ④

304 중요도 ★★★ / 한국수력원자력 1회 2회 3회

핵연료가 가져야 할 일반적인 특성이 아닌 것은?

① 낮은 열전도율을 가져야 한다. ② 높은 융점을 가져야 한다.
③ 방사선에 안정하여야 한다. ④ 부식에 강해야 한다.

해설 **핵연료의 구비조건**

(1) 중성자를 빨리 감속시킬 수 있는 것
(2) 중성자 흡수 단면적이 작을 것
(3) 열전도율이 높고, 내부식성, 내방사성이 우수할 것 보기 ①, ③, ④
(4) 가볍고 밀도가 클 것

답 ①

305 중요도 ★★★ / 한국중부발전

1회 2회 3회

감속재에 관한 설명 중 옳지 않은 것은?

① 중성자 흡수 면적이 클 것
② 원자량이 적은 원소이어야 할 것
③ 감속능, 감속비가 클 것
④ 감속 재료는 경수, 중수, 흑연 등이 사용된다.

해설 **감속재**

(1) 감속재의 역할
높은 에너지를 가진 고속 중성자의 핵분열 속도를 감소시키는 역할
(2) 감속재에 요구되는 조건
① 산란 단면적이 클 것
② 중성자 에너지를 빨리 감속시킬 수 있을 것(감속능, 감속비 클 것) 보기 ③
③ 불필요한 중성자 흡수가 적을 것
④ 중성자 흡수 단면적이 작을 것 보기 ①
⑤ 원자량이 작은 원소일 것 보기 ②
⑥ 내부식성, 가공성, 내열성, 내방사성이 우수할 것

답 ①

306 중요도 ★ / 한국중부발전

1회 2회 3회

감속재의 온도 계수란?

① 감속재의 시간에 대한 온도 상승률
② 반응에 아무런 영향을 주지 않는 계수
③ 감속재의 온도 1[℃] 변화에 대한 반응도의 변화
④ 열중성자로에의 양(+)의 값을 갖는 계수

해설 **감속재의 온도 계수(α)**

(1) 노 내의 온도가 상승하면 반응도가 변화하는데, 이 온도 변화가 반응도에 미치는 영향을 일반적으로 온도 계수(α)라고 한다.

(2) 온도 1[℃] 변화에 따라 반응도의 변화를 나타내며, $\alpha = \frac{d\rho}{dT}$로 표시한다($\rho$: 반응도, T : 온도).

(3) 일반 원자로에서의 온도 계수 α는 부(−)의 값으로 열 중성자로에서는 $-10^{-5} \sim -10^{-3}$[℃$^{-1}$]이다.

답 ③

307 중요도 ★★★ / 지역난방공사

1회 2회 3회

원자로의 중성자수를 적당히 유지하고 노의 출력을 제어하기 위한 제어재로서 적합하지 않은 것은?

① 하프늄 ② 카드뮴 ③ 붕소 ④ 플루토늄

해설 **제어봉**

중성자의 밀도 조절(중성자를 잘 흡수하는 물질) → 카드뮴(Cd), 붕소(B), 하프늄(Hf)

답 ④

308 중요도 ★★★ / 대구교통공사

1회 2회 3회

원자로 내에서 발생한 열에너지를 외부로 끄집어내기 위한 열매체를 무엇이라 하는가?

① 반사체 ② 감속재 ③ 냉각재 ④ 제어봉

해설 **냉각재**

(1) 원자로 내에서 발생한 열에너지를 외부로 빼내는 역할

(2) 노심의 열을 외부로 배출함으로써 노 내의 온도를 적정한 값으로 유지

(3) 종류 : 경수(H_2O), 중수(D_2O), 액체 금속(Na, NaK, Bi), 가스(He, CO_2), 용해염

(4) 경수로형이나 중수로형 원자력 발전소는 감속제와 냉각제의 구별이 없음

답 ③

309 중요도 ★ / 인천교통공사

1회 2회 3회

원자로의 주기란 무엇을 말하는 것인가?

① 원자로의 수명

② 원자로가 냉각 정지 상태에서 전출력을 내는 데까지의 시간

③ 원자로가 임계에 도달하는 시간

④ 중성자의 밀도(flux)가 $\varepsilon = 2.718$배만큼 증가하는 데 걸리는 시간

해설 원자로 주기란 중성자 밀도가 2.718배만큼 증가하는 데 요하는 시간을 말한다.

답 ④

310 중요도 ★★ / 한국중부발전

1회 2회 3회

원자로에서 열중성자를 U^{235} 핵에 흡수시켜 연쇄 반응을 일으키게 함으로써 열에너지를 발생시키는데, 그 방아쇠 역할을 하는 것이 중성자원이다. 다음 중 중성자를 발생시키는 방법이 아닌 것은?

① α입자에 의한 방법
② β입자에 의한 방법
③ γ선에 의한 방법
④ 양자에 의한 방법

해설 **중성자를 발생시키는 방법**

(1) α입자에 의한 방법
(2) γ선에 의한 방법
(3) 양자 또는 중성자에 의한 방법

답 ②

원자력 발전소의 종류

311 중요도 ★★★ / 한국중부발전, 한국가스공사

1회 2회 3회

비등수형 경수로에 해당되는 것은?

① HTGR ② PHWR ③ PWR ④ BWR

해설 **원자로의 형태**

(1) HTGR : 고압 가스 냉각로
(2) PHWR : 가압수형 중수로
(3) PWR : 가압수형 경수로
(4) BWR : 비등수형 경수로

답 ④

312 중요도 ★★★ / 한국서부발전, 한국가스공사

1회 2회 3회

원자력 발전소에서 비등수형 원자로에 대한 설명으로 틀린 것은?

① 연료로 농축 우라늄을 사용한다.
② 감속재로 헬륨 액체 금속을 사용한다.
③ 냉각재로 경수를 사용한다.
④ 물을 노 내에서 직접 비등시킨다.

해설 (1) 원자로의 종류에 따른 비교

원자로의 종류		연료	감속재	냉각재
가스 냉각로(GCR)		천연 우라늄	흑연	탄산가스
경수로	비등수형(BWR)	농축 우라늄	경수	경수
	가압수형(PWR)			

원자로의 종류	연로	감속재	냉각재
중수로(CANDU)	천연 우라늄 농축 우라늄	중수	탄산가스, 경수, 중수
고속 증식로(FBR)	농축 우라늄 플루토늄	–	나트륨, 나트륨 – 칼륨 합금

(2) 비등수형 원자로(BWR : Boiling Water Reactor)
원자로 내에서 바로 증기를 발생시켜 직접 터빈에 공급하는 방식(노 내에서 직접 비등시킴)

답 ②

313 중요도 ★★★ / 한국서부발전

1회 2회 3회

비등수형 동력용 원자로에 대한 설명으로 틀린 것은?

① 노심 안에서 경수가 끓으면서 증기를 발생할 수 있게 설계된 것이다.
② 내부의 압력은 가압수형 원자로(PWR) 보다 높다.
③ 발생된 증기로 직접 터빈을 회전시키는 방식을 직접 사이클이라 한다.
④ 직접 사이클의 노에서는 증기 속에 방사선 물질이 섞이게 되므로 터빈 안에까지 방사능으로 오염될 우려가 있다.

해설 **비등수형 원자로의 특징**
(1) 연료로 농축 우라늄을 사용하며, 감속재와 냉각재로 경수를 사용한다.
(2) 원자로의 내부 증기를 직접 터빈에서 이용하기 때문에 증기 발생기가 필요 없고, 열교환기도 필요 없다. 보기 ①
(3) 원자로 내에서 비등한 방사능을 띤 증기가 직접 터빈으로 들어가므로 누출을 철저히 방지해야 하며, 방사성 방호 설비를 강화해야 한다. 보기 ③, ④
(4) 가압수형(PWR)에 비해 노심의 출력 밀도(압력)가 낮아 같은 출력의 경우 노심 및 압력 용기가 커진다. 보기 ②
(5) 소내용 동력은 작아도 된다.

답 ②

314 중요도 ★★★ / 한국중부발전, 한국수력원자력, 서울교통공사

1회 2회 3회

다음에서 가압수형 원자력 발전소(PWR)에 사용하는 연료 감속재 및 냉각재로 적당한 것은?

① 천연 우라늄, 흑연 감속, 이산화탄소 냉각
② 농축 우라늄, 중수 감속, 경수 냉각
③ 저농축 우라늄, 경수 감속, 경수 냉각
④ 저농축 우라늄, 흑연 감속, 경수 냉각

해설 (1) 연료 – 농축 우라늄, 감속재 – 경수, 냉각재 – 경수

(2) 원자로의 종류에 따른 비교

원자로의 종류		연료	감속재	냉각재
가스 냉각로(GCR)		천연 우라늄	흑연	탄산가스
경수로	비등수형(BWR)	농축 우라늄	경수	경수
	가압수형(PWR)			
중수로(CANDU)		천연 우라늄 농축 우라늄	중수	탄산가스, 경수, 중수
고속 증식로(FBR)		농축 우라늄 플루토늄	–	나트륨, 나트륨 – 칼륨 합금

답 ③

315 중요도 ★★★ / 한국중부발전

1회 2회 3회

증식비가 1보다 큰 원자로는?

① 경수로 ② 고속 증식로 ③ 중수로 ④ 흑연로

해설 고속 중성자로는 생성연료와 소비연료의 비가 1.1 ~ 1.4 정도의 증식비를 가지는 원자로이다.

답 ②

316 중요도 ★ / 서울교통공사

1회 2회 3회

최근 전력 수요면에서 중하부와 경하부의 격차가 심해지고, 기저 부하용으로 일정 출력으로 운용되는 원자력 발전의 비율이 증가됨에 따라 대용량 변압 운전 화력을 개발하여 중간 부하대 화력으로 운용함으로써 열효율을 향상시키고 있는데, 이 변압 운전 방식을 정압 운전 방식과 비교할 때 옳지 않은 것은?

① 단시간에 기동 정지 가능 ② 터빈 컨트롤 밸브로 출력 제어 실시
③ 운전 중 급속한 출력 변동 가능 ④ 저부하 안정 운전 가능

해설 **변압 운전 방식의 특징**

(1) 단시간에 기동 정지 기능
(2) 터빈 컨트롤 밸브로 출력 제어 실시
(3) 운전 중 급속한 출력 변동 가능
(4) 첨두부하 시 안정 운전 가능

답 ④

13 태양광 / 신재생에너지

317 중요도 ★★ / 한국중부발전

1회 2회 3회

태양광 어레이의 가대 설치 순서로 옳은 것은?

① 현장조사 → 가대 구조의 설계 → 가대의 기초부 설계 → 태양전지 모듈의 배열 → 가대의 강도 계산
② 현장조사 → 가대의 강도 계산 → 가대의 기초부 설계 → 가대 구조의 설계 → 태양전지 모듈의 배열
③ 현장조사 → 태양전지 모듈의 배열 → 가대 구조의 설계 → 가대의 강도 계산 → 가대의 기초부 설계
④ 현장조사 → 가대의 강도 계산 → 가대의 기초부 설계 → 가대 구조의 설계 → 태양전지 모듈의 배열

해설 **태양광 발전 구조물의 가대 설치 순서**
현장조사(현지조사, 설계조건의 정리) → 태양전지 모듈의 배열 결정 → 가대 구조의 설계 → 가대의 강도 계산(상정 하중 산출, 각 부재 강도계산) → 가대의 기초부 설계

답 ③

318 중요도 ★★ / 한전 KPS

1회 2회 3회

다음 중 태양 궤적도를 구성하는 선의 종류와 그 설명으로 옳지 않은 것을 모두 고르면?

㉠ 방위각선 : 수평사영 태양 궤적도에서는 동심원, 수직사영 태양 궤적도에서는 수평선
㉡ 고도각선 : 수평사영 태양 궤적도에서는 방사선, 수직사영 태양 궤적도에서는 수직선
㉢ 태양 궤적선 : 날짜별로 그려진 곡선
㉣ 시간선 : 날짜별 태양 궤적선상에 연결되어 표시된 곡선

① ㉠, ㉡ ② ㉠, ㉢ ③ ㉡, ㉢
④ ㉡, ㉣ ⑤ ㉢, ㉣

해설 **태양 궤적도를 구성하는 선**
(1) 방위각선 : 수평사영 태양 궤적도에서는 방사선, 수직사영 태양 궤적도에서는 수직선
(2) 고도각선 : 수평사영 태양 궤적도에서는 동심원, 수직사영 태양 궤적도에서는 수평선
(3) 태양 궤적선 : 날짜별로 그려진 곡선
(4) 시간선 : 날짜별 태양 궤적선상에 연결되어 표시된 곡선

답 ①

319 중요도 ★★ / 한국중부발전

1회 2회 3회

모듈수가 150개, 모듈 1개의 용량이 200[W]인 태양전지 어레이의 발전 가능 용량이 24[kW]일 때, 파워컨디셔너의 효율[%]은?

① 60 ② 70 ③ 80 ④ 90

해설 발전 가능 용량 = 모듈수 × 모듈 1개의 용량 × 파워컨디셔너 효율

$= 150 \times 200 \times$ 파워컨디셔너 효율 $= 24 \times 10^3$

∴ 파워 컨디셔너의 효율 = 80[%]

답 ③

320 중요도 ★★ / 한전 KPS

1회 2회 3회

다음과 같은 조건의 2400[kW] 태양광 발전시스템의 병렬 구성으로 가장 적합한 것은? (단, PGS의 입력전압 범위는 430 ~ 1200[V]이며, 기타 조건은 표준상태이다)

- $P_{mpp} = 40000$[W]
- $V_{mpp} = 25$[V]
- $I_{mpp} = 12.5$[A]
- $V_{oc} = 24$[V]
- $I_{sc} = 15$[A]

① 50병렬 ② 120병렬 ③ 200병렬
④ 450병렬 ⑤ 600병렬

해설 (1) 모듈의 최대 직렬수

$$\frac{\text{PGS 입력전압 범위의 최곳값}}{\text{모듈 표면온도가 최저인 상태의 개방전압}} = \frac{1200}{24} = 50$$

(2) 모듈의 병렬수

$$\frac{\text{PGS 1대분 용량}}{\text{모듈의 직렬수} \times \text{모듈 1매분 최대 출력}} = \frac{2400 \times 1000}{50 \times 400} = 120$$

∴ 120병렬이 적합

- P_{mpp} : 태양전지 모듈의 최대 전력(1매분)
- V_{mpp} : 태양전지 모듈의 최대 전압
- I_{mpp} : 태양전지 모듈의 최대 전류
- V_{oc} : 태양전지 모듈의 개방전압
- I_{sc} : 태양전지 모듈의 단락전류

답 ②

321 중요도 ★★ / 서울교통공사 | 1회 | 2회 | 3회

분산형 전원 계통의 연계기술에 따라 저압 배전 선로에 연계 가능한 태양광 발전설비의 최대 용량은 얼마[kW]인가?

① 20 ② 50 ③ 80 ④ 100

해설 **태양광 발전 분산형 전원**

(1) 분산형 전원 연계 기술 기준에 따라 저압 배전선로에 연계 가능한 태양광 발전설비의 최대 용량은 100[kW] 미만

(2) 저압 일반선로에 연계 가능한 용량은 한국전력 배전용 변압기 정격용량의 25[%] 이하

④

322 중요도 ★★★ / 대구교통공사 | 1회 | 2회 | 3회

다음 신재생에너지의 하나인 태양광 발전의 장점으로 맞는 것은?

① 전력 생산량의 지역별 일조(일사량)에 의존한다.
② 에너지 밀도가 낮아 넓은 설치면적이 들지 않는다.
③ 설치장소가 한정적이고 시스템 비용이 고가이다.
④ 모듈 수명이 장수명(20년 이상)이다.

해설 **태양광 발전의 장단점**

(1) 태양광 발전의 장점
 ① 환경 적합성 : 배기가스, 폐열 등 환경 오염과 소음이 없음
 ② 연료, 냉각수 불필요 : 에너지-자원 보존, 입지상의 제약이 적음
 ③ 모듈화 : 발전용량의 신축성, 발전시설의 유동성
 ④ 단기 건설기간 : 수요 증가에 신속 대응 가능
 ⑤ 부하 패턴 적합성 : 첨두부하 경감, 공급 예비력 감소에 효과적 대응
 ⑥ 무보수성, 고신뢰성 : 무인 자동화 운전 가능, 운전비용 절감

(2) 태양광 발전의 단점
 ① 대면적 필요 : 일사량에 의존, 대규모 발전에 대면적이 필요
 ② 이용률 낮음 : 야간, 우천 시에 발전 불가능
 ③ 불안정성 : 일사량 변동에 따라 출력이 불안정
 ④ 고출력 불가능 : 공급 가능 출력에 한계, 급격한 전력 수요 대응 불가

답 ④

323 중요도 ★★★ / 지역난방공사 | 1회 | 2회 | 3회 |

태양열 발전으로 틀린 것은?

① 태양 에너지를 모아서 열로 변환하고 열기관에 의하여 전력으로 변환하는 발전방식이다.
② 태양열 이용시스템은 집열부, 이용부, 축열부로 구성된다.
③ 무공해, 무제한 청정에너지원이다.
④ 태양광을 이용하므로 효율이 우수하다.

해설 (1) 태양열 발전
① 태양의 열 에너지를 집중시켜 고온의 열을 발생시킨 후 이 열을 이용하여 전기를 생성하는 방식
② 작동 원리의 첫 단계는 태양의 열 에너지를 집광기를 사용하여 집중시키는 것이다. 집광기는 반사경이나 렌즈를 이용해 넓은 면적에 퍼진 태양광을 한 곳에 모아 고온의 열을 발생시킨다.
③ 이렇게 집중된 태양광은 수집관이나 수신기에 의해 흡수되어 고온의 열로 변환되고 다음으로 발생한 열은 열전달 유체를 통해 저장 장치나 변환 장치로 전달된다. 일부 시스템은 열 에너지를 저장하여 밤이나 흐린 날씨에도 전기를 생산할 수 있도록 한다.
④ 이때 저장된 열은 필요할 때 전기를 생성하는 데 사용된다. 집중된 열 에너지는 증기 터빈을 구동하여 전기를 생성하고 열 전달 유체가 보일러에서 증기로 변환되면, 이 증기가 터빈을 돌려 전기를 생성한다. 터빈 회전의 경우 발전기를 통해 전기로 변환되며, 생성된 전기는 전력망에 공급한다.

(2) 태양열 발전의 장점
① 친환경적 : 태양열 발전은 화석 연료를 사용하지 않고 탄소 배출을 최소화하여 대기 오염을 줄이는 친환경적인 방법임
② 잠재적인 무한 에너지원 : 태양은 무한히 공급되는 자연원으로, 에너지 공급에 제한이 없고 예측 가능한 에너지원임
③ 유지·보수 비용 저렴 : 태양광 패널이 설치된 이후에는 주기적인 유지·보수만으로 충분하며, 연료 비용이 없어 비용이 저렴함
④ 지역 제한이 없음 : 태양열 발전은 태양이 비추는 곳이라면 어디서든 발전이 가능하므로 지역 제한이 없음

답 ②

324 중요도 ★★★ / 대구교통공사 | 1회 | 2회 | 3회 |

「신에너지 및 재생에너지 개발·이용 보급 촉진법」 제2조의 규정에 의한 재생에너지가 아닌 것은?

① 수소에너지　② 태양광에너지　③ 바이오에너지　④ 폐기름

해설 **신재생에너지**
(1) 신에너지
연료전지, 석탄 액화·가스화 및 중질잔사유 가스화, 수소에너지(3개 분야)
(2) 재생에너지
태양열, 태양광, 바이오, 풍력, 수력, 해양, 폐기물, 지열(8개 분야)

답 ①

325 중요도 ★ / 대구교통공사 1회 2회 3회

화석에너지 중심의 기존 전력생산 단가와 태양광 중심의 신재생에너지 생산 단가가 같아지는 것을 의미하는 말은?

① 스마트 그리드 ② 그리드 패리티 ③ 마이크로 그리드 ④ 그리드 퀄리티

해설 **그리드 패리티(grid parity)**

(1) 재생 가능 에너지(예 : 태양광, 풍력 등)로 생산된 전기의 비용이 기존의 화석 연료 기반 전기(그리드 전력)와 동등해지는 시점

(2) 재생 가능 에너지를 사용하는 것이 경제적으로 기존의 화석 연료 기반 에너지와 경쟁할 수 있게 되는 것

① 재생 가능 에너지의 비용 : 태양광 패널, 풍력 터빈 등의 설치 및 유지·보수 비용과 이로부터 생산되는 전력의 단가를 포함

② 화석 연료 기반 에너지의 비용 : 석탄, 천연가스, 석유 등의 연료비, 발전소 건설 및 유지비용, 송전비용 등을 포함

③ 그리드 패리티 : 재생 가능 에너지의 비용 = 화석 연료 기반 에너지의 비용

답 ②

CHAPTER

03 전기기기

01 직류 발전기

정류자

복습 시 회독 체크! 1회 2회 3회

01 중요도 ★ / 한국가스공사, 한국남부발전

자극수 4, 슬롯수 40, 슬롯 내부 코일 변수 4인 단중 중권 직류기의 정류자 편수는?

① 10　② 20　③ 40　④ 80

해설

정류자 편수 $K=\frac{Z}{2}=\frac{\mu}{2}\cdot s$

여기서, Z : 도체수, μ : 슬롯 내부 코일 변수, s : 슬롯수

$K=\frac{\mu}{2}s=\frac{4}{2}\times 40=80$

답 ④

02 중요도 ★ / 2024 한국중부발전

1회 2회 3회

6극 직류 발전기의 정류자 편수가 40, 단자전압이 40[V], 직렬 도체수가 10개이고 중권이다. 정류자 편간 전압은 몇 [V]인가?

① 4　② 6　③ 8　④ 10

해설

정류자 편간 전압 $e=\frac{pE}{K}=\frac{6\times 40}{40}=6[\mathrm{V}]$

답 ②

03 중요도 ★★ / 한전 KPS

1회 2회 3회

부하가 급변하면 코일에 고전압이 유기되어 정류자 편과 브러시 사이에 발생하는 것은?

① 아크 방전　② 섬락　③ 서지
④ 역섬락　⑤ 낙뢰

해설

$e=L\frac{di}{dt}$ 에서 부하가 급변하면 코일에 고전압이 유기되어 정류자 편과 브러시 사이에 섬락이 발생한다.

답 ②

전기자 권선법(중권 / 파권)

04 중요도 ★★★ / 부산교통공사 1회 2회 3회

직류기의 다중 중권 권선법에서 전기자 병렬 회로수 a와 극수 p 사이에는 어떤 관계가 있는가? (단, 다중도는 m이다.)

① $a=2$ ② $a=2m$ ③ $a=p$ ④ $a=mp$

해설 (1) 중권(lap winding)
브러시마다 전기자 회로가 각각 별도로 독립된 권선법
(2) 파권(wave winding)
극수에 상관없이 브러시가 (+)극은 (+)극끼리, (−)극은 (−)극끼리 연결되어 항상 2개의 병렬 회로를 만드는 권선법
(3) 중권과 파권의 비교

구분	중권(병렬권)	파권(직렬권)
병렬 회로수(a)	$a=p$(극수)	$a=2$
브러시수(b)	$b=p$(극수)	$b=2$
균압환	필요	불필요
용도	대전류, 저전압	소전류, 고전압
다중도 m인 경우 병렬 회로수	$a=mp$	$a=2m$

답 ④

05 중요도 ★★★ / 한국수력원자력 1회 2회 3회

직류 분권 발전기의 전기자 권선을 단중 중권으로 감으면?

① 병렬 회로수는 항상 2이다.
② 높은 전압, 작은 전류에 적당하다.
③ 균압선이 필요 없다.
④ 브러시수는 극수와 같아야 한다.

해설 중권
(1) 병렬 회로수 $a=p$(극수)이다.
(2) 대전류, 저전압을 얻을 수 있다.
(3) 균압선이 필요하다.
보기 ①~③의 설명은 파권에 대한 설명이다.

답 ④

06 중요도 ★★★ / 한국남동발전

1회 2회 3회

8극의 직류 발전기가 있다. 이 발전기의 전기자 권선을 중권과 파권으로 하였다. 파권으로 권선하였을 때, 유기되는 유기 기전력은?

① 중권에 비해 2배 낮다.
② 중권에 비해 2배 높다.
③ 중권에 비해 4배 낮다.
④ 중권에 비해 4배 높다.

해설 직류기의 유기 기전력 $E=\frac{Z}{a}p\phi\frac{N}{60}$[V]

중권 : $a=p$이므로 유기 기전력 $E=\frac{Z}{a}p\phi\frac{N}{60}=Z\phi\frac{N}{60}$[V]

파권 : $a=2$이므로 유기 기전력 $E=\frac{Z}{a}p\phi\frac{N}{60}=\frac{Z}{2}8\phi\frac{N}{60}=4Z\phi\frac{N}{60}$

파권이 중권에 비해 4배 높다.

∵ 파권은 중권에 비해 $\frac{p}{2}$배만큼 기전력이 크기 때문이다.

답 ④

직류 발전기의 유기 기전력

07 중요도 ★★★ / 2024 한국동서발전

1회 2회 3회

8극, 단중 파권 직권 발전기의 자속이 0.01[Wb], 도체수 500, 회전수 1200[rpm]일 때 유기 기전력 E[V]는?

① 100 ② 200 ③ 300 ④ 400

해설 $Z=500$, $\phi=0.01$[Wb], $N=1200$[rpm], $p=8$, 파권이므로 $a=2$

유기 기전력 $E=\frac{Z}{a}p\phi\frac{N}{60}=\frac{500}{2}\times 8\times 0.01\times\frac{1200}{60}=400$[V]

답 ④

08 중요도 ★★ / 2024 한국동서발전

1회 2회 3회

전기자 지름 D, 극수 p, 전기자의 길이 l, 극당 자속 ϕ인 직류 발전기에서 자속밀도는 (　　)과 반비례한다. 빈칸에 들어갈 수 없는 것은?

① 지름 ② 길이 ③ 면적 ④ 자속

해설 **전기자 표면의 자속밀도 B[Wb/m^2]**

$$B=\frac{\Phi}{S}\left(=\frac{\text{총자속}}{\text{단면적}}\right)=\frac{p\phi}{\pi Dl}\,[\text{Wb/m}^2]$$

자속밀도는 단면적과 반비례하며, 전기자 지름 D와 반비례, 전기자 길이 l과 반비례한다.

답 ④

09 중요도 ★★★ / 국가철도공단, 한국남부발전 1회 2회 3회

4극 직류 발전기가 1000[rpm]으로 회전하면 유기 기전력이 100[V]이다. 회전속도가 80[%]로 감소하고, 자속이 두 배가 되었을 때 유기 기전력[V]은?

① 40 ② 80 ③ 120 ④ 160

해설 $E=K\phi N$의 관계에서 $N'=0.8N$, $\phi'=2\phi$이므로

$E'=K\phi' N'=K\cdot 2\phi\cdot 0.8N=1.6E$

따라서, $E=100$[V]이므로 $E'=160$[V]

답 ④

전기자 반작용

10 중요도 ★★★ / 한국가스공사 1회 2회 3회

직류기에서 전기자 반작용이란 전기자 권선에 흐르는 전류로 인하여 생긴 자속이 무엇에 영향을 주는 현상인가?

① 모든 부문에 영향을 주는 현상
② 계자극에 영향을 주는 현상
③ 감자 작용만을 하는 현상
④ 편자 작용만을 하는 현상

해설 **전기자 반작용의 정의**

전기자 전류에 의한 자속이 계자(주) 자속의 분포에 영향을 미치는 현상

답 ②

11 중요도 ★★★ / 2024 서울교통공사 1회 2회 3회

직류 전동기에서 전기자 반작용에 대한 설명으로 옳은 것은?

① 전기자 전류로 인하여 공극의 자속분포에 왜곡이 생긴다.
② 회전 방향에 따라 브러시 위치를 자기적 중성점으로 이동한다.
③ 공극자속의 크기는 변하지 않는다.
④ 전동기의 토크가 증가할 수도 있다.
⑤ 직류 전동기의 정류를 원활하게 한다.

해설 (1) 전동기이므로 회전방향과 반대방향으로 브러시 위치를 자기적 중성점으로 이동한다. 보기 ②
(2) 공극자속의 크기는 전기자 반작용에 의해 주자속이 감소된다. 보기 ③
(3) 주자속이 감소되므로 전동기의 토크가 감소한다. 보기 ④
(4) 국부적인 전압 상승에 의해 직류 전동기의 정류가 원활하지 못한다. 보기 ⑤

답 ①

12 중요도 ★★★ / 한국가스공사

1회 2회 3회

다음은 전기자 반작용이 발전기에 미치는 영향을 설명한 것이다. 빈칸에 들어갈 내용을 순서대로 옳게 나열한 것은?

> 전기자 반작용에 의해 발전기의 주자속이 ( )하여 유기 기전력이 ( )하고 단자전압이 ( )하여 출력이 ( )된다.

① 증가, 증가, 증가, 증가
② 증가, 증가, 감소, 감소
③ 증가, 감소, 증가, 감소
④ 감소, 감소, 감소, 감소

해설 전기자 반작용에 의해 발전기의 주자속이 감소하여 유기 기전력이 감소하고 단자전압이 감소하여 출력이 감소한다.

답 ④

13 중요도 ★★★ / 한국동서발전

1회 2회 3회

전기자 반작용의 영향으로 인한 발전기와 전동기의 전기적 중성축의 이동방향으로 옳은 것은?

① 발전기 : 회전방향, 전동기 : 회전방향
② 발전기 : 회전방향, 전동기 : 회전 반대방향
③ 발전기 : 회전 반대방향, 전동기 : 회전방향
④ 발전기 : 회전 반대방향, 전동기 : 회전 반대방향
⑤ 발전기 : 회전방향, 전동기 : 이동하지 않는다.

해설 전기자 반작용의 교차작용(편자작용)의 영향으로 전기적 중성축이 이동한다.
(1) 발전기 : 회전방향과 동일 방향으로 이동
(2) 전동기 : 회전방향과 반대방향으로 이동

답 ②

14 중요도 ★★★ / 한국동서발전

1회 2회 3회

보극이 없는 직류 발전기는 부하의 증가에 따라서 브러시의 위치는?

① 그대로 둔다.
② 회전방향과 반대로 이동
③ 회전방향으로 이동
④ 극의 중간에 놓는다.

해설 **보극이 없는 경우**
(1) 발전기 : 회전방향으로 브러시 이동
(2) 전동기 : 회전 반대방향으로 브러시 이동

답 ③

15 중요도 ★★★ / 한국동서발전

1회 2회 3회

직류기에서 전기자 반작용을 방지하는 것들 중에서 틀린 것은?

① 보상권선 설치
② 보극 설치
③ 보상권선과 보극 설치
④ 부하에 따라 브러시 이동

해설 **전기자 반작용의 대책**
(1) 보상권선 설치
① 가장 효과적인 전기자 반작용의 대책
② 계자극의 철심 부분에 홈을 파고 전기자 권선과 직렬로 연결한 권선
③ 보상권선의 전류 : 전기자 전류와 크기는 같고, 방향은 반대
(2) 보극의 설치
① 전기적 중성축을 환원시켜 정류 개선
② 계자극과 90° 위치에 빈 공간에 보(조)극을 설치하여 전기자 권선과 직렬 연결
(3) 계자 기자력의 증대 : 자기저항을 크게
(4) 보극이 없는 경우 브러시를 새로운 중성축으로 이동
① 발전기 : 회전방향
② 전동기 : 회전 반대방향

답 ④

정류작용

16 중요도 ★★★ / 한국남부발전 1회 2회 3회

직류기에서 양호한 정류를 얻는 조건이 아닌 것은?

① 정류 주기를 크게 한다.
② 전기자 코일의 인덕턴스를 작게 한다.
③ 평균 리액턴스 전압을 브러시 접촉면 전압 강하보다 크게 한다.
④ 브러시의 접촉 저항을 크게 한다.

해설 **양호한 정류를 얻는 조건**

(1) 평균 리액턴스 전압이 작을 것

$$e_L = L\frac{2I_c}{T_c}$$

① 인덕턴스(L)가 작을 것 – 단절권 채용 [보기 ②]
② 정류주기(T_c)가 클 것 – 주변 속도(v) 느리게 할 것, 회전속도(N) 느리게 할 것 [보기 ①]

(2) 보극 설치(평균 리액턴스 전압 상쇄) – 전압정류

(3) 접촉저항이 큰 브러시(탄소 브러시) 사용 – 저항정류 [보기 ④]
평균 리액턴스 전압(e_L) < 브러시 접촉면 전압 강하(e_b) [보기 ③]

답 ③

17 중요도 ★★★ / 2024 한국중부발전 1회 2회 3회

정류에 관한 설명으로 옳은 개수를 고르시오.

㉠ 부족정류는 불꽃 발생이 없다.
㉡ 저항정류는 저항이 큰 탄소 브러시를 사용한다.
㉢ 보극을 설치하여 정류 코일 내에 유기되는 리액턴스 전압과 같은 방향으로 정류 전압을 유기시켜 양호한 정류를 얻는다.
㉣ 리액턴스 전압 강하를 위해 전절권을 채택한다.
㉤ 정류주기를 짧게 하여 양호한 정류를 얻을 수 있다.

① 1개 ② 2개 ③ 3개 ④ 4개

해설 (1) 부족정류는 정류작용이 발생할 때 렌츠의 법칙에 의해 정류작용을 방해하여 정류주기 말기에 모든 정류가 이루어지므로 정류말기에 불꽃이 발생한다. [보기 ㉠]

(2) 보극을 설치하여 정류 코일 내에 유기되는 리액턴스 전압과 반대방향으로 정류 기전력을 유기시켜 상쇄시킨다. [보기 ㉢]

(3) 리액턴스 전압을 감소시키기 위하여 인덕턴스를 감소시켜야 하므로 단절권을 채택한다. [보기 ㉣]

(4) 리액턴스 전압 $e = L\frac{2I_C}{T_C}$[V]이므로 정류주기를 길게 하여야 양호한 정류를 얻을 수 있다. 보기 ⓜ

답 ①

18 중요도 ★★★ / 한국서부발전 1회 2회 3회

직류기 정류 작용에서 저항 정류의 역할을 하는 것은?

① 탄소 브러시 ② 보상 권선 ③ 전기자 반작용 ④ 보극

해설 **저항 정류**

(1) 접촉저항이 큰 탄소 브러시를 사용하여 정류 코일의 단락 전류를 억제해서 양호한 정류를 얻는 방법

(2) 불꽃없는 정류를 위한 조건 : 평균 리액턴스 전압(e_L) < 브러시 접촉면 전압 강하(e_b)

답 ①

19 중요도 ★★★ / 한국서부발전 1회 2회 3회

직류 발전기의 전기자 반작용을 줄이고 정류를 잘 되게 하기 위한 방법 중 틀린 것은?

① 리액턴스 전압을 크게 할 것 ② 보극과 보상 권선을 설치할 것
③ 정류 주기를 길게 할 것 ④ 인덕턴스를 작게 할 것

해설 (1) 양호한 정류를 얻기 위한 궁극적인 방법은 정류를 나쁘게 하는 리액턴스 전압을 작게 하는 것이다.

(2) 직류기의 정류가 불량한 원인은 리액턴스 전압이 과대(정류 주기가 짧아지고 회전속도가 증가)하고 부적당한 보극을 선택한 경우, 브러시의 불량(브러시의 위치 및 재료가 부적당), 전기자, 계자(주자극) 및 보극의 공극의 길이가 불균일할 경우 발생된다.

답 ①

직류 발전기의 종류

20 중요도 ★★ / 한국남동발전 1회 2회 3회

발전기 자체에서 발생한 기전력에 의해 계자전류를 공급하며, 전기자와 계자를 병렬로 연결한 발전기는?

① 타여자 발전기 ② 직권 발전기 ③ 분권 발전기 ④ 복권 발전기

해설 (1) 타여자 발전기

계자권선이 외부에 연결되어 외부회로에서 여자를 시켜주기 때문에 잔류자기가 없어도 발전되는 발전기

(2) 자여자 발전기

잔류자기가 존재해야 하며 자기여자로 여자를 확립할 수 있는 발전기

① 분권 발전기 : (분권) 계자권선 1개, 전기자권선 1개 – 병렬 연결
② 직권 발전기 : (직권) 계자권선 1개, 전기자권선 1개 – 직렬 연결
③ 복권 발전기 : (분권, 직권) 계자권선 2개, 전기자권선 1개 – 직·병렬 연결

답 ③

직류 발전기의 특성(곡선)

21 중요도 ★★★ / 한국수력원자력

1회 2회 3회

직류 발전기의 무부하 포화 곡선은 다음 중 어느 관계를 표시한 것인가?

① 계자전류 대 부하전류
② 부하전류 대 단자전압
③ 계자전류 대 유기 기전력
④ 계자전류 대 회전속도

해설 (1) 무부하 특성곡선
① 여자전류(계자전류) I_f와 유기 기전력 E와의 관계
② 회전속도 N 일정, 무부하($I=0$)인 조건
(2) 부하 특성곡선
① 여자전류(계자전류) I_f와 단자전압 V와의 관계
② 회전속도 N 일정, 부하전류 I 일정
(3) 외부 특성곡선
① 부하전류 I와 단자전압 V와의 관계
② 회전속도 N 일정, 여자전류(계자전류) I_f 일정(자속 일정)

답 ③

22 중요도 ★★★ / 한국수력원자력

1회 2회 3회

무부하에서 자기여자로서 전압을 확립하지 못하는 직류 발전기는?

① 타여자 발전기
② 직권 발전기
③ 분권 발전기
④ 차동 복권 발전기

해설 (1) 직권 발전기의 특성
① 무부하 시 자기여자로서 전압 확립 불가능
② 잔류자기가 없을 경우 발전 불가능
③ 부하 변화에 따라 전압 변동이 매우 큼
④ 운전 중 전기자의 회전방향을 반대로 하면 잔류자기가 소멸되어 발전 불가능
(2) 직권 발전기의 용도
직류 송전 시 전압 강하 보상용으로 사용(승압기로 사용)

답 ②

23 중요도 ★★★ / 서울교통공사, 한국남부발전

1회 | 2회 | 3회

직류 분권 발전기를 서서히 단락 상태로 하면 다음 중 어떠한 상태로 되는가?

① 과전류로 소손된다.
② 과전압이 된다.
③ 소전류가 흐른다.
④ 운전이 정지된다.

해설 **분권 발전기의 특성**

(1) 타여자 발전기보다 부하에 의한 전압 변동이 큼(특성곡선이 타여자 발전기보다 하향 곡선)
(2) 여자전류를 얻기 위해 잔류자기가 필요
(3) 운전 중 회전방향이 바뀌면 잔류자기가 소멸되어 발전이 불가능(전압 확립 불가능)
(4) 운전 중 무부하가 되면 전기자전류와 계자전류가 같으므로($I_a = I_f$) 모든 전류가 계자에 전달 → 무부하 운전 시 계자권선 소손
(5) 운전 중 단락이 되면 처음에는 큰 전류가 흐르나, 계자측으로 가는 전류가 급격하게 감소하기 때문에 소전류가 흐름
(6) 계자권선은 권선이 가늘고 권선수(N)가 많으므로 운전 중 계자권선이 단선되면 순간적으로 전류의 변화$\left(\dfrac{di}{dt}\right)$가 크고 이에 따라 고전압을 유기하여 절연이 파괴 → 계자측 Fuse(퓨즈) 설치 금지

답 ③

24 중요도 ★★★ / 한국중부발전

1회 | 2회 | 3회

용접용으로 사용되는 직류 발전기의 특성 중에서 가장 중요한 것은?

① 과부하에 견딜 것
② 전압 변동률이 작을 것
③ 경부하일 때 효율이 좋을 것
④ 전류에 대한 전압 특성이 수하 특성일 것

해설 **차동 복권 발전기의 수하 특성**

(1) 부하 증가 시 단자전압이 현저하게 강하하고, 부하 전류가 급격히 감소되어 전류가 일정해지는 정전류 특성
(2) 용접용 발전기, 누설 변압기 등에 수하 특성을 이용한다.

답 ④

25 중요도 ★★★ / 2024 한국전력거래소

1회 | 2회 | 3회

직류 분권 발전기 무부하 정격전압 시 계자전류 1[A], 전기자저항 2[Ω], 계자저항 20[Ω]일 때 유기기전력[V]은?

① 18 ② 20 ③ 22 ④ 24

해설 단자전압 $V = r_f I_f = 20 \times 1 = 20[V]$

전기자전류 $I_a = I + I_f$에서 무부하($I = 0$)이므로 $I_a = I_f$

유기 기전력 $E = V + I_a R_a$에서 $E = 20 + 1 \times 2 = 22[V]$

답 ③

26 중요도 ★★★ / 2024 서울교통공사, 2024 한국남동발전 1회 2회 3회

단자전압 200[V]이고, 부하전류가 8[A], 계자전류 2[A], 전기자저항 1[Ω]인 직류 분권발전기일 때 유기 기전력[V]은?

① 190 ② 195 ③ 200
④ 205 ⑤ 210

해설 분권발전기의 전기자전류 $I_a = I_f + I$이므로 $I_a = 8 + 2 = 10[A]$

유기 기전력 $E = V + I_a R_a$이므로

$E = 200 + 10 \times 1 = 210[V]$

답 ⑤

27 중요도 ★★★ / 한국서부발전, 지역난방공사 1회 2회 3회

단자전압 200[V], 부하전류 100[A]인 분권발전기의 유기 기전력[V]은? (단, 전기자저항 0.13[Ω], 계자전류 및 전기자 반작용은 무시한다.)

① 210 ② 213 ③ 225 ④ 250

해설 유기 기전력 $E = V + I_a R_a[V]$, 전기자전류 $I_a = I + I_f[A]$에서 I_f는 무시하므로 $I_a = I$

즉, 전기자전류는 부하전류와 같다.

$E = V + IR_a = 200 + 100 \times 0.13 = 213[V]$

답 ②

28 중요도 ★★ / 한국수력원자력, 지역난방공사 1회 2회 3회

1000[kW], 500[V]의 분권 발전기가 있다. 회전수 256[rpm]이며 슬롯수 192, 슬롯 내부 도체수 6, 자극수 12일 때 전부하 시의 자속수[Wb]는 얼마인가? (단, 전기자 저항은 0.006[Ω]이고, 단중 중권이다.)

① 1.85 ② 0.11 ③ 0.0185 ④ 0.001

해설 유기 기전력 $E=\frac{Z}{a}p\phi\frac{N}{60}$[V]에서 중권 $a=p=12$이므로

$$E=V+I_aR_a=V+\frac{P}{V}R_a=500+\frac{1000\times10^3}{500}\times0.006=512[\text{V}]$$

$$\phi=\frac{60aE}{pZN}=\frac{60\times12\times512}{12\times192\times6\times246}=0.108\fallingdotseq0.11[\text{Wb}]$$

답 ②

29 중요도 ★★★ / 한전 KPS

1회 2회 3회

어떤 직류 발전기의 유기 기전력이 220[V]이다. 여기에 2.2[Ω]의 부하 저항을 연결하였을 때의 단자 전압은 180[V]이었다. 전기자 저항은 몇 [Ω]인가?

① 0.2 ② 0.4 ③ 0.6
④ 0.8 ⑤ 1.0

해설 $I=\frac{V}{R}=\frac{220}{2.2}=100[\text{A}]$

$E=V+IR_a$[V]이므로

$$R_a=\frac{E-V}{I}=\frac{220-180}{100}=0.4[\Omega]$$

답 ②

30 중요도 ★★★ / 국가철도공단

1회 2회 3회

정격전압 220[V], 무부하 단자전압 230[V], 정격출력이 44[kW]인 직류 분권발전기의 계자저항이 22[Ω], 전기자 반작용에 의한 전압강하가 5[V]라면 전기자회로의 저항은 몇 [Ω]인가?

① 약 0.018 ② 약 0.024 ③ 약 0.038 ④ 약 0.042

해설 (1) 전기자전류

$$I_a=I+I_f=\frac{P}{V}+\frac{V}{r_f}=\frac{44\times10^3}{220}+\frac{220}{22}=210[\text{A}]$$

(2) 유기 기전력

$E=V+I_aR_a+e_a$에서

$$R_a=\frac{E-V-e_a}{I_a}=\frac{230-220-5}{210}=0.0238\fallingdotseq0.024[\Omega]$$

답 ②

31 중요도 ★★★ / 서울교통공사 1회 2회 3회

타여자 발전기가 있다. 여자 전류 2[A]로 매분 600회전할 때 120[V]의 기전력을 유기한다. 여자 전류 2[A]는 그대로 두고 매분 500회전할 때의 유기 기전력[V]은 얼마인가?

① 100 ② 110 ③ 120 ④ 140

해설 유기 기전력 $E = K\phi N$에서 여자 전류 2[A]로 일정하므로 $I_f \propto \phi$로 자속은 일정

$E \propto N$이므로

$\therefore\ E' = \frac{500}{600} \times 120 = 100[\text{V}]$

답 ①

32 중요도 ★★★ / 2024 한국서부발전 1회 2회 3회

정격 속도로 회전하고 있는 분권 발전기가 있다. 단자 전압 100[V], 계자 권선의 저항은 50[Ω], 계자 전류 2[A], 부하 전류 50[A], 전기자 저항 0.1[Ω]이다. 이때, 발전기의 유기 기전력은 몇 [V]인가? (단, 전기자 반작용은 무시한다.)

① 100.2 ② 104.8 ③ 105.2 ④ 125.4

해설 (1) 계자 전류 : $I_f = \frac{V}{r_f} = \frac{100}{50} = 2[\text{A}]$

(2) 전기자 전류 : $I_a = I + I_f = 50 + 2 = 52[\text{A}]$

(3) 유기 기전력 : $E = V + I_a R_a = 100 + 52 \times 0.1 = 105.2[\text{V}]$

답 ③

33 중요도 ★★ / LH공사 1회 2회 3회

전기자 권선의 저항 0.06[Ω], 직권 계자 권선 및 분권 계자 회로의 저항이 각각 0.05[Ω]과 100[Ω]인 외분권 가동 복권 발전기의 부하 전류가 18[A]일 때 그 단자 전압이 $V = 200$[V]라 하면 유기 기전력 [V]은? (단, 전기자 반작용과 브러시 접촉 저항은 무시한다.)

① 약 202 ② 약 205 ③ 약 207 ④ 약 209

해설 (1) 외분권 복권 발전기의 유기 기전력 $E = V + I_a R_a + I_s R_s = V + I_a(R_a + R_s)[\text{V}]$

외분권 복권 발전기의 전기자 전류(I_a) = 직권 계자 전류(I_s)

(2) 분권 계자 전류 $I_f = \frac{V}{r_f} = \frac{200}{100} = 2[\text{A}]$

전기자 전류(=직권 계자 전류) $I_a = I_f + I = 2 + 18 = 20[\text{A}]$

(3) $E=V+I_a(R_a+R_s)=200+20(0.06+0.05)=202.2[\mathrm{V}]$

답 ①

직류 발전기의 전압 변동률

34 중요도 ★★★ / 한국남동발전 1회 2회 3회

무부하 전압 250[V], 정격 전압 210[V]인 발전기의 전압 변동률[%]은?

① 16 ② 17 ③ 19 ④ 22

해설

전압 변동률 $\varepsilon=\dfrac{V_0-V_n}{V_n}\times 100[\%]$

여기서, V_0 : 무부하전압, V_n : 정격전압

$\varepsilon=\dfrac{V_0-V}{V}\times 100=\dfrac{250-210}{210}\times 100=19.04 \fallingdotseq 19[\%]$

답 ③

35 중요도 ★★★ / 인천교통공사 1회 2회 3회

정격 전압 100[V], 정격 전류 200[A], 전압 변동률 6[%]인 직류 분권 발전기의 부하 전류가 150[A]일 때의 단자 전압[V]은?

① 104.5 ② 103.0 ③ 101.5 ④ 100.5

전압 변동률 $\varepsilon=\dfrac{V_0-V_n}{V_n}\times 100=\dfrac{E-V}{V}\times 100[\%]$에서 $6=\dfrac{E-100}{100}\times 100$

$E=106[\mathrm{V}]$

$e'=6\times\dfrac{150}{200}=4.5[\mathrm{V}]$

$E'=106-4.5=101.5[\mathrm{V}]$

답 ③

36 중요도 ★★★ / 한국남부발전 1회 2회 3회

직류 분권 발전기의 정격 전압 200[V], 정격 출력 10[kW], 이때의 계자 전류는 2[A], 전압 변동률은 4[%]라고 한다. 발전기의 무부하 전압[V]은?

① 208 ② 210 ③ 220 ④ 228

해설 $\varepsilon = \dfrac{V_0 - V_n}{V_n} \times 100[\%]$에서 $V_0 = \left(1 + \dfrac{\varepsilon}{100}\right) V_n = \left(1 + \dfrac{4}{100}\right) \times 200 = 208[\text{V}]$

답 ①

직류 발전기의 병렬운전

37 중요도 ★★★ / 한국동서발전, 한국가스공사 1회 2회 3회

직류 발전기의 병렬운전 조건 중 잘못된 것은?

① 단자 전압이 같을 것
② 외부 특성이 같을 것
③ 극성을 같게 할 것
④ 유도 기전력이 같을 것

해설 **직류 발전기의 병렬운전 조건**

(1) 극성(+, −)이 같을 것
(2) 정격 전압(=단자 전압)이 일치할 것
(3) 외부 특성 곡선이 어느 정도 수하 특성일 것

답 ④

38 중요도 ★★★ / 한국도로공사 1회 2회 3회

직류 복권 발전기를 병렬운전할 때, 반드시 필요한 것은?

① 과부하 계전기
② 균압모선
③ 용량이 같을 것
④ 외부 특성 곡선이 일치할 것

해설 **균압선의 접속**

직류 발전기를 병렬운전하려면 단자전압이 같아야 하는데 직권 계자권선을 가지고 있는 직권 발전기나 과복권 발전기는 직권 계자권선에서의 전압 강하 불균일로 단자전압이 서로 다른 경우가 발생한다. 이때문에 직권 계자권선 말단을 굵은 도선으로 연결해놓으면 단자전압을 균일하게 유지할 수 있다. 이 도선을 균압선이라 하며 직류 발전기 병렬운전을 안정하게 하기 위함이 그 목적이다.

답 ②

39 중요도 ★★ / 지역난방공사 1회 2회 3회

직류 분권 발전기를 병렬 운전을 하기 위해서는 발전기 용량 P와 정격 전압 V는?

① P는 임의, V는 같아야 한다.
② P와 V가 임의
③ P는 같고 V는 임의
④ P와 V가 모두 같아야 한다.

해설 (1) 직류 발전기의 병렬 운전 시 극성, 단자 전압, 외부 특성이 일치해야 하며, 용량과는 무관하여 부하 분담을 계자 저항(I_f)으로 조정할 것
(2) 따라서, 용량 P는 임의, 정격전압 V는 같아야 한다.

답 ①

40 중요도 ★★★ / 국가철도공단

1회 2회 3회

2대의 직류 발전기를 병렬 운전하여 부하에 100[A]를 공급하고 있다. 각 발전기의 유기 기전력과 내부 저항이 각각 110[V], 0.04[Ω] 및 112[V], 0.06[Ω]이다. 각 발전기에 흐르는 전류[A]는?

① 10, 90　② 20, 80　③ 30, 70　④ 40, 60

해설 (1) A발전기 : $E_A = 110[\text{V}]$, $R_A = 0.04[\Omega]$
B발전기 : $E_B = 112[\text{V}]$, $R_B = 0.06[\Omega]$
(2) 직류 발전기의 병렬 운전 조건 : 정격전압 일치($V_A = V_B$)
$V = E_A - I_A R_A = E_B - I_B R_B$
$110 - 0.04 I_A = 112 - 0.06 I_B$
$-0.04 I_A + 0.06 I_B = 2$ ······ 1)
두 발전기에서 부하에 공급하는 부하전류는 100[A]이므로
$I_A + I_B = 100[\text{A}]$ ······ 2)
식 1), 2)에서 $I_A = 40[\text{A}]$, $I_B = 60[\text{A}]$

답 ④

41 중요도 ★★★ / 한국가스공사

1회 2회 3회

종축에 단자 전압, 횡축에 정격 전류의 [%]로 눈금을 적은 외부 특성 곡선이 겹쳐지는 두 대의 분권 발전기가 있다. 각각의 정격이 100[kW]와 200[kW]이고, 부하 전류가 150[A]일 때 각 발전기의 분담 전류[A]는?

① $I_1 = 77$, $I_2 = 75$　② $I_1 = 50$, $I_2 = 100$
③ $I_1 = 100$, $I_2 = 50$　④ $I_1 = 70$, $I_2 = 80$

해설 두 발전기는 외부 특성 곡선이 같으므로 용량에 비례하는 부하를 분담한다.
100[kW] 발전기의 전류를 I_1, 200[kW] 발전기의 전류를 I_2라 하면
$100 : 200 = I_1 : (150 - I_1)$
$2I_1 = 150 - I_1$
$\therefore I_1 = 50[\text{A}]$
$I_2 = 150 - I_1 = 150 - 50 = 100[\text{A}]$

답 ②

02 직류 전동기

직류 전동기의 회전속도

42 중요도 ★★★ / 서울교통공사 1회 2회 3회

직류 전동기의 회전수는 자속이 감소하면 어떻게 되는가?

① 불변이다. ② 정지한다. ③ 저하한다. ④ 상승한다.

해설 직류 전동기의 속도 $N = K\dfrac{V - I_a R_a}{\phi}[\text{rpm}] = K\dfrac{E}{\phi}[\text{rpm}]$

따라서, 회전속도(수)는 자속이 감소하면 회전속도는 상승한다.

답 ④

43 중요도 ★★★ / 한국남부발전 1회 2회 3회

직류 전동기의 회전수를 $\dfrac{1}{2}$로 하자면 계자 자속을 몇 배로 해야 하는가?

① $\dfrac{1}{4}$ ② $\dfrac{1}{2}$ ③ 2 ④ 4

해설 직류 전동기의 속도 $N = K\dfrac{V - I_a R_a}{\phi}[\text{rpm}] = K\dfrac{E}{\phi}[\text{rpm}]$

따라서, 회전속도(수)를 처음의 $\dfrac{1}{2}$배로 하려면 계자자속은 2배 증가해야 한다.

답 ③

직류 전동기의 토크

44 중요도 ★★★ / 한국동서발전 1회 2회 3회

직류 전동기에서 전기자 전도체수 Z, 극수 p, 전기자 병렬 회로수 a, 1극당의 자속 Φ[Wb], 전기자 전류가 I_a[A]일 경우 토크[N · m]를 나타내는 것은?

① $\dfrac{aZ\Phi I_a}{2\pi p}$ ② $\dfrac{pZ\Phi I_a}{2\pi a}$ ③ $\dfrac{apZI_a}{2\pi\Phi}$ ④ $\dfrac{apZ\Phi}{2\pi I_a}$

해설 (1) 직류 전동기의 토크

$$T = \frac{P_0}{\omega} = \frac{EI_a}{2\pi\frac{N}{60}} = \frac{\frac{p}{a}Z\Phi\frac{N}{60}}{2\pi\frac{N}{60}} = \frac{pZ}{2\pi a}\Phi I_a[\text{N}\cdot\text{m}] = K\phi I_a[\text{N}\cdot\text{m}]$$

(2) 직류 전동기의 속도

$$N = K\frac{V - I_a R_a}{\phi}[\text{rpm}] = K\frac{E}{\phi}[\text{rpm}]$$

답 ②

45 중요도 ★★★ / 2024 서울교통공사

1회 2회 3회

토크 T인 직류 전동기 자속이 2배 증가, 전기자 전류가 $\frac{1}{2}$배 증가할 때 토크의 크기는 몇 배 증가하는가?

① 4배 ② 2배 ③ 1배
④ $\frac{1}{2}$배 ⑤ 1.4배

해설 토크 $T = K\phi I_a[\text{N}\cdot\text{m}]$이므로 $T' = K \cdot 2\phi \cdot \frac{1}{2}I_a = T$가 되어 변하지 않는다.

답 ③

46 중요도 ★★★ / 한국서부발전

1회 2회 3회

직류 분권전동기에서 부하 전류가 7.5[A]일 때의 토크는 22.5[A]인 경우의 몇 배인가?

① 1배 ② 2배 ③ 3배 ④ 4배

해설 직류 분권 전동기의 토크 $T = \frac{pZ}{2\pi a}\Phi I_a[\text{N}\cdot\text{m}] = K\phi I_a[\text{N}\cdot\text{m}]$

$T = K\phi I_a \propto I_a$이므로 토크 T는 전기자 전류 I_a에 비례

부하 전류 7.5[A] → 22.5[A]로 3배 증가하였으므로 토크 T는 3배 증가한다.

답 ③

47 중요도 ★★★ / 2024 한국서부발전, 2024 한국수자원공사

1회 2회 3회

다음 빈칸에 알맞은 단어를 차례대로 쓰시오.

> 직권 전동기에서 발생토크는 (   )에 비례하고 (   )에 반비례한다.

① 전류, 회전속도 ② 전류의 제곱, 회전속도
③ 전류, 회전속도의 제곱 ④ 전류의 제곱, 회전속도의 제곱

해설 직류 직권 전동기 전기자전류 = 부하전류 = 계자전류($I_a = I = I_f$)

직권 전동기의 토크 $T = K\phi I_a$에서 $\phi \propto I_f (= I_a = I)$이므로

직권 전동기의 토크 $T \propto I_a^2$

직류 직권 전동기의 속도 $N \propto \frac{1}{I_a}$, 토크 $T \propto I_a^2$이므로 $T \propto I_a^2 \propto \left(\frac{1}{N}\right)^2 = \frac{1}{N^2}$

발생토크는 전류의 제곱에 비례하고, 회전속도의 제곱에 반비례한다.

답 ④

직류 전동기의 특성

48 중요도 ★★★ / 한국서부발전

1회 2회 3회

직류 직권 전동기에서 벨트(belt)를 걸고 운전하면 안 되는 이유는?

① 손실이 많아진다.
② 직결하지 않으면 속도 제어가 곤란하다.
③ 벨트가 벗겨지면 위험속도에 도달한다.
④ 벨트가 마모하여 보수가 곤란하다.

해설 **직류 전동기의 위험속도 도달**

(1) 분권 전동기
 ① 정격전압, 무여자 운전 시 위험속도 도달
 ② 계자권선 단선 시 위험속도 상태(퓨즈 설치 불가)

(2) 직권 전동기
 ① 정격전압, 무부하 운전 시 위험속도 도달
 ② 부하는 전동기에 직결(벨트 운전 금지, 벨트가 벗겨지면 무부하 상태가 됨)

답 ②

49 중요도 ★★ / 한국가스공사

1회 2회 3회

직류 전동기 중 전기 철도에 주로 사용되는 전동기는?

① 타여자 분권 전동기
② 자여자 분권 전동기
③ 직권 전동기
④ 가동 복권 전동기

해설 직권 전동기는 부하에 따라 속도 변동이 심하여 가변속도 전동기라고 하며 토크가 크면 속도가 작기 때문에 전차용 전동기나 권상기, 기중기, 크레인 등의 용도로 쓰인다.

답 ③

50 중요도 ★★★ / 한국가스공사 1회 2회 3회

직류 전동기의 속도-토크 특성 중 토크가 큰 순서로 나타내면?

① 차동 복권, 분권, 가동 복권, 직권 ② 분권, 직권, 가동 복권, 차동 복권
③ 가동 복권, 차동 복권, 직권, 분권 ④ 직권, 가동 복권, 분권, 차동 복권

해설 **직류 전동기의 속도 및 토크 특성 곡선**

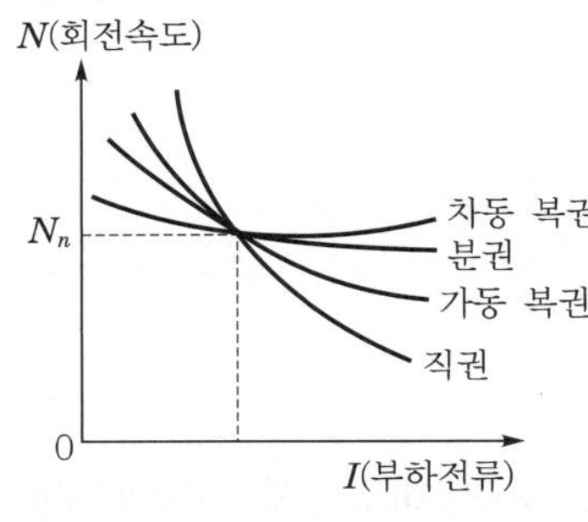

▎속도 특성 곡선▎

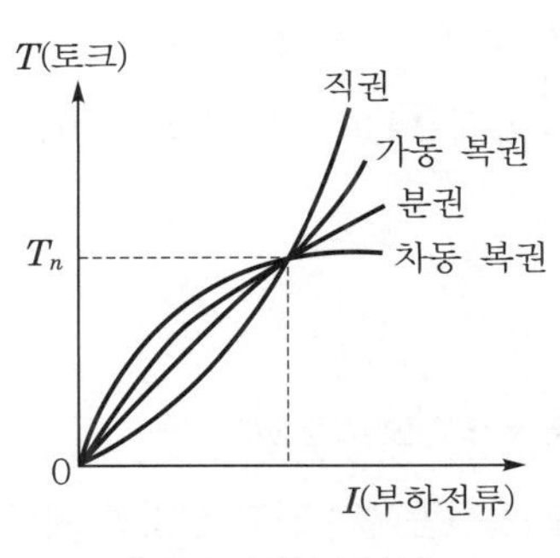

▎토크 특성 곡선▎

(1) 속도 변동률이 큰 순서
직권 → 가동 복권 → 분권 → 차동 복권
(2) 토크 변동률이 큰 순서
직권 → 가동 복권 → 분권 → 차동 복권

답 ④

51 중요도 ★★★ / 지역난방공사 1회 2회 3회

다음 중 직류 전동기의 특성에 대한 설명 중 옳은 것은?

① 직권 전동기에서는 부하가 줄면 속도가 감소한다.
② 분권 전동기는 부하에 따라 속도가 많이 변화한다.
③ 전차용 전동기에는 차동 복권 전동기가 적합하다.
④ 분권 전동기의 운전 중 계자 회로가 단선되면 위험 속도가 된다.

해설 (1) 직권 전동기는 부하가 줄면 계자 전류도 줄어들어 자속이 줄어들게 된다. 이때, 속도는 자속에 반비례하므로 증가한다. 보기 ①
(2) 분권 전동기는 부하가 증가할 때 속도는 감소하나 그 폭이 크지 않은 정속도 특성을 보인다. 보기 ②
(3) 전차용 전동기에는 직권 전동기가 적합하다. 보기 ③
(4) 분권 전동기의 운전 중 계자 회로가 단선되면 위험 속도에 도달하고 원심력에 의해 기계가 파손될 우려가 있다. 보기 ④

답 ④

52 중요도 ★★★ / 한국남동발전 1회 2회 3회

단자전압 110[V], 부하전류 30[A]인 분권 전동기의 역기전력[V]은? (단, 전기자 저항은 0.1[Ω]이며 계자전류 및 전기자 반작용은 무시한다)

① 103 ② 107 ③ 113 ④ 117

해설 역기전력 $E=\dfrac{Z}{a}p\phi\dfrac{N}{60}=K\phi N=V-I_aR_a$

$E=V-I_aR_a=110-30\times0.1=107[\text{V}]$

답 ②

53 중요도 ★★★ / 인천교통공사 1회 2회 3회

직류 분권 전동기의 단자 전압과 계자 전류는 일정히 하고, 2배의 속도로 2배의 토크를 발생하는 데 필요한 전력은 처음 전력의 몇 배인가?

① 불변 ② 2배 ③ 4배 ④ 8배

해설 분권 전동기의 토크 $T=\dfrac{P}{\omega}=\dfrac{P}{2\pi\dfrac{N}{60}}=\dfrac{60}{2\pi}\dfrac{P}{N}[\text{N}\cdot\text{m}]$

따라서, $E=V-I_aR_a$에서 단자 전압, 계자 전류가 일정하므로 $P\propto NT$이므로

$P'\propto N'T'=2N\cdot 2T=4NT=4P$

∴ 4배 증가한다.

답 ③

54 중요도 ★★★ / 한국수력원자력 1회 2회 3회

직류 분권 전동기가 있다. 총도체수 100, 단중 파권으로 자극수는 4, 자속수 3.14[Wb], 부하를 가하여 전기자에 5[A]가 흐르고 있으면 이 전동기의 토크[N·m]는?

① 400 ② 450 ③ 500 ④ 550

해설 직류 분권 전동기의 토크 $T=\dfrac{pZ}{2\pi a}\Phi I_a[\text{N}\cdot\text{m}]$, 파권이므로 $a=2$이다.

$T=\dfrac{pZ}{2\pi a}\Phi I_a=\dfrac{4\times100}{2\pi\times2}\times3.14\times5=500\,[\text{N}\cdot\text{m}]$

답 ③

55 중요도 ★★ / 한국수력원자력

1회 2회 3회

전기자 저항 0.3[Ω], 직권 계자 권선의 저항 0.7[Ω]의 직권 전동기에 110[V]를 가하였더니 부하 전류가 10[A]이었다. 이때, 전동기의 속도[rpm]는? (단, 기계 정수 = 2)

① 1200　　② 1500　　③ 1800　　④ 3600

해설 직권 전동기의 전기자 전류 = 부하 전류 = 계자 전류이므로

$I_a = I = I_f \propto \phi = 10$, $K = 2$

직류 직권 전동기의 속도 $N = K\dfrac{V - I_a(R_a + R_s)}{\phi} = 2 \times \dfrac{110 - 10(0.3 + 0.7)}{10} \times 60 = 1200[\text{rpm}]$

답 ①

56 중요도 ★★ / 한국중부발전

1회 2회 3회

정격 전압 120[V], 전기자 전류 100[A], 전기자 저항 0.2[Ω]인 분권 전동기의 발생 동력[kW]은?

① 10　　② 9　　③ 8　　④ 7

해설 직류 전동기의 출력 $P = E_c I$

역기전력 $E_c = V - I_a R_a = 120 - 0.2 \times 100 = 100[\text{V}]$

$\therefore\ P = 100 \times 100 = 10000[\text{W}] = 10[\text{kW}]$

답 ①

57 중요도 ★★★ / 한국수력원자력

1회 2회 3회

정격 전압 100[V], 전기자 전류 50[A]일 때 1500[rpm]인 직류 분권 전동기의 무부하 속도는 몇 [rpm]인가? (단, 전기자 저항은 0.1[Ω]이고 전기자 반작용은 무시한다.)

① 약 1382　　② 약 1421　　③ 약 1579　　④ 약 1623

해설 $I_a = 50[\text{A}]$일 때의 역기전력 $E = V - I_a R_a = 100 - (50 \times 0.1) = 95[\text{V}]$

$I_a = 0[\text{A}]$일 때의 역기전력 $E_0 = 100[\text{V}]$ ($\because\ I_a = 0$)

전기자 반작용을 무시하면 $E = K\phi N$에서 ϕ는 일정하므로, $E \propto N$이다.

$\dfrac{E}{E_0} = \dfrac{N}{N_0} \rightarrow \dfrac{95}{100} = \dfrac{1500}{N_0}$

따라서, 무부하 속도 $N_0 = 1500 \times \dfrac{100}{95} = 1578.94 \fallingdotseq 1579[\text{rpm}]$

답 ③

58 중요도 ★ / 국가철도공단 1회 2회 3회

분권 전동기가 120[V] 전원에 접속되어 운전되고 있다. 부하 시에는 50[A]가 흐르고 무부하로 하면 4[A]가 흐른다. 분권 계자 회로의 저항은 40[Ω], 전기자 회로의 저항은 0.1[Ω]이다. 부하 운전 시의 출력은 몇 [kW]인가? (단, 브러시의 전압 강하는 2[V]이다.)

① 약 5.2 ② 약 6.4 ③ 약 7.1 ④ 약 8.7

해설 무부하 시의 전기자 전류를 I_{a0}라 하면 전기자 전류 I_a일 때의 출력은

$P = E(I_a - I_{a0}) = (V - I_a R_a - e_b)(I_a - I_{a0})$

계자 전류 $I_f = \frac{120}{40} = 3[\mathrm{A}]$

$I_a = 50 - 3 = 47[\mathrm{A}]$

$I_{a0} = 4 - 3 = 1[\mathrm{A}]$

$P = (120 - 47 \times 0.1 - 2)(47 - 1) = 5211.8[\mathrm{W}] = 5.2[\mathrm{kW}]$

답 ①

59 중요도 ★★ / 한국남부발전 1회 2회 3회

어느 분권 전동기의 정격 회전수가 1500[rpm]이다. 속도 변동률이 5[%]이면 공급 전압과 계자 저항의 값을 변화시키지 않고 이것을 무부하로 하였을 때의 회전수[rpm]는?

① 3257 ② 2360 ③ 1575 ④ 1165

해설 속도 변동률 $\delta = \frac{N_0 - N_n}{N_n} \times 100[\%]$

여기서, N_0 : 무부하 시 회전속도(수), N_n : 정격 회전속도(수)

$5 = \frac{N_0 - 1500}{1500} \times 100$

$\therefore N_0 = 1575[\mathrm{rpm}]$

답 ③

60 중요도 ★★★ / 서울교통공사 1회 2회 3회

정격 속도 1732[rpm]인 직류 직권 전동기의 부하 토크가 $\frac{3}{4}$으로 되었을 때의 속도는 약 몇 [rpm]인가? (단, 자기 포화는 무시한다.)

① 1155 ② 1550 ③ 1750 ④ 2000

해설 (1) 직류 직권 전동기의 토크 특성

$$T \propto I_a^{\,2} \propto \frac{1}{N^2}$$

(2) 부하 토크 변경 후의 속도

$$N_2 = N_1\sqrt{\frac{T_1}{T_2}} = 1732 \times \sqrt{\frac{1}{\frac{3}{4}}} = 2000\,[\mathrm{rpm}]$$

답 ④

직류 전동기의 기동법

61 중요도 ★★★ / 서울교통공사 1회 2회 3회

다음 직류 전동기의 기동 시 저항을 사용해 기동을 하는 이유는 무엇인가?

① 속도를 제어하기 위하여
② 전압을 작게 하기 위하여
③ 전류를 제한하기 위하여
④ 편리하고 간단하기 때문에

해설 (1) 직류 전동기의 기동 시 $I_a = \frac{V-E}{R_a} = \frac{V-K\phi N}{R_a}$[A]에서 $N=0$이므로 $E=0$이 되어 전원 전압이 그대로 전기자 회로에 가해지면 대단히 큰 전류(기동 전류)가 흘러 전기자 권선, 브러시, 정류자의 손상 등으로 전원에 악영향을 끼친다.

(2) 기동 시 전기자 회로에 적당한 저항을 직렬로 삽입하여 기동 전류를 작게 하는 것이 주목적이다.

(3) 직류 전동기의 기동법

기동 시 계자 전류는 최대가 되어야 하고, 부하 전류는 최소가 되어야 한다.

구분	SR(기동 저항기)	FR(계자 저항기)
기동 시	최대	최소(0)
운전 시	최소	최대

답 ③

62 중요도 ★★★ / 인천교통공사 1회 2회 3회

직류 분권 전동기의 기동 시에는 계자 저항기의 저항값은 어떻게 해 두는가?

① 0(영)으로 해 둔다.
② 최대로 해 둔다.
③ 중위(中位)로 해 둔다.
④ 끊어 놔둔다.

해설 **직류 분권 전동기의 기동 특성**

(1) 전동기의 일반적인 특성으로 기동 시 기동 토크는 크게 해주면 기동 속도는 낮은 속도를 유지하다가 기동 완료 후 속도를 상승시켜서 정상 운전이 되도록 해야 한다.

(2) 직류 분권 전동기도 마찬가지로 토크(T) – 속도(N) 특성 $T=K\phi I_a$[N·m], $N=K\dfrac{V-I_aR_a}{\phi}$[rpm]이므로 기동 시 토크($T$)는 크게 하고 속도($N$)는 작게 해야 하므로 자속($\phi$)을 크게 해 주어야 한다.

(3) 따라서, 계자 저항을 줄여서 영(0)에 가깝게 해주면 계자 전류가 최대가 되어 기동 시 자속(ϕ)을 최대로 할 수 있기 때문에 기동 특성을 만족할 수 있게 된다.

 ①

직류 전동기의 속도 제어

63 중요도 ★★★ / 대전교통공사

1회 2회 3회

다음 중에서 직류 전동기의 속도 제어법이 아닌 것은?

① 계자 제어법 ② 전압 제어법 ③ 저항 제어법 ④ 슬립 제어법

해설 **직류 전동기의 속도 제어**

(1) 전동기의 회전 속도 N은 $N=K\dfrac{V-I_aR_a}{\phi}$

따라서, N을 바꾸는 방법으로 V, R_a, ϕ를 가감하는 방법이 있다(R_a : 전기자 저항, 보극 저항 및 이것에 직렬인 저항의 합).

(2) 계자 제어(ϕ를 변화시키는 방법)

① 분권 계자 권선과 직렬로 넣은 계자 조정기를 가감하여 자속을 변화시킨다.
② 속도를 가감하는 데는 가장 간단하고 효율이 좋다.
③ 속도 제어 범위가 좁다. : 정출력 제어

(3) 저항 제어(R_a를 변화시키는 방법)

① 전기자 권선 및 직렬 권선의 저항은 일정하여 이것에 직렬로 삽입한 직렬 저항기를 가감하여 속도를 가감하는 방법
② 취급은 간단하나 저항기의 전력 손실이 크고 속도가 저하하였을 때에는 부하의 변화에 따라 속도가 심하게 변하여 취급이 곤란함

(4) 전압 제어(V를 변화시키는 방법)

① 일정 토크를 내고자 할 때, 대용량인 것에 이 방법이 사용됨
② 전용 전원을 설치하여 전압을 가감하여 속도를 제어
③ 고효율로 속도가 저하하여도 가장 큰 토크를 낼 수 있고 역전도 가능하나 장치가 극히 복잡하며 고가임
④ 정토크 제어
⑤ 워드레오너드 방식 : 전동기 양단 단자 전압 V를 타여자 발전기로 조절(발전기의 원동기로 3상 유도 전동기 사용) – 광범위한 속도 제어가 가능하며 효율이 양호함
⑥ 일그너 방식 : 플라이휠 효과(관성 모멘트가 큼)를 채용하여 부하 변동이 심한 경우 사용

⑦ 정지 레오너드 방식 : SCR을 사용
⑧ 초퍼 제어 방식 : 초퍼 사용

답 ④

64 중요도 ★★★ / 서울교통공사, 한국중부발전, 한국수력원자력 1회 2회 3회

직류 전동기의 속도 제어 방법 중 광범위한 속도 제어가 가능하며 운전 효율이 좋은 방법은?

① 계자 제어 ② 직렬 저항 제어 ③ 병렬 저항 제어 ④ 전압 제어

해설 **전압 제어 방식**
(1) 워드레오너드 방식
전동기 양단 단자 전압 V를 타여자 발전기로 조절(발전기의 원동기로 3상 유도 전동기 사용) – 광범위한 속도 제어가 가능하며 효율이 양호함
(2) 일그너 방식
플라이휠 효과(관성 모멘트가 큼)를 채용하여 부하 변동이 심한 경우 사용
(3) 정지 레오너드 방식 : SCR을 사용
(4) 초퍼 제어 방식 : 초퍼 사용

답 ④

65 중요도 ★★ / 대구교통공사, 한국남부발전 1회 2회 3회

분권 직류 전동기에서 부하 변동이 심할 때 광범위하게 또한 안정되게 속도를 제어하는 가장 적당한 방식은?

① 계자 제어 방식 ② 직렬 저항 제어 방식
③ 워드레오너드 방식 ④ 일그너 방식

해설 **일그너 방식**
전압 제어의 일종으로, 플라이 휠 효과를 이용하여 부하 변동이 심한 경우에 적당하다.

답 ④

66 중요도 ★★★ / 한국도로공사, 한국수력원자력 1회 2회 3회

직류 전동기의 속도 제어법에서 정출력 제어에 속하는 것은?

① 계자 제어법 ② 전기자 저항 제어법
③ 전압 제어법 ④ 워드레오너드 제어법

해설 (1) 계자 제어 – 정출력 제어
(2) 전압 제어 – 정토크 제어

답 ①

67 중요도 ★★ / 한국중부발전

1회 2회 3회

직류 전동기의 제어법 중 설비비가 가장 많이 드는 제어법은 무엇인가?

① 계자 제어법 ② 전압 제어법 ③ 저항 제어법 ④ 직·병렬 제어법

해설 **전압 제어**

(1) 워드레오너드 방식

전압의 조정을 위해 타여자 발전기를 이용하는 방식으로, 발전기를 회전시키기 위해 원동기가 포함되어 장비 자체의 가격이 고가이다.

(2) 일그너 방식

워드레오너드 방식에 부하 변동에 따른 관성을 크게 하기 위하여 플라이휠을 적용한다.

답 ②

직류 전동기의 제동법

68 중요도 ★★★ / 서울교통공사

1회 2회 3회

전동기의 제동 시 전원을 끊고 전동기를 발전기로 동작시켜 이때 발생하는 전력을 저항에 의해 열로 소모시키는 제동법은?

① 회생제동 ② 발전제동 ③ 와전류제동 ④ 역상제동

해설 **제동법(전기적 제동 + 기계적 제동)**

(1) 발전제동

① 전동기를 전원에서 분리시켜 발전기로 운전하여 발생되는 전기 에너지(역기전력)를 저항에서 열로 소비시켜 제동하는 방법

② 에너지를 저항부하에서 열로 소모하므로 비효율적임

(2) 회생제동

① 직류 전동기 : 전동기에서 발생되는 전기 에너지를 부하에 의해 전원측 전압보다 높게 하여 전원측으로 반환하여 제동시키는 방법(에너지 saving)

② 유도 전동기 : 유도 전동기 전원을 연결한 상태에서 동기속도 이상으로 회전시켜 유도 발전기로 동작하게 하여 그 발생 전력을 전원에 반환시키며 제동

(3) 역전(상)제동(플러깅)

① 직류 전동기 : 전기자 권선의 접속(= 결선)을 반대로 바꾸어 역회전력에 의해 반대 토크를 발생시켜 전동기를 급정지(= 급제동)하는 방법

② 유도 전동기 : 회전 중인 전동기의 1차 권선 2단자 중 임의의 2단자의 접속을 바꾸면 상회전 방향이 반대로 되고 토크의 방향이 반대로 되어 전동기 급제동

답 ②

직류기의 효율, 손실

69 중요도 ★★★ / 인천교통공사 1회 2회 3회

직류 전동기의 규약 효율은 어떤 식으로 표시된 식에 의하여 구하여진 값인가?

① $\eta = \dfrac{출력}{입력} \times 100[\%]$　　② $\eta = \dfrac{출력}{출력 + 손실} \times 100[\%]$

③ $\eta = \dfrac{입력 - 손실}{입력} \times 100[\%]$　　④ $\eta = \dfrac{입력}{출력 + 손실} \times 100[\%]$

해설

(1) 발전기의 규약 효율 : $\eta_G = \dfrac{출력}{출력 + 손실} \times 100[\%]$

(2) 전동기의 규약 효율 : $\eta_M = \dfrac{입력 - 손실}{입력} \times 100[\%]$

답 ③

70 중요도 ★★★ / 한국도로공사 1회 2회 3회

직류기의 효율이 최대가 되는 경우는 다음 중 어느 것인가?

① 고정손 = 부하손　　② 기계손 = 전기자동손

③ 와류손 = 히스테리시스손　　④ 전부하동손 = 철손

해설 **직류기 최대 효율 조건**

무부하손(고정손) = 부하손(가변손)

답 ①

71 중요도 ★★ / 한국수력원자력 1회 2회 3회

출력 2[kW], 효율 80[%]인 어떤 직류 발전기의 손실은 몇 [kW]인가?

① 0.5　　② 0.4　　③ 0.2　　④ 0.1

해설

$\eta = \dfrac{P_{out}}{P_{in}} = \dfrac{P_{out}}{P_{out} + P_{loss}}$

여기서, P_{out} : 출력, P_{in} : 입력, P_{loss} : 손실

$\eta(P_{out} + P_{loss}) = P_{out}$

$\eta \cdot P_{out} + \eta \cdot P_{loss} = P_{out}$

$P_{loss} = \dfrac{1-\eta}{\eta} P_{out} = \dfrac{1-0.8}{0.8} \times 2 = 0.5[\mathrm{kW}]$

답 ①

72 중요도 ★★ / 서울교통공사

1회 2회 3회

200[V], 10[kW]의 직류 분권 발전기가 있다. 전부하에서 운전하고 있을 때 전손실이 500[W]이다. 이때, 효율은 얼마인가?

① 97.0 ② 95.2 ③ 94.3 ④ 92

해설 **규약 효율**

발전기의 규약 효율 $\eta_G = \frac{\text{출력}}{\text{출력}+\text{손실}} \times 100[\%] = \frac{10\times10^3}{10\times10^3+500} \times 100 = 95.23[\%]$

답 ②

73 중요도 ★★ / 한국서부발전, 지역난방공사

1회 2회 3회

정격 출력 시(부하손/고정손)는 2이고, 효율 0.8인 어느 발전기의 $\frac{1}{2}$ 정격 출력 시의 효율[%]은?

① 70 ② 75 ③ 80 ④ 85

해설 부하손을 P_c, 고정손을 P_i, 출력을 P라 하면 정격 출력 시에는 $P_c = 2P_i$로 되므로

$\frac{P_c}{P_i} = 2$에서 $P_c = 2P_i$이고 $\eta = 0.8$일 때

발전기의 규약 효율 $\eta_G = \frac{\text{출력}}{\text{출력}+\text{손실}} \times 100[\%] = \frac{P}{P+P_i+P_c} = \frac{P}{P+P_i+2P_i} = \frac{P}{P+3P_i}$

$$\eta_{\frac{1}{2}} = \frac{\frac{1}{2}P}{\frac{1}{2}P+P_i+\left(\frac{1}{2}\right)^2 P_c} = \frac{P}{P+2P_i+2\times\frac{1}{4}\times 2P_i} = \frac{P}{P+3P_i} = 0.8$$

답 ③

74 중요도 ★ / 2024 한국서부발전

1회 2회 3회

직류 발전기가 80[%] 부하에서 최대 효율이 된다면 이 발전기의 전부하에 있어서 동손과 철손의 비는?

① 0.64 ② 0.81 ③ 1.25 ④ 1.5

해설 직류 분권 전동기가 최대 효율이 되는 것은 고정손과 부하손이 서로 같은 경우로,

전부하 전류를 I[A]라고 하면, 문제의 조건에서 $P_k = (0.8I)^2 R_a$

여기서, P_k : 고정손, R_a : 전기자 회로의 저항

따라서, 전부하인 경우의 고정손과 부하손의 비율은 $\frac{P_k}{I^2R_a} = \frac{(0.8I)^2R_a}{I^2R_a} = 0.8^2 = 0.64$

답 ①

75 중요도 ★ / 한국수력원자력 1회 2회 3회

일정 전압으로 운전하고 있는 직류 발전기의 손실이 $\alpha+\beta I^2$으로 표시될 때 효율이 최대가 되는 전류는? (단, α, β는 정수이다.)

① $\dfrac{\alpha}{\beta}$ ② $\dfrac{\beta}{\alpha}$ ③ $\sqrt{\dfrac{\alpha}{\beta}}$ ④ $\sqrt{\dfrac{\beta}{\alpha}}$

해설 손실 $\alpha+\beta I^2$ 중에서 α는 부하 전류에 관계없는 고정손이고, βI^2는 전류의 제곱에 비례하는 가변손이다. 최대 효율 조건은 고정손 = 가변손이므로

즉, $\alpha=\beta I^2$이 되는 부하 전류 $I=\sqrt{\dfrac{\alpha}{\beta}}$에서 최대 효율이 된다.

답 ③

76 중요도 ★ / 지역난방공사 1회 2회 3회

직류기의 손실 중에서 부하의 변화에 따라서, 현저하게 변하는 손실은 다음 중 어느 것인가?

① 표유 부하손 ② 철손 ③ 풍손 ④ 기계손

해설 부하손(= 가변손)

(1) 동손(copper loss)
코일에 전류가 흘러서 도체 내에 발생하는 손실 → 부하 전류 및 여자 전류에 의한 저항손

(2) 표유 부하손(stray loss)
부하 전류가 흐를 때 도체 또는 금속 내부에서 생기는 손실(누설 자속에 의해서 발생하는 손실) → 측정이나 계산에 의해서 구할 수 없는 손실

답 ①

77 중요도 ★ / 서울교통공사, 지역난방공사 1회 2회 3회

직류기의 다음 손실 중에서 기계손에 속하는 것은 어느 것인가?

① 풍손 ② 와류손 ③ 브러시의 전기손 ④ 표유 부하손

해설 기계손은 브러시 마찰손, 베어링 마찰손, 풍손 등이 있다.

(1) 와류손 : 철손
(2) 브러시의 전기손 : 동손
(3) 표유 부하손 : 부하손(철손, 동손, 기계손 이외의 손실)

답 ①

78 중요도 ★★ / 한국도로공사, 한국서부발전

1회 2회 3회

보통 전기기계에서는 규소강판을 성층하여 사용하는 경우가 많다. 성층하는 이유는 다음 중 어느 것을 줄이기 위한 것인가?

① 히스테리시스손 ② 와류손 ③ 동손 ④ 기계손

해설 철손은 무부하손으로 히스테리시스손과 와전류손이 있다. 철손을 저감시키기 위해서는 다음과 같이 한다.

(1) 히스테리시스손 : 규소를 함유한 철심을 사용

(2) 와전류손 : (규소)강판을 성층하여 사용

답 ②

79 중요도 ★ / 한국서부발전

1회 2회 3회

대형 직류 전동기의 토크를 측정하는 데 가장 적당한 방법은?

① 와전류 제동기 ② 프로니 브레이크법

③ 전기 동력계 ④ 반환 부하법

해설 **토크 측정 방법**

(1) 전기 동력계법

① 대형 회전기의 토크 측정

② 출력을 측정하려는 전동기를 전기 동력계의 전기자에 직결하여 전기 동력계를 발전기로 운전하여 전동기의 회전력(토크)과 속도 측정

(2) 프로니 브레이크법

① 중소형 직류기의 토크 측정

② 한 쌍으로 된 나무조각으로 전동기 축의 양쪽에 대고 그 위에 길이 l[m]인 막대기의 한쪽을 놓고 볼트로 고정하여 다른 한쪽을 스프링 저울에 연결시켜서 저울에 작용하는 힘 W[kg]을 측정

(3) 와전류 제동기 : 소형 전동기 토크 측정

답 ③

80 중요도 ★ / 한국중부발전

1회 2회 3회

직류기의 반환 부하법에 의한 온도 시험이 아닌 것은?

① 키크법 ② 블론델법 ③ 홉킨슨법 ④ 카프법

해설 **온도 상승시험**

(1) 실부하법

① 전구나 저항 등을 부하로 사용하여 시험하는 방법

② 전력 손실이 많이 발생하여 소형(소용량)에만 사용

(2) 반환부하법

① 비슷한 정격의 2대 기기를 한쪽의 발전기, 다른 한쪽을 전동기로 운전하여 발전기가 발생한 전력을 전동기에 공급하고, 전동기가 발생한 기계력을 발전기의 축에 반환하여 두 기기의 손실만을 외부에서 공급하는 것

② 카프(Kapp) 법 : 발전기(G) ↔ 전동기(M) 상호 두 기기의 전 손실을 전기적으로 공급하는 것

③ 홉킨스(Hopkinson) 법 : 원동기 공급(특이 전압인 경우), 다른 보조 전동기에서 전 손실을 기계적으로 공급

④ 블론델(Blondel) 법 : 무부하(원동기), 부하(전원) 따로, 두 기기의 무부하손을 기계적으로 보조 전동기에 공급, 동손은 전기적으로 승압기에서 공급

답 ①

03 동기기

동기속도

81 중요도 ★★★ / 한국남부발전, 서울교통공사 1회 2회 3회

40[Hz], 10000[kVA]의 발전기 회전수가 800[rpm]이면 극수는 얼마인가?

① 4 ② 6 ③ 8 ④ 10

해설 동기속도 $N_s = \frac{120f}{p}$ [rpm]

극수 $p = \frac{120f}{N_s} = \frac{120 \times 40}{800} = 6$극

답 ②

82 중요도 ★★★ / 2024 한국수자원공사 1회 2회 3회

극수는 10, 외경이 3[m]이고 동기발전기 주파수가 60[Hz]일 때 주변속도는?

① 12π ② 24π ③ 36π ④ 48π

해설 (1) 주변속도 v[m/s]

① 회전자의 직경이 주어진 경우 : $v = \pi D \frac{N_s}{60}$ [m/s]

② 회전자의 반경이 주어진 경우 : $v = 2\pi r \frac{N_s}{60}$ [m/s]

③ 극수, 극피치가 주어진 경우 : $v =$ 극수 $\times$ 극피치 $\times \frac{N_s}{60}$ [m/s]

(2) 동기속도 : $N_s = \frac{120 \times 60}{10} = 720[\text{rpm}]$

$\therefore \ v = \pi D \frac{N_s}{60} = 3\pi \times \frac{720}{60} = 36\pi[\text{m/s}]$

답 ③

83 중요도 ★★★ / 지역난방공사, 한전 KPS

1회 2회 3회

극수 4, 회전속도 1500[rpm]인 교류 발전기와 병렬 운전하는 교류 발전기의 회전속도가 3000[rpm]일 때 극수는?

① 2　② 4　③ 6
④ 8　⑤ 12

해설 동기속도 $N_s = \frac{120f}{p}$ 에서 $f = \frac{N_s \times p}{120} = \frac{1500 \times 4}{120} = 50[\text{Hz}]$

교류 발전기의 극수 $p = \frac{120 \times f}{N_s} = \frac{120 \times 50}{3000} = 2$

답 ①

84 중요도 ★ / 지역난방공사

1회 2회 3회

전기기기의 극수 p, 전기각 θ_e, 기하각 θ의 관계로 옳은 것은?

① $\theta_e = \theta \times \frac{p}{2}$　② $\theta_e = \theta \times p$　③ $\theta_e = \theta \times 2p$
④ $\theta_e = \theta \times \frac{p}{4}$　⑤ $\theta_e = \theta \times 4p$

해설 **극수 p, 전기각 θ_e, 기하각 θ의 관계**

$\theta_e = \theta \times \frac{p}{2}$

답 ①

85 중요도 ★★ / 서울교통공사

1회 2회 3회

동기 발전기에서 주파수 60[Hz], 극수 4, 1극의 자속수 0.062[Wb], 1분간의 회전속도를 1800, 코일의 권수를 100이라고 하고, 이때 코일의 유기 기전력의 실횻값[V]은? (단, 권선 계수는 1.0이라 한다.)

① 526　② 1488　③ 1652　④ 2336

해설 **동기 발전기의 유기 기전력**

$$E=\frac{2\pi}{\sqrt{2}}fwk_w\phi=4.44fwk_w\phi[\text{V}]=4.44\times60\times100\times1\times0.062=1651.6[\text{V}]$$

답 ③

86 중요도 ★★ / 한국동서발전

1회 2회 3회

다음 중 동기 발전기에 회전 계자형을 사용하는 이유로 옳은 것을 모두 고르면?

㉠ 절연이 쉬워 대용량 설비가 가능하다.
㉡ 교류이므로 소요전력이 작다.
㉢ 고장 시 과도안정도 향상에 유리하다.
㉣ 기전력의 파형 개선에 유리하다.

① ㉠, ㉢ ② ㉠, ㉣ ③ ㉡, ㉢
④ ㉡, ㉣ ⑤ ㉢, ㉣

해설 **회전 계자형을 채택하는 이유**

(1) 전기자에서 발생되는 대전력 인출이 용이(절연이 쉬워 대용량 설비가 가능해짐)
(2) 회전자가 계자이므로 기계적 견고(계자 연강판 사용 → 연강판 강도 > 규소강판 강도)
(3) 구조 간결(전기자 – 3상 인출선 4개, 계자 – 여자를 위한 2개의 도선만 필요)
(4) 계자권선에는 직류 저전압(DC 100 ~ 250[V]) 소전류 공급으로 소요전력이 작고 안전

답 ①

87 중요도 ★ / 한국가스공사

1회 2회 3회

유도자형 고주파 발전기의 특징이 아닌 것은?

① 회전자 구조가 견고하여 고속에서도 잘 견딘다.
② 상용 주파수보다 낮은 주파수로 회전하는 발전기이다.
③ 상용 주파수보다 높은 주파수의 전력을 발생하는 동기 발전기이다.
④ 극수가 많은 동기 발전기를 고속으로 회전시켜서 고주파 전압을 얻는 구조이다.

해설 **유도자형 고주파 발전기**

(1) 계자극과 전기자를 함께 고정시키고 그 가운데에 유도자라는 회전자를 놓은 발전기이다.
(2) 고주파(수백~수만[Hz])를 유기시키고, 극수가 많은 다극형 특수 동기 발전기이다. 보기 ②, ③, ④
(3) 유도자는 권선이 없는 금속 회전자의 튼튼한 구조를 가진다. 보기 ①

답 ②

88 중요도 ★★ / 인천교통공사, 한국수력원자력 1회 2회 3회

조상기에서 수소 냉각방식이 공기 냉각방식보다 좋은 점을 열거하였다. 옳지 않은 것은?

① 풍손이 적다.
② 권선의 수명이 길어진다.
③ 용량을 증가시킬 수 있다.
④ 냉각수가 적어도 된다.

해설 **수소 냉각방식**

(1) 비중이 공기의 7[%]로 풍손이 공기 냉각방식인 경우보다 약 10[%] 수준으로 감소 보기 ①
(2) 비열이 공기의 약 14배로 열전도도가 좋아 냉각효과가 우수하며 냉각효과에 따른 발전기의 출력이 25[%] 정도 증가 보기 ③
(3) 절연물의 산화가 없으므로 절연물의 수명이 길어짐 보기 ②
(4) 전폐형(폐쇄형)이므로 이물질의 침입이 없고 소음이 현저히 감소함
(5) 가스 냉각기는 소형화가 가능하며 고정자 프레임 내부에 설치 가능

답 ④

단절권 / 분포권

89 중요도 ★★★ / 국가철도공단, 한국가스공사 1회 2회 3회

동기기의 전기자 권선법 중 단절권, 분포권으로 하는 이유 중 가장 중요한 목적은?

① 높은 전압을 얻기 위해서
② 좋은 파형을 얻기 위해서
③ 일정한 주파수를 얻기 위해서
④ 효율을 좋게 하기 위해서

해설 **단절권과 분포권의 공통점**

(1) 단절권은 전절권에 비해 기전력의 크기가 저하한다.
(2) 분포권은 집중권에 비해 기전력의 크기가 저하한다.
(3) 고조파가 제거되어 기전력의 파형이 개선된다.

답 ②

90 중요도 ★★★ / 2024 한국남동발전 1회 2회 3회

동기 발전기 단절권의 특징이 아닌 것은?

① 파형 개선을 한다.
② 유기 기전력을 감소한다.
③ 전동기 기계의 전체 길이가 줄어든다.
④ 코일 간격과 극 간격이 같다.

해설 **단절권의 특징**

(1) 단절권은 코일 간격이 극 간격보다 짧다(같은 경우는 전절권). 보기 ④
(2) 동량을 절감할 수 있어 발전기의 크기가 축소된다. 보기 ③
(3) 가격이 경제적이다.

(4) 고조파가 제거되어 기전력의 파형이 개선된다. 보기 ①
(5) 전절권에 비해 기전력의 크기가 저하한다. 보기 ②

답 ④

91 중요도 ★★★ / 한국남동발전, 한국서부발전, 한국중부발전, 한국가스공사

1회 2회 3회

동기 발전기의 권선을 분포권으로 하면?

① 파형이 좋아진다.
② 권선의 리액턴스가 커진다.
③ 집중권에 비하여 합성 유도 기전력이 높아진다.
④ 난조를 방지한다.

해설 **분포권의 특징**
(1) 매극 매상당 슬롯수가 증가하여 코일에서의 열발산을 고르게 분산시킬 수 있다.
(2) 누설 리액턴스가 작다.
(3) 고조파가 제거되어 기전력의 파형이 개선된다.
(4) 집중권에 비해 기전력의 크기가 저하한다.

답 ①

92 중요도 ★★ / 한국중부발전, 한국수력원자력

1회 2회 3회

3상 동기 발전기의 전기자 권선을 Y결선으로 하는 이유로서 적당하지 않은 것은?

① 고조파 순환 전류가 흐르지 않는다.
② 이상전압 방지의 대책이 용이하다.
③ 전기자 반작용이 감소한다.
④ 코일의 코로나, 열화 등이 감소된다.

해설 **Y결선을 채용하는 이유**
(1) 이상전압의 방지
중성점을 접지할 수 있으므로, 권선 보호 장치의 시설이나 중성점 접지에 의한 이상 전압의 방지 대책이 용이 보기 ②
(2) 절연 용이, 코로나, 열화 감소
상전압이 낮기 때문에$\left(\text{선간 전압의 } \frac{1}{\sqrt{3}} \text{배}\right)$ 코일의 절연이 쉽고, 코로나 및 열화 등이 작다. 보기 ④
(3) 고조파 순환 전류 발생 방지
권선의 불균형 및 제3고조파 등에 의한 순환 전류가 흐르지 않는다. 보기 ①
(4) 고전압 발생 유지
같은 상전압에서도 △결선에 비해 $\sqrt{3}$배의 선간 전압을 얻을 수 있으므로 고전압 송전에 유리

답 ③

93 중요도 ★★ / 서울교통공사, 한국수력원자력, 대구교통공사 | 1회 | 2회 | 3회

동기 발전기의 기전력의 파형을 정현파로 하기 위해 채용되는 방법이 아닌 것은?

① 매극 매상의 슬롯수를 크게 한다. ② 단절권 및 분포권으로 한다.
③ 전기자 철심을 사(斜)슬롯으로 한다. ④ 공극의 길이를 작게 한다.

해설 **동기 발전기의 기전력의 파형을 개선하는 방법(고조파를 제거하는 방법)**

(1) 단절권과 분포권을 채용 보기 ②
(2) 매극 매상의 슬롯수(q)를 크게 한다. 보기 ①
(3) Y결선(성형결선)을 채용한다.
(4) 공극의 길이를 크게 한다. 보기 ④
(5) 자극의 모양을 적당히 설계한다.
(6) 전기자 철심을 스큐슬롯(사구)으로 한다. 보기 ③
(7) 전기자 반작용을 작게 한다.

답 ④

94 중요도 ★★ / 2024 한국동서발전 | 1회 | 2회 | 3회

3상 동기 발전기에서 권선 피치와 자극 피치의 비를 $\frac{4}{5}$ 의 단절권으로 하였을 때의 단절권 계수는 얼마인가?

① $\sin\frac{1}{5}\pi$ ② $\sin\frac{2}{5}\pi$ ③ $\sin\frac{3}{5}\pi$ ④ $\sin\frac{4}{5}\pi$

해설 **단절권 계수**

$$k_{pn}=\sin\frac{n\beta\pi}{2}$$

여기서, n : 고조파 차수

$$k_p=\sin\frac{\beta\pi}{2}=\sin\frac{\frac{4}{5}\pi}{2}=\sin\frac{4\pi}{10}=\sin\frac{2\pi}{5}$$

답 ②

95 중요도 ★★ / 지역난방공사 | 1회 | 2회 | 3회

3상 4극이고 슬롯수가 12인 권선의 매극 매상의 슬롯수는?

① 1 ② 2 ③ 3
④ 4 ⑤ 5

해설 **매극 매상당 슬롯수**

$q=\dfrac{s}{p\cdot m}=\dfrac{12}{4\times 3}=1$

여기서, p : 극수, m : 상수, s : 총슬롯수

답 ①

96 중요도 ★★ / 한국남동발전

1회 2회 3회

슬롯수가 48인 고정자가 있다. 여기에 3상 4극의 2층권을 시행할 때 매극 매상의 슬롯수와 총코일수는?

① 4, 48 ② 12, 48 ③ 12, 24 ④ 9, 24

해설 (1) 매극 매상당 슬롯수 $q=\dfrac{s}{p\cdot m}=\dfrac{48}{4\times 3}=4$

여기서, p : 극수, m : 상수, s : 총슬롯수

(2) 코일수$=\dfrac{\text{총 슬롯수}\times\text{층수}}{2}=\dfrac{48\times 2}{2}=48$

답 ①

97 중요도 ★★ / 지역난방공사

1회 2회 3회

매극 매상의 슬롯수 3, 상수 3인 권선의 분포 계수를 구하면?

① 약 0.76 ② 약 0.86 ③ 약 0.99 ④ 약 0.96

해설 (1) 분포권 계수 k_d

기본파 $k_d=\dfrac{\sin\dfrac{\pi}{2m}}{q\sin\dfrac{\pi}{2mq}}$

여기서, q : 매극 매상당 슬롯수, m : 상수

(2) 매극 매상당 슬롯수 $q=3$, 상수 $m=3$, 기본파의 고조파 차수 $n=1$이므로

$$k_d=\frac{\sin\dfrac{\pi}{2\times 3}}{3\times\sin\dfrac{\pi}{2\times 3\times 3}}=\frac{\dfrac{1}{2}}{3\times\sin\dfrac{\pi}{18}}=\frac{1}{6\sin\dfrac{\pi}{18}}=0.9597$$

답 ④

전기자 반작용

98 중요도 ★★★ / 한전 KPS 1회 2회 3회

동기 발전기의 전기자 반작용에 대한 내용이다. 다음 빈칸에 들어갈 내용으로 옳은 것은?

- (㉠) : 전기자 전류가 단자 전압과 동위상이 되는 경우
- (㉡) : 전기자 전류가 단자 전압보다 90° 앞설 때
- (㉢) : 전기자 전류가 단자 전압보다 90° 뒤질 때

① ㉠ 감자작용, ㉡ 증자작용, ㉢ 횡축 반작용
② ㉠ 감자작용, ㉡ 증자작용, ㉢ 직축 반작용
③ ㉠ 직축 반작용, ㉡ 감자작용, ㉢ 증자작용
④ ㉠ 횡축 반작용, ㉡ 증자작용, ㉢ 감자작용
⑤ ㉠ 횡축 반작용, ㉡ 감자작용, ㉢ 증자작용

해설 **3상 동기 발전기의 전기자 반작용**
(1) R부하 : 동상 → 횡축 반작용 → 교차 자화작용(편자작용) → 기전력 감소
(2) L부하 : 전압이 전류보다 위상이 앞선다. → 직축 반작용 → 감자작용 → 기전력 감소
(3) C부하 : 전류가 전압보다 위상이 앞선다. → 직축 반작용 → 증자작용 → 기전력 증가

체크 point

동기 전동기의 전기자 반작용
전동기에서 $\begin{cases} L \text{ 부하 – 증자작용(기전력 증가)} \\ C \text{ 부하 – 감자작용(기전력 감소)} \end{cases}$

답 ④

99 중요도 ★★★ / 한국남부발전, 한국수력원자력 1회 2회 3회

3상 동기 발전기의 전기자 반작용은 부하의 성질에 따라 다르다. 다음 성질 중 잘못 설명한 것은?

① $\cos\theta \fallingdotseq 1$일 때, 즉 전압, 전류가 동상일 때는 실제적으로 감자작용을 한다.
② $\cos\theta \fallingdotseq 0$일 때, 즉 전류가 전압보다 90° 뒤질 때는 감자작용을 한다.
③ $\cos\theta \fallingdotseq 0$일 때, 즉 전류가 전압보다 90° 앞설 때는 증자작용을 한다.
④ $\cos\theta = \phi$일 때, 즉 전류가 전압보다 ϕ만큼 뒤질 때 증자작용을 한다.

해설 (1) $\cos\theta \fallingdotseq 1$일 때 전압과 전류가 동상이므로 교차 자화작용(편자작용)이 발생하여 주자속이 감소하므로 실제적으로 감자작용과 같다. 보기 ①
(2) $\cos\theta \fallingdotseq 0$일 때, 즉 전류가 전압보다 90° 뒤질 때(L부하)는 감자작용이 발생한다. 보기 ②
(3) $\cos\theta \fallingdotseq 0$일 때, 즉 전류가 전압보다 90° 앞설 때(C부하)는 증자작용이 발생한다. 보기 ③
(4) $\cos\theta = \phi$일 때, 즉 전류가 전압보다 ϕ만큼 뒤질 때($R-L$ 부하)는 감자작용이 발생한다. 보기 ④

답 ④

100 중요도 ★ / 국가철도공단 1회 2회 3회

동기 발전기에서 전기자 전류를 I, 유기 기전력과 전기자 전류와의 위상각을 θ라 하면 횡축 반작용을 하는 성분은?

① $I\cot\theta$ ② $I\tan\theta$ ③ $I\sin\theta$ ④ $I\cos\theta$

해설 유효분 $I\cos\theta$는 기전력과 같은 위상의 전류 성분으로서 횡축 반작용을 하며 무효분 $I\sin\theta$는 $\frac{\pi}{2}$[rad]만큼 뒤지거나 앞서므로 직축 반작용을 한다.

답 ④

101 중요도 ★★★ / 한국수력원자력 1회 2회 3회

동기 전동기의 진상 전류는 어떤 작용을 하는가?

① 증자작용 ② 감자작용
③ 교차 자화작용 ④ 아무 작용 없음

해설 **동기기의 전기자 반작용**

기기의 종류	R 부하(동상)	L 부하(지상)	C 부하(진상)
동기 발전기	교차 자화작용	감자작용	증자작용
동기 전동기	교차 자화작용	증자작용	감자작용

답 ②

동기임피던스 / %동기임피던스

102 중요도 ★★★ / 국가철도공단 1회 2회 3회

동기기의 전기자 저항을 r, 반작용 리액턴스를 x_a, 누설 리액턴스를 x_l이라 하면 동기 임피던스는?

① $\sqrt{r^2+\left(\frac{x_a}{x_l}\right)^2}$ ② $\sqrt{r^2+{x_l}^2}$ ③ $\sqrt{r^2+{x_a}^2}$ ④ $\sqrt{r^2+(x_a+x_l)^2}$

해설 **동기임피던스**

$Z_s=r_a+jx_s=r_a+j(x_l+x_a)\,[\Omega]$

크기 : $|Z_s|=\sqrt{{r_a}^2+(x_l+x_a)^2}\,[\Omega]$

여기서, r_a : 전기자 저항, x_s : 동기 리액턴스, x_a : 전기자 반작용 리액턴스, x_l : 전기자 누설 리액턴스

답 ④

103 중요도 ★★ / 인천교통공사

1회 2회 3회

정격 전압을 E[V], 정격 전류를 I[A], 동기 임피던스를 Z_s[Ω]이라 할 때 퍼센트 동기 임피던스 Z_s'는? (단, E[V]는 선간 전압이다.)

① $\dfrac{IZ_s}{\sqrt{3}E}\times 100[\%]$ ② $\dfrac{IZ_s}{3E}\times 100[\%]$

③ $\dfrac{\sqrt{3}IZ_s}{E}\times 100[\%]$ ④ $\dfrac{IZ_s}{E}\times 100[\%]$

해설 **%동기 임피던스**

$$\%Z_s = \frac{I_n Z_s}{E_p}\times 100[\%]$$

여기서, I_n : 정격 전류, Z_s : 동기 임피던스, E_p : 상전압

정격 전압 $E=\sqrt{3}E_p$이므로

$$\%Z_s = \frac{IZ_s}{E_p}\times 100 = \frac{\sqrt{3}IZ_s}{\sqrt{3}E_p}\times 100 = \frac{\sqrt{3}IZ_s}{E}\times 100[\%]$$

답 ③

104 중요도 ★★★ / 한국동서발전, 한국도로공사

1회 2회 3회

3상 동기 발전기의 여자전류 10[A]에 대한 단자전압이 $1000\sqrt{3}$ [V], 3상 단락전류는 50[A]이다. 이 때의 동기 임피던스는 몇 [Ω]인가?

① 5 ② 11 ③ 20 ④ 34

해설 **동기 임피던스**

$$Z_s = \frac{E}{I_s} = \frac{V}{\sqrt{3}I_s} = \frac{1000\sqrt{3}}{\sqrt{3}\times 50} = 20[\Omega]$$

답 ③

105 중요도 ★★★ / 한국남부발전, 한국동서발전

1회 2회 3회

8000[kVA], 6000[V]인 3상 교류 발전기의 % 동기 임피던스가 80[%]이다. 이 발전기의 동기 임피던스는 몇 [Ω]인가?

① 3.6 ② 3.2 ③ 3.0 ④ 2.4

해설 **% 동기 임피던스**

$\%Z_s = \frac{I_n Z_s}{E_p} \times 100[\%] = \frac{I_n}{I_s} \times 100[\%] = \frac{P_n Z_s}{10 V_n^{\ 2}}[\%]$ (여기서, P_n[kVA], V_n[kV])이므로

$\therefore\ Z_s = \frac{10 V_n^{\ 2} \% Z_s}{P} = \frac{10 \times 6^2 \times 80}{8000} = 3.6[\Omega]$

답 ①

106 중요도 ★★ / 지역난방공사

1회 2회 3회

다음 중 옳은 것은?

① 터빈 발전기의 %임피던스는 수차의 %임피던스보다 작다.
② 전기기계의 %임피던스가 크면 차단용량이 작아진다.
③ %임피던스는 %리액턴스보다 작다.
④ 직렬 리액터는 %임피던스를 작게 하는 작용이 있다.

해설 (1) $\%Z_s$가 작은 경우는 단락비가 큰 기계이다.
따라서, 터빈 발전기($K_s = 0.6 \sim 0.9$), 수차 발전기($K_s = 0.9 \sim 1.2$)이므로 터빈 발전기의 단락비가 수차 발전기의 단락비보다 작으므로 터빈 발전기의 $\%Z_s$가 수차의 $\%Z_s$보다 크다. 보기 ①

(2) 단락전류 $I_s = \frac{100}{\%Z_s} \times I_n$[A], 차단용량 $P_s = \frac{100}{\%Z_s} \times P_n$[A] ($P_s$: 차단용량, P_n : 정격용량)이므로 $\%Z_s$가 크면 차단용량 P_s는 작아진다. 보기 ②

(3) $Z_s = r_a + jx_s$이므로 $\%Z_s$는 $\%x_s$보다 크다. 보기 ③

(4) 직렬 리액터를 추가하면 $\%Z_s$는 크게 하는 작용을 한다. 보기 ④

답 ②

동기 발전기의 출력

107 중요도 ★★★ / 2024 한국서부발전

1회 2회 3회

비돌극형 동기 발전기 한 상의 단자 전압을 V, 유도 기전력을 E, 동기 리액턴스를 X_s, 부하각이 δ이고, 전기자 저항을 무시할 때 한 상의 최대 출력[W]은?

① $\frac{EV}{X_s}$　② $\frac{2EV}{X_s}$　③ $\frac{E^2 V}{X_s}$　④ $\frac{EV^2}{X_s}$

해설 비돌극형(원통형)인 경우 $P = \frac{EV}{X_s}\sin\delta$[W]

최대 출력은 90°에서 발생하므로, $P_{\max} = \frac{EV}{X_s}$[W]

답 ①

108 중요도 ★★★ / 한국중부발전

1회 2회 3회

동기 리액턴스, 유도 기전력, 단자 전압이 각각 $X_s=15[\Omega]$, $E=3000[V]$, $V=2000[V]$이고, 부하각 $\delta=60°$인 3상 동기 발전기의 1상의 출력[kW]은?

① $200\sqrt{3}$　② $300\sqrt{3}$　③ $400\sqrt{3}$
④ 200　⑤ 400

해설 1상 동기 발전기의 출력

$$P_1=\frac{EV}{X_s}\sin\delta=\frac{3000\times2000}{15}\sin60°=200\sqrt{3}\,[\mathrm{kW}]$$

답 ①

109 중요도 ★★★ / 대구교통공사

1회 2회 3회

동기 리액턴스 $x_s=10[\Omega]$, 전기자 권선 저항 $r_a=0.1[\Omega]$, 유도 기전력 $E=6400[V]$, 단자 전압 $V=4000[V]$, 부하각 $\delta=30°$이다. 3상 동기 발전기의 출력[kW]은?

① 1280　② 3840　③ 5560　④ 6650

해설 3상 동기 발전기의 출력

$$P_3=3\times\frac{EV}{x_s}\sin\delta=3\times\frac{6400\times4000}{10}\sin30°=3840000\,[\mathrm{W}]=3840\,[\mathrm{kW}]$$

답 ②

110 중요도 ★★★ / 2024 서울교통공사

1회 2회 3회

철극형 회전자를 가진 동기 발전기는 부하각 δ가 몇 도일 때 최대 출력을 낼 수 있는가?

① 0　② 30　③ 60
④ 90　⑤ 120

해설 비돌극기는 90°에서 최대 출력, 토크가 발생되지만, 돌극기는 0 ~ 90° 사이에서 발생되며 대체로 60° 부근에서 발생된다.

답 ③

111 중요도 ★★ / 서울교통공사

1회 2회 3회

인가 전압과 여자가 일정한 동기 전동기에서 전기자 저항과 동기 리액턴스가 같으면 최대 출력을 내는 부하각은 몇 도인가?

① 30° ② 45° ③ 60° ④ 90°

해설 부하각 $\delta = \tan^{-1}\dfrac{x_s}{r_a}$ 이므로 $\tan\delta = 1$일 때 최대가 되므로 $\delta = 45°$에서 최대가 발생한다.

답 ②

112 중요도 ★★ / 한국수력원자력

1회 2회 3회

돌극(凸極)형 동기 발전기의 특성이 아닌 것은?

① 리액션 토크가 존재한다.
② 최대 출력의 출력각이 90°이다.
③ 내부 유기 기전력과 관계없는 토크가 존재한다.
④ 직축 리액턴스 및 횡축 리액턴스의 값이 다르다.

해설 (1) 돌극형 동기 발전기의 출력

$$P = \frac{EV}{x_d}\sin\delta + \frac{V^2(x_d - x_q)}{2x_d x_q}\sin 2\delta[\mathrm{W}]$$

(2) 돌극형 기기의 토크

$$T = \frac{EV}{\omega x_d}\sin\delta + \frac{V^2(x_d - x_q)}{2\omega x_d x_q}\sin 2\delta[\mathrm{N \cdot m}]$$

① 전항$\left(\dfrac{EV}{\omega x_d}\sin\delta\right)$: 마그네틱 토크(= 리액션 토크) 보기 ①

② 후항$\left(\dfrac{V^2(x_d - x_q)}{2\omega x_d x_q}\sin 2\delta\right)$: 릴럭턴스 토크

③ 릴럭턴스 토크 : d축(직축)과 q축(횡축)의 릴럭턴스 차이에 의해 발생하는 토크로, 계자전류가 0이라도 발생하는 토크, 즉 내부 유도 기전력에 관계없이 발생하는 토크 보기 ③, ④

④ 돌극형 기기의 최대 출력은 0 ~ 90° 사이에서 발생되며 대체로 60° 부근에서 발생된다. 보기 ②

답 ②

단락전류

113 중요도 ★★★ / 한국중부발전 1회 2회 3회

다음 중 단락전류에 대한 내용으로 옳지 않은 것은?

① 단락전류 $I_s = \dfrac{E}{x_s}$이다(x_s : 동기 리액턴스).
② 처음은 작은 전류이나 점차 증가한다.
③ 누설 리액턴스는 돌발 단락전류를 제한한다.
④ 동기 리액턴스는 지속 단락전류를 제한한다.

해설 **단락전류**

(1) 돌발 단락전류(sudden short circuit current)
누설 리액턴스 x_l로 제한되며 대단히 큰 전류 보기 ③

$$I_s = \frac{E}{x_l}[\text{A}] \ (2\sim3 \ \text{ycle})$$

(2) 지속 단락전류(sustained short circuit current)
전기자 반작용 리액턴스 x_a가 증가하여 정격전류의 1~2배 정도 된다.

$$I_s = \frac{E}{x_a + x_l} = \frac{E}{x_s} \fallingdotseq \frac{E}{Z_s}$$ 보기 ①, ④

(3) 단락전류는 처음에는 큰 전류이나 점차 감소한다. 보기 ②

답 ②

단락비

114 중요도 ★★★ / 한국중부발전 1회 2회 3회

다음은 동기 발전기의 단락비를 계산하는 데 필요한 곡선이다. 어떤 시험을 한 것인가?

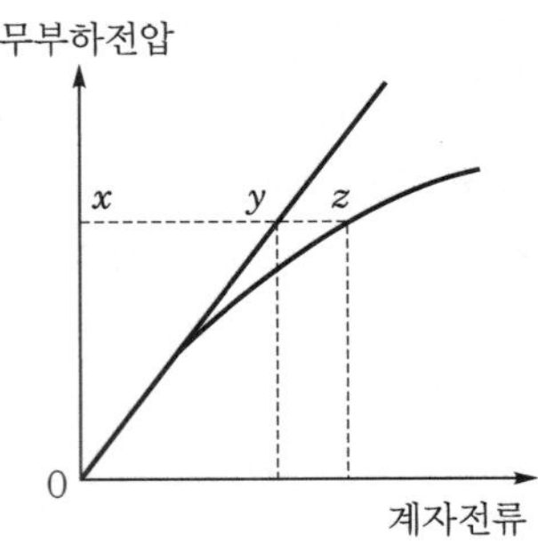

① 동기화 시험, 3상 단락 시험
② 부하 포화 시험, 동기화 시험
③ 무부하 포화 시험, 3상 단락 시험
④ 전기자 반작용 시험, 3상 단락 시험

해설 (1) 단락비 : 무부하 포화 곡선, 3상 단락 곡선
(2) 포화율 : 공극선, 무부하 포화 곡선
(3) 3상 단락 곡선이 직선인 이유 : 전기자 반작용(감자 작용)

답 ③

115 중요도 ★★★ / 한국수력원자력

1회 2회 3회

3상 교류 동기 발전기를 정격 속도로 운전하고 무부하 정격 전압을 유기하는 계자 전류를 i_1, 3상 단락에 의하여 정격 전류 I를 흘리는 데 필요한 계자 전류를 i_2라 할 때 단락비는?

① $\dfrac{I}{i_1}$　② $\dfrac{i_2}{i_1}$　③ $\dfrac{I}{i_2}$　④ $\dfrac{i_1}{i_2}$

해설 **단락비(K_s)**

무부하(개방) 시 정격 전압이 될 때까지의 필요한 계자 전류(i_1)와 3상을 단락하고 정격 전류가 흐를 때까지 필요한 계자 전류(i_2)의 비

$$K_s = \frac{i_1}{i_2} = \frac{I_s}{I_n} = \frac{100}{\%Z_s} = \frac{1}{Z_{s,pu}} = \frac{10^3 V^2}{P_n Z_s}$$

답 ④

116 중요도 ★★★ / 2024 한국수자원공사

1회 2회 3회

동기 임피던스 매상 3[Ω]일 때, 3상 동기 발전기 단락비는? (단, 정격 출력 10000[kVA]이고 정격 전압은 6000[V]이다.)

① 1.2　② 1.3　③ 1.4　④ 1.5

해설 단락 전류 $I_s = \dfrac{E}{\sqrt{3}\,Z_s} = \dfrac{6000}{\sqrt{3}\times 3} = \dfrac{2000}{\sqrt{3}}$ [A]

정격 전류 $I_n = \dfrac{P}{\sqrt{3}\,V} = \dfrac{10000\times 10^3}{\sqrt{3}\times 6000} = \dfrac{10000}{6\sqrt{3}}$ [A]

단락비 $K_s = \dfrac{I_s}{I_n} = \dfrac{\frac{2000}{\sqrt{3}}}{\frac{10000}{6\sqrt{3}}} = \dfrac{12000}{10000} = 1.2$

[별해] 단락비 $K_s = \dfrac{i_1}{i_2} = \dfrac{I_s}{I_n} = \dfrac{100}{\%Z_s} = \dfrac{1}{Z_{s,pu}} = \dfrac{10^3 V^2}{P_n Z_s}$

$= \dfrac{10^3 V^2}{P_n Z_s} = \dfrac{10^3 \times 6^2}{10000\times 3} = \dfrac{120}{100} = 1.2$

답 ①

117 중요도 ★★★ / 2024 한국남동발전

1회 2회 3회

25[MVA], 8[kV], 60[Hz], 24극, 단락비 0.8인 3상 동기 발전기의 동기 임피던스[Ω]는?

① 3.2 ② 3.5 ③ 3.8 ④ 4.1

해설

단락비 $K_s = \frac{i_1}{i_2} = \frac{I_s}{I_n} = \frac{100}{\%Z_s} = \frac{1}{Z_{s,pu}} = \frac{10^3 V^2}{P_n Z_s}$

$K_s = \frac{10^3 V^2}{P_n Z_s}$ 에서 $Z_s = \frac{10^3 V^2}{P_n K_s}$ 이다.

$\therefore\ Z_s = \frac{10^3 V^2}{P_n K_s} = \frac{10^3 \times 8^2}{0.8 \times 25000} = 3.2[\Omega]$

답 ①

118 중요도 ★★★ / 한국수력원자력

1회 2회 3회

정격 용량 12000[kVA], 정격 전압 6600[V]의 3상 교류 발전기가 있다. 무부하 곡선에서의 정격 전압에 대한 계자 전류는 280[A], 3상 단락 곡선에서의 계자 전류 280[A]에서의 단락 전류는 920[A]이다. 이 발전기의 단락비와 동기 임피던스[Ω]는 얼마인가?

① 단락비＝1.14, 동기 임피던스＝7.17[Ω]
② 단락비＝0.877, 동기 임피던스＝7.17[Ω]
③ 단락비＝1.14, 동기 임피던스＝4.14[Ω]
④ 단락비＝0.877, 동기 임피던스＝4.14[Ω]

해설

정격 전류 $I_n = \frac{P[\text{kVA}] \times 10^3}{\sqrt{3}\, V_n} = \frac{12000 \times 10^3}{\sqrt{3} \times 6600} = 1049.8[\text{A}]$

단락 전류 $I_s = \frac{E}{Z_s} = \frac{V}{\sqrt{3}\, Z_s}$ 에서 $Z_s = \frac{V}{\sqrt{3}\, I_s} = \frac{6600}{\sqrt{3} \times 920} = 4.142[\text{A}]$

$\%Z_s = \frac{P_n Z_s}{10\, V^2} = \frac{12000 \times 4.14}{10 \times 6.6^2} = 114[\%]$

단락비 $K_s = \frac{100}{\%Z_s} = \frac{100}{114} = 0.877$

답 ④

단락비가 큰 기계(철기계)

119 중요도 ★★★ / 한전 KPS

1회 2회 3회

다음 중 단락비가 큰 발전기의 특징으로 옳은 것은?

① 손실이 작고 효율이 높아진다.
② 전기자 반작용이 크다.
③ 과부하 내량이 크다.
④ 전압 변동이 크고 안정도가 낮다.
⑤ 고속기가 된다.

해설 **단락비가 큰 기계(철기계)**

(1) 장점

① 동기 임피던스(Z_s)가 작다. ($Z_s = r_a + jx_s (x_s = x_l + x_a)$)

② 전압 변동률(ε)이 작다. ($\varepsilon \propto Z_s$) 보기 ④

③ 전기자 반작용이 작다. (전기자 권선↓ → 전기자 자속↓) 보기 ②

④ 출력 증대$\left(P = \dfrac{EV}{Z_s} \sin\delta\right)$

⑤ 과부하 내량이 크고, 안정도가 높다. 보기 ③, ④

⑥ 충전용량이 크므로 자기 여자현상이 작다.

(2) 단점

① 단락 전류가 크다.

② 철의 양 증가 → 철손 증가 → 효율 감소 보기 ①

③ 발전기 구조가 크다(기계 치수 증가). → 가격이 고가

④ 계자 기자력이 크다. → 공극이 크다.

답 ③

120 중요도 ★★★ / 2024 서울교통공사

1회 2회 3회

단락비에 대한 설명으로 빈칸을 채우시오.

단락비가 증가 시 임피던스가 (㉠)하고 전압 변동률은 (㉡)하며, 안정성은 (㉢)한다.

① 감소, 감소, 증가
② 감소, 감소, 감소
③ 증가, 감소, 증가
④ 증가, 감소, 감소
⑤ 증가, 증가, 증가

해설 **단락비가 큰 기계(철기계)**

(1) 증가 항목 : 송전용량, 충전용량, 안정도, 단락전류, 손실(철손, 기계손), 기계 치수

(2) 감소 항목 : 효율, 동기 임피던스, 전압 변동률, 전기자 반작용

답 ①

121 중요도 ★★★ / 서울교통공사, 한국서부발전

1회 2회 3회

동기 발전기의 단락비는 기계의 특성을 단적으로 잘 나타내는 수치로서, 동일 정격에 대하여 단락비가 큰 기계는 다음과 같은 특성을 가진다. 옳지 않은 것은?

① 과부하 내량이 크고, 안정도가 좋다.
② 동기 임피던스가 작아져 전압 변동률이 좋으며, 송전선 충전용량이 크다.
③ 기계의 형태, 중량이 커지며, 철손, 기계 철손이 증가하고 가격도 비싸다.
④ 극수가 적은 고속기가 된다.

해설 **단락비가 큰 기계(철기계)**

(1) 장점

① 동기 임피던스(Z_s)가 작다. ($Z_s = r_a + jx_s(x_s = x_l + x_a)$) 보기 ②

② 전압 변동률(ε)이 작다. ($\varepsilon \propto Z_s$) 보기 ③

③ 전기자 반작용이 작다. (전기자 권선 ↓ → 전기자 자속↓)

④ 출력 증대$\left(P = \dfrac{EV}{Z_s}\sin\delta\right)$

⑤ 과부하 내량이 크고, 안정도가 높다. 보기 ①

⑥ 충전용량이 크므로 자기 여자현상이 작다. 보기 ②

(2) 단점

① 단락전류가 크다.

② 철의 양 증가 → 철손 증가 → 효율 감소 보기 ③

③ 발전기 구조가 큼(기계 치수 증가) → 가격이 고가 보기 ③

④ 계자 기자력이 크다. → 공극이 크다.

답 ④

동기 발전기의 병렬 운전

122 중요도 ★★★ / 한국서부발전, 한국중부발전, 한국수력원자력, 부산교통공사 1회 2회 3회

3상 동기 발전기를 병렬 운전시키는 경우 고려하지 않아도 되는 조건은?

① 발생 전압이 같을 것
② 전압 파형이 같을 것
③ 회전수가 같을 것
④ 상회전이 같을 것

해설 **동기 발전기 병렬 운전의 조건**

(1) 기전력 크기 일치할 것 → 불일치 시 : 무효 순환전류 발생, 손실 증가, 온도 상승

(2) 기전력 위상 일치할 것 → 불일치 시 : 동기화 전류 발생

(3) 기전력 주파수 일치할 것 → 불일치 시 : 유효 순환전류 발생, 난조 발생

(4) 기전력 파형 일치할 것 → 불일치 시 : 고조파 무효 순환전류 발생, 동손 증가

(5) 기전력 상회전 방향 일치할 것

답 ③

123 중요도 ★★★ / 한국수력원자력 1회 2회 3회

동기 발전기의 병렬 운전 중 계자를 변화시키면 어떻게 되는가?

① 무효 순환 전류가 흐른다.
② 주파수 위상이 변한다.
③ 유효 순환 전류가 흐른다.
④ 속도 조정률이 변한다.

해설 **기전력의 크기가 다른 경우**

한쪽 발전기의 여자 전류가 변화하면 무효 순환 전류가 발생하며, 여자 전류가 증가한 발전기에는 기전력이 증가하고 무효분이 증가함에 따라 역률이 지상으로 작아진다.

답 ①

124 중요도 ★★★ / 한국수력원자력

1회 2회 3회

병렬 운전 중의 A, B 두 발전기 중에서 A발전기의 여자를 B기보다 강하게 하면 A발전기는?

① 90° 진상 전류가 흐른다.
② 90° 지상 전류가 흐른다.
③ 동기화 전류가 흐른다.
④ 부하 전류가 증가한다.

해설 **병렬 운전하는 동기 발전기 A, B에서**

(1) A발전기의 계자 전류를 증가시키면 A발전기의 유도 기전력이 증가하며 B발전기쪽으로 순환 전류가 흐른다.

(2) A발전기의 계자 전류가 증가하므로 자속 ϕ가 증가하며 이에 따라 A발전기는 지상 역률이 되며, B발전기는 상대적으로 진상 역률이 된다.

답 ②

125 중요도 ★★★ / 한국동서발전

1회 2회 3회

동기 발전기의 병렬 운전 중 유효 순환전류가 흐르는 경우는?

① 기전력의 크기가 다른 경우
② 기전력의 파형이 다른 경우
③ 기전력의 위상이 다른 경우
④ 기전력의 주파수가 다른 경우

해설 (1) 동기 발전기 병렬 운전 조건

기전력의 크기가 같을 것	무효 순환전류(무효 횡류)
기전력의 위상이 같을 것	동기화 전류(유효 횡류)
기전력의 주파수가 같을 것	난조 발생
기전력의 파형이 같을 것	고주파 무효 순환전류

(2) 기전력의 위상이 다른 경우에는 위상차를 처음 상태로 돌리려고 작용하는 유효 전류로 동기화 전류가 흐르며, 발전기의 온도 상승을 초래한다. 이때, 원동기의 출력을 조절하면 위상이 앞선 발전기에서 위상이 뒤진 발전기측으로 동기 화력을 발생시켜 위상을 맞춘다.

답 ③

126 중요도 ★★★ / 부산교통공사, 대구교통공사 1회 2회 3회

동기 발전기의 병렬 운전 중 기전력의 파형이 다르면 발생되는 것은?

① 무효 횡류가 흐른다.
② 고조파의 무효 횡류가 생긴다.
③ 유효 횡류가 흐른다.
④ 출력이 요동하고 권선이 가열된다.

해설 동기 발전기의 병렬 운전 중 전압의 파형이 상이(고조파 유입)하면 두 발전기의 순시값이 같지 않아 고조파(무효) 순환전류가 발생하여 발전기 과열의 원인이 된다.

답 ②

127 중요도 ★★ / 한국동서발전, 대구교통공사 1회 2회 3회

2000[V], 1000[kVA], 동기 임피던스 10[Ω]인 동일 정격의 두 동기 발전기를 병렬 운전하던 중 한쪽 발전기의 여자 전류가 증가하여 두 발전기의 유도 기전력 사이에 400[V]의 전압차가 발생하였다. 이때, 두 발전기 사이에 흐르는 무효 순환 전류[A]는?

① 2
② 20
③ 40
④ 80
⑤ 100

해설 무효 순환 전류 $I_c = \dfrac{E_1 - E_2}{2Z_s}$ 이므로 $I_c = \dfrac{400}{2 \times 10} = 20[\mathrm{A}]$

답 ②

128 중요도 ★★ / 국가철도공단, 한국가스공사 1회 2회 3회

2대의 3상 동기 발전기를 무부하로 병렬 운전할 때 대응하는 기전력 사이에 30°의 위상차가 있다면 한쪽 발전기에서 다른 쪽 발전기에 공급되는 전력은 1상당 몇 [kW]인가? (단, 발전기의 1상 기전력은 2000[V], 동기 리액턴스는 10[Ω], 전기자 저항은 무시한다.)

① 50
② 100
③ 200
④ 300

해설 수수전력 $P_s = E_0 I_c \cos\dfrac{\delta_s}{2} = E_0\left(\dfrac{2E_0}{2Z_s}\sin\dfrac{\delta_s}{2}\right)\cos\dfrac{\delta_s}{2} = \dfrac{2{E_0}^2}{2Z_s}\left(2\sin\dfrac{\delta_s}{2}\cos\dfrac{\delta_s}{2}\right) \times \dfrac{1}{2} = \dfrac{{E_0}^2}{2Z_s}\sin\delta_s[\mathrm{W}]$

$P_s = \dfrac{{E_0}^2}{2Z_s}\sin\delta_s = \dfrac{2000^2}{2 \times 10}\sin 30° = 100000[\mathrm{W}] = 100[\mathrm{kW}]$

답 ②

자기여자현상

129 중요도 ★★★ / 한국남부발전

1회 2회 3회

3상 동기 발전기의 자기여자작용에 대한 설명으로 옳지 않은 것은?

① 단락비가 작으면 자기여자작용이 방지된다.
② 커패시터가 부하로 접속되어 있을 때 발생한다.
③ 증자작용이 일어난다.
④ 2대 이상의 동기 발전기를 병렬운전하면 자기여자작용이 방지된다.

해설 (1) 자기여자현상
① 무여자 상태의 동기 발전기에 용량성 부하(콘덴서)를 접속했을 때 진상 전류가 전기자 권선에 흘러 유기 기전력이 유기되어 발전기의 단자전압이 상승하는 현상 [보기 ②]
② 증자작용(C 작용) [보기 ③]
(2) 방지책
① 2대 이상의 동기 발전기를 모선에 연결 – I_c 분배 [보기 ④]
② 수전단에 병렬로 리액터(L) 연결 – 진상 전류 억제
③ 수전단에 여러 대의 변압기(L)를 병렬 연결
④ 동기 조상기를 연결하여 부족여자로 운전 – 리액터 기능
⑤ 단락비가 클 것 [보기 ①]

답 ①

130 중요도 ★★★ / 2024 한국남동발전

1회 2회 3회

다음 중 자기여자를 방지하기 위한 충전용 발전기의 조건으로 가장 적절한 것은?

① 자동 역률조정을 한다.
② SVC를 사용한다.
③ 전용으로 공급한다.
④ 발전기 용량은 선로의 충전용량보다 커야 한다.

해설 자기여자현상은 무여자 시 선로의 충전전류(진상 전류)에 의해 작용하므로, 발전기 용량이 충전용량보다 크면 자기여자현상이 발생되지 않는다.

답 ④

동기기의 난조

131 중요도 ★★★ / 2024 서울교통공사

1회 2회 3회

동기 전동기의 부하각이 변동되었을 때, 진동 에너지를 열로 소비하여 진동을 방지하는 것이 무엇을 방지하는 건가?

① 난조 ② 동손 ③ 공극
④ 철손 ⑤ 댐핑

해설 (1) 동기기의 난조
① 부하가 급변하면 속도가 변하고, 부하각이 변하여 회전자의 관성으로 부하각이 진동하여 속도가 동기 속도 전후로 진동하는 현상(난조가 심하면 동기 속도를 벗어나 탈조(동기 이탈)가 됨)
② 원인 : 부하 급변 시, 전기자 저항이 너무 클 때, 조속기의 감도가 너무 예민할 때
③ 방지책 : 제동권선 설치, 플라이휠 설치(관성 모멘트 크게), 조속기 감도 조절
(2) 제동권선
자극면에 홈을 파고 농형 권선을 설치하여 속도가 변화할 때, 자속을 끊어 제동력을 발생시킨다.

답 ①

132 중요도 ★★★ / 2024 한국전력거래소

1회 2회 3회

제동권선 사용 이유가 아닌 것은?

① 난조 방지 ② 기동토크 발생
③ 저항시간 단축 ④ 불평형 시 전압·전류 파형 개선

해설 (1) 동기기의 난조
① 부하가 급변하면 속도가 변하고, 부하각이 변하여 회전자의 관성으로 부하각이 진동하여 속도가 동기 속도 전후로 진동하는 현상(난조가 심하면 동기 속도를 벗어나 탈조(동기 이탈)가 됨)
② 원인 : 부하 급변 시, 전기자 저항이 너무 클 때, 조속기의 감도가 너무 예민할 때
③ 방지책 : 제동권선 설치, 플라이휠 설치(관성 모멘트 크게), 조속기 감도 조절
(2) 제동권선
자극면에 홈을 파고 농형 권선을 설치하여 속도가 변화할 때, 자속을 끊어 제동력을 발생시킨다.
(3) 제동권선의 효능
① 난조 방지 보기 ①
② 기동토크 발생 보기 ②
③ 불평형 전압·전류의 파형 개선 보기 ④
④ 이상전압 발생 억제

답 ③

안정도 향상 대책

133 중요도 ★★ / 지역난방공사 1회 2회 3회

다음 중 동기기가 어떤 부하로 운전되고 있을 때, 과도현상이 발생한 경우 과도상태가 경과한 후에 더욱 안정된 운전을 계속할 수 있는 정도를 의미하는 것은?

① 선택도 ② 침입도 ③ 정태안정도
④ 동태안정도 ⑤ 과도안정도

해설 **안정도**
부하 변동 시 탈조(동기속도 이탈)하지 않고 정상운전을 지속할 수 있는 능력
(1) 정태안정도
여자가 일정한 상태에서 부하가 서서히 증가하여 탈조가 없는 어느 범위까지 안정하게 운전할 수 있는가의 정도
(2) 동태안정도
발전기 송전선 접속, 자동전압 조정기로 여자전류 제어, 발전기 단자전압이 어느 정도 정전압으로 일정하게 운전되는가의 정도
(3) 과도안정도
부하 급변, 선로의 개폐, 접지, 단락 등의 사고로 운전상태가 급변 시 계통이 어느 정도 안정을 유지하는가의 정도

답 ⑤

134 중요도 ★★★ / 한국서부발전, 한국수력원자력, 지역난방공사, 국가철도공단 1회 2회 3회

동기 발전기의 안정도를 증진시키기 위하여 설계상 고려할 점으로서 틀린 것은?

① 자동 전압 조정기의 속응도를 크게 한다.
② 정상 과도 리액턴스 및 단락비를 작게 한다.
③ 회전자의 관성력을 크게 한다.
④ 영상 및 역상 임피던스를 크게 한다.

해설 **안정도 향상 대책**
(1) 단락비를 크게 할 것 – 과부하 내량이 큼
(2) 동기 임피던스(리액턴스) 작게 할 것 – 정상 리액턴스는 작고, 역상 및 영상 리액턴스는 클 것 보기 ②, ④
(3) 회전자의 관성을 크게 할 것 – 플라이 휠 설치 보기 ③
(4) 조속기 동작이 신속할 것
(5) 속응여자 방식(여자기의 전압을 높이고, 전압 상승률을 높인 것)을 채용 보기 ①

답 ②

135 중요도 ★★ / 한국수력원자력

1회 2회 3회

3상 교류 발전기의 손실은 단자 전압 및 역률이 일정하면 $P=P_0+\alpha I+\beta I^2$으로 된다. 부하 전류 I가 어떤 값일 때 발전기 효율이 최대가 되는가? (단, P_0는 무부하손이며, α, β는 계수이다.)

① $I=\sqrt{\dfrac{P_0}{\beta}}$ ② $I=\dfrac{\alpha}{\beta}$ ③ $I=\dfrac{P_0}{2\alpha}$ ④ $I=\dfrac{P_0}{2\beta}$

해설 αI는 부하 전류에 의한 누설 자속 때문에 생기는 와전류손, 즉 표유 부하손으로 직접 측정할 수 없는 손실이다. 전기 기기에서는 무부하손 P_0와 βI^2이 같을 때, 즉 $\beta I^2=P_0$일 때 최대 효율이 된다.

$\therefore\ I=\sqrt{\dfrac{P_0}{\beta}}$

답 ①

136 중요도 ★★ / 한국가스공사

1회 2회 3회

450[kVA], 역률 0.85, 효율 0.9되는 동기 발전기 운전용 원동기의 입력[kW]은? (단, 원동기의 효율은 0.85이다.)

① 450 ② 500 ③ 550 ④ 600

해설 발전기의 입력 $P_G=\dfrac{450\times0.85}{0.9}=425[\text{kW}]$

발전기의 입력 = 원동기의 출력이므로 원동기의 효율을 0.85로 하면 원동기의 입력은 다음과 같다.

$P=\dfrac{P_G}{0.85}=\dfrac{425}{0.85}=500[\text{kW}]$

답 ②

137 중요도 ★★ / 한국남부발전

1회 2회 3회

영월 제1발전소의 터빈 발전기의 출력은 1350[kVA]의 2극, 3600[rpm], 11[kV]로 되어 있다. 역률 80[%]에서 전부하 효율이 96[%]라 하면 이때의 손실은 약 몇 [kW]인가?

① 36.6 ② 45 ③ 56.6 ④ 65

해설 출력 $P=1350\times0.8=1080[\text{kW}]$

효율 $\eta=\dfrac{출력}{출력+손실}=\dfrac{P}{P+P_l}$ 이므로 $0.96=\dfrac{1080}{1080+P_l}$

$\therefore\ P_l=\dfrac{1080}{0.96}-1080=45[\text{kW}]$

답 ②

동기 전동기의 특징

138 중요도 ★★ / 한국서부발전, 한국중부발전 1회 2회 3회

다음 중 동기 전동기에 대한 내용으로 옳은 것은?

① 기동이 쉽다.
② 난조가 발생하지 않는다.
③ 속도를 조정할 수 있다.
④ 유도 전동기에 비해 전부하 효율이 양호하다.

해설 **동기 전동기의 특징**

(1) 장점
① 속도가 일정하다. 보기 ③
② 항상 역률 1로 운전할 수 있다.
③ 유도 전동기에 비하여 효율이 좋다. 보기 ④
④ 공극이 넓으므로, 기계적으로 튼튼하다.

(2) 단점
① 기동 토크가 작아 별도의 기동 장치가 필요하다. 보기 ①
② 여자 전류를 흘려주기 위한 직류 전원이 필요하다.
③ 난조가 일어나기 쉽다. 보기 ②
④ 값이 비싸다.

답 ④

139 중요도 ★★ / 한국수력원자력 1회 2회 3회

동기 전동기는 유도 전동기에 비하여 어떤 장점이 있는가?

① 기동 특성이 양호하다.
② 전부하 효율이 양호하다.
③ 속도를 자유롭게 제어할 수 있다.
④ 구조가 간단하다.

해설 (1) 동기 전동기의 회전자계 n, s가 시계방향으로 동기속도와 같이 회전해도 회전자에 주는 토크는 반회전할 때마다 같은 크기로 반대방향이 되므로 평균 토크는 영(0)이다. 따라서, 회전자는 n, s를 따라 회전하지 못한다. 즉, 동기 전동기의 기동토크는 영(0)이다.
(2) 동기 전동기는 동기속도로 회전속도가 일정하여 정속도 운전을 하며, 속도제어가 곤란하다.
(3) 동기 전동기는 여자기(직류 전원 공급), 회전자에 브러시를 연결하므로 구조가 복잡하고 가격이 고가이다.

답 ②

140 중요도 ★★ / LH공사, 한국동서발전, 한국중부발전 1회 2회 3회

유도 전동기로 동기 전동기를 기동하는 경우, 유도 전동기의 극수는 동기기의 그것보다 2극 적은 것을 사용한다. 옳은 이유는? (단, s는 슬립이다.)

① 같은 극수로는 유도기는 동기 속도보다 sN_s만큼 늦으므로
② 같은 극수로는 유도기는 동기 속도보다 $(1-s)$만큼 늦으므로
③ 같은 극수로는 유도기는 동기 속도보다 s만큼 빠르므로
④ 같은 극수로는 유도기는 동기 속도보다 $(1-s)$만큼 빠르므로

해설 **동기 전동기의 기동법**(동기 전동기는 기동 토크가 없으므로 기동 토크 발생장치가 필요)

(1) 자기 기동법 : 제동 권선에 의한 기동 토크 이용
① 유도 전동기의 2차 권선으로서 기동 토크를 발생
② 기동 시 회전 자속에 의하여 계자 권선 안에 고압이 유도되어 절연을 파괴할 염려(계자 권선 분할을 통한 개로, 저항을 통해 단락시킴)

(2) 기동 전동기법 : 기동용 전동기에 의해 기동
① 기동용 전동기 : 유도 전동기, 유도 동기 전동기, 직류 전동기
② 유도 전동기 사용 시 속도가 동기 전동기의 속도(= 동기 속도)보다 sN_s만큼 느리므로, 2극만큼 적은 것 사용

(3) 저주파 동기법 : 주파수 변환
원동기에 연결되어 구동되는 2대의 동기 전동기 중 한쪽을 발전기로 사용하여 저주파로 운전 시작

(4) 사이리스터 변환 장치에 의한 기동법
사이리스터 변환 장치에 의해 저주파로 시동하고, 점차 주파수를 올려 운전 주파수까지 올라간 후 동기시키는 방식

답 ①

위상 특성 곡선(V곡선)

141 중요도 ★★★ / LH공사, 한국수력원자력 1회 2회 3회

동기 전동기의 위상 특성이란? (단, P를 출력, I_f를 계자 전류, I를 전기자 전류, $\cos\theta$를 역률이라 한다.)

① $I_f - I$ 곡선, $\cos\theta$는 일정
② $P - I$ 곡선, I_f는 일정
③ $P - I_f$ 곡선, I는 일정
④ $I_f - I$ 곡선, P는 일정

해설 **동기 전동기의 위상 특성 곡선(V곡선)**
공급 전압 V와 부하 P를 일정하게 하고 전기자 전류 I_a와 계자 전류 I_f와의 관계를 나타낸 곡선이다.

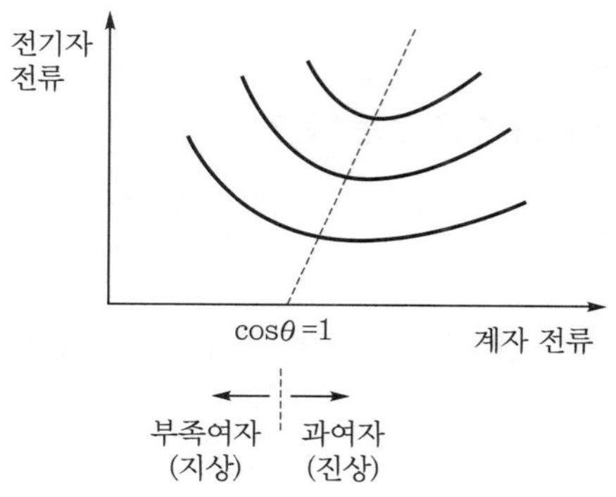

(1) 과여자

여자 전류(계자 전류)의 증가 → 앞선 역률 → 진상 무효 전류 → 용량성 부하 → 콘덴서 작용

(2) 부족여자

여자 전류(계자 전류)의 감소 → 뒤진 역률 → 지상 무효 전류 → 유도성 부하 → 리액터 작용

① 여자 전류의 변화 : 전기자 전류, 역률, 부하각 변화

② 역률이 1인 경우 전기자 전류는 최소

③ 그래프가 위로 올라갈수록 출력 증가($P_1 > P_2 > P_3$)

답 ④

142 중요도 ★★★ / 한국남동발전, 국가철도공단

1회 2회 3회

전압이 일정한 도선에 접속되어 역률 1로 운전하고 있는 동기 전동기의 여자 전류를 증가시키면 이 전동기의 역률과 전기자 전류는?

① 역률은 앞서고 전기자 전류는 증가한다. ② 역률은 앞서고 전기자 전류는 감소한다.
③ 역률은 뒤지고 전기자 전류는 증가한다. ④ 역률은 뒤지고 전기자 전류는 감소한다.

해설 여자 전류를 증가시키면 과여자가 되어 앞선 전류가 흐르며, 전기자 전류는 증가한다.

답 ①

143 중요도 ★★★ / 한국수력원자력

1회 2회 3회

동기 전동기의 전기자 전류가 최소일 때 역률은?

① 0 ② 0.707 ③ 0.866 ④ 1

해설 **위상 특성 곡선(V곡선)**

(1) 부하와 공급 전압을 일정하게 유지하고, 여자를 조정하여 변화 상태를 나타낸 곡선($I_a - I_f$ 관계 곡선)

(2) 역률이 1인 경우 전기자 전류는 최소이다.

답 ④

144 중요도 ★★ / 한국남부발전 | 1회 | 2회 | 3회

다음 전동기 중 역률이 가장 좋은 전동기는?

① 3상 동기 전동기
② 농형 유도 전동기
③ 권선형 유도 전동기
④ 반발 기동 단상 유도 전동기

해설 동기 전동기는 위상 특성 곡선(V곡선)을 통해 계자 전류를 조정하여 역률을 1로 할 수 있다.

답 ①

145 중요도 ★★ / 한전 KPS | 1회 | 2회 | 3회

다음 중 동기 조상기에 대한 설명으로 옳지 않은 것은?

① 시송전이 가능하다.
② 부족 여자 운전 시 콘덴서, 과여자 운전 시 리액터 작용을 한다.
③ 진상 공급이 가능하다.
④ 지상 공급이 가능하다.
⑤ 연속적인 제어가 가능하다.

해설 **동기 조상기(synchronous phase modifier)**

(1) 위상 특성 곡선(V곡선)을 이용하여 역률을 임의로 조정하고, 진상 및 지상 전류를 흘릴 수 있다.
(2) 무부하 운전의 동기 전동기를 송전선의 수전단에 접속하여 여자 전류를 조정하면, 송전선 계통의 전류의 위상과 크기가 변화하여 계통 전압을 조정할 수 있어서 정전압 송전이 된다.
① 과여자 : 진상 전류(콘덴서 작용) → 역률 개선(뒤진 전류 보상)
② 부족여자 : 지상 전류(리액터 작용) → 전압 조정(앞선 전류 보상)

답 ②

04 변압기

변압기의 구조

146 중요도 ★ / 한국남부발전, 한국중부발전, 서울교통공사 | 1회 | 2회 | 3회

다음 중 변압기 철심의 구비조건으로 옳은 것은?

① 투자율이 작아야 한다.
② 히스테리시스계수가 커야 한다.
③ 전기저항이 커야 한다.
④ 와류손 감소를 위해 단면적이 큰 철심을 사용한다.

해설 **철심의 구비조건**

(1) 투자율이 클 것 [보기 ①]
(2) 저항률(고유저항)이 클 것 [보기 ③]
(3) 히스테리시스손, 와전류손이 작을 것(규소 강판 성층) [보기 ②, ④]

답 ③

147 중요도 ★ / 한국동서발전, 한국서부발전 1회 2회 3회

전기기기의 자심재료의 구비조건에 옳지 않은 것은?

① 보자력 및 잔류자기가 클 것
② 투자율이 클 것
③ 포화자속밀도가 클 것
④ 고유저항이 클 것

해설 (1) 철심의 구비조건

① 투자율이 클 것 [보기 ②]
② 저항률(고유저항)이 클 것 [보기 ④]
③ 히스테리시스손, 와전류손이 작을 것(규소 강판 성층)

(2) 보자력, 잔류자기가 크면 히스테리시스 루프의 면적이 커지므로 히스테리시스 손실이 커진다. 또한, 잔류자기가 작게 되면 포화자속밀도가 작아지므로 철심이 빨리 자기포화된다. 따라서, 잔류자기는 크게 하고 보자력은 작게 할 것 [보기 ①, ③]

답 ①

148 중요도 ★★★ / 지역난방공사, 서울교통공사 1회 2회 3회

변압기유로 쓰이는 절연유에 요구되는 특성이 아닌 것은?

① 절연 내력이 클 것
② 점도가 클 것
③ 인화점이 높을 것
④ 비열이 커서 냉각효과가 클 것

해설 **변압기 절연유의 구비조건**

(1) 절연저항 및 절연내력이 클 것 [보기 ①]
(2) 절연재료 및 금속에 화학작용을 일으키지 않을 것
(3) 인화점이 높고, 응고점이 낮을 것 [보기 ③]
(4) 점도가 낮을 것(유동성이 풍부할 것) [보기 ②]
(5) 비열이 커서 냉각효과가 클 것 [보기 ④]
(6) 고온에서도 석출물이 생기거나 산화하지 않을 것
(7) 열전도율이 클 것
(8) 팽창계수가 작고 증발로 인한 감소량이 적을 것

답 ②

149 중요도 ★★ / 한국수력원자력

1회 2회 3회

변압기에 콘서베이터(conservator)를 설치하는 목적은?

① 열화 방지 ② 통풍 장치 ③ 코로나 방지 ④ 강제 순환

해설 (1) 변압기 절연유의 열화

변압기 호흡작용(변압기 내의 온도 변환에 따른 절연유의 수축·팽창으로 공기의 침입이 발생하여 절연유와 공기가 화학반응하는 것)으로 인해 절연유의 절연내력 저하, 산가 증가, 점도 저하, 인화점 감소 등 냉각효과가 저하되고 침전물이 발생하는 현상

(2) 열화 방지대책

① 개방형 콘서베이터 설치(질소 봉입 방식)

② 흡습 호흡기(브리더) 설치 – 실리카겔(흡습제) 사용

③ 밀폐식(진공 처리)

답 ①

150 중요도 ★ / 대구교통공사

1회 2회 3회

변압기의 기름 중 아크 방전에 의하여 생기는 가스 중 가장 많이 발생하는 가스는?

① 수소 ② 일산화탄소 ③ 아세틸렌 ④ 산소

해설 변압기 내부 이상 시 발생 가스 중 아크 방전에 의한 가스는 H_2(수소), CH_4(메탄), C_2H_2(아세틸렌), C_2H_4(에틸렌)이다. 전 발생 가스 중 수소의 비율은 대략 50~75[%] 정도이다.

답 ①

151 중요도 ★★ / 부산교통공사, 한국수력원자력

1회 2회 3회

변압기의 내부 고장 보호에 쓰이는 계전기로서 가장 적당한 것은?

① 과전류 계전기 ② 차동 계전기 ③ 접지 계전기 ④ 역상 계전기

해설 **변압기 내부 고장 보호**

(1) 전기적 보호

차동 계전기, 비율 차동 계전기

(2) 기계적 보호

부흐홀츠 계전기, 방압판, 유온계, 유위계

답 ②

152 중요도 ★★ / 2024 한국전력공사

1회 2회 3회

변압기의 절연물에서 B종과 H종의 최고 허용온도[℃] 차이값은 얼마인가?

① 35 ② 40 ③ 45
④ 50 ⑤ 55

해설 **절연물에 따른 허용 최고 온도**

절연물의 종류	Y	A	E	B	F	H	C
허용 최고 온도[℃]	90	105	120	130	155	180	180 초과

B종 – 130[℃], H종 – 180[℃]이므로 온도차는 50[℃]

답 ④

153 중요도 ★ / 2024 한국전력거래소

1회 2회 3회

다음은 변압기의 냉각방식을 약호로 표시한 것이다. 이 중 유입 풍냉식의 약호를 고르시오.

① AF ② ONAF ③ OFAF ④ OFWF

해설 **변압기의 냉각방식**

(1) AF : 건식 풍냉식
(2) ONAF : 유입 풍냉식
(3) OFAF : 송유 풍냉식
(4) OFWF : 송유 수냉식

답 ②

154 중요도 ★★ / 2024 한국서부발전

1회 2회 3회

변압기의 1·2차측 권수가 1000 : 50, 철심의 단면적 0.01[m^2], 최대 자속밀도 2[Wb/m^2]일 때 1차 유도 기전력은 약 몇 [V]인가? (단, 주파수는 50[Hz]이다.)

① 555 ② 1110 ③ 2220 ④ 4440

해설 유도 기전력 $E_1 = 4.44 f N_1 \phi_m$[V], $E_2 = 4.44 f N_2 \phi_m$[V]이므로

$E_1 = 4.44 f N_1 \phi_m = 4.44 f N_1 B_m S$

$4.44 \times 50 \times 1000 \times 2 \times 0.01 = 4400$[V]

> **체크 point**
> 변압기의 자속(밀도) 계산은 유기 기전력 식을 이용한다.

답 ④

변압기의 누설 리액턴스 / 여자전류

155 중요도 ★★ / 한국가스공사, 광주교통공사

1회 2회 3회

변압기의 누설 리액턴스를 줄이는 가장 효과적인 방법은 어느 것인가?

① 철심의 단면적을 크게 한다.
② 코일의 단면적을 크게 한다.
③ 권선을 분할 조립한다.
④ 권선을 동심 배치한다.

해설 (1) 변압기의 누설 리액턴스

① 자속 $\phi = \dfrac{F}{R_m} = \dfrac{NI}{\dfrac{l}{\mu S}} = \dfrac{\mu SNI}{l}$ [Wb]

② 인덕턴스 $L = \dfrac{N\phi}{I} = \dfrac{N}{I} \cdot \dfrac{\mu SNI}{l} = \dfrac{\mu SN^2}{l} = \dfrac{N^2}{R_m}$ [H]

③ 리액턴스 $x_l = \omega L = 2\pi f \cdot \dfrac{\mu SN^2}{l}$ [Ω]

(2) 변압기의 누설 리액턴스($x_l \propto N^2$)는 N^2에 비례한다.
따라서, 권선을 분할 조립하면 누설 리액턴스는 절반 이상 감소된다.

답 ③

156 중요도 ★★ / 부산교통공사, 국가철도공단

1회 2회 3회

변압기 철심의 자기 포화와 자기 히스테리시스 현상을 무시한 경우, 리액터에 흐르는 전류에 대해 옳은 것은?

① 자기 회로의 자기 저항값에 비례한다.
② 권선수에 반비례한다.
③ 전원 주파수에 비례한다.
④ 전원 전압 크기의 제곱에 비례한다.

해설 **리액터에 흐르는 전류 = 여자전류**

$$I_0 = \frac{V_1}{x_L} = \frac{V_1}{\omega L} = \frac{V_1}{\omega \dfrac{N^2}{R_m}} = \frac{V_1 \cdot l}{\omega \mu SN^2} = \frac{V_1 \cdot R_m}{\omega N^2} \text{[A]}$$

(1) 여자전류 I_0는 자기 회로의 자기 저항(R_m)에 비례 보기 ①
(2) 여자전류 I_0는 권선수((N)의 제곱에 반비례 보기 ②
(3) 여자전류 I_0는 전원측(1차측) 주파수(f)에 반비례 보기 ③
(4) 여자전류 I_0는 전원측(1차측) 인가 전압(V_1)에 비례 보기 ④

답 ①

157 중요도 ★★ / 한국수력원자력

1회 2회 3회

변압기 철심에 자기 포화 현상이 발생되었다면, 변압기가 자기 포화되지 않도록 하는 최적의 설계 방법으로 옳지 않은 것은?

① 1차측 입력 전압의 크기를 줄인다.
② 변압기의 권선수를 줄인다.
③ 투자율이 높은 철심을 사용한다.
④ 1차측 입력 전압의 주파수를 증가시킨다.

해설 (1) 변압기 철심에 자기 포화가 발생하지 않게 하려면 변압기의 여자 전류를 줄이도록 한다.
(2) 변압기의 여자전류

$$I_0 = \frac{V_1}{x_L} = \frac{V_1}{\omega L} = \frac{V_1 \cdot l}{\omega \mu S N^2} = \frac{V_1 \cdot R_m}{\omega N^2} \text{[A]}$$

① 고투자율의 자성체 재료 사용$\left(i_0 \propto \dfrac{1}{\mu}\right)$ 보기 ③

② 철심의 단면적을 크게 함$\left(i_0 \propto \dfrac{1}{S}\right)$

③ 코일의 권선수를 증가$\left(i_0 \propto \dfrac{1}{N^2}\right)$ 보기 ②

④ 1차측 인가 전압을 줄임$(i_0 \propto V_1)$ 보기 ①

⑤ 1차측 입력 전압의 주파수 증가$\left(i_0 \propto \dfrac{1}{\omega} = \dfrac{1}{2\pi f}\right)$ 보기 ④

답 ②

158 중요도 ★★ / 한국가스공사

1회 2회 3회

변압기 여자 전류에 많이 포함된 고조파는?

① 제2고조파 ② 제3고조파 ③ 제4고조파 ④ 제5고조파

해설 변압기에서는 자기 포화와 히스테리시스 현상에 의해 왜형파가 발생하고 이때 주로 발생하는 고조파는 제3고조파와 제5고조파로, 여자 전류는 제3고조파가 더 많이 포함되어 있으며, 이로 인해 통신선에 유도 장해를 일으킨다.

답 ②

159 중요도 ★★ / 한국수력원자력, 한국동서발전, 국가철도공단

1회 2회 3회

1차 공급 전압이 일정할 때 변압기의 1차 코일의 권수를 두 배로 하면 여자 전류와 최대 자속은 어떻게 변하는가? (단, 자로는 포화 상태가 되지 않는다.)

① 여자 전류 $\frac{1}{4}$ 감소, 최대 자속 $\frac{1}{2}$ 감소
② 여자 전류 $\frac{1}{4}$ 감소, 최대 자속 $\frac{1}{2}$ 증가
③ 여자 전류 $\frac{1}{4}$ 증가, 최대 자속 $\frac{1}{2}$ 감소
④ 여자 전류 $\frac{1}{4}$ 증가, 최대 자속 $\frac{1}{2}$ 증가

해설 1차 코일에 인가되는 전압 $V_1 \fallingdotseq E_1 = 4.44fN_1\phi_m$

$\therefore \phi_m = \dfrac{V_1}{4.44fN_1}$

V_1과 f는 일정하고, B변압기의 권수만을 2배로 하여 $2N_1$로 했을 때의 최대 자속을 $\phi_m{}'$라고 하면

$\therefore \phi_m{}' = \dfrac{V_1}{4.44f \times 2N_1} = \dfrac{1}{2}\phi_m$

자로에 자기 포화가 없으므로 최대 자속은 여자 전류와 권수의 곱, 즉 기자력에 비례하므로

$\phi_m \propto I_0 N_1$

그러므로 권수가 $2N_1$일 때의 여자 전류를 $I_0{}'$라고 하면

$\dfrac{I_0{}' \times 2N_1}{I_0 \times N_1} = \dfrac{\phi_m{}'}{\phi_m} = \dfrac{1}{2}$

$I_0{}' = \left(\dfrac{1}{2}\right)^2 I_0 = \dfrac{1}{4} I_0$

즉, 최대 자속 밀도는 $\dfrac{1}{2}$배, 여자 전류는 $\dfrac{1}{4}$배로 감소한다.

체크 point

권선수 n배

- 여자 전류 $\dfrac{1}{n^2}$배
- 최대 자속(밀도) $\dfrac{1}{n}$배

답 ①

변압기의 권수비

160 중요도 ★★★ / 한전 KPS

1회 2회 3회

1차 저항이 40[Ω], 2차 저항이 0.1[Ω] 변압기의 권수비 a는?

① 2 ② 4 ③ 20
④ 40 ⑤ 400

해설 권수비 $a = \dfrac{V_1}{V_2} = \dfrac{N_1}{N_2} = \dfrac{I_2}{I_1} = \sqrt{\dfrac{Z_1}{Z_2}} = \sqrt{\dfrac{R_1}{R_2}} = \sqrt{\dfrac{X_1}{X_2}}$

$a = \sqrt{\dfrac{r_1}{r_2}} = \sqrt{\dfrac{40}{0.1}} = 20$

답 ③

161 중요도 ★★★ / 한국서부발전, 서울교통공사 1회 2회 3회

3000/200[V] 변압기의 1차 임피던스가 225[Ω]이면 2차 환산은 몇 [Ω]인가?

① 1.0　② 1.5　③ 2.1　④ 2.8

해설

권수비 $a=\frac{V_1}{V_2}=\frac{N_1}{N_2}=\frac{I_2}{I_1}=\sqrt{\frac{Z_1}{Z_2}}=\sqrt{\frac{R_1}{R_2}}=\sqrt{\frac{X_1}{X_2}}$ 에서 $a=\frac{V_1}{V_2}=\frac{3000}{200}=15$

$a=\sqrt{\frac{Z_1}{Z_2}}$ 에서 $Z_2=\frac{1}{a^2}Z_1=\frac{1}{15^2}\times 225=1\,[\Omega]$

답 ①

162 중요도 ★★★ / 서울교통공사, 부산교통공사 1회 2회 3회

1차 전압 3300[V], 권수비 30인 단상 변압기가 전등 부하에 20[A]를 공급할 때의 입력[kW]은?

① 6.6　② 5.6　③ 3.4　④ 2.2

해설

권수비 $a=\frac{V_1}{V_2}=\frac{N_1}{N_2}=\frac{I_2}{I_1}=\sqrt{\frac{Z_1}{Z_2}}=\sqrt{\frac{R_1}{R_2}}=\sqrt{\frac{X_1}{X_2}}$ 에서

$a=\frac{I_2}{I_1}$ 에서 $a=30$ 이므로 $I_1=\frac{I_2}{a}=\frac{20}{30}=\frac{2}{3}\,[\mathrm{A}]$

전등 부하이므로 역률 $\cos\theta=1$ 이므로

입력 $P_1=V_1I_1\cos\theta=3300\times\frac{2}{3}\times 1=2200\,[\mathrm{W}]=2.2\,[\mathrm{kW}]$

답 ④

163 중요도 ★★★ / 한국도로공사, LH공사, 대구교통공사 1회 2회 3회

다음 그림과 같은 변압기에서 1차 전류는 얼마인가?

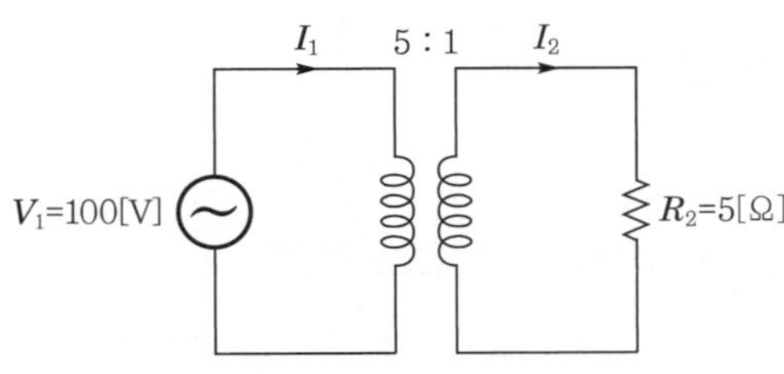

① 0.8[A]　② 8[A]　③ 10[A]　④ 20[A]

해설 권수비 $a = \frac{V_1}{V_2} = \frac{N_1}{N_2} = \frac{I_2}{I_1} = \sqrt{\frac{Z_1}{Z_2}} = \sqrt{\frac{R_1}{R_2}} = \sqrt{\frac{X_1}{X_2}}$ 에서

$a = \sqrt{\frac{R_1}{R_2}}$ 이므로 $R_1 = a^2 R_2 = 5^2 \times 5 = 125[\Omega]$

1차 전류 $I_1 = \frac{V_1}{R_1} = \frac{100}{125} = \frac{4}{5} = 0.8[A]$

답 ①

164 중요도 ★★★ / 지역난방공사, 부산교통공사

1회 2회 3회

단상 주상 변압기의 2차측(105[V] 단자)에 1[Ω]의 저항을 접속하고 1차측에 1[A]의 전류가 흘렀을 때 1차 단자 전압이 900[V]였다. 1차측 탭 전압[V]과 2차 전류[A]는 얼마인가? (단, 변압기는 2상 변압기, V_T는 1차 탭 전압, I_2는 2차 전류이다.)

① $V_T = 3150$, $I_2 = 30$　　② $V_T = 900$, $I_2 = 30$

③ $V_T = 900$, $I_2 = 1$　　④ $V_T = 3150$, $I_2 = 1$

해설 권수비 $a = \frac{V_1}{V_2} = \frac{N_1}{N_2} = \frac{I_2}{I_1} = \sqrt{\frac{Z_1}{Z_2}} = \sqrt{\frac{R_1}{R_2}} = \sqrt{\frac{X_1}{X_2}}$ 에서

$a = \sqrt{\frac{R_1}{R_2}}$ 이므로 $R_1 = a^2 R_2 = a^2 \times 1 = a^2[\Omega]$

1차 전류 $I_1 = \frac{V_1}{R_1} = \frac{V_1}{a^2} = \frac{900}{a^2} = 1[A]$

$a^2 = 900$이므로 $a = 30$

$\therefore\ V_T = aV_2 = 30 \times 105 = 3150[V]$

$I_2 = aI_1 = 30 \times 1 = 30[A]$

답 ①

변압기 등가회로(변환) / 시험법

165 중요도 ★★★ / 한국남동발전

1회 2회 3회

다음 중 변압기의 단락시험으로 알 수 없는 것은?

① 철손　　② 임피던스 전압　　③ %임피던스　　④ 동손

해설 (1) 무부하시험(개방시험)

철손(P_i), 여자전류(I_0), 여자 어드미턴스(Y_0)

(2) 단락시험
단락전류(I_s), 동손(P_c)(= 임피던스 와트(P_s)), 임피던스 전압(V_s), 등가 임피던스(Z)

(3) 권선저항 측정
1차 권선저항(r_1), 2차 권선저항(r_2)

답 ①

166 중요도 ★★★ / 한국중부발전, 한국가스공사 1회 2회 3회

다음 중 변압기의 무부하시험으로 측정할 수 있는 것을 모두 고르면?

㉠ 철손	㉡ 여자전류
㉢ 동손	㉣ 임피던스 전압

① ㉠, ㉡ ② ㉠, ㉣ ③ ㉡, ㉢ ④ ㉢, ㉣

해설 (1) 무부하시험(개방시험)
철손(P_i), 여자전류(I_0), 여자 어드미턴스(Y_0)

(2) 단락시험
단락전류(I_s), 동손(P_c)(= 임피던스 와트(P_s)), 임피던스 전압(V_s), 등가 임피던스(Z)

(3) 권선저항 측정
1차 권선저항(r_1), 2차 권선저항(r_2)

답 ①

167 중요도 ★★ / 2024 한국수자원공사 1회 2회 3회

3[kVA], 2000/100[V]의 단상 변압기의 철손이 250[W]이면, 4차에 환산한 여자 컨덕턴스[℧]는?

① 1.50×10^{-5} ② 2.25×10^{-5} ③ 3.75×10^{-5} ④ 6.25×10^{-5}

해설 변압기의 철손 $P_i = g_0 {V_1}^2$[W]에서

$$g_0 = \frac{P_i}{{V_1}^2} = \frac{250}{2000^2} = \frac{1}{16000} = 6.25\times10^{-5}[℧]$$

답 ④

168 중요도 ★★ / 한전 KPS, LH공사

1회 2회 3회

1차 전압이 1000[V], 무부하전류가 0.1[A], 철손이 60[W]인 단상 변압기의 자화전류[A]는?

① 0.05 ② 0.08 ③ 0.10
④ 0.12 ⑤ 0.24

해설

철손전류 $I_i = \dfrac{P_i}{V_1} = \dfrac{60}{1000} = 0.06[\mathrm{A}]$

자화전류 $I_\phi = \sqrt{{I_o}^2 - {I_i}^2}\,[\mathrm{A}] = \sqrt{0.1^2 - 0.06^2} = 0.08[\mathrm{A}]$

답 ②

169 중요도 ★★ / 한국수력원자력

1회 2회 3회

3300/100[V], 5[kVA] 단상 변압기의 임피던스 전압[V]은? (단, 변압기의 1차측, 2차측의 저항 및 리액턴스는 $r_1 = 108.9[\Omega]$, $r_2 = 0.2[\Omega]$, $x_1 = 217.8[\Omega]$, $x_2 = 0.2[\Omega]$이다.)

① 827.6 ② 15.15 ③ 7.85 ④ 0.785

해설

권수비 $a = \dfrac{V_1}{V_2} = \dfrac{3300}{100} = 33$

1차 정격전류 $I_{1n} = \dfrac{P_n}{V_{1n}} = \dfrac{5 \times 10^3}{3300} = 1.52[\mathrm{A}]$

1차로 환산한 변압기 임피던스 $Z_{21} = (r_1 + a^2 r_2) + j(x_1 + a^2 x_2)$

$= (108.9 + 33^2 \times 0.2) + j(217.8 + 33^2 \times 0.2)$

$= 326.7 + j435.6[\Omega]$

$|Z_{21}| = \sqrt{326.7^2 + 435.6^2} = 544.5[\Omega]$

임피던스 전압 $V_s = I_{1n} Z_{21} = 1.52 \times 544.5 = 827.6[\mathrm{V}]$ (임피던스 전압은 1차측 기준)

답 ①

전압 변동률 / %임피던스

170 중요도 ★★★ / 한국중부발전, 서울교통공사

1회 2회 3회

어떤 단상 변압기의 2차 무부하 전압이 210[V], 정격 부하 시 2차 단자 전압이 200[V]일 때 전압 변동률[%]은?

① 4.8 ② 5.0 ③ 7.5 ④ 10.0

해설 전압 변동률 ε

$$\varepsilon = \frac{V_{20} - V_{2n}}{V_{2n}} \times 100[\%]$$ (V_{20} : 2차 무부하 전압, V_{2n} : 2차 단자 전압)

$$\varepsilon = \frac{V_{20} - V_{2n}}{V_{2n}} \times 100 = \frac{210-200}{200} \times 100 = 5[\%]$$

답 ②

171 중요도 ★★★ / 한국가스공사 1회 2회 3회

어느 변압기의 백분율 저항 강하가 2[%], 백분율 리액턴스 강하가 3[%]일 때 역률(지역률) 80[%]인 경우의 전압 변동률[%]은?

① −0.2 ② 3.4 ③ 0.2 ④ −3.4

해설 변압기의 전압 변동률

$\varepsilon = p\cos\theta \pm q\sin\theta[\%]$ (+ : 지상 부하, − : 진상 부하)

$= 2 \times 0.8 + 3 \times 0.6 = 3.4[\%]$

답 ②

172 중요도 ★★★ / 지역난방공사 1회 2회 3회

어떤 변압기의 단락 시험에서 %저항 강하 1.5[%]와 %리액턴스 강하 3[%]를 얻었다. 부하 역률이 80[%] 앞선 경우의 전압 변동률[%]은?

① −0.6 ② 0.6 ③ −3.0 ④ 3.0

해설 변압기의 전압 변동률

$\varepsilon = p\cos\theta \pm q\sin\theta[\%]$ (+ : 지상 부하, − : 진상 부하)

$= 1.5 \times 0.8 - 3 \times 0.6 = -0.6[\%]$

답 ①

173 중요도 ★★★ / 대전교통공사 1회 2회 3회

단상 변압기에 있어서 부하 역률 80[%]의 지역률에서 전압 변동률 4[%], 부하 역률 100[%]에서는 전압 변동률 3[%]라고 한다. 이 변압기의 퍼센트 리액턴스는 몇 [%]인가?

① 2.7 ② 3.0 ③ 3.3 ④ 3.6

해설 **변압기의 전압 변동률**

$\varepsilon = p\cos\theta + q\sin\theta$ (지상)에서

부하역률 1일 때 $\cos\theta = 1,\ \sin\theta = 0 : \varepsilon = p = 3$

부하역률 0.8일 때 $\cos\theta = 0.8,\ \sin\theta = 0.6$

$4 = p\cos\theta + q\sin\theta = 3\times 0.8 + q\times 0.6$

$0.6q = 4 - 2.4 = 1.6$

$\therefore\ q = 2.66 \fallingdotseq 2.7[\%]$

답 ①

174 중요도 ★★★ / 한국남동발전, 한국가스공사

1회 2회 3회

5[kVA], 3000/200[V]의 변압기의 단락 시험에서 임피던스 전압 120[V], 동손 150[W]라 하면 %저항 강하는 몇 [%]인가?

① 2 ② 3 ③ 4 ④ 5

해설 **%저항 강하**

$$\%r = p = \frac{P_c}{P_n}\times 100 = \frac{150}{5\times 10^3}\times 100 = 3[\%]$$

답 ②

175 중요도 ★★★ / 2024 한국수자원공사

1회 2회 3회

$\%r$ = 3[%], $\%x$ = 4[%]를 이용해서 전압 변동률의 최댓값과 그때 최대 역률을 구하시오.

① 3, 60 ② 4, 80 ③ 5, 60 ④ 6, 80

해설 최대 전압 변동률 $\varepsilon_{max} = \%Z = \sqrt{\%r^2 + \%x^2} = \sqrt{3^2 + 4^2} = 5[\%]$

최대 역률 $\cos\theta = \dfrac{\%r}{\%Z} = \dfrac{3}{5} = 0.6$

$\therefore$ 60[%]

답 ③

176 중요도 ★★★ / 한국남동발전

1회 2회 3회

3300/200[V], 10[kVA]인 단상 변압기의 2차를 단락하여 1차측에 300[V]를 가하니 2차에 120[A]가 흘렀다. 이 변압기의 임피던스 전압[V]과 백분율 임피던스 강하[%]는?

① 125, 3.8 ② 200, 4 ③ 125, 3.5 ④ 200, 4.2

해설

(1) 1차 정격 전류 $I_{1n}=\frac{P_n}{V_1}=\frac{10\times10^3}{3300}=3.03[A]$

1차 단락 전류 $I_{1s}=\frac{I_{2s}}{a}=\frac{120}{\frac{3300}{200}}=7.27[A]$

1차로 환산한 등가 임피던스 $Z_{21}=\frac{V_{1s}}{I_{1s}}=\frac{300}{7.27}=41.27[\Omega]$

(2) 임피던스 전압 $V_s=I_{1n}Z_{21}=3.03\times41.27=125.05[V]$

(3) 백분율 임피던스 강하 $\%Z=\frac{V_s}{V_{1n}}\times100=\frac{125.05}{3300}\times100=3.8[\%]$

답 ①

177 중요도 ★★ / 광주교통공사

1회 2회 3회

변압기의 %임피던스가 표준값보다 훨씬 클 때 고려하여야 할 문제점은?

① 온도 상승 ② 여자 돌입 전류 ③ 기계적 충격 ④ 전압 변동률

해설

(1) $\varepsilon=p\cos\theta\pm q\sin\theta[\%]$ (+ : 지상 부하, − : 진상 부하)

① 역률 100[%]의 경우 전압 변동률 $\varepsilon=p$

② 최대 전압 변동률 : $\varepsilon_{\max}=\sqrt{p^2+q^2}=\%Z$

(2) 변압기의 %임피던스가 커지면 변압기의 전압 변동률이 증가한다.

답 ④

178 중요도 ★★★ / 한국도로공사, 부산교통공사

1회 2회 3회

임피던스 강하가 5[%]인 변압기가 운전 중 단락되었을 때 그 단락 전류는 정격 전류의 몇 배인가?

① 15배 ② 20배 ③ 25배 ④ 30배

해설

단락 전류 $I_s=\frac{100}{\%Z}I_n[A]$에서 $\%Z=5[\%]$이므로

$I_s=\frac{100}{\%Z}I_n=\frac{100}{5}I_n=20I_n$

∴ 20배

답 ②

변압기 손실

179 중요도 ★★ / 대구교통공사

1회 2회 3회

변압기 손실 중 철손의 감소대책이 아닌 것은?

① 자속밀도의 감소
② 고배향성 규소강판 사용
③ 아몰퍼스 변압기의 채용
④ 권선의 단면적 증가

해설 **변압기의 무부하손**

부하 접속 여부에 관계없이 전원만 공급하면 발생하는 손실이므로 고정손이라고도 하며, 철손(히스테리시스손, 와전류손) 및 유전체손이 있다.

(1) 히스테리시스손 : 철심 내의 교번자계에 의한 자화 에너지 손실
(2) 와전류손 : 철심 내의 교번자계에 의해 발생된 기전력에 의한 와전류에 의한 손실
(3) 유전체손 : 절연체의 누설전류에 의한 손실(철손에 비해 매우 적기 때문에 일반적으로 무시)
(4) 히스테리시스손 저감 – 규소강 또는 아몰퍼스 등 사용
  ① 철심의 보자력이 작을 것
  ② 투자율($\mu = B/H$)이 클 것
  ③ 포화 자속밀도가 클 것
(5) 와전류손 저감
  ① 성층 철심 사용
  ② 철심 두께의 제곱에 비례하므로 두께를 최대한 얇게 함

답 ④

180 중요도 ★★ / 한국동서발전, 한국남동발전

1회 2회 3회

다음 중 변압기의 와류손을 줄이는 가장 효과적인 방법은 어느 것인가?

① 규소강판을 사용한다.
② 성층 철심을 사용한다.
③ 코일의 단면적을 크게 한다.
④ 권선을 동심 배치한다.

해설 변압기의 철심으로 규소강판을 사용하는 이유는 히스테리시스손 감소를 위한 것이고, 성층 철심을 사용하는 이유는 와류손 감소를 위한 것이다.

답 ②

181 중요도 ★★ / 한국남부발전

1회 2회 3회

변압기의 철심으로 열간 압연 규소 강판을 사용하였을 때 히스테리시스손은? (단, f는 주파수, B_m은 최대 자속 밀도이다.)

① $kfB_m^{1.6}$
② $kf^2B_m^{1.6}$
③ $kfB_m^{1.2}$
④ $kf^2B_m^{1.6}$

해설 (1) 히스테리시스손

$P_h = k_h f B_m^{1.6} [\text{W/m}^3]$

(2) 와전류손

$P_e = k_e (ft B_m)^2 [\text{W/m}^3]$

답 ①

182 중요도 ★ / 한국수력원자력

1회 2회 3회

다음 손실 중 변압기의 온도 상승에 관계가 가장 작은 요소는?

① 철손 ② 동손 ③ 유전체손 ④ 와류손

해설 **유전체손**

(1) 절연체의 누설전류에 의한 손실(철손에 비해 매우 적기 때문에 일반적으로 무시)

(2) 손실이 작기 때문에 온도 상승에 영향을 거의 주지 않는다.

답 ③

183 중요도 ★★ / 한국수력원자력

1회 2회 3회

변압기에서 생기는 철손 중 와류손(eddy current loss)은 철심의 규소 강판 두께와 어떠한 관계에 있는가?

① 두께에 비례

② 두께의 2승에 비례

③ 두께의 $\frac{1}{2}$승에 비례

④ 두께의 3승에 비례

해설 와전류손 $P_e = k_e (ft B_m)^2 [\text{W/m}^3]$

$P_e \propto t^2$ (강판 두께의 제곱에 비례)

답 ②

변압기 주파수 특성

184 중요도 ★★★ / 한국남부발전, 한국동서발전, 부산교통공사

1회 2회 3회

일정 전압 및 일정 파형에서 주파수가 상승하면 변압기 철손은 어떻게 변하는가?

① 증가한다.

② 불변이다.

③ 감소한다.

④ 어떤 기간 동안 증가한다.

해설 **변압기의 주파수 특성**

$E = 4.44fN\phi_m = 4.44fNB_m \cdot S$

$E \propto f \cdot B_m,\ f \propto \dfrac{E}{B_m}$ $\left(\text{전압이 일정하면 } f \propto \dfrac{1}{B_m}\right)$

철손 $P_i = P_h + P_e$ (히스테리시스손 + 와전류손)

- $P_h = f \cdot B_m^{1.6} = f \cdot \left(\dfrac{1}{f}\right)^{1.6}$ (주파수 증가 시 P_h 감소)
- $P_e = (f \cdot B_m)^2 = \left(f \cdot \dfrac{1}{f}\right)^2$ (주파수 증가 시 변화없음)

→ 주파수 증가 시 철손은 감소

답 ③

185 중요도 ★★★ / 2024 한국서부발전

1회 2회 3회

6000[V], 60[Hz]용 변압기의 와류손이 300[W]이다. 이 변압기를 3000[V], 50[Hz]의 주파수에 사용할 때 와류손[W]은?

① 50 ② 75 ③ 150 ④ 600

해설 **변압기의 주파수 특성**

$E = 4.44fN\phi_m = 4.44fNB_m \cdot S$

$E \propto f \cdot B_m$

$P_e = (f \cdot B_m)^2 = E^2$

와전류손은 주파수와 무관하고, 전압의 제곱에 비례하므로

$300 : 6000^2 = P_e : 3000^2$

$P_e = 300 \times \left(\dfrac{3000}{6000}\right)^2 = 75\,[\mathrm{W}]$

답 ②

186 중요도 ★ / 한국남동발전

1회 2회 3회

주파수가 정격보다 3[%] 상승하고 동시에 전압이 정격보다 3[%] 저하한 전원에서 운전되는 변압기가 있다. 철손이 $fB_m{}^2$에 비례한다면 이 변압기 철손은 정격 상태에 비하여 어떻게 달라지는가? (단, f : 주파수, B_m : 자속 밀도 최댓값)

① 3.1[%] 증가 ② 3.1[%] 감소 ③ 8.7[%] 증가 ④ 8.7[%] 감소

해설 정격 주파수 f, 정격 전압 V라고 하면,

철손 $P_i = kfB_m{}^2 = kf\left(k'\dfrac{V}{f}\right)^2$의 조건에서 상승한 주파수는 $f' = 1.03f$

감소한 전압은 $V' = 0.97V$라 하면 이때의 철손을 P_i'라고 하면

$$P_i' = k\frac{V'^2}{f'} = k\frac{0.97^2 V^2}{1.03f} = \frac{0.94}{1.03}P_i = 0.913P_i$$

즉, 철손은 8.7[%] 감소한다.

답 ④

187 중요도 ★★★ / 서울교통공사

1회 2회 3회

같은 정격 전압에서 변압기의 주파수만 높으면 가장 많이 증가하는 것은?

① 여자 전류 ② 온도 상승 ③ 철손 ④ %임피던스

해설 **변압기의 주파수 특성**

$E = 4.44fN\phi_m = 4.44fNB_m \cdot S$

$E \propto f \cdot B_m$, $f \propto \dfrac{E}{B_m}$ $\left(\text{전압이 일정하면 } f \propto \dfrac{1}{B_m}\right)$

(1) 철손 $P_i = P_h + P_e$ (히스테리시스손 + 와전류손)

① $P_h = f \cdot B_m^{1.6} = f \cdot \left(\dfrac{1}{f}\right)^{1.6}$ (주파수 증가 시 P_h 감소)

② $P_e = (f \cdot B_m)^2 = \left(f \cdot \dfrac{1}{f}\right)^2$ (주파수 증가 시 변화없음)

→ 주파수 증가 시 철손은 감소

(2) 여자전류 $I_0 = I_i + I_\phi$에서

$I_i = \dfrac{P_i}{V_1}$ (전압이 일정한 상태에서 철손 감소 시 전류도 감소)

(3) 리액턴스 $X_L = \omega L = 2\pi fL$(주파수가 증가하면 리액턴스 증가)

리액턴스가 증가하므로 %임피던스도 증가

(4) 온도 상승(손실이 감소하므로 온도 상승 감소)

체크 point

변압기 유도기 주파수 증가 시(전압 일정)

- 철손 감소
- 여자전류 감소
- 리액턴스 증가
- 온도 상승 감소

답 ④

188 중요도 ★★★ / 한국가스공사 1회 2회 3회

정격 주파수 50[Hz]의 변압기를 일정 전압 60[Hz]의 전원에 접속하여 사용했을 때 철손 및 임피던스 전압은?

① 철손은 $\frac{5}{6}$ 감소, 임피던스 전압 $\frac{6}{5}$ 증가
② 철손은 $\frac{5}{6}$ 감소, 임피던스 전압 $\frac{5}{6}$ 감소
③ 철손은 $\frac{6}{5}$ 증가, 임피던스 전압 $\frac{6}{5}$ 증가
④ 철손은 $\frac{6}{5}$ 증가, 임피던스 전압 $\frac{5}{6}$ 감소

해설 일정 전압이므로 철손 P_i는 주파수 f에 반비례하며$\left(P_i \propto \frac{1}{f}\right)$

리액턴스 x는 주파수 f에 비례한다($x = 2\pi f L \propto f$).

또한, 리액턴스가 증가하면 임피던스가 증가하고 임피던스 증가에 따라 $\%Z$ 또한 증가한다.

이에 따라 $\%Z = \frac{V_s}{V_n} \times 100$이므로 일정 전압에서 임피던스 전압($V_s$)도 증가한다.

∴ 철손은 $\frac{5}{6}$ 감소, 임피던스 전압 $\frac{6}{5}$ 증가

답 ①

변압기의 손실

189 중요도 ★★★ / 한국수력원자력 1회 2회 3회

50[kVA], 전부하 동손 1200[W], 무부하손 800[W]인 단상 변압기의 부하 역률 80[%]에 대한 전부하 효율은?

① 95.24[%] ② 96.15[%] ③ 96.65[%] ④ 97.53[%]

해설 **변압기의 효율**

$$\eta = \frac{P_a \cos\theta}{P_a \cos\theta + P_i + P_c} \times 100 = \frac{50 \times 10^3 \times 0.8}{50 \times 10^3 \times 0.8 + 800 + 1200} \times 100 = 95.24[\%]$$

답 ①

190 중요도 ★★★ / 한국동서발전, 한국중부발전 1회 2회 3회

변압기의 효율이 가장 좋을 때의 조건은?

① 철손 $= \frac{1}{2}$ 동손
② $\frac{1}{2}$ 철손 $=$ 동손
③ 철손 $=$ 동손
④ 철손 $= \frac{2}{3}$ 동손

해설 변압기의 효율이 가장 좋을 때, 즉 최대일 때는 고정손인 철손과 가변손인 동손이 같게 될 때 발생한다.

답 ③

191 중요도 ★★★ / 2024 한국중부발전

1회 2회 3회

전부하에서 동손 5600[W], 철손 1400[W]일 때, 최대 효율이 되기 위한 부하율[%]을 구하시오.

① 30 ② 50 ③ 70 ④ 90

해설
변압기의 최대 효율 조건 $P_i = \left(\frac{1}{m}\right)^2 P_c$

$$\frac{1}{m} = \sqrt{\frac{P_i}{P_c}} = \sqrt{\frac{1400}{5600}} = \sqrt{\frac{1}{4}} = \frac{1}{2} = 0.5$$

∴ 약 50[%]

답 ②

192 중요도 ★★★ / 2024 한국동서발전

1회 2회 3회

철손 4.9[kW], 전부하 동손 10[kW]일 경우 변압기의 효율이 최대가 되는 부하는 몇 [%]인가?

① 30 ② 40 ③ 60 ④ 70

해설
변압기의 최대 효율 조건 $P_i = \left(\frac{1}{m}\right)^2 P_c$

$$\frac{1}{m} = \sqrt{\frac{P_i}{P_c}} = \sqrt{\frac{4.9}{10}} = \sqrt{0.49} = 0.7$$

∴ 약 70[%]

답 ④

193 중요도 ★★ / 한국수력원자력

1회 2회 3회

변압기의 철손이 P_i[kW], 전부하 동손이 P_c[kW]일 때 정격 출력의 $\frac{1}{m}$의 부하를 걸었을 때 전손실[kW]은 얼마인가?

① $(P_i + P_c)\left(\frac{1}{m}\right)^2$ ② $P_i\left(\frac{1}{m}\right)^2 + P_c$ ③ $P_i + P_c\left(\frac{1}{m}\right)^2$ ④ $P_i + P_c\left(\frac{1}{m}\right)$

해설 철손 P_i는 부하에 관계 없이 일정하고 동손 P_c는 $I_2^2 r$로 부하 전류 I_2의 제곱에 비례하므로 $\frac{1}{m}$로 부하가 감소하면 동손 P_c는 $\left(\frac{1}{m}\right)^2$으로 감소한다.

$\frac{1}{m}$ 부하 효율 $\eta_{\frac{1}{m}}$은

$$\eta_{\frac{1}{m}} = \frac{\frac{1}{m}V_2 I_2 \cos\theta_2}{\frac{1}{m}V_2 I_2 \cos\theta_2 + P_i + \left(\frac{1}{m}\right)^2 P_c} \times 100$$

$\therefore\ P_i + P_c\left(\frac{1}{m}\right)^2$[kW]

답 ③

194 중요도 ★★ / 국가철도공단

1회 2회 3회

철손 1[kW], 전부하에서의 동손 1.25[kW]인 변압기가 있다. 이 변압기가 매일 무부하로 10시간, $\frac{1}{2}$ 정격으로 8시간, 전부하로 6시간 운전되고 있다. 1일 중의 총손실은 몇 [kWh]인가?

① 36 ② 40 ③ 38 ④ 34

해설 총손실$=P_i + P_c$이므로

$P_i = 1 \times 24 = 24$[kWh]

$P_c = \left(\frac{1}{2}\right)^2 \times 8 \times 1.25 + 6 \times 1.25 = 10$

$\therefore\ P_i + P_c = 24 + 10 = 34$[kWh]

답 ④

195 중요도 ★ / LH공사

1회 2회 3회

역률 1일 때, 출력 2[kW] 및 8[kW]에서의 효율이 96[%]가 되는 단상 주상 변압기가 있다. 출력 8[kW], 역률 1에 있어서의 철손 P_i[W]와 동손 P_c[W]를 구하여라.

① $P_i = 27.3,\ P_c = 277$ ② $P_i = 66.3,\ P_c = 277$
③ $P_i = 27.3,\ P_c = 267$ ④ $P_i = 66.3,\ P_c = 267$

해설 철손 P_i, 8[kW]에서의 동손 P_c, 2[kW]에서의 동손 P_c'라고 하면

$P_c' = \left(\frac{1}{4}\right)^2 P_c$이므로

$$\eta = \frac{2000}{2000 + P_i + \left(\frac{1}{4}\right)^2 P_c} = \frac{8000}{8000 + P_i + P_c} = 0.96$$

따라서, $P_i + \frac{1}{16}P_c = 83.3$ ········· 1)

$P_i + P_c = 333.3$ ········· 2)

1), 2) 식을 풀면

$\therefore\ P_i = 66.3[\text{W}],\ P_c = 267[\text{W}]$

답 ④

196 중요도 ★★ / 서울교통공사

1회 2회 3회

사용 시간이 짧은 변압기의 전일 효율을 좋게 하기 위해서는 P_i(철손)와 P_c(동손)와의 관계는?

① $P_i > P_c$　② $P_i < P_c$　③ $P_i = P_c$　④ 무관계

해설 전일 효율을 최대로 하자면 $24P_i = \sum h \cdot P_c$

$\therefore\ P_i = \left(\frac{\sum h}{24}\right)P_c$

부하시간 h는 $24 > h$이고, 경부하 시간이 많으므로 $P_c > P_i$로 해야 한다.

답 ②

197 중요도 ★★ / 지역난방공사

1회 2회 3회

100[kVA], 2300/115[V], 철손 1[kW], 전부하 동손 1.25[kW]의 변압기가 있다. 이 변압기는 매일 무부하로 10시간, $\frac{1}{2}$ 정격 부하 역률 1에서 8시간, 전부하 역률 0.8(지상)에서 6시간 운전하고 있다. 전일 효율을 구하여라.

① 약 93.3[%]　② 약 94.3[%]　③ 약 95.3[%]　④ 약 96.3[%]

해설 사용 전력량 $= \frac{1}{2} \times 8 \times 1 \times 100 + 0.8 \times 6 \times 100 = 880[\text{kWh}]$

철손량 $= 1 \times 24 = 24[\text{kWh}]$

동손량 $= \left(\frac{1}{2}\right)^2 \times 1.25 \times 8 + 1.25 \times 6 = 10[\text{kWh}]$

전일 효율 $\eta_d = \frac{880}{880 + 24 + 10} \times 100 = 96.28[\%]$

답 ④

변압기의 3상 결선

198 중요도 ★★★ / 한국서부발전

1회 2회 3회

변압기의 △-△ 결선의 특징으로 올바르지 않은 것은?

① 1대 고장 시 V-V 결선으로 변경이 가능하다.
② 이상전압 상승이 크고 제3고조파에 의한 순환전류가 흘러 정현파 기전력 유기하고 유도 장해가 없다.
③ 상전압은 선간 전압의 $\frac{1}{\sqrt{3}}$배와 같다.
④ 선전류는 상전류의 $\sqrt{3}$배이다.

해설 **△ - △ 결선의 특징**

(1) 중성점이 없음
① 접지 불가(비접지 계통)
② 지락사고 시 이상전압 발생 가능성 높음 보기 ②
(2) 선전류가 상전류보다 $\sqrt{3}$배 증가하므로 전류 사용이 큰 배전계통에 주로 사용 보기 ④
(3) 통신선 유도장해가 발생하지 않는다. 고조파 순환전류가 내부에만 흐름(제3고조파 제거) 보기 ②
(4) 운전 중 1대 고장 시 V결선으로 계속하여 운전 가능 보기 ①

답 ③

199 중요도 ★★ / 국가철도공단

1회 2회 3회

권선비 a : 1인 3개의 단상 변압기를 △-Y로 하고, 1차 단자 전압 V_1, 1차 전류 I_1이라 하면 2차의 단자 전압 V_2 및 2차 전류 I_2 값은? (단, 저항, 리액턴스 및 여자 전류는 무시한다.)

① $V_2 = \sqrt{3}\frac{V_1}{a}$, $I_1 = I_2$
② $V_2 = V_1$, $I_2 = I_1\frac{a}{\sqrt{3}}$
③ $V_2 = \sqrt{3}\frac{V_1}{a}$, $I_2 = I_1\frac{a}{\sqrt{3}}$
④ $V_2 = \sqrt{3}\frac{V_1}{a}$, $I_2 = \sqrt{3}aI_1$

해설

2차측 상전압 $V_2' = \frac{1}{a}V_1$

2차는 Y결선이므로 선간 전압 $V_2 = \sqrt{3}\,V_2' = \sqrt{3}\,\frac{V_1}{a}$

1차 출력＝2차 출력

$\sqrt{3}\,V_1I_1 = \sqrt{3}\,V_2I_2$

$\therefore\ I_2 = \frac{V_1}{V_2}I_1 = \frac{a}{\sqrt{3}}I_1$

답 ③

200 중요도 ★★★ / 부산교통공사 1회 2회 3회

단상 변압기 3대(50[kVA]×3)를 △결선으로 운전 중 한 대가 고장이 생겨 V결선으로 한 경우 출력은 몇 [kVA]인가?

① $30\sqrt{3}$ ② $50\sqrt{3}$ ③ $100\sqrt{3}$ ④ $200\sqrt{3}$

해설 변압기 한 대의 용량 $P_1 = 50[\text{kVA}]$이므로
V결선의 출력 $P_v = \sqrt{3}P_1 = 50\sqrt{3}[\text{kVA}]$

답 ②

201 중요도 ★★★ / 한국가스공사 1회 2회 3회

단상 변압기 3개를 △결선하여 부하에 전력을 공급하고 있다. 변압기 1개의 고장으로 V결선으로 한 경우 공급할 수 있는 전력과 고장 전 전력과의 비율[%]은?

① 57.7 ② 66.7 ③ 75.0 ④ 86.6

해설 1대의 단상 변압기 용량을 P_1이라 할 때 그 출력비는

$$\frac{\text{V결선의 출력}}{\text{△결선의 출력}} = \frac{\sqrt{3}P_1}{3P_1} = \frac{\sqrt{3}}{3} = 0.577 = 57.7[\%]$$

답 ①

202 중요도 ★★★ / 서울교통공사 1회 2회 3회

V결선 변압기 이용률[%]은?

① 57.7 ② 86.6 ③ 80 ④ 100

해설 V결선에는 변압기 2대를 사용하였으므로 그 정격 출력의 합은 $2VI$가 되기 때문에 V결선으로 하면

이용률 $U = \frac{\sqrt{3}\,VI}{2VI} = \frac{\sqrt{3}}{2} = 0.866 ≒ 86.6[\%]$

답 ②

203 중요도 ★★★ / 한국도로공사

1회 2회 3회

3상 배전선에 접속된 V결선의 변압기에서 전부하 시의 출력을 P[kVA]라 하면, 같은 변압기 한 대를 증설하여 △ 결선하였을 때의 정격출력[kVA]은?

① $\frac{3}{2}P$ ② $\frac{2}{\sqrt{3}}P$ ③ $\sqrt{3}P$ ④ $2P$

해설 단상 변압기의 정격 전압·전류를 V, I라 하면 정격용량 $K = VI$

이것을 두 대로 V결선하였을 경우의 출력 P는 $P = \sqrt{3}VI = \sqrt{3}K$

$\therefore K = \frac{P}{\sqrt{3}}$

따라서, K용량의 변압기를 1대 추가하면 $3K = 3 \times \frac{P}{\sqrt{3}} = \sqrt{3}P$의 출력이 된다.

답 ③

204 중요도 ★★★ / 대구교통공사

1회 2회 3회

용량 100[kVA]인 동일 정격의 단상 변압기 4대로 낼 수 있는 3상 최대 출력용량[kVA]은?

① $200\sqrt{3}$ ② $200\sqrt{2}$ ③ $300\sqrt{2}$ ④ 400

해설 2대로 V결선으로 했을 경우의 출력 $\sqrt{3}P_1$

4대일 때는 $2\sqrt{3}P$이므로

$2\sqrt{3}P = 2\sqrt{3} \times 100 = 200\sqrt{3}$ [kVA]

답 ①

205 중요도 ★★★ / 2024 한국서부발전

1회 2회 3회

100[kVA] 단상 변압기 3대로 △ 결선하여 수용가에게 급전하던 중 변압기 1대가 고장이 발생하여 이를 제거하였다. 이때, 부하가 190[kVA]라면 나머지 두 대로 급전할 경우 변압기는 약 몇 [%]의 과부하율로 운전되겠는가?

① 105 ② 110 ③ 115 ④ 120

해설 2대로 V결선으로 했을 경우의 출력 $\sqrt{3}P_1$

$P_v = \sqrt{3} \times 100 = 173.2$[kVA]

$\therefore$ 과부하율 $= \frac{190}{173.2} \times 100 = 109.7 ≒ 110$[%]

답 ②

변압기의 병렬 운전

206 중요도 ★★★ / 한국남부발전 1회 2회 3회

A, B 2대의 단상 변압기의 병렬 운전 조건이 안 되는 것은?

① 극성이 일치할 것
② 절연 저항이 같을 것
③ 권수비가 같을 것
④ 백분율 저항 강하 및 리액턴스 강하가 같아야 한다.

해설 **변압기의 병렬 운전 조건**
(1) 각 변압기의 극성이 같을 것 보기 ①
(2) 각 변압기의 권수비가 같을 것 보기 ③
(3) 1차와 2차의 정격 전압이 같을 것
(4) 각 변압기의 저항과 리액턴스 비가 같을 것 보기 ④
(5) 각 변압기의 %임피던스 강하가 같을 것 보기 ④
(6) 각 변압기의 상회전 방향이 같을 것(3상)
(7) 각 변압기의 위상 변위가 같을 것(3상)

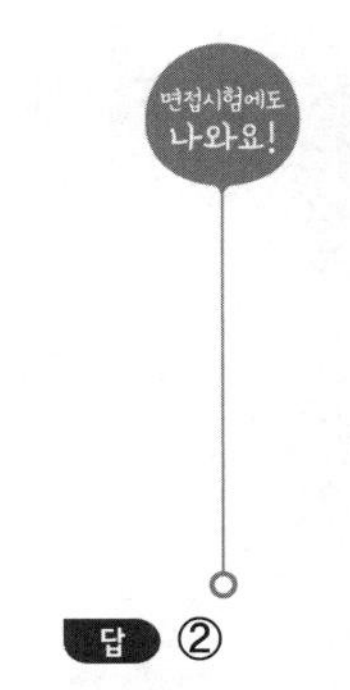

답 ②

207 중요도 ★★★ / 2024 한국동서발전 1회 2회 3회

다음의 보기에서 변압기의 병렬 운전 조건이 아닌 것은?

ㄱ 극수의 방향이 다를 것
ㄴ 권수비가 같을 것
ㄷ 전력 크기가 같을 것
ㄹ 임피던스 비가 같을 것

① ㄱ, ㄷ ② ㄴ, ㄷ ③ ㄴ, ㄹ ④ ㄷ, ㄹ

해설 **변압기의 병렬 운전 조건**
(1) 각 변압기의 극성이 같을 것 보기 ㄱ
(2) 각 변압기의 권수비가 같을 것 보기 ㄴ
(3) 1차와 2차의 정격 전압이 같을 것
(4) 각 변압기의 저항과 리액턴스 비가 같을 것 보기 ㄹ
(5) 각 변압기의 %임피던스 강하가 같을 것
(6) 각 변압기의 상회전 방향이 같을 것(3상)
(7) 각 변압기의 위상 변위가 같을 것(3상)

답 ①

208 중요도 ★★★ / 2024 한국남동발전

1회 2회 3회

변압기 병렬 운전 조합에 대한 설명으로 맞는 것을 고르시오.

㉠ A뱅크 △－△와 B뱅크 Y－Y
㉡ A뱅크 V－V와 B뱅크 V－V
㉢ A뱅크 △－△와 B뱅크 Y－△
㉣ A뱅크 Y－Y와 B뱅크 Y－Y

① ㉠, ㉡, ㉢ ② ㉠, ㉢, ㉣ ③ ㉠, ㉡, ㉣ ④ ㉡, ㉢, ㉣

해설 3개의 △, 3개의 Y는 2차 간에 정격 전압이 다르며 30°의 변위가 생겨 순환 전류가 흐른다.

체크 point

각 결선의 수가 홀수이면 병렬 운전이 불가하다.

답 ③

209 중요도 ★★★ / 국가철도공단

1회 2회 3회

단상 변압기를 병렬 운전하는 경우 부하 전류의 분담은 어떻게 되는가?

① 용량에 비례하고 누설 임피던스에 비례한다.
② 용량에 비례하고 누설 임피던스에 역비례한다.
③ 용량에 역비례하고 누설 임피던스에 비례한다.
④ 용량에 역비례하고 누설 임피던스에 역비례한다.

해설 **변압기의 부하 분담**

$$\frac{P_a}{P_b}=\frac{I_a}{I_b}=\frac{P_{an}}{P_{bn}}\times\frac{\%Z_b}{\%Z_a}$$

각 변압기의 임피던스가 정격 용량에 반비례할 것. 즉, 부하 분담은 내부 임피던스(퍼센트 임피던스 강하)에 반비례하여 분담할 것

답 ②

210 중요도 ★★★ / 2024 한국서부발전

1회 2회 3회

정격전압이 같은 A, B 두 대의 단상 변압기를 병렬로 접속하여 360[kVA]의 부하를 접속하였다. A변압기는 용량 100[kVA], 퍼센트 임피던스 5[%], B변압기는 300[kVA], 퍼센트 임피던스 3[%]이다. B변압기의 부하분담은 몇 [kVA]인가? (단, 변압기의 저항과 리액턴스의 비는 모두 같다.)

① 260 ② 280 ③ 290 ④ 300

해설 변압기의 부하분담

$$\frac{P_a}{P_b}=\frac{I_a}{I_b}=\frac{P_{an}}{P_{bn}}\times\frac{\%Z_b}{\%Z_a}$$

$$\frac{P_a}{P_b}=\frac{100}{300}\times\frac{3}{5}=\frac{1}{5}$$

즉, 두 변압기에 걸 수 있는 부하는 $P=P_a+P_b=\frac{1}{5}P_b+P_b=360[\text{kVA}]$이므로

$$\frac{6}{5}P_b=360$$

$$\therefore\ P_b=\frac{5}{6}\times 360=300[\text{kVA}]$$

답 ④

211 중요도 ★★★ / 국가철도공단

1회 2회 3회

Y−△결선의 3상 변압기군 A와 △−Y결선의 3상 변압기군 B를 병렬로 사용할 때 A군의 변압기 권수비가 30이라면 B군 변압기의 권수비는?

① 30 ② 60
③ 90 ④ 120

해설 A · B 변압기군의 권수비를 각각 a_1, a_2

1 · 2차의 유도 기전력(상전압)과 선간 전압을 각각 E_1, E_2, V_1, V_2

$$a_1=\frac{E_1}{E_2}=\frac{V_1/\sqrt{3}}{V_2}$$

$$a_2=\frac{E_1'}{E_2'}=\frac{V_1}{V_2/\sqrt{3}}$$

$$\frac{a_2}{a_1}=\frac{\dfrac{V_1}{V_2/\sqrt{3}}}{\dfrac{V_1/\sqrt{3}}{V_2}}=\frac{V_1\cdot V_2}{\dfrac{V_1}{\sqrt{3}}\cdot\dfrac{V_2}{\sqrt{3}}}=3$$

$$\therefore\ a_2=3a_1=3\times 30=90$$

답 ③

단권 변압기

212 중요도 ★★ / 한국서부발전, 한국동서발전

1회 2회 3회

단권 변압기를 초고압 계통의 연계용으로 이용할 때 장점에 해당되지 않는 것은?

① 동량이 경감된다.
② 1차측의 이상전압이 2차측으로 파급되지 않는다.
③ 분로권선에는 누설자속이 없어 전압 변동률이 작다.
④ 부하용량은 변압기 고유용량보다 크다.

해설 **단권 변압기의 특징**

(1) 장점
① 동손 감소 → 냉각효과 유효, 효율 양호 보기 ①
② 누설 리액턴스가 작다. → 전압 변동률이 작다. 보기 ③
③ 권수비 '1'에 근접하는 경우 경제적(작은 size로 큰 용량을 소화)

(2) 단점
① 단락전류가 매우 크다.
② 1차 이상전압 발생 시 파급 영향이 크다. 보기 ②

답 ②

213 중요도 ★★ / 2024 한국남동발전

1회 2회 3회

정격용량 100[kVA]인 단권 변압기 3대를 Y결선할 시 최대 용량은 몇 [kVA]인가?

① 100　② 173　③ 200　④ 300

해설 3상 Y결선의 단권 변압기 한 대의 용량이 100[kVA]이므로
3상의 최대 용량 = 100[kVA] × 3 = 300[kVA]

답 ④

214 중요도 ★★★ / 한전 KPS

1회 2회 3회

1차 전압이 400[V], 2차 전압이 300[V], 자기용량이 20000[V]인 단권 변압기의 부하용량[kVA]은?

① 20　② 40　③ 60
④ 80　⑤ 120

해설 **단권 변압기의 자기용량과 부하용량의 비**

$$\frac{\text{자기 용량}}{\text{부하 용량}} = \frac{V_h - V_l}{V_h}$$

여기서, V_h : 고압측 전압, V_l : 저압측 전압

$$\text{부하용량} = \text{자기용량} \times \frac{V_h}{V_h - V_l} = 20000 \times \frac{300}{400-300} = 60000[\text{VA}] = 60[\text{kVA}]$$

답 ③

215 중요도 ★★★ / 지역난방공사

1회 2회 3회

자기용량 20[kVA]인 단권 변압기의 1차 전압이 4000[V]이고, 2차 전압이 4400[V]이다. 부하역률이 0.8일 때 공급할 수 있는 전력[kW]은? (단, 변압기의 손실은 무시한다.)

① 176 ② 220 ③ 380 ④ 440

해설 $P_1 = V_1 I_1 = 20[\text{kVA}]$에서 $V_1 = 4000[\text{V}]$이므로

$$I_1 = \frac{P_1}{V_1} = \frac{20000}{4000} = 5[\text{A}]$$

단권 변압기의 권수비 $a = \frac{e_1}{e_2} = \frac{V_1}{V_2 - V_1} = \frac{4000}{4400-4000} = 10$

$I_2 = aI_1 = 10 \times 5 = 50[\text{A}]$

$V_2 = 4400[\text{V}]$, $\cos\theta = 0.8$이므로

$P_2 = V_2 I_2 \cos\theta = 4400 \times 50 \times 0.8 = 176000[\text{W}] = 176[\text{kW}]$

답 ①

216 중요도 ★★ / 한국동서발전, 한국남부발전, 인천교통공사

1회 2회 3회

정격이 300[kVA], 6600/2200[V]인 단권 변압기 2대를 V결선으로 해서, 1차에 6600[V]를 가하고, 전부하를 걸었을 때의 2차측 출력[kVA]은? (단, 손실은 무시한다.)

① 약 519 ② 약 487 ③ 약 425 ④ 약 390

해설 $$\frac{\text{변압기 용량}}{\text{2차측 출력}} = \frac{2}{\sqrt{3}} \times \frac{V_h - V_l}{V_h} = \frac{1}{0.866}\left(1 - \frac{V_l}{V_h}\right)$$

$$\therefore \text{2차측 출력} = \text{변압기 용량} \times \frac{\sqrt{3}}{2} \times \frac{V_h}{V_h - V_l}$$

$$= 300 \times \frac{\sqrt{3}}{2} \times \frac{6600}{6600-2200}$$

$$= 389.7 \fallingdotseq 390[\text{kVA}]$$

답 ④

217 중요도 ★★ / 지역난방공사

1회 2회 3회

정격 전압 1차 3300[V], 2차 220[V]의 단상 변압기 두 대를 승압기로 V결선하여 저압측에 3000[V]를 인가하면 3상 전원에 접속한다면 승압된 전압[V]은?

① 3300 ② 3500 ③ 3200 ④ 4000

해설 1차 3300[V], 2차 220[V]의 단상 변압기를 이용하여 승압 시 $V_h = 3300 + 220 = 3520[V]$

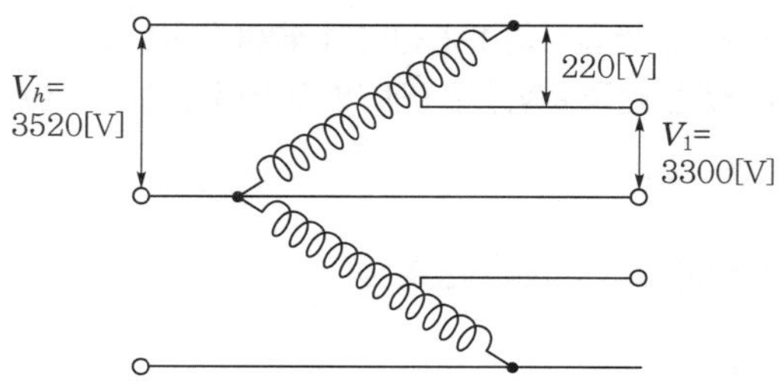

저압측에 3000[V]를 인가하면

$$V_h' = V_1\left(1 + \frac{1}{a}\right) = 3000 \times \left(1 + \frac{220}{3300}\right) = 3200[V]$$

답 ③

3상 변압기의 상수 변환

218 중요도 ★★ / 서울교통공사

1회 2회 3회

단상 전철에서 3상 전원의 평형을 위한 방법은?

① T결선으로 변압기를 접속한다.
② 각 구간의 열차를 균등하게 배치한다.
③ 발전기의 전압 변동률을 작게 한다.
④ 열차의 차량을 적게 접속한다.

해설 **3상 → 2상 변환(대용량 단상 부하 전원(전기철도) 공급 시)**

(1) 스코트(Scott) 결선(T결선)
(2) 메이어(Meyer) 결선
(3) 우드 브리지(Woodbridge) 결선

답 ①

219 중요도 ★★ / 2024 한국중부발전

1회 2회 3회

3상을 2상으로 변환하는 결선 방법이 맞는 것을 고르시오.

㉠ 대각 결선	㉡ 우드 브리지 결선
㉢ 스코트 결선	㉣ 포크 결선
㉤ 메이어 결선	

① ㉠, ㉡, ㉢　② ㉠, ㉢, ㉣　③ ㉡, ㉢, ㉤　④ ㉡, ㉢, ㉣

해설 (1) 3상 → 2상 변환(대용량 단상 부하 전원(전기철도) 공급 시)
① 스코트(Scott) 결선(T결선)
② 메이어(Meyer) 결선
③ 우드 브리지(Woodbridge) 결선
(2) 3상 → 6상 변환(정류기 전원 공급 시)
① 2중 Y결선(성형 결선, Star 결선)
② 2중 △결선
③ 환상 결선
④ 대각 결선
⑤ 포크(Fork) 결선

답 ③

220 중요도 ★★ / 한국중부발전

1회 2회 3회

3상 전원에서 6상 전압을 얻을 수 없는 변압기의 결선 방법은?

① 스코트 결선　② 2중 3각 결선　③ 2중 성형 결선　④ 포크 결선

해설 3상 → 6상 변환(정류기 전원 공급 시)
(1) 2중 Y결선(2중 성형 결선)
(2) 2중 △결선(2중 3각 결선)
(3) 환상 결선
(4) 대각 결선
(5) 포크(Fork) 결선

답 ①

221 중요도 ★★ / 한국수력원자력

1회 2회 3회

같은 권수 2대의 단상 변압기의 3상 전압을 2상으로 변압하기 위하여 스코트 결선을 할 때 T좌 변압기의 권수는 전 권수의 어느 점에서 택해야 하는가?

① $\frac{1}{\sqrt{2}}$ ② $\frac{1}{\sqrt{3}}$ ③ $\frac{2}{\sqrt{3}}$ ④ $\frac{\sqrt{3}}{2}$

해설

T좌 변압기는 1차 권선이 주좌 변압기와 같다면 $\frac{\sqrt{3}}{2}$ 지점에서 인출한다.

$a_T = a_{주} \times \frac{\sqrt{3}}{2}$

답 ④

222 중요도 ★★ / 한국동서발전

1회 2회 3회

다음 중 3상 변압기에 대한 내용으로 옳지 않은 것은?

① 부싱이 절약된다.
② 사용 재료가 경감된다.
③ 설치비 및 설치면적이 절약된다.
④ 1상 고장 시에도 사용할 수 있다.
⑤ 철손이 감소되어 효율이 우수하다.

해설 **3상 변압기의 특징**

(1) 사용되는 철심의 양이 적고 철손도 작으므로 효율이 좋다. 보기 ⑤
(2) 전반적으로 사용 재료가 경감되고 중량이 감소되며, 값이 단상 3대를 사용하는 것보다 싸지고, 설치면적이 절약된다. 보기 ②, ③
(3) Y 또는 △의 고전압 결선을 외함 내에서 하므로 부싱이 절약된다. 보기 ①
(4) 고장 시 수리가 어렵고 일괄 수리를 하기 때문에 그 비용이 많이 든다.
(5) 한 상에만 고장이 생겨도 그 변압기를 사용할 수 없다. 보기 ④
(6) 예비기의 설치에 있어서도 단상 변압기에 비해 불리하다.

답 ④

223 중요도 ★★ / 한국수력원자력

1회 2회 3회

누설 변압기에 필요한 특성은 무엇인가?

① 정전압 특성
② 고저항 특성
③ 고임피던스 특성
④ 수하 특성

해설 (1) 누설 변압기

① 2차 전류가 증가하면 누설 자속이 증가한다.
② 누설 자속이 증가하면 주자속은 감소하여 2차 유기 기전력이 감소한다.
③ 리액턴스가 크기 때문에 전압 변동률이 크다.
④ 2차 전류가 증가하면 2차 전압 강하가 증가한다.
⑤ 부하 임피던스가 변동하여도 거의 일정한 2차 전류가 흐르므로 (수하 특성) 정전류 공급이 가능하여 용접용 변압기로 사용된다.

(2) 수하 특성

1차측에 일정 전압을 가하고 2차측 부하 전류가 증가하면 누설 리액턴스에 의한 전압 강하가 급격히 증가하는 특성으로 누설 변압기에 필요한 특성

면접시험에도 나와요!

답 ④

224 중요도 ★ / 한국수력원자력

1회 2회 3회

변압기의 온도 시험을 하는 데 가장 좋은 방법은?

① 실부하법 ② 반환 부하법 ③ 단락 시험법 ④ 내전압법

해설 **변압기의 온도 상승 시험**

(1) 반환 부하법

중용량 이상에 사용하는 시험법으로, 변압기에 철손과 동손만을 따로 공급하여 실부하 시험과 같은 효과를 내는 시험법이며, 변압기 온도 시험 시 가장 많이 사용된다.

(2) 단락시험법(등가 부하법)

변압기 한쪽 권선을 단락시킨 후 발생하는 온도 상승 시험법이다.

(3) 실부하법

실제 부하를 연결하여 시행하는 시험법으로, 전력 손실이 많아 소형 변압기에만 사용한다.

답 ②

225 중요도 ★★ / 한국동서발전

1회 2회 3회

주상 변압기의 고압측에는 몇 개의 탭을 내놓았다. 그 이유는?

① 예비 단자용
② 수전점의 전압을 조정하기 위하여
③ 변압기의 여자 전류를 조정하기 위하여
④ 부하 전류를 조정하기 위하여

해설 주상 변압기의 고압측 탭은 수전점의 전압을 조정함으로써 전압 변동이나 부하에 의한 2차측 전압 변동을 보상하기 위해 사용된다.

답 ②

226 중요도 ★★★ / 인천교통공사 1회 2회 3회

변압기를 설명하는 다음 말 중 틀린 것은?

① 사용 주파수가 증가하면 전압 변동률은 감소한다.
② 전압 변동률은 부하의 역률에 따라 변한다.
③ △-Y결선에서는 고주파 전류가 흘러서 통신선에 대한 유도 장해는 없다.
④ 효율은 부하의 역률에 따라 다르다.

해설 (1) 주파수가 증가하면 리액턴스가 증가하므로 ($x_l = \omega L = 2\pi f L \propto f$) 전압 변동률은 증가한다. 보기 ①
(2) 전압 변동률 $\varepsilon = p\cos\theta + q\sin\theta$이므로 $\cos\theta$에 따라 전압 변동률은 변한다. 보기 ②
(3) △-Y결선에서는 △결선이 있어 제3고조파에 여자 전류의 통로가 있으므로 전압 파형은 일그러지지 않고 제3고조파에 의한 장해가 작다. 보기 ③
(4) 효율 $\eta = \dfrac{V_2 I_2 \cos\theta}{V_2 I_2 \cos\theta + P_i + P_c}$ 이므로 $\cos\theta$에 따라 효율이 다르다. 보기 ④

답 ①

227 중요도 ★★★ / 2024 서울교통공사 1회 2회 3회

변압기에 대한 설명으로 옳지 않은 것은?

① 변류기(CT)는 사용 중 2차 회로를 개방하여서는 안 된다.
② 1차측과 2차측 전압비는 1차측과 2차측의 권수비와 비례한다.
③ 자화전류는 변압기에 유효전력을 공급한다.
④ 2차측에서 1차측으로 변환한 등가회로에서 2차측 임피던스는 권수비 제곱에 비례한다.
⑤ 변압기의 효율은 철손과 동손이 같을 때에 최대이다.

해설 자화전류는 철심에서 자속을 만드는 전류로 무효전력을 발생시킨다.

답 ③

228 중요도 ★★ / 한국동서발전 1회 2회 3회

변류기에 대한 설명으로 틀린 것은?

① 대전류를 소전류로 변환하여 계측기나 계전기의 전원으로 사용한다.
② 2차 전류의 한도는 5[A]로 한다.
③ 직·교류 양용이다.
④ 교류용으로 사용된다.

해설 변류기는 변압기와 마찬가지로 교류용으로만 사용된다.

답 ③

229 중요도 ★★★ / 한국동서발전, 한국중부발전, 한국수력원자력

1회 2회 3회

변류기 개방 시 2차측을 단락하는 이유는?

① 2차측 절연 보호
② 2차측 과전류 보호
③ 측정 오차 방지
④ 1차측 과전류 방지

해설 **변류기 사용 시 주의사항**

(1) 변류기 교체 시 2차측을 개방하면 1차 전류가 모두 여자 전류가 되어 2차 권선에 매우 큰 전압이 유기되어 CT의 2차측 절연이 파괴된다.

(2) 따라서, 변류기 교체 시 반드시 2차측을 단락시킨 후 교체해야 한다.

답 ①

230 중요도 ★★ / 한국동서발전

1회 2회 3회

평형 3상 전류를 측정하려고 변류비 60/5[A]의 변류기 두 대를 그림과 같이 접속했더니 전류계에 2.5[A]가 흘렀다. 1차 전류는 몇 [A]인가?

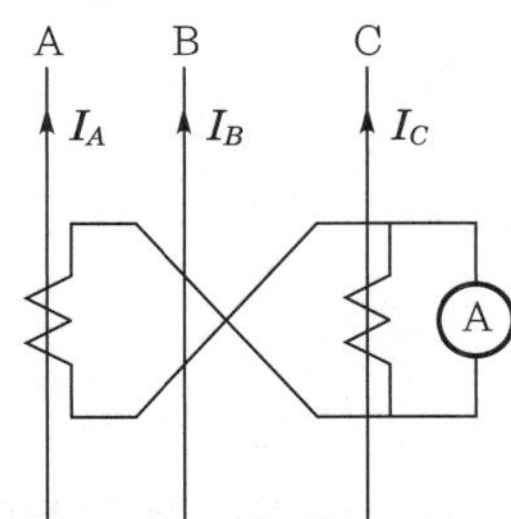

① 약 12.0
② 약 17.3
③ 약 30.0
④ 약 51.9

해설 **변류기의 차동접속**

Ⓐ의 지시 : CT 2차 전류의 $\sqrt{3}$배 지시 ($\dot{I}_C - \dot{I}_A = \sqrt{3}\,I_A = \sqrt{3}\,I_C$)

1차 전류 I_1 = 전류계 Ⓐ 지시값 $\times \dfrac{1}{\sqrt{3}} \times$ CT비

$$I_1 = 2.5 \times \frac{1}{\sqrt{3}} \times \frac{60}{5} \fallingdotseq 17.32[\text{A}]$$

답 ②

05 유도기

유도 전동기의 특징

231 중요도 ★★ / 한국남부발전, 서울교통공사

1회 2회 3회

유도 전동기가 동기 전동기에 비해 장점이 아닌 것은?

① 기동 특성이 양호하다.
② 전부하 효율이 양호하다.
③ 속도를 자유롭게 제어할 수 있다.
④ 구조가 간단하다.

해설 **유도 전동기의 특징**

(1) 구조가 간단하고 취급이 용이하다. 보기 ④
(2) 가격이 저렴하고 기계적으로 견고하다.
(3) 운전이 용이하고, 부하 변동에 비해 정속도 특성을 갖는다. 보기 ③
(4) 회전자계의 회전방향으로 회전한다.
(5) 동기 전동기에 비해 효율, 역률 모두 나쁘다. 보기 ②
(6) 동기 전동기에 비해 공극이 작다.

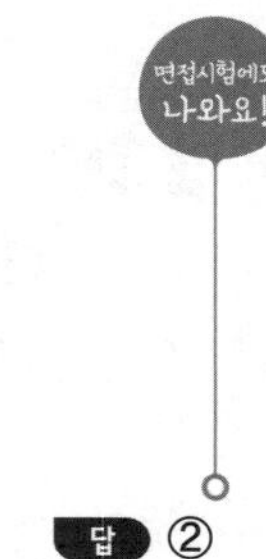

답 ②

232 중요도 ★ / 한국동서발전

1회 2회 3회

유도 전동기의 여자 전류(excitation current)는 극수가 많아지면 정격 전류에 대한 비율이 어떻게 되는가?

① 작아진다.
② 원칙적으로 변화하지 않는다.
③ 거의 변화하지 않는다
④ 커진다.

해설 유도 전동기의 자기 회로에는 공극이 있기 때문에 정격 전류 I_1에 대한 여자 전류 I_0의 비율이 매우 커서 일반적으로 전부하 전류의 25~50[%]에 이른다. 또한, 여자 전류의 값은 용량이 작은 것일수록 크고, 같은 용량의 전동기에서는 극수가 많을수록 크다. 그리고 여자 전류의 대부분을 차지하고 있는 자화 전류 I_ϕ는 $\frac{\pi}{2}$[rad]만큼 뒤진 전류이기 때문에 유도 전동기는 역률이 낮고 경부하일 경우에는 더욱 역률은 낮아지게 된다.

답 ④

유도 전동기의 구조

233 중요도 ★★ / 한국동서발전 1회 2회 3회

3상 유도 전동기에 있어서 권선형 회전자에 비교한 농형 회전자의 장점이 아닌 것은?

① 구조가 간단하고 튼튼하다. ② 취급이 쉽고 효율도 좋다.
③ 보수가 용이한 이점이 있다. ④ 속도 조정이 용이하고 기동 토크가 크다.

해설 (1) 농형 회전자

철심의 슬롯에 동 막대(동봉)를 삽입하고 그 양단을 단락환으로 연결한 것이다. 구리 대신 알루미늄을 녹여 넣은 것도 있다.

(2) 농형 유도 전동기의 특징

① 구조가 간단하고 튼튼하다. 보기 ①
② 기동 시에 큰 기동전류가 흐른다.
③ 취급이 간단하며 가격이 저렴하다. 보기 ②, ③
④ 기동 토크가 작아 소형에 적합하다. 보기 ④
⑤ 속도 조정이 어렵다.

(3) 권선형 회전자

회전자의 권선이 농형 권선이 아니고 고정자와 동상 동극의 분포권선을 가진 것

(4) 권선형 유도 전동기의 특징

① 상수만큼의 슬립링이 필요하다.
② 회전자의 구조가 복잡하고, 효율이 떨어진다(농형에 비해).
③ 기동 저항기를 이용하여 기동전류를 감소시킬 수 있고 속도 조정도 용이하다.
④ 기동토크가 커 대형 유도 전동기에 적합하다.

답 ④

유도 전동기의 회전속도

234 중요도 ★★★ / 2024 한국동서발전 1회 2회 3회

6극, 60[Hz]의 유도 전동기 슬립이 5[%]일 때 회전수[rpm]를 구하시오.

① 1200 ② 1160 ③ 1140 ④ 1120

해설 유도 전동기의 회전속도

$$N = \frac{120f}{p}(1-s) = \frac{120 \times 60}{6}(1-0.05) = 0.95 \times 1200 = 1140[\text{rpm}]$$

답 ③

235 중요도 ★★★ / 지역난방공사

1회 2회 3회

60[Hz] 8극인 3상 유도 전동기의 전부하에서 회전수가 855[rpm]이다. 이때, 슬립은 얼마인가?

① 4[%] ② 5[%] ③ 6[%] ④ 7[%]

해설 동기속도 $N_s = \frac{120f}{p} = \frac{120 \times 60}{8} = 900[\text{rpm}]$

슬립 $s = \frac{N_s - N}{N_s} \times 100 = \frac{900-855}{900} \times 100 = 5[\%]$

답 ②

236 중요도 ★★★ / 2024 한국남동발전

1회 2회 3회

3상 유도 전동기의 주파수를 상승시켰을 때, 동기속도는 어떻게 변화하는가?

① 주파수에 비례한다. ② 주파수에 반비례한다.
③ 주파수의 제곱에 비례한다. ④ 주파수의 제곱에 반비례한다.

해설 동기속도 $N_s = \frac{120f}{p}[\text{rpm}]$이므로

$N_s \propto f$, $N_s \propto \frac{1}{p}$, 즉 주파수에 비례하고, 극수에 반비례한다.

답 ①

유도 전동기의 슬립

237 중요도 ★★★ / 한국중부발전

1회 2회 3회

유도 전동기의 동작특성에서 유도발전기로 쓰이는 슬립의 영역으로 옳은 것은?

① $s < 0$ ② $0 < s < 1$ ③ $1 < s < 2$ ④ $2 < s$

해설 **슬립(slip, s)**

상대속도와 동기속도의 비이다.

$s = \frac{N_s - N}{N_s} \times 100[\%]$

(상대속도 : 회전자계 속도(동기속도)와 회전자 속도의 차)

(1) 역회전 시 슬립 : $s' = \frac{N_s - (-N)}{N_s} = 1 + \frac{N}{N_s} = 1 + (1-s) = 2 - s$

(2) 전동기 정지상태 : $s = 1$, $N = 0$

(3) 전동기 동기속도로 회전 : $s = 0$, $N = N_s$

(4) 유도 전동기 슬립 범위 : $0 < s < 1$
(5) 유도발전기 슬립 범위 : $s < 0$
(6) 유도제동기 슬립 범위 : $1 < s < 2$

답 ①

238 중요도 ★★★ / 2024 서울교통공사 1회 2회 3회

유도기의 슬립이 가장 클 때의 동기속도와 회전자 속도를 구하시오. (단, 동기속도 : N_s[rpm], 회전자 속도 : N[rpm])

① N_s : 1200, N : 0
② N_s : 1200, N : 120
③ N_s : 2400, N : 240
④ N_s : 2400, N : 2300
⑤ N_s : 3600, N : 3500

해설 유도 전동기의 슬립 범위는 $0 < s < 1$
① 전동기 정지상태 : $s = 1$, $N = 0$
② 전동기 동기속도로 회전 : $s = 0$, $N = N_s$
회전속도 $N = 0$일 때의 슬립 $s = 1$이므로 가장 크다.

답 ①

239 중요도 ★ / 한국수력원자력, 인천교통공사 1회 2회 3회

유도 전동기의 슬립을 측정하려고 한다. 다음 중 슬립의 측정법이 아닌 것은?

① 직류 밀리볼트계법
② 수화기법
③ 스트로보스코프법
④ 프로니 브레이크법

해설 (1) 슬립 측정방법
① 직류 밀리볼트계법
② 수화기법
③ 스트로보스코프법
(2) 프로니 브레이크법은 토크 측정방법이다.

답 ④

240 중요도 ★★★ / 지역난방공사, 서울교통공사

1회 2회 3회

4극, 60[Hz]인 3상 유도기가 1750[rpm]으로 회전하고 있을 때 전원의 b상, c상과를 바꾸면 이때의 슬립은?

① 2.03 ② 1.97

③ 0.029 ④ 0.028

해설 (1) 3상 유도 전동기의 회전방향 변경

1차 권선 3단자 중 임의의 2단자의 접속을 바꾸면 상회전 방향이 반대로 되어 토크의 방향이 반대로 변경

(2) 역방향 슬립

$$s_b = \frac{N_s - (-N)}{N_s} = \frac{N_s + N}{N_s} = 1 + \frac{N}{N_s} = 1 + (1-s) = 2 - s \ \ (s\text{는 정방향 슬립})$$

(3) 동기속도 $N_s = \frac{120f}{p} = \frac{120 \times 60}{4} = 1800[\text{rpm}]$

슬립 $s = \frac{N_s - (-N)}{N_s} = \frac{1800 - (-1750)}{1800} = 1.972$

답 ②

241 중요도 ★★ / 서울교통공사, 부산교통공사

1회 2회 3회

200[V], 50[Hz]인 3상 유도 전동기의 1차 권선이 △결선이다. 권선은 그대로 하고 접속을 Y로 변경했다고 하면 자속의 양은 어떻게 변하는가?

① 3 ② $\frac{1}{\sqrt{3}}$

③ $\sqrt{3}$ ④ 2

해설

△결선 시 자속 $\phi = \frac{V}{4.44fk_w w} = \frac{200}{4.44 \times 50 \times k_w \times w}$

Y결선 시 자속 $\phi = \frac{200/\sqrt{3}}{4.44fk_w w} = \frac{200}{4.44 \times 60 \times \sqrt{3} \times k_w \times w}$

따라서, △결선을 Y결선으로 하면 자속은 $\frac{1}{\sqrt{3}}$ 이 된다.

답 ②

회전 시 슬립과의 관계

242 중요도 ★★★ / 한국남부발전 1회 2회 3회

4극, 50[Hz]의 3상 유도 전동기가 1410[rpm]으로 회전하고 있을 때 회전자 전류의 주파수[Hz]는?

① 50 ② 25 ③ 10 ④ 3

해설

동기속도 $N_S = \frac{120f}{p} = \frac{120 \times 50}{4} = 1500[\text{rpm}]$

슬립 $s = \frac{N_s - N}{N_s} = \frac{1500 - 1410}{1500} = 0.06$

회전자 전류의 주파수 = 2차 주파수(= 회전자 주파수)

$f_{2s} = sf_2 = sf_1 = 0.06 \times 50 = 3[\text{Hz}]$

체크 point

회전 시 슬립과의 관계

- 회전자 회전 시 회전자 주파수 : $f_{2S} = \frac{N_s - N}{N_s} f_1 = sf_1 = sf_2[\text{Hz}]$
- 회전자 회전 시 2차측 유기 기전력 : $E_{2S} = sE_2$
- 슬립 s로 회전 시 전압비 : $a' = \frac{E_1}{sE_2} = \frac{1}{s}a$
- 회전 시 회전자 리액턴스 : $x_{2S} = w'L = 2\pi f_{2S}L = 2\pi sf_2L = sx_2$

답 ④

243 중요도 ★★ / 한국가스공사 1회 2회 3회

회전자가 슬립 s로 회전하고 있을 때 고정자, 회전자의 실효 권수비를 α라 하면 고정자 기전력 E_1과 회전자 기전력 E_2와의 비는?

① $\frac{\alpha}{s}$ ② $s\alpha$ ③ $(1-s)\alpha$ ④ $\frac{\alpha}{1-s}$

해설

슬립 s로 회전 시 전압비 $a' = \frac{E_1}{sE_2} = \frac{1}{s}a$

답 ①

244 중요도 ★★★ / 서울교통공사, 대구교통공사 1회 2회 3회

정지 시에 있어서 회전자 상기전력이 100[V], 60[Hz] 6극 3상 권선형 유도 전동기가 있다. 회전자 기전력과 동일 주파수 및 동일 위상의 20[V] 상전압을 회전자에 공급하면 무부하 속도[rpm]는?

① 1920
② 1440
③ 1350
④ 960

해설
회전자 회전 시 2차측 유도 기전력 $E_{2S} = sE_2$에서 $s = \dfrac{E_{2s}}{E_2} = \dfrac{20}{100} = 0.2$

동기속도 $N_s = \dfrac{120f}{p} = \dfrac{120 \times 60}{6} = 1200\,[\text{rpm}]$

회전자 회전속도 $N = N_s(1-s) = 1200(1-0.2) = 960\,[\text{rpm}]$

답 ④

245 중요도 ★★★ / 인천교통공사 1회 2회 3회

권선형 유도 전동기의 슬립 S에 있어서의 2차 전류는? (단, E_2, X_2는 전동기 정지 시의 2차 유기전압과 2차 리액턴스로 하고 R_2는 2차 저항으로 한다.)

① $\dfrac{E_2}{\sqrt{(R_2/s)^2 + {X_2}^2}}$
② $sE_2 \Big/ \sqrt{{R_2}^2 + \dfrac{{X_2}^2}{s}}$
③ $E_2 \Big/ \left(\dfrac{R_2}{1-s}\right)^2 + X_2$
④ $E_2 / \sqrt{(sR_2)^2 + {X_2}^2}$

해설 **2차 전류**

(1) 정지 시 2차 전류

$$I_2 = \frac{E_2}{\sqrt{{R_2}^2 + {X_2}^2}}\,[\text{A}]$$

(2) 회전 시 2차 전류

$$I_2 = \frac{sE_2}{\sqrt{{R_2}^2 + (sX_2)^2}} = \frac{E_2}{\sqrt{\left(\dfrac{R_2}{s}\right)^2 + {X_2}^2}}\,[\text{A}]$$

답 ①

246 중요도 ★★★ / 광주교통공사

1회 2회 3회

다상 유도 전동기의 등가회로에서 기계적 출력을 나타내는 정수는?

① $\dfrac{r_2}{s}$　　② $(1-s)r_2$　　③ $\dfrac{s-1}{s}r_2$　　④ $\left(\dfrac{1}{s}-1\right)r_2$

해설

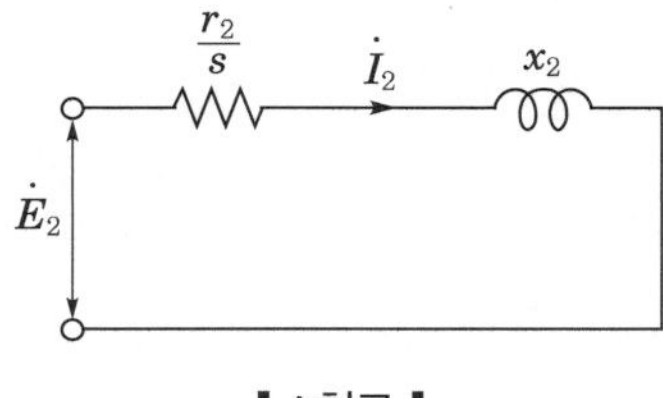

▌A회로▌

▌B회로▌

A회로＝B회로

$$\frac{r_2}{s}+jX_2=\underbrace{\boxed{\frac{r_2}{s}-r_2}}_{R}+r_2+jX_2$$

R(등가 부하저항, 2차 외부저항, 기계적 출력정수)

$$\left(\frac{1}{s}-1\right)r_2=\left(\frac{1-s}{s}\right)r_2$$

답 ④

247 중요도 ★★ / 부산교통공사

1회 2회 3회

3상 권선형 유도 전동기에서 1차와 2차 간의 상수비, 권수비가 β, α 이고 2차 전류가 I_2 일 때 1차 1상으로 환산한 $I_2{}'$ 는?

① $\dfrac{\alpha}{I_2\beta}$　　② $\alpha\beta I_2$　　③ $\dfrac{\beta I_2}{\alpha}$　　④ $\dfrac{I_2}{\beta\alpha}$

해설

$I_1m_1N_1k_{w1}=I_2m_2N_2k_{w2}$ 에서 $I_1=I_2{}'=\dfrac{m_2N_2k_{w2}}{m_1N_1k_{w1}}I_2$

여기서, 상수비 $\beta=\dfrac{m_1}{m_2}$, 권수비 $\alpha=\dfrac{N_1k_{w1}}{N_2k_{w2}}$ 이므로

$\therefore\ I_1=I_2{}'=\dfrac{1}{\beta\alpha}I_2$

답 ④

유도 전동기의 전력변환

248 중요도 ★★★ / 2024 서울교통공사 1회 2회 3회

3상 유도 전동기의 회전자 입력 P_2, 슬립 s이면 2차 동손은?

① sP_2　② $(1-s)P_2$　③ $\frac{1-s}{s}P_2$

④ $\frac{s}{1-s}P_2$　⑤ $\frac{P_2}{s}$

해설 $P_2 : P_{c2} : P_o = 1 : s : (1-s)$

$P_{c2} = sP_2$

답 ①

249 중요도 ★★★ / 한전 KPS 1회 2회 3회

동기 각속도 100[rad/s], 회전자 각속도 50[rad/s]인 유도 전동기의 2차측 효율[%]은?

① 10　② 20　③ 30

④ 40　⑤ 50

해설 유도 전동기의 2차측 효율

$\eta_2 = \frac{P_o}{P_2} = \frac{(1-s)P_2}{P_2} = 1-s = \frac{N}{N_s} = \frac{\omega}{\omega_s}$ (ω : 회전자 각속도, ω_s : 동기 각속도)

$= \frac{50}{100} \times 100 = 50[\%]$

답 ⑤

250 중요도 ★★★ / 한국동서발전 1회 2회 3회

3상 유도 전동기가 슬립 1[%]로 운전 중에 있다. 이때, 유도 전동기의 1차 입력은 40[kW], 1차 손실이 2[kW]라면 기계적 출력[kW]은?

① 37.62　② 38.00　③ 39.20

④ 39.60　⑤ 41.58

해설 $P_2 = P_1 - P_{c1}$ 이므로 $P_2 = 40 - 2 = 38[\text{kW}]$

출력 $P_o = (1-s)P_2 = (1-0.01) \times 38 = 37.62[\text{kW}]$

답 ①

251 중요도 ★★★ / 한전 KPS 1회 2회 3회

80[Hz], 8극, 30[kW]의 3상 유도 전동기가 있다. 전부하 회전수가 960[rpm]이면 이 전동기의 2차 동손과 2차 효율은 얼마인가?

① 7.5[kW], 80[%] ② 7.5[kW], 90[%] ③ 85[kW], 80[%]
④ 8.5[kW], 90[%] ⑤ 9.0[kW], 90[%]

해설

$N_s = \frac{120f}{p} = \frac{120 \times 80}{8} = 1200[\text{rpm}]$

$s = \frac{N_s - N}{N_s} = \frac{1200 - 960}{1200} = 0.2$

$P_2 = \frac{P_o}{1-s} = \frac{30}{1-0.2} = 37.5[\text{kW}]$이고 $P_{c2} = sP_2$이므로

$P_{c2} = 0.2 \times 37.5 = 7.5[\text{kW}]$

$\eta_2 = 1 - s = 1 - 0.2 = 0.8$

$\therefore$ 80[%]

답 ①

252 중요도 ★★★ / 2024 한국수자원공사 1회 2회 3회

9.5[kW], 6극, 3상 유도 전동기가 있다. 60[Hz] 전부하 시 슬립이 5[%]일 때 이때의 2차(회전자)측 동손 및 2차 입력은?

① 0.5[kW], 5[kW] ② 0.1[kW], 10[kW]
③ 0.5[kW], 10[kW] ④ 1[kW], 15[kW]

해설

$P_2 = \frac{P_o}{1-s} = \frac{9.5}{1-0.05} = 10[\text{kW}]$

$P_{c2} = sP_2 = 0.05 \times 10 = 0.5[\text{kW}]$

답 ③

253 중요도 ★★★ / 서울교통공사 1회 2회 3회

4극, 7.5[kW], 200[V], 60[Hz]인 3상 유도 전동기가 있다. 전부하에서의 2차 입력이 7950[W]이다. 이 경우 2차 효율은 약 몇 [%]인가? (단, 기계손은 130[W]이다.)

① 92 ② 94 ③ 96 ④ 98

해설 2차 출력 $P_o = P_n + P_{m,l} = 7.5 \times 10^3 + 130 = 7630[W]$

2차 효율 $\eta_2 = \frac{P_o}{P_2} = \frac{7630}{7950} = 0.9597 ≒ 0.96$

$\therefore$ 96[%]

답 ③

254 중요도 ★★★ / 한국중부발전

1회 2회 3회

200[V], 60[Hz], 4극 20[kW]의 3상 유도 전동기가 있다. 전부하일 때의 회전수가 1728[rpm]이라 하면 2차 효율[%]은?

① 45　② 56　③ 96　④ 100

해설 $N_s = \frac{120f}{p} = \frac{120 \times 60}{4} = 1800[rpm]$

2차 효율 $\eta_2 = \frac{N}{N_s} = \frac{1728}{1800} = 0.96$

$\therefore$ 96[%]

답 ③

255 중요도 ★★★ / 한국수력원자력, 한국남동발전

1회 2회 3회

3000[V], 60[Hz], 8극, 100[kW]의 3상 유도 전동기가 있다. 전부하에서 2차 동손이 3.0[kW], 기계손이 2.0[kW]라고 한다. 전부하 회전수[rpm]를 구하면?

① 674　② 774　③ 874　④ 974

해설 2차 출력 $P_o = P_n + P_{m,l} = 100 + 2 = 102[W]$

2차 입력 $P_2 = P_o + P_{c2} = 102 + 3 = 105[kW]$

$N_s = \frac{120f}{p} = \frac{120 \times 60}{8} = 900[rpm]$

2차 효율 $\eta_2 = \frac{P_o}{P_2} = \frac{N}{N_s}$ 이므로 $\eta_2 = \frac{102}{105} = \frac{N}{900}$

$N = \frac{102}{105} \times 1800 = 874[rpm]$

답 ③

256 중요도 ★★ / 한국동서발전 1회 2회 3회

어떤 유도 전동기가 부하 시 슬립 $s=5$[%]에서 한 상당 10[A]의 전류를 흘리고 있다. 한 상에 대한 회전자 유효저항이 0.1[Ω]일 때 3상 회전자 출력은 얼마인가?

① 190[W] ② 570[W] ③ 620[W] ④ 830[W]

해설

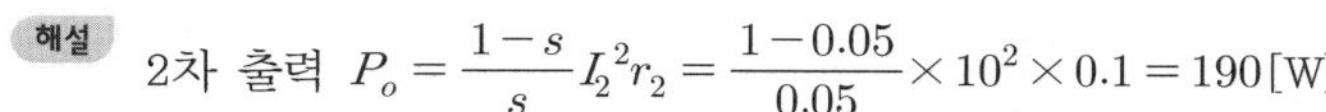

2차 출력 $P_o=\frac{1-s}{s}I_2^2r_2=\frac{1-0.05}{0.05}\times10^2\times0.1=190[\text{W}]$

1상당 출력이므로 3상 출력 $P_{o,3}=3\times P_o=3\times190=570[\text{W}]$

답 ②

257 중요도 ★★ / 부산교통공사 1회 2회 3회

2차 저항 0.02[Ω], $s=1$에서 2차 리액턴스 0.05[Ω]인 3상 유도 전동기가 있다. 이 전동기의 슬립이 5[%]일 때 1차 부하전류가 12[A]라면, 그 기계적 출력[kW]은? (단, 권수비 $a=10$, 상수비 $m=1$이다.)

① 12.5 ② 13.7 ③ 15.6 ④ 16.4

해설 2차를 1차로 변환한 저항 $r_2'=a^2r_2=10^2\times0.02=2[\Omega]$

기계적 출력 $P_o=\frac{1-s}{s}I_1^2r_2'=\frac{1-0.05}{0.05}\times12^2\times2=5472[\text{W}]$

1상당 출력이므로 3상 출력 $P_{o,3}=3\times P_o=3\times5472=16416[\text{W}]=16.416[\text{kW}]$

답 ④

258 중요도 ★★ / 인천교통공사 1회 2회 3회

3상 유도 전동기에 직결된 직류 발전기가 있다. 이 발전기에 100[kW]의 부하를 걸었을 때 발전기 효율은 80[%], 전동기의 효율과 역률은 95[%]와 90[%]라고 하면, 전동기의 입력[kVA]은?

① 146.2 ② 138.5 ③ 120.5 ④ 118.2

해설

발전기 입력 $P_G=\frac{100}{0.8}=125[\text{kW}]$

발전기의 입력 = 전동기의 출력이므로

$$P_M=\frac{P_G}{\eta_M\times\cos\theta}=\frac{125}{0.95\times0.9}=146.2[\text{kVA}]$$

답 ①

259 중요도 ★★ / 한국남동발전

1회 2회 3회

직류 발전기에 직결한 3상 유도 전동기가 있다. 발전기의 부하 10[kW], 효율 90[%]이며, 전동기 단자 전압 3300[V], 효율 90[%], 역률 90[%]이다. 전동기에 흘러 들어가는 전류의 값[A]은?

① 2.4　　② 4.8　　③ 19　　④ 24

해설 발전기 입력 $P_G = \frac{10}{0.9} = 11.11[\text{kW}]$

발전기의 입력＝전동기의 출력이므로

$$P_M = \frac{P_G}{\eta_M \times \cos\theta} = \frac{11.11}{0.9 \times 0.9} = 13.72[\text{kVA}]$$

3상 유도 전동기의 입력 $P_M = \sqrt{3}\,VI$이므로

$$\therefore\ I = \frac{P_M}{\sqrt{3}\,V} = \frac{13.72 \times 10^3}{\sqrt{3} \times 3300} = 2.4[\text{A}]$$

답 ①

유도 전동기의 토크 특성

260 중요도 ★★ / 한국도로공사

1회 2회 3회

3상 유도 전동기에서 동기 와트로 표시되는 것은?

① 토크　　② 동기 각속도
③ 1차 입력　　④ 2차 출력

해설 $T = \frac{P_2}{\omega_s} = \frac{P_2}{2\pi \frac{N_s}{60}}$ 이므로 $P_2 = \omega_s T$(동기 와트)

답 ①

261 중요도 ★★ / 2024 한국서부발전

1회 2회 3회

유도 전동기 1극의 자속 ϕ, 2차 유효 전력 $I_2\cos\theta_2$, 토크 τ의 관계로 옳은 것은?

① $\tau \propto \phi \times I_2\cos\theta_2$　　② $\tau \propto \phi \times (I_2\cos\theta_2)^2$

③ $\tau \propto \frac{1}{\phi \times I_2\cos\theta_2}$　　④ $\tau \propto \frac{1}{\phi \times (I_2\cos\theta_2)^2}$

해설 **유도 전동기의 토크**

$\tau \propto \phi \times I_2\cos\theta_2$

극당 자속에 비례하고, 회전자 전류의 유효분에 비례한다.

답 ①

262 중요도 ★★★ / 한국남부발전, 한국중부발전, 국가철도공단

1회 2회 3회

일정 주파수의 전원에서 운전 중인 3상 유도 전동기의 전원 전압이 80[%]로 되었다고 하면 부하의 토크는 약 몇 [%]로 되는가?

① 55　　② 64　　③ 80　　④ 90

해설 회전수가 일정하면 토크는 전압의 제곱에 비례하므로 $T \propto V_1^2$

$0.8^2 = 0.64$

$\therefore$ 64[%]

답 ②

263 중요도 ★★★ / 한국동서발전

1회 2회 3회

3상 4극 80[Hz]인 권선형 유도 전동기가 2352[rpm]으로 운전 중에 있다. 동일 조건에서 이 전동기의 2차 권선저항을 $\frac{1}{2}$ 배로 하는 경우 회전수[rpm]는?

① 2160　　② 2280　　③ 2304
④ 2376　　⑤ 2520

해설 (1) 동기속도

$$N_s = \frac{120f}{p}[\text{rpm}] = \frac{120 \times 80}{4} = 2400[\text{rpm}]$$

(2) 슬립

$$s = \frac{N_s - N}{N_s} = \frac{2400 - 2352}{2400} = 0.02$$

$r_2 \propto s$ 이므로 $N = \left(1 - 0.02 \times \frac{1}{2}\right) \times 2400 = 2376[\text{rpm}]$

답 ④

264 중요도 ★★ / 한국동서발전, 한국도로공사

1회 2회 3회

60[Hz], 6극, 10[kW]인 유도 전동기가 슬립 5[%]로 운전할 때 2차의 동손이 500[W]이다. 이 전동기의 전부하 시의 토크[kg · m]는 얼마인가?

① 약 83.5　　② 약 41.8　　③ 약 8.5　　④ 약 4.3

해설 (1) 2차 입력 : $P_2 = P_o + P_{c2} = 10000 + 500 = 10500[\text{W}]$

(2) 토크 : $T=\frac{1}{9.8}\frac{P_2}{\omega_s}=\frac{1}{9.8}\frac{P_2}{2\pi\frac{N_s}{60}}=0.975\frac{P_2}{N_s}=0.975\frac{P_2}{\frac{120f}{p}}$

$$=0.975\times\frac{10500}{\frac{120\times 60}{6}}=0.975\times\frac{10500}{1200}\fallingdotseq 8.5[\text{kg}\cdot\text{m}]$$

답 ③

265 중요도 ★★ / 지역난방공사

1회 2회 3회

8극, 60[Hz], 3상 권선형 유도 전동기의 전부하 시의 2차 주파수가 3[Hz], 2차 동손이 500[W]라면 발생 토크는 약 몇 [kg · m]인가? (단, 기계손은 무시한다.)

① 10.4 ② 10.8 ③ 11.1 ④ 12.5

해설 (1) 슬립 : $s=\frac{f_2}{f_1}=\frac{3}{60}=0.05$

(2) 2차 입력 : $P_2=\frac{P_{c2}}{s}=\frac{600}{0.05}=12000[\text{W}]=12[\text{kW}]$

(3) 토크 : $T=\frac{1}{9.8}\frac{P_2}{\omega_s}=\frac{1}{9.8}\frac{P_2}{2\pi\frac{N_s}{60}}=0.975\frac{P_2}{N_s}=0.975\frac{P_2}{\frac{120f}{p}}$

$$=0.975\times\frac{10\times 10^3}{\frac{120\times 60}{8}}=0.975\times\frac{10\times 10^3}{900}=10.833[\text{kg}\cdot\text{m}]$$

답 ②

유도 전동기의 비례추이

266 중요도 ★★★ / 한국수력원자력

1회 2회 3회

유도 전동기의 토크 속도 곡선이 비례 추이(proportional shifting)한다는 것은 그 곡선이 무엇에 비례해서 이동하는 것을 말하는가?

① 슬립 ② 회전수 ③ 공급 전압 ④ 2차 합성 저항

해설 **유도 전동기의 비례추이**

(1) 3상 권선형 유도 전동기만 적용

(2) 회전자(2차측)에 저항을 연결하여 2차 합성저항을 변화하면 토크 특성곡선이 비례하여 이동하는 현상

(3) 기동 토크 증가

(4) 기동 전류 제한(감소)

(5) 슬립 변화를 통하여 속도 제어
(6) 최대 토크 불변
(7) 비례추이 할 수 있는 것 : 1차 입력, 1차 전류, 역률
(8) 비례추이 할 수 없는 것 : 출력, 효율, 2차 동손

답 ④

267 중요도 ★★★ / 2024 한국남동발전

1회 2회 3회

다음 중 유도 전동기에서 비례추이를 할 수 있는 것은?

① 2차 전류 ② 2차 동손 ③ 2차 효율 ④ 출력

해설 **유도 전동기의 비례추이**
(1) 3상 권선형 유도 전동기만 적용
(2) 회전자(2차측)에 저항을 연결하여 2차 합성저항을 변화하면 토크 특성곡선이 비례하여 이동하는 현상
(3) 기동 토크 증가
(4) 기동 전류 제한(감소)
(5) 슬립 변화를 통하여 속도 제어
(6) 최대 토크 불변
(7) 비례추이 할 수 있는 것 : 1차 입력, 1차 전류, 역률
(8) 비례추이 할 수 없는 것 : 출력, 효율, 2차 동손

답 ①

268 중요도 ★★★ / 2024 한국서부발전

1회 2회 3회

3상 권선형 유도 전동기에서 2차측 저항을 2배로 하면 그 최대 토크는 어떻게 되는가?

① 2배로 된다. ② $\frac{1}{2}$로 줄어든다.
③ $\sqrt{2}$가 된다. ④ 변하지 않는다.

해설 **토크와 비례추이(proportional shifting)**
(1) 3상 권선형 유도전동기만 적용
회전자(2차측)에 저항을 연결하여 2차 합성저항을 변화하면 토크 특성곡선이 비례하여 이동하는 현상
(2) 비례추이를 하면(r_2'를 크게 하면)
① 기동 전류는 감소하고, 기동 토크는 증가한다.
② 최대 토크를 발생하는 슬립($s_{\max,T}$)이 커진다(속도제어).
③ 최대 토크는 변하지 않는다(정동 토크).

답 ④

269 중요도 ★★★ / 부산교통공사

1회 2회 3회

전부하로 운전하고 있는 60[Hz], 4극 권선형 유도 전동기의 전부하 속도 1728[rpm] 2차 1상 저항 0.02[Ω]이다. 2차 회로의 저항을 3배로 할 때 회전수[rpm]는?

① 1264　　② 1356　　③ 1584　　④ 1765

해설 (1) 동기속도 : $N_s = \dfrac{120f}{p} = \dfrac{120 \times 60}{4} = 1800[\text{rpm}]$

(2) 슬립 : $s_1 = \dfrac{N_s - N}{N_s} = \dfrac{1800 - 1728}{1800} = 0.04$

(3) $s \propto r_2'$

r_2를 3배로 하면 비례추이의 원리로 슬립 s_2로 3배

(4) $\dfrac{r_2}{s_1} = \dfrac{R}{s_2} = \dfrac{3r_2}{s_2}$

$s_2 = \dfrac{3r_2}{r_2} \times s_1 = \dfrac{3 \times 0.02}{0.02} \times 0.04 = 0.12$

$\therefore\ N_2 = N_s(1 - s_2) = 1800 \times (1 - 0.12) = 1584[\text{rpm}]$

답 ③

유도 전동기의 원선도

270 중요도 ★ / 국가철도공단

1회 2회 3회

유도 전동기 원선도의 제작에 필요한 자료 중 지정에 의하여 계산하는 것은?

① 1차 권선의 저항　　② 여자전류의 역률각
③ 정격전압에 있어서 단락전류　　④ 정격전압에 있어서 여자전류

해설 (1) 원선도 작성에 필요한 시험

① 무부하 시험 : I_0(여자전류), P_i(철손), Y_0(여자 어드미턴스)

② 구속시험(＝단락시험) : I_s(단락전류), P_s(동손)

③ 권선의 저항 측정 : r_1, r_2(1・2차 권선저항)

(2) 정격전압에 있어서 단락전류의 값은 매우 큰 값이므로 이를 측정에 의해 구할 수 없으며, 구속시험을 통해 계산하게 된다.

답 ③

271 중요도 ★★ / 한국수력원자력

1회 2회 3회

유도 전동기의 원선도에서 구할 수 없는 것은?

① 1차 입력　② 1차 동손
③ 동기 와트　④ 기계적 출력

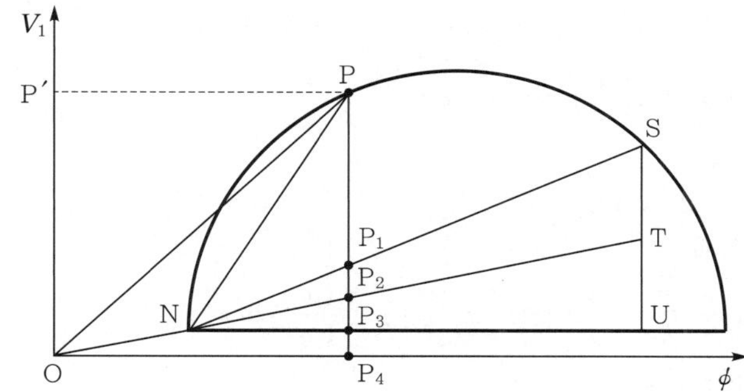

(1) 원선도에서 구할 수 있는 것

① 2차 출력 : $\overline{PP_1}$

② 2차 동손 : $\overline{P_1P_2}$

③ 2차 입력 : 2차 출력 + 2차 동손 = $\overline{PP_2}$

④ 1차 동손 : $\overline{P_2P_3}$

⑤ 철손 : $\overline{P_3P_4}$

⑥ 전입력 : 2차 입력 + 1차 동손 + 철손 = $\overline{PP_4}$

⑦ 전부하효율 : $\eta = \dfrac{2차\ 출력}{전입력} = \dfrac{\overline{PP_1}}{\overline{PP_4}}$

⑧ 2차 효율 : $\eta_2 = \dfrac{2차\ 출력}{2차\ 입력} = \dfrac{\overline{PP_1}}{\overline{PP_2}}$

⑨ 슬립 : $s = \dfrac{2차\ 동손}{2차\ 입력} = \dfrac{\overline{P_1P_2}}{\overline{PP_2}}$

(2) 원선도에서 구할 수 없는 것 : 기계적 출력, 기계손

 ④

272 중요도 ★★ / 서울교통공사, 한국동서발전 1회 2회 3회

50[Hz]로 설계된 3상 유도 전동기를 60[Hz]에 사용하는 경우 단자전압을 110[%]로 올리면 다음과 같은 점에서 지장 없이 사용할 수 있다. 이 중 옳지 못한 것은?

① 철손 불변 ② 여자전류 감소 ③ 역률 불변 ④ 온도 상승 증가

해설 정격주파수 f, 정격전압 V라 하면, $V \fallingdotseq E \propto fB_m$이므로

(1) 철손 $P_i \propto fB_m{}^2 = f\left(\frac{V}{f}\right)^2 = \frac{V^2}{f}$이다.

$P_i \propto \frac{V^2}{f} = \frac{1.1^2}{1.2} = \frac{1.21}{1.2} \fallingdotseq 1$

∴ 철손은 불변

(2) 여자전류 $I_0 \propto B_m \propto \frac{V}{f}$이므로 $I_0 \propto \frac{V}{f} = \frac{1.1}{1.2} \fallingdotseq 0.9$

∴ 여자전류는 감소

(3) 유효전류 $I_w = \frac{P_i}{V} \propto \frac{1}{1.1} = 0.9$

∴ 유효전류 감소(철손은 불변이므로)

역률은 $\frac{\text{유효분}}{\text{피상분}} = \frac{\text{유효전류}}{\text{여자전류}} = \frac{I_w}{I_o} = \frac{0.9}{0.9} = 1$

∴ 역률은 변함없다.

(4) 유도 전동기의 주파수가 증가하면 $N = \frac{120f}{p}(1-s)$이므로 속도가 증가하고 냉각효과가 증가하여 온도 상승이 감소한다.

답 ④

273 중요도 ★★★ / 한국남동발전 1회 2회 3회

횡축에 속도 n을, 종축에 토크 T를 취하여 전동기 및 부하의 속도 토크 특성곡선을 그릴 때 그 교점이 안정 운전점인 경우에 성립하는 관계식은? (단, 전동기의 발생 토크를 T_M, 부하의 반항 토크를 T_L이라 한다.)

① $\frac{dT_M}{dT_L} < \frac{dT_L}{dn}$ ② $\frac{dT_M}{dn} = \frac{dT_L}{dn} = 0$

③ $\frac{dT_M}{dn} = \frac{dT_L}{dn}$ ④ $\frac{dT_M}{dn} < \frac{dT_L}{dn}$

해설 **전동기의 안정 운전점**

(1) 전동기에 부하를 걸고 안정하게 운전하기 위해서 그래프와 같이 n이 증가할 때에는 부하 토크 T_L이 전동기 발생 토크 T_M보다 커지고, n이 감소할 때에는 이와 반대로 되지 않으면 안 된다.

(2) 안정적인 운전을 위해서는 두 곡선이 만나는 교점 P에서 $\frac{dT_M}{dn} < \frac{dT_L}{dn}$이 되어야 한다.

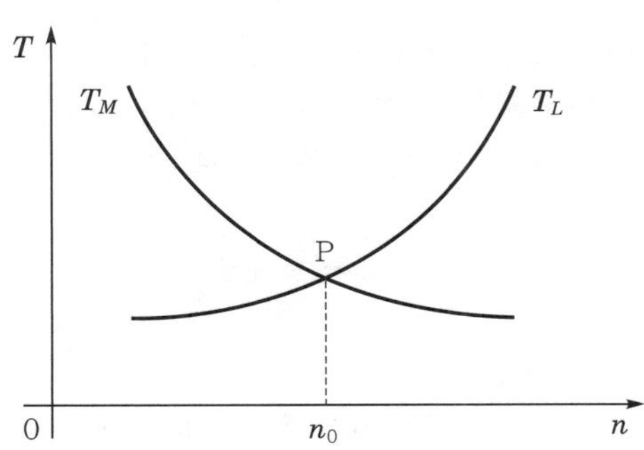

답 ④

유도 전동기의 기동법

274 중요도 ★★★ / 2024 한국중부발전 1회 2회 3회

3상 유도 전동기의 기동법으로 사용되지 않는 것은?

① Y−△ 기동법
② 기동 보상기법
③ 2차 저항에 의한 기동법
④ 극수 변환 기동법

해설 **유도 전동기의 기동법**

(1) 농형 유도 전동기
① 전전압 기동(5[kW] 이하의 소형)
② Y−△ 기동(5 ~ 15[kW] 정도)
③ 리액터 기동
④ 기동 보상기(15[kW] 이상) − 단권 변압기 사용

(2) 권선형 유도 전동기
① 2차 저항 기동법
② 2차 임피던스 기동법

답 ④

275 중요도 ★★★ / 한국수력원자력, 서울교통공사, 부산교통공사, 국가철도공단 1회 2회 3회

농형 유도 전동기의 기동에 있어 다음 중 옳지 않은 방법은?

① 전전압 기동
② 단권 변압기에 의한 기동
③ Y−△기동
④ 2차 저항에 의한 기동

해설 **농형 유도 전동기의 기동법**

(1) 전전압 기동(직입 기동)

① 기동 시 정격전압을 직접 인가시켜 기동하는 방식

② 기동 시 기동전류가 전부하 전류의 3 ~ 6배 흐름 : 권선이탈 염려가 있으며, 계통 전압 강하가 크다.

③ 5[kW] 이하 소형 전동기, 단시간 기동에 주로 사용

(2) 감전압 기동

① 기동 시 정격전압을 감소시켜 기동하는 방법

② 목적 : 기동전류 감소

③ 단점 : 기동 토크가 작음($T \propto V^2$)

④ 종류 : Y-△ 기동, 리액터 기동, 기동 보상기법(3상 단권 변압기(Y결선) 사용), 콘도로퍼 기동법

 ④

276 중요도 ★★★ / 한국도로공사

1회 2회 3회

다음 중 권선형 유도 전동기의 기동법은 어느 것인가?

① 분상 기동법　　② 반발 기동법
③ 콘덴서 기동법　　④ 2차 저항 기동법

해설 **권선형 유도 전동기의 기동법**

(1) 2차 저항 기동법

2차 저항 조정기를 사용하여 최대 위치에서 저항이 기동한 후, 저항을 점차 줄여 정상적으로 운전하는 방식(비례추이 이용)

(2) 2차 임피던스 기동법

2차 권선(회전자 권선) 회로에 고유저항 R이 리액터 L 또는 과포화 리액터의 병렬 연결로 삽입하는 방식

 ④

277 중요도 ★★★ / 지역난방공사

1회 2회 3회

농형 유도 전동기 직입 기동에 대한 설명 중 틀린 것은?

① 기동 토크가 크다.　　② 기동시간이 길다.
③ 기동전류가 크다.　　④ 기동 시 역률이 저하된다.

해설 **전전압 기동(직입 기동)**

(1) 기동 시 정격전압을 직접 인가시켜 기동하는 방식

(2) 기동 시 기동전류가 전부하 전류의 3 ~ 6배 흐름 : 권선이탈 염려가 있으며, 계통 전압 강하가 큼

(3) 5[kW] 이하 소형 전동기, 단시간 기동에 주로 사용

답 ②

278 중요도 ★★★ / 한국수력원자력 1회 2회 3회

30[kW]인 농형 유도 전동기의 기동에 가장 적당한 방법은?

① 기동 보상기에 의한 기동　② △−Y 기동
③ 저항 기동　④ 직접 기동

해설 **기동 보상기를 이용한 기동**
(1) 기동 보상기로 3상 단권 변압기를 이용하여 기동전압을 낮추는 방식
(2) 15[kW] 이상의 전동기나 고압 전동기에 사용
(3) 단권 변압기의 탭을 50[%], 60[%], 80[%]로 조정하여 기동전류를 약 0.5 ~ 0.8로 저감

답 ①

279 중요도 ★★★ / 인천교통공사 1회 2회 3회

유도 전동기를 기동하기 위하여 △를 Y로 전환했을 때 토크는 몇 배가 되는가?

① $\frac{1}{3}$배　② $\frac{1}{\sqrt{3}}$배　③ $\sqrt{3}$배　④ 3배

해설 (1) Y−△결선의 전류 $I_\triangle = \sqrt{3}\frac{V}{R}$[A]

Y결선의 전류 $I_Y = \frac{V/\sqrt{3}}{R} = \frac{V}{\sqrt{3}R}$[A]

$$\frac{I_\triangle}{I_Y} = \frac{\frac{\sqrt{3}V}{R}}{\frac{V}{\sqrt{3}R}} = 3$$

$\therefore I_Y = \frac{1}{3}I_\triangle$

(2) $P_\triangle = 3I^2R = 3\left(\frac{V}{R}\right)^2 R = 3\frac{V^2}{R}$

다음 Y결선 시 상전압은 선간전압의 $\frac{1}{\sqrt{3}}$이므로 $P_Y = 3\frac{\left(\frac{V}{\sqrt{3}}\right)^2}{R} = \frac{V^2}{R}$

$\therefore P_Y = \frac{1}{3}P_\triangle$

(3) $I_Y = \frac{1}{3}I_\triangle$이므로 Y결선으로 기동 시 $\frac{1}{3}$배가 되며, $T = \frac{P}{\omega}$이므로 $T \propto P$가 되어,

$P_Y = \frac{1}{3}P_\triangle$이므로 토크 T는 $\frac{1}{3}$배가 된다.

답 ①

280 중요도 ★★★ / 한국동서발전 1회 2회 3회

200[V], 10[kW] 3상, 4극 유도 전동기가 있다. 전전압 기동 시 기동토크는 전부하토크의 4배라고 할 때, 기동 보상기를 이용하여 전동기에 인가되는 전압을 전전압의 $\frac{1}{2}$로 낮추어 기동시키는 경우 기동 토크는 전부하 시의 몇 배인가?

① $\frac{1}{4}$ ② $\frac{1}{2}$ ③ 1
④ 2 ⑤ 4

해설 기동토크 $T_s \propto V^2$이므로 $T_s = 4\times\left(\frac{1}{2}\right)^2 = 1$배

답 ③

281 중요도 ★★★ / 대전교통공사 1회 2회 3회

10[HP], 4극, 60[Hz] 3상 유도 전동기의 전전압 기동 토크가 전부하 토크의 $\frac{1}{3}$일 때, 탭 전압이 $\frac{1}{\sqrt{3}}$인 기동 보상기로 기동하면 그 기동 토크는 전부하 토크의 몇 배가 되겠는가?

① $\frac{3}{\sqrt{3}}$배 ② $\frac{1}{3\sqrt{3}}$배 ③ $\frac{1}{9}$배 ④ $\frac{1}{\sqrt{3}}$배

해설 토크 T는 전압의 제곱에 비례(V_1^2)

$$T_{st} = \frac{1}{3}T\times\left(\frac{1}{\sqrt{3}}\right)^2 = \frac{1}{3}T\times\frac{1}{3} = \frac{1}{9}T$$

답 ③

282 중요도 ★★★ / 한국도로공사, 서울교통공사 1회 2회 3회

3상 권선인 유도 전동기의 전부하 슬립이 5[%], 2차 1상의 저항 0.5[Ω]이다. 이 전동기의 기동 토크를 전부하 토크와 같도록 하려면 외부에서 2차에 삽입할 저항은 몇 [Ω]인가?

① 10 ② 19 ③ 9 ④ 8.5

해설 기동 시 $s'=1$에서 전부하 토크를 발생시키는 데 필요한 외부 저항 R은

$$\frac{r_2}{s} = \frac{r_2+R}{s'} \rightarrow \frac{1}{0.05} = \frac{1+R}{1}$$

$$\therefore R = \frac{1}{0.05} - 1 = 19[\Omega]$$

답 ②

유도 전동기의 속도 제어

283 중요도 ★★★ / 한국남부발전 1회 2회 3회

유도 전동기의 속도 제어가 아닌 것은?

① 2차 저항 제어 ② 계자 제어
③ 공급 단자 전압 제어 ④ 극수 변환

해설 **유도 전동기의 속도 제어**

$$N = \frac{120f}{p}(1-s)$$

(1) 슬립제어
① 1차 전압 제어(개별 인가 전압 방법) : 유도 전동기의 토크가 전압의 제곱에 비례하는 특성을 이용한 것
② 2차 저항 제어(회전자 저항 제어 방법) : 2차 외부 저항을 이용한 비례추이를 응용한 방법(구조가 간단하고, 조작이 용이함)
③ 2차 여자 제어(광범위, 원활한 제어) : 외부에서 슬립 주파수 전압(E_c)을 권선형 회전자 슬립링에 가해 속도를 제어하는 방법

(2) 주파수 제어
인버터로서 교류 입력 주파수를 변환시켜 회전수를 제어하는 방법

(3) 극수 제어
① 극수 변환 : 연속적인 속도 제어가 아닌, 승강기와 같은 단계적인 속도 제어에 사용
② 종속법 : 극수가 다른 2대의 권선형 유도 전동기를 서로 종속시켜 극수를 변화시켜 속도를 제어하는 방법
㉠ 직렬 종속법 : $N = \frac{120f}{p_1 + p_2}$ [rpm]
㉡ 차동 종속법 : $N = \frac{120f}{p_1 - p_2}$ [rpm]
㉢ 병렬 종속법 : $N = \frac{2 \times 120f}{p_1 + p_2}$ [rpm]

답 ②

284 중요도 ★★★ / 한국동서발전 1회 2회 3회

다음 중 농형 유도 전동기에 주로 사용되는 속도 제어법이 아닌 것은?

① 주파수 변환법 ② 종속법
③ 전원 전압 변환법 ④ 극수 변환법

해설 (1) 농형 유도 전동기의 속도 제어법
① 주파수 변환
② 극수 변환
③ 전원 전압 변환
(2) 권선형 유도 전동기의 속도 제어법
① 2차 저항 제어
② 2차 여자법
③ 종속법

답 ②

285 중요도 ★★★ / 국가철도공단

1회 2회 3회

3상 유도 전동기의 전원 주파수를 변화하여 속도를 제어하는 경우, 전동기의 출력 P와 주파수 f와의 관계는?

① $P \propto f$ ② $P \propto \frac{1}{f}$ ③ $P \propto f^2$ ④ P는 f에 무관

해설 (1) $P = \omega T = 2\pi \frac{N}{60} T$에서 $P \propto N$

$N = N_s(1-s) = \frac{120f}{p}(1-s)$에서 $N \propto f$

$\therefore\ P \propto N \propto f$

(2) 주파수 변환에 의한 제어는 전동기에 가해지는 전원 주파수를 바꾸어 속도를 제어하는 방법으로서, 원동기의 속도 제어에 의해 전용 발전기의 주파수를 변화시키는 것으로 선박의 전기 추진용 전동기, 포트 모터의 속도 제어 등에 적합하다.

답 ①

286 중요도 ★★★ / 2024 한국동서발전

1회 2회 3회

권선형 유도 전동기의 속도 제어 중 비례추이 원리를 이용하는 것으로 알맞은 것은?

① 주파수 변환법 ② 2차 여자법 ③ 전압 제어 ④ 2차 저항법

해설 **2차 저항 제어(회전자 저항 제어 방법)**
2차 외부 저항을 이용한 비례추이를 응용한 방법(구조가 간단하고, 조작이 용이함)

답 ④

287 중요도 ★★ / 한국서부발전

1회 2회 3회

권선형 유도 전동기와 직류 분권 전동기와의 유사한 점 두 가지는?

① 정류자가 있다. 저항으로 속도 조정이 된다.
② 속도 변동률이 작다. 저항으로 속도 조정이 된다.
③ 속도 변동률이 작다. 토크가 전류에 비례한다.
④ 속도가 가변, 기동 토크가 기동 전류에 비례한다.

해설 속도 변동이 작고, 저항으로 속도 조정이 가능하다.
(1) 분권 전동기 : 저항 제어
(2) 권선형 유도 전동기 : 2차 저항 제어

답 ②

288 중요도 ★★★ / 2024 한국동서발전

1회 2회 3회

4극과 6극 2대의 유도 전동기를 종속법에 의한 직렬 종속법으로 속도를 제어할 때, 주파수가 60[Hz]인 경우 무부하 속도는 몇 [rpm]인가?

① 360 ② 720 ③ 1080 ④ 1440

해설 **직렬 종속법**

$$N=\frac{120f}{p_1+p_2}=\frac{120\times 60}{4+6}=720[\text{rpm}]$$

체크 point

- 차동 종속법 $N=\dfrac{120f}{P_1-P_2}$
- 병렬 종속법 $N=\dfrac{120f\times 2}{P_1+P_2}$

답 ②

289 중요도 ★★★ / 국가철도공단

1회 2회 3회

유도 전동기의 회전자에 슬립 주파수의 전압을 공급하여 속도 제어를 하는 방법은?

① 2차 저항법
② 직류 여자법
③ 주파수 변환법
④ 2차 여자법

해설 2차 주파수 sf와 같은 주파수의 전압을 발생시켜 슬립링을 통해 회전자 권선에 공급하여, s를 변환시키는 방법이 2차 여자 제어이다.

> **체크 point**
>
> **E_c(슬립 주파수 전압), sE_2(2차 유기 기전력)**
>
> - E_c가 sE_2와 반대 위상 : 속도 감소
> - E_c가 sE_2와 동일 위상 : 속도 상승
>   - $E_c = sE_2$: 동기속도로 운전
>   - $E_c > sE_2$: 동기속도 이상으로 운전(유도 발전기 동작)

답 ④

유도 전동기의 제동법

290 중요도 ★★★ / 서울교통공사

1회 2회 3회

전기 철도의 전기 제동에서 주전동기를 발전기로 쓰고 차량의 운동 에너지를 전기 에너지로 변환하여 유도 전압을 전원 전압보다 높게 하여 제동하는 방식을 무엇이라 하는가?

① 회생 제동 ② 발전 제동 ③ 전자 제동 ④ 저항 제동

해설 **유도 전동기의 제동법**

(1) 발전 제동(= 직류 제동)
제동 시 전원으로 분리한 후 직류 전원을 연결하면 계자에 고정 자속이 생기고 회전자에 교류 기전력이 발생하여 제동력이 발생하는데 직류 제동이라고도 한다.

(2) 회생 제동
제동 시 전원에 연결시킨 상태로 외력에 의해서 동기 속도 이상으로 회전시키면 유도 발전기가 되어 발생된 전력을 전원으로 반환하면서 제동하는 방법

답 ①

291 중요도 ★★★ / 한국수력원자력, 한국동서발전, 국가철도공단

1회 2회 3회

유도 전동기의 제동 방법 중 슬립의 범위를 1~2 사이로 하여 3선 중 2선의 접속을 바꾸어 제동하는 방법은?

① 역상 제동 ② 직류 제동 ③ 단상 제동 ④ 회생 제동

해설 (1) 역상 제동(플러깅)
운전 중인 유도 전동기에 3선 중 2선의 접속을 바꾸어 역회전 토크를 발생시켜 전동기를 급제동하는 방법

(2) 단상 제동
권선형 유도 전동기에서 2차 저항이 클 때 전원에 단상 전원을 연결하면 제동 토크가 발생한다.

답 ①

292 중요도 ★★★ / 한국도로공사

1회 2회 3회

보통 농형에 비하여 2중 농형 전동기의 특징인 것은?

① 최대 토크가 크다.
② 손실이 작다.
③ 기동 토크가 크다.
④ 슬립이 크다.

해설 (1) 2중 농형 유도 전동기 : 회전자의 농형 권선을 외·내측 2중으로 설치한 구조

① 외측 권선(도체) : 저항 크고, 누설 리액턴스 작다.
내측 권선(도체) : 저항 작고, 누설 리액턴스 크다.

② 기동 시에는 내측 도체에 누설 리액턴스가 커서, 저항이 큰 외측 도체에 전류가 흐름(우수한 기동 특성)

③ 운전 시에는 주파수가 작아 누설 리액턴스가 작아져 저항이 작은 내측 도체에 전류가 흐름(우수한 운전 특성)

④ 일반 농형 대비 기동 전류가 작고, 기동 토크가 크다.

(2) 2중 농형 유도 전동기는 저항이 크고 리액턴스가 작은 기동용 농형 권선과 저항이 작고 리액턴스가 큰 운전용 농형 권선을 가진 것으로, 보통 농형에 비하여 기동 전류가 작고 기동 토크가 크다.

답 ③

293 중요도 ★★ / 한국서부발전

1회 2회 3회

유도 발전기의 장점을 열거한 것이다. 옳지 않은 것은?

① 농형 회전자를 사용할 수 있으므로 구조가 간단하고 가격이 싸다.
② 선로에 단락이 생기면 여자가 없어지므로 동기 발전기에 비해 단락 전류가 작다.
③ 공극이 커서 유지·보수가 쉽다.
④ 유도 발전기는 여자기로서 동기 발전기가 필요하다.

해설 유도 발전기는 동기기에 비하여 공극이 매우 작으며 효율, 역률이 나쁘다.

답 ③

294 중요도 ★★ / 국가철도공단, 한국동서발전, 한국서부발전

1회 2회 3회

유도 전동기에서 게르게스(Gerges) 현상이 생기는 슬립은 대략 얼마인가?

① 0.25 ② 0.5 ③ 0.7 ④ 0.8

해설 **게르게스 현상**

(1) 정의

권선형 유도 전동기에서 무부하 또는 경부하 운전 중 2차측 3상 권선 중 1상이 결상되어도 전동기가 소손되지 않고 슬립이 50[%] 근처에서$\left(\text{정격 속도의 } \frac{1}{2}\text{배}\right)$ 운전되며 그 이상 가속되지 않는 현상

(2) 원인

3상 권선형 유도 전동기의 단상 운전

(3) 대책

결상 운전을 방지

답 ②

295 중요도 ★★ / 한국중부발전 1회 2회 3회

9차 고조파에 의한 기자력의 회전 방향 및 속도는 기본파 회전 자계와 비교할 때 다음 중 적당한 것은?

① 기본파의 역방향이고 9배의 속도
② 기본파와 역방향이고 $\frac{1}{9}$배의 속도
③ 기본파와 동방향이고 9배의 속도
④ 회전 자계를 발생하지 않는다.

해설 **고조파에 의한 회전 방향과 속도**

(1) 1 · 7 · 13 고조파(정상분)

① $h=2n \cdot m+1$

② 회전 자계가 기본파와 동일 방향

(2) 3 · 9 · 15 고조파(영상분)

① $h=3n$

② 회전 자계를 만들지 못한다.

(3) 5 · 11 · 17 고조파(역상분)

① $h=2n \cdot m-1$

② 회전 자계가 기본파와 반대 방향

여기서, n : 정수(1, 2, 3 ……), m : 상수

답 ④

단상 유도 전동기

296 중요도 ★★★ / 한국동서발전 1회 2회 3회

단상 유도 전동기의 특징이 아닌 것은?

① 기동 토크는 0이다. 따라서, 어떤 방향으로 회전시켜 주면 슬립 s는 1보다 작게 되고 그 방향으로 토크가 늘게 된다.
② 슬립 s가 0이 되기 전에 토크는 0이 되며 기계손이 없어도 무부하 속도는 동기 속도보다 작다.
③ 권선형 회전자는 비례추이를 한다. 그러나 저항이 증가함에 따라 최대 토크는 줄어들고 어느 값 이상에서 역토크가 생긴다.
④ 2차 저항을 감소하면 최대 토크값은 상승한다.

해설 **단상 유도 전동기의 특징**

(1) 기동 시($s=1$) 기동 토크가 없다. → 기동 장치가 필요
(2) 슬립이 '0'이 되기 전에 토크는 '0'임 → 슬립이 '0'일 때는 부(−) 토크 발생
(3) 2차 저항 증가 시 최대 토크가 감소하며, 비례추이할 수 없다.

답 ③

297 중요도 ★★★ / 한국가스공사

1회 2회 3회

같은 조건에서 단상 유도 전동기의 회전자에 형성되어 있는 2차 저항의 크기를 변화시키면 나타나는 현상은?

① 최대 토크의 크기는 변하지 않고, 슬립점은 변한다.
② 최대 토크의 크기와 슬립점 모두 변하지 않는다.
③ 최대 토크의 크기와 슬립점 모두 변한다.
④ 최대 토크의 크기는 변하고 슬립점은 변하지 않는다.

해설 같은 조건에서 단상 유도 전동기의 회전자에 형성되어 있는 2차 저항의 크기를 변화시키면 최대 토크의 크기와 슬립점 모두 변한다.

답 ③

298 중요도 ★★★ / 한국남부발전, 한국수력원자력

1회 2회 3회

단상 유도 전동기를 기동 토크가 큰 순서로 배열한 것은?

① ㉠ 반발 기동형, ㉡ 반발 유도형, ㉢ 콘덴서 기동형, ㉣ 분상 기동형
② ㉠ 셰이딩 코일형, ㉡ 콘덴서 기동형, ㉢ 반발 유도형, ㉣ 반발 기동형
③ ㉠ 셰이딩 코일형, ㉡ 콘덴서 기동형, ㉢ 반발 기동형, ㉣ 분상 기동형
④ ㉠ 모노사이클릭형, ㉡ 반발 유도형, ㉢ 셰이딩 코일형, ㉣ 콘덴서 전동기

해설 **단상 유도 전동기의 기동 토크가 큰 순서**

반발 기동형 → 반발 유도형 → 콘덴서 기동형 → 분상 기동형 → 셰이딩 코일형

답 ①

299 중요도 ★★★ / 한국도로공사

1회 2회 3회

단상 유도 전동기의 기동에 브러시를 필요로 하는 것은?

① 분상 기동형
② 반발 기동형
③ 콘덴서 분상 기동형
④ 셰이딩 코일 기동형

해설 **반발 기동형 전동기**

(1) 회전자 권선을 브러시로 단락하고 고정자 권선을 전원에 접속하여 회전자에 유도 전류를 공급하는 전동기이다.
(2) 기동 토크가 매우 크다.
(3) 브러시를 이동하여 연속적인 속도 제어가 가능하다.
(4) 종류 : 아트킨손형, 톰슨형, 데리형

답 ②

300 중요도 ★★ / 한국가스공사

다음 중 권선을 주권선과 기동 권선으로 나누어 기동 시에만 기동 권선이 연결되도록 한 전동기로, 팬, 송풍기 등에 사용되는 전동기는?

① 셰이딩 코일형 전동기　② 콘덴서 기동형 전동기
③ 분상 기동형 전동기　④ 반발 기동형 전동기

해설 (1) 셰이딩 코일형 전동기
단상 유도 전동기의 기동을 위해 자속이 지나가는 철심의 한쪽 부분에 비대칭으로 단락 권선을 감아 단락 권선을 통과하는 자속과 주자속과의 위상차에 의해 회전자가 기동할 수 있도록 하는 전동기 보기 ①
(2) 콘덴서 기동형 전동기
기동 권선에 의해서 발생하는 자속을 콘덴서에 의해서 주권선의 자속보다 약 90°앞선 상으로 한 것 보기 ②
(3) 반발 기동형 전동기
기동 시에는 반발 전동기로서 기동하고 기동 후에는 정류자를 원심력에 의하여 자동적으로 단락하여 단상 유도 전동기로 운전하는 전동기 보기 ④

답 ③

301 중요도 ★★★ / 국가철도공단

단상 유도 전압 조정기와 3상 유도 전압 조정기의 비교 설명으로 옳지 않은 것은?

① 모두 회전자와 고정자가 있으며 한편에 1차 권선을, 다른 편에 2차 권선을 둔다.
② 모두 입력 전압과 이에 대응한 출력 전압 사이에 위상차가 있다.
③ 단상 유도전압 조정기에는 단락 코일이 필요하나 3상에서는 필요 없다.
④ 모두 회전자의 회전각에 따라 조정된다.

해설 **단상 유도 전압 조정기와 3상 유도 전압 조정기의 차이점**

(1) 단상 유도 전압 조정기
① 교번 자계 이용
② 1・2차 전압에 위상차가 없다. 보기 ②
③ 분로 권선, 직렬 권선, 단락 권선으로 구성(단락 권선 – 누설 리액턴스에 의한 전압 강하 방지) 보기 ①, ③

(2) 3상 유도 전압 조정기
① 회전 자계 이용
② 1・2차 전압에 위상차 존재 보기 ②
③ 분로 권선, 직렬 권선으로 구성(단락 권선 없음) 보기 ①

답 ②

302 중요도 ★★★ / 국가철도공단

1회 2회 3회

유도 전압 조정기에서 2차 회로의 전압을 V_2, 조정 전압을 E_2, 직렬 권선 전류를 I_2라 하면 3상 유도 전압 조정기의 정격 출력은?

① $\sqrt{3}\,V_2 I_2$　② $3\,V_2 I_2$　③ $\sqrt{3}\,E_2 I_2$　④ $E_2 I_2$

해설 $P = \sqrt{3}\,E_2 I_2 \times 10^{-3}$[kVA]
여기서, E_2 : 조정 전압

답 ③

303 중요도 ★★★ / 한국서부발전

1회 2회 3회

단상 유도 전압 조정기의 1차 전압 100[V], 2차 100±30[V], 2차 전류는 50[A]이다. 이 조정 정격은 몇 [kVA]인가?

① 1.5　② 3.5　③ 15　④ 50

해설 **단상 유도 전압 조정기의 용량**

$$P = \text{부하 용량} \times \frac{\text{승압 전압}}{\text{고압측 전압}} = 130 \times 50 \times \frac{30}{100+30} \times 10^{-3} = 1.5\,[\text{kVA}]$$

답 ①

304 중요도 ★★★ / 지역난방공사 1회 2회 3회

220±100[V], 5[kVA]의 3상 유도 전압 조정기의 정격 2차 전류는 몇 [A]인가?

① 13.1 ② 22.7 ③ 28.8 ④ 50

해설 $P=\sqrt{3}\,E_2 I_2 \times 10^{-3}$[kVA]에서

$$I=\frac{P}{\sqrt{3}\,E_2}=\frac{5\times10^3}{\sqrt{3}\times100}=28.8[\text{A}]$$

여기서, E_2 : 조정 전압

답 ③

06 전력변환장치

반도체 소자

305 중요도 ★★ / 대구교통공사, 한국가스공사 1회 2회 3회

다음 중 역저지 3극 사이리스터의 통칭은?

① SSS ② SCS ③ LASCR ④ TRIAC

해설 (1) SSS : 양방향성 2단자
(2) SCS : 역저지 4단자
(3) LASCR : 역저지 3단자
(4) TRIAC : 양방향성 3단자

답 ③

306 중요도 ★★★ / 한국도로공사 1회 2회 3회

다음 중 3단자 사이리스터가 아닌 것은?

① SCS ② SCR ③ GTO ④ TRIAC

해설 **반도체 소자의 비교**

단자수	2단자	DIAC, SSS
	3단자	SCR, LASCR, GTO, TRIAC
	4단자	SCS
방향성	양방향성(쌍방향성)	DIAC, SSS, TRIAC
	단방향성(역저지)	SCR, LASCR, GTO, SCS

답 ①

307 중요도 ★★★ / LH공사

1회 2회 3회

다음 중 양방향성 사이리스터는 어느 것인가?

① SCR ② SSS ③ GTO ④ LASCR

해설 (1) 양방향성 소자 : DIAC, SSS, TRIAC
(2) 단방향성 소자 : SCR, LASCR, GTO, SCS

답 ②

308 중요도 ★★★ / 한국남부발전

1회 2회 3회

교류 전력을 양극성에서 제어하는 데 적당한 소자는?

① SCR ② SCS ③ LASCR ④ TRIAC

해설 **트라이액(TRIAC)**

(1) 양방향성 전류제어, 5층 구조의 PN 접합
(2) SCR 2개를 역병렬 접속한 것과 같이 동작
(3) 게이트 단자가 1개로 되어 있으므로 게이트 회로가 1개만 있으면 되고 디바이스로서도 1개로 해결된다는 이점이 있음
(4) 교류 위상 제어를 위한 스위치로 주로 사용됨

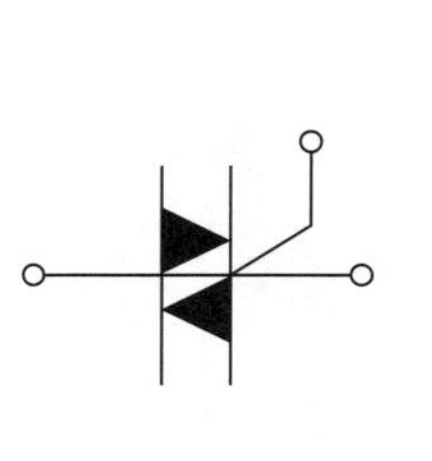

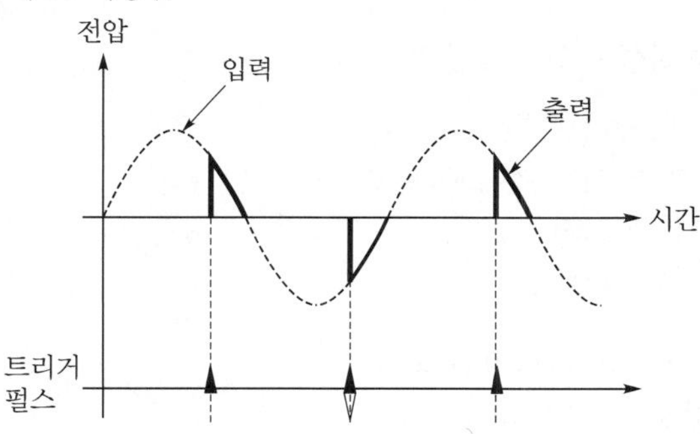

답 ④

309 중요도 ★★★ / 한국동서발전

1회 2회 3회

TRIAC에 대하여 옳지 않은 것은?

① 역병렬 2개의 보통 SCR과 유사하다. ② 쌍방향성 3단자 사이리스터이다.
③ AC 전력의 제어용이다. ④ DC 전력의 제어용이다.

해설 TRIAC(Trielectrode AC Switch)

(1) 한 방향으로만 도통되는 SCR과 달리 양방향 도통이 가능하며, 게이트 전류를 흘리면 방향과 관계없이 전위차 방향으로 도통된다.

(2) TRIAC은 교류전력 제어용이다.

답 ④

310 중요도 ★ / 한국남부발전

1회 2회 3회

어느 쪽 게이트에서도 게이트 신호를 인가할 수 있고, 역저지 4극 사이리스터로 구성된 것은?

① SCS ② GTO ③ PUT ④ DIAC

해설 SCS(Silicon Controlled Switch)

(1) PNPN 4층 구조

(2) 역저지 4극 사이리스터

(3) 게이트(gate)가 2개이므로 이 당자를 이용하여 임의로 조절시켜 Turn on, Turn off 시킴

답 ①

311 중요도 ★★ / 한국도로공사

1회 2회 3회

GTO의 특성이 아닌 것은?

① '+'의 게이트 전류로 턴온된다.

② '−'의 게이트 전류로 턴오프되지 않는다.

③ 자기 소호성이 있다.

④ 과전류 내량이 크다.

해설 GTO(Gate Turn Off thyristor)

(1) 단방향성 3단자 소자

(2) 초퍼 직류 스위치에 적용

(3) 소호 기능(게이트에 흐르는 전류를 점호할 때의 전류와 반대 방향의 전류를 흘려서 소호)이 있다. 보기 ③

(4) '정'의 게이트 신호에 의해 Turn on시킨다. 보기 ①

(5) '부'의 게이트 신호에 의해 Turn off시킨다. 보기 ②

답 ②

312 중요도 ★★★ / 2024 한국전력거래소

1회 2회 3회

MOSFET의 장점인 고속 스위칭과 BJT의 장점인 충분한 용량을 갖춘 소자는 무엇인가?

① IGBT ② SCS ③ SSS ④ GTO

해설 IGBT(Insulated Gate Bipolar Transistor)
MOSFET은 구동이 용이하고 속도가 빠르다는 점에서 유리하지만, 트랜지스터보다 용량이 작다. ~ 두 소자의 장점을 따르도록 만들어진 소자

답 ①

313 중요도 ★★★ / 한국가스공사

1회 2회 3회

다음은 IGBT에 관한 설명이다. 잘못된 것은?

① Insulated Gate Bipolar Thyristor의 약자이다.
② 트랜지스터와 MOSFET를 조합한 것이다.
③ 고속 스위칭이 가능하다.
④ 전력용 반도체 소자이다.

해설 IGBT(Insulated Gate Bipolar Transistor) 보기 ①
(1) 트랜지스터의 NPN형만 사용(컬렉터에서 이미터 방향으로만 전류를 흘림)한다.
(2) Gate와 Emitter 사이에 전압을 인가하여 구동하는 전압 구동형이다.
(3) MOSFET과 같이 소스에 대한 게이트의 전압으로 도통과 차단을 제어한다. 게이트의 구동전력이 매우 낮다.
(4) MOSFET은 구동이 용이하고 속도가 빠르다는 점에서 유리하지만, 트랜지스터보다 용량이 작다. ~ 두 소자의 장점을 따르도록 만들어진 소자 보기 ②, ④
(5) 스위칭 속도는 FET와 트랜지스터의 중간 정도로 빠른 편에 속하며 용량은 일반 트랜지스터와 동등하다. 보기 ③

답 ①

314 중요도 ★ / 2024 한국전력거래소

1회 2회 3회

다음 중 설명과 일치하는 전기 소자로 옳은 것은?

(㉠)은 온도에 따라 저항이 감소하는 비저항 온도 계수를 가진 소자이고, (㉡)은 부하 설비의 보호 목적으로 피뢰 역할을 할 수 있는 소자이며 저항 상승에 따라 비선형적으로 저항이 증가한다.

① ㉠ 사이리스터, ㉡ 바리스터 ② ㉠ 사이리스터, ㉡ 버렉터
③ ㉠ 서미스터, ㉡ 바리스터 ④ ㉠ 서미스터, ㉡ 버렉터

해설 (1) 서미스터(thermistor)

① 온도에 따라 전기 저항이 변하는 성질을 가지는 반도체 회로 소자

② 온도 상승에 따라 저항이 감소하는 음의 온도 계수를 가지는 NTC(Negative Temperature Coefficient) 서미스터가 대표적이다.

(2) 바리스터(varistor)

① 높은 전압이 걸리면 저항이 낮아져서 전류의 흐름을 바꿀 수 있는 소자

② 낮은 전압에서는 높은 저항을 유지하다가 임계 전압까지 오면 급격하게 저항이 감소하여 감소한 경로로 전류의 흐름을 바꿔 정전기 방전, 순간 과전압, 서지 전압 등으로부터 PCB 등의 회로의 부하 설비를 보호하는 목적으로 사용된다.

답 ③

다이오드

315 중요도 ★ / 대구교통공사, 인천교통공사

1회 2회 3회

전원 전압을 안정하게 유지하기 위하여 사용되는 다이오드는?

① 보드형 다이오드 ② 터널 다이오드 ③ 제너 다이오드 ④ 버랙터 다이오드

해설 **다이오드(diode) – 정류소자**

(1) 개념

① PN 접합으로 한쪽 방향으로만 전류를 통하는 단방향성 전압 구동 스위치

② 회로의 주변 상황에 따라 순방향으로 전압이 가해지면 도통하고 역방향으로 전압이 가해지면 도통하지 않는 수동적인 소자로서 사용자가 임의로 ON, OFF 시킬 수 없다. 따라서, 다이오드는 전압이나 전류의 제어가 곤란하다.

(2) 종류

① 쇼트키 다이오드 : 고속의 스위칭 회로에 이용됨

② 바리스터 다이오드 : 과도 전압, 이상 전압에 대한 회로 보호용으로 사용되는 소자

③ 정류 다이오드 : 교류를 직류로 변환하는 다이오드

④ 제너 다이오드 : 일정 전압을 유지하기 위한 다이오드

⑤ 버랙터 다이오드 : 정전 용량이 전압에 따라 변화하는 소자

답 ③

316 중요도 ★★ / 한국가스공사

1회 2회 3회

전압이나 전류의 제어가 불가능한 소자는?

① IGBT ② SCR ③ GTO ④ Diode

해설 **다이오드(diode) – 정류소자**

(1) PN 접합으로 한쪽 방향으로만 전류를 통하는 단방향성 전압 구동 스위치

(2) 회로의 주변 상황에 따라 순방향으로 전압이 가해지면 도통하고, 역방향으로 전압이 가해지면 도통하지 않는 수동적인 소자로서 사용자가 임의로 ON, OFF 시킬 수 없다. 따라서, 다이오드는 전압이나 전류의 제어가 곤란하다.

답 ④

317 중요도 ★★ / 한국서부발전, 서울교통공사

1회 2회 3회

다이오드를 사용한 정류 회로에서 과대한 부하 전류에 의해 다이오드가 파손될 우려가 있을 때의 조치로서 적당한 것은?

① 다이오드 양단에 적당한 값의 콘덴서를 추가한다.
② 다이오드 양단에 적당한 값의 저항을 추가한다.
③ 다이오드를 직렬로 추가한다.
④ 다이오드를 병렬로 추가한다.

해설 (1) 다이오드 n개의 직렬 연결 시

전압을 분배시켜 다이오드 1개에 걸리는 전압을 낮출 수 있어 과전압으로부터 다이오드를 보호할 수 있다.

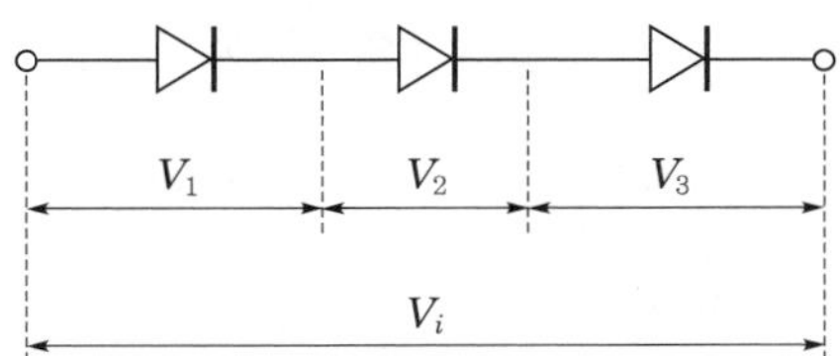

(2) 다이오드 n개의 병렬 연결 시

전류를 분배시켜 다이오드 1개에 걸리는 전류를 낮출 수 있어 과전류로부터 다이오드를 보호할 수 있다.

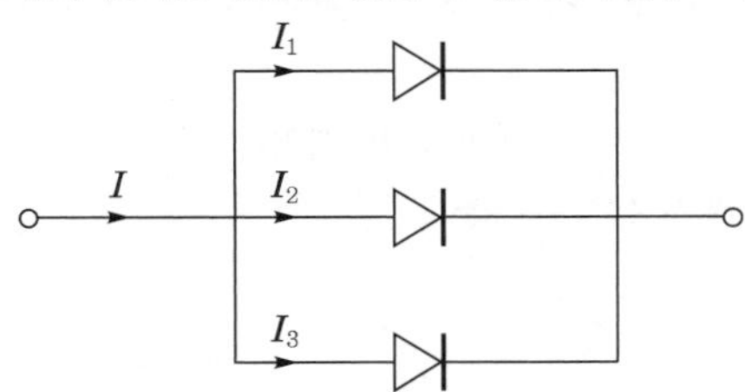

답 ④

318 중요도 ★★ / 한국도로공사

1회 2회 3회

다이오드를 사용한 정류 회로에서 여러 개를 직렬로 연결하여 사용할 경우 얻는 효과는?

① 다이오드를 과전류로부터 보호
② 다이오드를 과전압으로부터 보호
③ 부하 출력의 맥동률 감소
④ 전력 공급의 증대

해설 다이오드 n개의 직렬 연결 시 전압을 분배시켜 다이오드 1개에 걸리는 전압을 낮출 수 있어 과전압으로부터 다이오드를 보호할 수 있다.

답 ②

SCR

319 중요도 ★★★ / 한국가스공사

1회 2회 3회

다음 그림 기호가 나타내는 반도체 소자의 명칭은?

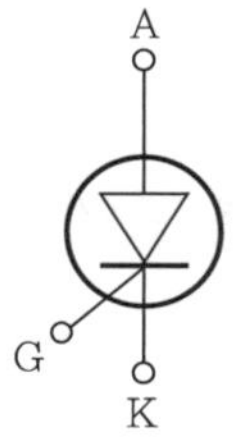

① SSS ② PUT ③ SCR ④ DIAC

해설 SCR(Silicon Controlled Rectifier)
(1) 실리콘 제어 정류 소자
(2) 단방향성 3단자 소자
(3) Si를 재료로 한 PNPN 다이오드의 P_2 영역에 Gate를 붙여 Gate 전류 I_G로 항복 전압을 제어할 수 있도록 한 것
(4) 정류 작용, 스위칭 작용, 위상 제어(전압 제어)
(5) 직류·교류의 전력 제어용으로 사용

답 ③

320 중요도 ★ / 한국동서발전

1회 2회 3회

다음과 같은 반도체 정류기 중에서 역방향 내전압이 가장 큰 것은?

① 실리콘 정류기 ② 게르마늄 정류기 ③ 셀렌 정류기 ④ 아산화동 정류기

해설 (1) 역방향 내전압
역방향 전압을 걸어주게 되면 미세 전류(누설 전류)만 흐를 수 있게 할 뿐 전자 흐름을 차단(항복 전압 전까지 차단)한다. 항복 전압 전까지의 전압을 역내전압이라 한다.
(2) 대부분의 반도체는 실리콘으로 제조한다. 초기에는 게르마늄(Ge)으로 쓰였으나 게르마늄보다 높은 온도 (140 ~ 200[℃])까지 견딜 수 있는 실리콘이 주를 이룬다.

답 ①

321 중요도 ★★ / 서울교통공사, 국가철도공단, 한국도로공사

1회 2회 3회

다음은 SCR에 관한 설명이다. 적당하지 않은 것은?

① 3단자 소자이다.
② 적은 게이트 신호로 대전력을 제어한다.
③ 직류 전압만을 제어한다.
④ 도통 상태에서 전류가 유지 전류 이하로 되면 비도통 상태로 된다.

해설 SCR(Silicon Controlled Rectifier)
(1) 실리콘 제어 정류 소자
(2) 단방향성 3단자 소자 보기 ①
(3) Si를 재료로 한 PNPN 다이오드의 P_2 영역에 Gate를 붙여 Gate 전류 I_G로 항복 전압을 제어할 수 있도록 한 것 보기 ②
(4) 정류 작용, 스위칭 작용, 위상 제어(전압 제어)
(5) 직류·교류의 전력 제어용으로 사용 보기 ③

답 ③

322 중요도 ★★ / 2024 한국중부발전

1회 2회 3회

SCR의 특징으로 틀린 것은?

① 과전압에 약하다.
② 열용량이 적어 고온에 약하다.
③ 전류가 흐르고 있을 때의 양극 전압 강하가 크다.
④ 게이트에 신호를 인가할 때부터 도통할 때까지의 시간이 짧다.

해설 SCR(사이리스터)의 특징
(1) 소형 경량이다.
(2) 소음이 작다.
(3) 내부 전압 강하가 작다. 보기 ③
(4) 아크가 생기지 않으므로 열의 발생이 적다.

(5) 열용량이 적어 고온에 약하다. 보기 ②
(6) 과전압에 약하다. 보기 ①
(7) 제어각(위상각)이 역률각보다 커야 한다.
→ SCR의 순방향 전압 강하는 보통 1.5[V] 이하로 작다.

답 ③

323 중요도 ★★ / 한국동서발전

1회 2회 3회

사이리스터를 이용한 교류 전압 제어 방식은?

① 위상 제어 방식
② 레오너드 방식
③ 초퍼 방식
④ TRC(Time Ratio Control) 방식

해설 사이리스터를 이용한 제어는 정류 전압의 위상각을 제어한다.

답 ①

324 중요도 ★★★ / 한국남부발전, 한국수력원자력, 부산교통공사

1회 2회 3회

SCR의 설명으로 적당하지 않은 것은?

① 게이트 전류(I_G)로 통전 전압을 가변시킨다.
② 주전류를 차단하려면 게이트 전압을 '0' 또는 '−'로 해야 한다.
③ 게이트 전류의 위상각으로 통전 전류의 평균값을 제어시킬 수 있다.
④ 대전류 제어 정류용으로 이용된다.

해설 (1) SCR의 ON 조건
Gate에 전류가 흐르면 SCR이 Turn on되는데 Turn on되는 순간 래칭 전류 이상의 전류가 흘러야 On이 된다.
① 래칭 전류 : SCR Turn on을 위한 최소 전류(SCR on되기 위하여 애노드(A)에서 캐소드(K)로 흘러야 할 최소 전류)
② 유지 전류 : On된 후 On 상태를 유지하기 위한 최소 전류
(2) SCR Off 조건
SCR에 역전압 인가 or 유지 전류 이하가 되면 Off된다(off 시 gate는 관계 없음).

답 ②

325 중요도 ★★★ / 대구교통공사

1회 2회 3회

다음 안에 알맞은 말의 순서는?

사이리스터(thyristor)에서는 게이트 전류가 흐르면 순방향의 저지 상태에서 (   )상태로 된다. 게이트 전류를 가하여 도통 완료까지의 시간을 (   )시간이라고 하나 이 시간이 길면 (   ) 시의 (   )이 많고 사이리스터 소자가 파괴되는 수가 있다.

① 온, 턴온, 스위칭, 전력 손실
② 온, 턴온, 전력 손실, 스위칭
③ 스위칭, 온, 턴온, 전력 손실
④ 턴온, 스위칭, 온, 전력 손실

해설 SCR은 Gate 전류가 흐르면 순방향의 저지 상태에서 On상태로 된다. Gate 전류를 가하여 도통 완료까지의 시간을 Turn on 시간이라고 하나 이 시간이 길면 스위칭 시의 전력 손실이 많고 SCR 소자가 파괴되는 수가 있다.

답 ①

326 중요도 ★★★ / 한국수력원자력

1회 2회 3회

사이리스터(thyristor)에서의 래칭 전류(latching current)에 관한 설명으로 옳은 것은?

① 게이트를 개방한 상태에서 사이리스터 도통 상태를 유지하기 위한 최소의 순전류
② 게이트 전압을 인가한 후에 급히 제거한 상태에서 도통 상태가 유지되는 최소의 순전류
③ 사이리스터의 게이트를 개방한 상태에서 전압을 상승하면 급히 증가하게 되는 순전류
④ 사이리스터가 턴온하기 시작하는 순전류

해설 게이트 개방 상태에서 SCR이 도통되고 있을 때 그 상태를 유지하기 위한 최소의 순전류를 유지 전류(holding current)라고 하고, 턴온되려고 할 때는 이 이상의 순전류가 필요하며, 확실히 턴온시키기 위해서 필요한 최소의 순전류를 래칭 전류라 한다.

답 ④

327 중요도 ★★★ / 지역난방공사

1회 2회 3회

SCR의 턴온(turn on) 시 20[A]의 전류가 흐른다. 게이트 전류를 반으로 줄일 때 SCR의 전류[A]는?

① 5 ② 10 ③ 20 ④ 40

해설 SCR이 일단 On 상태로 되면 전류가 유지 전류 이상으로 유지되는 한 게이트 전류의 유무에 관계없이 항상 일정하게 흐른다.

답 ③

정류 회로

328 중요도 ★★★ / 국가철도공단 1회 2회 3회

그림은 일반적인 반파 정류 회로이다. 변압기 2차 전압의 실횻값을 E[V]라 할 때 직류 전류 평균값은? (단, 정류기의 전압 강하는 무시한다.)

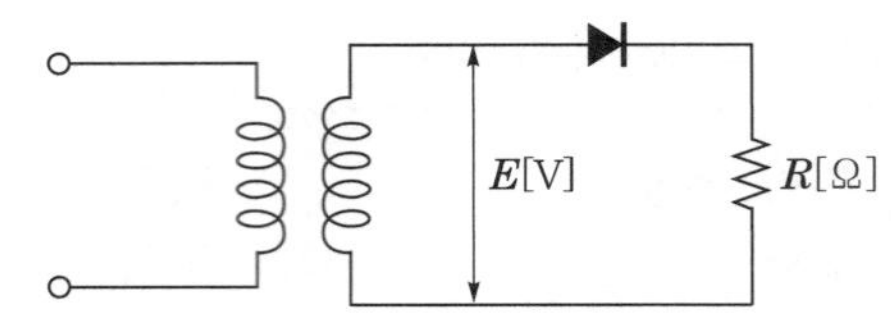

① $\dfrac{E}{R}$ ② $\dfrac{1}{2}\dfrac{E}{R}$ ③ $\dfrac{2\sqrt{2}E}{\pi R}$ ④ $\dfrac{\sqrt{2}E}{\pi R}$

해설 단상 반파 정류 회로

(1) 직류 전압(평균값) : $E_d = \dfrac{E_m}{\pi} = \dfrac{\sqrt{2}}{\pi}E = 0.45E[\text{V}]$

(2) 직류 전류 : $I_d = \dfrac{E_d}{R} = \dfrac{\sqrt{2}E}{\pi R}[\text{A}]$

(3) 출력 : $P = E_d \cdot I_d[\text{W}]$

(4) 첨두 역전압(PIV) : $V_{PIV} = E_m = \sqrt{2}E = \pi E_d[\text{V}]$

답 ④

329 중요도 ★★★ / 한국수력원자력 1회 2회 3회

단상 반파 정류 회로에서 입력에 교류 실횻값 100[V]를 정류하면 직류 평균 전압은 몇 [V]인가? (단, 정류기 전압 강하는 무시한다.)

① 45 ② 90 ③ 144 ④ 282

해설 단상 반파 직류 전압(평균값)

$E_d = \dfrac{E_m}{\pi} = \dfrac{\sqrt{2}}{\pi}E = 0.45E[\text{V}]$

$E_d = 0.45E = 0.45 \times 100 = 45[\text{V}]$

답 ①

330 중요도 ★★★ / 한국도로공사 1회 2회 3회

전원 전압이 200[V]이고, 부하가 20[Ω]인 단상 반파 정류 회로의 부하 전류는 약 몇 [A]인가?

① 125 ② 4.5 ③ 17 ④ 8.2

해설 $I_d = \dfrac{E_d}{R} = \dfrac{\sqrt{2}}{\pi} \times \dfrac{E}{R} = \dfrac{0.45E}{R} = \dfrac{0.45 \times 200}{20} = 4.5[A]$

답 ②

331 중요도 ★★★ / 2024 한국수자원공사 1회 2회 3회

단상 반파 정류 회로에서 직류 전압의 평균값 100[V]를 얻는데 필요한 변압기 2차 전압의 실횻값은 약 몇 [V]인가? (단, 부하는 순저항이고, 정류기의 전압 강하 평균값은 20[V]로 한다.)

① $30\sqrt{2}\pi$ ② $30\sqrt{6}\pi$ ③ $60\sqrt{2}\pi$ ④ $60\sqrt{6}\pi$

해설 단상 반파 정류 회로(전압 강하가 있는 경우)

(1) 직류 전압(평균값) : $E_d = \dfrac{E_m}{\pi} = \dfrac{\sqrt{2}}{\pi}E - e = 0.45E - e[V]$

(2) 직류 전류 : $I_d = \dfrac{E_d}{R} = \left(\dfrac{\sqrt{2}E}{\pi} - e\right)/R[A]$

$E = \dfrac{\pi}{\sqrt{2}}(E_d + e_d) = \dfrac{\pi}{\sqrt{2}}(100 + 20) = 60\sqrt{2}\pi[V]$

답 ③

332 중요도 ★★★ / 부산교통공사 1회 2회 3회

순저항 부하 단상 반파 정류 회로에서 V_1은 교류 100[V]이면 부하 R단에서 얻는 평균 직류 전압은 몇 [V]이며, 다이오드 D_1의 PIV(첨두 역전압)는 몇 [V]인가? (단, D_1의 전압 강하는 무시함)

① 45[V], 141[V] ② 50[V], 100[V]
③ 45[V], 100[V] ④ 50[V], 282[V]

해설 (1) 직류 평균 전압

$E_d = \dfrac{\sqrt{2}}{\pi}E = \dfrac{\sqrt{2}}{\pi} \times 100 \fallingdotseq 45[V]$

(2) 첨두 역전압(Peak Inverse Voltage)

정류기(diode)에 역으로 인가되는 최댓값(어느 한계 이상 시 diode 소손)

$PIV = \sqrt{2}E = \sqrt{2} \times 100 = 141.4[V]$

답 ①

333 중요도 ★★★ / 한국남부발전 1회 2회 3회

반파 정류 회로에서 직류 전압 100[V]를 얻는 데 필요한 변압기의 역전압 첨두값[V]은? (단, 부하는 순저항으로 하고 변압기 내의 전압 강하는 무시하며 정류기 내의 전압 강하를 15[V]로 한다.)

① 약 181 ② 약 361 ③ 약 512 ④ 약 722

해설 $E_d = \frac{\sqrt{2}\,E}{\pi} - e$에서 $E = \frac{\pi}{\sqrt{2}}(E_d + e_a) = \frac{\pi}{\sqrt{2}}(100+15) = 255.4[\mathrm{V}]$

$E_{PIV} = \sqrt{2}\,E = \sqrt{2} \times 255.4 = 361.1[\mathrm{V}]$

답 ②

334 중요도 ★★★ / 서울교통공사 1회 2회 3회

단상 전파 정류 회로에서 변압기 2차 전압의 실횻값을 E[V]라 할 때 전압의 평균값[V]은 얼마인가? (단, 정류기의 전압 강하는 무시한다.)

① $\frac{\sqrt{2}}{\pi}E$ ② $\frac{1}{2}E$ ③ $\frac{2\sqrt{2}}{\pi}E$ ④ $\frac{2}{\pi}E$

해설 **단상 전파 정류 회로**

(1) 직류 전압(평균값) $E_d = \frac{2E_m}{\pi} = \frac{2\sqrt{2}}{\pi}E = 0.9E[\mathrm{V}]$

(2) 직류 전류 $I_d = \frac{E_d}{R} = \frac{2\sqrt{2}\,E}{\pi R}[\mathrm{A}]$

답 ③

335 중요도 ★★★ / 2024 한국전력거래소 1회 2회 3회

단상 정류 회로 출력 직류 전압이 $\frac{160\sqrt{2}}{\pi}$ 이다. 반파 및 전파 정류 회로 구성 시 변압기측의 상전압 E_s는?

① 단상 반파 : 160, 단상 전파 : 80
② 단상 반파 : 80, 단상 전파 : 160
③ 단상 반파 : $160\sqrt{2}$, 단상 전파 : $80\sqrt{2}$
④ 단상 반파 : $80\sqrt{2}$, 단상 전파 : $160\sqrt{2}$

해설

(1) 단상 반파 : $E_d = \frac{\sqrt{2}}{\pi}E$

$$\therefore\ E = \frac{\frac{160\sqrt{2}}{\pi}}{\frac{\sqrt{2}}{\pi}} = 160[\mathrm{V}]$$

(2) 단상 전파 : $E_d = \frac{2\sqrt{2}}{\pi}E$

$$\therefore\ E = \frac{\frac{160\sqrt{2}}{\pi}}{\frac{2\sqrt{2}}{\pi}} = 80[\mathrm{V}]$$

답 ①

336 중요도 ★★★ / 한국남동발전

1회 2회 3회

단상 전파 정류에서 직류 전압 100[V]를 얻는 데 필요한 변압기 2차 한 상의 전압은 약 얼마인가? (단, 부하는 순저항으로 하고 변압기 내의 전압 강하는 무시하고 정류기의 전압 강하는 10[V]로 한다.)

① 156[V] ② 144[V] ③ 122[V] ④ 100[V]

해설 **직류 평균 전압 E_d(정류기 전압 강하가 있는 경우)**

$E_d = \frac{2\sqrt{2}}{\pi}E - e[\mathrm{V}]$에서

$$E = \frac{\pi}{2\sqrt{2}}(E_d + e) = \frac{\pi}{2\sqrt{2}}(100+10) = 122.18[\mathrm{V}]$$

답 ③

337 중요도 ★★★ / 2024 한국전력거래소

1회 2회 3회

사이리스터 2개를 사용한 단상 전파 정류 회로에서 직류 전압 100[V]를 얻으려면 PIV가 약 몇 [V]인 다이오드를 사용하면 되는가?

① 50π ② $50\sqrt{2}\pi$ ③ $100\sqrt{2}\pi$ ④ 100π

해설

$E_d = \frac{2\sqrt{2}E}{\pi}$에서 $E_d\pi = 2\sqrt{2}E$이므로

첨두 역전압 $PIV = 2\sqrt{2}E = \pi E_d = \pi \times 100 = 100\pi[\mathrm{V}]$

답 ④

338 중요도 ★★★ / 한국수력원자력 1회 2회 3회

그림과 같은 정류 회로에서 정현파 교류 전원을 가할 때 가동 코일형 전류계의 지시(평균값)[A]는? (단, 전원 전류의 최댓값은 I_m 이다.)

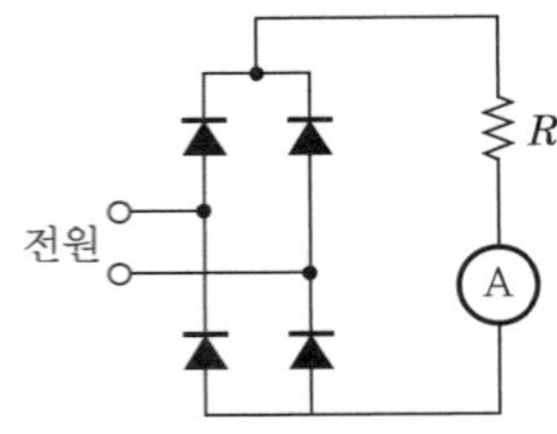

① $\dfrac{I_m}{\sqrt{2}}$　② $\dfrac{2}{\pi}I_m$　③ $\dfrac{I_m}{\pi}$　④ $\dfrac{I_m}{2\sqrt{2}}$

해설 **단상 전파 정류 회로**

가동 코일형 전류계의 지시값은 직류분인 평균값이므로

$I_d = \dfrac{2\sqrt{2}I}{\pi}$[A], $I = \dfrac{I_m}{\sqrt{2}}$[A]일 때

$I_d = \dfrac{2\sqrt{2}}{\pi} \times \dfrac{I_m}{\sqrt{2}} = \dfrac{2I_m}{\pi}$[A]

답 ②

339 중요도 ★★ / 인천교통공사 1회 2회 3회

단상 반파 정류 회로에 환류 다이오드(free-wheeling diode)를 사용할 경우에 대한 설명 중 해당되지 않는 것은?

① 유도성 부하에 잘 사용된다.
② 부하 전류의 평활화를 꾀할 수 있다.
③ PN 다이오드의 역바이어스 전압이 부하에 따라 변한다.
④ 저항 R에 소비되는 전력이 약간 증가한다.

해설 환류 다이오드는 부하와 병렬로 접속되어 다이오드가 Off될 때 유도성 부하 전류의 통로를 만드는 다이오드이다. → 부하 전류를 평활화하고 다이오드의 역바이어스 전압을 부하에 관계없이 일정하게 유지시킨다.

 ③

340 중요도 ★★ / 국가철도공단 1회 2회 3회

어떤 정류회로의 부하전압이 200[V]이고 맥동률 4[%]이면 교류분은 몇 [V] 포함되어 있는가?

① 18 ② 12
③ 8 ④ 4

해설 맥동률 $= \dfrac{\Delta E}{E_d} \times 100[\%]$에서

$\Delta E = 0.04 \times 200 = 8[\mathrm{V}]$

답 ③

341 중요도 ★★★ / 대구도시철도공사 1회 2회 3회

같은 크기의 교류 전압을 실리콘, 정류기로 정류하여 직류 전압을 얻는 경우 가장 높은 직류 전압을 얻을 수 있는 정류 방식은? (단, 필터는 없는 것으로 하고 부하는 순저항 부하이다.)

① 단상 반파 ② 3상 반파
③ 단상 전파 ④ 3상 전파

해설 **출력 평균값의 크기가 큰 순서**
3상 전파 정류기 > 3상 반파 정류기 > 단상 전파 정류기 > 단상 반파 정류기

답 ④

342 중요도 ★★★ / 한국남부발전, 한국동서발전 1회 2회 3회

단상 반파 정류 회로인 경우 정류 효율은 몇 [%]인가?

① 12.6 ② 40.6
③ 60.6 ④ 81.2

해설 (1) 단상 반파 정류 회로의 정류 효율 : 40.6[%]
(2) 단상 전파 정류 회로의 정류 효율 : 81.2[%]
(3) 3상 반파 정류 회로의 정류 효율 : 96.7[%]
(4) 3상 전파 정류 회로의 정류 효율 : 99.8[%]

답 ②

343 중요도 ★★★ / 2024 한국서부발전 1회 2회 3회

단상 전파 정류의 맥동률은?

① 0.17 ② 0.34 ③ 0.48 ④ 0.86

해설 **정류 회로**

구분	출력 전압	맥동률	맥동주파수	효율
단상 반파	$E_d = 0.45E$	$r = 121[\%]$	f	40.6[%]
단상 전파	$E_d = 0.9E$	$r = 48[\%]$	$2f$	81.2[%]
3상 반파	$E_d = 1.17E$	$r = 17[\%]$	$3f$	96.7[%]
3상 전파 6상 반파	$E_d = 1.35V$	$r = 4[\%]$	$6f$	99.8[%]

답 ③

위상 제어 정류 회로

344 중요도 ★★★ / 서울교통공사 1회 2회 3회

그림과 같은 단상 전파 제어 회로에서 점호각이 α일 때 출력 전압의 반파 평균값을 나타내는 식은?

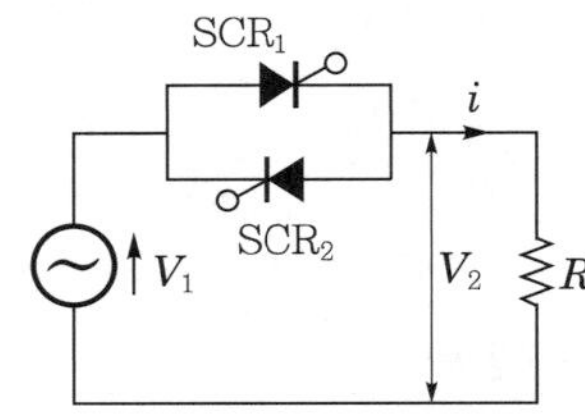

① $\dfrac{\sqrt{2}\,V_1}{\pi}(1-\cos\alpha)$ ② $\dfrac{\sqrt{2}\,V_1}{\pi}(1+\cos\alpha)$

③ $\dfrac{\pi}{\sqrt{2}\,V_1}(1-\cos\alpha)$ ④ $\dfrac{\pi}{\sqrt{2}\,V_1}(1+\cos\alpha)$

해설

(1) 단상 반파 위상 제어 회로 : $E_d = \dfrac{\sqrt{2}\,E}{2\pi}(1+\cos\alpha)$

(2) 단상 전파 위상 제어 회로 : $E_d = \dfrac{\sqrt{2}\,E}{\pi}(1+\cos\alpha)$

여기서, E : 교류 입력의 실횻값, E_d : 직류 출력의 평균값

$E = V_1$, $E_d = V_2$

답 ②

345 중요도 ★★★ / 지역난방공사 1회 2회 3회

그림과 같은 단상 전파 제어 회로에서 전원 전압의 최댓값이 2300[V]이다. 저항 2.3[Ω], 리액턴스 2.3[Ω]인 부하에 전력을 공급하고자 한다. 최대 전력은?

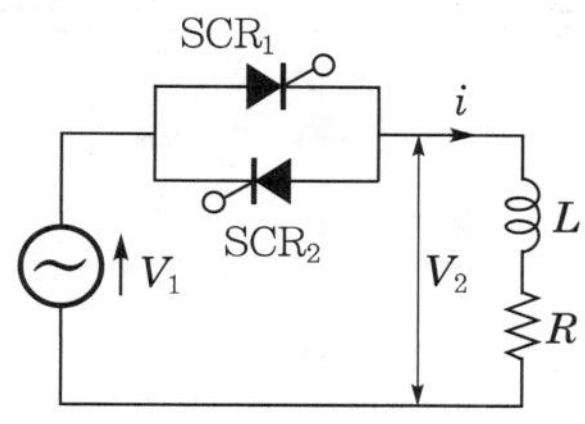

① 약 1.15[kW]
② 약 1.62[kW]
③ 약 1150[kW]
④ 약 1626[kW]

해설

$$P_{max} = I_m^2 \cdot R = \left(\frac{V_m}{\sqrt{R^2+X^2}}\right)^2 R$$

$$= \left(\frac{2300}{\sqrt{2.3^2+2.3^2}}\right)^2 \times 2.3 = 1150000[\text{W}] = 1150[\text{kW}]$$

답 ③

346 중요도 ★★★ / 2024 한국중부발전 1회 2회 3회

단상 380[V]의 교류 전압을 점호각 60° 로 전파 정류를 하여 저항 부하에 공급할 때의 직류 전압[V]은?

① $\frac{470}{\pi}\sqrt{2}$
② $\frac{510}{\pi}\sqrt{2}$
③ $\frac{540}{\pi}\sqrt{2}$
④ $\frac{570}{\pi}\sqrt{2}$

해설 단상 전파 위상 제어 회로

$$E_d = \frac{\sqrt{2}\,E}{\pi}(1+\cos\alpha)$$

$$= \frac{\sqrt{2}\times 380}{\pi}\left(1+\frac{1}{2}\right)$$

$$= \frac{570}{\pi}\sqrt{2}\,[\text{V}]$$

답 ④

347 중요도 ★★★ / 한국수력원자력

1회 2회 3회

그림과 같이 4개의 소자를 전부 사이리스터를 사용한 대칭 브리지 회로에서 사이리스터의 점호각을 α라 하고 부하의 인덕턴스 $L=0$일 때의 전압 평균값을 나타낸 식은?

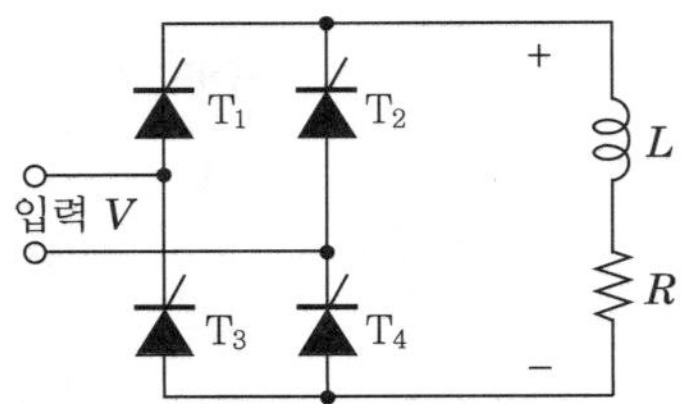

① $E_{d0}\cos\alpha$ ② $E_{d0}\sin\alpha$ ③ $E_{d0}\dfrac{1+\cos\alpha}{2}$ ④ $E_{d0}\dfrac{1-\cos\alpha}{2}$

해설 (1) $\alpha=0$일 때의 E_{d0}

$$E_{d0}=\frac{1}{\pi}\int_0^{\pi}\sqrt{2}\,E\sin\theta\,d\theta=\frac{\sqrt{2}\,E}{\pi}\Big[-\cos\theta\Big]_0^{\pi}=\frac{\sqrt{2}\,E}{\pi}(1+1)=\frac{2\sqrt{2}\,E}{\pi}$$

(2) $\alpha\neq0$일 때의 $E_{d\alpha}$

$$E_{d\alpha}=\frac{1}{\pi}\int_{\alpha}^{\pi}\sqrt{2}\,E\sin\theta\,d\theta=\frac{\sqrt{2}\,E}{\pi}\Big[-\cos\theta\Big]_{\alpha}^{\pi}=\frac{\sqrt{2}\,E}{\pi}(1+\cos\alpha)$$

$$=\frac{2\sqrt{2}\,E}{\pi}=\left(\frac{1+\cos\alpha}{2}\right)=E_{d0}\left(\frac{1+\cos\alpha}{2}\right)$$

답 ③

348 중요도 ★★ / 한국동서발전

1회 2회 3회

그림과 같은 단상 전파 제어 회로에서 부하의 역률각 ϕ가 60°의 유도 부하일 때 제어각 α를 0°에서 180°까지 제어하는 경우에 전압 제어가 불가능한 범위는?

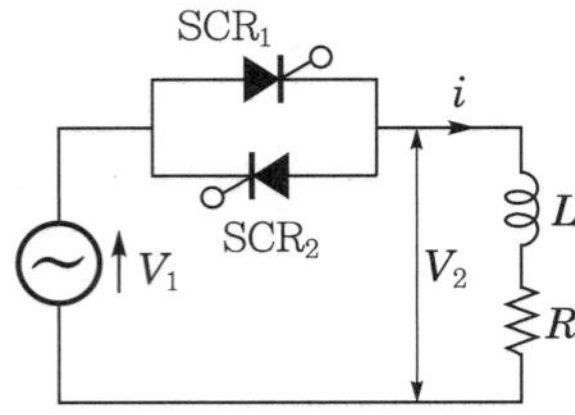

① $\alpha\le30°$ ② $\alpha\le60°$ ③ $\alpha\le90°$ ④ $\alpha\le120°$

해설 SCR을 사용한 단상 전파 제어 회로의 제어 범위

$\phi\le\alpha\le\pi$이므로 $60°\le\alpha\le\pi$

따라서, 전압 제어가 불가능한 범위는 $\alpha\le60°$이다.

답 ②

349 중요도 ★★ / 부산교통공사

1회 2회 3회

사이리스터(thyristor) 단상 전파 정류 파형에서의 저항 부하 시 맥동률[%]은?

① 17 ② 48 ③ 52 ④ 83

해설 다이오드를 이용한 정류 회로와 사이리스터를 이용한 정류 회로의 맥동률은 같다.
(1) 단상 반파의 맥동률 : $r = 121[\%]$
(2) 단상 전파의 맥동률 : $r = 48[\%]$
(3) 3상 반파의 맥동률 : $r = 17[\%]$
(4) 3상 전파의 맥동률 : $r = 4[\%]$

답 ②

350 중요도 ★★ / 한국가스공사, 인천교통공사

1회 2회 3회

사이리스터를 이용한 정류 회로에서 직류 전압의 맥동률이 가장 작은 정류 회로는?

① 단상 반파 정류 회로 ② 단상 전파 정류 회로
③ 3상 반파 정류 회로 ④ 3상 전파 정류 회로

해설 **맥동률이 작은 순서**
3상 전파 < 3상 반파 < 단상 전파 < 단상 반파

답 ④

전력 변환

351 중요도 ★★★ / 한국동서발전, 한국가스공사, 서울교통공사

1회 2회 3회

직류에서 교류로 변환하는 기기는?

① 인버터 ② 사이클로 컨버터 ③ 초퍼 ④ 회전 변류기

해설 (1) AC-DC 변환 : 정류(rectification)
① 교류 전력을 직류 전력으로 변환
② 다이오드 정류기, 위상 제어 정류기, PWM 컨버터 등
(2) DC-AC 변환 : 역변환(inversion)
① 직류 전력을 교류 전력으로 변환
② Inverter(인버터)
(3) DC-DC 변환 : 직류 변환(DC conversion)
① 입력된 직류 전력에 대하여 크기나 극성이 변환된 다른 직류 출력을 내보내는 것
② DC 초퍼, SMPS(Switching Mode Power Supply)

(4) AC-AC **변환** : 교류 변환(AC conversion)
① 교류 전력의 형태 → 전압, 전류의 크기, 주파수, 위상, 상수로 결정
② 이들 중 하나 또는 그 이상을 변환하여 다른 교류 전력으로 변환
③ 사이클로 컨버터(cyclo-converter)

답 ①

352 중요도 ★★★ / 서울교통공사 1회 2회 3회

다음 전력 변환 장치 중 교류를 직류로 변환해 주는 장치는 무엇인가?

① 인버터 ② 컨버터 ③ 초퍼 ④ 사이클로 컨버터

해설 AC-DC **변환** : 정류(rectification)
(1) 교류 전력을 직류 전력으로 변환
(2) 일반적으로 교류를 직류로 변환하는 장치를 범용적으로 컨버터라 한다.
(3) 다이오드 정류기, 위상 제어 정류기, PWM 컨버터 등

답 ②

353 중요도 ★★★ / 2024 한국전력거래소 1회 2회 3회

이 장치는 무엇인가?

> 교류를 교류로 직접 변환하면서 전압과 주파수를 동시에 가변하는 전력 변환기이고 시멘트 공장의 분쇄기 등과 같이 대용량 저속 교류 전동기 구동에 주로 사용되고, 출력 주파수가 낮은 영역에서 많은 장점이 있다.

① 인버터 ② 사이클로 컨버터 ③ 벅 컨버터 ④ 부스트 컨버터

해설 AC-AC **변환** : 교류변환(AC conversion)
(1) 교류 전력의 형태 → 전압, 전류의 크기, 주파수, 위상, 상수로 결정
(2) 이들 중 하나 또는 그 이상을 변환하여 다른 교류 전력으로 변환
(3) 사이클로 컨버터(cyclo-converter)
사이클로 컨버터는 AC-AC 변환을 통해 3상 동기 전동기를 구동하는 것이 가능하다.

답 ②

354 중요도 ★★★ / 한국도로공사 1회 2회 3회

전력용 반도체를 사용하여 직류 전압을 직접 제어하는 것은?

① 초퍼형 인버터 ② 3상 인버터 ③ 단상 인버터 ④ 브리지형 인버터

해설 DC 초퍼(DC-DC 변환)
임의의 직류 전압을 부하가 요구하는 형태의 직류 전압으로 변환

답 ①

355 중요도 ★★★ / 인천교통공사 | 1회 | 2회 | 3회 |

직류-직류 변환기이고 전기철도의 직권 전동기 등 속도 제어에서 전기자 전압을 조정하면 속도 제어가 되는 것은?

① 듀얼 컨버터 ② 사이클로 컨버터 ③ 초퍼 ④ 인버터

해설 DC 초퍼(DC-DC 변환)
임의의 직류 전압을 부하가 요구하는 형태의 직류 전압으로 변환
(1) 초퍼
① 입력된 직류 전압을 크기가 다른 직류 전압으로 변화시켜 주는 직류 초퍼 회로
② 강압형 초퍼 : 전압을 낮추는 경우
③ 승압형 초퍼 : 전압을 높이는 경우
④ 고속전철, 지하철 전동차, 트롤리카, 광산용 견인 전차의 전동 제어에 이용
(2) 초퍼의 원리
직류를 잘게 자르며 도통 및 차단 시간의 비를 변화시켜 부하에 걸리는 평균적인 전압, 전류의 비를 제어할 수 있게 된다.

답 ③

356 중요도 ★★★ / 2024 한국전력거래소 | 1회 | 2회 | 3회 |

Boost-converter의 입력 전압이 30[V]이고, 듀티비(duty ratio)가 0.5일 때 출력 전압값[V]은?

① 35 ② 60 ③ 40 ④ 30

해설 승압 변환기(boost converter)

$$V_o = \frac{1}{1-D} V_i = \frac{1}{1-0.5} \times 30 = 60[\mathrm{V}]$$

답 ②

357 중요도 ★★ / 서울교통공사 | 1회 | 2회 | 3회 |

직류 초퍼 제어 방식에서 그 방식에 속하지 않는 것은?

① 펄스 주파수 제어 ② 펄스폭 제어
③ 순시값 제어 ④ 펄스 파고 제어

해설 직류 초퍼 제어 방식에는 펄스 주파수 제어, 펄스폭 제어(PWM), 순시값 제어가 있다.

답 ④

358 중요도 ★★ / 대구교통공사

1회 2회 3회

반도체 사이리스터로 속도 제어를 할 수 없는 제어는?

① 정지형 레너드 제어 ② 일그너 제어
③ 초퍼 제어 ④ 인버터 제어

해설 (1) 정지형 레오너드 제어
직류 전동기에 필요한 직류 전원 변환장치를 사이리스터를 이용한 정지형으로 대체하여 효율을 향상시킨 방식으로 사이리스터-레오너드 방식이라고 한다.
(2) 일그너 제어
플라이휠을 사용하며, 전동기 부하가 급변해도 공급 전원의 전력 변동이 작아 압연기나 권상기에 사용한다.

답 ②

359 중요도 ★★ / 2024 한국전력거래소

1회 2회 3회

평활회로에서 사용되는 커패시터는 전원으로부터의 전압 맥동을 억제하는 역할을 한다. 이 커패시터를 추가함으로써 얻을 수 있는 주요 이점은 무엇인가?

① 정류된 DC 전압의 리플(ripple) 또는 맥동률을 증가시킨다.
② 평활회로의 전체 크기를 증가시킨다.
③ AC 전원의 주파수를 변환한다.
④ 정류된 DC 전압의 리플(ripple) 또는 맥동률을 감소시킨다.

해설 평활회로는 전압이 바뀌는 맥류를 일정한 전압으로 바꾸어주는 역할을 한다. 즉, 높은 전압은 낮추어 주고, 낮은 전압은 높여서 일정한 전압을 유지할 수 있도록 한다. 평활회로를 거친 DC 전압은 맥동률(ripple)을 감소시킨다.

답 ④

360 중요도 ★★ / 2024 한국전력거래소

1회 2회 3회

LC 필터를 사용하는 이유는?

① 저주파 억제 ② 고주파 억제
③ 밴드패스하기 위해 ④ 교류에서 직류로 변환하기 위해

해설 맥류 파형을 제거하여 평활한 직류를 만드는 회로에 필터 회로가 사용되는데 인덕터(L)와 커패시터(C)를 사용한 π형 필터를 주로 사용한다.

답 ④

361 중요도 ★ / 2024 한국전력거래소

1회 2회 3회

전력 전자 소자 중에서 스너버 회로가 사용되는 주요 목적은 무엇인가?

① 과전압 방지 ② 과전류 방지
③ 래칭전류 억제 ④ 정전용량 유입 억제

해설 스너버 회로는 전력용 반도체 디바이스의 턴 오프 시 디바이스에 인가되는 과전압과 스위칭 손실을 저감시키거나 전력용 트랜지스터의 역바이어스 2차 항복 파괴 방지를 목적으로 하는 보호 회로이다.

답 ①

362 중요도 ★ / 2024 한국수자원공사

1회 2회 3회

DC-DC를 컨버터로 승압 후 상용 주파수 교류로 변환하는 방식은?

① 단권 변압방식 ② 무변압기방식
③ 고주파 변압기 절연방식 ④ 상용 주파 변압기 절연방식

해설 (1) 무변압기방식(트랜스리스 방식)
① 직류 출력을 인버터를 이용하여 상용 주파수 교류로 변환하는 방식
② 변압기가 없기 때문에 고효율, 소형화가 가능하고 구성이 간단하여 소용량에 가장 많이 적용
③ 변압기가 없다보니 계통으로부터 직류성분이 유입될 수 있으므로 안정성 측면에서 단점

(2) 상용 주파 절연방식(저주파 변압기형)
① 직류 출력을 상용 주파수 교류로 변환한 후 상용 주파수 변압기로 절연한 방식
② 변압기로 절연이 되어 있기 때문에 직접적인 서지가 전달되는 것을 방지하고, 구성이 간단하고 3상 대용량에 적용
③ 변압기로 인한 효율이 저하되고 크기가 증가하는 단점

(3) 고주파 절연방식
① 직류 출력을 고주파 교류로 변환한 후 고주파 변압기로 절연하고 직류로 변환 후 상용 주파 교류로 변환하는 방식
② 2단으로 전력을 변환하므로 구성이 복잡하고 효율이 낮은 방식
③ 변압기를 사용하기 때문에 비교적 안정적이고 고주파 변압기가 소형이다보니 소형화가 가능

답 ②

07 특수기기

363 중요도 ★★ / LH공사, 한국가스공사 1회 2회 3회

다음 곡선은 전동기 부하로서의 기계적 특성을 표시한 것이다. 이 중 송풍기, 펌프의 속도－토크 곡선은?

①
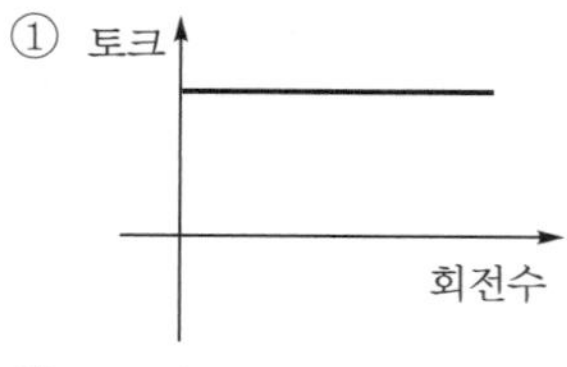

②
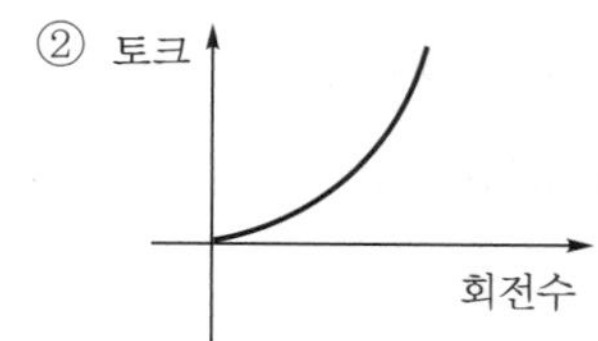

③

④
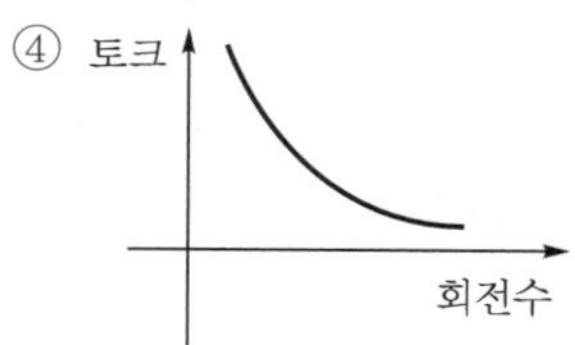

해설 펌프, 팬, 블로워 등의 토크 $T \propto N^2$의 관계 또한 교류 전동기(＝3상 유도 전동기)의 가변속 운전, 즉 속도 제어를 위해 인버터를 이용한 VVVF 방식을 사용하여 속도를 제어한다.

답 ②

단상 직권 정류자 전동기

364 중요도 ★★★ / 한국남부발전, 한국도로공사 1회 2회 3회

교류 · 직류 양용 전동기(universal motor) 또는 만능 전동기라고 하는 전동기는?

① 단상 반발 전동기 ② 3상 직권 전동기
③ 단상 직권 정류자 전동기 ④ 3상 분권 정류자 전동기

해설 **단상 직권 정류자 전동기**

(1) 만능 전동기, Universal motor
(2) 직류와 교류를 모두 사용한다.
(3) 직류 직권 전동기는 공급 전압의 방향을 변화하여도 계자 권선, 전기자 권선의 방향이 모두 반대가 되어 회전 방향이 변하지 않는데, 이를 이용하여 직권 전동기에 직 · 교류 모두 사용한다.
(4) 특징
① 교류와 직류 전원을 모두 사용할 수 있다.
② 기동 토크가 크다.
③ 약계자 강전기자형

답 ③

365 중요도 ★★ / 국가철도공단

1회 2회 3회

교류 단상 직권 전동기의 구조를 설명하는 것 중 옳은 것은?

① 역률 개선을 위해 고정자와 회전자의 자로를 성층 철심으로 한다.
② 정류 개선을 위해 강계자 약전기자형으로 한다.
③ 전기자 반작용을 줄이기 위해 약계자 강전기자형으로 한다.
④ 역률 및 정류 개선을 위해 약계자 강전기자형으로 한다.

해설 **단상 직권 정류자 전동기의 구조 특성**

(1) 자기 회로의 자속이 교번 자계이므로, 철손을 줄이기 위해 전기자, 계자 모두 성층 철심을 사용한다.
(2) 계자 권선의 리액턴스 때문에 역률이 매우 낮아지므로, 계자 권선의 권수를 적게 하고 주자속을 감소시킨다. 자속 감소에 따른 토크 보충을 위해 전기자 권수를 증가시킨다. → 동일 정격의 직류기에 비해 전기자가 커지고, 정류자편의 수도 많아진다.
(3) 전기자 권수를 증가하면 전기자 반작용이 커지므로, 극히 소출력의 전동기 이외에는 보상권선 설치
(4) 역률 개선, 전기자 반작용 억제, 누설 리액턴스 감소
(5) 기동 토크가 크고, 회전수가 크기 때문에 전기드릴, 전기청소기, 전기믹서 등의 전동기로서 많이 사용한다.
(6) 직류 직권 전동기는 교류 전원을 사용할 수 있으나 자극은 철 덩어리로 되어 있기 때문에 철손이 크고, 계자 권선 및 전기자 권선의 리액턴스 때문에 역률이 나쁘다. 또한, 브러시에 의해 단락된 전기자 코일 내에 큰 기전력이 유기되어 정류가 불량하다는 단점이 있다.

답 ④

366 중요도 ★★★ / 한국가스공사

1회 2회 3회

단상 정류자 전동기에 보상 권선을 사용하는 가장 큰 이유는?

① 정류 개선 ② 기동 토크 조절 ③ 속도 제어 ④ 역률 개선

해설 **단상 직권 정류자 전동기**

(1) 계자 권선의 리액턴스 때문에 역률이 매우 낮아지므로, 계자 권선의 권수를 적게 하고 주자속을 감소시킨다. 자속 감소에 따른 토크 보충을 위해 전기자 권수를 증가시킨다. → 동일 정격의 직류기에 비해 전기자가 커지고, 정류자편의 수도 많아진다.
(2) 전기자 권수가 증가하면 전기자 반작용이 커지므로, 극히 소출력의 전동기 이외에는 보상권선 설치
(3) 역률 개선, 전기자 반작용 억제, 누설 리액턴스 감소

답 ④

367 중요도 ★★ / 한국동서발전, 한국가스공사

1회 2회 3회

단상 직권 정류자 전동기의 회전 속도를 높이는 이유는?

① 리액턴스 강하를 크게 한다.
② 전기자에 유도되는 역기전력을 작게 한다.
③ 역률을 개선한다.
④ 토크를 증가시킨다.

해설 단상 직권 정류자 전동기는 회전 속도에 비례하는 기전력이 전류와 동상으로 유기되어 속도가 증가할수록 역률이 개선되므로 회전 속도가 증가한다.

답 ③

368 중요도 ★★ / 서울교통공사

1회 2회 3회

3상 직권 정류자 전동기에 있어서 직렬 변압기의 권수비 조정으로 할 수 없는 것은?

① 정역회전을 할 수 있다.
② 회전자의 전압을 자유로이 선택할 수 있기 때문에 정류가 용이하다.
③ 속도 조정이 편리하다.
④ 경부하 시에 속도의 급상승을 방지할 수 있다.

해설 **3상 직권 정류자 전동기**

(1) 3상 유도 전동기와 같은 구조의 고정자와 직류기의 전기자와 같은 정류자 권선을 가진 회전자로 구성된다.
(2) 회전자는 직렬 변압기(중간 변압기)를 거쳐 직렬로 접속한다.
(3) $T \propto I^2 \propto \dfrac{1}{N^2}$의 변속도 특성이 있으며 기동 토크가 매우 크다.
(4) 브러시를 이동하여 속도 제어 및 회전 방향 변환이 가능하다.
(5) 저속에서는 효율과 역률이 나빠진다(고속도, 동기 속도 이상에서 효율과 역률이 좋음).
(6) 용도 : 송풍기, 펌프, 공작기계 등에 사용

답 ①

369 중요도 ★★ / 한국중부발전

1회 2회 3회

3상 직권 정류자 전동기에 중간(직렬) 변압기가 쓰이고 있는 이유가 아닌 것은?

① 정류자 전압의 조정
② 회전자 상수의 감소
③ 경부하때 속도의 이상 상승 방지
④ 실효 권수비 선정 조정

해설 **중간 변압기를 사용하는 주요한 이유**

(1) 전원 전압의 크기와 관계없이 정류에 알맞게 회전자 전압을 선택
(2) 중간 변압기의 실효 권수비를 조정하여 전동기의 특성을 조정하고 정류 전압을 조정

(3) 직권 특성이기 때문에 경부하에서는 속도가 매우 상승하나 중간 변압기를 사용하여 변압기 철심을 포화하도록 하면 그 속도 상승을 제한할 수 있음

답 ②

370 중요도 ★★ / 국가철도공단

1회 2회 3회

교류 분권 정류자 전동기는 다음 중 어느 때에 가장 적당한 특성을 가지고 있는가?

① 속도의 연속 가감과 정속도 운전을 아울러 요하는 경우
② 속도를 여러 단으로 변화시킬 수 있고 각 단에서 정속도 운전을 요하는 경우
③ 부하 토크에 관계없이 완전 일정 속도를 요하는 경우
④ 무부하와 전부하의 속도 변화가 작고 거의 일정 속도를 요하는 경우

해설 (1) 교류 분권 정류자 전동기(시라게 전동기)
① 특징
㉠ 토크 변화에 비해 속도 변화가 매우 작아 정속도 전동기인 동시에 가변 속도 전동기로 널리 사용
㉡ 분권식인 시라게 전동기를 가장 널리 사용
㉢ 브러시를 이용하여 속도 제어가 가능
㉣ 역률과 효율이 좋음
② 전압 정류 개선 방법
㉠ 보상 권선 설치
㉡ 보극 설치
㉢ 저항 브러시 사용
(2) 교류 분권 정류자 전동기는 토크의 변화에 대한 속도의 변화가 매우 작아 분권 특성의 정속도 전동기인 동시에 교류 가변 속도 전동기로서 널리 사용된다.

답 ①

371 중요도 ★ / 한국중부발전

1회 2회 3회

단상 반발 전동기가 아닌 것은?

① 아트킨손형 ② 반발 유도형 ③ 톰슨형 ④ 데리형

해설 **단상 정류자 전동기(단상 반발 전동기)**
(1) 정의
회전자 권선을 브러시로 단락하고 고정자 권선을 전원에 접속하여 회전자에 유도 전류를 공급하는 직권형 교류 정류자 전동기이다.
(2) 특징
① 기동 토크가 매우 크다.
② 브러시를 이동하여 연속적인 속도 제어가 가능하다.
(3) 종류 : 아트킨손형, 톰슨형, 데리형

답 ②

372 중요도 ★★★ / 2024 한국서부발전

1회 2회 3회

일반적인 DC 서보모터의 제어에 속하지 않는 것은?

① 역률제어 ② 토크제어 ③ 속도제어 ④ 위치제어

해설 **서보모터**

(1) 계속해서 변화하는 위치나 속도의 명령치에 신속하고 정확하게 추종할 수 있도록 설계되어 위치, 방향, 자세를 제어하기 위한 모터이다.

(2) 토크제어, 속도제어, 위치제어 등에 사용된다.

(3) 서보모터의 동작 특성상 기동 토크가 커야 하고, 관성 모멘트가 작아야 한다.

답 ①

373 중요도 ★★★ / 한국가스공사

1회 2회 3회

다음 중 서보모터가 갖추어야 할 조건이 아닌 것은?

① 기동 토크가 클 것
② 토크－속도 곡선이 수하특성일 것
③ 회전자를 가늘고 길게 할 것
④ 시정수가 크고 응답속도가 느리다.

해설 **서보모터의 특징**

(1) 직류 서보모터의 원리, 구조 등은 보통 직류 전동기와 동일하다.

(2) 회전자가 가늘고 길게 되어 있다. 보기 ③

(3) 기동 전압이 작고 토크가 크다. 보기 ①

(4) 회전축의 관성이 작아 정지 및 반전을 신속히 할 수 있다.

(5) 0[V]에서 제어 권선 전압이 신속히 정지한다.

(6) 직류 서보모터의 기동 토크가 교류 서보모터보다 크다.

(7) 속응성이 뛰어나고 시정수가 짧으며 기계적 응답이 뛰어나다. 보기 ④

답 ④

374 중요도 ★ / 한국가스공사

1회 2회 3회

2상 서보 모터를 구동하는 데 필요한 2상 전압을 얻는 방법에서 일반적으로 널리 쓰이는 방법은?

① 여자 권선에 콘덴서를 삽입하는 방법
② 증폭기 내에서 위상을 조정하는 방법
③ T결선 변압기를 이용하는 방법
④ 2상 전원을 직접 이용하는 방법

해설 2상 서보 전동기는 시간에 따라 변하는 신호를 운동으로 변환하는 곳에 사용되며, 증폭기 내에서 위상을 조정하여 구동에 필요한 2상 전압을 얻는다.

답 ②

375 중요도 ★★★ / 한국수력원자력 1회 2회 3회

서보 전동기의 특징을 열거한 것 중 옳지 않은 것은?

① 원칙적으로 정역전(正逆轉)이 가능하여야 한다.
② 저속이며 거침없는 운전이 가능하여야 한다.
③ 직류용은 없고, 교류용만 있다.
④ 급가속, 급감속이 용이한 것이라야 한다.

해설 (1) 서보모터의 특징
① 직류 서보모터의 원리, 구조 등은 보통 직류 전동기와 동일하다.
② 회전자가 가늘고 길게 되어 있다.
③ 기동 전압이 작고 토크가 크다.
④ 회전축의 관성이 작아 정지 및 반전을 신속히 할 수 있다.
⑤ 0[V]에서 제어 권선 전압이 신속히 정지한다.
⑥ 직류 서보모터의 기동 토크가 교류 서보모터보다 크다.
⑦ 속응성이 뛰어나고 시정수가 짧으며 기계적 응답이 뛰어나다.

(2) 직류 서보모터와 교류 서보모터의 비교
① 교류식은 회전 부분의 마찰이 작다(베어링 마찰만 존재).
② 기동 토크는 직류식이 월등히 크다.
③ 회로의 독립은 교류식이 용이하다.
④ 대용량의 제작은 직류식이 용이하다.

답 ③

376 중요도 ★★★ / 국가철도공단, 한국중부발전 1회 2회 3회

스태핑 모터의 특징 중 잘못된 것은?

① 모터에 가동부분이 없으므로 보수가 용이하고, 신뢰성이 높다.
② 피드백이 필요치 않아 제어계가 간단하고 염가이다.
③ 회전각 오차는 스테핑마다 누적되지 않는다.
④ 모터의 회전각과 속도는 펄스수에 반비례한다.

해설 **스테핑 모터의 특징**
(1) 위치 제어를 하는 분야에 주로 사용된다.
(2) 입력된 펄스 신호에 따라 특정 각도만큼 회전한다. 보기 ④
(3) 스텝각이 작을수록 1회전당 스텝수가 많아지고 축 위치의 정밀도는 높아진다.
(4) 양방향 회전이 가능하고 설정된 여러 위치에 정지하거나 해당 위치로부터 기동할 수 있다.
(5) 디지털 신호로 직접 제어할 수 있으므로 컴퓨터 등과의 인터페이스가 쉽다.
(6) 가·감속이 쉽고 정·역전 및 변속이 쉽다.
(7) 위치를 제어할 때 각도 오차가 작고 누적되지 않는다. 보기 ③

(8) 브러시 등이 없으므로 특별한 유지·보수가 필요 없다. 보기 ①
(9) 피드백 루프가 필요없어 속도 및 위치 제어가 쉽다. 보기 ②
(10) 큰 관성 부하에 적용하기에는 부적합하다.
(11) 대용량 기기 제작이 곤란하다.
(12) 오버 슈트 및 진동 문제가 있고 공진이 발생하면 전체 시스템의 불안전 현상이 생길 수 있다.

답 ④

377 중요도 ★★★ / 한국가스공사, 대구교통공사

1회 2회 3회

브러시레스 DC 서보 모터의 특징으로 틀린 것은?

① 단위 전류당 발생 토크가 크고 효율이 좋다.
② 토크 맥동이 작고, 안정된 제어가 용이하다.
③ 기계적 시간 상수가 크고 응답이 느리다.
④ 기계적 접점이 없고 신뢰성이 높다.

해설 BLDC Motor(Brushless DC Motor)
(1) 정류자와 브러시를 사용하지 않는 직류 모터로서, BLDC의 동작은 자기센서(홀센서)를 모터에 내장하여 회전자가 만드는 회전자계를 검출하고, 이 전기적 신호를 고정자의 코일에 전하여 모터의 회전을 제어한다.
(2) DC 전압을 구동축 위치에 따라 넣어주기 위해 인버터에서 구형파로 된 유사 정현파를 가하여 회전자를 회전시킨다.
(3) 서보 전동기의 특성과 같으므로, 기계적 시정수(시상수)는 크고, 응답이 빠르다.

답 ③

378 중요도 ★★ / 한전 KPS

1회 2회 3회

다음은 BLDC 모터와 DC 모터를 비교한 내용이다. 옳지 않은 것을 모두 고르면?

특성	BLDC 모터	DC 모터
㉠ 수명	길다.	짧다.
㉡ 효율	높다.	보통
㉢ 소음	높다.	낮다.
㉣ 정류방법	역기전력 등을 이용하여 전기적으로 정류	브러시를 이용하여 기계적으로 정류
㉤ 제어기	가변제어일 경우 제어기 필요	제어기 필요

① ㉠, ㉡ ② ㉠, ㉣ ③ ㉡, ㉢
④ ㉢, ㉤ ⑤ ㉣, ㉤

해설 BLDC 모터와 DC 모터 특성 비교

특성	BLDC 모터	DC 모터
수명	길다.	짧다.
효율	높다.	보통
소음	낮다.	높다.
정류방법	역기전력 등을 이용하여 전기적으로 정류	브러시를 이용하여 기계적으로 정류
제어기	제어기 필요	가변제어일 경우 제어기 필요

답 ④

379 중요도 ★★★ / 한국가스공사

1회 2회 3회

다음 중 동기 전동기에 해당하는 것을 모두 고르면?

㉠ SynRM　　㉡ IM
㉢ PMG　　㉣ SRM

① ㉠, ㉡, ㉢　② ㉠, ㉡, ㉣　③ ㉠, ㉢, ㉣　④ ㉡, ㉢, ㉣

해설 ㉠ SynRM : 동기형 릴럭턴스 전동기
㉡ IM : 유도 전동기
㉢ PMG : 영구자석 동기 발전기
㉣ SRM : 스위치드 릴럭턴스 전동기

답 ③

380 중요도 ★ / 한국중부발전

1회 2회 3회

일반적인 초전도 발전기는 발전기의 어느 부분을 초전도화한 것을 말하는가?

① 전기자권선　② 계자권선　③ 정류자권선　④ 보상권선

해설 초전도선을 발전기의 권선으로 사용한 발전기를 이르는데 일반적으로는 직류 전류를 흘리는 계자권선을 초전도화한 교류 발전기를 말한다.

답 ②

381 중요도 ★ / 대구교통공사

1회 2회 3회

4극, 60[Hz]의 정류자 주파수 변환기가 1440[rpm]으로 회전할 때의 주파수는 몇 [Hz]인가?

① 8 ② 10
③ 12 ④ 15

해설
$N_s = \frac{120f}{p} = \frac{120 \times 60}{4} = 1800[\mathrm{rpm}]$

$s = \frac{N_s - N}{N_s} = \frac{1800 - 1440}{1800} = 0.2$

$\therefore\ f_2 = sf_1 = sf_2 = 0.2 \times 60 = 12[\mathrm{Hz}]$

답 ③

382 중요도 ★ / 한국중부발전

1회 2회 3회

정류자형 주파수 변환기의 설명 중 틀린 것은?

① 정류자 위에는 한 개의 자극마다 전기각 $\frac{2\pi}{3}$ 간격으로 3조의 브러시가 있다.
② 3차 권선을 설치하여 1차 권선과 조정 권선을 회전자에, 2차 권선을 고정자에 설치하였다.
③ 3개의 슬립링은 회전자 권선을 3등분한 점에 각각 접속되어 있다.
④ 용량이 큰 것은 정류작용을 좋게 하기 위해 보상 권선과 보극 권선을 고정자에 설치한다.

해설 **정류자형 주파수 변환기**

(1) 유도 전동기의 2차 여자용 교류 여자기로 사용된다.
(2) 회전자는 정류자와 3개의 슬립링으로 구성된다.
(3) 3개 슬립링은 회전자 권선을 3등분한 점에 각각 접속한다. 보기 ③
(4) 회전자는 3상 회전 변류기의 전기자와 거의 같은 구조이다.
(5) 정류자 위에는 1개 자극마다 전기각으로 $\frac{2}{3}\pi$ 간격의 3조의 브러시를 설치한 구조이다. 보기 ①
(6) 용량이 큰 변환기는 고정자에 보상 권선과 보극 권선을 설치한다(정류 작용을 양호하게 하기 위함). 보기 ④

답 ②

CHAPTER 04 | 회로이론

01 직류회로

전하량

01 중요도 ★★ / 한국중부발전

복습 시 회독 체크! 1회 2회 3회

다음 중 전하와 관련된 내용으로 옳지 않은 것을 모두 고르면?

㉠ 전자는 양전하를 띠고 있다.
㉡ 양성자의 전하량은 -1.602×10^{-19}[C]이다.
㉢ 중성자의 전하량은 0이다.
㉣ 전하의 단위는 [C](쿨롱)이다.

① ㉠, ㉡　② ㉠, ㉢, ㉣　③ ㉡, ㉢　④ ㉢, ㉣

해설 전자는 음전하를 띠고 있다.
양성자의 전하량은 1.602×10^{-19}[C]이다.

답 ①

02 중요도 ★ / 한국동서발전

1회 2회 3회

전하가 매초 회로에 1[A]의 전류가 흐른다고 한다. 이때의 전기량은 몇 [C]인가?

① 1.602×10^{-19}　② ∞　③ 1　④ 9.1×10^{-31}

해설 전기량 $Q=It$[C]이므로
$Q=1\times1=1$[C]

체크 point

- 전자 1개가 가지는 전기량 e
  $e=-1.602\times10^{-19}$[C]이며 $1[C]=\dfrac{1}{1.602\times10^{-19}}=6.25\times10^{18}$[개]
- 전자 1개가 가지는 질량 m
  $m=9.107\times10^{-31}$[kg]

답 ③

03 중요도 ★ / 한국동서발전 1회 2회 3회

전자가 1초에 10^{19}개가 전선 내를 통과한다고 한다. 이때, 전류는 몇 [A]인가? (단, 전기량은 1.602×10^{-19}[C]이다.)

① 1.602×10^{-9} ② 1.602×10^{9} ③ $\frac{1}{1.602}\times10^{-9}$ ④ 1.602

해설 전하량 $Q=1.602\times10^{-19}\times10^{19}=1.602[\text{C}]$

$\therefore\ I=\frac{Q}{t}=\frac{1.602}{1}=1.602[\text{A}]$

답 ④

04 중요도 ★★ / 한국동서발전 1회 2회 3회

직류 회로에서 전류를 잘 흐르게 하는 것은 무엇인가?

① 저항 ② 컨덕턴스 ③ 임피던스 ④ 리액턴스

해설 컨덕턴스 G는 저항의 역수이므로 $G=\frac{1}{R}[℧]$가 된다.

저항이 작아지면 전류는 잘 흐르게 된다. 즉, 저항이 작아지면 G는 커지며 전류는 잘 흐르게 된다는 것을 알 수 있다.

체크 point

임피던스와 어드미턴스는 서로 역수의 관계가 있으므로 교류에서는 임피던스가 작아지면 어드미턴스가 커지며 전류가 잘 흐르게 된다.

답 ②

05 중요도 ★ / 한국동서발전 1회 2회 3회

저항률의 역수는 무엇인가?

① 투자율 ② 도전율 ③ 유전율 ④ 지멘스

해설 저항률 $\rho=\frac{1}{\sigma}$ (σ는 도전율임)

유전율 $\varepsilon=\varepsilon_0\varepsilon_s$ (ε_s는 비유전율, ε_0 : 8.855×10^{-12}[F/m])

투자율 $\mu=\mu_0\mu_s$ (μ_s는 비투자율, μ_0 : $4\pi\times10^{-7}$[F/m])

답 ②

전기저항

06 중요도 ★★★ / 2024 한국남동발전

1회 2회 3회

저항의 길이는 일정하고, 반지름이 2배가 되면 저항의 크기는 몇 배인가?

① 2　② 4　③ $\frac{1}{2}$　④ $\frac{1}{4}$

해설 도선의 전기저항 R

$R_1 = \rho\frac{l}{A} = \rho\frac{l}{\pi r^2}$ 이므로 $R_2 = \rho\frac{l}{\pi(2r)^2} = \rho\frac{l}{\pi r^2}\frac{1}{4} = \frac{1}{4}R_1$이 되어 $\frac{1}{4}$배가 된다.

답 ④

07 중요도 ★★ / 한국남동발전

1회 2회 3회

어떤 도선에서 단면적이 3배되고 길이가 $\frac{1}{3}$배되는 경우의 저항값은 처음 저항의 몇 배가 되는가?

① 1배　② 3배　③ $\frac{1}{3}$배　④ $\frac{1}{9}$

해설 도선의 저항 $R_1 = \rho\frac{l}{S}$이며 단면적이 3배되고 길이가 $\frac{1}{3}$배되는 경우의 저항값이 R_2이면

$R_2 = \rho\frac{\frac{1}{3}l}{3S} = \frac{1}{9}\rho\frac{l}{S} = \frac{1}{9}R_1$이므로 $\frac{1}{9}$배가 된다.

답 ④

저항의 접속

08 중요도 ★ / 한전 KPS

1회 2회 3회

1[Ω]과 2[Ω]의 저항을 직렬로 접속할 때 합성 컨덕턴스[S]는?

① 1　② 3　③ 4
④ $\frac{1}{2}$　⑤ $\frac{1}{3}$

해설 컨덕턴스

(1) 전기 회로에서 회로 저항의 역수
(2) 직렬 연결의 합성 저항 $R = 1 + 2 = 3$[Ω]
(3) 합성 컨덕턴스 $G = \frac{1}{R} = \frac{1}{3}$[S]

답 ⑤

09 중요도 ★★ / 한국동서발전 | 1회 | 2회 | 3회

컨덕턴스 G_1과 G_2가 직렬로 접속된 회로의 합성 컨덕턴스[℧]는?

① $G_1 \times G_2$

② $\dfrac{G_1 G_2}{G_1 + G_2}$

③ $\dfrac{1}{G_1} + \dfrac{1}{G_2}$

④ $G_1 + G_2$

해설 합성 컨덕턴스 G

$$\frac{1}{G} = \frac{1}{G_1} + \frac{1}{G_2}$$

$$G = \frac{1}{\frac{1}{G_1} + \frac{1}{G_2}} = \frac{G_1 G_2}{G_1 + G_2} [℧]$$

답 ②

10 중요도 ★★ / 한전 KPS | 1회 | 2회 | 3회

다음 저항 회로 (A)와 (B) 회로의 합성 저항의 크기를 비교한 것으로 옳은 것은? (단, 저항의 값은 모두 같다.)

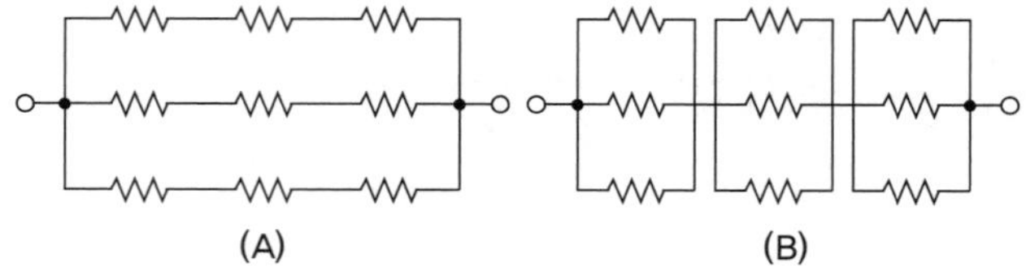

① 두 회로가 같다.

② 회로 (A)가 2배 크다.

③ 회로 (A)가 4배 크다.

④ 회로 (B)가 2배 크다.

⑤ 회로 (B)가 4배 크다.

해설 (A)의 합성 저항의 크기는 $3R$ 저항 3개가 병렬로 연결된 것과 같으므로 R

(B)의 합성 저항의 크기는 $\dfrac{R}{3}$의 저항 3개를 직렬로 연결한 것과 같으므로 R

따라서, 전체 합성 저항의 크기는 (A), (B)가 동일하다.

답 ①

11 중요도 ★★★ / 한국동서발전

1회 2회 3회

다음과 같은 회로에서 a, b 단자에서 본 합성 저항[Ω]은 c, d 단자의 합성 저항[Ω]의 몇 배인가?

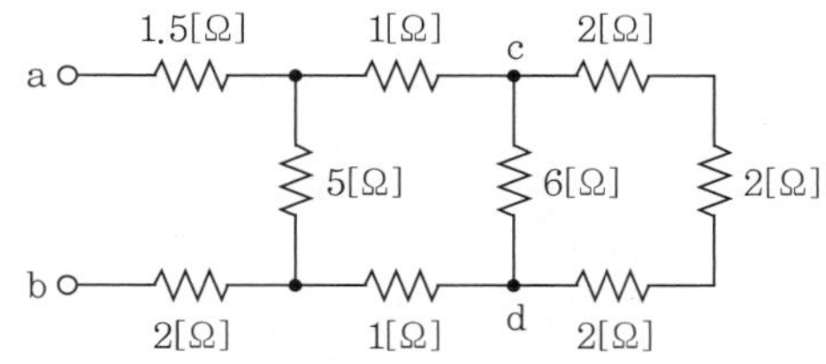

① 2 ② 4 ③ 6 ④ 8

해설 (1) c, d 사이의 합성 저항 R_{cd}

합성 저항 $R_{cd}=\dfrac{6\times(2+2+2)}{6+(2+2+2)}=3[\Omega]$

(2) a, b 사이의 합성 저항 R_{ab}

합성 저항 $R_{ab}=1.5+2+\dfrac{5\times(1+R_{cd}(=3)+1)}{5+(1+R_{cd}(=3)+1)}=6[\Omega]$

(3) 따라서, a, b 단자에서 본 합성 저항은 c, d 단자에서 본 합성 저항의 2배이다.

답 ①

키르히호프의 법칙

12 중요도 ★★ / 한국동서발전

1회 2회 3회

다음과 같은 회로에서 KCL을 적용한 수식으로 옳게 표시된 것은?

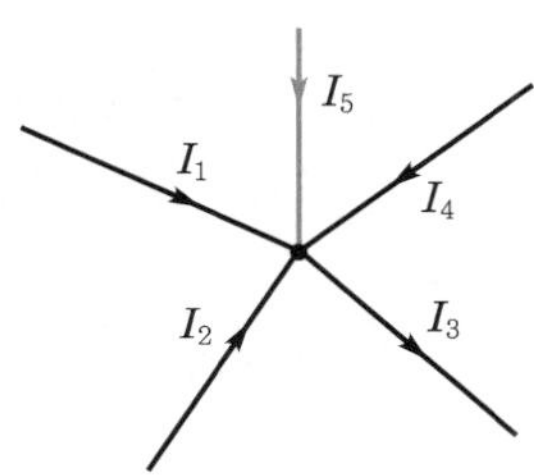

① $I_1+I_2+I_3+I_4+I_5=0$ ② $I_1+I_2+I_4+I_5=I_3$
③ $I_1-I_4=I_2+I_3$ ④ $I_1+I_2-I_4=I_3+I_5$

해설 **키르히호프의 제1법칙(전류의 법칙)**

KCL은 회로의 임의 1점에서 유입되는 전류의 합과 유출되는 전류 합의 크기는 같다.

즉, $I_1+I_2+I_4+I_5=I_3$

또는 KCL은 임의 1점에서 유입되는 전류와 유출되는 전류의 합은 '0'이다.

즉, $\sum I=0$

답 ②

13 중요도 ★★ / 한국중부발전

1회 2회 3회

다음 회로에 흐르는 전류 I[A]는?

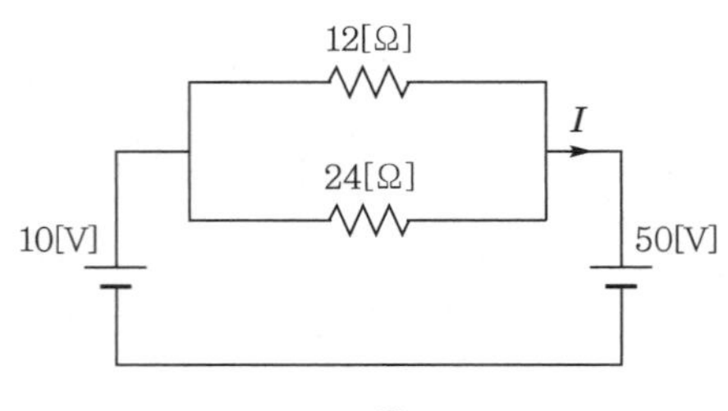

① −8　　② −5　　③ 10　　④ 20

해설 **키르히호프의 제2법칙(전압의 법칙)**

폐회로에서 기전력의 총합은 전압 강하의 총합과 같다.

$\sum E = \sum I \cdot R$

$E = 10 - 50 = -40[\text{V}]$

$R = \dfrac{12 \times 24}{12 + 24} = 8[\Omega]$

$I = \dfrac{E}{R} = \dfrac{40}{8} = -5[\text{A}]$

답 ②

14 중요도 ★★ / 한국중부발전

1회 2회 3회

두 전원을 그림과 같이 접속했을 때 흐르는 전류 I[A]는?

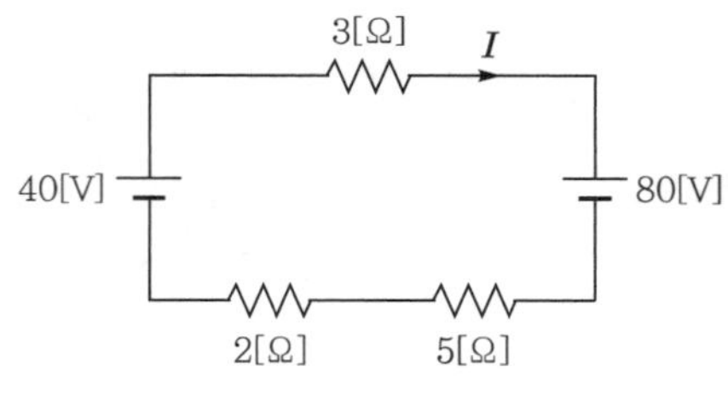

① 4　　② −4　　③ 40　　④ 80

해설 전류의 방향에 주의해야 한다.

$I = \dfrac{E}{R} = \dfrac{40 - 80}{3 + 5 + 2} = -4\,[\text{A}]$

답 ②

15 중요도 ★★★ / 한국동서발전

1회 2회 3회

다음 회로에서 R에 흐르는 전류가 0이 되기 위한 조건으로 옳은 것은?

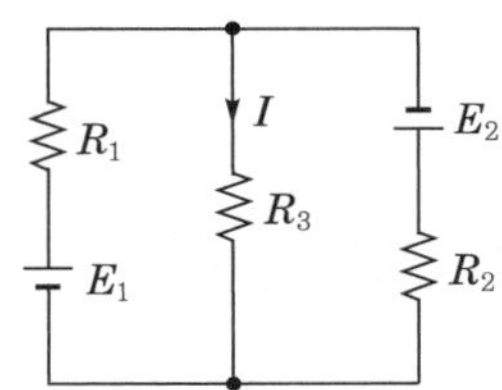

① $R_1R_2 = E_1E_2$
② $R_1E_1 = R_2E_2$
③ $R_2E_1 = R_1E_2$
④ $E_1 = -2E_2$

해설 a점 기준으로 절점 해석을 적용하여 KCL을 적용하면

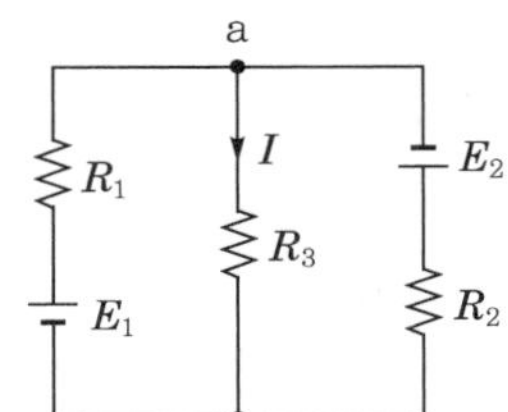

$I_1 = I_2 + I_3$가 되며 R에 흐르는 전류가 '0'이므로, $V_a = 0$, $I_2 = 0$이 되어 $I_1 = I_3$가 된다.

또한, $I_1 = \dfrac{E_1 - V_a}{R_1}$, $I_3 = \dfrac{E_2 + V_a}{R_2}$ 이므로 $\dfrac{E_1 - V_a}{R_1} = \dfrac{E_2 + V_a}{R_2}$ 가 되며 $V_a = 0$을 적용하면 $R_2E_1 = R_1E_2$가 된다.

답 ③

16 중요도 ★★ / 한국동서발전

1회 2회 3회

그림과 같이 저항 R을 무한히 연결할 때, a, b 사이의 합성 저항은? (단, $R = 2[\Omega]$이다.)

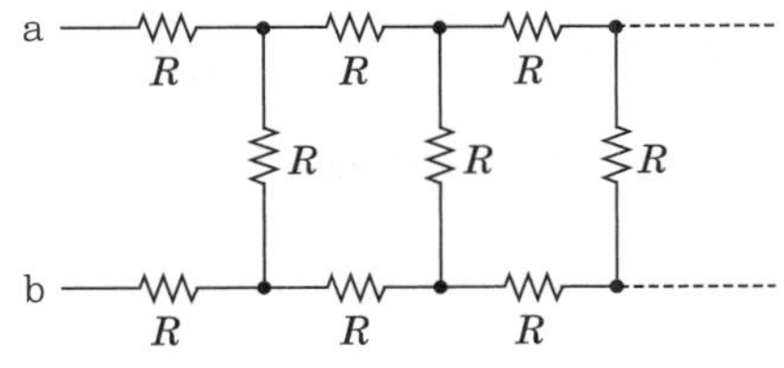

① ∞
② 1
③ $1-\sqrt{3}$
④ $2+2\sqrt{3}$

해설 위와 같은 회로는 무한대라는 조건을 활용하여 구하게 되나 중간 과정이 매우 복잡한 부분이 있으므로 다음과 같은 결과식을 활용하면 쉽게 답을 도출할 수 있다.

$\therefore R_{ab} = (1+\sqrt{3})R[\Omega]$

$= (1+\sqrt{3}) \times 2 = 2+2\sqrt{3}\,[\Omega]$

답 ④

17 중요도 ★★★ / 한전 KPS 1회 2회 3회

다음 그림과 같은 회로에서 스위치 S를 열 때 전류계의 지시가 66[A]라면, 스위치를 닫을 때의 전류계의 지시[A]는?

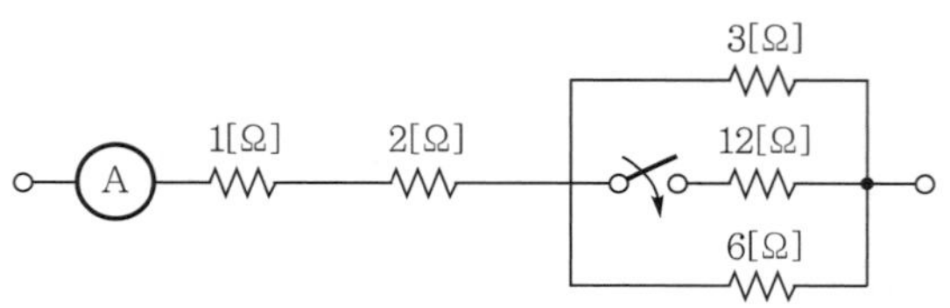

① 44 ② 50 ③ 68
④ 70 ⑤ 72

해설 S를 열었을 때의 전압

$E = IR = 66 \times \left(1 + 2 + \frac{3 \times 6}{3+6}\right) = 330[V]$

S를 닫았을 때 전류계의 지시

$$I' = \frac{E}{R'} = \frac{330}{1 + 2 + \frac{1}{\frac{1}{3} + \frac{1}{12} + \frac{1}{6}}} = 70[A]$$

답 ④

배율기 / 분류기

18 중요도 ★ / 서울교통공사 1회 2회 3회

어떤 회로에서 부하에 흐르는 전류와 전압을 측정하고자 한다. 이때, 연결되는 전압계와 전류계의 사용 방법으로 옳은 것은?

① 전류계 : 직렬, 전압계 : 병렬 ② 전류계 : 병렬, 전압계 : 병렬
③ 전류계 : 직렬, 전압계 : 직렬 ④ 전류계 : 병렬, 전압계 : 직렬

해설 부하에 흐르는 전류와 전압을 측정하고자 할 때는 전류계는 직렬, 전압계는 병렬로 연결하여 측정한다.

답 ①

19 중요도 ★★ / 한국서부발전 1회 2회 3회

어떤 전압계의 배율을 3배로 하기 위한 배율기의 저항[Ω]값은? (단, 전압계의 내부저항은 12500[Ω]이다.)

① 3000 ② 7000 ③ 12500 ④ 25000

해설 **배율기 저항**

$R_m=(m-1)r_v=(3-1)\times 12500=25000[\Omega]$

> **체크 point**
>
> **분류기 저항**
>
> $R_s=\dfrac{r_a}{m-1}$
>
> 여기서, m : 배율, r_a : 전류계 내부저항

답 ④

20 중요도 ★★ / 한국중부발전

1회 2회 3회

최대 눈금이 110[V]이며 내부저항이 10000[Ω]인 전압계로 220[V]를 측정하고자 한다. 이때의 배율기 저항은 몇 [Ω]인가?

① 300 ② 500 ③ 5000 ④ 10000

해설 **배율기 저항**

$R_m=(m-1)r_v[\Omega]$ (여기서, m : 배율, r_v : 전압계 내부저항)

여기서, 배율을 먼저 구하면 $m=\dfrac{220}{110}=2$이다.

$\therefore\ R_m=(2-1)\times 10000=10000[\Omega]$

답 ④

21 중요도 ★★ / 한전 KPS

1회 2회 3회

어떤 전류계의 측정 범위를 15배로 하려면 전류계의 저항을 분류기 저항의 몇 배로 해야 하는가?

① 10 ② 14 ③ 15
④ 16 ⑤ 17

해설 **분류기의 배율**

$m=1+\dfrac{R_a}{R_s}$ (R_a : 내부저항, R_s : 분류기 저항)이므로

$\dfrac{R_a}{R_s}=15-1=14$

답 ②

22 중요도 ★★ / 한국동서발전 1회 2회 3회

분류기를 사용하여 전류를 측정하는 경우 분류기의 저항이 0.03[Ω]이면 그 배율은? (단, 전류계의 내부 저항 = 0.15[Ω])

① 4 ② 5 ③ 6 ④ 7

해설 분류기 저항 $R_s = \dfrac{r_a}{m-1}$[Ω]에서 배율 m을 구하면 된다.

즉, $0.03 = \dfrac{0.15}{m-1}$[Ω]에서 배율 $m=6$이 된다.

답 ③

23 중요도 ★★★ / 한국서부발전 1회 2회 3회

기전력 12[V], 내부 저항 0.1[Ω]의 전지 5개가 있다. 이것을 직렬로 한 것에 부하 저항 2.5[Ω]을 연결하면 부하 전류[A]는?

① 10 ② 20 ③ 25 ④ 30

해설 (1) 전지의 연결 : 전지 n개를 연결

① 직렬 연결 $I = \dfrac{nE}{nr+R}$[A]

② 병렬 연결 $I = \dfrac{E}{\dfrac{r}{n}+R}$[A]

여기서, n : 직렬 개수, r : 내부 저항, R : 부하 저항

(2) 부하 전류 $I = \dfrac{12\times5}{0.1\times5+2.5} = 20$[A]

답 ②

전력 / 전력량

24 중요도 ★★ / 한국동서발전 1회 2회 3회

전열기의 인가전압이 3배로 커지면 소비전력은 몇 배가 되는가?

① 변함이 없다. ② 2배
③ 4배 ④ 9배

해설 **소비전력 P**

$P_1 = \dfrac{V^2}{R}$[W]이므로 전압이 3배가 되면 $P_2 = \dfrac{(3V)^2}{R} = 9\dfrac{V^2}{R} = 9P_1$[W]이므로 9배가 된다.

답 ④

25 중요도 ★★ / 한국가스공사 1회 2회 3회

600[W]짜리 전기난로를 하루에 2시간씩 30일동안 사용했다면, 사용한 총전력량[kJ]은?

① 26000 ② 66800 ③ 72000 ④ 129600

해설 전력량 $P = VIt = Wt$이므로

$P = 600 \times 2 \times 60 \times 60 \times 30 = 129600000[\mathrm{J}] = 129600[\mathrm{kJ}]$

답 ④

26 중요도 ★★ / 한국남동발전 1회 2회 3회

5[Ω]의 저항에 15[A]를 10분간 흘렸을 때의 발열량[kcal]은?

① 122 ② 162 ③ 172 ④ 184

해설 줄열 $H = 0.24I^2Rt[\mathrm{cal}]$

$H = 0.24 \times 15^2 \times 5 \times 10 \times 60 \times 10^{-3}[\mathrm{kcal}] = 162[\mathrm{kcal}]$

답 ②

27 중요도 ★★★ / 2024 한국동서발전 1회 2회 3회

다음 회로에서 부하가 갑자기 고장이 났을 때 최대 전력 P가 되는 저항 R_L[Ω]과 최대 전력 P[W]를 구하면?

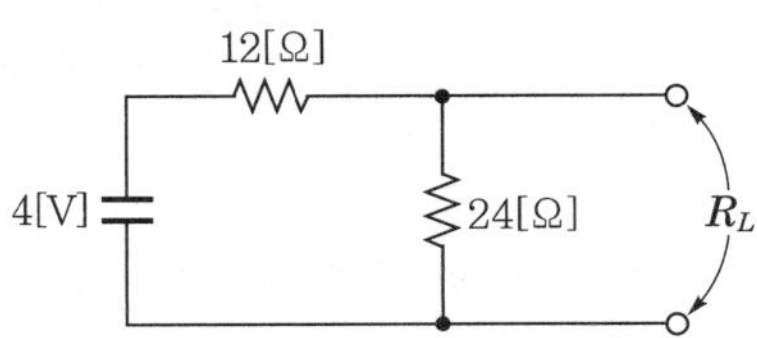

① $R_L = 5,\ P = 2$ ② $R_L = 6,\ P = \frac{2}{7}$

③ $R_L = 8,\ P = \frac{1}{2}$ ④ $R_L = 9,\ P = \frac{2}{3}$

해설 최대 전력일 때의 저항 $R_L = \frac{12 \times 24}{12 + 24} = 8[\Omega]$

최대 전력 $P = I^2R = \left(\frac{4}{8+8}\right)^2 \times 8 = \frac{1}{2}[\mathrm{W}]$

답 ③

28 중요도 ★★★ / 2024 한국서부발전 | 1회 | 2회 | 3회 |

그림과 같은 회로에서 r_1 저항에 흐르는 전류를 최소로 하기 위한 저항 r_2[Ω]는?

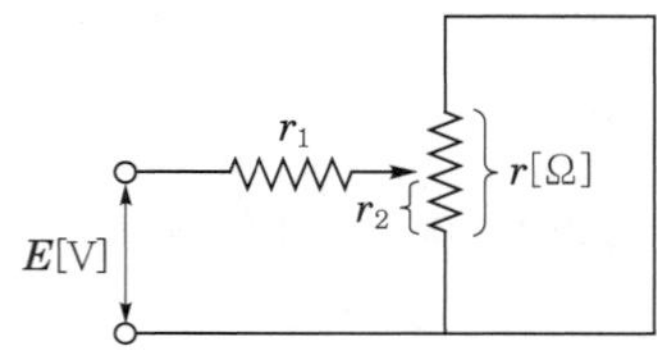

① $\frac{r_1}{2}$　② $\frac{r}{2}$　③ $2r_1$　④ $2r$

해설 먼저 r_1 저항에 흐르는 전류를 최소로 하기 위해서는 전체 저항 R이 최대가 되어야 한다. 즉, 최대가 되기 위한 r_1, r_2, r의 관계를 묻는 문제이다.

$$R = r_1 + \frac{r_2(r-r_2)}{r_2+(r-r_2)} = r_1 + \frac{rr_2 - {r_2}^2}{r}$$

R이 최대가 되기 위해 $\frac{d}{dr_2}R = \frac{r-2r_2}{r} = 0$이면 되므로, 따라서 $r_2 = \frac{1}{2}r$이 된다.

답 ②

29 중요도 ★ / 한국동서발전 | 1회 | 2회 | 3회 |

보통 미지의 저항을 측정하기 위하여 사용되는 것으로 검류계로 많이 사용되는 측정법은?

① 콜라우시 브리지법　② 휘트스톤 브리지법
③ 머레이 루프법　④ 메거(megger)

해설 (1) 휘트스톤 브리지법
검류계를 사용하며 이때 브리지의 평형조건을 이용하여 검류계에 흐르는 전류가 '0'이 되는 상태를 활용하여 미지의 저항을 측정하게 된다.

(2) 콜라우시 브리지법
주로 접지 저항을 측정할 때 이용된다.

(3) 머레이 루프법
선로의 고장 지점을 측정할 때 이용된다.

(4) 메거
절연 저항을 측정할 때 이용된다.

답 ②

02 기본 교류회로

교류의 기초

30 중요도 ★ / 한국동서발전 1회 2회 3회

정현파 교류의 주기가 0.002[s]라면 주파수[Hz]는 얼마인가?

① 200 ② 300
③ 500 ④ 5000

해설 정현파 교류의 주기 T와 주파수 f는 반비례이므로
$f=\dfrac{1}{T}=\dfrac{1}{0.002}=500[\mathrm{Hz}]$가 된다.

답 ③

31 중요도 ★ / 한국중부발전 1회 2회 3회

$A=j125$ 일 때 A의 세제곱근으로 옳지 않은 것을 모두 고르면?

㉠ $-j5$ ㉡ $j5$
㉢ $\dfrac{5\sqrt{3}-j5}{3}$ ㉣ $\dfrac{5\sqrt{3}+j5}{2}$

① ㉠, ㉡ ② ㉠, ㉣
③ ㉡, ㉢ ④ ㉢, ㉣

해설 $A=j125=125\angle 90°$

$$A^{\frac{1}{3}}=125^{\frac{1}{3}}\angle\frac{90°}{3}=5\angle 30°=5(\cos 30°+j\sin 30°)=\frac{5\sqrt{3}+j5}{2}$$

$$A^{\frac{1}{3}}=125^{\frac{1}{3}}\angle\frac{90°+360°}{3}=5\angle 150°=5(\cos 150°+j\sin 150°)=\frac{-5\sqrt{3}+j5}{2}$$

$$A^{\frac{1}{3}}=125^{\frac{1}{3}}\angle\frac{90°+720°}{3}=5\angle 270°=5(\cos 270°+j\sin 270°)=-j5$$

답 ③

32 중요도 ★★★ / 한국서부발전

1회 2회 3회

$i(t) = 200\sqrt{2}\sin\left(377t + \frac{\pi}{3}\right)$[A]인 파형이 있다. 이 전류 파형의 실횻값과 주파수[Hz]는?

① 200, 377 ② 100, 377 ③ 200, 60 ④ $200\sqrt{2}$, 60

해설 전류의 순시치 $i(t) = I_m \sin(\omega t + \theta)$[A]와 주어진 함수를 비교해서 구한다.

즉, $\omega = 2\pi f = 377$[rad/s]에서 주파수 $f = 60$[Hz]이며

실횻값 $= \frac{최댓값}{\sqrt{2}} = \frac{200\sqrt{2}}{\sqrt{2}} = 200$[A]가 된다.

답 ③

33 중요도 ★★ / 한전 KPS

1회 2회 3회

$i_1 = 10\sqrt{2}\sin(\omega t + \theta)$, $i_2 = 4\sqrt{2}\sin(\omega t + \theta - 180°)$일 때, $i_1 + i_2$의 실횻값은?

① 2 ② 6 ③ 10 ④ 14

해설 $i_1 = 10\angle 0° = 10$

$i_2 = 4\angle -180° = -4$

$\therefore\ i = i_1 + i_2 = 10 - 4 = 6$[A]

답 ②

34 중요도 ★★★ / 지역난방공사

1회 2회 3회

$v = 40\sqrt{2}\sin\left(\omega t + \frac{\pi}{4}\right)$를 복소수로 표시하면?

① $10 + j10\sqrt{2}$ ② $20 + j10\sqrt{2}$ ③ $10 + j20$
④ $20\sqrt{2} + j20\sqrt{2}$ ⑤ $40\sqrt{2} + j40\sqrt{2}$

해설 정현파 교류 전압 $v = V_m \sin(\omega t + \theta)$로 표시되고

페이저로 표시하면 $V = \frac{V_m}{\sqrt{2}}\angle\theta$이므로

$V = \frac{40\sqrt{2}}{\sqrt{2}}\angle\frac{\pi}{4} = 40\left(\cos\frac{\pi}{4} + j\sin\frac{\pi}{4}\right) = 20\sqrt{2} + j20\sqrt{2}$ [V]

답 ④

교류의 표현법

35 중요도 ★★ / 한국중부발전 1회 2회 3회

정현파 교류 전압 $v = V_m \sin(\omega t + \theta)$[V]의 실횻값은 최댓값의 약 몇 배인가?

① 0.632배 ② 0.707배 ③ 1.41배 ④ 1.72배

해설 $V = \frac{V_m}{\sqrt{2}} = 0.707\, V_m$

답 ②

36 중요도 ★ / 한국가스공사 1회 2회 3회

정현파 교류의 평균값을 나타내는 식으로 옳은 것은?

① $I_{av} = \sqrt{\frac{1}{T}\int_0^T i(t)\, dt}$

② $I_{av} = \frac{1}{T}\int_0^T i^2(t)\, dt$

③ $I_{av} = \frac{T}{2}\int_0^{\frac{T}{2}} i(t)\, dt$

④ $I_{av} = \frac{1}{\frac{T}{2}}\int_0^{\frac{T}{2}} i(t)\, dt$

해설 평균값은 한 주기 동안의 면적을 주기로 나누었을 때의 값이나, 정현파 교류는 한 주기의 평균이 0이므로 반주기의 평균을 구한다.

$$I_{av} = \frac{1}{T}\int_0^T |i(t)|\, dt = \frac{1}{\frac{T}{2}}\int_0^{\frac{T}{2}} i(t)\, dt$$

답 ④

37 중요도 ★★ / 한전 KPS 1회 2회 3회

정현파 교류 신호의 실횻값이 7.07[V]일 경우 피크-대-피크 전압[V]은 얼마인가?

① 20 ② $40\sqrt{2}$ ③ 60
④ $80\sqrt{2}$ ⑤ 100

해설 (1) 정현파 교류의 실횻값 : $\frac{V_{peak}}{\sqrt{2}} = 0.707\, V_{peak} = 7.07$

즉, $V_{peak} = 10$[V]

$V_{peak} = \frac{V_{p-p}}{2}$ 이므로 $V_{p-p} = 20$[V]

(2) 피크-피크 값 : 파형의 양의 최댓값과 음의 최댓값 사이의 값

답 ①

38 중요도 ★★ / 한국남부발전

1회 2회 3회

다음 설명 중에서 옳지 않은 것은?

① 역률 $=\dfrac{\text{유효 전력}}{\text{피상 전력}}$ ② 정현파의 실횻값 $=\dfrac{\text{최댓값}}{\sqrt{2}}$

③ 파고율 $=\dfrac{\text{실횻값}}{\text{최댓값}}$ ④ 일그러짐률 $=\dfrac{\text{전고조파의 실횻값}}{\text{기본파의 실횻값}}$

해설 (1) 파고율 $=\dfrac{\text{최댓값}}{\text{실횻값}}$

(2) 파형률 $=\dfrac{\text{실횻값}}{\text{평균값}}$

답 ③

39 중요도 ★★★ / 한국가스공사

1회 2회 3회

구형파의 실횻값, 평균값은 각각 얼마인가? (단, 최댓값이 1이다.)

① $1,\ \dfrac{1}{\sqrt{3}}$ ② $1,\ \dfrac{1}{2}$ ③ $1,\ 1$ ④ $\dfrac{1}{\sqrt{2}},\ 1$

해설 (1) 구형파의 평균값 = 최댓값 = 1

(2) 구형파의 실횻값 = 최댓값 = 1

답 ③

40 중요도 ★★ / 2024 한국동서발전

1회 2회 3회

다음 빈칸에 들어갈 알맞은 말은?

- 파형률과 파고율이 모두 1인 (㉠)
- 파형률과 파고율이 모두 $\sqrt{2}$ 인 (㉡)

① ㉠ 구형파, ㉡ 구형 반파 ② ㉠ 구형파, ㉡ 정현반파

③ ㉠ 구형파, ㉡ 정현파 ④ ㉠ 구형파, ㉡ 삼각파

해설 (1) 구형파의 파고율 $=\dfrac{\text{최댓값}}{\text{실횻값}}=\dfrac{V_m}{V_m}=1$

(2) 구형 반파의 파고율 $=\dfrac{\text{최댓값}}{\text{실횻값}}=\dfrac{V_m}{\dfrac{V_m}{\sqrt{2}}}=\sqrt{2}$

답 ①

41 중요도 ★★ / 2024 서울교통공사 1회 2회 3회

정현파의 최대치가 1일 때, 실횻값과 평균값이 맞게 연결된 것은?

① 실횻값 : $\frac{1}{\sqrt{2}}$, 평균값 : $\frac{1}{\sqrt{3}}$

② 실횻값 : $\frac{1}{\sqrt{2}}$, 평균값 : $\frac{2}{\pi}$

③ 실횻값 : $\frac{1}{\sqrt{3}}$, 평균값 : $\frac{2}{\pi}$

④ 실횻값 : $\frac{1}{\sqrt{2}}$, 평균값 : $\frac{1}{\pi}$

⑤ 실횻값 : $\frac{1}{\sqrt{2}}$, 평균값 : $\frac{1}{2}$

해설 (1) 정현파의 실횻값 $= \frac{\text{최댓값}}{\sqrt{2}} = \frac{1}{\sqrt{2}}$

(2) 정현파의 평균값 $= \frac{2\times \text{최댓값}}{\pi} = \frac{2\times 1}{\pi} = \frac{2}{\pi}$

체크 point

여러 파형의 비교

파형	실횻값	평균값
정현파	$\frac{V_m}{\sqrt{2}}$	$\frac{2V_m}{\pi}$
전파 정류파	$\frac{V_m}{\sqrt{2}}$	$\frac{2V_m}{\pi}$
반파 정류파	$\frac{V_m}{2}$	$\frac{V_m}{\pi}$
삼각파	$\frac{V_m}{\sqrt{3}}$	$\frac{V_m}{2}$
톱니파	$\frac{V_m}{\sqrt{3}}$	$\frac{V_m}{2}$
구형 반파	$\frac{V_m}{\sqrt{2}}$	$\frac{V_m}{2}$
구형파	V_m	V_m

여기서, V_m : 최댓값

답 ②

42 중요도 ★★ / 한국동서발전

1회 2회 3회

정현파 교류의 평균값은 최댓값 크기의 몇 [%]인가?

① 24.6 ② 46.2 ③ 63.7 ④ 70.7

해설 **정현파에서 평균값 V_{av}**

$V_{av} = \frac{2V_m}{\pi} = 0.637V_m$ (V_m은 최댓값임)

그러므로, 평균값은 최댓값의 63.7[%]이다.

> **체크 point**
>
> 정현파에서 실횻값 V
>
> $V = \frac{V_m}{\sqrt{2}} = 0.707V_m$ (V_m은 최댓값임)
>
> 그러므로, 실횻값은 최댓값의 70.7[%]이다.

답 ③

43 중요도 ★ / 2024 한국남동발전

1회 2회 3회

구형파의 파형률은?

① 1 ② 1.15 ③ 1.414 ④ 1.732

해설 구형파의 파형률$= \frac{실횻값}{평균값}$이므로 파형률$= \frac{V_m}{V_m} = 1$ (여기서, V_m : 최댓값)

답 ①

44 중요도 ★★★ / 2024 한국남동발전

1회 2회 3회

다음은 교류전압에 관한 내용이다. 괄호 안에 들어갈 내용으로 옳은 것은?

> 교류전압의 평균값이 280[V]라고 하면, 교류전압의 실횻값은 (   )이다.

① 120π[V] ② $100\sqrt{2}\pi$[V] ③ 70π[V] ④ $70\sqrt{2}\pi$[V]

해설 실횻값$= \frac{최댓값}{\sqrt{2}}$이며

평균값$= \frac{\pi}{2}V_m$(최댓값)에서 최댓값$=$평균값$\times \frac{\pi}{2} = 280 \times \frac{\pi}{2} = 140\pi$

그러므로, 실횻값$= \frac{140\pi}{\sqrt{2}} = 70\sqrt{2}\pi$[V]

답 ④

45 중요도 ★★ / 한국남부발전 1회 2회 3회

파고율이 $\sqrt{3}$ 이 되는 파의 명칭은?

① 정현파 ② 3각파 ③ 구형파 ④ 반구형파

해설 3각파의 실횻값은 $\dfrac{최댓값}{\sqrt{3}}$

파고율$=\dfrac{최댓값}{실횻값}$이므로

3각파의 파고율을 구하면 파고율$=\dfrac{최댓값}{\dfrac{최댓값}{\sqrt{3}}}=\sqrt{3}$

답 ②

46 중요도 ★★ / 한국도로공사 1회 2회 3회

어떤 3각파 전류의 평균값이 500[A]이면 최댓값은 몇 [A]인가?

① 200 ② 400 ③ 800 ④ 1000

해설 3각파의 평균값은 $I_d=\dfrac{1}{2}I_m$에서 최댓값 $I_m=2I_d=2\times500=1000$[A]

답 ④

$R-L-C$ 직렬 회로

47 중요도 ★★★ / 지역난방공사 1회 2회 3회

저항 15[Ω], 유도성 리액턴스 15[Ω]을 직렬로 연결한 후 380[V]의 전압을 인가 시 흐르는 전류의 위상은 전압의 위상과 어떤 관계에 있는지 옳은 것은? (단, 주파수는 60[Hz]이다.)

① 90° 늦다. ② 45° 늦다. ③ 90° 빠르다. ④ 45° 빠르다.

해설 $R-L$ 회로의 위상은 전류가 전압보다 위상 θ만큼 늦은 지상 회로이다.

이때의 $\theta=\tan^{-1}\dfrac{X_L}{R}=\tan^{-1}\dfrac{15}{15}=45°$이므로 전류는 45° 늦은 회로이다.

답 ②

48 중요도 ★★ / 한국가스공사

1회 2회 3회

전원과 인덕터, 저항, 커패시터가 직렬 연결된 회로에서 인덕터에 걸리는 전압은?

① $\frac{1}{2L}\left(\frac{di}{dt}\right)$ ② $\frac{1}{4L}\left(\frac{di}{dt}\right)$ ③ $L\left(\frac{di}{dt}\right)$ ④ $2L^2\left(\frac{di}{dt}\right)$

해설 $R-L-C$ **직렬 회로**

$$Ri(t)+L\frac{di(t)}{dt}+\frac{1}{C}\int_0^t i(t)dt=v(t)$$

$$R\frac{di(t)}{dt}+L\frac{d^2i(t)}{dt}+\frac{1}{C}i(t)=\frac{dv(t)}{dt}$$

답 ③

49 중요도 ★★ / 한국동서발전

1회 2회 3회

어떤 회로의 소자에 전압을 가하니 90° 위상이 뒤진 전류가 흘렀다. 이 회로의 소자로 옳은 것은?

① 용량성 ② 무유도성 ③ 저항성 ④ 유도성

해설 (1) R만의 회로

전압과 전류가 동위상이 된다.

(2) L만의 회로

전류가 전압보다 90° 늦은(지상) 회로가 된다.

(3) C만의 회로

전류가 전압보다 90° 앞선(진상) 회로가 된다.

답 ④

50 중요도 ★ / 한국서부발전

1회 2회 3회

180[Ω]의 유도성 리액턴스를 갖는다. 이때, 자기 인덕턴스 값[H]을 구하면? (단, 주파수는 60[Hz], $\pi=3$으로 계산한다.)

① 2 ② $\frac{1}{2}$ ③ 4 ④ $\frac{1}{4}$

해설 **유도성 리액턴스** X_L

$X_L=\omega L=2\pi fL=120$[Ω]이므로, 여기서 인덕턴스 L을 구하면

$$L=\frac{X_L}{2\pi f}=\frac{180}{2\times3\times60}=\frac{1}{2}\,[\mathrm{H}]$$

답 ②

51 중요도 ★★ / 한국중부발전 1회 2회 3회

$R-L$ 직렬 회로에 $v=80\sin(100\pi t)$[V]의 전원을 연결할 때 $i=10\sin(100\pi t-30°)$[A]의 전류가 흐른다면 저항 R은 얼마[Ω]인가?

① 2 ② $4\sqrt{3}$ ③ 6 ④ $8\sqrt{3}$

해설

임피던스 $Z=\frac{V_m}{I_m}=\frac{80\angle 0°}{10\angle -30°}=80\angle 30°=8(\cos 30°+j\sin 30°)=4\sqrt{3}+j4$[Ω]

따라서, 저항 $R=4\sqrt{3}$ [Ω]

답 ②

52 중요도 ★★★ / 한국중부발전 1회 2회 3회

정전용량 C만의 회로에 200[V]의 교류를 가하니 36[mA]의 전류가 흐른다. 이때, 정전용량 C는 얼마인가? (단, 주파수는 60[Hz]이며, $\pi=3$으로 계산한다.)

① 0.3[μF] ② 0.5[μF] ③ 1.5[μF] ④ 2.0[μF]

해설

C만의 회로에서 전류 $I=\frac{V}{X_c}=\frac{V}{\frac{1}{\omega C}}\omega CV$이므로

$$C=\frac{I}{\omega V}=\frac{I}{2\pi fV}=\frac{36\times 10^{-3}}{2\times 3\times 60\times 200}=0.5\times 10^{-6}[\text{F}]$$

$\therefore\ C=0.5[\mu\text{F}]$

답 ②

53 중요도 ★★★ / 한국가스공사 1회 2회 3회

어떤 교류회로의 주파수가 800[Hz]일 때, 20[Ω]의 저항과 5[mF]의 커패시터가 직렬로 연결된 회로의 임피던스[Ω]는?

① $20-j8\pi$ ② $20+j4$ ③ $20+j\frac{1}{8\pi}$ ④ $20-j\frac{1}{8\pi}$

해설

$R-C$ 직렬회로의 임피던스 $Z=R-j\frac{1}{\omega C}$ 이므로

$$Z=20-j\frac{1}{2\pi\times 800\times 5\times 10^{-3}}=20-j\frac{1}{8\pi}[\Omega]$$

답 ④

54 중요도 ★★★ / 한국중부발전 1회 2회 3회

$R-L-C$ 직렬 회로에서 $R=3[\Omega]$, $X_L=9[\Omega]$, $X_C=5[\Omega]$일 때 합성 임피던스의 크기[Ω]와 위상차를 옳게 나타낸 것은?

① 4, $\tan^{-1}\frac{4}{3}$ ② 5, $\tan^{-1}\frac{4}{3}$ ③ 6, $\tan^{-1}\frac{3}{4}$ ④ 7, $\tan^{-1}\frac{3}{4}$

해설 임피던스 $Z=R+j(X_L-X_C)=3+j(9-5)=3+j4$이므로

임피던스 크기 $Z=\sqrt{R^2+(X_L-X_C)^2}=\sqrt{3^2+4^2}=5[\Omega]$

위상차 $\theta=\tan^{-1}\frac{허수}{실수}=\tan^{-1}\frac{4}{3}$

답 ②

$R-L-C$ **직렬 공진**

55 중요도 ★★★ / 한전 KPS 1회 2회 3회

직렬 회로가 공진되었을 때 임피던스와 전류는 각각 어떻게 되는가?

① 임피던스와 전류 모두 최대가 된다.
② 임피던스와 전류 모두 최소가 된다.
③ 임피던스는 최소, 전류는 최대가 된다.
④ 임피던스는 최대, 전류는 최소가 된다.
⑤ 임피던스는 최대, 전류는 흐르지 않는다.

해설 **$R-L-C$ 직렬 공진 회로**

병렬 회로 $Z=R+j(X_L-X_C)$에서 허수부가 0인 회로 → $X_L=X_C$

(1) 임피던스(Z) : $Z=R$ (임피던스 최소)

(2) 전류($\dot{I}$) : $\dot{I}=\frac{\dot{V}}{\dot{Z}}=\frac{V}{R}$ (전류 최대)

(3) 역률($\cos\theta$) : $\cos\theta=\frac{R}{Z}=\frac{R}{R}=1$ ($\cos\theta=1$)

(4) 위상 관계 : 전류 I와 전압 V의 위상차는 동상

(5) 공진 주파수(f_0) : $f_0=\frac{1}{2\pi\sqrt{LC}}$[Hz]

답 ③

56 중요도 ★★★ / 2024 한국중부발전

1회 2회 3회

다음은 직렬 공진회로에 대한 설명이다. 다음 중 옳은 것을 모두 고르면?

㉠ $\omega LC=1$
㉡ 역률 $\cos\theta=1$
㉢ 전압과 전류의 위상이 같다.
㉣ 전류가 최대가 된다.
㉤ 어드미턴스가 최소가 된다.

① ㉠, ㉡, ㉢　　② ㉠, ㉢, ㉣
③ ㉡, ㉢, ㉤　　④ ㉡, ㉢, ㉣

해설 **직렬 공진회로의 특징**

(1) 전류가 최대가 된다.
(2) 임피던스는 최소가 된다(허수부$=0$이 됨).
(3) 전압과 전류의 위상이 같다.
(4) 공진 조건은 $\omega L=\dfrac{1}{\omega C}$이다.
(5) 양호도 $Q=\dfrac{\omega L}{R}=\dfrac{1}{\omega CR}=\dfrac{1}{R}\sqrt{\dfrac{L}{C}}$ 이다.

답 ④

57 중요도 ★★★ / 한국동서발전

1회 2회 3회

$R-L-C$ 직렬 회로에 $|E|=500$[V]인 전압을 인가하면서 주파수를 변화시켰을 때 흐르는 최대 전류[mA]는? (단, $R=10$[kΩ], $L=30$[mH], $C=2$[μF]이다.)

① 500　　② $\dfrac{1}{50}$
③ 50　　④ $\dfrac{1}{10}$

해설 최대 전류가 흐르기 위해서는 공진 상태이어야 하므로 허수 부분이 '0' 상태이면 된다. 그러므로 회로는 R만의 회로이어야 하며 이때, 흐르는 전류는 다음과 같다.

$$I=\frac{E}{Z}=\frac{E}{R}=\frac{500}{10\times10^3}=50\,[\text{mA}]$$

체크 point

- 공진 조건 $\omega L = \frac{1}{\omega C}$
- 공진 시 임피던스 $Z = R$
- 선택도, 양호도 $Q = \frac{\omega L}{R} = \frac{1}{\omega CR} = \frac{1}{R}\sqrt{\frac{L}{C}}$

답 ③

58 중요도 ★★ / 한국남동발전, 한국도로공사

1회 2회 3회

저항 $R=10[\Omega]$, 유도용량 $L=300[\mathrm{H}]$, 정전용량 $C=75[\mu\mathrm{F}]$이 모두 직렬로 연결되어 있는 공진회로의 선택도 Q는 얼마인가?

① 50 ② 100 ③ 150 ④ 200

해설 $R-L-C$ 직렬 공진회로의 선택도 Q는

$Q=\frac{X}{R}=\frac{\omega L}{R}=\frac{1}{\omega CR}=\frac{1}{R}\sqrt{\frac{L}{C}}$ 이므로

$Q=\frac{1}{10}\sqrt{\frac{300}{75\times 10^{-6}}}=200$

답 ④

59 중요도 ★★ / 한국동서발전

1회 2회 3회

$R-L-C$ 직렬 회로에서 L 및 C의 값을 고정시켜 놓고 저항 R값을 증가시킬 때 특징으로 옳은 것은?

① 회로의 선택도는 커진다.
② 공진 주파수는 변화하지 않는다.
③ 임피던스는 작아진다.
④ 공진 주파수는 커진다.

해설

(1) 선택도 $Q=\frac{\omega L}{R}$ 이므로 저항이 증가하면 회로의 선택도는 작아진다. 보기 ①

(2) 공진 주파수 $f=\frac{1}{2\pi\sqrt{LC}}$ 이므로 저항과는 무관하다. 따라서, 공진 주파수는 변화하지 않는다. 보기 ②

(3) 임피던스 $Z=\sqrt{R^2+(\omega L)^2}$ 이므로 저항 증가 시 임피던스는 커진다. 보기 ③

(4) 저항과 공진 주파수는 무관하다. 보기 ④

답 ②

60 중요도 ★★★ / 지역난방공사

1회 2회 3회

다음 그림과 같은 회로의 단자 a, b 사이에 교류 전압 V를 가할 때, 전류 I가 V와 동위상이였다면 그때의 X_c의 값[Ω]은?

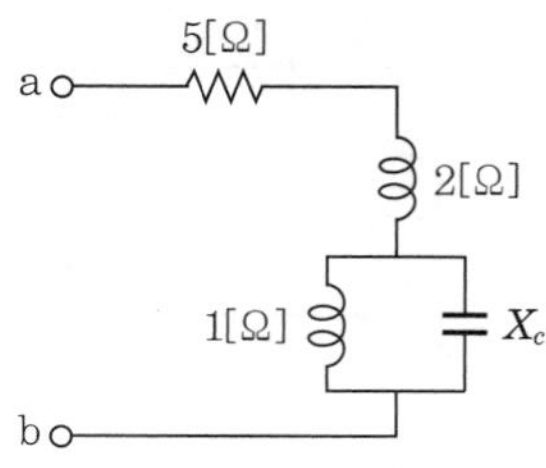

① $\frac{1}{2}$ ② $\frac{2}{3}$ ③ 1
④ 4 ⑤ 5

해설 전체 임피던스의 허수부가 0이 되면 전압 V와 전류 I가 동위상이 된다.

전체 임피던스 $Z=5+j2+\dfrac{j(-jX_c)}{j-jX_c}=5+j\left(\dfrac{2-3X_c}{1-X_c}\right)$이므로

$\dfrac{2-3X_c}{1-X_c}=0$이 되어야 하므로 $2-3X_c=0$

$\therefore\ X_c=\dfrac{2}{3}$ [Ω]

답 ②

$R-L-C$ 병렬 회로 / 병렬 공진

61 중요도 ★★ / 한전 KPS

1회 2회 3회

$R-L-C$ 병렬 회로에서 용량성 회로가 되기 위한 조건은?

① $X_L < X_C$ ② $X_L > X_C$ ③ $X_L = X_C$
④ $X_L =- X_C$ ⑤ $X_L + X_C = 1$

해설 **위상 관계**

(1) $X_L > X_C\left(\dfrac{1}{X_C} > \dfrac{1}{X_L}\right)$: 용량성 부하, 전류가 전압보다 진상(빠름)

(2) $X_L = X_C\left(\dfrac{1}{X_C} = \dfrac{1}{X_L}\right)$: 직렬 공진, 전류와 전압은 동상

(3) $X_L < X_C\left(\dfrac{1}{X_C} < \dfrac{1}{X_L}\right)$: 유도성 부하, 전류가 전압보다 지상(느림)

답 ②

62 중요도 ★★★ / 한국동서발전

1회 2회 3회

그림과 같이 주파수 f[Hz]인 교류 회로에 있어서 전류 I와 I_R이 같은 값으로 되는 조건은? (단, R은 저항[Ω], L은 인덕턴스[H], C는 정전용량[F]으로 된다.)

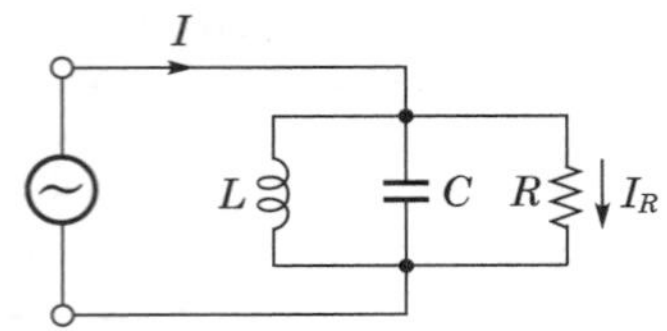

① $f = \dfrac{\pi}{\sqrt{LC}}$ ② $f = \dfrac{1}{\pi\sqrt{LC}}$

③ $f = \dfrac{1}{2\pi\sqrt{LC}}$ ④ $f = \dfrac{2}{\pi\sqrt{LC}}$

해설 전류 I와 I_R이 같은 값으로 되는 조건은 L, C에는 전류가 흐르지 않는 공진 상태를 나타내므로 먼저, 어드미턴스 Y의 허수부를 '0'상태로 하는 조건을 구하면 된다.

즉, $Y = \dfrac{1}{R} - j\dfrac{1}{\omega L} + j\omega C = \dfrac{1}{R} + j\left(\omega C - \dfrac{1}{\omega L}\right)$이 되므로 $\omega C = \dfrac{1}{\omega L}$이다.

그러므로 이 결과식에서 주파수 f를 구하면 $f = \dfrac{1}{2\pi\sqrt{LC}}$[Hz]가 된다.

답 ③

63 중요도 ★ / 한국동서발전

1회 2회 3회

병렬 공진 회로에서 최소가 되는 것은?

① 전류 ② 전압 ③ 리액턴스 ④ 임피던스

해설 (1) 직렬 공진

전류가 최대, 임피던스 최소, 선택도 $Q = \dfrac{\omega L}{R} = \dfrac{1}{\omega CR} = \dfrac{1}{R}\sqrt{\dfrac{L}{C}}$

(2) 병렬 공진

전류가 최소, 임피던스 최대, 선택도 $Q = \dfrac{R}{\omega L} = \omega CR = R\sqrt{\dfrac{C}{L}}$

답 ①

64 중요도 ★ / 2024 한국교통공사

1회 2회 3회

$L-C$ 병렬 회로에서 전류를 최소로 하기 위한 주파수는?

① $f=2\pi\sqrt{LC}$　② $f=\dfrac{2\pi}{\sqrt{LC}}$　③ $f=\dfrac{1}{2\pi\sqrt{LC}}$

④ $f=\dfrac{\sqrt{LC}}{2\pi}$　⑤ $f=\dfrac{1}{\sqrt{2\pi LC}}$

해설 $L-C$ 병렬 회로에서 전류가 최소의 의미는 공진 상태와 같아진다.
어드미턴스의 허수부=0으로 하는 관계식에서 구할 수 있으므로
즉, $\dfrac{1}{\omega L}-\omega C=0$에서 주파수 f를 구하면 $f=\dfrac{1}{2\pi\sqrt{LC}}$[Hz]가 된다.

답 ③

교류전력

65 중요도 ★★ / 한국남부발전

1회 2회 3회

어느 회로의 전압과 전류가 각각 100[V], 10[A]이고 역률이 0.6이다. 이때의 무효 전력[Var]은?

① 400　② 500　③ 300　④ 800

해설 무효 전력 $Q=VI\sin\theta=100\times10\times0.8=800$[Var]

체크 point

유효 전력 $P=VI\cos\theta=100\times10\times0.6=600$[W]

답 ④

66 중요도 ★★ / 한국가스공사

1회 2회 3회

역률 60[%]인 부하의 유효 전력이 1800[W]일 때 무효 전력[Var]은 얼마인가?

① 2400　② 1600　③ 1200　④ 1000

해설 무효 전력 $Q=P_a\sin\theta$[Var]이므로 무효 전력을 구하기 위해 먼저 피상 전력 P_a를 구하면
$P_a=\dfrac{P}{\cos\theta}=\dfrac{1800}{0.6}=3000$[VA]이므로
$Q=3000\times0.8=2400$[Var]

체크 point

$\sin\theta=\sqrt{1-\cos^2\theta}$ 이므로 $\sin\theta=\sqrt{1-0.6^2}=0.8$

답 ①

67 중요도 ★★★ / 한국중부발전

1회 2회 3회

어떤 부하의 전압 $v = 40\sin\left(200\pi t + \frac{2}{3}\pi\right)$[V]이고, 전류 $i = 5\cos\left(200\pi t - \frac{\pi}{6}\right)$[A]일 때 이 부하의 유효 전력[W]은?

① 25　② 50　③ 75　④ 100

해설 전류 $i = 5\cos\left(200\pi t - \frac{\pi}{6}\right) = 5\sin\left(200\pi t - \frac{\pi}{6} + \frac{\pi}{2}\right) = 5\sin\left(200\pi t + \frac{\pi}{3}\right)$[A]

유효 전력 $P = VI\cos\theta = \frac{40}{\sqrt{2}} \times \frac{5}{\sqrt{2}} \times \cos 60° = 50$[W]

답 ②

68 중요도 ★★★ / 한국서부발전

1회 2회 3회

유효 전력이 600[W], 무효 전력이 800[Var]이다. 이때의 전류 I는 몇 [A]인가? (단, 전압은 500[V]이다.)

① 1　② 2　③ 10　④ 20

해설 주어진 조건에서 전압 V, 유효 전력 P, 무효 전력 Q가 주어져 있기 때문에 전류 I를 구하기 위해서 먼저 피상 전력 P_a를 구한다.

즉, $P_a = VI = \sqrt{P^2 + Q^2} = \sqrt{800^2 + 600^2} = 1000$[VA]

∴ 전류 $I = \frac{P_a}{V} = \frac{1000}{500} = 2$[A]

답 ②

69 중요도 ★★ / 한국남동발전

1회 2회 3회

어떤 회로에 $e = 40\sin(\omega t + \theta)$[V]를 인가했을 때 $i = 10\sin(\omega t + \theta - 30°)$[A]가 흘렀다면 유효 전력[W]은 얼마인가?

① 100　② $100\sqrt{2}$　③ $100\sqrt{3}$　④ $150\sqrt{3}$

해설 유효 전력 $P = EI\cos\theta = \frac{40}{\sqrt{2}} \times \frac{10}{\sqrt{2}} \times \cos 30 = 100\sqrt{3}$[W]

답 ③

70 중요도 ★★ / 한국동서발전

1회 2회 3회

유효 전력이 2400[kW]일 때 무효 전력은 몇 [kVar]인가? (단, 부하의 역률은 80[%]이다.)

① 400 ② 600 ③ 1200 ④ 1800

해설 무효 전력 $Q=P_a\sin\theta=\dfrac{P}{\cos\theta}\sin\theta=\dfrac{2400}{0.8}\times 0.6=1800[\text{kVar}]$

체크 point

- 유효 전력 $P=P_a\cos\theta[\text{W}]$
- 피상 전력 $P_a=\sqrt{P^2+Q^2}\,[\text{VA}]$
- $\sin\theta=\sqrt{1-\cos^2\theta}$

답 ④

71 중요도 ★★ / 한전 KPS

1회 2회 3회

저항 $R=6[\Omega]$, 유도 리액턴스 $X_L=8[\Omega]$이 직렬로 연결된 회로에 전압을 가했을 때 소비되는 전력이 1.35[kW]였다. 인가한 전압[V]은?

① 50 ② 100 ③ 150
④ 200 ⑤ 210

해설 전류 $I=\dfrac{V}{Z}=\dfrac{V}{\sqrt{6^2+8^2}}=\dfrac{V}{10}[\text{A}]$

전력 $P=I^2R$이므로 $P=\left(\dfrac{V}{10}\right)^2\times 6=1.35[\text{kW}]$

$V=\sqrt{\dfrac{1350\times 100}{6}}=150[\text{V}]$

답 ③

72 중요도 ★ / 한국남부발전

1회 2회 3회

주어진 회로의 유효 전력이 60[W], 무효 전력이 80[Var]이면 역률은 몇 [%]인가?

① 30 ② 40 ③ 50 ④ 60

해설 역률$=\dfrac{\text{유효 전력}}{\text{피상 전력}}=\dfrac{P}{P_a}\times 100=\dfrac{P}{\sqrt{P^2+Q^2}}\times 100[\%]$

$\therefore$ 역률$=\dfrac{60}{\sqrt{60^2+80^2}}\times 100=60[\%]$

체크 point

피상 전력 $= \sqrt{\text{유효 전력}^2 + \text{무효 전력}^2}$

답 ④

73 중요도 ★★ / 한국남동발전

1회 2회 3회

$R=30[\Omega]$, $X_L=40[\Omega]$의 코일이 있다. 이 코일에 100[V], 60[Hz]의 전압을 가할 때에 소비되는 전력[W]은?

① 100 ② 120 ③ 200 ④ 220

해설

유효 전력 $P = I^2R = \left(\dfrac{V}{Z}\right)^2 R$

$$= \left(\frac{100}{\sqrt{30^2+40^2}}\right)^2 \times 30 = 120[\text{W}]$$

체크 point

무효 전력 $Q = I^2X = \left(\dfrac{V}{Z}\right)^2 X = \left(\dfrac{100}{\sqrt{30^2+40^2}}\right)^2 \times 40 = 160[\text{Var}]$

답 ②

74 중요도 ★★ / 지역난방공사

1회 2회 3회

역률 0.8, 80[W] 단상 부하의 1시간 동안의 무효 전력량[Varh]은?

① 20 ② 40 ③ 60
④ 100 ⑤ 150

해설

$P_a = \dfrac{P}{\cos\theta} = \dfrac{80}{0.8} = 100[\text{W}]$

$P_a = \sqrt{P^2 + P_r^{\,2}}$ 이므로

$P_r = \sqrt{P_a^{\,2} - P^2} = \sqrt{100^2 - 80^2} = 60[\text{Var}]$

무효 전력량 $= 60 \times 1 = 60[\text{Varh}]$

답 ③

75 중요도 ★★ / 한국도로공사 1회 2회 3회

어떤 회로에 $30+j40$[V]인 전압을 가했을 때, $4+j3$[A]인 전류가 흘렀다면 이 회로의 유효 전력[W]과 무효 전력[Var]은?

① 240, 70　② 70, 240　③ 120, 70　④ 70, 120

해설 소비 전력(＝유효 전력)을 구하는 문제이지만 전압과 전류가 복소수 형태로 주어져 있을 때는 복소 전력을 이용해서 구한다.

복소 전력 $S=\overline{V}I(=V\overline{I})=P\pm Q$ (P : 유효 전력, Q : 무효 전력)이므로

$S=\overline{V}I=(30-j40)(4+j3)=240-j70$

따라서, 유효 전력＝240[W], 무효 전력＝70[Var]이 된다.

답 ①

76 중요도 ★★ / 한국중부발전 1회 2회 3회

저항 R과 리액턴스 X가 병렬로 연결된 회로에 전압 V를 인가할 경우 유효 전력[W]과 무효 전력[Var]을 순서대로 옳게 나타낸 것은?

① $\dfrac{V^2}{R}$, $\dfrac{V^2}{X}$　② $\dfrac{V^2}{X}$, $\dfrac{V^2}{R}$

③ $\dfrac{V^2}{R+X}R$, $\dfrac{V^2}{R+X}X$　④ $\dfrac{V^2}{R^2+X^2}R$, $\dfrac{V^2}{R^2+X^2}X$

해설 **$R-X$ 병렬 회로**

(1) 유효 전력 : $P=\dfrac{V^2}{R}$[W]

(2) 무효 전력 : $P_r=\dfrac{V^2}{X}$[Var]

답 ①

77 중요도 ★★ / 지역난방공사 1회 2회 3회

어떤 전원의 내부 저항이 저항 R과 리액턴스 X로 구성되어 있다. 또한, 외부에 부하 Z_L을 연결하여 최대 전력을 발생하고자 한다. 이때의 Z_L의 크기로 옳은 것은?

① $R-X$　② $R+X$　③ $\sqrt{R^2-X^2}$　④ $\sqrt{R^2+X^2}$

해설 외부에서 전원쪽을 바라본 임피던스 $Z_g = R \pm jX[\Omega]$이며

최대 전력이 되기 위한 조건은 $Z_L = \overline{Z_g} = R \mp jX[\Omega]$이 되므로

따라서, 크기를 구하면 $Z_L = \sqrt{R^2 + X^2}$ 이 된다.

답 ④

78 중요도 ★★ / 한전 KPS

1회 2회 3회

저항 R과 용량 리액턴스 $X_c = 30[\Omega]$이 직렬로 연결된 회로의 역률이 $\frac{1}{\sqrt{10}}$ 일 때 저항[Ω]은 얼마인가?

① 2 ② 6 ③ 8
④ 10 ⑤ 15

해설 역률 $\cos\theta = \frac{R}{Z} = \frac{R}{\sqrt{R^2 + X_c^2}} = \frac{R}{\sqrt{R^2 + 30^2}} = \frac{1}{\sqrt{10}}$

$\therefore$ 저항 $R = 10[\Omega]$

답 ④

최대 전력 전송

79 중요도 ★★★ / 한국중부발전

1회 2회 3회

실효 전압 V와 저항 R_g로 된 회로가 있다. 이때, 부하에 일정 크기의 저항 R_L을 연결하여 R_L에서 소비되는 전력이 최대로 되게 하고자 한다. R_L의 크기와 최대 전력으로 옳은 것은?

① R_g, $\frac{V^2}{4R_g}$ ② $2R_g$, $\frac{V^2}{2R_g}$ ③ $\frac{1}{2}R_g$, $\frac{V^2}{4R_g}$ ④ $\frac{1}{4}R_g$, $\frac{V^2}{2R_g}$

해설 부하에서 최대 전력 전송 조건은 $R_L = R_g$

최대 전력 $P_{\max} = \frac{V^2}{4R_g}$

답 ①

80 중요도 ★★★ / 한국동서발전 1회 2회 3회

내부 임피던스 $Z_g = 4.3 + j7[\Omega]$인 발전기에 임피던스 $Z_l = 6.7 + j13[\Omega]$인 선로를 연결하여 부하에 전력을 공급한다. 부하 임피던스 $Z_0[\Omega]$이 어떤 값을 취할 때 부하에 최대 전력이 전송되는가?

① $11 + j20$ ② $11 - j20$
③ 11 ④ $-j20$

해설 부하에서 최대 전력을 공급하기 위해서는 부하에서 바라본 임피던스 Z_i와 부하 임피던스 Z_L이 서로 공액의 관계에 있으면 된다.

$Z_i = Z_g + Z_l = (4.3 + j7) + (6.7 + j13) = 11 + j20$ 이므로

$Z_L = \overline{Z_g} = 11 - j20$

답 ②

03 3상 교류 회로

대칭 3상 교류

81 중요도 ★★★ / 2024 서울교통공사 1회 2회 3회

대칭 3상 교류 전원의 조건으로 옳지 않은 것은?

① 기전력의 파형이 같을 것
② 주파수가 일치할 것
③ 기전력의 크기가 같을 것
④ 임피던스가 같을 것
⑤ 각각의 위상차가 120°씩 차이날 것

해설 **대칭 3상 교류 전원의 조건**
(1) 기전력의 파형이 같을 것 보기 ①
(2) 주파수가 일치할 것 보기 ②
(3) 기전력의 크기가 같을 것 보기 ③
(4) 각각의 위상차가 120°씩 차이날 것 보기 ⑤

답 ④

Y전선연결 / △ 전선연결

82 중요도 ★★★ / 한국남부발전

1회 2회 3회

Y전선연결의 전원에서 각 상전압이 220[V]일 때 상전류가 15[A]라고 한다. 이때의 선간 전압과 선전류는?

① $220\sqrt{3}$ [V], 15[A]　② 220[V], 15[A]
③ 220[V], $15\sqrt{3}$ [A]　④ $220\sqrt{3}$ [V], $15\sqrt{3}$ [A]

해설 Y전선연결에서의 $V_l = \sqrt{3}\, V_p \angle 30°$ [V] (V_l : 선간 전압, V_p : 상전압)

$V_l = \sqrt{3} \times 220 = 220\sqrt{3}$ [V]

Y전선연결에서의 $I_l = I_p$ (I_l : 선전류, I_p : 상전류)

$I_l = I_p = 15$[A]

답 ①

83 중요도 ★★ / 한국서부발전

1회 2회 3회

대칭 3상 Y결선 부하에서 각 상의 임피던스가 $Z = 6 + j8$[Ω]이고 부하 전류가 5[A]일 때, 이 부하의 선간 전압[V]은?

① $20\sqrt{3}$　② $30\sqrt{3}$　③ $40\sqrt{3}$　④ $50\sqrt{3}$

해설 대칭 3상 Y전선연결이므로 선간 전압 $V_l = \sqrt{3}\, V_p$이며

상전압 $V_p = I_p Z = 5 \times \sqrt{6^2 + 8^2} = 50$[V]

따라서, 선간 전압 $V_l = 50\sqrt{3}$ [V]

답 ④

84 중요도 ★ / 한국가스공사

1회 2회 3회

전원과 부하가 다같이 Y결선된 3상 평형 회로가 있다. 전원 전압이 220[V], 부하 임피던스가 $3 + j4$[Ω]인 경우 선전류[A]는?

① 22　② $\dfrac{22}{\sqrt{3}}$　③ 44　④ $44\sqrt{3}$

해설 Y전선연결에서 $I_l = I_p$ (I_l : 선전류, I_p : 상전류)이므로 상전류 I_p를 먼저 구하면 된다.

즉, 상전류 $I_p = \dfrac{V_p}{Z} = \dfrac{220}{\sqrt{3^2 + 4^2}} = 44$[A]가 된다.

∴ 선전류 $I_l = 44[A]$

답 ③

85 중요도 ★★ / 한국남동발전

1회 2회 3회

$Z = 4 + j3[\Omega]$인 평형 Y부하에 선간 전압 $100\sqrt{3}$ [V]인 대칭 3상 전압을 인가할 때 선전류[A]는 얼마인가?

① 5 ② 20 ③ 35 ④ 40

해설 Y전선연결 회로에서 $I_l = I_p$이고 $I_l = I_p = \dfrac{V}{\sqrt{3}Z}$이므로

$$I_l = I_p = \frac{V_p}{|Z_p|} = \frac{100\sqrt{3}/\sqrt{3}}{5} = 20[A]$$

답 ②

86 중요도 ★★ / 한국남동발전

1회 2회 3회

대칭 3상 Y부하에서 각 상의 임피던스가 $Z = 9 + j12[\Omega]$이고 부하 전류가 5[A]일 때 이 부하의 선간 전압[V]은 얼마인가?

① $15\sqrt{3}$ ② $25\sqrt{3}$ ③ $50\sqrt{3}$ ④ $75\sqrt{3}$

해설 Y전선연결 회로에서 $V_l = \sqrt{3}\,V_p$이고

$$V_l = \sqrt{3}\,V_p = \sqrt{3}(I_p Z_p) = \sqrt{3} \times (5 \times 15) = 75\sqrt{3}\,[V]$$

답 ④

87 중요도 ★★★ / 2024 한국수자원공사

1회 2회 3회

3상 Y결선에서 전압 $V = 7200[V]$이고 전류는 360[A]가 흐르도록 할 때 임피던스[Ω]는 얼마여야 하는가?

① $\dfrac{20}{3}$ ② $\dfrac{20\sqrt{3}}{3}$ ③ 80 ④ $80\sqrt{3}$

해설

Y전선연결에서 임피던스 $Z = \dfrac{V_p}{I_p} = \dfrac{\frac{V_l}{\sqrt{3}}}{I_p} = \dfrac{\frac{7200}{\sqrt{3}}}{300} = \dfrac{20\sqrt{3}}{3}\,[\Omega]$

답 ②

88 중요도 ★★ / 한국중부발전

1회 2회 3회

전원과 부하가 다같이 △결선된 3상 평형 회로가 있다. 전원 전압이 200[V], 부하 임피던스가 $3+j4$ [Ω]인 경우 선전류는 몇 [A]인가?

① 40　② $\dfrac{40}{\sqrt{3}}$　③ $40\sqrt{3}$　④ $10\sqrt{2}$

해설 △전선연결에서 선전류를 구하기 위해서는 먼저 상전류를 구해야 하므로

상전류 $I_p = \dfrac{V_p}{Z} = \dfrac{200}{\sqrt{3^2+4^2}} = 40$

따라서, 선전류 $I_l = \sqrt{3}\,I_p = 40\sqrt{3}$ [A]가 된다.

체크 point

- △전선연결에서 선전류, 선간 전압
  $I_l = \sqrt{3}\,I_p$[A]
  $V_l = V_p$[V]
- Y전선연결에서 선전류, 선간 전압
  $I_l = I_p$[A]
  $V_l = \sqrt{3}\,V_p$[V]

답 ③

89 중요도 ★ / 한국서부발전

1회 2회 3회

대칭 n상에서 선전류와 상전류의 위상차는?

① $\dfrac{\pi}{2}\left(1+\dfrac{2}{n}\right)$　② $\dfrac{\pi}{3}\left(1+\dfrac{2}{n}\right)$　③ $\dfrac{\pi}{2}\left(1-\dfrac{2}{n}\right)$　④ $\dfrac{\pi}{3}\left(1-\dfrac{2}{n}\right)$

해설 대칭 n상에서 선전류와 상전류의 위상차 θ는 $\theta = \dfrac{\pi}{2}\left(1-\dfrac{2}{n}\right)$ 이다.

체크 point

만약 6상에서의 위상차를 구한다고 하면 $\theta = \dfrac{\pi}{2}\left(1-\dfrac{2}{6}\right) = 60°$가 된다.

답 ③

90 중요도 ★ / 한국중부발전

1회 2회 3회

대칭 12상 회로의 선간 전압과 상전압의 위상차는?

① $\frac{\pi}{12}$ ② $\frac{5\pi}{12}$ ③ $\frac{\pi}{6}$ ④ $\frac{5\pi}{6}$

해설 n 상 전원의 위상차 θ

$$\theta = \frac{\pi}{2}\left(1-\frac{2}{n}\right) = \frac{\pi}{2}\left(1-\frac{2}{12}\right) = \frac{5\pi}{12}$$

답 ②

91 중요도 ★★ / 한국가스공사

1회 2회 3회

같은 저항 3개를 같은 전원에 Y전선연결할 때의 선전류는 △전선연결할 때의 선전류에 비해 몇 배가 되는가?

① $\frac{1}{3}$배 ② $\frac{1}{\sqrt{3}}$배 ③ 3배 ④ 6배

해설 Y전선연결의 선전류 $I_l = I_p = \frac{V}{\sqrt{3}\,R}$

△전선연결의 선전류 $I_l = \sqrt{3}\,I_p = \frac{\sqrt{3}\,V}{R}$

$$\frac{I_{Y,l}}{I_{\triangle,l}} = \frac{\frac{V}{\sqrt{3}\,R}}{\frac{\sqrt{3}\,V}{R}} = \frac{1}{3}$$

$$I_{Y,l} = \frac{1}{3}I_{\triangle,l}$$

답 ①

92 중요도 ★★ / 한국도로공사

1회 2회 3회

3상 회로에서 각 상의 임피던스가 $3+j4[\Omega]$인 평형 △부하에 선간 전압 220[V] 인 대칭 3상 전압을 가하였을 때 상전류는?

① $\frac{22}{\sqrt{3}}$[A] ② $\frac{44}{\sqrt{3}}$[A] ③ $\frac{4}{\sqrt{3}}$[A] ④ $\frac{2}{\sqrt{3}}$[A]

해설 △전선연결에서 선전류, 선간 전압

$I_l = \sqrt{3}\, I_p$[A] (I_l : 선전류, I_p : 상전류)

$V_l = V_p$[V] (V_l : 선간 전압, V_p : 상전압)

$$\therefore \text{ 상전류} = \frac{\text{상전압}}{Z} = \frac{\frac{\text{선간 전압}}{\sqrt{3}}}{Z} = \frac{\frac{220}{\sqrt{3}}}{\sqrt{3^2+4^2}} = \frac{44}{\sqrt{3}}[\text{A}]$$

답 ②

93 중요도 ★ / 한국가스공사

1회 2회 3회

3상 전원이 각각 U, V, W상이고, 3상의 중성점이 N이라고 할 때, △-Y전선연결한 전압의 위상차는?

① 0°　② 30°　③ 60°　④ 90°

해설 △-Y전선연결할 경우 1차와 2차 선간 전압 사이에 30°의 위상차가 있다.

답 ②

94 중요도 ★★★ / 한국중부발전

1회 2회 3회

한 상의 임피던스가 $8+j6$[Ω]인 평형 △부하에 선간 전압을 가할 때 3상 전력이 5.4[kW]라면, 인가한 선간 전압[V]은?

① 50　② 150　③ 250　④ 350

해설

상전류 $I_p = \frac{V_p}{Z_p} = \frac{V_p}{\sqrt{8^2+6^2}} = \frac{V_p}{10}$[A]

3상 전력 $P = 3{I_p}^2 R = 3 \times \left(\frac{V_p}{10}\right)^2 \times 8 = 5.4[\text{kW}]$

$\therefore\ V_p = 150[\text{V}]$

답 ②

Y ↔ △ 임피던스 변환

95 중요도 ★★ / 한국남동발전

1회 2회 3회

60[Ω]의 저항 3개를 △전선연결한 것을 등가 Y전선연결을 환산한 저항의 크기[Ω]는?

① 10　② 20
③ 120　④ 180

해설 대칭 3상 회로에서 부하의 연결을 △ → Y로 변경할 때 임피던스는 $\frac{1}{3}$배가 되므로 20[Ω]이 된다.

답 ②

96 중요도 ★★ / 한전 KPS

1회 2회 3회

다음 그림과 같이 Y전선연결의 회로와 등가인 △전선연결 회로의 $R_a + R_b + R_c$의 값[Ω]은?

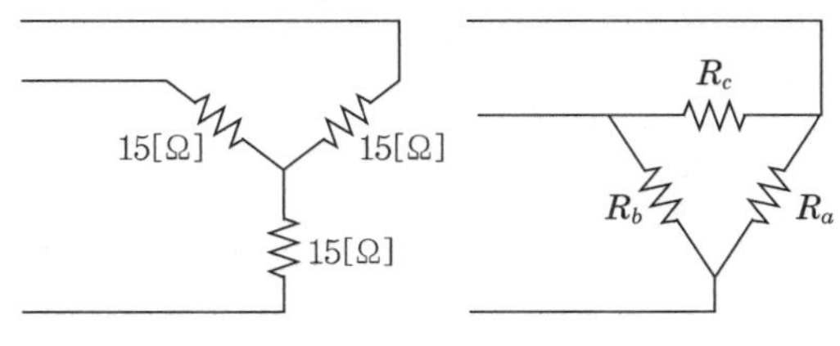

① 55 ② 75 ③ 85
④ 100 ⑤ 135

해설 Y전선연결을 △전선연결로 변환 시 $Z_Y = \frac{1}{3}Z_\triangle$, $Z_\triangle = 3Z_Y$

따라서, $R_a = R_b = R_c = 15 \times 3 = 45$[Ω]

$R_a + R_b + R_c = 135$[Ω]

답 ⑤

97 중요도 ★★ / 2024 서울교통공사, 한국동서발전

1회 2회 3회

20[Ω]의 저항이 Y전선연결되어 있을 때 이를 △전선연결로 등가 변환했을 때 각 저항은 몇 [Ω]인가?

① 10 ② 20 ③ 30
④ 60 ⑤ 80

해설 Y전선연결 → △전선연결로 등가 변환

저항의 크기가 같을 때 $R_\triangle = 3R_Y$이므로

$R_\triangle = 3R_Y = 3 \times 20 = 60$[Ω]

체크 point

• Y → △ 부하 회로 변환(저항의 크기가 같을 때)

전류	전력	저항
$I_\triangle = 3I_Y$	$P_\triangle = 3P_Y$	$R_\triangle = 3R_Y$

• Y ↔ △ 회로의 변환

Y → △ 변환	△ → Y 변환
$R_{ab}=\dfrac{R_aR_b+R_bR_c+R_cR_a}{R_c}[\Omega]$	$R_a=\dfrac{R_{ab}R_{ca}}{R_{ab}+R_{bc}+R_{ca}}[\Omega]$
$R_{bc}=\dfrac{R_aR_b+R_bR_c+R_cR_a}{R_a}[\Omega]$	$R_b=\dfrac{R_{ab}R_{bc}}{R_{ab}+R_{bc}+R_{ca}}[\Omega]$
$R_{ac}=\dfrac{R_aR_b+R_bR_c+R_cR_a}{R_b}[\Omega]$	$R_c=\dfrac{R_{bc}R_{ca}}{R_{ab}+R_{bc}+R_{ca}}[\Omega]$

 답 ④

3상 교류 전력

98 중요도 ★★ / 한국남부발전 　1회 2회 3회

3상 평형 부하가 있다. 이것의 선간 전압은 380[V], 선전류는 10[A]이고, 부하의 무효 전력은 3000[Var]이다. 이 부하의 등가 Y회로 각 상의 리액턴스는 몇 [Ω]인가?

① 8　② 10　③ 15　④ 20

해설 **무효 전력 Q[Var]**

$Q=3I_p^{\,2}X$[Var]에서 X를 구하면 된다.

즉, $X=\dfrac{Q}{3I_p^{\,2}}=\dfrac{3000}{3\times10^2}=10[\text{Var}]$

 답 ②

99 중요도 ★★ / 한국동서발전 　1회 2회 3회

220[V], 60[Hz]의 교류 전압을 저항 10[Ω], 유도성 리액턴스가 $10\sqrt{3}$ [Ω]의 직렬 회로에 가할 때 역률은 몇 [%]인가?

① 10　② 50　③ 66.7　④ 82.4

해설 **$R-L$ 직렬 회로의 역률 $\cos\theta$**

$\cos\theta=\dfrac{R}{Z}=\dfrac{R}{\sqrt{R^2+X_L^{\,2}}}\times100[\%]$이므로

$\cos\theta=\dfrac{10}{\sqrt{10^2+(10\sqrt{3})^2}}\times100=50[\%]$

체크 point

$R-L$ 병렬 회로의 역률 $\cos\theta$

$\cos\theta = \frac{G}{Y} = \frac{X_L}{\sqrt{R^2 + {X_L}^2}} \times 100[\%]$

답 ②

100 중요도 ★ / 한국중부발전

1회 2회 3회

V전선연결 변압기로 공급할 수 있는 3상 전력[VA]은 변압기 1대 출력의 몇 배인가?

① 2 ② $\sqrt{3}$ ③ 3 ④ $2\sqrt{3}$

해설 V전선연결 시 $P_V = \sqrt{3}P_1$

여기서, P_1 : 변압기 1대 용량

체크 point

- Y전선연결 시 $P_Y = 3P_1$
- △전선연결 시 $P_\triangle = 3P_1$

답 ②

101 중요도 ★★ / 한국동서발전, 한국가스공사

1회 2회 3회

단상 변압기 3개를 △전선연결하여 부하에 전력을 공급하고 있다. 변압기 1개의 고장으로 V전선연결로 한 경우 공급할 수 있는 전력과 고장 전 전력과의 비율(출력비)은?

① 0.866 ② 0.776 ③ 0.577 ④ 0.476

해설 고장 전 출력 $P_\triangle = 3P_1$

V전선연결 시 출력 $P_V = \sqrt{3}P_1$

그러므로 $\frac{P_Y}{P_\triangle} = \frac{\sqrt{3}P_1}{3P_1} = 0.577$이므로 57.7[%]가 된다.

답 ③

102 중요도 ★★ / 2024 한국남동발전

1회 2회 3회

대칭 3상 Y전선연결 회로에서 부하전류 20[A], 각 상의 임피던스 $Z = 15 + j20[\Omega]$일 때, 무효 전력을 구하면 얼마인가?

① 10000[Var] ② $10000\sqrt{3}$[Var] ③ 24000[Var] ④ $24000\sqrt{3}$[Var]

해설 무효 전력 $P_r = 3I_p^{\ 2}X$[Var]

상전류 $I_p = 20$[A], $R = 15$[Ω], $X = 20$[Ω]이므로

$P_r = 3 \times 20^2 \times 20 = 24000$[Var]

> **체크 point**
>
> 유효 전력 $P = 3I_p^{\ 2}R[\text{W}] = 3 \times 20^2 \times 15 = 18000[\text{W}]$

답 ③

103 중요도 ★★ / 2024 한국중부발전

1회 2회 3회

전원과 부하가 △전선연결된 3상 평형회로가 있다. 전원전압이 200[V], 유효 전력이 4800[W]이고 역률이 0.8일 때 선전류[A]는?

① 5 ② $10\sqrt{3}$ ③ $\dfrac{10}{\sqrt{3}}$ ④ $\dfrac{\sqrt{3}}{20}$

해설 **유효 전력 P**

$P = \sqrt{3}\,V_l I_l \cos\theta$[W]이므로

선전류 $I_l = \dfrac{P}{\sqrt{3}\,V_l \cos\theta} = \dfrac{4800}{\sqrt{3} \times 200 \times 0.8} = \dfrac{30}{\sqrt{3}} = 10\sqrt{3}$ [A]

> **체크 point**
>
> • 유효 전력 $P = \sqrt{3}\,V_l I_l \cos\theta = 3V_p I_p \cos\theta$[W]
> • 무효 전력 $P = \sqrt{3}\,V_l I_l \sin\theta = 3V_p I_p \sin\theta$[Var]

답 ②

3상 전력의 측정

104 중요도 ★★ / 한국동서발전

1회 2회 3회

3전력계법을 이용하여 3상 전력을 측정한 결과 각각의 전력계가 100[W], 200[W], 300[W]를 지시할 경우 전전력[W]은?

① 100 ② 200 ③ 300
④ 600 ⑤ 1200

해설 **3상 전력의 측정**

(1) 1전력계법 : $P = 3P_1$[W]

(2) 2전력계법 : $P = P_1 + P_2$[W]

(3) 3전력계법 : $P = P_1 + P_2 + P_3$[W]

$P = P_1 + P_2 + P_3 = 100 + 200 + 300 = 600$[W]

답 ④

2전력계법

105 중요도 ★ / 한국남부발전 1회 2회 3회

두 대의 전력계를 사용하여 평형 부하의 3상 회로의 전력을 측정하려고 한다. 전력계의 지시가 각각 P_1, P_2라 할 때 이 회로의 전력[W]은?

① $P_1 + P_2$ ② $\frac{1}{2}(P_1 + P_2)$ ③ $P_1 - P_2$ ④ $\frac{1}{2}(P_1 - P_2)$

해설 유효 전력$= P_1 + P_2$

체크 point

역률 $\cos\theta = \frac{P}{P_a} = \frac{P_1 + P_2}{2\sqrt{P_1^{\,2} + P_2^{\,2} - P_1 P_2}}$

답 ①

106 중요도 ★★ / 2024 한전 KPS 1회 2회 3회

2전력계법으로 평형 3상 전력을 측정하였다. P_1 =100[W], P_2 =200[W]일 때, 역률을 구하시오.

① $\frac{\sqrt{3}}{2}$ ② $\frac{\sqrt{3}}{3}$ ③ $\frac{\sqrt{3}}{4}$

④ $\frac{\sqrt{3}}{6}$ ⑤ $\frac{1}{8}$

해설

2전력계법에서 역률 $\cos\theta = \frac{P}{P_a} = \frac{P_1 + P_2}{2\sqrt{P_1^{\,2} + P_2^{\,2} - P_1 P_2}}$ 이므로

유효 전력 $P = P_1 + P_2 = 100 + 200 = 300$[W]

피상 전력 $P_a = 2\sqrt{P_1^{\,2} + P_2^{\,2} - P_1 P_2} = 2\sqrt{100^2 + 200^2 - 100 \times 200} = 200\sqrt{3}$

$\therefore \cos\theta = \frac{P}{P_a} = \frac{300}{200\sqrt{3}} = \frac{\sqrt{3}}{2}$

답 ①

107 중요도 ★★ / 2024 서울교통공사

1회 2회 3회

다음 그림과 같은 계측기를 접속하였을 때 각 지침의 값이 아래와 같이 나타났다. 이때, 역률은 얼마인가? (단, $\sqrt{3}$ 은 1.73으로 계산한다.)

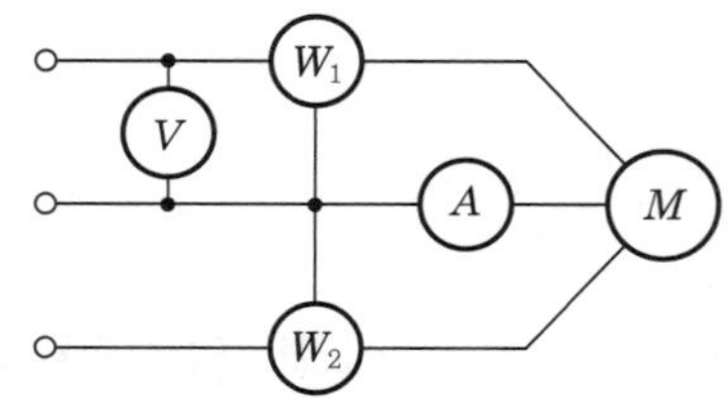

$W_1 = 672[\mathrm{W}]$, $W_2 = 800[\mathrm{W}]$, $V = 100[\mathrm{V}]$, $A = 10[\mathrm{A}]$

① 0.75 ② 0.8 ③ 0.85
④ 0.9 ⑤ 0.95

해설 2전력계법

역률 $\cos\theta = \dfrac{P(\text{유효전력})}{P_a(\text{피상전력})} = \dfrac{W_1 + W_2}{\sqrt{3}\,VI} = \dfrac{672+800}{\sqrt{3}\times 100 \times 10} = 0.85$

답 ③

전압 불평형률

108 중요도 ★ / 한국가스공사

1회 2회 3회

3상 불평형 전압에서 정상전압이 120[V], 영상전압이 300[V]이며, 불평형률이 0.4라고 하면 역상전압[V]은?

① 48 ② 64 ③ 78 ④ 128

해설 $\text{불평형률} = \dfrac{\text{역상전압}}{\text{정상전압}}$ 이므로 $\text{역상전압} = 0.4 \times 120 = 48[\mathrm{V}]$

답 ①

109 중요도 ★ / 한국남동발전

1회 2회 3회

3상 불평형 전압에서 역상전압이 150[V]이고 정상전압이 300[V], 영상전압이 100[V]라고 할 때 전압의 불평형률[%]은?

① 20 ② 30 ③ 40 ④ 50

해설 불평형률 $= \dfrac{\text{역상분}}{\text{정상분}} \times 100[\%] = \dfrac{150}{300} \times 100 = 50[\%]$

답 ④

대칭 좌표법

110 중요도 ★★ / 한국남부발전

1회 2회 3회

3상 회로의 대칭분 전압이 다음과 같다. $V_0 = -18 + j9$[V], $V_1 = 26 - j15$[V], $V_2 = 4 + j2$[V]일 때 a상의 전압[V]은?

① $12 + j4$ ② $12 + j14$ ③ $12 - j4$ ④ $12 - j14$

해설 a상 전압 $V_a = V_0 + V_1 + V_2$이므로
$V_a = (-18 + j9) + (25 - j15) + (4 + j2) = 12 - j4$[V]

체크 point

- a상 전압 : $V_a = V_0 + V_1 + V_2$
- b상 전압 : $V_a = V_0 + a^2 V_1 + a^1 V_2$
- c상 전압 : $V_a = V_0 + a V_1 + a^2 V_2$
- $a = -\dfrac{1}{2} + j\dfrac{\sqrt{3}}{2}$
- $a^2 = -\dfrac{1}{2} - j\dfrac{\sqrt{3}}{2}$

답 ③

111 중요도 ★★ / 한국중부발전

1회 2회 3회

V_a, V_b, V_c 가 3상 전압이라 한다. 이때, 정상 전압은? $\left(\text{단, } a = e^{j\frac{2}{3}\pi}\text{ 이다.}\right)$

① $\dfrac{1}{3}(V_a + aV_b + a^2 V_c)$ ② $\dfrac{1}{3}(aV_a + a^2 V_b + V_c)$

③ $\dfrac{1}{3}(V_a + V_b + V_c)$ ④ $\dfrac{1}{3}(V_a + a^2 V_b + aV_c)$

해설 정상 전압 $V_1 = \dfrac{1}{3}(V_a + aV_b + a^2 V_c)$

체크 point

- 영상 전압 : $V_1 = \dfrac{1}{3}(V_a + V_b + V_c)$

• 역상 전압 : $V_2 = \frac{1}{3}(V_a + a^2 V_b + a V_c)$

답 ①

112 중요도 ★★ / 한전 KPS

1회 2회 3회

다음 중 영상분, 정상분, 역상분으로 구성되는 대칭 좌표법에 대한 내용으로 옳은 것은?

① 영상분은 전원과 동일한 상회전 방향으로 120°의 위상각을 갖는다.
② 정상분은 같은 크기와 위상각을 가진 각 불평형 상전압의 공통 성분이다.
③ 3상 평형인 경우 영상분은 기준 전압과 같다.
④ 3상 평형인 경우 정상분은 존재하지 않는다.
⑤ 3상 평형인 경우 역상분은 존재하지 않는다.

해설 (1) 영상분은 같은 크기와 위상각을 가진 각 불평형 상전압의 공통 성분이다. 보기 ②
(2) 정상분은 전원과 동일한 상회전 방향으로 120°의 위상각을 갖는다. 보기 ①
(3) 3상 평형인 경우 영상분, 역상분은 존재하지 않는다. 보기 ④, ⑤
(4) 3상 평형인 경우 정상분은 기준 전압과 같다. 보기 ③

답 ⑤

113 중요도 ★★ / 2024 서울교통공사

1회 2회 3회

영상분이 존재하는 3상 회로의 구성은 무엇인가?

① △-△ 3상 3선식　② △-Y 3상 3선식　③ Y-Y 3상 3선식
④ Y-Y 3상 4선식　⑤ Y-△ 3상 3선식

해설 **영상분**
(1) 영상분 중성점이 접지되어 있을 때 흐르는 지락전류에 포함되어 있다.
(2) 문제에서 중섬점이 접지되어 있는 경우는 Y-Y에서 4선식 회로이어야 한다.

답 ④

114 중요도 ★★ / 2024 한국서부발전

1회 2회 3회

단상 전파 정류의 맥동률은?

① 0.17　② 0.25　③ 0.48　④ 0.86

해설 단상 전파 정류의 맥동률은 0.48이다.

✔ 체크 point

구분	단상 반파	단상 전파	3상 반파	3상 전파
맥동률	1.21	0.48	0.17	0.04
맥동 주파수	60[Hz]	120[Hz]	180[Hz]	360[Hz]

답 ③

115 중요도 ★★ / 2024 한국수자원공사

1회 2회 3회

역률 60[%], 유효 전력 90[kW]일 때 전력 손실을 최소화하기 위한 커패시터 용량[kVar]은?

① 50 ② 80 ③ 90 ④ 120

해설 전력 손실을 최소화 하기 위해서는 콘덴서 용량(Q_c)과 무효 전력(P_r)이 같으면 된다.
또한, 개선된 역률($\cos\theta_2$)은 100[%]가 된다는 의미이다.

따라서, $Q_c(=P_r) = P\left(\dfrac{\sin\theta_1}{\cos\theta_1} - \dfrac{\sin\theta_2}{\cos\theta_2}\right)$

$= 90 \times \left(\dfrac{0.8}{0.6} - \dfrac{0}{1}\right) = 120[\text{kVar}]$

답 ④

116 중요도 ★★★ / 한국동서발전

1회 2회 3회

역률 0.8인 부하 440[kW]를 공급하는 변전소에 개선된 역률을 100[%]로 하기 위한 부하와 병렬로 연결하는 전력용 콘덴서 용량의 크기[kVA]를 구하면?

① 100 ② 184 ③ 330 ④ 440

해설 전력용 콘덴서 용량의 크기 $Q_c = P\left(\dfrac{\sin\theta_1}{\cos\theta_1} - \dfrac{\sin\theta_2}{\cos\theta_2}\right)$[kVA]이므로

여기서, $\cos\theta_1$: 개선 전 역률, $\cos\theta_2$: 개선 후 역률, P : 유효 전력[kW]

$Q_c = 440 \times \left(\dfrac{0.6}{0.8} - \dfrac{0}{1}\right) = 330[\text{kVA}]$

✔ 체크 point

$\sin\theta = \sqrt{1-\cos^2\theta} = \sqrt{1-0.8^2} = 0.6$

답 ③

117 중요도 ★★★ / 한국중부발전 1회 2회 3회

1200[kW], 늦은 역률 60[%]의 부하에 전력을 공급하고 있다. 이때, 변전소에 콘덴서를 설치하여 변전소의 역률을 80[%]로 향상시키는 데 필요한 콘덴서 용량[kVA]은?

① 300 ② 400 ③ 500 ④ 700

해설 콘덴서 용량 Q_C[kVA]

$Q_C = P\left(\frac{\sin\theta_1}{\cos\theta_1} - \frac{\sin\theta_2}{\cos\theta_2}\right)$[kVA] (여기서, P : 유효 전력[kW], $\cos\theta_1$: 개선 전 역률, $\cos\theta_2$: 개선 후 역률)

$= 1200 \times \left(\frac{0.8}{0.6} - \frac{0.6}{0.8}\right) = 700\,[\text{kVA}]$

체크 point

$\sin\theta_1 = \sqrt{1-\cos^2\theta_1}$

$\sin\theta_2 = \sqrt{1-\cos^2\theta_2}$

답 ④

04 비정현파 교류

118 중요도 ★★ / 한국중부발전 1회 2회 3회

다음 설명 중에서 왜형률의 의미로 옳은 것은?

① $\frac{\text{전 고조파의 실횻값}}{\text{직류 성분값}}$ ② $\frac{\text{전 고조파의 실횻값}}{\text{기본파의 실횻값}}$

③ $\frac{\text{기본파의 실횻값}}{\text{직류 성분값}}$ ④ $\frac{\text{기본파의 실횻값}}{\text{전 고조파의 실횻값}}$

해설 왜형률이란 파형이 어느 정도 일그러진 상태를 나타내는지를 표시하고 다음과 같이 나타내며 의율 또는 일그러짐률이라고도 한다

$\text{왜형률} = \frac{\text{전 고조파의 실횻값}}{\text{기본파의 실횻값}}$

답 ②

119 중요도 ★★ / 한국동서발전 1회 2회 3회

비정현파를 여러 개의 정현파의 합으로 표시하는 방법은?

① 오일러 법칙 ② 밀만의 정리 ③ 푸리에 급수 ④ 테일러 급수

해설 비정현파를 여러 개의 정현파의 합으로 표시하는 방법으로 푸리에 급수가 이용된다.

체크 point

- 비정현파 교류는 직류 성분 + 기본파 성분 + 고조파 성분으로 구성된다.
- 여러 비정현파의 특징
  - 정현대칭 : $f(t) = -f(-t)$
  - 여현대칭 : $f(t) = f(-t)$
  - 반파대칭 : $f(t) = -f\left(\frac{T}{2}+t\right)$ (홀수 고조파 성분만 나옴)

답 ③

120 중요도 ★★ / 한국도로공사

1회 2회 3회

비정현파 전압이 $V = 40\sqrt{2}\sin\omega t + 30\sqrt{2}\sin\omega t + 20\sqrt{2}\sin 3\omega t$[V]일 때 실효치는 약 몇 [V]인가?

① $\sqrt{1500}$ ② $\sqrt{1900}$ ③ $\sqrt{2500}$ ④ $\sqrt{2900}$

해설 **비정현파 교류의 실횻값 V**

$$V = \sqrt{{V_0}^2 + {V_1}^2 + {V_2}^2 + {V_3}^2 + \cdots\cdots}\ [\text{V}]$$
$$= \sqrt{\left(\frac{40\sqrt{2}}{\sqrt{2}}\right)^2 + \left(\frac{30\sqrt{2}}{\sqrt{2}}\right)^2 + \left(\frac{20\sqrt{2}}{\sqrt{2}}\right)^2}$$
$$= \sqrt{(40)^2 + (30)^2 + (20)^2}$$
$$= \sqrt{2900}\ [\text{V}]$$

답 ④

121 중요도 ★★ / 한전 KPS

1회 2회 3회

어떤 교류 파동의 고조파가 36[Hz]인 경우 기본 주파수가 될 수 없는 것은?

① 2[Hz] ② 4[Hz] ③ 8[Hz]
④ 12[Hz] ⑤ 18[Hz]

해설 고조파는 기본 주파수의 정수배에 해당하는 주파수를 갖는다. 즉, 기본 주파수는 고조파의 약수에 해당하는 주파수를 가져야 한다.

(1) 기본파 2[Hz] → (n =18배) → 36[Hz]
(2) 기본파 4[Hz] → (n =9배) → 36[Hz]
(3) 기본파 12[Hz] → (n =3배) → 36[Hz]
(4) 기본파 18[Hz] → (n =2배) → 36[Hz]

답 ③

122 중요도 ★★ / 한국중부발전

1회 2회 3회

제6고조파에 의한 기자력의 회전 방향 및 속도는 기본파 회전 자계와 비교할 때 옳은 것은?

① 기본파의 동일 방향이고 6배의 속도
② 기본파와 동일 방향이고 $\frac{1}{6}$배의 속도
③ 기본파와 역방향이고 $\frac{1}{6}$배의 속도
④ 회전 자계를 발생하지 않는다.

해설 **고조파에 의한 회전 방향 및 속도**

(1) $3n$ 고조파(3, 6, 9, 12 ……) : 회전 자계를 발생하지 않는다.
(2) $3n-1$ 고조파(2, 5, 8, 11 ……) : 기본파와 상회전이 반대되는 회전 자계가 발생
(3) $3n+1$ 고조파(4, 7, 10, 13 ……) : 기본파와 상회전이 동일 방향의 회전 자계가 발생

답 ④

123 중요도 ★ / 한국가스공사

1회 2회 3회

2[H]의 인덕터에 다음과 같은 전류가 흐르고 있을 때 인덕터에 축적되는 에너지[J]는 얼마인가? (단, $i=5+10\sqrt{2}\sin 100t+5\sqrt{2}\sin 200t$[A]이다.)

① 50 ② 72 ③ 75 ④ 83

해설 **인덕터에 축적되는 에너지 W_L[J]**

$W_L=\frac{1}{2}LI^2$[J]이므로 먼저 전류의 실횻값 I[A]를 구하면

$I=\sqrt{3^2+5^2+7^2}=\sqrt{83}$ [A]이므로

$\therefore\ W_L=\frac{1}{2}\times 2\times(\sqrt{83})^2=83$[J]

답 ④

124 중요도 ★★ / 한국남부발전

1회 2회 3회

전압 $v=10\sqrt{2}\sin\omega t$[V], 전류 $i=70\sqrt{2}(\sin 2\omega t-\sin 7\omega t)$[A]일 때 평균 전력은?

① 0 ② 700 ③ 1000 ④ 1400

해설 전압과 전류 사이에는 주파수 성분이 같아야 출력이 발생하지만 위의 수식에서 전압과 전류의 주파수는 서로 다르기 때문에 '0' 상태가 된다.

답 ①

125 중요도 ★ / 한국동서발전

1회 2회 3회

$R-L-C$ 직렬 공진 회로에서 제n고조파의 공진 주파수 f_r [Hz]은?

① $\dfrac{n}{2\pi\sqrt{LC}}$ ② $\dfrac{2\pi}{\sqrt{nLC}}$

③ $\dfrac{1}{2\pi n\sqrt{LC}}$ ④ $\dfrac{1}{2\pi n LC}$

해설 n고조파의 임피던스 Z_n은 $Z_n = R + j\left(n\omega L - \dfrac{1}{n\omega C}\right)$이므로 공진 회로가 되기 위해서는 허수 부분이 '0' 상태이어야 하므로 $n\omega L = \dfrac{1}{n\omega C}$이 된다.

그러므로 n고조파의 공진 주파수 f_r은 $\dfrac{1}{2\pi n\sqrt{LC}}$ [Hz]이다.

답 ③

126 중요도 ★★★ / 한국남부발전

1회 2회 3회

어떤 교류 회로에 $v = 10\sqrt{2}\sin\omega t + 20\sqrt{2}\sin\left(3\omega t + \dfrac{\pi}{3}\right)$[V]인 전압을 가했을 때 이것에 의해 회로에 흐르는 전류가 $i = 4\sqrt{2}\sin\left(\omega t - \dfrac{\pi}{6}\right) + 5\sin\left(5\omega t + \dfrac{\pi}{6}\right)$[A]라 한다. 이 회로에서 소비되는 전력은 몇 [W]인가?

① 10 ② 4

③ 20 ④ 40

해설 소비 전력 P[kW]

$P = \sum VI\cos\theta$[kW]이며 주파수 성분이 같을 때에만 전력이 발생하므로 제3고조파와 제5고조파에서는 전력이 발생하지 않는다.

$\therefore\ P = \left(\dfrac{10\sqrt{2}}{\sqrt{2}}\right)\left(\dfrac{4\sqrt{2}}{\sqrt{2}}\right)\sin\dfrac{\pi}{6} = 20$[W]

답 ③

05 2단자망 / 4단자망

구동점 임피던스

127 중요도 ★ / 한국중부발전 1회 2회 3회

구동점 임피던스 함수에 있어서 영점을 옳게 나타낸 것은?

① 단락 회로 상태를 의미한다.
② 개방 회로 상태를 의미한다.
③ 무한대 상태를 의미한다.
④ 전류가 흐르지 않는 상태를 의미한다.

해설 구동점 임피던스 함수에 있어서 영점의 의미는 구동점 임피던스가 '0' 상태, 즉 단락 상태를 나타낸다.

체크 point
구동점 임피던스 함수에 있어서 극점의 의미는 구동점 임피던스가 '∞' 상태, 즉 개방 상태를 나타낸다.

답 ①

128 중요도 ★ / 한전 KPS 1회 2회 3회

2단자 임피던스 함수 $Z(s)$가 $Z(s)=\dfrac{(s+3)(s-1)}{(s+1)(s+2)}$ 일 때 영점은?

① −1, −2
② −3, 1
③ −3, −1
④ −2, 1
⑤ −1, −2, −3, 1

해설 (1) 영점과 극점

$$Z(s)=\frac{Q(s)}{P(s)}=\frac{(s+z_1)(s+z_2)(s+z_3)\cdots\cdots}{(s+p_1)(s+p_2)(s+p_3)\cdots\cdots}$$ 에서

영점(zero)	극점(pole)
• 2단자 임피던스 $Z(s)$가 '0'이 되는 s의 근(값) • 2단자 임피던스 $Z(s)$의 분자=0의 근 • 회로 단락 상태 → 표시 ○	• 2단자 임피던스 $Z(s)$가 '∞'되는 s의 근 • 2단자 임피던스 $Z(s)$의 분모=0의 근 • 회로 개방 상태 → 표시 ×

(2) 영점은 −3, 1, 극점은 −1, −2이다.

답 ②

129 중요도 ★★ / 한국중부발전

1회 2회 3회

다음 함수에서 극점에 해당하지 않는 것은?

$$F(s)=\frac{10s^2-10}{s^3-2s-4}$$

① 1 ② $-1-j$ ③ $-1+j$ ④ 2

해설 극점은 주어진 함수에서 분모=0일 때의 s값이므로 인수 분해가 가능한지를 먼저 확인해야 한다.

즉, $F(s)=\dfrac{10s^2-4}{s^3-2s-4}$에서 분모 $s^3-2s-4=0$이므로 인수 분해를 하면 다음과 같다.

$s^3-2s-4=(s-2)(s+1+j)(s+1-j)=0$

그러므로 극점은 2, $-1-j$, $-1+j$가 된다.

> **체크 point**
>
> 영점은 분자=0일 때의 s값을 나타내므로 $3s^2-27=3(s^2-9)=10(s+3)(s-3)=0$에서 영점은 3, -3이다.

답 ①

130 중요도 ★★ / 한국동서발전

1회 2회 3회

임피던스 $Z(s)=\dfrac{s+80}{s^2+25s+2}$[Ω]으로 주어지는 2단자 회로의 단자 전압 220[V]를 가할 때 흐르는 직류 전류원은 몇 [A]인가? (단, $s=j\omega$이다.)

① 2 ② 4 ③ 5.5 ④ 12.5

해설 조건에서 직류 인가를 안가하였으므로(주파수 성분 $s=0$)

$$Z=\left.\frac{s+80}{s^2+25s+2}\right|_{s=0}=40[\Omega]$$

$$I=\frac{V}{Z}=\frac{220}{40}=5.5[\text{A}]$$

답 ③

131 중요도 ★★ / 한국동서발전

1회 2회 3회

전달함수 $G(s)=\dfrac{(s+1)(s+2)}{(s-3)(s-4)}$일 때 영점과 극점으로 옳은 것은?

① 영점 : −1, −2, 극점 : −3, 4
② 영점 : 3, −4, 극점 : −1, −2
③ 영점 : −1, 2, 극점 : 3, 4
④ 영점 : −1, −2, 극점 : 3, 4

해설 영점은 −1, −2이고, 극점은 3, 4이다.

체크 point

영점과 극점

① 영점(zero)
- 2단자 임피던스 $Z(s)$가 '0'이 되는 s의 근(값)
- 2단자 임피던스 $Z(s)$의 분자$=0$의 근
- 회로 단락 상태 → 표시 O

② 극점(pole)
- 2단자 임피던스 $Z(s)$가 '∞' 되는 s의 근
- 2단자 임피던스 $Z(s)$의 분모$=0$의 근
- 회로 개방 상태 → 표시 ×

답 ④

132 중요도 ★★ / 한국도로공사

1회 2회 3회

$L=4$[mH], $C=0.1$[μF]이며, 이 회로가 정저항 회로가 되기 위한 R[Ω] 값은?

① 100 ② 200 ③ 300 ④ 400

해설 정저항 회로가 되기 위한 조건은 $Z_1Z_2=\frac{L}{C}=R^2$이므로

$$R=\sqrt{\frac{L}{C}}=\sqrt{\frac{18\times10^{-3}}{0.2\times10^{-6}}}=300[\Omega]$$

답 ③

임피던스 파라미터

133 중요도 ★★★ / 한국남동발전

1회 2회 3회

T형 4단자 회로의 임피던스 파라미터 중 Z_{22}는?

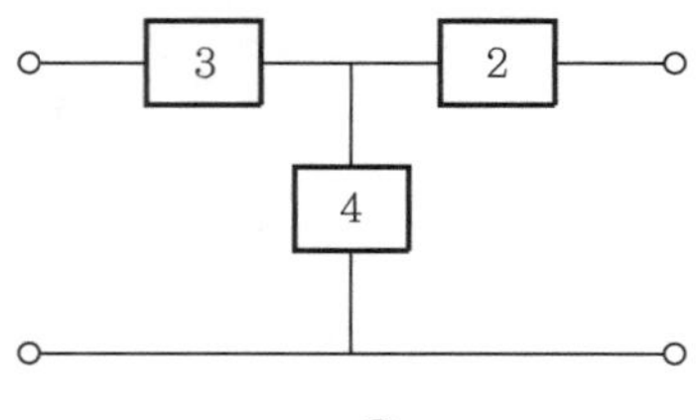

① 3 ② 4 ③ 7 ④ 6

해설 $Z_{22} = 2+4=6$

체크 point

- $Z_{11} = 3+4=7$
- $Z_{12} = Z_{21} = 4$
  - $Z_{11} = \left.\dfrac{V_1}{I_1}\right|_{I_2=0}$: 입력측에서 본 개방 구동점 임피던스
  - $Z_{22} = \left.\dfrac{V_2}{I_2}\right|_{I_1=0}$: 출력측에서 본 개방 구동점 임피던스
  - $Z_{12} = \left.\dfrac{V_1}{I_2}\right|_{I_1=0}$: 개방 전달 임피던스
  - $Z_{21} = \left.\dfrac{V_2}{I_1}\right|_{I_2=0}$: 개방 전달 임피던스

답 ④

4단자 정수

134 중요도 ★★★ / 한전 KPS

1회 2회 3회

4단자망 A, B, C, D 상수 중에서 B가 나타내는 것으로 옳은 것은?

① 입력 및 출력 전압의 비
② 입력 및 출력 전류의 비
③ 단락 전달 임피던스
④ 단락 전달 어드미턴스
⑤ 개방 전달 어드미턴스

해설 **4단자 회로 정수($ABCD$ 파라미터)**

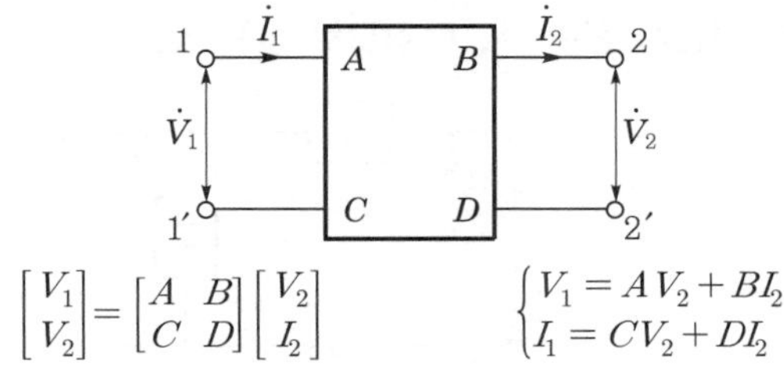

$$\begin{bmatrix} V_1 \\ V_2 \end{bmatrix} = \begin{bmatrix} A & B \\ C & D \end{bmatrix} \begin{bmatrix} V_2 \\ I_2 \end{bmatrix} \qquad \begin{cases} V_1 = AV_2 + BI_2 \\ I_1 = CV_2 + DI_2 \end{cases}$$

(1) $A = \left.\dfrac{V_1}{V_2}\right|_{I_2=0}$: 출력 단자 개방 시 전압 이득(출력 전압에 대한 입력 전압의 비)

(2) $B = \left.\dfrac{V_1}{I_2}\right|_{V_2=0}$: 출력 단자 단락 시 전달 임피던스

(3) $C = \left.\dfrac{I_1}{V_2}\right|_{I_2=0}$: 출력 단자 개방 시 전달 어드미턴스

(4) $D = \left.\frac{I_1}{I_2}\right|_{V_2=0}$: 출력 단자 단락 시 전류 이득(출력 전류에 대한 입력 전류의 비)

답 ③

135 중요도 ★★ / 한국중부발전

1회 2회 3회

송전단 전압, 전류를 각각 E_S, I_S, 수전단의 전압, 전류를 각각 E_R, I_R이라 하고 4단자 정수를 A, B, C, D라 할 때 E_S, I_S를 옳게 나타낸 식은?

① $E_S = CE_R + DI_R$
$I_S = BE_R + AI_R$

② $E_S = AE_R + DI_R$
$I_S = CE_R + BI_R$

③ $E_S = AE_R + BI_R$
$I_S = DE_R + CI_R$

④ $E_S = AE_R + BI_R$
$I_S = CE_R + DI_R$

해설 일반적으로 송전단 전압, 전류는 다음과 같이 나타낸다.

송전단 전압 $E_1 = AE_2 + BI_2$

송전단 전류 $I_1 = CE_2 + DI_2$

여기에, $E_1 = E_S$, $I_1 = I_S$, $E_2 = E_R$, $I_2 = I_R$을 대입하면 다음과 같은 식이 된다.

$E_S = AE_R + BI_R$

$I_S = CE_R + DI_R$

답 ④

136 중요도 ★★★ / 서울교통공사

1회 2회 3회

그림과 같은 회로에서 4단자 정수 A, C 값으로 옳은 것은?

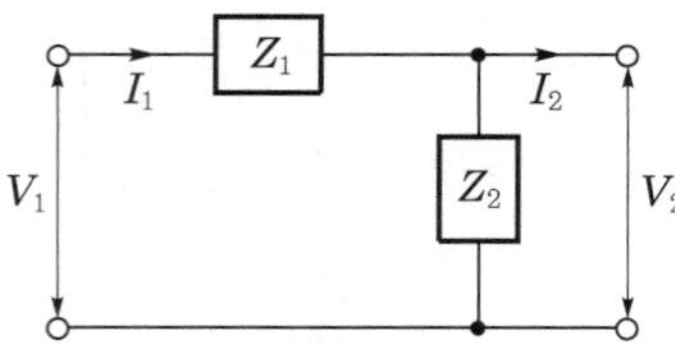

① $A = 1 + \frac{Z_2}{Z_1}$, $C = \frac{1}{Z_2}$

② $A = 1 + \frac{Z_1}{Z_2}$, $C = \frac{1}{Z_2}$

③ $A = 1$, $C = \frac{1}{Z_2}$

④ $A = 1 - \frac{Z_1}{Z_2}$, $C = \frac{1}{Z_2}$

해설 4단자 정수 A, C는 행렬을 이용하지 않고도 바로 구할 수 있다.

$A = 1 + \frac{Z_1}{Z_2}$, $C = \frac{1}{Z_2}$

체크 point

행렬을 이용하면 $\begin{bmatrix} A & B \\ C & D \end{bmatrix} = \begin{bmatrix} 1 & Z_1 \\ 0 & 1 \end{bmatrix} \begin{bmatrix} 1 & 0 \\ \frac{1}{Z_2} & 1 \end{bmatrix} = \begin{bmatrix} 1+\frac{Z_1}{Z_2} & Z_1 \\ \frac{1}{Z_2} & 1 \end{bmatrix}$

답 ②

137 중요도 ★★★ / 한국중부발전

1회 2회 3회

그림과 같은 4단자망에서 4단자 정수로 옳은 것은?

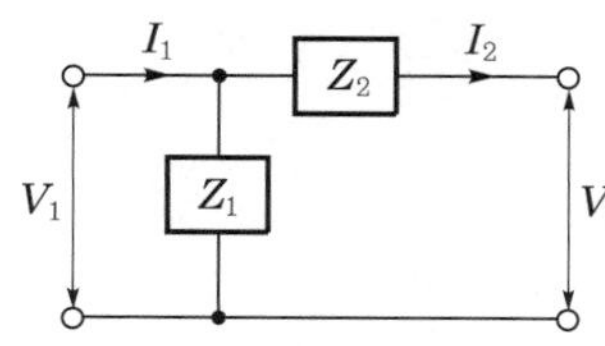

① $\begin{bmatrix} 1 & 1 \\ \frac{1}{Z_1} & \frac{Z_2}{Z_1} \end{bmatrix}$ ② $\begin{bmatrix} 1 & Z_2 \\ \frac{1}{Z_1} & 1+\frac{Z_2}{Z_1} \end{bmatrix}$

③ $\begin{bmatrix} Z_1 & 1 \\ \frac{1}{Z_1} & 1+\frac{Z_2}{Z_1} \end{bmatrix}$ ④ $\begin{bmatrix} 1 & Z_2 \\ \frac{1}{Z_1} & 1+\frac{Z_1}{Z_2} \end{bmatrix}$

해설 **역 L형**

$$\begin{bmatrix} A & B \\ C & D \end{bmatrix} = \begin{bmatrix} 1 & Z_2 \\ \frac{1}{Z_1} & 1+\frac{Z_2}{Z_1} \end{bmatrix}$$

답 ②

138 중요도 ★★ / 한국가스공사

1회 2회 3회

선로의 일반 정수가 $A=25$, $B=j450$, $D=\frac{1}{25}$ 이라고 한다. 이때의 C의 값을 구하면?

① 450 ② 100 ③ 25 ④ 0

해설 일반 선로의 A, B, C, D의 관계식은 $AD-BC=1$이므로 $C=\frac{AD-1}{B}$이 된다.

$$\therefore\ C=\frac{25\times\frac{1}{25}-1}{j450}=0$$

II 04. 회로이론

☑ 체크 point

대칭인 선로에서는 $A=D$인 관계가 있다.

답 ④

139 중요도 ★★ / 2024 서울교통공사

1회 2회 3회

일반 회로정수가 A, B, C, D이고 송전단 상전압이 V_s인 경우 무부하 시의 충전 전류는?

① $I_s=\frac{A}{C}V_s$ ② $I_s=\frac{A}{B}V_s$ ③ $I_s=\frac{C}{A}V_s$

④ $I_s=\frac{B}{A}V_s$ ⑤ $I_s=CV_s$

해설 **선로 방정식**

(1) 송전단 전압 $V_s=AV_R+BI_R$

(2) 송전단 전류 $I_s=CV_R+DI_R$

(3) (1)의 식에서 $I_R=0$일 때 V_R을 구하면 $V_R=\frac{1}{A}V_s$

또한, (3)의 식을 (2)의 식에 대입을 하면 $I_s=C\frac{1}{A}V_s$가 된다(단, $I_R=0$).

답 ③

140 중요도 ★★★ / 한국도로공사

1회 2회 3회

그림과 같은 4단자망 회로의 4단자 정수 중 A의 값은?

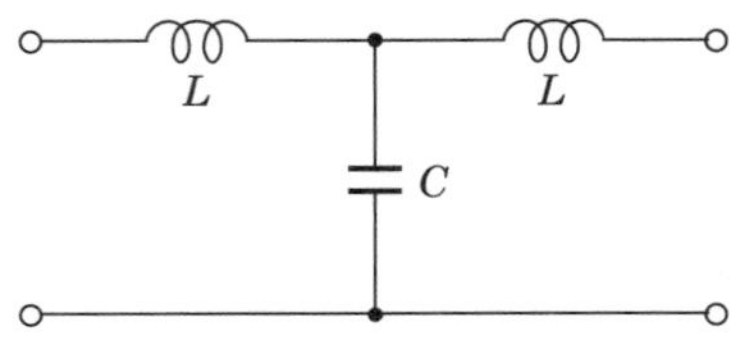

① $j\omega C$ ② $1-\omega^2LC$ ③ $j\omega C(1+\omega^2LC)$ ④ $j\omega L$

해설 4단자 정수 A를 구하면

$$A=1+\frac{j\omega L}{\frac{1}{j\omega C}}=1+j^2\omega^2LC=1-\omega^2LC$$

답 ②

141 중요도 ★ / LH공사

1회 2회 3회

4단자 회로에서 4단자 정수를 A, B, C, D라 하면 영상 임피던스 Z_{01}, Z_{02}는? (단, 대칭인 선로이다.)

① $Z_{01}=\sqrt{\dfrac{AB}{CD}}$, $Z_{02}=\sqrt{\dfrac{BD}{AC}}$
② $Z_{01}=Z_{02}=\sqrt{\dfrac{B}{C}}$
③ $Z_{01}=Z_{02}=\sqrt{\dfrac{B}{A}}$
④ $Z_{01}=\sqrt{\dfrac{B}{C}}$, $Z_{02}=\sqrt{\dfrac{D}{A}}$

해설 영상 임피던스는 $Z_{01}=\sqrt{\dfrac{AB}{CD}}$, $Z_{02}=\sqrt{\dfrac{BD}{AC}}$

이때, 대칭인 선로이므로 이때는 $A=D$이므로 이것을 적용하면 $Z_{01}=Z_{02}=\sqrt{\dfrac{B}{C}}$가 된다.

답 ②

142 중요도 ★★ / 한국중부발전

1회 2회 3회

4단자망의 파라미터 정수에 관한 내용이다. 이중 옳지 않은 것은?

① h 파라미터 중 h_{11}은 임피던스, h_{22}는 어드미턴스의 차원을 갖는다.
② h 파라미터 중 h_{12} 및 h_{21}은 차원이 없다.
③ A, B, C, D 파라미터 중 B는 어드미턴스, C는 임피던스 차원을 갖는다.
④ A, B, C, D 파라미터 중 A 및 D는 차원(dimension)이 없다.

해설 (1) 4단자 정수

① A, B, C, D 파라미터 중 A 및 D는 차원(dimension)이 없다.
② A, B, C, D 파라미터 중 B는 임피던스, C는 어드미턴스 차원을 갖는다.
③ 4단자 정수 : $A=\left.\dfrac{V_1}{V_2}\right|_{I_2=0}$, $B=\left.\dfrac{V_1}{I_2}\right|_{V_2=0}$, $C=\left.\dfrac{I_1}{V_2}\right|_{I_2=0}$, $D=\left.\dfrac{I_1}{I_2}\right|_{V_2=0}$

(2) h 파라미터

① h 파라미터 중 h_{12} 및 h_{21}은 차원이 없다.
② h 파라미터 중 h_{11}은 임피던스, h_{22}는 어드미턴스의 차원을 갖는다.
③ h 파라미터 : $h_{11}=\left.\dfrac{V_1}{I_1}\right|_{V_2=0}$, $h_{12}=\left.\dfrac{V_1}{V_2}\right|_{I_1=0}$, $h_{21}=\left.\dfrac{I_2}{I_1}\right|_{V_2=0}$, $h_{22}=\left.\dfrac{V_1}{V_2}\right|_{I_1=0}$

답 ③

143 중요도 ★★ / 한국남동발전 1회 2회 3회

2차측 저항은 10Ω이며 권선비가 N_1 : N_2 = 1 : 2인 이상 변압기의 1차측, 즉 A · B 단자에서 본 저항은 몇 [Ω]인가?

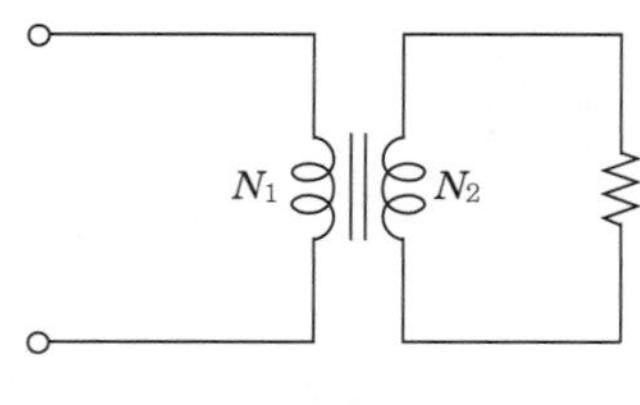

① 10 ② 15 ③ 20 ④ 25

해설 **이상적인 변압기의 권수비 a**

$a = \dfrac{N_1}{N_2} = \dfrac{V_1}{V_2} = \sqrt{\dfrac{R_1}{R_2}}$ 에서 권수비가 $N_1 : N_2 = 1 : 2$를 적용하여 저항 R_1을 구하면 다음과 같다.

즉, $\dfrac{1}{2} = \sqrt{\dfrac{R_1}{100}}$ 이므로 양변을 제곱하여 구하면 $R_1 = 25[\Omega]$이 된다.

답 ④

06 분포정수회로

144 중요도 ★★ / 한국남부발전 1회 2회 3회

자유공간의 특성 임피던스로 옳은 것은? (단, ε_0는 유전율, μ_0는 투자율이다.)

① $\sqrt{\dfrac{\mu_0}{\varepsilon_0}}$ ② $\sqrt{\dfrac{\varepsilon}{\mu}}$ ③ $\sqrt{\varepsilon_0\mu_0}$ ④ $\dfrac{1}{\sqrt{\varepsilon\mu}}$

해설 **자유공간에서의 특성 임피던스 Z_0**

$Z_0 = \sqrt{\dfrac{\mu_0}{\varepsilon_0}} = 377 = 120\pi[\Omega]$

여기서, 자유공간에서의 $\varepsilon_s = 1$, $\mu_s = 1$임

> **체크 point**
>
> 일반적인 특성 임피던스 $Z_0 = \sqrt{\dfrac{\mu_s\mu_0}{\varepsilon_s\varepsilon_0}} = 377\sqrt{\dfrac{\mu_s}{\varepsilon_s}}$ [Ω]

답 ①

145 중요도 ★ / 한국중부발전 1회 2회 3회

단위길이당 직렬 임피던스 Z 및 병렬 어드미턴스 Y인 전송선로의 전파정수 γ는?

① $\sqrt{\frac{Z}{Y}}$　② $\sqrt{\frac{Y}{Z+Y}}$　③ $\sqrt{ZY}$　④ $\sqrt{Z+Y}$

해설 전파정수 $\gamma = \sqrt{ZY} = \sqrt{(R+j\omega L)(G+j\omega C)}$

체크 point

특성 임피던스 $Z_0 = \sqrt{\frac{Z}{Y}} = \sqrt{\frac{R+j\omega L}{G+j\omega C}}$

답 ③

146 중요도 ★★ / 한국중부발전 1회 2회 3회

선로의 단위길이당 분포 인덕턴스를 L, 저항을 R, 정전용량과 누설 컨덕턴스를 각각 C, G라고 할 때 다음 중 옳지 않은 것은? (단, α : 감쇄정수, β : 위상정수)

① 직렬 임피던스 $Z = R + j\omega L[\Omega]$　② 병렬 어드미턴스 $Y = G + j\omega C[℧]$

③ 특성 임피던스 $Z_0 = \sqrt{\frac{G+j\omega C}{R+j\omega L}}[\Omega]$　④ 전파정수 $\gamma = \alpha + j\beta$

해설 단위길이당 분포 인덕턴스 L, 저항 R, 정전용량 C, 누설 컨덕턴스 G일 때
여기서, α : 감쇄정수, β : 위상정수
(1) 직렬 임피던스 : $Z = R + j\omega L[\Omega]$
(2) 병렬 어드미턴스 : $Y = G + j\omega C[℧]$
(3) 특성 임피던스 : $Z_0 = \sqrt{\frac{Z}{Y}} = \sqrt{\frac{R+j\omega L}{G+j\omega C}}[\Omega]$
(4) 전파정수 : $\gamma = \sqrt{ZY} = \sqrt{(R+j\omega L)(G+j\omega C)} = \alpha + j\beta$
(5) 전파속도 : $v = f\lambda = \frac{w}{\beta} = \frac{2\pi f}{\beta}[\mathrm{m/s}]$
(6) 파장 : $\lambda = \frac{2\pi}{\beta}$

답 ③

147 중요도 ★★ / 한국남동발전

1회 2회 3회

선로에서 위상 정수 $\beta=3.14$[rad/km]일 때 파장은 몇 [km]가 되는가?

① 1 ② 2 ③ 3 ④ 4

해설 파장 $\lambda=\dfrac{2\pi}{\beta}=\dfrac{2\pi}{3.14}=2[\text{km}]$

체크 point

- 전파속도 $v=\dfrac{w}{\beta}=\dfrac{v}{f}$[m/s]
- 특성 임피던스 $Z_0=\sqrt{\dfrac{Z}{Y}}=\sqrt{\dfrac{R+j\omega L}{G+j\omega C}}$
- 전파정수 $\gamma=\sqrt{ZY}=\sqrt{(R+j\omega L)(G+j\omega C)}$

답 ②

148 중요도 ★ / 한국동서발전

1회 2회 3회

전송선로에서 무손실일 때, $L=40[\mu\text{H}]$, $C=50[\mu\text{F}]$이면 특성 임피던스[Ω]는?

① 2 ② $2\sqrt{2}$ ③ 4 ④ $4\sqrt{2}$

해설 **무손실 선로의 특성 임피던스**

$$Z_0=\sqrt{\frac{L}{C}}=\sqrt{\frac{400\times10^{-6}}{50\times10^{-6}}}=2\sqrt{2}\,[\Omega]$$

체크 point

- 무손실 선로 조건 $G=R=0$
- 무왜형 선로 조건 $LG=RC$

답 ②

149 중요도 ★ / 한국남동발전

1회 2회 3회

무한장 무손실 전송 선로상의 어떤 점에서 전압이 800[V]였다. 이 선로의 인덕턴스가 10[mH/km]이고, 커패시턴스가 25[μF/km]일 때 이 점에서 전류는 몇 [A]인가?

① 20 ② 40 ③ 60 ④ 80

해설 전류 $I = \frac{V}{Z_0} I[A]$이므로 먼저 무손실 선로의 특성 임피던스 Z_0를 구하면 된다.

즉, $Z_0 = \sqrt{\frac{L}{C}} = \sqrt{\frac{10 \times 10^{-3}}{25 \times 10^{-6}}} = 20[\Omega]$이므로

전류 $I = \frac{800}{20} = 40[A]$

답 ②

150 중요도 ★★ / 한국남부발전, 한국동서발전

1회 2회 3회

선로의 종단을 단락했을 때의 입력 임피던스를 3[Ω], 종단을 개방했을 때의 입력 임피던스를 12[Ω]이라고 한다. 이때, 특성 임피던스 Z_0를 구하면?

① 2 ② 4 ③ 6 ④ 8

해설 특성 임피던스 $Z_0 = \sqrt{\frac{Z}{Y}} = \sqrt{Z_s Z_f}[\Omega]$

$Z_0 = \sqrt{Z_s Z_f} = \sqrt{3 \times 12} = 6[\Omega]$

여기서, Z_s : 선로의 종단을 단락했을 때의 입력 임피던스

Z_f : 선로의 종단을 개방했을 때의 입력 임피던스

답 ③

151 중요도 ★★ / 2024 서울교통공사

1회 2회 3회

수전단을 단락하고 송전단에서 본 임피던스는 100[Ω]이고 수전단을 개방한 경우에는 400[Ω]일 때, 이 선로의 특성 임피던스는 몇 [Ω]인가?

① 0.005 ② 0.5 ③ 2
④ 20 ⑤ 200

해설 특성 임피던스 $Z_0 = \sqrt{Z_s Z_f}[\Omega]$

여기서, Z_s : 수전단을 단락하고 송전단에서 본 임피던스

Z_f : 수전단을 개방하고 송전단에서 본 임피던스

$Z_0 = \sqrt{100 \times 400} = 200[\Omega]$

답 ⑤

152 중요도 ★★ / 2024 한전 KPS

1회 2회 3회

무손실 선로에 대하여 감쇠정수에서 위상정수를 나눈 값은?

① 0　　② 1　　③ $\sqrt{RG}$

④ $\frac{1}{\sqrt{LC}}$　　⑤ ∞

해설 (1) 무손실 선로의 감쇠정수 $\alpha=0$, 위상정수 $\beta=j\omega LC$

$$\frac{\text{감쇠정수}}{\text{위상정수}}=\frac{0}{\omega LC}=0$$

(2) 무왜형 선로의 감쇠정수 $\alpha=\sqrt{RG}$, 위상정수 $\beta=j\omega LC$

(3) 단위 길이당 분포 인덕턴스 L, 저항 R, 정전용량 C, 누설 컨덕턴스 G일 때

(α : 감쇄정수, β : 위상정수)

① 직렬 임피던스 : $Z=R+j\omega L[\Omega]$

② 병렬 어드미턴스 : $Y=G+j\omega C[\mho]$

③ 특성 임피던스 : $Z_0=\sqrt{\frac{Z}{Y}}=\sqrt{\frac{R+j\omega L}{G+j\omega C}}\ [\Omega]$

④ 전파정수 : $\gamma=\sqrt{ZY}=\sqrt{(R+j\omega L)(G+j\omega C)}=\alpha+j\beta$

⑤ 전파속도 : $v=f\lambda=\frac{w}{\beta}=\frac{2\pi f}{\beta}\ [\text{m/s}]$

⑥ 파장 : $\lambda=\frac{2\pi}{\beta}$

답 ①

153 중요도 ★ / 한국남동발전

1회 2회 3회

전송 선로의 특성 임피던스가 100[Ω]이고 부하 저항이 300[Ω]이면 부하에서의 반사 계수는?

① 0　　② 0.5　　③ 0.7　　④ 1

해설 **반사 계수**

$$m=\frac{Z_L-Z_0}{Z_L+Z_0}=\frac{300-100}{300+100}=0.5$$

답 ②

154 중요도 ★★ / 2024 서울교통공사

1회 2회 3회

특성 임피던스가 600[Ω]인 회로 말단에 1400[Ω]인 부하가 연결되어 있다. 전원측에 10[kV]의 전압을 인가할 때 반사파의 크기[kV]는? (단, 선로에서의 전압 감쇠는 없는 것으로 간주한다.)

① 1 ② 2 ③ 3
④ 4 ⑤ 5

해설 반사계수 $m = \dfrac{\text{반사파}}{\text{입사파}} = \dfrac{Z_L - Z_0}{Z_L + Z_0}$ 이므로

$\dfrac{\text{반사파}}{10 \times 10^3} = \dfrac{1400-600}{1400+600} = \dfrac{800}{2000}$

∴ 반사파 전압 $= 4000[\text{V}] = 4[\text{kV}]$

답 ④

155 중요도 ★★ / 2024 한국중부발전

1회 2회 3회

어느 송전선로 반사계수가 $\dfrac{1}{\sqrt{2}}$ 일 때 정재파비는?

① $-3-2\sqrt{2}$ ② $-3+2\sqrt{2}$ ③ $3-2\sqrt{2}$ ④ $3+2\sqrt{2}$

해설 **반사계수 S**

$S = \dfrac{1+m}{1-m}$ $\left(m: \text{반사계수},\ m = \dfrac{Z_L - Z_0}{Z_L + Z_0}\right)$이므로

$$S = \frac{1+\frac{1}{\sqrt{2}}}{1-\frac{1}{\sqrt{2}}} = \frac{\frac{\sqrt{2}+1}{\sqrt{2}}}{\frac{\sqrt{2}-1}{\sqrt{2}}} = \frac{\sqrt{2}+1}{\sqrt{2}-1} = 3+2\sqrt{2}$$

답 ④

156 중요도 ★ / 한국서부발전

1회 2회 3회

무한히 긴 전송회로의 정재파비는?

① 0 ② 1 ③ 2 ④ ∞

해설 정재파비 S를 구하기 위해 먼저 반사계수 m을 구하여야 한다.

$m = \dfrac{\text{반사파}}{\text{입사파}}$에서 무한히 긴 전송로이므로 반사파가 '0'이 되므로 $m=0$이다.

따라서, 반사계수 S를 구하면 $S = \dfrac{1+m}{1-m} = 1$이 된다.

답 ②

157 중요도 ★ / 한국중부발전 1회 2회 3회

전송 선로의 특성 임피던스가 200[Ω]이고 부하 저항이 300[Ω]이면 부하에서의 정재파비는 얼마인가?

① 2 ② 3 ③ $\frac{3}{2}$ ④ $\frac{2}{3}$

해설 정재파비 S는 $S=\frac{1+m}{1-m}$ (m : 반사계수)이므로 먼저 반사계수 m을 구해야 한다.

$$m=\frac{\text{부하 저항}-\text{특성 임피던스}}{\text{부하 저항}+\text{특성 임피던스}}=\frac{300-200}{300+200}=\frac{1}{5}$$

$$S=\frac{1+\frac{1}{5}}{1-\frac{1}{5}}=\frac{3}{2}$$

답 ③

07 과도현상

$R-L$ 직렬 과도현상

158 중요도 ★★ / 한국도로공사 1회 2회 3회

$R-L$ 직렬 회로에서 $t=0$에서 스위치 S를 닫으면서 전압 V[V]를 가할 때 저항 R 양단에 걸리는 전압 e_R[V]은?

① $V\left(1-e^{-\frac{R}{L}t}\right)$ ② $Ve^{-\frac{L}{R}t}$ ③ $V\left(1-e^{\frac{L}{R}t}\right)$ ④ $Ve^{-\frac{R}{L}t}$

해설 **$R-L$ 직렬 회로**

저항 양단에 걸리는 전압 $e_R=V(1-e^{-\frac{R}{L}t})$[V]

체크 point

- 저항에서의 전압 강하 v_R

$$v_R=R\cdot i(t)=R\cdot\frac{E}{R}(1-e^{-\frac{R}{L}t})=E(1-e^{-\frac{R}{L}t})[\text{V}]$$

- 인덕턴스에서의 전압 강하 v_L

$$v_L=L\frac{di(t)}{dt}=L\frac{d}{dt}\cdot\frac{E}{R}(1-e^{-\frac{R}{L}t})=L\cdot\frac{E}{R}\left(-\left(-\frac{R}{L}\right)\cdot e^{-\frac{R}{L}t}\right)=E\cdot e^{-\frac{R}{L}t}[\text{V}]$$

답 ①

159 중요도 ★★★ / 한국도로공사

1회 2회 3회

$R = 300[\Omega]$, $L = 3[\text{H}]$의 $R-L$ 직렬 회로에 직류 전압 $E = 900[\text{V}]$를 가했을 때, $t = 0.01[\text{s}]$ 후의 전류 $i(t)[\text{A}]$는 약 얼마인가? (단, $e^{-1} = 0.368$이다.)

① 0.632 ② 1.43 ③ 1.89 ④ 6.32

해설 $R-L$ 직렬 회로의 전류 $i(t)$

$i(t) = \frac{E}{R}(1-e^{-\frac{R}{L}t})[\text{A}]$이므로 주어진 수치를 적용하면

$i(t) = \frac{900}{300}(1-e^{-\frac{300}{3}\times 0.01}) = 1.89[\text{A}]$

답 ③

160 중요도 ★★ / 한국가스공사

1회 2회 3회

10[V]의 직류 전원에 10[Ω]의 저항과 200[mH]의 인덕터가 병렬로 연결되어 있을 때, 이 회로에 흐르는 전류의 정상상태 평균값[A]은?

① 0 ② 2 ③ 10 ④ 20

해설 직류 $R-L$ 병렬 회로의 정상전류 $i_s = 0$이 된다.
직류 인가 후 정상상태가 되면 L은 단락상태가 되므로 이 회로의 정상상태의 평균 전류는 0이다.

답 ①

161 중요도 ★ / 한국동서발전

1회 2회 3회

다음과 같은 $R-L$ 직렬 회로에 $t = 0$에서 스위치 S를 닫아 직류 전압 10[V]를 회로 양단에 급히 가한 후 $\frac{L}{R}[\text{s}]$일 때 전류값[A]으로 옳은 것은? (단, $R = 1[\Omega]$, $L = 20[\text{mH}]$이다.)

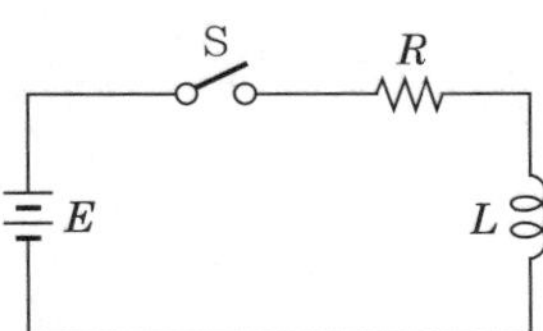

① 0.0632 ② 6.32 ③ 63.2 ④ 632

해설 $R-L$ 직렬 회로의 과도 상태에서 흐르는 전류 $i(t)$는

$i(t)=\frac{E}{R}(1-e^{-\frac{R}{L}t})$[A]이며, 이때, $t=\frac{L}{R}$[s]를 적용하면

$i(t)=\frac{E}{R}(1-e^{-\frac{R}{L}\times\frac{L}{R}})$[A]$=0.632\frac{E}{R}$가 되므로 $R=1[\Omega]$, 전압 $E=10$[V] 적용하면

$i(t)=0.632\times\frac{10}{1}=6.32$[A]

체크 point

$R-C$ 직렬 회로의 과도 상태에서 흐르는 전류 $i(t)$는 $i(t)=\frac{E}{R}e^{-\frac{1}{CR}t}$[A]이다.

 ②

162 중요도 ★★ / 한국남부발전

1회 2회 3회

$t=0$일 때 초기 전류가 없는 $R=3[\Omega]$, $L=100$[mH]의 직렬 회로에 직류 30[V]를 가할 때 흐르는 전류의 최대치는 몇 [A]인가?

① 3 ② 6 ③ 10 ④ 15

해설 $I=\frac{E}{R}(1-e^{-\frac{R}{L}t})=\frac{30}{3}(1-e^{-\frac{3}{0.1}t})=10(1-e^{-30t})$

정상상태, 즉 $t=\infty$에서의 전류 $I=10$[A]

 ③

시정수

163 중요도 ★ / 한국동서발전

1회 2회 3회

저항 R과 인덕턴스 L의 직렬 회로에서 시정수는?

① RL ② $\frac{L}{R}$ ③ $\frac{R}{L}$ ④ $\frac{L}{Z}$

해설 저항 R과 인덕턴스 L의 직렬 회로에서 시정수 $T=\frac{L}{R}$[s]

체크 point

저항 R과 커패시턴스 C의 직렬 회로에서 시정수 $T=RC$[s]

특성근$=-\frac{1}{T}$ (T: 시정수)

답 ②

164 중요도 ★ / 한국서부발전

1회 2회 3회

저항 $R=40[\text{k}\Omega]$, 인덕턴스 $L=20[\text{H}]$의 직렬 회로에서 시정수는 몇 [ms]인가?

① 2 ② $\frac{1}{2}$ ③ 4 ④ $\frac{1}{4}$

해설 $R-L$ 회로의 시정수 T

$$T=\frac{L}{R}=\frac{20}{40\times 10^3}[\text{s}]=\frac{1}{2}[\text{ms}]$$

답 ②

165 중요도 ★ / 2024 서울교통공사

1회 2회 3회

$R-L$ 직렬 회로에서 시정수는 10[ms]이고, R은 10[Ω]일 때 코일의 인덕턴스 L은 몇 [mH]인가?

① 0.1 ② 1 ③ 10
④ 100 ⑤ 1000

해설 시정수 $T=\frac{L}{R}[\text{s}]$이므로

$L=T\times R=10[\text{ms}]\times 10=100[\text{mH}]$

답 ④

166 중요도 ★★ / 한국동서발전

1회 2회 3회

$R-L$ 직렬 회로에서 시정수의 값이 클수록 과도현상의 특징은 어떻게 되는가?

① 짧아진다. ② 길어진다.
③ 시정수와 무관하다. ④ 경사도가 급해진다.

해설 시정수 T가 클수록 과도현상은 길어지며 천천히 사라진다. 또한, 경사도는 완만해지는 특징이 있다.

(1) $R-L$ 직렬 회로 : $T=\frac{L}{R}[\text{s}]$

(2) $R-C$ 직렬 회로 : $T=RC[\text{s}]$

답 ②

167 중요도 ★★ / 한국중부발전 1회 2회 3회

전기회로에서 일어나는 과도현상과 시정수와 관계에 대한 설명이다. 이중 서로의 관계를 옳게 표현한 것은?

① 시정수가 작을수록 과도현상은 빨리 사라진다.
② 시정수는 과도현상과는 무관하다.
③ 시정수의 역이 작을수록 과도현상은 빨리 사라진다.
④ 시정수가 '1'일 때 과도현상은 빨리 사라진다.

해설 시정수가 작을수록 과도현상은 빨리 사라진다.

답 ①

$R-C$ 직렬 과도현상

168 중요도 ★★ / 한국중부발전 1회 2회 3회

$R-C$ 직렬 회로에 직류 기전력 E를 인가할 때 정상전하[C]는?

① 0 ② CE ③ $\frac{E}{C}$ ④ $\frac{C}{E}$

해설 정상전하 $t=\infty$일 때이며, $\frac{dq}{dt}=0$이므로

$E=R \cdot i(t)+\frac{1}{C}\int i\,dt=R\frac{dq(t)}{dt}+\frac{1}{C}\cdot q(t)$

$R\frac{dq}{dt}+\frac{1}{C}q=E$

정상전하 $q_s=CE$[C]

답 ②

169 중요도 ★★ / 한국남동발전 1회 2회 3회

$R-C$ 직렬 회로에 $t=0$일 때 직류 전압 E를 인가할 경우 t초 후의 전류[A]는?

① $\frac{E}{R}e^{-\frac{1}{RC}t}$ ② $\frac{E}{R}(1-e^{-\frac{R}{C}t})$ ③ $\frac{E}{R}e^{-RCt}$ ④ $\frac{E}{R}(1-e^{-\frac{C}{R}t})$

해설 $R-C$ 직렬 회로에 직류 기전력을 인가할 경우

전류 $i=\frac{E}{R}e^{-\frac{1}{RC}t}$[A]

답 ①

170 중요도 ★★★ / 2024 한국동서발전 1회 2회 3회

$R=2$[MΩ], $C=1$[μF]이고 RC 직렬 회로에서 $t=0$일 때, 직류 전압은 10[V]이다. $t=4$[s]일 때 커패시터 양단에 걸리는 단자전압[V]은 얼마인가? (단, $V_c(0)=0$[V])

① $\frac{1}{10}$ ② $-\frac{1}{10}$ ③ $10\left(1-\frac{1}{e^2}\right)$ ④ $10\left(1+\frac{1}{e^2}\right)$

해설 RC 회로의 C 양단 전압 V_c[V]

$V_c = V(1-e^{-\frac{1}{CR}t})$[V]에서

(1) $t=0$일 때

$V_c = V(1-e^{-\frac{1}{CR}t})\big|_{t=0} = 10$[V]이므로 $V=10$[V]이다.

(2) $t=4$일 때

$$V_c = 10(1-e^{-\frac{1}{1\times10^{-6}\times2\times10^{6}}\times4})\text{[V]}$$
$$= 10(1-e^{-2})\text{[V]}$$
$$= 10\left(1-\frac{1}{e^2}\right)\text{[V]}$$

답 ③

171 중요도 ★★ / 지역난방공사 1회 2회 3회

저항 5[Ω], 정전용량 4[F]이 직렬로 연결된 회로에 25[V]의 직류 전압을 인가할 경우 40[s] 후의 전류는?

① $4e^2$ ② $10e^2$ ③ $20e^2$
④ $4e^{-2}$ ⑤ $5e^{-2}$

해설 $R-C$ 직렬 회로에 직류 기전력을 인가할 경우

전류 $i(t)=\frac{E}{R}e^{-\frac{1}{RC}t}$[A]이므로

$$i(t)=\frac{25}{5}e^{-\frac{1}{5\times4}\times40}=5e^{-2}\text{[A]}$$

답 ⑤

172 중요도 ★★★ / LH공사

1회 2회 3회

그림과 같은 $R-C$ 회로에서 $t=0$인 순간에 스위치 S를 닫을 때 흐르는 전류 $i(t)$의 라플라스 변환 $I(s)$는? (단, $R=3[\Omega]$, $C=3[F]$, $E=4[V]$, $V_c(0)=1[V]$이다.)

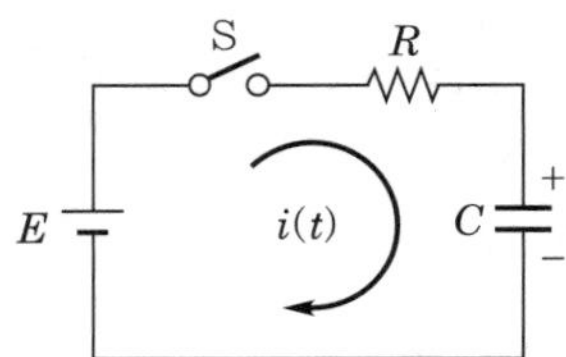

① $\dfrac{3}{9s+1}$　② $\dfrac{4}{9s+1}$　③ $\dfrac{7}{9s+1}$　④ $\dfrac{9}{9s+1}$

해설 $R-C$ 회로의 전류를 먼저 구하면 $i(t)$ (C에 충전이 전압이 있을 때)

$$i(t)=\frac{V-V_c(0)}{R}e^{-\frac{1}{CR}t}[A]$$이므로

$$i(t)=\frac{4-1}{3}e^{-\frac{1}{3\times3}t}=e^{-\frac{1}{9}t}[A]$$

그러므로 라플라스 변환을 하면

$$I(s)=\frac{1}{s+\frac{1}{9}}=\frac{9}{9s+1}$$

답 ④

173 중요도 ★ / 한국서부발전, 한국가스공사

1회 2회 3회

저항 R과 커패시턴스 C의 직렬 회로에서의 시정수 $T[s]$는?

① $\dfrac{C}{R}$　② RC　③ $\dfrac{L}{R}$　④ $\dfrac{R}{L}$

해설 (1) $R-C$ 직렬 회로의 시정수 : $T=RC[s]$

(2) $R-L$ 직렬 회로의 시정수 : $T=\dfrac{L}{R}[s]$

답 ②

174 중요도 ★★ / 한국남부발전

1회 2회 3회

$R=1000[\Omega]$, $C=10[\mu F]$의 직렬 회로에 직류 전압을 가했을 때 전류값이 초깃값의 $\frac{1}{e}$로 저하되는 시간[s]은 얼마인가?

① 10^{-2} ② 10^{-3} ③ 410^{-} ④ 10^{-5}

해설

$$I=\frac{E}{R}(1-e^{-\frac{1}{RC}t})=\frac{E}{R}(1-e^{-\frac{1}{1000\times10\times10^{-6}}t})=\frac{E}{R}(1-e^{-\frac{1}{10^{-2}}t})$$

$e^{-\frac{1}{10^{-2}}t}=\frac{1}{e}=e^{-1}$이어야 하므로 $t=10^{-2}[s]$

답 ①

08 회로망 정리

175 중요도 ★★ / 한국가스공사

1회 2회 3회

다음 중 회로의 수동 소자를 모두 고르면?

㉠ 저항	㉡ 인덕터
㉢ 다이오드	㉣ 커패시터
㉤ 트랜지스터	

① ㉠, ㉡, ㉣ ② ㉠, ㉢, ㉤ ③ ㉡, ㉢, ㉣ ④ ㉢, ㉣, ㉤

해설 소자는 부품 구성의 최소 단위 요소로, 에너지 소모 여부에 따라 능동 소자와 수동 소자로 나뉜다.

(1) 능동 소자

외부에서 에너지 공급을 받아 증폭이나 발진 등의 작용을 하는 소자로, 트랜지스터, 다이오드 등이 있다.

(2) 수동 소자

전기회로에서 전기적 에너지를 전달, 흡수하나 능동적 기능은 가지지 않는 소자로, 저항, 인덕터, 커패시터 등이 있다.

답 ①

이상적인 전압원 / 전류원

176 중요도 ★ / 한전 KPS

1회 2회 3회

다음 중 이상적인 전압원의 내부 저항값으로 옳은 것은?

① 0 ② 0.1 ③ 1
④ 100 ⑤ ∞

해설 (1) 이상적인 전압원의 내부 저항은 0이다.
(2) 전압원에 부하를 연결했을 때 전압 V가 다 걸리지 않고 내부 저항에 약간의 전압 강하가 일어난다.
(3) 부하 저항이 클 경우에는 대부분의 전압이 부하에 다 걸리지만 부하 저항이 작을수록 부하에 걸리는 전압이 줄어든다.
(4) 그러므로 이상적인 전압원인 경우에는 내부 저항이 0이므로 아무리 작은 부하 저항을 연결하더라도 전압 V 전체가 다 걸린다.

답 ①

177 중요도 ★★ / 한국동서발전

1회 2회 3회

이상적인 전압원과 전류원에 관하여 옳은 것은?

① 전압원의 내부 저항은 개방 상태이고 전류원의 내부 저항도 단락 상태이다.
② 전압원의 내부 저항은 단락 상태이고 전류원의 내부 저항은 개방 상태이다.
③ 전압원의 내부 저항은 단락 상태이고 전류원의 내부 저항도 단락 상태이다.
④ 전압원의 내부 저항은 개방 상태이고 전류원의 내부 저항은 개방 상태이다.

해설 **이상적인 전압원과 전류원**
(1) 이상적인 전압원 : 내부 저항이 '0' 상태를 의미하므로 단락 상태를 말한다.
(2) 이상적인 전류원 : 내부 저항이 '∞' 상태를 의미하므로 개방 상태를 말한다.

답 ②

178 중요도 ★ / 한국동서발전

1회 2회 3회

이상적인 전류원과 전압원에 관한 설명으로 옳은 것은?

① 이상적인 전압원의 내부 저항은 '0'이고 전류원의 내부 저항은 '∞'이다.
② 이상적인 전압원과 전류원의 내부 저항은 같다.
③ 이상적인 전압원과 전류원의 내부 저항은 '∞'이다.
④ 이상적인 전압원의 내부 저항은 '∞'이고 전류원의 내부 저항은 '0'이다.

해설 이상적인 전압원의 내부 저항은 '0', 이상적인 전류원의 내부 저항은 '∞'이다.

답 ①

179 중요도 ★ / 한국남부발전

1회 2회 3회

저항과 쌍대의 관계가 있는 것은 다음 중 어느 것인가?

① 컨덕턴스 ② 서셉턴스 ③ 리액턴스 ④ 어드미턴스

해설 저항과 쌍대 관계에 있는 소자는 컨덕턴스이다.

체크 point

쌍대 회로

- 저항 R – 컨덕턴스 G
- 임피던스 Z – 어드미턴스 Y
- 인덕턴스 L – 커패시턴스 C
- 리액턴스 X – 서셉턴스 B
- 전압원 – 전류원

답 ①

180 중요도 ★★ / 한국동서발전

1회 2회 3회

다음 회로에서 단자 전압 E_{ab}[V]를 구하면?

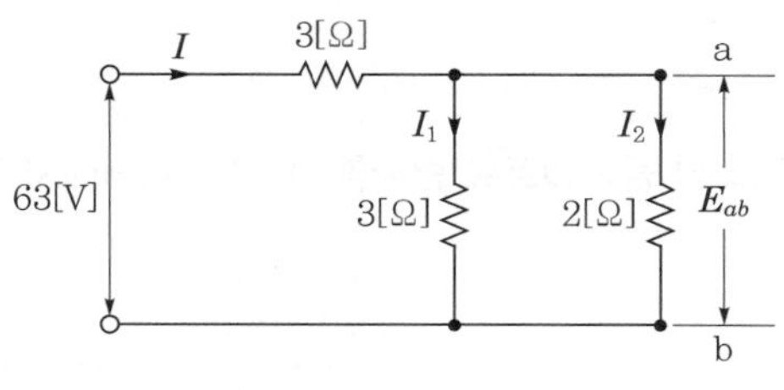

① 4 ② 8 ③ 12 ④ 18

해설 문제의 회로에서 E_{ab}는 다음과 같이 전압 분배를 이용하여 구할 수 있다.

$$E_{ab} = \frac{\frac{6}{5}}{3+\frac{6}{5}} \times 42 = \frac{6}{21} \times 63 = 18[\text{V}]$$

체크 point

전체 전류 I를 구한 후 전류 분배에 의해 I_2를 구해서 E_{ab}를 구하면 다음과 같다.

$$I = \frac{63}{3+\frac{6}{5}} = 15[\text{A}],\ I_2 = \frac{3}{2+3} \times 15 = 9[\text{A}]$$

$$\therefore\ E_{ab} = I_2 \times 2 = 9 \times 2 = 18[\text{V}]$$

답 ④

181 중요도 ★★★ / 한국남동발전 1회 2회 3회

그림과 같은 회로에서 2[Ω]의 병렬 저항에 흐르는 전류는?

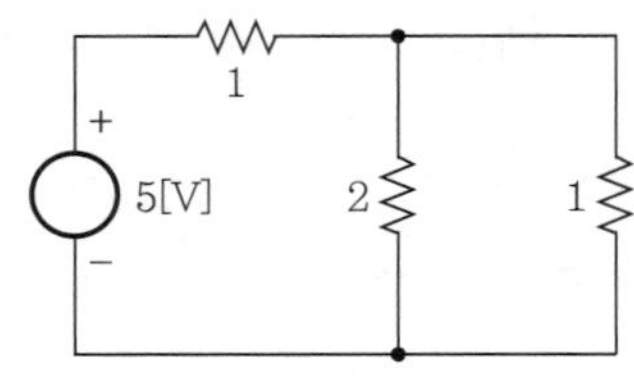

① 1[A] ② 2[A] ③ 3[A] ④ 4[A]

해설 전체 전류 I를 구해서 분배되는 전류를 구하는 과정이므로

전체 전류 $I = \dfrac{V}{R} = \dfrac{5}{1+\dfrac{2\times 1}{2+1}} = \dfrac{5}{\dfrac{5}{3}} = 3[A]$

그러므로 2[Ω]에 흐르는 전류 $I_2 = \dfrac{1}{2+1}\times 3 = 1[A]$이다.

답 ①

테브난의 정리

182 중요도 ★★★ / 한국동서발전 1회 2회 3회

다음과 같은 회로를 테브난 등가회로로 변환할 때 단자 a, b에서 테브난 등가전압과 등가저항은 각각 얼마인가?

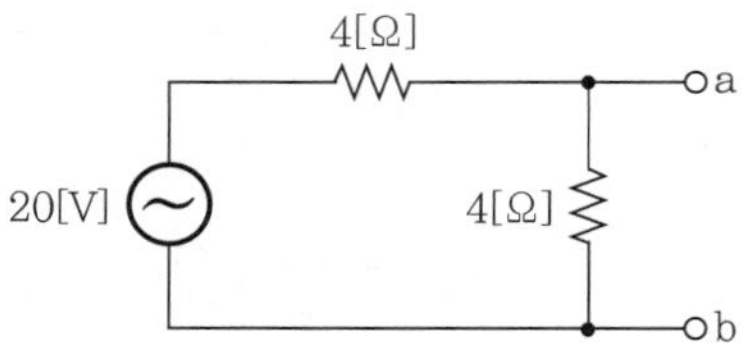

① 4[V], 5[Ω] ② 8[V], 2[Ω] ③ 8[V], 5[Ω]
④ 10[V], 2[Ω] ⑤ 10[V], 5[Ω]

해설 (1) 테브난 등가전압

$$V_{th} = \frac{4}{4+4}\times 20 = 10[V]$$

(2) 테브난 등가저항

$$R_{th} = \frac{4\times 4}{4+4} = 2[\Omega]$$ (전압원 단락, 전류원 개방)

답 ④

183 중요도 ★★★ / 한국동서발전 1회 2회 3회

테브난 정리를 이용하여 회로 (a)를 회로 (b)로 변환하고자 한다. 이때, 저항 R_{ab}[Ω]와 전압 V_{ab}[V]의 값을 구하면?

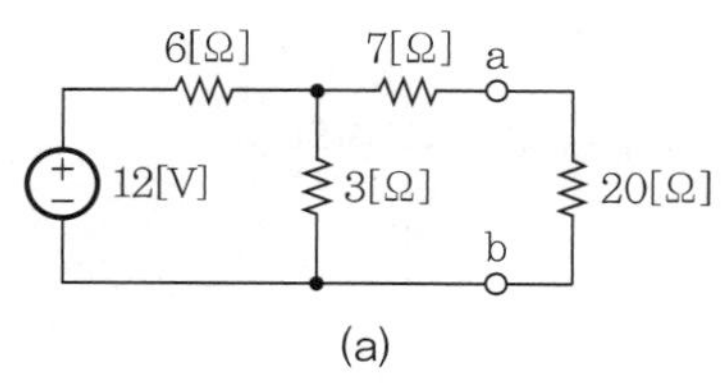

(a)

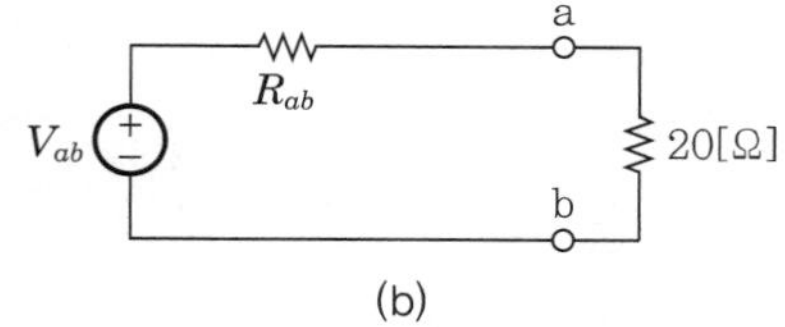

(b)

① $V_{ab}=12[\text{V}],\ R_{ab}=6[\Omega]$　② $V_{ab}=8[\text{V}],\ R_{ab}=9[\Omega]$
③ $V_{ab}=12[\text{V}],\ R_{ab}=3[\Omega]$　④ $V_{ab}=4[\text{V}],\ R_{ab}=9[\Omega]$

해설 (1) 등가 저항

$$R_{ab}=7+\frac{6\times 3}{6+3}=9[\Omega]\ (\text{단, 12[V]는 단락 상태})$$

(2) 등가 전원

$$V_{ab}=\frac{3}{6+3}\times 12=4[\text{V}]$$

답 ④

노튼의 정리

184 중요도 ★★ / 한국서부발전 1회 2회 3회

노튼의 정리와 쌍대의 관계가 있는 것은?

① 밀만의 정리　② 중첩의 원리
③ 테브난의 정리　④ 가역의 정리

해설 노튼 정리와 테브난 정리는 쌍대의 관계에 있다.

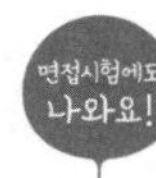

체크 point

- **테브난의 정리** : 전원이 포함되어 있는 능동 회로망을 임의의 두 단자 a, b 외측에 대해서는 등가적으로 하나의 전원 전압과 하나의 저항을 직렬로 연결된 회로로 대치할 수 있다.
- **노튼의 정리** : 전원이 포함된 능동 회로망은 하나의 전류원과 하나의 저항이 병렬로 연결된 회로로 대치할 수 있다.

답 ③

185 중요도 ★★★ / 한국동서발전 1회 2회 3회

다음과 같은 회로에서 노튼 정리를 이용하여 등가 전류원 I_{ab}[A]를 구하면?

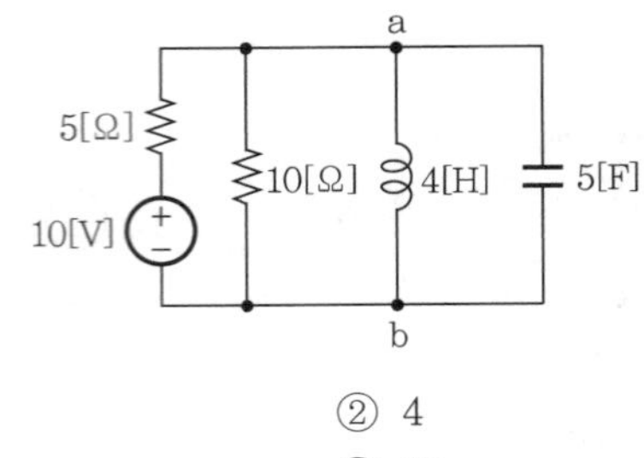

① 2
② 4
③ 6
④ 10

해설 노튼 정리를 이용하여 등가 전원을 구할 때 I_{ab}[A]는 a-b 단자를 단락하고 여기에 흐르는 전류를 구하면 된다.
이때, a-b 단자가 단락되면 10[Ω], 4[H], 5[F]은 모두 개방 상태와 의미가 같으므로 위 회로는 5[Ω]의 저항만 남게 된다.
그러므로 등가 전류는 다음과 같다.

$$I_{ab} = \frac{10}{5} = 2[\text{A}]$$

답 ①

중첩의 정리

186 중요도 ★ / 한국서부발전 1회 2회 3회

다수의 기전력을 포함하는 선형 회로망 내의 전류 분포는 각 기전력이 단독으로 그 위치에 있을 때 흐르는 전류 분포의 합과 같다는 것은 어느 정리를 나타내는가?

① 키르히호프 법칙이다.
② 변압기의 원리이다.
③ 테브난의 정리이다.
④ 중첩의 정리이다.

해설 중첩의 정리는 다수의 기전력을 포함하는 선형 회로망 내의 전류 분포는 각 기전력이 단독으로 그 위치에 있을 때 흐르는 전류 분포의 합과 같다는 것을 나타낸다.

답 ④

187 중요도 ★★★ / 2024 한국동서발전

1회 2회 3회

전압원, 전류원이 있는 회로에 10[Ω]의 저항에 흐르는 전류를 구하시오.

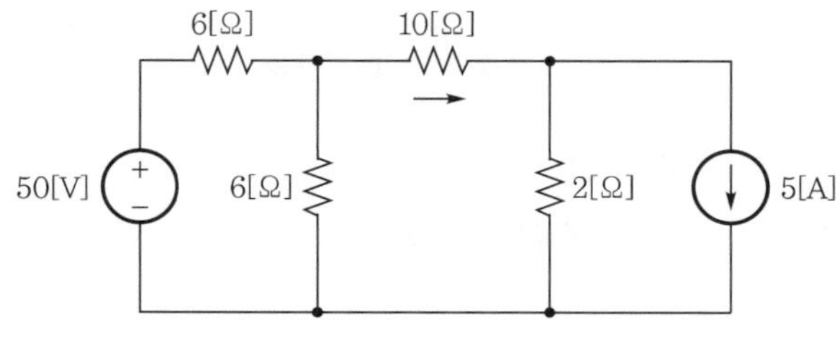

① 1 ② $\frac{5}{3}$ ③ $\frac{7}{3}$ ④ 3

해설 중첩의 정리를 활용한다.

(1) 50[V] 기준으로 먼저 해석을 하면(5[A]는 개방)

전체 전류 I[A]를 구한 후 10[Ω]에 흐르는 전류 I_1[A]을 구해야 하므로

$$I=\frac{50}{6+\frac{6\times12}{6+12}}=5\text{[A]}$$

$$\therefore\ I_1=\frac{6}{6+12}\times5=\frac{30}{18}=\frac{5}{3}\text{[A]}$$

(2) 5[A] 기준으로 10[Ω]에 흐르는 전류 I_2[A]를 구하면(50[V]는 단락)

$$I_2=\frac{2}{(3+10)+2}\times5=\frac{10}{15}=\frac{2}{3}\text{[A]}$$

10[Ω]에 흐르는 전류 $I=I_1+I_2=\frac{7}{3}$[A]

(단, I_1[A]과 I_2[A]는 방향이 같으므로 더해야 함)

답 ③

188 중요도 ★★★ / 한국동서발전

1회 2회 3회

저항 20[Ω]에 흐르는 전류는 몇 [A]인가?

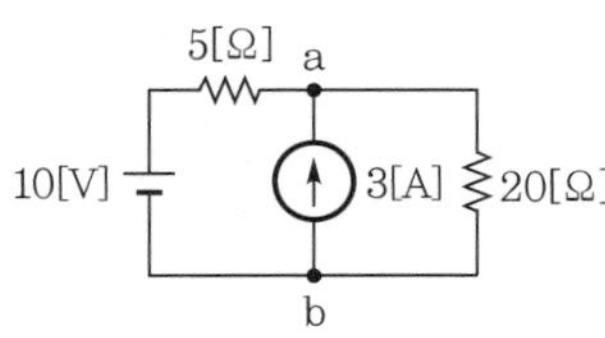

① 1 ② 2 ③ 4 ④ 8

해설 중첩의 정리를 활용한다.

(1) 10[V]를 적용하여 20[Ω]에 흐르는 전류 I_1을 구하면 (단, 3[A]는 개방)

$$I_1 = \frac{10}{5+20} = \frac{10}{25}[\text{A}]$$

(2) 3[A]를 적용하여 20[Ω]에 흐르는 전류 I_2를 구하면 (단, 10[V]는 단락)

$$I_2 = \frac{5}{5+20} \times 3 = \frac{15}{25}[\text{A}]$$

그러므로 저항 20[Ω]에 흐르는 전류는 $I = I_1 + I_2 = 1[\text{A}]$가 된다.

답 ①

밀만의 정리

189 중요도 ★★ / 한국동서발전

1회 2회 3회

다음과 같은 회로에서 a단자와 b단자에 나타나는 전압[V]은?

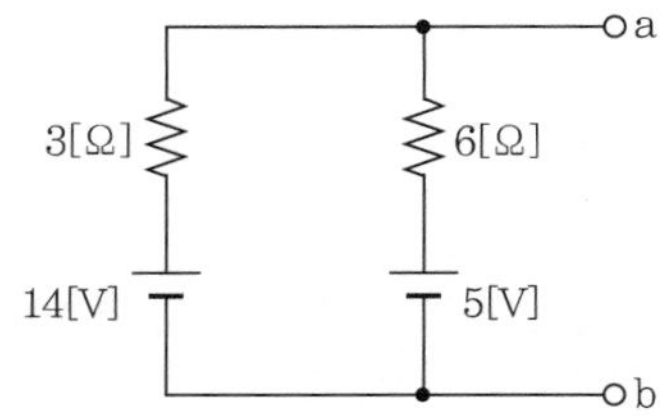

① 4.5　② 5.5　③ 9
④ 11　⑤ 16

해설 밀만의 정리를 이용하면

$$V_{ab} = \frac{\frac{E_1}{R_1} + \frac{E_2}{R_2}}{\frac{1}{R_1} + \frac{1}{R_2}} = \frac{\frac{14}{3} + \frac{5}{6}}{\frac{1}{3} + \frac{1}{6}} = 11[\text{V}]$$

답 ④

CHAPTER

05 | 제어공학

01 라플라스 변환

라플라스 변환

01 중요도 ★★ / 한국중부발전

복습 시 회독 체크! 1회 2회 3회

$3t^2$의 라플라스 변환으로 옳은 것은?

① $\frac{3}{s}$ ② $\frac{6}{s^2}$ ③ $\frac{3}{s^3}$ ④ $\frac{6}{s^3}$

해설

$\mathcal{L}[t^n]=\frac{n!}{s^{n+1}}$ 이므로

$\mathcal{L}[3t^2]=3\times\frac{2!}{s^{2+1}}=3\times\frac{2\times 1}{s^3}=\frac{6}{s^3}$

답 ④

02 중요도 ★★ / 한국남부발전

1회 2회 3회

계단 함수 $7u(t)$의 라플라스 변환은?

① $\frac{1}{s+7}$ ② $\frac{s}{s^2+\omega^2}$ ③ 7 ④ $\frac{7}{s}$

해설

단위 계단 함수 $u(t)$의 라플라스 변환은 $\frac{1}{s}$이므로 계단 함수 $7u(t)$의 라플라스 변환은 $\frac{7}{s}$

체크 point

- 지수 함수 e^{-at}의 라플라스 변환은 $\frac{1}{s+a}$
- 3각 함수 $\sin\omega t$의 라플라스 변환은 $\frac{\omega}{s^2+\omega^2}$
- 3각 함수 $\cos\omega t$의 라플라스 변환은 $\frac{s}{s^2+\omega^2}$

답 ④

03 중요도 ★★★ / 한국남부발전 1회 2회 3회

다음 3각 함수 $f(t)=\sin t\cos t$를 라플라스 변환하였을 때 옳은 수식은?

① $\dfrac{1}{s^2+4}$ ② $\dfrac{2}{s^2+4}$ ③ $\dfrac{4}{(s+2)^2}$ ④ $\dfrac{4}{(s+4)^2}$

해설 주어진 함수 $f(t)=\sin t\cos t$를 그대로 라플라스 변환하는 것은 매우 어렵기 때문에 약간의 변형을 먼저 한 후에 라플라스를 취하기로 한다.

$f(t)=\sin t\cos t=\dfrac{1}{2}\sin 2t$이므로

$f(t)=\sin t\cos t$의 라플라스 변환은 $\dfrac{1}{2}\sin 2t$를 라플라스 변환하면 된다.

즉, $\mathcal{L}\left[\dfrac{1}{2}\sin 2t\right]=\dfrac{1}{2}\times\dfrac{2}{s^2+2^2}=\dfrac{1}{s^2+4}$

체크 point

$\mathcal{L}[\sin\omega t]=\dfrac{\omega}{s^2+\omega^2}$

$\mathcal{L}[\cos\omega t]=\dfrac{s}{s^2+\omega^2}$

답 ①

04 중요도 ★★★ / 2024 한국동서발전 1회 2회 3회

$f(t)=e^{at}\sin\omega t$를 라플라스 변환하여 옳은 식은?

① $\dfrac{\omega}{(s-a)^2+\omega^2}$ ② $\dfrac{\omega}{(s+a)^2+\omega^2}$

③ $\dfrac{s+a}{(s+a)^2+\omega^2}$ ④ $\dfrac{s-a}{(s-a)^2+\omega^2}$

해설 복소 추이 정리를 이용하면

$\mathcal{L}[e^{at}\sin\omega t]=F(s)\big|_{s=s-a}=\dfrac{\omega}{(s-a)^2+\omega^2}$

체크 point

$\mathcal{L}[e^{-at}\sin\omega t]=F(s)\big|_{s=s+a}=\dfrac{\omega}{(s+a)^2+\omega^2}$

$\mathcal{L}[e^{-at}\cos\omega t]=F(s)\big|_{s=s+a}=\dfrac{s+a}{(s+a)^2+\omega^2}$

답 ①

05 중요도 ★★ / 2024 한국수자원공사

1회 2회 3회

다음 함수 $\delta(t)-5e^{-5t}$를 라플라스 변환하시오. (단, $\delta(t)$는 단위 임펄스 함수이다.)

① $\dfrac{s}{s+5}$　② $\dfrac{5}{s+5}$　③ $\dfrac{5s}{s+5}$　④ $\dfrac{5s+1}{(s+5)^2}$

해설 $f(t)=\delta(t)-5e^{-5t}$를 라플라스 변환하여 $F(s)$를 구하면 다음과 같다.

$$F(s)=1-5\frac{1}{s+5}=\frac{s+5-5}{s+5}=\frac{s}{s+5}$$

체크 point

라플라스 변환

- 임펄스 함수 $\delta(t)$ → 1
- 단위계단 함수 $u(t)=1$ → $\dfrac{1}{s}$
- n차 속도 함수 t^n → $\dfrac{n!}{s^{n+1}}$
- 지수 함수 e^{-at} → $\dfrac{1}{s+a}$
- 정현 함수 $\sin\omega t$ → $\dfrac{\omega}{s^2+\omega^2}$
- 여현 함수 $\cos\omega t$ → $\dfrac{s}{s^2+\omega^2}$

답 ①

06 중요도 ★★ / 한국동서발전

1회 2회 3회

$4t^2$의 라플라스 변환은?

① $\dfrac{1}{s^2}$　② $\dfrac{3}{s^2}$　③ $\dfrac{8}{s^3}$　④ $\dfrac{4}{s^3}$

해설 **라플라스 변환**

$$\mathcal{L}[t^2]=4\times\frac{2!}{s^{2+1}}=4\times\frac{2\times1}{s^3}=\frac{8}{s^3}$$

체크 point

$$\mathcal{L}[t^n]=\frac{n!}{s^{n+1}}$$

답 ③

07 중요도 ★★★ / 한국중부발전 | 1회 | 2회 | 3회 |

$e^{-3t}\sin 5t$ **의 라플라스 변환은?**

① $\dfrac{5}{(s+3)^2-5^2}$　② $\dfrac{3}{(s+5)^2+3^2}$　③ $\dfrac{5}{(s-3)^2+5^2}$　④ $\dfrac{5}{(s+3)^2+5^2}$

해설 복소 추이 정리를 이용하면 쉽게 접근이 가능하다.

$$\mathcal{L}[e^{-3t}\sin 5t]=\frac{5}{(s+3)^2+5^2}$$

체크 point

$$\mathcal{L}[e^{-at}\sin\omega t]=\frac{\omega}{(s+a)^2+\omega^2}$$

$$\mathcal{L}[e^{-at}\cos\omega t]=\frac{s+a}{(s+a)^2+\omega^2}$$

답 ④

역라플라스 변환

08 중요도 ★★★ / 한국중부발전 | 1회 | 2회 | 3회 |

$F(s)=\dfrac{1}{(s+2)(s+1)^2}$ **의 역라플라스 변환을 하면?**

① $e^{-2t}+te^{-t}-e^{-t}$　② $e^{-2t}+te^{-t}+e^{-t}$

③ $e^{-2t}-te^{-t}-e^{-t}$　④ $-e^{-2t}+te^{-t}+e^{-t}$

해설 $F(s)=\dfrac{1}{(s+2)(s+1)^2}$을 역라플라스 변환을 하기 위해 먼저 부분 분수의 계수를 구해야 한다.

$F(s)=\dfrac{1}{(s+2)(s+1)^2}=\dfrac{A}{(s+2)}+\dfrac{B}{(s+1)^2}+\dfrac{C}{(s+1)}$에서 A, B, C를 구하면

$$A=(s+2)\times\frac{1}{(s+2)(s+1)^2}\bigg|_{s=-2}=1$$

$$B=(s+1)^2\times\frac{1}{(s+2)(s+1)^2}\bigg|_{s=-1}=1$$

$$C=\frac{d}{ds}\left[(s+1)^2\times\frac{1}{(s+2)(s+1)^2}\right]\bigg|_{s=-1}=-1$$

주어진 수식은

$$F(s)=\frac{A}{s+2}+\frac{B}{(s+1)^2}+\frac{C}{s+1}=\frac{A}{s+2}+\frac{B}{(s+1)^2}+\frac{C}{s+1}=\frac{1}{s+2}+\frac{1}{(s+1)^2}+\frac{-1}{s+1}$$

따라서, $F(s)=\dfrac{1}{s+2}+\dfrac{1}{(s+1)^2}+\dfrac{-1}{s+1}$을 역변환하면 $f(t)=e^{-2t}+te^{-t}-e^{-t}$가 된다.

답 ①

09 중요도 ★★★ / 2024 한국수자원공사

1회 2회 3회

$\dfrac{B^2}{s^2+2ABs+B^2}$ 에서 $A=1$, $B=2$일 때 역라플라스 변환값으로 옳은 것은?

① $4te^{-4t}$　② $2te^{2t}$　③ $4te^{-2t}$　④ $4te^{4t}$

해설 $\dfrac{B^2}{s^2+2ABs+B^2}$ 에 $A=1$, $B=2$를 대입하여 정리를 하면

$\dfrac{2^2}{s^2+2\times1\times2s+2^2}=\dfrac{4}{s^2+4s+4}=\dfrac{4}{(s+2)^2}$ 가 되므로

$\dfrac{4}{(s+2)^2}=4\dfrac{1}{(s+2)^2}$ 을 역라플라스 변환을 하면 $4te^{-2t}$

체크 point

역라플라스 변환 결과를 구하기 위해서는 반대로 라플라스 변환을 알아야 한다.
즉, $\mathcal{L}[t^n e^{-at}]=\dfrac{n!}{(s+a)^{n+1}}$ 이므로 이 문제에서는 $n=1$이 된다는 것을 기억하면 된다.

답 ③

10 중요도 ★★★ / 2024 한국동서발전

1회 2회 3회

$F(s)=\dfrac{1}{s^2(s+2)}$ 의 라플라스 역변환 식으로 옳은 것은?

① $\dfrac{1}{2}t-\dfrac{1}{4}+\dfrac{1}{4}e^{-2t}$　② $\dfrac{1}{2}t+\dfrac{1}{4}-\dfrac{1}{4}e^{-2t}$

③ $\dfrac{1}{2}t+\dfrac{1}{4}+\dfrac{1}{4}e^{-2t}$　④ $\dfrac{1}{2}t-\dfrac{1}{4}-\dfrac{1}{4}e^{-2t}$

해설 $F(s)=\dfrac{1}{s^2(s+2)}$ 을 역변환하기 위해 먼저 부분 분수로 전개해서 계수를 구한다.

$F(s)=\dfrac{1}{s^2(s+2)}=\dfrac{A}{s^2}+\dfrac{B}{s}+\dfrac{C}{(s+2)}$ 이며 A, B, C를 구하면

$A=s^2\dfrac{1}{s^2(s+2)}\Big|_{s=0}=\dfrac{1}{2}$

$B=\dfrac{d}{ds}\left[s^2\dfrac{1}{s^2(s+2)}\right]\Big|_{s=0}=-\dfrac{1}{4}$

$C=(s+2)\dfrac{1}{s^2(s+2)}\Big|_{s=-2}=\dfrac{1}{4}$

따라서, $F(s)=\frac{1}{s^2(s+2)}=\frac{A}{s^2}+\frac{B}{s}+\frac{C}{s+2}=\frac{\frac{1}{2}}{s^2}+\frac{\frac{-1}{4}}{s}+\frac{\frac{1}{4}}{s+2}$가 되며 이것을 역변하면 다음과 같다.

$f(t)=\frac{1}{2}t-\frac{1}{4}+\frac{1}{4}e^{-2t}$

답 ①

11 중요도 ★★★ / 한국남동발전

1회 2회 3회

주어진 미분방정식 $\frac{d^2x(t)}{dt^2}+5\frac{dx(t)}{dt}+6x(t)=1$에서 $x(t)$는? (단, $x(0)=x'(0)=0$이다.)

① $\frac{1}{6}-\frac{1}{2}e^{-2t}+\frac{1}{3}e^{-3t}$
② $\frac{1}{6}-\frac{1}{2}e^{-2t}-\frac{1}{3}e^{-3t}$
③ $\frac{1}{6}+\frac{1}{2}e^{-2t}+\frac{1}{3}e^{-3t}$
④ $-\frac{1}{6}+\frac{1}{2}e^{-2t}+\frac{1}{3}e^{-3t}$

해설

$x(t)$를 구하기 위해서는 미분방정식 $\frac{d^2x(t)}{dt^2}+5\frac{dx(t)}{dt}+6x(t)=1$을 라플라스 변환 후에 이것을 다시 역변환하여야 한다.

라플라스 변환을 하면 $s^2X(s)+5sX(s)+6X(s)=\frac{1}{s}$이므로

$X(s)(s^2+5s+6)=\frac{1}{s}$에서

$X(s)=\frac{1}{s(s^2+5s+6)}=\frac{1}{s(s+2)(s+3)}=\frac{A}{s}+\frac{B}{s+2}+\frac{C}{s+3}$

$A=s\times\left.\frac{1}{s(s+2)(s+3)}\right|_{s=0}=\frac{1}{6}$

$B=(s+2)\times\left.\frac{1}{s(s+2)(s+3)}\right|_{s=-2}=-\frac{1}{2}$

$C=(s+3)\times\left.\frac{1}{s(s+2)(s+3)}\right|_{s=-3}=\frac{1}{3}$

따라서, $X(s)=\frac{A}{s}+\frac{B}{s+2}+\frac{C}{s+3}=\frac{\frac{1}{6}}{s}+\frac{\frac{-1}{2}}{s+2}+\frac{\frac{1}{3}}{s+3}$이 되며

역변환 $x(t)=\frac{1}{6}-\frac{1}{2}e^{-2t}+\frac{1}{3}e^{-3t}$이다.

답 ①

12 중요도 ★★ / 한국동서발전

1회 2회 3회

$F(s)=\dfrac{1}{s(s+2)}$ 의 역라플라스 변환을 구하면?

① $f(t)=1-e^{-2t}$
② $f(t)=\dfrac{1}{2}(1-e^{-2t})$
③ $f(t)=1+e^{-2t}$
④ $f(t)=\dfrac{1}{2}(1+e^{-2t})$

해설 역변환을 하기 위해 먼저 부분 분수로 변환을 하여야 하며

$F(s)=\dfrac{1}{s(s+2)}=\dfrac{A}{s}+\dfrac{B}{s+2}1+e^{-2t}$에서 계수 A, B를 구한다.

$A=sF(s)=s\times\dfrac{1}{s(s+2)}\Big|_{s=0}=\dfrac{1}{2}$

$B=(s+2)F(s)=(s+2)\times\dfrac{1}{s(s+2)}\Big|_{s=-2}=-\dfrac{1}{2}$

$F(s)=\dfrac{1}{s(s+2)}=\dfrac{\frac{1}{2}}{s}+\dfrac{-\frac{1}{2}}{s+2}=\dfrac{1}{2}\left(\dfrac{1}{s}-\dfrac{1}{s+2}\right)$

이것을 역변환하면

$f(t)=\dfrac{1}{2}(1-e^{-2t})$

체크 point

번호	함수명	$f(t)$	$F(s)$
1	단위 임펄스 함수	$\delta(t)$	1
2	단위 계단 함수	$u(t)=1$	$\dfrac{1}{s}$
3	단위 램프 함수	t	$\dfrac{1}{s^2}$
4	포물선 함수	t^2	$\dfrac{2}{s^3}$
5	n차 램프 함수	t^n	$\dfrac{n!}{s^{n+1}}$
6	지수 감쇠 함수	e^{-at}	$\dfrac{1}{s+a}$
7	지수 감쇠 램프 함수	te^{-at}	$\dfrac{1}{(s+a)^2}$
8	지수 감쇠 포물선 함수	t^2e^{-at}	$\dfrac{2}{(s+a)^3}$
9	지수 감쇠 n차 램프 함수	t^ne^{-at}	$\dfrac{n!}{(s+a)^{n+1}}$
10	정현파 함수	$\sin\omega t$	$\dfrac{\omega}{s^2+\omega^2}$

번호	함수명	$f(t)$	$F(s)$
11	여현파 함수	$\cos\omega t$	$\frac{s}{s^2+\omega^2}$
12	지수 감쇠 정현파 함수	$e^{-at}\sin\omega t$	$\frac{\omega}{(s+a)^2+\omega^2}$
13	지수 감쇠 여현파 함수	$e^{-at}\cos\omega t$	$\frac{s+a}{(s+a)^2+\omega^2}$

답 ②

13 중요도 ★★★ / 한국서부발전

1회 2회 3회

$f(t)=\mathcal{L}^{-1}\left[\frac{s+2}{s^2+4s+8}\right]$ 의 변환값으로 옳은 것은?

① $e^{-2t}\sin 2t$ ② $e^{-2t}\cos 2t$ ③ $3e^{-t}\sin 3t$ ④ $3e^{-t}\cos 3t$

해설 주어진 식 $f(t)=\mathcal{L}^{-1}\left[\frac{s+2}{s^2+4s+8}\right]$을 역변환하기 위해 변형을 하면

$F(s)=\left[\frac{s+2}{s^2+4s+8}\right]=\frac{s+2}{(s+2)^2+2^2}$ 이므로 복소 추이 정리를 활용한다.

$$f(t)=\mathcal{L}^{-1}\left[\frac{s+2}{s^2+4s+8}\right]=\mathcal{L}^{-1}\left[\frac{s+2}{(s+2)^2+2^2}\right]=e^{-2t}\cos 2t$$

체크 point

$\mathcal{L}^{-1}\left[\frac{s+a}{(s+a)^2+\omega^2}\right]=e^{-at}\cos\omega t$, $\mathcal{L}^{-1}\left[\frac{\omega}{(s+a)^2+\omega^2}\right]=e^{-at}\sin\omega t$

답 ②

14 중요도 ★★ / 한국남동발전

1회 2회 3회

$F(s)=\frac{5s+1}{s(s+1)}$ 로 주어졌을 때 $F(s)$의 역라플라스 변환으로 옳은 것은?

① $1+4e^{-1t}$ ② $1-4e^{-1t}$ ③ $1+e^{-4t}$ ④ $1-e^{4t}$

해설 먼저 역라플라스 변환을 위해 부분 분수를 구한다.

$$F(s)=\frac{5s+1}{s(s+1)}=\frac{A}{s}+\frac{B}{s+1}$$

계수 A, B를 구하면

$$A = sF(s)\Big|_{s=0} = s\frac{5s+1}{s(s+1)}\Bigg|_{s=0} = 1$$

$$B = (s+1)F(s)\Big|_{s=-1} = (s+1)\frac{5s+1}{s(s+1)}\Bigg|_{s=-1} = 4$$

따라서, $F(s) = \dfrac{5s+1}{s(s+1)} = \dfrac{1}{s} + \dfrac{4}{s+1}$ 이므로 역변환을 하면 $f(t) = 1 + 4e^{-1t}$가 된다.

답 ①

초깃값 정리 / 최종값 정리

15 중요도 ★★ / 한국남부발전

1회 2회 3회

라플라스 변환된 다음 식에서 전류의 초깃값을 구하면?

$$I(s) = \frac{222}{33s(s+15)}$$

① 0 ② 15 ③ 33 ④ 222

해설 초깃값 정리를 이용하여 구하면

$$\lim_{s\to 0} i(t) = \lim_{s\to\infty} sI(s) = \lim_{s\to\infty} = s \times \frac{222}{33s(s+15)} = 0$$

답 ①

16 중요도 ★★ / 2024 한국중부발전

1회 2회 3회

$F(s) = \dfrac{1}{(s+1)(s+3)^2}$ **일 때 $f(t)$의 최종값은?**

① 0 ② $\dfrac{1}{9}$ ③ $\dfrac{1}{3}$ ④ 9

해설 최종값(정상값) 정리는 다음과 같으므로

$\lim\limits_{t\to\infty} f(t) = \lim\limits_{s\to 0} sF(s)$ 이용해서 정리하면 다음과 같다.

$$\lim_{t\to\infty} f(t) = \lim_{s\to 0} s\frac{1}{(s+5)(s+7)^2} = 0$$

답 ①

17 중요도 ★★ / 한국중부발전 | 1회 | 2회 | 3회

다음과 같은 $I(s)$의 초깃값 $I(0_+)$가 바르게 구해진 것은?

$$I(s) = \frac{2(s+3)}{s^2+7s+25}$$

① $\frac{2}{5}$　　② $\frac{1}{5}$　　③ 2　　④ -2

해설 초깃값 정리를 활용하면

$\lim\limits_{t\to 0} i(t) = \lim\limits_{s\to\infty} sI(s)$ 이므로

$$\lim_{t\to 0} i(t) = \lim_{s\to\infty} sI(s) = \lim_{s\to\infty} s\frac{2(s+3)}{s^2+7s+25}$$

$$= \lim_{s\to\infty} \frac{2s^2+6s}{(s^2+7s+25)} \text{ (분모, 분자를 최고 차수로 나누면)}$$

$$= \lim_{s\to\infty} \frac{(2s^2+6s)/s^2}{(s^2+7s+25)/s^2} = 2$$

체크 point

최종값 정리는 다음과 같다.

$\lim\limits_{t\to\infty} i(t) = \lim\limits_{s\to 0} sI(s)$

답 ③

02 전달함수 및 블록선도

18 중요도 ★★★ / 2024 한국동서발전 | 1회 | 2회 | 3회

어떤 계를 표시하는 미분방정식이라고 한다. 이 계의 전달함수는?

$$2\frac{d^2}{dt^2}y(t) - 3\frac{d}{dt}y(t) + 4y(t) = 8x(t) + \frac{dx(t)}{dt}$$

① $\frac{s+8}{2s^2-3s+4}$　　② $\frac{s+4}{2s^2-3s+4}$　　③ $\frac{s-8}{2s^2-3s+4}$　　④ $\frac{s-4}{2s^2-3s+4}$

해설 2차 미분방정식 $2\frac{d^2}{dt^2}y(t) - 3\frac{d}{dt}y(t) + 4y(t) = 8x(t) + \frac{dx(t)}{dt}$ 를 라플라스 변환을 하면

$2s^2Y(s) - 3sY(s) + 4Y(s) = 8X(s) + sX(s)$

$2s^2 Y(s)(2s^2-3s+4) = X(s)(8+s)$

전달함수 $G(s) = \frac{Y(s)}{X(s)}$ 이므로 $G(s) = \frac{Y(s)}{X(s)} = \frac{s+8}{2s^2-3s+4}$ 이 된다.

답 ①

19 중요도 ★★ / 한국남동발전

1회 2회 3회

전달함수 $G(s) = \frac{Y(s)}{X(s)} = \frac{5s}{10s+7}$ 를 미분방정식으로 표시하면?

① $5\frac{d^2}{dt^2}y(t) + 7y(t) = 10\frac{d}{dt}x(t)$

② $7\frac{d^2}{dt^2}y(t) + 10y(t) = 5\frac{d}{dt}x(t)$

③ $10\frac{d^2}{dt^2}y(t) + 7y(t) = 5\frac{d}{dt}x(t)$

④ $10\frac{d^2}{dt^2}y(t) + 5y(t) = 10\frac{d}{dt}x(t)$

해설 먼저 미분방정식으로 나타내기 위해 $G(s) = \frac{Y(s)}{X(s)} = \frac{5s}{10s^2+7}$ 를 변형하면

$Y(s)(10s^2+7) = 5sX(s)$ 되며 이 수식을 역변환하면 다음과 같다.

$10\frac{d^2}{dt^2}y(t) + 7y(t) = 5\frac{d}{dt}x(t)$

답 ③

20 중요도 ★★★ / 2024 한국수자원공사

1회 2회 3회

전달함수를 미분방정식으로 나타낸 식으로 옳은 것은?

$$\frac{Y(s)}{X(s)} = \frac{7}{(s+1)(s+5)}$$

① $7\frac{d^2y(t)}{dt^2} + 7\frac{dy(t)}{dt} + y(t) = 5x(t)$

② $7\frac{d^2y(t)}{dt^2} + 3\frac{dy(t)}{dt} + 5y(t) = x(t)$

③ $\frac{d^2y(t)}{dt^2} + 3\frac{dy(t)}{dt} + 4y(t) = 3x(t)$

④ $\frac{d^2y(t)}{dt^2} + 6\frac{dy(t)}{dt} + 5y(t) = 7x(t)$

해설 주어진 전달함수를 미분방정식으로 나타내기 위해서

$\frac{Y(s)}{X(s)} = \frac{7}{(s+1)(s+5)}$ 은 $Y(s)(s+1)(s+5) = 7X(s)$

$Y(s)(s^2+6s+5) = 7X(s)$ 이므로 역변환하면 다음과 같다.

$\frac{d^2y(t)}{dt^2} + 6\frac{dy(t)}{dt} + 5y(t) = 7x(t)$

답 ④

21 중요도 ★★ / 한국동서발전

1회 2회 3회

$G(s)\left(=\dfrac{Y(s)}{X(s)}\right)=\dfrac{4}{s^2+2}$ **의 전달함수를 미분방정식으로 옳게 나타낸 것은?**

① $\dfrac{d^2}{dt^2}y(t)+2y(t)=4x(t)$

② $2\dfrac{d^2}{dt^2}y(t)+2y(t)=4x(t)$

③ $4\dfrac{d^2}{dt^2}y(t)+2y(t)=4x(t)$

④ $4\dfrac{d^2}{dt^2}y(t)+4y(t)=4x(t)$

해설 먼저 $\dfrac{Y(s)}{X(s)}=\dfrac{1}{s^2+2}$ 을 미분방정식으로 변환하기 위해 변형을 하면 다음과 같다.

$Y(s)(s^2+2)=4X(s)$ 이며 $Y(s)s^2+2Y(s)=4X(s)$ 가 된다.

이 식을 라플라스 역변환하여 미분방정식으로 나타내면 다음과 같다.

$\dfrac{d^2}{dt^2}y(t)+2y(t)=4x(t)$

답 ①

22 중요도 ★★ / 한국중부발전

1회 2회 3회

그림과 같은 회로의 전달함수 $\dfrac{V_2(s)}{V_1(s)}$ **는?**

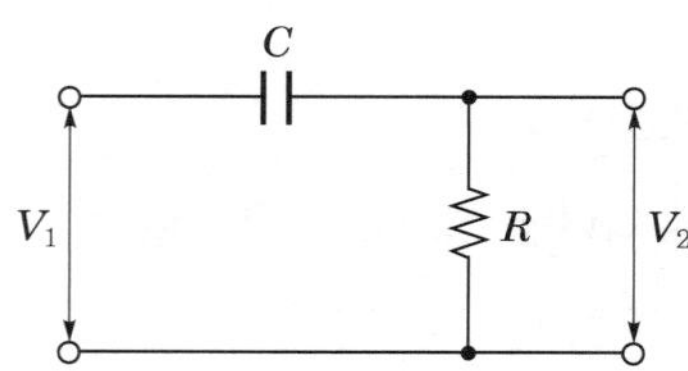

① $\dfrac{RCs}{1+RCs}$ ② $\dfrac{R}{RCs+1}$ ③ $\dfrac{RC}{1+RCs}$ ④ $\dfrac{Rs}{1+RCs}$

해설 전달함수 $G(s)=\dfrac{C(s)}{R(s)}$ 이므로

$\therefore\ G(s)=\dfrac{V_2(s)}{V_1(s)}=\dfrac{R}{R+\dfrac{1}{Cs}}=\dfrac{RCs}{RCs+1}$

답 ①

23 중요도 ★★ / 2024 한국수자원공사 | 1회 | 2회 | 3회

다음 회로의 전달함수 $G(s)$는?

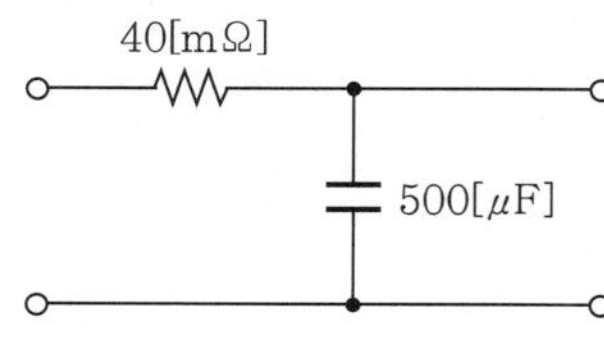

① $\dfrac{1}{(2\times 10^{-5})s+1}$ ② $\dfrac{4\times 10^{-5}}{s+2}$

③ $\dfrac{(5\times 10^{-6})+1}{s^2+5}$ ④ $\dfrac{4}{(5\times 10^{-6})s^2+5}$

해설

전달함수 $G(s)=\dfrac{V_2}{V_1}=\dfrac{\frac{1}{Cs}}{R+\frac{1}{Cs}}=\dfrac{1}{RCs+1}$

$$=\frac{1}{40\times 10^{-3}\times 500\times 10^{-6}+1}=\frac{1}{(2\times 10^{-5})s+1}$$

답 ①

24 중요도 ★★★ / 한국동서발전 | 1회 | 2회 | 3회

그림과 같은 $R-C$로 구성된 회로의 전달함수$\left(\dfrac{V_2}{V_1}\right)$를 구하면?

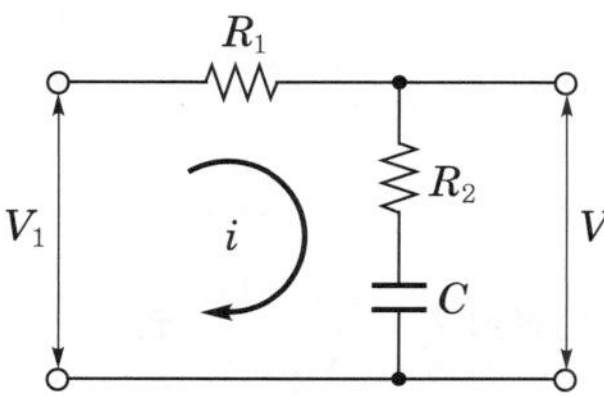

① $\dfrac{Cs+\frac{1}{R_1}}{Cs+\frac{1}{R_1}+R_2}$ ② $\dfrac{Cs+R_1}{Cs+R_1+R_2}$

③ $\dfrac{\frac{1}{CR_2}}{Cs+R_1+R_2}$ ④ $\dfrac{R_2+\frac{1}{Cs}}{R_1+R_2+\frac{1}{Cs}}$

해설 주어진 회로에서 전달함수를 구하기 위해서 전압 분배를 이용한다.

즉, $V_2 = \dfrac{R_2 + \dfrac{1}{Cs}}{R_1 + R_2 + \dfrac{1}{Cs}} V_1$이므로 전달함수 $G = \dfrac{V_2}{V_1}$를 구하면 $G = \dfrac{V_2}{V_1} = \dfrac{R_2 + \dfrac{1}{Cs}}{R_1 + R_2 + \dfrac{1}{Cs}}$이 된다.

답 ④

25 중요도 ★★ / 2024 한국전력공사

1회 2회 3회

그림과 같은 회로에서 $V_1(s)$를 입력, $V_2(s)$를 출력으로 한 전달함수는? (단, $LC = 1$이다.)

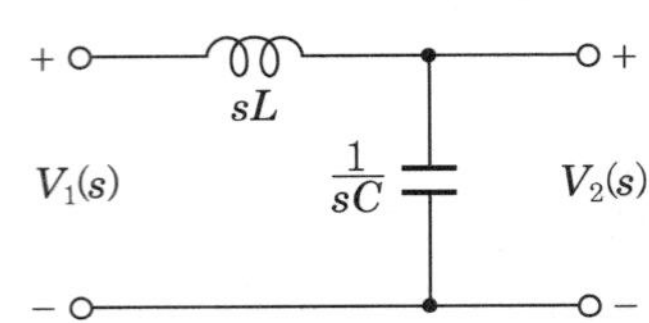

① 0　② 1　③ $\dfrac{1}{s+1}$

④ $\dfrac{1}{s^2+1}$　⑤ $\dfrac{s}{s^2+1}$

해설

전달함수 $G(s) = \dfrac{V_2(s)}{V_1(s)} = \dfrac{\dfrac{1}{sC}}{sL + \dfrac{1}{sC}} = \dfrac{\dfrac{1}{sC}}{\dfrac{s^2LC+1}{sC}} = \dfrac{1}{s^2LC+1} = \dfrac{1}{s^2+1}$ $(\because\ LC=1)$

답 ④

26 중요도 ★★★ / 한국동서발전

1회 2회 3회

다음 그림의 블록 선도에서 전달함수 $G\left(=\dfrac{C}{R}\right)$는?

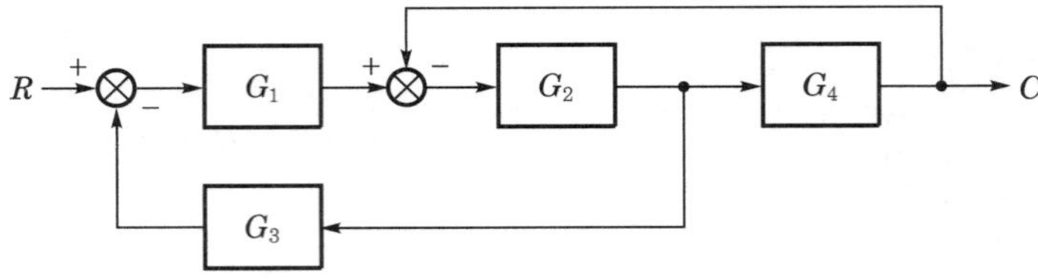

① $\dfrac{G_2 G_4}{1 - G_1 G_2 G_3}$　② $\dfrac{G_1 G_3}{1 + G_1 G_2 + G_3 G_4}$

③ $\dfrac{G_1 G_2 G_3}{1 + G_2 G_3 - G_1 G_2 G_4}$　④ $\dfrac{G_1 G_2 G_4}{1 + G_1 G_2 G_3 + G_2 G_4}$

해설

전달함수 $G=\dfrac{C}{R}=\dfrac{\sum 전방향이득}{1-\sum 폐회로이득}$ 을 활용하면 쉽게 답을 구할 수 있게 된다.

$$전달함수\ G\left(=\frac{C}{R}\right)=\frac{G_1\times G_2\times G_4}{1-(-G_1\times G_2\times G_3-G_2\times G_4)}$$

$$=\frac{G_1G_2G_4}{1+G_1G_2G_3+G_2G_4}$$

답 ④

27 중요도 ★★★ / 2024 한국수자원공사

1회 2회 3회

다음의 블록선도에서 전달함수$\left(\dfrac{C}{R}\right)$를 구하면?

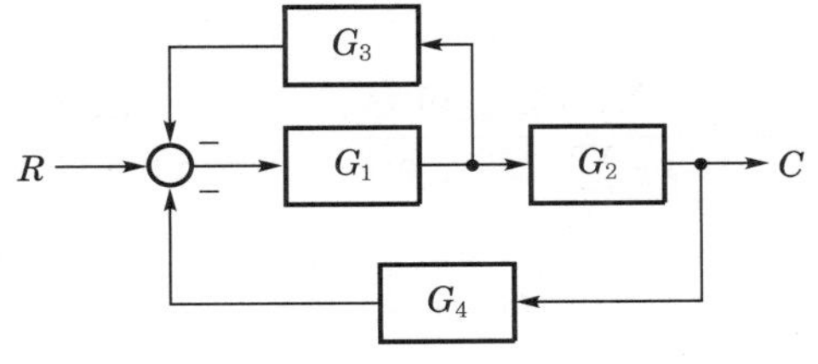

① $\dfrac{G_1G_2}{1+G_1G_3+G_1G_2G_4}$

② $\dfrac{G_2}{1-G_1+G_2G_3}$

③ $\dfrac{G_2G_3}{1-G_1G_3+G_1G_2G_3}$

④ $\dfrac{G_1G_2G_3}{1-G_1+G_1G_2G_3}$

해설

전달함수 $G(s)=\dfrac{\sum 전방향\ 이득}{1-\sum 폐회로\ 이득}$ 을 활용하면 다음과 같다.

폐회로 이득$=-G_1G_3-G_1G_2G_4$

전방향 이득$=G_1G_2$

전달함수 $G(s)=\dfrac{G_1G_2}{1-(-G_1G_3-G_1G_2G_4)}$

답 ①

Ⅱ 05. 제어공학

28 중요도 ★★ / 2024 서울교통공사

1회 2회 3회

그림과 같은 블록선도에서 $\frac{C}{R}$의 값은?

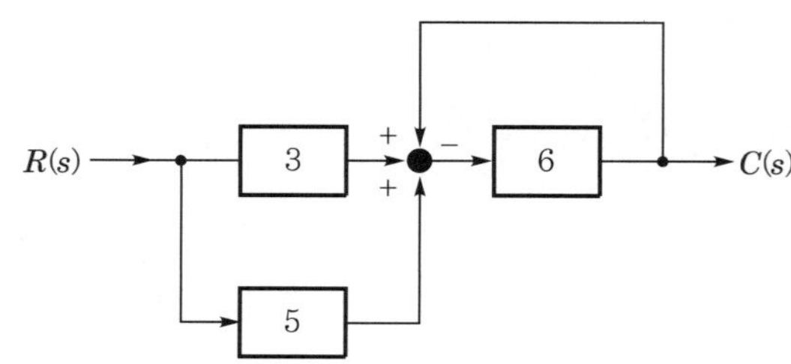

① $\frac{7}{48}$ ② $\frac{6}{48}$ ③ $\frac{48}{7}$

④ $\frac{48}{6}$ ⑤ $\frac{7}{6}$

해설 전달함수 $G(s)=\frac{C(s)}{R(s)}=\frac{\sum 전방향\ 이득}{1-\sum 폐회로\ 이득}=\frac{3\times6+5\times6}{1-(-6\times1)}=\frac{48}{7}$

답 ③

03 제어시스템

피드백 제어계

29 중요도 ★ / 한국중부발전

1회 2회 3회

피드백 제어계의 특징이 아닌 것은?

① 오차가 감소한다.
② 대역폭이 증가한다.
③ 구조가 복잡하고 설치비가 저렴하다.
④ 계의 특성 변화에 대한 입력 대 출력비의 감도가 감소한다.

해설 **피드백 제어계의 특징**

(1) 오차가 감소한다.
(2) 대역폭이 증가한다.
(3) 구조가 복잡하고 설치비가 비싸다.
(4) 감도가 감소한다.

답 ③

30 중요도 ★★ / 2024 서울교통공사

1회 2회 3회

다음 ⓐ에 들어갈 것으로 옳은 것은?

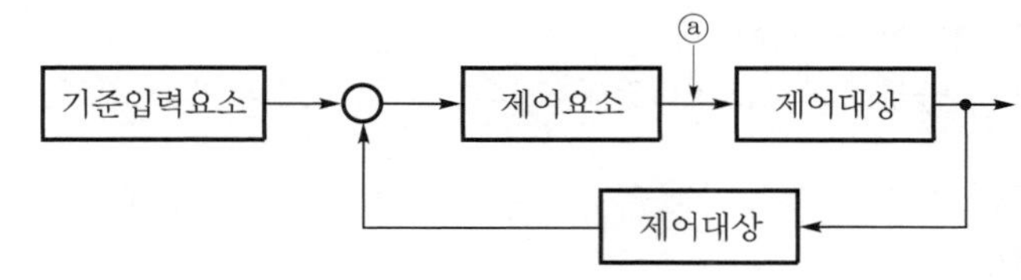

① 동작신호 ② 조작량 ③ 제어량
④ 외란 ⑤ 기준입력

해설

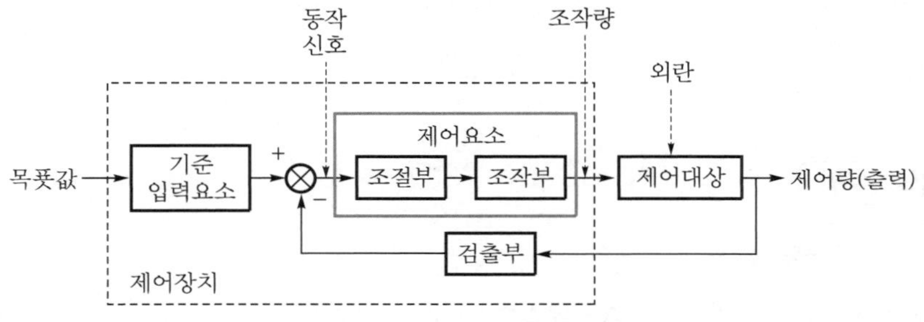

(1) 제어량, 동작신호, 조작량의 위치를 잘 확인하여야 한다.
(2) 제어요소는 조절부와 조작부로 구성된다.

답 ②

31 중요도 ★★ / 한국중부발전

1회 2회 3회

다음은 폐루프 제어계 시스템에 대한 용어이다. 다음 설명 중 옳지 않은 것은?

① 비교부는 입력과 출력을 비교하여 편차를 측정한다.
② 제어요소는 조절부와 검출부로 구성된다.
③ 조작량은 제어요소가 제어 대상에 주는 양이다.
④ 폐루프 제어계가 되기 위해서는 반드시 검출부가 있어야 한다.

해설 제어요소는 조절부와 조작부로 구성된다.

체크 point

폐루프 제어계의 특징

- 구조는 복잡하다.
- 오차가 작아서 정확도가 요구되는 곳에 이용된다.
- 비교부와 검출부가 반드시 있어야 한다.
- 전체 이득은 감소한다.

답 ②

32 중요도 ★★ / 한국동서발전 1회 2회 3회

폐루프 제어계에서 제어요소에 대한 설명 중 옳은 것은?

① 제어량을 제어하는 요소이다.
② 조작부와 비교부로 구성되어 있다.
③ 조절부와 검출부로 구성되어 있다.
④ 조절부와 조작부로 이루어져 있다.

해설 폐루프 제어계에서 제어요소는 조절부와 조작부로 이루어져 있으며 제어요소가 제어 대상에 주는 요소를 조작량이라 한다.

체크 point

폐루프 제어계가 되기 위해서는 비교부와 검출부가 반드시 있어야 한다.

답 ④

제어장치의 분류

33 중요도 ★ / 한국중부발전 1회 2회 3회

피드백 제어장치에 속하지 않는 요소는?

① 비교부 ② 조절부 ③ 검출부 ④ 제어대상

해설 (1) 피드백 제어장치는 기본적으로 비교부, 제어요소, 검출부로 구성되며, 이때의 제어요소는 조절부와 조작부로 이루어져 있다.
(2) 제어량과 제어대상은 제어장치의 외부 구성요소이다.

답 ④

34 중요도 ★ / 한국동서발전 1회 2회 3회

전압, 전류, 주파수 등의 상태량을 제어량으로 하는 제어의 명칭으로 옳은 것은?

① 프로세스 제어 ② 자동조정 ③ 서보기구 ③ 추치제어

해설 **자동조정**
전압, 전류, 주파수 등의 상태량을 제어량으로 하는 제어이다.

답 ②

35 중요도 ★★ / 한국중부발전

1회 2회 3회

피드백 제어계 중 전압, 전류, 회전수, 주파수 등의 전기적 신호를 제어량으로 하는 것은?

① 서보 기구(servomechanism)
② 프로세스 제어(process control)
③ 자동 조정(automatic regulation)
④ 프로그램 제어(program control)

해설 **자동 조정(auto regulating)**
전압, 전류, 회전수, 주파수 등을 제어한다.

체크 point
- **서보 기구(servo mechanism)** : 위치, 방향, 자세, 거리 등을 제어
- **프로세서 제어(process control)** : 밀도, 농도, 온도, 압력, 유량 등을 제어

답 ③

36 중요도 ★★ / 한국중부발전

1회 2회 3회

무인 열차에 해당하는 자동 제어는 다음 중 어느 것에 속하는가?

① 추종 제어 ② 프로그램 제어 ③ 서보 기구 ④ 자동 조정

해설 무인 열차, 무인 엘리베이터, 무인 자판기는 프로그램 제어에 해당한다.

체크 point
- **추종 제어** : 대공포, 레이더 등의 제어에 이용된다.
- **자동 조정** : 전압, 전류, 주파수 등의 제어에 이용된다.
- **서보 기구** : 위치, 방위, 자세 등의 제어에 이용된다.

답 ②

37 중요도 ★★ / 2024 한국남동발전

1회 2회 3회

다음 제어량 중에서 서보기구와 관계없는 것은?

① 유량 ② 방위 ③ 자세 ④ 각도

해설 서보기구는 위치, 방위, 자세 등을 제어한다.

체크 point
- **프로세스 제어** : 온도, 압력, 유량 등을 제어한다.
- **조정** : 전압, 전류, 주파수 등을 제어한다.

답 ①

38 중요도 ★★ / 한국중부발전

1회 2회 3회

무인열차의 자동 제어는 다음 중 어느 것에 속하는가?

① 추종 제어 ② 프로그램 제어 ③ 프로세스 제어 ④ 비율 제어

해설 (1) 목푯값에 의한 분류
① 프로그램 제어 : 무인열차, 엘리베이터, 자동 판매기
② 추종 제어 : 대공포, 레이더
③ 비율 제어 : 배터리
(2) 제어량에 의한 분류
① 프로세스 제어 : 온도, 압력, 유량
② 서버 기구 : 위치, 자세, 방위
③ 자동 조정 : 전압, 전류, 주파수

답 ②

39 중요도 ★★ / 한국남부발전

1회 2회 3회

목푯값의 시간적 성질에 의한 분류 중에서 추치제어에 의한 자동제어의 분류가 아닌 것은?

① 프로그램 제어 ② 비율제어 ③ 자동조정 ④ 추종제어

해설 **추치제어**
(1) 프로그램 제어 : 자동판매기, 무인 열차, 무인 엘리베이터
(2) 비율제어 : 배터리
(3) 추종제어 : 레이더, 대공포

답 ③

40 중요도 ★★ / 한국동서발전

1회 2회 3회

무인열차의 자동제어는 다음 중 어느 것에 속하는가?

① 자동조정 ② 프로그램 제어 ③ 프로세스 제어 ④ 서보기구

해설 **프로그램 제어**
무인열차, 엘리베이터, 자동판매기의 제어에 이용된다.

체크 point
- **서보기구** : 위치, 자세, 방향의 제어에 이용된다.
- **자동조정** : 전압, 전류, 주파수의 제어에 이용된다.

답 ②

41 중요도 ★ / 한국동서발전

1회 2회 3회

PI 제어 동작은 공정 제어계의 무엇을 개선하기 위해 쓰이고 있는가?

① 속응성 ② 정상 특성 ③ 이득 ④ 안정도

해설 PI 제어는 잔류편차를 제거하여 정확도를 높이며 정상상태 특성이 개선된다.

체크 point

PD 제어는 속응성을 높이므로 과도상태 특성이 개선된다.

답 ②

변환기기

42 중요도 ★ / 한국중부발전

1회 2회 3회

압력 → 변위의 변환 장치는?

① 전위차계 ② 차동 변압기 ③ 다이어프램 ④ 전자석

해설 (1) 압력 → 변위 변환 장치 : 벨로우스, 다이어프램, 스프링
(2) 변위 → 압력 변환 장치 : 노즐플래퍼, 유압 분사관
(3) 변위 → 전압 변환 장치 : 차동변압기, 전위차계
(4) 전압 → 변위 변환 장치 : 전자석

답 ③

43 중요도 ★ / 한국중부발전

1회 2회 3회

변위 → 전압으로 변환시키는 기기는?

① 스프링 ② 전자석 ③ 차동 변압기 ④ 벨로우스

해설 **차동 변압기**
변위 → 전압으로 변환시키는 기기

체크 point

- **벨로우스** : 압력 → 변위로 변환시키는 기기
- **전자석** : 전압 → 변위로 변환시키는 기기

답 ③

04 자동제어의 과도 응답

자동제어의 과도 응답 특성

44 중요도 ★★ / 한국동서발전 1회 2회 3회

입력 신호를 가하고 난 후 출력 신호가 정상 상태에 도달할 때까지의 응답을 제어계에서 무엇이라고 하는가?

① 임펄스 응답 ② 비선형 응답 ③ 인디셜 응답 ④ 과도 응답

해설 입력 신호를 가하고 난 후 출력 신호가 정상 상태에 도달할 때까지의 응답을 과도 응답이라 한다.

답 ④

45 중요도 ★★ / 한국동서발전 1회 2회 3회

제어계의 출력이 입력값의 50[%]까지 걸리는 시간을 무엇이라고 하는가?

① 상승 시간 ② 지연 시간 ③ 감쇠 시간 ④ 오버슈트 시간

해설 (1) 지연 시간
제어계의 출력이 입력값의 50[%]까지 걸리는 시간이다.
(2) 상승 시간
제어계의 출력이 입력값의 10[%]에서 90[%]까지 상승하는 데 걸리는 시간이다.

답 ②

46 중요도 ★ / 한국남동발전 1회 2회 3회

상승 시간은 최종값의 몇 [%]까지의 시간 구간을 말하는가?

① 0 ~ 90 ② 10 ~ 90 ③ 0 ~ 50 ④ 90 ~ 100

해설 상승 시간은 최종값의 10 ~ 90[%]까지 상승하는 데 걸리는 구간을 말한다.

체크 point
지연 시간은 최종값의 0~50[%]까지 상승하는 데 걸리는 구간을 말한다.

답 ②

47 중요도 ★★ / 한국동서발전

1회 2회 3회

과도 응답 특성 중에서 지연 시간에 대한 설명으로 옳은 것은?

① 제어계 출력이 입력값의 50[%]까지 도달하는 데 걸리는 시간이다.
② 제어계 출력이 입력값의 10[%]에서 90[%]까지 도달하는 데 걸리는 시간이다.
③ 최종값의 2[%] 이내의 오차 내에 정착하는 데 걸리는 시간이다.
④ 감쇠비라고도 한다.

해설 (1) 지연 시간
제어계 출력이 입력값의 50[%]까지 도달하는 데 걸리는 시간이다. 보기 ①
(2) 상승 시간
제어계 출력이 입력값의 10[%]에서 90[%]까지 도달하는 데 걸리는 시간이다. 보기 ②
(3) 정정 시간
최종값의 2[%] 이내의 오차 내에 정착하는 데 걸리는 시간이다. 보기 ③
(4) 감쇠비는 다음과 같이 나타낸다. 보기 ④
즉, $\text{감쇠비} = \dfrac{\text{제2오버슈트}}{\text{최대 오버슈트}}$

답 ①

48 중요도 ★★ / 한국동서발전

1회 2회 3회

다음은 과도 응답에 관한 설명이다. 이중 틀린 것은?

① 상승 시간(rise time)이란 응답이 목푯값의 10[%]에서 90[%]까지 도달하는 데 걸리는 시간을 말한다.
② 지연 시간(time delay)이란 출력이 최초로 희망값의 10[%]까지 소요되는 데 걸리는 시간을 말한다.
③ $\text{감쇠비} = \dfrac{\text{제2의 오버슈트}}{\text{최대 오버슈트}}$
④ 오버슈트는 응답 중에 생기는 입력과 출력 사이의 최대 편차를 말한다.

해설 (1) 지연 시간(time delay)이란 출력이 최초로 희망값의 50[%]까지 소요되는 데 걸리는 시간을 말한다.
(2) $\text{감쇠비} = \dfrac{\text{제2의 오버슈트}}{\text{최대 오버슈트}}$ 또는 제동비라고도 한다.
(3) 상승 시간(rise time)이란 응답이 목푯값의 10[%]에서 90[%]까지 도달하는 데 걸리는 시간을 말한다.

답 ②

49 중요도 ★ / 한국서부발전 1회 2회 3회

제동비 또는 감쇠비(decay ratio)는?

① 제3오버슈트/최대 오버슈트 ② 제3오버슈트/제2오버슈트
③ 제2오버슈트/최대 오버슈트 ④ 제2오버슈트/제3오버슈트

해설 제동비 또는 감쇠비(decay ratio)는 과도응답의 소멸되는 정도를 나타내며 제2오버슈트/최대 오버슈트로 표시된다.

답 ③

제동비에 따른 과도응답 특성

50 중요도 ★★★ / 한국중부발전 1회 2회 3회

2차 제어계의 감쇠율 ζ에 대한 설명이다. 이중 임계제동의 조건으로 옳은 것은?

① $\zeta=0$ ② $\zeta>1$ ③ $\zeta=1$ ④ $0<\zeta<1$

해설 $\zeta=1$인 경우가 임계제동이다.

체크 point

- $0<\zeta<1$: 부족제동
- $\zeta>1$: 과제동
- $\zeta=0$: 무제동

답 ③

51 중요도 ★★★ / 한국동서발전 1회 2회 3회

전달함수 $\dfrac{C(s)}{R(s)}=\dfrac{1}{4s^2+3s+1}$인 제어계의 현상으로 옳은 것은?

① 과제동 ② 부족제동 ③ 임계제동 ④ 무제동

해설 $\dfrac{C(s)}{R(s)}=\dfrac{1}{4s^2+3s+1}$을 변형하면

$\dfrac{C(s)}{R(s)}=\dfrac{1/4}{(4s^2+3s+1)/4}=\dfrac{\frac{1}{4}}{s^2+\frac{3}{4}s+\frac{1}{4}}$과 $\dfrac{C(s)}{R(s)}=\dfrac{{\omega_n}^2}{s^2+2\zeta\omega_n s+{\omega_n}^2}$을 비교하여

제동비 ζ를 구하여야 한다. 따라서, $\omega_n^2 = \frac{1}{2}$, $2\zeta\omega_n = \frac{3}{4}$에서 $\zeta = \frac{3}{4} = 0.75$가 된다.

그러므로 $0 < \zeta < 1$이므로 부족제동이 된다.

답 ②

52 중요도 ★★★ / 2024 서울교통공사

1회 2회 3회

다음 중 특정 방정식 $s^2 + 2\delta\omega_n s + \omega_n^2 = 0$에서 임계진동의 제동비값으로 옳은 것은?

① $\delta < 1$　② $\delta > 1$　③ $\delta = 0$
④ $\delta = 1$　⑤ $0 < \delta < 1$

해설 **제동비 δ**

(1) 과제동 : $\delta > 1$
(2) 부족제동 : $0 < \delta < 1$
(3) 임계제동 : $\delta = 1$
(4) 무제동 : $\delta = 0$

답 ④

53 중요도 ★★ / 한국동서발전

1회 2회 3회

2차 시스템의 제동비(damping ratio) ζ가 $0 < \zeta < 1$이면 어떤 경우인지 옳은 것을 고르시오.

① 무제동　② 과제동　③ 부족제동　④ 발산

해설 $0 < \zeta < 1$: 부족제동인 경우를 말한다.

체크 point

- $\zeta > 1$: 과제동인 경우를 말한다.
- $\zeta = 0$: 무제동인 경우를 말한다.

답 ③

54 중요도 ★★ / 한국서부발전

1회 2회 3회

$R-L-C$ 직렬 회로에서 진동상태는 어느 것인가?

① $R < 2\sqrt{\frac{C}{L}}$　② $R < 2\sqrt{\frac{L}{C}}$

③ $R = 2\sqrt{LC}$　④ $R > \frac{1}{2\sqrt{LC}}$

Ⅱ 05. 제어공학

해설 (1) 진동조건 : $R < 2\sqrt{\frac{L}{C}}$

(2) 임계조건 : $R = 2\sqrt{\frac{L}{C}}$

(3) 비진동조건 : $R > 2\sqrt{\frac{L}{C}}$

답 ②

55 중요도 ★★ / 한국남부발전

1회 2회 3회

$R-L-C$ 직렬 회로에서 발생하는 과도현상에서 진동조건은 어느 것인가?

① $\left(\frac{R}{2L}\right)^2 - \frac{1}{LC} < 0$

② $\left(\frac{R}{2L}\right)^2 - \frac{1}{LC} > 0$

③ $\left(\frac{R}{2L}\right)^2 = \frac{1}{LC}$

④ $\frac{R}{2L} = \frac{1}{LC}$

해설 (1) $\left(\frac{R}{2L}\right)^2 - \frac{1}{LC} < 0$: 부족제동(진동조건)

(2) $\left(\frac{R}{2L}\right)^2 - \frac{1}{LC} > 0$: 과제동(비진동조건)

(3) $\left(\frac{R}{2L}\right)^2 - \frac{1}{LC} = 0$: 임계제동

답 ①

56 중요도 ★★★ / 한국남부발전

1회 2회 3회

전달함수가 다음과 같을 때 $\frac{C(s)}{R(s)} = \frac{36}{9s^2+6s+36}$ 인 2차계의 고유 주파수 ω_n 은?

① 2[rad/s] ② 4[rad/s] ③ 9[rad/s] ④ 36[rad/s]

해설 주어진 전달함수를 변형하면 $\frac{C(s)}{R(s)} = \frac{36}{9s^2+6s+36} = \frac{4}{s^2+\frac{2}{3}s+4}$

위 식과 $\frac{C(s)}{R(s)} = \frac{\omega_n}{s^2+2\delta\omega_n s+\omega_n^2}$ 비교해서 ω_n을 구하면 $\omega_n = 2$[rad/s]이다.

답 ①

57 중요도 ★★ / 한국동서발전 1회 2회 3회

$G(s)=\dfrac{1}{9s^2+2s+1}$로 표시되는 2차계에서 고유 주파수($\omega_n$)와 제동비($\zeta$)를 구하면?

① $\omega_n=\dfrac{1}{3}$, $\zeta=\dfrac{1}{3}$　② $\omega_n=\dfrac{1}{3}$, $\zeta=\dfrac{1}{9}$

③ $\omega_n=\dfrac{1}{2}$, $\zeta=\dfrac{1}{3}$　④ $\omega_n=\dfrac{1}{9}$, $\zeta=\dfrac{1}{3}$

해설

2차 시스템의 전달함수 $G(s)=\dfrac{{\omega_n}^2}{s^2+2\zeta\omega_n s+{\omega_n}^2}$이다.

따라서, $G(s)=\dfrac{1}{9s^2+2s+1}=\dfrac{\frac{1}{9}}{s^2+\frac{2}{9}s+\frac{1}{9}}$

고유 주파수 ${\omega_n}^2=\dfrac{1}{9}$, $\omega_n=\dfrac{1}{3}$

제동비 $2\zeta\omega_n=\dfrac{2}{9}$에서 $\zeta=\dfrac{\frac{2}{9}}{\frac{2}{3}}=\dfrac{1}{3}$

답 ①

05 자동제어의 정확도

정상편차

58 중요도 ★★★ / 한국남동발전 1회 2회 3회

단위 피드백 제어계에서 개루프 전달함수 $G(s)$가 다음과 같다. 이때의 입력 단위 계단에 대한 정상 편차는?

$$G(s)=\frac{25}{(2s+5)(3s+1)}$$

① $\dfrac{1}{3}$　② $\dfrac{1}{4}$　③ $\dfrac{1}{5}$　④ $\dfrac{1}{6}$

해설 단위 계단 입력에 대한 정상 편차 e_p는 $e_p = \dfrac{1}{1+K_p}$ 이므로 먼저 위치 편차 상수 K_p를 구하면

$K_p = \lim_{s \to 0} G(s) = \lim_{s \to 0} \dfrac{25}{(2s+5)(3s+1)} = 5$

$\therefore\ e_p = \dfrac{1}{1+5} = \dfrac{1}{6}$

답 ④

59 중요도 ★★ / 한국서부발전 1회 2회 3회

제어시스템의 정상상태 편차에서 단위계단 입력에 의한 정상상태 편차를 $K_p = \lim_{s \to 0} G(s)H(s)$로 표현된다. 이때, K_s를 무엇이라고 부르는가?

① 위치 편차상수 ② 속도 편차상수
③ 가속도 편차상수 ④ 포물선 편차상수

해설 (1) 위치 편차상수 : $K_p = \lim_{s \to 0} G(s)H(s)$

(2) 속도 편차상수 : $K_v = \lim_{s \to 0} s\,G(s)H(s)$

(3) 가속도 편차상수 : $K_a = \lim_{s \to 0} s^2 G(s)H(s)$

답 ①

60 중요도 ★★ / 한국중부발전 1회 2회 3회

개루프 전달 함수 $G(s)$가 다음과 같이 주어지는 단위 피드백계에서 단위 속도 입력에 대한 정상 편차는?

$$G(s) = \frac{36}{s(2s+3)(s+2)}$$

① $\dfrac{1}{2}$ ② 2 ③ $\dfrac{1}{6}$ ④ 6

해설 단위 피드백계에서 단위 속도 입력에 대한 정상 오차 e_v

$e_v = \dfrac{1}{K_v}$ 이므로 속도 편차 상수 K_v를 먼저 구하여야 한다.

$K_v = \lim_{s \to 0} s\,G(s) = \lim_{s \to 0} s \dfrac{36}{s(2s+3)(s+2)} = 6$ 이므로

$e_v = \dfrac{1}{K_v} = \dfrac{1}{6}$

답 ③

61 중요도 ★★ / 2024 한국수자원공사 | 1회 | 2회 | 3회 |

개루프 전달 함수가 다음과 같은 계에서 단위 속도 입력에 대한 정상 편차는?

$$G(s)=\frac{s+\frac{1}{3}}{s(s+1)(s+2)}$$

① $\frac{1}{3}$ ② $\frac{1}{6}$ ③ 3 ④ 6

해설 **속도 입력에 대한 정상 편차 e_v**

$e_v=\frac{1}{K_v}$ 이므로 먼저 속도 편차 상수 K_v를 구해야 하므로

$$K_v=\lim_{s\to 0}sG(s)=\lim_{s\to 0}s\frac{s+\frac{1}{3}}{s(s+1)(s+2)}=\frac{\frac{1}{3}}{2}=\frac{1}{6}$$

$\therefore$ 정상 편차 $e_v=\frac{1}{K_v}=\frac{1}{\frac{1}{6}}=6$

답 ④

06 자동제어의 주파수 응답 해석

62 중요도 ★ / 한국동서발전 | 1회 | 2회 | 3회 |

적분 요소의 전달함수는?

① $\frac{{\omega_n}^2}{s^2+2\zeta\omega_n s+{\omega_n}^2}$ ② $\frac{K}{1+Ts}$

③ $\frac{1}{Ts}$ ④ Ts

해설 적분 요소의 전달함수 : $\frac{1}{Ts}$

체크 point

- 미분 요소의 전달함수 : Ts
- 비례 요소의 전달함수 : K
- 1차 지연 요소의 전달함수 : $\frac{K}{1+Ts}$

- 2차 지연 요소의 전달함수 : $\frac{\omega_n^{\ 2}}{s^2+2\zeta\omega_n s+\omega_n^{\ 2}}$
- 부동작 시간 요소의 전달함수 : Ke^{-Ls}

답 ③

63 중요도 ★ / 한국남부발전

1회 2회 3회

다음 중 1차 지연 요소의 전달함수는?

① Ks ② $\frac{K}{s}$ ③ Ke^{-Ls} ④ $\frac{K}{1+Ts}$

해설 1차 지연 요소의 전달함수는 $\frac{K}{1+Ts}$ 이다.

답 ④

64 중요도 ★ / 한국서부발전

1회 2회 3회

PI 제어 동작은 프로세스 제어계의 정상 특성 개선에 흔히 쓰인다. 이것에 대응하는 보상 요소로 옳은 것은?

① 지상 보상 요소 ② 지 · 진상 보상 요소
③ 진상 보상 요소 ④ 동상 보상 요소

해설 PI 제어 동작은 지상 보상 요소로서, 정상 특성 개선에 흔히 쓰인다. 또한, PD 제어 동작은 상상 보상 요소로서, 과도 특성 개선에 흔히 쓰인다.

답 ①

65 중요도 ★★ / 한국중부발전

1회 2회 3회

전달함수가 다음과 같다. 이때, 이 회로가 진상 보상 회로의 특성이 되기 위한 조건으로 옳은 것은?

$$G(s)=\frac{s+b}{s+a}$$

① $a>b$ ② $a<b$ ③ $a=1$ ④ $a=b=1$

해설

$G(s)=\dfrac{s+b}{s+a}$는 $G(j\omega)=\dfrac{j\omega+b}{j\omega+a}$로 표시되므로 각으로 표시를 하면 $\dfrac{\angle \tan^{-1}\frac{\omega}{b}}{\angle \tan^{-1}\frac{\omega}{a}}$가 된다.

이때, 진상 보상 조건이 되기 위해서는 $\dfrac{\omega}{b} > \dfrac{\omega}{a}$이어야 한다. 즉, $a > b$이면 된다.

답 ①

07 제어계의 안정도

제어계의 안정 조건

66 중요도 ★★ / 한국중부발전 1회 2회 3회

다음 특성 방정식 중 제어계가 안정될 필요 조건을 갖춘 것으로 옳은 것은?

① $3s^5+3s^3+10s-10=0$
② $s^4+s^2+15s+10=0$
③ $7s^3+5s^2+4s+20=0$
④ $4s^3+3s^2+10s=0$

해설 제어계가 안정될 필요 조건은 다음과 같다.
(1) 모든 항의 계수의 부호가 같아야 한다.
(2) 모든 항의 차수가 존재하여야 한다.
즉, 이 두 가지 조건을 만족하는 특성 방정식은 $7s^3+5s^2+4s+20=0$이 된다.

답 ③

67 중요도 ★★ / 한국서부발전 1회 2회 3회

다음 특성 방정식 중 안정될 필요 조건을 갖춘 것은?

① $5s^4+3s^3+7s+5=0$
② $3s^3-4s^2-6s+15=0$
③ $s^3+9s^2+20s+12=0$
④ $s^4+3s^3+25s^2+14s=0$

해설 특성 방정식 중 안정될 필요 조건을 갖추기 위해서는 다음 2가지 조건을 만족하여야 한다.
(1) 특성 방정식의 모든 계수의 부호가 같아야 한다.
(2) 특성 방정식의 모든 차수가 존재하여야 한다.

답 ③

68 중요도 ★★ / 한국동서발전

1회 2회 3회

안정한 제어계는 특성 방정식 $1+G(s)H(s)=0$의 근이 평면의 어느 곳에 있어야 하는가?

① Z평면의 우반 평면　　② Z의 허수축상
③ s평면의 좌반 평면　　④ s평면의 실수축상

해설 (1) 안정한 제어계는 특성 방정식 $1+G(s)H(s)=0$의 근이 s평면의 좌반 평면에 존재한다.
(2) 불안정한 제어계는 특성 방정식 $1+G(s)H(s)=0$의 근이 s평면의 우반 평면에 존재한다.
(3) 임계 상태의 제어계는 특성 방정식 $1+G(s)H(s)=0$의 근이 s평면의 허수축상에 존재한다.

 ③

69 중요도 ★★ / 한국서부발전

1회 2회 3회

제어계의 안정도를 판별하기 위해서 루드-훌비츠 표를 작성 시 제1열의 부호 변환이 의미하는 것으로 옳은 것은?

① s평면의 허수축에 존재하는 근의 수　　② s평면의 우반면에 존재하는 근의 수
③ Z평면의 우반면에 존재하는 근의 수　　④ Z평면의 원점에 존재하는 근의 수

해설 루드-훌비츠 표에서 변환 결과에서 제1열의 부호 변환이 의미하는 것은 불안정근의 개수를 나타내므로
(1) s평면에서의 우반부에 존재하는 근의 개수와 같은 의미가 된다.
(2) z평면에서는 단위원 밖에 존재하는 근의 수를 말한다.

 ②

루드표 작성법

70 중요도 ★★★ / 한국동서발전

1회 2회 3회

어떤 제어계의 특성 방정식이 $2s^4+2s^3+3s^2+4s+1=0$으로 주어졌다. 이 제어계의 상태를 나타내면?

① 안정 상태　　② 불안정 상태　　③ 진동 상태　　④ 임계 상태

해설 Routh-Hurwitz의 판별법으로 한다.

$$\begin{array}{c|ccc}
s^4 & 2 & 3 & 1 \\
s^3 & 2 & 4 & 0 \\
s^2 & \dfrac{2\times3-2\times4}{2}=-1 & 1 & 0 \\
s^1 & \dfrac{-1\times4-2\times1}{-1}=6 & 0 & 0 \\
s^0 & 1 & &
\end{array}$$

제1열의 부호가 2번 변화하였으므로 불안정한 근이 2개 존재하는 불안정 시스템이다.

답 ②

나이퀴스트 선도

71 중요도 ★ / 한국서부발전 1회 2회 3회

나이퀴스트 선도에서의 임계점은 (−1, $j0$)이다. 보드 선도에서 이에 상응하는 것으로 옳은 것은?

① 1[dB], 0° ② 1[dB], −90° ③ 0[dB], −180° ④ 10[dB], −180°

해설 나이퀴스트 선도에서의 임계점은 $(-1, j0)$이다. 보드 선도에서 이에 상응하는 것은 0[dB], $-180°$가 된다.

답 ③

72 중요도 ★★ / 한국중부발전 1회 2회 3회

$GH(s) = \dfrac{50}{10s^2 + 20s + 2}$ **의 이득 여유는 몇 [dB]인가?**

① $20\log\dfrac{1}{25}$ ② $20\log\dfrac{1}{50}$ ③ $20\log\dfrac{2}{25}$ ④ $20\log\dfrac{25}{2}$

해설 이득 여유 $GM = 20\log\dfrac{1}{|GH|}\Big|_{\omega=0}$ 이므로

$|GH(s)| = \left|\dfrac{50}{10s^2 + 20s + 2}\right|_{\omega=0}$ 에서 ($\omega = 0$ 또는 $s = 0$을 대입)

$|GH(s)| = \left|\dfrac{50}{10s^2 + 20s + 2}\right|_{\omega=0} = 25$

∴ 이득 여유 $GM = 20\log\dfrac{1}{25}$ [dB]

답 ①

73 중요도 ★★ / 한국남동발전 1회 2회 3회

$GH(j\omega) = \dfrac{40}{(j2\omega + 1)(j3\omega + 4)}$ **의 이득 여유[dB]는?**

① 10 ② 20 ③ −10 ④ −20

해설 이득 여유 $GM = 20\log\frac{1}{GH}\Big|_{\omega=0}$ [dB]이므로

$$GM = 20\log\frac{1}{\frac{40}{4}} = -20[\text{dB}]$$

답 ④

74 중요도 ★★★ / 한국중부발전

1회 2회 3회

$G(s) = \frac{(s+3)(s+15)}{s^2+8s+15}$ 의 특성근으로 옳은 것은?

① −3, −15　② −2, 3　③ −3, −5　④ −2, −3

해설 특성 방정식은 분모가 '0'의 방정식이므로

$G(s) = \frac{(s+3)(s+15)}{s^2+8s+15}$ 식에서의 특성 방정식은 $s^2+8s+15=0$이 된다.

이때의 근을 구하면 $s^2+8s+15=(s+3)(s+5)=0$에서

특성근은 -3, -5이다.

답 ③

75 중요도 ★★★ / 한국남부발전

1회 2회 3회

1차 지연요소 $G(s) = \frac{1}{1+Ts}$ 인 제어계의 절점 주파수에서 이득은?

① 약 −10[dB]　② 약 −5[dB]　③ 약 −3[dB]　④ 약 −1[dB]

해설 절점 주파수는 실수부=허수부일 때의 크기 $G(j\omega)$를 구하여 $20\log|G(j\omega)|$하면 되므로

$G(s) = \frac{1}{1+Ts}$ 는 $G(j\omega) = \frac{1}{1+j\omega T}$ 에서 실수부=허수부가 되기 위해서는 $\omega T=1$이 된다.

따라서, $G(j\omega) = \frac{1}{1+j\omega T} = \frac{1}{1+j1} = \frac{1}{\sqrt{1^2+1^2}} = \frac{1}{\sqrt{2}}$ 이 되므로

이득 $20\log\frac{1}{\sqrt{2}} \fallingdotseq -3[\text{dB}]$이 된다.

답 ③

76 중요도 ★★ / 한국남동발전 1회 2회 3회

$G(s)=\dfrac{10(s+1)(s-7)}{s^2+4s-5}$ 의 특성근은 얼마인가?

② −2, 3　② −1, 4　③ 1, −5　④ −7, 5

해설 특성근은 $G(s)$의 분모를 '0'으로 하는 함수의 근을 말한다.
즉, $s^2+4s-5=0$에서 s의 값을 구하면
$s^2+4s-5=(s+5)(s-1)=0$이므로 $s=-5$, 1이 된다.

답 ③

08 제어계의 근궤적

근궤적의 성질

77 중요도 ★ / 한국중부발전 1회 2회 3회

근궤적의 성질 중 틀리는 것은?

① 근궤적의 개수는 영점의 수와 극점의 개수 중에서 큰 것의 개수와 같다.
② 근궤적은 개루프 전달함수의 극점에서 출발해서 영점에서 끝난다.
③ 근궤적은 실수축에 관해 대칭이다.
④ 점근선은 허수축상에서 교차한다.

해설 **근궤적의 성질**
점근선은 실수축상에서 교차한다.

체크 point

- 근궤적의 개수는 영점의 수와 극점의 개수 중에서 큰 것의 개수와 같다.
- 근궤적은 개루프 전달함수의 극점에서 출발해서 영점에서 끝난다.
- 근궤적은 실수축에 관해 대칭이다.
- 점근선은 실수축상에서 교차하며 다음과 같다.
  교차점 $A=\dfrac{\sum P-\sum Z}{P-Z}$
- 점근선의 각도 : $\theta=\dfrac{(2n+1)\pi}{P-Z}$
  여기서, P: 극점의 수, Z: 영점의 수, n=0, 1, 2, ……

답 ④

Ⅱ 05. 제어공학

78 중요도 ★★ / 한국남동발전 1회 2회 3회

다음은 근궤적에 대한 설명이다. 옳은 것은?

① 근궤적은 허수축에 대칭이다.
② 근궤적의 개수는 영점의 수와 일치한다.
③ 극점(pole)에서 출발, 영점(zero)에서 끝난다.
④ 영점에서 출발, 극점에서 끝난다.

해설 **근궤적의 특징**
(1) 근궤적은 실수축에 대칭이다.
(2) 근궤적의 개수는 영점의 수와 극점의 수 중에서 큰 수와 일치한다.
(3) 극점(pole)에서 출발, 영점(zero)에서 끝난다.

답 ③

점근선의 교차점

79 중요도 ★★ / 한국중부발전 1회 2회 3회

점근선의 실수축과의 교차점을 구하면?

$$G(s)H(s) = \frac{s+2}{s^2(s-1)(s+4)}$$

① $\frac{1}{2}$ ② $\frac{3}{4}$ ③ $-\frac{1}{3}$ ④ $-\frac{2}{3}$

해설 **점근선의 실수축과의 교차점 α**

$\alpha = \frac{\sum P - \sum Z}{P - Z}$ 에서 구하면 된다.

여기서, P : 극점의 개수, Z : 영점의 개수

주어진 수식 $G(s)H(s) = \frac{s+2}{s^2(s-1)(s+4)}$ 에서

- 극점 : 0, 0, 1, −4(4개)
- 영점 : −2(1개)

따라서, 교차점 α를 구하면

$$\alpha = \frac{\sum P - \sum Z}{P - Z} = \frac{(0+0+1-4)-(-2)}{4-1} = -\frac{1}{3}$$

답 ③

80 중요도 ★★ / 한국서부발전

1회 2회 3회

$G(s)H(s) = \dfrac{k(s-1)(s+3)}{s^2(s+1)(s+2)}$ 에서 점근선의 교차점을 구하면?

① −2 ② $-\dfrac{1}{2}$

③ 3 ④ $\dfrac{1}{3}$

해설 점근선의 교차점 A

$$A = \frac{\sum P - \sum Z}{P-Z} = \frac{(0+0-1-2)-(1-3)}{4-2} = -\frac{1}{2}$$

답 ②

09 보상기 및 연산증폭기

81 중요도 ★ / 한국동서발전

1회 2회 3회

그림과 같은 회로망은 어떤 보상기로 사용될 수 있는가?

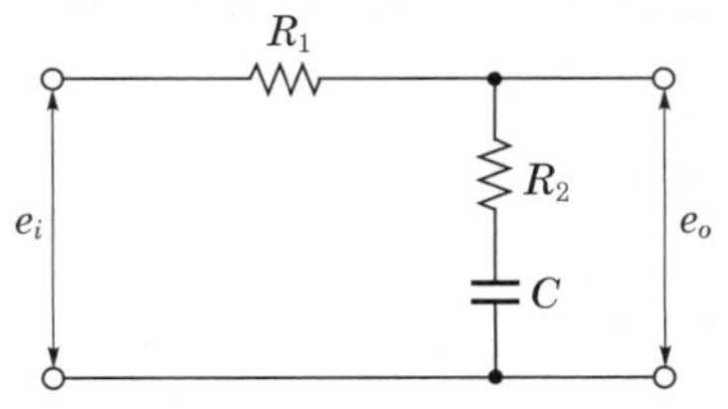

① 1차 지연 보상기 ② 2차 지연 보상기

③ 진상 보상기 ④ 지상 보상기

해설 (1) 지상 보상기(적분회로)

$R-C$ 회로인 경우이며 지상 전류가 흐른다.

(2) 진상 보상기(미분회로)

$C-R$ 회로인 경우이며 진상 전류가 흐른다.

답 ④

연산 증폭기

82 중요도 ★★ / 2024 한국남동발전 1회 2회 3회

연산 증폭기의 성질에 관한 설명으로 틀린 것은?

① 전압 이득이 매우 크다.
② 입력 임피던스가 매우 작다.
③ 전력 이득이 매우 크다.
④ 출력 임피던스가 매우 작다.

해설 **연산 증폭기의 특징**
(1) 전압 이득이 매우 크다. 보기 ①
(2) 입력 임피던스가 매우 크다. 보기 ②
(3) 전력 이득이 매우 크다. 보기 ③
(4) 출력 임피던스가 매우 작다. 보기 ④
(5) 대역폭이 매우 크다.

답 ②

83 중요도 ★★ / 한국남부발전 1회 2회 3회

이상적인 연산 증폭기의 성질에 관한 설명 중 옳지 않은 것은?

① 전압 이득이 무한대이다.
② 출력 임피던스가 '0'이다.
③ 대역폭이 '0'이다.
④ 입력 임피던스가 무한대이다.

해설 **이상적인 연산 증폭기의 성질**
(1) 전압 이득이 무한대이다. 보기 ①
(2) 출력 임피던스가 '0'이다. 보기 ②
(3) 대역폭이 무한대이다. 보기 ③
(4) 입력 임피던스가 무한대이다. 보기 ④

답 ③

84 중요도 ★★ / 2024 한국중부발전

1회 2회 3회

다음 그림의 연산 증폭기 출력[V]을 구하면?

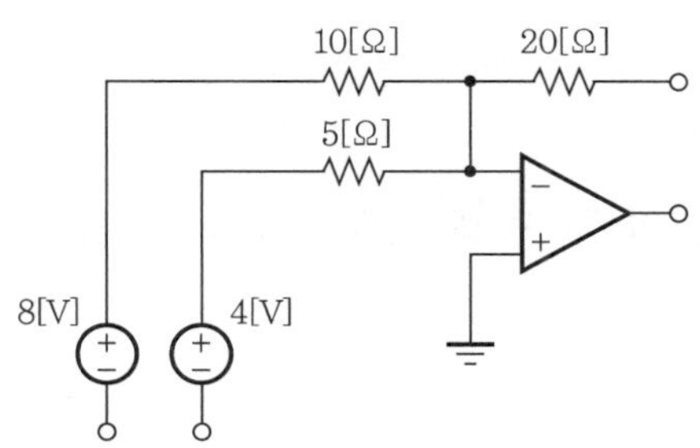

① 16 ② −16 ③ 32 ④ −32

해설

연산 증폭기의 출력 $V_o = -\frac{R_f}{R_1}V_1 - \frac{R_f}{R_2}V_2$이므로

출력 $V_o = -\frac{20}{10}\times 8 - \frac{20}{5}\times 4 = -32[V]$

답 ④

85 중요도 ★★★ / 한국남동발전

1회 2회 3회

다음과 같은 연산 증폭기 회로에서 출력 전압은 몇 [V]인가? (단, $V_1 = 2$, $V_2 = 3$, $V_3 = 4$[V]는 입력 신호 전압이고, $R_1 = R_2 = R_3 = 1$[kΩ]이며 $R_f = 10$[kΩ]이다.)

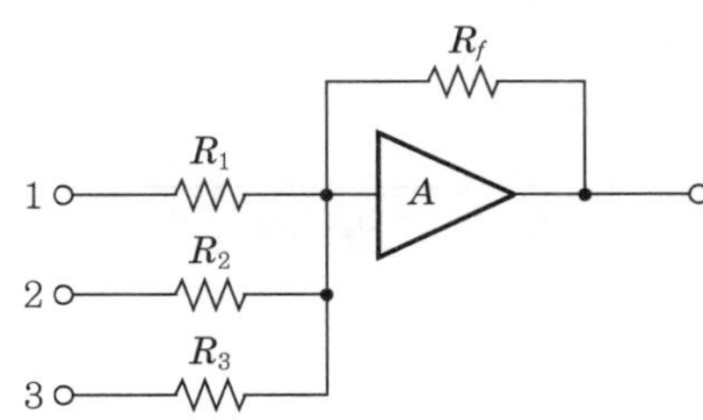

① −50 ② −70 ③ −90 ④ −120

해설

반전 연산 증폭기이므로 출력 $V_o = -\frac{R_f}{R_1}V_1 - \frac{R_f}{R_2}V_2 - \frac{R_f}{R_3}V_3$ 이므로

$V_o = -\frac{10}{1}\times 2 - \frac{10}{1}\times 3 - \frac{10}{1}\times 4 = -90[V]$

답 ③

10 제어계의 상태 해석법

상태 방정식

86 중요도 ★★★ / 한국남부발전 1회 2회 3회

다음과 같은 상태 방정식이 주어져 있다. $\dot{X}=AX+BU$에서 $A=\begin{bmatrix}0 & 1\\-5 & -6\end{bmatrix}$, $B=\begin{bmatrix}0\\7\end{bmatrix}$일 때 이때 상태 방정식의 근은?

① −2, −5　② −2, −4　③ −2, −3　④ 2, 3

해설 고유값(상태 방정식의 근)을 구하기 위해 먼저 상태 방정식을 구하면
$|sI-A|=0$이므로

$$\begin{vmatrix}s & 0\\0 & s\end{vmatrix}-\begin{vmatrix}0 & 1\\-5 & -6\end{vmatrix}=\begin{vmatrix}s & -1\\5 & s+6\end{vmatrix}=0$$

즉, $s(s+6)+5=s^2+6s+5=(s+2)(s+3)=0$이므로 고유값은 -2, -3이다.

답 ③

z변환

87 중요도 ★★ / 한국서부발전 1회 2회 3회

지수 함수 e^{-at}의 z변환 함수로 옳은 것은?

① $\dfrac{z}{z-e^{-aT}}$　② $\dfrac{Tz}{(z-1)^2}$　③ $\dfrac{z}{z-1}$　④ 1

해설

시간 함수 $f(t)$	라플라스 변환 $F(s)$	Z 변환 $F(z)$
임펄스 함수	1	1
단위 계단 함수	$\dfrac{1}{s}$	$\dfrac{z}{z-1}$
속도 함수 t	$\dfrac{1}{s^2}$	$\dfrac{Tz}{(z-1)^2}$
지수 함수 e^{-at}	$\dfrac{1}{s+a}$	$\dfrac{z}{z-e^{-aT}}$

답 ①

88 중요도 ★ / 한국서부발전 1회 2회 3회

z 변환을 하고자 할 때 라플라스 변환 함수의 s 대신 다음의 어느 것을 대입하여야 하는가? (단, T를 샘플 주기라고 한다.)

① $\frac{1}{T}\ln\frac{1}{z}$　　② $T\ln\frac{1}{z}$
③ $\frac{1}{T}\ln z$　　④ $T\ln z$

해설 $z=e^{Ts}$를 대입하여야 하므로 $z=e^{Ts}$에서 양변을 자연로그를 취하면
$\ln z=\ln e^{Ts}=Ts$가 되므로 $s=\frac{1}{T}\ln z$가 된다.

답 ③

z 평면상에서 안정도 판정

89 중요도 ★★ / 한국중부발전 1회 2회 3회

s 평면의 좌반 평면상의 모든 점은 z 평면상 단위원의 어느 부분에 존재하는가?

① 내부　　② 외부
③ 원주상　　④ 내부 또는 외부

해설 s 평면상의 좌반부의 모든 점은 안정 상태를 나타내며, z 평면상의 단위원 내부에 근이 존재할 때와 같다.

체크 point

- s 평면상
  - 좌반부에 근이 존재 : 안정상태
  - 우반부에 근이 존재 : 불안정 상태
  - 허수축에 근이 존재 : 임계상태
- z 평면상
  - 단위원 내부에 근이 존재 : 안정상태
  - 단위원 외부에 근이 존재 : 불안정 상태
  - 단위원상의 근이 존재 : 임계상태

답 ①

90 중요도 ★★ / 한국남부발전 1회 2회 3회

s 평면상에 근의 위치가 좌반부에 존재한다고 한다. 이때의 제어계 상태가 같기 위한 z 평면상의 근의 위치는?

① z 평면의 허수축상에 존재하여야 한다.
② z 평면의 좌반면에 존재하여야 한다.
③ $|z|=1$인 단위원 내에 존재하여야 한다.
④ $|z|=1$인 단위원상에 존재하여야 한다.

해설 s 평면상에 근의 위치가 좌반부에 존재한다는 의미는 안정 상태를 나타낸다. 따라서, 안정 상태가 되기 위해서는 z 평면상의 근의 위치는 단위원 내부에 존재하여야 한다.

체크 point

- s 평면상
  - 안정상태 : 근의 위치가 좌반부에 존재
  - 불안정 상태 : 근의 위치가 우반부에 존재
  - 임계상태 : 근의 위치가 허수축상에 존재
- z 평면상
  - 안정상태 : 근의 위치가 단위원 내부에 존재
  - 불안정 상태 : 근의 위치가 단위원 밖에 존재
  - 임계상태 : 근의 위치가 단위원상에 존재

답 ③

11 시퀀스 제어계

91 중요도 ★ / 한국동서발전 1회 2회 3회

다음 중 유접점 회로에 사용되는 접점이 아닌 것은?

① a접점 ② b접점 ③ c접점 ④ d접점

해설 (1) a접점
개로 상태에서 동작을 하면 폐로 상태가 되는 접점을 말한다.
(2) b접점
폐로 상태에서 동작을 하면 개로 상태가 되는 접점을 말한다.
(3) c접점
a접점과 b접점이 동시에 동작을 하는 하나의 접점 상태로 이루어진다.

답 ④

논리회로

92 중요도 ★★ / 한국중부발전 1회 2회 3회

다음 진리표에 대한 논리회로 명칭은?

A	B	X
0	0	1
1	0	1
0	1	1
1	1	0

① EXCLUSIVE OR ② NAND
③ OR ④ AND

해설 NAND 회로의 진리값

A	B	X
0	0	1
1	0	1
0	1	1
1	1	0

체크 point

NAND 회로의 출력
$X=\overline{AB}$

답 ②

93 중요도 ★★★ / 2024 서울교통공사 1회 2회 3회

다음 그림은 무엇을 나타낸 논리 연산 회로인가?

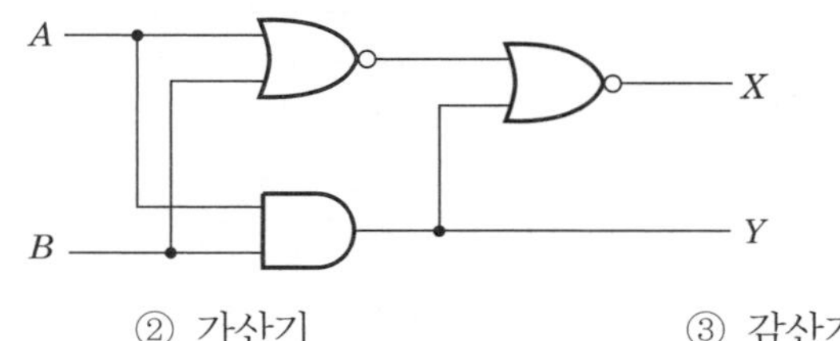

① 반가산기 ② 가산기 ③ 감산기
④ 반일치 ⑤ 부호기

해설 위 회로에서 논리식으로 나타내면

$Y = AB$

$X = \overline{[\overline{(A+B)}+AB]} = (A+B)\overline{AB}$

$= (A+B)(\overline{A}+\overline{B})$

$= \overline{A}B + A\overline{B}$

그러므로 출력 X, Y는 반가산기 회로를 나타낸다.

답 ①

94 중요도 ★★★ / 한국서부발전

1회 2회 3회

그림과 같은 논리 회로는 무엇인가?

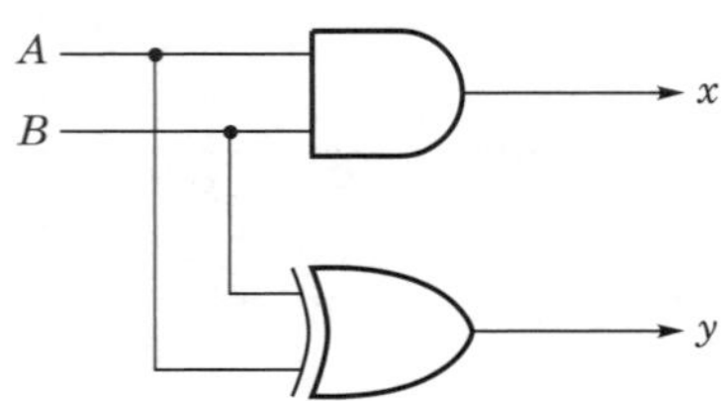

① 반가산기 ② 전가산기 ③ 감산기 ④ 2진 부호기

해설 회로는 반가산기이며, 이때 자리올림수 $x = AB$

합 $y = A\overline{B} + \overline{A}B$의 논리식을 나타낸다.

체크 point

진리값은 다음과 같다.

A	B	x	y
0	0	0	0
0	1	0	1
1	0	0	1
1	1	1	0

답 ①

95 중요도 ★★★ / 한국중부발전 1회 2회 3회

다음 논리 회로의 출력 X는?

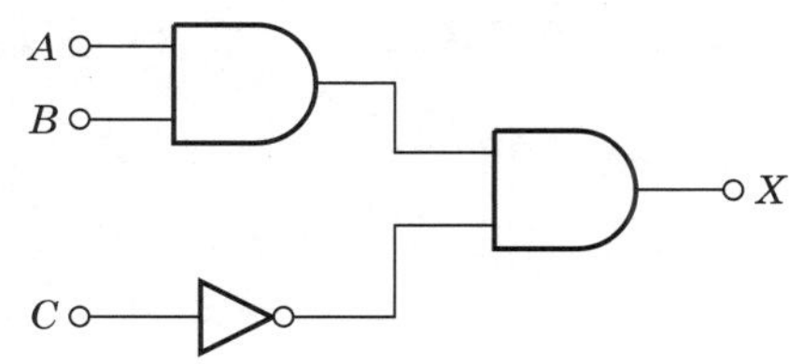

① $A \cdot B + \overline{C}$ ② $(A+B)\overline{C}$ ③ $A+B+\overline{C}$ ④ $AB\overline{C}$

해설 출력 $X = AB\overline{C}$

체크 point

- AND 회로 출력 : $X = AB$
- OR 회로 출력 : $X = A + B$
- NOT 회로 출력 : $X = \overline{A}$

답 ④

플립플롭

96 중요도 ★★ / 한국서부발전 1회 2회 3회

어느 시퀀스 시스템의 상태가 10가지로 바뀐다고 가정하고 설계할 때 플립-플롭(flip flop)은 최소한 몇 개가 필요한가?

① 3 ② 4 ③ 6 ④ 12

해설 10가지의 상태 변환을 가정하고 설계를 한다면 플립 플롭은 최소한 4개가 필요하다.

체크 point

- 플립 플롭 2개 : 4가지 상태
- 플립 플롭 3개 : 8가지 상태
- 플립 플롭 4개 : 16가지 상태

답 ②

97 중요도 ★★ / 한국서부발전 1회 2회 3회

다음 중 플립플롭의 종류가 아닌 것은?

① T플립플롭 ② JK플립플롭 ③ RS 플립플롭 ④ P플립플롭

해설 일반적인 플립플롭의 종류는 다음과 같다.

(1) RS－플립플롭

(2) JK－플립플롭

(3) 마스터 슬레이브－플립플롭

(4) T－플립플롭

(5) D－플립플롭

답 ④

드 모르간의 정리

98 중요도 ★★★ / 한국동서발전 1회 2회 3회

다음 식 중 드 모르간의 정리를 나타낸 식은?

① $A+B=B+A$ ② $A\cdot(B\cdot C)=(A\cdot B)\cdot C$

③ $\overline{A\cdot B}=\overline{A}\cdot\overline{B}$ ④ $\overline{A\cdot B}=\overline{A}+\overline{B}$

해설 드 모르간 정리

(1) $\overline{A\cdot B}=\overline{A}+\overline{B}$

(2) $\overline{A+B}=\overline{A}\cdot\overline{B}$

체크 point

불대수

- $A+A=A$
- $A+1=1$
- $\overline{A}+A=1$
- $\overline{A}\cdot A=0$

답 ④

99 중요도 ★★★ / 한국서부발전 1회 2회 3회

다음 식 중 드 모르간의 정리를 나타낸 식은?

① $A+B=B+A$ ② $A\cdot(B\cdot C)=(A\cdot B)\cdot C$

③ $\overline{A\cdot B}=\overline{A}\cdot\overline{B}$ ④ $\overline{A\cdot B}=\overline{A}+\overline{B}$

해설 드 모르간의 정리

(1) $\overline{A \cdot B} = \overline{A} + \overline{B}$

(2) $\overline{A+B} = \overline{A} \cdot \overline{B}$

답 ④

100 중요도 ★★ / 한국남부발전

1회 2회 3회

논리식 $Y = A + \overline{A}B$를 간단히 한 식은?

① $A+B$　　② $A+\overline{B}$　　③ $A+B$　　④ AB

해설 주어진 식을 정리를 이용하면 간단히 풀 수가 있다.

즉, $Y = A + \overline{A}B = (A + \overline{A})(A+B) = A+B$ (단, $A + \overline{A} = 1$)

답 ③

101 중요도 ★★ / 한국중부발전

1회 2회 3회

논리식 $L = X + \overline{X}Y$를 간단히 한 식은?

① X　　② $\overline{X}$　　③ $X+Y$　　④ $\overline{X}+Y$

해설 불대수를 이용하여 $X + \overline{X}Y = (X + \overline{X})(X+Y) = X+Y$

답 ③

102 중요도 ★★ / 2024 서울교통공사

1회 2회 3회

$((AB + A\overline{B}) + AB + \overline{A}B)$를 간단히 식으로 나타내면?

① $A+\overline{B}$　　② $\overline{A}+B$　　③ $\overline{A}+\overline{B}$

④ $\overline{A+B}$　　⑤ $A+B$

해설 $((AB + A\overline{B}) + AB + \overline{A}B)$를 간략화하면 다음과 같다.

$$((AB + A\overline{B}) + AB + \overline{A}B) = A(B + \overline{B}) + B(A + \overline{A})$$
$$= A + B \quad (\because A + \overline{A} = 1, \ B + \overline{B} = 1)$$

답 ⑤

103 중요도 ★★ / 한국서부발전

1회 2회 3회

$AB+ABC$를 간략화한 것은?

① A　② B　③ $A+B$　④ AB

해설 불대수를 이용해서 수식을 간략화하면
$AB+ABC=AB(1+C)=AB$ ($\because$ $1+C=1$이므로)

체크 point
- $A+A=A$
- $AA=A$
- $A+1=1$
- $A\cdot 1=1$

답 ①

104 중요도 ★★★ / 한국남동발전

1회 2회 3회

그림의 논리 기호를 표시한 출력 X를 옳게 나타낸 식은?

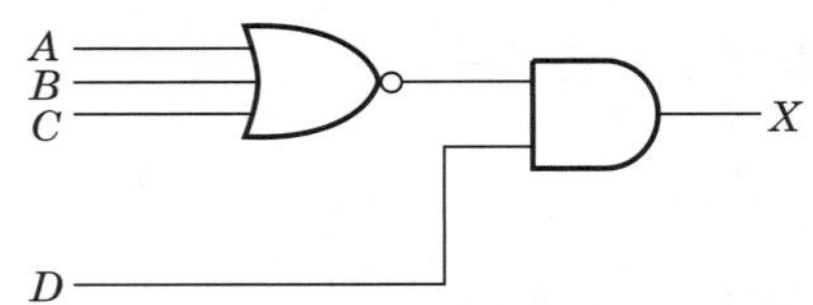

① $\overline{A}\,\overline{B}\,\overline{C}\,D$　② $\overline{A}+\overline{B}+\overline{C}+D$
③ $(A+B+C)D$　④ $(\overline{A}+\overline{B}+\overline{C})D$

해설 출력 $X=(\overline{A+B+C})D=\overline{A}\,\overline{B}\,\overline{C}\,D$가 된다.

체크 point
드 모르간의 정리
- $(\overline{A+B})=\overline{A}\,\overline{B}$
- $(\overline{AB})=\overline{A}+\overline{B}$

답 ①

105 중요도 ★★ / 한국남동발전

1회 2회 3회

다음 논리식을 간단히 하면?

$$X=\overline{A}\,\overline{B}\,C+A\,\overline{B}\,\overline{C}+A\,\overline{B}\,C$$

① $\overline{A}(B+C)$　② $\overline{C}(A+B)$
③ $\overline{C}(A+\overline{B})$　④ $\overline{B}(A+C)$

해설 $X=\overline{A}\,\overline{B}\,C+A\,\overline{B}\,\overline{C}+A\,\overline{B}\,C$
$=A\overline{B}(\overline{C}+C)+\overline{B}\,C(\overline{A}+A)$
$=A\overline{B}+\overline{B}\,C$
$=\overline{B}(A+C)$

체크 point

- $\overline{A}+A=1$
- $\overline{A}A=0$
- $\overline{C}+C=1$
- $\overline{C}C=0$

답 ④

106 중요도 ★ / 한국남부발전

1회 2회 3회

다음의 논리식 $A(A+AB+ABC+ABCD)$를 간략히 하면?

① $A+B$　② $A+C$
③ $A+B+C$　④ A

해설 주어진 논리식을 간소화하기 위해 먼저 다음과 같이 전개를 한 다음 불대수를 적용하여 간략화한다.
즉, $A(A+AB+ABC+ABCD)=AA+AAB+AABC+AABCD$
$=A+AB+ABC+ABCD$ ($\because$ $AA=A$)
$=A(1+B+BC+BCD)$
$=A$ ($\therefore$ $1+A=1$)

답 ④

CHAPTER

06 | 전기설비기술기준

01 저압 / 고압 / 특고압

01 중요도 ★★★ / 한국남동발전

복습 시 회독 체크! 1회 2회 3회

교류 고압 전압[V]과 직류 고압 전압[V]의 범위는?

① 직류 $750 < E \leq 7000$, 교류 $600 < E \leq 7000$
② 직류 $1500 < E \leq 7000$, 교류 $1000 < E \leq 7000$
③ 직류 $1000 < E \leq 7000$, 교류 $1500 < E \leq 7000$
④ 직류 $600 < E \leq 7000$, 교류 $750 < E \leq 7000$

해설 (1) 저압
교류 1[kV] 이하, 직류는 1.5[kV] 이하인 것
(2) 고압
교류 1[kV], 직류 1.5[kV] 초과 7[kV] 이하인 것
(3) 특고압
7[kV]를 초과하는 것

답 ②

02 중요도 ★ / LH공사

1회 2회 3회

다음 중 제2차 접근상태를 바르게 설명한 것은 어느 것인가?

① 가공 전선이 전선의 절단 또는 지지물의 도괴 등이 되는 경우에 당해 전선이 다른 시설물에 접속될 우려가 있는 상태를 말한다.
② 가공 전선이 다른 시설물과 접근하는 경우에 당해 가공 전선이 다른 시설물의 위쪽 또는 옆쪽에서 수평 거리로 3미터 미만인 곳에 시설되는 상태를 말한다.
③ 가공 전선이 다른 시설물과 접근하는 경우에 가공 전선이 다른 시설물의 위쪽 또는 옆쪽에서 수평 거리로 3미터 이상에 시설되는 것을 말한다.
④ 가공 선로 중 제1차 접근 시설로 접근할 수 없는 시설로서 제2차 보호 조치나 안전 시설을 하여야 접근할 수 있는 상태의 시설을 말한다.

해설 **제2차 접근상태**
가공 전선이 다른 시설물과 접근하는 경우에 그 가공 전선이 다른 시설물의 위쪽 또는 옆쪽에서 수평 거리로 3[m] 미만인 곳에 시설되는 상태

답 ②

03 중요도 ★★ / 한국남동발전 | 1회 | 2회 | 3회

다음은 전로의 절연저항 및 발·변전 설비에 관한 내용이다. ㉠, ㉡, ㉢, ㉣의 각 항의 값으로 옳은 것은?

전로의 사용전압[V]	DC 시험전압[V]	절연저항[MΩ]
SELV 및 PELV	250	(㉠)
FELV, 500[V] 이하	500	(㉡)
500[V] 초과	1000	(㉢)
수소냉각 조상기를 시설하는 변전소는 그 조상기 안의 수소 농도가 (㉣)[%] 이하로 저하한 경우에 그 조상기를 전로로부터 자동적으로 차단하는 장치를 시설할 것		

① ㉠ 0.5, ㉡ 1, ㉢ 1, ㉣ 85
② ㉠ 0.1, ㉡ 0.2, ㉢ 1, ㉣ 90
③ ㉠ 0.2, ㉡ 0.5, ㉢ 0.5, ㉣ 85
④ ㉠ 0.5, ㉡ 1, ㉢ 1, ㉣ 80

해설

전로의 사용전압[V]	DC 시험전압[V]	절연저항[MΩ]
SELV 및 PELV	250	0.5
FELV, 500V 이하	500	1
500V 초과	1000	1
수소냉각 조상기를 시설하는 변전소는 그 조상기 안의 수소 농도가 85[%] 이하로 저하한 경우에 그 조상기를 전로로부터 자동적으로 차단하는 장치를 시설할 것		

답 ①

절연 내력

04 중요도 ★★ / 한국서부발전 | 1회 | 2회 | 3회

저압의 전선로 중 절연 부분의 전선과 대지 간의 절연 저항은 사용 전압에 대한 누설 전류가 최대 공급 전류의 몇 분의 1 이하이어야 하는가?

① $\frac{1}{500}$　② $\frac{1}{1000}$　③ $\frac{1}{1500}$　④ $\frac{1}{2000}$

해설

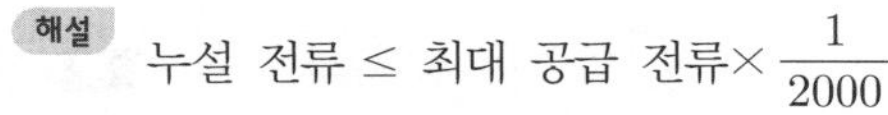

누설 전류 $\leq$ 최대 공급 전류 $\times \frac{1}{2000}$

답 ④

05 중요도 ★★ / 한국남동발전

1회 2회 3회

22900/220[V]의 30[kVA] 변압기로 공급되는 저압 가공 전선로의 절연 부분의 전선에서 대지로 누설하는 전류의 최고 한도는?

① 약 75[mA]　② 약 68[mA]　③ 약 35[mA]　④ 약 34[mA]

해설 저압의 전선로 중 절연 부분의 전선과 대지 간의 절연 저항은 사용 전압에 의한 누설 전류가 최대 공급 전류의 $\frac{1}{2000}$ 이 넘지 않아야 하므로

$\frac{30\times 10^3}{220}\times\frac{1}{2000}=0.068[\text{A}]=68[\text{mA}]$

답 ②

06 중요도 ★★★ / 한국도로공사

1회 2회 3회

다음은 절연 내력시험을 나타낸 표이다. ㉠+㉡+㉢의 값은?

접지방식/최대 사용전압	사용전압
비접지 7[kV] 이하	1.5배
비접지 7[kV] 초과	(㉠)배
60[kV] 초과 중성점 직접 접지	(㉡)배
25[kV] 이하 중성점 다중 접지	(㉢)배

① 2.55　② 2.89　③ 3.94
④ 2.86　⑤ 3.27

해설

접지방식/최대 사용전압	사용전압
비접지 7[kV] 이하	1.5배
비접지 7[kV] 초과	1.25배
60[kV] 초과 중성점 직접 접지	1.1배
25[kV] 이하 중성점 다중 접지	0.92배

$1.25+1.1+0.92=3.277$

 ⑤

07 중요도 ★★★ / 한국가스공사

1회 2회 3회

선로의 전압이 22.9[kV]이며 중성점 다중 접지식 전선로의 절연 내력 시험을 하고자 한다. 이때의 전압은 최대 사용 전압의 몇 배인가?

① 0.72　② 0.92　③ 1.1　④ 1.25

해설 중성점 다중 접지식 전선로의 절연 내력 시험 전압은 최대 사용 전압의 0.92배이다.

접지방식	구분	배율
비접지식	7[kV] 이하	1.5배
	7[kV] 초과 60[kV] 이하	1.25배
중성점 다중 접지식	7[kV] 초과 25[kV] 이하	0.92배
중성점 직접 접지식	60[kV] 초과 170[kV] 이하	0.72배

체크 point

전로의 절연 내력

전로의 종류(최대 사용 전압)	시험 전압
1. 7000[V] 이하	최대 사용 전압의 1.5배
2. 7000[V] 초과 25000[V] 이하인 중성점 접지식 전로(중성선을 가지는 것으로서, 그 중성선을 다중 접지하는 것에 한함)	최대 사용 전압의 0.92배의 전압
3. 7000[V] 초과 60000[V] 이하인 전로	최대 사용 전압의 1.25배의 전압 (최저 시험 전압 : 10500[V])
4. 60000[V] 초과 중성점 비접지식 전로	최대 사용 전압의 1.25배의 전압
5. 60000[V] 초과 중성점 접지식 전로	최대 사용 전압의 1.1배의 전압 (최저 시험 전압 75000[V])
6. 60000[V] 초과 중성점 직접 접지식 전로	최대 사용 전압의 0.72배의 전압
7. 170000[V] 초과 중성점 직집 접지되어 있는 발전소 또는 변전소 혹은 이에 준하는 장소에 시설하는 것	최대 사용 전압의 0.64배의 전압

답 ②

08 중요도 ★★★ / 한국동서발전 1회 2회 3회

최대 사용 전압이 22.9[kV]인 중성점 접지식 전로의 절연 내력 시험 전압[kV]은 약 얼마인가?

① 19.09　② 20.18　③ 21.07
④ 22.90　⑤ 24.73

해설

접지방식	구분	배율
비접지식	7[kV] 이하	1.5배
	7[kV] 초과 60[kV] 이하	1.25배
중성점 다중 접지식	7[kV] 초과 25[kV] 이하	0.92배
중성점 직접 접지식	60[kV] 초과 170[kV] 이하	0.72배

$22.9 \times 0.92 = 21.07$[kV]

답 ③

09 중요도 ★★★ / LH공사

1회 2회 3회

최대 사용 전압 7000[V]의 변압기로서 비접지식 전선로에 접속한 것의 절연 내력 시험 전압은 몇 [V]인가?

① 9500 ② 10500 ③ 36400 ④ 51000

해설 비접지식 선로에서 7000[V] 이하인 경우에는 1.5배를 곱해서 구한다.
즉, 절연 내력 시험 전압 = 7000 × 1.5 = 10500[V]

체크 point

접지방식	구분	배율
비접지식	7[kV] 이하	1.5배
	7[kV] 초과 60[kV] 이하	1.25배
중성점 다중 접지식	7[kV] 초과 25[kV] 이하	0.92배
중성점 직접 접지식	60[kV] 초과 170[kV] 이하	0.72배

답 ②

10 중요도 ★★★ / 2024 한국동서발전

1회 2회 3회

중성점 직접 접지 변압기 전압이 70[kV]일 경우에 절연 내력 시험 전압[V]은?

① 50.4 ② 60.6 ③ 80.4 ④ 110.6

해설 중성점 직접 접지인 경우에
60[kV] 초과 170[kV] 이하일 때는 0.72배
170[kV] 초과일 때는 0.64배를 하여 절연 내력 시험을 구하게 된다.
그러므로 절연 내력 시험 전압 = 70 × 0.72 = 50.4 [V]가 된다.

체크 point

접지방식	구분	배율
비접지식	7[kV] 이하	1.5배
	7[kV] 초과 60[kV] 이하	1.25배
중성점 다중 접지식	7[kV] 초과 25[kV] 이하	0.92배
중성점 직접 접지식	60[kV] 초과 170[kV] 이하	0.72배

답 ①

11 중요도 ★★

1회 2회 3회

정류기, 회전기의 절연 내력은 규정된 시험 전압을 권선과 대지 사이에 계속하여 몇 분간 가하여야 하는가?

① 3분　② 5분　③ 10분　④ 20분

해설 정류기, 회전기의 절연 내력은 규정된 시험 전압을 권선과 대지 사이에 연속하여 10분간 가하여야 한다.

체크 point

<table>
<tr><th colspan="3">종류</th><th>시험 전압</th><th>시험 방법</th></tr>
<tr><td rowspan="3">회전기</td><td rowspan="2">발전기・전동기
・조상기
・기타 회전기
(회전 변류기를 제외함)</td><td>최대 사용 전압
7000[V] 이하</td><td>최대 사용 전압 1.5배의 전압
(500[V] 미만으로 되는 경우에는 500[V])</td><td rowspan="3">권선과 대지 간에 연속하여 10분간 가함</td></tr>
<tr><td>최대 사용 전압
7000[V] 초과</td><td>최대 사용 전압 1.25배의 전압
(10500[V] 미만으로 되는 경우에는 10500[V])</td></tr>
<tr><td colspan="2">회전 변류기</td><td>직류측의 최대 사용 전압 1배의 교류 전압
(500[V] 미만으로 되는 경우에는 500[V])</td></tr>
</table>

답 ③

12 중요도 ★★ / 한국남동발전

1회 2회 3회

최대 사용 전압 3[kV]인 발전기는 몇 [V]의 절연 내력 시험 전압에 견뎌야 하는가?

① 1500　② 3000　③ 4500　④ 6000

해설 **회전기의 절연 내력**

<table>
<tr><th colspan="3">종류</th><th>시험 전압</th><th>시험 방법</th></tr>
<tr><td rowspan="3">회전기</td><td rowspan="2">발전기・전동기
・조상기
・기타 회전기
(회전 변류기를 제외함)</td><td>최대 사용 전압
7000[V] 이하</td><td>최대 사용 전압 1.5배의 전압
(500[V] 미만으로 되는 경우에는 500[V])</td><td rowspan="3">권선과 대지 간에 연속하여 10분간 가함</td></tr>
<tr><td>최대 사용 전압
7000[V] 초과</td><td>최대 사용 전압 1.25배의 전압
(10500[V] 미만으로 되는 경우에는 10500[V])</td></tr>
<tr><td colspan="2">회전 변류기</td><td>직류측의 최대 사용 전압 1배의 교류 전압
(500[V] 미만으로 되는 경우에는 500[V])</td></tr>
</table>

$3000 \times 1.5 = 4500[V]$

답 ③

접지시스템

13 중요도 ★★★ / 한국남동발전

1회 2회 3회

다음 빈칸에 들어갈 수치로 옳은 것은?

> 사람이 접촉할 우려가 있는 접지공사의 접지극은 지하 ( )[cm] 이상으로 하되 동결 깊이를 감안하여 매설할 것

① 30 ② 60 ③ 75 ④ 95

해설 (1) 접지극은 지표면으로부터 지하 0.75[m] 이상으로 하되 동결 깊이를 감안하여 매설 깊이 결정
(2) 접지 도체를 철주, 기타의 금속체를 따라서 시설하는 경우에는 접지극을 철주의 밑면으로부터 0.3[m] 이상의 깊이에 매설하는 경우 이외에는 접지극을 지중에서 그 금속체로부터 1[m] 이상 떼어 매설
(3) 접지 도체는 지하 0.75[m]부터 지표상 2[m]까지 부분은 합성 수지관(두께 2[mm] 미만의 합성 수지제 전선관 및 가연성 콤바인덕트관은 제외) 또는 이와 동등 이상의 절연 효과와 강도를 가지는 몰드로 덮을 것

답 ③

14 중요도 ★★ / 2024 한국동서발전

1회 2회 3회

저압 전로의 중성점에 접지도체로 시설하는 연동선의 공칭 단면적은 몇 [mm^2] 이상이어야 하는가?

① 4[mm^2] 이상 ② 6[mm^2] 이상 ③ 10[mm^2] 이상 ④ 16[mm^2] 이상

해설 **접지 도체 선정 시**
(1) 연동선인 경우 공칭 단면적은 6[mm^2]
(2) 철제인 경우 공칭 단면적은 50[mm^2]

답 ②

15 중요도 ★★ / 한국서부발전

1회 2회 3회

다음의 빈칸에 알맞은 숫자는?

> 〈접지도체의 선정〉
> • 접지도체에 큰 고장전류가 흐르지 않을 경우 단면적 (㉠)[mm^2]의 구리선
> • 접지도체에 큰 고장전류가 흐르지 않을 경우 단면적 (㉡)[mm^2]의 철선
> • 접지도체에 피뢰 시스템이 접속되는 경우 단면적 (㉢)[mm^2]의 구리선
> • 접지도체에 피뢰 시스템이 접속되는 경우 단면적 (㉣)[mm^2]의 철선

① ㉠ 6, ㉡ 50, ㉢ 6, ㉣ 50 ② ㉠ 6, ㉡ 50, ㉢ 16, ㉣ 50
③ ㉠ 16, ㉡ 25, ㉢ 6, ㉣ 50 ④ ㉠ 16, ㉡ 25, ㉢ 6, ㉣ 25

해설 **접지도체의 단면적[mm^2](KEC 142.3.1)**

접지도체의 종류	큰 고장전류가 접지도체를 통하여 흐르지 않는 경우	피뢰 시스템이 접속되는 경우
구리(동)	6[mm^2] 이상	16[mm^2] 이상
철제	50[mm^2] 이상	50[mm^2] 이상

답 ②

16 중요도 ★★ / 한국남동발전

1회 2회 3회

접지공사의 접지극으로 사용되는 수도관 접지 저항의 최댓값[Ω]은?

① 1　② 3　③ 5　④ 10

해설 **접지 시스템의 시설(KEC 142.2)**

대지와의 전기 저항값이 3[Ω] 이하의 값을 유지하고 있는 금속제 수도관로는 각종 접지공사의 접지극으로 사용할 수 있다. 이때, 접지도체와 금속제 수도관로의 접속은 안지름 75[mm] 이상인 부분 또는 여기에서 분기한 안지름 75[mm] 미만인 분기점으로부터 5[m] 이내의 부분에서 할 것

답 ②

17 중요도 ★★ / 한국전기안전공사

1회 2회 3회

전로에 시설하는 기계 기구 중에서 외함 접지 공사를 생략할 수 없는 경우는?

① DC 300[V] 또는 AC 150[V] 이하인 기계 기구가 건조한 장소에 시설되는 경우
② 철대 또는 외함의 주위에 절연대를 시설하는 경우
③ 220[V]의 모발 건조기를 2중 절연하여 시설하는 경우
④ 정격 감도 전류 20[mA], 동작 시간이 0.5초인 전류 동작형의 인체 감전 보호용 누전 차단기를 시설하는 경우

해설 **접지 공사의 생략 – 기계기구의 철대 및 외함의 접지(KEC 142.7)**

(1) 사용 전압이 DC 300[V] 또는 AC 대지 전압이 150[V] 이하인 기계 기구를 건조한 곳에 시설한 경우 보기 ①
(2) 저압용의 기계 기구를 건조한 목재의 마루, 기타 이와 유사한 절연성 물건 위에서 취급하도록 시설하는 경우
(3) 사람이 쉽게 접촉할 우려가 없도록 목주, 기타 이와 유사한 것의 위에 시설하는 경우
(4) 철대 또는 외함의 주위에 적당한 절연대를 설치하는 경우 보기 ②
(5) 외함이 없는 계기용 변성기가 고무·합성수지, 기타의 절연물로 피복한 것일 경우
(6) 이중 절연 구조로 되어 있는 기계 기구를 시설하는 경우 보기 ③
(7) 전로의 전원측에 절연 변압기(2차 전압이 300[V] 이하이며, 정격용량이 3[kVA] 이하인 것)를 시설하고 절연 변압기의 부하측 전로를 접지하지 않은 경우

(8) 물기 있는 장소 이외의 시설 시 인체 감전 보호용 누전 차단기(정격 감도 전류 30[mA] 이하, 동작 시간이 0.03초 이하의 전류 동작형)를 시설하는 경우 보기 ④

(9) 외함을 충전하여 사용하는 기계 기구에 사람이 접촉할 우려가 없도록 시설하거나 절연대를 시설하는 경우

답 ④

18 중요도 ★★★ / 한국전기안전공사

1회 2회 3회

저압 전로의 보호도체 및 중성선의 접속방식에 따른 분류 중 다음의 접지방식은 어느 것인가?

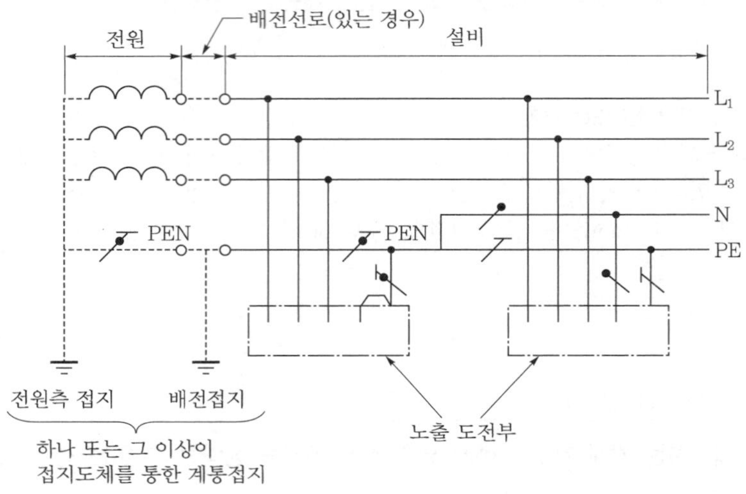

① TN 계통　② TN-C 계통　③ TN-S 계통　④ TN-C-S 계통

해설 **TN-C-S 계통(KEC 203.2)**

(1) 계통의 일부분에서 PEN 도체를 사용하거나, 중성선과 별도의 PE 도체를 사용하는 방식

(2) 배전계통에서 PEN 도체와 PE 도체를 추가로 접지할 수 있음

답 ④

19 중요도 ★★ / 2024 한국전력공사

1회 2회 3회

구리, 강철의 전선의 굵기는? (단, 주접지 단자에 접속하기 위한 등전위 본딩 도체는 설비 내에 있는 가장 큰 보호접지 도체 단면적의 $\frac{1}{2}$ 이상의 단면적을 가져야 함)

① 구리 6[mm^2] 이상, 알루미늄 14[mm^2] 이상, 강철은 25[mm^2] 이상
② 구리 6[mm^2] 이상, 알루미늄 14[mm^2] 이상, 강철은 30[mm^2] 이상
③ 구리 6[mm^2] 이상, 알루미늄 16[mm^2] 이상, 강철은 50[mm^2] 이상
④ 구리 8[mm^2] 이상, 알루미늄 16[mm^2] 이상, 강철은 25[mm^2] 이상

해설 **보호 등전위 본딩 도체(KEC 143.3.1)**

설비 내에 있는 가장 큰 보호접지 도체 단면적의 $\frac{1}{2}$ 이상의 단면적

(1) 구리 도체 : 6[mm^2] 이상
(2) 알루미늄 도체 : 16[mm^2] 이상
(3) 강철 도체 : 50[mm^2] 이상

답 ③

피뢰 시스템

20 중요도 ★★★ / 한국동서발전 1회 2회 3회

다음 중 피뢰기를 시설하지 않아도 되는 곳은?

① 변전소의 가공전선 인입구
② 수용장소에서 분기되는 분기점
③ 가공 전선로와 지중 전선로가 접속되는 곳
④ 고압 및 특고압 가공 전선로로부터 공급을 받는 수용장소의 인입구

해설 **피뢰기 설치 장소**

(1) 발전소, 변전소 또는 이에 준하는 장소의 가공전선 인입구 및 인출구 보기 ①
(2) 특고압 가공 전선로에 접속하는 배전용 변압기의 고압 및 특고압측
(3) 가공 전선로와 지중 전선로가 접속되는 곳 보기 ③
(4) 고압 및 특고압 가공 전선로로부터 공급을 받는 수용장소의 인입구 보기 ④

답 ②

21 중요도 ★★ / 한국남부발전 1회 2회 3회

피뢰 시스템 접지 시 적절하지 않은 것은?

① 뇌전류의 경로가 보호대상물에 접촉하지 않도록 하여야 한다.
② 수평도체의 경우 지지 구조물마다 1가닥 이상의 인하도선을 시설한다.
③ 그물망 도체의 경우 지지 구조물마다 1가닥 이상의 인하도선을 시설한다.
④ 별개의 지주에 설치되어 있는 경우 각 지주마다 1가닥 이상의 인하도선을 시설한다.
⑤ 건축물, 구조물과 분리하지 아니한 피뢰 시스템에서 인하도선의 수는 1가닥 이상이어야 한다.

해설 **피뢰 시스템의 적용**

(1) 뇌전류의 경로가 보호대상물에 접촉하지 않도록 하여야 한다. 보기 ①
(2) 수평도체의 경우 지지 구조물마다 1가닥 이상의 인하도선을 시설한다. 보기 ②
(3) 그물망 도체의 경우 지지 구조물마다 1가닥 이상의 인하도선을 시설한다. 보기 ③
(4) 별개의 지주에 설치되어 있는 경우 각 지주마다 1가닥 이상의 인하도선을 시설한다. 보기 ④

(5) 건축물, 구조물과 분리되지 아니한 피뢰 시스템에서 인하도선의 수는 2가닥 이상이어야 한다. 보기 ⑤

(6) 건축물, 구조물과 분리되지 아니한 피뢰 시스템에서 병렬 인하도선의 최대 간격은 다음과 같다.

① I·II 등급은 10[m]

② III등급은 15[m]

③ IV등급은 20[m]

답 ⑤

과전류 차단기의 시설

22 중요도 ★★ / 한국전기안전공사 1회 2회 3회

저압 옥내 간선에서 분기하여 전기 사용 기계 기구에 이르는 저압 옥내 전선로의 분기 개소에 시설하는 개폐기 및 과전류 차단기는 분기점에서 전선의 길이가 몇 [m] 이내인 곳에서 시설하는가?

① 0.5 ② 1.0 ③ 2.0 ④ 3.0

해설 분기회로(S_2)의 보호장치(P_2)는 P_2의 전원측에서 분기점(O) 사이에 다른 분기회로 또는 콘센트의 접속이 없고, 단락의 위험과 화재 및 인체에 대한 위험성이 최소화되도록 시설된 경우, 분기회로의 보호장치(P_2)는 분기회로의 분기점(O)으로부터 3[m]까지 이동하여 설치할 수 있다.

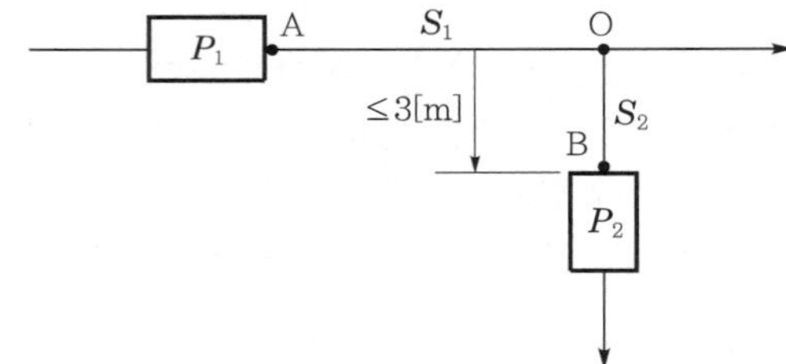

답 ④

23 중요도 ★★★ / 부산교통공사 1회 2회 3회

욕실 등 인체가 물에 젖어 있는 상태에서 물을 사용하는 장소에 콘센트를 시설하는 경우에 적합한 누전 차단기는?

① 정격 감도 전류 15[mA] 이하, 동작 시간 0.03초 이하의 전압 동작형 누전 차단기

② 정격 감도 전류 15[mA] 이하, 동작 시간 0.03초 이하의 전류 동작형 누전 차단기

③ 정격 감도 전류 15[mA] 이하, 동작 시간 0.3초 이하의 전압 동작형 누전 차단기

④ 정격 감도 전류 15[mA] 이하, 동작 시간 0.3초 이하의 전류 동작형 누전 차단기

해설 **콘센트의 시설(KEC 234.5)**

욕조나 샤워실에 있는 욕실 또는 화장실 등 인체가 물에 젖어 있는 상태에서 물을 사용하는 장소에 콘센트를 시설하는 경우

(1) 인체 감전 보호용 누전 차단기(정격 감도 전류 15[mA] 이하, 동작 시간 0.03초 이하의 전류 동작형의 것) 또는 절연 변압기(정격 용량 3[kVA] 이하인 것)로 보호된 전로에 접속하거나, 인체 감전 보호용 누전 차단기가 부착된 콘센트를 시설

(2) 콘센트는 접지극이 있는 방적형 콘센트를 사용하여 접지한다.

답 ②

24 중요도 ★★ / 한국도로공사

1회 2회 3회

다음 빈칸의 숫자를 모두 더한 값은?

> 아크가 생기는 기구는 목재의 벽 또는 천장, 기타의 가연성 물체로부터 고압 (㉠)[m] 이상, 특고압 (㉡)[m] 이상 이격한다.

① 1.5　② 2　③ 2.5
④ 3　⑤ 4.5

해설 **아크를 발생하는 기구의 시설(KEC 341.7)**
동작 시에 아크를 발생하는 개폐기, 차단기, 피뢰기 등은 목재의 벽 또는 천장, 기타 가연성 물체로부터 고압용의 것은 1[m] 이상, 특고압용은 2[m] 이상 이격하여야 한다.

답 ④

02 전선로

풍압 하중

25 중요도 ★★★ / 부산교통공사

1회 2회 3회

다음 수직 투영 면적 1[m^2]당 갑종 풍압 하중으로 옳지 않은 것은?

① 원형 목주 588　② 원형 철주 588
③ 원형 철근 콘크리트주 882　④ 강관 철탑 1255

해설

풍압을 받는 구분			구성재의 수직 투영면적 1[m^2]에 대한 풍압
목주			588[Pa] 보기 ①
지지물	철주	원형의 것	588[Pa] 보기 ②
		삼각형 또는 마름모형의 것	1412[Pa]
		강관에 의하여 구성되는 사각형의 것	1117[Pa]
		기타의 것	복재(腹材)가 전・후면에 겹치는 경우에는 1627[Pa], 기타의 경우에는 1787[Pa]

<table>
<tr><th colspan="4">풍압을 받는 구분</th><th>구성재의 수직 투영면적 1[m^2]에 대한 풍압</th></tr>
<tr><td rowspan="6">지지물</td><td rowspan="2">철근 콘크리트주</td><td colspan="2">원형의 것</td><td>588[Pa] 보기 ③</td></tr>
<tr><td colspan="2">기타의 것</td><td>882[Pa]</td></tr>
<tr><td rowspan="4">철탑</td><td rowspan="2">단주
(완철류는 제외함)</td><td>원형의 것</td><td>588[Pa]</td></tr>
<tr><td>기타의 것</td><td>1117[Pa]</td></tr>
<tr><td colspan="2">강관으로 구성되는 것
(단주는 제외함)</td><td>1255[Pa] 보기 ④</td></tr>
<tr><td colspan="2">기타의 것</td><td>2157[Pa]</td></tr>
<tr><td rowspan="2">전선, 기타 가섭선</td><td colspan="3">다도체(구성하는 전선이 2가닥마다 수평으로 배열되고 또한 그 전선 상호 간의 거리가 전산의 바깥지름의 20배 이하인 것에 한함)를 구성하는 전선</td><td>666[Pa]</td></tr>
<tr><td colspan="3">기타의 것</td><td>745[Pa]</td></tr>
<tr><td colspan="4">애자장치(특고압 전선용의 것에 한함)</td><td>1039[Pa]</td></tr>
<tr><td colspan="4">목주・철주(원형의 것에 한함) 및 철근 콘크리트주의 완금류
(특고압 전선로용의 것에 한함)</td><td>단일재로서 사용하는 경우에는 1196[Pa],
기타의 경우에는 1627[Pa]</td></tr>
</table>

 ③

26 중요도 ★★★ / 한국서부발전

1회 2회 3회

설계하중이 9.8[kN]인 철근 콘크리트주의 길이가 16[m]라 한다. 이때, 땅에 묻히는 깊이를 몇 [m] 이상으로 시설하여야 하는가? (단, 기초 안전율을 고려하지 않는다.)

① 2.0 ② 2.5 ③ 2.8 ④ 3.0

해설 **지지물의 근입 깊이**

<table>
<tr><th colspan="2">구분</th><th>6.8[kN] 이하</th><th>6.8[kN] 초과 9.8[kN] 이하</th></tr>
<tr><td rowspan="2">철주 또는
철근 콘크리트주</td><td>15[m] 이하</td><td>지지물 길이×$\frac{1}{6}$ 이상</td><td rowspan="2">+0.3[m]</td></tr>
<tr><td>15[m] 초과 16[m] 이하</td><td>2.5[m] 이상</td></tr>
</table>

16[m] 이하이므로 기본 2.5[m]에 설계하중이 9.8[kN]이므로 0.3[m]를 가산하여 총 2.8[m]를 묻어야 한다.

체크 point

철주, 철근 콘크리트 근입 깊이(KEC 331.7)

- 16[m] 이하, 설계 하중이 6.8[kN] 이하인 것
  - 전체의 길이가 15[m] 이하 : 전체 길이의 $\frac{1}{6}$ 이상
  - 전체의 길이가 15[m] 초과 : 2.5[m]
- 16[m] 초과 20[m] 이하, 설계 하중 6.8[kN] 이하 : 2.8[m]
- 14[m] 이상 20[m] 이하, 설계 하중 6.8[kN] 초과 9.8kN] 이하 : 묻히는 깊이는 기준보다 30[cm] 가산하여 시설

- 14[m] 이상 20[m] 이하, 설계 하중 9.8[kN] 초과 14.72[kN] 이하
  - 전체 길이 15[m] 이하 : $\frac{1}{6}$로 계산한 것에 0.5[m]를 가산한 값 이상으로 시설
  - 전체 길이 15[m] 초과 18[m] 이하 : 묻히는 깊이를 3[m] 이상
  - 전체 길이 18[m] 초과 : 묻히는 깊이 3.2[m] 이상

답 ③

지지선의 시설

27 중요도 ★★★ / 한국가스공사 1회 2회 3회

다음 가공 전선로의 지지물에 시설하는 지지선에 대한 설명 중 옳은 것은?

① 지지선의 안전율은 2.0 이상일 것
② 연선을 사용할 경우 소선 3가닥 이상의 연선일 것
③ 연선을 사용할 경우 소선의 지름이 2.5[mm] 이상의 금속선을 사용한 것일 것
④ 지중부분 및 지표상 20[cm]까지의 부분에는 내식성이 있는 것 또는 아연도금을 한 철봉을 사용하고 쉽게 부식되지 아니하는 근가(전주 버팀대)에 견고하게 붙일 것

해설 **지지선의 시설(KEC 331.11)**
(1) 안전율 : 2.5 보기 ①
(2) 인장하중 : 4.31[kN] 이상
(3) 소선수 3조 2.6[mm] 금속선(소선 지름 2[mm] 이상 아연도강연선으로 0.68[kN/mm^2] 이상인 경우 예외) 보기 ②, ③
(4) 지중 및 지표상 30[cm]까지 아연도금한 철봉(지선봉)일 것 보기 ④
(5) 지지선 근가(전주 버팀대) : 지표면으로부터 1.5[m]
(6) 지지선 애자의 설치 : 지표상 2.5[m]

답 ②

28 중요도 ★★ / 한국남부발전 1회 2회 3회

가공 전선로의 지지물에 시설하는 지지선의 안전율은?

① 안전율 : 6.0 이상
② 안전율 : 4.5 이상
③ 안전율 : 3.5 이상
④ 안전율 : 2.5 이상

해설 **지지선의 시설**
지지선의 안전율은 2.5 이상

체크 point

- 허용 인장하중 최저는 4.31[kN]
- 3가닥 이상의 연선으로 구성
- 소선의 지름 2.6[mm]
- 도로 횡단 시 지지선의 설치 높이는 5[m] 이상

 ④

가공 전선로

29 중요도 ★★★ / 지역난방공사

1회 2회 3회

가공 전선의 구비 조건으로 틀린 것은?

① 도전율이 높아야 한다.
② 기계적 강도가 커야 한다.
③ 전압 강하가 적어야 한다.
④ 비중이 커야 한다.

해설 **가공 전선의 구비 조건**

(1) 도전율이 높아야 한다. 보기 ①
(2) 기계적 강도가 커야 한다. 보기 ②
(3) 전압 강하가 작아야 한다. 보기 ③
(4) 비중이 작아야 한다. 보기 ④
(5) 가요성이 풍부하여야 한다.
(6) 가격이 저렴하여야 한다.

답 ④

30 중요도 ★★ / 한국남동발전

1회 2회 3회

저압 가공 전선이 도로를 횡단할 때 지표상 높이의 최저 높이[m]는 얼마인가?

① 5　② 6　③ 7　④ 8

해설 **저압 가공 전선의 높이(KEC 221.1.1)**

(1) 도로를 횡단하는 경우 : 지표상 5[m] 이상
(2) 철도를 횡단하는 경우 : 레일면상 6.5[m] 이상
(3) 횡단보도교 위에 시설하는 경우 : 노면상 3[m] 이상

답 ①

31 중요도 ★★ / 2024 한국동서발전

1회 2회 3회

저압 가공 인입선이 횡단보도교 위에 시설되는 경우 노면상 몇 [m] 이상의 높이에 설치되어야 하는가?

① 3 ② 4 ③ 5 ④ 6.5

해설 **저압 가공 전선의 높이(KEC 221.1.1)**

(1) 도로를 횡단하는 경우 : 지표상 5[m] 이상
(2) 철도를 횡단하는 경우 : 레일면상 6.5[m] 이상
(3) 횡단보도교 위에 시설하는 경우 : 노면상 3[m] 이상

답 ①

32 중요도 ★★ / 한국남부발전

1회 2회 3회

고·저압을 병행설치할 때 전선 간의 이격거리는 몇 [cm] 이상이어야 하는가? (단, 고압측에 케이블을 사용한다.)

① 30 ② 60 ③ 80 ④ 100

해설 **저·고압 가공전선 등의 병행 설치(KEC 222.9)**

병행 설치 : 동일 지지물에 저·고압 등을 시설하는 것
(1) 저압 가공전선을 고압 가공전선의 아래로 하고 별개의 완금류에 시설
(2) 저압 가공전선과 고압 가공전선 사이의 이격거리 : 0.5[m] 이상
(단, 고압 가공전선이 케이블인 경우 이격거리 : 0.3[m] 이상)

답 ①

33 중요도 ★★ / 한국남동발전

1회 2회 3회

동일 지지물에 고압 저압선을 병가할 때 시설로 옳은 것은?

① 고압선이 저압선 위로, 동일 완금에 시설
② 고압선과 저압선이 평행, 동일 완금 시설
③ 고압선이 저압선 위로, 별개의 완금에 시설
④ 저압선이 고압선 위로, 별개의 완금에 시설

해설 **저·고압 가공전선 등의 병행 설치(KEC 222.9)**

병행 설치 : 동일 지지물에 저·고압 등을 시설하는 것
(1) 저압 가공전선을 고압 가공전선의 아래로 하고 별개의 완금류에 시설
(2) 저압 가공전선과 고압 가공전선 사이의 이격거리 : 0.5[m] 이상
(단, 고압 가공전선이 케이블인 경우 이격거리 : 0.3[m] 이상)

답 ③

34 중요도 ★★ / 한국동서발전

1회 2회 3회

22.9[kV]의 전선로를 절연전선으로 시가지에 시설하는 경우 그 전선의 지표상 최소 높이[m]는?

① 5 ② 6 ③ 8 ④ 10

해설 **시가지 등에서 특고압 가공전선로의 시설(KEC 333.1)**

전선의 지표상 높이

사용전압의 구분	지표상의 높이
35[kV] 이하	10[m](전선이 특고압 절연전선인 경우 : 8[m])
35[kV] 초과	10[m]에 35[kV]를 초과하는 10[kV] 또는 그 단수마다 0.12[m]를 더한 값

 ④

35 중요도 ★★ / 한국동서발전

1회 2회 3회

사용전압이 154[kV]의 가공전선을 시가지에 시설하는 경우에 케이블인 경우를 제외하고 전선의 지표상의 최소 높이[m]는 얼마인가?

① 7.44 ② 7.80 ③ 9.44 ④ 11.44

해설 **시가지 등에서 특고압 가공전선로의 시설(KEC 333.1)**

(1) 전선의 지표상 높이

사용전압의 구분	지표상의 높이
35[kV] 이하	10[m](전선이 특고압 절연전선인 경우 : 8[m])
35[kV] 초과	10[m]에 35[kV]를 초과하는 10[kV] 또는 그 단수마다 0.12[m]를 더한 값

(2) 단수의 계산은 $15.4-3.5=11.9$이므로

12단 이격거리$=10+12\times0.12=11.44$[m]

 ④

36 중요도 ★★ / 한국중부발전

1회 2회 3회

특고압 가공전선로의 철탑의 경간은 몇 [m] 이하이어야 하는가?

① 150 ② 250 ③ 400 ④ 600

해설 **특고압 가공전선로의 경간 제한(KEC 333.21)**

(1) 특고압 가공전선로의 경간

지지물의 종류	경간
목주, A종 철주 또는 A종 철근 콘크리트주	150[m]
B종 철주 또는 B종 철근 콘크리트주	250[m]
철탑	600[m](단주인 경우에는 400[m])

(2) 특고압 가공 전선로의 전선에 인장강도 21.67[kN] 이상의 것, 단면적 50[mm2] 이상인 경동연선을 사용하는 경우

① 목주·A종 철주, A종 철근 콘크리트주를 사용하는 경우 : 300[m] 이하

② B종 철주, B종 철근 콘크리트주를 사용하는 경우 : 500[m] 이하

답 ④

37 중요도 ★ / LH공사

1회 2회 3회

66[kV] 가공송전선과 건조물이 제1차 접근상태로 시설하는 경우 전선과 건조물 간의 최소 이격거리[m]는?

① 3.4 ② 3.5 ③ 3.6 ④ 3.7

해설 **특고압 가공전선이 건조물과 제1차 접근상태로 시설되는 경우(KEC 333.23)**

(1) 특고압 가공전선로는 제3종 특고압 보안공사에 의할 것

(2) 35[kV] 이하인 가공전선과 건조물의 조영재 사이의 이격거리

건조물과 조영재의 구분	전선의 종류	접근형태	이격거리
상부 조영재	특고압 절연전선	위쪽	2.5[m]
		옆쪽 또는 아래쪽	1.5[m] (사람접촉 우려 없도록 시설 : 1[m])
	케이블	위쪽	1.2[m]
		옆쪽 또는 아래쪽	0.5[m]
	기타 전선	–	3[m]

(3) 35[kV] 초과

35[kV] 초과하는 10[kV] 또는 그 단수마다 15[cm]를 더한 값 이상일 것

(4) 특고압 가공전선이 건조물과 접근하는 경우 특고압 가공전선이 건조물의 아래쪽에 시설될 때 상호 간의 수평 이격거리는 3[m] 이상으로 할 것(35[kV] 이하는 예외)

(5) 단수의 계산

$6.6 - 3.5 = 3.1$이므로 4단이 되며 이격거리 $3 + 4 \times 0.15 = 3.6$[m]

 ③

38 중요도 ★ / 한국전력공사

1회 2회 3회

다음 중 식물과의 이격거리에 대해 올바르지 않은 것을 고르시오.

① 저압, 고압 시 상시 불고 있는 바람에 접촉하지 않도록 한다.
② 25[kV] 이하 다중 중성점 접지한 배전선로의 이격거리는 1[m] 이상이어야 한다.
③ 특고압 절연전선 또는 케이블을 사용하는 특고압 가공전선과 식물이 접촉하지 않도록 시설해야 한다.
④ 60[kV] 초과 시 2[m]에 사용전압 60[kV]를 초과하는 10[kV] 또는 그 단수마다 12[cm]를 더한 값이다.
⑤ 사용전압 154[kV]의 가공전선과 식물과의 이격거리는 3.2[m]이다.

해설 **식물의 이격거리(간격)(KEC 222.19, 332.19, 333.30)**

사용전압	이격거리(간격)
저·고압	상시 부는 바람 등에 의하여 식물에 접촉하지 않도록 시설 보기 ①
15[kV] 초과 25[kV] 이하	1.5[m] 이상 보기 ②
	특고압 절연전선이거나 케이블인 경우 : 식물에 접촉하지 않도록 시설 보기 ③
35[kV] 이하	고압 절연전선을 사용 : 0.5[m] 이상인 경우
	특고압 절연전선이거나 케이블인 경우 : 식물에 접촉하지 않도록 시설 보기 ③
60[kV] 이하	2[m]
60[kV] 초과	$2+\left(\frac{X-60}{10}\right)\times 0.12$[m] 보기 ④

※ 괄호 안 $\left(\frac{X-60}{10}\right)$의 소수점은 첫째자리에서 절상한다.

사용전압 154[kV]의 가공전선과 식물과의 이격거리(간격)는 다음과 같다. 보기 ⑤
단수의 계산은 $15.4-6=9.4$이므로 10단이 된다.
이격거리 $=2+10\times 0.12=3.2$[m]

답 ②

39 중요도 ★★ / 한국중부발전

1회 2회 3회

특고압 가공전선로의 전선으로 케이블을 시설하는 경우 틀린 것은?

① 조가선 및 케이블의 피복에 사용한 금속체에는 접지 공사를 한다.
② 케이블은 조가선에 접촉시키고 비닐 테이프 등을 20[cm] 이상의 간격으로 감아 붙인다.
③ 조가선은 단면적 33[mm^2]의 아연도 강연선 이상의 세기 및 굵기의 연선을 사용한다.
④ 케이블은 조가선에 행거로서 시설한다.

해설 **특고압 가공케이블에 의한 시설(KEC 333.3)**

(1) 케이블은 조가선에 행거에 의하여 시설 보기 ④ – 금속테이프 사용 시 0.2[m] 이하의 간격 유지(철바인드법) 보기 ②

(2) 조가선
인장강도 5.93[kN] 이상의 연선 or 단면적 22[mm^2] 이상의 아연도강연선 이상 보기 ③
(3) 조가선 및 케이블의 피복에 사용하는 금속체는 접지공사 보기 ①

답 ③

40

중요도 ★★ / 2024 한국동서발전 | 1회 | 2회 | 3회

유도 장해의 방지를 위한 규정으로 사용 전압 60[kV] 이하인 가공 전선로의 유도 전류는 전화 선로의 길이 (   )[km]마다 2[μA]를 넘지 않도록 하여야 하는가?

① 10 ② 12 ③ 16 ④ 40

해설 **유도 장해의 방지(KEC 333.2)**
특고압 가공 전선로는 기설 가공 전화 선로에 대하여 상시 정전 유도 작용에 의한 통신상의 장해가 없도록 시설하고 유도 전류를 제한한다.
(1) 사용 전압 60[kV] 이하의 경우
전화 선로의 길이 12[km]마다 유도 전류 2[μA] 이하
(2) 사용 전압 60[kV] 초과의 경우
전화 선로의 길이 40[km]마다 유도 전류 3[μA] 이하

답 ②

41

중요도 ★★★ / 지역난방공사 | 1회 | 2회 | 3회

한 수용 장소의 인입구에서 분기하여 지지물을 거치지 않고 다른 수용 장소의 인입구에 이르는 부분의 전선을 무엇이라 하는가?

① 가공 인입선 ② 연접(이웃 연결) 인입선
③ 옥상 배선 ④ 옥측 배선

해설 **연접(이웃 연결) 인입선의 시설(KEC 221.1.2)**
(1) 연접(이웃 연결) 인입선의 시설 규정
① 인입선에서 분기하는 점으로부터 100[m]를 초과하는 지역에 미치지 아니할 것
② 폭 5[m]를 초과하는 도로를 횡단하지 말 것
③ 옥내를 통과하지 아니할 것
④ 고압 및 특고압 연접(이웃 연결) 인입선은 시설금지
(2) 전선 : 절연전선, 케이블
① 인장강도 2.30[kN] 이상, 지름 2.6[mm] 이상의 인입용 비닐 절연 전선
② 경간(지지물 간의 거리)이 15[m] 이하인 경우 : 인장강도 1.25[kN] 이상, 지름 2[mm] 이상의 인입용 비닐 절연 전선

답 ②

지중 전선로

42 중요도 ★★ / LH공사 1회 2회 3회

차량, 기타 중량물의 압력을 받을 우려가 있는 장소에 지중 전선을 관로식에 의하여 매설하는 경우 매설 깊이는 몇 [m] 이상이어야 하는가?

① 0.5 ② 0.6 ③ 1.0 ④ 1.2

해설 차량, 기타 중량물의 압력을 받을 우려가 있는 장소에 지중 전선을 관로식, 직접 매설식에 의하여 매설하는 경우 매설 깊이는 1.0[m] 이상이어야 한다.

체크 point

기타의 장소에 의하여 매설하는 경우 매설 깊이는 0.6[m] 이상이어야 한다.

답 ③

43 중요도 ★★ / 한국동서발전 1회 2회 3회

다음 빈칸에 들어갈 내용이 순서대로 옳게 나열된 것은?

[지중 전선로의 시설]
관로식에 의하여 시설하는 경우에는 매설 깊이를 ( )[m] 이상으로 하되, 매설 깊이가 충분하지 못한 장소에는 견고하고 차량, 기타 중량물의 압력에 견디는 것을 사용할 것. 단, 중량물의 압력을 받을 우려가 없는 곳은 ( )[cm] 이상으로 한다.

① 1, 10 ② 1, 60 ③ 1, 100
④ 10, 60 ⑤ 10, 100

해설 **지중 전선로의 시설(KEC 334.1)**

전선에 케이블을 사용하고 관로식, 암거식 또는 직접 매설식에 의하여 시설

(1) 관로식

매설 깊이를 1.0[m] 이상으로 하며, 매설 깊이가 충분하지 못한 장소에는 견고하고 차량, 기타 중량물의 압력에 견디는 것을 사용할 것. 단, 중량물의 압력을 받을 우려가 없는 곳은 60[cm] 이상으로 한다.

(2) 암거식

견고하고 차량, 기타 중량물의 압력이 견디는 것을 사용

(3) 직접 매설식

차량, 기타 중량물의 압력을 받을 우려가 있는 장소에는 1.0[m] 이상, 기타 장소에는 60[cm] 이상으로 하고 또한 지중 전선을 견고한 트로프, 기타 방호물에 넣어 시설하여야 한다.

답 ②

44 중요도 ★★ / 2024 한국동서발전 1회 2회 3회

폭발성 또는 연소성의 가스가 침입할 우려가 있는 것에 시설하는 지중 전선로의 지중함은 그 크기가 최소 몇 [m^3] 이상인 경우에는 통풍 장치, 기타 가스를 방산시키기 위한 적당한 장치를 시설해야 하는가?

① 0.5 ② 1 ③ 1.5 ④ 2

해설 **지중함의 시설(KEC 334.2)**

(1) 폭발성 또는 연소성의 가스가 침입할 우려가 있는 것에 시설하는 지중 전선로의 지중함은 그 크기가 최소 1[m^3] 이상인 경우에는 통풍 장치, 기타 가스를 방산시키기 위한 적당한 장치를 시설하여야 한다.
(2) 견고하고 중량물의 압력에 견디는 구조이어야 한다.
(3) 고인물을 제거할 수 있는 구조이어야 한다.

답 ②

03 발전소 · 변전소 · 개폐소 등의 시설

보호장치

45 중요도 ★★★ / 한국남동발전 1회 2회 3회

특고압 변압기로서 내부고장에 반드시 자동 차단되어야 하는 변압기의 뱅크 용량은 몇 [kVA] 이상인가?

① 10000 ② 11000 ③ 13000 ④ 15000

해설 **특고압용 변압기의 보호장치(KEC 351.4)**

특고압용의 변압기에는 그 내부에 고장이 생겼을 경우 보호하는 장치 시설

뱅크 용량의 구분	동작 조건	장치의 종류
5000[kVA] 이상 10000[kVA] 미만	변압기 내부 고장	자동 차단 장치 또는 경보 장치
10000[kVA] 이상	변압기 내부 고장	자동 차단 장치
타냉식 변압기	냉각 장치 고장이 생긴 경우 또는 변압기 온도가 현저히 상승한 경우	경보 장치

답 ①

46 중요도 ★★★ / 한국전력공사

1회 2회 3회

발전기에 자동 차단 장치를 설치해야 하는 경우에 대해 옳지 않은 것은?

① 용량 500[kVA] 이상의 발전기를 구동하는 수차 압유 장치의 유압이 현저하게 저하하는 경우
② 용량 1000[kVA] 이상의 수차 발전기의 스러스트 베어링 온도가 현저히 상승한 경우
③ 용량이 10000[kVA]를 넘는 발전기에 내부 고장이 생긴 경우
④ 발전기에 과전류나 과전압이 생긴 경우
⑤ 정격 출력 10000[kW]를 넘는 증기 터빈의 스러스트 베어링이 현저하게 마모되거나 온도가 현저하게 상승하는 경우

해설 **발전기의 전로로부터 자동 차단하는 장치 시설(KEC 351.3)**

(1) 발전기에 과전류나 과전압이 생긴 경우 보기 ④
(2) 용량이 500[kVA] 이상의 발전기를 구동하는 수차의 압유 장치의 유압 또는 전동식 가이드밴 제어 장치, 전동식 니들 제어 장치 또는 전동식 디플렉터 제어 장치의 전원 전압이 현저히 저하한 경우 보기 ①
(3) 용량이 2000[kVA] 이상인 수차 발전기의 스러스트 베어링의 온도가 현저히 상승한 경우 보기 ②
(4) 용량이 10000[kVA] 이상인 발전기의 내부에 고장이 생긴 경우 보기 ③
(5) 정격 출력 10000[kW]를 초과하는 증기 터빈은 그 스러스트 베어링이 현저하게 마모되거나 그의 온도가 현저히 상승한 경우 보기 ⑤

답 ②

47 중요도 ★★★ / 한국도로공사

1회 2회 3회

다음 빈칸 ㉠, ㉡의 값은?

설비종별	뱅크용량의 구분	자동적으로 전로로부터 차단하는 장치
전력용 커패시터 및 분로 리액터	(㉠)[kVA] 초과 (㉡)[kVA] 미만	• 내부 고장이 생긴 경우 • 과전류가 생긴 경우
	(㉡)[kVA] 이상	• 내부 고장이 생긴 경우 • 과전류가 생긴 경우 • 과전압이 생긴 경우
무효 전력 보상장치(조상기)	(㉡)[kVA] 이상	• 내부 고장이 생긴 경우

① ㉠ 500, ㉡ 10000 ② ㉠ 5000, ㉡ 10000 ③ ㉠ 500, ㉡ 15000
④ ㉠ 5000, ㉡ 15000 ⑤ ㉠ 5000, ㉡ 20000

해설 **조상설비의 보호장치(KEC 351.5)**

설비종별	뱅크용량의 구분	자동적으로 전로로부터 차단하는 장치
전력용 커패시터 및 분로 리액터	500[kVA] 초과 15000[kVA] 미만	내부에 고장이 생긴 경우에 동작하는 장치 또는 과전류가 생긴 경우에 동작하는 장치
	15000[kVA] 이상	내부에 고장이 생긴 경우에 동작하는 장치 및 과전류가 생긴 경우에 동작하는 장치 또는 과전압이 생긴 경우에 동작하는 장치
무효 전력 보상장치 (조상기)	15000[kVA] 이상	내부에 고장이 생긴 경우에 동작하는 장치

 ③

48 중요도 ★★★ / 한국동서발전 1회 2회 3회

전력용 콘덴서의 내부에 고장이 생긴 경우 및 과전류 또는 과전압이 생긴 경우 자동적으로 전로를 차단하는 장치가 필요한 뱅크용량은 몇 [kVA] 이상인 것인가?

① 8000
② 10000
③ 12000
④ 15000

해설 **조상설비의 보호장치(KEC 351.5)**

설비종별	뱅크용량의 구분	자동적으로 전로로부터 차단하는 장치
전력용 커패시터 및 분로 리액터	500[kVA] 초과 15000[kVA] 미만	내부에 고장이 생긴 경우에 동작하는 장치 또는 과전류가 생긴 경우에 동작하는 장치
	15000[kVA] 이상	내부에 고장이 생긴 경우에 동작하는 장치 및 과전류가 생긴 경우에 동작하는 장치 또는 과전압이 생긴 경우에 동작하는 장치
무효 전력 보상장치 (조상기)	15000[kVA] 이상	내부에 고장이 생긴 경우에 동작하는 장치

 ④

49 중요도 ★★★ / 2024 한국동서발전 1회 2회 3회

무효 전력 보상장치(조상기)의 내부에 고장이 생긴 경우 자동적으로 전로로부터 차단하는 장치는 뱅크 용량이 몇 [kVA] 이상이어야 시설하는가?

① 5000 ② 8000 ③ 10000 ④ 15000

해설 조상설비의 보호장치(KEC 351.5)

설비종별	뱅크용량의 구분	자동적으로 전로로부터 차단하는 장치
전력용 커패시터 및 분로 리액터	500[kVA] 초과 15000[kVA] 미만	내부에 고장이 생긴 경우에 동작하는 장치 또는 과전류가 생긴 경우에 동작하는 장치
	15000[kVA] 이상	내부에 고장이 생긴 경우에 동작하는 장치 및 과전류가 생긴 경우에 동작하는 장치 또는 과전압이 생긴 경우에 동작하는 장치
무효 전력 보상장치 (조상기)	15000[kVA] 이상	내부에 고장이 생긴 경우에 동작하는 장치

 ④

울타리 · 담 등의 시설

50 중요도 ★★★ / 한국서부발전 1회 2회 3회

변전소에서 160[kV], 용량 12000[kVA] 변압기를 옥외에 시설할 때 울타리의 높이와 울타리에서 충전 부분까지 거리의 합계는 몇 [m] 이상으로 하여야 하는가?

① 5 ② 6 ③ 6.8 ④ 7.4

해설 발전소 등의 울타리 · 담 등의 시설(KEC 351.1)

(1) 울타리 · 담 등의 높이 : 2[m] 이상

(2) 지표면과 울타리 · 담 등의 하단 사이의 간격 : 0.15[m] 이하

(3) 울타리 · 담 등과 고압 및 특고압의 충전 부분이 접근하는 경우에는 울타리 · 담 등의 높이와 울타리 · 담 등으로부터 충전 부분까지 거리의 합계는 표에서 정한 값 이상으로 할 것

사용 전압의 구분	울타리의 높이와 울타리로부터 충전 부분까지의 거리의 합계 또는 지표상의 높이
35[kV] 이하	5[m]
35[kV] 초과 160[kV] 이하	6[m]
160[kV] 초과	6[m]에 160[kV]를 초과하는 10[kV] 또는 그 단수마다 0.12[m]를 더한 값

 ②

51 중요도 ★★★ / 한국가스공사

1회 2회 3회

22.9[kV] 변압기의 충전부까지의 거리와 울타리 높이를 합한 값의 최솟값은 몇 [m]인가?

① 4　② 5　③ 6　④ 7

해설 **발전소 등의 울타리·담 등의 시설(KEC 351.1)**

(1) 울타리·담 등의 높이 : 2[m] 이상

(2) 지표면과 울타리·담 등의 하단 사이의 간격 : 0.15[m] 이하

(3) 울타리·담 등과 고압 및 특고압의 충전 부분이 접근하는 경우에는 울타리·담 등의 높이와 울타리·담 등으로부터 충전 부분까지 거리의 합계는 표에서 정한 값 이상으로 할 것

사용 전압의 구분	울타리의 높이와 울타리로부터 충전 부분까지의 거리의 합계 또는 지표상의 높이
35[kV] 이하	5[m]
35[kV] 초과 160[kV] 이하	6[m]
160[kV] 초과	6[m]에 160[kV]를 초과하는 10[kV] 또는 그 단수마다 0.12[m]를 더한 값

답 ②

52 중요도 ★★★ / 지역난방공사

1회 2회 3회

사용 전압이 175[kV]의 변전소의 울타리·담 등의 높이와 울타리·담 등으로부터 충전 부분까지는 몇 [m] 이상이어야 하는가?

① 3.12　② 4.24　③ 5.12　④ 6.24

해설 **발전소 등의 울타리·담 등의 시설(KEC 351.1)**

(1) 울타리·담 등의 높이 : 2[m] 이상

(2) 지표면과 울타리·담 등의 하단 사이의 간격 : 0.15[m] 이하

(3) 울타리·담 등과 고압 및 특고압의 충전 부분이 접근하는 경우에는 울타리·담 등의 높이와 울타리·담 등으로부터 충전 부분까지 거리의 합계는 표에서 정한 값 이상으로 할 것

사용 전압의 구분	울타리의 높이와 울타리로부터 충전 부분까지의 거리의 합계 또는 지표상의 높이
35[kV] 이하	5[m]
35[kV] 초과 160[kV] 이하	6[m]
160[kV] 초과	6[m]에 160[kV]를 초과하는 10[kV] 또는 그 단수마다 0.12[m]를 더한 값

여기서, 단수 $= 17.5 - 16 = 1.5$이므로 단수 2단

따라서, 울타리의 높이와 울타리에서 충전 부분까지의 거리는 $6 + 2 \times 0.12 = 6.24$[m]

답 ④

53 중요도 ★★★ / 한국동서발전 1회 2회 3회

765[kV] 변전소의 충전 부분에서 9.12[m] 거리에 울타리를 설치하고자 한다. 울타리의 최소 높이는 얼마인가?

① 4.2[m] ② 5.25[m] ③ 7.5[m] ④ 9[m]

해설 울타리 · 담 등의 높이와 충전부까지의 거리의 합계는 다음과 같다.
합계$=6+$단수$\times 0.12$[m]에서 단수 처리된 부분을 먼저 구하면
$\frac{765-160}{10}=60.5$이므로 절상하여 단수 처리하면 61이 된다.
그러므로 합계$=6+61\times 0.12=13.32$[m]가 되며 문제에서는 담높이를 묻고 있으므로
즉, 담높이$=13.32-9.12=4.2$[m]이다.

답 ①

54 중요도 ★★ / 한국남동발전 1회 2회 3회

발 · 변전소의 주요 변압기 및 특고압용 변압기에 반드시 시설하지 않아도 되는 계측장치는?

① 역률계 ② 온도계 ③ 전력계 ④ 전류계

해설 **발전소의 계측장치 시설(KEC 351.6)**
(1) 발전기 · 연료전지 또는 태양전지 모듈의 전압 및 전류 또는 전력
(2) 발전기의 베어링 및 고정자의 온도
(3) 정격출력이 10000[kW]를 초과하는 증기터빈에 접속하는 발전기 진동의 진폭(정격출력 400000[kW] 이상의 증기터빈에 접속하는 발전기는 이를 자동적으로 기록)
(4) 주요 변압기의 전압 및 전류 또는 전력
(5) 특고압용 변압기의 온도

답 ①

55 중요도 ★ / 한국가스공사 1회 2회 3회

수소 냉각식 발전기 등의 시설 시 수소 순도가 몇 [%] 이하인 경우에 경보장치를 시설하여야 하는가?

① 60[%] 이하 ② 75[%] 이하 ③ 85[%] 이하 ④ 95[%] 이하

해설 수소의 순도가 85[%] 이하인 경우에는 공기와 결합 시 폭발의 위험이 있으므로 수소 냉각식 발전기 등의 시설 시 수소 순도가 85[%] 이하인 경우에 이를 알리는 경보장치를 시설하여야 한다.

체크 point

수소 냉각식 발전기 등의 시설(KEC 351.10)

- 발전기 또는 조상기는 기밀구조의 것이고 또한 수소가 대기압에서 폭발하는 경우에 생기는 압력에 견디는 강도를 가지는 것일 것
- 발전기 축의 밀봉부에는 질소가스를 봉입할 수 있는 장치 또는 발전기 축의 밀봉부로부터 누설된 수소가스를 안전하게 외부에 방출할 수 있는 장치를 시설할 것
- 발전기 내부 또는 조상기 내부의 수소의 순도가 85[%] 이하로 저하한 경우에 이를 경보하는 장치를 시설할 것
- 발전기 내부 또는 조상기 내부의 수소의 압력을 계측하는 장치 및 그 압력이 현저히 변동한 경우에 이를 경보하는 장치를 시설할 것
- 발전기 내부 또는 조상기 내부의 수소의 온도를 계측하는 장치를 시설할 것
- 발전기 내부 또는 조상기 내부로 수소를 안전하게 도입할 수 있는 장치 및 발전기 안 또는 조상기 안의 수소를 안전하게 외부로 방출할 수 있는 장치를 시설할 것

 ③

04 전기사용장소의 시설

배선설비

56 중요도 ★★ / 한국중부발전 1회 2회 3회

옥내 배선의 굵기를 결정하는 가장 중요한 요소는?

① 절연 저항 ② 허용 전류 ③ 도전율 ④ 유효 전력

해설 **옥내 배선의 굵기 선정 시 고려사항**

(1) 허용전류가 클 것
(2) 전압 강하가 작을 것
(3) 기계적 강도가 클 것

답 ②

57 중요도 ★ / 한국중부발전 1회 2회 3회

다음 중 전선의 저항을 측정하는 방법으로 많이 사용되는 것은?

① 콜라우시 브리지법 ② 휘트스톤 브리지법
③ 켈빈 브리지법 ④ 맥스웰 브리지법

해설 휘트스톤 브리지법의 평형조건을 이용하여 전선의 저항을 주로 측정한다.

체크 point

- **콜라우시 브리지법** : 전지의 내부 저항이나 접지판 저항을 가청 주파수로 측정하는 브리지
- **켈빈 브리지법** : 2개의 4단자 저항의 저항값을 비교하기 위한 브리지
- **맥스웰 브리지법** : 브리지에 인덕턴스를 포함한 것으로, 교류를 가하여 미지의 인덕턴스를 측정하는 브리지

답 ②

58 중요도 ★★ / 2024 한국동서발전

1회 2회 3회

옥내 저압 공사에서 나전선을 사용할 수 없는 것은?

① 전기로용 전선 ② 라이팅 덕트 ③ 버스 덕트 ④ 금속 덕트

해설 **나전선의 사용 제한**(KEC 231.4)

(1) 옥내에 시설하는 저압 전선에는 나전선을 사용하여서는 안 된다.

(2) 예외

① 애자공사 : 전기로용 전선, 전선의 피복 절연물이 부식하는 장소에 시설하는 전선, 취급자 이외의 자가 출입할 수 없도록 설비한 장소에 시설하는 전선

② 버스 덕트 공사에 의하여 시설

③ 라이팅 덕트 공사에 의하여 시설

④ 접촉 전선의 시설

답 ④

59 중요도 ★ / 부산교통공사

1회 2회 3회

전개된 건조한 장소에서 400[V] 이상의 저압 옥내 배선을 할 때 특별한 경우를 제외하고는 시공할 수 없는 공사는?

① 애자사용공사 ② 금속덕트공사 ③ 버스덕트공사 ④ 금속몰드공사

해설 금속몰드의 사용전압이 400[V] 이하로 옥내의 건조한 장소로 전개된 장소 또는 점검할 수 있는 은폐 장소에 한하여 시설할 수 있다.

체크 point

금속몰드공사(KEC 232.22)

- **전선** : 절연전선(옥외용 비닐절연전선을 제외)
- 금속몰드 안에는 접속점이 없도록 할 것. 단, 금속제 조인트 박스를 사용할 경우에는 접속할 수 있음
- 황동제 또는 동제의 몰드는 폭 50[mm] 이하, 두께 0.5[mm] 이상일 것
- 금속몰드의 사용전압이 400[V] 이하로 옥내의 건조한 장소로 전개된 장소 또는 점검할 수 있는 은폐장소에 한하여 시설할 수 있음

• 몰드에는 접지공사를 할 것(아래의 경우는 예외)
  – 몰드의 길이가 4[m] 이하인 것을 시설하는 경우
  – 옥내 배선의 사용전압이 직류 3000[V] 또는 교류 대지전압이 150[V] 이하로서, 그 전선을 넣는 관의 길이가 8[m] 이하인 것을 사람이 쉽게 접촉할 우려가 없도록 시설하는 경우 또는 건조한 장소에 시설하는 경우

답 ④

60 중요도 ★★ / 한국남부발전

1회 2회 3회

콘크리트 매입 금속관 공사에 이용하는 금속관의 두께는 최소 몇 [mm] 이상이어야 하는가?

① 1.0　　② 1.2　　③ 1.5　　④ 2.0

해설 금속관 공사에서 콘크리트에 매입 시 두께는 1.2[mm], 그 외의 공사에서는 1.0[mm]이다.

체크 point

금속관 공사(KEC 232.12)
• **전선** : 절연전선(옥외용 비닐절연전선을 제외)
• 연선 사용, 단면적 10[mm^2](알루미늄 16[mm^2]) 이하의 것은 적용하지 않음
• 금속관 안에서는 전선의 접속점이 없도록 할 것
• 관의 두께는 콘크리트에 매설하는 것 : 1.2[mm] 이상, 기타의 것 : 1[mm] 이상
  단, 이음매가 없는 길이 4[m] 이하의 것을 건조하고 전개된 장소에 시설하는 경우 0.5[mm]까지로 감할 수 있다.
• 관에는 접지공사를 할 것

답 ②

61 중요도 ★★ / 한국중부발전

1회 2회 3회

저압 옥내 배선 공사 중 금속 덕트 공사에 의한 시설 기준에 틀린 것은?

① 금속 덕트에 넣은 전선 단면적의 합계가 덕트 내부 단면적의 20[%] 이하가 되게 하였다.
② 저압 옥내 배선의 사용 전압이 400[V] 미만인 경우에도 덕트에는 접지 공사를 한다.
③ 덕트를 조영재에 붙이는 경우 덕트의 지지점 간의 거리를 2[m] 이하로 견고하게 붙였다.
④ 덕트 상호 및 덕트와 금속관과는 전기적으로 완전하게 접속했다.

해설 덕트를 조영재에 붙이는 경우 덕트의 지지점 간의 거리는 3[m] 이하 보기 ③
(버스 덕트 : 3[m] 이하, 라이팅 덕트 : 2[m] 이하)

체크 point

금속 덕트 공사(KEC 232.31)

- **전선** : 절연전선(OW 제외)일 것
- 금속 덕트에 넣은 전선의 단면적(절연 피복 포함) 합계는 덕트 내부 단면적의 20[%](전광 표시장치, 출퇴근 표시등, 제어 회로용 배선만을 넣는 경우는 50[%]) 이하일 것 보기 ①
- 덕트 안에는 전선의 접속점이 없어야 하나, 전선을 분기하는 경우에 그 접속점을 쉽게 점검할 수 있는 경우는 접속할 수 있다. 보기 ④
- 덕트는 폭이 40[mm]를 초과하고 두께가 1.2[mm] 이상일 것
- 덕트를 조영재에 붙이는 경우에는 덕트의 지지점 간 거리는 3[m] 이하(취급자 이외의 자가 출입할 수 없도록 설비한 곳에서 수직으로 붙이는 경우에는 6[m])일 것
- 덕트의 끝부분은 막을 것, 덕트는 접지공사를 할 것 보기 ②

답 ③

조명설비

62 중요도 ★ / 한국가스공사, LH공사 　1회 2회 3회

호텔 또는 여관의 객실 입구등을 설치할 때 사용하는 타임스위치는 몇 분 이내에 소등되는 것을 시설하여야 하는가?

① 1분　② 3분　③ 5분　④ 10분

해설 호텔 또는 여관의 객실 입구등을 설치할 때 사용하는 타임스위치는 1분 이내에 소등되어야 한다.

체크 point

센서등(타임스위치 포함)의 시설(KEC 234.6)

- 「관광 진흥법」과 「공중위생관리법」에 의한 관광숙박업 또는 숙박업(여인숙업을 제외)에 이용되는 객실의 입구등은 1분 이내에 소등되는 것
- 일반주택 및 아파트 각 호실의 현관등은 3분 이내에 소등되는 것

답 ①

63 중요도 ★★ / LH공사 　1회 2회 3회

교통신호등 회로의 배선으로 잘못된 것은?

① 사용전압은 400[V] 이하일 것
② 전선의 공칭단면적 2.5[mm^2] 이상의 연동선일 것
③ 케이블은 조가선에 행거로 시설할 것
④ 교통신호등의 제어장치 금속제 외함에 접지공사를 할 것

해설 교통신호등의 사용전압 : 300[V] 이하

체크 point

교통신호등(KEC 234.15)

- **사용전압** : 300[V] 이하 보기 ①
- 교통신호등 회로의 배선 : 케이블, 단면적 2.5[mm^2] 이상의 연동선 및 450/750[V] 일반용 단심 비닐절연전선 또는 450/750[V] 내열성 에틸렌 아세테이트 고무절연전선일 것 보기 ②
- 교통신호등 회로의 배선과 이들 사이의 이격거리 : 0.6[m](케이블인 경우 : 0.3[m] 이상)
- 전선의 지표상의 높이 : 2.5[m] 이상
- 교통신호등의 제어장치 전원측에는 전용 개폐기 및 과전류 차단기를 각 극에 시설
- 사용전압이 150[V]를 넘는 경우는 전로에 지락이 생겼을 경우 자동적으로 전로를 차단하는 누전 차단기를 시설
- 교통신호등의 제어장치의 금속제 외함 및 신호등을 지지하는 철주에는 접지공사를 하여야 함 보기 ④

답 ①

64 중요도 ★★ / 2024 한국동서발전 1회 2회 3회

수중조명등에 사용하는 절연변압기의 2차측 전로의 사용전압이 몇 [V]를 초과하는 경우에는 그 전로에 지락이 생겼을 때 자동적으로 전로를 차단하는 장치를 하여야 하는가?

① 30 ② 60 ③ 150 ④ 300

해설 수중조명등의 절연변압기의 2차측 전로의 사용전압이 30[V]를 초과하는 경우에는 그 전로에 지락이 생겼을 때에 자동적으로 전로를 차단하는 정격감도전류 30[mA] 이하의 누전 차단기를 시설

체크 point

수중조명등(KEC 234.14)

- **절연변압기의 1차측 전로의 사용전압** : 400[V] 이하
- **절연변압기의 2차측 전로의 사용전압** : 150[V] 이하
- 절연변압기의 2차측 전로는 접지하지 말 것
- **절연변압기의 2차측 배선** : 금속관공사에 의하여 시설
- 이동전선 : 접속점이 없는 단면적 2.5[mm^2] 이상의 0.6/1[kV] EP 고무절연 클로로프렌 캡타이어케이블
- **수중조명등의 절연변압기 2차측 전로** : 개폐기 및 과전류 차단기를 각 극에 시설
- 수중조명등의 절연변압기는 그 2차측 전로의 사용전압이 30[V] 이하인 경우는 1차 권선과 2차 권선 사이에 금속제 혼촉방지판을 설치하고, 접지공사를 설치
- 수중조명등의 절연변압기의 2차측 전로의 사용전압이 30[V]를 초과하는 경우에는 그 전로에 지락이 생겼을 때에 자동적으로 전로를 차단하는 정격감도전류 30[mA] 이하의 누전 차단기를 시설

답 ①

특수설비

65 중요도 ★★ / LH공사

1회 2회 3회

전기 울타리 회로의 사용 전압은 최대 몇 [V]인가?

① 100 ② 200 ③ 250 ④ 300

해설 전기 울타리 회로의 사용 전압은 최대 250[V] 이하이다.

답 ③

66 중요도 ★★ / 한국전력공사

1회 2회 3회

전기 울타리의 시설에 관한 설명으로 옳은 것은?

① 전원장치에 전기를 공급하는 전로의 사용전압은 250[V] 이상이어야 한다.
② 사람이 쉽게 출입하는 곳에 시설한다.
③ 전선의 지름 2[mm] 이하의 경동선을 사용한다.
④ 수목 사이의 이격거리(간격)는 30[cm] 이상이어야 한다.
⑤ 전선과 이를 지지하는 기둥과의 이격거리(간격)는 2.5[cm] 미만이어야 한다.

해설 ① 전원장치에 전기를 공급하는 전로의 사용전압은 250[V] 이하이어야 한다.
② 사람이 쉽게 출입하지 아니하는 곳에 시설한다.
③ 전선의 지름 2[mm] 이상의 경동선을 사용한다.
⑤ 전선과 이를 지지하는 기둥과의 이격거리(간격)는 2.5[cm] 이상이어야 한다.

체크 point

전기 울타리(KEC 241.1)

- **전기 울타리용 전원장치에 전원을 공급하는 전로의 사용전압** : 250[V] 이하 보기 ①
- 전기 울타리는 사람이 쉽게 출입하지 아니하는 곳에 시설 보기 ②
- **전선** : 인장강도 1.38[kN] 이상의 것 또는 지름 2[mm] 이상의 경동선 보기 ③
- **전선과 이를 지지하는 기둥 사이의 이격거리(간격)** : 25[mm] 이상 보기 ⑤
- **전선과 다른 시설물(가공전선 제외) 또는 수목과의 이격거리(간격)** : 0.3[m] 이상 보기 ④
- **사람이 전기 울타리 전선에 접근 가능한 모든 곳** : 경고 표시 그림을 시설
- **위험표시** : 100[mm]×200[mm] 이상, 노랑색
- **접지공사** : 전기 울타리 전원장치의 외함 및 변압기의 철심
  - 전기 울타리의 접지전극과 다른 접지계통의 접지전극의 거리 : 2[m] 이상
  - 가공 전선로 아래를 통과하는 전기 울타리의 금속부분은 교차지점의 양쪽으로부터 5[m] 이상의 간격을 두고 접지

답 ④

67 중요도 ★★ / 한국동서발전

1회 2회 3회

다음은 전기울타리의 시설방법에 대한 내용이다. 빈칸에 들어갈 내용으로 옳은 것은?

> 전기울타리의 전선은 인장강도 1.38[kN] 이상의 것 또는 지름 ( )[mm] 이상의 경동선일 것

① 1 ② 2 ③ 3
④ 4 ⑤ 5

해설 **전기울타리 시설의 사용전선**
전선 – 인장강도 1.38[kN] 이상의 것 또는 지름 2[mm] 이상의 경동선

답 ②

68 중요도 ★★ / 한국중부발전

1회 2회 3회

전기욕기에 전기를 공급하기 위한 전기욕기의 전원 변압기의 2차측 전압의 사용전압은 몇 [V]인가?

① 10[V] 이하 ② 25[V] 이하
③ 300[V] 이하 ④ 400[V] 이하

해설 전기욕기에 전기를 공급하기 위한 전기욕기의 전원 변압기의 2차측 전압의 사용전압은 10[V]이다.

체크 point

전기욕기(KEC 241.2)

- 전기욕기에 전기를 공급하기 위한 전기욕기용 전원장치(내장된 전원 변압기의 2차측 전로의 사용전압이 10[V] 이하)는 안전기준에 적합
- 전기욕기용 전원장치는 욕실 이외의 건조한 곳으로서 취급자 이외의 자가 쉽게 접촉하지 아니하는 곳에 시설
- **전기욕기용 전원장치로부터 욕기 안의 전극까지의 배선** : 공칭단면적 2.5[mm^2] 이상의 연동선과 이와 동등 이상의 세기 및 굵기의 절연전선(OW 제외)이나 케이블 또는 공칭단면적 1.5[mm^2] 이상의 캡타이어 케이블을 합성수지관 배선, 금속관 배선, 케이블 배선에 의하여 시설
- **욕기 내 전극 간의 거리** : 1[m] 이상
- 욕기 내의 전극은 사람이 쉽게 접촉될 우려가 없도록 시설
- 전기욕기용 전원장치의 금속제 외함 및 전선을 넣는 금속관에는 접지공사를 하여야 함

답 ①

69 중요도 ★★ / 한국도로공사 1회 2회 3회

무대, 무대마루 밑, 오케스트라 박스, 영사실, 기타 사람이나 무대 도구가 접촉할 우려가 있는 곳에 시설하는 저압 옥내 배선, 전구선 또는 이동전선은 사용전압이 몇 [V]이어야 하는가?

① 50 ② 60 ③ 300 ④ 400

해설 **전시회, 쇼 및 공연장의 전기설비의 사용전압(KEC 242.6.2)**
무대, 무대 마루 밑, 오케스트라 박스, 영사실 등과 같이 사람이 접촉할 우려가 있는 경우 전구선·이동전선은 사용전압 400[V] 이하일 것

체크 point

전시회, 쇼 및 공연장의 전기설비의 개폐기 및 과전류 차단기(KEC 242.6.7)
- 무대·무대마루 밑·오케스트라 박스 및 영사실의 전로 : 전용 개폐기 및 과전류 차단기를 시설
- 무대용 콘센트 박스·플라이덕트 및 보더라이트의 금속제 외함 : 접지공사
- 비상조명을 제외한 조명용 분기회로 및 정격 32[A] 이하의 콘센트용 분기회로는 정격 감도전류 30[mA] 이하의 누전 차단기로 보호

답 ④

70 중요도 ★★ / 한국도로공사 1회 2회 3회

폭발성 또는 연소성의 가스가 침입할 우려가 있는 곳에 시설하는 경우 통풍장치, 기타 가스를 방산시키기 위한 적당한 장치를 시설하여야 하는 지중함으로서 그 크기가 몇 [m^3] 이상이어야 하는가?

① 10 ② 5 ③ 2 ④ 1

해설 폭발성 또는 연소성의 가스가 침입할 우려가 있는 곳에 시설하는 경우 통풍장치, 기타 가스를 방산시키기 위한 적당한 장치를 시설하여야 하는 지중함으로서 그 크기가 1[m^3] 이상이어야 한다.

답 ④

전기철도설비

71 중요도 ★ / 서울교통공사 1회 2회 3회

전기철도용 직류전압 중 해당되지 않는 전압[V]은?

① 600 ② 750 ③ 1000
④ 1500 ⑤ 3000

해설 전기철도용 직류전압은 600[V], 750[V], 1500[V], 3000[V]이며, 우리나라의 공칭전압은 1500[V]이다.

답 ④

72 중요도 ★★ / 서울교통공사 1회 2회 3회

철도 전기 공급방식 중 교류 공급방식의 특징이 아닌 것은?

① 직류 급전방식에 비해 손실이 적어 장거리 송전이 가능하다.
② 직류 급전방식에 비해 고압이므로 전선이 가늘고 집전에 용이하다.
③ 직류 급전방식에 비해 사고전류 차단이 용이하다.
④ 직류 급전방식에 비해 전식현상이 발생하지 않는다.
⑤ 직류 급전방식에 비해 전자유도장해에 영향을 받지 않는다.

해설 **통신상의 유도 장해방지 시설(KEC 461.7)**
교류식 전기철도용 전차선로는 기설 가공 약전류 전선로에 대하여 유도작용에 의한 통신상의 장해가 생기지 않도록 시설하여야 한다.

답 ⑤

73 중요도 ★★ / 서울교통공사 1회 2회 3회

전기철도의 급전선과 전차선 간 공칭전압은 (㉠)[kV]이다. 변전소의 역할은 전압을 받아 (㉡)의 기능을 수행하고, (㉢)에서 전차선로는 전차선로에 전압을 공급한다. 다음 중 ㉠, ㉡, ㉢에 순서대로 알맞은 것은?

① ㉠ 10, ㉡ 전압조정, ㉢ 전철변전소
② ㉠ 30, ㉡ 주파수조정, ㉢ 전차변전소
③ ㉠ 50, ㉡ 전력 조류제어, ㉢ 전철변전소
④ ㉠ 100, ㉡ 전력의 집중 및 분배, ㉢ 전차변전소
⑤ ㉠ 200, ㉡ 전압조정, ㉢ 전철변전소

해설 (1) 급전선과 전차선 간의 공칭전압은 단상 교류 50[kV](급전선과 레일 및 전차선과 레일 사이의 전압은 25[kV])를 표준으로 함
(2) 전철변전소
외부로부터 공급된 전력을 구내에 시설한 변압기, 정류기 등 기타의 기계기구를 통해 변성하여 전기철도 차량 및 전기철도 설비에 공급하는 장소를 말한다.

체크 point

전차선로의 전압(KEC 411.2)
교류방식(비지속성 최저 전압은 지속시간 2분 이하로 예상되는 전압의 최저값)

구분	비지속성 최저 전압[V]	지속성 최저 전압[V]	공칭전압[V](*)	지속성 최고 전압[V]	비지속성 최고 전압[V]	장기 과전압[V]
60[Hz]	17500 35000	19000 38000	25000 50000	27500 55000	29000 58000	38746 77492

(*) 급전선과 전차선 간의 공칭전압은 단상 교류 50[kV](급전선과 레일 및 전차선과 레일 사이의 전압은 25[kV])를 표준으로 함

답 ③

CHAPTER

07 | 전기응용

01 조명

복습 시 회독 체크!

01 중요도 ★ / LH공사 1회 2회 3회

형광등에서 가장 효율이 높은 색깔은?

① 백색 ② 적색 ③ 주광색 ④ 녹색

해설 형광등은 형광체에 따라 여러 광색을 낼 수 있으며 이중 녹색일 때 가장 효율이 좋다.

체크 point

형광체	붕산 카드뮴	규산 아연	규산 카드뮴
색	분홍색	녹색	등색

답 ④

02 중요도 ★★★ / 부산교통공사 1회 2회 3회

광속의 설명으로 옳지 않은 것은?

① 방사속을 눈으로 보아 빛으로 느끼는 크기를 나타낸 것
② 광속의 단위는 루멘[lm]을 사용한다.
③ 구광원의 광속 $F=4\pi I$이다(단, I : 광도).
④ 눈부심의 정도를 나타낸다.

해설 휘도는 눈부심의 정도를 나타내며, 단위로는 니트 또는 스틸브를 사용한다. 보기 ④

체크 point

- 광속
  - 광원에서 나오는 방사속(복사속)의 크기 → 빛의 양 보기 ①
  - 기호 : F
  - 단위 : [lm](루멘) 보기 ②
- 여러 가지 광원에 따른 광속(I : 광도[cd])
  - 구체 : $4\pi I$[lm] 보기 ③
  - 반구체 : $2\pi I$[lm]
  - 원뿔 : $2\pi(1-\cos\theta)I$[lm]
  - 평면 : πI[lm]
  - 원통 : $\pi^2 I$[lm]

답 ④

03 중요도 ★★ / 한국남동발전 1회 2회 3회

조도는 광원으로부터의 거리와 광도에 대한 설명으로 옳은 것은?

① 광도에 반비례한다. ② 거리에 반비례한다.
③ 광도의 제곱에 반비례한다. ④ 거리의 제곱에 반비례한다.

해설 조도 E는 다음 식과 같다.

$$E=\frac{F}{A}=\frac{F}{4\pi r^2}=\frac{4\pi I}{4\pi r^2}=\frac{I}{r^2}\,[\text{lx}]$$

따라서, 조도는 광도(I)에 비례하고, 거리(r)의 제곱에 반비례한다.

체크 point

- 조도
  - 어떤 물체에 광속이 입사하면 그 면이 밝게 빛나게 되는 정도 → 피조면의 밝기
  - 기호 : E
  - 단위 : [lx](룩스)
- 법선 조도 : $E_n=\frac{I}{r^2}$[lx]
- 수평면 조도 : $E_h=\frac{I}{r^2}\cos\theta$[lx]
- 수직면 조도 : $E_v=\frac{I}{r^2}\sin\theta$[lx]

답 ④

04 중요도 ★ / 한국동서발전 1회 2회 3회

완전 확산면은 어느 방향에서 보아도 무엇이 같다고 한다. 이때의 무엇을 나타낸 것으로 옳은 것은?

① 광속 ② 시감도 ③ 효율 ④ 휘도

해설 완전 확산면은 어느 방향에서 보아도 눈부심(휘도)이 같은 면을 말하며 이때의 광속 발산도 R은 다음과 같이 나타낸다.

$R=\pi B=\rho E=\tau E$

여기서, R : 광속 발산도, B : 휘도, E : 조도, ρ : 반사율, τ : 투과율

답 ④

05 중요도 ★★ / 한국남부발전

1회 2회 3회

다음 설명 중 잘못된 것은?

① 조도의 단위는 [lm]이다.
② 광속발산도 단위는 [rlx]로 표시한다.
③ 광도의 단위는 [candela]라 하여 [cd]로 표시한다.
④ 휘도의 단위로는 [nt], [sb]로 표시한다.

해설 조도의 단위는 [lx]이다.

체크 point

- 조도
  - 어떤 물체에 광속이 입사하면 그 면이 밝게 빛나게 되는 정도 → 피조면의 밝기
  - 기호 : E, 단위 : [lx](룩스) 보기 ①
- 광속발산도
  - 단위면적당 나가는 빛의 양 → 광원의 밝기
  - 기호 : R, 단위 : [rlx](레드룩스) 보기 ②
- 광도
  - 단위 입체각당 빛의 양 → 빛의 세기
  - 기호 : I, 단위 : [cd](칸델라) 보기 ③
- 휘도
  - 단위면적당 광도 → 광원의 눈부심의 정도
  - 기호 : B, 단위 : [cd/m^2] = [nt](니트), [cd/cm^2] = [sb](스틸브) 보기 ④

답 ①

06 중요도 ★★ / 한국도로공사

1회 2회 3회

반사율이 34[%], 투과율이 22[%]인 종이의 흡수율은?

① 30 ② 44 ③ 48
④ 56 ⑤ 62

해설 투과율(τ) + 반사율(ρ) + 흡수율(α) = 100[%]이므로
흡수율 $\alpha = 100-(\tau+\rho) = 100-(34+22) = 44$[%]

답 ②

07 중요도 ★★ / 한국남동발전

1회 2회 3회

100[W] 전등의 광속이 1000[lm]이다. 이때, 전등 효율[lm/W]은 얼마인가?

① 10 ② 15 ③ 20 ④ 30

해설 전등의 효율 $\eta = \frac{F}{P}[\text{lm/W}] = \frac{1000}{100} = 10[\text{lm/W}]$

이때, 전등의 효율은 [%]가 아닌 것에 주의해야 한다.

답 ①

08 중요도 ★★ / 한전 KPS

1회 2회 3회

35[W] 백색 형광 방전등의 광속이 1800[lm]인 안정기의 손실이 5[W]이면 효율[lm/W]은?

① 40 ② 45 ③ 50
④ 55 ⑤ 60

해설 **전등의 효율**

$\eta = \frac{F}{P}[\text{lm/W}] = \frac{1800}{35+5} = 45[\text{lm/W}]$

답 ②

09 중요도 ★★ / 한국남부발전

1회 2회 3회

600[W] 전구를 우유색 구형 글로브에 넣었을 경우 유리 반사율을 10[%], 투과율은 80[%]라고 한다. 이때, 글로브의 효율[%]은?

① 약 98 ② 약 89 ③ 약 83 ④ 약 77

해설 **글로브 효율**

$\eta = \frac{\tau}{1-\rho} \times 100 = \frac{0.8}{1-0.1} \times 100 = 88.88[\%]$

여기서, τ : 투과율, ρ : 반사율

답 ②

10 중요도 ★★ / 한국도로공사

1회 2회 3회

반사율 20[%], 면적이 50[cm]×40[cm]인 완전 확산면에 350[lm]의 광속을 투사하면 그 면의 회도 [nt]는 얼마인가?

① 111 ② 372 ③ 446
④ 501 ⑤ 527

해설 완전 확산면에서 광속발산도 $R=\pi B=\rho E$이므로

휘도 $B=\dfrac{\rho E}{\pi}=\dfrac{\rho\times\dfrac{F}{A}}{\pi}=\dfrac{0.2\times\dfrac{350}{50\times10^{-2}\times40\times10^{-2}}}{\pi}=111.4[\text{cd/m}^2=\text{nt}]$

답 ①

11 중요도 ★★★ / 한전 KPS

1회 2회 3회

평면 구면 광도가 80[cd]인 전구로부터의 총발산광속은 얼마인가?

① 60π　② 120π　③ 200π　④ 320π　⑤ 400π

해설 **구광원에서의 총발산광속**

$F=4\pi I=4\pi\times80=320\pi[\text{lm}]$

체크 point

여러 가지 광원에 따른 광속(I : 광도[cd])
- 구체 : $4\pi I$[lm]
- 반구체 : $2\pi I$[lm]
- 원뿔 : $2\pi(1-\cos\theta)I$[lm]
- 평면 : πI[lm]
- 원통 : $\pi^2 I$[lm]

답 ④

12 중요도 ★★ / 한국도로공사

1회 2회 3회

점광원으로부터 원뿔 밑면까지의 거리가 12[m]이고, 밑면의 반지름이 5[m]인 원형면의 평균조도가 30[lx]라면 이 점광원의 평균 광도[cd]는?

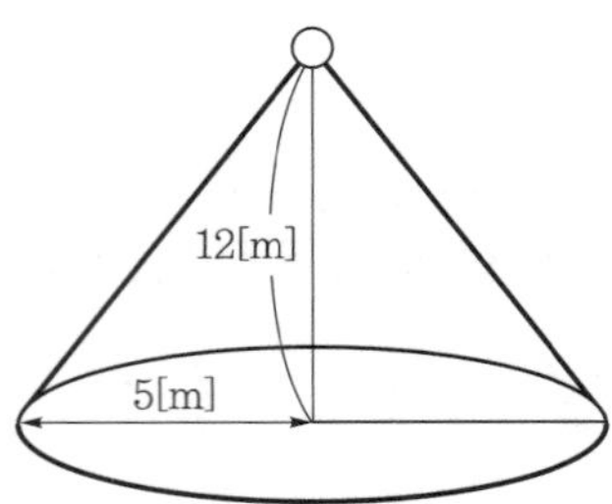

① 1043　② 1225　③ 2315　④ 3824　⑤ 4875

해설 조도 $E=\dfrac{F}{A}=\dfrac{\omega I}{\pi r^2}=\dfrac{2\pi(1-\cos\theta)I}{\pi r^2}=\dfrac{2I(1-\cos\theta)}{r^2}$ [lx]

여기서, $30=\dfrac{2I\left(1-\dfrac{12}{\sqrt{5^2+12^2}}\right)}{5^2}=\dfrac{2I\times\dfrac{1}{13}}{25}$ 이므로

$\therefore\ I=\dfrac{30\times25\times13}{2}=4875[\mathrm{cd}]$

답 ⑤

13 중요도 ★★★ / 지역난방공사

1회 2회 3회

가로 30[m], 세로 50[m]인 사무실에 평균 조도 80[lx]를 얻고자 한다. 이때, 전등은 80[W], 광속 3500[lm]인 백열등을 사용하였을 때 필요한 등수는? (단, 조명률은 0.6, 보수율은 0.8이다.)

① 50　② 65　③ 72　④ 94

해설 $FUN=EAD$

여기서, F : 광속, U : 조명률, N : 등수, E : 조도, A : 면적, D : 감광보상률

등수 $N=\dfrac{EAD}{FU}=\dfrac{800\times(30\times50)\times\dfrac{1}{0.8}}{3500\times0.6}=71.43$ 이므로 등수는 72개이다.

단, 감광보상률 $=\dfrac{1}{\text{보수율}}$

답 ③

14 중요도 ★★★ / 한국도로공사

1회 2회 3회

도로 폭 20[m], 간격 12[m] 마다 500[W] 가로등을 설치하고자 한다. 이때, 조명률 0.6, 감광 보상률 1.25라고 하면, 이 도로면의 평균 조도[lx]는 약 얼마인가? (단, 500[W] 전구의 광속은 20000[lm], 가로등 높이는 10[m]이다.)

① 6　② 7　③ 8　④ 10

해설 $FUN=EAD$에서

조도 $E=\dfrac{FUN}{AD}=\dfrac{2000\times0.6\times1}{\dfrac{1}{2}\times20\times12\times1.25}=8[\mathrm{lx}]$

답 ③

15 중요도 ★★★ / 한국남동발전 1회 2회 3회

가로 50[m], 세로 20[m]되는 작업장에 광속이 3000[lm]인 형광등 10개를 점등하였을 때, 이 작업장의 평균 조도[lx]는? (단, 조명률은 0.5이다.)

① 35　② 25　③ 20　④ 15

해설 $FUN = EAD$에서

조도 $E = \frac{FUN}{AD} = \frac{3000 \times 0.5 \times 10}{50 \times 20 \times 1} = 15\,[\mathrm{lx}]$

체크 point

- 감광 보상률이 주어지지 않을 때는 '1'로 계산을 한다.
- 보수율이 주어질 때는 감광 보상률 $= \frac{1}{\text{보수율}}$로 계산을 한다.

답 ④

16 중요도 ★★★ / 한국도로공사 1회 2회 3회

폭이 8[m]인 무한히 긴 도로에 간격 18[m]를 두고 무수히 많은 가로등을 점등하려고 한다. 가로수의 평균 조도를 5[lx]로 하려고 할 때, 가로등의 광속은 몇 [lm]으로 해야 하는가? (단, 가로등의 이용률은 20[%]이다.)

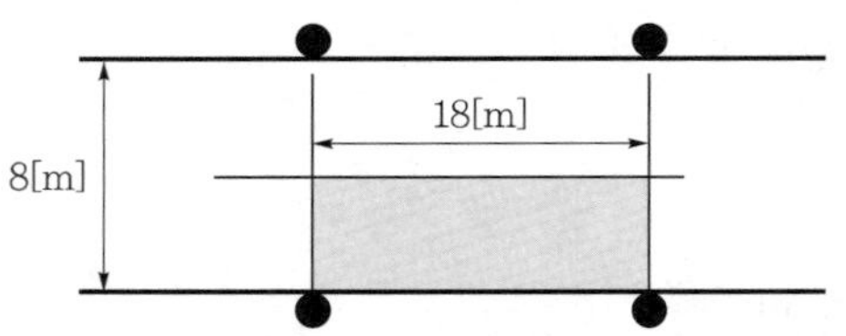

① 1800　② 2400　③ 3600
④ 4800　⑤ 7200

해설

$FUN = EAD$에서 $F = \frac{EAD}{UN} = \frac{5 \times \frac{8 \times 18}{2} \times 1}{0.2 \times 1} = 1800\,[\mathrm{lm}]$

체크 point

도로조명 설계 시 조명수는 1로 간주하며, 도로 양측에 조명을 설치하는 경우 조명 1등당 차지하는 면적은 도로 전체 면적의 $\frac{1}{2}$로 계산한다.
이용률(= 조명률)은 주어지지 않았으므로 1로 간주한다.

답 ①

17 중요도 ★★ / 한국도로공사

1회 2회 3회

전구의 높이가 10[m]였을 때 조도가 3[lx]였다. 높이를 12[m]로 하였을 때의 조도는?

① 2.08 ② 2.32 ③ 2.69
④ 4 ⑤ 4.1

해설 **조도에 관한 거리 역제곱의 법칙**

광도 I[cd]인 균등 점광원으로부터 r[m] 떨어진 구면 위의 조도는 모두 동일하므로

조도 $E = \dfrac{F}{A} = \dfrac{F}{4\pi r^2} = \dfrac{4\pi I}{4\pi r^2} = \dfrac{I}{r^2}$ [lx]

$3 = \dfrac{I}{10^2}$, $I = 300$[cd]이므로

$\therefore\ E = \dfrac{300}{12^2} = 2.08$[lx]

답 ①

18 중요도 ★★ / 한국도로공사

1회 2회 3회

온도 T[K]의 흑체의 단위 표면적으로부터 단위시간에 복사되는 전 복사에너지[W]는?

① 그 절대온도에 비례한다. ② 그 절대온도에 반비례한다.
③ 그 절대온도 제곱에 비례한다. ④ 그 절대온도 4승에 비례한다.
⑤ 그 절대온도 4승에 반비례한다.

해설 스테판–볼츠만의 법칙에 따르면, 흑체의 단위 표면적으로 복사되는 전 복사에너지는 절대온도의 4승에 비례한다.

답 ④

19 중요도 ★★ / 한국중부발전

1회 2회 3회

열원의 절대온도가 500[K]인 경우에 대해 절대온도가 1000[K]이 되면 발열체의 복사에너지는 몇 배가 되는가?

① 4배 ② 16배 ③ 32배 ④ 64배

해설 스테판 볼츠만의 법칙에서 전 복사에너지 W는 절대온도 4제곱에 비례한다.

즉, $W = \alpha T^4$[W/m^2]이므로 $\left(\dfrac{1000}{500}\right)^4 = 16$배가 된다.

답 ②

20 중요도 ★★★ / 한국도로공사

1회 2회 3회

효율이 우수하고 터널이나 안개지역에서 가장 많이 사용되는 조명등은?

① 형광등　　② 나트륨등
③ 수은등　　④ 크세논등

해설 **나트륨등**

나트륨 증기 중의 방전 이용

(1) D선이라 불리는 5890 ~ 5896[Å]의 황색선이 대부분(76[%])을 차지
(2) 인공 광원(빛) 중 가장 효율이 좋다(80~150[lm/W]).
(3) 연색성이 대단히 나빠 실내 조명으로는 부족하다.
(4) 직진성, 투과성이 좋아 안개지역이나 터널에서 가장 많이 사용된다.
(5) 실용적인 유일한 단색 광원(589[nm]의 파장)으로 광학시험, 주사기 불순물 검출

 ②

21 중요도 ★★ / 한국도로공사

1회 2회 3회

형광등의 특성으로 옳은 것은?

① 주위온도 25[℃], 관벽온도 80~85[℃]에서 최대 효율이다.
② 일반 방전등과 같이 부특성을 가지므로 제한장치가 필요하지 않다.
③ 휘도가 높고 점등시간이 짧다.
④ 열방사가 백열전구의 4배만큼 적다.
⑤ 온도의 영향을 받지 않고 역률이 좋다.

해설 **형광등의 특성**

(1) 주위온도 25[℃], 관벽온도 4[℃]에서 최대 효율이다. 보기 ①
(2) 휘도가 낮은 편이다. 보기 ③
(3) 형광체의 종류에 따라 임의의 광색을 얻을 수 있다.
(4) 열방사가 적다(백열전구와 약 4배 차이). 보기 ④
(5) 부특성을 가지고 있어 제한장치(안정기)가 필요하다. 보기 ②
(6) 수명이 길어 점등시간을 길게 할 수 있다.
(7) 역률이 낮은 편이지만, 효율이 높은 편이다. 보기 ⑤

답 ④

02 전열

22 중요도 ★★ / 한국도로공사

1회 2회 3회

발열체의 구비조건 중 틀린 것은?

① 내열성이 클 것
② 내식성이 클 것
③ 선팽창계수가 작을 것
④ 저항온도계수가 양(+)의 값을 가지면 클 것
⑤ 열전성이 풍부하고 가공이 용이할 것

해설 **발열체의 구비조건**

(1) 내열성, 내식성이 클 것 보기 ①, ②
(2) 선팽창계수가 작을 것 보기 ③
(3) 저항온도계수가 양(+)이며 작을 것 보기 ④
(4) 열전성이 크고 가공이 유리할 것 보기 ⑤
(5) 적절한 고유저항을 가질 것
(6) 대량 생산이 가능하고 가격이 저렴할 것

답 ④

23 중요도 ★ / LH공사

1회 2회 3회

다음 열회로에서 열저항률 ρ의 단위를 나타내는 것은?

① [m℃/W] ② [J/℃] ③ [J/℃] ④ [W/m℃]

해설 열저항률 : ρ[m℃/W]

체크 point

- 열용량의 단위 : [J/℃]
- 열류의 단위 : [W]

답 ①

24 중요도 ★★ / 한국가스공사

1회 2회 3회

1[kWh]를 [kcal]로 환산한 근사값으로 옳은 것은?

① 0.24 ② 240 ③ 860 ④ 1024

해설 $1[\text{kWh}] = 1000 \times 3600[\text{Ws}] = 0.24 \times 1000 \times 3600 \times 10^{-3}[\text{kcal}] \fallingdotseq 860[\text{kcal}]$

☑ 체크 point

- 1[J] = 1[W・s] = 0.24[cal]
- 1[BTU] = 252[cal] = 0.252 [kcal]

답 ③

25 중요도 ★★★ / 한국도로공사 1회 2회 3회

다음 유도가열과 유전가열의 설명 중 옳지 않은 것은?

① 유도가열은 와류손과 히스테리시스손을 이용한다.
② 유도가열은 금속의 표면처리에 사용된다.
③ 유도가열은 전원으로 직류가 사용 가능하다.
④ 유전가열은 피열물 표면의 손상, 균열이 없다.
⑤ 유전가열은 목재의 건조, 비닐막 접착에 사용된다.

해설 (1) 유도가열

교번 자계 중에 놓여진 유도성 물체에 와전류와 히스테리시스손이 발생하여 가열이 이루어지는 방식 보기 ①

① 교류 사용(직류 사용 불가) : 저주파 유도로 – 60[Hz], 고주파 유도로 – 5~20[kHz] 보기 ③
② 유도가열을 위한 전원장치 : 고주파 전원발전기, 불꽃 간극식 고주파 발생기, 진공관 발전기
③ 유도가열의 용도 : 반도체 정련(단결정 제조), 금속 표면 가열(표면 담금질, 금속 표면 처리, 국부가열) 보기 ②
④ 유도가열의 특징
  ㉠ 피가열물 내에서 직접 열 발생 – 열원 필요 없다.
  ㉡ 표면층만 가열 가능 – 표피 효과 이용
  ㉢ 가열시킬 물체의 필요 부분만 선택 가열 가능
  ㉣ 온도 제어 정확, 제어 용이
  ㉤ 가열된 제품의 품질 용이

(2) 유전가열

교번 전계 중에서 절연성 피열물에 생기는 유전체 손실에 의한 가열

① 교류 사용(직류 사용 불가) : 1~200[MHz] 고주파만 가능, 직접식만 가능
② 유전가열의 용도 : 목재의 접착(5~10[MHz]), 목재의 건조(2~5[MHz]), 비닐막 접착, 플라스틱 성형 보기 ⑤
③ 유전가열의 특징
  ㉠ 온도 상승 속도가 빠르고, 속도가 임의 제어(온도 제어 자유로움)
  ㉡ 전원을 끊으면 가열은 즉지 멈춰지고 축적된 열에 의한 과열은 없음
  ㉢ 설비비가 고가, 효율 낮은 편
  ㉣ 피열물 형상에 따라 내부 전체가 균일하게 가열 곤란 보기 ④
  ㉤ 가열 중 전파 누설에 의해 통신 장해 발생 가능(적당한 차폐가 필요)

답 ③

26 중요도 ★★★ / 한국남부발전

1회 2회 3회

열전대로서 쓰이지 않는 것은?

① 구리-콘스탄탄 ② 철-콘스탄탄
③ 크로멜-콘스탄탄 ④ 백금-백금 로듐

해설 **열전대의 종류**

(1) 백금-백금 로듐 : 0 ~ 1400[℃]
(2) 크로멜-알루멜 : −200 ~ 1000[℃]
(3) 철-콘스탄탄 : −200 ~ 700[℃]
(4) 구리-콘스탄탄 : −200 ~ 400[℃]

답 ③

27 중요도 ★★ / 2024 서울교통공사

1회 2회 3회

두 종류의 금속을 접합하여 폐회로를 형성하고, 두 접합점 사이에 전류를 흘리면 각 접합점에서 열의 흡수 또는 열의 발생이 일어나는 현상을 고르면?

① 펠티에 효과 ② 제베크 효과 ③ 톰슨 효과
④ 핀치 효과 ⑤ 홀 효과

해설 **펠티에 효과**

서로 다른 금속체를 접합하여 이 폐회로에 전류를 흘려주면 그 폐회로의 접합점에서 열의 흡수 및 발생이 일어나는 현상이다(전자 냉동고에 이용됨).

체크 point

- **제베크 효과** : 서로 다른 금속체를 접합하여 폐회로를 만들고 두 접합점에 온도차를 두면 그 폐회로에서 열기전력이 발생하는 현상이다.
- **톰슨 효과** : 동일한 금속체를 접합하여 폐회로를 만들고 접합점에 온도차를 발생시켰을 때 그 폐회로에서 열기전력이 발생하는 현상을 말한다.
- **핀치 효과** : 액체나 도체에 전류가 흐르면 도체의 중심방향으로 구심력이 작용하여 도체의 단면적이 줄어들게 되고, 도체 단면적이 줄어들면 그 구심력이 다시 약해져 원래대로 늘어나는 것이 반복적으로 발생하는 현상
- **홀 효과** : 전류가 흐르고 있는 도체에 자계를 가하면 도체 내부의 전하가 횡방향으로 힘을 모아 도체측면에 (+), (−)의 전하가 나타나는 현상

답 ①

28 중요도 ★★ 1회 2회 3회

다음의 기호 중 유입 방폭 구조를 나타내는 기호는?

① d ② o ③ f ④ s

해설 o : 유입 방폭 구조

체크 point

- p : 압력 방폭 구조
- e : 안전증 방폭 구조
- I : 본질 안전 방폭 구조
- m : 몰드 방폭 구조
- d : 내압 방폭 구조

답 ②

03 전동기 응용

29 중요도 ★★★ / 한국동서발전 1회 2회 3회

직류 전동기에서 전기자 병렬 회로수 a, 자속 ϕ[Wb], 전기자 전류가 I_a[A]일 경우 토크[N · m]를 구한 식으로 옳은 것은? (단, 전기자 도체수 Z, 극수 p이다.)

① $\frac{Zp}{2\pi a}\phi I_a$ ② $\frac{aZp}{2\pi}\phi I_a$ ③ $\frac{Zp}{2\pi a\phi}I_a$ ④ $\frac{Z}{2\pi ap}\phi I_a$

해설

$$T=\frac{P}{\omega}=\frac{EI_a}{2\pi\frac{N}{60}}=\frac{\frac{Z}{a}p\phi\frac{N}{60}I_a}{2\pi\frac{N}{60}}=\frac{Zp}{2\pi a}\phi I_a=k\phi I_a[\text{N}\cdot\text{m}]$$

답 ①

30 중요도 ★★ / 한국남부발전 1회 2회 3회

직류 전동기의 규약효율은 어떤 식에 의하여 구하여진 값인가?

① $\eta=\frac{출력}{입력}\times 100[\%]$ ② $\eta=\frac{출력}{출력+손실}\times 100[\%]$

③ $\eta=\frac{입력-손실}{입력}\times 100[\%]$ ④ $\eta=\frac{입력}{출력+손실}\times 100[\%]$

해설 직류 전동기의 규약효율은 $\eta = \frac{입력-손실}{입력} \times 100[\%]$이다.

체크 point

- 직류 발전기의 규약효율은 $\eta = \frac{출력}{출력+손실} \times 100[\%]$이다.
- 실측효율은 $\eta = \frac{출력}{입력} \times 100[\%]$이다.

답 ③

31 중요도 ★★ / 한국동서발전 1회 2회 3회

전기 기계의 철심을 성층하는 데 가장 적절한 이유는?

① 무부하손을 적게 하기 위하여 ② 와류손을 적게 하기 위하여
③ 히스테리시스손을 적게 하기 위하여 ④ 풍손을 적게 하기 위하여

해설 (1) 규소강판 : 히스테리시스손 감소($P_h = \eta f B_m^{1.6}$)
(2) 성층철심 : 와류손 감소($P_e = \sigma(tfB_m)^2$)

답 ②

32 중요도 ★★★ / 한국남부발전 1회 2회 3회

40[Hz], 10000[kVA]의 발전기 회전수가 800[rpm]이면 극수는 얼마인가?

① 4 ② 6 ③ 8 ④ 10

해설 (1) 동기속도 : $N_s = \frac{120f}{p}[\text{rpm}]$
(2) 극수 : $p = \frac{120f}{N_s} = \frac{120 \times 40}{800} = 6$극

답 ②

33 중요도 ★★ / 한국동서발전 1회 2회 3회

동기 발전기의 지상 전류는 어떤 작용을 하는가?

① 증자 작용 ② 감자 작용
③ 교차 자화 작용 ④ 아무 작용 없음

해설 동기 발전기의 전기자 반작용에 의해 지상 전류는 감자 작용을 하며, 진상 전류는 증자 작용을 한다.

답 ②

34 중요도 ★★ / 한국남부발전, 한국동서발전

1회 2회 3회

2대의 동기 발전기를 병렬 운전할 때 난조현상이 발생하는 경우는?

① 기전력의 주파수가 다를 때
② 기전력의 회전방향이 다를 때
③ 기전력의 위상차가 있을 때
④ 기전력 크기가 다를 때

해설 난조 현상은 2대의 동기 발전기의 기전력의 주파수가 다를 때 발생한다.

체크 point

동기 발전기의 병렬 운전 조건

- 기전력의 주파수가 같아야 한다. → (다른 경우) 유효순환전류, 난조 발생
- 기전력의 파형이 같아야 한다. → (다른 경우) 고조파 순환전류
- 기전력의 위상이 같아야 한다. → (다른 경우) 유효순환전류(동기화전류)
- 기전력 크기가 같아야 한다. → (다른 경우) 무효순환전류
- 기전력의 상회전 방향이 같아야 한다.

답 ①

35 중요도 ★ / 한국동서발전

1회 2회 3회

다음 중 권선형 유도 전동기에 주로 사용되는 속도 제어법은?

① 주파수 변환법 ② 종속 접속법 ③ 전압 제어법 ④ 극수 변환법

해설 (1) 농형 유도 전동기의 속도 제어법
① 주파수 변환법
② 극수 변환법
③ 전압 제어법
(2) 권선형 유도 전동기의 속도 제어법
① 2차 저항법
② 2차 여자법
③ 종속법

답 ②

36 중요도 ★★★ / 한국동서발전 1회 2회 3회

3상 유도 전동기의 특성 중 비례추이할 수 없는 것은?

① 역률 ② 2차 동손 ③ 동기와트 ④ 2차 전류

해설 2차 저항이 변함에 따라서, 슬립도 변하는 현상을 비례추이라 한다.

(1) 비례추이 할 수 있는 특성
① 1차 전류
② 2차 전류
③ 역률
④ 동기와트

(2) 비례추이 할 수 없는 특성
① 출력
② 2차 동손
③ 효율

답 ②

37 중요도 ★★ / 한국동서발전 1회 2회 3회

200[V], 10[kW] 3상, 4극 유도 전동기가 있다. 전 전압 기동 시 기동토크는 전 부하토크의 4배라고 할 때, 기동보상기를 이용하여 전동기에 인가되는 전압을 전 전압의 $\frac{1}{2}$로 낮추어 기동시키는 경우 기동토크는 전 부하 시의 몇 배인가?

① $\frac{1}{4}$ ② $\frac{1}{2}$ ③ 1
④ 2 ⑤ 4

해설 기동토크 $T_s \propto V^2$이므로 $T_s = 4 \times \left(\frac{1}{2}\right)^2 = 1$배

답 ③

38 중요도 ★ / 한국남동발전 1회 2회 3회

섬과 같이 독립된 곳에서 사용하는 독립형 풍력발전기에 사용되는 발전기는?

① 농형 유도발전기 ② 권선형 유도발전기 ③ 동기발전기 ④ 직류발전기

해설 동기발전기는 화력 발전, 원자력 발전 등과 같은 대형 발전에 사용되며 독립형 풍력발전은 권선형 유도발전기가 사용된다.

답 ②

39 중요도 ★★ / 한국중부발전

1회 2회 3회

어떤 단상 변압기의 2차 무부하 전압이 210[V], 정격 부하 시 2차 단자 전압이 200[V]일 때 전압 변동률[%]은?

① 4.8 ② 5.0 ③ 7.5 ④ 10.0

해설 **전압 변동률**

$$\varepsilon = \frac{V_{20} - V_{2n}}{V_{20}} \times 100 = \frac{210-200}{200} \times 100 = 5[\%]$$

답 ②

40 중요도 ★★ / 한전 KPS

1회 2회 3회

1차 전압이 400[V], 2차 전압이 300[V], 자기 용량이 20000[V]인 단권 변압기의 부하용량[kVA]은?

① 20 ② 40 ③ 60
④ 80 ⑤ 120

해설 **단권 변압기의 자기용량과 부하용량의 비**

$$\frac{\text{자기 용량}}{\text{부하 용량}} = \frac{V_h - V_l}{V_h} \quad (V_h : \text{고압측 전압},\ V_l : \text{저압측 전압})$$

$$\text{부하용량} = \text{자기용량} \times \frac{V_h}{V_h - V_l} = 20000 \times \frac{300}{400-300} = 60000[\text{VA}] = 60[\text{kVA}]$$

답 ③

41 중요도 ★★★ / 한국도로공사

1회 2회 3회

양수량 1000[m^3/min], 총양정 15[m]의 양수펌프용 전동기의 소요출력은 약 몇 [kW]인가? (단, 펌프의 효율은 95[%]라 한다.)

① 168 ② 196 ③ 258 ④ 292

해설 **양수펌프용 전동기의 소요출력 P**

$$P = \frac{QH}{6.12\eta} k[\text{kW}] = \frac{100 \times 15}{6.12 \times 0.95} \times 1 = 258[\text{kW}]$$

여기서, Q : 양수량, H : 양정[m], k : 여유계수, η : 효율

답 ③

42 중요도 ★★★ / 한국남부발전

1회 2회 3회

무게 2000[kg]의 물체를 매초 0.2[m]의 속도로 끌어 올리려 하는 권상기의 용량[kW]으로 옳은 것은? (단, 권상기의 효율은 75[%], 여유계수는 1.2로 한다.)

① 약 6　　② 약 8　　③ 약 16.4　　④ 약 18.4

해설 권상기의 용량 P

$$P=\frac{mv}{6.12\eta}k[\text{kW}]$$

여기서, m : 중량(하중)[ton], v[m/min] : 속도, k : 여유(손실)계수

$$\therefore\ P=\frac{2\times 0.2\times 60}{6.12\times 0.75}\times 1.2=6.27[\text{kW}]$$

체크 point

양수펌프 용량 P

$$P=\frac{QH}{6.12\eta}k[\text{kW}]$$

여기서, Q : 물의 양[m^3/분], H : 양정[m], c : 여유계수, η : 효율

답 ①

43 중요도 ★ / 한국중부발전

1회 2회 3회

A종 절연물의 최고 허용온도[℃]는?

① 90　　② 105　　③ 120　　④ 130

해설 절연물의 최고 허용온도[℃]

절연재료	Y	A	E	B	F	H
허용 최고 온도[℃]	90	105	120	130	155	180

답 ②

44 중요도 ★ / 한국가스공사

1회 2회 3회

다음 절연등급 중 허용 최고 온도가 가장 낮은 것은?

① B　　② H　　③ E　　④ F

해설 절연물에 따른 허용 최고 온도

절연재료	Y	A	E	B	F	H
허용 최고 온도[℃]	90	105	120	130	155	180

답 ③

45 중요도 ★ / 2024 한전 KPS

1회 2회 3회

변압기의 절연물에서 B종과 H종의 최고 허용온도[℃] 차이값은 얼마인가?

① 35 ② 40 ③ 45
④ 50 ⑤ 55

해설 B종과 H종의 최고 허용온도[℃] 차이값 = 180 − 130 = 50

체크 point

절연물에 따른 허용 최고 온도

절연재료	Y	A	E	B	F	H
허용 최고 온도[℃]	90	105	120	130	155	180

답 ④

04 전기화학

46 중요도 ★★ / LH공사

1회 2회 3회

감극제로 산소가 이용되고 사용 중의 자기 방전이 작아 오래 보존할 수 있으며, 전압 변동률이 비교적 작은 전지의 명칭은?

① 망간 전지 ② 공기 전지 ③ 수은 전지 ④ 표준 전지

해설 **공기전지**

(1) 양극 – (활성) 탄소, 음극 – (아말감화된) 흑연, 감극제 – (공기 중의) 산소

(2) 전해액

수산화나트륨(NaOH) – 가성소다, 염화암모늄(NH_4Cl)

(3) 공기전지의 특징

① 방전 시 전압 변동 작음
② 사용 중의 자기 방전이 작고 오래 보존 가능
③ 온도차에 의한 전압 변동 작음
④ 내한 · 내열 · 내습성
⑤ 용량이 커서 경제적

(4) 용도

통신용 전원, 기상관측용 전원, 철도용 신호 전원

답 ②

47 중요도 ★★ / 한국도로공사 | 1회 | 2회 | 3회

알칼리 축전지의 특징이 아닌 것은?

① 전지의 수명이 납축전지보다 길다.
② 진동 충격에 약하다.
③ 급격한 충·방전 및 높은 방전율에 강하다.
④ 공칭전압은 1.2[V/cell]이다.

해설 알칼리 축전지는 진동과 충격에 강하다.

체크 point

알칼리 축전지의 특징
- 공칭전압 : 1.2[V/cell] 보기 ④
- 수명이 길다(연축전지의 3~4배).
- 크기가 작다. 보기 ①
- 방전 시 전압 변동이 작다.
- 급격한 충·방전 특성이 양호(고율 방전 특성 우수) 보기 ③
- 전해액에 농도 변화가 거의 없다(용량이 감소되어도 사용 가능).
- 단점 : 연축전지보다 공칭 전압이 작으며, 가격이 고가이다.

답 ②

48 중요도 ★★ / 한국도로공사 | 1회 | 2회 | 3회

알칼리 축전지의 특징 중 틀린 것은?

① 전지의 수명이 길고 가격이 비싸다.
② 방전 시 전압 변동이 크다.
③ 진동에 강하다.
④ 급격한 충·방전 특성이 좋다.

해설 알칼리 축전지는 방전 시 전압 변동이 작다.

체크 point

알칼리 축전지
- **공칭전압** : 1.2[V/cell]
- **공칭용량** : 5[Ah]
- 에디슨형(⊕ : 수산화니켈, ⊖ : Fe), 융그너형(⊕ : 수산화니켈, ⊖ : Cd)
- **전해액** : 수산화칼륨(KOH)
- 철도 차량 안전등, 선박 통신용 등

답 ②

49 중요도 ★★ / 한국남부발전

1회 2회 3회

알칼리 축전지의 포켓식으로 초급 방전형(고율 방전용) 축전지는?

① AM형 ② AHH형 ③ AH-S형 ④ AH-P형

해설 **AH-P형**
포켓식이며 초급 방전형(고율 방전용) 축전지이다.

> **체크 point**
> - AM형 : 포켓식이며 표준형 축전지이다.
> - AHH형 : 소결식이며 초초급 방전형(초고율 방전용) 축전지이다.
> - AH-S형 : 소결식이며 초급 방전형(고율 방전용) 축전지이다.

답 ④

50 중요도 ★★ / 한국남부발전

1회 2회 3회

알칼리 축전지의 공칭 전압 및 공칭 용량으로 알맞은 것은?

① 공칭 전압 및 공칭 용량은 2.0[V], 5[Ah]
② 공칭 전압 및 공칭 용량은 2.0[V], 10[Ah]
③ 공칭 전압 및 공칭 용량은 1.2[V], 10[Ah]
④ 공칭 전압 및 공칭 용량은 1.2[V], 5[Ah]

해설 알칼리 축전지의 공칭 전압은 1.2[V], 공칭 용량은 5[Ah]이다.

답 ④

51 중요도 ★★ / 한국중부발전

1회 2회 3회

연축전지의 공칭 전압 및 공칭 용량으로 알맞은 것은?

① 2.0[V], 10[Ah] ② 1.0[V], 10[Ah]
③ 2.0[V], 5.0[Ah] ④ 1.2[V], 5.0[Ah]

해설 연축전지의 공칭 전압은 2.0[V], 공칭 용량은 10[Ah]
알칼리 축전지의 공칭 전압은 1.2[V], 공칭 용량은 5[Ah]

체크 point

연(납)축전지

- 방전 시 – 양극 : PbO_2 → $PbSO_4$, 음극 : Pb → $PbSO_4$
- 충전 시 – 양극 : $PbSO_4$ → PbO_2, 음극 : Pb → $PbSO_4$
- 충분히 충전되면 양극판은 적갈색으로 변하고, 충분히 방전되면 양극판은 회백색으로 변한다.
- 공칭 전압은 2.0[V/cell], 공칭 용량은 10[Ah]
- 기전력의 세기는 황산(전해액)의 농도에 비례(전해액의 농도로 충방전 상태 확인 가능)
- 알칼리 축전지에 비해 충전용량이 크고 공칭전압이 높음
- 효율이 좋고 단시간 대전류 공급이 가능

답 ①

52 중요도 ★ / 한국가스공사

1회 2회 3회

리튬 이온전지의 특징으로 틀린 것은?

① 연축전지보다 전압이 높다.
② ESS와 공조하는 설비가 필요하지 않다.
③ 자기방전에 의한 전력 손실이 작다.
④ 메모리 기능이 있다.

해설 **리튬 이온전지의 특징**

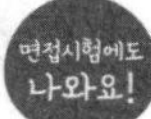

(1) 가볍고 에너지 밀도가 매우 크다(니켈 카드뮴 전지의 2배, 납 축전지의 6배 정도).
(2) 공칭전압 : 3.6[V]
(3) 기전력이 크다. 보기 ①
(4) 메모리 효과가 없어서 완전히 방전시키지 않고 어느 정도 충전되어 있는 상태에서도 만 충전이 가능하다. 보기 ④
(5) 자가 방전에 의해 전력 손실이 매우 작다. 보기 ③
(6) 제조 직후부터 열화(degrading)가 시작되므로 사용하지 않아도 시간의 흐름에 따라 노화된다.
(7) 온도에 민감하여 온도가 높을수록 노화가 빨리 진행된다.
(8) 취급 주의에 의한 안전문제 야기(너무 고온이 되거나, 햇빛에 오래 놓아두면 폭발 위험)

답 ④

53 중요도 ★ / 한국전기안전공사

1회 2회 3회

다음 중 연료전지의 특징으로 가장 먼 것은?

① 천연가스, 메탄올, 석탄가스 등 다양한 연료 사용이 가능하다.
② 발전효율이 40~60[%]이며, 열병합발전 시 80[%] 이상 가능하다.
③ 도심 부근에 설치가 가능하여 송·배전 시의 설비 및 전력 손실이 작다.
④ 저렴한 재료 사용으로 경제성 및 효율성이 뛰어나다.

해설 연료전지

(1) 석유나 가스 등에서 추출한 수소(−)와 산소(+)를 반응시켜 물과 전기에너지를 얻는 방식 [보기 ①]

(2) 발전 단계부터 전기생산까지 환경 오염물질이 나오지 않기 때문에 주목받는 신재생에너지

(3) 연료전지의 특징

① 친환경 에너지

② 에너지 효율이 40 ~ 80[%]로 높다. [보기 ②]

③ 열·전기 에너지 등 다양한 에너지원으로 활용 가능

④ 계절과 날씨에 영향을 받지 않음

⑤ 공간에 따른 제약이 없어서 도심 부근에 설치 가능 [보기 ③]

⑥ 수소 활용과 저장에 대한 사고의 위험성

⑦ 수소 원가가 비싸고 연료 공급의 인프라가 부족 [보기 ④]

⑧ 연료전지의 설치비용이 높다보니, 적은 전력(600[kW] 미만)을 사용하는 가정에는 효율이 낮음

⑨ 도시가스가 연결되어 있지 않으면 사용 제한

답 ④

54 중요도 ★ / 한국전기안전공사

1회 2회 3회

다음의 ESS의 역할로 옳지 않은 것은?

① 주파수 조정용　　② 피크 감소용

③ 에너지 저장용　　④ 역률 제어용

해설 ESS(Energy Storage System)의 역할

(1) 신재생에너지 출력 보완

신재생에너지의 간헐적인 발전량을 보완

(2) 주파수 조정

송전 중에 공급과 수요의 차이로 인해 주파수 변동이 발생하는데, ESS를 이용하여 전력 시스템 품질을 향상 [보기 ①]

(3) 비사용 전원

전력 공급 중단 시 ESS에 저장된 에너지를 통해 부하에 안정적인 전력 공급 [보기 ③]

(4) 첨두부하 저감

전력 수요가 적을 때(전력요금 저렴) 저장하여 전력 수요가 많을 때(전력요금 비쌈) 방전하여 첨두부하를 저감하는 용도 [보기 ②]

답 ④

55 중요도 ★ / 한국전기안전공사

1회 2회 3회

다음 중 ESS의 특징으로 옳지 않은 것은?

① 리튬 전지를 가장 많이 사용한다.
② 전기를 저장하는 장치이다.
③ 화재의 위험이 크다.
④ 소화약으로 HFC-126 소화약제의 사용이 효과적이다.

해설 (1) ESS(BESS)의 장점
① 리튬 이온 전지를 많이 사용하며 무게가 가볍다. 보기 ①
② 높은 에너지 밀도를 가지고 있으며, 에너지 변환 효율이 높다.
③ 리튬 이온 전지의 경우 전력 손실이 적고, 3.6[V]로 전압이 높다.
④ 모듈 구조로 분산형 배치가 가능하다.
⑤ 저장 효율이 비교적 우수하다. 보기 ②
⑥ 진동, 소음이 작고 환경에 미치는 영향이 적다.
⑦ 입지 제약이 없이 수요지 근방에 설치가 가능하다.

(2) ESS(BESS)의 단점
① 가격이 높고 내구성의 문제가 있다.
② 반응가스 중의 불순물에 민감하여 이에 대한 제거 기술이 필요하다.
③ 고도의 유지 관리 기술이 요구된다.
④ 화재의 위험이 크다(리튬이온전지가 고온에 취약). : 고체 에어로졸 소화장치와 분말소화장치를 조합한 방식을 소화방식으로 설치 보기 ③, ④

면접시험에도 나와요!

답 ④

56 중요도 ★★★ / 한국남부발전, LH공사

1회 2회 3회

축전지의 충전 방식 중 전지의 자기 방전을 보충함과 동시에 상용 부하에 대한 전력 공급은 충전지가 부담하도록 하되, 충전지가 부담하기 어려운 일시적인 대전류 부하는 축전지로 하여금 부담하게 하는 충전 방식은?

① 균등 충전 ② 회복 충전
③ 세류 충전 ④ 부동 충전

해설 (1) 부동 충전 방식
축전지의 충전 방식 중 전지의 자기 방전을 보충함과 동시에 상용 부하에 대한 전력 공급은 충전지가 부담하도록 하되, 충전지가 부담하기 어려운 일시적인 대전류 부하는 축전지로 하여금 부담하게 하는 충전 방식

(2) 균등 충전 방식
전위차를 보정하기 위해 1~3개월마다 충전하는 방식

답 ④

57 중요도 ★★ / 한국동서발전 | 1회 2회 3회

축전지 용량(C)과 무관한 것은?

① 감광 보상률 ② 방전 전류
③ 경년용량 저하율 ④ 용량 환산 시간

해설 **축전지 용량식**

$C = \frac{1}{L}KI[\text{Ah}]$

여기서, L : 보수율(경년용량 저하율), K : 용량 환산 시간[h], I : 방전 전류[A]

답 ①

58 중요도 ★★ / LH공사 | 1회 2회 3회

다음은 축전지의 방전 특성 곡선이다. 이 축전지의 용량[Ah]을 구하면? (단, I_1 = 30[A], I_2 = 20[A], K_1 = 1.4, K_2 = 0.7이며 보수율은 0.8이다.)

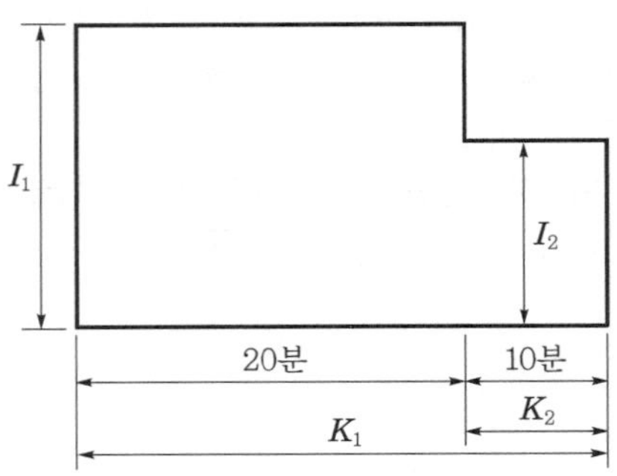

① 22 ② 44 ③ 66 ④ 88

해설 **축전지 용량 C**

$C = \frac{1}{L}[K_1 I_1 + K_2(I_2 - I_1)][\text{Ah}]$

여기서, L : 보수율, K : 용량 환산 시간 계수, I : 방전 전류

$C = \frac{1}{0.8}[1.4 \times 30 + 0.7 \times (20 - 30)] = 43.75[\text{Ah}]$

∴ 축전지 용량 ≒ 44[Ah]

답 ②

59 중요도 ★★★ / 2024 한국중부발전

1회 2회 3회

다음과 같은 방전 특성을 갖는 부하에 필요한 축전지 용량[Ah]을 구하면?

[조건]

- $K_1 = 2.5$, $K_2 = 1.4$, $K_3 = 0.4$
- $I_1 = 10[\mathrm{A}]$, $I_2 = 15[\mathrm{A}]$, $I_3 = 30[\mathrm{A}]$

[방전특성]

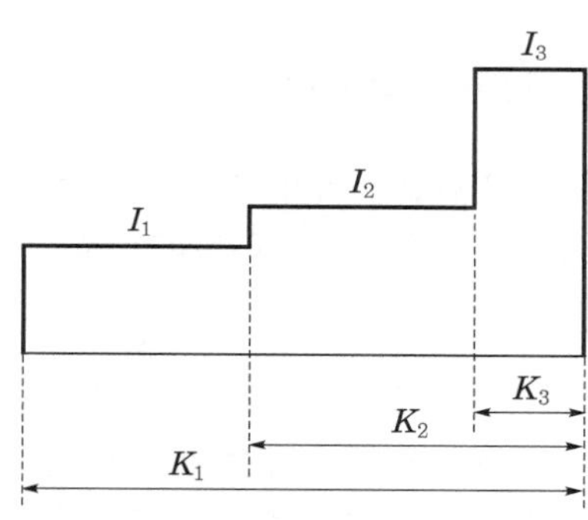

① 28　② 30.5　③ 38　④ 47.5

해설 **축전지 용량** C

$$C = \frac{1}{L}[(K_1 I_1 + K_2(I_2 - I_1) + K_3(I_3 - I_2)][\mathrm{Ah}]$$

$$= \frac{1}{L}[(2.5 \times 10 + 1.4 \times (15 - 10) + 0.4 \times (30 - 15)] = 47.5[\mathrm{Ah}]$$

(L은 보수율을 나타내며, 주어지지 않을 시에는 0.8임)

답 ④

60 중요도 ★ / 한국중부발전

1회 2회 3회

전해 정련 방법에 의하여 주로 석출되는 금속은?

① 석영　② 마그네슘　③ 주석　④ 망간

해설 전기 분해를 이용하여 순수한 금속만을 석출하여 정제하는 것을 전해 정련이라 하며, 정제하는 금속으로는 구리가 가장 많고 주석, 니켈, 안티몬 등이 있다.

답 ③

05 전기철도 & 전력용 반도체소자의 응용

61 중요도 ★★ / 서울교통공사

1회 2회 3회

다음 설명 중 호륜 궤조(guard rail)에 적당한 것은?

① 차륜의 탈선을 막기 위해서 설치한 레일이다.
② 곡선 궤도를 운행하는 경우 열차가 원만하게 통과할 수 있도록 궤간을 넓히는 정도를 뜻한다.
③ 전철기라고도 한다.
④ 직선부에서 경사부로 변화하는 부분의 레일

해설 호륜 궤조(guard rail)는 차륜의 탈선을 막기 위해서 설치한 레일이다.
궤도의 분기 개소에서 철차가 있는 곳은 궤조가 중단되므로 원활하게 차체를 분기 선로로 유도하기 위해서는 반대 궤조측에 호륜 궤조를 설치하여야 한다.

체크 point

확도(slack)는 곡선 궤도를 운행하는 경우 열차가 원만하게 통과할 수 있도록 궤간을 넓히는 정도를 뜻한다.

답 ①

62 중요도 ★ / 한국남부발전

1회 2회 3회

반도체에 광이 조사되면 전기 저항이 감소되는 현상은?

① 펠티에 효과 ② 광전 효과 ③ 제베크 효과 ④ 홀 효과

해설 **광전 효과**
반도체에 광이 조사되면 전기 저항이 감소되는 현상을 말한다.

체크 point

- **펠티에 효과**: 서로 다른 금속이 접촉되어 있을 때 전류가 흐르면 접합면에서 열이 발생 또는 흡수하는 현상을 말한다.
- **제베크 효과**: 서로 다른 금속이 접촉되어 있을 때 서로 다른 온도를 가하면 두 금속에 전류가 흐르고 기전력이 발생하는 현상을 말한다.

답 ②

63 중요도 ★★★ / 한국도로공사

1회 2회 3회

다음은 SCR에 관한 설명이다. 적당하지 않은 것은?

① 역저지 3단자 소자이다. ② 적은 게이트 신호로 대전력을 제어한다.
③ N게이트 사이리스터라고도 한다. ④ PNPN 구조이며 부성저항 소자이다.

해설 P-게이트 사이리스터라고도 한다.

체크 point

SCR(Silicon Controlled Rectifier)
- 역저지 3단자 소자이다.
- 적은 게이트 신호로 대전력을 제어한다.
- P게이트 사이리스터라고도 한다.
- PNPN 구조이며 부성저항 소자이다.
- 전원 공급은 애노드(+), 캐소드(−), 게이트(+) 극성을 연결한다.

답 ③

64 중요도 ★★★ / 한국도로공사

1회 2회 3회

다음 중 3단자 사이리스터가 아닌 것은?

① SSS ② LASCR ③ GTO ④ TRIAC

해설 2단자 소자 : SSS, DIAC

체크 point

- 3단자 소자 : SCR, GTO, LASCR, TRIAC
- 4단자 소자 : SCS

답 ①

65 중요도 ★★★ / 한국남부발전

1회 2회 3회

다음 사이리스터 중에서 단방향 2극 사이리스터는?

① SCS ② GTO ③ SSS ④ SCR

해설 SSS : 역저지 2극 사이리스터이다.

체크 point

- 단자별 사이리스터
  - 2극 : DIAC, SSS
  - 3극 : SCR, GTO, TRAIC
  - 4극 : SCS
- 방향별 사이리스터
  - 단방향 : SCR, SCS
  - 양방향 : DIAC, SSS, TRAIC

답 ③

66 중요도 ★★★ / LH공사 1회 2회 3회

다음은 사이리스터이다. 이중 양방향성 특징을 갖는 것은?

① SCR ② LASCR ③ GTO ④ DIAC

해설 양방향성 사이리스터 : DIAC, TRIAC, SSS

체크 point
- 단방향성 사이리스터 : SCR, LASCR, GTO

답 ④

67 중요도 ★★ / 한국전기안전공사 1회 2회 3회

배리스터의 주된 용도는 무엇인가?

① 전압, 전류, 전력의 증폭작용 ② 발진작용
③ 개폐기 작용 ④ 서지전압에 대한 회로 보호

해설 배리스터의 주된 용도는 서지전압에 대한 회로 보호용으로 사용된다.

답 ④

68 중요도 ★★ / 한국동서발전 1회 2회 3회

교류를 다른 주파수의 교류로 변환하는 전력변환 장치는?

① 사이클로 컨버터 ② 초퍼 ③ 인버터 ④ 컨버터

해설 **사이클로 컨버터**
교류를 다른 주파수의 교류로 변환하는 전력변환 장치이다.

답 ①

69 중요도 ★★ / 한국전기안전공사 1회 2회 3회

UPS 설비에서 컨버터의 역할로 옳은 것은?

① 직류를 교류로 변환한다. ② 교류를 직류로 변환한다.
③ 교류의 주파수를 변환한다. ④ 직류를 다른 직류로 변환한다.

해설 (1) AC–DC 변환 : 정류(rectification)

① 교류 전력을 직류 전력으로 변환

② 다이오드 정류기, 위상제어 정류기, PWM 컨버터 등

(2) DC–AC 변환 : 역변환(inversion)

① 직류 전력을 교류 전력으로 변환

② Inverter(인버터)

(3) DC–DC 변환 : 직류 변환(DC conversion)

① 입력된 직류 전력에 대하여 크기나 극성이 변환된 다른 직류 출력을 내보내는 것

② DC 초퍼, SMPS(Switching Mode Power Supply)

(4) AC–AC 변환 : 교류 변환(AC conversion)

① 교류 전력의 형태 → 전압, 전류의 크기, 주파수, 위상, 상수로 결정

② 이들 중 하나 또는 그 이상을 변환하여 다른 교류 전력으로 변환

③ 사이클로 컨버터(cyclo–converter)

답 ②

70 중요도 ★★★ / 한국동서발전, 한국남부발전 1회 2회 3회

단상 전파 정류 회로인 경우 정류 효율은 몇 [%]인가?

① 20.3　　② 40.6　　③ 72.6　　④ 81.2

해설 단상 전파 정류 회로 정류 효율은 81.2[%]이다.

체크 point

구분	출력 전압	맥동률	맥동 주파수	정류 효율
단상 반파	$E_d = \frac{\sqrt{2}E}{\pi} = 0.45E$	121[%]	f	40.6[%]
단상 전파	$E_d = \frac{2\sqrt{2}E}{\pi} = 0.9E$	48[%]	$2f$	81.2[%]
3상 반파	$E_d = \frac{3\sqrt{6}E}{2\pi} = 1.17E$	17[%]	$3f$	96.7[%]
3상 전파	$E_d = \frac{3\sqrt{6}E}{\pi} = 2.34E$ $E_d = \frac{3\sqrt{2}V}{\pi} = 1.35V$	4[%]	$6f$	99.8[%]

답 ④

71 중요도 ★★★ / LH공사

1회 2회 3회

다음 정류 회로에서 얻을 수 있는 직류 전압 e_d는 V의 몇 배가 되는가? (단, V[V]는 실횻값이며 전압 강하는 무시한다.)

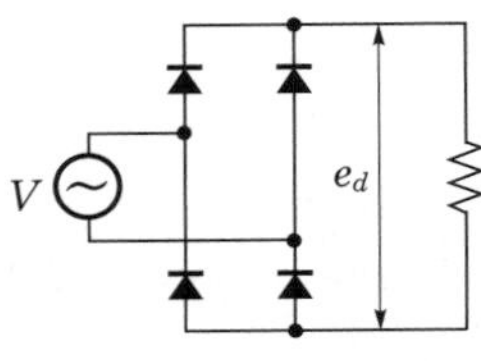

① 0.45 ② 0.9 ③ 1.45 ④ 1.9

해설 단상 전파 정류 회로

(1) 직류 전압(평균값) : $E_d = \dfrac{2E_m}{\pi} = \dfrac{2\sqrt{2}}{\pi}E = 0.9E[\mathrm{V}]$

(2) 직류 전류 : $I_d = \dfrac{E_d}{R} = \dfrac{2\sqrt{2}\,E}{\pi R}[\mathrm{A}]$

(3) 출력 : $P = E_d \cdot I_d[\mathrm{W}]$

답 ②

72 중요도 ★★★ / 한국도로공사

1회 2회 3회

전원전압이 100[V]이고, 부하가 40[Ω]인 단상 전파 정류회로의 부하전류는 약 몇 [A]인가? (단, 전압 강하는 10[V]이다.)

① 2 ② 4 ③ 7 ④ 8

해설 부하전압, 즉 직류전압 $E_d = 0.9E - e = 0.9 \times 100 - 10 = 80[\mathrm{V}]$

따라서, 부하전류 $I_d = \dfrac{E_d}{R} = \dfrac{80}{40} = 2[\mathrm{A}]$

답 ①

73 중요도 ★★★ / 한국남부발전

1회 2회 3회

단상 반파 정류 회로에서 직류 전압 200[V]를 얻는 데 필요한 변압기의 역전압의 최댓값[V]은? (단, 부하는 순저항으로 하고 정류기 내의 전압 강하를 15[V]로 한다.)

① 약 224 ② 약 382 ③ 약 444 ④ 약 675

해설 직류 전압

$V_d = \dfrac{V_m}{\pi} - e[\mathrm{V}]$ (e : 전압 강하)

역전압의 최댓값은 $PIV = V_m$이므로

$$200 = \frac{V_m}{3.14} - 15 = 675.1[\text{V}]$$

답 ④

06 기타

74 중요도 ★★ / 지역난방공사 1회 2회 3회

박강, 후강 전선관의 굵기를 표시하는 방법이다. 이중 옳은 것은 어느 것인가?

① 후강은 홀수로 표시한다.
② 후강은 내경, 박강은 외경을 [mm]로 표시한다.
③ 후강은 외경, 박강은 내경을 [mm]로 표시한다.
④ 박강은 짝수의 내경을 [mm]로 표시한다.

해설 (1) 후강 전선관
① 짝수, 내경[mm]으로 표시한다.
② 16, 22, 28, 36, 42, 54, 70, 82, 92, 104[mm]
(2) 박강 전선관
① 홀수, 외경[mm]으로 표시한다.
② 19, 25, 31, 39, 51, 63, 75[mm]

답 ②

75 중요도 ★★★ / 지역난방공사 1회 2회 3회

전동기에 접속하는 장소나 노출 배관에서 금속관 배관으로 할 때 관단에 사용하며 서비스 캡이라고도 한다. 이 부품의 명칭은?

① 부싱 ② 엔트런스 캡 ③ 터미널 캡 ④ 로크 너트

해설 **터미널 캡**
전동기에 접속하는 장소나 노출 배관에서 금속관 배관으로 할 때 관단에 사용하며 서비스 캡이라고도 한다.

체크 point
- **엔트런스 캡** : 옥외의 빗물을 막는 데 사용한다.
- **부싱** : 전선의 피복을 보호하기 위해 사용한다.
- **로크 너트** : 박스와 관을 연결 시 사용한다.

답 ③

76 중요도 ★★★ / 부산교통공사 1회 2회 3회

금속관 공사에서 절연 부싱을 사용하는 가장 주된 목적은?

① 관의 끝이 터지는 것을 방지
② 관의 단구에서 조영재의 접촉 방지
③ 관 내 해충 및 이물질 출입 방지
④ 관의 단구에서 전선 피복의 손상 방지

해설 부싱은 전선 관단에 끼우고 전선을 넣거나 빼는 데 있어서 전선의 피복을 보호하여 전선이 손상되지 않게 하는 것

답 ④

77 중요도 ★★ / 한국남부발전 1회 2회 3회

실내의 변압기와 배전반 사이나 분전반 사이의 간선에서 분기접점이 없는 전선로에 사용하는 덕트는?

① 피더 버스 덕트
② 트롤리 버스 덕트
③ 플러그인 버스 덕트
④ 와이어 덕트

해설 **버스 덕트의 종류**

(1) 피더 버스 덕트 : 분기점이 없음
(2) 플러그인 버스 덕트 : 도중에 분기가 가능함
(3) 트롤리 버스 덕트 : 이동 부하에 적합

답 ①

78 중요도 ★ / 한국남동발전 1회 2회 3회

접착성은 없으나 절연성, 내온성, 내유성이 우수하여 연피 케이블의 접속에 반드시 사용되는 테이프는?

① 면 테이프 ② 리노 테이프 ③ 고무 테이프 ④ 자기융착 테이프

해설 **리노 테이프**

와니스 바이어스 테이프라고 하며 면의 바이어스 테이프에 와니스를 여러 번 발라 건조시킨 것으로, 접착성은 없으나 절연성, 내온성, 내유성이 좋으며 연피 케이블에 반드시 사용한다.

답 ②

79 중요도 ★ / 한국남동발전 | 1회 | 2회 | 3회

다음 중 회로의 전등을 점멸하기 위한 스위치의 연결번호를 알맞게 표시한 것은?

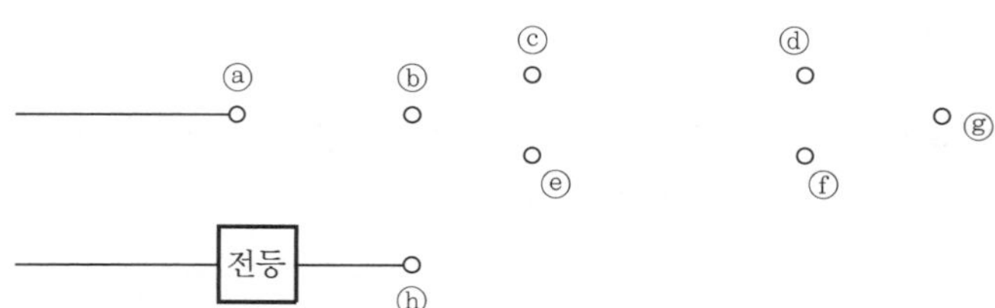

① ⓐ−ⓑ, ⓒ−ⓔ, ⓓ−ⓔ, ⓖ−ⓗ
② ⓐ−ⓔ, ⓔ−ⓕ, ⓒ−ⓓ, ⓖ−ⓗ
③ ⓐ−ⓑ, ⓒ−ⓓ, ⓔ−ⓕ, ⓖ−ⓗ
④ ⓐ−ⓒ, ⓓ−ⓔ, ⓒ−ⓕ, ⓖ−ⓗ

해설

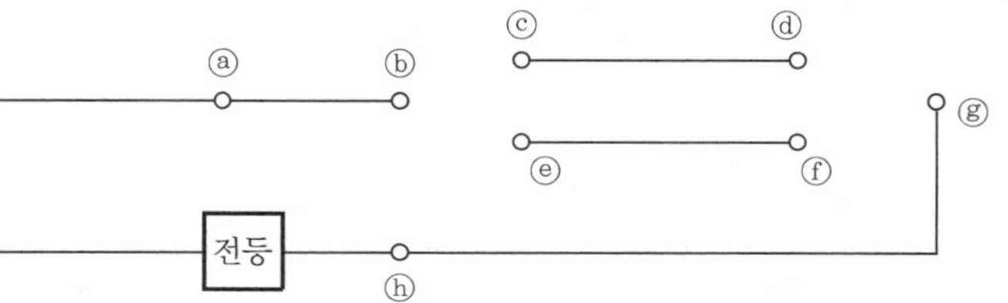

ⓐ−ⓑ, ⓒ−ⓓ, ⓔ−ⓕ, ⓖ−ⓗ

답 ③

80 중요도 ★★ / 지역난방공사 | 1회 | 2회 | 3회

가공 전선로에서 7000[V]인 고압선 2조를 수평으로 배열하기 위한 완금의 길이[mm]로 옳은 것은?

① 2400 ② 1800 ③ 1400 ④ 900

해설 고압이며 2조이므로 표준 길이는 1400[mm]가 된다.

체크 point

완금의 표준 길이[mm]

구분	특고압	고압	저압
2조	1800	1400	900
3조	2400	1800	1400

답 ③

Ⅱ 07. 전기응용

81 중요도 ★★ / 한국남부발전

1회 2회 3회

저압 가공 인입 시 변압기를 보호하기 위해 1차측에 설치하는 퓨즈는 무엇인가?

① 캐치 홀더 ② COS ③ 댐퍼 ④ 가공지선

해설 컷아웃 스위치(COS)는 주상 변압기 1차측에 설치하여 변압기의 보호와 개폐에 사용하는 스위치를 말하며, 변압기 설치 시 필수적으로 설치해야 한다.

체크 point

- **캐치홀더(catch holder)** : 저압 가공 전선을 보호하기 위하여 주상 변압기의 2차측에 자동 차단기를 넣기 위해 사용한다.
- **댐퍼** : 전선의 진동을 방지하기 위해 설치한다.
- **가공지선** : 직격뢰를 차폐하기 위해 설치한다.

답 ②

82 중요도 ★★ / 한국전기안전공사

1회 2회 3회

배전 선로에서 지락 고장이나 단락 고장사고가 발생하였을 때 고장을 검출하여 선로를 차단한 후 일정 시간이 경과하면 자동적으로 재투입 동작을 켜졌다 꺼졌다 반복함으로써 순간 고장을 제거하는 장치는?

① 컷아웃 스위치 ② 리클로저 ③ 영상변류기 ④ 계기용 변압기

해설 **리클로저**

배전 선로에서 지락 고장이나 단락 고장사고가 발생하였을 때 고장을 검출하여 선로를 차단한 후 일정 시간이 경과하면 자동적으로 재투입 동작을 켜졌다 꺼졌다 반복함으로써 순간 고장을 제거하는 장치이다.

체크 point

- 컷아웃 스위치(COS)는 주상 변압기 1차측에 설치하여 변압기의 보호와 개폐에 사용하는 스위치를 말하며, 변압기 설치 시 필수적으로 설치해야 한다.
- 계기용 변압기(PT)는 특고압 및 고압 회로의 전압을 저압으로 변성하기 위해서 사용하는 것이며, 배전반의 전압계나 전력계, 주파수계, 역률계, 표시등 및 부족전압 트립코일의 전원으로 사용된다.
- 영상 변류기(ZCT)는 고압 모선이나 부하기기에 지락 사고가 생겼을 때 흐르는 영상전류(지락전류)를 검출하여 접지 계전기에 의하여 차단기를 동작시켜 사고범위를 작게 한다.

답 ②

페이지		틀린 이유 ☐ 문제 이해 부족 ☐ 개념 이해 부족 ☐ 풀이 이해 부족 ☐ 기타 :
문제번호		
단원명		중요도 ☆☆☆
★ 꼭 기억할 주요 개념 ★		

페이지		틀린 이유 ☐ 문제 이해 부족 ☐ 개념 이해 부족 ☐ 풀이 이해 부족 ☐ 기타 :
문제번호		
단원명		중요도 ☆☆☆
★ 꼭 기억할 주요 개념 ★		

페이지		틀린 이유 ☐ 문제 이해 부족 ☐ 개념 이해 부족 ☐ 풀이 이해 부족 ☐ 기타 :
문제번호		
단원명		중요도 ☆☆☆
★ 꼭 기억할 주요 개념 ★		

페이지		틀린 이유 ☐ 문제 이해 부족 ☐ 개념 이해 부족 ☐ 풀이 이해 부족 ☐ 기타 :
문제번호		
단원명		중요도 ☆☆☆
★ 꼭 기억할 주요 개념 ★		

페이지		틀린 이유 ☐ 문제 이해 부족 ☐ 개념 이해 부족 ☐ 풀이 이해 부족 ☐ 기타 :
문제번호		
단원명		중요도 ☆☆☆
★ 꼭 기억할 주요 개념 ★		

페이지		틀린 이유 ☐ 문제 이해 부족 ☐ 개념 이해 부족 ☐ 풀이 이해 부족 ☐ 기타 :
문제번호		
단원명		중요도 ☆☆☆
★ 꼭 기억할 주요 개념 ★		

페이지		틀린 이유 ☐ 문제 이해 부족 ☐ 개념 이해 부족 ☐ 풀이 이해 부족 ☐ 기타 :
문제번호		
단원명		중요도 ☆☆☆
★ 꼭 기억할 주요 개념 ★		

페이지		틀린 이유 ☐ 문제 이해 부족 ☐ 개념 이해 부족 ☐ 풀이 이해 부족 ☐ 기타 :
문제번호		
단원명		중요도 ☆☆☆
★ 꼭 기억할 주요 개념 ★		

페이지		틀린 이유
문제번호		☐ 문제 이해 부족 ☐ 개념 이해 부족 ☐ 풀이 이해 부족 ☐ 기타 :
단원명		중요도 ☆☆☆
★ 꼭 기억할 주요 개념 ★		

페이지		틀린 이유
문제번호		☐ 문제 이해 부족 ☐ 개념 이해 부족 ☐ 풀이 이해 부족 ☐ 기타 :
단원명		중요도 ☆☆☆
★ 꼭 기억할 주요 개념 ★		

페이지		틀린 이유
문제번호		☐ 문제 이해 부족 ☐ 개념 이해 부족 ☐ 풀이 이해 부족 ☐ 기타 :
단원명		중요도 ☆☆☆
★ 꼭 기억할 주요 개념 ★		

페이지		틀린 이유
문제번호		☐ 문제 이해 부족 ☐ 개념 이해 부족 ☐ 풀이 이해 부족 ☐ 기타 :
단원명		중요도 ☆☆☆
★ 꼭 기억할 주요 개념 ★		

페이지		틀린 이유 ☐ 문제 이해 부족 ☐ 개념 이해 부족 ☐ 풀이 이해 부족 ☐ 기타 :
문제번호		
단원명		중요도 ☆☆☆
★ 꼭 기억할 주요 개념 ★		

페이지		틀린 이유 ☐ 문제 이해 부족 ☐ 개념 이해 부족 ☐ 풀이 이해 부족 ☐ 기타 :
문제번호		
단원명		중요도 ☆☆☆
★ 꼭 기억할 주요 개념 ★		

페이지		틀린 이유 ☐ 문제 이해 부족 ☐ 개념 이해 부족 ☐ 풀이 이해 부족 ☐ 기타 :
문제번호		
단원명		중요도 ☆☆☆
★ 꼭 기억할 주요 개념 ★		

페이지		틀린 이유 ☐ 문제 이해 부족 ☐ 개념 이해 부족 ☐ 풀이 이해 부족 ☐ 기타 :
문제번호		
단원명		중요도 ☆☆☆
★ 꼭 기억할 주요 개념 ★		

저자소개

■ **김지호**

전기공학 공학박사
現) 박문각 공무원 전기직 대표강사
前) 에듀윌 공무원, 전기기사 강사
前) 리드윈 공무원, 공기업 강사
前) E기업 기술연구소 연구소장
前) 가천대학교, 동서울대학교 겸임 교수
前) 숭실대학교, 대진대학교 외래 교수

■ **김영복**

現) 에듀윌 전기기사 대표강사
現) 장애인 공단 강사
前) EBS 교육방송 강사
前) 신화정보통신 학원장
- 춘천 성심대학교(정보통신), 군산대학교(무선), 충북대학교(전기기사) 특강
- 직업전문학교, 강남고시학원, 대전고시학원 등 다수 강의

2025. 3. 12. 초 판 1쇄 인쇄
2025. 3. 19. 초 판 1쇄 발행

검인

지은이 | 김지호, 김영복
펴낸이 | 이종춘
펴낸곳 | BM (주)도서출판 성안당
주소 | 04032 서울시 마포구 양화로 127 첨단빌딩 3층(출판기획 R&D 센터)
10881 경기도 파주시 문발로 112 파주 출판 문화도시(제작 및 물류)
전화 | 02) 3142-0036
031) 950-6300
팩스 | 031) 955-0510
등록 | 1973. 2. 1. 제406-2005-000046호
출판사 홈페이지 | **www.cyber.co.kr**
ISBN | 978-89-315-1328-8 (13560)
정가 | 38,000원

이 책을 만든 사람들
기획 | 최옥현
진행 | 박경희
교정 | 이은화
전산편집 | 유해영
표지 디자인 | 박현정
홍보 | 김계향, 임진성, 김주승, 최정민
국제부 | 이선민, 조혜란
마케팅 | 구본철, 차정욱, 오영일, 나진호, 강호묵
마케팅 지원 | 장상범
제작 | 김유석

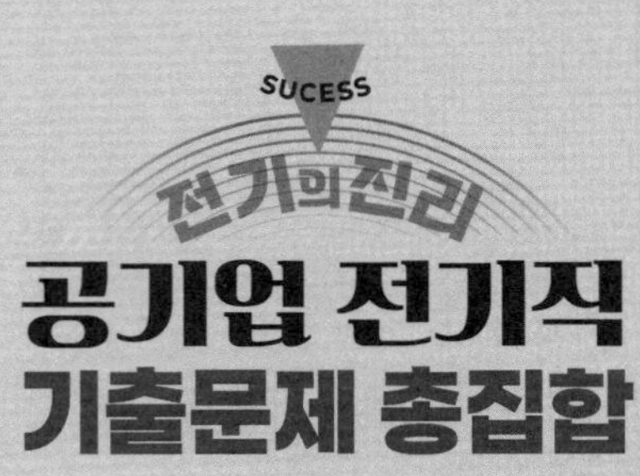
SUCESS
전기의 진리
공기업 전기직
기출문제 총집합

특별 별책부록

공기업별 기출문제 찾아보기

'공기업별 기출문제 찾아보기'를 활용하면 각 공기업별로 어떤 문제가 출제되었는지 파악할 수 있고 또한 응시하고자 하는 공기업의 기출문제만 찾아서 효율적으로 학습할 수 있습니다.

BM (주)도서출판 성안당

광주교통공사 기출문제

01 전자기학

p. Ⅱ-34 64번
p. Ⅱ-39 76번
p. Ⅱ-64 124번
p. Ⅱ-67 130번
p. Ⅱ-89 178번
p. Ⅱ-104 213번

02 전력공학

p. Ⅱ-245 256번

03 전기기기

p. Ⅱ-338 155번
p. Ⅱ-347 177번
p. Ⅱ-377 246번

국가철도공단 기출문제

01 전자기학

p. Ⅱ-14 25번
p. Ⅱ-15 28번
p. Ⅱ-18 33번
p. Ⅱ-21 40번
p. Ⅱ-28 52번
p. Ⅱ-29 54번
p. Ⅱ-38 71번
p. Ⅱ-51 96번
p. Ⅱ-54 101번
p. Ⅱ-56 106번
p. Ⅱ-83 163번
p. Ⅱ-85 169번
p. Ⅱ-93 186번
p. Ⅱ-97 198번
p. Ⅱ-106 216번
p. Ⅱ-108 222번
p. Ⅱ-113 234번
p. Ⅱ-117 241번
p. Ⅱ-119 246, 247번
p. Ⅱ-120 248번

03 전기기기

p. Ⅱ-279 09번
p. Ⅱ-287 30번
p. Ⅱ-291 40번
p. Ⅱ-298 58번
p. Ⅱ-310 89번
p. Ⅱ-315 100, 102번
p. Ⅱ-326 128번
p. Ⅱ-329 134번
p. Ⅱ-333 142번
p. Ⅱ-338 156번
p. Ⅱ-339 159번
p. Ⅱ-354 194번
p. Ⅱ-356 199번
p. Ⅱ-360 209번
p. Ⅱ-361 211번
p. Ⅱ-383 262번
p. Ⅱ-386 270번
p. Ⅱ-389 275번
p. Ⅱ-394 285번
p. Ⅱ-395 289번
p. Ⅱ-396 291번
p. Ⅱ-397 294번
p. Ⅱ-400 301번
p. Ⅱ-401 302번
p. Ⅱ-409 321번
p. Ⅱ-412 328번
p. Ⅱ-417 340번
p. Ⅱ-427 365번
p. Ⅱ-429 370번
p. Ⅱ-431 376번

대구교통공사 기출문제

01 전자기학

p. Ⅱ-39 74번
p. Ⅱ-51 96번
p. Ⅱ-67 132번
p. Ⅱ-100 203번

02 전력공학

p. Ⅱ-139 28번
p. Ⅱ-148 47번
p. Ⅱ-168 92번
p. Ⅱ-182 125번
p. Ⅱ-228 219번
p. Ⅱ-233 229번
p. Ⅱ-235 234번
p. Ⅱ-244 253번
p. Ⅱ-246 258번
p. Ⅱ-250 270번
p. Ⅱ-264 301번
p. Ⅱ-267 308번
p. Ⅱ-273 322번
p. Ⅱ-274 324번
p. Ⅱ-275 325번

03 전기기기

p. Ⅱ-301 65번
p. Ⅱ-312 93번
p. Ⅱ-318 109번
p. Ⅱ-326 126, 127번
p. Ⅱ-336 150번
p. Ⅱ-341 163번
p. Ⅱ-348 179번
p. Ⅱ-358 204번
p. Ⅱ-376 244번
p. Ⅱ-402 305번
p. Ⅱ-406 315번
p. Ⅱ-411 325번
p. Ⅱ-424 358번
p. Ⅱ-432 377번
p. Ⅱ-434 381번

대전교통공사 기출문제

01 전자기학

p. Ⅱ-2 01번
p. Ⅱ-46 89번
p. Ⅱ-80 158번
p. Ⅱ-98 200번
p. Ⅱ-103 210번
p. Ⅱ-107 219번

02 전력공학

p. Ⅱ-179 117번
p. Ⅱ-186 131번
p. Ⅱ-232 226번
p. Ⅱ-239 244번

03 전기기기

p. Ⅱ-300 63번
p. Ⅱ-345 173번
p. Ⅱ-392 281번

부산교통공사 기출문제

01 전자기학

p. Ⅱ-4 06번
p. Ⅱ-5 08번
p. Ⅱ-15 28번
p. Ⅱ-21 39번
p. Ⅱ-32 60번
p. Ⅱ-37 69번
p. Ⅱ-63 122번
p. Ⅱ-66 128번
p. Ⅱ-77 152번
p. Ⅱ-78 153번
p. Ⅱ-100 204번
p. Ⅱ-103 211번
p. Ⅱ-109 224번
p. Ⅱ-118 245번

02 전력공학

p. Ⅱ-130 09번
p. Ⅱ-137 24번
p. Ⅱ-144 40번
p. Ⅱ-149 50번
p. Ⅱ-160 74번
p. Ⅱ-167 89번
p. Ⅱ-176 110번
p. Ⅱ-192 143번
p. Ⅱ-202 164번
p. Ⅱ-231 225번
p. Ⅱ-233 227번
p. Ⅱ-238 241번
p. Ⅱ-264 302번

03 전기기기

p. Ⅱ-277 04번
p. Ⅱ-324 122번
p. Ⅱ-326 126번
p. Ⅱ-336 151번
p. Ⅱ-338 156번
p. Ⅱ-341 162번
p. Ⅱ-342 164번
p. Ⅱ-347 178번
p. Ⅱ-349 184번
p. Ⅱ-357 200번
p. Ⅱ-374 241번
p. Ⅱ-377 247번
p. Ⅱ-381 257번
p. Ⅱ-386 269번
p. Ⅱ-389 275번
p. Ⅱ-410 324번
p. Ⅱ-413 332번
p. Ⅱ-421 349번

06 전기설비기술기준

p. Ⅱ-574 23번
p. Ⅱ-575 25번
p. Ⅱ-592 59번

07 전기응용

p. Ⅱ-600 02번
p. Ⅱ-632 76번

서울교통공사 기출문제

01 전자기학

p. Ⅱ-2	02번
p. Ⅱ-4	05번
p. Ⅱ-6	10번
p. Ⅱ-11	19번
p. Ⅱ-12	22번
p. Ⅱ-17	31번
p. Ⅱ-18	34번
p. Ⅱ-21	39번
p. Ⅱ-22	42번
p. Ⅱ-29	54번
p. Ⅱ-30	56번
p. Ⅱ-35	66번
p. Ⅱ-36	67번
p. Ⅱ-38	71, 73번
p. Ⅱ-41	80번
p. Ⅱ-42	82번
p. Ⅱ-53	99번
p. Ⅱ-55	104번
p. Ⅱ-58	109번
p. Ⅱ-60	115번
p. Ⅱ-65	125번
p. Ⅱ-66	129번
p. Ⅱ-76	149번
p. Ⅱ-78	154번
p. Ⅱ-81	159, 160번
p. Ⅱ-85	168번
p. Ⅱ-86	170번
p. Ⅱ-87	173번
p. Ⅱ-92	184번
p. Ⅱ-94	188, 190번
p. Ⅱ-96	193번
p. Ⅱ-98	199번
p. Ⅱ-101	207번
p. Ⅱ-105	214번
p. Ⅱ-109	224번
p. Ⅱ-112	230번
p. Ⅱ-113	233번
p. Ⅱ-116	239번
p. Ⅱ-117	242번
p. Ⅱ-122	251번

02 전력공학

p. Ⅱ-127	03번
p. Ⅱ-131	11번
p. Ⅱ-135	19번
p. Ⅱ-136	21번
p. Ⅱ-144	39번
p. Ⅱ-154	62번
p. Ⅱ-158	68번
p. Ⅱ-160	73번
p. Ⅱ-161	75번
p. Ⅱ-166	87번
p. Ⅱ-167	89번
p. Ⅱ-168	92번
p. Ⅱ-171	98번
p. Ⅱ-174	106번
p. Ⅱ-176	110번
p. Ⅱ-178	113번
p. Ⅱ-181	121, 122번
p. Ⅱ-188	133번
p. Ⅱ-193	145번
p. Ⅱ-201	161번
p. Ⅱ-203	166번
p. Ⅱ-211	184번
p. Ⅱ-218	197번
p. Ⅱ-221	203번
p. Ⅱ-224	211번
p. Ⅱ-225	213번
p. Ⅱ-233	228번
p. Ⅱ-239	243번
p. Ⅱ-240	247번
p. Ⅱ-246	258번
p. Ⅱ-252	275번
p. Ⅱ-259	289번
p. Ⅱ-269	314번
p. Ⅱ-270	316번
p. Ⅱ-273	321번

03 전기기기

p. Ⅱ-279	11번
p. Ⅱ-285	23번
p. Ⅱ-286	26번
p. Ⅱ-288	31번
p. Ⅱ-292	42번
p. Ⅱ-293	45번
p. Ⅱ-298	60번
p. Ⅱ-299	61번
p. Ⅱ-301	64번
p. Ⅱ-302	68번
p. Ⅱ-304	72번
p. Ⅱ-305	77번
p. Ⅱ-307	81번
p. Ⅱ-308	85번
p. Ⅱ-312	93번
p. Ⅱ-318	110번
p. Ⅱ-319	111번
p. Ⅱ-323	120, 121번
p. Ⅱ-328	131번
p. Ⅱ-334	146번
p. Ⅱ-335	148번
p. Ⅱ-341	161, 162번
p. Ⅱ-344	170번
p. Ⅱ-351	187번
p. Ⅱ-355	196번
p. Ⅱ-357	202번
p. Ⅱ-364	218번
p. Ⅱ-368	227번
p. Ⅱ-370	231번
p. Ⅱ-373	238번
p. Ⅱ-374	240, 241번
p. Ⅱ-376	244번
p. Ⅱ-378	248번
p. Ⅱ-379	253번
p. Ⅱ-388	272번
p. Ⅱ-389	275번
p. Ⅱ-392	282번
p. Ⅱ-396	290번
p. Ⅱ-407	317번
p. Ⅱ-409	321번
p. Ⅱ-414	334번
p. Ⅱ-418	344번
p. Ⅱ-421	352번
p. Ⅱ-422	352번
p. Ⅱ-423	357번
p. Ⅱ-428	368번

04 회로이론

p. Ⅱ-442	18번
p. Ⅱ-451	41번
p. Ⅱ-467	81번
p. Ⅱ-473	97번
p. Ⅱ-478	107번
p. Ⅱ-480	113번
p. Ⅱ-490	136번
p. Ⅱ-492	139번
p. Ⅱ-497	151번
p. Ⅱ-499	154번
p. Ⅱ-503	165번

05 제어공학

p. Ⅱ-530	28번
p. Ⅱ-531	30번
p. Ⅱ-539	52번
p. Ⅱ-557	93번
p. Ⅱ-561	102번

06 전기설비기술기준

p. Ⅱ-598	71번
p. Ⅱ-599	72, 73번

07 전기응용

p. Ⅱ-611	27번
p. Ⅱ-626	61번

인천교통공사 기출문제

01 전자기학

p. Ⅱ-25 47번
p. Ⅱ-35 65번
p. Ⅱ-36 68번
p. Ⅱ-41 79번
p. Ⅱ-46 90번
p. Ⅱ-61 118번
p. Ⅱ-64 123번
p. Ⅱ-74 144번
p. Ⅱ-78 154번
p. Ⅱ-101 205번
p. Ⅱ-107 220번
p. Ⅱ-109 224번
p. Ⅱ-116 240번

02 전력공학

p. Ⅱ-129 07번
p. Ⅱ-163 80번
p. Ⅱ-203 166번
p. Ⅱ-212 185번
p. Ⅱ-213 187번
p. Ⅱ-225 213번
p. Ⅱ-227 217번
p. Ⅱ-238 240번
p. Ⅱ-267 309번

03 전기기기

p. Ⅱ-289 35번
p. Ⅱ-296 53번
p. Ⅱ-299 62번
p. Ⅱ-303 69번
p. Ⅱ-310 88번
p. Ⅱ-316 103번
p. Ⅱ-363 216번
p. Ⅱ-368 226번
p. Ⅱ-373 239번
p. Ⅱ-376 245번
p. Ⅱ-381 258번
p. Ⅱ-391 279번
p. Ⅱ-406 315번
p. Ⅱ-416 339번
p. Ⅱ-421 350번
p. Ⅱ-423 355번

지역난방공사 기출문제

01 전자기학

p. Ⅱ-13 23번
p. Ⅱ-17 32번
p. Ⅱ-18 33번
p. Ⅱ-38 72번
p. Ⅱ-43 83번
p. Ⅱ-45 87번
p. Ⅱ-65 126번

02 전력공학

p. Ⅱ-129 08번
p. Ⅱ-130 10번
p. Ⅱ-134 18번
p. Ⅱ-141 32번
p. Ⅱ-145 43번
p. Ⅱ-151 54번
p. Ⅱ-153 59번
p. Ⅱ-162 78번
p. Ⅱ-165 85번
p. Ⅱ-170 96번
p. Ⅱ-181 122번
p. Ⅱ-185 129번
p. Ⅱ-187 132번
p. Ⅱ-191 141번
p. Ⅱ-229 220번
p. Ⅱ-234 230번
p. Ⅱ-240 246번
p. Ⅱ-247 262번
p. Ⅱ-260 291번
p. Ⅱ-261 294번
p. Ⅱ-267 307번
p. Ⅱ-274 323번

03 전기기기

p. Ⅱ-286 27, 28번
p. Ⅱ-290 39번
p. Ⅱ-295 51번
p. Ⅱ-304 73번
p. Ⅱ-305 76, 77번
p. Ⅱ-308 83, 84번
p. Ⅱ-312 95번
p. Ⅱ-313 97번
p. Ⅱ-317 106번
p. Ⅱ-329 133, 134번
p. Ⅱ-335 148번
p. Ⅱ-342 164번
p. Ⅱ-345 172번
p. Ⅱ-355 197번
p. Ⅱ-363 215번
p. Ⅱ-364 217번
p. Ⅱ-372 235번
p. Ⅱ-374 240번
p. Ⅱ-384 265번
p. Ⅱ-390 277번
p. Ⅱ-402 304번
p. Ⅱ-411 327번
p. Ⅱ-419 345번

04 회로이론

p. Ⅱ-448 34번
p. Ⅱ-453 47번
p. Ⅱ-459 60번
p. Ⅱ-464 74번
p. Ⅱ-465 77번
p. Ⅱ-505 171번

06 전기설비기술기준

p. Ⅱ-578 29번
p. Ⅱ-583 41번
p. Ⅱ-589 52번

07 전기응용

p. Ⅱ-605 13번
p. Ⅱ-631 74, 75번
p. Ⅱ-633 80번

한국가스공사 기출문제

01 전자기학

p. Ⅱ-9	15번
p. Ⅱ-10	17번
p. Ⅱ-25	48번
p. Ⅱ-30	55번
p. Ⅱ-39	75번
p. Ⅱ-52	98번
p. Ⅱ-55	103번
p. Ⅱ-69	136번
p. Ⅱ-74	145번
p. Ⅱ-76	150번
p. Ⅱ-93	187번
p. Ⅱ-102	209번
p. Ⅱ-110	227번
p. Ⅱ-113	232번
p. Ⅱ-118	244번
p. Ⅱ-120	248번
p. Ⅱ-124	257번

02 전력공학

p. Ⅱ-127	03번
p. Ⅱ-150	51번
p. Ⅱ-156	66번
p. Ⅱ-167	90번
p. Ⅱ-172	99번
p. Ⅱ-176	110번
p. Ⅱ-177	111번
p. Ⅱ-180	119번
p. Ⅱ-182	123번
p. Ⅱ-190	139번
p. Ⅱ-196	151번
p. Ⅱ-199	157번
p. Ⅱ-205	170번
p. Ⅱ-208	175번
p. Ⅱ-209	177번
p. Ⅱ-215	192번
p. Ⅱ-216	194번
p. Ⅱ-217	196번
p. Ⅱ-221	203번
p. Ⅱ-225	212번
p. Ⅱ-228	218번
p. Ⅱ-231	225번
p. Ⅱ-257	286번
p. Ⅱ-268	311, 312번

03 전기기기

p. Ⅱ-276	01번
p. Ⅱ-279	10번
p. Ⅱ-280	12번
p. Ⅱ-290	37번
p. Ⅱ-291	41번
p. Ⅱ-294	49번
p. Ⅱ-295	50번
p. Ⅱ-309	87번
p. Ⅱ-310	89번
p. Ⅱ-311	91번
p. Ⅱ-326	128번
p. Ⅱ-330	136번
p. Ⅱ-338	155번
p. Ⅱ-339	158번
p. Ⅱ-343	166번
p. Ⅱ-345	171번
p. Ⅱ-346	174번
p. Ⅱ-352	188번
p. Ⅱ-357	201번
p. Ⅱ-375	243번
p. Ⅱ-399	297번
p. Ⅱ-400	300번
p. Ⅱ-402	305번
p. Ⅱ-405	313번
p. Ⅱ-406	316번
p. Ⅱ-408	319번
p. Ⅱ-421	350, 352번
p. Ⅱ-426	363번
p. Ⅱ-427	366번
p. Ⅱ-428	367번
p. Ⅱ-430	373, 374번
p. Ⅱ-432	377번
p. Ⅱ-433	379번

04 회로이론

p. Ⅱ-445	25번
p. Ⅱ-449	36번
p. Ⅱ-450	39번
p. Ⅱ-454	48번
p. Ⅱ-455	53번
p. Ⅱ-461	66번
p. Ⅱ-468	84번
p. Ⅱ-471	91번
p. Ⅱ-472	93번
p. Ⅱ-475	101번
p. Ⅱ-478	108번
p. Ⅱ-484	123번
p. Ⅱ-491	138번
p. Ⅱ-501	160번
p. Ⅱ-506	173번
p. Ⅱ-507	175번

06 전기설비기술기준

p. Ⅱ-566	07번
p. Ⅱ-577	27번
p. Ⅱ-589	51번
p. Ⅱ-590	55번
p. Ⅱ-594	62번

07 전기응용

p. Ⅱ-609	24번
p. Ⅱ-617	44번
p. Ⅱ-621	52번

한국남동발전 기출문제

01 전자기학

p. Ⅱ-8	13, 14번
p. Ⅱ-16	30번
p. Ⅱ-29	54번
p. Ⅱ-35	65번
p. Ⅱ-38	71번
p. Ⅱ-49	93번
p. Ⅱ-54	101번
p. Ⅱ-102	208번
p. Ⅱ-110	226번
p. Ⅱ-121	250번
p. Ⅱ-125	258번

02 전력공학

p. Ⅱ-132	13번
p. Ⅱ-135	20번
p. Ⅱ-137	25번
p. Ⅱ-138	26번
p. Ⅱ-140	30번
p. Ⅱ-145	41번
p. Ⅱ-152	56번
p. Ⅱ-180	118번
p. Ⅱ-183	127번
p. Ⅱ-185	130번
p. Ⅱ-191	141번
p. Ⅱ-194	146번
p. Ⅱ-200	159번
p. Ⅱ-201	162번
p. Ⅱ-204	168번
p. Ⅱ-229	220번
p. Ⅱ-230	222번
p. Ⅱ-232	226번
p. Ⅱ-234	231번
p. Ⅱ-239	243번
p. Ⅱ-244	254번
p. Ⅱ-246	258번

03 전기기기

p. Ⅱ-278	06번
p. Ⅱ-283	20번
p. Ⅱ-286	26번
p. Ⅱ-289	34번
p. Ⅱ-296	52번
p. Ⅱ-310	90번
p. Ⅱ-311	91번
p. Ⅱ-313	96번
p. Ⅱ-322	117번
p. Ⅱ-327	130번
p. Ⅱ-333	142번
p. Ⅱ-342	165번
p. Ⅱ-346	174, 176번
p. Ⅱ-348	180번
p. Ⅱ-350	186번
p. Ⅱ-360	208번
p. Ⅱ-362	213번
p. Ⅱ-372	236번
p. Ⅱ-380	255번
p. Ⅱ-382	259번
p. Ⅱ-385	267번
p. Ⅱ-388	273번
p. Ⅱ-415	336번

04 회로이론

p. Ⅱ-437	06, 07번
p. Ⅱ-445	26번
p. Ⅱ-452	43, 44번
p. Ⅱ-458	58번
p. Ⅱ-462	69번
p. Ⅱ-464	73번
p. Ⅱ-469	85, 86번
p. Ⅱ-472	95번
p. Ⅱ-475	102번
p. Ⅱ-478	109번
p. Ⅱ-488	133번
p. Ⅱ-494	143번
p. Ⅱ-496	147, 149번
p. Ⅱ-498	153번
p. Ⅱ-504	169번
p. Ⅱ-510	181번

05 제어공학

p. Ⅱ-520	11번
p. Ⅱ-522	14번
p. Ⅱ-525	19번
p. Ⅱ-533	37번
p. Ⅱ-536	46번
p. Ⅱ-541	58번
p. Ⅱ-547	73번
p. Ⅱ-549	76번
p. Ⅱ-550	78번
p. Ⅱ-552	82번
p. Ⅱ-553	85번
p. Ⅱ-562	104번
p. Ⅱ-563	105번

06 전기설비기술기준

p. Ⅱ-564	01번
p. Ⅱ-565	03번
p. Ⅱ-566	05번
p. Ⅱ-569	12번
p. Ⅱ-570	13번
p. Ⅱ-571	16번
p. Ⅱ-578	30번
p. Ⅱ-579	33번
p. Ⅱ-585	45번
p. Ⅱ-590	54번

07 전기응용

p. Ⅱ-601	03번
p. Ⅱ-602	07번
p. Ⅱ-606	15번
p. Ⅱ-615	38번
p. Ⅱ-632	78번
p. Ⅱ-633	79번

한국남부발전 기출문제

01 전자기학

p. Ⅱ-17	31번
p. Ⅱ-24	45번
p. Ⅱ-31	57번
p. Ⅱ-48	92번
p. Ⅱ-50	95번
p. Ⅱ-65	126번
p. Ⅱ-68	133번
p. Ⅱ-90	180번
p. Ⅱ-95	192번
p. Ⅱ-117	243번
p. Ⅱ-120	248, 249번

02 전력공학

p. Ⅱ-129	07번
p. Ⅱ-138	27번
p. Ⅱ-139	29번
p. Ⅱ-142	36번
p. Ⅱ-143	37번
p. Ⅱ-162	79번
p. Ⅱ-164	83번
p. Ⅱ-175	108번
p. Ⅱ-177	112번
p. Ⅱ-179	117번
p. Ⅱ-185	129번
p. Ⅱ-190	139번
p. Ⅱ-195	148번
p. Ⅱ-202	163번
p. Ⅱ-203	165, 166번
p. Ⅱ-207	173번
p. Ⅱ-210	180번
p. Ⅱ-211	184번
p. Ⅱ-214	189번
p. Ⅱ-216	193번
p. Ⅱ-217	196번
p. Ⅱ-219	199번
p. Ⅱ-221	203번
p. Ⅱ-223	209번
p. Ⅱ-231	225번
p. Ⅱ-236	235번
p. Ⅱ-241	248번
p. Ⅱ-243	251번
p. Ⅱ-249	267번
p. Ⅱ-250	270번
p. Ⅱ-260	292번
p. Ⅱ-261	293번
p. Ⅱ-262	295번

03 전기기기

p. Ⅱ-276	01번
p. Ⅱ-279	09번
p. Ⅱ-282	16번
p. Ⅱ-285	23번
p. Ⅱ-289	36번
p. Ⅱ-292	43번
p. Ⅱ-298	59번
p. Ⅱ-301	65번
p. Ⅱ-307	81번
p. Ⅱ-314	99번
p. Ⅱ-316	105번
p. Ⅱ-327	129번
p. Ⅱ-330	137번
p. Ⅱ-334	144, 146번
p. Ⅱ-348	181번
p. Ⅱ-349	184번
p. Ⅱ-359	206번
p. Ⅱ-363	216번
p. Ⅱ-370	231번
p. Ⅱ-375	242번
p. Ⅱ-383	262번
p. Ⅱ-393	283번
p. Ⅱ-399	298번
p. Ⅱ-403	308번
p. Ⅱ-404	310번
p. Ⅱ-410	324번
p. Ⅱ-414	333번
p. Ⅱ-417	342번
p. Ⅱ-426	364번

04 회로이론

p. Ⅱ-450	38번
p. Ⅱ-453	45번
p. Ⅱ-461	65번
p. Ⅱ-463	72번
p. Ⅱ-468	82번
p. Ⅱ-474	98번
p. Ⅱ-477	105번
p. Ⅱ-479	110번
p. Ⅱ-484	124번
p. Ⅱ-485	126번
p. Ⅱ-494	144번
p. Ⅱ-497	150번
p. Ⅱ-502	162번
p. Ⅱ-507	174번
p. Ⅱ-509	179번

05 제어공학

p. Ⅱ-515	02번
p. Ⅱ-516	03번
p. Ⅱ-523	15번
p. Ⅱ-534	39번
p. Ⅱ-540	55, 56번
p. Ⅱ-544	63번
p. Ⅱ-548	75번
p. Ⅱ-552	83번
p. Ⅱ-554	86번
p. Ⅱ-556	90번
p. Ⅱ-561	100번
p. Ⅱ-563	106번

06 전기설비기술기준

p. Ⅱ-573	21번
p. Ⅱ-577	28번
p. Ⅱ-579	32번
p. Ⅱ-593	60번

07 전기응용

p. Ⅱ-602	05번
p. Ⅱ-603	09번
p. Ⅱ-611	26번
p. Ⅱ-612	30번
p. Ⅱ-613	32번
p. Ⅱ-614	34번
p. Ⅱ-617	42번
p. Ⅱ-620	49, 50번
p. Ⅱ-623	56번
p. Ⅱ-626	62번
p. Ⅱ-627	65번
p. Ⅱ-629	70번
p. Ⅱ-630	73번
p. Ⅱ-632	77번
p. Ⅱ-634	81번

한국도로공사 기출문제

01 전자기학

p. Ⅱ-10 18번
p. Ⅱ-25 48번
p. Ⅱ-47 91번
p. Ⅱ-53 100번
p. Ⅱ-55 103번
p. Ⅱ-62 120번
p. Ⅱ-69 135번
p. Ⅱ-75 147, 148번
p. Ⅱ-100 203번
p. Ⅱ-115 238번
p. Ⅱ-118 244번

02 전력공학

p. Ⅱ-128 05번
p. Ⅱ-133 15번
p. Ⅱ-154 61번
p. Ⅱ-161 76번
p. Ⅱ-179 116번
p. Ⅱ-185 129번
p. Ⅱ-187 132번
p. Ⅱ-197 152번
p. Ⅱ-203 167번
p. Ⅱ-212 185번
p. Ⅱ-214 188, 189번
p. Ⅱ-215 191번
p. Ⅱ-221 203번
p. Ⅱ-224 211번
p. Ⅱ-225 212번
p. Ⅱ-227 217번
p. Ⅱ-237 238번
p. Ⅱ-242 250번

03 전기기기

p. Ⅱ-290 38번
p. Ⅱ-301 66번
p. Ⅱ-303 70번
p. Ⅱ-306 78번
p. Ⅱ-316 104번
p. Ⅱ-341 163번
p. Ⅱ-347 178번
p. Ⅱ-358 203번
p. Ⅱ-382 260번
p. Ⅱ-383 264번
p. Ⅱ-390 276번
p. Ⅱ-392 282번
p. Ⅱ-397 292번
p. Ⅱ-399 299번
p. Ⅱ-402 306번
p. Ⅱ-404 311번
p. Ⅱ-408 318번
p. Ⅱ-409 321번
p. Ⅱ-413 330번
p. Ⅱ-422 354번
p. Ⅱ-426 364번

04 회로이론

p. Ⅱ-453 46번
p. Ⅱ-458 58번
p. Ⅱ-465 75번
p. Ⅱ-471 92번
p. Ⅱ-483 120번
p. Ⅱ-488 132번
p. Ⅱ-492 140번
p. Ⅱ-500 158번
p. Ⅱ-501 159번

06 전기설비기술기준

p. Ⅱ-566 06번
p. Ⅱ-575 24번
p. Ⅱ-586 47번
p. Ⅱ-598 69, 70번

07 전기응용

p. Ⅱ-602 06번
p. Ⅱ-603 10번
p. Ⅱ-604 12번
p. Ⅱ-605 14번
p. Ⅱ-606 16번
p. Ⅱ-607 17, 18번
p. Ⅱ-608 20, 21번
p. Ⅱ-609 22번
p. Ⅱ-610 25번
p. Ⅱ-616 41번
p. Ⅱ-619 47, 48번
p. Ⅱ-626 63번
p. Ⅱ-627 64번
p. Ⅱ-630 72번

한국동서발전 기출문제

01 전자기학

p. Ⅱ-11 20번
p. Ⅱ-12 21번
p. Ⅱ-24 44번
p. Ⅱ-32 60번
p. Ⅱ-33 61번
p. Ⅱ-34 63, 64번
p. Ⅱ-43 84번
p. Ⅱ-44 86번
p. Ⅱ-56 105번
p. Ⅱ-59 111, 112번
p. Ⅱ-62 119번
p. Ⅱ-70 137번
p. Ⅱ-71 138번
p. Ⅱ-73 142번
p. Ⅱ-77 151번
p. Ⅱ-82 161번
p. Ⅱ-86 172번
p. Ⅱ-91 181번
p. Ⅱ-96 194번
p. Ⅱ-99 201번
p. Ⅱ-107 221번
p. Ⅱ-111 228, 229번
p. Ⅱ-117 243번
p. Ⅱ-120 248번
p. Ⅱ-124 256번

02 전력공학

p. Ⅱ-128 06번
p. Ⅱ-134 17번
p. Ⅱ-138 27번
p. Ⅱ-140 31번
p. Ⅱ-142 34번
p. Ⅱ-144 38번
p. Ⅱ-145 42번
p. Ⅱ-152 56번
p. Ⅱ-160 72번
p. Ⅱ-169 94번
p. Ⅱ-172 101번
p. Ⅱ-179 115번
p. Ⅱ-182 124번
p. Ⅱ-189 136번
p. Ⅱ-190 140번
p. Ⅱ-193 144번
p. Ⅱ-194 146번
p. Ⅱ-195 149번
p. Ⅱ-196 150번
p. Ⅱ-198 154번

p. Ⅱ-203 165, 166번
p. Ⅱ-208 174번
p. Ⅱ-220 201번
p. Ⅱ-238 241번
p. Ⅱ-239 242번
p. Ⅱ-243 252번
p. Ⅱ-244 255번
p. Ⅱ-247 263번
p. Ⅱ-250 270번
p. Ⅱ-251 272번
p. Ⅱ-255 282, 283번
p. Ⅱ-262 295번
p. Ⅱ-263 298번

03 전기기기

p. Ⅱ-278 07, 08번
p. Ⅱ-280 13번
p. Ⅱ-281 14, 15번
p. Ⅱ-290 37번
p. Ⅱ-292 44번
p. Ⅱ-309 86번
p. Ⅱ-312 94번
p. Ⅱ-316 104, 105번
p. Ⅱ-325 125번
p. Ⅱ-326 127번
p. Ⅱ-332 140번
p. Ⅱ-335 147번
p. Ⅱ-339 159번
p. Ⅱ-348 180번
p. Ⅱ-349 184번
p. Ⅱ-352 190번
p. Ⅱ-353 192번
p. Ⅱ-359 207번
p. Ⅱ-362 212번
p. Ⅱ-363 216번
p. Ⅱ-366 222번
p. Ⅱ-367 225번
p. Ⅱ-368 228번
p. Ⅱ-369 229, 230번
p. Ⅱ-370 232번
p. Ⅱ-371 233, 234번
p. Ⅱ-378 250번
p. Ⅱ-381 256번
p. Ⅱ-383 263, 264번
p. Ⅱ-388 272번
p. Ⅱ-392 280번
p. Ⅱ-393 284번
p. Ⅱ-394 286번
p. Ⅱ-395 288번
p. Ⅱ-396 291번
p. Ⅱ-397 294번
p. Ⅱ-398 296번
p. Ⅱ-403 309번
p. Ⅱ-408 320번
p. Ⅱ-410 323번
p. Ⅱ-417 342번
p. Ⅱ-420 348번
p. Ⅱ-421 351번
p. Ⅱ-428 367번

04 회로이론

p. Ⅱ-435 02번
p. Ⅱ-436 03, 04, 05번
p. Ⅱ-438 09번
p. Ⅱ-439 11, 12번
p. Ⅱ-441 15, 16번
p. Ⅱ-444 22, 24번
p. Ⅱ-445 27번
p. Ⅱ-446 29번
p. Ⅱ-447 30번
p. Ⅱ-450 40번
p. Ⅱ-452 42번
p. Ⅱ-454 49번
p. Ⅱ-457 57번
p. Ⅱ-458 59번
p. Ⅱ-460 62, 63번
p. Ⅱ-463 70번
p. Ⅱ-467 80번
p. Ⅱ-473 97번
p. Ⅱ-474 99번
p. Ⅱ-475 101번
p. Ⅱ-476 104번
p. Ⅱ-481 116번
p. Ⅱ-482 119번
p. Ⅱ-485 125번
p. Ⅱ-487 130, 131번
p. Ⅱ-496 148번
p. Ⅱ-497 150번
p. Ⅱ-501 161번
p. Ⅱ-502 163번
p. Ⅱ-503 166번
p. Ⅱ-505 170번
p. Ⅱ-508 177, 178번
p. Ⅱ-509 180번
p. Ⅱ-510 182번
p. Ⅱ-511 183번
p. Ⅱ-512 185번
p. Ⅱ-513 187, 188번
p. Ⅱ-514 189번

05 제어공학

p. Ⅱ-516 04번
p. Ⅱ-517 06번
p. Ⅱ-519 10번
p. Ⅱ-521 12번
p. Ⅱ-524 18번
p. Ⅱ-526 21번
p. Ⅱ-527 24번
p. Ⅱ-528 26번
p. Ⅱ-532 32, 34번
p. Ⅱ-534 40번
p. Ⅱ-535 41번
p. Ⅱ-536 44, 45번
p. Ⅱ-537 47, 48번
p. Ⅱ-538 51번
p. Ⅱ-539 53번
p. Ⅱ-541 57번
p. Ⅱ-543 62번
p. Ⅱ-546 68, 70번
p. Ⅱ-551 81번
p. Ⅱ-556 91번
p. Ⅱ-560 98번

06 전기설비기술기준

p. Ⅱ-567 08번
p. Ⅱ-568 10번
p. Ⅱ-570 14번
p. Ⅱ-573 20번
p. Ⅱ-579 31번
p. Ⅱ-580 34, 35번
p. Ⅱ-583 40번
p. Ⅱ-584 43번
p. Ⅱ-585 44번
p. Ⅱ-587 48번
p. Ⅱ-588 49번
p. Ⅱ-590 53번
p. Ⅱ-592 58번
p. Ⅱ-595 64번
p. Ⅱ-597 67번

07 전기응용

p. Ⅱ-601 04번
p. Ⅱ-612 29번
p. Ⅱ-613 31, 33번
p. Ⅱ-614 34, 35번
p. Ⅱ-615 36, 37번
p. Ⅱ-624 57번
p. Ⅱ-628 68번
p. Ⅱ-629 70번

한국서부발전 기출문제

01 전자기학

p. Ⅱ-4 07번
p. Ⅱ-14 26번
p. Ⅱ-16 29번
p. Ⅱ-19 36번
p. Ⅱ-20 37번
p. Ⅱ-22 41번
p. Ⅱ-28 53번
p. Ⅱ-38 71번
p. Ⅱ-41 79, 80번
p. Ⅱ-57 107번
p. Ⅱ-58 110번
p. Ⅱ-61 117번
p. Ⅱ-71 139번
p. Ⅱ-75 146번
p. Ⅱ-79 156번
p. Ⅱ-80 157번
p. Ⅱ-84 167번
p. Ⅱ-90 179번
p. Ⅱ-96 195번
p. Ⅱ-105 215번
p. Ⅱ-106 217번
p. Ⅱ-109 225번
p. Ⅱ-110 227번
p. Ⅱ-114 235번
p. Ⅱ-120 248번
p. Ⅱ-123 253번

02 전력공학

p. Ⅱ-126 02번
p. Ⅱ-133 16번
p. Ⅱ-136 22번
p. Ⅱ-147 46번
p. Ⅱ-148 48번
p. Ⅱ-152 55번
p. Ⅱ-154 60번
p. Ⅱ-155 63번
p. Ⅱ-173 102번
p. Ⅱ-176 109번
p. Ⅱ-179 116번
p. Ⅱ-182 123번
p. Ⅱ-185 129번
p. Ⅱ-189 137번
p. Ⅱ-202 164번
p. Ⅱ-203 166번
p. Ⅱ-206 171번
p. Ⅱ-211 182, 184번
p. Ⅱ-212 185번
p. Ⅱ-214 190번
p. Ⅱ-216 194번
p. Ⅱ-217 195번
p. Ⅱ-220 202번
p. Ⅱ-228 218번
p. Ⅱ-231 224번
p. Ⅱ-236 236번
p. Ⅱ-239 244번
p. Ⅱ-246 259번
p. Ⅱ-252 276번
p. Ⅱ-254 279, 280번
p. Ⅱ-268 312번
p. Ⅱ-269 313번

03 전기기기

p. Ⅱ-283 18, 19번
p. Ⅱ-286 27번
p. Ⅱ-288 32번
p. Ⅱ-293 46, 47번
p. Ⅱ-294 48번
p. Ⅱ-304 73, 74번
p. Ⅱ-306 78, 79번
p. Ⅱ-311 91번
p. Ⅱ-317 107번
p. Ⅱ-323 121번
p. Ⅱ-324 122번
p. Ⅱ-329 134번
p. Ⅱ-331 138번
p. Ⅱ-335 147번
p. Ⅱ-337 154번
p. Ⅱ-341 161번
p. Ⅱ-350 185번
p. Ⅱ-356 198번
p. Ⅱ-358 205번
p. Ⅱ-360 210번
p. Ⅱ-362 212번
p. Ⅱ-382 261번
p. Ⅱ-385 268번
p. Ⅱ-395 287번
p. Ⅱ-397 293, 294번
p. Ⅱ-401 303번
p. Ⅱ-407 317번
p. Ⅱ-418 343번
p. Ⅱ-430 372번

04 회로이론

p. Ⅱ-442 19번
p. Ⅱ-444 23번
p. Ⅱ-446 28번
p. Ⅱ-448 32번
p. Ⅱ-454 50번
p. Ⅱ-462 68번
p. Ⅱ-468 83번
p. Ⅱ-470 89번
p. Ⅱ-480 114번
p. Ⅱ-499 156번
p. Ⅱ-503 164번
p. Ⅱ-506 173번
p. Ⅱ-511 184번
p. Ⅱ-512 186번

05 제어공학

p. Ⅱ-522 13번
p. Ⅱ-538 49번
p. Ⅱ-539 54번
p. Ⅱ-542 59번
p. Ⅱ-544 64번
p. Ⅱ-545 67번
p. Ⅱ-546 69번
p. Ⅱ-547 71번
p. Ⅱ-551 80번
p. Ⅱ-554 87번
p. Ⅱ-555 88번
p. Ⅱ-558 94번
p. Ⅱ-559 96번
p. Ⅱ-560 97, 99번
p. Ⅱ-562 103번

06 전기설비기술기준

p. Ⅱ-565 04번
p. Ⅱ-570 15번
p. Ⅱ-576 26번
p. Ⅱ-588 50번

한국수력원자력 기출문제

01 전자기학

p. Ⅱ-6	09번
p. Ⅱ-7	12번
p. Ⅱ-9	16번
p. Ⅱ-13	24번
p. Ⅱ-15	28번
p. Ⅱ-23	43번
p. Ⅱ-24	46번
p. Ⅱ-27	50번
p. Ⅱ-28	53번
p. Ⅱ-31	58번
p. Ⅱ-33	62번
p. Ⅱ-37	69, 70번
p. Ⅱ-40	78번
p. Ⅱ-44	85번
p. Ⅱ-51	96, 97번
p. Ⅱ-54	102번
p. Ⅱ-55	103번
p. Ⅱ-59	113번
p. Ⅱ-61	116번
p. Ⅱ-67	131번
p. Ⅱ-70	137번
p. Ⅱ-73	143번
p. Ⅱ-78	153번
p. Ⅱ-83	164번
p. Ⅱ-87	174번
p. Ⅱ-91	183번
p. Ⅱ-92	185번
p. Ⅱ-94	189번
p. Ⅱ-97	196번
p. Ⅱ-106	218번
p. Ⅱ-110	227번
p. Ⅱ-113	234번
p. Ⅱ-120	248번
p. Ⅱ-122	252번
p. Ⅱ-125	259번

02 전력공학

p. Ⅱ-126	01번
p. Ⅱ-133	15번
p. Ⅱ-136	23번
p. Ⅱ-139	29번
p. Ⅱ-141	33번
p. Ⅱ-150	52번
p. Ⅱ-153	58, 59번
p. Ⅱ-154	62번
p. Ⅱ-158	69번
p. Ⅱ-159	70, 71번
p. Ⅱ-162	78번
p. Ⅱ-163	82번
p. Ⅱ-167	90번
p. Ⅱ-169	93번
p. Ⅱ-171	97번
p. Ⅱ-173	103번
p. Ⅱ-174	104, 105번
p. Ⅱ-176	110번
p. Ⅱ-178	114번
p. Ⅱ-183	126, 127번
p. Ⅱ-184	128번
p. Ⅱ-185	129번
p. Ⅱ-187	132번
p. Ⅱ-188	134번
p. Ⅱ-190	138, 139번
p. Ⅱ-192	143번
p. Ⅱ-197	152번
p. Ⅱ-201	160, 162번
p. Ⅱ-205	169, 170번
p. Ⅱ-207	173번
p. Ⅱ-208	176번
p. Ⅱ-210	181번
p. Ⅱ-211	183번
p. Ⅱ-213	187번
p. Ⅱ-214	190번
p. Ⅱ-221	205번
p. Ⅱ-222	208번
p. Ⅱ-223	209번
p. Ⅱ-224	210, 211번
p. Ⅱ-225	213번
p. Ⅱ-227	216, 217번
p. Ⅱ-235	233번
p. Ⅱ-236	235, 237번
p. Ⅱ-238	241번
p. Ⅱ-245	257번
p. Ⅱ-247	261번
p. Ⅱ-248	264, 265번
p. Ⅱ-249	266, 268번
p. Ⅱ-251	271번
p. Ⅱ-256	284번
p. Ⅱ-258	287번
p. Ⅱ-259	290번
p. Ⅱ-265	304번
p. Ⅱ-269	314번

03 전기기기

p. Ⅱ-277	05번
p. Ⅱ-284	21, 22번
p. Ⅱ-286	28번
p. Ⅱ-296	54번
p. Ⅱ-297	55, 57번
p. Ⅱ-301	64, 66번
p. Ⅱ-303	71번
p. Ⅱ-305	75번
p. Ⅱ-310	88번
p. Ⅱ-311	92번
p. Ⅱ-312	93번
p. Ⅱ-314	99번
p. Ⅱ-315	101번
p. Ⅱ-319	112번
p. Ⅱ-321	115번
p. Ⅱ-322	118번
p. Ⅱ-324	122, 123번
p. Ⅱ-325	124번
p. Ⅱ-329	134번
p. Ⅱ-330	135번
p. Ⅱ-331	139번
p. Ⅱ-332	141번
p. Ⅱ-333	143번
p. Ⅱ-336	149, 151번
p. Ⅱ-339	157, 159번
p. Ⅱ-344	169번
p. Ⅱ-349	182, 183번
p. Ⅱ-352	189번
p. Ⅱ-353	193번
p. Ⅱ-366	221, 223번
p. Ⅱ-367	224번
p. Ⅱ-369	229번
p. Ⅱ-373	239번
p. Ⅱ-380	255번
p. Ⅱ-384	266번
p. Ⅱ-387	271번
p. Ⅱ-389	275번
p. Ⅱ-391	278번
p. Ⅱ-396	291번
p. Ⅱ-399	298번
p. Ⅱ-410	324번
p. Ⅱ-411	326번
p. Ⅱ-412	329번
p. Ⅱ-416	338번
p. Ⅱ-420	347번
p. Ⅱ-431	375번

한국수자원공사 기출문제

01 전자기학
p. Ⅱ-115 237번

02 전력공학
p. Ⅱ-165 84번
p. Ⅱ-172 100번
p. Ⅱ-209 178번
p. Ⅱ-229 221번
p. Ⅱ-307 82번
p. Ⅱ-321 116번
p. Ⅱ-343 167번
p. Ⅱ-346 175번
p. Ⅱ-379 252번
p. Ⅱ-413 331번
p. Ⅱ-425 362번

04 회로이론
p. Ⅱ-469 87번
p. Ⅱ-481 115번

05 제어공학
p. Ⅱ-517 05번
p. Ⅱ-519 09번
p. Ⅱ-525 20번
p. Ⅱ-527 23번
p. Ⅱ-529 27번
p. Ⅱ-543 61번

한국전기안전공사 기출문제

06 전기설비기술기준
p. Ⅱ-571 17번
p. Ⅱ-572 18번
p. Ⅱ-574 22번

07 전기응용
p. Ⅱ-621 53번
p. Ⅱ-622 54번
p. Ⅱ-623 55번
p. Ⅱ-628 67, 69번
p. Ⅱ-634 82번

한국전력거래소 기출문제

01 전자기학
p. Ⅱ-31 59번
p. Ⅱ-101 206번

02 전력공학
p. Ⅱ-132 14번
p. Ⅱ-149 49번
p. Ⅱ-166 88번
p. Ⅱ-170 95번
p. Ⅱ-199 156번
p. Ⅱ-230 223번

03 전기기기
p. Ⅱ-285 25번
p. Ⅱ-328 132번
p. Ⅱ-337 153번
p. Ⅱ-405 312, 314번
p. Ⅱ-414 335번
p. Ⅱ-415 337번
p. Ⅱ-422 353번
p. Ⅱ-423 356번
p. Ⅱ-424 359, 360번
p. Ⅱ-425 361번

한국전력공사 기출문제

01 전자기학
p. Ⅱ-15 27번
p. Ⅱ-50 94번
p. Ⅱ-88 175, 176번

02 전력공학
p. Ⅱ-163 81번
p. Ⅱ-194 147번

03 전기기기
p. Ⅱ-337 152번

05 제어공학
p. Ⅱ-528 25번

06 전기설비기술기준
p. Ⅱ-572 19번
p. Ⅱ-582 38번
p. Ⅱ-586 46번
p. Ⅱ-596 66번

한국중부발전 기출문제

01 전자기학

p. Ⅱ-3 03, 04번
p. Ⅱ-6 09번
p. Ⅱ-7 11번
p. Ⅱ-19 35번
p. Ⅱ-27 51번
p. Ⅱ-38 71번
p. Ⅱ-40 77번
p. Ⅱ-42 81번
p. Ⅱ-45 88번
p. Ⅱ-54 101번
p. Ⅱ-57 108번
p. Ⅱ-60 114번
p. Ⅱ-61 117번
p. Ⅱ-65 127번
p. Ⅱ-69 134번
p. Ⅱ-72 141번
p. Ⅱ-79 155번
p. Ⅱ-82 162번
p. Ⅱ-84 165, 166번
p. Ⅱ-86 171번
p. Ⅱ-89 177번
p. Ⅱ-91 , 182번
p. Ⅱ-95 191번
p. Ⅱ-104 212번
p. Ⅱ-108 223번
p. Ⅱ-114 236번
p. Ⅱ-120 249번
p. Ⅱ-123 254번
p. Ⅱ-124 255번

02 전력공학

p. Ⅱ-131 12번
p. Ⅱ-144 39번
p. Ⅱ-151 53번
p. Ⅱ-155 64번
p. Ⅱ-157 67번
p. Ⅱ-161 77번
p. Ⅱ-165 86번
p. Ⅱ-168 91번
p. Ⅱ-172 99번
p. Ⅱ-175 107번
p. Ⅱ-181 120번
p. Ⅱ-185 129번
p. Ⅱ-188 134, 135번
p. Ⅱ-191 142번
p. Ⅱ-192 143번
p. Ⅱ-197 153번
p. Ⅱ-198 155번
p. Ⅱ-199 158번
p. Ⅱ-203 167번
p. Ⅱ-207 172번
p. Ⅱ-210 179번
p. Ⅱ-219 198, 200번
p. Ⅱ-222 206, 207번
p. Ⅱ-226 215번
p. Ⅱ-227 217번
p. Ⅱ-237 239번
p. Ⅱ-240 245번
p. Ⅱ-241 249번
p. Ⅱ-246 260번
p. Ⅱ-250 269번
p. Ⅱ-251 271, 273번
p. Ⅱ-252 274번
p. Ⅱ-253 277, 278번
p. Ⅱ-256 285번
p. Ⅱ-258 287, 288번
p. Ⅱ-261 294번
p. Ⅱ-262 296, 297번
p. Ⅱ-263 299번
p. Ⅱ-264 300번
p. Ⅱ-266 305, 306번
p. Ⅱ-268 310, 311번
p. Ⅱ-269 314번
p. Ⅱ-270 315번
p. Ⅱ-271 317번
p. Ⅱ-272 319번

03 전기기기

p. Ⅱ-276 02번
p. Ⅱ-282 17번
p. Ⅱ-285 24번
p. Ⅱ-297 56번
p. Ⅱ-301 64번
p. Ⅱ-302 67번
p. Ⅱ-306 80번
p. Ⅱ-311 91, 92번
p. Ⅱ-318 108번
p. Ⅱ-320 113, 114번
p. Ⅱ-324 122번
p. Ⅱ-331 138번
p. Ⅱ-332 140번
p. Ⅱ-334 146번
p. Ⅱ-343 166번
p. Ⅱ-344 170번
p. Ⅱ-352 190번
p. Ⅱ-353 191번
p. Ⅱ-365 219, 220번
p. Ⅱ-369 229번
p. Ⅱ-372 237번
p. Ⅱ-380 254번
p. Ⅱ-383 262번
p. Ⅱ-389 274번
p. Ⅱ-398 295번
p. Ⅱ-409 322번
p. Ⅱ-419 346번
p. Ⅱ-428 369번
p. Ⅱ-429 371번
p. Ⅱ-431 376번
p. Ⅱ-433 380번
p. Ⅱ-434 382번

04 회로이론

p. Ⅱ-435 01번
p. Ⅱ-440 13, 14번
p. Ⅱ-443 20번
p. Ⅱ-447 31번
p. Ⅱ-449 35번
p. Ⅱ-455 51, 52번
p. Ⅱ-456 54번
p. Ⅱ-457 56번
p. Ⅱ-462 67번
p. Ⅱ-465 76번
p. Ⅱ-466 79번
p. Ⅱ-470 88번
p. Ⅱ-471 90번
p. Ⅱ-472 94번
p. Ⅱ-475 100번
p. Ⅱ-476 103번
p. Ⅱ-479 111번
p. Ⅱ-482 117, 118번
p. Ⅱ-484 122번
p. Ⅱ-486 127번
p. Ⅱ-487 129번
p. Ⅱ-490 135번
p. Ⅱ-491 137번
p. Ⅱ-493 142번
p. Ⅱ-495 145, 146번
p. Ⅱ-499 155번
p. Ⅱ-500 157번
p. Ⅱ-504 167, 168번

05 제어공학

p. Ⅱ-515 01번
p. Ⅱ-518 07, 08번
p. Ⅱ-523 16번
p. Ⅱ-524 17번
p. Ⅱ-526 22번
p. Ⅱ-530 29번
p. Ⅱ-531 31번
p. Ⅱ-532 33번
p. Ⅱ-533 35, 36번
p. Ⅱ-534 38번
p. Ⅱ-535 42, 43번
p. Ⅱ-538 50번
p. Ⅱ-542 60번
p. Ⅱ-544 65번
p. Ⅱ-545 66번
p. Ⅱ-547 72번
p. Ⅱ-548 74번

p. Ⅱ-549 77번
p. Ⅱ-550 79번
p. Ⅱ-553 84번
p. Ⅱ-555 89번
p. Ⅱ-557 92번
p. Ⅱ-559 95번
p. Ⅱ-561 101번

06 전기설비기술기준

p. Ⅱ-580 36번
p. Ⅱ-582 39번
p. Ⅱ-591 56, 57번
p. Ⅱ-593 61번
p. Ⅱ-597 68번

07 전기응용

p. Ⅱ-607 19번
p. Ⅱ-616 39번
p. Ⅱ-617 43번
p. Ⅱ-620 51번
p. Ⅱ-625 59, 60번

한전 KPS 기출문제

01 전자기학

p. Ⅱ-20 38번
p. Ⅱ-97 197번
p. Ⅱ-71 140번
p. Ⅱ-112 231번

02 전력공학

p. Ⅱ-146 45번
p. Ⅱ-152 57번
p. Ⅱ-156 65번
p. Ⅱ-226 214번
p. Ⅱ-255 281번
p. Ⅱ-256 285번
p. Ⅱ-265 303번
p. Ⅱ-271 318번
p. Ⅱ-272 320번

03 전기기기

p. Ⅱ-276 03번
p. Ⅱ-287 29번
p. Ⅱ-308 83번
p. Ⅱ-314 98번
p. Ⅱ-322 119번
p. Ⅱ-334 145번
p. Ⅱ-340 160번
p. Ⅱ-344 168번
p. Ⅱ-362 214번
p. Ⅱ-378 249번
p. Ⅱ-379 251번
p. Ⅱ-432 378번

04 회로이론

p. Ⅱ-437 08번
p. Ⅱ-438 10번
p. Ⅱ-442 17번
p. Ⅱ-443 21번
p. Ⅱ-448 33번
p. Ⅱ-449 37번
p. Ⅱ-456 55번
p. Ⅱ-459 61번
p. Ⅱ-463 71번
p. Ⅱ-466 78번
p. Ⅱ-473 96번
p. Ⅱ-477 106번
p. Ⅱ-480 112번
p. Ⅱ-483 121번
p. Ⅱ-486 128번
p. Ⅱ-489 134번
p. Ⅱ-498 152번
p. Ⅱ-508 176번

07 전기응용

p. Ⅱ-603 08번
p. Ⅱ-604 11번
p. Ⅱ-616 40번
p. Ⅱ-618 45번

LH공사 기출문제

01 전자기학

p. Ⅱ-23 43번
p. Ⅱ-26 49번
p. Ⅱ-51 97번
p. Ⅱ-63 121번
p. Ⅱ-99 202번

02 전력공학

p. Ⅱ-127 04번
p. Ⅱ-142 35번
p. Ⅱ-146 44번
p. Ⅱ-199 157번
p. Ⅱ-213 186번
p. Ⅱ-215 192번
p. Ⅱ-221 204번
p. Ⅱ-231 225번
p. Ⅱ-235 232번
p. Ⅱ-241 249번

03 전기기기

p. Ⅱ-288 33번
p. Ⅱ-332 140, 141번
p. Ⅱ-341 163번
p. Ⅱ-344 168번
p. Ⅱ-354 195번
p. Ⅱ-403 307번
p. Ⅱ-426 363번

04 회로이론

p. Ⅱ-493 141번
p. Ⅱ-506 172번

06 전기설비기술기준

p. Ⅱ-564 02번
p. Ⅱ-568 09번
p. Ⅱ-581 37번
p. Ⅱ-584 42번
p. Ⅱ-594 62, 63번
p. Ⅱ-596 65번

07 전기응용

p. Ⅱ-600 01번
p. Ⅱ-609 23번
p. Ⅱ-618 46번
p. Ⅱ-623 56번
p. Ⅱ-624 58번
p. Ⅱ-628 66번
p. Ⅱ-630 71번

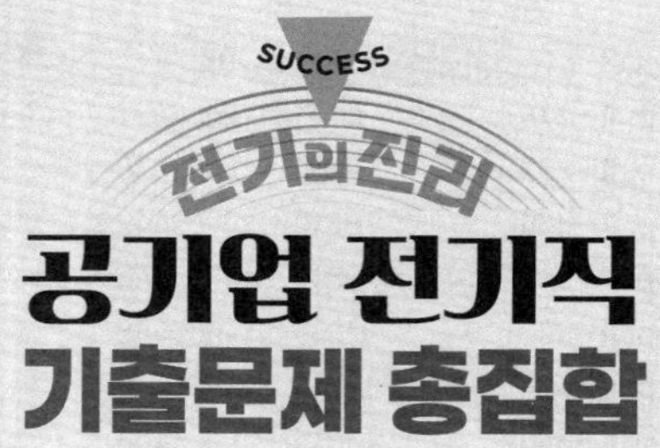

BM Book Multimedia Group

성안당은 선진화된 출판 및 영상교육 시스템을 구축하고
항상 연구하는 자세로 독자 앞에 다가갑니다.